科学出版社“十三五”普通高等教育本科规划教材

经 典 力 学

(上 册)

强元棨 编著

科 学 出 版 社
北 京

内 容 简 介

本书是作者根据在中国科学技术大学、青岛大学多年从事力学和理论力学教学的实践经验写出的、把力学和理论力学两门课程打通的一本教科书.

本书分上下册，上册包括质点运动学、质点动力学、振动和波、有心运动、流体力学基础和狭义相对论；下册包括刚体运动学、质点系动力学、刚体动力学、力学的拉格朗日表述、有限多自由度系统的小振动和力学的哈密顿表述.

本书可作为综合性大学、师范院校、理工科大学物理系一年级下学期的力学课和二年级上学期的理论力学课的教材，也可供其他专业的师生作教学参考书.

图书在版编目（CIP）数据

经典力学(上下册)／强元棨编著．—北京：科学出版社，2003
科学出版社“十三五”普通高等教育本科规划教材
ISBN 978-7-03-010644-5

Ⅰ．经…　Ⅱ．强…　Ⅲ．力学-高等院校-教材　Ⅳ．O3

中国版本图书馆 CIP 数据核字（2002）第 054756 号

责任编辑：鄢德平　龙嫚嫚／责任校对：曹锐军
责任印制：赵　博／封面设计：迷底书装

科学出版社 出版
北京东黄城根北街 16 号
邮政编码：100717
http://www.sciencep.com
北京天宇星印刷厂印刷
科学出版社发行　各地新华书店经销
*
2003 年 1 月第　一　版　开本：720×1000　1/16
2025 年 6 月第七次印刷　印张：30 3/4
字数：648 000

定价：198.00 元(上下册)

前　　言

作者多年来在中国科学技术大学、青岛大学物理类各专业讲授“力学”、“理论力学”时用过不少教材，所选教材也都写得不错，但在相互衔接上感到有不足之处.由于中学物理特别是力学部分已经讲了不少大学中“力学”课程讲的内容，致使不少学生在学习“力学”课的一段相当长的时间内没有予以足够的重视.在学习方法和思考方法上仍然沿用中学的做法，影响教学效果.为解决这个问题，一些“力学”教材掺入了“理论力学”的相当大一部分内容.实践表明，这样讲“力学”，学生也能接受.但这样做，矛盾又转移给了“理论力学”课的任课教师.作者原来写的仅是理论力学，想在理论的深度和广度以及相互关联方面、在运用数学工具方面、在开阔解题思路、增加习题类型上力求有所改进，以解决讲授“理论力学”面临的问题.后来，应科大同志要求，希望把“力学”的内容也包括在内，写成一本两门课打通的教材，本书取为“经典力学”，以适应减少学时的需要.作者以为这样做也是可行的，其优点是可以完全避免重复，能减少学时，用同样多的学时，能让学生达到更高的水平.于是增补了“振动和波”、“流体力学基础”和“狭义相对论”三章，并对第二、四章作了适当的补充，在习题方面，第一、二、四章增加了完全属于“力学”课的题目，这些题目用 1-1、2-1、4-1 等与原有的题目加以区别.考虑到学生的接受能力有一个不断提高的过程，我们把原只在“力学”课讲的上述三章都安排在上册，这样，就得把刚体运动学、质点系动力学和刚体动力学安排到下册.在上册有“理论力学”的内容，下册也有“力学”的内容，作为打通的教材出现这种情况是必然的.在理论的讲述上不要有严格的分界线，在学生能接受的前提下提到理论力学的高度.第一、二、四章的习题有所区别是为了便于任课教师根据专业要求、学生水平布置作业.也便于任课教师不作为打通教材使用本书.

本书所涉及的内容比国内一般教科书多一些，有一定的深度和广度，可适应各类学校(综合性大学、师范院校、理工科大学物理类各专业用作教材的不同需要)，也可供理工科其他专业的相近课程用作教学参考书.

本书在理论的讲述上力求准确、严谨、清晰、细致，有大量的各种类型的例题以及覆盖所讲内容的习题.常介绍多种方法，分析常见错误，便于读者吃透所讲的理论，也便于读者自学.略去打 * 号的部分，不影响全书的连贯性，在打 * 号的

§2.5.3 中扼要地讲了质心和质心系的概念，在§8.1.2、§8.1.3 又作为基本要求重新且更详尽地讲了质心和质心系的问题.

本书原稿经北京大学林纯镇教授、新疆大学黄惟承教授认真审阅过，中国科学技术大学向守平教授、北京工业大学侯碧辉教授分别审阅过力学部分和理论力学部分书稿，提出了许多宝贵的意见，在此谨向他们表示衷心的感谢.

写成一本打通的教材只是一种尝试，加上作者水平有限，错误和不妥之处在所难免，欢迎批评指正.

强元棨

2001 年 7 月于青岛大学

目　　录

讲课学时分配参考意见

质点运动学　4	质点动力学　14
振动和波　14	有心运动　10
流体力学基础　8	狭义相对论　14

上册共 64 学时

刚体运动学　6	质点系动力学　10
刚体动力学　12	
力学的拉格朗日表述　16	
有限多自由度系统的小振动　8	
力学的哈密顿表述　16	

下册共 68 学时

机动　12 学时　　上下册共 144 学时

所计学时不包括习题课,也不包括打 * 号部分

第一章　质点运动学

§1.1　基本概念

1. 质点

物体不仅具有质量，而且总是有大小且具有一定形状的. 在运动过程中，它的形状、大小都可能发生变化. 如果可以把物体的质量看作集中于一个几何点，那这类物体就可作为质点处理. 质量可以“看作集中于一个几何点”，那就要求它的形状、大小不起作用或所起的作用可以忽略. 如果物体上各点的速度在运动过程中的每一时刻都一样，这是“物体的形状、大小不起作用的情况”，如果同一时刻，物体上各点的速度严格讲并不相同，但就我们讨论的问题而言不必细究它们的差别，这是“所起作用可以忽略的情况”. 这里特别指出“就讨论的问题而言”是要说明，有下列一些情况：同一个物体，在讨论某个问题时可以视为质点，在讨论别的问题时则不能视为质点. 还有在某个方面的讨论可以视为质点，在另一个方面讨论又不能视为质点. 例如：地球围绕太阳的公转运动中可以把地球视为质点，而在说明河岸的冲刷、佛科摆等问题时必须考虑地球自转的影响，地球是不能视为质点的. 作平动的刚体(关于刚体的平动，可参看§1.3.2 和§7.1.2)，讨论它的运动学问题时可视为质点，而讨论它的动力学问题，讨论它作平动必须满足的条件时，作用于它的力不能视为均作用于物体的某一点. 这时这物体就得作刚体处理了.

2. 参考系和坐标系

一个质点的运动，它是静止的还是运动的，作直线运动还是曲线运动，是匀速运动还是变速运动都是相对的. 看我们对哪个物体而言，即把哪个物体看作静止的. 这个被认为是静止的物体(不是一个点)就是讨论其他力学系统的运动的参照物，通常称它为参考系.

有了参考系，一个质点作何种运动就可以加以描述了. 要定量描述，必须建立坐标系. 只需要一个坐标就可以描述的叫一维运动，需要两个坐标描述的叫二维运动，需要三个坐标的叫三维运动. 通常用的有直角坐标系、平面极坐标系、柱坐标系、球坐标系、自然坐标等. 所取的坐标系可以固连于参考系，也可以取相对于参考系有运动的坐标系.前一种情况,坐标系和参考系可以不必严加区别,对后一种情况,用什么参考系又用什么坐标系必须明确说明,未特别说明的都是取固连于参考系的坐标系.给定参考系后,一个质点的运动就确定了.但采用不同的坐标系,这个确定的运动的表达式是不同的.

3. 运动学方程与轨道

表示质点位置的坐标与时间的函数关系,称为质点的运动学方程.

对于直角坐标系,它们是

$$x = x(t),\ y = y(t),\ z = z(t) \tag{1.1.1}$$

对于柱坐标系,它们是

$$\rho = \rho(t),\ \varphi = \varphi(t),\ z = z(t) \tag{1.1.2}$$

对于球坐标系,它们是

$$r = r(t),\ \theta = \theta(t),\ \varphi = \varphi(t) \tag{1.1.3}$$

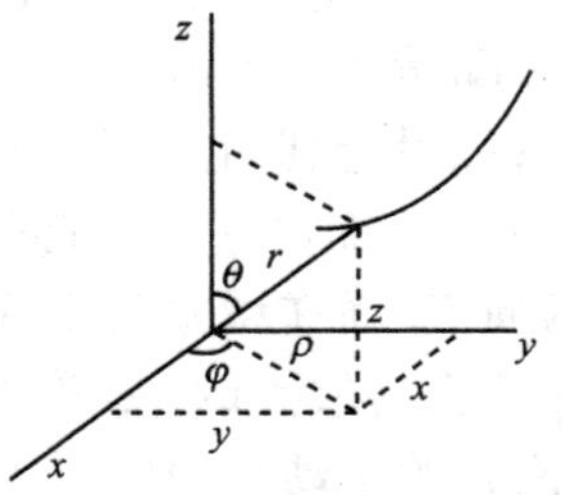

图 1.1.1

各种坐标如图 1.1.1 所示.

任何时刻,质点都有确定的空间位置.因此,上述所有函数都必须是单值的,质点在空间的位置变化是渐变的,上述所有函数又必须是时间的连续函数.

随着时间的连续变化,质点的位置在空间经历的曲线(直线是其特殊情况),称为质点运动的轨道.轨道曲线的数学表达式,称为轨道方程.

轨道方程可以有两类形式:

i) 带参数的形式,上述运动学方程本身就是以时间 t 为参数的轨道方程.参数也可以取某个长度、角度甚至没有明显物理意义、几何意义的量.让这参数连续变化时,就在空间描绘出一条轨道曲线.

ii) 不带参数的形式,可从运动学方程中消去时间 t 而得.

例如从直角坐标系的前两式和后两式中分别消去 t 得

$$\begin{cases} f_1(x,\ y) = 0 \\ f_2(y,\ z) = 0 \end{cases} \tag{1.1.4}$$

$f_1(x,y)=0$ 是一个平行于 z 轴的柱面,如图 1.1.2(a)所示,$f_2(y,z)=0$ 是一个平行于 x 轴的柱面,如图 1.1.2(b)所示.两曲面(柱面)的交线即质点的运动轨道.当然从(1.1.1)式的首尾两式中消去 t 得到的 $f_3(x,z)=0$ 也可以取代上述两式

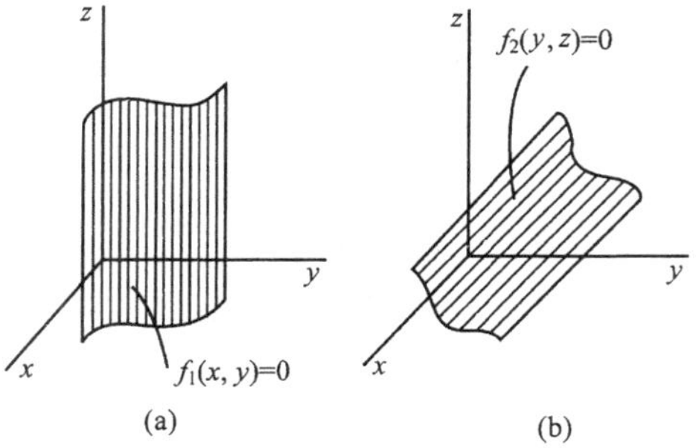

图 1.1.2

的任何一个式子.

对于柱坐标系不带参数的轨道方程可以是以下的任何一组:

$$\begin{cases} F_1(\rho,\ \varphi) = 0 \\ F_2(\varphi, z) = 0 \end{cases},\quad \begin{cases} F_1(\rho,\ \varphi) = 0 \\ F_3(\rho, z) = 0 \end{cases},\quad \begin{cases} F_2(\varphi, z) = 0 \\ F_3(\rho, z) = 0 \end{cases}$$

各式表示的曲面图像的示意图作为思考题请读者自行考虑.

4. 位矢、位移、速度和加速度的定义

在参考系取定后,质点的运动就可以描述了.可以用位置矢量(简称位矢)、速度、加速度(也都是矢量)来描述质点瞬时的运动状态.它们都是时间的函数,都是瞬时量.它们的定义式不涉及取何种坐标系,但要作具体运算时,必须将这些矢量用坐标系表达出来.

(1) 位置矢量和位移矢量

从参考系中的固定点(通常取固连于参考系的坐标系原点)作为矢尾、质点在 t 时刻所处的空间中的那一点为矢端所引的矢量,记为 $\boldsymbol{r}(t)$,它可以表示质点在 t 时刻的位置,$\boldsymbol{r}(t)$称为位置矢量,简称位矢.

从 t_1 时刻到 t_2 时刻位置矢量的差 $\boldsymbol{r}(t_2)-\boldsymbol{r}(t_1)$表示在 t_1 至 t_2 的时间内质点位置的移动,称为在这时间段内的位移矢量,简称位移.它是一个过程量.

(2) 速度

某时间段 $t_1 \to t_2$ 内的位移与该时间间隔的比值$\dfrac{\boldsymbol{r}(t_2)-\boldsymbol{r}(t_1)}{t_2-t_1}$称为该时间段

$t_1 \to t_2$ 内的平均速度. 它也是过程量.

在时间段 $t \to t+\Delta t$ 内的平均速度当 $\Delta t \to 0$ 时的极限,也即位矢对时间的导数,即为 t 时刻的速度. 它是个瞬时量.

$$\boldsymbol{v}(t) = \lim_{\Delta t \to 0} \frac{\boldsymbol{r}(t+\Delta t) - \boldsymbol{r}(t)}{(t+\Delta t) - t} = \frac{\mathrm{d}\boldsymbol{r}(t)}{\mathrm{d}t} \tag{1.1.5}$$

从极限不难看出:速度矢量的方向总是沿轨道曲线的切线方向(参看图 1.1.3).

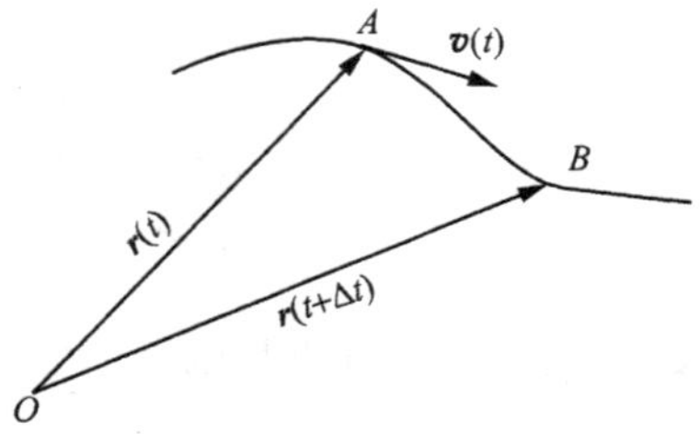

图 1.1.3

速度的大小称为速率,记为 $v(t)$或$|\boldsymbol{v}(t)|$. 需注意过程量平均速率如定义为这时间段速率的平均值,即

$$v\,|_{t_1 \to t_2} = \frac{1}{t_2 - t_1}\int_{t_1}^{t_2} v(t)\mathrm{d}t$$

它一般不等于该时间段平均速度的大小$\dfrac{|\boldsymbol{r}(t_2) - \boldsymbol{r}(t_1)|}{t_2 - t_1}$. 因为$\int_{t_1}^{t_2} v(t)\mathrm{d}t$ 的物理意义是路程,几何意义是弧长(如 $t_1 = t$, $t_2 = t + \Delta t$,则为 AB 弧),而$|\boldsymbol{r}(t_2) - \boldsymbol{r}(t_1)|$的物理意义是位移的大小,几何意义是弦长(如 $t_1 = t$, $t_2 = t + \Delta t$,则为 AB 弦,在图 1.1.3 中是连结 AB 的直线),它们一般不相等. 当时间段的间隔趋于零时,弧长和弦长的差是比 Δt 更高级的无穷小量,瞬时速率等于平均速率的极限值.

$$v(t) = \lim_{\Delta t \to 0} \frac{\Delta s}{\Delta t} = \frac{\mathrm{d}s}{\mathrm{d}t} \tag{1.1.6}$$

(3) 加速度

加速度与速度之间的关系如同速度与位矢之间的关系,只要将各式中的位矢改成速度,则各式中的平均速度、速度分别改成平均加速度和加速度,就有

$$\boldsymbol{a}(t)=\lim_{\Delta t\to 0}\frac{\boldsymbol{v}(t+\Delta t)-\boldsymbol{v}(t)}{(t+\Delta t)-t}=\frac{\mathrm{d}\boldsymbol{v}(t)}{\mathrm{d}t} \tag{1.1.7}$$

将(1.1.5)式代入(1.1.7)式,可得

$$\boldsymbol{a}(t)=\frac{\mathrm{d}^2\boldsymbol{r}(t)}{\mathrm{d}t^2} \tag{1.1.8}$$

加速度是位矢对时间的二阶导数.为书写简便计,凡对时间求导,可在被求导的量上加点表示,例如$\frac{\mathrm{d}\boldsymbol{r}(t)}{\mathrm{d}t}$可写为$\dot{\boldsymbol{r}}(t)$, $\frac{\mathrm{d}^2\boldsymbol{r}(t)}{\mathrm{d}t^2}$可写为$\ddot{\boldsymbol{r}}(t)$.

同样,用$\boldsymbol{v}(t)$代替$\boldsymbol{r}(t)$,把各时刻的速度的矢尾都画在同一点,各时刻的速端连成的曲线称为速端曲线.加速度矢量的方向总是沿着速端曲线的切线方向,如图1.1.4所示.

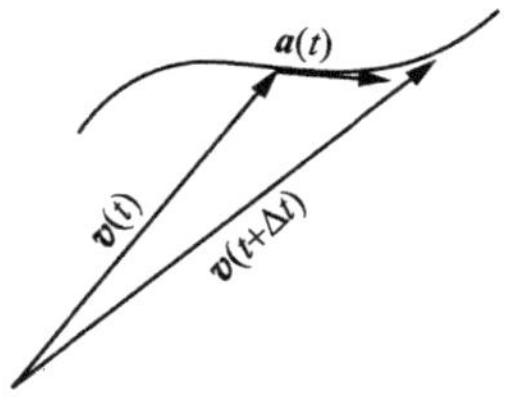

图1.1.4

§1.2 速度、加速度在几种常用坐标系中的分量表达式

1. 直角坐标系

$$\boldsymbol{r}(t)=x(t)\boldsymbol{i}+y(t)\boldsymbol{j}+z(t)\boldsymbol{k} \tag{1.2.1}$$

$$\boldsymbol{v}(t)=\frac{\mathrm{d}\boldsymbol{r}}{\mathrm{d}t}=\frac{\mathrm{d}x}{\mathrm{d}t}\boldsymbol{i}+\frac{\mathrm{d}y}{\mathrm{d}t}\boldsymbol{j}+\frac{\mathrm{d}z}{\mathrm{d}t}\boldsymbol{k} \tag{1.2.2}$$

(1.2.2)式也可写作

$$\boldsymbol{v}(t)=v_x\boldsymbol{i}+v_y\boldsymbol{j}+v_z\boldsymbol{k}$$

$$v_x=\dot{x},\ v_y=\dot{y},\ v_z=\dot{z} \tag{1.2.3}$$

$\boldsymbol{i}$、$\boldsymbol{j}$、$\boldsymbol{k}$ 分别是沿 x、y、z 轴正方向的单位矢量.质点不论处于什么位置,$\boldsymbol{i}$、$\boldsymbol{j}$、$\boldsymbol{k}$ 不变,故它们是常矢量,对时间的导数为零.

$$v=\sqrt{v_x^2+v_y^2+v_z^2}=\sqrt{\dot{x}^2+\dot{y}^2+\dot{z}^2}$$

$\boldsymbol{v}$ 与 x 轴、y 轴、z 轴的夹角的余弦分别为

$$\begin{cases}\cos(\boldsymbol{v},\ x) = \dfrac{v_x}{v} = \dot{x}/\sqrt{\dot{x}^2+\dot{y}^2+\dot{z}^2}\\ \cos(\boldsymbol{v},\ y) = \dfrac{v_y}{v} = \dot{y}/\sqrt{\dot{x}^2+\dot{y}^2+\dot{z}^2}\\ \cos(\boldsymbol{v},\ z) = \dfrac{v_z}{v} = \dot{z}/\sqrt{\dot{x}^2+\dot{y}^2+\dot{z}^2}\end{cases} \tag{1.2.4}$$

$$\boldsymbol{a}(t) = \frac{\mathrm{d}\boldsymbol{v}}{\mathrm{d}t} = \frac{\mathrm{d}^2\boldsymbol{r}}{\mathrm{d}t^2} = \ddot{x}\boldsymbol{i} + \ddot{y}\boldsymbol{j} + \ddot{z}\boldsymbol{k} \tag{1.2.5}$$

$$a_x = \ddot{x},\ a_y = \ddot{y},\ a_z = \ddot{z} \tag{1.2.6}$$

$$a = \sqrt{\ddot{x}^2+\ddot{y}^2+\ddot{z}^2} \tag{1.2.7}$$

加速度的方向余弦为

$$\begin{cases}\cos(\boldsymbol{a},\ x) = \ddot{x}/\sqrt{\ddot{x}^2+\ddot{y}^2+\ddot{z}^2}\\ \cos(\boldsymbol{a},\ y) = \ddot{y}/\sqrt{\ddot{x}^2+\ddot{y}^2+\ddot{z}^2}\\ \cos(\boldsymbol{a},\ z) = \ddot{z}/\sqrt{\ddot{x}^2+\ddot{y}^2+\ddot{z}^2}\end{cases} \tag{1.2.8}$$

2. 平面极坐标系和(圆)柱坐标系

平面极坐标系

平面极坐标系的单位矢量为 $\boldsymbol{e}_r$ 和 $\boldsymbol{e}_\varphi$，分别称为径向和横向单位矢量. $\boldsymbol{e}_r$、$\boldsymbol{e}_\varphi$ 如图 1.2.1、图 1.2.2 所示. 即使所取的平面极坐标系固连于参考系，随着质点的位置的变化，$\boldsymbol{e}_r$、$\boldsymbol{e}_\varphi$ 的大小不变，但方向发生变化，因而 $\boldsymbol{e}_r$、$\boldsymbol{e}_\varphi$ 是时间 t 的函数.

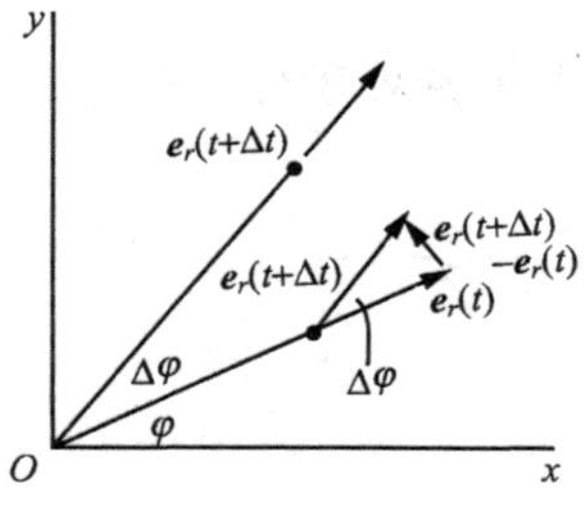

图 1.2.1

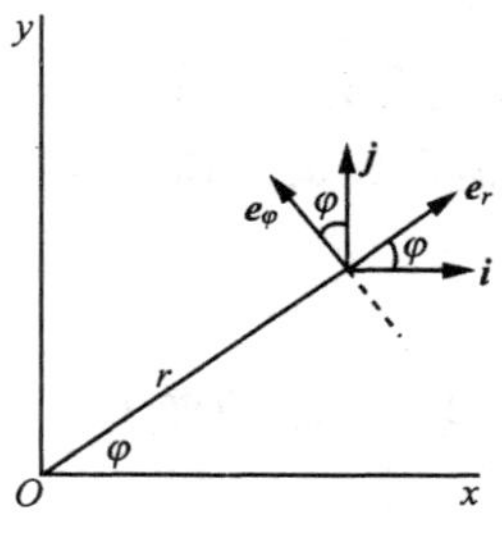

图 1.2.2

$$\boldsymbol{r}(t)=r(t)\boldsymbol{e}_r \tag{1.2.9}$$

可对(1.2.9)式对 t 求导得到 $\boldsymbol{v}$ 和 $\boldsymbol{a}$. 其中

$$\frac{\mathrm{d}\boldsymbol{e}_r}{\mathrm{d}t}=\lim_{\Delta t\to 0}\frac{\boldsymbol{e}_r(t+\Delta t)-\boldsymbol{e}_r(t)}{\Delta t}$$

$$\left|\frac{\mathrm{d}\boldsymbol{e}_r}{\mathrm{d}t}\right|=\lim_{\Delta t\to 0}\frac{1\cdot 2\sin\left(\frac{1}{2}\Delta\varphi\right)}{\Delta t}$$

$$=\lim_{\Delta t\varphi\to 0}\frac{2\sin\left(\frac{1}{2}\Delta\varphi\right)}{2\cdot\frac{1}{2}\Delta\varphi}\lim_{\Delta t\to 0}\frac{\Delta\varphi}{\Delta t}=\dot{\varphi}$$

当 $\Delta t\to 0$ 时,由极限可知 $\frac{\mathrm{d}\boldsymbol{e}_r}{\mathrm{d}t}$ 的方向将与 $\boldsymbol{e}_r(t)$ 垂直,指向 φ 增大的方向,亦即 $\boldsymbol{e}_\varphi(t)$ 的方向. 故有

$$\frac{\mathrm{d}\boldsymbol{e}_r}{\mathrm{d}t}=\dot{\varphi}\boldsymbol{e}_\varphi \tag{1.2.10}$$

同样可证

$$\frac{\mathrm{d}\boldsymbol{e}_\varphi}{\mathrm{d}t}=-\dot{\varphi}\boldsymbol{e}_r \tag{1.2.11}$$

也可从 $\boldsymbol{v}$、$\boldsymbol{a}$ 的直角坐标表示式用坐标变换关系:

$$x=r\cos\varphi,\ y=r\sin\varphi$$

及两坐标系的单位矢量间的关系:

$$\boldsymbol{i}=\cos\varphi\boldsymbol{e}_r-\sin\varphi\boldsymbol{e}_\varphi$$

$$\boldsymbol{j}=\sin\varphi\boldsymbol{e}_r+\cos\varphi\boldsymbol{e}_\varphi$$

得到 $\boldsymbol{v}$、$\boldsymbol{a}$ 的平面极坐标表达式:

$$\boldsymbol{v}=\dot{r}\boldsymbol{e}_r+r\dot{\varphi}\boldsymbol{e}_\varphi \tag{1.2.12}$$

$$\boldsymbol{a}=(\ddot{r}-r\dot{\varphi}^2)\boldsymbol{e}_r+(r\ddot{\varphi}+2\dot{r}\dot{\varphi})\boldsymbol{e}_\varphi \tag{1.2.13}$$

通常把 $\dot{r}\boldsymbol{e}_r$ 称为径向速度,$r\dot{\varphi}\boldsymbol{e}_\varphi$ 称为横向速度. 把 $\dot{r}$ 和 $r\dot{\varphi}$ 分别称为速度的径向分量和横向分量. 称 $\ddot{r}-r\dot{\varphi}^2$ 为加速度的径向分量等等. 要注意,径向速度的时间变

化率不等于径向加速度,横向速度的时间变化率也不等于横向加速度.原因在于 $\boldsymbol{e}_r$、$\boldsymbol{e}_\varphi$ 的方向随着质点位置的变化而变化.还需注意 $\dot{r}$ 与 $|\dot{\boldsymbol{r}}|$ 有不同的物理意义,r 是质点到原点的距离,可称为矢径,$\dot{r}$ 是矢径的时间变化率,是速度的径向分量,而 $\boldsymbol{r}$ 是位矢,其大小为矢径,$\dot{\boldsymbol{r}}$ 是位矢的时间变化率,不仅要考虑矢量大小的变化,还要考虑方向的变化.$|\dot{\boldsymbol{r}}|$ 则是速度矢量的大小,它等于 $\sqrt{\dot{r}^2 + r^2\dot{\varphi}^2}$ 这些都是初学者容易出错之处.

柱坐标系

柱坐标只是平面极坐标加上垂直于此平面的 z 轴,但需将平面极坐标中坐标 r 改用符号 ρ,以免与矢径 r 相混淆.由此可立即写出:

$$\boldsymbol{v} = \dot{\rho}\boldsymbol{e}_\rho + \rho\dot{\varphi}\boldsymbol{e}_\varphi + \dot{z}\boldsymbol{k} \tag{1.2.14}$$

$$\boldsymbol{a} = (\ddot{\rho} - \rho\dot{\varphi}^2)\boldsymbol{e}_\rho + (\rho\ddot{\varphi} + 2\dot{\rho}\dot{\varphi})\boldsymbol{e}_\varphi + \ddot{z}\boldsymbol{k} \tag{1.2.15}$$

*3. 球坐标系

用球坐标系,P 点的三个坐标为 r、θ、φ,相应的三个单位矢量(基矢)为 $\boldsymbol{e}_r$、$\boldsymbol{e}_\theta$、$\boldsymbol{e}_\varphi$,如图 1.2.3 所示.图中 $\overline{PQ} \perp xy$ 平面,Q 点及 $\boldsymbol{e}'_\varphi$ 在 xy 平面上,$\boldsymbol{e}_\theta$ 在 OPQ 平面上,$\boldsymbol{e}_r$ 沿 OP 方向,$\boldsymbol{e}_\theta \perp \overline{OP}$,$\boldsymbol{e}'_\varphi \perp \overline{OQ}$,$\boldsymbol{e}_\varphi // \boldsymbol{e}'_\varphi$、$\boldsymbol{e}_\varphi$、$\boldsymbol{e}'_\varphi \perp OPQ$ 平面,$\boldsymbol{e}_r$、$\boldsymbol{e}_\theta$、$\boldsymbol{e}_\varphi$ 是互相垂直的.

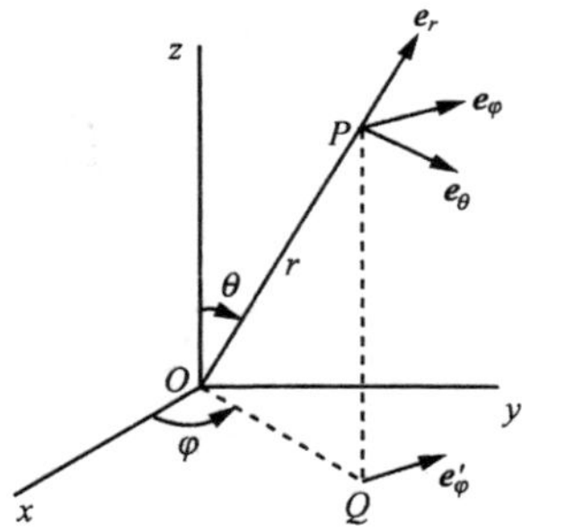

图 1.2.3

用导出平面极坐标速度、加速度分量表示式的第二种办法较方便.

直角坐标和球坐标的坐标变换关系为

$$x = r\sin\theta\cos\varphi$$

$$y = r\sin\theta\sin\varphi$$

$$z = r\cos\theta$$

两种坐标系单位矢量之间的关系为

$$\boldsymbol{i} = \sin\theta\cos\varphi\boldsymbol{e}_r + \cos\theta\cos\varphi\boldsymbol{e}_\theta - \sin\varphi\boldsymbol{e}_\varphi$$

$$\boldsymbol{j} = \sin\theta\sin\varphi\boldsymbol{e}_r + \cos\theta\sin\varphi\boldsymbol{e}_\theta + \cos\varphi\boldsymbol{e}_\varphi$$

$$\boldsymbol{k} = \cos\theta\boldsymbol{e}_r - \sin\theta\boldsymbol{e}_\theta$$

可得

$$v = \dot{r}e_r + r\dot{\theta}e_\theta + r\dot{\varphi}\sin\theta e_\varphi \tag{1.2.14'}$$

$$a = a_r e_r + a_\theta e_\theta + a_\varphi e_\varphi$$

其中

$$a_r = \ddot{r} - r\dot{\theta}^2 - r\dot{\varphi}^2\sin^2\theta$$

$$a_\theta = r\ddot{\theta} + 2\dot{r}\dot{\theta} - r\dot{\varphi}^2\sin\theta\cos\theta$$

$$a_\varphi = r\ddot{\varphi}\sin\theta + 2\dot{r}\dot{\varphi}\sin\theta + 2r\dot{\theta}\dot{\varphi}\cos\theta \tag{1.2.15'}$$

也可以用对 $\boldsymbol{r} = r\boldsymbol{e}_r$ 直接求导得到，其中$\frac{d\boldsymbol{e}_r}{dt}$、$\frac{d\boldsymbol{e}_\theta}{dt}$和$\frac{d\boldsymbol{e}_\varphi}{dt}$可从两坐标系单位矢量之间的关系两边对 t 求导后解联立方程获得.

例 1.2.1 一个质点 P 在平面 $Ox'y'$ 内以恒定的角速度 ω 围绕 x' 轴上的 A 点作半径为 r_0 的圆周运动，此平面又在其自身平面内以恒定的角速度 Ω 围绕 O 点转动. OA 的距离为 R. 设 $t=0$ 时，P、A、O 在一条直线上，求质点 P 的速度和加速度.

解 取静坐标系 Oxy，x 轴与 $t=0$ 时 P、A、O 所在的直线重合，则 t 时刻 P 点以及固连于动平面的 $Ox'y'$ 坐标系的位置如图 1.2.4 所示. 可直接写出在任意时刻 t 时 P 点的 x、y 坐标. 用对 t 求导的办法得速度和加速度：

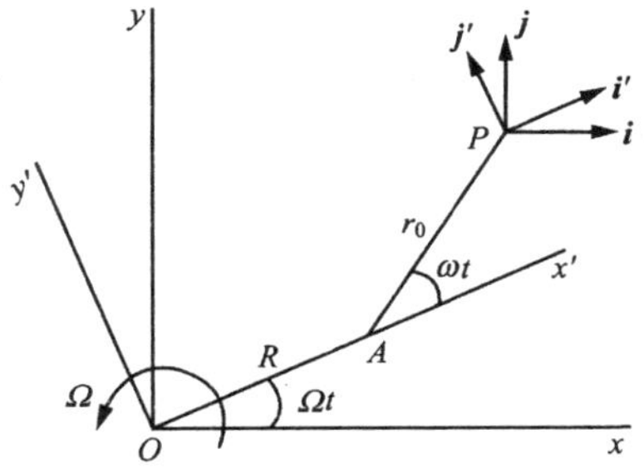

图 1.2.4

$$x(t) = R\cos\Omega t + r_0\cos(\Omega + \omega)t$$

$$y(t) = R\sin\Omega t + r_0\sin(\Omega + \omega)t$$

$$\boldsymbol{v} = \dot{x}\boldsymbol{i} + \dot{y}\boldsymbol{j}$$

$$= [-R\Omega\sin\Omega t - r_0(\Omega + \omega)\sin(\Omega + \omega)t]\boldsymbol{i}$$

$$+ [R\Omega\cos\Omega t + r_0(\Omega + \omega)\cos(\Omega + \omega)t]\boldsymbol{j}$$

$$v = \sqrt{\dot{x}^2 + \dot{y}^2} = [R^2\Omega^2 + r_0^2(\Omega + \omega)^2 + 2Rr_0\Omega(\Omega + \omega)\cos\omega t]^{1/2}$$

$\boldsymbol{v}$ 与 x 轴的夹角

$$\alpha = \arccos\frac{v_x}{v} = \cos\left\{-\frac{R\Omega\sin\Omega t + r_0(\Omega + \omega)\sin(\Omega + \omega)t}{[R^2\Omega^2 + r_0^2(\Omega + \omega)^2 + 2Rr_0\Omega(\Omega + \omega)\cos\omega t]^{1/2}}\right\}$$

以下求 $\boldsymbol{a}$ 略.

如要用图中选取的动坐标系 $Ox'y'$来表示 $\boldsymbol{v}$ 和 $\boldsymbol{a}$,只要找出静坐标系的单位矢量 $\boldsymbol{i}$、$\boldsymbol{j}$ 与动坐标系的单位矢量 $\boldsymbol{i}'$、$\boldsymbol{y}'$的关系即可.

不难得到,在 t 时刻,

$$\boldsymbol{i} = \cos\Omega t\boldsymbol{i}' - \sin\Omega t\boldsymbol{j}'$$

$$\boldsymbol{j} = \sin\Omega t\boldsymbol{i}' + \cos\Omega t\boldsymbol{j}'$$

可得

$$\boldsymbol{v} = -r_0(\Omega + \omega)\sin\omega t\boldsymbol{i}' + [R\Omega + r_0(\Omega + \omega)\cos\omega t]\boldsymbol{j}'$$

例 1.2.2　一质点沿直线运动,其加速度为 $a = At - B^2x$,其中 A、B 均为常量. 当 $t = 0$ 时,$x = 0$,$\dot{x} = 0$. 求质点的运动学方程.

解　$\ddot{x} = At - B^2x$

这是一个非齐次线性常微分方程,其通解等于相应的齐次微分方程的通解加上非齐次方程的一个特解. 不难看出

$$x = \frac{A}{B^2}t$$

是非齐次方程的一个特解.

相应的齐次方程为

$$\ddot{x} + B^2x = 0$$

其通解为

$$x = c_1\sin Bt + c_2\cos Bt$$

非齐次方程的通解为

$$x = \frac{A}{B^2}t + c_1\sin Bt + c_2\cos Bt$$

由初条件 $t=0$ 时 $x=0$、$\dot{x}=0$ 定 c_1、c_2，结果为

$$x = \frac{A}{B^3}(Bt - \sin Bt).$$

例 1.2.3 一个质点在一段时间内，以恒定的径向速度分量 $\dot{r}=-c$（c 为正值常量）沿心形线 $r=b(1+\cos\varphi)$（b 为正值常量）运动. 设 $t=0$ 时，$r=2b$，$\varphi=0$. 求此段时间内质点的运动学方程、速度和加速度.

解

$$r=b(1+\cos\varphi)$$

$$\dot{r} = -b\sin\varphi\cdot\dot{\varphi} = -c$$

对 $\dot{r}=-c$ 积分，并用初条件 $t=0$，$r=2b$ 得

$$r = -ct + 2b$$

再对 $-b\sin\varphi\dot{\varphi}=-c$ 积分，用初条件 $t=0$，$\varphi=0$，

$$\int_0^{\varphi}\sin\varphi\mathrm{d}\varphi = \int_0^t \frac{c}{b}\mathrm{d}t$$

可得

$$\varphi = \arccos\left(1-\frac{c}{b}t\right)$$

运动学方程为

$$\begin{cases} r = 2b - ct \\ \varphi = \arccos\left(1-\dfrac{c}{b}t\right), \qquad 0\leqslant t\leqslant \dfrac{2b}{c} \end{cases}$$

$$\ddot{r} = 0$$

$$\ddot{\varphi} = -\frac{c}{b\sin^2\varphi}\cos\varphi\cdot\dot{\varphi} = -\frac{c^2\cos\varphi}{b^2\sin^3\varphi} = -\frac{c^2(b-ct)}{[ct(2b-ct)]^{3/2}}$$

其中

$$\sin\varphi = \sqrt{1-\cos^2\varphi} = \sqrt{\frac{2c}{b}t - \frac{c^2}{b^2}t^2} = \frac{1}{b}\sqrt{ct(2b-ct)}$$

上式开方时只取正值，是因为在此时间段内 $\dot{r}<0$，φ 处于第一、二象限，其正弦为非负数.

$$\dot{\varphi} = \frac{c}{b\sin\varphi} = \frac{c}{\sqrt{ct(2b - ct)}}$$

将 r、$\dot{r}$、$\dot{\varphi}$、$\ddot{\varphi}$ 代入 $\boldsymbol{v}$、$\boldsymbol{a}$ 的径向、横向分量表示式,可得

$$\boldsymbol{v} = -ce_r + \frac{\sqrt{ct(2b - ct)}}{t}\boldsymbol{e}_\varphi$$

$$\boldsymbol{a} = -\frac{c}{t}\boldsymbol{e}_r - \frac{c(b + ct)}{t\sqrt{ct(2b - ct)}}\boldsymbol{e}_\varphi$$

方法二在得到 $r(t)$、$\dot{\varphi}(t)$后也可用对 $\boldsymbol{r} = r(t)\boldsymbol{e}_r$ 求导的办法得 $\boldsymbol{v}$ 和 $\boldsymbol{a}$. 求导时需用$\frac{\mathrm{d}\boldsymbol{e}_r}{\mathrm{d}t} = \dot{\varphi}\boldsymbol{e}_\varphi$, $\frac{\mathrm{d}\boldsymbol{e}_\varphi}{\mathrm{d}t} = -\dot{\varphi}\boldsymbol{e}_r$.

4. 自然坐标、切向加速度和法向加速度

三维空间的矢量可以按任何一组相互独立的三个单位矢量来分解. 通常取三个互相垂直的单位矢量作为基矢. 除了上述的几种取法以外,还可以取 $\boldsymbol{\tau}$、$\boldsymbol{n}$、$\boldsymbol{b}$ 三个互相垂直的单位矢量为基矢. $\boldsymbol{\tau}$ 沿质点运动轨道的正方向, $\boldsymbol{n}$ 在密切平面(由质点所在点及前后无限接近于该点的两点决定的平面)上、与 $\boldsymbol{\tau}$ 垂直、指向轨道曲线的凹侧, $\boldsymbol{b}$ 与 $\boldsymbol{\tau}$、$\boldsymbol{n}$ 有下列关系: $\boldsymbol{b} = \boldsymbol{\tau} \times \boldsymbol{n}$, $\boldsymbol{\tau}$、$\boldsymbol{n}$、$\boldsymbol{b}$ 分别被称为切向、主法线方向(简称法向)和次法线方向的单位矢量.

根据速度是位矢的时间变化率,加速度是速度的时间变化率这两个定义,可以得出结论:速度必沿切向,加速度只能有切向分量和法向分量,不可能有次法向分量($a_b = 0$),而且法向分量 a_n 不能小于零,切向分量 a_τ 可以大于零、等于零,也可以小于零.

$$\boldsymbol{v} = v\boldsymbol{\tau} \tag{1.2.16}$$

$$\boldsymbol{a} = a_\tau\boldsymbol{\tau} + a_n\boldsymbol{n} \tag{1.2.17}$$

v 是速率,

$$v = |\boldsymbol{v}| = \left|\frac{\mathrm{d}\boldsymbol{r}}{\mathrm{d}t}\right| = \frac{|\mathrm{d}\boldsymbol{r}|}{\mathrm{d}t} = \frac{|\mathrm{d}s|}{\mathrm{d}t} \tag{1.2.18}$$

$|\mathrm{d}\boldsymbol{r}|$是 t 到 $t + \mathrm{d}t$ 时间内位移的大小,其几何意义是密切圆(质点在 t 时刻及前后无限接近的两个时刻所处的轨道上三点所决定的圆,即为 t 时刻的密切圆)中的弦长,而$|\mathrm{d}s|$的物理意义是 t 到 $t + \mathrm{d}t$ 时间内的路程,几何意义是密切圆中的弧长.

$$\boldsymbol{a} = \frac{\mathrm{d}\boldsymbol{v}}{\mathrm{d}t} = \frac{\mathrm{d}(v\boldsymbol{\tau})}{\mathrm{d}t} = \frac{\mathrm{d}v}{\mathrm{d}t}\boldsymbol{\tau} + v\frac{\mathrm{d}\boldsymbol{\tau}}{\mathrm{d}t}$$

任何大小不变的矢量的时间变化率必与原矢量垂直. 这是因为

$$\boldsymbol{\tau}\cdot\boldsymbol{\tau}=1$$

两边对 t 求导

$$\boldsymbol{\tau}\cdot\frac{\mathrm{d}\boldsymbol{\tau}}{\mathrm{d}t}=0$$

故有

$$\frac{\mathrm{d}\boldsymbol{\tau}}{\mathrm{d}t}\perp\boldsymbol{\tau}$$

$$\begin{aligned}\left|\frac{\mathrm{d}\boldsymbol{\tau}}{\mathrm{d}t}\right| &= \lim_{\Delta t\to 0}\frac{1\cdot 2\sin\frac{1}{2}\Delta\theta}{\Delta t}\\ &= \lim_{\Delta t\to 0}\frac{\sin\frac{1}{2}\Delta\theta}{\frac{1}{2}\Delta\theta}\cdot\frac{\Delta\theta}{\theta t}\\ &= \lim_{\Delta t\to 0}\frac{\Delta\theta}{\theta s}\frac{\Delta s}{\theta t}=\lim_{\Delta t\to 0}\frac{1}{\frac{\Delta s}{\Delta\theta}}\frac{\Delta s}{\Delta t}=\frac{v}{\rho}\end{aligned}$$

上述计算参看图 1.2.5，图中 $\overset{\frown}{AB}$ 是密切圆的一部分，$OA=\rho$ 是密切圆的半径，O 是密切圆的圆心，称为曲率中心.

当 $\Delta t\to 0$ 时，$\Delta\theta\to 0$，$\Delta\boldsymbol{\tau}$ 的方向 $\to\boldsymbol{n}$ 的方向. 综上所述.

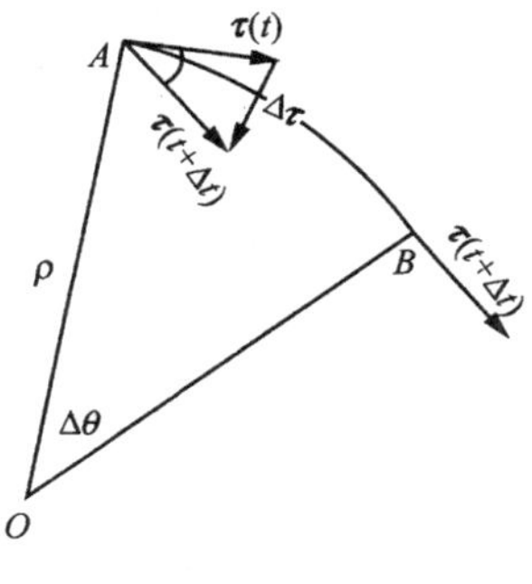

图 1.2.5

$$\frac{\mathrm{d}\boldsymbol{\tau}}{\mathrm{d}t}=\frac{v}{\rho}\boldsymbol{n}$$

代入上述 $\boldsymbol{a}$ 的表达式得

$$\boldsymbol{a}=\frac{\mathrm{d}v}{\mathrm{d}t}\boldsymbol{\tau}+\frac{v^2}{\rho}\boldsymbol{n}\qquad(1.2.19)$$

即

$$a_\tau=\frac{\mathrm{d}v}{\mathrm{d}t},\quad a_n=\frac{v^2}{\rho},\quad a_b=0\qquad(1.2.19')$$

切向加速度只反映速度大小的变化，不反映速度方向的变化，法向加速度只反映速度方向的变化，不反映速度大小的变化，两者一起才全面反映速度变化的快慢. 不难理解，因以上(1.2.16)～(1.2.19′)式也适用于质点在三维空间中的运动，不仅密切圆的半径、曲率中心可以随时间而变化，而且密切平面也可以随时间而变化.

$$a=\sqrt{a_\tau^2+a_n^2}=\sqrt{\left(\frac{\mathrm{d}v}{\mathrm{d}t}\right)^2+\frac{v^4}{\rho^2}}\qquad(1.2.20)$$

速度与加速度之间的夹角

$$\alpha = \arctan\frac{a_n}{a_\tau} = \arctan\left(\frac{v^2}{\rho}\bigg/\frac{\mathrm{d}v}{\mathrm{d}t}\right) \tag{1.2.21}$$

若$\frac{\mathrm{d}v}{\mathrm{d}t}>0$，$\alpha$ 为锐角，若$\frac{\mathrm{d}v}{\mathrm{d}t}<0$，$\alpha$ 为钝角.

这样选取的坐标是由质点的运动自然地决定的，因此称它为自然坐标是适宜的.

例 1.2.4　若质点的运动轨道为 $r=f(\varphi)$，(r，φ 为极坐标)求轨道上各点的曲率半径.

解　$\dot{r}=f'(\varphi)\dot{\varphi}$，其中 f' 表示$\frac{\mathrm{d}f}{\mathrm{d}\varphi}$.

$$v = \sqrt{\dot{r}^2 + r^2\dot{\varphi}^2} = |\dot{\varphi}|\sqrt{f'^2 + f^2}$$

$$\ddot{r} = f''(\varphi)\dot{\varphi}^2 + f'(\varphi)\ddot{\varphi}$$

$$a_r = \ddot{r} - r\dot{\varphi}^2 = f''\dot{\varphi}^2 + f'\ddot{\varphi} - f\dot{\varphi}^2$$

$$a_\varphi = r\ddot{\varphi} + 2\dot{r}\dot{\varphi} = f\ddot{\varphi} + 2f'\dot{\varphi}^2$$

$$a_\tau = \frac{\mathrm{d}v}{\mathrm{d}t} = \pm\frac{1}{\sqrt{f'^2 + f^2}}(f'f''\dot{\varphi}^2 + ff'\dot{\varphi}^2 + f'^2\ddot{\varphi} + f^2\ddot{\varphi})$$

当 $\dot{\varphi}>0$ 时取 + 号，$\dot{\varphi}<0$ 时取 − 号.

$$a_n^2 = a_r^2 + a_\varphi^2 - a_\tau^2 = \frac{\dot{\varphi}^4}{f'^2 + f^2}(f^2 - ff'' + 2f'^2)^2$$

$$\rho = \frac{v^2}{a_n} = \frac{(f'^2 + f^2)^{3/2}}{|f^2 + 2f'^2 - ff''|}$$

§1.3　相 对 运 动

讲相对运动是出于两方面的需要：一方面是来自运动学方面的需要，我们要在某一参考系中描述质点的运动，这个运动比较复杂. 如果能找到另一个参考系，质点相对于该参考系的运动比较容易描述，该参考系对最终要采用的参考系的运动也是容易描述的，则我们可以借助相对运动的理论在最终要采用的参考系中描述该质点的运动. 例如自行车沿直线作匀速运动，车轮上一点的运动轨道是比较复杂的圆滚线，自行车对地的运动是匀速运动，车轮上一点对自行车是匀速率圆周运动，由相对运动的理论可以得到车轮上一点对地的运动；另一方面是来自动力学方面的需要，我们在一个参考系中可以用理论建立动力学方程，而我们却要在另一个不能用已有理论的参考系中处理它，如果后一参考系对前一参考系的运动是已知的，我们可以由相对运动的理论导出在后一个参考系中适用的理论.

1. 绝对运动、相对运动和牵连运动

上面已经指出在相对运动问题中涉及两个有相对运动的参考系.其中一个被视为静止的，为静参考系，另一个则视为运动的，为动参考系.质点相对于静参考系的运动，称为绝对运动，相对于动参考系的运动，称为相对运动.质点即使对动参考系静止，由于动参考系对静参考系是运动的，质点对静参考系也是运动的.这种受动参考系牵连，在静参考系中看到的运动，称为牵连运动.与此相对应，质点相对于静参考系的速度、加速度分别称为绝对速度、绝对加速度，质点相对于动参考系的速度、加速度分别称为相对速度、相对加速度.若质点相对于动参考系没有运动，由于动参考系对静参考系运动，在静参考系中看到的质点的速度和加速度，称为牵连速度和牵连加速度.相对运动的理论就是关于这三个速度之间、这三个加速度之间的关系的理论.

在运动学中，两个参考系哪个看作静的哪个看作动的是随意的.三个运动中只要知道其中两个，就可以知道第三个.未知的运动可以是绝对运动，可以是相对运动，也可以是牵连运动.还有可能三种运动中都有已知的分量和未知的分量，例如质点的三维运动，三个速度有九个分量，只要知道其中相互独立的六个，就能求出另外三个.

下面我们就动参考系对静参考系的运动的不同情况分别予以讨论.

2. 动参考系只作平动的情况

我们在两个参考系中都取一个固连于自己的直角坐标系.在这种情况下，坐标系也是参考系.如果动系运动时，固连于它的坐标系的三个坐标轴分别保持与自己平行，我们说动系在作平动.注意作平动并不意味着一定作直线运动.

设 S 系为静系，S' 系为动系.为方便计，分别取的两个坐标系 $Oxyz$ 和 $O'x'y'z'$，使 x'、y'、z' 轴分别与 x、y、z 轴平行，由于动系作平动，始终保持着这种平行.如图 1.3.1 所示.

位于 P 点的质点对 S 系的位矢为 $\boldsymbol{r}$，对 S' 系的位矢为 $\boldsymbol{r}'$.它们之间有关系：

$$\boldsymbol{r}=\boldsymbol{r}_{O'}+\boldsymbol{r}'$$

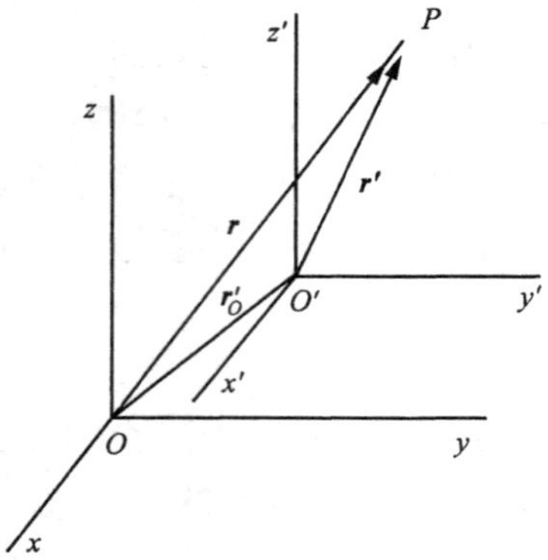

图 1.3.1

其中 $\boldsymbol{r}_{O'}$ 是动系原点 O' 对 S 系的位矢(参看图 1.3.1).

质点运动时,$\boldsymbol{r}$、$\boldsymbol{r}'$、$\boldsymbol{r}_{O'}$ 都是 t 的函数.根据速度的定义:

$$\boldsymbol{v} = \frac{\mathrm{d}\boldsymbol{r}}{\mathrm{d}t} = \frac{\mathrm{d}\boldsymbol{r}_{O'}}{\mathrm{d}t} + \frac{\mathrm{d}\boldsymbol{r}'}{\mathrm{d}t} = \boldsymbol{v}_{O'} + \boldsymbol{v}' \tag{1.3.1}$$

其中 $\boldsymbol{v}$ 是绝对速度,$\boldsymbol{v}'$ 是相对速度,$\boldsymbol{v}_{O'}$ 是动系原点 O' 点的绝对速度,在动系作平动的情况下也是质点所处的固连于 S' 系上的 P 点的绝对速度即牵连速度,证明如下

$$\boldsymbol{r}_p = \boldsymbol{r}_{O'} + \boldsymbol{r}'_{\mathrm{p}},$$

$$\boldsymbol{v}_{\mathrm{p}} = \frac{\mathrm{d}\boldsymbol{r}_{\mathrm{p}}}{\mathrm{d}t} = \frac{\mathrm{d}\boldsymbol{r}_{O'}}{\mathrm{d}t} + \frac{\mathrm{d}\boldsymbol{r}'_{\mathrm{p}}}{\mathrm{d}t} = \frac{\mathrm{d}\boldsymbol{r}_{O'}}{\mathrm{d}t} = \boldsymbol{v}_{O'}$$

$\boldsymbol{v}_{\mathrm{p}}$ 是质点所在的固连于 S' 系中的 P 点的绝对速度即牵连速度,由于它固连于 S' 系,故 $\frac{\mathrm{d}\boldsymbol{r}_{\mathrm{p}'}}{\mathrm{d}t}=0$.(1.3.1)式也可写成

$$\boldsymbol{v} = \boldsymbol{v}_{\mathrm{p}} + \boldsymbol{v}' \quad 或 \quad \boldsymbol{v} = \boldsymbol{v}_{\mathrm{e}} + \boldsymbol{v}_{\mathrm{r}} \tag{1.3.1$'$}$$

$\boldsymbol{v}_{\mathrm{e}}$ 表示质点所在的 S' 系上的那点的绝对速度,对质点而言则为牵连速度,$\boldsymbol{v}_{\mathrm{r}}$ 表示相对速度.

绝对速度等于相对速度和牵连速度的矢量和.

同样,可得三个加速度之间的关系

$$\boldsymbol{a}=\frac{\mathrm{d}\boldsymbol{v}}{\mathrm{d}t}=\frac{\mathrm{d}\boldsymbol{v}_{O'}}{\mathrm{d}t}+\frac{\mathrm{d}\boldsymbol{v}'}{\mathrm{d}t}=\boldsymbol{a}_{O'}+\boldsymbol{a}' \tag{1.3.2}$$

或写作

$$\boldsymbol{a}=\boldsymbol{a}_{\mathrm{e}}+\boldsymbol{a}_{\mathrm{r}} \tag{1.3.2$'$}$$

$\boldsymbol{a}$ 是绝对加速度，$\boldsymbol{a}'$或 $\boldsymbol{a}_{\mathrm{r}}$ 是相对加速度，$\boldsymbol{a}_{O'}$ 或 $\boldsymbol{a}_{\mathrm{e}}$ 是此刻固连于作平动的 S'系上的任何点的绝对加速度，因而也是质点的牵连加速度.

在动系作平动的情况下，绝对加速度等于相对加速度和牵连加速度的矢量和.

例 1.3.1 带有雷达探测装置的飞机 A 在图 1.3.2 所示位置测得飞机 B 在前上方 $\varphi=30°$处，此时飞机 A 以 1000km/h 的速度并以每秒钟 1.2m/s 的速率加速作水平直线飞行. 飞机 B 在与飞机 A 处在同一铅垂平面内但高出 6km 的高空以 $v_B=1500$km/h 的恒定速度沿平行直线飞行. 雷达能自动跟踪. 求图示时刻的 $\ddot{r}$ 和 $\ddot{\varphi}$ 值.

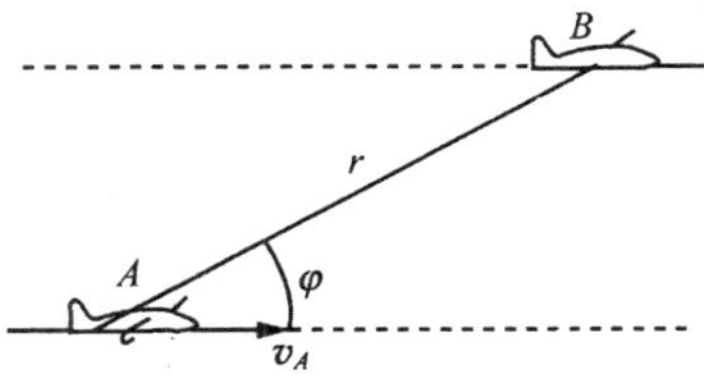

图 1.3.2

解 以飞机 A 为动参考系，取固连于它的极坐标 r、φ. 在此时，

$$\boldsymbol{v}_{\mathrm{e}}=v_A=(\cos30°\boldsymbol{e}_r-\sin30°\boldsymbol{e}_\varphi)$$

$$\boldsymbol{a}_{\mathrm{e}}=a_A(\cos30°\boldsymbol{e}_r-\sin30°\boldsymbol{e}_\varphi)$$

飞机 B 的绝对速度、绝对加速度分别为

$$\boldsymbol{v}_B=v_B(\cos30°\boldsymbol{e}_r-\sin30°\boldsymbol{e}_\varphi)$$

$$\boldsymbol{a}_B=0$$

飞机 B 的相对速度和相对加速度可表示为

$$\boldsymbol{v}_{\mathrm{r}}=\dot{r}\boldsymbol{e}_r+r\dot{\varphi}\boldsymbol{e}_\varphi$$

$$\boldsymbol{a}_{\mathrm{r}}=(\ddot{r}-r\dot{\varphi}^2)\boldsymbol{e}_r+(r\ddot{\varphi}+2\dot{r}\dot{\varphi})\boldsymbol{e}_\varphi$$

由(1.3.1′)和(1.3.2′)式有

$$\boldsymbol{v}_B = \boldsymbol{v}_{\mathrm{r}} + \boldsymbol{v}_{\mathrm{e}},\ \boldsymbol{a}_B = \boldsymbol{a}_{\mathrm{r}} + \boldsymbol{a}_{\mathrm{e}}$$

按径向、横向列上述两式的分量方程,可得

$$\dot{r} = v_A\cos30^\circ = v_B\cos30^\circ$$

$$r\dot{\varphi} - v_A\sin30^\circ = -v_B\sin30^\circ$$

$$\ddot{r} - r\dot{\varphi}^2 + a_A\cos30^\circ = 0$$

$$r\ddot{\varphi} + 2\dot{r}\dot{\varphi} - a_A\sin30^\circ = 0$$

代入 $v_A = 1000\mathrm{km/h} = 277.8\mathrm{m/s}$, $v_B = 1500\mathrm{km/h} = 416.7\mathrm{m/s}$, $a_A = 1.2\mathrm{m/s^2}$, $r = \frac{6}{\sin30^\circ}\mathrm{km} = 1.2\times10^4\mathrm{m}$,依次可解得 $\dot{r} = 120.3\mathrm{m/s}$, $\dot{\varphi} = -5.79\times10^{-3}\mathrm{rad/s}$, $\ddot{r} = 1.44\mathrm{m/s^2}$, $\ddot{\varphi} = 1.66\times10^{-4}\mathrm{rad/s^2}$.

3. 动参考系只作转动的情况

动系只作转动是指动参考物有一固定点把这固定点取为动坐标系和静坐标系的共同原点 O 是最方便的.动系围绕通过原点 O 的轴以角速度 $\boldsymbol{\omega}$ 转动(对静系而言),这个轴不一定固定,ω 也可随时间而变.

用静坐标系表达角速度,

$$\boldsymbol{\omega} = \omega_x\boldsymbol{i} + \omega_y\boldsymbol{j} + \omega_z\boldsymbol{k}$$

用动坐标系表达,则为

$$\boldsymbol{\omega} = \omega_{x'}\boldsymbol{i}' + \omega_{y'}\boldsymbol{j}' + \omega_{z'}\boldsymbol{k}'$$

$\boldsymbol{\omega}$ 是 t 的函数,ω_x、ω_y、ω_z、$\omega_{x'}$、$\omega_{y'}$、$\omega_{z'}$都是 t 的函数,$\boldsymbol{i}'$、$\boldsymbol{j}'$、$\boldsymbol{k}'$也是 t 的函数,$\boldsymbol{i}$、$\boldsymbol{j}$、$\boldsymbol{k}$ 是恒矢量.

在动系作转动的情况下,$\boldsymbol{i}'$、$\boldsymbol{j}'$、$\boldsymbol{k}'$对 $\boldsymbol{i}$、$\boldsymbol{j}$、$\boldsymbol{k}$ 的方向余弦是随时间变化的.像角速度 $\boldsymbol{\omega}$ 一样,各个矢量都有一个用静坐标系的单位矢量还是用动坐标系的单位矢量来表达的问题①.

动系作转动较之动系作平动,还有两点不同之处需加说明:

(1) 矢量 $\boldsymbol{A}$ 对时间的绝对微商$\frac{\mathrm{d}\boldsymbol{A}}{\mathrm{d}t}$不再等于矢量 $\boldsymbol{A}$ 对时间的相对微商.

---

① 动系作平动时,如采用柱坐标、球坐标等非直角坐标,也有同样问题.

绝对微商是取静参考系时所作的微商,相对微商是取动参考系时所作的微商.这和绝对运动、相对运动,绝对速度、相对速度,绝对加速度、相对加速度与参考系的关系是完全一样的.

$$\boldsymbol{A} = A_x\boldsymbol{i} + A_y\boldsymbol{j} + A_z\boldsymbol{k}\text{(用静系表达)}$$

$$\boldsymbol{A} = A_{x'}\boldsymbol{i}' + A_{y'}\boldsymbol{j}' + A_{z'}\boldsymbol{k}'\text{(用动系表达)}$$

两式均对时间求导,或者说对时间求绝对微商,

$$\frac{\mathrm{d}\boldsymbol{A}}{\mathrm{d}t} = \frac{\mathrm{d}A_x}{\mathrm{d}t}\boldsymbol{i} + \frac{\mathrm{d}A_y}{\mathrm{d}t}\boldsymbol{j} + \frac{\mathrm{d}A_z}{\mathrm{d}t}\boldsymbol{k}$$

$$\begin{aligned}\frac{\mathrm{d}\boldsymbol{A}}{\mathrm{d}t} &= \frac{\mathrm{d}A_{x'}}{\mathrm{d}t}\boldsymbol{i}' + A_{x'}\frac{\mathrm{d}\boldsymbol{i}'}{\mathrm{d}t} + \frac{\mathrm{d}A_{y'}}{\mathrm{d}t}\boldsymbol{j}' + A_{y'}\frac{\mathrm{d}\boldsymbol{j}'}{\mathrm{d}t} + \frac{\mathrm{d}A_{z'}}{\mathrm{d}t}\boldsymbol{k}' + A_{z'}\frac{\mathrm{d}\boldsymbol{k}'}{\mathrm{d}t}\\ &= \frac{\mathrm{d}A_{x'}}{\mathrm{d}t}\boldsymbol{i}' + \frac{\mathrm{d}A_{y'}}{\mathrm{d}t}\boldsymbol{j}' + \frac{\mathrm{d}A_{z'}}{\mathrm{d}t}\boldsymbol{k}' + A_{x'}\frac{\mathrm{d}\boldsymbol{i}'}{\mathrm{d}t} + A_{y'}\frac{\mathrm{d}\boldsymbol{j}'}{\mathrm{d}t} + A_{z'}\frac{\mathrm{d}\boldsymbol{k}'}{\mathrm{d}t}\end{aligned}$$

对静系而言,$\boldsymbol{i}$、$\boldsymbol{j}$、$\boldsymbol{k}$ 是恒矢量,$\frac{\mathrm{d}\boldsymbol{i}}{\mathrm{d}t}$、$\frac{\mathrm{d}\boldsymbol{j}}{\mathrm{d}t}$、$\frac{\mathrm{d}\boldsymbol{k}}{\mathrm{d}t}$均为零.同样,对动系而言,$\boldsymbol{i}'$、$\boldsymbol{j}'$、$\boldsymbol{k}'$是恒矢量,如用$\frac{\tilde{\mathrm{d}}}{\mathrm{d}t}$表示对时间的相对微商,则$\frac{\tilde{\mathrm{d}}\boldsymbol{i}'}{\mathrm{d}t}$、$\frac{\tilde{\mathrm{d}}\boldsymbol{j}'}{\mathrm{d}t}$、$\frac{\tilde{\mathrm{d}}\boldsymbol{k}'}{\mathrm{d}t}$均为零. $\frac{\mathrm{d}A_{x'}}{\mathrm{d}t}\boldsymbol{i}' + \frac{\mathrm{d}A_{y'}}{\mathrm{d}t}\boldsymbol{j}' + \frac{\mathrm{d}A_{z'}}{\mathrm{d}t}\boldsymbol{k}'$是矢量 $\boldsymbol{A}$ 对时间的相对微商.

$$\frac{\tilde{\mathrm{d}}\boldsymbol{A}}{\mathrm{d}t} = \frac{\mathrm{d}A_{x'}}{\mathrm{d}t}\boldsymbol{i}' + \frac{\mathrm{d}A_{y'}}{\mathrm{d}t}\boldsymbol{j}' + \frac{\mathrm{d}A_{z'}}{\mathrm{d}t}\boldsymbol{k}'$$

其中$\frac{\mathrm{d}A_{x'}}{\mathrm{d}t}$等也可写作$\frac{\tilde{\mathrm{d}}A_{x'}}{\mathrm{d}t}$等.

任何矢量对时间的绝对微商和相对微商有下列关系:

$$\frac{\mathrm{d}\boldsymbol{A}}{\mathrm{d}t} = \frac{\tilde{\mathrm{d}}\boldsymbol{A}}{\mathrm{d}t} + A_{x'}\frac{\mathrm{d}\boldsymbol{i}'}{\mathrm{d}t} + A_{y'}\frac{\mathrm{d}\boldsymbol{j}'}{\mathrm{d}t} + A_{z'}\frac{\mathrm{d}\boldsymbol{k}'}{\mathrm{d}t} \tag{1.3.3}$$

动系作平动时,$\frac{\mathrm{d}\boldsymbol{i}'}{\mathrm{d}t}$等为零,$\frac{\mathrm{d}\boldsymbol{A}}{\mathrm{d}t} = \frac{\tilde{\mathrm{d}}\boldsymbol{A}}{\mathrm{d}t}$,矢量对时间的绝对微商和相对微商没有区别.因此动系作平动,不必引入绝对微商、相对微商的概念,引入也是可以的,(1.3.3)式也适用于动系作平动的情况.

(2) 动参考物上的不同点绝对速度、绝对加速度不同,因而牵连速度、牵连加速度与质点所处的位置有关.

设 P 是动参考物上的一点,它的位矢为

$$\boldsymbol{r} = x'\boldsymbol{i}' + y'\boldsymbol{j}' + z'\boldsymbol{k}'$$

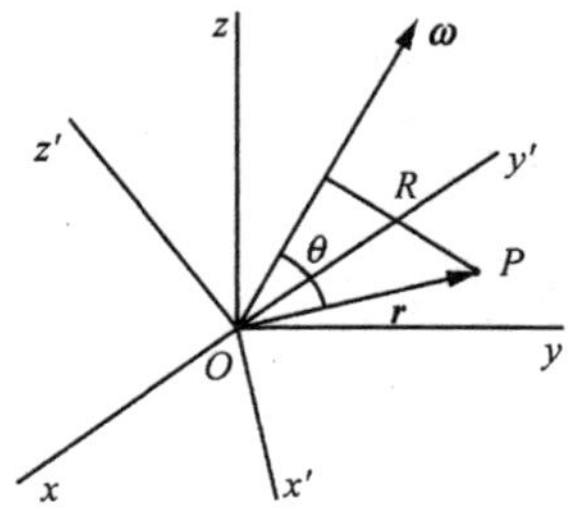

图 1.3.3

在此时刻,P 随动系对静系的角速度为$\boldsymbol{\omega}$,P 点至转轴的垂直距离为 R(见图 1.3.3),P 点的绝对速度即质点位于P 点时的牵连速度的大小

$$|\boldsymbol{v}_e| = \omega R = \omega r \sin\theta$$

它的方向垂直于 $\boldsymbol{\omega}$、$\boldsymbol{r}$ 所张的平面,指向为从 $\boldsymbol{\omega}$ 沿夹角 θ(小于 180°的角)转向 $\boldsymbol{r}$ 螺丝前进的方向.综合其大小和方向,可将 $\boldsymbol{v}_e$ 写成

$$\boldsymbol{v}_e = \boldsymbol{\omega} \times \boldsymbol{r}$$

注意上式中的 $\boldsymbol{r}$ 是动参照物上的固连点的位矢,有$\frac{\mathrm{d}\boldsymbol{r}}{\mathrm{d}t} = \boldsymbol{\omega} \times \boldsymbol{r}$.

当 $\boldsymbol{r} = \boldsymbol{i}'$时有

$$\frac{\mathrm{d}\boldsymbol{i}'}{\mathrm{d}t} = \boldsymbol{\omega} \times \boldsymbol{i}'$$

同样可得

$$\frac{\mathrm{d}\boldsymbol{j}'}{\mathrm{d}t} = \boldsymbol{\omega} \times \boldsymbol{j}',\ \frac{\mathrm{d}\boldsymbol{k}'}{\mathrm{d}t} = \boldsymbol{\omega} \times \boldsymbol{k}'$$

用此法也可以导出柱坐标中的两个关系:

$$\frac{\mathrm{d}\boldsymbol{e}_\rho}{\mathrm{d}t} = \dot{\varphi}\boldsymbol{e}_\varphi,\ \frac{\mathrm{d}\boldsymbol{e}_\varphi}{\mathrm{d}t} = -\dot{\varphi}\boldsymbol{e}_\rho$$

只要把质点所在点至原点的矢径视为动参考系,此动参考系对静参考系作纯转动,此时转动角速度为 $\boldsymbol{\omega} = \dot{\varphi}\boldsymbol{k}$,质点所在点的 $\boldsymbol{e}_\rho$、$\boldsymbol{e}_\varphi$ 均为动系中的固定矢量.用$\frac{\mathrm{d}\boldsymbol{r}}{\mathrm{d}t} = \boldsymbol{\omega} \times \boldsymbol{r}$ 即得

$$\frac{\mathrm{d}\boldsymbol{e}_\rho}{\mathrm{d}t} = \boldsymbol{\omega} \times \boldsymbol{e}_\rho = \dot{\varphi}\boldsymbol{k} \times \boldsymbol{e}_\rho = \dot{\varphi}\boldsymbol{e}_\varphi$$

$$\frac{\mathrm{d}\boldsymbol{e}_\varphi}{\mathrm{d}t} = \boldsymbol{\omega} \times \boldsymbol{e}_\varphi = \dot{\varphi}\boldsymbol{k} \times \boldsymbol{e}_\varphi = -\dot{\varphi}\boldsymbol{e}_\rho$$

将$\frac{\mathrm{d}\boldsymbol{i}'}{\mathrm{d}t} = \boldsymbol{\omega} \times \boldsymbol{i}'$等三式代入(1.3.3)式,则得任何矢量对时间的绝对微商和相对微商的关系.

$$\frac{\mathrm{d}\boldsymbol{A}}{\mathrm{d}t} = \frac{\tilde{\mathrm{d}}\boldsymbol{A}}{\mathrm{d}t} + A_{x'}\boldsymbol{\omega} \times \boldsymbol{i}' + A_{y'}\boldsymbol{\omega} \times \boldsymbol{j}' + A_{z'}\boldsymbol{\omega} \times \boldsymbol{k}'$$

$$= \frac{\tilde{\mathrm{d}}\boldsymbol{A}}{\mathrm{d}t} + \boldsymbol{\omega} \times (A_{x'}\boldsymbol{i}' + A_{y'}\boldsymbol{j}' + A_{z'}\boldsymbol{k}')$$

$$= \frac{\tilde{\mathrm{d}}\boldsymbol{A}}{\mathrm{d}t} + \boldsymbol{\omega} \times \boldsymbol{A} \tag{1.3.4}$$

用(1.3.4)式，令 $\boldsymbol{A} = \boldsymbol{r}$(质点的位矢)，可得动系作纯转动时速度的合成公式. 令 $\boldsymbol{A} = \boldsymbol{v}$(质点的绝对速度)，可得动系作纯转动时加速度的合成公式.

速度合成公式

$$\boldsymbol{v} = \frac{\mathrm{d}\boldsymbol{r}}{\mathrm{d}t} = \frac{\tilde{\mathrm{d}}\boldsymbol{r}}{\mathrm{d}t} + \boldsymbol{\omega} \times \boldsymbol{r} \tag{1.3.5}$$

其中$\frac{\tilde{\mathrm{d}}\boldsymbol{r}}{\mathrm{d}t}$是相对速度，$\boldsymbol{\omega} \times \boldsymbol{r}$ 是牵连速度.(1.3.5)式也可写成

$$\boldsymbol{v}_{\mathrm{r}} = \frac{\tilde{\mathrm{d}}\boldsymbol{r}}{\mathrm{d}t},\ \boldsymbol{v}_{\mathrm{e}} = \boldsymbol{\omega} \times \boldsymbol{r} \tag{1.3.5$'$}$$

计算相对微商，一般采用动坐标系来表达，将 $\boldsymbol{r}$、$\boldsymbol{\omega}$ 的动坐标系表示式代入(1.3.5)式，得

$$\boldsymbol{v} = \dot{x}'\boldsymbol{i}' + \dot{y}'\boldsymbol{j}' + \dot{z}'\boldsymbol{k}' + (\omega_{y'}z' - \omega_{z'}y')\boldsymbol{i}'$$
$$+ (\omega_{z'}x' - \omega_{x'}z')\boldsymbol{j}' + (\omega_{x'}y' - \omega_{y'}x')\boldsymbol{k}'$$

加速度合成公式

$$\boldsymbol{a} = \frac{\mathrm{d}\boldsymbol{v}}{\mathrm{d}t} = \frac{\mathrm{d}\boldsymbol{v}_{\mathrm{r}}}{\mathrm{d}t} + \frac{\mathrm{d}}{\mathrm{d}t}(\boldsymbol{\omega} \times \boldsymbol{r})$$

$$= \frac{\tilde{\mathrm{d}}\boldsymbol{v}_{\mathrm{c}}}{\mathrm{d}t} + \boldsymbol{\omega} \times \boldsymbol{v}_{\mathrm{r}} + \frac{\mathrm{d}\boldsymbol{\omega}}{\mathrm{d}t} \times \boldsymbol{r} + \boldsymbol{\omega} \times \frac{\mathrm{d}\boldsymbol{r}}{\mathrm{d}t}$$

$$= \boldsymbol{a}_{\mathrm{r}} + \boldsymbol{\omega} \times \boldsymbol{v}_{\mathrm{r}} + \frac{\mathrm{d}\boldsymbol{\omega}}{\mathrm{d}t} \times \boldsymbol{r} + \boldsymbol{\omega} \times (\boldsymbol{v}_{\mathrm{r}} + \boldsymbol{\omega} \times \boldsymbol{r})$$

$$= \boldsymbol{a}_{\mathrm{r}} + \frac{\mathrm{d}\boldsymbol{\omega}}{\mathrm{d}t} \times \boldsymbol{r} + \boldsymbol{\omega} \times (\boldsymbol{\omega} \times \boldsymbol{r}) + 2\boldsymbol{\omega} \times \boldsymbol{v}_{\mathrm{r}} \tag{1.3.6}$$

$\boldsymbol{a}$ 是绝对加速度，$\boldsymbol{a}_{\mathrm{r}}$ 是相对加速度，其余三项之和是否是牵连加速度呢？牵连加速度是动参照物上质点所在的那点的绝对加速度，那点是动参照物上的点，必有 $\boldsymbol{v}_{\mathrm{r}}=0$，$\boldsymbol{a}_{\mathrm{r}}=0$.(1.3.6)式当 $\boldsymbol{v}_{\mathrm{r}}=0$、$\boldsymbol{a}_{\mathrm{r}}=0$ 时的 $\boldsymbol{a}$ 即为牵连加速度 $\boldsymbol{a}_{\mathrm{e}}$，故

$$a_e = \frac{d\omega}{dt} \times r + \omega \times (\omega \times r) \tag{1.3.7}$$

可见，一般来讲，在动系对静系有转动时，$a \neq a_r + a_e$，还有附加的加速度，通常称这个附加的加速度为科里奥利加速度（简称科氏加速度），用 a_c 表示，

$$a_c = 2\omega \times v_r \tag{1.3.8}$$

当 $\omega = 0$、$v_r = 0$、$\omega \times v_r = 0$（或 $v_r /\!/ \omega$）三式之一成立时，才有 $a_c = 0$.

(1.3.6)式可写成

$$a = a_r + a_e + a_c \tag{1.3.6'}$$

现在再回过头来对牵连加速度中的两项作说明. $\omega \times (\omega \times r)$ 的方向指向瞬时转轴，称为向轴加速度，在 ω 不随时间变化（包括转轴的方向不变和绕转轴的角速度大小不变）时，牵连加速度只有这一项. $\frac{d\omega}{dt} \times r$ 是 ω 随时间变化时带来的另一部分牵连加速度，在 ω 转轴不变时，它是自然坐标中的切向加速度，$\omega \times (\omega \times r)$ 是法向加速度.

4. 动参考系既有平动又有转动的情况

动系既有平动又有转动的情况是指动系 $O'x'y'z'$ 对静系 $Oxyz$ 的运动可以分解为：$O'x'y'z'$ 系对 $O'x''y''z''$ 系的纯转动，两坐标系始终有共同的原点 O'，$O'x''y''z''$ 系对 $Oxyz$ 系作平动，x 轴与 x'' 轴、y 轴与 y'' 轴、z 轴与 z'' 轴分别始终保持平行. 如图 1.3.4 所示.

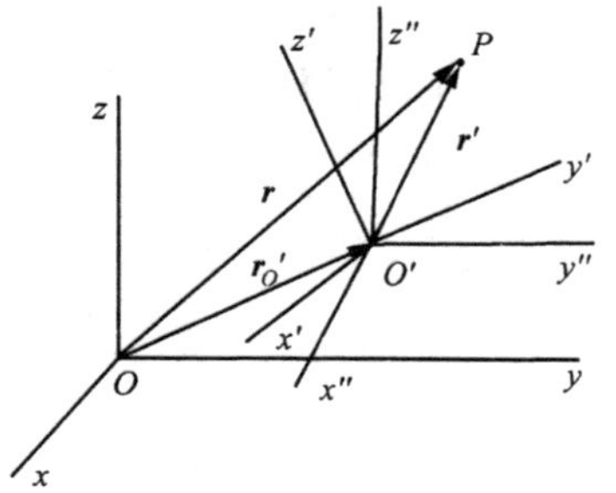

图 1.3.4

可以先把 $O'x''y''z''$ 系视为静系，$O'x'y'z'$ 系为动系，这是动系只作转动的情况，设该时刻转动角速度为 ω. 则用(1.3.5)和(1.3.6)式得

$$v'' = v' + \omega \times r' \tag{1}$$

$$a'' = a' + \frac{d\omega}{dt} \times r' + \omega \times (\omega \times r') + 2\omega \times v' \tag{2}$$

式中 v''、a'' 分别是质点对 $O'x''y''z''$ 系的速度和加速度，v'、a' 分别是质点对 $O'x'y'z'$ 系的速度和加速度.

再把 $Oxyz$ 系视为静系，$O'x''y''z''$ 系为动系，这是动系作平动的情况. 用

(1.3.1)、(1.3.2)式得

$$\boldsymbol{v} = \boldsymbol{v}_{O'} + \boldsymbol{v}'' \tag{3}$$

$$\boldsymbol{a} = \boldsymbol{a}_{O'} + \boldsymbol{a}'' \tag{4}$$

将(1)、(2)式分别代入(3)、(4)式得

$$\boldsymbol{v} = \boldsymbol{v}_{O'} + \boldsymbol{v}' + \boldsymbol{\omega} \times \boldsymbol{r}' \tag{1.3.7$'$}$$

$$\boldsymbol{a} = \boldsymbol{a}_{O'} + \boldsymbol{a}' + \frac{\mathrm{d}\boldsymbol{\omega}}{\mathrm{d}t} \times \boldsymbol{r}' + \boldsymbol{\omega} \times (\boldsymbol{\omega} \times \boldsymbol{r}') + 2\boldsymbol{\omega} \times \boldsymbol{v}' \tag{1.3.8$'$}$$

上述两式中,$\boldsymbol{v}'$是相对速度$\boldsymbol{v}_\mathrm{r}$,$\boldsymbol{v}_{O'} + \boldsymbol{\omega} \times \boldsymbol{r}'$是牵连速度$\boldsymbol{v}_\mathrm{e}$,$\boldsymbol{a}'$是相对加速度$\boldsymbol{a}_\mathrm{r}$, $\boldsymbol{a}_{O'} + \frac{\mathrm{d}\boldsymbol{\omega}}{\mathrm{d}t} \times \boldsymbol{r}' + \boldsymbol{\omega} \times (\boldsymbol{\omega} \times \boldsymbol{r}')$是牵连加速度 $\boldsymbol{a}_\mathrm{e}$. $\boldsymbol{v}_\mathrm{e}$、$\boldsymbol{a}_\mathrm{e}$ 中 $\boldsymbol{v}_{O'}$、$\boldsymbol{a}_{O'}$是由动系的平动引起的,其余部分是由动系的转动引起的. $2\boldsymbol{\omega} \times \boldsymbol{v}'$是科里奥利加速度$\boldsymbol{a}_\mathrm{c}$. 可见

$$\boldsymbol{v} = \boldsymbol{v}_\mathrm{r} + \boldsymbol{v}_\mathrm{e}$$

对动系作任何运动均成立.

$$\boldsymbol{a} = \boldsymbol{a}_\mathrm{r} + \boldsymbol{a}_\mathrm{e} + \boldsymbol{a}_\mathrm{c}$$

也对动系作任何运动均成立.

$$\boldsymbol{a} = \boldsymbol{a}_\mathrm{r} + \boldsymbol{a}_\mathrm{e}$$

只有在动系作平动或动系虽有转动但有 $\boldsymbol{a}_\mathrm{c} = 0$ 时才成立.

(1.3.7)、(1.3.8)式也可由 $\boldsymbol{r} = \boldsymbol{r}_{O'} + \boldsymbol{r}'$对 t 求一阶导数和二阶导数直接得到. 求导时要考虑绝对微商和相对微商. 这些计算作为思考题请读者自己完成.

例 1.3.2 用相对运动理论重解例 1.2.1.

解 用相对运动理论解题首先是如何选取动参考系的问题. 有的可有几种不同的选择. 选定动系后还有用对时间求导的办法、用求导已获得的速度、加速度合成公式或两者都用的办法. 所谓两者都用是指先用速度合成公式再求导得加速度. 如果能写出一段时间内随时间变化的规律,几种办法都可用. 如果只知道某一瞬时或处在某一位置时的有关的量,就只能在此时刻用合成公式. 下面列举几种方法:

方法一,选用以 A 为原点的平动参考系. $t=0$ 时 O、A、P 处于一条直线时,选此直线为 x、x'轴,以后 x'与 x、y'与 y 轴分别保持平行. 图 1.3.5 画出了 t 时刻各坐标系和质点 P 的位置. 由于 $\boldsymbol{i}' = \boldsymbol{i}$, $\boldsymbol{j}' = \boldsymbol{j}$, $\boldsymbol{k}' = \boldsymbol{k}$,动系和静系的基矢完

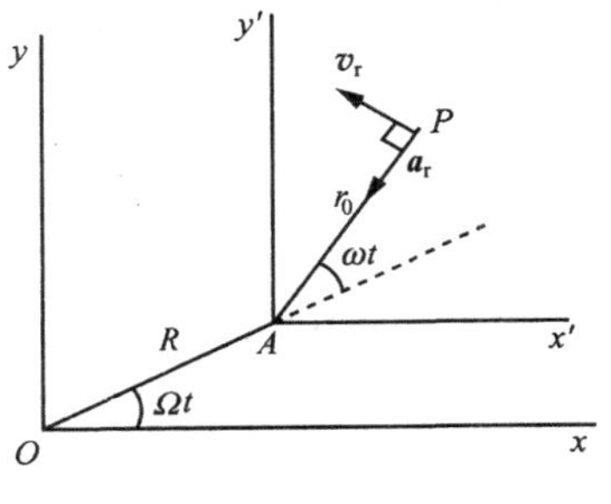

图 1.3.5

全相同,用动系表达和用静系表达有完全相同的形式.

求导的办法实际上和例 1.2.1 的解法没什么不同.这里采用速度、加速度合成公式的办法.

质点在动系中围绕 A 点作半径为 r_0、角速度为 $\Omega+\omega$ 的圆周运动,在 t 时刻,用动系表达.

$$\boldsymbol{v}_{\mathrm{r}}=(\Omega+\omega)r_0[-\sin(\Omega+\omega)t\boldsymbol{i}'+\cos(\Omega+\omega)t\boldsymbol{j}']$$

动系中各点的绝对速度等于 A 点的绝对速度,A 点在静系中围绕 O 点作半径为 R、角速度为 Ω 的圆周运动.

$$\begin{aligned}\boldsymbol{v}_{\mathrm{e}}=\boldsymbol{v}_A&=\Omega\boldsymbol{k}'\times(R\cos\Omega t\boldsymbol{i}'+R\sin\Omega t\boldsymbol{j})\\&=\Omega R(-\sin\Omega t\boldsymbol{i}'+\cos\Omega t\boldsymbol{j}'),\\\boldsymbol{a}_{\mathrm{r}}&=(\Omega+\omega)\boldsymbol{k}'\times\{(\Omega+\omega)\boldsymbol{k}'\times r_0[\cos(\Omega+\omega)t\boldsymbol{i}'+\sin(\Omega+\omega)t\boldsymbol{j}]]\}\\&=-(\Omega+\omega)^2r_0[\cos(\Omega+\omega)t\boldsymbol{i}'+\sin(\Omega+\omega)t\boldsymbol{j}']\\\boldsymbol{a}_{\mathrm{e}}=\boldsymbol{a}_A&=-\Omega^2R(\cos\Omega t\boldsymbol{i}'+\sin\Omega t\boldsymbol{j}')\end{aligned}$$

用静系表达也有同样的表达式.再用 $\boldsymbol{v}=\boldsymbol{v}_{\mathrm{r}}+\boldsymbol{v}_{\mathrm{e}}$ 和 $\boldsymbol{a}=\boldsymbol{a}_{\mathrm{r}}+\boldsymbol{a}_{\mathrm{e}}$,得到与例 1.2.1 同样的结果.

方法二,用例 1.2.1 的图 1.2.4 中的 $Ox'y'z'$ 为动系,这是动系只作转动的情况.

$$\begin{aligned}\boldsymbol{v}_{\mathrm{r}}&=\omega\boldsymbol{k}'\times r_0(\cos\omega t\boldsymbol{i}'+\sin\omega t\boldsymbol{j}')\\&=\omega r_0(-\sin\omega t\boldsymbol{i}'+\cos\omega t\boldsymbol{j}')\\\boldsymbol{v}_{\mathrm{e}}&=\Omega\boldsymbol{k}'\times[(R+r_0\cos\omega t)\boldsymbol{i}'+r_0\sin\omega t\boldsymbol{j}']\\&=\Omega[-r_0\sin\omega t\boldsymbol{i}'+(R+r_0\cos\omega t)\boldsymbol{j}']\end{aligned}$$

这里很容易写出下列错式:

$$\boldsymbol{v}_{\mathrm{e}}=\boldsymbol{v}_A+\boldsymbol{v}_{pA}=\Omega\boldsymbol{k}'\times R\boldsymbol{i}'+\omega\boldsymbol{k}'\times r_0(\cos\omega t\boldsymbol{i}'+\sin\omega t\boldsymbol{j}')$$

错误在于:$\boldsymbol{v}_{\mathrm{e}}$ 必须是质点所在的动系上的那点的绝对速度,上述错式不具有这样的物理意义,右边第一项是 A 点的绝对速度,第二项是质点的相对速度.$\boldsymbol{v}_{pA}$ 这种写法非常含糊,只有把它理解为质点所在动系的 P 点对 A 点的绝对速度才是对的,但还可以作其他种种理解.

$$\boldsymbol{v}=\boldsymbol{v}_{\mathrm{r}}+\boldsymbol{v}_{\mathrm{e}}=-r_0(\Omega+\omega)\sin\omega t\boldsymbol{i}'+[R\Omega+r_0(\Omega+\omega)\cos\omega t]\boldsymbol{j}',$$

$$\boldsymbol{a}_{\mathrm{r}}=-\omega^2 r_0(\cos\omega t\boldsymbol{i}'+\sin\omega t\boldsymbol{j}')$$

$$\boldsymbol{a}_{\mathrm{e}}=\Omega\boldsymbol{k}'\times\{\Omega\boldsymbol{k}'\times[(R+r_0\cos\omega t)\boldsymbol{i}'+r_0\sin\omega t\boldsymbol{j}']\}$$

$$=-\Omega^2[(R+r_0\cos\omega t)\boldsymbol{i}'+r_0\sin\omega t\boldsymbol{j}']$$

$$\boldsymbol{a}_{\mathrm{c}}=2\Omega\boldsymbol{k}'\times\boldsymbol{v}_{\mathrm{r}}=2\Omega\boldsymbol{k}'\times\omega r_0(-\sin\omega t\boldsymbol{i}'+\cos\omega t\boldsymbol{j}')$$

$$=-2\Omega\omega r_0(\cos\omega t\boldsymbol{i}'+\sin\omega t\boldsymbol{j}')$$

$$\boldsymbol{a}=\boldsymbol{a}_{\mathrm{r}}+\boldsymbol{a}_{\mathrm{e}}+\boldsymbol{a}_{\mathrm{c}}$$

$$=[-\Omega^2 R-r_0(\Omega+\omega)^2\cos\omega t]\boldsymbol{i}'-r_0(\Omega+\omega)^2\sin\omega t\boldsymbol{j}'$$

如用

$$\boldsymbol{i}'=\cos\Omega t\boldsymbol{i}+\sin\Omega t\boldsymbol{j},\ \boldsymbol{j}'=-\sin\Omega t\boldsymbol{i}+\cos\Omega t\boldsymbol{j}$$

代入 $\boldsymbol{v}$、$\boldsymbol{a}$ 的式子,可得它们在静系中的表达式,与方法一有完全相同的形式.

方法三,用 A 为原点,OA 方向为 x' 轴的既有平动又有转动的动系.实际上用的动参考系和方法二用的是相同的,而用的动坐标系略有不同.如仍用 $\boldsymbol{i}'$、$\boldsymbol{j}'$、$\boldsymbol{k}'$ 作为基矢,则所有 $\boldsymbol{v}_{\mathrm{r}}$、$\boldsymbol{v}_{\mathrm{e}}$、$\boldsymbol{a}_{\mathrm{r}}$、$\boldsymbol{a}_{\mathrm{e}}$ 的表达式都与方法二相同,如采用固连于动系的柱坐标系,同样的矢量有不同的表达形式.这里就取这样的柱坐标系表达用求导的办法求 $\boldsymbol{v}$ 和 $\boldsymbol{a}$.

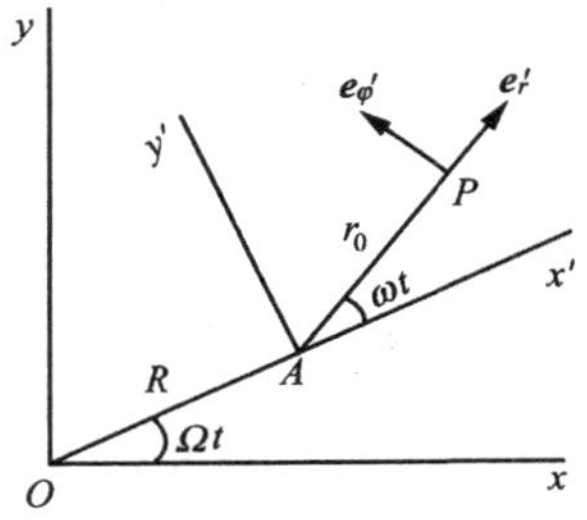

图 1.3.6

$$\boldsymbol{r}(t)=R\boldsymbol{i}'+r_0\boldsymbol{e}_{r'}$$

$$=(R\cos\omega t+r_0)\boldsymbol{e}_{r'}-R\sin\omega t\boldsymbol{e}_{\varphi'}$$

写 $\boldsymbol{i}'$ 与 $\boldsymbol{e}_{r'}$、$\boldsymbol{e}_{\varphi'}$ 间的关系时必须采用 t 时刻 P 点处的 $\boldsymbol{e}_{r'}$、$\boldsymbol{e}_{\varphi'}$. 下面对 t 求导时,别忘了对 $\boldsymbol{e}_{r'}$、$\boldsymbol{e}_{\varphi'}$ 的相对微商不等于零.

$$\frac{\mathrm{d}\boldsymbol{e}_{r'}}{\mathrm{d}t}=\frac{\tilde{\mathrm{d}}\boldsymbol{e}_{r'}}{\mathrm{d}t}+\Omega\boldsymbol{k}'\times\boldsymbol{e}_{r'}$$

$$=\omega\boldsymbol{k}'\times\boldsymbol{e}_{r'}+\Omega\boldsymbol{k}'\times\boldsymbol{e}_{r'}=(\omega+\Omega)\boldsymbol{e}_{\varphi'}$$

$$\frac{\mathrm{d}\boldsymbol{e}_{\varphi'}}{\mathrm{d}t}=\frac{\tilde{\mathrm{d}}\boldsymbol{e}_{\varphi'}}{\mathrm{d}t}+\Omega\boldsymbol{k}'\times\boldsymbol{e}_{\varphi'}=-(\omega+\Omega)\boldsymbol{e}_{r'}$$

经计算可得

$$v = \frac{\mathrm{d}\boldsymbol{r}}{\mathrm{d}t} = R\Omega\sin\omega t\boldsymbol{e}_{r'} + [r_0(\omega + \Omega) + R\Omega\cos\omega t]\boldsymbol{e}_{\varphi'}$$

$$\boldsymbol{a} = \frac{\mathrm{d}\boldsymbol{v}}{\mathrm{d}t} = -[r_0(\omega + \Omega)^2 + R\Omega^2\cos\omega t]\boldsymbol{e}_{r'} + R\Omega^2\sin\omega t\boldsymbol{e}_{\varphi'}$$

方法四,仍采用方法三所用动参考系和动坐标系(包括采用柱坐标),不用求导的办法,改用现成的合成公式.

$$\boldsymbol{v}_{\mathrm{r}} = \omega\boldsymbol{k}' \times r_0\boldsymbol{e}_{r'} = \omega r_0\boldsymbol{e}_{\varphi'}$$

$$\begin{aligned}\boldsymbol{v}_{\mathrm{e}} &= \Omega\boldsymbol{k}' \times [R(\cos\omega t\boldsymbol{e}_{r'} - \sin\omega t\boldsymbol{e}_{\varphi'}) + r_0\boldsymbol{e}_{r'}] \\ &= R\Omega\sin\omega t\boldsymbol{e}_{r'} + (r_0\Omega + R\Omega\cos\omega t)\boldsymbol{e}_{\varphi'}\end{aligned}$$

$$\boldsymbol{v} = \boldsymbol{v}_{\mathrm{r}} + \boldsymbol{v}_{\mathrm{e}} = R\Omega\sin\omega t\boldsymbol{e}_{r'} + [r_0(\omega + \Omega) + R\Omega\cos\omega t]\boldsymbol{e}_{\varphi'}$$

$$\boldsymbol{a}_{\mathrm{r}} = -r_0\omega^2\boldsymbol{e}_{r'}$$

$$\begin{aligned}\boldsymbol{a}_{\mathrm{e}} &= \Omega\boldsymbol{k}' \times [\Omega\boldsymbol{k}' \times (R\boldsymbol{i}' + r_0\boldsymbol{e}_{r'})] \\ &= \Omega\boldsymbol{k}' \times \{\Omega\boldsymbol{k}' \times [(r_0 + R\cos\omega t)\boldsymbol{e}_{r'} - R\sin\omega t\boldsymbol{e}_{\varphi'}]\} \\ &= -(r_0 + R\cos\omega t)\Omega^2\boldsymbol{e}_{r'} + R\Omega^2\sin\omega t\boldsymbol{e}_{\varphi'}\end{aligned}$$

$$\boldsymbol{a}_{\mathrm{c}} = 2\Omega\boldsymbol{k}' \times \boldsymbol{v}_{\mathrm{r}} = 2\Omega\boldsymbol{k}' \times \omega r_0\boldsymbol{e}_{\varphi'} = -2\omega\Omega r_0\boldsymbol{e}_{r'}$$

$$\begin{aligned}\boldsymbol{a} &= \boldsymbol{a}_{\mathrm{r}} + \boldsymbol{a}_{\mathrm{e}} + \boldsymbol{a}_{\mathrm{c}} \\ &= -[r_0(\omega + \Omega)^2 + R\Omega^2\cos\omega t]\boldsymbol{e}_{r'} + R\Omega^2\sin\omega t\end{aligned}$$

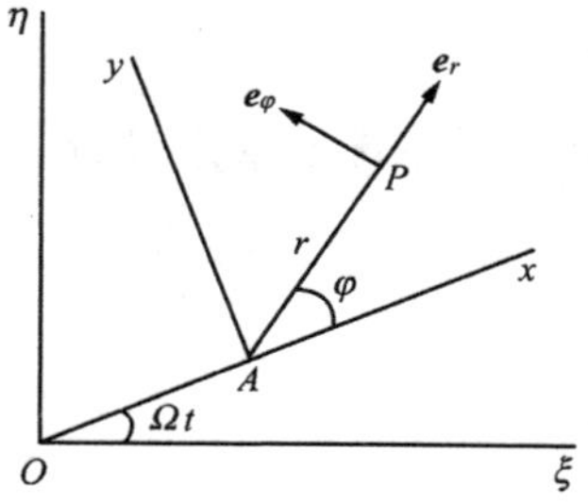

图 1.3.7

例 1.3.3　若例 1.2.3 的质点所在平面围绕通过其 $x=-b$、$y=0$ 的点的垂直轴作逆时针方向的恒定角速度 Ω 转动. 求质点的速度和加速度.

解　取静坐标系 $O\xi\eta\zeta$, O 为转动平面的固定点,位于 $x=-b$, $y=0$ 处, $t=0$ 时, x 轴和 ξ 轴重合. 图 1.3.7 画出了 t 时刻质点和动系的位置.

例 1.2.3 解出的运动是本题的相对运动.

$$\begin{cases} r = 2b - ct \\ \varphi = \arccos\left(1 - \dfrac{c}{b}t\right) \end{cases}, \qquad 0 \leqslant t \leqslant \frac{2b}{c}$$

$$\boldsymbol{v}_{\mathrm{r}} = -c\boldsymbol{e}_r + \frac{\sqrt{ct(2b-ct)}}{t}\boldsymbol{e}_\varphi$$

$$\boldsymbol{a}_{\mathrm{r}} = -\frac{c}{t}\boldsymbol{e}_r + \frac{c(b+ct)}{t\sqrt{ct(2b-ct)}}\boldsymbol{e}_\varphi$$

$$\sin\varphi = \frac{1}{b}\sqrt{ct(2b-ct)}$$

$$\dot{\varphi} = \frac{c}{\sqrt{ct(2b-ct)}}$$

方法一,用现成的合成公式.

$$\boldsymbol{v}_{\mathrm{e}} = \Omega\boldsymbol{k}' \times (b\boldsymbol{i}' + r\boldsymbol{e}_r) = \Omega\boldsymbol{k}' \times [(b\cos\varphi + r)\boldsymbol{e}_r - b\sin\varphi\boldsymbol{e}_\varphi]$$

$$= \Omega\sqrt{ct(2b-ct)}\boldsymbol{e}_r + 3b\Omega\boldsymbol{e}_\varphi$$

$$\boldsymbol{v} = \boldsymbol{v}_{\mathrm{r}} + \boldsymbol{v}_{\mathrm{e}} = [\Omega\sqrt{ct(2b-ct)} - c]\boldsymbol{e}_r$$

$$+ \left[(3b-2ct)\Omega + \frac{\sqrt{ct(2b-ct)}}{t}\right]\boldsymbol{e}_\varphi$$

$$\boldsymbol{a}_{\mathrm{e}} = \Omega\boldsymbol{k}' \times \{\Omega\boldsymbol{k}' \times [(b\cos\varphi + r)\boldsymbol{e}_r - b\sin\varphi\boldsymbol{e}_\varphi]\}$$

$$= -\Omega^2(3b-2ct)\boldsymbol{e}_r + \Omega^2\sqrt{ct(2b-ct)}\boldsymbol{e}_\varphi$$

$$\boldsymbol{a}_{\mathrm{c}} = 2\Omega\boldsymbol{k} \times \boldsymbol{v}_r = -\frac{2\Omega\sqrt{ct(2b-ct)}}{t}\boldsymbol{e}_r - 2c\Omega\boldsymbol{e}_\varphi$$

$$\boldsymbol{a} = \boldsymbol{a}_{\mathrm{r}} + \boldsymbol{a}_{\mathrm{e}} + \boldsymbol{a}_{\mathrm{c}}$$

$$= -\left[\frac{c}{t} + \Omega^2(3b-2ct) + \frac{2\Omega\sqrt{ct(2b-ct)}}{t}\right]\boldsymbol{e}_r$$

$$- \left[\frac{c(b+ct)}{t\sqrt{ct(2b-ct)}} - \Omega^2\sqrt{ct(2b-ct)} + 2c\Omega\right]\boldsymbol{e}_\varphi.$$

方法二,用求导的办法.

$$\overrightarrow{OP} = (b\cos\varphi + r)\boldsymbol{e}_r - b\sin\varphi\boldsymbol{e}_\varphi$$

$$= (3b - 2ct)\boldsymbol{e}_r - \sqrt{ct(2b - ct)}\,\boldsymbol{e}_\varphi$$

为了避免与图 1.3.7 中的 r 发生混淆，质点对静系原点的位矢写成$\overrightarrow{OP}$.

$$\boldsymbol{v} = \frac{\mathrm{d}(\overrightarrow{OP})}{\mathrm{d}t} = -2c\boldsymbol{e}_r + (3b - 2ct)(\dot{\varphi}\boldsymbol{k} \times \boldsymbol{e}_r + \Omega\boldsymbol{k} \times \boldsymbol{e}_r)$$

$$- \frac{c(2b - ct) - c^2 t}{2\sqrt{ct(2b - ct)}}\boldsymbol{e}_\varphi - \sqrt{ct(2b - ct)}(\dot{\varphi}\boldsymbol{k} \times \boldsymbol{e}_\varphi + \Omega\boldsymbol{k} \times \boldsymbol{e}_\varphi)$$

$$= [\Omega\sqrt{ct(2b - ct)} - c]\boldsymbol{e}_r + \left[(3b - 2ct)\Omega + \frac{\sqrt{ct(2b - ct)}}{t}\right]\boldsymbol{e}_\varphi$$

其中用了$\frac{\mathrm{d}\boldsymbol{e}_r}{\mathrm{d}t} = \frac{\tilde{\mathrm{d}}\boldsymbol{e}_r}{\mathrm{d}t} + \Omega\boldsymbol{k} \times \boldsymbol{e}_r = \dot{\varphi}\boldsymbol{k} \times \boldsymbol{e}_r + \Omega\boldsymbol{k} \times \boldsymbol{e}_r$ 等.

$$\boldsymbol{a} = \frac{\mathrm{d}\boldsymbol{v}}{\mathrm{d}t} = \frac{c\Omega(b - ct)}{\sqrt{ct(2b - ct)}}\boldsymbol{e}_r + [\Omega\sqrt{ct(2b - ct)}](\dot{\varphi} + \Omega)\boldsymbol{k} \times \boldsymbol{e}_r$$

$$+ \left[-2c\Omega - \frac{\sqrt{ct(2b - ct)}}{t^2} + \frac{c(b - ct)}{t\sqrt{ct(2b - ct)}}\right]\boldsymbol{e}_\varphi$$

$$+ \left[(3b - 2ct)\Omega + \frac{\sqrt{ct(2b - ct)}}{t}\right](\dot{\varphi} + \Omega)\boldsymbol{k} \times \boldsymbol{e}_\varphi$$

$$= -\left[\frac{c}{t} + \Omega^2(3b - 2ct) + \frac{2\Omega\sqrt{ct(2b - ct)}}{t}\right]\boldsymbol{e}_r$$

$$- \left[\frac{c(b + ct)}{t\sqrt{ct(2b - ct)}} - \Omega^2\sqrt{ct(2b - ct)} + 2c\Omega\right]\boldsymbol{e}_\varphi$$

通过以上几个例子可以看出，求导的办法和用现成公式的办法各有优缺点．求导办法只要 $\boldsymbol{r}(t)$、$\frac{\mathrm{d}\boldsymbol{e}_r}{\mathrm{d}t}$、$\frac{\mathrm{d}\boldsymbol{e}_\varphi}{\mathrm{d}t}$不错，下面只是数学运算，不易出错．用现成公式比较简捷，但容易出这样那样的错误，例如 $\boldsymbol{v}_e$、$\boldsymbol{a}_e$、$\boldsymbol{v}_r$、$\boldsymbol{a}_r$ 都可能出错．注意牵连速度、牵连加速度必须是质点所在的动参照物上的点的绝对速度、绝对加速度．公式中的 $\boldsymbol{\omega}$ 是动系的转动角速度．求导的办法必须知道在那时刻前后所要求导的量与时间的函数关系，而用现成公式只需知道那时刻公式中涉及的各量即可

习　　题

1-1　一物体作直线运动，它的运动学方程为

$$x = at + bt^2 + ct^3$$

其中 a、b、c 均为常量.求

(1) $t=1-2$ 期间的位移、平均速度和平均加速度;

(2) $t=2$ 时的速度和加速度.

答 (1)$\Delta x = a+3b+7c$, $\bar{v}=a+3b+7c$

$\bar{a}=2b+9c$;(2) $v=a+4b+12c$

$a=2b+12c$.

1-2 一质点沿 x 方向作直线运动,t 时刻的坐标为 $x=5t^2-t^3$.式中 x 以 m 计,t 以 s 计.求(1)第 4 秒内的位移和平均速度;(2)第 4 秒内质点所走过的路程.

答 (1) $\Delta x=-2\text{m}$, $\bar{v}=-2\text{ms}^{-1}$; (2) $s\approx 3.04\text{m}$.

1-3 一质点 $t=0$ 时从原点出发,以恒定速率先向 x 正方向沿轨道 $x^2+(y-r)^2=r^2$ 运动,T 时又回到原点.求(1)$t=\frac{1}{3}T$ 时的位矢、速度和加速度;(2)在 $t=0$ 至 $t=\frac{1}{3}T$ 期间,质点的位移、平均速度和平均加速度.

答 (1) $\boldsymbol{r}=r\left(\frac{\sqrt{3}}{2}\boldsymbol{i}+\frac{3}{2}\boldsymbol{j}\right)$, $\boldsymbol{v}=\frac{\pi r}{T}(-\boldsymbol{i}+\sqrt{3}\boldsymbol{j})$,

$\boldsymbol{a}=-\frac{2\pi^2 r}{T^2}(\sqrt{3}\boldsymbol{i}+\boldsymbol{j})$;

(2) $\Delta\boldsymbol{r}=r\left(\frac{\sqrt{3}}{2}\boldsymbol{i}+\frac{3}{2}\boldsymbol{j}\right)$, $\bar{\boldsymbol{v}}=\frac{3r}{T}\left(\frac{\sqrt{3}}{2}\boldsymbol{i}+\frac{3}{2}\boldsymbol{j}\right)$,

$\bar{\boldsymbol{a}}=\frac{3\pi r}{T^2}(-3\boldsymbol{i}+\sqrt{3}\boldsymbol{j})$.

1-4 一质点从位矢为 $\boldsymbol{r}(0)=4\boldsymbol{j}$ 的位置、以初速度 $\boldsymbol{v}(0)=4\boldsymbol{i}$ 开始运动,其加速度与时间的关系为 $\boldsymbol{a}=3t\boldsymbol{i}-2\boldsymbol{j}$.所有的长度以 m 计,时间以 s 计.(1)经过多长时间质点到达 x 轴?(2)求到达 x 轴时的位置.

答 (1) $t=2\text{s}$; (2) $x=12\text{m}$, $y=0$.

1-5 质点的运动学方程为(1)$\boldsymbol{r}=(4t+5t^2)\boldsymbol{i}-5\boldsymbol{j}$; (2) $\boldsymbol{r}=(2+3t)\boldsymbol{i}-(2t-3t^2)\boldsymbol{j}$.求两运动的轨迹.

答 (1) $y=-5$; (2) $(x-2)^2-2(x-2)-3y=0$.

1-6 一质点以恒定的径向速度分量 $\dot{r}=4\text{ms}^{-1}$、横向速度分量与矢径成正比,比例系数为 3rad/s,在一平面内运动.当质点离出发点 4m 时,它的速度及加速度的大小为何值?

答 $v=4\sqrt{10}\text{ms}^{-1}$, $a=12\sqrt{13}\text{ms}^{-2}$.

1-7 质点沿直线从静止开始运动,其加速度与时间的关系如题图所示.做出速度与时间的关系以及位置与时间的关系图.

1-8 在同一竖直面内的同一水平线上的 A、B 两点分别以 30°、60°为发射角同时抛出两小球,欲使两小球相遇时都在自己轨道的最高点.已知在 A 点发射的小球发射速率 $v_{A0}=9.8\text{m/s}$.求 A、B 两点之间的距离.

答 2.8m.

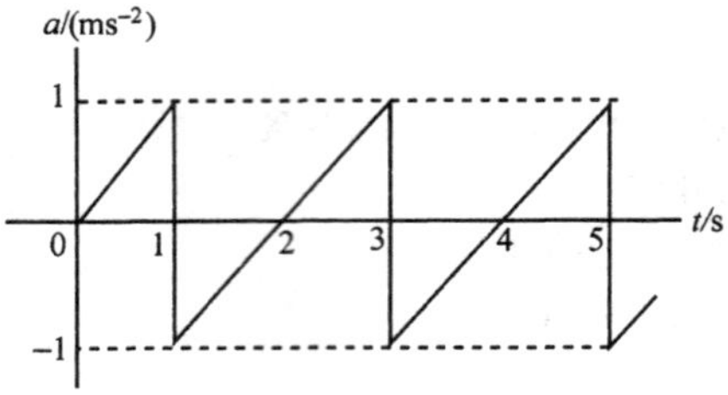

1-7 题图

1-9　一物体以某一发射角抛出,问在轨道上的哪一点,物体的法向加速度最大?哪一点物体的切向加速度最大?

1-10　在小丘上置一靶子,在炮位所在处看靶子的仰角为 α,炮与靶子间的水平距离为 L. 向目标射击时,炮身的仰角为 β. 炮弹以什么初速度发射才能击中目标?

答　$\sqrt{\dfrac{gL\cos\alpha}{2\cos\beta\sin(\beta-\alpha)}}$.

1-11　在 $t=0$ 时,从一点同时以同样大的速率 v_0 向各个方向抛出小球. 证明:在任一时刻 t,这些小球都位于一个球面上,球的中心以自由落体的加速度下落,球的半径等于 $v_0 t$.

1-12　离水面高度为 h 的岸上用绳索拉船靠岸,人以恒定的速率 v_0 拉绳. 将船的速度、加速度表成船离岸的水平距离 L 的函数.

答　$v=v_0\sqrt{h^2+L^2}/L$, $a=v_0^2h^2/L^3$.

1-13　杆以匀角速 ω_0 绕过其固定端 O 且垂直于杆的轴转动,在 $t=0$ 时,位于 O 点的小珠从相对于杆静止开始沿杆作相对于杆的加速度为 a_0 的匀加速运动. 求小珠相对于静系的速度、加速度与时间的关系.

答　$\boldsymbol{v}=a_0t\boldsymbol{e}_r+\dfrac{1}{2}a_0\omega_0t^2\boldsymbol{e}_\varphi$,

$$\boldsymbol{a}=\left(a_0-\frac{1}{2}a_0\omega_0^2t^2\right)\boldsymbol{e}_r+2a_0\omega_0t\boldsymbol{e}_\varphi.$$

1-14　一质点静止在半径为 R 的半球面上最高点,要使质点脱离半球,一开始就不沿半球滑下,必须给予质点的最小水平速度多大?

答　$\sqrt{gR}$.

1-15　一列火车在刮着北风的雨中以 30m/s 的速率(相对于地面)向正南方行驶,一对地面静止的观察者测得雨滴的路径与竖直线成 25°角,火车中的观察者看到雨水在车窗玻璃上的径迹是竖直向下的. 求雨滴相对于地面的速率.

答　71m/s.

1-16　一直升飞机在离地面上方 4.9m 的高度以 4.9m/s 的恒定水平速度飞行,一包裹从直升飞机上沿水平方向丢出时相对于直升飞机的初速度为 12m/s,方向与飞行方向相反. 求(1)当包裹落到地面时,它与直升飞机的水平距离;(2)包裹刚要着地时其速度矢量与地面的夹角.

答　(1) 12m; (2) 54°.

1-17　一质点的运动学方程为

$$x = R\sin\omega t + \omega Rt$$

$$y = R\cos\omega t + R$$

式中 ω、R 均为常量.求质点在 y 的最大值、最小值时的切向加速度、法向加速度和轨道的曲率半径.

答　在 y 的最大值时,$a_\tau = 0$, $a_n = \omega^2 R$, $\rho = 4R$;

在 y 的最小值时,$a_\tau = -\omega^2 R$, $[\omega t = (2N-1)\pi - \varepsilon]$, $a_\tau = \omega^2 R$, $[\omega t = (2N-1)\pi + \varepsilon]$,其中 ε 为无穷小量,$N = 0$、± 1、± 2、…, $a_n = 0$, $\rho = \infty$.

1-18　一架飞机在静止空气中的速率为 60m/s,风的速率为 30m/s,飞机仍能向北以 60m/s 的速率飞行.求(1)风向;(2)机头的指向.

答　(1) 南偏东 76°;(2) 北偏东 29°. 或(1)南偏西 76°;(2) 北偏西 29°.

1.1　火车能达到的最大加速度为 α,最大减速度为 β.求从静止出发到最后静止通过的距离为 a 所需的最短时间.

答　$t_{\min} = \left[\dfrac{2a(\alpha+\beta)}{\alpha\beta}\right]^{1/2}$.

1.2　一质点沿直线运动,其速度为 $v = At - Bx$,其中 A、B 均为常数,当 $t = 0$ 时 $x = 0$.试求位置坐标与 t 的函数关系式及 $t = 0$ 时的加速度 a_0.

答　$x = \dfrac{A}{B^2}(e^{-Bt} - 1) + \dfrac{A}{B}t$, $a_0 = A$.

1.3　某固体燃料火箭的垂直加速度为

$$a = ke^{-bt} - cv - g$$

式中 b、c、k 均是常数,v 是获得的垂直速度,g 是重力加速度.在大气中运行时,g 被视为常数.试求火箭发射后 t 秒时的垂直速度.

提示　可用例 1.2 解非齐次线性常微分方程的办法,也可用变易常数法或积分因子法求解(参看 §2.2).

答　$v = \dfrac{g}{c}(e^{-ct} - 1) + \dfrac{k}{c-b}(e^{-bt} - e^{-ct})$.

1.4　有一与 x 轴夹角为 45°的直线,以速率 u 垂直于直线的方向向 x 轴负向、y 轴正向运动.设在 $t = 0$ 时,它与悬链线 $y = \dfrac{a}{2}(e^{\frac{x}{a}} + e^{-\frac{x}{a}})$(其中 a 为正值常数)交于 $x = 0$ 处.求此交点的速度作为时间的函数,另一个交点移动的速度又如何随时间变化?

答　$\dot{x} = \dfrac{\sqrt{2}u}{\mathrm{sh}\left(\dfrac{x}{a}\right) - 1}$, $\dot{y} = \dfrac{\sqrt{2}u\,\mathrm{sh}\left(\dfrac{x}{a}\right)}{\mathrm{sh}\left(\dfrac{x}{a}\right) - 1}$,

其中 x 与 t 的关系为

$$x = a\mathrm{ch}\left(\frac{x}{a}\right) - \sqrt{2}ut - a.$$

对两个交点都适用.

1.5　一质点以恒定速率 $v=c$ 沿悬链线 $y=\frac{a}{2}(e^{\frac{x}{a}}+e^{-\frac{x}{a}})$(其中 a 为正值常数)运动. $t=0$ 时 $x=0$,且沿 x 轴负向运动. 求位矢、速度、加速度随时间变化的关系.

答　$\boldsymbol{r}(t) = -a\,\mathrm{arsh}\left(\frac{c}{a}t\right)\boldsymbol{i} + a\,\mathrm{ch}\left[\mathrm{arsh}\left(\frac{c}{a}t\right)\right]\boldsymbol{j}$,

$$\boldsymbol{v}(t) = -\frac{c}{\mathrm{ch}\left[\mathrm{arsh}\left(\frac{c}{a}t\right)\right]}\boldsymbol{i} + \frac{c^2t}{a\,\mathrm{ch}\left[\mathrm{arsh}\left(\frac{c}{a}t\right)\right]}\boldsymbol{j},$$

$$\boldsymbol{a}(t) = \frac{c^3t}{a\,\mathrm{ch}^3\left[\mathrm{arsh}\left(\frac{c}{a}t\right)\right]}\boldsymbol{i} + \frac{c^2\left\{1-\mathrm{th}^2\left[\mathrm{arsh}\left(\frac{c}{a}t\right)\right]\right\}}{a\,\mathrm{ch}\left[\mathrm{arsh}\left(\frac{c}{a}t\right)\right]}\boldsymbol{j}.$$

1.6　圆心为 A、B,半径均为 $R=5\mathrm{cm}$ 的两个大圆环处在同一平面上,B 环固定,A 环沿着 AB 连线向 B 环运动. 另有一个小环 M 同时套在两个大圆环上. 当 A 环运动到 $\alpha=30°$ 位置时,A 点的速度 $v_A=5\mathrm{cm.s^{-1}}$,加速度 $a_A=0$. 求此时小环 M 的速度和加速度的大小.

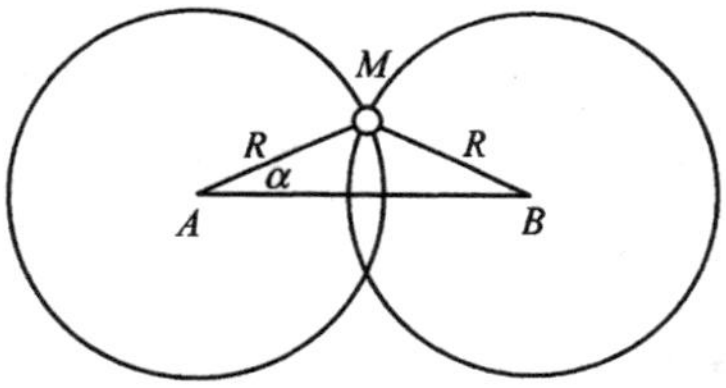

1.6 题图

答　$v_M=5\mathrm{cm.s^{-1}}$, $a_M=10\mathrm{cm.s^{-2}}$.

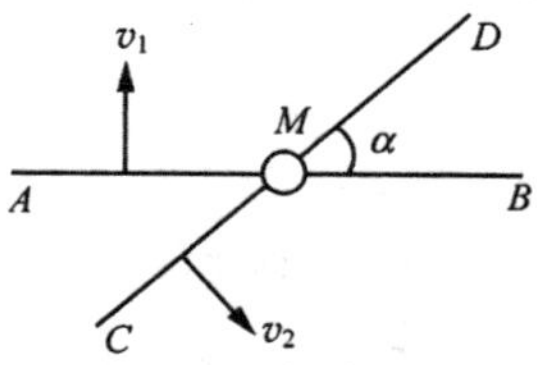

1.7 题图

1.7　一个小环 M 同时套在两根细棒上. 棒 AB 以速度 v_1 沿垂直于 AB 的方向移动,棒 CD 以速度 v_2 沿垂直于 CD 的方向移动,两棒始终处在同一平面上,两棒夹角为 α. 如图所示. 求小环 M 的速度.

答　$\boldsymbol{v}_M = (v_1\cot\alpha + v_2\csc\alpha)\boldsymbol{i} + v_1\boldsymbol{j}$,

其中 $\boldsymbol{i}$ 沿与 AB 平行、A 指向 B 的方向,$\boldsymbol{j}$ 沿 $\boldsymbol{v}_1$ 方向.

1.8　一个动靶以恒定速度 v 在 xy 平面内沿 $y=h$ 的直线飞行,$t=0$ 时在 $x=0$、$y=h$ 点. 导弹在 $t=0$ 时自原点出发,以恒定的速率 $2v$ 运动,速度方向始终指向动靶. 求导弹的运动轨道及导弹击中飞靶的时间.

答　轨道方程为

$$x=\frac{1}{3}h^{-1/2}[(h-y)^{3/2}-h^{3/2}]+h^{1/2}[h^{1/2}-(h-y)^{1/2}],$$

击中飞靶的时间 $t=\dfrac{2h}{3v}$.

1.9 已知一质点作平面运动时,其速度的大小为常数 c,矢径的角速度的大小为常数 ω.求该质点的运动方程及其轨迹.设 $t=0$ 时,$r=0,\varphi=0$.

答 运动方程为 $r=\dfrac{c}{\omega}|\sin\omega t|$, $\varphi=\omega t$;轨迹方程为 $r=\dfrac{c}{\omega}|\sin\varphi|$.

1.10 一质点的运动轨道为对数螺旋线 $r=be^{k\varphi}$,其中 k、b 均为正值常量,$\dot{r}=c$(c 为正值常量).$t=0$ 时,位于 $r=b$、$\varphi=0$ 处.求质点的速度和加速度的大小以及曲率半径随时间的变化规律.

答 $v=\dfrac{c}{k}\sqrt{1+k^2}$, $a=\dfrac{c^2\sqrt{1+k^2}}{k^2(b+ct)}$, $\rho=\sqrt{1+k^2}(b+ct)$.

1.11 某质点作平面运动,其径向速度分量 $\dot{r}=c_1$,横向速度分量 $r\dot{\varphi}=c_2$,c_1、c_2 均为正值常量.$t=0$ 时加速度的横向分量 $a_\varphi=\dfrac{c_1c_2}{b}$,$b$ 为正值常量,$\varphi=0$.求运动学方程和 $t=0$ 时加速度的径向分量.

答 $r=c_1t+b$, $\varphi=\dfrac{c_2}{c_1}\ln\dfrac{c_1t+b}{b}$; $t=0$ 时　$a_r=-\dfrac{c_2^2}{b}$.

1.12 直线 LM 在一给定的半径为 R 的圆平面内以等角速 ω 绕圆周上一点 A 转动.求此直线与圆的交点 N 的速度和加速度的大小.

答 $v=2R\omega$, $a=4R\omega^2$.

1.13 质点沿一平面曲线运动,若其加速度矢量的作用线在任何时刻都通过一固定点 O.试证:质点加速度的大小为 $a=\pm v\dfrac{dv}{dr}$,其中 v 为质点的速率,r 为质点到 O 点的距离,$a_r>0$ 时取正号,$a_r<0$ 时取负号.

1.14 一质点沿抛物线 $y=\dfrac{1}{2}Ax^2$ 运动.设路程从抛物线顶点开始计算,质点运动的路程与时间的关系为 $s=bt^2+ct$, A、b、c 均是常数.试求在顶点时质点的切向加速度和法向加速度.

答 $a_\tau=2b$, $a_n=Ac^2$.

1.15 某个在平面上运动的质点,其速度的 y 分量 $\dot{y}=c$(常量).试证其加速度值 $a=\dfrac{v^3}{c\rho}$,式中 v 为速率,ρ 为曲率半径.

1.16 质点 P 沿一平面曲线运动,其加速度矢量的作用线与曲率圆交于 A 点,PA 间距为 l.试证质点的加速度大小为 $a=\dfrac{2v^2}{l}$,其中 v 是质点的速率.

1.17 曲柄 $OA=r$,绕定轴 O 以匀角速度 ω 转动,连杆 AB 用铰链与曲柄端点 A 连接,并可在具有铰链的滑套 N 内滑动.当 $\varphi=0$ 时,A 端位于滑套 N 处.已知 $AB=l>2r$.求当 $\varphi=0$

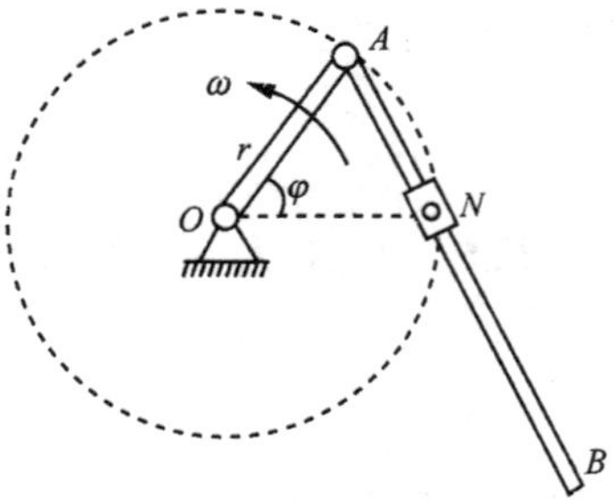

1.17 题图

时，连杆上 B 点的速度、加速度的大小、切向加速度、法向加速度和轨道的曲率半径.

答　$v=\omega\left(r^2+\frac{1}{4}l^2\right)^{1/2}$，$a=\omega^2\left(r^2+\frac{1}{16}l^2\right)^{1/2}$

$$a_\tau=-\frac{rl\omega^2}{2(4r^2+l^2)^{1/2}},\quad a_n=\frac{\omega^2(8r^2+l^2)}{4(4r^2+l^2)^{1/2}},$$

$$\rho=\frac{(4r^2+l^2)^{3/2}}{8r^2+l^2}.$$

1.18　蒸气轮船以 v_1 的速度向南航行，船上的人看到烟囱中冒出的烟向东方向. 若船速增至 v_2，船上的人看到烟向东北. 若烟从烟囱冒出后立即按风速运动. 求风速.

答　$v=[v_1^2+(v_2-v_1)^2]^{1/2}$，方向南偏东的角度 $\alpha=\arccos\frac{v_1}{[v_1^2+(v_2-v_1)^2]^{1/2}}$.

1.19　一飞机带的燃料在无风的情况下，以 v 的速率航行，可飞行来回的总路程为 R. 今在有风的情况下，要向北偏东 $\varphi°$ 的方向去执行任务，并飞回基地. 若风向为北偏东 $\alpha°$，风速为 u，问该机能飞离基地多大距离.

答　$\frac{R(v^2-u^2)}{2v[v^2-u^2\sin^2(\varphi-\alpha)]^{1/2}}$.

1.20　用相对运动理论求 1.6 题当 $\alpha=30°$ 时小环 M 相对于 A 环的速度和加速度.

1.21　用相对运动理论求 1.12 题中 M 点相对于直线 LM 的速度和加速度.

1.22　用相对运动的理论求解 1.17 题中 B 点的速度和加速度. 分别选取固连于 A 的平动参考系、固连于曲柄 OA 以 O 为原点的转动参考系和以 A 为原点的有平动又有转动的动参考系.

1.23　一个半径为 R 的转盘绕通过盘心的垂直盘面的轴以恒定角速度 ω 转动，两个小孩 A 和 B 相对于圆盘静止于盘的边缘，$\angle AOB=90°$. 用图画出在图示位置，A 看到的 B 的速度和加速度. 标明大小和方向. 分别选用以 A 为原点的平动参考系和转盘参考系.

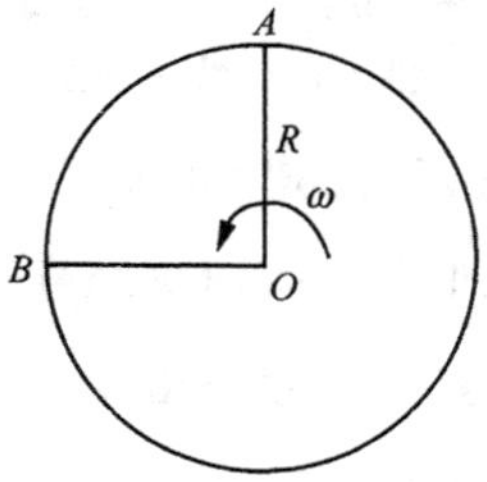

1.23 题图

答　以 A 为原点的平动参考系

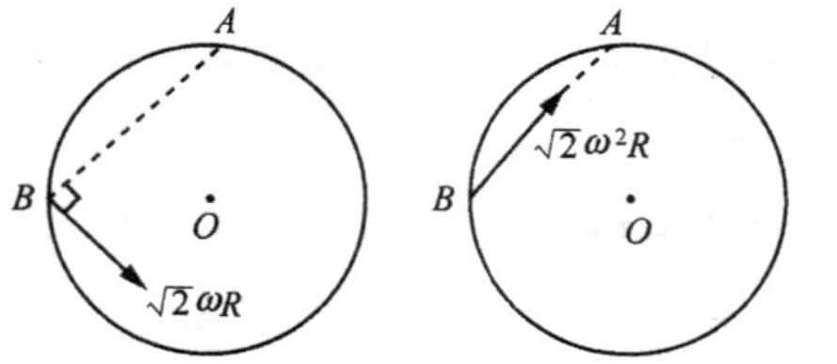

相对速度　　　　相对加速度

用转盘参考系，则 $\boldsymbol{v}_r=0$，$\boldsymbol{a}_r=0$.

1.24　平面Ⅰ可绕通过固定点 O_1（在平面Ⅰ上）的垂直轴转动，平面Ⅱ可绕通过 O_2（固连于平面Ⅰ）的垂直于两平面的轴转动．若 $\omega_1=\omega_2$，如图所示，证明在静参考系中，平面Ⅱ作平动．

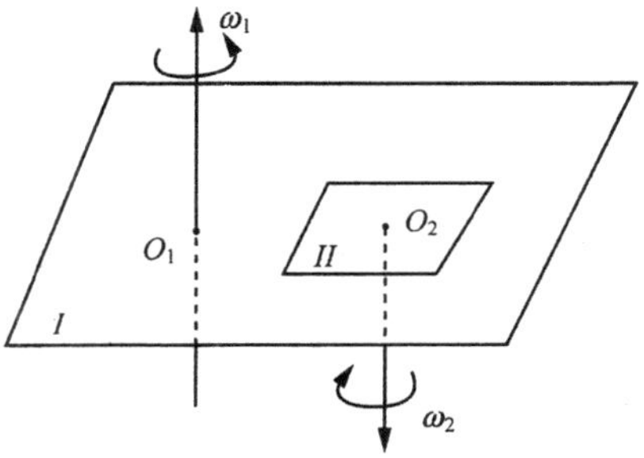

1.24 题图

提示　只要证明平面Ⅱ上任一点 A 的绝对速度与 A 的位置无关．

1.25　一个质点在 xy 平面内的运动学方程为

$$x=f(t),\ y=g(t)$$

此平面以等角速 ω 绕过原点在 $x-z$ 平面上与 x、z 轴均为 45°方向的固定轴转动．求质点对静参考系的速度和加速度．（用动坐标系表达．）

答　$\boldsymbol{v}=\left(\dot{f}-\dfrac{\sqrt{2}}{2}\omega g\right)\boldsymbol{i}+\left(\dot{g}+\dfrac{\sqrt{2}}{2}\omega f\right)\boldsymbol{j}+\dfrac{\sqrt{2}}{2}\omega g\boldsymbol{k}$，

$$\boldsymbol{a}=(\ddot{f}-\sqrt{2}\omega\dot{g}-\frac{1}{2}\omega^2 f)\boldsymbol{i}+(\ddot{g}+\sqrt{2}\omega\dot{f}-\omega^2 g)\boldsymbol{j}+(\sqrt{2}\omega\dot{g}+\frac{1}{2}\omega^2 f)\boldsymbol{k}.$$

1.26　一个质点在 xy 平面内的运动学方程为

$$r=e^{ct},\ \varphi=bt.$$

r、φ 为极坐标，此平面以等角速度 ω 绕固定的 x 轴转动．求质点的绝对速度和绝对加速度．

答　$\boldsymbol{v}=e^{ct}(c\boldsymbol{e}_r+b\boldsymbol{e}_\varphi+\omega\sin\varphi\boldsymbol{k})$，

$\boldsymbol{a}=e^{ct}[(c^2-b^2-\omega^2\sin^2\varphi)\boldsymbol{e}_r+(2bc-\omega^2\sin\varphi\cos\varphi)\boldsymbol{e}_\varphi+2\omega(b\cos\varphi+c\sin\varphi)\boldsymbol{k}]$；

其中 $\varphi=bt$.

第二章　质点动力学

上一章我们讨论的质点运动学，只涉及可视为质点的物体运动的描述问题，完全没有涉及质点作不同种运动的原因和条件. 这一章我们讲质点动力学就是要讲这些问题，它是以后讲更复杂的力学系统(流体、刚体和一般的质点系)的动力学理论的基础.

§2.1　质点运动的基本定律

质点运动的基本定律就是牛顿运动第一定律、第二定律和第三定律. 这三条定律涉及惯性参考系、惯性、力、质量的概念和定义. 为了把定律与定义严格区分开来，避免把实验总结出来的规律(称为定律)当作某个物理量的定义，我们在讲定律以前，先引入有关的概念和定义.

1. 惯性和惯性参考系

在描述质点运动时，采用什么参考系是无所谓的，只要方便于描述即可. 由于采用不同的参考系，质点的运动形态是不同的，在研究质点作某种运动的原因时必然与所用的参考系是有关系的.

首先考虑在一类称为惯性参考系(简称惯性系)中处理质点的动力学问题.

通常讲，如果在所用的参考系中，不受其他物体作用的任何物体(即孤立质点)保持静止或作匀速(直线)运动，则这个参考系称为惯性参考系. 为了不让惯性系的定义与牛顿运动第一定律的叙述混为一谈，我们可以把上述说法中的“任何物体”改成“某个特定的物体”.

从运动学知道，对惯性系作匀速运动的参考系，孤立质点或某个特定的孤立质点也能保持静止或作匀速(直线)运动. 因此，一切对惯性系作匀速运动的参考系都是惯性系. 因此我们上面说是一类而不是仅有一个.

参考系总是与一个或几个物体固连在一起的. 这个或这些物体如受到其他物体的作用，它自己就不是孤立的质点，以后将指出，它不能保持静止或匀速运动状态，它就不能成为惯性系，宇宙中的所有物体都不是孤立的，它们之间存在着相互作用,因而绝对理想的惯性系不存在.但是在允许的近似情况下,可以找到比较理想的惯性系.地球相对于太阳(太阳作为参考系)有公转和自转,公转的加速度的数量级为 $10^{-3}ms^{-2}$,自转的加速度(在地球表面上一点)的数量级最大为 $10^{-2}ms^{-2}$.精度要求不高时,可以视地球为惯性系.显然,太阳是比地球更好的惯性系,地球受到太阳的作用,以后讲牛顿运动第三定律,太阳也同时受到地球的作用,怎么说是比地球更好的惯性系呢?这与下面马上要讲的质量有关,与牛顿运动第二定律有关,太阳的质量比地球质量的 3×10^5 倍还多,它们间的相互作用,与地球受到太阳的影响相比,太阳受地球的影响是可以忽略的.可是太阳也和银河系中的其他恒星一起绕其中心旋转,加速度的数量级为 $10^{-10}ms^{-2}$,取太阳为惯性系比地球好多了,可也还有更好的惯性系,如取固连于选定的 1535 颗恒星的平均位置的假想物体为惯性系(FK_4 系),那是比太阳更好的惯性系.

在惯性系中,孤立物体保持其静止或匀速运动状态的性质称为惯性.这是关于惯性的定性的概念,下面再讲惯性的定量量度.惯性参考系所固连的物体本身也是保持静止或作匀速运动(相对于别的惯性系)的,因此它也具有惯性,惯性参考系也因此得名.

2. 质量的定义及其量度

开始规定 1L 纯水在 4℃时的质量为 1kg,1901 年作出规定:一个铂铱合金制造的一定大小的圆柱体作为 1kg 的标准,称为千克原器,保存在巴黎附近的国际计量局中.

其他物体的质量如何定义和量度呢?根据下面的实验事实:力、质量、加速度之间存在着函数关系.力是影响物体机械运动的相互作用.虽然我们还没讲力如何量度的问题.质量的量度可以不涉及力的量度问题,只要能判断力是否相等即可.如果两个力使千克原器产生同样大小的加速度,可以判断这两个力的大小是相等的.如果两个力能使同一个弹簧伸长量相同,也可判断这两个力的大小是相等的.

实验发现,在惯性系中,在相同大小的力的作用下,任何物体产生的加速度的大小与千克原器产生的加速度的大小之比是一定的,与所用力的大小无关,即

$$\frac{a(m,F)}{a_0(m_0,F)}=\frac{a'(m,F')}{a'_0(m_0,F')}=\frac{a''(m,F'')}{a''_0(m_0,F'')}=\cdots=\text{恒量} \qquad (2.1.1)$$

其中 a_0、a'_0、a''_0 分别是千克原器(质量为 $m_0=1kg$)在力 F、F'、F''作用下获得的加速度的大小,a、a'、a''分别是别的物体(质量为 m,待定)在上述各个力作用下获得的加速度的大小.这个实验事实说明:(1)任何物体都可以像千克原器那样定义一个质量,它与物体的运动状态以及力的大小均无关;(2)加速度的大小作为其质

量和所受力的大小的函数关系可以写成

$$a(m,\ F) = \varphi(m)\psi(F)$$

的形式.因为只有这样,才能得到(2.1.1)式的与 F 无关的恒量

$$\frac{a(m,F)}{a_0(m_0,F)} = \frac{\varphi(m)\psi(F)}{\varphi(m_0)\psi(F)} = \frac{\varphi(m)}{\varphi(m_0)} = \text{恒量}$$

取 $\varphi(m)=\dfrac{1}{m}$,即$\dfrac{a}{a_0}=\dfrac{\frac{1}{m}}{\frac{1}{m_0}}=\dfrac{m_0}{m}$,或

$$m = \frac{a_0}{a}m_0 \tag{2.1.2}$$

在同样的外界作用即同样的力作用下,物体获得的加速度与其质量成反比.质量越大,获得的加速度越小,物体的运动状态的改变越难.因此质量可以作为物体惯性的量度.

实验表明,对于同一种物质(例如铜、铁等)的不同大小的物体,其质量与体积成正比.质量还具有可加性,两个物体,不论它们是由什么物质组成的,它们结合在一起的质量等于两个物体的质量之和.

以后发现,以上讲法只是在 $v \ll c$(真空中的光速)的情况下近似成立的.在 v 可与 c 相比拟时,(2.1.1)、(2.1.2)式以及质量是物质的量的一个量度、质量的可加性都不再成立.

3. 力的定义及其量度

在力学中,凡是能使物体的机械运动状态发生变化的相互作用,都称之为力的作用.力的定义如下:

在惯性系中,使标准物体(千克原器)获得的加速度越大,这个力就越大.规定使千克原器获得 $1\mathrm{ms}^{-2}$的加速度的力为 1 牛顿,记作 1N.加速度是矢量,力也是矢量,其方向就是它引起的加速度的方向.矢量不仅是有大小、有方向的量,还必须符合矢量的运算法则:矢量加法的平行四边形法则,矢量与标量有交换律、结合律、分配律.力的这些矢量特征得到了实验的证实.

4. 牛顿运动定律

牛顿运动定律包括三个定律,表述如下:

牛顿运动第一定律:在惯性系中,不受外力或受到的合外力为零的物体将保持

静止或作匀速直线运动.由于定律所述的是物体的惯性,这定律被称为惯性定律.

牛顿运动第二定律:在惯性系中,当质点受到外力作用时,质点的动量(质点的动量等于质量与速度的乘积)的时间变化率,其大小与合外力成正比,其方向与合外力的方向相同.选取适当的单位,可写为

$$\frac{\mathrm{d}\boldsymbol{p}}{\mathrm{d}t} = \boldsymbol{F} \tag{2.1.3}$$

在牛顿力学适用的范围内:物体的速度 v 远小于真空中的光速 c,物体的质量随其速度的变化[参看(6.6.2)式]是可以忽略的,可将动量 $\boldsymbol{p}=m\boldsymbol{v}$ 中的质量 m 从求导符号中提出,上式可写成:

$$m\frac{\mathrm{d}\boldsymbol{v}}{\mathrm{d}t} = \boldsymbol{F} \quad 或 \quad m\boldsymbol{a} = \boldsymbol{F} \tag{2.1.4}$$

牛顿运动第三定律:物体间的作用是相互的,一个物体对另一个物体有作用力,则另一个物体对这个物体必有反作用力.作用力和反作用力分别作用于不同的物体,它们总是同时存在,大小相等、方向相反,作用线在同一直线上.第三定律常被称为作用反作用定律.

关于这三条定律,再作几点说明:

(1) 牛顿运动三条定律虽涉及惯性、惯性参考系、力和质量的概念和定义,但丝毫也不能抹煞它们反映的是客观规律.我们已把惯性参考系的定义与牛顿运动第一定律、把力的定义和量度与牛顿运动第二定律严格区分开来.可是在讲质量的概念时无法与牛顿运动第二定律完全区分开,否则无法说明质量是物体的一个属性.但这也说明引入质量这个物理量时正是由于它在客观规律中有存在的价值.如果定义的物理量不在至少一条客观规律的数学表达式中出现,那它就没有被定义的必要了.

(2) 牛顿运动第二、第三定律都是瞬时的关系.第一定律讲的是"保持"当然是指在一段时间内的.

(3) 牛顿运动第一定律不涉及力和惯性的定量量度,对于物体速度可与真空中光速比拟的机械运动仍然成立.第二定律涉及惯性的定量量度,在速度与真空中光速可比拟时,质量 m 与速度 v 有关,(2.1.4)式不成立,(2.1.3)式可以成立,但由于力能遵从狭义相对论的变换要求的极有限(将在§6.6.2予以说明),它的用处也不大.第三定律讲的作用力、反作用力建立在力的作用是一种无需经历时间的超距作用上的,实际并非如此.因此在速度与真空中光速可比拟时,对于不相接触的两个物体间的相互作用,第三定律不成立.

(4) 三条定律只有第三定律是牛顿的新发现,第一、第二定律是伽利略首先提

出的. 牛顿将三条定律归在一起作为经典力学的基本定律是力学乃至物理学的发展道路上的一块里程碑. 我们所用的表述不是牛顿的提法, 比牛顿的提法更确切. 例如牛顿的绝对空间、绝对时间的提法是错误的, 我们就不必多讲了. 一些物理量的名称也有所变化, 例如现在叫的动量, 当时叫运动量.

5. 几种常见的力

在用牛顿运动定律处理质点动力学问题以前, 先讲一下常见的几种力所遵从的实验规律.

(1) 弹簧的弹性力

弹簧在力的作用下, 其形变(伸长量或压缩量)与所加的力成正比. 设弹簧原长为 l_0, 在力 F 的作用下, 弹簧长度为 l, 伸长量为 $l-l_0$, 有

$$F \propto l - l_0$$

可写成

$$F = k(l - l_0) \tag{2.1.5}$$

其中比例系数 k 称为弹簧的劲度系数(也可称为倔强系数、弹簧常数), 在同样大小的力作用下, k 越大的弹簧, 伸长量越小.

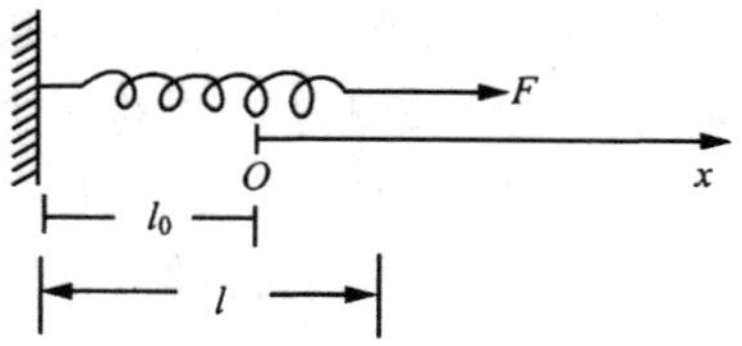

图 2.1.1

如沿力的作用线取坐标 x, 原点 O 取在弹簧处于原长时弹簧的一个端点, 如图 2.1.1 所示, 则可用 x 表示伸长量, (2.1.5)式可改写为

$$F = kx \tag{2.1.5$'$}$$

若 $l<l_0$, $x<0$, 这时伸长量为负值, 实际是压缩的, 则 $F<0$, 与图 2.1.1 中所画的 F 的方向相反.

(2.1.5)、(2.1.5′)式中的 F 是作用于弹簧上的力, 如 F 表示弹簧作用于物体上的力, 如图 2.1.2 所示, 则

$$F = -kx \tag{2.1.6}$$

各式中 F 的正负号表示力的方向, $F>0$ 时, 力沿 x 轴正向, $F<0$ 时, 力沿 x 轴负向.

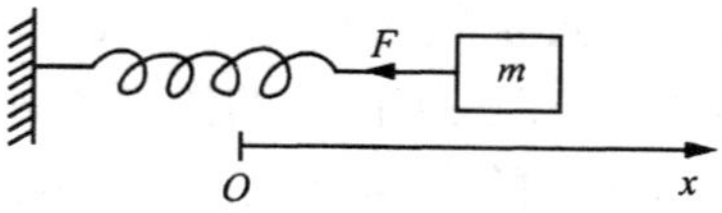

图 2.1.2

(2) 绳子的张力

绳子上一点的张力是指这一点分隔的两部分互施的作用力.如果绳子质量可以忽略不计,则在同一时刻,各点的张力都是一样的.如果绳子质量不能忽略不计,则在有加速度的情况下,同一时刻各点的张力不相同.隔离一段绳,对它用牛顿运动第二定律,即可知道两端的张力不同,绳子上各点的张力不同.

绳子张力本质上是一种弹性力,在张力不为零时,绳子发生形变,不过除弹性绳以外,绳子的伸长量、伸长量的改变量与系于绳端的物体的运动的线度相比常可忽略,因此通常把绳子看作不可伸长的,不计形变.在这种情况下,张力的大小与其他作用力、与系于绳端的物体的运动有关.在求解力学问题时,绳子起着约束物体运动的作用,这种力称为约束力.关于约束力的定义及其特征将在§2.6.1讨论.这里不作深究.

弹性绳的张力的规律和弹性力基本相同,有一点不同是它不能压缩,处于松弛状态时,张力为零.

(3) 摩擦力

当两物体相接触并有相对运动或有相对运动趋势时,两物体都将受到与其相对运动或相对运动趋势相反的力,这一对力是作用力和反作用力,作用于不同物体上,都称为摩擦力.

摩擦力的大小与两物体是什么材料、接触面的粗糙程度等有关.大体上,摩擦力的大小与相接触的两物体的相对速度的关系定性地如图2.1.3(a)所示,通常把它简化成图2.1.3(b)或(c)那样.按图2.1.3(b),用 F_s、F_k 分别表示相对静止时的静摩擦力和有相对滑动时的动摩擦力的大小.则

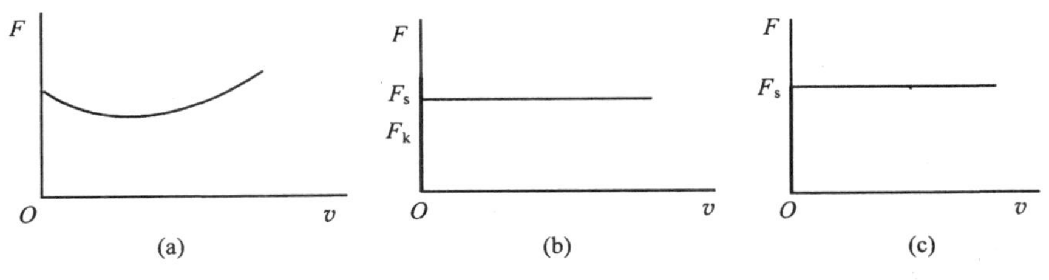

图2.1.3

$$F_s = 0 \sim \mu_s N \tag{2.1.7}$$

$$F_k = \mu_k N \tag{2.1.8}$$

其中 N 为相接触两物体之间的正压力，μ_s、μ_k 分别为静摩擦因数和动摩擦因数. 通常 $\mu_s > \mu_k$，如图 2.1.3(b)所画那样. 常常更简化为图 2.1.3(c)，略去 μ_s、μ_k 间的差异，用 μ 表示.(2.1.7)、(2.1.8)式简化为

$$F = \begin{cases} 0 \sim \mu N & (v_r = 0) \\ \mu N & (v_r \neq 0) \end{cases} \tag{2.1.9}$$

其中 v_r 表示接触两物体间的相对速率. 前面所说的摩擦力的大小与两物体是什么材料、接触面的粗糙程度等有关是指 μ_s、μ_k 或 μ 与这些因素有关.

静摩擦力取值可在零与最大静摩擦力 $\mu_s N$ 或 μN 之间，不一定是最大静摩擦力时只能用一个表示力的字母表之，有时其实际指向也需解动力学方程求得，F_k 的指向必须在列方程时就判明，其大小有表达式 $\mu_k N$ 或 μN.

(4) 万有引力和重力

在牛顿运动第二定律的表达式中的质量 m 的大小是质点惯性的量度，这个 m 称为惯性质量，暂以 m_I 表示之. 另一方面，两个质点之间的相互吸引力，在两质点距离相同的情况下，与两个质点的质量均成正比，可写作

$$F \propto \frac{m_{1G} m_{2G}}{r^2}$$

其中 r 是两质点间的距离，m 的脚标 1、2 区别两个质点，G 表示这里引入的质量与相互引力有关以表示这个质量是引力质量，它的大小是引力的量度.

特别在地球表面处，各物体受地球的引力

$$F \propto \frac{M_G m_G}{R_e^2}$$

其中 M_G、m_G 分别是地球和物体的引力质量，R_e 为地球半径.

根据牛顿运动第二定律，在地球引力作用下获得的加速度

$$a = \frac{F}{m_I} \propto \frac{M_G}{R_e^2} \frac{m_G}{m_I}$$

实验发现，在同一地点，地球引力使物体获得的加速度是一个常数，与物体无关. 由

此可见,物体的引力质量与惯性质量之比是常数,与物体无关,也与物体处于什么位置无关.这样就可以引入一个万有引力常数 G,使引力质量与惯性质量相等,不必再加 I、G 这样的脚标,仅用 m 表示质点的质量即可.万有引力定律为

$$F = G\frac{m_1 m_2}{r^2} \tag{2.1.10}$$

当 m 取 kg、r 取 m、F 取 N 为单位时,$G=6.67\times10^{-11}\mathrm{N\cdot m^2/kg^2}$.

得到万有引力定律(2.1.10)式以及测定万有引力常数 G 是做了许多实验的,不限于地球与物体之间.定律是对两个质点而言的.可以证明,对于质量均匀分布的球体,它对质点的引力,可把球体等同于具有同样质量位于球心的质点.对这样两个质点用(2.1.10)式来计算相互间的引力的大小.

在地球表面,物体与地球中心的距离都近似等于地球的半径.在地球表面附近运动的物体受到地球的引力的大小均可写作

$$F = G\frac{M_e m}{R_e^2} = mg \tag{2.1.11}$$

其中 $g=\dfrac{GM_e}{R_e^2}$称为重力加速度,(2.1.11)式中的力 F 称为重力.

如地球为均质球体,且没有自转,则各地的重力加速度相同,重力的方向指向球心.如考虑地球自转,要考虑地球的非惯性系效应,将于§2.7讨论.如考虑地球是一个赤道面半径大、南北极处半径小的略扁的椭球体,再考虑地球不均质,情况就更复杂了.

(5) 黏性力

物体在流体(气体或液体)中运动时,受到的阻力称为黏性力.当物体运动速度不大时,黏性力与速度有正比关系,可表示为

$$\boldsymbol{F} = -\eta \boldsymbol{v} \tag{2.1.12}$$

其中 η 称为黏度.

(6) 库仑力

两个带电的质点之间因带电产生的作用力称为库仑力.处在真空中时,其大小为

$$F = \frac{1}{4\pi\varepsilon_0}\frac{q_1 q_2}{r^2} \tag{2.1.13}$$

其中 ε_0 为真空介电常数，F 以 N 为单位，q 以库仑(符号为 C)为单位，r 以 m 为单位，$\varepsilon_0=8.85\times10^{-12}\mathrm{C^2/(N\cdot m^2)}$. 力的作用线沿两质点联线，$F>0$ 表示相互排斥，$F<0$表示相互吸引.

(7) 洛伦兹力

带电的质点在电磁场中运动时，受到电磁场的作用力称为洛伦兹力，

$$\boldsymbol{F} = q\boldsymbol{E} + q\boldsymbol{v} \times \boldsymbol{B} \tag{2.1.14}$$

其中 $\boldsymbol{E}$、$\boldsymbol{B}$ 分别是电磁场的电场强度和磁感应强度. 在国际单位制中，$\boldsymbol{E}$ 的单位为牛顿/库仑(N/C)或伏[特]·米(V·m)，$\boldsymbol{B}$ 的单位为特[斯拉](T)，$\boldsymbol{v}$ 是带电质点的速度.

6. 运动微分方程

求解质点动力学问题就是要求解由牛顿运动定律给出的质点的位矢所满足的微分方程(称为运动微分方程)，

$$m\ddot{\boldsymbol{r}} = \boldsymbol{F}(\boldsymbol{r},\dot{\boldsymbol{r}},t) \tag{2.1.15}$$

这是矢量的二阶微分方程. 采用不同的坐标系，可以表示成下列分量形式：

采用直角坐标(或叫笛卡儿坐标)，

$$\begin{cases} m\ddot{x} = F_x(x,y,z,\dot{x},\dot{y},\dot{z},t) \\ m\ddot{y} = F_y(x,y,z,\dot{x},\dot{y},\dot{z},t) \\ m\ddot{z} = F_z(x,y,z,\dot{x},\dot{y},\dot{z},t) \end{cases} \tag{2.1.16}$$

采用柱坐标，

$$\begin{cases} m(\ddot{\rho} - \rho\dot{\varphi}^2) = F_\rho(\rho,\varphi,z,\dot{\rho},\dot{\varphi},\dot{z},t) \\ m(\rho\ddot{\varphi} + 2\dot{\rho}\dot{\varphi}) = F_\varphi(\rho,\varphi,z,\dot{\rho},\dot{\varphi},\dot{z},t) \\ m\ddot{z} = F_z(\rho,\varphi,z,\dot{\rho},\dot{\varphi},\dot{z},t) \end{cases} \tag{2.1.17}$$

采用球坐标，

$$\begin{cases} m(\ddot{r} - r\dot{\theta}^2 - r\dot{\varphi}^2\sin^2\theta) = F_r(r,\theta,\varphi,\dot{r},\dot{\theta},\dot{\varphi},t) \\ m(r\ddot{\theta} + 2\dot{r}\dot{\theta} - r\dot{\varphi}^2\sin\theta\cos\theta) = F_\theta(r,\theta,\varphi,\dot{r},\dot{\theta},\dot{\varphi},t) \\ m(r\ddot{\varphi}\sin\theta + 2\dot{r}\dot{\varphi}\sin\theta + 2r\dot{\theta}\dot{\varphi}\cos\theta) = F_\varphi(r,\theta,\varphi,\dot{r},\dot{\theta},\dot{\varphi},t) \end{cases} \tag{2.1.18}$$

采用自然坐标,

$$\begin{cases} m\dfrac{\mathrm{d}v}{\mathrm{d}t} = F_\tau \\ m\dfrac{v^2}{\rho} = F_n \\ 0 = F_b \end{cases} \tag{2.1.19}$$

质点的运动微分方程给出了质点的运动与它所受力之间的关系.如果质点所受的力是已知的,即它与 $\boldsymbol{r}$、$\dot{\boldsymbol{r}}$、t 的函数关系是已知的,则是求解二阶微分方程的问题,每个二阶方程的通解包含两个积分常数,三个二阶方程共包含六个积分常数,需要用某时刻的位置和速度(共六个分量)来决定,这时刻不论 $t=0$,还是 $t=t_0(\neq 0)$时的位置和速度,通常称为初条件,也可以用两个时刻的位置来决定待定的积分常数,还可以用一个时刻的位置和另一个时刻的速度来决定这些积分常数(请读者自己考虑能否用两个时刻的速度来决定这些积分常数?).这类问题称为动力学的正问题.如果已知质点的运动学方程,即 $\boldsymbol{r}=\boldsymbol{r}(t)$,可由运动微分方程通过求导求出未知的力.这类问题,称为动力学的逆问题.也可以有这样的情况,质点的运动知道某些方面,所受的力也有一些未知的部分,解这类问题就是正问题、逆问题相结合的问题.

7. 运动微分方程较易求解的几种类型

(1) $\boldsymbol{F}=\boldsymbol{F}(t)$的情形

$$m\frac{\mathrm{d}\boldsymbol{v}}{\mathrm{d}t} = \boldsymbol{F}(t)$$

$$\boldsymbol{v} = \frac{1}{m}\int_{t_0}^{t}\boldsymbol{F}(t)\mathrm{d}t + \boldsymbol{v}(t_0)$$

$$\boldsymbol{r} = \boldsymbol{r}(t_0) + \boldsymbol{v}(t_0)(t-t_0) + \frac{1}{m}\int_{t_0}^{t}\mathrm{d}\tau\int_{t_0}^{\tau}\boldsymbol{F}(\tau')\mathrm{d}\tau' \tag{2.1.20}$$

(2) 一维运动 $F=F(x)$的情形

$$m\frac{\mathrm{d}v}{\mathrm{d}t} = F(x)$$

$$m\frac{\mathrm{d}v}{\mathrm{d}x}\frac{\mathrm{d}x}{\mathrm{d}t} = F(x)$$

$$mv\mathrm{d}v = F(x)\mathrm{d}x$$

$$\frac{1}{2}mv^2 - \frac{1}{2}mv_0^2 = \int_{x_0}^{x} F(x')\mathrm{d}x'$$

其中 $v_0 = v(x_0)$. 为把下面的式子写得简明些,把 $\int_{x_0}^{x} F(x')\mathrm{d}x'$写成$\phi(x)$,解出 v,并换成$\frac{\mathrm{d}x}{\mathrm{d}t}$,可得

$$\pm\int_{x_0}^{x} \frac{\mathrm{d}x'}{\sqrt{v_0^2 + \frac{2\phi(x')}{m}}} = \int_{t_0}^{t} \mathrm{d}t' = t - t_0 \tag{2.1.21}$$

(3) 一维运动 $F = F(v)$的情形

求解运动微分方程可有下列几条途径:

i) $m\frac{\mathrm{d}v}{\mathrm{d}t} = F(v)$

$$\frac{m\mathrm{d}v}{F(v)} = \mathrm{d}t$$

$$t - t_0 = \int_{v_0}^{v} \frac{m\mathrm{d}v'}{F(v')} \tag{2.1.22}$$

如能解出 $v = v(t)$,则用 $v = \frac{\mathrm{d}x}{\mathrm{d}t}$可得

$$x = x_0 + \int_{t_0}^{t} v(t')\mathrm{d}t' \tag{2.1.23}$$

ii) 可将$\frac{\mathrm{d}v}{\mathrm{d}t}$写成$\frac{\mathrm{d}v}{\mathrm{d}x}\frac{\mathrm{d}x}{\mathrm{d}t} = v\frac{\mathrm{d}v}{\mathrm{d}x}$,由

$$mv\frac{\mathrm{d}v}{\mathrm{d}x} = F(v)$$

得

$$x = x_0 + \int_{v_0}^{v} \frac{mv'}{F(v')}\mathrm{d}v' \tag{2.1.24}$$

由此如能解出 $v = v(x)$,可由 $v = \frac{\mathrm{d}x}{\mathrm{d}t}$,得到 $x = x(t)$.

iii) 如上述两条途径都不能走到底,则由上述两条路径得到的(2.1.22)、(2.1.24)式,已经通过参量 v 给出 x 与 t 的函数关系.

例 2.1.1 质量为 m 的质点以初速度 v_0 垂直上抛,如空气阻力与速度成正比.求落回原处时的速度和经过的时间.

解 当然取地为参考系,今后凡以地为参考系,都不再作特别说明.取 x 轴竖直向上,抛出点为坐标原点.只要质点向上运动和向下运动时受的力有同样的表达式,就可以用统一的运动微分方程来处理整个运动过程,不必对向上、向下运动分列,更不必取不同的坐标.

为让以后的式子简单些,把阻力写成 $-mk\dot{x}\,(k>0)$,向上向下运动均能适用.故整个运动过程的运动微分方程为

$$m\ddot{x} = -mk\dot{x} - mg$$

方法一,采用上述第一条途径,运动微分方程写成

$$\frac{\mathrm{d}v}{\mathrm{d}t} = -kv - g$$

$$\frac{\mathrm{d}v}{-(kv+g)} = \mathrm{d}t$$

用初条件 $t=0$ 时,$v=v_0$,积分可得

$$v = \left(v_0 + \frac{g}{k}\right)\mathrm{e}^{-kt} - \frac{g}{k} \tag{1}$$

这是可解出 $v=v(t)$ 的例子.

$$\mathrm{d}x = \left[\left(v_0 + \frac{g}{k}\right)\mathrm{e}^{-kt} - \frac{g}{k}\right]\mathrm{d}t$$

用初条件 $t=0$ 时 $x=0$,积分可得

$$x = \frac{1}{k}\left(v_0 + \frac{g}{k}\right)(1 - \mathrm{e}^{-kt}) - \frac{g}{k}t \tag{2}$$

代入 k、v_0、g 的具体数值后,由(2)、(1)两式可以得到题目要求的重新回到 $x=0$ 时的 t 和 v 值.

可以验证,$k\to0$ 时有

$$v = v_0 - gt$$

$$x = v_0 t - \frac{1}{2}gt^2$$

确是无阻尼时的上抛运动应有的结果.

方法二,试采取上述第二条途径,把微分方程改写成

$$v\frac{\mathrm{d}v}{\mathrm{d}x}=-(kv+g)$$

$$\frac{v\mathrm{d}v}{kv+g}=-\mathrm{d}x$$

$$-\left(\frac{1}{k}\frac{kv+g}{kv+g}-\frac{1}{k}\frac{g}{kv+g}\right)\mathrm{d}v=\mathrm{d}x$$

用初条件 $x=0$ 时 $v=v_0$,可积得

$$x=-\frac{1}{k}(v-v_0)+\frac{g}{k^2}\ln\frac{kv+g}{kv_0+g}\tag{3}$$

无法从(3)式解出 v.因此无法用此途径,通过 $v=\frac{\mathrm{d}x}{\mathrm{d}t}$,再积分而得 $x=x(t)$.可把(1)式和(3)式视为 $x=x(t)$的参数方程,将(1)式代入(3)式消去 v,确能得到(2)式给出的 $x=x(t)$.

(4) $\boldsymbol{F}=F(r)\boldsymbol{e}_r$ 情形

在这种力作用下,不论质点的初条件是怎样的,根据牛顿运动第二定律可知,质点的运动一定位于初速度和位矢所张的平面内.由于力是矢径的函数,采用极坐标.

$$m(\ddot{r}-r\dot{\varphi}^2)=F(r)$$

$$m(r\ddot{\varphi}+2\dot{r}\dot{\varphi})=0$$

$$\frac{\mathrm{d}}{\mathrm{d}t}(r^2\dot{\varphi})=r^2\ddot{\varphi}+2r\dot{r}\dot{\varphi}=r(r\ddot{\varphi}+2\dot{r}\dot{\varphi})$$

$$r\ddot{\varphi}+2\dot{r}\dot{\varphi}=\frac{1}{r}\frac{\mathrm{d}}{\mathrm{d}t}(r^2\dot{\varphi})$$

运动微分方程的第二个式子可以积分.

$$r^2\dot{\varphi}=r_0^2\dot{\varphi}_0\tag{2.1.25}$$

r_0、$\dot{\varphi}_0$ 为初条件所给.代入第一个运动微分方程,可得

$$\ddot{r}=\frac{F(r)}{m}+\frac{(r_0^2\dot{\varphi})^2}{r^3}\tag{2.1.26}$$

变成(2)所讲的类型了.

这类问题,我们在第四章再予以详述,这里就不举例了.

(5) 一维运动,运动微分方程是常系数线性齐次方程

$$A\ddot{x} + B\dot{x} + Cx = 0$$

其中 A、B、C 均为常量.如 $B^2 - 4AC \geqslant 0$,其通解有两种情况

i) $x = c_1 e^{r_1 t} + c_2 e^{r_2 t}$ (2.1.27)

r_1、r_2 是特征方程

$$Ar^2 + Br + C = 0$$

的两个不同的根:

$$r_{1,2} = \frac{-B \pm \sqrt{B^2 - 4AC}}{2A}$$

ii) $x = c_1 e^{rt} + c_2 t e^{rt}$ (2.1.28)

r 是上述特征方程的重根:

$$r = -\frac{B}{2A}$$

$B^2 - 4AC < 0$ 的情况将在第三章讨论,有比(2.1.27)式更好的解之表达式.

仍以例 2.1.1 作为例子.

例 2.1.2 用解常系数线性齐次微分方程的特殊解法重解例 2.1.1.

解 $m\ddot{x} + mk\dot{x} = -mg$

除了因变量 x 的各阶导数的线性项以外,还有 $-mg$ 项,形似非齐次方程.其实,因为它是常数,可作一个变量代换,变成齐次方程.令

$$y = \dot{x} + \frac{g}{k}$$

方程变为

$$\dot{y} + ky = 0$$

特征方程为

$$r + k = 0$$

故

$$y = c_1 e^{-kt}$$

$$\dot{x} + \frac{g}{k} = c_1 e^{-kt} \tag{1}$$

分离变量后积分得

$$x = -\frac{c_1}{k}e^{-kt} - \frac{g}{k}t + c_2 \tag{2}$$

用初条件 $t=0$ 时，$x=0$，$\dot{x}=v_0$，可以确定(1)、(2)两式中的积分常数，得到与例2.1.1所得的同样结果.

(6) 可使运动微分方程降阶的情况

i) 微分方程中不显含未知函数，即运动微分方程有下列形式：

$$F(t,\dot{x},\ddot{x}) = 0$$

例如一维运动，力只是时间和速度的函数，又如二维三维运动某些分量方程出现此类情况.

可令 $y=\dot{x}$，则 $\ddot{x}=\dot{y}$，微分方程变为

$$F(t,y,\dot{y}) = 0$$

例2.1.1就是这样的一个例子.降阶后可用各种办法，变量分离、直接积分等等.

ii) 微分方程不显含自变量，即运动微分方程具有下列形式：

$$F(x,\dot{x},\ddot{x}) = 0$$

可令 $y=\dot{x}$，$\ddot{x}=\frac{\mathrm{d}\dot{x}}{\mathrm{d}t}=\frac{\mathrm{d}\dot{x}}{\mathrm{d}x}\dot{x}=y\frac{\mathrm{d}y}{\mathrm{d}x}$，把原来以 t 为自变量、x 为因变量的二阶方程变为以 x 为自变量、y 为因变量的一阶方程.解出 $f(x,y)=0$ 后，再代入 $y=\dot{x}$，再解以 t 为自变量、x 为因变量的一阶方程，解出 x 与 t 的函数关系.

§2.2　其他数学方法介绍

我们的课程最终要达到理论力学要求的高度，应具有运用数学工具处理复杂问题的能力.这里我们再介绍几种数学方法，打“ * ”号的可不作基本要求，有些未打“ * ”号的方法如果数学课中尚未讲到，也可留待日后自学.

1. 常数变易法

此法常用来求解 n 阶非齐次线性常微分方程的一个特解.非齐次线性常微分

方程的通解是相应的齐次方程的通解加上非齐次方程的任一个特解.如已解出相应的齐次方程的通解,把这个通解中的任意常数改为自变量的函数,再代回非齐次方程,可得这些待定函数的 n 阶微分方程,加上 $n-1$ 个附加条件,可得待定函数的一阶导数满足的包含 n 个方程的代数方程组,用克兰姆法则解出这 n 个一阶导数,积出这些待定函数,即得非齐次方程的一个特解.

设原非齐次的二阶常微分方程为

$$y'' + p(x)y' + q(x)y = f(x) \tag{1}$$

$y_1(x)$、$y_2(x)$是相应的齐次方程

$$y'' + p(x)y' + q(x)y = 0 \tag{2}$$

的两个相互独立的解,则非齐次方程的特解为

$$y^*(x) = c_1(x)y_1(x) + c_2(x)y_2(x) \tag{3}$$

将(3)式代入(2)式,加上一个附加条件,可得 $c'_1(x)$、$c'_2(x)$满足的代数方程组

$$\begin{cases} c'_1(x)y_1(x) + c'_2(x)y_2(x) = 0 \\ c'_1(x)y'_1(x) + c'_2(x)y'_2(x) = f(x) \end{cases} \tag{4}$$

方程组中第一式是附加条件.用克兰姆法则求出 $c'_1(x)$、$c'_2(x)$,并积分得

$$c_1(x) = -\int \frac{y_2 f}{y_1 y'_2 - y'_1 y_2} \mathrm{d}x$$

$$c_2(x) = \int \frac{y_1 f}{y_1 y'_2 - y'_1 y_2} \mathrm{d}x$$

非齐次方程(1)式的特解为

$$y^* = -y_1(x)\int \frac{y_2 f}{y_1 y'_2 - y'_1 y_2} \mathrm{d}x + y_2(x)\int \frac{y_1 f}{y_1 y'_2 - y'_1 y_2} \mathrm{d}x \tag{2.2.1}$$

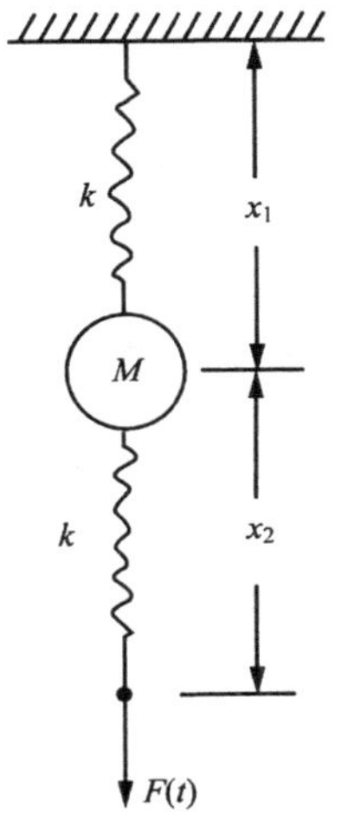

图 2.2.1

例 2.2.1 一个质量为 M 的小球,用一根弹簧常数为 k、自然长度为零的无质量弹簧悬挂于天花板下,小球下面挂一根相同的弹簧,原处于平衡状态.今有一个力 $F(t)$作用于下面弹簧的下端,如图 2.2.1 所示.求上面弹簧的长度 x_1

与 $F(t)$的关系;如 $F(t)=\lambda t$,λ 为常量,求 $x_1(t)$.

解　小球和下面弹簧的运动微分方程为

$$M\ddot{x}_1 = Mg - kx_1 + kx_2$$

$$-kx_2 + F(t) = 0$$

从两式消去 x_2 得

$$M\ddot{x}_1 + kx_1 = Mg + F(t) \tag{1}$$

与(1)式相应的齐次方程的两个特解为

$$x_{11} = \sin\sqrt{\frac{k}{M}}\,t$$

$$x_{12} = \cos\sqrt{\frac{k}{M}}\,t$$

用(2.2.1)式,非齐次方程(1)式的通解可写为

$$x_1(t) = A\sin\sqrt{\frac{k}{M}}\,t + B\cos\sqrt{\frac{k}{M}}\,t + \frac{1}{M}\sqrt{\frac{M}{k}}\left[\sin\sqrt{\frac{k}{M}}\,t\int_0^t (F(t) + Mg)\cos\sqrt{\frac{k}{M}}\,t\,\mathrm{d}t - \cos\sqrt{\frac{k}{M}}\,t\int_0^t (F(t) + Mg)\sin\sqrt{\frac{k}{M}}\,t\,\mathrm{d}t\right]$$

用初条件:$t=0$($F(t)$开始作用时,取为 $t=0$)时,$x_1=\dfrac{Mg}{k}$, $\dot{x}_1=0$,可得 $A=B=0$,并可进一步简化为

$$x_1(t) = \frac{Mg}{k} + \frac{1}{M}\sqrt{\frac{M}{k}}\left[\sin\sqrt{\frac{k}{M}}\,t\int_0^t F(t)\cos\sqrt{\frac{k}{M}}\,t\,\mathrm{d}t - \cos\sqrt{\frac{k}{M}}\,t\int_0^t F(t)\sin\sqrt{\frac{k}{M}}\,t\,\mathrm{d}t\right] \quad (t \geqslant 0)$$

$$x_1(t) = \frac{Mg}{k} \quad (t < 0)$$

当 $F(t)=\lambda t$ 时,经计算可得

$$x_1(t) = \frac{Mg}{k} + \frac{\lambda}{k}\left[t - \sqrt{\frac{M}{k}}\sin\sqrt{\frac{k}{M}}\,t\right] \quad (t \geqslant 0)$$

$$x_1(t) = \frac{Mg}{k} \quad (t < 0)$$

必须指出,对于本例 $F(t)=\lambda t$ 的情况,还有更简单的方法.这种方法只适用于常系数的线性微分方程.这里非齐次项是多项式,一定有最高为 $n-1$ 次幂(n 是微分方程的阶数)的多项式的特解,本例可设

$$x_1^* = c_1 + c_2 t$$

代入非齐次方程,令等号两边的各次幂的系数相等定出 c_1、c_2,可得到上述同样结果.

如果非齐次常系数线性微分方程的非齐次项是三角函数、指数函数、多项式组合成的函数,均能直接写出含待定系数的特解,采用这种待定系数法.

2. 引入积分因子变成恰当微分

我们通过例题说明这种方法.

例 2.2.2 一个质点在重力作用下自一半径为 r 的固定球面的最高点无初速滑下,若质点与球面间的摩擦因数为 μ.求质点离开球面时,它与球心的连线与铅垂线的夹角 θ 所满足的关系式.

解 用自然坐标,

$$\frac{mv^2}{r} = mg\cos\theta - N \tag{1}$$

$$m\frac{\mathrm{d}v}{\mathrm{d}t} = mg\sin\theta - \mu N \tag{2}$$

其中 N 是球面对质点的法向作用力.

(2) 式两边乘以 v,并将 $\mathrm{d}t$ 移至等号右边.

$$mv\mathrm{d}v = (mg\sin\theta - \mu N)v\mathrm{d}t \tag{3}$$

注意 $v\mathrm{d}t = r\mathrm{d}\theta$,(3)式可改写为

$$m\mathrm{d}v^2 = 2(mg\sin\theta - \mu N)r\mathrm{d}\theta \tag{4}$$

由(1)式解出 N,代入(4)式,整理后得

$$\mathrm{d}v^2 - 2(\mu v^2 + gr\sin\theta - \mu gr\cos\theta)\mathrm{d}\theta = 0 \tag{5}$$

(5)式是两个变量(v^2 与 θ 或 v 与 θ)的法甫式,显然不是恰当微分.设有 $f(\theta)$形式的积分因子,使

$$f(\theta)\mathrm{d}v^2 - 2f(\theta)(\mu v^2 + gr\sin\theta - \mu gr\cos\theta)\mathrm{d}\theta = 0 \tag{6}$$

的等号左边为恰当微分.由恰当微分条件

$$\frac{\mathrm{d}f(\theta)}{\mathrm{d}\theta} = \frac{\partial}{\partial v^2}[-2f(\theta)(\mu v^2 + gr\sin\theta - \mu gr\cos\theta)]$$

得 $f(\theta)$满足的常微分方程:

$$\frac{\mathrm{d}f}{\mathrm{d}\theta} = -2\mu f$$

积分得

$$f(\theta) = \mathrm{e}^{-2\mu\theta} \tag{7}$$

将(7)式的 $f(\theta)$代入(6)式

$$\mathrm{e}^{-2\mu\theta}\mathrm{d}v^2 - 2\mathrm{e}^{-2\mu\theta}(\mu v^2 + gr\sin\theta - \mu gr\cos\theta)\mathrm{d}\theta = 0$$

$$\mathrm{d}(\mathrm{e}^{-2\mu\theta}v^2) - 2\mathrm{e}^{-2\mu\theta}(gr\sin\theta - \mu gr\cos\theta)\mathrm{d}\theta = 0$$

积分上式,并用初条件 $t=0$ 时,$\theta=0$,$v=0$,可得

$$v^2\mathrm{e}^{-2\mu\theta} + \frac{2gr}{4\mu^2+1}\mathrm{e}^{-2\mu\theta}(2\mu\sin\theta + \cos\theta)$$

$$+ \frac{2\mu gr}{4\mu^2+1}\mathrm{e}^{-2\mu\theta}(-2\mu\cos\theta + \sin\theta) = \frac{2gr}{4\mu^2+1}(1-2\mu) \tag{8}$$

质点离开球面时 $N=0$.将此代入(1)式,并与(8)式联立,消去 v 即得 θ 所满足的关系式

$$3\cos\theta + 6\mu\sin\theta = 2(1-2\mu)\mathrm{e}^{2\mu\theta}$$

3. 参数表示法

引入参数,把坐标和时间都分别表示成参数的函数.上节第四段第三种易解类型,就讲过将坐标和时间分别表成速度 v 作为参数的函数.可以取具有各种物理意义的量作为参数.这里我们特别介绍一下参数表示法在解用自然坐标列出的运动微分方程中的应用.引入质点的速度方向与 x 轴的夹角 θ 为参数.有两种情况:

(1) 作用在质点上的力已知,力为常量或是速率 v 及表示速度方向的 θ 的函数,质点作平面运动的情况.

运动微分方程

$$m\frac{\mathrm{d}v}{\mathrm{d}t} = F_\tau(v,\theta) \tag{1}$$

$$m\frac{v^2}{\rho} = F_n(v,\theta) \tag{2}$$

其中 $\rho=\left|\frac{\mathrm{d}s}{\mathrm{d}\theta}\right|$或$\pm\frac{\mathrm{d}s}{\mathrm{d}\theta}$,当$\frac{\mathrm{d}s}{\mathrm{d}t}>0$时,取正号,$\frac{\mathrm{d}s}{\mathrm{d}t}<0$时取负号.

$$\frac{\mathrm{d}v}{\mathrm{d}t} = \frac{\mathrm{d}v}{\mathrm{d}s}\frac{\mathrm{d}s}{\mathrm{d}t} = v\frac{\mathrm{d}v}{\mathrm{d}s} = v\frac{\mathrm{d}v}{\mathrm{d}\theta}\frac{\mathrm{d}\theta}{\mathrm{d}s} = \pm v\frac{\mathrm{d}v}{\mathrm{d}\theta}\cdot\frac{1}{\rho}$$

当$\frac{\mathrm{d}s}{\mathrm{d}\theta}>0$时取正号,$\frac{\mathrm{d}s}{\mathrm{d}\theta}<0$时取负号.

将(1)式改写为

$$\pm\frac{mv}{\rho}\frac{\mathrm{d}v}{\mathrm{d}\theta} = F_\tau(v,\theta) \tag{3}$$

由(2)、(3)两式消去 ρ 得

$$\pm\frac{1}{v}\frac{\mathrm{d}v}{\mathrm{d}\theta} = \frac{F_\tau(v,\theta)}{F_n(v,\theta)} \tag{2.2.2}$$

(2.2.2)式是 θ 为自变量,v 为因变量的微分方程.可用变量分离的办法或乘一待定的积分因子使之变为恰当微分然后积分的方法解之,也有可能需先作变量代换后,才能采用上述两种方法之一.设已解得

$$v = f(\theta) \tag{4}$$

用 $\mathrm{d}x=\mathrm{d}s\cdot\cos\theta$, $\mathrm{d}y=\mathrm{d}s\cdot\sin\theta$,$\rho=\pm\frac{\mathrm{d}s}{\mathrm{d}\theta}$以及(1)、(2)和(4)式,可得

$$\begin{cases}\dfrac{\mathrm{d}x}{\mathrm{d}\theta} = \dfrac{\mathrm{d}x}{\mathrm{d}s}\dfrac{\mathrm{d}s}{\mathrm{d}\theta} = \pm\rho\cos\theta = \pm\dfrac{mv^2}{F_n}\cos\theta = \pm\dfrac{m[f(\theta)]^2}{F_n}\cos\theta \\ \dfrac{\mathrm{d}y}{\mathrm{d}\theta} = \dfrac{\mathrm{d}y}{\mathrm{d}s}\dfrac{\mathrm{d}s}{\mathrm{d}\theta} = \pm\rho\sin\theta = \pm\dfrac{m[f(\theta)]^2}{F_n}\sin\theta \\ \dfrac{\mathrm{d}t}{\mathrm{d}\theta} = \dfrac{\mathrm{d}t}{\mathrm{d}s}\dfrac{\mathrm{d}s}{\mathrm{d}\theta} = \pm\dfrac{\rho}{v} = \pm\dfrac{mv}{F_n} = \pm\dfrac{mf(\theta)}{F_n}\end{cases} \tag{2.2.3}$$

其中 $F_n=F_n(f(\theta),\theta)$,只是 θ 的函数.

例 2.3.3 质量为 m 的小球以初速度 v_0、倾角为 θ_0 斜抛,如空气阻力与速度的平方成正比,其大小写成 $kmgv^2(k>0)$.求该小球以后的运动.

解　用自然坐标写出的运动微分方程为

$$m\frac{\mathrm{d}v}{\mathrm{d}t}=-kmgv^2-mg\sin\theta$$

$$\frac{mv^2}{\rho}=mg\cos\theta$$

用(2.2.1)式,注意这里$\frac{\mathrm{d}s}{\mathrm{d}\theta}<0$,故取其负号

$$-\frac{1}{v}\frac{\mathrm{d}v}{\mathrm{d}\theta}=\frac{F_\tau}{F_n}=-\frac{\sin\theta+kv^2}{\cos\theta}$$

$$\frac{1}{v}\mathrm{d}v-\left(\frac{\sin\theta+kv^2}{\cos\theta}\right)\mathrm{d}\theta=0$$

上式可改写成

$$\frac{\mathrm{d}v}{\mathrm{d}\theta}-v\tan\theta-kv^3\sec\theta=0$$

这是一个伯努利方程.作变量代换,令 $u=v^{-2}$,上述非线性方程转化为非齐次的线性方程:

$$\frac{\mathrm{d}u}{\mathrm{d}\theta}+(2\tan\theta)u=-2k\sec\theta$$

用上述常数变易法找出非齐次线性方程的特解,加上相应的齐次方程的通解即得此非齐次线性方程的通解:

$$\begin{aligned}u&=c\mathrm{e}^{-\int 2\tan\theta\mathrm{d}\theta}+\mathrm{e}^{-\int 2\tan\theta\mathrm{d}\theta}\int\mathrm{e}^{\int 2\tan\theta\mathrm{d}\theta}(-2k\sec\theta)\mathrm{d}\theta\\&=\cos^2\theta[c-k(\sec\theta\tan\theta)+\ln(\sec\theta+\tan\theta)]\end{aligned}$$

即

$$v^{-2}=\cos^2\theta[c-k(\sec\theta\tan\theta)+\ln(\sec\theta+\tan\theta)]$$

其中 c 由初条件 $\theta=\theta_0$ 时 $v=v_0$ 决定.

往下用(2.2.3)式积分得 x、y 与 t 作为 θ 的函数,需作数值积分或用计算机得到结果.

(2) 质点运动的轨道是已知,作用于质点的力中有一个未知的量的情况

也常需采用某个参数,把坐标、时间、未知的力都表作这个参数的函数.在自然

坐标的切向、法向方程中，除了 v 和未知的力两个变量外，还有 t、θ、ρ 这些变量. 得根据具体问题，确定用什么量作为参量.

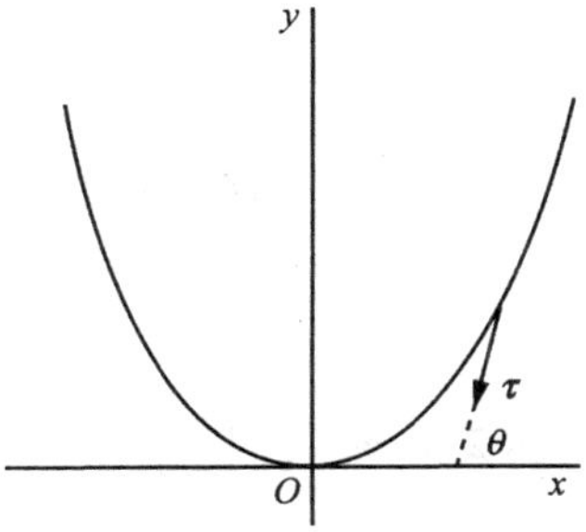

图 2.2.2

例 2.2.4 质量为 m 的小球，在一条光滑的钢索上滑动，钢索的方程为 $x^2 = 4ay$. 见图 2.2.2. 自 $x=2a$ 处静止下滑. 求下滑过程中的速率和所受的约束力.

解 自然坐标两个分量方程为

$$m\frac{\mathrm{d}v}{\mathrm{d}t} = mg\sin\theta \tag{1}$$

$$m\frac{v^2}{\rho} = N - mg\cos\theta \tag{2}$$

$$\frac{\mathrm{d}v}{\mathrm{d}t} = \frac{\mathrm{d}v}{\mathrm{d}s}\frac{\mathrm{d}s}{\mathrm{d}t} = v\frac{\mathrm{d}v}{\mathrm{d}s}$$

$$\sin\theta = -\frac{\mathrm{d}y}{\mathrm{d}s}$$

注意 $\sin\theta>0$，$\mathrm{d}s>0$，$\mathrm{d}y<0$，故上式取负号. (1)式可改写为

$$mv\frac{\mathrm{d}v}{\mathrm{d}s} = -mg\frac{\mathrm{d}y}{\mathrm{d}s}$$

$$v\mathrm{d}v = -g\mathrm{d}y$$

用初条件：$t=0$ 时，$v=0$，$x=2a$ 代入轨道方程可知 $y=a$. 积分得

$$\frac{1}{2}v^2 = g(a-y)$$

$$v = \sqrt{2(a-y)g}$$

在用(2)式求 N 时，需将 ρ 和 $\cos\theta$ 表成参数 y 的函数.

由 $\rho = \dfrac{(1+y'^2)^{3/2}}{|y''|}$ 得

$$\rho = 2a\left(\frac{a+y}{a}\right)^{3/2} \tag{3}$$

用 $\tan\theta = \dfrac{\mathrm{d}y}{\mathrm{d}x} = \dfrac{1}{2a}x$ 可得

$$\cos\theta = \sqrt{\frac{a}{a+y}} \tag{4}$$

将(3)、(4)式代入(2)式,可解得

$$N = 2mg\left(\frac{a}{a+y}\right)^{3/2}$$

例 2.2.5　若上例的钢索不是光滑的,摩擦因数为 μ. 求下滑过程中速率与坐标的关系.

解

$$m\frac{\mathrm{d}v}{\mathrm{d}t} = -\mu N + mg\sin\theta \tag{1}$$

$$m\frac{v^2}{\rho} = N - mg\cos\theta \tag{2}$$

(1)式加上乘以 μ 的(2)式,消去 N 得

$$m\frac{\mathrm{d}v}{\mathrm{d}t} + \mu m\frac{v^2}{\rho} = mg(\sin\theta - \mu\cos\theta) \tag{3}$$

用$\frac{\mathrm{d}v}{\mathrm{d}t} = v\frac{\mathrm{d}v}{\mathrm{d}s}$, $\sin\theta = -\frac{\mathrm{d}y}{\mathrm{d}s}$,$\cos\theta = -\frac{\mathrm{d}x}{\mathrm{d}s}$以及$\rho = \frac{\mathrm{d}s}{\mathrm{d}\theta}$代入(3)式得

$$v\mathrm{d}v + \mu v^2\mathrm{d}\theta = -g\mathrm{d}y + \mu g\mathrm{d}x \tag{4}$$

由 $y = \frac{1}{4a}x^2$,及 $\tan\theta = \frac{\mathrm{d}y}{\mathrm{d}x} = \frac{x}{2a}$　可将 $\mathrm{d}\theta$、$\mathrm{d}y$ 写成 $\mathrm{d}y = \frac{1}{2a}x\mathrm{d}x$,$\mathrm{d}\theta = \frac{2a}{4a^2+x^2}\mathrm{d}x$,可将(4)式改写为

$$\frac{1}{2}\mathrm{d}v^2 + \mu v^2\frac{2a}{4a^2+x^2}\mathrm{d}x + \frac{g}{2a}x\mathrm{d}x - \mu g\mathrm{d}x = 0 \tag{5}$$

设积分因子为 $\lambda(x)$,由恰当微分条件得 $\lambda(x)$满足的微分方程为

$$\frac{1}{2}\frac{\mathrm{d}\lambda}{\mathrm{d}x} = \frac{2\mu a}{4a^2+x^2}\lambda$$

解出上式 λ 的一个特解

$$\lambda(x) = \mathrm{e}^{2\mu\arctan\frac{x}{2a}}$$

将(5)式乘以解得的 $\lambda(x)$积分,头两项是$\frac{1}{2}v^2\mathrm{e}^{2\mu\arctan\frac{x}{2a}}$的全微分. 在作后两项的积分时,可作变量代换,令 $p = \arctan\frac{x}{2a}$. 经计算可得

$$\frac{1}{2}v^2 + \frac{g}{4a}x^2 - 2\mu gx + ga$$
$$= 2ga\left[(1-2\mu)e^{\frac{1}{2}\mu v} - 4\mu^2\int_{\frac{\pi}{4}}^{\arctan\frac{x}{2a}} e^{2\mu\varphi}\tan p\,dp\right]e^{-2\mu\arctan\frac{x}{2a}}$$

当 $\mu=0$ 时可得到上例所得的结果.

*4. 拉普拉斯变换法

拉普拉斯变换法常用于求解常系数线性微分方程.它能不先求通解直接求得满足初条件的特解,还可把微分方程化为一个代数方程.

函数 $F(t)$的拉普拉斯变换函数 $\mathscr{L}[F(t)]$记为 $f(p)$. $F(t)$、$f(p)$分别被称为原函数和像函数.

表 2.2.1 一些重要的拉普拉斯变换

$F(t)$	1	t	$t^n(n=0,1,2,\cdots)$	e^{-at}	te^{-at}	$e^{-at}F(t)$
$f(p)$	$\frac{1}{p}$	$\frac{1}{p^2}$	$\frac{n!}{p^{n+1}}$	$\frac{1}{p+a}$	$\frac{1}{(p+a)^2}$	$f(p+a)$

$F(t)$	$\sin\omega t$	$\cos\omega t$	$e^{-at}\sin\omega t$	$\frac{1}{\sqrt{t}}$	$\sqrt{t}$	$\mathrm{sh}at$
$f(p)$	$\frac{\omega}{p^2+\omega^2}$	$\frac{p}{p^2+\omega^2}$	$\frac{\omega}{(p+a)^2+\omega^2}$	$\sqrt{\frac{\pi}{p}}$	$2\sqrt{\frac{\pi}{p^3}}$	$\frac{a}{p^2-a^2}$

$F(t)$	$\mathrm{ch}at$	$t\sin\omega t$	$t\cos\omega t$	$(-1)^n t^n F(t)$	$\frac{F(t)}{t}$
$f(p)$	$\frac{p}{p^2-a^2}$	$\frac{2\omega p}{(p^2+\omega^2)^2}$	$\frac{p^2-\omega^2}{(p^2+\omega^2)^2}$	$f^{(n)}(p)$	$\int_p^{\infty} f(p)dp$

$F(t)$	$F'(t)$	$F^{(n)}(t)$	$AF(t)+BG(t)$
$f(p)$	$pf(p)-F(0)$	$p^n\left[f(p)-\frac{F(0)}{p}-\frac{F'(0)}{p^2}-\cdots-\frac{F^{(n-1)}(0)}{p^n}\right]$	$Af(p)+Bg(p)$

$F(t)$	$\int_0^t F(t)dt$	$\int_0^t\int_0^{\tau} F(\lambda)d\lambda d\tau$	$\int_0^t F_1(t-\tau)F_2(\tau)d\tau$
$f(p)$	$\frac{1}{p}f(p)$	$\frac{1}{p^2}f(p)$	$f_1(p)f_2(p)$

变换：$f(p)=\int_0^{\infty} \mathrm{e}^{-pt}F(t)\mathrm{d}t$，

反变换：$F(t)=\dfrac{1}{2\pi \mathrm{i}}\int_{a-\mathrm{i}\infty}^{a+\mathrm{i}\infty} \mathrm{e}^{pt}f(p)\mathrm{d}p$.

例 2.2.6　用拉普拉斯变换法重解例 2.1.1.

解　运动微分方程为

$$\ddot{x}=-k\dot{x}-g \tag{1}$$

初条件为 $t=0$ 时 $x=0,\dot{x}=v_0$.

对方程(1)进行拉普拉斯变换，原函数 $x=F(t)$，像函数为 $f(p)$.

$$p^2f(p)-pF(0)-F'(0)=-k[pf(p)-F(0)]-\frac{g}{p} \tag{2}$$

其中 $F(0)=x(0)=0,F'(0)=\dot{x}(0)=v_0$.

将上述 $F(0)$、$F'(0)$的值代入(2)式，解出 $f(p)$得

$$f(p)=\frac{pv_0-g}{p^2(p+k)} \tag{3}$$

将 $f(p)$写成下列简单分式之和

$$f(p)=\frac{Ap+B}{p^2}+\frac{C}{p+k} \tag{4}$$

A、B、C 为待定常数. 由(3)、(4)式相等，得

$$(Ap+B)(p+k)+Cp^2=pv_0-g \tag{5}$$

(5)式两边 p 的各次幂的系数分别相等，得

$$\begin{cases} A+C=0 \\ kA+B=v_0 \\ kB=-g \end{cases} \tag{6}$$

解得

$$B=-\frac{g}{k},\ A=-C=\frac{kv_0+g}{k^2}$$

$$f(p)=\frac{kv_0+g}{k^2p}-\frac{g}{kp^2}-\frac{kv_0+g}{k^2(p+k)} \tag{7}$$

用表 2.2.1 所给的拉普拉斯变换,可得(7)式的像函数的原函数为

$$x(t)=F(t)=\frac{kv_0+g}{k^2}-\frac{g}{k}t-\frac{kv_0+g}{k^2}\mathrm{e}^{-kt}$$

$$=\frac{kv_0+g}{k^2}(1-\mathrm{e}^{-kt})-\frac{g}{k}t$$

得到与例 2.1.1 所用方法完全一样的结果.

例 2.2.7　用拉普拉斯变换法重解例 2.2.1 在 $F(t)=\lambda t$ 时的 $x_1(t)$.

解　例 2.2.1 中已给出 $x_1(t)$满足的微分方程为

$$\ddot{x}_1+\frac{k}{M}x_1=g+\frac{\lambda}{M}t \tag{1}$$

对上式各项作拉普拉斯变换,得到 $x_1(t)$的像函数满足的代数方程

$$p^2f(p)-px(0)-\dot{x}(0)+\frac{k}{M}f(p)=\frac{g}{p}+\frac{\lambda}{Mp^2} \tag{2}$$

由(2)式解出 $f(p)$

$$f(p)=\frac{\lambda}{Mp^2\left(p^2+\frac{k}{M}\right)}+\frac{x(0)p}{p^2+\frac{k}{M}}+\frac{g}{p\left(p^2+\frac{k}{M}\right)}+\frac{\dot{x}(0)}{p^2+\frac{k}{M}} \tag{3}$$

将(3)式的第一项写成

$$\frac{\lambda}{M}\frac{1}{p^2\left(p^2+\frac{k}{M}\right)}=\frac{\lambda}{M}\left(\frac{Ap+B}{p^2}-\frac{Cp+D}{p^2\frac{k}{M}}\right)$$

可定出

$$A=C=0,\ B=-D=\frac{M}{k} \tag{5}$$

(3)式中第三项可写成

$$\frac{g}{p\left(p^2+\frac{k}{M}\right)}=\frac{Mg}{kp}-\frac{Mg}{k}\frac{p}{p^2+\frac{k}{M}} \tag{6}$$

将(4)、(5)、(6)式代入(3)式

$$f(p)=\frac{\lambda}{kp^2}-\frac{\lambda}{k}\frac{1}{p^2+\frac{k}{M}}+\frac{x(0)p}{p^2+\frac{k}{M}}+\frac{Mg}{kp}-\frac{Mg}{k}\frac{p}{p^2+\frac{k}{M}}+\frac{\dot{x}(0)}{p^2+\frac{k}{M}}$$

$$= \frac{Mg}{kp} + \frac{\lambda}{kp^2} + \left[\dot{x}(0) - \frac{\lambda}{k}\right]\sqrt{\frac{M}{k}}\frac{\sqrt{\frac{k}{M}}}{p^2 + \frac{k}{M}} + \left[x(0) - \frac{Mg}{k}\right]\frac{p}{p^2 + \frac{k}{M}}$$

查表 2.2.1 可得

$$x_1(t) = \frac{Mg}{k} + \frac{\lambda t}{k} + \left[\dot{x}(0) - \frac{\lambda}{k}\right]\sqrt{\frac{M}{k}}\sin\sqrt{\frac{k}{M}}\,t + \left[x(0) - \frac{Mg}{k}\right]\cos\sqrt{\frac{k}{M}}\,t$$

如对例 2.2.1 的通解用初条件 $t=0$ 时 $x=x(0)$,$\dot{x}=\dot{x}(0)$定待令系数 A 和B,也可得到这里得到的结果.

*5. 傅里叶级数解法

如果运动微分方程是线性的,可写成下列形式:

$$\ddot{x} + p(t)\dot{x} + q(t)x = f(t) \tag{2.2.4}$$

则对于这种系统,服从叠加原理,即如 $x_1(t)$是

$$\ddot{x} + p(t)\dot{x} + q(t)x = f_1(t)$$

的解,$x_2(t)$是

$$\ddot{x} + p(t)\dot{x} + q(t)x = f_2(t)$$

的解.

则 $a_1x_1(t)+a_2x_2(t)$(其中 a_1、a_2 是常数)是

$$\ddot{x} + p(t)\dot{x} + q(t)x = a_1f_1(t) + a_2f_2(t)$$

的解.

如运动微分方程具有(2.2.4)式的形式,且 $f(t)$具有周期性

$$f(t) = f(t+T) \tag{2.2.5}$$

T 为周期,则不仅可用叠加原理,而且可将 $f(t)$展成傅里叶级数

$$f(t) = \frac{1}{2}a_0 + \sum_{n=1}^{\infty}(a_n\cos n\omega t + b_n\sin n\omega t) \tag{2.2.6}$$

其中 $\omega=\frac{2\pi}{T}$.

$$\begin{cases} a_n = \dfrac{2}{T}\displaystyle\int_{-\frac{T}{2}}^{\frac{T}{2}} f(t')\cos n\omega t' \mathrm{d}t' \\ b_n = \dfrac{2}{T}\displaystyle\int_{-\frac{T}{2}}^{\frac{T}{2}} f(t')\sin n\omega t' \mathrm{d}t' \end{cases} \tag{2.2.7}$$

只要求出 $f(t)$级数中每一项单独存在时的解,就能得到所求问题的解.

因此可用傅里叶级数解法的条件是:运动微分方程是线性的,力具有周期性.

例 2.2.8 一个质量为 m 的质点连在一个劲度系数为k 的弹簧上,弹簧另一端固定,运动时受到的阻力,其大小与速率成正比,比例系数为 γ.为使振动能维持下去,另加一个周期性的强迫力,在从 $t=-\dfrac{T}{2}$到 $t=\dfrac{T}{2}$时间内,

$$F(t) = \frac{A}{T}t,\ -\frac{T}{2} < t < \frac{T}{2}$$

其中 A 为常量.如图 2.2.3 所示.质点作直线运动.求系统达到稳态时的运动学方程.

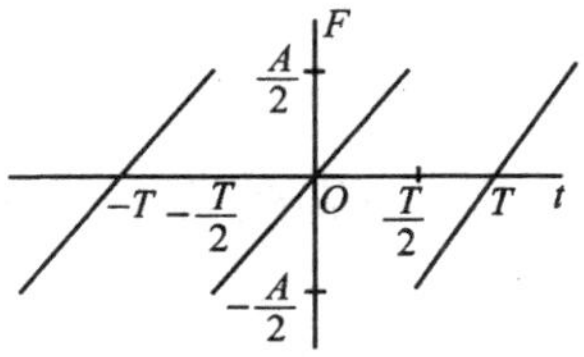

图 2.2.3

解 运动微分方程为

$$m\ddot{x} = -kx - \gamma\dot{x} + F(t) \tag{1}$$

写成(2.2.4)式的形式

$$\ddot{x} + 2\beta\dot{x} + \omega_0^2 x = f(t) \tag{2}$$

其中 $\beta=\dfrac{\gamma}{2m},\omega_0^2=\dfrac{k}{m},f(t)=\dfrac{F(t)}{m}=\dfrac{A}{mT}t=\alpha t\left(\alpha=\dfrac{A}{mT}\right)\left(-\dfrac{T}{2}<t<\dfrac{T}{2}\right)$.

用(2.2.7)式,将 $f(t)$展成傅里叶级数

$$a_n = \frac{2}{T}\int_{-\frac{T}{2}}^{\frac{T}{2}} \alpha t'\cos n\omega t' \mathrm{d}t' = 0$$

$$b_n = \frac{2}{T}\int_{-\frac{T}{2}}^{\frac{T}{2}} \alpha t'\sin n\omega t' \mathrm{d}t' = \begin{cases} \dfrac{2\alpha}{n\omega}, & n \text{ 为奇数} \\ -\dfrac{2\alpha}{n\omega}, & n \text{ 为偶数} \end{cases}$$

$$\begin{aligned} f(t) &= \sum_{n=1}^{\infty} b_n \sin n\omega t \\ &= \frac{2\alpha}{\omega}\left(\sin\omega t - \frac{1}{2}\sin 2\omega t + \frac{1}{3}\sin 3\omega t - \cdots\right) \end{aligned}$$

$$= f_0\left(\sin\omega t - \frac{1}{2}\sin 2\omega t + \frac{1}{3}\sin 3\omega t - \cdots\right) \tag{3}$$

其中 $f_0 = \dfrac{2\alpha}{\omega} = \dfrac{2A}{m\omega T} = \dfrac{A}{m\pi}$.

设

$$x_n = A_n \sin(n\omega t - \varphi_n) \tag{4}$$

是下列微分方程的稳态解:

$$\ddot{x} + 2\beta\dot{x} + \omega_0^2 x = f_n \sin n\omega t \tag{5}$$

用振幅矢量法(参看§3.4.1)求(4)式中的 A_n 和 φ_n.

$$\dot{x}_n = n\omega A_n \sin\left(n\omega t - \varphi_n + \frac{\pi}{2}\right) \tag{6}$$

$$\ddot{x}_n = (n\omega)^2 A_n \sin(n\omega t - \varphi_n + \pi) \tag{7}$$

将(4)、(6)、(7)式代入(5)式

$$(n\omega)^2 A_n \sin(n\omega t - \varphi_n + \pi) + 2\beta n\omega A_n \sin\left(n\omega t - \varphi_n + \frac{\pi}{2}\right) + \omega_0^2 A_n \sin(n\omega t - \varphi_n) = f_n \sin n\omega t \tag{8}$$

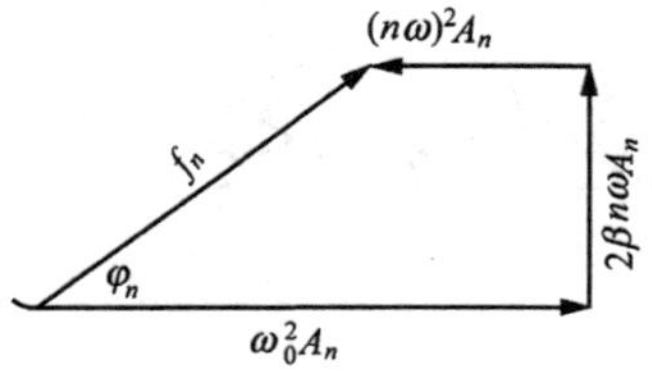

图 2.2.4

由(8)式画振幅矢量如图 2.2.4 所示. 根据矢量加法的运算法则可得

$$\{[\omega_0^2 - (n\omega)^2]^2 + (2\beta n\omega)^2\} A_n^2 = f_n^2$$

$$\begin{cases} A_n = \dfrac{f_n}{\sqrt{(\omega_0^2 - n^2\omega^2)^2 + 4\beta^2 n^2 \omega^2}} \\ \varphi_n = \arctan\left(\dfrac{2\beta n\omega}{\omega_0^2 - n^2\omega^2}\right) \end{cases}, \quad n = 1,2,3\cdots \tag{9}$$

由叠加原理,(2)式的稳态解为

$$x(t) = f_0\left[\frac{1}{\sqrt{(\omega_0^2 - \omega^2)^2 + 4\beta^2\omega^2}}\sin(\omega t - \varphi_1)\right.$$

$$- \frac{1}{2\sqrt{(\omega_0^2 - 4\omega^2)^2 + 16\beta^2\omega^2}} \sin(2\omega t - \varphi_2)$$

$$\left. + \frac{1}{3\sqrt{(\omega_0^2 - 9\omega^2)^2 + 36\beta^2\omega^2}} \sin(3\omega t - \varphi_3) - \cdots \right]$$

如(3)式的傅里叶级数收敛得较快,可以取不多的几项就得到较好的近似解.

*6. 微扰法

力学问题能得到精确解的只是极小一部分,绝大部分力学问题无法精确求解.如果不能精确求解的受力情况与能精确求解的受力情况只有微小的差别,可用微扰法求近似解.

(1) 基本做法

先求出不包括力的微扰项的精确解,然后,在精确解上加一个幂级数,再代入包括力的微扰项的原运动微分方程,得到幂级数中各项满足的微分方程.所谓幂级数,不是指自变量 t 的幂级数,而是表明小量例如例中的 λ 的幂级数,其系数是待定的 t 的函数.具体做法参看下面的例子.

例 2.2.9 无阻尼的非线性自由振动、质量为 m 的振子受力

$$F(x) = -kx + m\lambda x^2$$

其中 λ 是小常量.求振子满足初条件 $t=0$ 时 $x=x(0)$, $\dot{x}=\dot{x}(0)$的解.

解 运动微分方程为

$$m\ddot{x} = -kx + m\lambda x^2$$

或

$$\ddot{x} + \omega_0^2 x - \lambda x^2 = 0 \tag{1}$$

其中 $\omega_0^2 = \dfrac{k}{m}$, λ 为小量.

设 $x_0(t)$是(1)式中不包括微扰项的精确解,把(1)式的解写成下列级数:

$$x(t) = x_0(t) + \lambda x_1(t) + \lambda^2 x_2(t) + \cdots \tag{2}$$

其中 λ 即(1)式中的 λ.

若作一级近似,只保留一级小量,(2)式中的含 λ^2 及 λ 的更高次方项可以舍去.

$$x(t) = x_0(t) + \lambda x_1(t) \tag{3}$$

将(3)式代入(1)式,可得

$$(\ddot{x}_0 + \omega_0^2 x_0) + \lambda(\ddot{x}_1 + \omega_0^2 x_1 - x_0^2) = 0$$

上述方程要对任意的 λ 值(只要 λ 很小)都成立,λ 各次幂的系数必须分别为零.

$$\ddot{x}_0 + \omega_0^2 x_0 = 0 \tag{4}$$

$$\ddot{x}_1 + \omega_0^2 x_1 = x_0^2 \tag{5}$$

解出(4)式满足 $t=0$ 时 $x=x(0), \dot{x}=\dot{x}(0)$ 的解

$$x_0 = A\cos(\omega_0 t + \varphi) \tag{6}$$

其中

$$A = \sqrt{[x(0)]^2 + \left[\frac{\dot{x}(0)}{\omega_0}\right]^2}, \varphi = -\arctan\frac{\dot{x}(0)}{\omega_0 x(0)} \tag{7}$$

将(6)式代入(5)式得

$$\begin{aligned} \ddot{x}' + \omega_0^2 x_1 &= A^2\cos^2(\omega_0 t + \varphi) \\ &= \frac{A^2}{2} + \frac{A^2}{2}\cos 2(\omega_0 t + \varphi) \end{aligned} \tag{8}$$

(8)式是一个线性微分方程,它的解是

$$\ddot{x}_{11} + \omega_0^2 x_{11} = \frac{A^2}{2} \tag{9}$$

$$\ddot{x}_{12} + \omega_0^2 x_{12} = \frac{A^2}{2}\cos 2(\omega_0 t + \varphi) \tag{10}$$

两个方程的解的叠加.

显然,(9)式的一个特解为

$$x_{11} = \frac{A^2}{2\omega_0^2}$$

由振幅矢量法可得(10)式的特解

$$x_{12} = -\frac{A^2}{6\omega_0^2}\cos 2(\omega_0 t + \varphi)$$

(8)式的通解为

$$x_1 = B\cos(\omega_0 t + \theta) + \frac{A^2}{2\omega_0^2} - \frac{A^2}{6\omega_0^2}\cos 2(\omega_0 t + \varphi) \tag{11}$$

其中 $B\cos(\omega_0 t + \theta)$是与(8)式相应的齐次方程的通解. 再由初条件: $t=0$ 时, $x_1=0, \dot{x}_1=0$ 决定积分常数 B 和 θ,可得

$$\begin{cases} B = \pm \dfrac{A^2}{6\omega_0^2}\sqrt{13 - 6\cos\varphi - 3\cos^2\varphi} \\ \theta = -\arctan\dfrac{2\sin\varphi}{3 - \cos\varphi} \end{cases} \tag{12}$$

B 的式子的正负号,可从 $t=0$ 时 $x_1=0$ 得到的式子 $B\cos\theta<0$ 决定,当 $\cos\theta>0$ 时,$B<0$,取负号,当 $\cos\theta<0$ 时,$B>0$,取正号.

(1) 式的一级近似解为

$$\begin{aligned} x(t) &= x_0 + \lambda x_1 \\ &= A\cos(\omega_0 t + \varphi) + \lambda B\cos(\omega_0 t + \theta) \\ &\quad + \frac{\lambda A^2}{6\omega_0^2}[3 - \cos 2(\omega_0 t + \varphi)] \end{aligned} \tag{13}$$

其中 A、φ、B、θ 由(7)、(12)式给出.

(2) 近似解中的长期项问题

如要求例 2.2.9 的二级近似解,x_2 中将包含一项与时间成正比的项,这种随时间推移趋于无穷的项被称为长期项. 出现长期项是没有物理意义的,因为第一,x_2 应是小量(x_1 也应是小量——有时在 x_1 中就出现了长期项)有了长期项,就不可能总是小量了. 第二,以后我们将看到,在势场中运动,系统的机械能是守恒的,又是一维的情形,运动是周期性的,出现长期项显然与机械能守恒、运动的周期性均相抵触. 出现长期项的原因是可以理解的,非线性项为零时,解是周期性的,周期为$\frac{2\pi}{\omega_0}$,小的非线性项的存在,解仍是周期性的,但周期有所改变,频率 ω_0 略有改变,变成 $\omega=\omega_0+\delta$,δ 是小量. 将 $\sin(\omega_0+\delta)t$ 作泰勒展开,

$$\sin(\omega_0 + \delta)t = \sin\omega_0 t + \delta t\cos\omega_0 t - \frac{1}{2}\delta^2 t^2 \sin\omega_0 t + \cdots$$

把 $\sin(\omega_0+\delta)t$ 近似为 $\sin\omega_0 t + \delta t\cos\omega_0 t$ 就不合理了.

出现长期项如何处理,我们还是通过例题来说明. 另举一个在作一级近似时就

出现长期项的例子.

例 2.2.10　求运动微分方程为

$$\ddot{x} + \omega_0^2 x = \lambda x^3$$

的非线性振子满足初条件 $t=0$ 时,$x=A$,$\dot{x}=0$ 的解.λ 是小的常量.

解　我们先按基本做法看一下此例在一级近似中就会出现长期项的问题.

一级近似解

$$x(t) = x_0(t) + \lambda x_1(t)$$

代入运动微分方程得

$$(\ddot{x}_0 + \omega_0^2 x_0) + \lambda(\ddot{x}_1 + \omega_0^2 x_1 - x_0^3) = 0$$

λ 的零次和一次幂的系数分别为零,

$$\ddot{x}_0 + \omega_0^2 x_0 = 0 \tag{1}$$

$$\ddot{x}_1 + \omega_0^2 x_1 = x_0^3 \tag{2}$$

满足初条件:$t=0$ 时,$x=A$,$\dot{x}=0$ 的零级解为

$$x_0 = A\cos\omega_0 t \tag{3}$$

将(3)式代入(2)式,

$$\begin{aligned}\ddot{x}_1 + \omega_0^2 x_1 &= A^3\cos^3\omega_0 t \\ &= \frac{1}{4}A^3(3\cos\omega_0 t + \cos 3\omega_0 t)\end{aligned} \tag{4}$$

由常数变易法可以求得

$$\ddot{x}_{11} + \omega_0^2 x_{11} = \frac{3}{4}A^3\cos\omega_0 t$$

的一个特解为

$$x_{11} = \frac{3A^3}{8\omega_0} t\sin\omega_0 t$$

由振幅矢量法可得

$$\ddot{x}_{12} + \omega_0^2 x_{12} = \frac{1}{4}A^3\cos 3\omega_0 t$$

的一个特解为

$$x_{12}=-\frac{A^3}{32\omega_0^2}\cos 3\omega_0 t$$

(4)式的通解为它的一个特解 $x_{11}+x_{12}$ 加上相应的齐次方程的通解

$$x_1=B\cos(\omega_0 t+\varphi)+\frac{A^3}{32\omega_0^2}(12\omega_0 t\sin\omega_0 t-\cos 3\omega_0 t)$$

积分常数 B、φ 由初条件 $t=0$ 时 $x_1=0$、$\dot{x}_1=0$ 决定. 解中 $\dfrac{3A^3}{8\omega_0}t\sin\omega_0 t$ 是长期项. 这个解是不合理的. 我们需另行求解.

如何使长期项不在解中出现,我们介绍用克莱洛夫和波哥留波夫程序消除长期项的一种方法,该程序是由天体力学中使用的基尔登和林兹特德方法导出的. 今通过此题予以说明.

将解 $x(t)$ 和基本做法一样展成级数,

$$x(t)=x_0+\lambda x_1+\lambda^2 x_2+\cdots \tag{5}$$

也将零级解的频率的平方展成 λ 的幂级数,

$$\omega_0^2=\omega^2+\alpha_1\lambda+\alpha_2\lambda^2+\cdots \tag{6}$$

常数 α_n 的确定可使长期项在解中不出现.

将(5)、(6)式代入运动微分方程,使 λ 各次幂项的系数为零,得

$$\ddot{x}_0+\omega^2 x_0=0 \tag{7}$$

$$\ddot{x}_1+\omega^2 x_1=x_0^3-\alpha_1 x_0 \tag{8}$$

$$\ddot{x}_2+\omega^2 x_2=3x_0^2 x_1-\alpha_1 x_1-\alpha_2 x_0 \tag{9}$$

如果要得到更高级的近似,还可以写出含 λ^3、λ^4,…项的系数为零的式子. 初条件为

$$t=0\text{ 时}, x=A, \dot{x}=0$$

(7)、(8)、(9)式三个微分方程的初条件为

$$t=0\text{ 时}, x_0=A, \dot{x}_0=0, x_i=0, \dot{x}_i=0 \qquad (i=1,2,)$$

(7)式满足初条件的解为

$$x_0(t)=A\cos\omega t \tag{10}$$

将(10)式代入(8)式得

$$\ddot{x}_1 + \omega^2 x_1 = A^3\cos^3\omega t - \alpha_1 A\cos\omega t$$

$$= \left(\frac{3}{4}A^3 - \alpha_1 A\right)\cos\omega t + \frac{1}{4}A^3\cos 3\omega t \tag{11}$$

前面我们已看到如(11)式中非齐次项 $\cos\omega t$ 的系数不为零,其解中将出现与 $t\cos\omega t$ 成正比的长期项,或者说如这项非齐次项存在,等于有一个引起共振的强迫力存在,引起共振,振幅自然会无限增大.但在这里,它是微扰项,不能包含能引发共振的强迫力,可见 $\cos\omega t$ 项的系数只能为零.由此定出

$$\alpha_1 = \frac{3}{4}A^2 \tag{12}$$

这样 x_1 满足的微分方程应为

$$\ddot{x}_1 + \omega^2 x_1 = \frac{1}{4}A^3\cos 3\omega t \tag{13}$$

前已由振幅矢量法求得(13)式的一个特解

$$x_1 = -\frac{1}{32\omega^2}A^3\cos 3\omega t$$

(13)式的通解为

$$x_1 = B\cos(\omega t + \varphi) - \frac{1}{32\omega^2}A^3\cos 3\omega t \tag{14}$$

由初条件定出 B 和 φ 为

$$B = \frac{1}{32\omega^2}A^3,\ \varphi = 0$$

满足初条件的解

$$x_1 = \frac{A^3}{32\omega^2}(\cos\omega t - \cos 3\omega t) \tag{15}$$

一级近似解为

$$x(t) = \left(1 + \frac{\lambda A^2}{32\omega^2}\right)A\cos\omega t - \frac{\lambda A^3}{32\omega^2}\cos 3\omega t$$

将(12)式代入(6)式,可得准确到第一级的频率

$$\omega^2 = \omega_0^2 - \frac{3}{4}A^2\lambda$$

$$\omega = \omega_0\sqrt{1-\frac{3A^2\lambda}{4\omega_0^2}} \doteq \omega_0\left(1-\frac{3A^2\lambda}{8\omega_0^2}\right) \tag{16}$$

若要求二级近似解,则将(10)、(12)、(15)式代入(9)式,得到 x_2 满足的微分方程

$$\ddot{x}_2+\omega^2x_2=\frac{3}{32}\frac{A^5}{\omega^2}\cos^2\omega t(\cos\omega t-\cos3\omega t)$$

$$-\frac{3}{128}\frac{A^5}{\omega^2}(\cos\omega t-\cos3\omega t)-\alpha_2A\cos\omega t \tag{17}$$

应用恒等式

$$\cos^3\omega t=\frac{3}{4}\cos\omega t+\frac{1}{4}\cos3\omega t,$$

$$\cos^2\omega t\cos3\omega t=\frac{1}{4}\cos\omega t+\frac{1}{2}\cos3\omega t+\frac{1}{4}\cos5\omega t$$

(17)式可改写成

$$\ddot{x}_2+\omega^2x_2.=\left(\frac{3}{128}\frac{A^5}{\omega^2}-\alpha_2A\right)\cos\omega t-\frac{3}{128}\frac{A^5}{\omega^2}\cos5\omega t \tag{18}$$

为了避免出现长期项,令 $\cos\omega t$ 项的系数等于零,得到

$$\alpha_2=\frac{3}{128}\frac{A^4}{\omega^2} \tag{19}$$

x_2 满足的微分方程应为

$$\ddot{x}_2+\omega^2x_2=-\frac{3}{128}\frac{A^5}{\omega^2}\cos5\omega t \tag{20}$$

满足初条件 $t=0$ 时 $x_2=0,\dot{x}_2=0$ 的解为

$$x_2(t)=-\frac{A^5}{1024\omega^4}(\cos\omega t-\cos5\omega t) \tag{21}$$

二级近似解为

$$x(t)=\left(1+\frac{\lambda A^2}{32\omega^2}-\frac{\lambda^2A^4}{1024\omega^4}\right)A\cos\omega t$$

$$-\frac{\lambda A^3}{32\omega^2}\cos3\omega t+\frac{\lambda^2A^5}{1024\omega^4}\cos5\omega t$$

准确到第二级的频率

$$\omega^2 = \omega_0^2 - \frac{3}{4}A^2\lambda - \frac{3}{128}\frac{A^4}{\omega^2}\lambda^2$$

$$\approx \omega_0^2 - \frac{3}{4}A^2\lambda - \frac{3}{128}\frac{A^4}{\omega_0^2}\lambda^2$$

$$\omega \approx \omega_0\left(1 - \frac{3A^2}{8\omega_0^2}\lambda - \frac{3}{256}\frac{A^4}{\omega_0^4}\lambda^2\right)$$

还有一些数学方法以后再作介绍，§2.8 中将介绍把两个函数的联立微分方程变成一个复函数的微分方程的方法.

§2.3　质点的动能定理和机械能守恒定律

牛顿运动定律给出质点的运动微分方程，原则上可以解决质点的动力学问题. 根据其受力情况及初条件，可以决定质点以后的运动状态变化的规律，或者反过来，知道质点的运动规律求未知的力，或者知道质点的运动的一些方面，作用于它的力也不全知道，求运动规律，例如已知质点的运动轨道就是这种情况. 在这种情况下，如果能找到某些守恒量，使未知的力在方程中不出现，就可以在不必求出所有的未知力的情况下求得质点的运动规律. 另外，我们知道运动微分方程是二阶微分方程，如果存在守恒量，写出的是一阶微分方程. 有几个独立的一阶微分方程，可以代替几个二阶的运动微分方程. 在求解过程中就已经前进了一步，这一节和下一节就是要讲质点运动中可能存在的守恒量的问题.

1. 功和功率

作用于物体(质点)上的力是使物体运动状态发生改变的原因. 力及力作用时间的乘积是给予质点的冲量，它是一个矢量. 作用的结果，质点的动量 $m\boldsymbol{v}$ 的增量 $\mathrm{d}(m\boldsymbol{v})$ 等于合力的冲量 $\boldsymbol{F}\mathrm{d}t$ 或 $\Delta(m\boldsymbol{v}) = \int_{t_1}^{t_2}\boldsymbol{F}\mathrm{d}t$. 这显然是牛顿运动第二定律的变形，如存在动量守恒，很容易直接从有关的运动微分方程积分获得. 因此我们没有必要特别讲质点的动量定理和动量守恒定律.

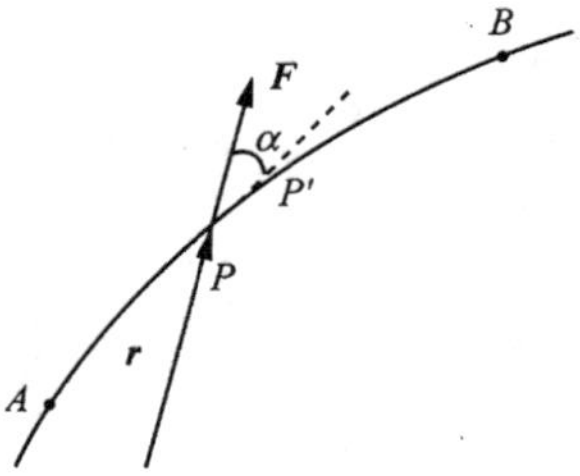

图 2.3.1

作用于质点上的力以及在力的作用下质点沿某一轨道运动，力对质点的作用是用功这个物理量来量度它的大小的. 力一般是变化的，轨道一般也是三维空间中的曲线. 若质点沿图 2.3.1 所示轨道运动，

t 时刻位于 p 点，受力 $\boldsymbol{F}$，$t+\mathrm{d}t$ 时刻，质点运动到 p' 点，在此期间，质点位移 $\mathrm{d}\boldsymbol{r}$，路程 $\mathrm{d}s$ 与 $|\mathrm{d}\boldsymbol{r}|$ 差一个高一级无穷小量. 此力对质点所做的功

$$\mathrm{d}W = F\cos\alpha \cdot \mathrm{d}s = F\cos\alpha\ |\mathrm{d}\boldsymbol{r}| = \boldsymbol{F} \cdot \mathrm{d}\boldsymbol{r} \tag{2.3.1}$$

其中 $\boldsymbol{\alpha}$ 是 $\boldsymbol{F}$ 与 $\mathrm{d}\boldsymbol{r}$ 间的夹角，也即 $\boldsymbol{F}$ 与轨道切线间的夹角. 质点从 A 运动到 B 点，此力 $\boldsymbol{F}$ 对质点所做的功为

$$W = \int_{A\ (\text{沿轨道})}^{B} \boldsymbol{F} \cdot \mathrm{d}\boldsymbol{r} \tag{2.3.2}$$

如采用直角坐标系，可表为

$$W = \int_{A\ (\text{沿轨道})}^{B} F_x \mathrm{d}x + F_y \mathrm{d}y + F_z \mathrm{d}z \tag{2.3.2$'$}$$

如采用自然坐标，可表为

$$W = \int_{A\ (\text{沿轨道})}^{B} F_\tau \mathrm{d}s \tag{2.3.2$''$}$$

思考题　如采用柱坐标，功的表达式如何写?

从上述定义可以看出，力对质点所做的功，不仅与力有关，与这段路程的起点和终点有关，而且与质点从起点到终点沿什么轨道有关.

如果不论质点位于何处，作用于质点的力是恒力，则由(2.3.2)式可将 $\boldsymbol{F}$ 提到积分号外，点乘符号也移出积分号.

$$W = \boldsymbol{F} \cdot \int_{A\ (\text{沿轨道})}^{B} \mathrm{d}\boldsymbol{r} = \boldsymbol{F} \cdot (\boldsymbol{r}_B - \boldsymbol{r}_A) = \boldsymbol{F} \cdot \Delta\boldsymbol{r}$$

则做功只与起、终点有关，与沿什么轨道无关. 以后再讲，即使不是恒力也还有力做功只与起终点有关与沿什么轨道无关的情况.

功是一个过程量，不是瞬时量，更不是状态量. 只有在力的作用下，经历了一个过程(不论是无限小的还是有限的过程，不论质点在此过程中有无运动)，才能谈论这个力对质点做了多大的功. 如果有力的作用，但质点没有运动，在这过程中，力对质点做的功为零. 质点经历的过程是否静止不动，沿什么轨道运动，是与参考系的选取有关的. 因此同样的力，同样的过程，力对质点所做的功还与参考系的选取有关.

做功的快慢是用功率来衡量的. 在一段时间内做的功除以这段时间，称为在这过程(或这段时间内)的平均功率. 如用 p 表示功率.

$$\bar{p} = \frac{1}{t_B - t_A} \int_{A\ (\text{沿轨道})}^{B} \boldsymbol{F} \cdot \mathrm{d}\boldsymbol{r} \tag{2.3.3}$$

在 t 至 $t+\Delta t$ 时间内(Δt 足够小,在此期间. $\boldsymbol{F}$ 变化不大),力对质点所做的平均功率为

$$\bar{p} = \frac{1}{\Delta t}\boldsymbol{F}\cdot\Delta\boldsymbol{r}$$

当 $\Delta t\to 0$ 时的极限即为 t 时刻力作用于质点的功率,

$$p(t) = \lim_{\Delta t\to}\frac{1}{\Delta t}\boldsymbol{F}\cdot\Delta\boldsymbol{r} = \boldsymbol{F}\cdot\lim_{\Delta t\to v}\frac{\Delta\boldsymbol{r}}{\Delta t} = \boldsymbol{F}\cdot\boldsymbol{v} \tag{2.3.4}$$

$\boldsymbol{v}$ 是质点在 t 时刻的速度.某时刻力作用于质点的功率是瞬时量,但不能说它是状态量.

(2.2.2)式也可改写成

$$W = \int_{\substack{A\\ \text{沿轨道}}}^{B}\boldsymbol{F}\cdot\mathrm{d}\boldsymbol{r} = \int_{\substack{t_A\\ \text{沿轨道}}}^{t_B}\boldsymbol{F}\cdot\frac{\mathrm{d}\boldsymbol{r}}{\mathrm{d}t}\mathrm{d}t = \int_{\substack{t_A\\ \text{沿轨道}}}^{t_B}\boldsymbol{F}\cdot\boldsymbol{v}\mathrm{d}t \tag{2.3.5}$$

2. 有势力、保守力、非保守力和耗散力

前面我们讲过,力一般是位置(或对固定点的位矢)、速度与时间的函数.一个力对质点所做的功,由(2.3.2)式可见,在解出质点的运动微分方程得到 $\boldsymbol{r}(t)$ 以前,一般来讲是无法计算这个功的.即使这个力只是位置(或位矢)的函数,知道起点、终点,不知道轨道,也是无法计算这个力做的功的.但是,如果这个力是保守力,那么只要知道起点和终点,不论质点沿什么轨道,在什么时候从起点到达终点,因而不必求得 $\boldsymbol{r}(t)$,这个力做的功就可以计算出来.

(1) *力场的概念*

如果作用于质点的力与速度无关,只是位置(或位矢)的函数 $\boldsymbol{F}(\boldsymbol{r})$ 或者只是位置(或位矢)和时间的函数 $\boldsymbol{F}(\boldsymbol{r},t)$.对于前者,质点处于某个位置,对于后者,质点在某时刻处于某个位置,我们就能知道作用于质点的力.在这种情况下,我们就说,在这个区域内存在着一个力场.对于 $\boldsymbol{F}(\boldsymbol{r})$ 形式的力场,我们说这个力场是稳定的或定常的,对于 $\boldsymbol{F}(\boldsymbol{r},t)$ 形式的力场,我们说这个力场是不稳定的或时变的.

(2) *有势力场(无旋力场)*

为方便起见,下面用 $\boldsymbol{x}$ 代替 $\boldsymbol{r}$,用 x_1、x_2、x_3 代替直角坐标 x、y、z.如在一个区域 R 内,处处有力的旋度为零

$$\nabla\times\boldsymbol{F}(\boldsymbol{x},\ t) = 0 \tag{2.3.6}$$

或写成分量关系

$$\frac{\partial F_i(\boldsymbol{x},t)}{\partial x_j} = \frac{\partial F_j(\boldsymbol{x},t)}{\partial x_i} \quad (i,j = 1,2,3) \tag{2.3.6$'$}$$

则

$$\boldsymbol{F}\cdot \mathrm{d}\boldsymbol{x} = F_1(x_1,x_2,x_3,\ t)\mathrm{d}x_1 + F_2(x_1,x_2,x_3,\ t)\mathrm{d}x_2 + F_3(x_1,x_2,x_3,\ t)\mathrm{d}x_3$$

是恰当微分,可写成 $\boldsymbol{x},t$ 的一个函数的全微分

$$\boldsymbol{F}\cdot \mathrm{d}\boldsymbol{x} = -\frac{\partial U(\boldsymbol{x},t)}{\partial x_1}\mathrm{d}x_1 - \frac{\partial U(\boldsymbol{x},t)}{\partial x_2}\mathrm{d}x_2 - \frac{\partial U(\boldsymbol{x},t)}{\partial x_3}\mathrm{d}x_3 = -\mathrm{d}U(\boldsymbol{x},t)$$

其中

$$F_i(\boldsymbol{x},t) = -\frac{\partial U(\boldsymbol{x},t)}{\partial x_i}$$

$$\boldsymbol{F}(\boldsymbol{x},t) = -\nabla U(\boldsymbol{x},t) \tag{2.3.7}$$

我们称这个力场是有势的[(2.3.7)式成立,$U(\boldsymbol{x},t)$为这个力场的势函数]或说是无旋的[(2.3.6)式成立],这个力可称为有势力.

(3) 保守力的定义

如果作用于质点的力对质点所做的功只与起、终点有关,与路径无关,则这个力被称为保守力、有关的力场称为保守力场,有关的势函数称为势能.以后将把势能写作 $V(\boldsymbol{x})$或 $V(\boldsymbol{r})$.

(4) 保守力场的条件

在一个区域 R 内,力场是保守力场需满足以下条件:

i) 力与时间无关,即力场是定常的.

ii) 在区域 R 内,处处有,力场是无旋的或有势的.

iii) 势函数 $U(\boldsymbol{x})$是单值的.

显然,恒力是保守力,万有引力、弹簧所施的弹性力、静电场力都是保守力.

(5) 非保守力和耗散力

不是保守力都是非保守力,不是保守力的有势力也是非保守力.一对(指作用力和反作用力)非保守力做功之和可能大于零、等于零,也可能小于零,凡可能小于零的,这非保守力被称为耗散力.如固体两表面间的摩擦力,在无相对运动时,一对

摩擦力做功之和为零,在有相对运动时,一对摩擦力做功之和小于零,因此这摩擦力是耗散力.质点在流体介质中运动时所受的阻力也是耗散力.以后将看到,一对耗散力做功之和小于零将导致机械能的消耗,这是这种力被称为耗散力的原因.

思考题 一对保守力做功之和是否可能大于零、等于零或小于零?

3. 势能

一个单值的定常的无旋力场(或有势力场)是保守力场.(2.3.6)、(2.3.6′)、(2.3.7))式均成立.且可把(2.3.7)式写成 $\boldsymbol{F}(\boldsymbol{x}) = -\nabla V(\boldsymbol{x})$.(2.3.6)、(2.3.6′)式中均不显含 t.

(1) 用势能和保守力的功的关系求势能

如已知保守力的势能 $V(\boldsymbol{x})$,则可用 $\boldsymbol{F} = -\nabla V$ 计算此保守力.反过来,如给定了保守力 $\boldsymbol{F}(\boldsymbol{x})$,如何求出它的势能函数 $V(\boldsymbol{x})$呢?这个问题与如何计算保守力的功密切相关.

设质点在保守力场中从 A 点运动到 B 点,保守力的功

$$\begin{aligned} W &= \int_A^B \boldsymbol{F}(\boldsymbol{x}) \cdot \mathrm{d}\boldsymbol{x} = \int_A^B [F_x(\boldsymbol{x})\mathrm{d}x + F_y(\boldsymbol{x})\mathrm{d}y + F_z(\boldsymbol{x})\mathrm{d}z] \\ &= -\int_A^B \left[\frac{\partial V(\boldsymbol{x})}{\partial x}\mathrm{d}x + \frac{\partial V(\boldsymbol{x})}{\partial y}\mathrm{d}y + \frac{\partial V(\boldsymbol{x})}{\partial z}\mathrm{d}z\right] \\ &= -\int_A^B \mathrm{d}V(\boldsymbol{x}) = -[V(\boldsymbol{x}_B) - V(\boldsymbol{x}_A)] \end{aligned} \tag{2.3.8}$$

保守力的功等于势能的减量.只与起点、终点有关,与路径无关.

由(2.3.8)式还可以看出,如果把 B 点的势能值定为零(或者说,取 B 点为势能的零点),则 A 点的势能为

$$V(\boldsymbol{x}_A) = -\int_B^A \boldsymbol{F}(\boldsymbol{x}) \cdot \mathrm{d}\boldsymbol{x} \tag{2.3.9}$$

任何点的势能等于从零势能点沿任何路径到该点,保守力做的功的负值,或者说,任何点的势能等于从该点沿任何路径到零势能点,保守力所做的功.计算保守力的功可选择最便于积分的路径.

不难看出,用(2.3.8)式计算保守力的功,不论规定何处势能为零,结果都是一样的,因此势能的零点可以任取.也可以把(2.3.8)式写成不定积分,各处的势能都带着一个积分常数,暂不规定势能的零点,需要时,由规定势能的零点来确定这个积分常数.

例 2.3.1 判断下列诸力是否保守力？如果是保守力，求出它的势能.

(i) $\boldsymbol{f}_1=\dfrac{y}{(x^2+y^2)^{1/2}}\boldsymbol{i}-\dfrac{x}{(x^2+y^2)^{1/2}}\boldsymbol{j}$

(ii) $\boldsymbol{f}_2=x\phi(r)\boldsymbol{i}+y\phi(r)\boldsymbol{j}+z\phi(r)\boldsymbol{k}$ 其中 $\phi(r)$ 是质点至原点的距离 r 的任意函数.

(iii) $\boldsymbol{f}_3=2xy^3z^4\boldsymbol{i}+3x^2y^2z^4\boldsymbol{j}+4x^2y^3z^3\boldsymbol{k}$.

解 (i) $\dfrac{\partial}{\partial y}\left[\dfrac{y}{(x^2+y^2)^{1/2}}\right]=\dfrac{x^2}{(x^2+y^2)^{3/2}}$

$$\frac{\partial}{\partial x}\left[-\frac{x}{(x^2+y^2)^{1/2}}\right]=-\frac{y^2}{(x^2+y^2)^{3/2}}$$

$$\frac{\partial}{\partial y}f_{1x}\neq\frac{\partial}{\partial x}f_{1y}$$

故 $\boldsymbol{f}_1$ 不是保守力.

(ii) $\dfrac{\partial}{\partial y}[x\phi(r)]=x\phi'(r)\dfrac{\partial r}{\partial y}=\phi'(r)\dfrac{xy}{(x^2+y^2+z^2)^{1/2}}$

$$\frac{\partial}{\partial x}[y\phi(r)]=y\phi'(r)\frac{\partial r}{\partial x}=\phi'(r)\frac{xy}{(x^2+y^2+z^2)^{1/2}}$$

$$\frac{\partial}{\partial y}[x\phi(r)]=\frac{\partial}{\partial x}[y\phi(r)]$$

同样可得

$$\frac{\partial}{\partial z}[x\phi(r)]=\frac{\partial}{\partial x}[z\phi(r)]$$

$$\frac{\partial}{\partial z}[y\phi(r)]=\frac{\partial}{\partial y}[z\phi(r)]$$

故 $\boldsymbol{f}_2$ 是保守力.

取原点为势能零点，取从原点到所求的点$(x、y、z)$的直线为积分路径.

$$V(x,y,z)=-\int_{(0,0,0)}^{(x,y,z)}(f_{2x}\mathrm{d}x+f_{2y}\mathrm{d}y+f_{2z}\mathrm{d}z)$$

$$=-\int_{(0,0,0)}^{(x,y,z)}[x\phi(r)\mathrm{d}x+y\phi(r)\mathrm{d}y+z\phi(r)\mathrm{d}z]$$

$$=-\int_0^{(x^2+y^2+z^2)^{1/2}}\phi(r)r\mathrm{d}r$$

(iii) $\dfrac{\partial(2xy^3z^4)}{\partial y}=6xy^2z^4,\dfrac{\partial(3x^2y^2z^4)}{\partial x}=6xy^2z^4$

$$\frac{\partial(2xy^3z^4)}{\partial z}=8xy^3z^3,\frac{\partial(4x^2y^3z^3)}{\partial x}=8xy^3z^3$$

$$\frac{\partial(3x^2y^2z^4)}{\partial z}=12x^2y^2z^3,\ \frac{\partial(4x^2y^3z^3)}{\partial y}=12x^2y^2z^3$$

有$\nabla \boldsymbol{f}_3=0$,故 $\boldsymbol{f}_3$ 是保守力.

今取原点为势能零点,选取图 2.3.2 所示的积分路径,

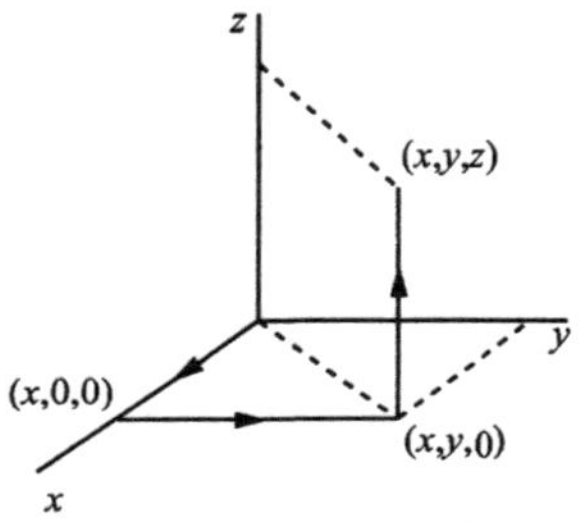

图 2.3.2

$$V(x,y,z)=-\int_{(0,0,0)}^{(x,y,z)}(f_{3x}\mathrm{d}x+f_{3y}\mathrm{d}y+f_{3z}\mathrm{d}z)$$

$$=-\int_0^x f_{3x}(x,0,0)\mathrm{d}x-\int_0^y f_{3y}(x,y,0)\mathrm{d}y$$

$$-\int_0^z f_{3z}(x,y,z)\mathrm{d}z$$

$$=-\int_0^z 4x^2y^3z^3\mathrm{d}z=-x^2y^3z^4$$

(2) 用叠加法求势能

几个保守力的合力仍然符合保守力的条件,因而保守力的合力也是保守力.根据(2.3.9)式可知,保守力合力的势能等于各保守力的势能之代数和.各保守力的势能零点规定后,合力的势能零点也就已作了规定.反过来也可以把一个保守力分成有限个或无限个分保守力.可用叠加法,由这些分保守力的势能得到原保守力的势能.

例 2.3.2　一个外径为 a、内径为 b 的密度为 ρ 的均质球壳.求离球心距离为 R 处 P 点的引力势即在 P 点处的单位质量质点具有的引力势能.

解　取球坐标,原点取在球心 O,原点指向场点 P 的方向为 z 轴,取无穷远处为势能的零点.

把球壳分为无限个质元(每个质元可视为质点).每个质元对 P 处单位质量质点的万有引力均是保守力,可写出它们的引力势能.整个球壳对 P 处单位质量质点的引力的引力势能等于各个质元对 P 点单位质量质点的引力的引力势能的代

数和.

考虑图 2.3.3 中 $r'\to r'+\mathrm{d}r'$、$\theta\to\theta+\mathrm{d}\theta$、$\varphi\to\varphi+\mathrm{d}\varphi$ 处质元(图中未画出 φ 角),在 P 点的引力势为

$$-\frac{G\rho\mathrm{d}V'}{r}=-\frac{G\rho r'^2\sin\theta\mathrm{d}r'\mathrm{d}\theta\mathrm{d}\varphi}{r}$$

其中 G 为万有引力恒量,r 是质元到 P 点的距离.

整个球壳在 P 点的引力势为

$$V(R)=-\int_V\frac{G\rho r'^2\sin\theta\mathrm{d}r'\mathrm{d}\theta\mathrm{d}\varphi}{r}$$

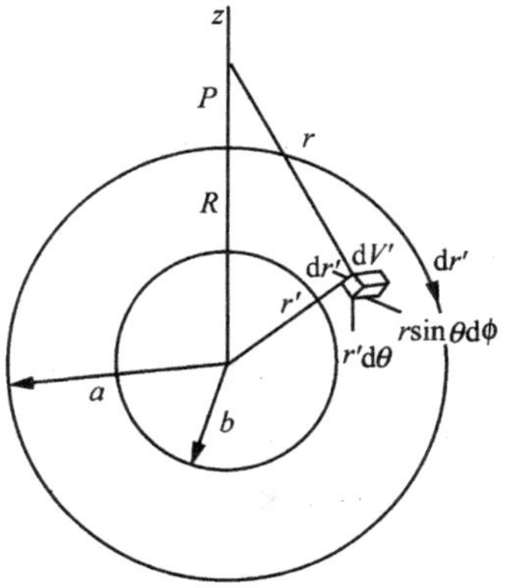

图 2.3.3

先对 φ 积分

$$V(R)=-2\pi G\rho\int_b^a r'^2\mathrm{d}r'\int_0^\pi\frac{\sin\theta}{r}\mathrm{d}\theta \tag{1}$$

由余弦定理

$$r^2=r'^2+R^2-2Rr'\cos\theta \tag{2}$$

做上述积分时,R 是常量,在做 $\int_0^\pi\frac{\sin\theta}{r}\mathrm{d}\theta$ 时,r' 也视为常量.为把积分变量 θ 改为 r,对(2)式微分

$$2r\mathrm{d}r=2Rr'\sin\theta\mathrm{d}\theta \tag{3}$$

将(3)式代入(1)式,得

$$V(R)=-2\pi G\rho\int_b^a r'^2\mathrm{d}r'\int_{r_{\min}}^{r_{\max}}\frac{1}{Rr'}\mathrm{d}r$$

其中 $r_{\min}$、$r_{\max}$是在对 θ 取 0 到 π 所有值时 r 的最小值和最大值.它与 P 点的位置有关.

对于 $R\geqslant a$,$r_{\min}=R-r'$,$r_{\max}=R+r'$.

$$V(R)=-\frac{2\pi G\rho}{R}\int_b^a r'\mathrm{d}r'\int_{R-r'}^{R+r'}\mathrm{d}r$$

$$=-\frac{4\pi G\rho}{R}\int_b^a r'^2\mathrm{d}r'=-\frac{4}{3}\frac{\pi G\rho}{R}(a^3-b^3) \tag{4}$$

球壳质量为

$$M = \frac{4}{3}\pi\rho(a^3 - b^3) \tag{5}$$

用(5)式,(4)式可改写为

$$V(R) = -\frac{GM}{R} \tag{6}$$

如 $b=0$,也同样可得(6)式.这结果说明:均质球或均质球壳之外 $R>a$(外径)任一点的引力势相当于所有质量都集中于球心产生的引力势.这个结论还可推广到具有球对称的质量分布的情况.

对于 $R\leqslant b$, $r_{\min}=r'-R$, $r_{\max}=r'+R$.

$$V(R) = -\frac{2\pi G\rho}{R}\int_b^a r'\mathrm{d}r'\int_{r'-R}^{r'+R}\mathrm{d}r$$

$$= -4\pi G\rho\int_b^a r'\mathrm{d}r' = -2\pi G\rho(a^2 - b^2) \tag{7}$$

结果表明,在均质球壳所包围的空腔内,各处的引力势是常数.这个结论也可推广到具有球对称质量分布的球壳的情况(但不能用(7)式).

对于 $b\leqslant R\leqslant a$,可把球壳看成两个球壳,一个球壳内径为 b、外径为 R,另一个球壳内径为 R、外径为 a.前一个球壳在 P 点的引力势可利用(4)式,将(4)式中的 a 改为R,后一球壳在 P 点的引力势,可利用(7)式,将(7)式中的 b 改为R,把它们相加即得原球壳在 P 点的引力势

$$V(R) = -\frac{4}{3}\frac{\pi G\rho}{R}(R^3 - b^3) - 2\pi G\rho(a^2 - R^2)$$

$$= -4\pi G\rho\left(\frac{a^2}{2} - \frac{b^3}{3R} - \frac{R^2}{6}\right) \tag{8}$$

把(4)、(7)、(8)式合写成

$$V(R) = \begin{cases} -\dfrac{4\pi G\rho}{3}(a^3 - b^3), & R\geqslant a \\ -4\pi G\rho\left(\dfrac{a^2}{2} - \dfrac{b^3}{3R} - \dfrac{R^2}{6}\right), & b\leqslant R\leqslant a \\ -2\pi G\rho(a^2 - b^2), & R\leqslant b \end{cases}$$

(3) 力线与等势能面

一个质点在保守力场中受到的力,可以用力线来形象地表示出来.力线有一定的走向,各点的切线方向表示质点所受的力的方向,在与力线垂直的单位面积内力线的密度表示所受力的大小.把力场中具有相等势能的点连起来就构成等势能面.

考虑等势能面上无限挨近的两点(x,y,z)和$(x+\mathrm{d}x,y+\mathrm{d}y,z+\mathrm{d}z)$处

$$V(x+\mathrm{d}x,y+\mathrm{d}y,z+\mathrm{d}z)=V(x,y,z)$$

将 $V(x+\mathrm{d}x,y+\mathrm{d}y,z+\mathrm{d}z)$在$(x,y,z)$处展开为泰勒级数,只保留一级小量

$$V(x+\mathrm{d}x,y+\mathrm{d}y,z+\mathrm{d}z)=V(x,y,z)+\frac{\partial V}{\partial x}\mathrm{d}x+\frac{\partial V}{\partial y}\mathrm{d}y+\frac{\partial V}{\partial z}\mathrm{d}z$$

与前式比较,在(x,y,z)处有

$$\frac{\partial V}{\partial x}\mathrm{d}x+\frac{\partial V}{\partial y}\mathrm{d}y+\frac{\partial V}{\partial z}\mathrm{d}z=0$$

代入,$F_x=-\frac{\partial V}{\partial x}$等,上式可写成

$$-(F_x\mathrm{d}x+F_y\mathrm{d}y+F_z\mathrm{d}z)=0$$

$$-\boldsymbol{F}\cdot\mathrm{d}\boldsymbol{r}=0$$

可见,在等势能面各点所受的力一定与等势能面垂直.由 $\boldsymbol{F}=-\nabla V=-\frac{\partial V}{\partial n}\boldsymbol{n}$($\boldsymbol{n}$ 指向势能值增大的方向)可知.力指向势能值减小的方向.单位质量质点在保守力场中,其力线和静电场中的 $\boldsymbol{E}$ 线可以类比,单位质量质点的势能(为类比,临时称它为保守力势吧)可以与静电场中的电势类比,质点的质量与带电粒子的带电量可以类比.$\boldsymbol{E}$ 不能相交,这里的力线也不能相交.因为在确定的位置受到的保守力不能有两个方向.

*(4) 万有引力场中的“高斯定理”

两个质点间的万有引力

$$f=-G\frac{Mm}{r^2}$$

与真空中两个点电荷之间的库仑力

$$f=\frac{1}{4\pi\varepsilon_0}\frac{Qq}{r^2}$$

有同样的与距离的平方成反比的关系.质点的质量与点电荷的电量相当,产生万有引力的源的质量密度与产生静电场的源的电荷密度相当.万有引力定律中的万有引力恒量 G 的负值与真空中库仑定律中的$\frac{1}{4\pi\varepsilon_0}$相当.

静电场中对真空中具有单位电量的点电荷有高斯定理

$$\varepsilon_0\oint_S \boldsymbol{E}\cdot \mathrm{d}\boldsymbol{S} = \int_V \rho \mathrm{d}V$$

其中 ρ 是源的体电荷密度.

万有引力场中对具有单位质量的质点,也有“高斯定理”(未被这样命名,故打引号)

$$\frac{1}{4\pi G}\oint_S \boldsymbol{f}\cdot \mathrm{d}\boldsymbol{S} = -\int_V \rho \mathrm{d}V \tag{2.3.10}$$

其中 $\boldsymbol{f}$ 是作用于单位质量的质点上的力,ρ 是源的体质量密度,V 是源所占的体积,S 是封闭的“高斯面”

静电场中的高斯定理是普遍成立的,但只有具有高度对称性的静电场才能利用它来求电场强度.万有引力场中的“高斯定理”也是普遍成立的,但也只有具有高度对称性的万有引力场中,才能用它来求作用于质点的力.

例 2.3.3　计算例 2.3.2 的均匀球壳对处于 $R>a$ 及 $R<b$ 的质量为 m 的质点的作用力.

解　由于均匀球壳的质量分布具有球对称性,它产生的保守力场也具有球对称性.等势能面是以球心为中心的球面,可利用(2.3.10)式,取以球心为中心以半径为 R 的球面作“高斯面”.

对于 $R>a$,由(2.3.10)式

$$\frac{1}{4\pi G} f\cdot 4\pi R^2 = -M$$

其中 f 是作用于处在“高斯面”上的单位质量质点上的力,

$$f = -\frac{GM}{R^2}$$

方向沿半径向内.

质量为 m 的质点在离球心 $R(>a)$处受力

$$F = mf = -\frac{GMm}{R^2}$$

对于 $R<b$,由(2.3.10)式

$$\frac{1}{4\pi G}f\cdot 4\pi R^2=0$$

$$f=0$$

$$F=mf=0$$

由例 2.3.2 所得的势能,用(2.3.7)式求力也得到同样的结果.

用此法解 2.2 题和 2.5 题很容易得到结果.

4. 动能和质点的动能定理

牛顿运动第二定律

$$m\frac{\mathrm{d}\boldsymbol{v}}{\mathrm{d}t}=\boldsymbol{F}$$

两边点乘 $\boldsymbol{v}\mathrm{d}t$,

$$m\boldsymbol{v}\cdot\mathrm{d}\boldsymbol{v}=\boldsymbol{F}\cdot\boldsymbol{v}\mathrm{d}t=\boldsymbol{F}\cdot\mathrm{d}\boldsymbol{r}$$

$$\mathrm{d}\left(\frac{1}{2}mv^2\right)=\boldsymbol{F}\cdot\mathrm{d}\boldsymbol{r}\tag{2.3.11}$$

这(2.3.11)式是质点的动能定理的微分形式. $\frac{1}{2}mv^2$ 是质点的动能,用 T 表示. $\boldsymbol{F}\cdot\mathrm{d}\boldsymbol{r}$是在 $t\sim t+\mathrm{d}t$ 时间内合力对作元位移 $\mathrm{d}\boldsymbol{r}$ 的质点所做的功, $\mathrm{d}\left(\frac{1}{2}mv^2\right)$是在这期间质点动能的增量.

对(2.3.11)式积分,即得质点的动能定理的积分形式

$$T-T_0=\frac{1}{2}mv^2-\frac{1}{2}mv_0^2=\int_{\substack{r_0\\ \text{沿轨道}}}^{r}\boldsymbol{F}\cdot\mathrm{d}\boldsymbol{r}\tag{2.3.12}$$

质点沿轨道从位矢 $\boldsymbol{r}_0$ 的位置运动到位矢 $\boldsymbol{r}$ 的位置期间,合力所做的功等于在这过程中动能的增量.

(2.3.11)、(2.3.12)式都是对一个过程而言的.动能定理也可以写成瞬时关系

$$\frac{\mathrm{d}T}{\mathrm{d}t}=\boldsymbol{F}\cdot\boldsymbol{v}\tag{2.3.13}$$

5. 质点的机械能定理和机械能守恒定律

(2.3.12)式的动能定理中的 $\boldsymbol{F}$ 是作用于质点的合力,在这些力中如果有保守

力,可以引入势能,用势能的减量来计算保守力的功,则(2.3.12)式可改写为

$$T - T_0 = \int_{\substack{r_0 \\ \text{沿轨道}}}^{r} \boldsymbol{F}_{\text{inc}} \cdot \mathrm{d}\boldsymbol{r} + \int_{r_0}^{r} \boldsymbol{F}_{\text{con}} \cdot \mathrm{d}\boldsymbol{r} = \int_{\substack{r_0 \\ \text{沿轨道}}}^{r} \boldsymbol{F}_{\text{inc}} \cdot \mathrm{d}\boldsymbol{r} + V(\boldsymbol{r}_0) - V(\boldsymbol{r})$$

$$(T + V) - (T_0 + V_0) = \int_{\substack{r_0 \\ \text{沿轨道}}}^{r} \boldsymbol{F}_{\text{inc}} \cdot \mathrm{d}\boldsymbol{r} \tag{2.3.14}$$

式中分别用 V 和 V_0 表示前式中的 $V(\boldsymbol{r})$和 $V(\boldsymbol{r}_0)$,$\boldsymbol{F}_{\text{con}}$、$\boldsymbol{F}_{\text{inc}}$分别表示保守力和非保守力.动能和势能是机械运动的两种能量形式,它们之和称为机械能,如用 E 来表示.

$$E = T + V$$

上式可以写为

$$E - E_0 = \int_{\substack{r_0 \\ \text{沿轨道}}}^{r} \boldsymbol{F}_{\text{inc}} \cdot \mathrm{d}\boldsymbol{r} \tag{2.3.14$'$}$$

(2.3.14)、(2.3.14′)式被称为质点的机械能定理,作用于质点的非保守力对质点做的功等于质点的机械能的增量.

如在运动过程中,质点不受非保守力作用,或虽受到非保守力作用,但非保守力始终与质点的速度垂直,则非保守力做的功率始终为零,则由(2.3.14′)式可得

$$E = E_0 \quad 或 \quad T + V = T_0 + V_0 \tag{2.3.15}$$

在此过程中,质点的机械能始终不变,这就是质点的机械能守恒定律.

关于所定义的势能是机械能的一种能量形式再补充说明几句.一个物体能直接或间接对其他物体做功,我们就说这个物体具有能量.势能是与系统(目前我们所涉及的系统是质点)在力场中所处的位置有关的,位置变动时,它能对其他物体做功.说明它与能量有关,$\boldsymbol{F}(\boldsymbol{r}) = -\nabla V(\boldsymbol{r})$这个势能定义式中有一个负号就是为了使被定义的势能具有一种能量的物理意义.举一个间接对其他物体做功的例子,一个弹簧一端固定,另一端连在一个物体上,此物体又紧挨另一个物体,弹簧处于压缩状态,两物体从静止状态开始沿光滑水平面作直线运动,在这过程中,弹簧作用于物体的力是保守力,用势能的变化来处理这个保守力所做的功.通过两物体之间的相互作用,势能的减量一部分转化为其他物体的动能,可以认为势能作为一种能量形式它的变化间接对其他物体做了功.机械能守恒定律是更普遍的能量守恒和转化定律的特殊情况.

例 2.3.4 一个质点受到力 $\boldsymbol{f} = z^2\boldsymbol{i} + 2xz\boldsymbol{j} + 3y^2\boldsymbol{k}$ 的作用,沿一曲线

$\begin{cases}2x+3y=0\\z=y^2\end{cases}$从原点运动到(3, −2,4)点,求此力对质点所做的功,长度单位为 m,力的单位为 N.

解 显然此力是非保守力.

$$W=\int_{(0,0,0)\text{沿轨道}}^{(3,-2,4)}(z^2\mathrm{d}x+2xz\mathrm{d}y+3y^2\mathrm{d}z)$$

曲线只有一个独立变量,今取 x 为独立变量,$y=-\frac{2}{3}x,z=y^2=\left(-\frac{2}{3}x\right)^2=\frac{4}{9}x^2,\mathrm{d}y=-\frac{2}{3}\mathrm{d}x,\mathrm{d}z=\frac{8}{9}x\mathrm{d}x$.

$$W=\int_0^3\left[\left(\frac{4}{9}x^2\right)^2+2x\left(\frac{4}{9}x^2\right)\cdot\left(-\frac{2}{3}\right)+3\left(-\frac{2}{3}x\right)^2\cdot\frac{8}{9}x\right]\mathrm{d}x$$

$$=\int_0^3\left(\frac{16}{81}x^4+\frac{16}{27}x^3\right)\mathrm{d}x=21.6(\mathrm{J})$$

例 2.3.5 质量为 M、长度为 l 的金属板静置于光滑的水平面上,板上放一质量为 m 的铅块,其间摩擦因数为 μ.若铅块以相对于水平面 V_0 的速度由板的一端向另一端开始运动,至板的另一端时,铅块刚好不离开金属板.问 V_0 多大,并求金属板作用于铅块的摩擦力对铅块所做的功 W_1 以及铅块作用于金属板的摩擦力对金属板所做的功 W_2.

解 设铅块运动到金属板另一端时,金属板移动的距离为 s,则铅块在此期间移动的距离为 $s+l$.刚好不离开金属板的条件是运动到另一端时,铅块和金属板有相同的速度,设此速度为 V_1(均以水平面为参考系).

对铅块和金属板分别用动能定理:

$$\frac{1}{2}mV_1^2-\frac{1}{2}mV_0^2=-\mu mg(s+l) \tag{1}$$

$$\frac{1}{2}MV_1^2-0=\mu mgs \tag{2}$$

两式中 V_1、V_0 和 s 均未知,只有两个方程,需再找一个关系.

由牛顿运动定律

$$m\frac{\mathrm{d}v}{\mathrm{d}t}=-\mu mg$$

$$M\frac{\mathrm{d}V}{\mathrm{d}t}=\mu mg$$

两式相加,得

$$\frac{\mathrm{d}}{\mathrm{d}t}(mv + MV) = 0$$

$$mv + MV = 恒量$$

v 和 V 分别是铅块和金属板在运动过程中的速度.由上述恒量与铅块在金属板两端时的关系即找到另一个关系:

$$(m + M)V_1 = mV_0 \tag{3}$$

由(1)、(2)、(3)式联立解得

$$V_0 = [2(m + M)\mu gl/M]^{1/2}$$

$$V_1 = m[2\mu gl/M(m + M)]^{1/2}$$

再用动能定理

$$W_1 = \frac{1}{2}mV_1^2 - \frac{1}{2}mV_0^2 = -\frac{\mu m(2m + M)gl}{m + M}$$

$$W_2 = \frac{1}{2}MV_1^2 - 0 = \frac{\mu m^2 gl}{m + M}$$

例 2.3.6　一摆由质量为 m 的质点通过一长为 L 的不可伸长的线挂到一个半径为 R ($R<\frac{L}{\pi}$)的直立圆盘的最高点(如图 2.3.4 所示)组成.求摆的运动微分方程及做小振动时的振动频率.

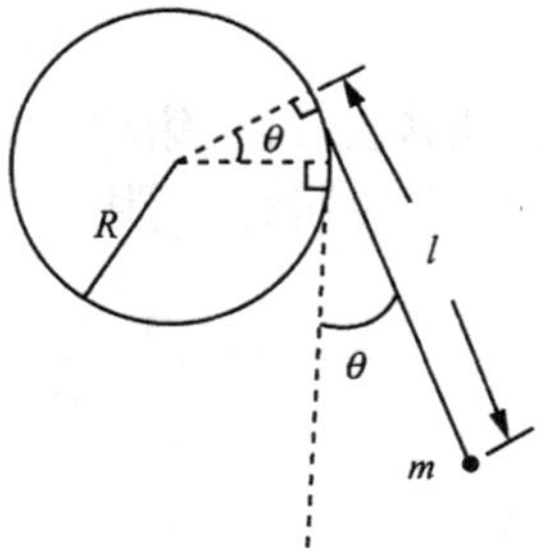

图 2.3.4

解　质点受到的重力是保守力,线的张力虽是非保守力,但不做功,机械能守恒.

$$T = \frac{1}{2}m(l\dot{\theta})^2 = \frac{1}{2}m\left[L - \left(\frac{\pi}{2} - \theta\right)R\right]^2\dot{\theta}^2$$

取圆盘最高点为势能零点,

$$V = -mg[R(1 - \sin\theta) + L\cos\theta]$$

$$= -mg\{R(1 - \sin\theta) + [L - (\frac{\pi}{2} - \theta)R]\cos\theta\}$$

$$\frac{1}{2}m[L-(\frac{\pi}{2}-\theta)R]^2\dot{\theta}^2-mg\{R(1-\sin\theta)+[L-(\frac{\pi}{2}-\theta)R]\cos\theta\}=\text{恒量}$$

上式两边对 t 求导,约去两边相同的因子,即得运动微分方程

$$\left[L-\left(\frac{\pi}{2}-\theta\right)R\right]\ddot{\theta}+R\dot{\theta}^2+g\sin\theta=0$$

摆的平衡位置在 $\theta=0$ 处. 在平衡位置附近做小振动时,在 $\theta=0$ 处做泰勒展开,只保留一级小量,小振动的运动微分方程为

$$(L-\frac{\pi}{2}R)\ddot{\theta}+g\theta=0$$

振动角频率为

$$\omega=\sqrt{\frac{g}{L-\frac{\pi}{2}R}}$$

§2.4　质点的角动量定理和角动量守恒定律

在动力学中,角动量和动能、势能都是很有用的物理量. 角动量定理对下章所讲的有心运动特别有利. 在刚体动力学中,角动量定理就像质点动力学中的牛顿运动定律一样,成为基本的动力学方程.

1. 力矩和角动量

中学时所讲的力矩是对轴的力矩,这里我们引入更普遍的力矩的概念,讲对点的力矩,对轴的力矩只是对轴上一点的力矩在这个轴方向的分量.

(1) 力矩的定义

一个力对点 O 的力矩 $\boldsymbol{M}$ 等于力的作用点对 O 点的位矢 $\boldsymbol{r}$ 与力 $\boldsymbol{F}$ 的矢积

$$\boldsymbol{M}=\boldsymbol{r}\times\boldsymbol{F}\qquad(2.4.1)$$

图 2.4.1 中所画的平面是力 $\boldsymbol{F}$ 与 O 点所张的平面. $\boldsymbol{M}$ 既与 $\boldsymbol{r}$、又与 $\boldsymbol{F}$ 垂直,故与 $\boldsymbol{r}$、$\boldsymbol{F}$ 也即 O 与 $\boldsymbol{F}$ 所张的平面垂直,其指向由下述的右手螺旋关系指明:从 $\boldsymbol{r}$ 沿 $\boldsymbol{r}$、$\boldsymbol{F}$ 的夹角 θ(小于 180°的角)转至 $\boldsymbol{F}$,螺旋前进的方向,其大

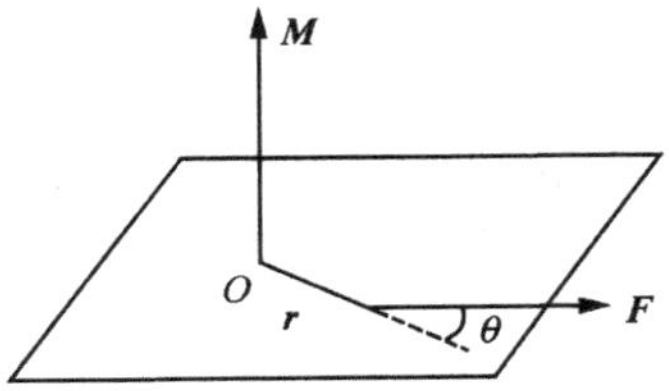

图 2.4.1

小为

$$|\boldsymbol{M}| = |\boldsymbol{r}||\boldsymbol{F}|\sin\theta = r_{\perp}|\boldsymbol{F}|$$

$r_{\perp}$是力的作用线与 O 点间的最小距离. 显然,力的作用点沿力的作用线移动,保持力的大小、方向不变,$\boldsymbol{M}$ 的大小、方向都一样.

(2) 力矩的直角坐标分量

将 $\boldsymbol{r} = x\boldsymbol{i} + y\boldsymbol{j} + z\boldsymbol{k}$、$\boldsymbol{F} = F_x\boldsymbol{i} + F_y\boldsymbol{j} + F_z\boldsymbol{k}$ 代入(2.4.1)式得

$$\boldsymbol{M} = (yF_z - zF_y)\boldsymbol{i} + (zF_x - xF_z)\boldsymbol{j} + (xF_y - yF_x)\boldsymbol{k} \qquad (2.4.2)$$

即 $M_x = yF_z - zF_y$, $M_y = zF_x - xF_z$, $M_z = xF_y - yF_x$.

(3) 对轴的力矩

中学里讲的力矩(暂以 M_{zh}表示)等于力乘以力臂,力要用它在垂直于轴的平面上的分力$|\boldsymbol{F}_{\perp}|$,力臂是轴到此分力的作用线的最小距离,如图 2.4.2 所示. 图中画的是对 z 轴的力矩. $\boldsymbol{F}_{\perp}$、$\boldsymbol{\rho}$、L 都在 xy 平面上. xy 平面是与轴垂直的平面. $\boldsymbol{\rho}$ 是 $\boldsymbol{r}$ 在这个平面上的投影(分量),L 是力臂.

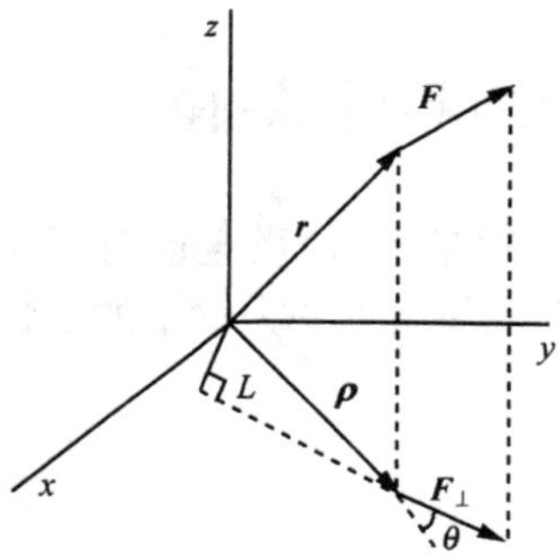

图 2.4.2

$$M_{zh} = |\boldsymbol{F}_{\perp}| \cdot L = F_{\perp}\rho\sin\theta = |\boldsymbol{\rho} \times \boldsymbol{F}_{\perp}|$$

$$= |(x\boldsymbol{i} + y\boldsymbol{j}) \times (F_x\boldsymbol{i} + F_y\boldsymbol{j})|$$

$$= |xF_y - yF_x|$$

M_{zh}总是正的,不仅与 O 点取在轴上哪一点无关,而且不考虑的正负向.

我们定义的对 z 轴的力矩是有正负的,把 M_{zh}式中的绝对值符号去掉.

$$M_z = xF_y - yF_x$$

实际上它就是对 O 点的力矩的 z 轴分量. O 点取 z 轴上任何一点均可.

由此可见,要计算一个力对一个轴的力矩,可先计算此力对此轴上任何一点的力矩,再点乘这个轴的单位矢量即得

$$M_l = \boldsymbol{l}^0 \cdot (\boldsymbol{r} \times \boldsymbol{F}) \qquad (2.4.3)$$

其中 $\boldsymbol{l}^0$ 是该轴的单位矢量,$\boldsymbol{r}$ 是力的作用点或作用线上任何一点对该轴上任取一

点的位矢.

(4) 角动量

角动量又称动量矩,用 $\boldsymbol{J}$ 表示,把上述讲力矩中的力 $\boldsymbol{F}$ 改成动量 $m\boldsymbol{v}$,即得质点的角动量.也有对点的、对轴的说法.

对点的角动量

$$\boldsymbol{J} = \boldsymbol{r} \times m\boldsymbol{v} \tag{2.4.4}$$

用直角坐标表示对点的角动量

$$\boldsymbol{J} = \begin{vmatrix} \boldsymbol{i} & \boldsymbol{j} & \boldsymbol{k} \\ x & y & z \\ m\dot{x} & m\dot{y} & m\dot{z} \end{vmatrix}$$

$J_x = m(y\dot{z} - z\dot{y}), J_y = m(z\dot{x} - x\dot{z}), J_z = m(x\dot{y} - y\dot{x})$

对任意轴的角动量

$$J_l = \boldsymbol{l}^0 \cdot (\boldsymbol{r} \times m\boldsymbol{v}) \tag{2.4.5}$$

关于 $\boldsymbol{l}^0$、$\boldsymbol{r}$,可参看(2.4.3)式后的说明.

2. 质点的角动量定理和角动量守恒定律

(1) 质点的角动量定理

以上我们讲对点的力矩、对点的角动量,这个点可以称为矩心.矩心可以是固定点,也可以是动点,固定点也不一定是坐标系原点.写出的直角坐标分量,用的矩心是坐标系原点.

下面我们从牛顿运动第二定律导出对固定点的角动量定理

$$m\frac{\mathrm{d}\boldsymbol{v}}{\mathrm{d}t} = \boldsymbol{F}$$

两边叉乘 $\boldsymbol{r}$,

$$\boldsymbol{r} \times m\frac{\mathrm{d}\boldsymbol{v}}{\mathrm{d}t} = \boldsymbol{r} \times \boldsymbol{F} = \boldsymbol{M}$$

因$\frac{\mathrm{d}\boldsymbol{r}}{\mathrm{d}t} \times \boldsymbol{v} = \boldsymbol{v} \times \boldsymbol{v} = 0$,上式左边可改写为

$$\boldsymbol{r} \times m\frac{\mathrm{d}\boldsymbol{v}}{\mathrm{d}t} = \boldsymbol{r} \times m\frac{\mathrm{d}\boldsymbol{v}}{\mathrm{d}t} + \frac{\mathrm{d}\boldsymbol{r}}{\mathrm{d}t} \times m\boldsymbol{v} = \frac{\mathrm{d}}{\mathrm{d}t}(\boldsymbol{r} \times m\boldsymbol{v}) = \frac{\mathrm{d}\boldsymbol{J}}{\mathrm{d}t}$$

代入上式,得

$$\frac{\mathrm{d}\boldsymbol{J}}{\mathrm{d}t} = \boldsymbol{M} \tag{2.4.6}$$

这就是质点的对固定点的角动量定理.只要取同样的固定点(不一定是原点)为矩心计算角动量和力矩,(2.4.6)式均成立.质点的对固定点的角动量的时间变化率等于此时作用于质点的合力对该固定点的力矩.(2.4.6)式是个瞬时关系.

如矩心取动点 A,则用质点对动点的位矢叉乘牛顿运动第二定律方程的两边

$$(\boldsymbol{r} - \boldsymbol{r}_A) \times m\frac{\mathrm{d}\boldsymbol{v}}{\mathrm{d}t} = (\boldsymbol{r} - \boldsymbol{r}_A) \times \boldsymbol{F} = \boldsymbol{M}_A$$

$\boldsymbol{M}_A$ 表示作用于质点的合力对动点 A 的力矩.

$$\begin{aligned}\text{上式左边} &= \frac{\mathrm{d}}{\mathrm{d}t}[(\boldsymbol{r} - \boldsymbol{r}_A) \times m\boldsymbol{v}] - \frac{\mathrm{d}(\boldsymbol{r} - \boldsymbol{r}_A)}{\mathrm{d}t} \times m\boldsymbol{v} \\ &= \frac{\mathrm{d}\boldsymbol{J}_A}{\mathrm{d}t} + \frac{\mathrm{d}\boldsymbol{r}_A}{\mathrm{d}t} \times m\boldsymbol{v} = \frac{\mathrm{d}\boldsymbol{J}_A}{\mathrm{d}t} + \boldsymbol{v}_A \times m\boldsymbol{v}\end{aligned}$$

代入上式得

$$\frac{\mathrm{d}\boldsymbol{J}_A}{\mathrm{d}t} = \boldsymbol{M}_A - \boldsymbol{v}_A \times m\boldsymbol{v} \tag{2.4.7}$$

注意:这里计算的对动点 A 的角动量并不是对动点平动参考系中的固定点的角动量,这里计算 $\boldsymbol{J}_A$ 时所用的 $\boldsymbol{v}$ 仍是质点对静参考系的速度.如果 A 点平动参考系也是惯性系,则在 A 点平动参考系中对 A 点(在此参考系中它是固定点)的角动量定理的表达式可用(2.4.6)式.如 A 点平动参考系是非惯性系,则在此参考系中对 A 点的角动量定理的表达式如何写可作为思考题请读者自行推导.

今后讲对点的角动量定理,如未讲对动点,都是指对固定点的,未讲对哪个固定点,都是指对原点的.

(2) 质点的角动量守恒定律

如 $\boldsymbol{M}=0$,即对某个特定的固定点的合力矩为零,则由(2.4.6)式可得

$$\frac{\mathrm{d}\boldsymbol{J}}{\mathrm{d}t} = 0$$

$$\boldsymbol{J} = \text{恒量} \tag{2.4.8}$$

质点在运动中,对该固定点的角动量不变.此式即质点的角动量守恒定律.

$\boldsymbol{M}=0$ 有两种情况: i) $\boldsymbol{F}=0$,这时对任何固定点,均有 $\boldsymbol{M}=0$. ii) $\boldsymbol{F}\neq 0$,但 $\boldsymbol{r}\times\boldsymbol{F}=0$ 或 $(\boldsymbol{r}-\boldsymbol{r}_A)\times\boldsymbol{F}=0$,合力的作用线与质点对某固定点的位矢的作用线重合,也即质点运动过程中,作用于它的合力的作用线始终通过某个固定点.这时对该固定点有 $\boldsymbol{M}=0$.

(2.4.6)式是矢量关系.如 $\boldsymbol{M}\neq 0$,但取直角坐标时,它的某一个或某两个分量为零,取柱坐标时,它的 z 轴分量为零,则质点对该相应轴的角动量或说对相应的角动量分量在运动过程中保持不变.

如 $\boldsymbol{l}^0\cdot\boldsymbol{M}=0$,则有

$$\boldsymbol{l}^0\cdot\frac{\mathrm{d}\boldsymbol{J}}{\mathrm{d}t} = \boldsymbol{l}^0\cdot\boldsymbol{M} = M_l = 0$$

$$\frac{\mathrm{d}(\boldsymbol{l}^0.\boldsymbol{J})}{\mathrm{d}t} = 0, \quad \frac{\mathrm{d}J_l}{\mathrm{d}t} = 0$$

$$J_l = \text{恒量} \tag{2.4.9}$$

推导中用了$\frac{\mathrm{d}\boldsymbol{l}^0}{\mathrm{d}t}=0$,故 l 轴必须是固定轴,上述三个直角坐标轴,柱坐标的 z 轴都是固定轴.

合力对某固定轴 l 的力矩或说力矩在某固定轴 l 上的分量 $M_l=0$ 也有两种情况,先以 $M_z=0$ 为例加以说明,$M_z=xF_y-yF_x$,两种 $M_z=0$ 的情况为: i) $F_x=0$、$F_y=0$、即 $\boldsymbol{F}/\!/\boldsymbol{k}$. ii) $F_x\neq 0$, $F_y\neq 0$,但$\frac{F_x}{x}=\frac{F_y}{y}$,即 $\boldsymbol{F}$ 的作用线通过 z 轴.现讲一般情况,对某固定轴 l 的角动量守恒,有两种情况. i) $\boldsymbol{F}/\!/\boldsymbol{l}^0$,合力的作用线与 l 轴平行. ii)合力的作用线通过 l 轴.

角动量定理及其守恒定律与动量定理及其守恒定律在许多方面是可以类比的.动量定理即牛顿运动第二定律,动量守恒也很简单,即当 $\boldsymbol{F}=0$ 时,$m\boldsymbol{v}=$恒量,当 $F_l=0$ 时,$mv_l=$恒量.这是动量守恒、动量的某个分量守恒的两种情况.把 $m\boldsymbol{v}$ 改成$\boldsymbol{J}$,$\boldsymbol{F}$ 改成$\boldsymbol{M}$,可讲角动量守恒的两种情况.两组关系可以一一对应,但角动量守恒与动量守恒类比中也有两点不同之处: i)角动量守恒,无论 $\boldsymbol{M}=0$ 还是 $M_l=0$,都有如前所述的两种情况,动量守恒无论 $\boldsymbol{F}=0$ 还是 $F_l=0$,都只有一种情况. ii)在满足动量守恒条件时,无所谓对哪个固定点,而角动量守恒除非 $\boldsymbol{F}=0$,可对所有固定点有角动量守恒,一般都只是对特定的固定点才满足守恒条件.因此必须说明对哪个固定点角动量守恒.

下面我们说明一下,对一点 A 的力矩为零,对另一点 B 的力矩也为零的条件.

$$\boldsymbol{r}_B \times \boldsymbol{F} = (\boldsymbol{r}_A + \boldsymbol{r}_{AB}) \times \boldsymbol{F} = \boldsymbol{r}_A \times \boldsymbol{F} + \boldsymbol{r}_{AB} \times \boldsymbol{F}$$

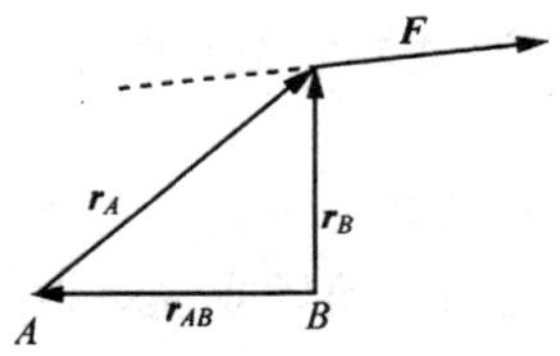

图 2.4.3

式中 $\boldsymbol{r}_B$、$\boldsymbol{r}_A$ 是力的作用点(或力的作用线上任一点)对 B 点、A 点的位矢,$\boldsymbol{r}_{AB}$是 A 点对 B 点的位矢,如图 2.4.3 所示.

用力矩的定义,上式变为

$$\boldsymbol{M}_B = \boldsymbol{M}_A + \boldsymbol{r}_{AB} \times \boldsymbol{F}$$

$\boldsymbol{M}_A = 0$,$\boldsymbol{M}_B$ 也等于零要求

$$\boldsymbol{r}_{AB} \times \boldsymbol{F} = 0$$

这也有两种情况: i) $\boldsymbol{F}=0$,这时,对一点有 $\boldsymbol{M}=0$,则对任何点均有 $\boldsymbol{M}=0$. ii) $\boldsymbol{F}\neq 0$,但 $\boldsymbol{F}/\!/\boldsymbol{r}_{AB}$,即 A、B 两点的连线与 $\boldsymbol{F}$ 的作用线平行. 只要满足这两种情况之一,不论 A、B 是固定点还是动点,就有对一点的力矩为零,对另一点的力矩也为零.

例 2.4.1　一个单位质量的质点 P 受到一个指向 O 点、大小为 $\omega^2 r + \omega^2 a^3 r^{-2}$的力作用,其中 r 是质点 P 离 O 点的距离,ω 和 a 是常数. 如 P 点在离 O 点的距离 a 处以垂直 OP 的速度 $4a\omega/\sqrt{3}$投射. 证明:P 点以后距 O 点的距离在 $r=a$ 和 $r=2a$ 之间,并求出 $r=2a$ 时 P 点的速率.

解　$\boldsymbol{F}$ 永远指向 O 点,是 $\boldsymbol{F}/\!/\boldsymbol{r}$ 的情况,对 O 点的力矩 $\boldsymbol{r}\times\boldsymbol{F}=0$,对 O 点的角动量是守恒量.

根据初条件及受力情况,用牛顿运动第二定律可以看出,质点 P 总在开始时的 $\boldsymbol{r}$ 及 $\boldsymbol{v}$ 所张的平面上运动. 取 O 点为原点的柱坐标,z 轴垂直于运动平面. 对 O 点的角动量守恒,有用的只是对 z 轴的角动量守恒

$$J_z = r^2\dot{\varphi} = r_0 \cdot r_0\dot{\varphi}_0 = a \cdot \frac{4a\omega}{\sqrt{3}} = \frac{4}{\sqrt{3}}a^2\omega \tag{1}$$

$$\boldsymbol{F} = -(\omega^2 r + \omega^2 a^3 r^{-2})\boldsymbol{e}_r \tag{2}$$

可以证明,具有下列形式的力是保守力

$$\boldsymbol{F} = \frac{f(r)}{r}\boldsymbol{r} = \frac{f(r)}{r}(x\boldsymbol{i} + y\boldsymbol{j} + z\boldsymbol{k}) \tag{3}$$

其中 $f(r)$是 r 的任意函数,$r=(x^2+y^2+z^2)^{1/2}$.

可证

$$\nabla \times \boldsymbol{F} = \begin{vmatrix} \boldsymbol{i} & \boldsymbol{j} & \boldsymbol{k} \\ \dfrac{\partial}{\partial x} & \dfrac{\partial}{\partial y} & \dfrac{\partial}{\partial z} \\ \dfrac{f(r)}{r}x & \dfrac{f(r)}{r}y & \dfrac{f(r)}{r}z \end{vmatrix} = 0$$

(2) 式所示的力具有(3)式所示的力的形式.是保守力,其势能为

$$V(r) = -\int [-(\omega^2 r + \omega^2 a^3 r^{-2})] \boldsymbol{e}_r \cdot \mathrm{d}\boldsymbol{r}$$

选沿径向的路径积分,$\mathrm{d}\boldsymbol{r} = \boldsymbol{e}_r \mathrm{d}r$,

$$V(r) = -\int [-(\omega^2 r + \omega^2 a^3 r^{-2}) \mathrm{d}r]$$

$$= \frac{1}{2}\omega^2 r^2 - \frac{\omega^2 a^3}{r} + c$$

c 为积分常数.

$$T = \frac{1}{2}[\dot{r}^2 + (r\dot{\varphi})^2] = \frac{1}{2}(\dot{r}^2 + r^2\dot{\varphi}^2)$$

只受保守力作用,机械能守恒.

$$\frac{1}{2}(\dot{r}^2 + r^2\dot{\varphi}^2) + \frac{1}{2}\omega^2 r^2 - \frac{\omega^2 a^3}{r} + c$$

$$= \frac{1}{2}(4a\omega/\sqrt{3})^2 + \frac{1}{2}\omega^2 a^2 - \frac{\omega^2 a^3}{a} + c$$

$$= \frac{13}{6}a^2\omega^2 + c \tag{4}$$

在 r 的最大值和最小值处有 $\dot{r}=0$,将 $\dot{r}=0$ 代入(4)式得

$$\frac{1}{2}r^2\dot{\varphi}^2 + \frac{1}{2}\omega^2 r^2 - \frac{\omega^2 a^3}{r} = \frac{13}{6}a^2\omega^2 \tag{5}$$

用(1)式消去(5)式中的 $\dot{\varphi}$,即得 r 的最大值和最小值满足的方程

$$\frac{8}{3}\frac{\omega^2 a^4}{r^2} + \frac{1}{2}\omega^2 r^2 - \frac{\omega^2 a^3}{r} = \frac{13}{6}a^2\omega^2$$

整理后得

$$16a^4 + 3r^4 - 6a^3 r - 13a^2 r^2 = 0 \tag{6}$$

经因式分解,(6)式变为

$$(r - a)(r - 2a)(3r^2 + 9ar + 8a^2) = 0 \tag{7}$$

(7)式有 $r = a$ 及 $r = 2a$ 两个实根和一对共轭复根.

复根没有什么物理意义,只能是 $r_{\min} = a$,$r_{\max} = 2a$,这就证明了质点 P 在 $r = a$ 和 $r = 2a$ 之间运动.如对此结论还有怀疑,我们可作更详尽的说明.(7)式是从(4)式令 $\dot{r} = 0$ 而得的,在 $\dot{r} \neq 0$ 处,(7)式左边加上 $\frac{1}{2}\dot{r}^2$ 才等于零,而 $\frac{1}{2}\dot{r}^2 > 0$,(7)式的左边在 $\dot{r} \neq 0$ 处只能小于零.换句话说,对于(7)式的左边大于零的那些 r 值是不可能的.(7)式左边三个因子中$(3r^2 + 9ar + 8a^2)$对所有的 r 值均大于零,另两个因子只能取异号,才能使(7)式左边小于零,由此可得当 $\dot{r} \neq 0$ 时,只能在 $a < r < 2a$ 的范围内,证毕.

由(1)式,在 $r = 2a$ 处,质点的速率为

$$v = \frac{4}{\sqrt{3}} a^2 \omega / 2a = \frac{2}{\sqrt{3}} a\omega$$

3. 运动积分

运动微分方程在数学上是二阶微分方程,作一次积分以后得到的位矢、速度和时间的函数等于常数

$$\varphi_i(\boldsymbol{r}, \dot{\boldsymbol{r}}, t) = c_i \quad (i = 1,2,3,\cdots) \tag{2.4.10}$$

c_i 是积分常数,由初条件 $t = t_0$ 时 $\boldsymbol{r} = \boldsymbol{r}_0$,$\dot{\boldsymbol{r}} = \dot{\boldsymbol{r}}_0$ 惟一决定.

在满足守恒条件时,写出的守恒关系,例如:

$$F_i = 0 \text{时}, \quad mx_i = c_i \tag{2.4.11}$$

$$M_i = 0 \text{时}, \quad J_i = c_i \tag{2.4.12}$$

非保守力不做功时

$$\frac{1}{2} m(\dot{x}_1^2 + \dot{x}_2^2 + \dot{x}_3^2) + V(x_1, x_2, x_3) = c \tag{2.4.13}$$

(2.4.11)~(2.4.13)式中的积分常数都是由初条件惟一确定的.(2.4.11)式常被称为动量积分,(2.4.12)式被称为角动量积分,(2.4.13)式被称为能量积分.都可归入(2.4.10)式的类型.将它们对 t 求导,即可得到在给定的外界环境(指受到的

外界的作用力)中质点的运动微分方程或与它等价的方程. 如将运动微分方程的通解代入(2.4.10)式, 将得到 $c_i = c_i$ 的恒等式. (2.4.10)式从物理上讲被称为运动积分, 在数学上称为初积分或第一积分.

运动积分是一阶微分方程, 它是二阶微分方程的等价方程. 显然用一阶微分方程代替二阶微分方程, 问题就得到一定的简化. 运动积分是一定存在的. 重要的是可不通过积分根据守恒条件直接写出运动积分来. 我们应尽量找到并利用这些能直接写出的独立的运动积分.

如果我们得到(2.4.10)式那样的三个独立的运动积分, 则可从中解出 $\dot{x}_1$、$\dot{x}_2$、$\dot{x}_3$. 它们是独立的, 必有下列行列式不恒等于零.

$$\begin{vmatrix} \dfrac{\partial \varphi_1}{\partial \dot{x}_1} & \dfrac{\partial \varphi_1}{\partial \dot{x}_2} & \dfrac{\partial \varphi_1}{\partial \dot{x}_3} \\ \dfrac{\partial \varphi_2}{\partial \dot{x}_1} & \dfrac{\partial \varphi_2}{\partial \dot{x}_2} & \dfrac{\partial \varphi_2}{\partial \dot{x}_3} \\ \dfrac{\partial \varphi_3}{\partial \dot{x}_1} & \dfrac{\partial \varphi_3}{\partial \dot{x}_2} & \dfrac{\partial \varphi_3}{\partial \dot{x}_3} \end{vmatrix} \neq 0 \tag{2.4.14}$$

(2.4.14)式也是 $\varphi_i = c_i\,(i=1,2,3)$ 这三个运动积分相互独立的充分必要条件.

§2.5　碰　撞

碰撞问题是自然界、人类的生产、生活和科学试验中广泛存在的一类力学问题. 广义的说, 只要两个质点在相互作用前后彼此的运动速度发生变化的, 都可视为碰撞, 这一节我们仅限于讨论狭义的碰撞, 两个质点进行作用时间极短的直接发生接触的碰撞. §4.6 和 §8.5 中讲的散射问题是不发生直接接触、作用时间也不极短的广义的碰撞.

1. 正碰

正碰是指碰撞前后两质点的速度均在两质点的连线上的一种碰撞、参碰的两个质点都在一条直线上运动, 正负号就表示了矢量的方向.

设两质点质量分别为 m_1、m_2, 碰前速度分别为 v_{10}、v_{20}, 要求碰后两质点的速度 v_1、v_2. 两个未知量, 需要列出两个方程. 由于这种碰撞的时间很短, 外力的冲量常常可以忽略, 但需具体分析, 不能一概而论. 重力是有限大小的力, 在很短的碰撞期间, 其冲量一定可以忽略, 其他的外力如很大, 碰撞期间它的冲量是不能忽略的.

不过这样的情况在正碰的情况下很少见.因此,由两质点系统的动量守恒可以提供一个方程(先写出方程,再讲导出过程)

$$m_1 v_{10} + m_2 v_{20} = m_1 v_1 + m_2 v_2 \tag{2.5.1}$$

现在来讲(2.5.1)式的导出过程.

在碰撞期间,分别对两个质点用牛顿运动第二定律

$$m_1 \frac{dv_1}{dt} = F_{12},\ m_2 \frac{dv_2}{dt} = F_{21}$$

其中 F_{12}、F_{21}分别是碰撞期间质点 2 作用于质点 1 的力和质点 1 作用于质点 2 的力,由牛顿运动第三定律,任何时刻均有 $F_{12} = -F_{21}$.作用于两个质点的其他力与 F_{12}、F_{21}相比很小,已忽略不计.

$$m_1 dv_1 + m_2 dv_2 = F_{12} dt + F_{21} dt = 0$$

上式表示在碰撞期间的 $t \sim t + dt$ 时间内两质点动量的增量的关系,得到上式时用了 $F_{12} = -F_{21}$.

对上式从发生碰撞至碰撞结束进行积分得

$$m_1(v_1 - v_{10}) + m_2(v_2 - v_{20}) = 0$$

移项即得(2.5.1)式.

另一个方程得由能量关系来提供.参碰的两个质点实际上不是严格的质点,在碰撞期间,两质点都要发生形变,变化过程中参碰质点各部分速度不一样,因而不是严格的质点,需把参碰的物体分成许多质元来考虑.我们来具体分析一下碰撞过程,碰撞过程可以分为两个阶段:

压缩阶段,从开始接触到两物体达到最大压缩为压缩阶段,压缩过程中,物体各部分速度不同,达到最大压缩,压缩阶段结束,此时物体各部分都有相同的速度,而且两物体的速度也相等.因为如果两物体的各部分速度不相等,就要继续压缩,就没有达到最大压缩,因此达到最大压缩时,必然有两物体的各部分以及两物体都有相同的速度.

恢复阶段,压缩阶段结束达到了最大压缩,这时,两物体之间、两物体各质元之间的力可能为零,也可能不为零.为零时,两物体的形变就不再变化,没有恢复阶段.不为零时,有恢复阶段,恢复过程中,压缩逐渐变小.恢复过程结束时,两物体之间、两物体内部各质元之间不再有相互作用力,物体内部各质元有共同的速度,两物体不再有相互作用力,碰撞过程结束.这一阶段开始,两物体相对速度为零,这一阶段结束也是碰撞过程结束,两物体的相对速度达到压缩阶段的最大值.结束时,

两物体可能完全恢复,也可能没有完全恢复.

根据有无恢复阶段、能否完全恢复的不同情况可将碰撞分成三类.

(1) 弹性碰撞

压缩形变是弹性形变,如同弹簧那样,形变能完全消除.发生弹性形变时,两物体之间物体内部各质元之间的相互作用力做功使动能减小转化为弹性势能,恢复阶段,相互作用力做功,弹性势能减小又转化为动能,完全恢复,转化为势能的动能又完全转化为动能.势能和动能都是机械能.能完全恢复,说明只有动能和势能的相互转化,没有机械能与非机械能的相互转化.因此弹性碰撞时机械能是守恒的.碰撞前后均无形变,势能一样(常取为零),机械能守恒可写成碰撞前后动能相等

$$\frac{1}{2}m_1v_{10}^2+\frac{1}{2}m_2v_{20}^2=\frac{1}{2}m_1v_1^2+\frac{1}{2}m_2v_2^2 \tag{2.5.2}$$

由(2.5.1)、(2.5.2)式可解得

$$\begin{cases} v_1=\dfrac{(m_1-m_2)v_{10}+2m_2v_{20}}{m_1+m_2} \\ v_2=\dfrac{(m_2-m_1)v_{20}+2m_1v_{10}}{m_1+m_2} \end{cases} \tag{2.5.3}$$

由于(2.5.1)、(2.5.2)式中,脚标 1 和 2 对调,方程不变,故(2.5.3)式的第一式中脚标 1、2 对调,即可写出第二式.

由(2.5.3)式可得

$$v_2-v_1=v_{10}-v_{20} \tag{2.5.4}$$

弹性碰撞时,两质点碰后的分离速度 v_2-v_1 等于碰前的接近速度 $v_{10}-v_{20}$.

(2) 完全非弹性碰撞

完全非弹性碰撞是只有压缩阶段、没有恢复阶段的碰撞,压缩时发生的形变不是弹性形变,而是塑性形变,形变时减少的动能不是向弹性势能转化,而是转化为非机械能,先变为两质点的内能使内部的热运动加剧温度升高,再以热量的形式散失到外界.没有压缩阶段,因而有

$$v_1=v_2=v \tag{2.5.5}$$

由(2.5.1)、(2.5.5)式可解得

$$v = \frac{m_1 v_{10} + m_2 v_{20}}{m_1 + m_2} \tag{2.5.6}$$

没有恢复阶段,因而,在 m_1、m_2、v_{10}、v_{20} 相同的情况下,与弹性碰撞、不完全的非弹性碰撞相比,完全非弹性碰撞的动能减少量最大,碰撞系统的机械能损失最大.

机械能损失量为

$$\begin{aligned} -\Delta E &= \left(\frac{1}{2}m_1 v_{10}^2 + \frac{1}{2}m_2 v_{20}^2\right) - \frac{1}{2}(m_1 + m_2)v^2 \\ &= \frac{m_1 m_2 (v_{10} - v_{20})^2}{2(m_1 + m_2)} \end{aligned} \tag{2.5.7}$$

(3) 一般的碰撞

第三种碰撞是介于上述两种碰撞即弹性碰撞和完全非弹性碰撞之间的碰撞,这种碰撞不是完全非弹性碰撞那样没有恢复阶段,也不是弹性碰撞那样得到完全恢复.因此,这种碰撞的形变是部分弹性的,压缩阶段被转化的动能不是全部转化为非机械能,也不是全部转化为弹性势能.在恢复阶段,转化为弹性势能的那部分又转化为动能.在同样的 m_1、m_2、v_{10}、v_{20} 情况下,这种碰撞损失的机械能既不是最大也不是零而是介于这两者之 间.

这里可更一般地统一地讨论这三种碰撞.设 I 为在压缩阶段,质点 1 给予质点 2 的冲量,v' 为压缩阶段末两质点的速度,则在压缩阶段对牛顿运动第二定律方程积分,可得

$$m_2(v' - v_{20}) = I$$

$$m_1(v' - v_{10}) = -I$$

从两式中消去 v',得

$$I\left(\frac{1}{m_1} + \frac{1}{m_2}\right) = v_{10} - v_{20} \tag{1}$$

又设 I' 为在恢复阶段,质点 1 给予质点 2 的冲量,则有

$$m_2(v_2 - v') = I'$$

$$m_1(v_1 - v') = -I'$$

消去 v',得

$$I'\left(\frac{1}{m_1}+\frac{1}{m_2}\right)=v_2-v_1 \tag{2}$$

由(1)、(2)两式得

$$\frac{I'}{I}=\frac{v_2-v_1}{v_{10}-v_{20}}$$

若 $I'=I$,则 $v_2-v_1=v_{10}-v_{20}$,这是(2.5.4)式,形变完全消除的弹性碰撞的情况,若 $I'=0$,这是没有恢复阶段的完全非弹性碰撞的情况,此时也有(2.5.5)式 . $v_2=v_1$. 介于这两者之间的自然是 $0<\frac{I'}{I}<1$ 的不完全的非弹性碰撞(简称非弹性碰撞).

定义 $e=\frac{I'}{I}$,称为恢复系数,则 $e=1$ 为弹性碰撞,$e=0$ 为完全非弹性碰撞,$0<e<1$ 为(不完全的)非弹性碰撞.

牛顿从实验中总结出一条关于碰撞的定律,表述如下:两质点碰撞后和碰撞前的相对速度在接触面法线方向的分量大小之比即上述的恢复系数 e 为一常数,这个常数与碰撞前的速度以及两质点的质量、形状和大小无关,仅与两质点的质料有关. 例如,两质点均为玻璃的,$e\doteq 0.93$,均为铝,$e=0.20$,一个是铁的一个是铝的,$e=0.12$.

对于一般的碰撞,关于能量关系的方程可统一写成

$$\frac{v_2-v_1}{v_{10}-v_{20}}=e \tag{2.5.8}$$

$e=1$,(2.5.8)式变为(2.5.4)式,$e=0$,(2.5.8)式变为(2.5.5)式. $0<e<1$ 则(2.5.8)式是非弹性碰撞关于能量关系的方程.

联立(2.5.1)、(2.5.8)式,得到一般的碰撞(限于正碰)普遍适用的公式

$$\begin{cases} v_1=v_{10}-(1+e)\dfrac{m_2(v_{10}-v_{20})}{m_1+m_2} \\ v_2=v_{20}-(1+e)\dfrac{m_1(v_{20}-v_{10})}{m_1+m_2} \end{cases} \tag{2.5.9}$$

2. 斜碰

如果碰撞的两个质点(例如两个均质小球)碰前两球心的速度的作用线不与连心线重合,发生的碰撞一定不是正碰,不是正碰的碰撞,都称为斜碰. 正碰的两个质

点，碰前碰后的速度的作用线都在一条直线上，是一维的运动. 斜碰可能是二维的运动，也可能是三维的运动. 如果两球心的速度的作用线与连心线都在同一平面内，是二维的；不都在同一平面内，则是三维的. 这是就碰撞时其他的力与两质点碰撞时的相互作用力相比可忽略的情况而言的. 如两个大小不同的均质小球在一个平面上发生碰撞，在两球心的速度的作用线和连心线三者不在同一平面内时，仍是二维的，这是在碰撞时还有不能忽略的其他力（这里是平面对两球的作用力）存在的缘故. 如果参碰的两物体不是均质小球，则球心换为物体的质量中心（简称质心）关于质心的概念下面再讲. 还要特别说明的是这里讲的是两个质点的斜碰，在碰前碰后，参碰的两个物体都是质点. 物体上各点的速度没有差别，这就要求两物体碰撞时相互作用力沿连心线方向，如果是两个均质小球作斜碰，必须是光滑的，否则将有不可忽略的不沿连心线方向的相互作用的摩擦力存在，将使两个小球还有围绕球心的转动，小球上各点速度不同，小球就不能视为质点了.

下面仅限于讨论大小相同的两个光滑的均质小球在水平面上发生的斜碰，这种斜碰是二维的，不论水平面是否光滑，碰撞期间，小球与水平面间的摩擦力由于正压力有限也是有限的，碰撞期间由于作用时间很短，有限力的冲量都是可以忽略的.

发生斜碰时，两球的连心线与两球碰前速度的夹角是已知的. 可将 $\boldsymbol{v}_{10}$、$\boldsymbol{v}_{20}$ 按连心线方向即碰撞面的法线方向和垂直于连心线的方向即碰撞面的切线方向分解，法向和切向都规定一个方向为正方向，分量 v_{1n0}、v_{1t0}、v_{2n0}、v_{2t0} 都是已知的.

在切线方向，两球互相没有力的作用，则两小球将保持自己的切向速度分量不变. 即

$$v_{1t} = v_{1t0}, \quad v_{2t} = v_{2t0} \tag{2.5.10}$$

在法线方向，像正碰那样，可列出动量守恒关系及关于能量关系的方程

$$m_1 v_{1n0} + m_2 v_{2n0} = m_1 v_{1n} + m_2 v_{2n}$$

$$e = \frac{v_{2n} - v_{1n}}{v_{1n0} - v_{2n0}}$$

上述两式形式上和(2.5.1)、(2.5.8)式一样，只是所有速度改成相应的法向分量，可解出(2.5.9)形式的解（也把所有速度改成相应的法向分量）

$$\begin{cases} v_{1n} = v_{1n0} - (1+e)\dfrac{m_2(v_{1n0} - v_{2n0})}{m_1 + m_2} \\[2ex] v_{2n} = v_{2n0} - (1+e)\dfrac{m_1(v_{2n0} - v_{1n0})}{m_1 + m_2} \end{cases} \tag{2.5.11}$$

*3. 用质心平动参考系处理质点的碰撞问题

首先讲一下质量中心(简称质心)的概念. 一个物体(一个力学系统)的质心是这个物体(这个力学系统)质量分布的平均位置,把物体(力学系统)分成许多质元,第 i 个质元质量为 m_i,在坐标系中处于(x_i、y_i、z_i)点,则质心 C 的坐标为

$$x_c = \frac{1}{m}\sum_i m_i x_i,\ y_c = \frac{1}{m}\sum_i m_i y_i,\ z_c = \frac{1}{m}\sum_i m_i z_i$$

其中 $m = \sum_i m_i$,是该物体(力学系统)的质量.

随着物体(系统)的运动,质心的位置也随着发生变化,质心速度被定义为质心坐标的时间变化率

$$\boldsymbol{v}_c = \frac{\mathrm{d}\boldsymbol{r}_c}{\mathrm{d}t} = \frac{\mathrm{d}x_c}{\mathrm{d}t}\boldsymbol{i} + \frac{\mathrm{d}y_c}{\mathrm{d}t}\boldsymbol{j} + \frac{\mathrm{d}z_c}{\mathrm{d}t}\boldsymbol{k}$$

其分量

$$\dot{x}_c = \frac{1}{m}\sum_i m_i\dot{x}_i,\ \dot{y}_c = \frac{1}{m}\sum_i m_i\dot{y}_i,\ \dot{z}_c = \frac{1}{m}\sum_i m_i\dot{z}_i$$

质心速度是该物体(系统)的平均速度.

质心平动参考系是指固连于质心以质心速度作平动的参考系. 不仅坐标系的原点而且三个坐标轴都以质心速度运动,运动中各坐标轴的指向保持不变.

前已证明,如果碰撞系统在碰撞期间,除了两质点因碰撞相互作用以外,其他的作用力都可以忽略,则碰撞系统在碰撞期间,系统的动量是守恒的或说是近似守恒的,则根据质心的定义,碰撞系统在碰撞期间,系统的质心速度不变或近似不变.

$$\boldsymbol{v}_c = \frac{1}{m_1+m_2}(m_1\boldsymbol{v}_1 + m_2\boldsymbol{v}_2) = \frac{1}{m_1+m_2}\left(\sum_i m_{1i}\boldsymbol{v}_{1i} + \sum_j m_{2j}\boldsymbol{v}_{2j}\right)$$

$$= \frac{1}{m_1+m_2}(m_1\boldsymbol{v}_{10} + m_2\boldsymbol{v}_{20}) = 恒量$$

上式中 $\boldsymbol{v}_1$、$\boldsymbol{v}_2$ 是碰撞后两质点的速度,m_{1i}、$\boldsymbol{v}_{1i}$ 是在碰撞过程中质点 1 的第 i 个质元的质量和速度,m_{2j}、$\boldsymbol{v}_{2j}$ 是在碰撞过程中质点 2 的第 j 个质元的质量和速度.

质心平动参考系对惯性系作匀速运动,因此质心平动参考系也是惯性系. 既已证明碰撞系统在碰撞期间对原惯性系动量守恒,也同样可证明:碰撞系统在碰撞期间对质心平动参考系动量守恒

$$\boldsymbol{v}_c = \frac{m_1 \boldsymbol{v}_{10} + m_2 \boldsymbol{v}_{20}}{m_1 + m_2}$$

在质心平动参考系中,两质点的碰前速度为

$$\boldsymbol{v}'_{10} = \boldsymbol{v}_{10} - \boldsymbol{v}_c = \frac{m_2}{m_1 + m_2}(\boldsymbol{v}_{10} - \boldsymbol{v}_{20})$$

$$\boldsymbol{v}'_{20} = \boldsymbol{v}_{20} - \boldsymbol{v}_c = -\frac{m_1}{m_1 + m_2}(\boldsymbol{v}_{10} - \boldsymbol{v}_{20})$$

在质心平动参考系中,系统动量守恒

$$m_1 \boldsymbol{v}'_1 + m_2 \boldsymbol{v}'_2 = m_1 \boldsymbol{v}'_{10} + m_2 \boldsymbol{v}'_{20} = 0 \tag{1}$$

考虑一般情况(正碰或斜碰,$0 \leqslant e \leqslant 1$)

将动量守恒关系按切向、法向分解,并注意切向两球无相互作用力,速度的切向分量不变

$$v'_{1t} = v'_{1t0}, \quad v'_{2t} = v'_{2t0} \tag{2.5.12}$$

$$m_1 v'_{1n} + m_2 v'_{2n} = m_1 v'_{1n0} + m_2 v'_{2n0} = 0 \tag{2}$$

其中

$$v'_{1t} = v_{1t} - v_{ct} = \frac{m_2}{m_1 + m_2}(v_{1t} - v_{2t})$$

$$v_{ct} = \frac{m_1 v_{1t0} + m_2 v_{2t0}}{m_1 + m_2}$$

能量关系为

$$e = \frac{v_{2n} - v_{1n}}{v_{1n0} - v_{2n0}} = \frac{(v_{2n} - v_{cn}) - (v_{1n} - v_{cn})}{(v_{1n0} - v_{cn}) - (v_{2n0} - v_{cn})} = \frac{v'_{2n} - v'_{1n}}{v'_{1n0} - v'_{2n0}} \tag{3}$$

由(2)、(3)式解得

$$\begin{cases} v'_{1n} = -\dfrac{em_2}{m_1 + m_2}(v'_{1n0} - v'_{2n0}) = -\dfrac{em_2}{m_1 + m_2}(v_{1n0} - v_{2n0}) \\ v'_{2n} = \dfrac{em_1}{m_1 + m_2}(v'_{1n0} - v'_{2n0}) = \dfrac{em_1}{m_1 + m_2}(v_{1n0} - v_{2n0}) \end{cases}$$

(2.5.13)

要回到原来的参考系(常称为实验室参考系).用 $\boldsymbol{v}=\boldsymbol{v}'+\boldsymbol{v}_c$,从(2.5.12)、(2.5.13)式分别可得(2.5.10)、(2.5.11)式.(2.5.12)、(2.5.13)式也可以用下列方法得到,将(2.5.10)、(2.5.11)式中的所有速度分量都改成质心平动参考系中的相应的速度分量,再考虑(1)式,在质心平动参考系中,系统的动量等于零,即得(2.5.12)、(2.5.13)式.

处理弹性的斜碰,采用质心平动参考系特别方便,可以采用几何的方法求解.在质心平动参考系中,由(1)式可见,不论正碰还是斜碰,碰前两球的速度方向相反,碰后两球的速度方向也相反,在斜碰的情况下,方向相反但不共线.只表示大小和方向不表示作用线,可把它们画成共线的.作弹性的斜碰时,由(2.5.12)式.$v'_{1t}=v'_{1t0}$,$v'_{2t}=v'_{2t0}$,由(2.5.13)式,令 $e=1$,用(2)式,可得 $v'_{1n}=-v'_{1n0}$,$v'_{2n}=-v'_{2n0}$.因此有 $|\boldsymbol{v}'_1|=|\boldsymbol{v}'_{10}|$,$|\boldsymbol{v}'_2|=|\boldsymbol{v}'_{20}|$.由此,可用几何方法求出 $\boldsymbol{v}'_1$ 和 $\boldsymbol{v}'_2$,如图 2.5.1 所示.先算出 $\boldsymbol{v}'_{10}$、$\boldsymbol{v}'_{20}$,按比例画出它们的大小关系,注意两矢量方向相反,画在一条直线上,将 $\boldsymbol{v}'_{10}$、$\boldsymbol{v}'_{20}$ 按切向、法向分解,标上 $\boldsymbol{v}'_{1n0}$、$\boldsymbol{v}'_{1t0}$,由 $\boldsymbol{v}'_{1t}=\boldsymbol{v}'_{1t0}$、$\boldsymbol{v}'_{1n}=-\boldsymbol{v}'_{1n0}$,画上 $\boldsymbol{v}'_{1n}$,在 $\boldsymbol{v}'_{1t0}$ 旁标上 $\boldsymbol{v}'_{1t}$,将 $\boldsymbol{v}'_{1n}$、$\boldsymbol{v}'_{1t}$ 合成 $\boldsymbol{v}'_1$,在相反方向画 $\boldsymbol{v}'_2$.$\boldsymbol{v}'_1$、$\boldsymbol{v}'_2$ 的矢端一定分别位于以 $|\boldsymbol{v}'_{10}|$、$|\boldsymbol{v}'_{20}|$ 为半径的圆同上.用图 2.5.2 的矢量加法可得原参考系的 $\boldsymbol{v}_1$ 和 $\boldsymbol{v}_2$

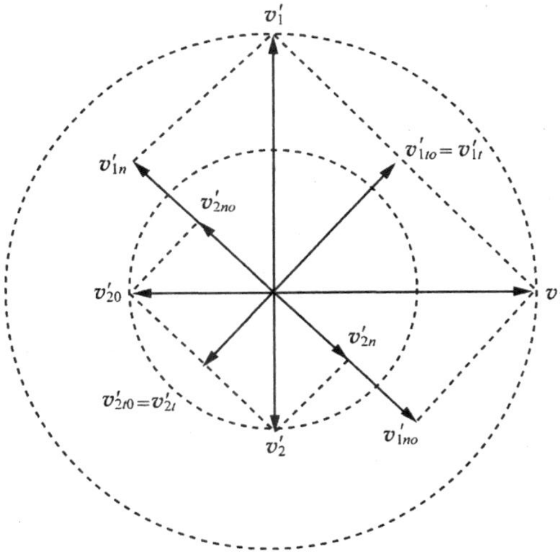

图 2.5.1

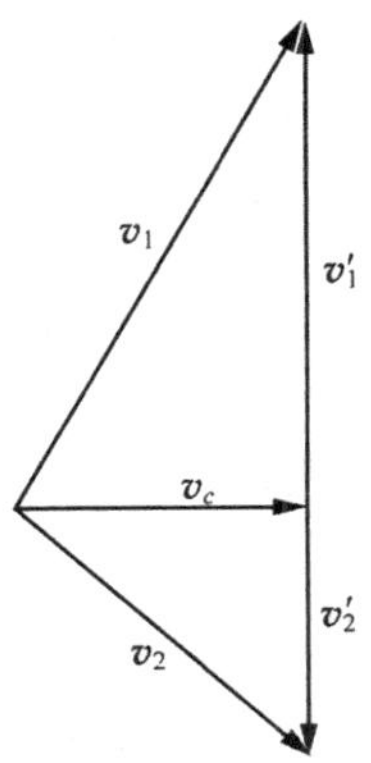

图 2.5.2

§2.6　单位制和量纲

1. 单位制

我们已讲过的力学量有长度、时间、质量、力、速度、角速度、加速度、角加速度、动量、功、功率、动能、势能、力矩、角动量等，还讲过一些电学量，有电量、电场强度、磁感应强度、真空中介电常数，也讲了这些量常用的单位.这些量不是都独立的，没有定义、定律相联系的几个量都可以作为基本量，其余的量可由定义、定律从基本量导出，称为导出量.基本量的选取不是惟一的，对基本量采用什么单位还可以有不同的规定.选定了基本量，并对它们采用什么单位作出规定，其余导出量的单位也就作出了相应的规定，这就形成了一种单位制.既然基本量可以有不同的选择，基本量的单位也可以有不同的规定，可以同时存在着各种不同的单位制.在工程上和在英国，选择长度、时间和力作为基本量，但用的单位还不同，是两种不同的单位制.它们所用的单位，这里就不讲了，必要时可查阅资料.这里要介绍力学上常用的两种单位制，一种叫 MKS 制，另一种叫 CGS 制.都以长度、时间和质量作为基本量，取的单位有所不同.MKS 制，长度取米(m)为单位，时间取秒(s)为单位，质量取千克(kg)为单位，导出量如速度、加速度、力分别以米/秒(ms^{-1})、米/秒^2(ms^{-2})、牛顿(N)为单位.CGS 制，长度、时间、质量分别以厘米(cm)、秒(s)、克(g)为单位，则速度、加速度、力分别以厘米/秒(cm/s)、厘米/秒^2(cm/s^2)、达因(dyn)为单位.电学量也可取不同的量作为基本量，还可取不同的单位.我们采用国际上通用的单位制，称为国际单位制(简写为 SI 制)，力学量选用 MKS 制，电学量取电流强度为基本量，并取安培(A)为单位，则导出量电量、电场强度、磁感应强度的单位分别为库仑(C)[它等于安培·秒(A·s)]、牛顿/库仑(N/C)、特斯拉(T).

各种单位制，除基本量外，还要加上两个辅助量：平面角和立体角，分别取弧度(rad)和球面度为单位.SI 制中，角速度的单位为弧度/秒(rad/s 或 s^{-1}).

2. 量纲

对基本量各用一个字母表示它们的量纲，导出量的量纲表为基本量的量纲字母的幂的乘积.例如 SI 制，用 L、M、T 分别表示长度、质量和时间的量纲，则力的量纲为 MLT^{-2}，可记作$[F]=MLT^{-2}$，电量的量纲为 IT，选用不同的基本量，同一个物理量的量纲的写法是不同的.

引入量纲有以下用处：

(1) 可用于作单位换算

将每个基本量的单位换算关系代入导出量的量纲中各因子,即可得到导出量的单位换算关系.例如$[F]=MLT^{-2}$,则$1N=(10^3)^1\cdot(10^2)^1(1)^{-2}=10^5$dyn.

(2) 有助于检验运算的正确与否

运算过程中只用各物理量的符号(即不在过程中代入数字)得出结果.其量纲必须是该物理量的量纲,若发现量纲不对,必在运算中出了错误.量纲检验无误后再代入数字,就可避免无效劳动.

(3) 可帮助记忆一些复杂的式子

等式中各相加项必须具有相同的量纲.

例如平面波的波动方程为

$$\frac{\partial^2 y}{\partial t^2}-v^2\frac{\partial^2 y}{\partial x^2}=0$$

而不是

$$\frac{\partial^2 y}{\partial x^2}-v^2\frac{\partial^2 y}{\partial t^2}=0$$

(4) 对寻找某些实验规律可能有所帮助

若知道与一个现象有关的几个物理量之间有关系,有时可利用必须符合量纲要求猜测它们之间可能存在的关系,对处理实验数据有利.

例如复摆的周期公式.复摆是指刚体(参看§7.1.1)绕固定的水平轴在重力矩作用下在平衡位置附近的小角度摆动.实验表明,复摆的摆动周期τ与摆幅无关,只能与复摆本身的特征有关,具体说与刚体的重量mg、刚体对转轴的质量分布有关的物理量:转动惯量I(参看§9.3.3)和质心(参看§8.1.2)至转轴的距离l有关,试写成下列关系:

$$\tau=k(mg)^aI^bl^c$$

其中k是无量纲的量.

代入各量的量纲,由上式可得

$$T^1=(MLT^{-2})^a\cdot(ML^2)^bL^c=M^{a+b}L^{a+2b+c}T^{-2a}$$

两边应有相同的量纲,必有

$$a + b = 0,\ a + 2b + c = 0,\ -2a = 1$$

解得

$$a = -\frac{1}{2},\ b = \frac{1}{2},\ c = -\frac{1}{2}$$

$$\tau = k\sqrt{\frac{I}{mgl}}$$

考虑单摆是复摆的特例,对于单摆,$\tau = 2\pi\sqrt{\frac{l}{g}}$,$I = ml^2$,定出 $k = 2\pi$. 故复摆的周期公式为

$$\tau = 2\pi\sqrt{\frac{I}{mgl}}$$

这和解振动方程所得结果完全相同.

如果各量间不是幂的关系或者虽是幂的关系但同时还有带量纲的常数,此法是无效的.

§2.7　有约束存在时的运动

影响质点运动的力有两类,一类力遵从的定律是已知的,例如万有引力遵从万有引力定律,弹性力遵从胡克定律,带电粒子间的作用力遵从库仑定律,在流体中运动的质点受到的阻力与质点的速度的关系是已知的. 这类力都具有 $\boldsymbol{F} = \boldsymbol{F}(\boldsymbol{r}, \dot{\boldsymbol{r}}, t)$的形式,且这个函数关系是已知的. 这类力对质点运动的影响必须解微分方程才能知道,而且与初条件有关. 另一类力,它遵从什么定律我们不一定很清楚,但它对质点的运动所加的限制(具体说是对质点的位置、速度等等必须满足某种关系)是不需解微分方程就知道的,而且与初条件无关. 我们现在要讨论的就是有这种力作用下的运动. 过去已经遇到过这类比较简单的问题.

1. 约束、约束力

(1) 约束及其分类

使质点的坐标、速度、加速度、坐标对时间的更高阶导数受到限制的作用称为约束. 我们这里只讨论对质点的坐标有所限制的约束. 例如质点只能在某个固定的曲面上运动,这曲面的方程为

$$f(x,y,z)=0 \tag{2.7.1}$$

则任何时刻,质点的坐标(x、y、z)必须满足(2.7.1)式.如果质点只能在某个运动的曲面或变形的曲面上运动,即在随时间变化的曲面上运动,则 t 时刻质点的坐标(x、y、z)必须满足该时刻的曲面方程

$$f(x,y,z,t)=0 \tag{2.7.2}$$

又如质点只能在一个曲面的一方运动

$$f(x,y,z)\geqslant 0 \tag{2.7.3}$$

$$f(x,y,z)\leqslant 0 \tag{2.7.4}$$

例如质点可在固定的球面上或球面外运动,其坐标必须满足(2.7.3)式那样的关系,如质点通过一个不可伸长的绳子栓于固定点或质点只能在一个容器内部运动,其坐标就受到(2.7.4)式那样的限制.质点的坐标还可能受到下列的约束之一.

$$f(x,y,z,t)\geqslant 0 \tag{2.7.5}$$

$$f(x,y,z,t)\leqslant 0 \tag{2.7.6}$$

这些(2.7.1)~(2.7.6)式都称为约束方程,约束方程不显含 t 的称为稳定约束,显含 t 的约束则称为不稳定约束.约束方程是等式的约束,称为双面约束或不可解(脱)约束,为不等式的,称为单面约束或可解(脱)约束.处理可解约束可以分段作为不可解约束和无约束处理,即当质点位于曲面上时有不可解约束,脱离曲面后就变成无约束了.只对坐标有所限制的不可解约束,称为完整约束,其他则为非完整约束.

关于完整约束和非完整约束的区分,我们想再说几句.非完整约束有两种情况,一种是约束方程中含有坐标对时间的导数的约束,一种是约束方程是不等式的约束,如上所述,后一种非完整约束可以分段作为完整约束处理.因此非完整约束主要是指前一种的非完整约束.如果说完整约束只对系统(为说得更普遍一点,系统不限于这里讲的质点)的坐标有所限制,对系统的速度没有任何限制,那就不对了.对完整约束的约束方程对 t 求导,就得到形似非完整约束的约束方程,可见完整约束并非对系统的速度没有限制,而是这种限制已经包含在对坐标的限制之中了.对完整约束方程求导得到的方程并不独立于原来的方程.因此约束方程中显含坐标对时间的导数的非完整约束只有不能通过积分变成不显含坐标对时间的导数的约束方程的才是非完整约束,否则还是完整约束.

描述一个系统的位置所需要的独立坐标数,称为系统的自由度数.不受约束的质点有三个自由度,需用三个相互独立的坐标表示它的位置.如受到一个完整约束

方程的限制，则三个坐标中只有两个独立坐标，自由度变为两个了. 有几个独立的完整约束，自由度数就减少几个. 非完整约束方程不能通过积分变成仅是坐标和时间的约束方程，不能减少描述系统位置的独立坐标数，即不减少自由度数.

(2) *约束力、主动力*

约束物给予质点的作用力，称为约束反作用力，简称约束反力，或约束力. 另一类力在解运动微分方程以前不能知道它对质点的坐标、速度等有什么影响但已知它和质点的位置、速度、时间的函数关系的力，则称为主动力.

下面我们再对约束力和主动力的不同之处作些说明.

i) 约束力对质点运动的限制由约束方程给出，就其对质点运动的影响而言，与质点的初条件、受主动力的情况无关. 主动力对质点运动的影响则需解运动微分方程，而且与其他力(包括主动力和约束力)作用情况，与初条件都有关系.

ii) 主动力一般是已知的，即 $\boldsymbol{F}(\boldsymbol{r},\dot{\boldsymbol{r}},t)$ 的函数是已知的，它是时间(自变量)、坐标(函数)及其对时间的导数的函数，不增加新的函数(变量)，约束力不能表成质点的位置、速度及时间的函数，而且至多知道约束力的方向，有时还只知道其作用线，其大小是未知的，因而增加了新的变量.

iii) 一个主动力，它与 $\boldsymbol{r}$、$\dot{\boldsymbol{r}}$、t 的函数关系不受另一个主动力、约束力的影响. 在某时刻，如知道质点处于何运动状态($\boldsymbol{r}$、$\dot{\boldsymbol{r}}$)，这个主动力对质点的作用力其大小和方向就是确定的了. 而一个约束力对质点的作用，其大小和方向，不是由质点的运动状态($\boldsymbol{r}$、$\dot{\boldsymbol{r}}$)和时间 t 所能决定的，与其他力的作用情况有关，还与质点在此刻的加速度有关. 这一点实际上是上一点的必然结果.

下面我们举几个常见的约束力的例子.

不可伸长的绳子作用质点的力，支承面的支持力都是显而易见的约束力. 静摩擦力也是约束力需要特别说明一下.

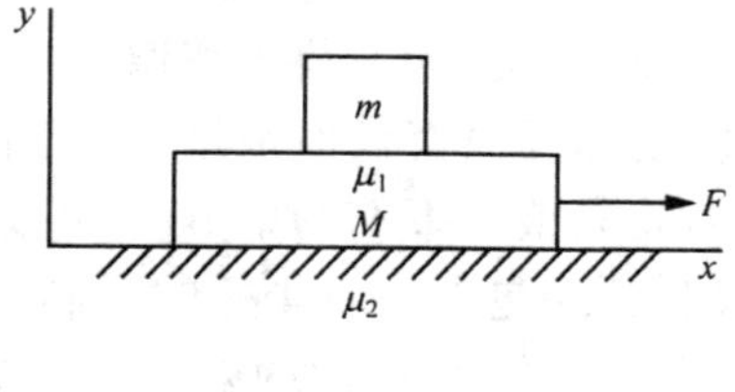

图 2.7.1

考虑如图 2.7.1 所示的质量分别为 m 和 M 两个物体一起在一水平面上运动，m、M 间的摩擦因数为 μ_1，M 与水平面间的摩擦因数为 μ_2，原 m、M 处于静止状态. 今给 M 一个水平的作用力 $\boldsymbol{F}$，m、M 的运动有三种可能情况：i) m、M 均仍保持静止；ii) m、M 间无相对运动，m、M 一起有相同的沿水平方向的不为零的加速度；iii) m、M 间有相对运动，m、M 有不同的沿水平方向加速度.

第一种情况，在 m、M 间以及 M 与水平面间均有水平方向的静摩擦力. 第二种情况，在 m、M 间有水平方向的静摩擦力，在 M 与水平面间有水平方向的滑动摩擦力．第三种情况，m、M 间以及 M 与水平面间均有水平方向的滑动摩擦力．滑动摩擦力是主动力还是约束力的问题后面另作讨论，这里只说明静摩擦力是约束力的问题，约束力的最重要特征是必有限制系统的约束方程，对于第一种情况，其约束方程是 m、M 的 x 坐标 x_1、x_2 均保持不变，对于第二种情况，其约束方程是 x_1-x_2 保持不变．静摩擦力完全具有上述约束力应具有的三个特征．以后将看到，与刚体纯滚动有关的静摩擦力也是约束力．

(3) 有相对运动的滑动摩擦力是主动力还是约束力？

质点与约束物之间有相对运动时的摩擦力、是主动力还是约束力这个问题是需要特别说明的．它既具有约束力的某此特征，又具有主动力的某些特征．我们以为把它看作具有某些约束力特征的主动力更好些．它不能表成 $\boldsymbol{F}(\boldsymbol{r},\dot{\boldsymbol{r}},t)$的形式，由于这一点，在某时刻，即使知道质点的运动状态($\boldsymbol{r}$、$\dot{\boldsymbol{r}}$)，还不能确定这个力，还与质点所受的其他作用力有关，它还包含了一个未知变量(正压力 N)，这是它具有的约束力的特征．但是它不具有约束力最根本的第一条特征，没有相应的约束方程，它虽不能写成 $\boldsymbol{F}(\boldsymbol{r},\dot{\boldsymbol{r}},t)$的形式，还具有一个摩擦定律，有一个 $F=\mu N$ 的函数关系，μ 与质点的速度(或与约束物的相对速度)的关系有一定的实验定律(v 较小时，μ 与 v 无关，v 较大时，随 v 增大而增大)，虽然含有一个未知变量 N，但它没有增添新的变是量，N 是与另一个约束有关的未知变量．再说约束力只需知道作用线，可假定一个指向，可是有相对运动的滑动摩擦力的方向在列运动微分方程时就必须给定的．有时难以判断，可假定一个指向，解出方程后如出现不合理结果，说明原假定的指向不对，再改成另一指向重解方程，而约束力任意假定指向都是可以的，不会发生问题．这都是主动力的特征．综上所述，把它归于主动力这一类更适宜些．说它是具有某些约束力特征的主动力更为恰当．在分析力学中，把它作主动力处理更有必要．

2．沿光滑曲面的运动

(1) 约束力

质点被限制在曲面上运动，设曲面的方程为

$$f(x,y,z,t)=0$$

由于曲面是光滑的，它对质点的作用力，只能沿曲面的法线方向．要把约束力表示出来，首先得把曲面上一点的法线方向表示出来．

考虑 t 时刻,曲面上相距无限小的两点(x,y,z)和$(x+\mathrm{d}x,\ y+\mathrm{d}y,z+\mathrm{d}z)$,两点均在曲面上.有

$$f(x,y,z,t)=0 \tag{1}$$

$$f(x+\mathrm{d}x,y+\mathrm{d}y,z+\mathrm{d}z,t)=0 \tag{2}$$

对(2)式在(x,y,z)点作泰勒展开,只保留一级小量(展开时 t 视为参量)

$$f(x,y,z,t)+\frac{\partial f}{\partial x}\mathrm{d}x+\frac{\partial f}{\partial y}\mathrm{d}y+\frac{\partial f}{\partial z}\mathrm{d}z=0 \tag{3}$$

用(1)式,可得

$$\frac{\partial f}{\partial x}\mathrm{d}x+\frac{\partial f}{\partial y}\mathrm{d}y+\frac{\partial f}{\partial z}\mathrm{d}z=0$$

即

$$\nabla f\cdot\mathrm{d}\boldsymbol{r}=0 \tag{4}$$

$\mathrm{d}\boldsymbol{r}$ 是曲面上自(x,y,z)点的无限小位移,沿曲面的切线方向.矢量∇f

$$\nabla f=\frac{\partial f}{\partial x}\boldsymbol{i}+\frac{\partial f}{\partial y}\boldsymbol{j}+\frac{\partial f}{\partial z}\boldsymbol{k}$$

必沿曲面的法线方向,故曲面的法向单位矢量为

$$\boldsymbol{n}=\frac{\nabla f}{|\nabla f|}$$

约束力 $\boldsymbol{N}$ 可写成

$$\boldsymbol{N}=N\boldsymbol{n}=\frac{N}{|\nabla f|}\nabla f=\lambda\nabla f \tag{2.7.7}$$

N 是未知变量,λ 也是未知变量,∇f 含有未知变量x,y,z,t 但它作为x,y,z,t 的函数是已知的,约束力只增加了一个未知变量(2.7.7)式是从直角坐标导出的,对柱坐标或其他坐标,也是同样适用的.

(2) 运动微分方程

$$m\ddot{\boldsymbol{r}}=\boldsymbol{F}+\boldsymbol{N}=\boldsymbol{F}+\lambda\nabla f \tag{2.7.8}$$

加上约束方程

$$f(\boldsymbol{r},t)=0$$

采用直角坐标,可写成

$$\begin{cases} m\ddot{x} = F_x + \lambda \dfrac{\partial f}{\partial x} \\ m\ddot{y} = F_y + \lambda \dfrac{\partial f}{\partial y} \\ m\ddot{z} = F_z + \lambda \dfrac{\partial f}{\partial z} \\ f(x, y, z, t) = 0 \end{cases} \tag{2.7.9}$$

四个未知函数 x, y, z, λ,有四个方程,在给定初条件后,可以解得 $x = x(t), y = y(t), z = z(t), \lambda = \lambda(t)$.

采用柱坐标,可写为

$$\begin{cases} m(\ddot{\rho} - \rho\dot{\varphi}^2) = F_\rho + \lambda \dfrac{\partial f}{\partial \rho} \\ m(\rho\ddot{\varphi} + 2\dot{\rho}\dot{\varphi}) = F_\varphi + \dfrac{\lambda}{\rho} \dfrac{\partial f}{\partial \varphi} \\ m\ddot{z} = F_z + \lambda \dfrac{\partial f}{\partial z} \\ f(\rho, \varphi, z, t) = 0 \end{cases} \tag{2.7.10}$$

采用自然坐标,运动微分方程为

$$\begin{cases} m \dfrac{\mathrm{d}v}{\mathrm{d}t} = F_\tau \\ m \dfrac{v^2}{\rho} = F_n + N_n \\ 0 = F_b + N_b \end{cases} \tag{2.7.11}$$

注意,轨道曲线的切线方向一定是曲面的切线方向,故在光滑曲面上运动,约束力沿曲面的法线方向,在轨道的切线方向一定无分量. 一般来讲,曲面的法线方向在轨道曲线的主法线方向和次法线方向都可以有分量.

(3) 机械能变化定律

(2.7.8)式两边点乘 $\mathrm{d}\boldsymbol{r}$,注意 $\dot{\boldsymbol{r}} \cdot \ddot{\boldsymbol{r}} = \dfrac{1}{2}\dfrac{\mathrm{d}}{\mathrm{d}t}(\dot{\boldsymbol{r}} \cdot \dot{\boldsymbol{r}}) = \dfrac{1}{2}\dfrac{\mathrm{d}v^2}{\mathrm{d}t}$.

$$\mathrm{d}\left(\frac{1}{2} m v^2\right) = \boldsymbol{F} \cdot \mathrm{d}\boldsymbol{r} + \lambda \nabla f \cdot \mathrm{d}\boldsymbol{r} \tag{1}$$

质点在 t 时刻和 $t+\mathrm{d}t$ 时刻分别位于点 (x,y,z) 及点 $(x+\mathrm{d}x,y+\mathrm{d}y,z+\mathrm{d}z)$. 分别满足约束方程

$$f(x,y,z,t)=0 \tag{2}$$

$$f(x+\mathrm{d}x,y+\mathrm{d}y,z+\mathrm{d}z,t+\mathrm{d}t)=0 \tag{3}$$

对(3)式在 (x,y,z,t) 处作泰勒展开，并用(2)式可得

$$\nabla f\cdot\mathrm{d}\boldsymbol{r}+\frac{\partial f}{\partial t}\mathrm{d}t=0 \tag{4}$$

用(4)式代入(1)式，可得

$$\frac{\mathrm{d}T}{\mathrm{d}t}=\boldsymbol{F}\cdot\boldsymbol{v}-\lambda\frac{\partial f}{\partial t} \tag{2.7.12}$$

如作用于质点的主动力是有势力，即

$$\boldsymbol{F}=-\nabla U(\boldsymbol{r},t)$$

则

$$\begin{aligned}\boldsymbol{F}\cdot\mathrm{d}\boldsymbol{r}&=-\nabla U(\boldsymbol{r},t)\cdot\mathrm{d}\boldsymbol{r}\\&=-\mathrm{d}U(\boldsymbol{r},t)+\frac{\partial U}{\partial t}\mathrm{d}t\end{aligned}$$

$$\boldsymbol{F}\cdot\boldsymbol{v}=\boldsymbol{F}\cdot\frac{\mathrm{d}\boldsymbol{r}}{\mathrm{d}t}=-\frac{\mathrm{d}U(\boldsymbol{r},t)}{\mathrm{d}t}+\frac{\partial U}{\partial t} \tag{5}$$

将(5)式代入(2.7.12)式，得

$$\frac{\mathrm{d}(T+U)}{\mathrm{d}t}=\frac{\partial U}{\partial t}-\lambda\frac{\partial f}{\partial t} \tag{2.7.13}$$

如势函数 U 是定常的，即 $\frac{\partial U}{\partial t}=0$，这个有势力场是保守力场，势函数就称为势能，将 $U(\boldsymbol{r})$ 改写成 $V(\boldsymbol{r})$，$T+V=E$，在此情况下，(2.7.13)式化为

$$\frac{\mathrm{d}E}{\mathrm{d}t}=-\lambda\frac{\partial f}{\partial t} \tag{2.7.14}$$

从(2.7.12)式可以看出 $-\lambda\frac{\partial f}{\partial t}$ 的物理意义是约束力的功率.

如果主动力是保守力，所受约束是稳定约束，$\frac{\partial f}{\partial t}=0$. 则有机械能这个守恒量.

$$\frac{\mathrm{d}E}{\mathrm{d}t}=0,\ E=\text{常量}$$

注意:我们已把有相对运动的滑动摩擦力归入主动力,说主动力是保守力,在有相对运动的情况下,自然就排除了曲面不光滑的情况,约束力沿曲面的法线方向,如曲面随时间而变(不稳定约束),约束力的功率不为零.只有光滑曲面是固定的(稳定约束),约束力的功率为零.

(4) 角动量是运动积分的情况

只有当 $\boldsymbol{F}+\boldsymbol{N}$ 对某固定点的矩为零时,才有对该固定点的角动量守恒.如主动力是有心力(总指向某个固定点),质点又被限制在以力心为球心的光滑球面上运动,则对这个固定点(力心、球心)角动量守恒.可是这种情况太特殊了.

更有实际意义的是具有对某个固定轴的角动量守恒的情况.如主动力 $\boldsymbol{F}$ 的方向不变(例如在均匀重力场中)取此方向为 z 轴,则有 $\boldsymbol{k}\cdot(\boldsymbol{r}\times\boldsymbol{F})=\boldsymbol{r}\cdot(\boldsymbol{F}\times\boldsymbol{k})=0$ ($\boldsymbol{k}$ 是 z 轴的单位矢量),如 $\boldsymbol{k}\cdot(\boldsymbol{r}\times\lambda\nabla f)=0$,用直角坐标表达则为 $x\dfrac{\partial f}{\partial y}-y\dfrac{\partial f}{\partial x}=0$,则此质点的运动有对 z 轴的角动量守恒.

不难看出,如约束方程即光滑曲面的方程为

$$f(\rho,z)=0$$

其中 ρ 是柱坐标,$\rho^2=x^2+y^2$.因

$$\frac{\partial f}{\partial x}=\frac{\partial f}{\partial \rho}\frac{\partial \rho}{\partial x}=\frac{\partial f}{\partial \rho}\frac{x}{\rho},\ \frac{\partial f}{\partial y}=\frac{\partial f}{\partial \rho}\frac{y}{\rho}$$

有 $x\dfrac{\partial f}{\partial y}-y\dfrac{\partial f}{\partial x}=0$,因而满足 $\boldsymbol{k}\cdot(\boldsymbol{r}\times\lambda\Delta f)=0$. $f(\rho,z)=0$ 所示的曲面是以 z 轴为对称轴的旋转曲面.

因此在重力场中沿对铅垂方向的轴对称的光滑曲面运动的质点,对此轴的角动量是一个守恒量.机械能也是一个守恒量.

例 2.7.1 质量为 m 的小球沿半长轴为 a、半短轴为 b 的光滑椭圆柱面滑下,此椭圆柱面的短轴是铅直的.如小球自长轴的端点从静止开始下滑,求滑至椭圆柱面最低点时,它对椭圆柱面的压力.

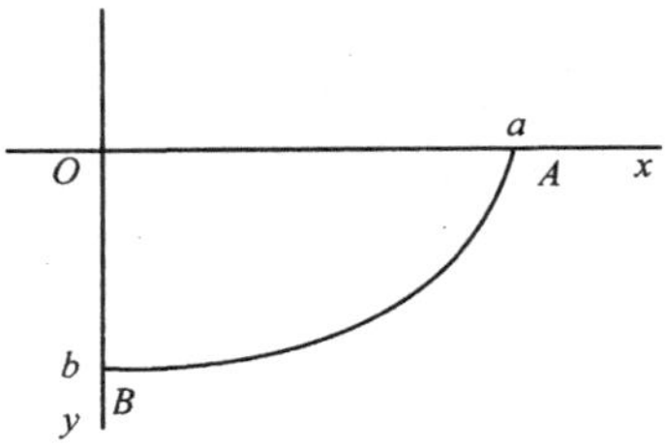

图 2.7.2

解 取图 2.7.2 所示的坐标,约束方程为

$$f = \frac{x^2}{a^2} + \frac{y^2}{b^2} - 1 = 0$$

$$\frac{\partial f}{\partial x} = \frac{2x}{a^2},\ \frac{\partial f}{\partial y} = \frac{2y}{b^2},\ \frac{\partial f}{\partial z} = 0$$

运动微分方程为

$$m\ddot{x} = \lambda \frac{\partial f}{\partial x} = \frac{2\lambda x}{a^2}$$

$$m\ddot{y} = mg + \lambda \frac{\partial f}{\partial y} = mg + \frac{2\lambda y}{b^2}$$

$$m\ddot{z} = \lambda \frac{\partial f}{\partial z} = 0$$

现有四个方程,有 x、y、z、λ 四个未知量,理论上是可以求出满足给定初条件的解的.可是解起来并不容易.

如考虑到主动力是保守力,约束方程不显含时间 t,满足机械能守恒条件,用此守恒关系,此例就极易求解了.

令 $y=0$ 处为势能的零点,在 B 点的机械能等于在 A 点的机械能,若在 B 点速率为 v

$$\frac{1}{2}mv^2 - mgb = 0$$

可得

$$v = \sqrt{2gb}$$

在 B 点写出自然坐标的主法线方向的牛顿运动第二定律方程.

$$m\frac{v^2}{\rho} = N - mg$$

N 为光滑曲面对质点的向上的作用力,其反作用力向下,即所要求的质点对曲面的压力.ρ 为轨道曲线在 B 点的曲率半径.

不难证明,用直角坐标表示轨道方程时,可得曲率半径的公式如下:

$$\rho = \left| \frac{(1 + y'^2)^{3/2}}{y''} \right|$$

其中 $y' = \frac{dy}{dx}$,$y'' = \frac{d^2 y}{dx^2}$.

由约束方程亦即轨道方程可得

$$y' = -\frac{b^2 x}{a^2 y}$$

$$y'' = -\frac{b^2}{a^2 y} - \left(\frac{b^2 x}{a^2}\right)^2 \frac{1}{y^3}$$

在 B 点，$x=0,y=b$，可得

$$y' = 0,\ y'' = -\frac{b}{a^2}$$

$$\rho = \frac{a^2}{b}$$

$$N = mg + m\frac{v^2}{\rho} = mg + m\frac{2gb}{a^2/b} = mg\left(1+\frac{2b^2}{a^2}\right)$$

3. 沿光滑曲线的运动

(1) 约束力

曲线是两个曲面的交线，约束方程为

$$f_1(x,y,z,t) = 0$$

$$f_2(x,y,z,t) = 0$$

既在曲面 $f_1=0$ 上运动，有约束力

$$\boldsymbol{N}_1 = \lambda_1 \nabla f_1$$

指向该曲面的法线方向. 又在曲面 $f_2=0$ 上运动，有约束力

$$\boldsymbol{N}_2 = \lambda_2 \nabla f_2$$

指向该曲面的法线方向.

曲线给予的总约束力

$$\boldsymbol{N} = \boldsymbol{N}_1 + \boldsymbol{N}_2 = \lambda_1 \nabla f_1 + \lambda_2 \nabla f_2$$

两个力及其合力都与曲线的切线方向 $\boldsymbol{\tau}$ 垂直，$\boldsymbol{N}_1$、$\boldsymbol{N}_2$ 均在与 $\boldsymbol{\tau}$ 垂直的平面上，相互间的夹角不一定是 90°，同一条曲线被视为两个曲面的交线不是惟一的，因而 $\boldsymbol{N}_1$、$\boldsymbol{N}_2$ 可以不同，但其和 $\boldsymbol{N}$ 应相同. $\boldsymbol{N}_1$、$\boldsymbol{N}_2$ 不同相当于 $\boldsymbol{N}$ 沿与 $\boldsymbol{\tau}$ 垂直的平面上

不同的两个方向分解.

(2) 运动微分方程

$$m\ddot{r} = \boldsymbol{F} + \lambda_1 \nabla f_1 + \lambda_2 \nabla f_2 \tag{2.7.15}$$

加上两个约束方程.如用直角坐标,原则上可解出满足初条件的 $x(t)$ 、$y(t)$、$z(t)$、$\lambda_1(t)$、$\lambda_2(t)$.只有一个自由度,却要用五个方程来解,显然是不方便的.为避免这种情况,可采用广义坐标,第十章再讲.另一个办法可以一试的就是采用自然坐标的方法.

(3) 机械能变化定律

动能的时间变化率

$$\frac{\mathrm{d}T}{\mathrm{d}t} = \boldsymbol{F} \cdot \boldsymbol{v} - \lambda_1 \frac{\partial f_1}{\partial t} - \lambda_2 \frac{\partial f_2}{\partial t} \tag{2.7.16}$$

如主动力是有势力

$$\frac{\mathrm{d}(T + U)}{\mathrm{d}t} = \frac{\partial U}{\partial t} - \lambda_1 \frac{\partial f_1}{\partial t} - \lambda_2 \frac{\partial f_2}{\partial t} \tag{2.7.17}$$

如主动力是保守力,所受约束是稳定约束即两个约束方程中均不显含 t,则有机械能守恒

$$E = 常量$$

4. 沿粗糙的固定曲面的运动

(1) 运动微分方程

有相对运动时的滑动摩擦力,其大小为 μN,μ 是滑动摩擦因数,N 为正压力,其方向与相对运动方向相反.

如粗糙的固定曲面的方程为

$$f(x,y,z) = 0$$

正压力即约束力的反作用力,其大小为 $N = |\lambda \nabla f|$.

粗糙的固定曲面对质点的摩擦力为

$$\boldsymbol{R} = -\mu \, |\lambda \nabla f| \, \frac{\boldsymbol{v}}{v}$$

运动微分方程为

$$m\ddot{\boldsymbol{r}} = \boldsymbol{F} + \lambda\nabla f - \mu|\lambda\nabla f|\frac{\boldsymbol{v}}{v} \tag{2.7.18}$$

其中 $\boldsymbol{F}$ 是除上述摩擦力以外的主动力的合力.

用直角坐标,可写成分量方程

$$\begin{cases} m\ddot{x} = F_x + \lambda\dfrac{\partial f}{\partial x} - \mu|\lambda\nabla f|\dfrac{\dot{x}}{v} \\ m\ddot{y} = F_y + \lambda\dfrac{\partial f}{\partial y} - \mu|\lambda\nabla f|\dfrac{\dot{y}}{v} \\ m\ddot{z} = F_z + \lambda\dfrac{\partial f}{\partial z} - \mu|\lambda\nabla f|\dfrac{\dot{z}}{v} \end{cases} \tag{2.7.19}$$

用自然坐标

$$\begin{cases} m\dfrac{\mathrm{d}v}{\mathrm{d}t} = F_\tau - \mu N \\ \dfrac{mv^2}{\rho} = F_n + N_n \\ 0 = F_b + N_b \end{cases} \tag{2.7.20}$$

(2.7.20)式中的脚标 n,不是指曲面的法线方向,而是轨道曲线的主法线方向.

(2) 机械能变化定律

(2.7.18)式两边点乘 $\mathrm{d}\boldsymbol{r}$

$$m\ddot{\boldsymbol{r}}\cdot\mathrm{d}\boldsymbol{r} = \boldsymbol{F}\cdot\mathrm{d}\boldsymbol{r} + \lambda\nabla f\cdot\mathrm{d}\boldsymbol{r} - \mu|\lambda\nabla f|\frac{\boldsymbol{v}\cdot\mathrm{d}\boldsymbol{r}}{v}$$

像导出(2.7.12)~(2.7.14)式那样,并注意到

$$\frac{\boldsymbol{v}\cdot\mathrm{d}\boldsymbol{r}}{v} = \frac{\boldsymbol{v}\cdot\boldsymbol{v}\mathrm{d}t}{v} = v\mathrm{d}t$$

可得

$$\frac{\mathrm{d}T}{\mathrm{d}t} = \boldsymbol{F}\cdot\boldsymbol{v} - \mu|\lambda\nabla f|v \tag{2.7.21}$$

如 $\boldsymbol{F}$ 是有势力,有

$$\frac{\mathrm{d}(T+U)}{\mathrm{d}t} = \frac{\partial U}{\partial t} - \mu|\lambda\nabla f|v \tag{2.7.22}$$

如 $\boldsymbol{F}$ 是保守力,有

$$\frac{\mathrm{d}E}{\mathrm{d}t} = -\mu \mid \lambda \nabla f \mid v \tag{2.7.23}$$

$-\mu|\lambda\nabla f|v$ 是摩擦力所作的功率,一定是负的.

这一节处理有约束存在时的运动的办法是引入乘子 λ,这乘子通常称为拉格朗日乘子,这种方法可称为拉格朗日乘子法.用这种方法求解并不方便.不方便的原因有两个,一个是约束越多,自由度越少,可需用的方程反而更多了;另一个是约束力带来的未知量即待定乘子常出现在不止一个分量方程中,使微分方程变得很复杂.采用第十章引入的独立的广义坐标可以避免引入乘子带来的麻烦.这里讲的采用自然坐标,约束力在切向分量方程中不出现,和在满足条件时尽量利用可以直接写出的运动积分使约束力在这些方程中不出现可以避免出现第二个问题.例 2.7.1 就未采用拉格朗日乘子法求解.我们所以还要讲并不方便的拉格朗日乘子法,第十章中还将从另一个角度讲这种方法,是考虑这种方法具有理论价值,这种方法在统计物理中有用.

§2.8 非惯性系中质点的运动

我们在§1.3 讲质点的相对运动时讲过,所以要讲相对运动出于两方面的需要:一方面是运动学方面的需要,将一个复杂运动看成是两比较简单的运动的叠加,描述它或求运动学的物理量比较方便;另一方面的需要来自动力学的.我们目前所讲的理论,牛顿运动定律及由它推出的几个定理和相应的守恒定律都是只适用于惯性系的.而我们常常需要在非惯性系中讨论运动规律.我们最经常使用的地球参考系,由于地球不仅有围绕太阳的公转,还有围绕自身的地轴的自转.实验已经表明,太阳是比地球更好的惯性系.因此严格讲,地球是个非惯性系,即使可把地球近似为惯性系,我们也常有必要在相对于地球有绝不可忽略的加速度运动的参考系中处理力学问题.

1. 非惯性系中质点的动力学方程 惯性力

在惯性系中质点的动力学方程包括由牛顿运动定律给出的运动微分方程以及由牛顿运动定律导出的各个定理及相应的守恒定律给出的动力学方程.现在要导出在非惯性系中适用的与上述相应的动力学方程.

导出非惯性系中适用的运动微分方程的办法和根据是:(1)写出惯性系中适用的运动微分方程.(2)用§1.3 所讲的相对运动运动学,将惯性系中的加速度与非

惯性系中的加速度等的关系代入.(3)按惯性系中运动微分方程的规范写法:即质点的质量乘以相对于所用的参考系(非惯性系)的质点的加速度写在等号左边,其余项统统移到等号右边.在惯性系中,等号右边的各项的物理意义是作用于质点的力,现在在非惯性系中,按规范写法,写在等号右边的各项也都具有力的量纲.除了作用于质点的力——在惯性系的运动微分方程中也出现的那些项以外,还有一些我们称它为惯性力的附加项.

(1) 运动微分方程

在惯性系中,根据牛顿运动第二定律,运动微分方程的矢量式为

$$m\boldsymbol{a} = \boldsymbol{F} \tag{1}$$

我们讨论最一般的情况即非惯性系相对于惯性系既有平动又有转动的情况.

由(1.3.8)式

$$\boldsymbol{a} = \boldsymbol{a}' + \boldsymbol{a}_{0'} + \frac{\mathrm{d}\boldsymbol{\omega}}{\mathrm{d}t} \times \boldsymbol{r}' + \boldsymbol{\omega} \times (\boldsymbol{\omega} \times \boldsymbol{r}') + 2\boldsymbol{\omega} \times \boldsymbol{v}' \tag{2}$$

将(2)式代入(1)式,写成规范写法

$$m\boldsymbol{a}' = \boldsymbol{F} - m\boldsymbol{a}_{0'} - m\frac{\mathrm{d}\boldsymbol{\omega}}{\mathrm{d}t} \times \boldsymbol{r}' - m\boldsymbol{\omega} \times (\boldsymbol{\omega} \times \boldsymbol{r}') - 2m\boldsymbol{\omega} \times \boldsymbol{v}'$$

在§1.3中 $Oxyz$ 是静系,$O'x'y'z'$ 是动系.现在我们把 $O'x'y'z'$ 取为(静)参考系(非惯性系),采用静系的符号,把上式中上标的“′”统统去掉,就是非惯性系中适用的运动微分方程.见图2.8.1.

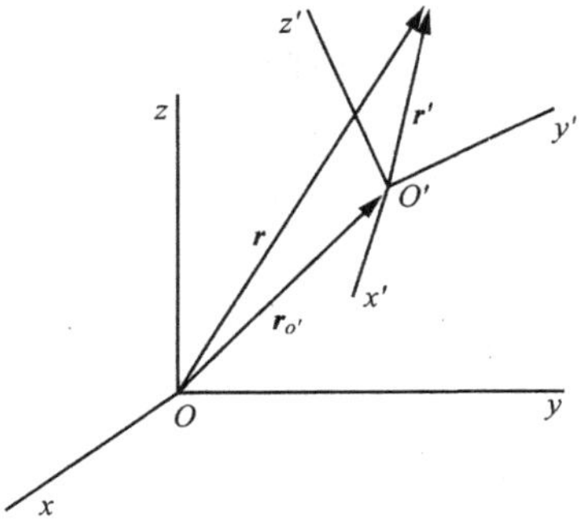

图 2.8.1

$$m\boldsymbol{a} = \boldsymbol{F} - m\boldsymbol{a}_0 - m\frac{\mathrm{d}\boldsymbol{\omega}}{\mathrm{d}t} \times \boldsymbol{r} - m\boldsymbol{\omega} \times (\boldsymbol{\omega} \times \boldsymbol{r}) - 2m\boldsymbol{\omega} \times \boldsymbol{v} \tag{2.8.1}$$

式中 $\boldsymbol{F}$ 是作用于质点的真实的合力,其余四项都是惯性力,$\boldsymbol{a}_0$ 是 $Oxyz$ 中的 O 点对惯性系的加速度,即 $Oxyz$ 的平动加速度,$\boldsymbol{\omega}$ 是 $Oxyz$ 的转动角速度,或者说 $\boldsymbol{\omega}$ 是 $Oxyz$ 在 O 点平动参考系中绕 O 点的转动角速度.$\frac{\mathrm{d}\boldsymbol{\omega}}{\mathrm{d}t} \times \boldsymbol{r}$ 及 $\boldsymbol{\omega} \times (\boldsymbol{\omega} \times \boldsymbol{r})$ 是质点所在的 $Oxyz$ 中的对 O 点的位矢为 $\boldsymbol{r}$ 的点由于对 O 点平动参考系中 O 点的转动引起的加速度,$\boldsymbol{a}_0 + \frac{\mathrm{d}\boldsymbol{\omega}}{\mathrm{d}t} \times \boldsymbol{r} + \boldsymbol{\omega} \times (\boldsymbol{\omega} \times \boldsymbol{r})$ 是质点所在的 $Oxyz$ 中的点对惯性系

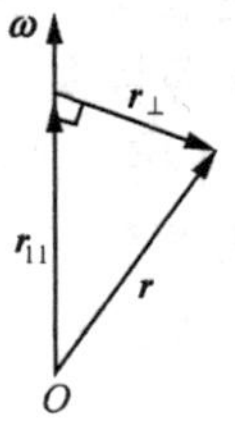

图 2.8.2

的加速度，在相对运动理论中叫牵连加速度，故 $-m\boldsymbol{a}_0-m\dfrac{\mathrm{d}\boldsymbol{\omega}}{\mathrm{d}t}\times\boldsymbol{r}-m\boldsymbol{\omega}\times(\boldsymbol{\omega}\times\boldsymbol{r})$ 可称为牵连惯性力，其中 $-m\boldsymbol{\omega}\times(\boldsymbol{\omega}\times\boldsymbol{r})=-m\boldsymbol{\omega}\times[\boldsymbol{\omega}\times(\boldsymbol{r}_{11}+\boldsymbol{r}_\perp)]=-m\boldsymbol{\omega}\times(\boldsymbol{\omega}\times\boldsymbol{r}_\perp)=-m[\boldsymbol{\omega}(\boldsymbol{\omega}\cdot\boldsymbol{r}_\perp)-\omega^2\boldsymbol{r}_\perp]=m\omega^2\boldsymbol{r}_\perp$，$\boldsymbol{r}_{11}$ $\boldsymbol{r}_\perp$ 是将 $\boldsymbol{r}$ 按平行和垂直于 $\boldsymbol{\omega}$ 分解的两个分矢量，如图 2.8.2 所示. 故 $-m\boldsymbol{\omega}\times(\boldsymbol{\omega}\times\boldsymbol{r})$ 可称为惯性离轴力. $2\boldsymbol{\omega}\times\boldsymbol{v}$ 是科里奥利加速度，故 $-2m\boldsymbol{\omega}\times\boldsymbol{v}$ 被称为科里奥利力. 以后将看到. 地球作为非惯性系对动力学问题的主要影响来自这个力. 各惯性力项都等于各加速度乘以质点的质量再加负号.

(2) 惯性力

惯性力的引入是由于在非惯性系中仍然在形式上要用牛顿运动第二定律而把附加的具有力的量纲的项也作为力来处理的结果. 在选用非惯性参考系时，这些惯性力和真实力一样要产生加速度. 但是惯性力毕竟不是真实力，有和真实力截然不同之处，惯性力是假想的力，因此它无施力者，也没有它的反作用力，不要把作用于另一质点的力当作它的反作用力，真实力有施力者，也有反作用力. 另一个和真实力不同之处是，惯性力是和所用的参考系直接联系在一起的，用惯性系，惯性力为零，用不同的非惯性系，例如 $\boldsymbol{a}_0(t)$ 不同或 $\boldsymbol{\omega}(t)$ 不同，处于同一位置（$\boldsymbol{r}$ 相同）的相同质量的质点有不同的惯性力，不论用什么参考系（惯性系或非惯性系或用不同的惯性系），真实力的大小、方向不变，但表达式可以不同. 例如与质点运动的速度成正比的空气阻力，在一个惯性系中表达式为 $\boldsymbol{F}=-k\boldsymbol{v}$，在另一个相对于上述惯性系速度为 $\boldsymbol{v}_{0'}$ 的另一个惯性系中，它的表达式为 $\boldsymbol{F}=-k(\boldsymbol{v}'+\boldsymbol{v}'_0)$，表达式不同，但因 $\boldsymbol{v}=\boldsymbol{v}'+\boldsymbol{v}'_0$，大小和方向都没变.

(3) 其他动力学方程

其他动力学方程是指由动能定理、机械能定理、角动量定理及与上述定理相应的守恒定律给出的方程. 既然这些动力学方程都可由牛顿运动第二定律导出. 只要引入惯性力，在非惯性系中，牛顿运动第二定律在形式上仍然成立. 因此，只要把这些惯性力考虑进去，惯性系中适用的所有动力学方程在形式上也同样适用于非惯性系.

惯性力在产生加速度上和真实力没有什么不同，因而在是否作功、如何计算作功上和真实力也没有什么不同. 惯性力和真实力一样，也有有势力、保守力、非有势力、非保守力这些分类. 在判断、检验一个惯性力是否有势力、保守力上也和真实力没有什么不同. 惯性力是保守力时，也可引入惯性力势能来计算它在一个过程中所作的功.因此机械能中也可包括惯性力势能.

(4) 惯性力是有势力、保守力的情况

惯性力有四项,它们是$-m\boldsymbol{a}_0$, $-m\dfrac{\mathrm{d}\boldsymbol{\omega}}{\mathrm{d}t}\times\boldsymbol{r}$, $-m\boldsymbol{\omega}\times(\boldsymbol{\omega}\times\boldsymbol{r})$和$-2m\boldsymbol{\omega}\times\boldsymbol{v}$. $\boldsymbol{a}_0$ 和 $\boldsymbol{\omega}$ 可以是常矢量,也可以是 t 的函数,不可能是 x、y、z 的函数,科里奥利力 $-2m\boldsymbol{\omega}\times\boldsymbol{v}$ 中含有速度,显然是非有势力, $-m\dfrac{\mathrm{d}\boldsymbol{\omega}}{\mathrm{d}t}\times\boldsymbol{r}$ 也是非有势力,证明如下:

$$
\begin{aligned}
&\nabla\times\left(\frac{\mathrm{d}\boldsymbol{\omega}}{\mathrm{d}t}\times\boldsymbol{r}\right)\\
&=\nabla\times[(\dot{\omega}_y z-\dot{\omega}_z y)\boldsymbol{i}+(\dot{\omega}_z x-\dot{\omega}_x z)\boldsymbol{j}+(\dot{\omega}_x y-\dot{\omega}_y x)\boldsymbol{k}]\\
&=\begin{vmatrix}\boldsymbol{i} & \boldsymbol{j} & \boldsymbol{k}\\ \dfrac{\partial}{\partial x} & \dfrac{\partial}{\partial y} & \dfrac{\partial}{\partial z}\\ \dot{\omega}_y z-\dot{\omega}_z y & \dot{\omega}_z x-\dot{\omega}_x z & \dot{\omega}_x y-\dot{\omega}_y x\end{vmatrix}\\
&=2\dot{\omega}_x\boldsymbol{i}+2\dot{\omega}_y\boldsymbol{j}+2\dot{\omega}_z\boldsymbol{k}=2\frac{\mathrm{d}\boldsymbol{\omega}}{\mathrm{d}t}
\end{aligned}
$$

因此只要$\dfrac{\mathrm{d}\boldsymbol{\omega}}{\mathrm{d}t}\neq 0$, $-m\dfrac{\mathrm{d}\boldsymbol{\omega}}{\mathrm{d}t}\times\boldsymbol{r}$ 这个惯性力存在,它就一定是非有势力.

$-m\boldsymbol{a}_0$ 至少是有势力是显而易见的,因为$\nabla\times\boldsymbol{a}_0=0$. 如 $\boldsymbol{a}_0$ 是常量, $-m\boldsymbol{a}_0$ 是保守力.

$-m\boldsymbol{\omega}\times(\boldsymbol{\omega}\times\boldsymbol{r})$也至少是有势力,证明如下:

$$
\begin{aligned}
&\nabla\times[\boldsymbol{\omega}\times(\boldsymbol{\omega}\times\boldsymbol{r})]\\
&=\nabla\times[(\boldsymbol{\omega}\cdot\boldsymbol{r})\boldsymbol{\omega}]-\omega^2\nabla\times\boldsymbol{r}\\
&=(\boldsymbol{\omega}\cdot\boldsymbol{r})\nabla\times\boldsymbol{\omega}+\nabla(\boldsymbol{\omega}\cdot\boldsymbol{r})\times\boldsymbol{\omega}-\omega^2\nabla\times\boldsymbol{r}
\end{aligned}
$$

这里用了标量和矢量的乘积的旋度公式

$$
\nabla\times(u\boldsymbol{A})=u\nabla\times\boldsymbol{A}+\nabla u\times\boldsymbol{A}
$$

因$\nabla\times\boldsymbol{\omega}=0$, $\nabla(\boldsymbol{\omega}\cdot\boldsymbol{r})\times\boldsymbol{\omega}=\boldsymbol{\omega}\times\boldsymbol{\omega}=0$, $\nabla\times\boldsymbol{r}=0$ 故$\nabla\times[\boldsymbol{\omega}\times(\boldsymbol{\omega}\times\boldsymbol{r})]=0$. 如 $\boldsymbol{\omega}$ 是常量,则该惯性力是保守力.

不难验证, $-m\boldsymbol{a}_0$ 的势函数($\boldsymbol{a}_0$ 是 t 的函数)或势能($\boldsymbol{a}_0$ 是常量)为 $m\boldsymbol{a}_0\cdot\boldsymbol{r}$.

$-m\boldsymbol{\omega}\times(\boldsymbol{\omega}\times\boldsymbol{r})=-m[(\boldsymbol{\omega}\cdot\boldsymbol{r})\boldsymbol{\omega}-\omega^2\boldsymbol{r}]$的势函数($\boldsymbol{\omega}$ 是 t 的函数)或势能($\boldsymbol{\omega}$

是常量)为$\frac{1}{2}m[(\boldsymbol{\omega}\cdot\boldsymbol{r})^2-\omega^2r^2]$.

以上所讲的非惯性系对惯性系的运动是给定的情况.如果非惯性系的运动也是待求的,例如后章讲的有心运动,取质点对原点(力心)的矢径为参考系就是这样的非惯性系,这个纯转动的非惯性系的角速度待求,在这情况下,惯性力是否有势力、保守力?需另作具体分析.下面我们如未特别说明,还是只讨论非惯性系的运动给定的情况.

(5) 机械能守恒的情况

在非惯性系中,机械能守恒的条件是一切作功的真实力和惯性力都是保守力.或者说,一切非保守的(包括有势的)真实力和惯性力不作功.所谓作功不作功是指过程中任何时间间隔是否作功,或者指过程中任何时刻的功率是否为零.

在惯性力中,科里奥利力$-2m\boldsymbol{\omega}\times\boldsymbol{v}$不作功[因$(-2m\boldsymbol{\omega}\times\boldsymbol{v})\cdot\boldsymbol{v}=0$,对非惯性系运动给定和未给定两种情况均成立.]$-m\frac{\mathrm{d}\boldsymbol{\omega}}{\mathrm{d}t}\times\boldsymbol{r}$是非保守力,一般是要作功的,只有在过程中,有$\boldsymbol{v}\cdot\left(\frac{\mathrm{d}\boldsymbol{\omega}}{\mathrm{d}t}\times\boldsymbol{r}\right)=0$时,它不作功.这有三种情况:i)　$\boldsymbol{v}/\!/\boldsymbol{r}$,例如质点沿杆运动,取杆为非惯性系,不论杆对惯性系的运动是给定的还是未给定的,都有$\boldsymbol{v}/\!/\boldsymbol{r}$;ii)　质点总沿着角加速度$\frac{\mathrm{d}\boldsymbol{\omega}}{\mathrm{d}t}$的方向或反方向运动,即$\boldsymbol{v}/\!/\frac{\mathrm{d}\boldsymbol{\omega}}{\mathrm{d}t}$;iii)　$\boldsymbol{v}$与$\boldsymbol{r}$及$\frac{\mathrm{d}\boldsymbol{\omega}}{\mathrm{d}t}$都不平行,但有$\boldsymbol{v}\perp\frac{\mathrm{d}\boldsymbol{\omega}}{\mathrm{d}t}\times\boldsymbol{r}$.这三种情况,i)的情况是常见的,ii)的情况较少见,iii)的情况就更少见了.

在非惯性系的运动给定的情况下,如真实力都是保守力或虽有非保守力但不作功,非惯性系的平动加速度$\boldsymbol{a}_0$及转动角速度$\boldsymbol{\omega}$都是常量,机械能守恒.注意:$\boldsymbol{a}_0$、$\boldsymbol{\omega}$要对非惯性系为常量.

在非惯性系的运动未给定的情况下,惯性力是否保守力要作具体分析.后章讲的有心运动,取质点对力心(原点)的矢径为参考系,它的运动是未给定的.而且一般来说,$\boldsymbol{\omega}$不是常量,但由于质点对原点的角动量守恒,$\boldsymbol{\omega}$可以表成r的函数(与初条件有关)$-m\boldsymbol{\omega}\times(\boldsymbol{\omega}\times\boldsymbol{r})$仍然是保守力,但其势能不能用$\boldsymbol{\omega}$给定情况下的$\frac{1}{2}m[(\boldsymbol{\omega}\cdot\boldsymbol{r})^2-\boldsymbol{\omega}^2r^2]$给出的$-\frac{1}{2}m\omega^2r^2$(这里有$\boldsymbol{\omega}\cdot\boldsymbol{r}=0$),原因是如前所述$\boldsymbol{\omega}$可表成$r$的函数.而在非惯性系运动给定的情况下,$\boldsymbol{\omega}$可以是$t$的给定函数,在求势函数积分时,$t$作为参数处理也视为“常量”了.在学习后章时望注意这个问题,在有心运动中,取上述非惯性系,有心运动变成这个非惯性系中的一维运动,因$\boldsymbol{a}_0=$

0,无 $-m\boldsymbol{a}_0$ 这个惯性力,$\frac{\mathrm{d}\boldsymbol{\omega}}{\mathrm{d}t}\neq 0$,但 $-m\frac{\mathrm{d}\boldsymbol{\omega}}{\mathrm{d}t}\times\boldsymbol{r}$ 这个非保守力不作功,科里奥利力不作功,真实力 $\boldsymbol{F}=\boldsymbol{F}(r)$是有心力,一定是保守力,因此作有心运动的质点在此非惯性系中,机械能一定守恒.

例 2.8.1 设 S'系是惯性系,S 系是非惯性系,S 系的坐标原点 O 沿 x'轴对 S'系的速度为$bt\boldsymbol{i}'$,b 是常数. S 系相对于S'系的角速度为$\omega\boldsymbol{k}'$,ω 是常数. $t=0$ 时,两个坐标系的对应轴 x 和x'、y 和y'、z 和z'分别重合. 质量为 m 的质点被限制在$x'y'$平面上运动,在此平面内,未受力作用. 写出质点在 S 系中的运动微分方程的分量表达式. 如开始质点位于原点,并相对于 S 系静止,求 S 系中质点的运动学方程 $x(t)$和 $y(t)$. 写出一个运动积分.

解 先写出 S 系对 S'系的运动,$\boldsymbol{a}_0$,$\boldsymbol{\omega}$ 均需用 S 系的单位矢量表达. 且需写出任何时刻 t 均适用的表达式. 图 2.8.3 画出了 t 时刻两坐标系的位置.

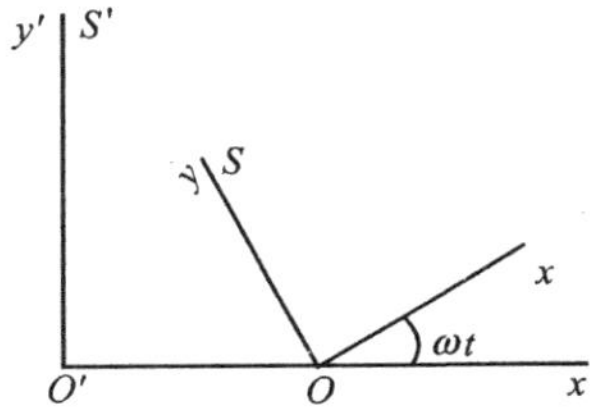

图 2.8.3

$$\boldsymbol{v}_0 = bt\boldsymbol{i}'$$

$$\boldsymbol{a}_0 = \frac{\mathrm{d}\boldsymbol{v}_0}{\mathrm{d}t} = b\boldsymbol{i}' = b(\cos\omega t\boldsymbol{i} - \sin\omega t\boldsymbol{j})$$

注意: i)$\boldsymbol{v}$ 、$\boldsymbol{a}_0$ 是对惯性系 S'而言的,$\boldsymbol{a}_0=\frac{\mathrm{d}\boldsymbol{v}_0}{\mathrm{d}t}$是对 t 的绝对微商,求导时,$\boldsymbol{i}'$是常量. $\boldsymbol{i}$、$\boldsymbol{j}$ 是变量,因此求导前,$\boldsymbol{v}_0$ 中的 $\boldsymbol{i}'$不必用$\boldsymbol{i}$、$\boldsymbol{j}$表示之. ii)$\boldsymbol{a}_0$ 对 S'系是常量,可对 S 系是随t 变化的,对所用的非惯性系(S 系),$\boldsymbol{a}_0$是变量, $-m\boldsymbol{a}_0$ 这个惯性力不是保守力,但是有势力. 势函数 $U(t)=mb(x\cos\omega t - y\sin\omega t)$.

$$\boldsymbol{\omega} = \omega\boldsymbol{k}' = \omega\boldsymbol{k}$$

由(2.8.1)式,运动微分方程为

$$m\boldsymbol{a} = -mb(\cos\omega t\boldsymbol{i} - \sin\omega t\boldsymbol{j}) - m\omega\boldsymbol{k}\times(\omega\boldsymbol{k}\times\boldsymbol{r}) - 2m\omega\boldsymbol{k}\times\boldsymbol{v}$$

其中 $\boldsymbol{a}=\ddot{x}\boldsymbol{i}+\ddot{y}\boldsymbol{j}$, $\boldsymbol{r}=x\boldsymbol{i}+y\boldsymbol{j}$, $\boldsymbol{v}=\dot{x}\boldsymbol{i}+\dot{y}\boldsymbol{j}$. 写成分量方程,并消去 m 得

$$\ddot{x} = -b\cos\omega t + \omega^2 x + 2\omega\dot{y} \tag{1}$$

$$\ddot{y} = b\sin\omega t + \omega^2 y - 2\omega\dot{x} \tag{2}$$

所给的初条件是 $t=0$ 时,$x'=0$,$y'=0$,$\dot{x}'=0$,$\dot{y}'=0$,也需换成S系中的初条

件. $t=0$ 时, $x=0, y=0$ 是题目已给出的,由相对运动速度合成公式, $t=0$ 时

$$\dot{x}=\dot{x}'-\dot{x}_0(0)=0,\ \dot{y}=\dot{y}'-\dot{y}_0(0)=0$$

惯性力 $-2m\omega\boldsymbol{k}\times\boldsymbol{v}$ 不做功.

惯性力 $-m\omega\boldsymbol{k}\times(\omega\boldsymbol{k}\times\boldsymbol{r})$是保守力,势能为

$$V=-\frac{1}{2}m\omega^2r^2=-\frac{1}{2}m^2\omega^2(x^2+y^2)$$

由于有做功的非保守力 $-m\boldsymbol{a}_0$ 这个惯性力,不能直接写出运动积分,只能求解运动微分方程(1)、(2)两式.

下面我们用几种方法求 $x(t)$和 $y(t)$.

方法一,把两个微分方程变成一个复函数的微分方程.

(1) 式加乘以 i 的(2)式,得

$$\begin{aligned}\ddot{x}+\mathrm{i}\ddot{y}&=-b\cos\omega t+\mathrm{i}b\sin\omega t+\omega^2(x+\mathrm{i}y)+2\omega\dot{y}-2\omega\mathrm{i}\dot{x}\\&=-b(\cos\omega t-\mathrm{i}\sin\omega t)+\omega^2(x+\mathrm{i}y)-2\omega\mathrm{i}(\dot{x}+\mathrm{i}\dot{y})\end{aligned}$$

令 $z=x+\mathrm{i}y$(注意 z 不是直角坐标),上式可写成

$$\ddot{z}=-b\mathrm{e}^{-\mathrm{i}\omega t}+\omega^2z-2\omega\mathrm{i}\dot{z} \tag{3}$$

先求齐次方程

$$\ddot{z}=\omega^2z-2\omega\mathrm{i}\dot{z} \tag{4}$$

的通解.相应的特征方程为

$$\varphi(r)=r^2+2\omega\mathrm{i}r-\omega^2=0$$

$$r=-\mathrm{i}\omega$$

为重根.故(4)式的通解为

$$z=(A+Bt)\mathrm{e}^{-\mathrm{i}\omega t} \tag{5}$$

用常数变易法求非齐次方程(3)的一个特解,可令

$$z=c(t)\mathrm{e}^{-\mathrm{i}\omega t} \tag{6}$$

将(6)式代入(3)式,可得 $c(t)$满足的微分方程:

$$\ddot{c}=-b$$

它的一个特解为

$$c = -\frac{1}{2}bt^2$$

(3)式的一个特解为

$$z = -\frac{1}{2}bt^2 e^{-i\omega t} \tag{7}$$

由(5)式和(7)式,(3)式的通解为

$$z = -\frac{1}{2}bt^2 e^{-i\omega t} + (A + Bt)e^{-i\omega t} \tag{8}$$

用初条件 $t=0$ 时,$z=(x+iy)|_{\substack{x=0\\y=0}}=0$,

$$\dot{z} = (\dot{x} + i\dot{y})|_{\substack{\dot{x}=0\\\dot{y}=0}} = 0$$

定出(8)式中的 A、B 为

$$A = 0, \quad B = 0$$

(3)式满足初条件的特解为

$$z = -\frac{1}{2}bt^2 e^{-i\omega t}$$

$$x = \mathrm{Re}z = -\frac{1}{2}bt^2\cos\omega t$$

$$y = \mathrm{Im}z = \frac{1}{2}bt^2\sin\omega t$$

* 方法二,采用拉普拉斯变换法

$x(t)$、$y(t)$的像函数分别用 $f_1(p)$、$f_2(p)$表示.对(1)、(2)两式进行拉普拉斯变换,变为

$$p^2 f_1(p) - px(0) - \dot{x}(0) = -b\frac{p}{p^2 + w^2} + \omega^2 f_1(p) + 2\omega[pf_2(p) - y(0)] \tag{9}$$

$$p^2 f_2(p) - py(0) - \dot{y}(0) = b\frac{\omega}{p^2 + \omega^2} + \omega^2 f_2(p) - 2\omega[pf_1(p) - x(0)] \tag{10}$$

用初条件 $x(0)=0$,$\dot{x}(0)=0$,$y(0)=0$,$\dot{y}(0)=0$,(9)、(10)式整理后得 $f_1(p)$、

$f_2(p)$的联立方程

$$(p^2-\omega^2)f_1(p)-2\omega p f_2(p)=-\frac{bp}{p^2+\omega^2} \tag{11}$$

$$2\omega p+f_1(p)+(p^2-\omega^2)f_2(p)=\frac{b\omega}{p^2+\omega^2} \tag{12}$$

从(11)、(12)式解得

$$f_1(p)=-\frac{bp(p^2-3\omega^2)}{(p^2+\omega^2)^3} \tag{13}$$

$$f_2(p)=\frac{b\omega(3p^2-\omega^2)}{(p^2+\omega^2)^3} \tag{14}$$

查拉普拉斯变换表或用 $\sin\omega t$ 的像函数$\frac{\omega}{p^2+\omega^2}$，$\cos\omega t$ 的像函数为$\frac{p}{p^2+\omega^2}$，以及$(-1)^n t^n F(t)$的像函数为 $f^{(n)}(p)$，可从(13)、(14)式得 $f_1(p)$、$f_2(p)$的原函数分别为

$$x(t)=-\frac{1}{2}bt^2\cos\omega t$$

$$y(t)=\frac{1}{2}bt^2\sin\omega t$$

与方法一的结果完全相同.

方法三，先在 S'系中求得运动方程，再把它变换到 S 系中的方程.

在 S'系中，在 $x'y'$平面内未受任何力，S'系是惯性系，质点将保持它的初始状态.以后将保持静止在它的原点 O'.即

$$x'=0,\ y'=0$$

由 $\boldsymbol{v}_0=bt\boldsymbol{i}$ 可得

$$\dot{x}'_0=bt$$

对 t 积分，用初条件，$t=0$ 时 $x'_0=0$，

$$x'_0(t)=\overline{0'0}=\frac{1}{2}bt^2$$

由图 2.8.3 立即可写出 $x(t)$、$y(t)$的正确结果.

例 2.8.2 一光滑水平面以恒定角速度 ω 绕一固定的竖直轴旋转.质量为 m 的质点在此平面内受到平面上 A 点的吸引，A 与转轴间距离 $OA=c$，吸力与质点

到 A 点的距离成正比，比例系数为 $4m\omega^2$. $t=0$ 时质点在 OA 的延长线上，距 O 点 $\frac{8}{3}c$，初速度大小为 $\frac{4}{3}c\omega$，方向垂直于 OA 线. 证明：相对于此转动平面作圆周运动，并求对静参考系的轨道方程. 如有能量积分，写出它的式子.

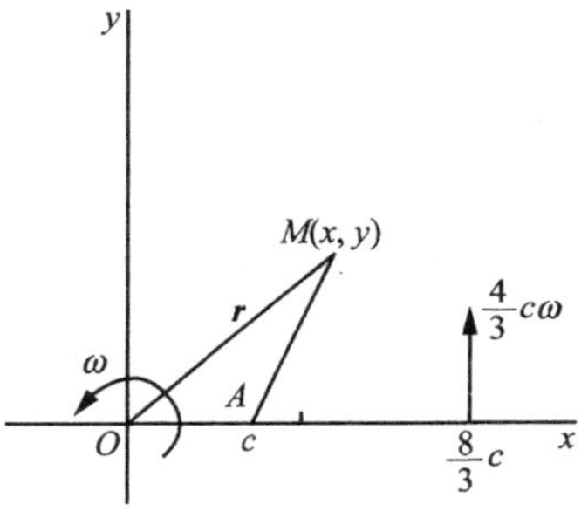

图 2.8.4

解 取图 2.8.4 所示的坐标系 Oxy，它固连于绕 O 点的竖直轴以角速度 ω 转动的光滑水平面.

由(2.8.1)式，

$$m\boldsymbol{a}=-4m\omega^2(\boldsymbol{r}-c\boldsymbol{i})-m\omega\boldsymbol{k}\times(\omega\boldsymbol{k}\times\boldsymbol{r})-2m\omega\boldsymbol{k}\times\boldsymbol{v}$$

写成分量方程，化简后得

$$\ddot{x}=-3\omega^2\left(x-\frac{4}{3}c\right)+2\omega\dot{y} \tag{1}$$

$$\ddot{y}=-3\omega^2 y-2\omega\dot{x} \tag{2}$$

(1)式+(2)式×i，并令 $z=x-\frac{4}{3}c+\mathrm{i}y$，得

$$\ddot{z}=-3\omega^2 z-2\omega\mathrm{i}\dot{z} \tag{3}$$

与(3)式相应的特征方程为

$$s^2+2\omega\mathrm{i}s+3\omega^2=0$$

两个根分别为

$$s_1=\omega\mathrm{i},\quad s_2=-3\omega\mathrm{i}$$

(3)式的通解为

$$z=A\mathrm{e}^{\mathrm{i}\omega t}+B\mathrm{e}^{-3\mathrm{i}\omega t} \tag{4}$$

初条件，$t=0$ 时 $z=\left(x-\frac{4}{3}c+\mathrm{i}y\right)\Big|_{x=\frac{8}{3}c,\,y=0}=\frac{4}{3}c$，

$$\dot{z}=(\dot{x}+\mathrm{i}\dot{y})\big|_{\dot{x}=0,\,\dot{y}=\frac{4}{3}c\omega}=\frac{4}{3}c\omega\mathrm{i}$$

由初条件定出(4)式中的待定常数，

$$A=\frac{4}{3}c,\ B=0$$

(3)式满足初条件的特解为

$$z=\frac{4}{3}c\mathrm{e}^{\mathrm{i}\omega t}$$

$$x-\frac{4}{3}c=\mathrm{Re}z=\frac{4}{3}c\cos\omega t$$

$$x=\frac{4}{3}c(1+\cos\omega t) \tag{5}$$

$$y=\mathrm{Im}z=\frac{4}{3}c\sin\omega t \tag{6}$$

以转动平面为参考系，轨道方程为

$$\left(x-\frac{4}{3}c\right)^2+y^2=\frac{16}{9}c^2 \tag{7}$$

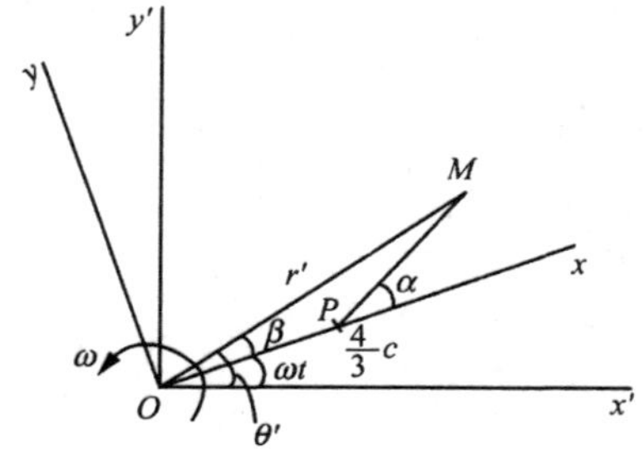

图 2.8.5

它是以 $x=\frac{4}{3}c$，$y=0$ 为圆心，半径为$\frac{4}{3}c$ 的圆.

取 $Ox'y'$为静坐标系，使动、静两坐标系在 $t=0$ 时完全重合. 图 2.8.5 画出了 t 时刻动、静两坐标系的位置和质点的位置 M. 注意(5)、(6)式，图中 P 点是圆轨道的中心，$\overline{OP}=\overline{PM}=\frac{4}{3}c$ 为圆轨道的半径，x、x'轴的夹角为 ωt.

$$\alpha=\arctan\left(\frac{y}{x-\frac{4}{3}c}\right)=\arctan\left(\frac{\frac{4}{3}c\sin\omega t}{\frac{4}{3}c\cos\omega t}\right)=\omega t$$

$$\beta=\frac{1}{2}\alpha=\frac{1}{2}\omega t$$

$$r'=2\times\frac{4}{3}c\cos\beta=\frac{8}{3}c\cos\left(\frac{1}{2}\omega t\right) \tag{8}$$

$$\theta' = \omega t + \beta = \frac{3}{2}\omega t \tag{9}$$

消去 t 可得静坐标系中不带参数的轨道方程

$$r' = \frac{8}{3}c\cos\left(\frac{1}{3}\theta'\right) \tag{10}$$

注意,作为矢径,r'不能取负值,但(8)、(10)式中的 r'值允许为负的.由(10)式看,当 $90° < \frac{1}{3}\theta' < 270°$ 即 $270° < \theta' < 810°$ 时,$r' < 0$. $r' < 0$ 的几何意义为:以 $\theta' = 360°$ 为例,由(10)式得 $r' = -\frac{4}{3}c$. 此时质点位于 $x' = -\frac{4}{3}c$, $y' = 0$ 处而不是位于 $x' = \frac{4}{3}c$, $y' = 0$ 处.可以画 $\theta' = 360°$,即 $\omega t = 240°$ 时两坐标系和质点的位置来证实这一点.

(10)式是用极坐标来表示轨道方程的,也可采用直角坐标的参数方程表示之.

$$x' = r'\cos\theta' = \frac{8}{3}c\cos\left(\frac{1}{2}\omega t\right)\cos\left(\frac{3}{2}\omega t\right)$$

$$= \frac{4}{3}c(\cos\omega t + \cos 2\omega t)$$

$$y' = r'\sin\theta' = \frac{8}{3}c\cos\left(\frac{1}{2}\omega t\right)\sin\left(\frac{3}{2}\omega t\right)$$

$$= \frac{4}{3}c(\sin\omega t + \sin 2\omega t)$$

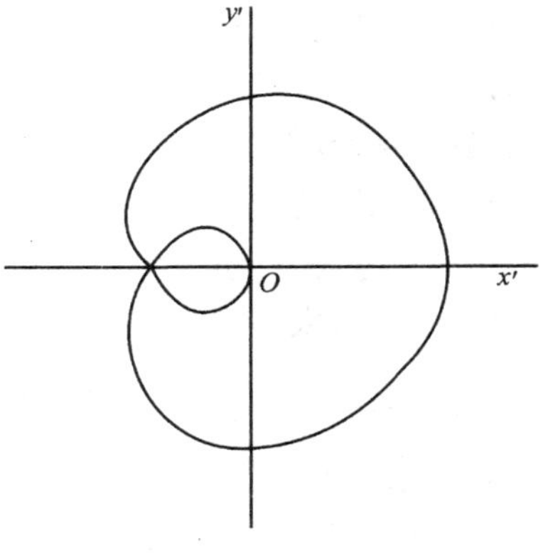

图 2.8.6

在静系中的轨道如图 2.8.6 所示.

此例 $\boldsymbol{\omega}$ 为常矢量,真实力是保守力,具备非惯性系中有能量积分的条件.

真实力 $-4m\omega^2(\boldsymbol{r} - c\boldsymbol{i}) = -4m\omega^2[(x-c)\boldsymbol{i} + y\boldsymbol{j}]$ 的势能为 $2m\omega^2[(x-c)^2 + y^2]$.

考虑到初条件,约去各项的共同因子 m,可直接写出能量积分,得

$$\frac{1}{2}(\dot{x}^2 + \dot{y}^2) + 2\omega^2[(x-c)^2 + y^2] - \frac{1}{2}\omega^2(x^2 + y^2)$$

$$= \frac{1}{2}\left(\frac{4}{3}c\omega\right)^2 + 2\omega^2\left[\left(\frac{8}{3}c - c\right)^2\right] - \frac{1}{2}\omega^2\left(\frac{8}{3}c\right)^2$$

$$= \frac{26}{9}c^2\omega^2$$

本题如采用拉普拉斯变换法更为简便. 如采用(1)式对 t 求导,联立(2)式,可得只含 x 的四阶微分方程,其特征方程有四个根,显然其中两个是增根,要判断哪两个是增根,不是易事,本题若用此法,还能得到满足初条件的下列"解":

$$x = \frac{4}{3}c + \frac{2}{3}c(\cos\omega t + \cos 3\omega t)$$

$$y = \frac{2}{3}c(-\sin\omega t + \sin 3\omega t)$$

代入微分方程(1)、(2)式可说明无此解. 为避免发生错误,尽量不用这种方法为好.

2. 地球的非惯性系效应

太阳是一个相当好的惯性系. 地球一方面绕太阳公转,做以太阳为焦点的近似于圆的椭圆运动,一方面又围绕通过地心的轴做角速度 $\boldsymbol{\omega}$ 的自转,因 $\dot{\boldsymbol{\omega}}$ 很小,一般视 $\boldsymbol{\omega}$ 为常量. $\omega = 7.27\times10^{-5}$ rad/s 严格讲,地球是一个非惯性系. 由(2.8.1)式看,选地球这个非惯性系,应考虑哪些惯性力? 取地球中心为坐标系原点 O,$\boldsymbol{a}_0$ 是地球公转对太阳的加速度,它是时间 t 的函数,但是我们可以不考虑 $-m\boldsymbol{a}_0$ 这个惯性力,如果考虑它,也应考虑太阳对质点的引力作用,忽略质点对太阳中心的位矢和地球中心对太阳中心的位矢之间的差别,这两个力正好互相抵消. 因 $\boldsymbol{\omega}$ 视为恒定,完全不计 $-m\dfrac{\mathrm{d}\boldsymbol{\omega}}{\mathrm{d}t}\times\boldsymbol{r}$ 这个惯性力,又因 ω 很小,$-m\boldsymbol{\omega}\times(\boldsymbol{\omega}\times\boldsymbol{r})$是个二级小量,科里奥利力 $-2m\boldsymbol{\omega}\times\boldsymbol{v}$ 与 ω 一次方成正比,是一级小量. 因此在科里奥利力不为零的情况下,如只考虑一级小量的话,惯性离轴力是可以忽略或做简化处理的. 考虑相对于地球保持静止的静力学问题时,科里奥利力不存在,这时应考虑惯性离轴力,否则地球就近似为惯性系了.

如把固连于地球的坐标系原点取在地球表面,如上所述,近似地认为地球公转有加速度而引入的惯性力与太阳对质点的引力相互抵消,可认为固连于地心、对太阳作平动的参考系是惯性系,则固连于地球的坐标系原点取在地球表面上时,$\boldsymbol{a}_0$ 是 O 点对地心平动参考系的加速度,$-m\boldsymbol{a}_0$ 这个惯性力即下面图 2.8.7 中的 $-m\boldsymbol{\omega}\times(\boldsymbol{\omega}\times\boldsymbol{R})$,它是用原点取在地心的地球参考系时惯性离轴力的一部分且是它的绝大部分. 我们前述的近似处理,也就是近似地考虑这部分的力.

(1) 表观重力和对 $-m\boldsymbol{\omega}\times(\boldsymbol{\omega}\times\boldsymbol{R})$的处理

质量为 m 的物体静置在纬度为 λ 的地球表面上的 O 点保持静止. 不论固连

于地球的坐标系原点取在 O 点还是地心 O' 点，物体受到的牵连惯性力 $\boldsymbol{F}_e=-m\boldsymbol{\omega}\times(\boldsymbol{\omega}\times\boldsymbol{R})$ 都是一样的，式中 $\boldsymbol{R}=\boldsymbol{O'O}$，$R$ 为地球半径，如图 2.8.7 所示．图中 $\boldsymbol{F}$ 是地球对质点的引力，即重力 $m\boldsymbol{g}_0$，方向指向地心 O' 点，$\boldsymbol{g}_0$ 是真正的重力加速度，$\boldsymbol{N}$ 为绳子张力或地球表面给予的力，包括支持力和摩擦力．三个力平衡．

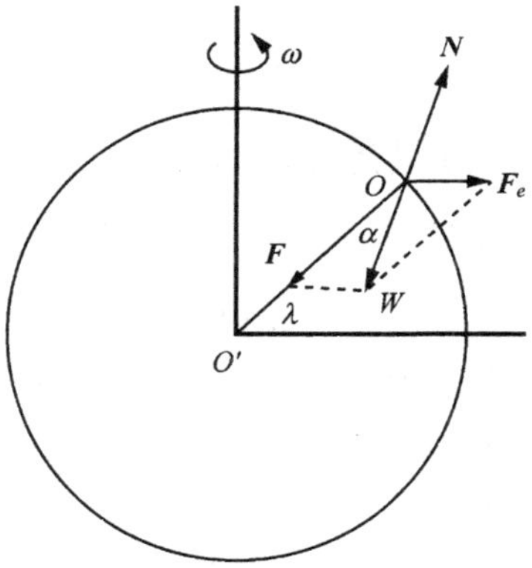

图 2.8.7

$$m\boldsymbol{g}_0+\boldsymbol{N}+\boldsymbol{F}_e=0$$

我们把 $\boldsymbol{N}$ 的反作用力 $\boldsymbol{W}$，称为表观重力，写成 $m\boldsymbol{g}$，$\boldsymbol{g}$ 为表观重力加速度．

$$\boldsymbol{W}=m\boldsymbol{g}_0+\boldsymbol{F}_e=m\boldsymbol{g}$$

$\boldsymbol{g}$ 的大小以及它对 $\boldsymbol{g}_0$ 的偏转角 α 与物体所处的纬度 λ 有关．

由余弦定理

$$mg=(m^2g_0^2-F_e^2-2mg_0F_e\cos\lambda)^{1/2}$$

$$=mg_0\left[1-\left(\frac{F_e}{mg_0}\right)^2-2\frac{F_e}{mg_0}\cos\lambda\right]^{1/2}$$

$$F_e=m\omega^2R\cos\lambda$$

略去 $\left(\dfrac{F_e}{mg_0}\right)^2$ 项，代入 F_e 的上述关系

$$mg\approx mg_0\left(1-\frac{2R\omega^2}{g_0}\cos^2\lambda\right)^{1/2}$$

$$\approx mg_0\left(1-\frac{R\omega^2}{g_0}\cos^2\lambda\right)$$

$$g=g_0-R\omega^2\cos^2\lambda \tag{2.8.2}$$

由正弦定理

$$\frac{mg}{\sin\lambda}=\frac{F_e}{\sin\alpha}$$

$$\sin\alpha=\frac{F_e}{mg}\sin\lambda=\frac{\omega^2R\cos\lambda}{g}\sin\lambda=\frac{\omega^2R\sin2\lambda}{2g}$$

$$= \frac{\omega^2 R\sin 2\lambda}{2(g_0 - R\omega^2\cos^2\lambda)} \tag{2.8.3}$$

按上述近似,在 $\lambda=45°$处,α 有最大值. $g_0=\dfrac{GM}{R^2}$,其中 G 为万有引力恒量,M 为地球质量,代入 $G=6.673\times10^{-11}\,\mathrm{N\cdot m^2\cdot kg^{-2}}$, $M=5.97\times10^{24}\,\mathrm{kg}$, $R=6.371\times10^6\,\mathrm{m}$, $\omega=7.292\times10^{-5}\,\mathrm{rad.s^{-1}}$,可算出 $g_0=9.81\mathrm{ms^{-2}}$, $\alpha_{\max}=0.099°=5.9'$.

惯性力 $-m\boldsymbol{\omega}\times(\boldsymbol{\omega}\times\boldsymbol{R})$和重力 $m\boldsymbol{g}_0$ 的合力等于表观重力 $m\boldsymbol{g}$. 因此,我们只要用表观重力代替重力,就已经考虑了这个惯性力. 由于 α 很小,可以近似认为表观重力的方向也和重力一样,指向地心,只是把其大小按(2.8.2)式,将 g_0 改成 g 即可. 这种处理只限于地球表面附近地球的引力可视为恒力的情况.

(2) 运动微分方程(坐标系原点取在地球表面)

我们还是从(2.8.1)式写起,

$$m\boldsymbol{a} = \boldsymbol{F} + \boldsymbol{F}_s + m\boldsymbol{g}_0 - m\boldsymbol{a}_0 - m\frac{\mathrm{d}\boldsymbol{\omega}}{\mathrm{d}t}\times\boldsymbol{r} - m\boldsymbol{\omega}\times(\boldsymbol{\omega}\times\boldsymbol{r}) - 2m\boldsymbol{\omega}\times\boldsymbol{v}$$

其中 $\boldsymbol{F}$、$\boldsymbol{F}_s$、$m\boldsymbol{g}_0$ 均为真实力,$\boldsymbol{F}_s$ 为太阳引力,$m\boldsymbol{g}_0$ 是地球引力,$\boldsymbol{F}$ 是除 $\boldsymbol{F}_s$、$m\boldsymbol{g}_0$ 以外的真实力. $\boldsymbol{\omega}$ 是地球绕地轴的自转角速度,$\boldsymbol{r}$ 是质点对原点的位矢.

$$-m\boldsymbol{a}_0 = -m\boldsymbol{a}_{es} - m\frac{\mathrm{d}\boldsymbol{\omega}}{\mathrm{d}t}\times\boldsymbol{R} - m\boldsymbol{\omega}\times(\boldsymbol{\omega}\times\boldsymbol{R})$$

其中,$\boldsymbol{a}_{es}$是地球中心对太阳的加速度,$\boldsymbol{R}$ 是 O 点对地心的位矢.

前面已讲过

$$\boldsymbol{F}_s - m\boldsymbol{a}_{es} \approx 0$$

$$m\boldsymbol{g}_0 - m\boldsymbol{\omega}\times(\boldsymbol{\omega}\times\boldsymbol{R}) \approx m\boldsymbol{g}$$

其中 $\boldsymbol{g}$ 沿 $\boldsymbol{g}_0$ 方向.

因$\dfrac{\mathrm{d}\boldsymbol{\omega}}{\mathrm{d}t}$很小,$-m\dfrac{\mathrm{d}\boldsymbol{\omega}}{\mathrm{d}t}\times\boldsymbol{R}$ 及 $-m\dfrac{\mathrm{d}\boldsymbol{\omega}}{\mathrm{d}t}\times\boldsymbol{r}$ 均可忽略不计.

考虑到以上这些,运动微分方程可简化为

$$m\boldsymbol{a} = \boldsymbol{F} + m\boldsymbol{g} - 2m\boldsymbol{\omega}\times\boldsymbol{v} - m\boldsymbol{\omega}\times(\boldsymbol{\omega}\times\boldsymbol{r}) \tag{2.8.4}$$

其中 $m\boldsymbol{g}$ 是表观重力,方向视为指向地心,$\boldsymbol{F}$ 是除太阳引力、地球引力以外的真实力的合力.

如取坐标,x 轴向南,y 轴向东,z 轴向上,λ 为纬度,北纬的度数取正值,南纬

的度数取负值.则

$$\boldsymbol{\omega} = -\omega\cos\lambda\boldsymbol{i} + \omega\sin\lambda\boldsymbol{k}$$

$$\boldsymbol{g} = -g\boldsymbol{k}$$

运动微分方程的分量式为

$$\begin{cases} m\ddot{x} = F_x + 2m\omega\dot{y}\sin\lambda + m\omega^2 x\sin^2\lambda + m\omega^2 z\sin\lambda\cos\lambda \\ m\ddot{y} = F_y - 2m\omega(\dot{x}\sin\lambda + \dot{z}\cos\lambda) + m\omega^2 y \\ m\ddot{z} = F_z - mg + 2m\omega\dot{y}\cos\lambda + m\omega^2 x\sin\lambda\cos\lambda + m\omega^2 z\cos^2\lambda \end{cases} \tag{2.8.5}$$

如不限于地球表面附近,地球的引力不能写成 $m\boldsymbol{g}_0$,则地球引力和 $-m\boldsymbol{\omega}\times(\boldsymbol{\omega}\times\boldsymbol{R})$不能作上述那样处理,若仍采用与上述同样的坐标,运动微分方程可写为

$$\begin{cases} m\ddot{x} = F_x - \dfrac{GmMx}{[x^2+y^2+(R+z)^2]^{3/2}} + 2m\omega\dot{y}\sin\lambda + m\omega^2 x\sin^2\lambda \\ \qquad + m\omega^2(R+z)\sin\lambda\cos\lambda \\ m\ddot{y} = F_y - \dfrac{GmMy}{[x^2+y^2+(R+z)^2]^{3/2}} - 2m\omega(\dot{x}\sin\lambda + \dot{z}\cos\lambda) + m\omega^2 y \\ m\ddot{z} = F_z - \dfrac{GmM(R+z)}{[x^2+y^2+(R+z)^2]^{3/2}} + 2m\omega\dot{y}\cos\lambda + \omega^2 x\sin\lambda\cos\lambda \\ \qquad + m\omega^2(R+z)\cos^2\lambda \end{cases} \tag{2.8.6}$$

其中 F_x、F_y、F_z 仍是除太阳引力、地球引力以外的真实力的合力.

(3) 自由落体偏东问题

自由落体是指其他真实力即 $\boldsymbol{F}=0$ 的物体,且从静止释放.它在地球表面附近下落,可用(2.8.5)式的运动微分方程

$$\ddot{x} = 2\omega\dot{y}\sin\lambda + \omega^2 x\sin^2\lambda + \omega^2 z\sin\lambda\cos\lambda \tag{1}$$

$$\ddot{y} = -2\omega(\dot{x}\sin\lambda + \dot{z}\cos\lambda) + \omega^2 y \tag{2}$$

$$\ddot{z} = -g + 2\omega\dot{y}\cos\lambda + \omega^2 x\sin\lambda\cos\lambda + \omega^2 z\cos^2\lambda \tag{3}$$

估计等号右边各项的数量级,用 $\omega\approx7\times10^{-5}\text{rad}\cdot\text{s}^{-1}$, $g\approx10\text{m}\cdot\text{s}^{-2}$,落体释放时距地面高度为 $h=2000\text{m}$,$\dot{z}$ 最大可达 $200\text{m}\cdot\text{s}^{-1}$,落地所需时间 $t\approx20\text{s}$,由(2)式

右边的最大项 $-2\omega\dot{z}\cos\lambda$ 乘时间来估算 $\dot{y}$，最大可达 $10^{-1}\mathrm{m \cdot s^{-1}}$，由(1)式右边最大项 $2\omega\dot{y}\sin\lambda$ 乘时间来估算 $\dot{x}$，最大可达 $10^{-4}\mathrm{m \cdot s^{-1}}$，由 $\dot{y}$、$\dot{x}$ 的最大估算值乘时间得 y、x 的最大估算值分别为 $10^0\mathrm{m}$ 和 $10^{-3}\mathrm{m}$. 由此可以估算(1)、(2)、(3)式右边各项的数量级(因都取最大估算值，实际值会偏小些，但已足以比较各项的相对大小了). 比较结果，作零级近似时，只保留到 10^1 项，只有(3)式右边的第一项. 作一级近似时，保留到 10^{-2} 项，则再保留(2)式右边的第二项. 作二级近似时，保留到 10^{-5}、10^{-6} 项，则再保留(1)式右边的第一、三项和(3)式右边的第二、四项. 按此考虑作各级近似，计算如下：

零级近似，(1)、(2)、(3)式近似为

$$\begin{cases} \ddot{x} = 0 \\ \ddot{y} = 0 \\ \ddot{z} = -g \end{cases} \tag{4}$$

初条件 $t=0$ 时，$x=0$，$y=0$，$z=h$，$\dot{x}=0$，$\dot{y}=0$，$\dot{z}=0$. 解得

$$x^{(0)} = 0,\ y^{(0)} = 0,\ z^{(0)} = h - \frac{1}{2}gt^2 \tag{5}$$

一级近似，(1)、(2)、(3)式近似为

$$\begin{cases} \ddot{x} = 0 \\ \ddot{y} = -2\omega\dot{z}\cos\lambda \\ \ddot{z} = -g \end{cases} \tag{6}$$

将零级近似解代入(6)式，得

$$\begin{cases} \ddot{x} = 0 \\ \ddot{y} = 2\omega gt\cos\lambda \\ \ddot{z} = -g \end{cases} \tag{7}$$

积出满足初条件的解为

$$\begin{cases} x^{(1)} = 0 \\ y^{(1)} = \dfrac{1}{3}\omega gt^3\cos\lambda \\ z^{(1)} = h - \dfrac{1}{2}gt^2 \end{cases} \tag{8}$$

二级近似,(1)、(2)、(3)式近似为

$$\begin{cases}\ddot{x} = 2\omega\dot{y}\sin\lambda + \omega^2 z\sin\lambda\cos\lambda \\ \ddot{y} = -2\omega\dot{z}\cos\lambda \\ \ddot{z} = -g + 2\omega\dot{y}\mathrm{cso}\lambda + \omega^2 z\cos^2\lambda\end{cases} \tag{9}$$

将一级近似解代入(9)式,得

$$\begin{cases}\ddot{x} = 2\omega^2 gt^2\sin\lambda\cos\lambda + \omega^2\left(h - \dfrac{1}{2}gt^2\right)\sin\lambda\cos\lambda \\ \ddot{y} = 2\omega gt\cos\lambda \\ \ddot{z} = -g + 2\omega^2 gt^2\cos^2\lambda + \omega^2\left(h - \dfrac{1}{2}gt^2\right)\cos^2\lambda\end{cases} \tag{10}$$

积出满足初条件的解为

$$\begin{cases}x^{(2)} = \left(\dfrac{1}{8}gt^2 + \dfrac{1}{2}h\right)\omega^2 t^2\sin\lambda\cos\lambda \\ y^{(2)} = \dfrac{1}{3}\omega gt^3\cos\lambda \\ z^{(2)} = h - \dfrac{1}{2}gt^2 + \left(\dfrac{1}{8}gt^2 + \dfrac{1}{2}h\right)\omega^2 t^2\cos^2\lambda\end{cases} \tag{11}$$

上述各式中 $g = g_0 - R\omega^2\cos^2\lambda$, $g_0 = \dfrac{GM}{R^2}$.

$y^{(1)} = y^{(2)} > 0$,说明自由落体将东偏. $x^{(2)} > 0$,说明在北半球自由落体还将南偏,而 $x^{(1)} = 0$,可见南偏比起东偏还是小得多的. 当 $h = 2000\text{m}$, $\lambda = 40°$,由(11)式的第三个式子可算出 $t = 20.2\text{s}$. 代入(11)式的第一式和第二式,得 $x^{(2)} = 1.6 \times 10^{-3}\text{m}$, $y^{(2)} = 1.50\text{m}$. 南偏很小,可以忽略不计. 一级近似解就已足够精确了. 对于自由落体,不仅(1)、(2)、(3)式中含 ω^2 的项都可以忽略,含 ω 的一次方的项也只需保留 $-2\omega\dot{z}\cos\lambda$.

(4) 傅科摆

傅科摆是一个质量为 m 的摆锤,用一根不计质量、不可伸长的长为 l 的长绳悬挂起来,在其平衡位置附近摆动. 设摆悬挂于北纬 λ 处. 取前述的坐标系. 悬点的坐标为 $(0,0,a)$ 可用(2.8.5)式的运动微分方程,忽略含 ω^2 的项,式中的 $\boldsymbol{F}$ 为绳

子张力 $\boldsymbol{T}$

$$\boldsymbol{T} = -T\left(\frac{x}{l}\boldsymbol{i} + \frac{y}{l}\boldsymbol{j} + \frac{z-a}{l}\boldsymbol{k}\right)$$

$$= -A[x\boldsymbol{i} + y\boldsymbol{j} + (z-a)\boldsymbol{k}]$$

式中 $A = \frac{T}{l}$, A 和 T 均为正量.

傅科摆的运动微分方程为

$$m\ddot{x} = -Ax + 2m\omega\dot{y}\sin\lambda \tag{1}$$

$$m\ddot{y} = -Ay - 2m\omega(\dot{x}\sin\lambda + \dot{z}\cos\lambda) \tag{2}$$

$$m\ddot{z} = -A(z-a) - mg + 2m\omega\dot{y}\cos\lambda \tag{3}$$

满足约束方程

$$x^2 + y^2 + (a-z)^2 = l^2 \tag{4}$$

由(4)式

$$a - z = \sqrt{l^2 - (x^2+y^2)} = l\sqrt{1 - \frac{x^2+y^2}{l^2}} \approx l\left(1 - \frac{x^2+y^2}{2l^2}\right) \tag{5}$$

$$\dot{z} = \frac{1}{a-z}(x\dot{x} + y\dot{y}) \doteq \frac{1}{l}(x\dot{x} + y\dot{y}) \tag{6}$$

$$\ddot{z} \doteq \frac{1}{l}(\dot{x}^2 + x\ddot{x} + \dot{y}^2 + y\ddot{y}) \tag{7}$$

这里要说明一下,写出(1)、(2)、(3)式时已忽略了二级小量. x, y, $\dot{x}$, $\dot{y}$, $\ddot{x}$, $\ddot{y}$ 均非小量,因 l 很大,摆锤的位移比 l 小得多,故$\frac{x}{l}$、$\frac{y}{l}$、$\frac{\dot{x}}{l}$、$\frac{\dot{y}}{l}$均为一级小量. 由(5)式可见,忽略二级小量后,有 $a-z\approx l$,写(6)、(7)式时已用了这个关系. 由(6)、(7)式可见,$\dot{z}$、$\ddot{z}$ 均是一级小量,ω 为一级小量.

(3) 式中忽略一级、二级小量后,可简化为

$$Al - mg = 0$$

$$A = \frac{mg}{l} \tag{8}$$

将(8)式代入(1)、(2)式,并忽略(2)式中的二级小量 $-2m\omega\dot{z}\cos\lambda$,可得

$$\ddot{x} + \frac{g}{l}x - 2\omega\dot{y}\sin\lambda = 0 \tag{9}$$

$$\ddot{y} + \frac{g}{l}y + 2\omega\dot{x}\sin\lambda = 0 \tag{10}$$

我们也可以用例 2.8.1 和例 2.8.2 的解法求解,但用那些方法得出的 $x(t)$、$y(t)$比较复杂,不能显而易见地看出在一个相对于地球以恒定角速度转动的参考系中,它的运动是个平面摆的运动.这里我们作坐标变换,新坐标系 $O\xi\eta\zeta$ 围绕 $Oxyz$ 恒定角速度转动.在 $O\xi\eta\zeta$ 参考系中,(9)、(10)式变成一个平面摆的微分方程.

为简化式子,令 $\omega_0^2 = \frac{g}{l}$, $\Omega = \omega\sin\lambda$,(9)、(10)式改为

$$\ddot{x} + \omega_0^2 x - 2\Omega\dot{y} = 0 \tag{9'}$$

$$\ddot{y} + \omega_0^2 y + 2\Omega\dot{x} = 0 \tag{10'}$$

引入一个新坐标系 $O\xi\eta\zeta$,$t=0$ 时,与 $Oxyz$ 坐标系完全重合,$O\xi\eta\zeta$ 围绕 z 轴以恒定角速度 $-\Omega$ 转动,图 2.8.8 画出了两个坐标系在 t 时刻的位置.由图可见,新旧坐标间的变换关系为

$$x = \xi\cos\Omega t + \eta\sin\Omega t \tag{11}$$

$$y = -\xi\sin\Omega t + \eta\cos\Omega t \tag{12}$$

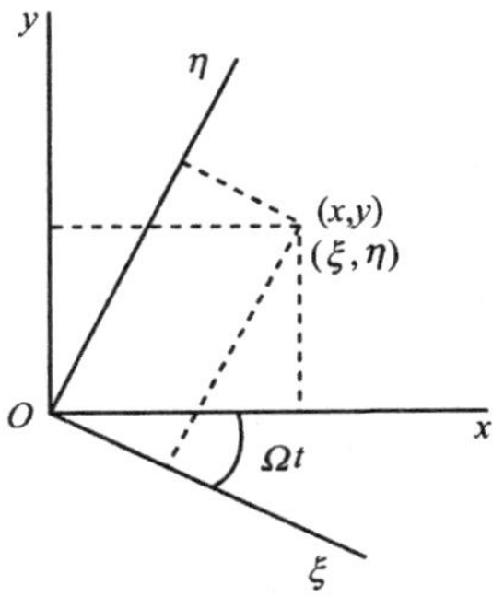

图 2.8.8

用(11)、(12)式,(9′)、(10′)式经变换后变为

$$[\ddot{\xi} + (\omega_0^2 - \Omega^2)\xi]\cos\Omega t + [\ddot{\eta} + (\omega_0^2 - \Omega^2)\eta]\sin\Omega t + 2\Omega^2(\xi\cos\Omega t + \eta\sin\Omega t) = 0 \tag{13}$$

$$-[\ddot{\xi} + (\omega_0^2 - \Omega^2)\xi]\sin\Omega t + [\ddot{\eta} + (\omega_0^2 - \Omega^2)\eta]\cos\Omega t - 2\Omega^2(\xi\sin\Omega t - \eta\cos\Omega t) = 0 \tag{14}$$

略去(13)、(14)式中的二级小量——所有含 Ω^2 的项,方程变为

$$(\ddot{\xi} + \omega_0^2\xi)\cos\Omega t + (\ddot{\eta} + \omega_0^2\eta)\sin\Omega t = 0 \tag{15}$$

$$-(\ddot{\xi} + \omega_0^2\xi)\sin\Omega t + (\ddot{\eta} + \omega_0^2\eta)\cos\Omega t = 0 \tag{16}$$

再用加减消去法可得

$$\ddot{\xi} + \omega_0^2\xi = 0 \tag{17}$$

$$\ddot{\eta}+\omega_0^2\eta=0 \tag{18}$$

(17)、(18)式表明:摆锤在转动参考系的 $\xi\eta$ 平面内作平面摆的运动,在适当的初条件下,如同一个单摆,在 $\xi\eta$ 平面内运动轨迹是一条直线.在一般情况下,在 $\xi\eta$ 平面内,它描绘一条椭圆轨道,如同两个互相垂直的同频率简谐振动的合成,(可参看§3.2.3).在 $Oxyz$ 参考系中,这些轨道都围绕 z 轴以恒定角速度 $-\Omega$ 转动,在北半球,从上往下看,轨道作顺时针方向的进动.

在地球上的大范围内的运动或经历时间较长的运动,都需考虑地球的非惯性系效应,而其中主要是科里奥利力起作用.铁路轨道的侧向压力、河水对河岸的冲刷、贸易风和洋流的运动、长程火箭的运动都需要考虑科里奥利力的作用.

习　题

2-1　质量为 M 的人通过质量可以不计不可伸长的绳子和摩擦可忽略的定滑轮将质量为 m 的重物提起,如题图所示.分别两种情况:(1)物体匀速上升;(2)物体以加速度 a 上升.求人对地面的压力.

答　(1) $(M-m)g$;

(2) $Mg-m(g+a)$.

2-2　图中人的质量 $m_1=60\text{kg}$,人所站着的底板质量 $m_2=20\text{kg}$,绳子和滑轮质量均可忽略不计,人要用多大的力拉住绳子,才能保持自己和底板静止不动.

答　98N.

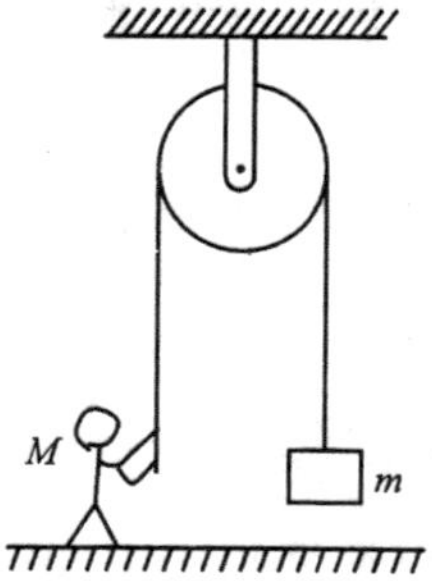

2-1 题图

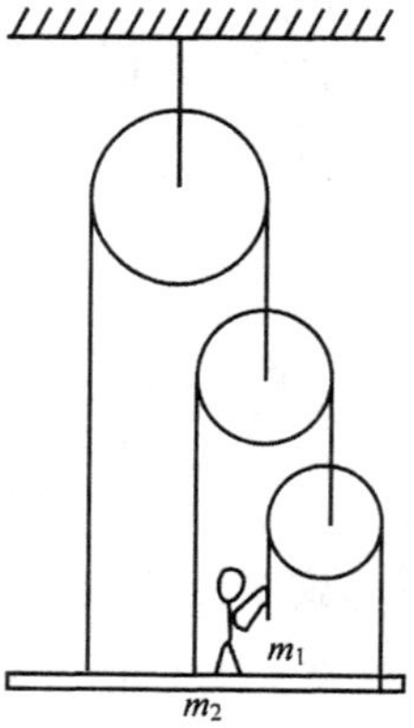

2-2 题图

2-3　图中滑轮及绳子质量均可忽略不计,所有的接触均是光滑的.分别两种情况:(1)要使 m_1、m_2、M 之间无相对运动;(2)要使 M 保持静止.必须施以 M 的水平力 F 多大? M 对水平

面的压力 N 多大?

答　(1) $F=\dfrac{m_2(M+m_1+m_2)}{m_1}g$，$N=(M+m_1+m_2)g$；

(2) $F=\dfrac{m_1m_2}{m_1+m_2}g$，$N=\left(M+m_1+\dfrac{m_1m_2}{m_1+m_2}\right)g$.

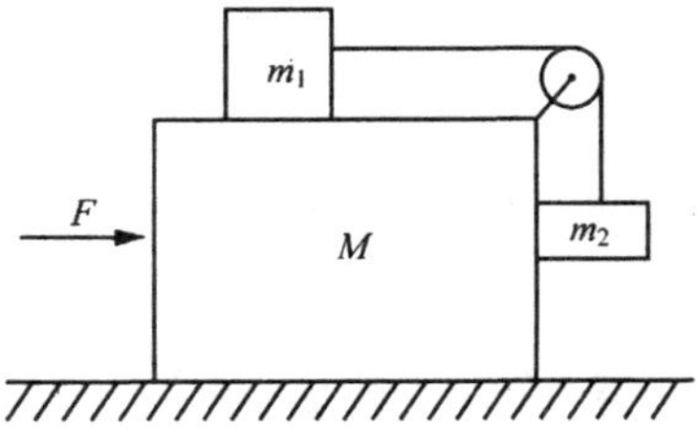

2-3 题图

2-4　图中小车质量 M、重物质量 m 以及固定斜面的倾角 α 都是已知的. 绳子不可伸长,绳子和滑轮的质量以及整个装置中的摩擦力均可略去不计. 求小车和重物的加速度.

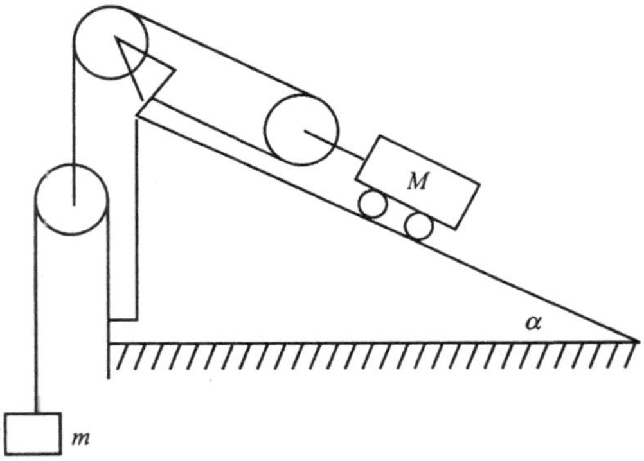

2-4 题图

答　$a_M=\dfrac{4m-M\sin\alpha}{M+16m}g$，$a_m=\dfrac{4(4m-M\sin\alpha)}{M+16m}g$.

2-5　图中水平桌面上的滑块质量为 M,一条其两端分别系着质量为 m_1、m_2 的两个物体的不计质量不可伸长的细绳套在滑块上. 滑块、绳子与桌面相互间均无摩擦,证明滑块的加速度为

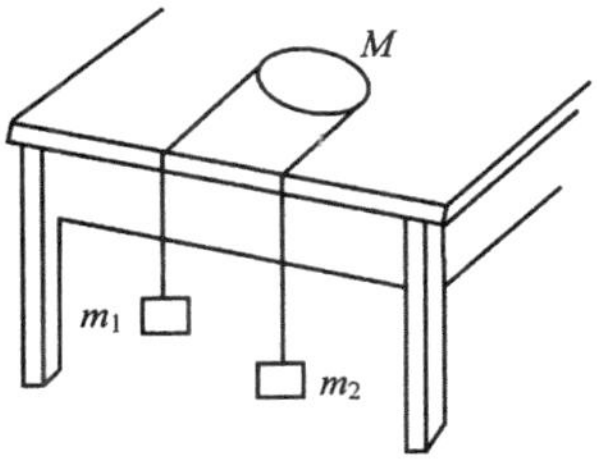

2-5 题图

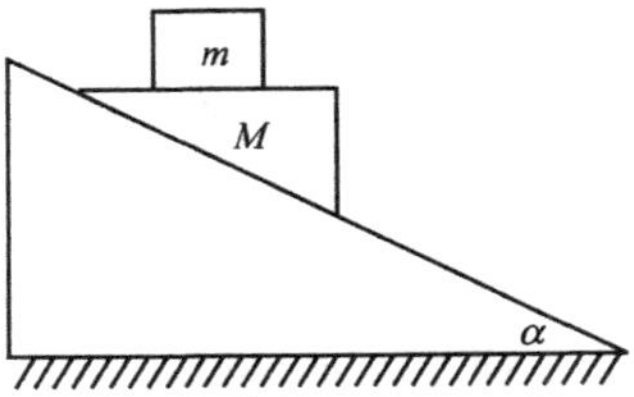

2-6 题图

$$a = \frac{4m_1 m_2}{M(m_1 + m_2) + 4m_1 m_2} g$$

2-6 一质量为 M 的上表面水平的楔形物体在倾角为 α 的固定的光滑斜面上运动.楔形物体上放一质量为 m 的质点,如题图所示,若 m、M 间无摩擦.求(1)m 相对于 M 的加速度;(2)M 对斜面的压力.

答 (1) $\frac{(M+m)g\sin\alpha\cos\alpha}{M+m\sin^2\alpha}$向左;(2) $\frac{M(M+m)g\cos\alpha}{M+m\sin^2\alpha}$.

2-7 质量分别为 M 和 $M+m$ 的两个人,分别拉住跨过定滑轮两边的绳子往上爬.开始时两人与滑轮的距离都是 h,都从静止开始爬.设绳子不可伸长,绳子质量与绳子、滑轮间的摩擦力均可不计.证明:如质量较轻的人在 t 秒时爬到滑轮.这时,质量较重的人与滑轮的距离为 $\frac{m}{M+m}\left(h+\frac{1}{2}gt^2\right)$.

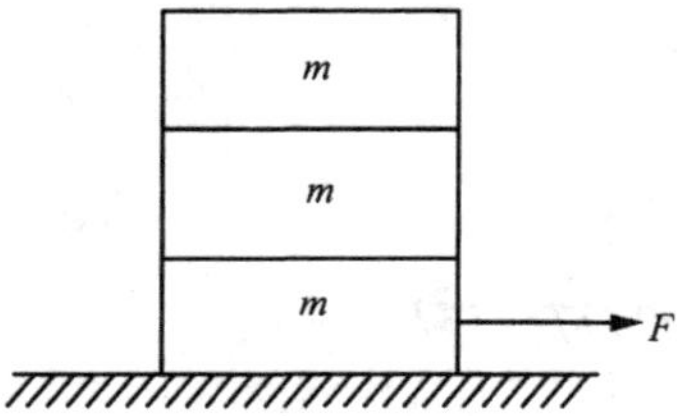

2-8 题图

2-8 三块质量均为 m 的相同物块叠放在水平面上,如图所示,各接触面间的摩擦因数均为 μ.有一从零不断加大的水平力 F 作用在最下面的物块上.问 F 达多大时,最下面的物块才能有对上面两物块的相对运动.

答 F 略大于 $6\mu mg$.

2-9 质量为 M 的木板静置于水平桌面上,一端 A 与桌边对齐.木板上放着一质量为 m 的小物体,它离板的 A 端距离 l,桌面长 L,现在板的另一端 B 有一恒定的水平力 F 作用.要将木板从小物体下抽出,又不至于使小物体从桌边落到地上.若各接触面的摩擦因数均为 μ,F 至少多大?

答 $F_{\min} = 2\mu g \frac{(M+m)L - ml}{L - l}$.

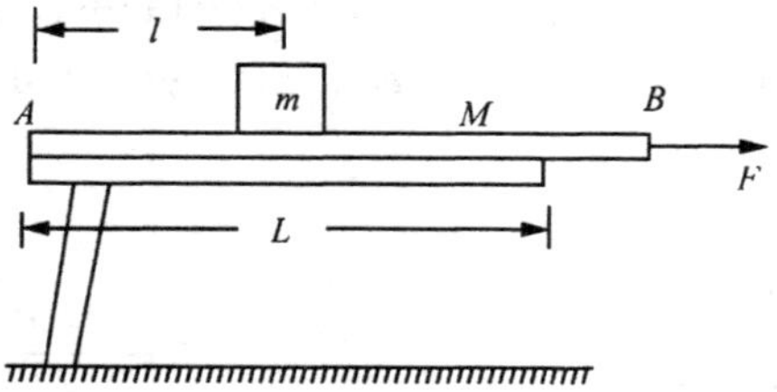

2-9 题图

2-10 质量为 m 的小环套在绳上,绳子跨过定滑轮并在另一端系一质量为 M 的物体.若绳子不可伸长、不计质量,绳子与滑轮间的摩擦力可忽略,小环相对于绳子以 a 的加速度下落,求小环与绳子间的摩擦力.

答　$\dfrac{mM}{m+M}(2g-a)$.

2-11　一个质量为 m 的物体通过一根质量可以不计的绳子绕水平棒 $1\dfrac{1}{4}$ 周后于另一端加一水平力 F,如图所示.若绳子和棒之间的摩擦因数为 μ,要使物体保持静止状态,应施加多大的水平拉力?

答　$mge^{-\frac{5\pi}{2}\mu}<F<mge^{\frac{5\pi}{2}\mu}$.

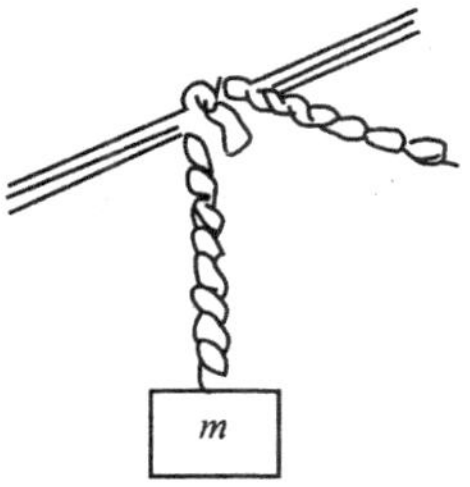

2-11 题图

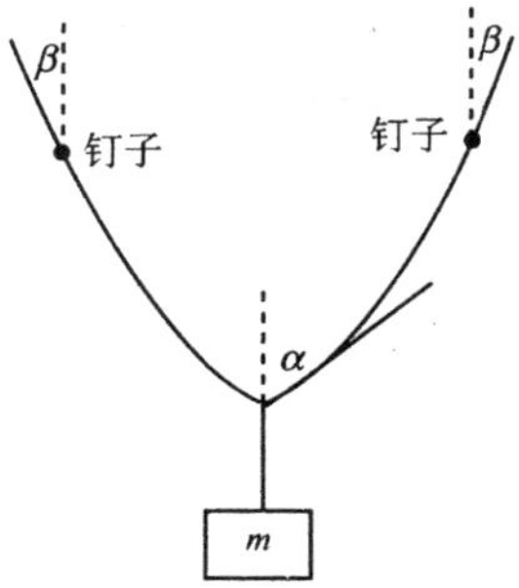

2-12 题图

2-12　一根质量为 M 的均质绳子,两端固定在同一高度的两个钉子上,在其中点挂一质量为 m 的物体.设 α、β 分别为在绳子中点和端点处绳子的切线方向与竖直方向的夹角,如图所示.证明

$$\frac{\tan\alpha}{\tan\beta}=\frac{M+m}{m}$$

2-13　一质量为 M 的均质链条套在一表面光滑、顶角为 α、底面处于水平的正圆锥上保持静止,使链条平面平行于水平面,求链条中的张力.

答　$\dfrac{Mg}{2\pi}\cot\dfrac{\alpha}{2}$.

2-14　比地面高 h 的平台上有一质量为 m 的小车系于绳子一端,绳子跨过一小滑轮后另一端被地面上的人拉着并以匀速 v_0 向右运动,如图所示.若小车与平台间的摩擦力可以不计.求:(1)当人位于离小滑轮正下方向右距离 s 处小车的速度和加速度,(2)人在上述位置拉绳的

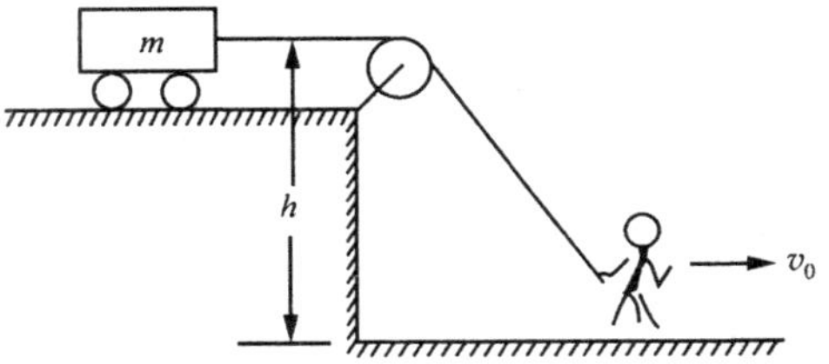

2-14 题图

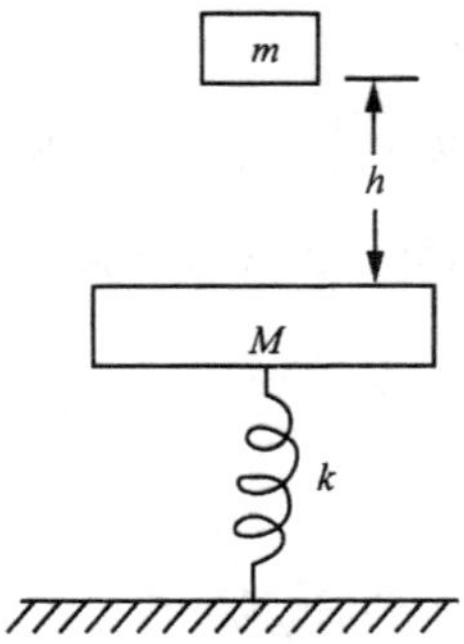

2-15 题图

力，(3)在人从滑轮正下方到上述位置的过程中人所作的功.

答　(1) $\dfrac{sv_0}{\sqrt{h^2+s^2}}$，$\dfrac{v_0^2h^2}{(h^2+s^2)^{3/2}}$(向右)，(2) $\dfrac{mv_0^2h^2}{(h^2+s^2)^{3/2}}$，(3) $\dfrac{mv_0^2s^2}{2(h^2+s^2)}$.

2-15　质量为 M 的物体连着一个劲度系数为 k 的轻弹簧，弹簧的另一端固定，原来处于静止状态. 另一质量为 m 的质点从离物体 h 的高度自由落下，作完全非弹性碰撞. 证明弹簧对地面的最大压力为

$$(M+m)g+mg\sqrt{1+\frac{2kh}{(M+m)g}}$$

2-16　一质量为 m 的子弹射入置于光滑水平面上质量为 M 并与劲度系数为 k 的轻弹簧连着的木块后使弹簧最大压缩了 L. 求子弹射入前的速度 v_0.

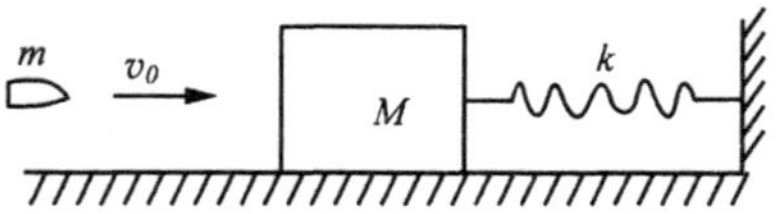

2-16 题图

答　$\dfrac{L}{m}\sqrt{k(M+m)}$.

2-17　一质量为 m 的小球系于不可伸长的轻绳的一端，穿过桌面上的一小孔后在光滑的水平桌面上运动. 绳子与小孔间无摩擦力. 问

(1) 要使小球以小孔为中心作半径为 r_1、角速度为 ω_1 的圆周运动，绳的另一端需用多大的拉力?

(2) 要使小球圆周运动的半径从 $r=r_1$ 缩小到 $r=r_2$，拉力需作多大的功?

答　(1) $m\omega_1^2r_1$，(2) $\dfrac{1}{2}m\omega_1^2r_1^2\dfrac{r_1^2-r_2^2}{r_2^2}$.

2-18　一质量为 m 的质点从置于光滑水平面上的质量为 M 的光滑的半径为 R 的弧形槽的顶端滑下，如图所示. 开始滑下时，m、M 都是静止的. 求质点离开弧形槽时质点和弧形槽的速度.

答　$\sqrt{\dfrac{2MgR}{m+M}}$，$-m\sqrt{\dfrac{2Rg}{(m+M)M}}$.

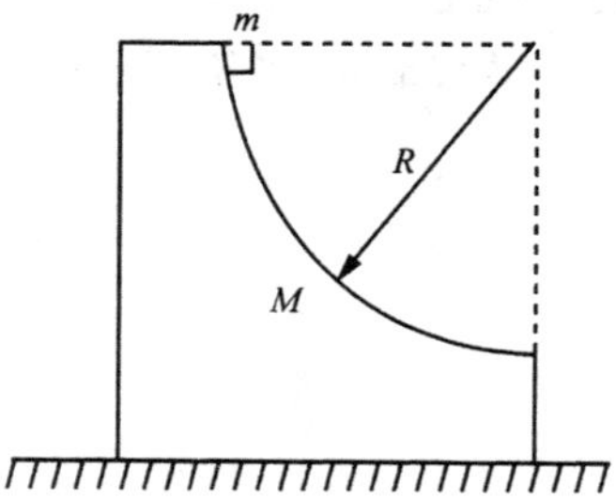

2-18 题图

2-19　一顶角为 $2\alpha(\alpha>45°)$的倒立的圆锥面以恒定角速度 ω 绕其对称轴旋转. 在内表面上距轴为 r 处有一质点. 若质点与锥面间的摩擦因数为 μ，要使质点相对锥面静止，ω 应处于什么范围内?

答　当 $\mu<\cot\alpha$ 时，

$$\sqrt{\frac{g}{r}\frac{\cot\alpha-\mu}{1+\mu\cot\alpha}}\leqslant\omega\leqslant\sqrt{\frac{g}{r}\frac{\cot\alpha+\mu}{1-\mu\cot\alpha}}$$

当 $\mu>\cot\alpha$ 时，

$$0\leqslant\omega\leqslant\sqrt{\frac{g}{r}\frac{\cot\alpha+\mu}{1-\mu\cot\alpha}}.$$

2-20 一长度为 L 的水平封闭圆管绕其一端的竖直轴以恒定的角速度 ω 旋转，管内装有密度为 ρ_0 的液体及一截面半径略小于管内径的长为 l、密度为 $\rho(\rho>\rho_0)$ 的小圆柱体. 开始时，小圆柱体紧靠着轴并相对于圆管静止. 问经多长时间，小圆柱体到达管的另一端？

答 $\dfrac{1}{\omega\sqrt{1-\rho_0/\rho}}\ln\left(\dfrac{2L}{l}-1+\sqrt{\dfrac{4L^2}{l^2}-\dfrac{4L}{l}}\right).$

2-21 一圆柱形刚性杆上套一质量为 m 的小环，杆绕通过一端的固定竖直轴以恒定角速度 ω 旋转，旋转时杆与竖直轴的夹角为 α. 若小环与杆间的摩擦因数为 μ，以小环距杆的固定端的距离 x 为坐标列出小环的运动微分方程

答 $\dot{x}>0$ 时，$m\ddot{x}=-mg\cos\alpha+m\omega^2x\sin^2\alpha-\mu N$

$$\dot{x}<0\text{ 时，}m\ddot{x}=-mg\cos\alpha+m\omega^2x\sin^2\alpha+\mu N$$

其中 $N=\sqrt{N_1^2+N_2^2}$，$N_1=mg\sin\alpha+m\omega^2x\sin\alpha\cos\alpha$，$N_2=2m\omega\dot{x}\sin\alpha$.

2-22 质量为 m 的小球通过一根原长为 l 劲度系数为 k 的弹性绳系在光滑的水平台面上的 P 点. 水平台面绕离 P 点距离为 b 的固定竖直轴以恒定的角速度 ω 转动. 列出小球在弹性绳拉直状态下的运动微分方程.

答 取 P 为原点，φ 是矢径与 OP 的夹角，O 是转轴与台面的交点.

$$m(\ddot{r}-r\dot{\varphi}^2)=-k(r-l)+m\omega^2b\cos\varphi+m\omega^2r+2m\omega r\dot{\varphi},$$

$$m(r\ddot{\varphi}+2\dot{r}\dot{\varphi})=-m\omega^2b\sin\varphi-2m\omega\dot{r}.$$

2-23 质量为 m_1 和 m_2 的两个小球悬挂在长度各为 l_1 和 l_2 的不可伸长的轻绳下，两球恰好相切. 在两线所在的平面内把第一个小球拉到与铅垂线成 α 角的位置，静止后再放开，摆下与静止的第二个球发生弹性碰撞，求第一次碰撞后两球偏离铅垂线的角度 α_1 和 α_2.

答 $\alpha_1=\arccos\left[1-\left(\dfrac{m_1-m_2}{m_1+m_2}\right)^2(1-\cos\alpha)\right],$

$\alpha_2=\arccos\left[1-\dfrac{4m_1^2}{(m_1+m_2)^2}\dfrac{l_1}{l_2}(1-\cos\alpha)\right].$

2-24 一质量为 m、荷电 q、初速为 v 的粒子和另一个处于静止的全同粒子发生正碰. 问(1)两个粒子最接近时的距离；(2)最接近的瞬时，两个粒子的速度；(3)两个粒子的末速度.

答 (1) $\dfrac{q^2}{\pi\varepsilon_0 mv^2}$；(2) $\dfrac{1}{2}v$；(3) $v_1=0$，$v_2=v$.

2-25 一火箭垂直向上发射，当它达到最高点时炸裂成三个等质量的碎片. 观察到其中一块碎片经时间 t_1 笔直地落到地上，而其他两块碎片在炸裂后的 t_2 时刻落到地上. 求发生炸裂

的高度.

答　$h=\frac{gt_1t_2(t_1+2t_2)}{2(2t_1+t_2)}$.

2-26　一个运动粒子与另一个静止的全同粒子发生弹性碰撞.试证明碰后两粒子的运动方向相互垂直.

2-27　小球1从离碗底高 h 处静止滑下,与静置于碗底的完全相同的小球2发生非弹性碰撞,若恢复系数为 e,求第一次碰后两球达到的高度.(忽略一切摩擦力.)

答　$h_1=\frac{1}{4}(1-e)^2h$, $h_2=\frac{1}{4}(1+e)^2h$.

2-28　两个完全相同的光滑小球,一个静止,另一个以 $\boldsymbol{v}_0$ 的速度与之发生非弹性碰撞.测得原静止的小球以 $\frac{3}{8}v_0$ 的速率向着偏离 $\boldsymbol{v}_0$ 方向60°的方向运动.求(1)恢复系数 e;(2)原来运动的小球的散射角.

答　(1) $e=0.5$; (2) 21.8°.

* **2-29**　一个质量为 m_1 以 $\boldsymbol{v}_{10}$ 的速度运动的粒子1与一个质量为 m_2 的静止粒子2发生弹性斜碰.碰后,在质心平动参考系中,粒子1的散射角为 α_c.试证,在实验室参考系中两粒子的速度与 $\boldsymbol{v}_{10}$ 的夹角 α、β 满足下列关系:

$$\tan\alpha=\frac{m_2\sin\alpha_c}{m_2\cos\alpha_c},\ \tan\beta=\frac{\sin\alpha_c}{1-\cos\alpha_c}.$$

* **2-30**　一质量为 m 的质子以 v_0($v_0\ll c$)的速度去撞击静止的质量为 $4m$ 的氦核,用实验室参考系,质子以 $\frac{1}{2}v_0$ 的速率和30°的角度散射,求(1)用实验室参考系,撞击后氦核的速率及运动方向.(2)用质心平动参考系,质子的散射速度.

答　(1) $0.155v_0$, 23.8°, (2) $0.342v_0$, 47.0°.

2.1　一块均匀的面密度为 σ 的边长为 $2a$ 和 $2b$ 的矩形平板.一个质量为 m 的质点位于通过矩形板的中心且垂直于平板的直线上的一点.质点距平板的距离为 z、求矩形平板作用于质点的万有引力.

答　$-4Gm\sigma\arctan\left(\frac{ab}{z\sqrt{a^2+b^2+z^2}}\right)\boldsymbol{k}$.

2.2　求一个质量为 M 的均质球作用于位于离球心距离为 r 的质量为 m 的质点的万有引力.设球的半径为 R.

答　$\boldsymbol{f}=-\frac{GMm}{r^2}\boldsymbol{e}_r(r>R)$, $\boldsymbol{f}=-\frac{GMmr}{R^3}\boldsymbol{e}_r.(r<R)$

2.3　沿一球的半径打一个直径可忽略的小洞.球的密度 ρ 是距球心距离 r 的函数.如要作用于洞中质点的万有引力与质点离球心的距离无关,$\rho(r)$应是什么样的函数?

答　$\rho=\frac{c}{r}$, c 为常量.

2.4　求一个长 $2b$、半径为 a、密度为 ρ 的均质圆柱作用于位于圆柱轴线上离中心距离为

$z(z>b)$的质量为 m 的质点的万有引力.

答 $\boldsymbol{f}=2\pi Gm\rho\{[(b+z)^2+a^2]^{1/2}-[(b-z)^2+a^2]^{1/2}-2b\}\boldsymbol{k}$.

2.5 一个质量为 M、半径为 a 的均质球壳的中心距一个面密度为 σ 的无限大的薄板距离为 $b(b>a)$. 求球壳对薄板的作用力.

答 $2\pi G\sigma M$. 指向球壳.

2.6 一个质点垂直上抛,初速为 v_0,如空气阻力与速率的平方成正比. 证明回到初始位置时的速率为 $v_0 v_t/(v_0^2+v_t^2)^{1/2}$,其中 v_t 是极限速率.

2.7 一个质量为 m 的质点以初速 v 在 y 方向投射到以 x 方向的不变速度 V 运动着的水平皮带上并留在上面运动. 若质点与皮带间的滑动摩擦因数为 μ,质点接触皮带的初位置取为固定的水平的 xy 坐标系的原点. 求质点在皮带上停止滑动的 x、y 坐标.

答 $x=\dfrac{(v^2+V^2)^{1/2}V}{2\mu g}$, $y=\dfrac{(v^2+V^2)^{1/2}v}{2\mu g}$

2.8 有一光滑旋转抛物面,其方程为

$$z=-\frac{1}{2}(x^2+y^2)$$

z 轴竖直向上,在其顶点有一质量为 m 的小物体,受到微小扰动后自静止开始下滑,求抛物面对物体的作用力.(取质点运动平面为 xz 平面.)

答 $N=mg(1+x^2)^{-3/2}$

2.9 一个质点以初速率 v_0、仰角 α 抛出,若空气阻力与速率的平方成正比,比例系数为 mk,m 为质点的质量. 证明

(1) 运动微分方程可以写成

$$\ddot{x}=-k\dot{x}\dot{s},\ddot{y}=-k\dot{y}\dot{s}-g$$

其中 x 轴水平方向,y 轴竖直向上,$\dot{s}^2=\dot{x}^2+\dot{y}^2$.

(2) 轨道微分方程可写为

$$\frac{\mathrm{d}^2y}{\mathrm{d}x^2}=-g\mathrm{e}^{2ks}/(v_0\cos\alpha)^2$$

其中 s 是自抛射点沿轨道经过的路程.

(3) 忽略空气阻力时,积分上述轨道微分方程,可得抛物线形式的轨道.

2.10 一个质量为 M 的小珠套在光滑的水平的金属丝上. 另一个质量为 m 的质点通过无质量的不可伸长的长度为 a 的绳子连在小珠上. 握住小珠与质点,使绳子沿金属丝拉直,然后突然释放,求此后绳子张力与绳子、竖直线间夹角 θ 的关系.

答 $T=\dfrac{Mmg}{(M+m\sin^2\theta)^2}[3M+m(2+\sin^2\theta)]\cos\theta$.

2.11 两个质量均为 m 的质点 A 和 B 连在一个劲度系数为 k 的弹簧的两端. 开始两质点静放在光滑的水平面上,弹簧处于原长. 然后沿 AB 方向给 B 以恒力 ka,求两质点的运动学方程.

答　$x=\frac{1}{8}a\omega^2t^2-\frac{1}{4}a(1-\cos\omega t)$

$y=\frac{1}{8}a\omega^2t^2+\frac{1}{4}a(1-\cos\omega t)$

其中 $\omega^2=\frac{2k}{m}$，x、y 分别表示质点 A、B 的位移.

2.12　质量分别为 m 和 M 的两个小环可在一光滑的竖直平面内的圆圈上运动.两环被一根无质量的不可伸长的绳子连着.证明:只要绳子保持拉紧,绳子张力为 $2mMg\tan\alpha\cos\theta/(m+M)$,其中 2α 是绳子拉紧时对圆心所张的角,θ 是绳子与水平线间的夹角,g 为重力加速度.

2.13　n 个质点质量均为 m,任何两个质点间相互作用力为斥力,大小与它们间的距离成正比,比例系数为 μm^2.开始把它们静止地放在一个光滑的水平面上处于以 O 为中心、a 为半径的圆周上的对称位置.证明:同时释放后,任一质点位于离 O 点距离 r 处时的速率为

$$[\mu nm(r^2-a^2)]^{1/2}$$

提示　$2\left[\sin^2\frac{\pi}{n}+\sin^2\frac{2\pi}{n}+\cdots+\sin^2\frac{(n-1)\pi}{n}\right]=n\quad(n\geqslant2)$

2.14　设作用于质点上的力可以分解为下列形式之一:

(a) $F(x_i,\ t)=f(x_i)g(t)$;

(b) $F(\dot{x}_i,t)=f(\dot{x}_i)g(t)$;

(c) $F(x_i,\dot{x}_i)=f(x_i)g(\dot{x}_i)$.

它们的运动微分方程能否积分?

2.15　质点在阻力等于 $mk(v^3+a^2v)$的介质中运动,其中 k 和 a 均为常量.初速度为 v_0,求其路程与时间的关系,并由此导出 $k\to0$ 时的关系来检验所得结果的正确性.

答　$x=\frac{1}{ka}\left(\arcsin\frac{v_0}{\sqrt{v_0^2+a^2}}-\arcsin\frac{v_0\mathrm{e}^{-ka^2t}}{\sqrt{v_0^2+a^2}}\right)$.

2.16　一个质点在重力作用下沿一个粗糙的竖直的圆周运动.如从水平直径的一端的静止状态开始运动,到圆的最低点时刚好静止.求摩擦因数 μ 必须满足的关系.

答　$2\mu^2+3\mu\mathrm{e}^{-\pi\mu}-1=0$.

2.17　空间内有均匀的电场和磁场;$\boldsymbol{E}=E\boldsymbol{i}$,$\boldsymbol{B}=B(\cos\alpha\boldsymbol{i}+\sin\alpha\boldsymbol{j})$,$\alpha$ 为常量,具有质量为 m、电量为 q 的粒子在坐标系原点以初速 $\boldsymbol{v}_0=\dot{x}_0\boldsymbol{i}+\dot{y}_0\boldsymbol{j}+\dot{z}_0\boldsymbol{k}$ 开始运动,若重力可以忽略不计,求质点以后的运动.

答　$x=\frac{E}{B\omega}-\frac{\dot{z}_0}{\omega}\csc\alpha+\dot{y}_0t\cot\alpha+\csc\alpha\cos^2\alpha(c-A\omega t)+\frac{qE}{2m}t^2\cos^2\alpha-\sin\alpha(A\sin\omega t-c\cos\omega t)$

$y=\dot{y}_0t+\cos\alpha(c-A\omega t+\frac{qE}{2m}t^2\sin\alpha+A\sin\omega t-c\cos\omega t)$

$z=-A+\frac{Et}{B}\sin\alpha+A\cos\omega t+c\sin\omega t$

其中$A=-\frac{\ddot{z}_0}{\omega^2}$，$c=\frac{1}{\omega}\left(\dot{z}_0-\frac{E\sin\alpha}{B}\right)$

$$\ddot{z}_0=\frac{qB}{m}(\dot{x}_0\sin\alpha-\dot{y}_0\cos\alpha)$$

$$\omega=\frac{qB}{m}\quad(t\geqslant 0).$$

2.18　具有质量为 m 和电量 q 的质点，以速度 $\boldsymbol{V}_0$ 垂直于电场方向进入按 $\boldsymbol{E}=\boldsymbol{E}_0\cos\omega t$ 规律变化的均匀电场，若质点还受到一个跟速度一次幂成比例的阻力 $\boldsymbol{R}=-\gamma\boldsymbol{V}$，$\gamma$ 为正值常量. 求质点的运动.（不计重力的作用.）

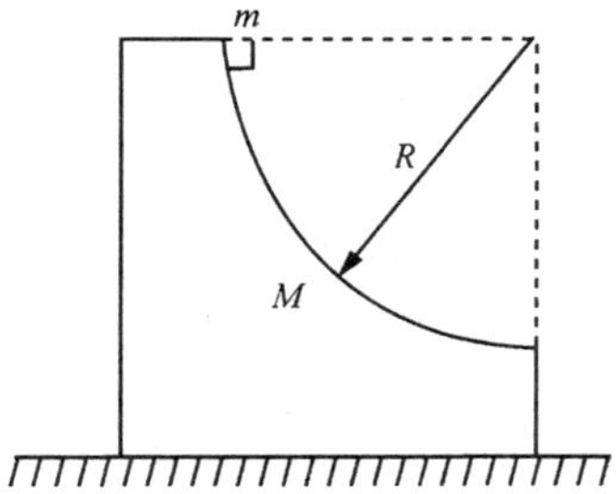

2.18 题图

答　取 x 轴沿 $\boldsymbol{V}_0$ 方向，y 轴沿 $\boldsymbol{E}_0$ 方向，进入点为坐标原点.

$$x=\frac{nV_0}{\gamma}\left(1-\mathrm{e}^{-\frac{\gamma}{m}t}\right)$$

$$y=\frac{q\gamma E_0}{m^2\omega^2+\gamma^2}\left(\frac{1}{\omega}\sin\omega t-\frac{m}{\gamma}\cos\omega t+\frac{m}{\gamma}\mathrm{e}^{-\frac{\gamma}{m}t}\right)$$

2.19　质量为 m 的质点静止地连在一弹簧的端点，弹簧的劲度系数为 k，并悬挂在固定支点上. 当 $t=0$ 时，对质点施一向下的恒力 F，作用时间为 t_0，证明当外力去掉后，质点由其平衡位置 $x=x_0$ 所作的位移为

$$x-x_0=\frac{F}{k}[\cos\omega(t-t_0)-\cos\omega t]$$

其中 $\omega^2=k/m$.

2.20　一质量为 m 的粒子，在半顶角为 α 的锥体内表面无摩擦地运动.（1）找出使该质点绕竖直轴作圆轨道运动在初始条件方面的要求.（2）说明这种轨道运动是否稳定. 何故？

答　$v_0^2=gl_0\cos\alpha$，l_0 是质点离锥体顶点的距离. $\boldsymbol{v}_0$ 沿水平方向.

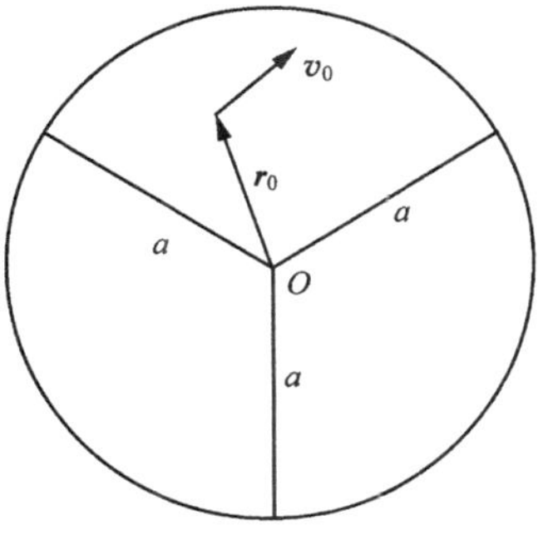

2.21 题图

2.21　三个点源等距离地固定在一个半径为 a、圆心为原点的圆周上. 每个点源对质量为 m 的质点的作用力为引力 $\boldsymbol{F}=-k\boldsymbol{R}$，其中 k 为正值常数，$\boldsymbol{R}$ 为质点对点源的位矢. 质点在 $t=0$ 时放入力场，初始条件为 $\boldsymbol{r}=\boldsymbol{r}_0$，$\dot{\boldsymbol{r}}=\boldsymbol{v}_0$，如题图所示.

（1）求解质点的运动，用 $\boldsymbol{r}_0$、$\boldsymbol{v}_0$ 及其他参数表示 $\boldsymbol{r}(t)$；

（2）在什么条件下，质点的运动轨道为圆.

答　$\boldsymbol{r}(t)=\boldsymbol{r}_0\cos\left(\sqrt{\frac{3k}{m}}t\right)+\sqrt{\frac{m}{3k}}\boldsymbol{v}_0\sin\left(\sqrt{\frac{3k}{m}}t\right)$

当 $\boldsymbol{r}_0\perp\boldsymbol{v}_0$，且 $\sqrt{\frac{m}{3m}}v_0=r_0$ 时，运动轨道是圆.

2.22　一个质量为 m 的质点在光滑水平面上以角速度 ω 作匀速率圆周运动，其向心力是通过一劲度系数为 k 的弹簧提供的. 使质点突然获得一个很小的径向速度分量，求所引起的径

向振动的频率.

答　$\omega'=\sqrt{3\omega^2+\dfrac{k}{m}}$.

*2.23　单位质量的质点在阻力与速度成正比的介质中运动,比例系数为 β. 在一个按指数衰减的力 $F_0e^{-\gamma t}$(其中 F_0、γ 均为常数)作用下自静止开始运动. 用拉普拉斯变换法求解该质点此后的运动规律.

答　$x(t)=F_0\left[\dfrac{1}{\beta\gamma}+\dfrac{e^{-\beta t}}{\beta(\beta-\gamma)}-\dfrac{e^{-\gamma t}}{\gamma(\beta-\gamma)}\right]$.

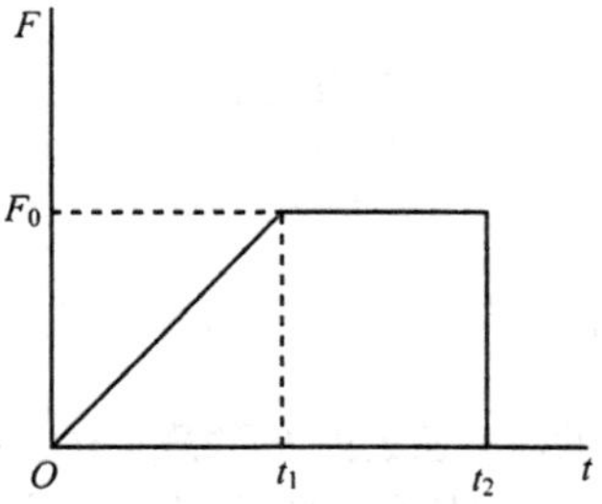

2.24 题图

*2.24　质量为 m 的质点在题图所示的力作用下作直线运动.

(1) 求 $F(t)$ 的拉普拉斯变换的像函数 $f(p)$.

(2) 用拉普拉斯变换法求此运动的通解.

(3) 直接用逐次积分的方法求通解.

提示　$\dfrac{1}{p^\mu}e^{-kp}$ $(\mu>0)$ 的原函数为 $\dfrac{(t-k)^{\mu-1}}{\Gamma(\mu)}u(t-k)$.

其中

$$u(t-k)=\begin{cases}0, & t<k\\ 1, & t\geqslant k\end{cases}$$

答　$f(p)=-\dfrac{F_0}{t_1p^2}e^{-pt_1}-\dfrac{F_0}{p}e^{-pt_2}+\dfrac{F_0}{t_1p^2}$,

$$x(t)=x(0)+\dot{x}(0)t+\frac{F_0}{6mt_1}t^3-\frac{F_0}{6mt_1}(t-t_1)^3u(t-t_1)-\frac{F_0}{2m}(t-t_2)^2u(t-t_2)$$

其中

$$u(t-t_1)=\begin{cases}0, & t<t_1\\ 1, & t\geqslant t_1\end{cases}$$

或

$$x(t)=\begin{cases}x(0)+\dot{x}(0)t+\dfrac{F_0}{6mt_1}t^3, & 0\leqslant t<t_1\\ x(0)+\dfrac{F_0}{6m}t_1^2+\dot{x}(0)t+\dfrac{F_0}{2m}t(t-t_1), & t_1\leqslant t<t_2\\ x(0)+\dfrac{F_0}{6m}(t_1^2-3t_2^2)+\dot{x}(0)t+\dfrac{F_0}{2m}(2t_2-t_1)t, & t\geqslant t_2\end{cases}$$

*2.25　质量为 m 的质点在恢复力 $-kx$ 和阻力 $-\gamma\dot{x}$ 以及周期性驱动力

$$F(t)=\begin{cases} A\sin\omega t, & 0<t<\dfrac{\pi}{\omega} \\ 0, & \dfrac{\pi}{\omega}<t<\dfrac{2\pi}{\omega} \end{cases}$$

的共同作用下作受迫振动.用傅里叶级数求解稳态时的运动学方程.(要求写出级数的前四项.)

答 $$x=\frac{A}{m\pi\omega_0^2}+\frac{A}{m}\left[\frac{1}{2\sqrt{(\omega_0^2-\omega^2)^2+4\beta^2\omega^2}}\sin(\omega t-\varphi_1)\right.$$

$$-\frac{2}{3\pi}\frac{1}{\sqrt{(\omega_0^2-4\omega^2)^2+16\beta^2\omega^2}}\cos(2\omega t-\varphi_2)$$

$$\left.-\frac{2}{15\pi}\frac{1}{\sqrt{(\omega_0^2-16\omega^2)^2+64\beta^2\omega^2}}\cos(4\omega t-\varphi_4)\right]$$

其中 $\omega_0^2=\dfrac{k}{m}$, $\beta=\dfrac{\gamma}{2m}$, $\varphi_n=\arctan\left(\dfrac{2\beta n\omega}{\omega_0^2-n^2\omega^2}\right)$.

***2.26** 证明例 2.2.9 中,如应用微扰法用 $x(t)=x_0(t)+\lambda x_1(t)+\lambda^2x_2(t)$,其中 $x_0(t)$ 满足 $\ddot{x}_0+\omega_0^2x_0=0$,在求准确到二级满足初条件 $t=0$ 时,$x(0)=A$,$\dot{x}(0)=0$ 的解时出现长期项.用处理长期项的办法重求例 2.2.9 满足上述初条件的一级和二级近似解.

答 一级近似解为

$$x(t)=\left(1-\frac{\lambda A}{3\omega^2}\right)A\cos\omega t+\frac{\lambda A^2}{2\omega^2}\left(1-\frac{1}{3}\cos2\omega t\right)\quad \omega^2\approx\omega_0^2$$

这结果与例 2.2.9 解得的(13)式是一致的.二级近似解为

$$x(t)=\frac{\lambda A^2}{6\omega^4}(3\omega^2-2\lambda A)+\left(1-\frac{\lambda A}{3\omega^2}+\frac{15\lambda^2A^2}{144\omega^4}\right)A\cos\omega t-\frac{\lambda A^2}{18\omega^4}(3\omega^2-4\lambda A)\cos2\omega t$$

$$+\frac{\lambda^2A^3}{48\omega^4}\cos3\omega t$$

$$\omega^2=\omega_0^2-\frac{7\lambda^2A^2}{6\omega_0^2}.$$

***2.27** 考虑一阻尼振子,其运动微分方程为

$$\ddot{x}+\lambda\dot{x}\mid\dot{x}\mid+\omega_0^2x=0$$

λ 为小的正值常量,初始条件为 $x(0)=a$,$\dot{x}(0)=0$.用微扰法证明第一个后半周位移与前半周位移大小之比(精确到 λ 的一次方)为 $1-\dfrac{4}{3}\lambda a$.

2.28 一个质点在力 $\boldsymbol{F}=4y\boldsymbol{i}+2x\boldsymbol{j}+\boldsymbol{k}$ 作用下沿一螺旋线

$$x=4\cos\theta,\ y=4\sin\theta,\ z=2\theta$$

从 $\theta=0$ 到 $\theta=2\pi$,求此力在这过程中对质点所作的功.

答 -28π.

2.29　一个无限大的均质薄板割出一个半径为 a 的圆孔，一个半径为 a 的均质球壳放在孔中，圆孔中心和球壳中心重合.薄板和球壳单位面积的质量均为 σ.要将质量为 m 的粒子从孔的中心 O 点移到在过 O 垂直于薄板的直线上离 O 点距离为 $h(h>a)$ 的 P 点，至少要作多大的功?

答　$2\pi\sigma Gm\left[(a^2+h^2)^{1/2}+a-\dfrac{2a^2}{h}\right]$.

2.30　找出与下列势能函数相应的力场:

(1) $U=\dfrac{1}{2}\ln(x^2+y^2+z^2)$;

(2) $U(r,\theta,\varphi)=\mathrm{e}^{-kr}/r$;

(3) $U(r,\theta,\varphi)=a\cos\theta/r^2$.

答　(1) $-\dfrac{1}{x^2+y^2+z^2}(x\boldsymbol{i}+y\boldsymbol{j}+z\boldsymbol{k})$;

(2) $\dfrac{\mathrm{e}^{-kr}}{r^2}(1+kr)\boldsymbol{e}_r$; (3) $\dfrac{a}{r^3}(2\cos\theta\boldsymbol{e}_r+\sin\theta\boldsymbol{e}_\theta)$.

2.31　证明一个半径为 a、面密度为 σ 的薄圆盘，在圆盘的轴向距离为 x 的点的引力势为

$$V(x)=-2\pi G\sigma(\sqrt{x^2+a^2}-|x|)$$

2.32　计算半径为 a、质量为 M 的均质圆环，对位于环的平面内，但在环的外侧的各点的引力势.

提示　可表示为第一类椭圆积分.

***2.33**　考虑一个任意形状的物体.证明，对物体外一个球内各点的引力势的平均值等于在此球心处的引力势.

2.34　判断以下各力是否保守力，如果是保守力，找出它的势能函数.

(1) $\boldsymbol{F}=(ax+by^2)\boldsymbol{i}+(az+2bxy)\boldsymbol{j}+(ay+bz^2)\boldsymbol{k}$，$a$、$b$ 为常量;

(2) $\boldsymbol{F}=\boldsymbol{a}\times\boldsymbol{r}$，$\boldsymbol{a}$ 为常矢量;

(3) $\boldsymbol{F}=a\boldsymbol{r}$，$a$ 为常量;

(4) $\boldsymbol{F}=\boldsymbol{a}(\boldsymbol{a}\cdot\boldsymbol{r})$，$\boldsymbol{a}$ 为常矢量.

答　(1) $V=-\dfrac{1}{2}ax^2-bxy^2-ayz-\dfrac{1}{3}bz^3$;

(2) 不是保守力;(3) $V=-\dfrac{1}{2}ar^2$;

(4) $V=\dfrac{1}{2}(\boldsymbol{a}\cdot\boldsymbol{r})^2$.

2.35　考虑一块靠自身引力维持的由液态物质构成并处于流体静力平衡的平板，其总厚度为 $2h$，横向范围(x 和 y 方向)是无限的.平板密度只是 z 的函数 $\rho(z)$，与 x、y 无关，且对于 $z=0$的中间平面是对称的.求中间平面的压强 $p(0)$，把它写成

$$\sigma=\int_0^h\rho(z)\mathrm{d}z$$

的函数.

答　$p(0)=2\pi G\sigma^2$.

2.36　火车质量为 m,其所生功率为常数 k,若车受的阻力为常数 f,试证时间与速度的关系为

$$t=\frac{mk}{f^2}\ln\frac{k}{k-fv}-\frac{mv}{f}$$

若所受阻力与速度 v 成正比,则

$$t=\frac{mv}{2f}\ln\frac{k}{k-fv}$$

2.37　(1) 质量为 m 的粒子在势能 $V(x)=\dfrac{cx}{x^2+a^2}$ 的保守力场中运动,其中 c 和 a 是正的常数.求稳定平衡位置及在它附近作小振动的周期.

(2) 如果粒子从所求的平衡位置以速度 v 开始运动,求 v 值的范围,粒子将做(a)振动,(b)逃到 $-\infty$,(c)逃到 $+\infty$.

答　(1) $x=-a$, $T=2\pi a\sqrt{\dfrac{2ma}{c}}$.(2) (a) $|v|<\sqrt{\dfrac{c}{ma}}$;(b) $v<0$ 时,$|v|>\sqrt{\dfrac{c}{ma}}$,$v>0$ 时,$\sqrt{\dfrac{c}{ma}}<|v|<\sqrt{\dfrac{2c}{ma}}$;(c) $v>\sqrt{\dfrac{2c}{ma}}$.

2.38　一根长度为 a 的不可伸长的轻绳,一端连着一个质量为 m 的粒子 P,另一端连着一个质量为 $\dfrac{3}{2}m$ 的环 Q,此环穿在一根固定的粗糙的水平的金属丝上.从环和粒子处于平衡的状态给粒子一个水平的平行于金属丝的速率 $\sqrt{2ag}$.证明:在小环不在金属丝上滑动的情况下,绳中张力为 $3mg\cos\theta$,其中 θ 是绳子与铅垂线间的夹角.并证明:如环与金属丝间摩擦因数大于 $\dfrac{1}{\sqrt{3}}$,环就不会滑动.

2.39　质量为 $2m$ 与 m 的两质点为一不可伸长的轻绳联结后,挂在一光滑的滑轮上.在 m 的下端又用原长为 a、劲度系数 $k=\dfrac{mg}{a}$ 的质量可忽略的弹簧与另一个质量为 m 的质点相连.开始时,从下列状态:三个质点均静止,绳被拉紧,弹簧为原长.开始运动.求(1)任何时刻两质量为 m 的质点间的距离;(2)绳子张力;(3)弹簧对质点的作用力.

答　(1) $L=a\left[2-\cos\left(\sqrt{\dfrac{4g}{3a}}t\right)\right]$;

(2) $T=2mg\left[1-\dfrac{1}{3}\cos\left(\sqrt{\dfrac{4g}{3a}}t\right)\right]$;

(3) $f=mg\left[1-\cos\left(\sqrt{\dfrac{4g}{3a}}t\right)\right]$.

2.40　一质点被一根轻弹性绳系于固定点 A,绳的固有长度为 a.当悬挂质点平衡后,绳的长度为 $a+b$.今质点从 A 点静止下降,求质点落到最低点与 A 点间的距离以及此过程所用的

时间.

答 $a+b+\sqrt{b^2+2ab}, \sqrt{\frac{2a}{g}}+\sqrt{\frac{b}{g}}\left(\pi-\arctan\sqrt{\frac{2a}{b}}\right)$.

2.41 滑轮上绕有不可伸长的轻绳,绳上悬一弹簧,弹簧的另一端挂一质量为 m 的物体.当滑轮等角速转动时,物体以等速度 v_0 下降,此时弹簧伸长量为 λ.如将滑轮突然停住,求此后运动中,弹簧的最大伸长量和绳子的最大张力.

答 $\lambda+v_0\sqrt{\frac{\lambda}{g}}, \ mg\left(1+\frac{v_0}{\sqrt{g\lambda}}\right)$.

2.42 一质量为 m 的质点,受引力作用在一直线上运动.当 $x \geqslant a$ 时,引力值为 $m\mu a^2/x^2$,当 $x \leqslant a$ 时,引力值为 $m\mu x/a$,式中 x 是相对于线上某一点(取为原点)的距离,μ 及 a 为常量.如质点在离原点 $2a$ 处从静止开始运动.求到达原点时的速度及走此段路程所需的时间.

答 $-\sqrt{2\mu a}, \sqrt{\frac{a}{\mu}}\left(1+\frac{3}{4}\pi\right)$.

2.43 轴套 A 的质量为 0.5kg,沿着位于铅垂平面的螺线形杆无摩擦地滑动.螺线形方程为 $r=0.3\theta$,式中 r 以米计,θ 以弧度计,轴套在大小不变的径向力 $T=10\text{N}$ 作用下,从 A 点静止释放,滑到位置 B 处.求轴套到达 B 处时的速度.

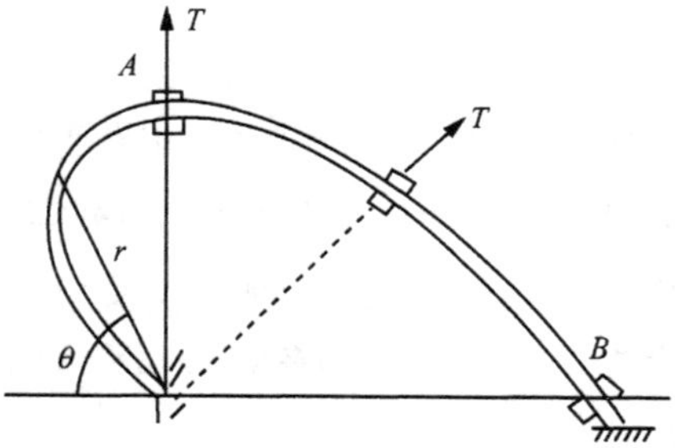

2.43 题图

答 $v=5.3\text{m}\cdot\text{s}^{-1}$.

2.44 小球质量为 m,连接在绕水平轴 O 旋转的 BD 杆的 D 端,连杆 BC 穿过绕 A 点转动的套筒,并能在其内滑动.劲度系数为 k 的弹簧套在 BC 杆的 AC 段.当球下降时压缩弹簧,$\theta=60°$的位置时,弹簧无伸缩.从此位置静止释放.求 $\theta=90°$时,BC 杆的角速度.设 BC 杆及 BD 杆的质量及各处摩擦可略去不计.

答 $\omega_{BC}=\frac{1}{2}\sqrt{\frac{g}{b}-\frac{k}{m}(3-2\sqrt{2})}$

2.45 求质量为 m 和具有能量 E 的质点,在势场 $V=V_0\tan^2 ax$(式中 V_0 和 a 为常量)中作一维运动的周期.

答 $T=\frac{\pi\sqrt{2m}}{a\sqrt{E+V_0}}$.

2.46　质量分别为 m、$2m$、$3m$、$4m$、$5m$ 的五个质点，用八根长度均为 l 的轻质杆连成题图所示的锥体．以角速度 ω 绕连接 $4m$ 与 $5m$ 的线转动．求锥体对 O 点的角动量的 x、y、z 方向的分量．

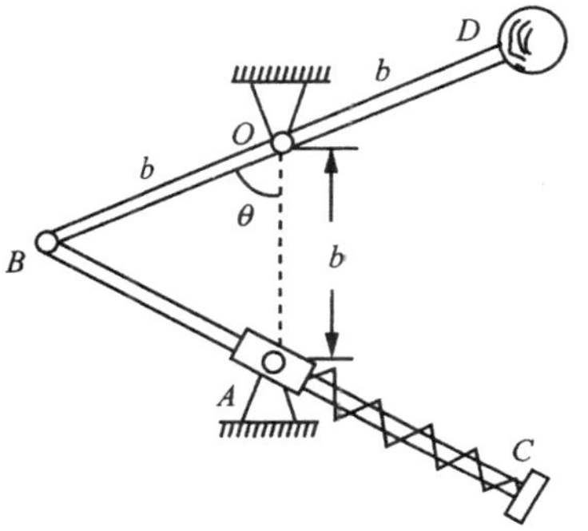

2.44 题图

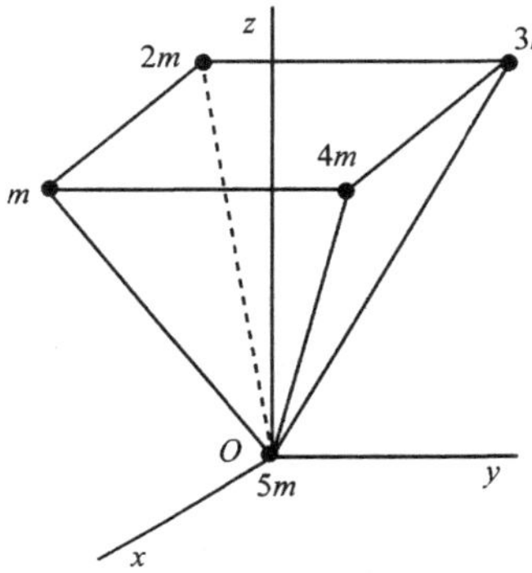

2.46 题图

答　$J_x=\frac{7}{2}m\omega t^2$，$J_y=\frac{5}{2}m\omega l^2$，$J_z=2\sqrt{2}m\omega l^2$．

2.47　一有方向的直线 L，其方向余弦为 l、m、n，且通过点(a,b,c)．求在 xy 平面上通过原点与 x 轴夹角为 α 与 y 轴夹角为 $\frac{\pi}{2}-\alpha$ 的单位矢量对有向直线 L 的矩．

答　$(cl-an)\sin\alpha+(bn-cm)\cos\alpha$．

2.48　(1) 如果加给 n 个质点的所有力的矢量和等于零，证明：加给这 n 个质点的力矩的矢量和，与计算它的参考点(矩心)无关；

(2) 如果 n 个质点的动量之矢量和等于零，证明这 n 个质点的角动量之矢量和与计算它的参考点(矩心)无关．

2.49　一个质点在重力作用下，沿一个对竖直轴对称的光滑旋转面上运动．用柱坐标表示的这旋转面的方程为 $\rho=f(z)$．如质点在高度 z_1 处，速度是水平的，大小为 v_1，在高度 z_2 处，速度再次是水平的，大小为 v_2．求 v_1、v_2，把它们写成 z_1、z_2 的函数．

答　$v_1^1=2gf^2(z_2)(z_1-z_2)/[f^2(z_1)-f^2(z_2)]$，

$$v_2^2=2gf^2(z_1)(z_1-z_2)/[f^2(z_1)-f^2(z_2)].$$

2.50　一个原长为 a、弹性模量为 λ 的弹性绳一端固定在一个光滑水平面上的固定点 O，另一端系一个质量为 m 的质点，原先在平面上处于静止，突然给质点施加一个大小为 v、方向垂直于绳的速度，以后运动中，绳被拉伸到最大长度 $3a$，求质点的初速度 v．

答　$v=\sqrt{\frac{9\lambda a}{2m}}$．

2.51　一个质量为 m 的质点,在重力作用下在一个光滑的旋转抛物面的内表面上运动.用柱坐标 ρ、φ、z 表示,抛物面的方程为 $\rho^2=az$,(a 为常量),z 轴竖直向上.开始质点于 $\rho=a$, $\varphi=0$, $z=a$ 处被抛射时,具有在水平方向的速率 V.求质点的速率 $v(z)$,并求质点运动过程中 z 的最大值和最小值.

答　$v=[V^2-2g(z-a)]^{1/2}$, $z_{\min}=a$, $z_{\max}=\dfrac{V^2}{2g}$.

2.52　一个质点在恒定的重力作用下,在 xy 平面内运动.重力沿 y 轴负方向.找出这二维运动的四个独立的运动常数,其中有三个独立的运动常数不显含时间.

答　$\dot{x}$, $\dot{x}^2+\dot{y}^2+2gy$, $\dot{x}\dot{y}+gx$, $\dot{y}+gt$.

***2.53**　证明:在两个质量为 m_1、m_2 的质点按库仑定律相互作用的问题中,矢量 $\boldsymbol{L}=\boldsymbol{V}\times\boldsymbol{J}+\dfrac{a\boldsymbol{r}}{r}$ 是运动积分,其中 $\boldsymbol{V}$ 是相对速度,$\boldsymbol{r}$ 是相对位矢,$\boldsymbol{J}=\mu(\boldsymbol{r}\times\boldsymbol{V})$ 是与相对运动相联系的角动量,a 是库仑定律中的常系数,$\mu=\dfrac{m_1m_2}{m_1+m_2}$.

提示　参看 §4.5,实际上 $\mu\boldsymbol{L}$ 就是与相对运动相联系的拉普拉斯-龙格-[redacted]次矢量.

***2.54**　质量为 m、带电量为 e 的点电荷,在强度为 g 的磁单极子场中运动.磁单极子可以看成无限重,位于原点,点电荷受磁单极子的作用力为 $-ge\dfrac{\dot{\boldsymbol{r}}\times\boldsymbol{r}}{r^3}$,不计重力.

(1) 证明动能 $T=\dfrac{1}{2}m\dot{\boldsymbol{r}}\cdot\dot{\boldsymbol{r}}$ 是运动积分;

(2) 证明 $\boldsymbol{L}=\boldsymbol{J}+\dfrac{eg\boldsymbol{r}}{r}$ 是运动积分;

(3) 利用上述 $\boldsymbol{L}$ 是运动积分,证明这个带电粒子的运动轨道在一个半顶角为 α 的圆锥面上,$\boldsymbol{L}$ 是该圆锥的对称轴,α 满足 $\cos\alpha=\dfrac{eg}{|\boldsymbol{L}|}$.

提示　考虑 $\boldsymbol{r}\cdot\boldsymbol{L}$.

2.55　一质点自一光滑的抛物线上一点 Q 自由滑下.该点在其轴线上方 h 处,抛物线的方程为 $y^2=2px$,y 轴竖直向上.问质点滑至何处时,曲线对质点的约束力将改变符号(求出此点的 y 坐标满足的方程即可).

答　$y^3+3p^2y-2p^2h=0$.

2.56　设有质量为 m 的质点在椭球面 $\dfrac{x^2}{a^2}+\dfrac{y^2}{b^2}+\dfrac{(c-z)^2}{c^2}-1=0$ 的最低点作微振动,z 轴竖直向上,求其运动规律及约束力.又如 $a=b$,且椭球绕 z 轴以等角速 ω 转动,求质点在相对平衡状态时与椭球最低点的高度差.

答　$x=A\cos\left(\sqrt{\dfrac{cg}{a^2}}t+\alpha_1\right)$, $y=B\cos\left(\sqrt{\dfrac{cg}{b^2}}t+\alpha_2\right)$

$$N_x=-\frac{cmgA}{a^2}\cos\left(\sqrt{\frac{cg}{a^2}}t+\alpha_1\right),$$

$$N_y = -\frac{cmgB}{b^2}\cos\left(\sqrt{\frac{cg}{b^2}}t + \alpha_2\right),\ N_z = mg,\ c - \frac{c^2 g}{\omega^2 a^2}.$$

2.57 用拉格朗日乘子法写出 2.51 题的运动微分方程,并由此得到 $\dot{\rho}$ 所满足的方程.

答 $\left(\frac{1}{2}a^2 + 2\rho^2\right)\dot{\rho}^2 + ag\rho^2 + \frac{a^4 v^2}{2\rho^2} = a^3 g + \frac{1}{2}a^2 V^2$.

2.58 一个单位质量的质点在一个旋转抛物面内表面上运动.旋转抛物面的柱坐标方程为 $\rho^2 = 4az$,z 轴竖直向上,a 为常量.该质点受到一个垂直于 z 轴向外的大小为 $\mu\rho$ 的斥力,摩擦力可忽略不计.开始质点位于 $z=0$,具有垂直于 z 轴的速度 $2a\mu^{1/2}$.用拉格朗日乘子法和运动积分两种办法求质点所能达到的最高点.

答 $\frac{2a^2\mu}{g - 2\mu a}$.

2.59 质量分别为 m 及 m' 两个质点,用未伸缩时的长度为 a 的弹性绳相连.绳的弹性常数 $k = \frac{2mm'\omega^2}{m + m'}$.将此系统放在光滑的水平管内,管子绕通过管上某点的竖直轴以恒定角速度 ω 转动.开始时,两质点相对于管子是静止的,两质点间距为 a,试求此后任何时刻两质点间的距离.

答 $a(2 - \cos\omega t)$.

2.60 质量为 m 的小环套在半径为 α 的光滑圆圈上,可在其上滑动.如圆圈在水平面内以恒定角速度 ω 绕圈上某点 O 转动,转轴垂直于水平面.试求小环沿圆圈切线方向的运动微分方程.

答 $\ddot{\varphi} + \omega^2\sin\varphi = 0$.

2.61 在水平的 xy 平面内有一留声机转盘,它以恒定的角速度绕过盘心的铅垂轴旋转.在转盘上滑动的物体在水平方向受到两个真实力作用,一个是大小为 kr(r 为质点至盘心的距离,k 为常量),方向指向盘心的弹性力,另一个是摩擦力,与相对速度成正比,比例系数为 c,c 是正值常量.物体可视为质点.

(1) 如物体呆在盘上任何位置均能相对转盘保持静止,问 k 有多大?

(2) 假设 k 是(1)问所得之值,在一般的初条件下,求物体的相对速度 $\dot{x}$、$\dot{y}$;

(3) 用(2)的结果进而求 $x(t)$和 $y(t)$.

答 (1) $k = m\omega^2$;

(2) $\dot{x} = (\dot{x}_0\cos 2\omega t + \dot{y}_0\sin 2\omega t)e^{-\frac{c}{m}t}$, $\dot{y} = (-\dot{x}_0\sin 2\omega t + \dot{y}_0\cos 2\omega t)e^{-\frac{c}{m}t}$;

(3) $$x = x_0 + \frac{m(c\dot{x}_0 + 2m\omega\dot{y}_0)}{c^2 + 4m^2\omega^2} - \left[\frac{m(c\dot{x}_0 + 2m\omega\dot{y}_0)}{c^2 + 4m^2\omega^2}\cos 2\omega t - \frac{m(2m\omega\dot{x}_0 - c\dot{y}_0)}{c^2 + 4m^2\omega^2}\sin 2\omega t\right]e^{-\frac{c}{m}t},$$

$$y = y_0 - \frac{m(2m\omega\dot{x}_0 - c\dot{y}_0)}{c^2 + 4m^2\omega^2} + \left[\frac{m(2m\omega\dot{x}_0 - c\dot{y}_0)}{c^2 + 4m^2\omega^2}\cos 2\omega t - \frac{m(c\dot{x}_0 + 2m\omega\dot{y}_0)}{c^2 + 4m^2\omega^2}\sin 2\omega t\right]e^{-\frac{c}{m}t}.$$

2.62 当从正上方俯视时,发现在海洋表面之下有一个相当分明的弧立层中有一海洋环流作逆时针旋转,旋转周期是 14 小时.问此洋流是在什么纬度和哪个半球探测到的.

答　南纬 59°.

2.63　已知一个单摆的悬挂点作强迫竖直小振动 $\eta(t)=\eta_0\cos\omega t$，此单摆由长为 L 的无质量杆和杆端的质点组成.

(1) 假设单摆摆角振幅很小，$\eta_0 \ll L$. 求摆角 φ 满足的运动微分方程；

(2) 求满足初条件 $t=0$ 时，$\varphi=a$，$\dot{\varphi}=0$ 的一级近似解；

(3) ω 为何值时发生共振，写出共振时满足(2)给的初条件的一级近似解.

答　(1) $\ddot{\varphi}+\left(\frac{g}{L}-\frac{\eta_0\omega^2}{L}\cos\omega t\right)\varphi=0$；

(2) $\varphi^{(1)}=a\cos\omega_0 t+\frac{\eta_0}{L}\left[-\frac{a\omega^2}{(2\omega_0+\omega)(2\omega_0-\omega)}\cos\omega_0 t-\frac{a\omega}{2(2\omega_0+\omega)}\cos(\omega_0+\omega)t\right.$

$\left.+\frac{a\omega}{2(2\omega_0-\omega)}\cos(\omega_0-\omega)t\right]$；

(3) $\omega=2\omega_0$ 时发生共振. 共振时满足所给初条件的一级近似解为

$$\varphi^{(1)}=\left(1-\frac{\eta_0}{4L}\right)a\cos\omega_0 t-\frac{\eta_0 a}{4L}\cos 3\omega_0 t.$$

2.64　一个半径为 R 的半球形碗以不变角速度 Ω 绕竖直的对称轴转动. 质量为 M 的一个粒子在重力影响下在碗的内表面运动，粒子受到碗面的支持力外，还受到一个摩擦力 $\boldsymbol{F}=-k\boldsymbol{v}$，其中 k 为常量，$\boldsymbol{v}$ 是相对于碗的速度.

(1) 用球坐标 θ、φ(坐标原点取在碗心)，写出粒子相对于转动参考系的运动微分方程. 证明：如果 $\Omega>\sqrt{\frac{g}{R}}$，除了碗底这个平衡位置以外，存在第二个平衡位置，并求出这第二个平衡位置的 θ 值.

(2) 考虑粒子在碗底这个平衡位置附近的运动. 在此平衡点取一个固定的笛卡儿坐标系 x、y、z，除计算重力提供的恢复力以外，不考虑碗的曲率. 证明：对于 $|x|\ll R$，$|y|\ll R$，粒子的位置满足 $x=\mathrm{Re}(x_0 e^{\lambda t})$，$y=\mathrm{Re}(y_0 e^{\lambda t})$，其中 λ 满足

$$\left(\lambda^2+\frac{k}{M}\lambda+\frac{g}{R}\right)^2+\left(\frac{k}{M}\right)^2\Omega^2=0$$

(3) 求碗的角速度 Ω_0，对于此角速度，粒子的运动是周期性的.

答　(1) $MR\ddot{\theta}-MR\dot{\varphi}^2\sin\theta\cos\theta=-Mg\sin\theta-kR\dot{\theta}-2MR\Omega\dot{\varphi}\sin\theta\cos\theta+MR\Omega^2\sin\theta\cos\theta$，

$MR\ddot{\varphi}\sin\theta+2MR\dot{\theta}\dot{\varphi}\cos\theta=-kR\dot{\varphi}\sin\theta+2MR\Omega\dot{\theta}\cos\theta$.

$$\theta=\arccos\frac{g}{R\Omega^2}$$

(3) $\Omega_0=\pm\sqrt{\frac{g}{R}}$.

2.65　一个质点在地球纬度为 λ 处的一完全光滑的水平面(它与那个纬度的铅垂线垂直)上滑动．选 z 轴铅直向上，x 轴向南，y 轴向东. 若开始时，质点位于 $x=0$，$y=a$，$\dot{x}=u$，$\dot{y}=0$.

(1) 证明:若略去运动微分方程中的 ω^2 项,则坐在平面上的观察者看到的轨道方程为

$$x^2+\left(y-a+\frac{u}{2\omega\sin\lambda}\right)^2=\left(\frac{u}{2\omega\sin\lambda}\right)^2;$$

(2) 说明略去 ω^2 项是不合理的.

2.66　证明:一条宽度为 b、河水以 v 的速率向北流的运河,在纬度 λ 处,东岸的河水水面比西岸高 $2bv\omega\sin\lambda/g$,其中 ω 是地球的自转角速度. g 为当地的表观重力加速度

2.67　在北纬 λ 处,一个质量为 m 的质点垂直上抛,可达高度 h 处,问它在何处返回地面?

答　在抛出点西边 $\dfrac{8\sqrt{2}\omega h^{3/2}\cos\lambda}{3g^{1/2}}$ 处.

2.68　在北纬 λ 处,以初速 v_0 向东发射炮弹,发射角为 α,若不计空气阻力,视重力为常值,且忽略其与铅垂线的偏差,即认为重力指向地心. 求炮弹的运动方程以及着地点的偏差.

答　$x=\omega v_0 t^2\cos\alpha\sin\lambda$,

$$y=v_0 t\cos\alpha+\frac{1}{3}\omega g t^3\cos\lambda-\omega v_0 t^2\sin\alpha\cos\lambda,$$

$$z=v_0 t\sin\alpha-\frac{1}{2}gt^2+\omega v_0 t^2\cos\alpha\cos\lambda,$$

$$\Delta x=\frac{4\omega v_0^3}{g^2}\sin^2\alpha\cos\alpha\sin\lambda,$$

$$\Delta y=\frac{4\omega v_0^3}{g^2}\cos\lambda\left(1-\frac{4}{3}\sin^3\alpha\right)$$

第三章　振动和波

振动和波动都是自然界中常见的一种现象，在我们的日常生活中，在工程技术和科学研究中无处不有．汽车、船舶、飞机等交通工具的设计制造，桥梁、水坝等土木、水利工程的设计都必须认真考虑可能遇到的振动问题．机器制造业更不用说了，机械振动常常是机械结构和零部件损坏、失效的主要原因．振动也不尽是起破坏作用而需要采取减振措施的，也有可以利用的一面，如振动筛选、振动打桩、地震仪和用振动理论设计的传感器等．以上讲的都是机械振动，此外还有电磁的振动，晶体内原子、分子的振动．波动也不仅有声波、地震波这样的机械波，还有无线电波、光波等各种频率的电磁波．这些机械的和非机械的振动和波动虽然遵循不同的规律，但都具有相同的微分方程．因此学习这一章振动和波的基本理论，对于准备从事工程技术工作和从事科学研究工作的人们都是必要的．这里所学的许多结论，不少和后续课程中的结论是完全一样的．

§3.1　简谐振动

1．振动的分类

每个系统都能发生振动，系统有的是连续的，有的是离散的．大多数的连续系统通过适当的处理可以变成离散系统．从自由度来区别，又有单自由度、多自由度和无限自由度之分．我们这一章讨论单个质点或可以等效于单个质点的单自由度的振动．一个物理量随时间时而增大时而减小反复变化的运动，称为振动．如果随时间的变化具有周期性，称为周期运动或周期振动，如振动不具有随时间的周期性，称为非周期运动或非周期振动．按振动所遵从的微分方程来区分，有线性振动和非线性振动．在外界激发振动的力作用下的运动称为受迫振动，在无外界激发振动的力(简称激振力)作用下的运动称为自由振动，没有激振力也没有阻力作用下发生的振动，称为固有振动．按振动的运动学方程来分，有简谐振动和非简谐振动．

2．什么是简谐振动

简谐振动是最简单的、最基本的振动，任何复杂的振动都可以分解为许多(有限多个或无限多个)简谐振动的合成运动.

我们先看几个简谐振动的实例.

(1) 水平放置的弹簧振子沿弹簧所在的直线的运动

一个劲度系数为 k 的质量可忽略不计的弹簧一端固定,另一端连着一个质量为 m 的质点就构成一个弹簧振子.将它放在光滑的水平面上,如图 3.1.1 所示.

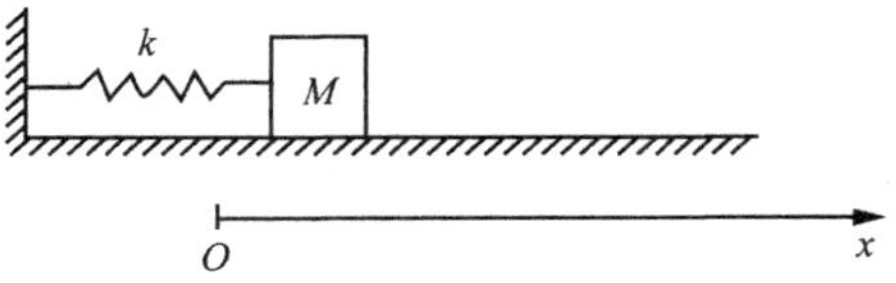

图 3.1.1

取弹簧自然长度时质点所在位置为坐标原点.当质点处于位置 x 处,弹簧对质点的作用力为 $-kx$,与 x 的符号相反,反映所受的力为恢复力.因为 $x=0$ 时,弹簧的作用力为零,质点处于平衡位置,x 值反映偏离平衡位置的位移,力的正负号总与此位移的正负号相反,总是指向平衡位置的,故为恢复力,其大小又与位移的大小成正比.

根据牛顿运动第二定律,质点运动遵从的微分方程为

$$m\ddot{x} = -kx \tag{3.1.1}$$

不难解出,其一般解为

$$x = A\cos(\omega t + \alpha) \tag{3.1.2}$$

其中 $\omega=\sqrt{\dfrac{k}{m}}$,$A$、$\alpha$ 均是积分常量,由初条件确定.

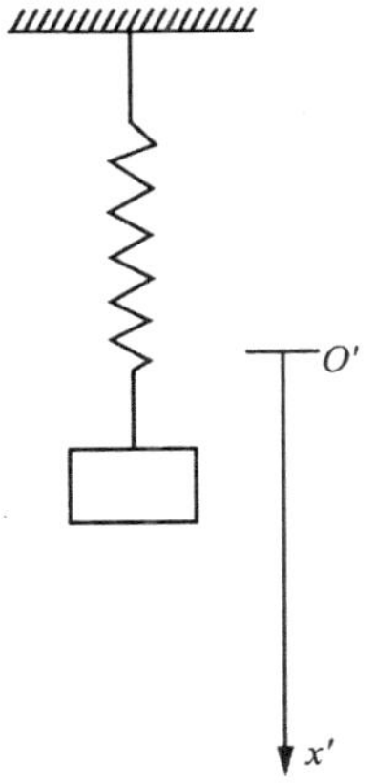

图 3.1.2

(2) 一个挂着的弹簧振子沿弹簧所在的直线的运动

弹簧上端固定,下端连着一个质点,在竖直方向运动,如图 3.1.2 所示,如仍取弹簧自然长度时质点所在位置 O' 为坐标 x' 轴的原点,运动微分方程为

$$m\ddot{x}' = -kx' + mg \tag{3.1.3}$$

上式可改写为

$$m\ddot{x}' = -k\left(x' - \frac{mg}{k}\right)$$

令 $x = x' - \dfrac{mg}{k}$,即改取 x 轴,其原点在 $x' = \dfrac{mg}{k}$ 处,运动微

分方程变为

$$m\ddot{x} = - kx$$

其一般解为

$$x = A\cos(\omega t + \alpha)$$

或

$$x' = \frac{mg}{k} + A\cos(\omega t + \alpha)$$

不难看出,x 轴的坐标原点正是振动系统的平衡位置.

(3) 单摆

一根质量可以忽略不计的不可伸长的长度为 l 的绳子一端固定,另一端连一个质量为 m 的质点在竖直平面内作小角度摆动,如图 3.1.3 所示.

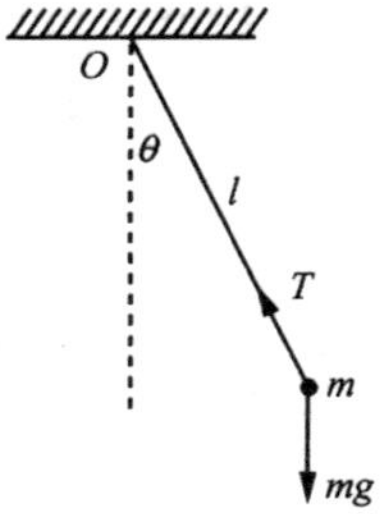

图 3.1.3

用图中 θ 描述质点的位置,$\theta=0$ 时,绳子张力 T 与重力平衡,为平衡位置. $\theta\neq 0$ 时,绳子张力 T 和重力的合力产生使质点回到平衡位置的切向加速度,或者说它们对 O 点的合力矩产生使质点回到平衡位置的角加速度.

可用自然坐标,列牛顿运动第二定律的切向的方程,也可用对固定点 O 的角动量定理.列出的运动微分方程分别为

$$ml\ddot{\theta} = - mg\sin\theta \approx - mg\theta \tag{3.1.4}$$

$$ml^2\ddot{\theta} = - mgl\sin\theta \approx - mgl\theta$$

还可以用机械能守恒定律写出守恒关系,再对时间求导获得运动微分方程.取质点的平衡位置处为势能零点(这不是必须的),质点的重力势能为 $mgl(1-\cos\theta)\approx\frac{1}{2}mgl\theta^2$,质点的动能为$\frac{1}{2}m(l\dot{\theta})^2$.机械能守恒关系为

$$\frac{1}{2}ml^2\dot{\theta}^2 + \frac{1}{2}mgl\theta^2 = 常量$$

对 t 求导

$$ml^2\dot{\theta}\ddot{\theta} + mgl\theta\dot{\theta} = 0$$

消去 $l\dot{\theta}$,即得(3.1.4)式.

(3.1.4)式的一般解为

$$\theta = A\cos(\omega t + \alpha)$$

其中 $\omega = \sqrt{\frac{g}{l}}$，$A$、$\alpha$ 为积分常量，由初条件确定.

以上三个例子表明，只要选平衡位置为坐标原点，作简谐振动的物理量有同样的运动学方程

$$x = A\cos(\omega t + \alpha) \tag{3.1.5}$$

x 可以是坐标、角度、速度、加速度、角速度、角加速度或其他物理量.

它们遵从同样的微分方程

$$\ddot{x} + \omega^2 x = 0 \tag{3.1.6}$$

作简谐振动变化的物理量如坐标、角度、速度等，在偏离平衡位置后，都将受到一个"恢复力"(恢复力矩也可视为"恢复力"，如物理量是速度 $\dot{x}$，$-k\dot{x}$ 也可视为"恢复力")，其大小与偏离平衡位置的物理量的"位移"的大小成正比，符号总与"位移"的符号相反.

因此一个运动或一个变化的物理量具有下列三个方面：取平衡位置为坐标原点，(i)运动学方程具有(3.1.5)式的形式；(ii)微分方程具有(3.1.6)式的形式；(iii)偏离平衡位置时受到"恢复力"的作用、具有任何一个方面，必具有另外两个方面.因此只要有任何一个方面，就可以判断该运动是简谐振动或该物理量是按简谐振动的规律变化的.

这是就自由振动而言的，以后将看到，对于受迫振动，达到稳态后，运动学方程也有(3.1.5)式，但没有另外两个方面.就是说，从满足的微分方程或进行受力分析作判断是最可靠的.

如果进行受力分析时，发现除了有恢复力形式的力外还多了一个恒力.则列出的微分方程也比(3.1.6)式多出一个常量项，则一定可以通过改变坐标的原点即取平衡位置为坐标原点证明仍然是简谐振动.

从上面的几个例子还可以看出，运动微分方程可以用不同的物理定律获得.

按前述的关于振动的各种分类，简谐振动是单自由度振动、线性振动、周期振动，也是自由振动和固有振动.

3. 表征简谐振动的物理量和简谐振动的表示方法

简谐振动的运动学方程 $x = A\cos(\omega t + \alpha)$ 中，A 称为振幅，ω 称为角频率，α 为初相位，$\omega t + \alpha$ 为 t 时刻的相位.描述简谐振动的物理量除了振幅、角频率和初

相位以外，还有周期和频率.简谐振动是一种周期运动，描述系统运动的各个物理量都回到开始的值所经历的最短时间称为周期运动的周期.通常用 T 表示周期.对于简谐振动，显然有

$$\omega(t+T)+\alpha=\omega t+\alpha+2\pi$$

即

$$\omega T=2\pi,\quad T=\frac{2\pi}{\omega} \tag{3.1.7}$$

系统回到原来的状态一次称为完成一次振动，周期是完成一次振动所经历的时间，其倒数是单位时间内完成振动的次数，称为振动的频率，用 ν 表示，则有

$$\nu=\frac{1}{T} \tag{3.1.8}$$

ω、ν 的单位分别为弧度/秒(rad/s)和赫兹(Hz)

简谐振动的表示方法，除了已讲过的运动学方程以外，还要介绍以下几种表示法.

(1) 图示法，用 x-t 曲线表示，如图 3.1.4 所示.图中所画的曲线，$t=0$ 时，$x>0$，$\dot{x}>0$，故有 $\cos\alpha>0$，$\sin\alpha<0$，α 为第四象限的角.

思考题　α 的取值范围，最常用的是 $-\pi\sim\pi$ 和 $0\sim2\pi$，分别用这两种取法，写出系统处于图 3.1.4 中 M 点时的时刻.

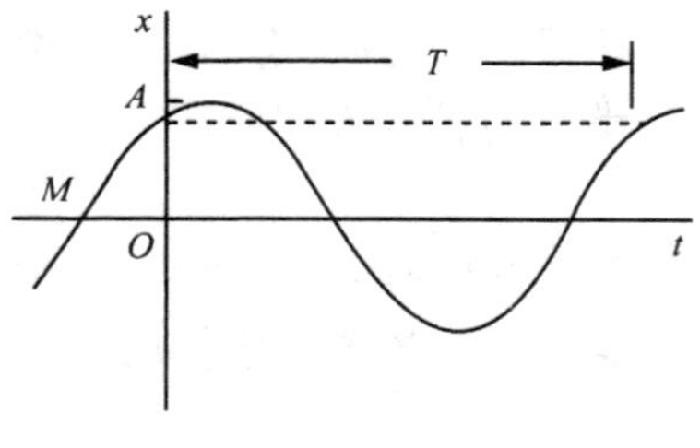

图 3.1.4

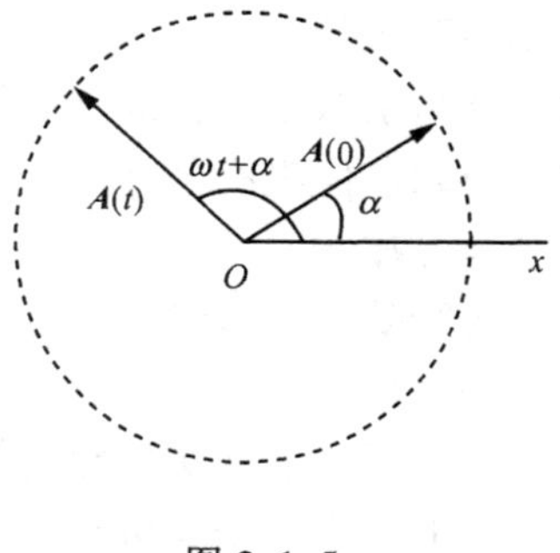

图 3.1.5

(2) 旋转矢量表示法.旋转矢量如图 3.1.5 所示.$\mathbf{A}$ 的大小为振幅，$\mathbf{A}(0)$是 $t=0$ 时的振幅矢量，$\mathbf{A}(0)$与 x 轴的夹角 α 为初相位.$\mathbf{A}$ 以 ω 的角速度绕过 O 点垂直于纸面的轴作逆时针转动，图中也画出了 t 时刻 $\mathbf{A}$ 的位置，$\mathbf{A}(t)$在 x 轴上的投影正是(3.1.5)式.用此法表示的初相位一目了然，这是它的优点，图 3.1.4 所示的简谐振动，初相位 α 处于第四象限可用图 3.1.6 来看，画此图时要注意两点：

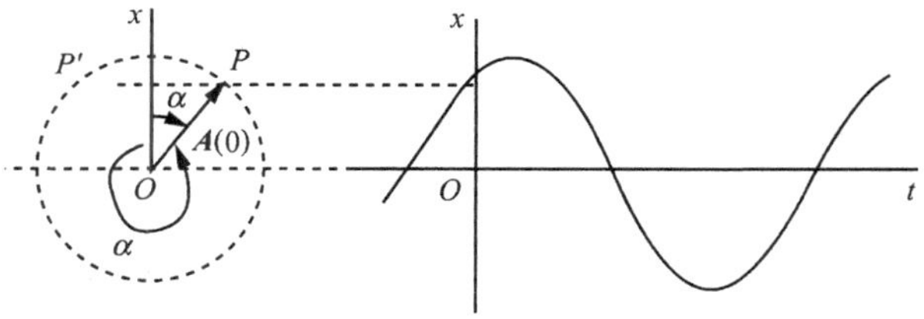

图 3.1.6

i) 旋转矢量图中的 x 轴必须与 x-t 图的 x 轴平行;ii) 旋转矢量作逆时针转动. 注意 $t=0$ 时, $\dot{x}>0$, 故 $\boldsymbol{A}(0)$ 是 $\overrightarrow{OP}$ 而不是 $\overrightarrow{OP'}$. 故 α 处于第四象限,不是处于第一象限.

(3) 复数表示法. 用复数

$$z = A\mathrm{e}^{\mathrm{i}(\omega t+\alpha)}$$

或写作 $z=\hat{A}\mathrm{e}^{\mathrm{i}\omega t}$, 其中

$$\hat{A} = A\mathrm{e}^{\mathrm{i}\alpha}$$

$$z = A\mathrm{e}^{\mathrm{i}(\omega t+\alpha)} = A\cos(\omega t + \alpha) + \mathrm{i}A\sin(\omega t + \alpha)$$

简谐振动 $x=A\cos(\omega t+\alpha)$ 是这个复数 z 的实部,即

$$x = \mathrm{Re}(z)$$

可以验证. 对于所有的简谐振动,上述关系都是成立的,例如

$$\dot{x} = -A\omega\sin(\omega t + \alpha) = A\omega\cos\left(\omega t + \alpha + \frac{\pi}{2}\right)$$

$$\dot{z} = \mathrm{i}A\omega\mathrm{e}^{\mathrm{i}(\omega t+\alpha)} = A\omega\mathrm{e}^{\mathrm{i}\left(\omega t+\alpha+\frac{\pi}{2}\right)}$$

$$\dot{x} = \mathrm{Re}(\dot{z})$$

复平面上表示复数 z 的点与原点连起来,这表示复数的矢量正是旋转矢量法中的振幅矢量.

三种表示方法各有其优缺点,图示法最直观,但初相位表示得不很明显,旋转矢量法和复数表示法不够直观,但初相位表示得很清楚. 此外,后两种方法还具有在求简谐振动的合成以及求解受迫振动的稳态解十分方便的优点.

例 3.1.1 如图 3.1.7 所示,质量为 m 的物体通过一个不计质量的劲度系数为 k 的弹簧系于固定点,在一水平面上作直线运动. 若物体与水平面间的摩擦因数

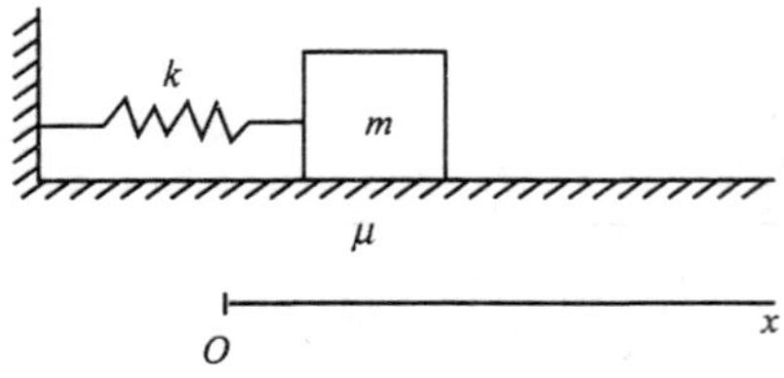

图 3.1.7

为 μ,物体原处于平衡状态,弹簧伸长量为 δ,给物体一个沿弹簧伸长方向的冲量 I,求物体此后的运动.

解　由于摩擦力的大小为 μmg 为常量,但方向总与速度反向,可以分段考虑为恒力,分段与弹簧的作用力一起构成恢复力,但向 x 正、负两个方向的运动,没有共同的平衡位置.干脆取弹簧原长时物体所在位置为 x 坐标的原点,取弹簧伸长方向为 x 正向.

在物体向右运动期间,运动微分方程为

$$m\ddot{x}=-kx-\mu mg$$

初条件为:$t=0$ 时,$x=\delta$,$\dot{x}=\dfrac{I}{m}$.(在冲力作用期间,弹簧力、摩擦力都是有限的,它们的冲量较之冲力的冲量可以忽略).

可解得一般解为

$$x=-\frac{\mu mg}{k}+A\cos\left(\sqrt{\frac{k}{m}}t+\alpha\right) \tag{1}$$

由初条件得

$$\delta=-\frac{\mu mg}{k}+A\cos\alpha$$

$$\frac{I}{m}=-A\sqrt{\frac{k}{m}}\sin\alpha$$

解出

$$A=\sqrt{\frac{I^2}{mk}+\left(\delta+\frac{\mu mg}{k}\right)^2} \tag{2}$$

$$\alpha=-\arctan\left[\frac{I}{\sqrt{mk}}\Big/\left(\delta+\frac{\mu mg}{k}\right)\right] \tag{3}$$

由 $\tan\alpha<0$ 及 $\sin\alpha<0$,可判断 α 应取第四象限的值.这里取负值是用了 α 的取值范围为 $-\pi\sim\pi$.

将(2)、(3)式代入(1)式,求出 $\dot{x}=0$ 时的 t 和 x 值,作为下一段向左运动的初条件,可得

$$t = t_0 = \sqrt{\frac{m}{k}}\arctan\left[\frac{I}{\sqrt{mk}}\Big/\left(\delta + \frac{\mu mg}{k}\right)\right]$$

时

$$x = \sqrt{\frac{I^2}{mk} + \left(\delta + \frac{\mu mg}{k}\right)^2} - \frac{\mu mg}{k}$$

$$\dot{x} = 0$$

在 $t=t_0$ 以后物体如何运动,应区别两种情况:

i) $t=t_0$ 时物体受到弹簧力的大小小于最大静摩擦力的大小

$$\left| -k\sqrt{\frac{I^2}{mk} + \left(\delta + \frac{\mu mg}{k}\right)^2} + \mu mg \right| < \mu mg$$

即

$$k\sqrt{\frac{I^2}{mk} + \left(\delta + \frac{\mu mg}{k}\right)^2} < 2\mu mg$$

则物体将在此 x 值保持静止.

ii) $t=t_0$ 时物体受到的弹簧力的大小大于最大静摩擦力的大小,即

$$k\sqrt{\frac{I^2}{mk} + \left(\delta + \frac{\mu mg}{k}\right)^2} > 2\mu mg$$

则物体将向左运动.

运动微分方程为

$$m\ddot{x} = -kx + \mu mg$$

解出满足初条件的解为

$$x = \frac{\mu mg}{k} + \left[\sqrt{\frac{I^2}{mk} + \left(\delta + \frac{\mu mg}{k}\right)^2}\right]\cos\left[\sqrt{\frac{k}{m}}(t - t_0)\right]$$

以下再次求出 $\dot{x}=0$ 时的 t 和 x 值.又得判断能否再次变为向右运动.未给各量的数值,以后的运动就不往下讨论了.

例 3.1.2 一个摆由很轻的棒和固定在它两端的质量分别为 m_1 和 m_2 的小球 A、B 组成.两小球到位于棒中部的固定转轴的距离分别为 L_1 和 L_2.求此摆在其平衡位置附近作微小振动的周期.

解 两球和棒上各质元都围绕 O 点作定轴转动,可用质点对固定轴的角动量

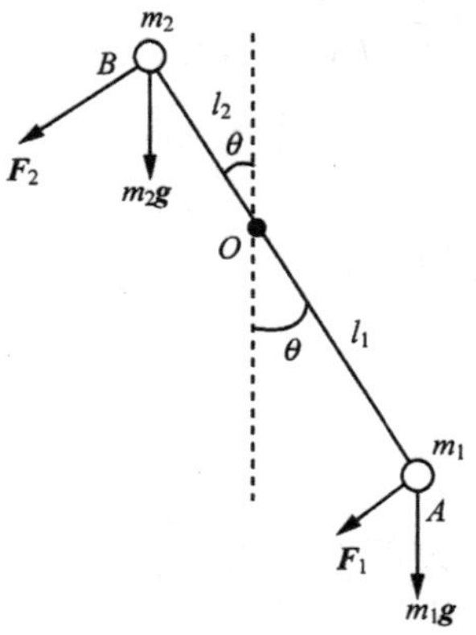

图 3.1.8

定理或机械能定理，由于在摆振动期间，沿棒的方向的作用力对 O 点的力矩为零，也不作功，无论用上述哪个定理时，均不在方程中出现，在图 3.1.8 中只画出两小球受到的棒给予的垂直于棒的方向的分力 F_1、F_2 和重力，F_1 和 F_2 是约束力，其正方向的指向可随意规定.

对两个小球用质点对固定轴的角动量定理，

$$m_1 L_1^2 \ddot{\theta} = - m_1 g L_1 \sin\theta - F_1 L_1$$

$$\approx - m_1 g L_1 \theta - F_1 L_1$$

$$m_2 L_2^2 \ddot{\theta} = m_2 g L_2 \sin\theta + F_2 L_2 \approx m_2 g L_2 \theta + F_2 L_2$$

两个微分方程有三个未知函数 θ、F_1 和 F_2，必须再找一个关系.这个关系可从对棒的各质元用对固定轴的角动量定理得到.由于各质元都不计质量，受到的垂直于棒的方向的力对 O 点的合力矩必须等于零，每个质元两端受到的这方向的力，其大小与离轴的距离成反比，依次逐个考虑各个质元，可得到 F_1、F_2 间有下列关系：

$$F_1 L_1 = F_2 L_2$$

由上述三式可得

$$(m_1 L_1^2 + m_2 L_2^2)\ddot{\theta} + (m_1 L_1 - m_2 L_2) g\theta = 0$$

$$\omega^2 = \frac{(m_1 L_1 - m_2 L_2) g}{m_1 L_1^2 + m_2 L_2^2}$$

$$T = \frac{2\pi}{\omega} = 2\pi\sqrt{\frac{m_1 L_1^2 + m_2 L_2^2}{(m_1 L_1 - m_2 L_2) g}}$$

在学过第八章以后，重解此题可简便得多.

§3.2　简谐振动的合成和分解

如果同一个系统受到两个或两个以上产生简谐振动的作用，例如传声器的膜片、人耳的鼓膜就可以有这种情况.两个一起作用着的扰动所产生的位移是否等于它们单独产生的位移的矢量叠加？答案可能是也可能不是.这是一个物理问题.这里只讨论可以矢量叠加的纯数学问题.

1. 两个同方向同频率振动的叠加

以某一个频率，当然是指以这个频率作的简谐振动，同方向是指振动都发生在同一条直线上. 用 x_1、x_2 表示两振动的位移，两个同方向、同频率的振动可表为

$$x_1 = A_1\cos(\omega t + \alpha_1)$$

$$x_2 = A_2\cos(\omega t + \alpha_2)$$

合振动

$$x = x_1 + x_2 = A_1\cos(\omega t + \alpha_1) + A_2\cos(\omega t + \alpha_2)$$

利用三角公式，不难用分析法得到下列形式的表达式：

$$x = A\cos(\omega t + \alpha)$$

但是，更方便的方法是采用旋转矢量法或复数法.

先用旋转矢量法，表示这样的两个简谐振动的振幅矢量的相对位置不随时间变化，因而其合振动的振幅矢量与两分振动的振幅矢量的相对位置也不随时间变化，说明合振动的频率等于两个分振动的频率. 由矢量加法的平行四边形或三角形法则将 $t=0$ 时两个分振动的振幅矢量相加，即可求出合振动的振幅和初相位. 由图 3.2.1 立即可得

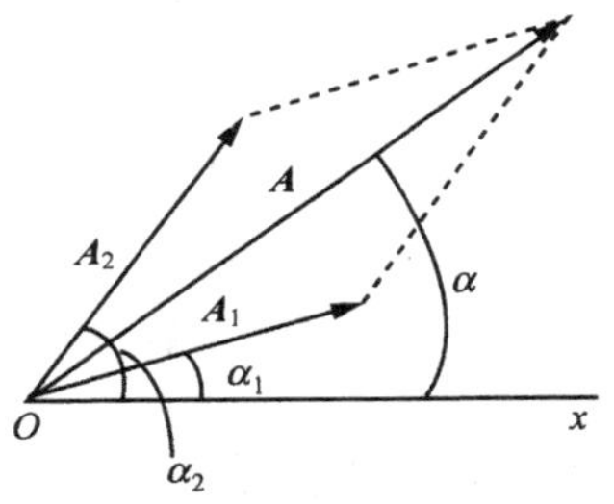

图 3.2.1

$$A = \sqrt{A_1^2 + A_2^2 + 2A_1A_2\cos(\alpha_2 - \alpha_1)} \tag{3.2.1}$$

$$\tan\alpha = \frac{A_1\sin\alpha_1 + A_2\sin\alpha_2}{A_1\cos\alpha_1 + A_2\cos\alpha_2} \tag{3.2.2}$$

用复数法

$$\begin{aligned} z = z_1 + z_2 &= A_1 e^{i(\omega t+\alpha_1)} + A_2 e^{i(\omega t+\alpha_2)} \\ &= e^{i\omega t}(A_1\cos\alpha_1 + iA_1\sin\alpha_1 + A_2\cos\alpha_2 + iA_2\sin\alpha_2) \\ &== e^{i\omega t}[(A_1\cos\alpha_1 + A_2\cos\alpha_2) + i(A_1\sin\alpha_1 + A_2\sin\alpha_2)] \\ &= e^{i\omega t}Ae^{i\alpha} \end{aligned}$$

其中 A、α 与 A_1、α_1、A_2、α_2 的关系正是(3.2.1)、(3.2.2)式.

当然,也还可以用图解法,在 x-t 图上对两个分振动进行叠加,得到合振动的 x-t 图.

2. 两个同方向不同频率的振动的叠加

在这种情况下,两分振动的相位差不再为常数,不为零的初相位没有带来特别之处,为书写简单起见,设两分振动的初相位均为零.

$$x_1 = A_1\cos\omega_1 t$$

$$x_2 = A_2\cos\omega_2 t$$

用分析法可以得到合振动 $x(t)$的解析表达式.

$$\begin{aligned}x &= x_1 + x_2 = A_1\cos\omega_1 t + A_2\cos\omega_2 t \\ &= \frac{A_1 + A_2}{2}(\cos\omega_1 t + \cos\omega_2 t) + \frac{A_1 - A_2}{2}(\cos\omega_1 t - \cos\omega_2 t) \\ &= (A_1 + A_2)\cos\left(\frac{\omega_1 - \omega_2}{2}t\right)\cos\left(\frac{\omega_1 + \omega_2}{2}t\right) \\ &\quad + (A_1 - A_2)\cos\left(\frac{\omega_1 - \omega_2}{2}t - \frac{\pi}{2}\right)\cos\left(\frac{\omega_1 + \omega_2}{2}t + \frac{\pi}{2}\right)\end{aligned} \tag{3.2.3}$$

(3.2.3)式表明合振动是相当复杂的.

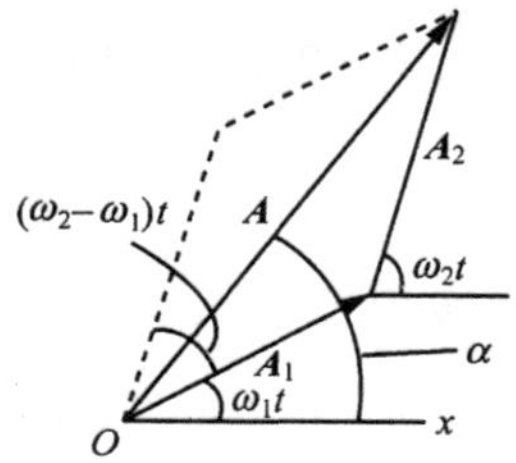

图 3.2.2

用旋转矢量法,可由图 3.2.2 得到合振动的振幅矢量 **A** 的大小及其幅角分别为

$$A = \sqrt{A_1^2 + A_2^2 + 2A_1A_2\cos(\omega_2 - \omega_1)t}$$

$$\alpha = \arctan\frac{A_1\sin\omega_1 t + A_2\sin\omega_2 t}{A_1\cos\omega_1 t + A_2\cos\omega_2 t}$$

A 是 t 的函数说明合振动的振幅矢量的大小随时间变化,A 将在 $A_1 + A_2$ 与 $|A_1 - A_2|$之间变化,$\frac{\mathrm{d}\alpha}{\mathrm{d}t}\neq 0$ 说明振幅矢量旋转的角速度也随时间变化.

用图解法可以得到合振动的 x-t 曲线,还可以作出结论:只有当两分振动的周期(或频率)之比是有理数,即

$$\frac{T_1}{T_2}=\frac{n_1}{n_2} \tag{3.2.4}$$

其中 n_1、n_2 均为整数,则合振动将是周期运动,若 n_1、n_2 已是无公因子的两个整数,则合振动的周期为

$$T=n_2 T_1 \text{ 或 } n_1 T_2 \tag{3.2.5}$$

例如,两个同方向不同频率的简谐振动的频率分别为 $\nu_1=450\text{Hz}$ 和 $\nu_2=200\text{Hz}$,则

$$\frac{T_1}{T_2}=\frac{\nu_2}{\nu_1}=\frac{200}{450}=\frac{4}{9}$$

合振动是周期运动,其周期为

$$T=9T_1=\frac{9}{\nu_1}=\frac{9}{450}=0.02(\text{s})$$

各种方法均有其优缺点,都能提供合振动的某些信息.下面我们再用分析法来讨论拍的现象.

如两个同方向不同频率的简谐振动的振幅相同,设 $A_1=A_2=A$,由(3.2.3)式,合振动的方程为

$$x=2A\cos\left(\frac{\omega_1-\omega_2}{2}t\right)\cos\left(\frac{\omega_1+\omega_2}{2}t\right) \tag{3.2.6}$$

如两个所述的分振动,不仅 $A_1=A_2=A$,且有 $|\omega_1-\omega_2|\ll\omega_1+\omega_2$,(3.2.6)式中两个余弦函数随时间的变化相比,前一个比后一个慢得多,说得更详细些,设从 t 时刻再经历 Δt 的时间,Δt 满足 $\frac{\omega_1+\omega_2}{2}\Delta t=2n\pi$,($n$ 为整数),此时 $\cos\left[\frac{\omega_1+\omega_2}{2}(t+\Delta t)\right]=\cos\left(\frac{\omega_1+\omega_2}{2}t+2n\pi\right)$ 已经历 n 个周期回到 t 时刻的值,而 $\cos\left[\frac{\omega_1-\omega_2}{2}(t+\Delta t)\right]=\cos\left[\frac{\omega_1-\omega_2}{2}t+\frac{\omega_1-\omega_2}{\omega_1+\omega_2}\cdot 2\pi n\right]$ 因 $|\omega_1-\omega_2|\ll\omega_1+\omega_2$,可以对相当大的 n 值,$\frac{\omega_1-\omega_2}{\omega_1+\omega_2}\cdot 2\pi n$ 仍为小量,也即 $\cos\left[\frac{\omega_1-\omega_2}{2}t+\frac{\omega_1-\omega_2}{\omega_1+\omega_2}\cdot 2\pi n\right]\approx\cos\left(\frac{\omega_1-\omega_2}{2}t\right)$,这就是说,在 t 时刻,合振动近似为简谐振动,其振幅为 $2A\cos\left(\frac{\omega_1-\omega_2}{2}t\right)$,角频率为 $\frac{\omega_1+\omega_2}{2}$,这种情况称为拍.拍

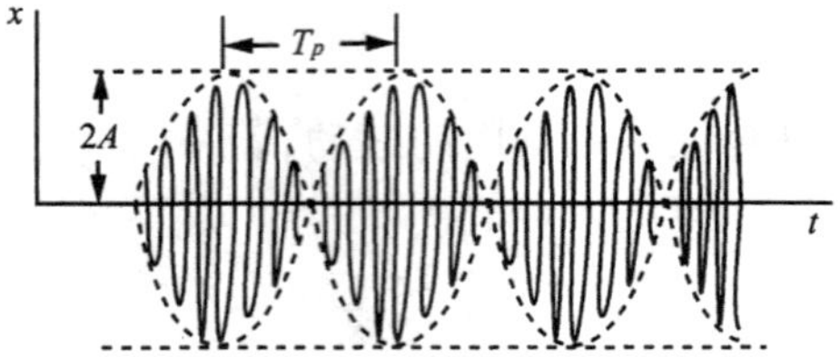

图 3.2.3

的 x-t 图如图 3.2.3 所示.合振动是振幅按余弦规律变化的近似的简谐振动,若用 T_p 表示拍振动的周期,

$$\frac{|\omega_1-\omega_2|}{2}T_p=\pi$$

$$T_p=\frac{2\pi}{|\omega_1-\omega_2|} \tag{3.2.7}$$

拍的频率(称为拍频)

$$\nu_p=\frac{1}{T_p}=\frac{|\omega_1-\omega_2|}{2\pi}=|\nu_1-\nu_2| \tag{3.2.8}$$

其中 ν_1、ν_2 是两个分振动的频率.

关于拍再作两点说明:

(1) 对于简谐振动,计算振动系统的动能和势能,可得系统的总能量是与振幅的平方成正比的,出现拍的现象时,振幅周期地变化,如果$\frac{1}{2\pi}\frac{\omega_1+\omega_2}{2}$处于声振动的频率 20～20000Hz 范围内,我们将听到振动强弱交替变化,如同打拍子,因此这种现象,不论$\frac{1}{2\pi}\frac{\omega_1+\omega_2}{2}$是否在声振动频率范围,都称作拍.

(2) 拍的振动虽然可以近似看作振幅周期变化的简谐振动,不一定是严格的周期运动.从(3.2.6)式可见,只有当$\frac{\omega_1+\omega_2}{2}\Delta t=2n\pi$时,$\frac{\omega_1-\omega_2}{2}\Delta t=2\pi m$, m、n 均为整数(可以是负整数).因此,对拍来说,严格的周期运动,也必须满足(3.2.4)式.

3. 两个相互垂直的同频率振动的叠加

不失一般性,可设一个方向的振动初相位为零,另一个方向的振动初相位不为零.

$$x = A_1\cos\omega t \tag{1}$$

$$y = A_2\cos(\omega t + \alpha) \tag{2}$$

用旋转矢量法可以很容易得到合振动的轨道图形,还可以得到质点沿轨道运动的走向.具体做法示于图3.2.4中,以 x 方向的振动振幅 A_1 为半径的圆画在上方(或下方),以 y 方向的振动振幅 A_2 为半径的圆画在左方或右方.前一个圆取水平直径为 x 轴,向右为正,后一个圆取竖直直径为 y 轴,向上为正.以这两个正方向为基线,由初相位画出两个分振动 $t=0$ 时的振幅矢量矢端的位置,在圆周上标以"0".从此点开始,把圆周 n 等分(今取 $n=8$),分别依次标以1、2、…、n(n 与0重合),表示 $t=\frac{1}{n}T$、$\frac{2}{n}T$、…、T.通过各点分别画 x 轴和 y 轴的垂直线,两条标以同一数字的垂直线的交点,也标上该数字.把这些交点按0至 n 的次序依次连成光滑曲线.这些交点就是质点依次经过的位置,这曲线就是质点的运动轨迹,它是一个闭合的斜椭圆,图中用箭头表示质点沿此轨迹运动的绕向.n 取得越大,轨道曲线就画得越准确.

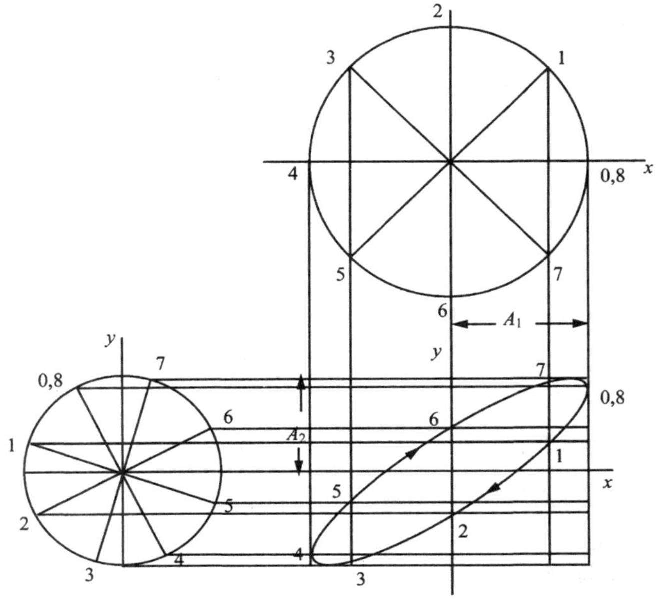

图3.2.4

α 的不同取值，质点的轨道形状及绕向如图 3.2.5 所示.

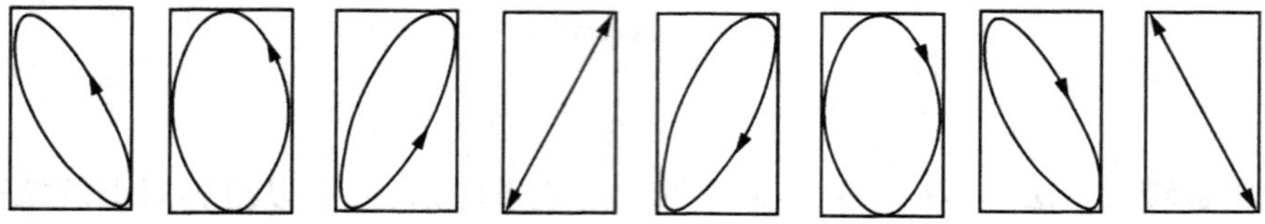

图 3.2.5

图 3.2.5 中的 α 是 y 方向的振动超前于 x 方向的振动的相位.

也可用分析法. 消去(1)、(2)式中的 t 即得质点运动的轨道方程，先将(2)式改写为

$$y - A_2\cos\omega t\cos\alpha = - A_2\sin\omega t\sin\alpha \tag{3}$$

(3)式两边平方：

$$y^2 + A_2^2\cos^2\omega t\cos^2\alpha - 2A_2 y\cos\omega t\cos\alpha = A_2^2\sin^2\omega t\sin^2\alpha \tag{4}$$

(4)式两边加 $A_2^2\cos^2\omega t\sin^2\alpha$，

$$y^2 + A_2^2\cos^2\omega t - 2A_2 y\cos\omega t\cos\alpha = A_2^2\sin^2\alpha$$

再用(1)式消去上式中的 $\cos\omega t$，得

$$y^2 + \frac{A_2^2}{A_1^2}x^2 - 2\frac{A_2}{A_1}xy\cos\alpha = A_2^2\sin^2\alpha$$

或

$$\frac{x^2}{A_1^2} + \frac{y^2}{A_2^2} - 2\frac{x}{A_1}\cdot\frac{y}{A_2}\cos\alpha = \sin^2\alpha \tag{3.2.9}$$

(3.2.9)式一般是椭圆方程，在 $\alpha=0$ 及 $\alpha=\pm\pi$ 时为直线，当 $A_1=A_2$，且 $\alpha=\pm\frac{\pi}{2}$ 时为圆，都是椭圆的特殊情况. 分析法可以得到轨道方程，也可由此画成图 3.2.5 那样的图形. 要说明运动的绕向，需结合 $x(t)$ 或 $y(t)$，比较邻近的两个时刻的两个 x 或 y 的位置就能确定绕向了.

4. 两个相互垂直的不同频率的振动的叠加

用旋转矢量法可以讨论任何两个这样的振动的叠加. 当 ω_1 与 ω_2 之比不是有

理数时,合运动不是周期运动,轨道曲线不闭合;当 ω_1 与 ω_2 之比是有理数时,合运动是周期运动,轨道曲线是闭合的.在两分振动互相垂直的情况下,周期运动也必须满足(3.2.4)式.

因 $\omega_1 \neq \omega_2$, $T_1 \neq T_2$,作图时,不能象图 3.2.4 那样将两个圆周作相同的 n 等分.以一个周期运动的例子说明如何等分的问题.

例 3.2.1　两个互相垂直的分振动为

$$x = A_1 \cos\left(\omega_1 t + \frac{\pi}{2}\right)$$

$$y = A_2 \cos\left(\omega_2 t + \frac{\pi}{4}\right)$$

其中 $\omega_2 = \frac{2}{3}\omega_1$.用旋转矢量法画出合振动的轨道曲线并标明运动的绕向.

解　$\frac{\omega_2}{\omega_1} = \frac{2}{3}$,　$\frac{T_2}{T_1} = \frac{3}{2}$,即 $3T_1 = 2T_2$. x 方向的振动经历三个周期时,y 方向的振动经历了两个周期,x 方向的振幅矢量绕三圈时,y 方向的振幅矢量绕两圈,也即表示 x 方向的振动的圆绕三周的等分间隔数等于表示 y 方向的振动的圆绕两周的等分间隔数.每圈的等分数之比等于周期之比.今对上方的圆作八等分,左方的圆作十二等分,等分均从 $t=0$ 所在位置开始进行.以下按画图 3.2.4 那样,得到图 3.2.6 所示的轨道,轨道上只标出 1、2、……、11,已足以看出运行的绕向如

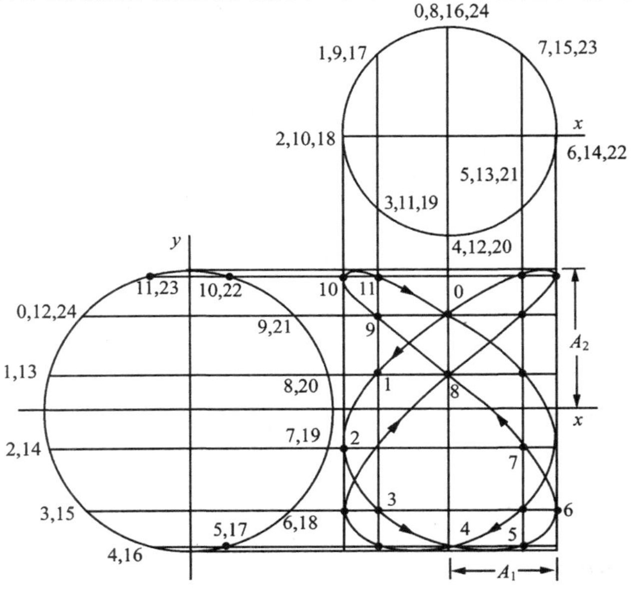

图 3.2.6

图中箭头所示.

通常把这类闭合的轨道曲线,称为利萨如图形.利萨如图形不仅与 ω_1、ω_2 的比值有关,而且与两个振动的初相位之差有关.可参看下例.

例 3.2.2　已知图 3.2.7 所示的利萨如图形及

$$x = A_1\cos\omega t$$

求 y 方向的简谐振动的表达式 $y(t)$.

解　已知 $\omega_1=\omega$.首先确定 ω_2,可以从任一点沿轨道一周回到出发点,数出在 x 方向经历了两个周期(从 A 至 B 为一个周期,再从 B 沿轨道回到 A 为一个周期),在 y 方向经历了三个周期($C\rightarrow D$、$D\rightarrow E$、$E\rightarrow C$ 各经历一个周期).由此可知,$2T_1=3T_2$,亦即 $3\omega_1=2\omega_2$,$\omega_2=\dfrac{3}{2}\omega_1=\dfrac{3}{2}\omega$.

再介绍一个简单的方法,分别画与 x 轴、y 轴平行的直线,要画与闭合曲线有最多交点的平行线,如图中所画的两条虚线,与 x 轴平行的直线,最多有 6 个交点,与 y 轴平行的直线,最多有 4 个交点.它们之比即为两个周期之比,即$\dfrac{T_1}{T_2}=\dfrac{6}{4}=\dfrac{3}{2}$.

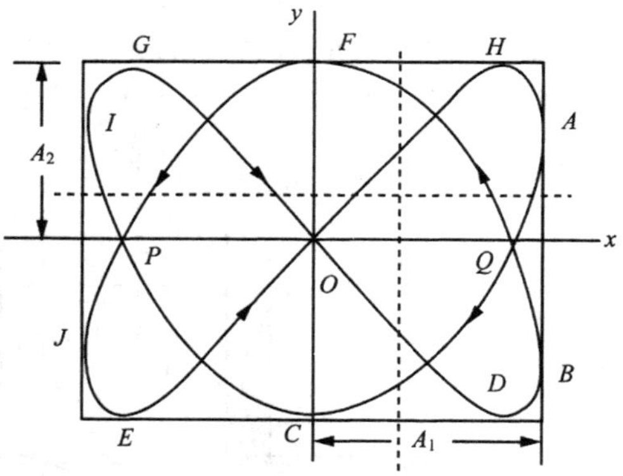

图 3.2.7

y 方向的振动振幅 A_2 是已知的,ω_2 已求得,设初相位为 α,则

$$y = A_2\cos(\omega_2 t + \alpha) = A_2\cos\left(\frac{3}{2}\omega t + \alpha\right)$$

从 $x(t)$ 的表达式可知,$t=0$ 时,$x=A_1$,此时,可能位于 A 点,也可能位于 B 点.现考虑 $t=0$ 时,质点位于 A 点.要求出 α,必须找出另一个参考点,这点 y 方

向振动的相位是知道的，在图中这样的点有 C、D、E、F、G、H 和 O、P、Q，质点位于这点的时间是可求的，要求质点位于这点时，x 方向振动的相位是知道的，这样的点有 A、B、I、J 和 F、O、C. 两个要求必须同时满足，必须选两组点集的共同点，可选 O、C 和 F 中任一点. 今考虑 $t=0$ 时，质点位于 A 点，显然选时间上最近的 O 点最方便.

从质点绕行方向看，在 O 点应早于 A 点，故在 O 点时，$t_0<0$.

$$0 = A_1\cos\omega t_0$$

$$\omega t_0 = -\frac{\pi}{2}, \quad t_0 = -\frac{\pi}{2\omega}$$

在 $t_0=-\dfrac{\pi}{2\omega}$时，由图可知，$y$ 方向的振动相位为 $-\dfrac{\pi}{2}+2n\pi$(不是$\dfrac{\pi}{2}+2n\pi$，也不是 $-\dfrac{\pi}{2}+n\pi$，请读者考虑)，n 为整数，选 n 时，使 α 在规定的取值范围.

$$\frac{3}{2}\omega t_0 + \alpha = -\frac{\pi}{2} + 2n\pi$$

$$\frac{3}{2}\omega\left(-\frac{\pi}{2\omega}\right) + \alpha = -\frac{\pi}{2} + 2n\pi$$

$$\alpha = \frac{3\pi}{4} - \frac{\pi}{2} + 2n\pi = \frac{\pi}{4} + 2n\pi$$

取 $n=0$，$\alpha=\dfrac{\pi}{4}$，则

$$y = A_2\cos\left(\frac{3}{2}\omega t + \frac{\pi}{4}\right)$$

思考题 如考虑 $t=0$ 时，质点位于图中的 B 点，α 为何值？

*5. 周期运动和非周期运动的分解

(1) 周期运动的分解

前面刚讲过，两个简谐振动的合运动，不论两振动振动方向是否在一条直线上，如果它们的频率之比是有理数，则合运动是周期运动，其周期满足(3.2.5)式. 如果分振动的频率都是最低分振动频率的整数倍，ω_1 是分振动的最低角频率，其他分振动的角频率为

$$\omega_n = n\omega_1 \qquad (n = 1,2,\cdots)$$

$$T_1 = nT_n \qquad (n = 1,2,\cdots)$$

其中 $T_n = \frac{2\pi}{\omega_n}(n=1,2,\cdots)$. T_1 是最低频率的分振动的周期,是各分振动的周期的最大者.由(3.2.5)式,T_1 也是满足 $\omega_n = n\omega_1$ 的所有分振动的合运动的周期 T.对于这个合运动,与其振动周期相应的角频率 ω_1($\omega_1 = \frac{2\pi}{T}$),称为基频,所含的其余的分振动的角频率 ω_n($n=2,3,\cdots$)都是基频 ω_1 的整数倍,称为倍频.由于这振动往往是波源,如声振动就会产生声波,这些倍频的简谐振动,也可称为谐波.

反过来,一个以 T 为周期的周期运动,即其运动学方程 $x = f(t)$满足

$$f(t) = f(t + T) \tag{3.2.10}$$

其中 T 是满足上式的最小的时间间隔,则该周期运动必能分解成作基频 $\omega_1 = \frac{2\pi}{T}$ 的简谐振动和作其倍频的简谐振动的叠加.

$$f(t) = A_0 + \sum_{n=1}^{\infty} A_n \cos(n\omega_1 t + \alpha_n) \tag{3.2.11}$$

其中 $A_0 = \frac{1}{T}\int_t^{t+T} f(t)\mathrm{d}t$ 是在一个周期中x 的平均值,A_n 和α_n 是作角频率ω_n 的简谐振动的振幅和初相位.

(3.2.11)式也可改写为傅里叶级数展开式

$$f(t) = \frac{a_0}{2} + \sum_{n=1}^{\infty}(a_n \cos n\omega_1 t + b_n \sin n\omega_1 t) \tag{3.2.12}$$

其中

$$\frac{a_0}{2} = A_0, a_n = A_n \cos\alpha_n, \quad b_n = - A_n \sin\alpha_n$$

反之,由(3.2.12)式改写为(3.2.11)式,可用下列关系:

$$A_0 = \frac{a_0}{2},\ A_n = \sqrt{a_n^2 + b_n^2}, \alpha_n = - \arctan\frac{b_n}{a_n} \tag{3.2.13}$$

根据三角函数序列在$(0,2\pi)$上构成正交函数系

$$\int_0^{2\pi} \cos mx \cos nx \, dx = \begin{cases} 0, & m \neq n \\ \pi, & m = n \end{cases} \quad (m, n = 0,1,2,\cdots)$$

$$\int_0^{2\pi} \sin mx \sin nx \, dx = \begin{cases} 0, & m \neq n \\ \pi, & m = n \end{cases} \quad (m, n = 0,1,2,\cdots)$$

$$\int_0^{2\pi} \cos mx \sin nx \, dx = 0 \quad (m, n = 0,1,2,\cdots)$$

可求出傅里叶级数展开式(3.2.12)式中的各系数 a_0、a_n、b_n($n=1,2,\cdots$).

$$\begin{cases} a_n = \dfrac{2}{T}\displaystyle\int_0^T f(t)\cos n\omega_1 t \, dt \quad (n = 0,1,2,\cdots) \\ b_n = \dfrac{2}{T}\displaystyle\int_0^T f(t)\sin n\omega_1 t \, dt \quad (n = 1,2,\cdots) \end{cases} \tag{3.2.14}$$

由(3.2.14)式可以看出,(3.2.12)式中将常数项写成$\dfrac{a_0}{2}$,而不写成 a_0,可以有将 a_0 的计算与 a_n($n=1,2,\cdots$)的计算用统一的式子表达的好处.

求出 a_0、a_n、b_n($n=1,2,\cdots$),就知道这个周期运动包含了哪些频率的简谐振动.决定各简谐振动强弱的只是其振幅,与其初相位无关.因此,以 ω 为横坐标、以 A_n 为纵坐标,画出的函数图形,显示出周期运动包含了哪些谐振动,强度如何,这个图形称为振动的频谱.周期运动的频谱是离散谱.将一个振动作这样的分解,称为频谱分析.

不同的乐器奏出的同一个音,只是其基频相同,各谐波与基波的强度比并不相同,因而音色不同.由此,人们能辨别出弹奏的是什么乐器.

例 3.2.3 对图 3.2.8 所示的周期运动进行谐波分析,并画出频谱图.

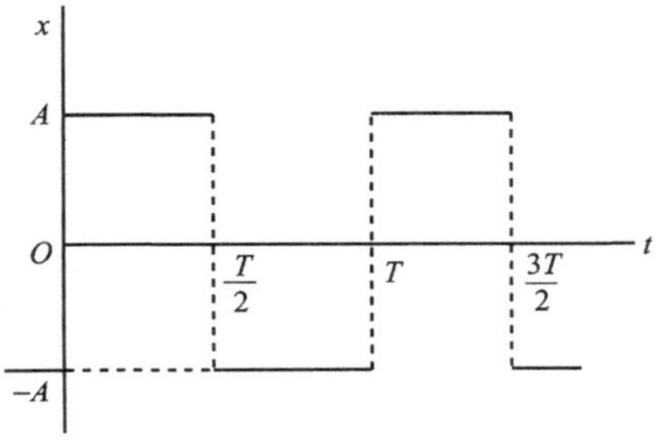

图 3.2.8

解

$$x(t)=\begin{cases}A, & nT<t<\left(n+\dfrac{1}{2}\right)T\\ -A, & \left(n+\dfrac{1}{2}\right)T<t<(n+1)T\end{cases}$$

$$(n=0,\pm 1,\pm 2,\cdots)$$

由(3.2.14)式

$$a_0=\frac{2}{T}\left[\int_0^{\frac{T}{2}}A\mathrm{d}t+\int_{\frac{T}{2}}^{T}(-A)\mathrm{d}t\right]=0$$

$$a_n=\frac{2}{T}\left[\int_0^{\frac{T}{2}}A\cos n\omega_1 t\mathrm{d}t+\int_{\frac{T}{2}}^{T}(-A\cos n\omega_1 t)\mathrm{d}t\right]$$

$$=\frac{2A}{n\omega_1 T}\left[\sin n\omega_1 t\Big|_0^{\frac{T}{2}}-\sin n\omega_1 t\Big|_{\frac{T}{2}}^{T}\right]=0\quad(n=1,2,\cdots)$$

$$b_n=\frac{2}{T}\left[\int_0^{\frac{T}{2}}A\sin n\omega_1 t\mathrm{d}t+\int_{\frac{T}{2}}^{T}(-A\sin n\omega_1 t)\mathrm{d}t\right]$$

$$=\frac{2A}{n\omega_1 T}\left[-\cos n\omega_1 t\Big|_0^{\frac{T}{2}}+\cos n\omega_1 t\Big|_{\frac{T}{2}}^{T}\right]$$

$$=\begin{cases}\dfrac{4A}{n\pi} & (n=1,3,5,\cdots)\\ 0 & (n=2,4,6,\cdots)\end{cases}$$

$$x(t)=\frac{4A}{\pi}\left(\sin\omega_1 t+\frac{1}{3}\sin 3\omega_1 t+\frac{1}{5}\sin 5\omega_1 t+\cdots\right)$$

其中 $\omega_1=\frac{2\pi}{T}$.

由(3.2.13)式得

$$A_0=0,\qquad A_n=b_n=\frac{4A}{n\pi}(n=1,3,5,\cdots)$$

频谱图如图 3.2.9 所示.纵坐标振幅以$\frac{4A}{\pi}$为单位.

此例的 $x(t)$是个奇函数,只能包含具有奇函数性的三角函数序列,只能有 n 为奇数的b_n 不为零.

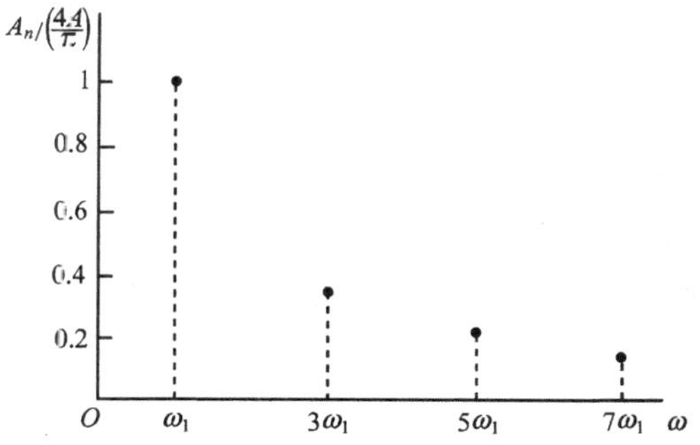

图 3.2.9

(2) 非周期运动的分解

非周期运动可以看作周期 $T\to\infty$ 或 $\omega_1\to 0$ 的周期运动. 基频 ω_1 越小, 其倍频在 ω 轴上的分布越密集, 当 $\omega_1\to 0$ 时, 其倍频在 ω 轴上将趋于连续分布. 因此, 一般地讲, 非周期运动的频谱是连续谱, 它由频率为连续分布的简谐振动合成. 又正如周期运动不一定具有所有倍频的谐振动一样, 也正如 §3.2.2 中讲过的作频率比不为有理数的两个谐振动的合成运动是非周期运动, 非周期运动的频谱也可能是分立的.

周期运动用傅里叶级数展开作频谱分析, 非周期运动需用傅里叶积分进行频谱分析. 具体作法这里就不讲了.

§3.3 阻尼振动

上面讨论的简谐振动是一种理想的情况, 实际的振动系统除了受到恢复力(或恢复力矩)以外, 都不可避免会受到耗散机械能的阻力作用, 如果没有外界的能量补充, 任何振动系统不可能永远维持下去. 机械能的耗散, 将导致振幅变小, 振动衰减, 最终完全停止振动. 只是在阻力比恢复力很小、时间不太长的一段时间内, 才可以近似看作简谐振动. 这一节我们来讨论阻力与恢复力相比不能忽略或阻力虽比恢复力小得多, 但随着时间的推移, 阻力的作用不能忽视的情况. 我们称有阻尼、无外界能量补充的这种振动为自由的阻尼振动. 在许多场合, 希望振动能长期进行下去, 应尽量减少阻力; 也有些场合, 例如用万用电表、灵敏电流计进行电测量时, 为提高工作效率, 希望指针尽快停到平衡位置, 需要有意设置适当的阻力. 因此, 研讨并掌握阻尼振动的规律是必要的.

1．运动微分方程及其解

以弹簧振子为例．为加强阻尼，可在物体上贴一块叶片，并浸入液体中，液体对运动物体的阻力方向总与物体对液体的相对速度 $\boldsymbol{v}$ 的方向相反，其大小将有两项，一项与相对速率成正比，一项与相对速率的平方成正比，相对速度比较小时，可以只考虑与相对速率成正比的线性项．我们只限于讨论受到线性阻尼的情况，阻力大小可表为

$$R = \gamma \mid \boldsymbol{v} \mid$$

其中 γ 称为阻尼系数．

弹簧振子在线性阻尼作用下的运动微分方程为

$$m\ddot{x} = -kx - \gamma\dot{x}$$

$$\ddot{x} + \frac{k}{m}x + \frac{\gamma}{m}\dot{x} = 0$$

令 $\omega_0^2 = \dfrac{k}{m}, 2\beta = \dfrac{\gamma}{m}$，把运动微分方程写成标准形式

$$\ddot{x} + 2\beta\dot{x} + \omega_0^2 x = 0 \tag{3.3.1}$$

ω_0 是振动系统在无阻尼情况下的固有角频率，β 称为阻尼因数或衰减常数．

(3.3.1)式的方程是一个常系数齐次的线性常微分方程．根据常微分方程的理论，其一般解可从特征方程

$$r^2 + 2\beta r + \omega_0^2 = 0$$

的两个根

$$r = \frac{-2\beta \pm \sqrt{4\beta^2 - 4\omega_0^2}}{2} = -\beta \pm \sqrt{\beta^2 - \omega_0^2}$$

的几种不同情况直接写出．

(1) $\beta < \omega_0$ 的情况

此时，特征方程的两个根是一对共轭复数，

$$r_1 = -\beta + \mathrm{i}\omega_d, \quad r_2 = -\beta - \mathrm{i}\omega_d$$

其中

$$\omega_d = \sqrt{\omega_0^2 - \beta^2} \tag{3.3.2}$$

$$x_1 = e^{(-\beta + i\omega_d)t}$$

$$x_2 = e^{(-\beta - i\omega_d)t}$$

是微分方程(3.3.1)式的两个线性无关的特解,其两种线性组合

$$\frac{1}{2}(x_1 + x_2) = e^{-\beta t}\cos\omega_d t$$

$$\frac{1}{2i}(x_1 - x_2) = e^{-\beta t}\sin\omega_d t$$

也是微分方程(3.3.1)式的两个线性无关的特解,其一般解可写成

$$x(t) = e^{-\beta t}(c_1\cos\omega_d t + c_2\sin\omega_d t) \tag{3.3.3}$$

令$\dfrac{c_1}{\sqrt{c_1^2 + c_2^2}} = \cos\alpha$, $-\dfrac{c_2}{\sqrt{c_1^2 + c_2^2}} = \sin\alpha$, $A_0 = \sqrt{c_1^2 + c_2^2}$,一般解可改写成

$$x(t) = A_0 e^{-\beta t}\cos(\omega_d t + \alpha) \tag{3.3.4}$$

(3.3.3)式中有两个待定常数 c_1、c_2,(3.3.4)式中仍有两个待定常数 A_0、α,都可由初条件决定.若用(3.3.4)式,由初条件 $t=0$ 时 $x=x_0$, $\dot{x}=\dot{x}_0$,可得

$$\begin{cases} A_0 = \sqrt{x_0^2 + \left(\dfrac{\dot{x}_0 + \beta x_0}{\omega_d}\right)^2} \\ \alpha = -\arctan\left(\dfrac{\dot{x}_0 + \beta x_0}{\omega_d x_0}\right) \end{cases} \tag{3.3.5}$$

α 在哪个象限还得联立 $x_0 = A_0\cos\alpha$ 确定.

在 $x_0>0$、$\dot{x}_0=0$ 的初条件下,x-t 曲线的示意图如图 3.3.1 所示.两个相邻的经过平衡位置($x=0$)的时间间隔均为$\dfrac{T_d}{2}$, $T_d = \dfrac{2\pi}{\omega_d}$.

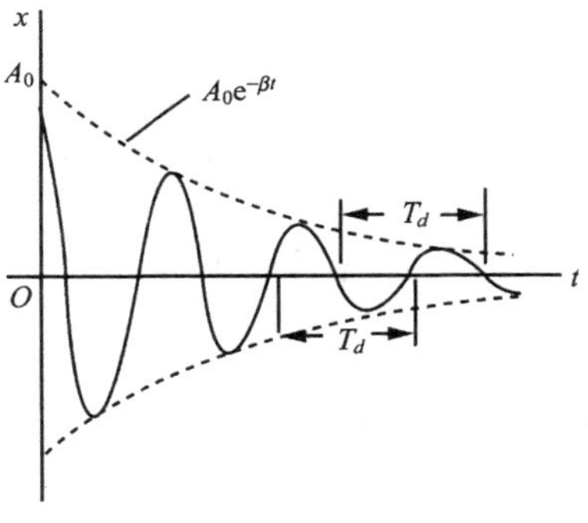

图 3.3.1

$\beta < \omega_0$ 是阻力相对于恢复力较弱的情况,通常称这种情况为弱阻尼情况.

这种情况与简谐振动相比,有两点不同.

i) 振幅随时间按指数规律 $A = A_0 e^{-\beta t}$ 衰减.

ii) 阻尼振动不是周期运动,但这种阻尼振动仍有一定的周期性,以角频率 ω_d 的简谐振动的规律通过平衡位置,如图 3.3.1 所示.粗略地说,这种阻尼振动是振幅衰减的简谐振动.但注意,$\omega_d<\omega_0$,因而周期 $T_d=\dfrac{2\pi}{\omega_d}$较 $T_0=\dfrac{2\pi}{\omega_0}$大.

(2) $\beta>\omega_0$ 的情况

特征方程的两个根是不同的实数

$$r_1=-\beta+\sqrt{\beta^2-\omega_0^2},\qquad r_2=-\beta-\sqrt{\beta^2-\omega_0^2}$$

(3.3.1)式微分方程的一般解为

$$x(t)=c_1\mathrm{e}^{\left(-\beta+\sqrt{\beta^2-\omega_0^2}\right)t}+c_2\mathrm{e}^{\left(-\beta-\sqrt{\beta^2-\omega_0^2}\right)t}\tag{3.3.6}$$

c_1、c_2 为积分常数,由初条件决定.

由初条件 $t=0$ 时,$x=x_0$、$\dot{x}=\dot{x}_0$ 可得

$$\begin{cases}c_1=\dfrac{x_0}{2}+\dfrac{\dot{x}_0+\beta x_0}{2\sqrt{\beta^2-\omega_0^2}}\\[2ex] c_2=\dfrac{x_0}{2}-\dfrac{\dot{x}_0+\beta x_0}{2\sqrt{\beta^2-\omega_0^2}}\end{cases}\tag{3.3.7}$$

用初条件表示的一般解为

$$x(t)=\mathrm{e}^{-\beta t}\left[x_0\mathrm{ch}(\omega^* t)+\frac{\dot{x}_0+\beta x_0}{\omega^*}\mathrm{sh}(\omega^* t)\right]\tag{3.3.8}$$

其中

$$\omega^*=\sqrt{\beta^2-\omega_0^2}\tag{3.3.9}$$

这种情况称为过阻尼情况.

(3) $\beta=\omega_0$ 的情况

特征方程有一个二重根 $r_1=r_2=-\beta$.

一般解为

$$x(t)=(c_1+c_2t)\mathrm{e}^{-\beta t}$$

由初条件 $t=0$ 时,$x=x_0$,$\dot{x}=\dot{x}_0$ 定出 c_1、c_2,可得用初条件表示的一般解,

$$x(t) = [x_0 + (\dot{x}_0 + \beta x_0)t]e^{-\beta t} \tag{3.3.10}$$

这种情况称为临界阻尼情况.

过阻尼和临界阻尼情况都没有振动发生,说得更明确些,至多经过平衡位置一次,以后再趋于平衡位置.对于同样的初条件:同样的不为零的 x_0 值和 $\dot{x}_0=0$,以临界阻尼衰减得最快.开始弱阻尼情况衰减比临界阻尼情况衰减快些,但最终还是临界阻尼情况更快趋于平衡位置.下面计算一个实例:$\omega_0=1.0\text{s}^{-1}$,$x_0=10\text{cm}$,$\dot{x}_0=0$,$\beta$ 分别为1.4、1.2、1.0、0.8和0.6,单位均为 s^{-1} 的五种情况,计算 x 值(对临界阻尼和过阻尼情况)和幅值 A(对弱阻尼情况)随时间的变化,列表于下:

β/s^{-1} \ x 或 A \ t/s	0	1	2	3	4	5	6	7	8	9
1.4	10	7.80	5.22	3.44	2.26	1.49	0.98	0.64	0.42	0.28
1.2	10	7.58	4.70	2.79	1.64	0.96	0.56	0.33	0.19	0.112
1.0	10	7.36	4.06	1.99	0.92	0.40	0.17	0.072	0.030	0.0123
0.8	16.7	7.50	3.37	1.52	0.68	0.30	0.14	0.062	0.028	0.0125
0.6	12.5	6.86	3.76	2.07	1.13	0.62	0.34	0.19	0.10	0.056

头两行是过阻尼情况,第三行是临界阻尼情况,后两行是弱阻尼情况.后两行计算的是 $A=A_0e^{-\beta t}$,不是 $x(t)$.从计算的数据看,除了证实上述说法外,还可看出,对于过阻尼情况,越接近于临界阻尼的情况,衰减越快;对于弱阻尼情况,也是越接近临界阻尼的情况,最终衰减得越快.

因此,对于希望尽快达到新的平衡位置的系统,常常将阻尼调整到临界阻尼的情况.

2. 弱阻尼振动系统的机械能损失 品质因数

仍以弹簧振子为例

$$x = A_0 e^{-\beta t}\cos(\omega_d t + \alpha)$$

$$\dot{x} = A_0 e^{-\beta t}[-\beta\cos(\omega_d t + \alpha) - \omega_d \sin(\omega_d t + \alpha)]$$

振动系统的机械能

$$E = \frac{1}{2}m\dot{x}^2 + \frac{1}{2}kx^2$$

$$= \frac{1}{2} m A_0^2 e^{-2\beta t} [\omega_d^2 + 2\beta^2 \cos^2(\omega_d t + \alpha) + \beta\omega_d \sin 2(\omega_d t + \alpha)]$$

(3.3.11)

机械能的时间变化率

$$\frac{dE}{dt} = -2m\beta A_0^2 e^{-2\beta t}[\omega_d \sin(\omega_d t + \alpha) + \beta\cos(\omega_d t + \alpha)]^2 < 0$$

阻力对系统作的功率为

$$(-2m\beta\dot{x})\dot{x} = -2m\beta A_0^2 e^{-2\beta t}[-\beta\cos(\omega_d t + \alpha) - \omega_d \sin(\omega_d t + \alpha)]^2$$

完全符合机械能定理

$$\frac{dE}{dt} = (-2m\beta\dot{x})\dot{x}$$

当 $\beta \ll \omega_0$ 时，$\omega_d \approx \omega_0$，

$$\dot{x} \approx -\omega_0 A_0 e^{-\beta t}\sin(\omega_0 t + \alpha)$$

$$E \approx \frac{1}{2} m\omega_0^2 A_0^2 e^{-2\beta t} = \frac{1}{2} m\omega_0^2 A^2$$

其中

$$A = A_0 e^{-\beta t}$$

为 t 时刻的振幅. 故仅当阻尼很小($\beta \ll \omega_0$)时，才有机械能与那时的振幅的平方成正比.

阻尼振动阻尼的大小，除用阻尼系数 γ 或衰减常数β 来度量外，还可以用与一周期 T_d 内机械能相对损失的量品质因数Q(或称 Q 值)来度量. Q 的定义为

$$Q = 2\pi \frac{E(t)}{E(t) - E(t + T_d)} \tag{3.3.12}$$

Q 值为每周期内机械能相对于每周期开始时的值的相对损失的倒数的 2π 倍. Q 值是无量纲的量，Q 值越大，一周期内机械能相对损失越少，也说明阻尼越小.

将(3.3.11)式代入(3.3.12)式，得

$$Q = \frac{2\pi}{1 - e^{-2\beta T_d}} \tag{3.3.13}$$

当阻尼很小即 $\beta \ll \omega_0$ 时，

$$\beta T_d = \beta \frac{2\pi}{\omega_d} \approx \frac{2\pi\beta}{\omega_0} \ll 1$$

$$e^{-2\beta T_d} \approx 1 - 2\beta T_d \approx 1 - \frac{4\pi\beta}{\omega_0}$$

$$Q = \frac{\omega_0}{2\beta} \tag{3.3.14}$$

$Q \to \infty$时，$\beta \to 0$，振动系统趋于理想的简谐振动系统.

§3.4 受迫振动

在许多实际情况下，振动系统除了受恢复力、阻力作用外，还常常有意加给或不可避免地受给定变化规律的力的作用，例如电话机中膜的振动，扬声器纸盒的振动，乐器木板的振动，车辆通过桥梁时桥面的振动，人上梯子时梯子的振动等都有这种力的作用. 振动系统在给定变化规律的力作用下的振动，称为受迫振动. 怎样使各受迫振动造福于人类，而不是给人类带来灾难，我们必须掌握受迫振动的规律. 本节主要讨论系统在简谐变化的强迫力作用下的受迫振动，所得结论有很大的实用价值. 在此基础上，最后讲一下在一般的按周期变化的强迫力作用下的受迫振动.

1. 运动微分方程及其解

仍以弹簧振子为例，对于简谐的强迫力，运动微分方程为

$$m\ddot{x} = -kx - \gamma\dot{x} + F_0\cos\Omega t$$

仍用阻尼振动引入的几个量：ω_0、β，并令 $f_0 = \dfrac{F_0}{m}$，把上式改写为不限于弹簧振子的标准形式：

$$\ddot{x} + 2\beta\dot{x} + \omega_0^2 x = f_0\cos\Omega t \tag{3.4.1}$$

(3.4.1)式可适用于受线性阻尼和简谐的强迫力的一切振动系统.

(3.4.1)式是常系数的线性的非齐次的常微分方程. 根据常微分方程的理论，线性的非齐次方程的一般解等于非齐次方程的任一个特解和相应的齐次方程的一般解之和. 非齐次方程的一般解也同样可以分成三种情况：

(1) $\beta < \omega_0$ 的情况

$$x = A_0 e^{-\beta t}\cos(\omega_d t + \alpha) + B\cos(\Omega t - \phi)$$

(2) $\beta > \omega_0$ 的情况

$$x = c_1 e^{(-\beta+\sqrt{\beta^2-\omega_0^2})t} + c_2 e^{(-\beta-\sqrt{\beta^2-\omega_0^2})t} + B\cos(\Omega t - \phi)$$

(3) $\beta = \omega_0$ 的情况

$$x = (c_1 + c_2 t)e^{-\beta t} + B\cos(\Omega t - \phi)$$

三种情况中的最后一项是非齐次方程的一个特解,其余项是相应的齐次方程的一般解,即上节所讲的自由阻尼振动的一般解.最后一项中的 B 和 ϕ 不是积分常数,与初条件无关.A_0、α 和 c_1、c_2 是积分常数.由初条件求出积分常数后得到的解反映出振动系统运动的全过程.但是,经过足够长时间(实际上,只要 $t > \dfrac{5}{\beta}$,就足够长了),不论哪种情况,齐次方程的那部分解都已基本衰减掉了,都只剩下最后一项.因此,通常因不必考虑过渡阶段变化的细节,不必用初条件去确定积分常数,也就不必去区分 β 与 ω_0 间不同大小关系的三种情况,只考虑运动达到稳定后的解

$$x = B\cos(\Omega t - \phi) \tag{3.4.2}$$

(3.4.2)式的解称为受迫振动的稳态解.

稳态运动是一个简谐振动,以简谐的强迫力的圆频率进行的简谐振动,B 是振幅,ϕ 是落后于强迫力的相位,B 和 ϕ 与振动系统的性质、振动系统受阻力、强迫力有关的物理量有关,具体说与 ω_0、β、f_0 和 Ω 有关.

将(3.4.2)式所给的解代入(3.4.1)式,令等号两边的 $\cos\Omega t$ 和 $\sin\Omega t$ 的系数分别相等,可得 B、ϕ 与 ω_0、β、f_0、Ω 的函数关系.我们介绍更简便的一种方法,用表征简谐振动的旋转矢量法得到这两个函数关系.

将(3.4.2)式代入(3.4.1)式,

$$\Omega^2 B\cos(\Omega t - \phi + \pi) + 2\beta\Omega B\cos\left(\Omega t - \phi + \frac{\pi}{2}\right) + \omega_0^2 B\cos(\Omega t - \phi) = f_0\cos\Omega t$$

上式中各项的量均作简谐振动,振幅分别为 $\Omega^2 B$、$2\beta\Omega B$、$\omega_0^2 B$ 和 f_0,等号左边的三个同方向、同频率的简谐振动的合运动仍是简谐振动(见 §3.2.1).等号左边的合简谐振动的振幅矢量应等于等号右边的简谐振动的振幅矢量.将左边的三个简谐振动相位最落后的振幅矢量画成水平方向,按 §3.2.1 所讲的旋转矢量法求左边

三个简谐振动的合振动的振幅矢量，使它等于右边的振幅矢量，如图 3.4.1 所示．$\omega_0^2 B\cos(\Omega t-\phi)$这个简谐振动与稳态时的受迫振动 $x=B\cos(\Omega t-\phi)$同相位．因此，图中标出的 ϕ 正是稳态振动落后于强迫力的相位．由图 3.4.1 可以写出下列两个关系：

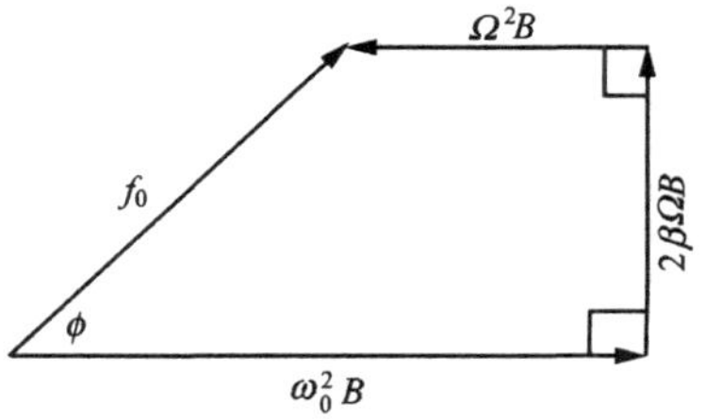

图 3.4.1

$$2\beta\Omega B=(\omega_0^2B-\Omega^2B)\tan\phi$$

$$(\omega_0^2B-\Omega^2B)^2+(2\beta\Omega B)^2=f_0^2$$

解出 B、ϕ 得

$$B=\frac{f_0}{\sqrt{(\omega_0^2-\Omega^2)^2+4\beta^2\Omega^2}} \tag{3.4.3}$$

$$\phi=\arctan\left(\frac{2\beta\Omega}{\omega_0^2-\Omega^2}\right) \tag{3.4.4}$$

注意：当 $\Omega>\omega_0$ 时，$\tan\phi<0$，ϕ 取第二象限的角，而不是取第四象限的角，这可从图 3.4.1 看出．因此，在任何情况下，稳态振动的相位总是落后于强迫力的．

2．幅频响应曲线和相频响应曲线　共振

稳态受迫振动位移的振幅与强迫力的角频率间的关系曲线，称为幅频响应曲线．为了使这条曲线能适用于各种 ω_0、β、f_0、Ω 等情况，引入一些无量纲的量；r、ζ 和 S．令

$$r=\frac{\Omega}{\omega_0},\quad \zeta=\frac{\beta}{\omega_0},\quad S=B/\frac{f_0}{\omega_0^2}$$

将(3.4.3)式改写为

$$S=\frac{1}{\sqrt{(1-r^2)^2+4\xi^2r^2}} \tag{3.4.3′}$$

稳态受迫振动位移落后于强迫力的相位与强迫力的角频率间的关系曲线，称为相频响应曲线．用频率比 r、阻尼比 ζ 无量纲量后，(3.4.4)式可改写为

$$\phi=\arctan\left(\frac{2\zeta r}{1-r^2}\right) \tag{3.4.4′}$$

幅频响应曲线和相频响应曲线如图 3.4.2、图 3.4.3 所示．

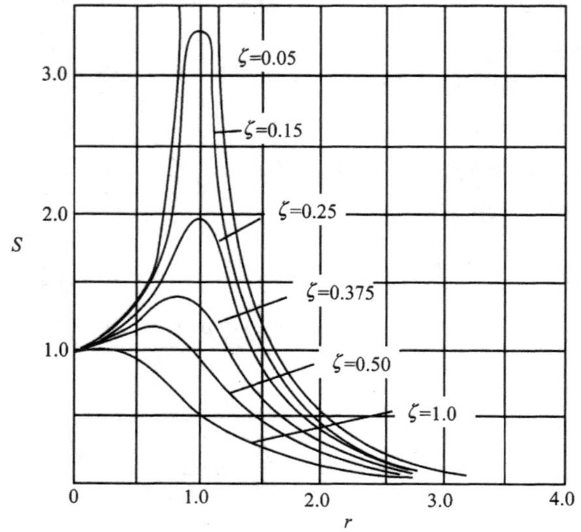

图 3.4.2

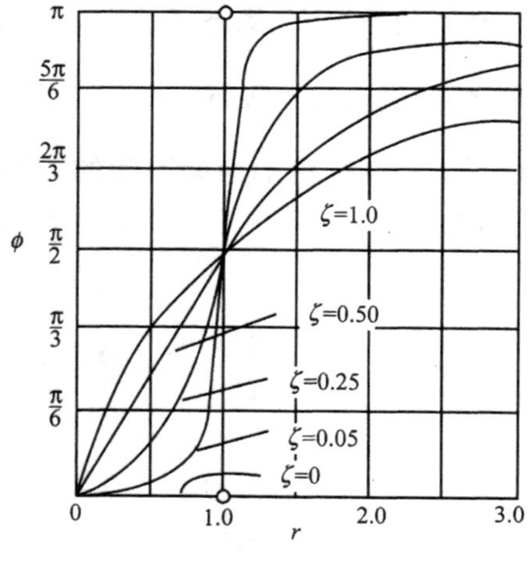

图 3.4.3

(1) S 和 r 的关系，共振

$r=0$ 即 $\Omega=0$ 时，$S=1$，即 $B=\dfrac{f_0}{\omega_0^2}=\dfrac{F_0}{k}$. 相当于恒力作用于弹簧振子上，达到平衡后，弹簧伸长量为 B，达到新的平衡位置. 不论 ζ 多大，平衡时，均未受阻力作

用,故与 ζ 无关,ζ 不同的各曲线均在此相交.

$r\neq0, r\ll1$,即 $\Omega\ll\omega_0$ 时,$S\approx1$,即 $B\approx\frac{F_0}{k}$. 此时,稳态受迫振动的振幅等于在力幅 F_0 作用下的静伸长.

$r\gg1$,即 $\Omega\gg\omega_0$ 时,$S\approx\frac{1}{r^2}$,即 $B\approx\frac{f_0}{\Omega}$. 此时,从图 3.4.1 可以看出,与强迫力相比,恢复力、阻力都可以忽略,稳态受迫振动是在强迫力作用下的简谐振动. $r\to\infty$时,$S\to0$. 这是因 Ω 太大,强迫力的方向改变太快,质点因惯性来不及作相应的变化.

以上两种极端情况均与参量 ζ 关系不大,说明阻尼的影响不大. 这是因为质点运动速度不大,阻力都不大.

求在上述两种极端情况之间 S 为极大值的 r 或 Ω 值.

$$\left(\frac{\partial S}{\partial r}\right)_\zeta=-\frac{2(1-r^2)(-2r)+\delta\zeta^2 r}{2[(1-r^2)^2+4\zeta^2 r^2]^{3/2}}=0$$

解出

$$r=\sqrt{1-2\zeta^2}\quad 即\ \Omega=\Omega_r=\sqrt{\omega_0^2-2\beta^2} \tag{3.4.5}$$

从(3.4.5)式可以作出结论:

i) 当 $\zeta>\frac{\sqrt{2}}{2}$即 $\beta>\frac{\sqrt{2}}{2}\omega_0$ 时,$1-2\zeta^2<0$,r 为虚数,幅频响应曲线无极值;

ii) 当 $\zeta<\frac{\sqrt{2}}{2}$即 $\beta<\frac{\sqrt{2}}{2}\omega_0$ 时,对于 ζ 一定的幅频响应曲线,当 $r=\sqrt{1-2\zeta^2}$即 $\Omega=\sqrt{\omega_0^2-2\beta^2}$时,稳态受迫振动的振幅达到极大值.

$$S_{\max}=\frac{1}{2\zeta\sqrt{1-\zeta^2}}\quad 即\quad B=B_r=\frac{f_0}{2\beta\sqrt{\omega_0^2-\beta^2}} \tag{3.4.6}$$

称这种情况为共振,标有脚标 r 以表示共振,Ω_r、B_r 分别表示共振频率和共振时的振幅. 当 $\beta\to0$ 时,$\Omega_r\to\omega_0$,$B_r\to\infty$. (3.4.3)、(3.4.4)式对弱阻尼、临界阻尼和过阻尼三种情况都是适用的,而共振只有在 $\beta<\frac{\sqrt{2}}{2}\omega_0$ 的弱阻尼情况下才能发生.

要利用共振现象还是避免共振现象,可从 Ω、ω_0 和 β 三方面来调节. 扬声器需要使声音中包含的各种频率的振动再现,必须抑制共振. 采取的措施是使 ω_0 远离声波的频率,从图 3.4.3 的曲线看,$\Omega\ll\omega_0$ 比 $\Omega\gg\omega_0$ 更好些,因为 $\Omega\gg\omega_0$ 时,B

很小,音量太小.要利用共振,可改变 Ω 或 ω_0,便满足(3.4.5)式,减小 β[仍要满足(3.4.5)式]更能增强共振的效果.收音机选台调谐是利用共振的例子.改变 ω_0 使满足(3.4.5)式.

(2) 品质因数

还有一个与幅频响应曲线有关的问题,例如,收音机选台调谐,希望不发生混台现象,要求选择性好,希望在共振频率附近曲线陡峭.反映这个特性的物理量是品质因数 Q(也可叫 Q 值).

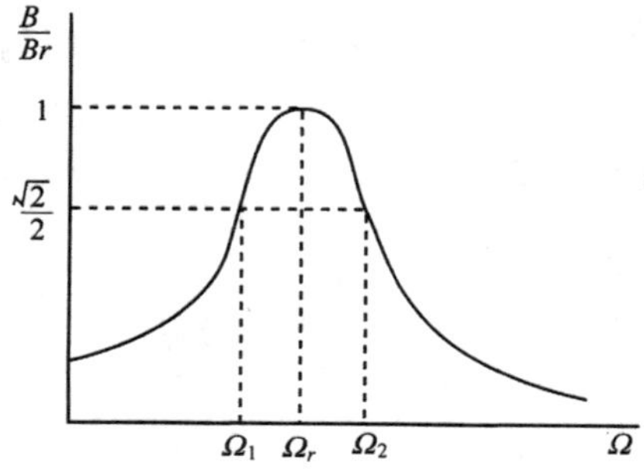

图 3.4.4

对于一定的 β,用相对于共振的相对振幅 $\frac{B}{B_r}$ 作纵坐标,用强迫力的角频率 Ω 作横坐标,重画幅频响应曲线,如图 3.4.4 所示.在图中曲线上将 $\frac{B}{B_r}=\frac{\sqrt{2}}{2}$ 的两点相应的强迫力角频率标以 Ω_1 和 Ω_2.因强迫力角频率为 Ω_1 或 Ω_2 时,稳态振动的能量等于共振时振动能量的一半,Ω 轴上 Ω_1、Ω_2 两点称为半功率点,$\Omega_2-\Omega_1$ 称为系统的带宽,品质因数 Q 定义为

$$Q=\frac{\Omega_r}{\Omega_2-\Omega_1} \tag{3.4.7}$$

带宽越小,Q 值就越大,选择性越好.从图 3.4.2 可以看出,ζ 越小,即 $\frac{\beta}{\omega_0}$ 越小,带宽越小,Q 值越大.

对于 $\beta\ll\omega_0$ 的情况,可以证明:$\Omega_2-\Omega_1\approx2\beta$.证明如下:

由(3.4.3)式及 $\frac{B}{B_r}=\frac{\sqrt{2}}{2}$,可得 Ω_1、Ω_2 满足的方程为

$$(\omega_0^2-\Omega^2)^2+4\beta^2\Omega^2=8\beta^2(\omega_0^2-\beta^2)\approx8\beta^2\omega_0^2$$

$$(\omega_0^2-\Omega^2)^2-4\beta^2(\omega_0^2-\Omega^2)-4\beta^2\omega_0^2\approx0$$

$$\omega_0^2-\Omega^2\approx\frac{4\beta^2\pm\sqrt{16\beta^4+16\beta^2\omega_0^2}}{2}\approx\pm2\beta\omega_0$$

$$\Omega \approx \omega_0\sqrt{1 \pm \frac{2\beta}{\omega_0}} \approx \omega_0 \pm \beta$$

即

$$\Omega_1 \approx \omega_0 - \beta, \Omega_2 \approx \omega_0 + \beta, \Omega_2 - \Omega_1 \approx 2\beta$$

在 $\beta \ll \omega_0$ 的情况下，$\Omega_r = \omega_0$，将 $\Omega_2 - \Omega_1 \approx 2\beta$ 代入(3.4.7)式，得 $Q \approx \frac{\omega_0}{2\beta}$，正好是(3.3.14)式.可见，这里 Q 的定义式(3.4.7)式虽与阻尼振动所讲的 Q 的定义式(3.3.12)式很不相同，但在 $\beta \ll \omega_0$ 的情况下是趋于一致的.

(3) ϕ 和 r 的关系

从图 3.4.3 相频响应曲线或从(3.4.4′)式都可以看出以下情况.

阻尼很小，即 $\zeta \ll 1$ 或 $\beta \ll \omega_0$ 时，当 $r < 1.0$ 即 $\Omega < \omega_0$ 时，$\phi \approx 0$；而当 $r > 1.0$ 即 $\Omega > \omega_0$ 时，$\phi \approx \pi$.只在 $r = 1$ 附近即 ω_0 附近极小范围内，ϕ 随 r 即随 Ω 的变化比较大.这个范围正是在共振频率附近带宽 $\Omega_1 \to \Omega_2$ 的范围.

不论 ζ 为何值，$r \ll 1$ 即 $\Omega \ll \omega_0$ 时，$\phi \approx 0$；$r \gg 1$ 即 $\Omega \gg \omega_0$ 时，$\phi \approx \pi$.

在 ζ 一定时，ϕ 随 r 的增大而增大.在 r 一定时，$r < 1$ 时，ϕ 随 ζ 的增大而增大；$r > 1$ 时，ϕ 随 ζ 的增大而减小.在 $r = 1$ 时，除了 $\zeta = 0$ ϕ 不定以外，$\zeta \neq 0$ 时均有 $\phi = \frac{\pi}{2}$.

(4) 速度共振

$$x = B\cos(\Omega t - \phi)$$

$$v = B\Omega\cos\left(\Omega t - \phi + \frac{\pi}{2}\right)$$

$$B_v = B\Omega = \frac{f_0\Omega}{\sqrt{(\omega_0^2 - \Omega^2)^2 + 4\beta^2\Omega^2}} \tag{3.4.8}$$

由 $\frac{dB_v}{d\Omega} = 0$，可求得 B_v 取极大值的 Ω 值(记为 Ω_{vr})为

$$\Omega_{vr} = \omega_0 \tag{3.4.9}$$

当强迫力的角频率 $\Omega = \Omega_{vr}$ 时，稳态振动的速度振幅较之其他 Ω 值为极大，由(3.4.8)式得

$$B_{vr} = \frac{f_0}{2\beta} \tag{3.4.10}$$

此时发生速度共振. 速度共振的共振频率等于振动系统的固有角频率 ω_0, 与 β 无关.

可以导出, 速度共振的半功率点 Ω_{v1}、Ω_{v2} 分别为

$$\Omega_{v1} = \sqrt{\omega_0^2 + \beta^2} - \beta, \quad \Omega_{v2} = \sqrt{\omega_0^2 + \beta^2} + \beta$$

$$\Omega_{v2} - \Omega_{v1} = 2\beta$$

在 $\beta \neq 0$ 时, 由图 3.4.3 或(3.4.4)式可知, 速度共振时, $\Omega = \Omega_{vr} = \omega_0$, 稳态振动的速度作的简谐振动, 始终与强迫力同相位.

3. 受迫振动系统的机械能

对于受迫振动的上述许多结论, 可以从能量的观点作出解释.

(1) 定性解释

在 $\beta \neq 0$、$\Omega = \omega_0$ 时, $\phi = \frac{\pi}{2}$, 发生速度共振, 稳态振动的位移的振动相位比强迫力落后 $\frac{\pi}{2}$, 速度的振动相位与强迫力相同. 此时, 强迫力总作正功, 而阻力总与速度反向总作负功. 强迫力与阻力始终反相位, 能保持稳态振动的振幅恒定不变, 只能是强迫力与阻力刚好相抵. 也可以理解, 阻尼越小即 β 越小, 因稳态振动的频率是强迫力的频率, 是一定的, 稳态振动的振幅必须越大, 才能使阻力与强迫力相抵.

在 $\beta \neq 0$、$\Omega \neq \omega_0$ 时, 强迫力与振动系统的速度有相位差, 当强迫力的正负号与速度的正负号相反时, 强迫力作负功. 强迫力有时作正功, 有时作负功, 而阻力永远作负功, 因而系统的机械能不守恒, 在未达到稳态振动以前, 若一个周期内, 强迫力作的功大于阻力作的负功的绝对值, 振幅将增大, 阻力在一个周期内作的负功的绝对值也将增大, 最终会达到稳态振动, 此时在一个周期内, 强迫力作的功正好等于阻力作的负功的绝对值. 如果情况相反, 一个周期内强迫力作的功小于阻力作的负功的绝对值, 振幅将减小, 最终也会达到稳态振动.

(2) 定量计算

振动系统的机械能等于动能和势能之和. 达到稳态运动时, 用(3.4.2)式, 得

$$E = T + V = \frac{1}{2}m\dot{x}^2 + \frac{1}{2}kx^2$$

$$= \frac{1}{2}m\Omega^2 B^2\sin^2(\Omega t - \phi) + \frac{1}{2}m\omega_0^2 B^2\cos^2(\Omega t - \phi)$$

$\Omega \neq \omega_0$ 时，E 与 t 有关，机械能不守恒；$\Omega = \omega_0$ 时，$E = \frac{1}{2}m\omega_0^2 B^2$，与 t 无关，机械能守恒.

达到稳态运动后，强迫力在一个周期内的平均功率为

$$\overline{P}_F(\Omega) = \frac{1}{2\pi/\Omega}\int_t^{t+\frac{2\pi}{\Omega}} mf_0\cos\Omega t \cdot \dot{x}\,\mathrm{d}t$$

$$= \frac{\Omega}{2\pi}\int_t^{t+\frac{2\pi}{\Omega}} mf_0\cos\Omega t[-B\Omega\sin(\Omega t - \phi)]\mathrm{d}t$$

用三角公式

$$\sin\alpha\cos\beta = \frac{1}{2}[\sin(\alpha + \beta) + \sin(\alpha - \beta)]$$

$$B = \frac{f_0}{\sqrt{(\omega_0^2 - \Omega^2)^2 + 4\beta^2\Omega^2}}、\sin\phi = \frac{2\beta\Omega B}{f_0} = \frac{2\beta\Omega}{\sqrt{(\omega_0^2 - \Omega^2)^2 + 4\beta^2\Omega^2}}$$

可得

$$\overline{P}_F(\Omega) = \frac{m\beta\Omega^2 f_0^2}{(\omega_0^2 - \Omega^2)^2 + 4\beta^2\Omega^2} \tag{3.4.11}$$

阻力在一周期内所作的平均功率，经计算可得

$$\overline{P}_d(\Omega) = \frac{1}{2\pi/\Omega}\int_t^{t+\frac{2\pi}{\Omega}} (-2m\beta\dot{x})\dot{x}\,\mathrm{d}t = -m\beta\Omega^2 B^2 = -\overline{P}_F(\Omega)$$

$|\overline{P}_d(\Omega)| = \overline{P}_F(\Omega)$ 说明，不论强迫力的角频率 Ω 多大，总能达到稳态振动.

由(3.4.11)式可知，当 $\Omega \ll \omega_0$ 及 $\Omega \gg \omega_0$ 时，振动系统吸收强迫力的平均功率均很小，因而在图 3.4.2 中，当 $r \ll 1$ 及 $r \gg 1$ 时，稳态振动的振幅较小. 当 $\Omega = \omega_0$ 即 $r = 1$ 时，有 $\frac{\mathrm{d}\overline{P}_F}{\mathrm{d}\Omega} = 0$，吸收强迫力的平均功率达到极大值，因此，速度振幅最大，发生速度共振，位移共振发生的角频率 Ω_r 也在 ω_0 附近.

*4. 周期激励的响应

这是指强迫力不是简谐变化的，但仍是周期变化的，在§3.2.5 讲过，周期运动可作傅里叶级数展开，分解为一系列简谐振动的叠加，若周期运动的周期为 T，

则这些简谐振动的圆频率为 $m\omega_1$,($n=1$、2、3、…)其中 $\omega_1=\frac{2\pi}{T}$. 周期的强迫力也一样,若周期为 T,则可将此强迫力作傅里叶级数展开,分解为一系列简谐的强迫力的叠加.

$$F(t)=F_0+\sum_{n=1}^{\infty}F_n\cos(n\omega_1 t+\alpha_n)$$

其中

$$F_0=\frac{1}{T}\int_0^T F(t)\mathrm{d}t$$

$$F_n=\sqrt{a_n^2+b_n^2},\quad \alpha_n=-\arctan\frac{b_n}{a_n}\qquad(n=1,2,\cdots)$$

$$a_n=\frac{2}{T}\int_0^T F(t)\cos n\omega_1 t\mathrm{d}t\quad(n=1,2,\cdots)$$

$$b_n=\frac{2}{T}\int_0^T F(t)\sin n\omega_1 t\mathrm{d}t\quad(n=1,2,\cdots)$$

$$\omega_1=\frac{2\pi}{T}$$

先证明线性系统(指其运动微分方程是线性的系统)满足叠加原理.

设 $x_1(t)$、$x_2(t)$分别是

$$m\ddot{x}+2m\beta\dot{x}+kx=F_1(t)$$

$$m\ddot{x}+2m\beta\dot{x}+kx=F_2(t)$$

的解.

要证明:$x_1(t)+x_2(t)$是

$$m\ddot{x}+2m\beta\dot{x}+kx=F_1(t)+F_2(t)$$

的解.

证

$$m\ddot{x}_1+2m\beta\dot{x}_1+kx_1=F_1(t)$$

$$m\ddot{x}_2+2m\beta\dot{x}_2+kx_2=F_2(t)$$

$$m\frac{\mathrm{d}^2}{\mathrm{d}t^2}(x_1+x_2)+2m\beta\frac{\mathrm{d}}{\mathrm{d}t}(x_1+x_2)+k(x_1+x_2)=F_1(t)+F_2(t)$$

这就证明了 x_1+x_2 是 $m\ddot{x}+2m\beta\dot{x}+kx=F_1(t)+F_2(t)$的解.

根据叠加原理,在周期变化的强迫力激励下的受迫振动系统的稳态解等于所包含的各个简谐的强迫力作用下的稳态解的叠加.

$$x(t)=\frac{F_0}{k}+\sum_{n=1}^{\infty}\frac{F_n}{m\sqrt{(\omega_0^2-n^2\omega_1^2)^2+4n^2\beta^2\omega_1^2}}\cos(n\omega_1 t+\alpha_n-\phi_n)$$

其中

$$\omega_0=\sqrt{\frac{k}{m}},\quad \omega_1=\frac{2\pi}{T},\quad \phi_n=\mathrm{arctna}\left(\frac{2n\beta\omega_1}{\omega_0^2-n^2\omega_1^2}\right)$$

§2.2.5 已经接触到这个问题,参看例 2.2.8.

* §3.5 非线性振动

在前几节所讲的振动,恢复力、阻力都是线性函数,运动遵从线性微分方程.这样的系统称为线性系统,其振动是线性振动.若恢复力、阻力中的一个或两个都是非线性函数,运动微分方程是非线性的,这时系统的振动是非线性振动.单摆的振幅不很小时,运动微分方程为 $\ddot{\theta}+\frac{g}{l}\sin\theta=0$.弹簧振子,振幅较大时,弹性力与位移间不是线性关系.这两个都是非线性振动的例子.实际上,几乎所有的振动严格讲都是非线性的,只是在一定范围内(例如单摆的振幅不算大时),作线性近似不会引起不能允许的误差.

非线性振动有以下几点与线性振动很不相同的地方:(1)由于非线性振动的运动微分方程是非线性的,叠加原理对非线性系统不成立.(2)对无阻尼的自由振动,线性振动只有一个平衡位置,非线性系统可能有几个平衡位置.(3)单自由度的线性系统的固有频率只有一个,且与振幅无关;单自由度的非线性系统的固有频率可能不止一个,而且可能与振幅有关.(4)对自由的有阻尼的线性系统,不会有稳定的周期运动,一定随时间衰减;而非线性系统,可能产生自激振动,有稳定的周期运动.(5)线性的受迫振动系统的稳态振动的频率与强迫力的频率相同;非线性的受迫振动系统的稳态振动,除含有与强迫力同频率的成分外,还含有别的频率成分.此外,还有更加复杂的情况出现.

线性振动系统的运动微分方程是线性的,可以求得其精确解,而非线性振动系统的运动微分方程是非线性的,只有极少数可获得精确解,大多数得用数值解法或近似解法.对于非线性项较之线性项是小量的情况下,可以采用微扰法,在§2.2.6 中我们已经作了介绍,举了例 2.2.9 和例 2.2.10 两个例题.从这两个例题可以看到非线性系统的固有频率不止一个，而且与振幅有关.这里就不多讲了.这里我们再举一个非线性系统的自由阻尼振动有稳定的周期运动的例子.

例 3.5.1　说明运动微分方程为

$$\ddot{x} + \lambda(x^2 - 1)\dot{x} + \omega_0^2 x = 0, \quad \lambda > 0$$

的非线性系统可以产生自激振动.

解　式中 $\lambda(x^2-1)\dot{x}$ 是非保守力，它与 $\dot{x}$ 有关，也可称为阻尼力，但当 $|x|<1$ 时，此力与 $\dot{x}$ 符号相同，呈负阻尼特性，将使振幅增大；可是当 $|x|>1$ 时，它又与 $\dot{x}$ 符号相反，呈正阻尼特性，又将使振幅减小，最终将维持振幅为 1 的简谐振动

$$x = \cos(\omega_0 t + \alpha)$$

此时，非保守力项为零.因此，一个原来处于平衡的这个系统受到微扰，由于先受到负阻尼特性的力，将使偏离更大，最终达到并维持振幅为 1 的简谐振动.而如 $\lambda<0$，受到微扰偏离原平衡位置，不会产生自激振动.但如受到的干扰，使偏离平衡位置的位移大于 1，那就将使振幅无限增大.

§3.6　简　谐　波

波动是物质运动的一种重要形式.波动是物质世界所有客体的固有属性.尽管产生波动的物理机制极不相同，机械的扰动在气体、液体或固体中传播形成机械波，而电磁扰动通过交变电场在相邻点激发交变磁场，交变磁场又在相邻点激发交变电场，这样不仅可在介质中还可在真空中传播能量形成电磁波.机械波电磁波的物理机制截然不同，遵从不同的物理定律，但表征波动的物理量遵从相同形式的运动微分方程（波动方程），其解（波的数学表达式）自然有相同的形式.波的传播中，产生反射、折射、衍射、散射、干涉等现象遵从相同或相似的规律，我们在本章中虽只讲机械波，其结论许多可以直接用于电磁波.

1. 机械波的产生和传播的条件

弹性体是由大量质元组成的.相邻的质元之间有弹性力相互作用，某质元在外界扰动下离开平衡位置时，局部发生形变，周围的质元作用于该质元的合力是使该质元回到平衡位置的恢复力，质元将围绕其平衡位置作振动.反之，由牛顿运动第三定律，该质元也对周围质元有力的作用，使它们离开平衡位置，并围绕其平衡位置作振动.这样，由近及远，就把一处发生的扰动向周围传播出去.这种机械振动的传播就形成了机械波.由此可见，机械波能产生并能持续地传播出去，需要有两个

条件:(1)要有一个能使弹性体某一部分发生振动的源,这个源称为波源.(2)要存在能够传播这机械振动的介质,利用这种介质的弹性,故称为弹性介质.声波是一种机械波,光有声源,没有弹性介质(弹性介质可以是空气或其他气体、液体或固体),还是无法传播的.对这种情况,严格说,只有声振动,没有声波.机械波是弹性介质中大量质元参与的一种集体运动,每个质元都围绕其平衡位置作振动,波是一种振动状态的传播,并不伴随有质元的传播.

2. 简谐波及有关的物理量

机械波是弹性介质中大量质元的机械运动构成的.对于每个质元,其运动具有时间的周期性,在同一时刻,各质元集体的运动具有空间的周期性.如果这两个周期性具有正弦或余弦的规律性,该波就称为简谐波.

描述简谐波的物理量有:

周期 T 和频率 ν,它们是每个质元围绕其平衡位置作简谐振动的周期和频率,$\nu=\dfrac{1}{T}$.

波长 λ,在波传播方向上,两相邻的具有同样振动相位(在同一时刻)的两质元之间的距离等于一个波长.

波速 v,它是质元振动相位在空间传播的速度,因此也叫相速.

波线,表示波的传播方向的线,线上任一点的切线方向是该处波的速度 $\boldsymbol{v}$ 的方向,波线类似于第五章流体力学中讲的流线和电磁学中讲静电场时讲的电场线.

波面,波的相位相同的各点连成的面称为波面.说到波的相位,必须指出,波的相位和振动相位有一点不同.如果一个质元,在两个不同的时刻,具有同样的偏离平衡位置的位移且具有同样的速度,我们说质元在这两时刻有同样的振动相位.在同一时刻,沿波线相差一个波长或 n(整数)个波长的两点,在此时刻,这两点的质元具有相同的振动相位,可这两点波的相位是不同的,波线上处于前方的那点的波的相位比处于后方的那点落后 2π 或 $2n\pi$,因为振动相位的传播是需要时间的,后方那点的振动相位需要经过 T 或 nT 的时间,才能传到前方那点.若此时,前方那点波的相位为 α,则后方那点波的相位为 $\alpha+2\pi$ 或 $\alpha+2n\pi$.从这个波的传播图像中可写出波长、波速与周期或频率之间有下列关系:

$$\lambda = vT, \quad v = \lambda\nu \tag{3.6.1}$$

波面一定是连续的曲面,只要波面是可微的(介质的性质没有发生突变处,波面都是可微的),波面上各点的波线必与波面垂直.

波前,是处于传播方向最前面的波面,因此称为波前.

3. 波的分类

从波面的形状来分，有球面波、平面波等的区别. 一个点波源在各向同性介质中产生的波是一个球面波，波面是以点波源为中心的球面. 在一条拉紧的弦线上激发的波，沿弦线传播，可视为平面波. 在离波源足够远处，在不大范围(在波面上、沿波线均不大范围)内进行观察，球面波可以近似视为平面波.

从质元振动方向与波的传播方向相平行还是相垂直，可分为纵波(前者)和横波(后者).

4. 平面简谐波的数学表达式

上面我们已定性地描述了平面简谐波. 若用 x 表示波的传播方向，则 $x=$ 常数就是波面的方程，x 轴及平行于 x 轴的直线是波线，波线上各质元都在围绕其平衡位置作简谐振动，若用 y 表示对平衡位置的位移，用 $y(x,t)$ 表示平衡位置位于 x 处的质元在 t 时刻的位移，写出 $y(x,t)$ 的具体函数形式就给出了平面简谐波的数学表达式. 从我们对平面简谐波具有的周期性的认识可知，对任何给定的 x_0，$y(x_0,t)$ 是正弦或余弦函数，对任何给定的 t_0，$y(x,t_0)$ 也是正弦或余弦函数. 产生简谐波的波源必作简谐振动，下面我们根据对波是相位的传播的认识得出平面简谐波的数学表达式即 $y(x,t)$ 的函数形式.

设波源处(取为 x 轴的零点)质元的振动方程为

$$y = A\cos(\omega t + \alpha)$$

取波的传播方向为 x 轴正方向. 波源处 t 时刻的相位为 $\omega t+\alpha$，这个相位值需经 $\frac{x}{v}$ 的时间(v 为波速)，才传到 x 处，换句话说，t 时刻 x 处波的相位值应等于波源处 $t-\frac{x}{v}$ 时的相位值 $\omega\left(t-\frac{x}{v}\right)+\alpha$，这样就可写出向 x 正方向传播的平面简谐波的数学表达式为

$$y = A\cos\left[\omega\left(t-\frac{x}{v}\right)+\alpha\right] \tag{3.6.2}$$

其中 A 是各质元的简谐振动的振幅，也是平面简谐波的振幅. $\omega=2\pi\nu$ 或 $\frac{2\pi}{T}$，ω 是各质元作简谐振动的角频率，ν、T 分别是简谐振动的频率和周期，也是简谐波的频率和周期. v 是波速，α 是 $x=0$ 处波的初相位，x 处波的初相位为 $\alpha-\frac{\omega x}{v}$，较之

$x=0$ 处相位落后$\frac{\omega x}{v}$.

关于(3.6.2)式,我们再作几点说明:

(1) 用(3.6.1)式,(3.6.2)式可改写成其他形式,如

$$y = A\cos\left[2\pi\left(\nu t - \frac{x}{\lambda}\right) + \alpha\right]$$

$$y = A\cos\left(\frac{2\pi}{T}t - kx + \alpha\right)$$

其中 $k=\frac{2\pi}{\lambda}$,称为波数.

(2) 前面我们由 v 具有波速的物理意义及相位以 v 的速度传播的思想,导出了(3.6.2)式.反过来,也可由(3.6.2)式及波是相位传播的思想,说明 v 具有波速的物理意义.

t 时刻,x 处波的相位为$\omega\left(t-\frac{x}{v}\right)+\alpha$.

$t+\Delta t$ 时刻,$x+\Delta x$ 处波的相位为$\omega\left(t+\Delta t-\frac{x+\Delta x}{v}\right)+\alpha$,

由相位传播的思想,t 时刻、x 处的相位在 $t+\Delta t$ 时刻传至 $x+\Delta x$ 处,有下列等式:

$$\omega\left(t + \Delta t - \frac{x + \Delta x}{v}\right) + \alpha = \omega\left(t - \frac{x}{v}\right) + \alpha$$

根据波速的定义,并用上式,可得

$$\text{波速} = \lim_{\Delta t \to 0}\frac{\Delta x}{\Delta t} = v$$

可见,(3.6.2)式中的 v 是向 x 正方向传播的波的波速.

(3) 波的数学表达式反映参与波运动的质元的运动状况.例如 x 处质元的振动速度和振动加速度分别为

$$\frac{\partial y}{\partial t} = -A\omega\sin\left[\omega\left(t - \frac{x}{v}\right) + \alpha\right] \tag{3.6.3}$$

$$\frac{\partial^2 y}{\partial t^2} = -A\omega^2\cos\left[\omega\left(t - \frac{x}{v}\right) + \alpha\right] \tag{3.6.4}$$

$\frac{\partial y}{\partial t}$、$\frac{\partial^2 y}{\partial t^2}$都是 x 视为不变时 y 对 t 的一阶、二阶偏导数.注意切勿将质元的振动速

度与波速相混淆.质元只围绕其平衡位置作振动,并不随波传播.波的传播是相位的传播,波速是相位的传播速度.

(4) (3.6.2)式中的 y 是质元偏离平衡位置的位移,并没有对 y 与 x 是平行的还是垂直的作任何规定.因此,(3.6.2)式对平面简谐的纵波和横波都是适用的.

(5)(3.6.2)式对平面简谐波向 x 负方向传播也是适用的,式中的 v 代以负值即可.

如 v 总取波速的绝对值,则向 x 负方向传播的平面简谐波的数学表达式应改为

$$y = A\cos\left[\omega\left(t + \frac{x}{v}\right) + \alpha\right] \tag{3.6.5}$$

(6) 如平面简谐波不沿 x 方向传播,若传播方向的单位矢量为 $\boldsymbol{n} = n_x\boldsymbol{i} + n_y\boldsymbol{j} + n_z\boldsymbol{k}$,则此平面简谐波的数学表达式为

$$\begin{aligned} y &= A\cos\left[\omega\left(t - \frac{\boldsymbol{r}\cdot\boldsymbol{n}}{v}\right) + \alpha\right] \\ &= A\cos\left[\omega\left(t - \frac{n_x x + n_y y + n_z z}{v}\right) + \alpha\right] \end{aligned} \tag{3.6.6}$$

其中 v 取绝对值.

例 3.6.1　一平面简谐波以波速 $v=2.0\text{m/s}$ 向 x 负方向传播.波源位于 $x=0$ 处,若在 $x=-0.50\text{m}$ 处质元的振动方程为

$$y = 0.10\cos\left(\pi t + \frac{\pi}{12}\right)$$

y 以 m 为单位.求(1)波长 λ;(2)波源的振动方程;(3)波的数学表达式.

解　(1) $\nu=\dfrac{\omega}{2\pi}=\dfrac{\pi}{2\pi}=0.50(\text{s}^{-1})$

$\lambda=\dfrac{v}{\nu}=\dfrac{2.0}{0.50}=4.0(\text{m})$

(2) 波源振动的初相位较 $x=-0.50\text{m}$ 处的初相位超前 $\omega\dfrac{0.50}{v}=\pi\dfrac{0.50}{2.0}=\dfrac{1}{4}\pi$.

波源的振动方程为

$$y = 0.10\cos\left(\pi t + \frac{\pi}{12} + \frac{1}{4}\pi\right) = 0.10\cos\left(\pi t + \frac{\pi}{3}\right)$$

(3) 波的数学表达式

$$y = 0.10\cos\left[\pi\left(t + \frac{x}{2.0}\right) + \frac{\pi}{3}\right]$$

方法二,先写出波的数学表达式,代入 A 和 v,

$$y = 0.10\cos\left[\pi\left(t + \frac{x}{2.0}\right) + \alpha\right]$$

由 $x = -0.50\text{m}$ 处质元的振动方程定出 $\alpha = \frac{\pi}{3}$.由已得到的波的数学表达式,令 $x = 0$(波源的位置)即得波源的振动方程.

§3.7 波动方程

上一节我们讲了波动主要是平面简谐波的描述问题,是个运动学问题.波的数学表达式也可称为运动学方程.这里讲的波动方程是指波动所遵从的动力学方程.

1. 波在几种弹性介质中传播的动力学方程

(1) 在弦线中传播横波的动力学方程

弦线传播波时必须处于拉紧状态.设弦线是均质的,线密度为 η,水平放置,未受扰动时弦中张力为 T_0,各处一样.受扰动后,各处张力将发生变化,各点也不一样,而且随时间而变.

考虑位于 $x \sim x + \Delta x$ 的一段弦线质元(见图 3.7.1),受到的外力有 T_1、T_2,分别是 x 左方和 $x + \Delta x$ 右方的弦线对该质元的作用力.重力与 T_1、T_2 在竖直方向的分力相比可以忽略.

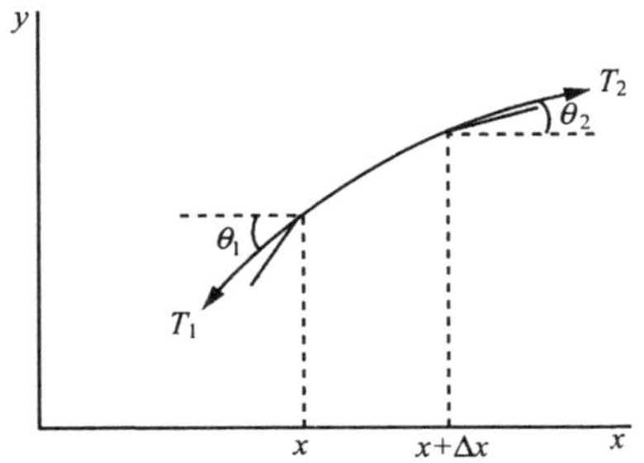

图 3.7.1

质元在 x 方向无运动

$$T_2\cos\theta_2 = T_1\cos\theta_1 = 常量 = T_0\cos0^\circ = T_0$$

在 y 方向,质元所受合力的 y 分量为

$$\begin{aligned}F_y &= T_2\sin\theta_2 - T_1\sin\theta_1\\ &= T_2\cos\theta_2\tan\theta_2 - T_1\cos\theta_1\tan\theta_1\\ &= T_0(\tan\theta_2 - \tan\theta_1)\\ &= T_0\left[\left(\frac{\partial y}{\partial x}\right)\Big|_{x+\Delta x} - \left(\frac{\partial y}{\partial x}\right)\Big|_{x}\right]\approx T_0\frac{\partial^2 y}{\partial x^2}\Delta x\end{aligned}$$

推导中用了 x 方向的张力分量为 T_0,不变,因以后要令 $\Delta x\to 0$,最后一步已略去了 $(\Delta x)^2$ 等高级小量. $\left(\frac{\partial y}{\partial x}\right)\Big|_x$ 表示 x 处的 $\frac{\partial y}{\partial x}$.

由牛顿运动第二定律

$$\eta\Delta x\frac{\partial^2 y}{\partial t^2} = F_y = T_0\frac{\partial^2 y}{\partial x^2}\Delta x$$

波在弦线中传播遵从的动力学方程为

$$\frac{\partial^2 y}{\partial t^2} - \frac{T_0}{\eta}\frac{\partial^2 y}{\partial x^2} = 0 \tag{3.7.1}$$

弦线中传播的波,质元振动方向与波的传播方向互相垂直,传播的波只能是横波.

(2) 在弹性棒中传播纵波

在弹性棒中传播纵波时,弹性棒发生伸缩形变. 设均质弹性棒长 L、横截面积为 S,两端施以一对沿棒的方向的拉力 F,如图 3.7.2 所示,伸长 ΔL,ΔL 与 L、F、S 有下列关系:

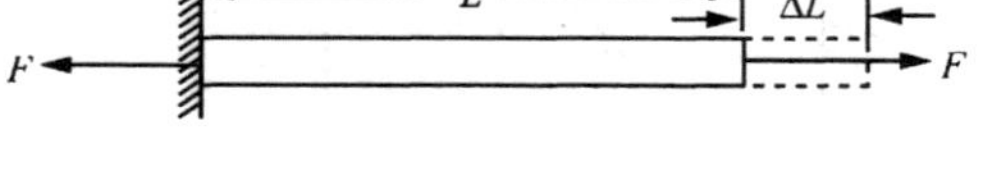

图 3.7.2

$$\Delta L \propto \frac{FL}{S}$$

可写成等式

$$\frac{F}{S} = Y\frac{\Delta L}{L} \tag{3.7.2}$$

(3.7.2)式称为胡克定律. $\frac{F}{S}$是单位面积受到的力,称为胁强,$\frac{\Delta L}{L}$是相对伸长量,称为胁变,Y 称为杨氏模量,由材料的性质决定,与大小、形状无关.

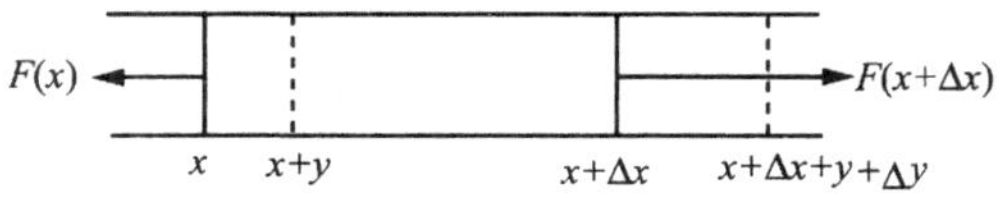

图 3.7.3

胡克定律表明:胁变与胁强成正比,不仅平衡时成立,未达到平衡时也近似成立. 平衡时,各处的胁强一样,胁变也一样,未平衡时,各处的胁强不一样,因而胁变也不一样. 用 x 表示未受力时棒中的点的位置,y 表示传播波时偏离平衡位置的位移,考虑 $x \sim x+\Delta x$ 处质元,两端受力 $F(x)$、$F(x+\Delta x)$后,该质元处于 $x+y \sim x+\Delta x+y+\Delta y$,如图 3.7.3 所示,伸长量为

$$[(x+\Delta x+y+\Delta y)-(x+y)]-(x+\Delta x-x)=\Delta y$$

根据胡克定律

$$\frac{F}{S} = Y\frac{\Delta y}{\Delta x}$$

令 $\Delta x \to 0$,得到 x 处受到的胁强

$$\frac{F}{S} = Y\frac{\partial y}{\partial x} \tag{3.7.3}$$

胡克定律是瞬时的关系,$\frac{\partial y}{\partial x}$反映那个时刻的相对形变,故写成偏导数.

设细棒密度为 ρ、横截面积为 S,考虑 $x \sim x+\Delta x$ 段质元,两端相对形变不同,两端胁强不同,作用力不同,该质元受到的合力为

$$F = Y\left(\frac{\partial y}{\partial x}\right)\bigg|_{x+\Delta x} S \sim Y\left(\frac{\partial y}{\partial x}\right)\bigg|_{x} S = YS\left(\frac{\partial^2 y}{\partial x^2}\right)\bigg|_{x}\Delta x + O[(\Delta x)^2]$$

其中 $O[(\Delta x)^2]$表示包含 Δx 的二次方及更高次方因子的项.

由牛顿运动第二定律,并令 $\Delta x \to 0$,即得 x 处质元满足的动力学方程

$$\lim_{\Delta x \to 0}\rho S\Delta x\frac{\partial^2 y}{\partial t^2} = \lim_{\Delta x \to 0}\left\{YS\frac{\partial^2 y}{\partial x^2}\Delta x + O[(\Delta x)^2]\right\}$$

$$\frac{\partial^2 y}{\partial t^2} - \frac{Y}{\rho}\frac{\partial^2 y}{\partial x^2} = 0 \tag{3.7.4}$$

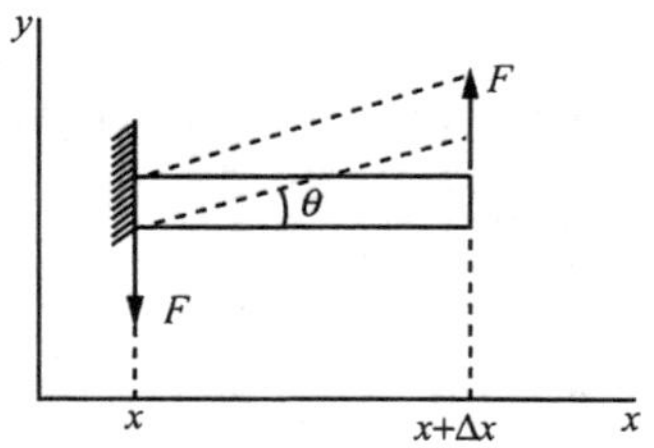

图 3.7.4

(3) 在弹性棒中传播横波

在弹性棒中传播横波时，弹性棒发生切变. 考虑 $x \sim x+\Delta x$ 小段的弹性棒，在两端截面(截面积为 S)上受到一对沿 y 轴(垂直于 x 轴，平行于截面)方向的切向力 F，弹性棒发生切变，切变以切变角 θ 度量，如图 3.7.4 所示.

切变很小时，$\theta \approx \tan\theta = \frac{\Delta y}{\Delta x}$，也有切变与切应力之间的正比关系

$$\frac{F}{S} = N\frac{\Delta y}{\Delta x} \tag{3.7.5}$$

N 称为切变模量，决定于材料的性质，与大小、形状无关，对于同样的材料，$N<Y$，大体上，N 为 Y 的三分之一多点.

如各点的切变角不一样，在切变很小时，(3.7.5)式应改为

$$\frac{F}{S} = N\frac{\partial y}{\partial x} \tag{3.7.6}$$

像导出(3.7.4)式那样，可得当横波在密度为 ρ 的弹性棒中传播时，x 处质元 t 时刻偏离平衡位置的位移 y 满足的动力学方程为

$$\frac{\partial^2 y}{\partial t^2} - \frac{N}{\rho}\frac{\partial^2 y}{\partial x^2} = 0 \tag{3.7.7}$$

(4) 在液体或气体介质中传播纵波

在液体或气体中，因不可能发生切变，故无法传播横波. 传播纵波时发生体积变化，对于图 3.7.5 所示的长为 L、截面积为 S 的一段柱体，两端受作用力 F 后，缩短了 ΔL，遵从的规律为

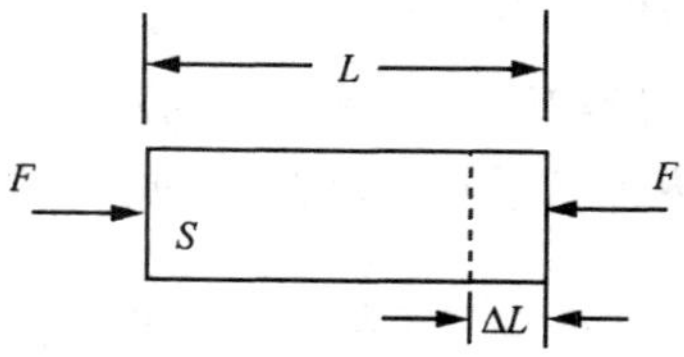

图 3.7.5

$$\frac{F}{S} = -K\frac{\Delta L}{L}$$

也可改写为

$$\Delta p = -K\frac{\Delta V}{V} \tag{3.7.8}$$

其中 $\Delta p = p - p_0$，p、p_0 为压强，p_0 是平衡时的压强，Δp 是压强偏离量，$-\dfrac{\Delta V}{V}$是体积相对缩小量.压强偏离量与体积相对缩小量成正比，比例系数 K 称为体积弹性模量.

考虑平衡时密度为 ρ、截面积为 S、位于 $x \sim x+\mathrm{d}x$ 的介质，体变后，截面积仍为 S.两端分别位于 $x+y$ 和 $x+\mathrm{d}x+y+\mathrm{d}y$，两端体变不同，压强不同，该段介质受合力为

$$\begin{aligned}F &= [p_0 + (\Delta p)|_x]S - [p_0 + (\Delta p)|_{x+\mathrm{d}x}]S \\ &= -K\left(\frac{\mathrm{d}V}{V}\right)\bigg|_x S - \left[-K\left(\frac{\mathrm{d}V}{V}\right)\bigg|_{x+\mathrm{d}x}\right]S \\ &= -K\left(\frac{\partial y}{\partial x}\right)\bigg|_x S + K\left(\frac{\partial y}{\partial x}\right)\bigg|_{x+\mathrm{d}x} S = K\frac{\partial^2 y}{\partial x^2}S\mathrm{d}x\end{aligned}$$

由牛顿运动第二定律，动力学方程为

$$\rho S\mathrm{d}x\frac{\partial^2 y}{\partial t^2} = KS\frac{\partial^2 y}{\partial x^2}\mathrm{d}x$$

$$\frac{\partial^2 y}{\partial t^2} - \frac{K}{\rho}\frac{\partial^2 y}{\partial x^2} = 0 \tag{3.7.9}$$

2. 波动方程及其解

(1) 波动方程的一般形式

(3.7.1)、(3.7.4)、(3.7.7)、(3.7.9)式都可写成统一的形式

$$\frac{\partial^2 y}{\partial t^2} - a^2\frac{\partial^2 y}{\partial x^2} = 0 \tag{3.7.10}$$

其中 a^2 是由介质的性质决定的.沿弦线传播横波，$a^2 = \dfrac{T_0}{\eta}$，在弹性棒中传播纵波，$a^2 = \dfrac{Y}{\rho}$，在弹性棒中传播横波，$a^2 = \dfrac{N}{\rho}$，在液体或气体中传播纵波，$a^2 = \dfrac{K}{\rho}$.

(3.7.10)式称为波动方程.关于这个波动方程，再作几点补充说明：

i) (3.7.10)式是均匀、各向同性弹性介质中传播平面波(下面将看到不限于平面简谐波)的动力学方程.

ii) (3.7.10)式是个齐次方程，如有波源或外力时，方程中还有 $f(x,t)$(限于平面波)的非齐次项.因此，(3.7.10)式是在没有波源、没有外力处传播的平面波遵从的动力学方程.

iii) 导出(3.7.10)式型的波动方程时都用了胁变与胁强成正比的规律，必须在这些规律成立的范围内才能适用.波幅应足够"小"，否则将出现非线性项，波动方程不再是(3.7.10)式型的.

iv) 在导出(3.7.10)式型的波动方程时，假设介质是连续的.当波长远大于介质相邻分子间的距离时，视介质连续是合理的.但波长小到与相邻分子间距同数量级甚至更小时，绝不能认为介质是连续的，这时介质也不再能传播这么小波长的机械波了.因此，波在介质中传播都有一个频率上限，无法传播频率超过上限的机械波.声波无法在高度真空中传播就是这个道理.

v) 在实际的介质中传播波，能量在介质质元间传递时要耗散机械能，波动方程不是(3.7.10)式型的，不同频率的波有不同的波速.这种现象称为色散.能导出(3.7.10)式型的波动方程的介质不仅是均匀、各向同性的，还必须是无色散的弹性介质.

(2) 波动方程的解

(3.7.10)式的波动方程是一个偏微分方程，是一个双曲型方程.求它的满足初条件、边界条件的解属于数学物理方程的课程范围，我们不从数学的角度去解它，而是从物理上考虑它的解的各种可能情况.

首先，我们将平面简谐波的数学表达式(3.6.2)式代入(3.7.10)式，发现只要

$$v^2 = a^2 \quad 或 \quad v = \pm a$$

满足方程.这个结果说明.

i) (3.7.10)式中的 a^2 具有波速 v 的平方的物理意义.

ii) $y = A\cos\left[\omega\left(t - \frac{x}{v}\right) + \alpha\right]$ 及 $y = A\cos\left[\omega\left(t + \frac{x}{v}\right) + \alpha\right]$ 都是(3.7.10)式的解.波可以向 x 正向传播，也可以向 x 负向传播.

iii) 各种 ω(在不超过该介质的频率上限的前提下)的平面简谐波，其数学表达式都满足(3.7.10)式，因而都可在该介质中传播，而且不论 ω 多大，波速都是 v.说明能用(3.7.10)式的波动方程的介质，必是无色散介质.

iv) 由于(3.7.10)式是线性方程，各种频率(不超过频率上限)、各种振幅(不超过胡克定律成立的限度)和各种初相位($x=0$ 处)、两种传播方向但振动方向相同的平面简谐波的叠加也是(3.7.10)式的解.这说明(3.7.10)式是平面波(不限于

平面简谐波)的波动方程.即

$$y = f_1\left(t - \frac{x}{v}\right) + f_2\left(t + \frac{x}{v}\right)$$

(其中 f_1、f_2 可以分别是宗量 $t - \frac{x}{v}$ 和 $t + \frac{x}{v}$ 的任意函数,$v>0$)都是(3.7.10)式的解.前项表示的是以 v 的波速向 x 正向传播的平面波,后项表示的是以 v 的波速向 x 负向传播的平面波.

3. 波速　相速度和群速度

(1) 波速

考虑到 $a^2 = v^2$,可将(3.7.10)式的波动方程写成

$$\frac{\partial^2 y}{\partial t^2} - v^2 \frac{\partial^2 y}{\partial x^2} = 0 \tag{3.7.10'}$$

可见(3.7.1)、(3.7.4)、(3.7.7)和(3.7.9)式中$\frac{\partial^2 y}{\partial x^2}$项的系数有波速 v 的平方的物理意义.由此可见,在各种介质中传播波的波速如下:

沿弦线传播横波　$v = \sqrt{\frac{T_0}{\eta}}$　(3.7.11)

在弹性棒中传播纵波　$v = \sqrt{\frac{Y}{\rho}}$　(3.7.12)

在弹性棒中传播横波　$v = \sqrt{\frac{N}{\rho}}$　(3.7.13)

在液体或气体中传播纵波　$v = \sqrt{\frac{B}{\rho}}$　(3.7.14)

波速只与介质的性质有关.

下面对声波在气体中传播的速度进一步具体化.由于声波频率较高,气体的压强 p 和体积 V 的变化极为迅速,可近似认为在绝热条件下进行的,并用可逆的绝热过程的过程方程,计算体积模量 B、可逆的绝热过程的过程方程

$$pV^{\gamma} = 常量$$

其中 γ 是定压比热 C_p 与定容比热 C_V 之比.

$$\ln p + \gamma \ln V = 常量$$

$$\frac{1}{p}\mathrm{d}p + \gamma\frac{1}{V}\mathrm{d}V = 0$$

$$B = -V\frac{\mathrm{d}p}{\mathrm{d}V} = -V\left(-\frac{\gamma p}{V}\right) = \gamma p$$

$$v = \sqrt{\frac{B}{\rho}} = \sqrt{\frac{\gamma p}{\rho}} \tag{3.7.15}$$

用理想气体的状态方程

$$pV = \frac{M}{\mu}RT \quad 或 \quad p = \frac{\rho}{\mu}RT$$

其中 R 是气体普适常数，T 是气体的绝对温度，μ 是气体的摩尔质量.

(3.7.15)式还可写成

$$v = \sqrt{\frac{\gamma RT}{\mu}} \tag{3.7.16}$$

*(2) 相速度和群速度

一个有限长度的波列或一个脉冲(或叫波包)(都是平面波)作频谱分析，用傅里叶积分展开，它是由一系列连续的频率的简谐波叠加而成的. 如果波列、波包在无色散介质中传播，不同频率的简谐波有相同的波速，这个波列、波包将始终保持其波形不变. 如果波列、波包在色散介质中传播，由于所含的不同频率的简谐波具有不同的波速，则随着时间的推移，其波形将发生变化. 原来高度定域化的波包将不断散开. 在这情况下，波包峰值的速度与各简谐波的速度都是不同的. 这就有群速度和相速度之别. 波包峰值的速度称为群速度，相位的传播速度则为相速度.

为了更便于看清色散的后果，我们来考察两个频率稍有不同而振幅相同的平面简谐波在同一弦线上向同一方向以不同速率运动

$$y_1 = A\cos(\omega_1 t - k_1 x)$$

$$y_2 = A\cos(\omega_2 t - k_2 x)$$

两列简谐波的波速分别为 $v_1 = \frac{\omega_1}{k_1}$ 和 $v_2 = \frac{\omega_2}{k_2}$，$v_1 \neq v_2$，此弦线是色散介质.

两简谐波叠加的合成波为

$$y = y_1 + y_2 = 2A\cos\left(\frac{\omega_1 - \omega_2}{2}t - \frac{k_1 - k_2}{2}x\right)\cos\left(\frac{\omega_1 + \omega_2}{2}t - \frac{k_1 + k_2}{2}x\right)$$

某时刻的合成波如图 3.7.6 所示，可以视为一个振幅被一个波长较长、频率较慢的虚线表示的包络波所调制的波长较短、频率较快的类简谐波.

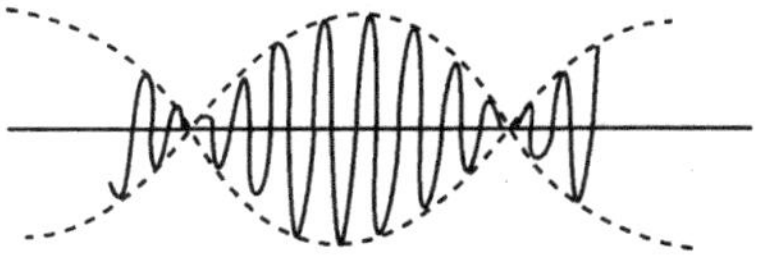

图 3.7.6

类简谐波波峰的运动速度为

$$v_p = \frac{(\omega_1 + \omega_2)/2}{(k_1 + k_2)/2} = \frac{\omega_1 + \omega_2}{k_1 + k_2}$$

它也是类简谐波中任一固定的相位的传播速度，故称为相速度.

包络波波峰的运动速度为

$$v_g = \frac{(\omega_1 - \omega_2)/2}{(k_1 - k_2)/2} = \frac{\omega_1 - \omega_2}{k_1 - k_2} = \frac{\Delta\omega}{\Delta k}$$

由于包络包裹着一群短波，所以称为群速度.

如由频率连续分布的简谐波合成的波，其群速度为

$$v_g = \frac{d\omega}{dk} \tag{3.7.17}$$

从下节讲的波的机械能与波的振幅的平方成正比，可以理解波的能量的传播是以波的群速度传播的. 因此，在色散介质中传播的波，群速度比相速度具有更大的物理意义.

§3.8 机械波的能量和强度

机械波在介质中传播时，介质各质元处于不同的运动状态，较之未传播波时的静止状态，具有额外的能量，它们是质元运动的动能和发生形变的势能. 波的传播不仅是振动状态或振动相位的传播，还伴随着能量的传播.

1. 机械波的能量和能量密度

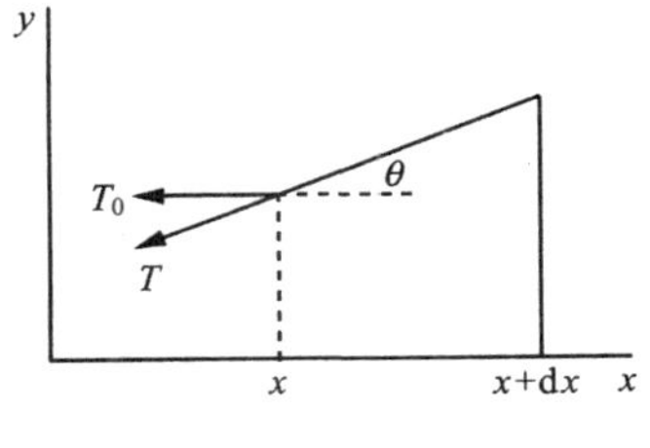

图 3.8.1

以在弦线上传播的机械波为例，并不限于传播简谐波. 考虑处于 $x \sim x + dx$ 间的质元，dx 足够小，可视为直线，在 t 时刻，其位形如图 3.8.1 所示. 质元的运动速度为$\frac{\partial y}{\partial t}$，若弦线的线密度为 ρ，质元的动能（为避免与张力 T

发生混淆，这里改用 E_k 表示动能，与此相应，改用 E_p 表示势能）

$$dE_k = \frac{1}{2}\eta dx\left(\frac{\partial y}{\partial t}\right)^2$$

在该质元从平衡位形到图示位形的形变过程中，该质元伸长 $\frac{dx}{\cos\theta} - dx$，取无形变时势能为零，此时质元的势能等于形变时张力做的功.

$$\begin{aligned} dE_p &= T\left(\frac{dx}{\cos\theta} - dx\right) = \frac{T_0}{\cos\theta}\left(\frac{1}{\cos\theta} - 1\right)dx \\ &= T_0(1 + \tan^2\theta - \sqrt{1 + \tan^2\theta})dx \\ &\approx \frac{1}{2}T_0\tan^2\theta dx = \frac{1}{2}T_0\left(\frac{\partial y}{\partial x}\right)^2 dx \end{aligned}$$

对于无色散介质，向 x 正方向或负方向传播的波，具有下列表达式

$$y = f\left(t - \frac{x}{v}\right) \quad 或 \quad y = f\left(t + \frac{x}{v}\right)$$

f 是宗量 $t - \frac{x}{v}$ 或 $t + \frac{x}{v}$ 的任意函数. 注意在弦线上传播横波的波速 $v = \sqrt{\frac{T_0}{\eta}}$，很容易证明

$$dE_k = dE_p$$

这结果说明，对任何质元，在任何时刻，动能和势能总相等. 对简谐波的传播，这个结果很明显，当质元经过平衡位置时，动能处于最大值，势能也处于最大值，在那里形变最大（参看图 3.8.2 中的 A、C 点），在动能为零时，势能也为零，那里没有形变（参看图 3.8.2 中的 B、D 点）.

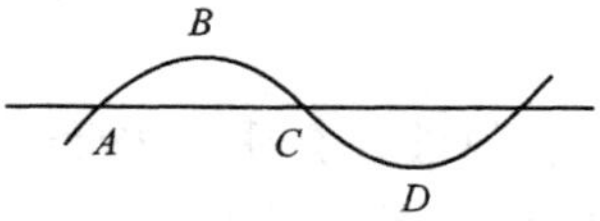

图 3.8.2

$x \sim x + dx$ 段质元的总机械能

$$dE = dE_k + dE_p = T_0\left(\frac{\partial y}{\partial x}\right)^2 dx \text{ 或 } \eta\left(\frac{\partial y}{\partial t}\right)^2 dx$$

为了使 dE 的式子对其他弹性介质也适用，用各种介质都能用的波速 v 和体密度 ρ 来替代上述 dE 表达式中的 T_0 和 η，可得

$$dE = \frac{T_0}{\eta}\eta\left(\frac{\partial y}{\partial x}\right)^2 dx = v^2\rho S\left(\frac{\partial y}{\partial x}\right)^2 dx$$

或

$$dE = \rho S\left(\frac{\partial y}{\partial t}\right)^2 dx$$

单位体积内的机械能即能量密度

$$\varepsilon = \frac{dE}{Sdx} = \rho V^2\left(\frac{\partial y}{\partial x}\right)^2 \tag{3.8.1}$$

或

$$\varepsilon = \rho\left(\frac{\partial y}{\partial t}\right)^2 \tag{3.8.1'}$$

传播简谐波时，

$$y = A\cos\left[\omega\left(t - \frac{x}{v}\right) + \alpha\right]$$

$$\varepsilon = \rho\omega^2 A^2 \sin^2\left[\omega\left(t - \frac{x}{v}\right) + \alpha\right] \tag{3.8.2}$$

机械能随时间而变，不守恒，和弹簧振子系统机械能守恒情况不同.波在介质中传播时，介质中任一质元与其相邻的质元之间不断进行能量交换.波的传播不仅是振动状态或相位的传播，也伴随着能量的传播.

在一周期内，任一质元的平均能量密度为

$$\bar{\varepsilon} = \frac{1}{T}\int_0^T \varepsilon(t)dt = \frac{1}{2}\rho\omega^2 A^2 \tag{3.8.3}$$

平均能量密度和振幅的平方、频率的平方以及介质的密度成正比.

(3.8.1)～(3.8.3)式以及任一质元在任何时刻动能和势能总相等的结论，虽是对弦线中传播的横波的讨论得出的，也完全适用于其他无色散的均匀的各向同性的弹性介质中传播的平面波[(3.8.1)式]或平面简谐波[(3.8.2)、(3.8.3)式]，不论是横波还是纵波.

例 3.8.1 一根长弦线，线密度为 η、未形变时张力为 T_0.在一端($x=0$)施以横向的简谐力

$$F = F_0\cos\omega t$$

证明此力在一周期内所做的功等于一个波长范围内波的机械能.

证明 这简谐力是波源，将在弦线中激发简谐波

$$y = A\cos(\omega t - kx + \alpha) \tag{1}$$

它满足波动方程,且要满足边界条件:在 $x=0$ 处外力与张力在 y 方向的分量的合力为零,

$$F + T_0 \frac{\partial y}{\partial x}\bigg|_{x=0} = 0 \tag{2}$$

由(1)、(2)两式可得

$$F_0 \cos\omega t - T_0 kA \cos\left(\omega t + \alpha + \frac{\pi}{2}\right) = 0$$

在任何时刻 t 均成立,定出

$$A = \frac{F}{T_0 k}, \quad \alpha = -\frac{\pi}{2}$$

$$y = \frac{F_0}{T_0 k}\cos\left(\omega t - kx - \frac{\pi}{2}\right)$$

在一个周期 T(注意勿将周期与弦线张力发生混淆)内外力对弦线做的功为

$$\int_0^T F(t)\frac{\partial y}{\partial t}\bigg|_{x=0} \mathrm{d}t$$

$$= \int_0^T F_0 \cos\omega t \frac{F_0}{T_0 k}\omega \cos\omega t \,\mathrm{d}t = \frac{F_0^2}{2T_0 k}T$$

在一个波长范围内波的机械能为

$$\bar{\varepsilon}\lambda S = \frac{1}{2}\rho\omega^2 A^2 \lambda S = \frac{1}{2}\rho\omega^2 \frac{F_0^2}{T_0^2 k^2}\lambda S$$

其中 S 是弦线的横截面积.

用 $v=\sqrt{\dfrac{T_0}{\eta}}=\sqrt{\dfrac{T_0}{\rho S}}, v=\dfrac{\lambda}{T}, k=\dfrac{2\pi}{\lambda}$,可证明 $\bar{\varepsilon}\lambda S=\dfrac{F_0^2}{2T_0 k}T$.

2. 能流、能流密度和波的强度

从(3.8.2)式可以看出,波的机械能也像振动相位一样随波传播.(3.8.2)式给出的是向 x 正方向传播的简谐波.下面的讨论不限于传播简谐波.仍以弦线这种介质为例.

图 3.8.3 中,波沿弦线向 x 正方向传播,位于 x 左边的质元对 x 右边的质元的力 t 时刻做的功率为

$$P = -T\sin\theta \frac{\partial y}{\partial t}$$

$$= -T\cos\theta\tan\theta \frac{\partial y}{\partial t} = -T_0 \frac{\partial y}{\partial x}\frac{\partial y}{\partial t}$$

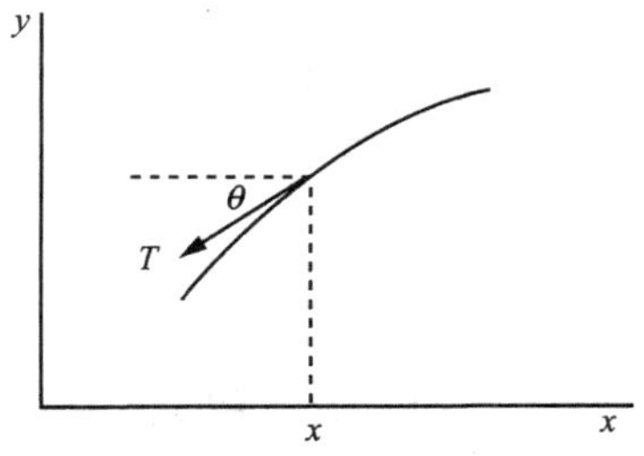

图 3.8.3

不论波的运动学方程

$$y = f\left(t - \frac{x}{v}\right)$$

取何种函数形式,总有

$$\frac{\partial y}{\partial x} = -\frac{1}{v}\frac{\partial y}{\partial t}$$

故

$$P = \frac{T_0}{v}\left(\frac{\partial y}{\partial t}\right)^2 = \eta\left(\frac{\partial y}{\partial t}\right)^2 v$$

$$= \rho S\left(\frac{\partial y}{\partial t}\right)^2 v = \varepsilon v S \qquad (3.8.4)$$

推导中用了 $v=\sqrt{\dfrac{T_0}{\eta}}$, $\eta=\rho S$ 及(3.8.1′)式.

(3.8.4)式计算的功率是单位时间内从 x 左方传至 x 右方的能量,这个功率也可称为能流,是在那个时刻 t 的单位时间内通过横截面积 S 从 x 左方传至 x 右方的能量.

$$\text{平均能流} = \overline{P} = \bar{\varepsilon} v S \qquad (3.8.5)$$

单位时间通过垂直于波速方向的单位截面的能量称为能流密度,用 i 表示,

$$i = \frac{\varepsilon v S}{S} = \varepsilon v \qquad (3.8.6)$$

平均能流密度

$$I = \bar{i} = \bar{\varepsilon} v \qquad (3.8.7)$$

如不限于平面波,能流密度和平均能流密度均为矢量.

$$\boldsymbol{i} = \varepsilon \boldsymbol{v}, \quad \boldsymbol{I} = \bar{\varepsilon}\boldsymbol{v}$$

$$P = \int \boldsymbol{i}\cdot \mathrm{d}\boldsymbol{S}, \quad \overline{P} = \int \boldsymbol{I}\cdot \mathrm{d}\boldsymbol{S}$$

人和大多数仪器的反应不那么灵敏，难于跟上 i 随 t 的变化. 因此，通常把平均能流密度而不是把能流密度定义为波的强度(简称波强).

对于平面简谐波，将(3.8.3)式代入(3.8.7)式，波强

$$I = \frac{1}{2}\rho\omega^2 A^2 v \tag{3.8.8}$$

对于简谐波(不限于平面简谐波)，平均能流密度

$$\boldsymbol{I} = \frac{1}{2}\rho\omega^2 A^2 \boldsymbol{v} \tag{3.8.9}$$

在电磁学中，平均能流密度 $\boldsymbol{I}$ 称为坡印亭矢量. 波强是平均能流密度的大小 $|\boldsymbol{I}|$.

(3.8.4)～(3.8.9)式也完全适用于其他无色散的均匀的各向同性的弹性介质中传播的横波或纵波. (3.8.8)、(3.8.9)式只适用于简谐波. 下面将看到(3.8.9)式完全适用于球面简谐波.

3. 球面简谐波

波在三维的无色散、均匀、各向同性的弹性介质中传播，波动方程为

$$\frac{\partial^2 u}{\partial t^2} - v^2 \Delta u = 0$$

其中 u 是偏离平衡位置的位移，Δ 是算符$\frac{\partial^2}{\partial x^2} + \frac{\partial^2}{\partial y^2} + \frac{\partial^2}{\partial z^2}$的缩写，$\Delta u$ 是$\frac{\partial^2 u}{\partial x^2} + \frac{\partial^2 u}{\partial y^2} + \frac{\partial^2 u}{\partial z^2}$的缩写.

如波是球对称的，即波面是球面，质元振动的振幅只与球坐标中 r 坐标有关，与两个角坐标 θ、φ 无关. 波动方程可写为

$$\frac{\partial^2 u}{\partial t^2} - v^2\left(\frac{\partial^2 u}{\partial r^2} + \frac{2}{r}\frac{\partial u}{\partial r}\right) = 0$$

可以验证

$$u(r,t) = \frac{A_0}{r}\cos\left[\omega\left(t - \frac{r}{v}\right) + \alpha\right] \tag{3.8.10}$$

是上述波动方程的解. (3.8.10)式是球面简谐波的运动学方程，α 是 $r=0$ 处质元振动的初相位，各处质元都在作简谐振动，角频率都是 ω，振幅随 r 成反比地减小. A_0 是 $r=1\text{m}$(长度的单位取 m 的话)处质元振动的振幅.

A_0 不同、ω 不同、α 不同的各球面简谐波都以同样的速率 v 沿径向向外传播，

波动方程是线性的，这些球面简谐波叠加合成的波也是波动方程的解，即介质中可以传播球面的非简谐波.

对于球面简谐波，有类似(3.8.2)～(3.8.5)式的以下关系：

$$\varepsilon(r,t) = \rho\omega^2 \frac{A_0^2}{r^2}\sin^2\left[\omega\left(t-\frac{r}{v}\right)+\alpha\right]$$

$$\bar{\varepsilon}(r) = \frac{1}{2}\rho\omega^2\frac{A_0^2}{r^2}$$

$$P(r,t) = \varepsilon(r,t)vS(r) = 4\pi r^2\varepsilon(r,t)v$$

$$\bar{P}(r) = \bar{\varepsilon}(r)vS(r) = 4\pi r^2\bar{\varepsilon}(r)v$$

可以证明

$$P(r,t) = P(r+\lambda,t)$$

即在任何时刻 t，单位时间内通过半径为 r 的球形波面流入球壳(图 3.8.4 中画有阴影的部分)的能量等于单位时间内通过半径为 $r+\lambda$ 的球形波面流出球壳的能量.

还可以证明，在一个周期内，通过任一波形球面的平均能流不变

$$\bar{P}(r) = 常量$$

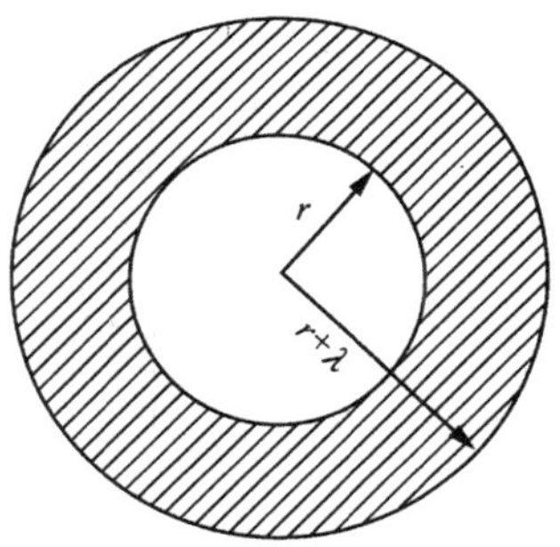

图 3.8.4

在无耗散的情况下得到这结果是很自然的.

§3.9 边界效应和干涉

上面几节讨论的波都是在均匀的各向同性的无色散介质中传播.传播中没有遇到障碍物，没有遇到另一种介质.对于介质是弦线来讲，没有遇到弦线不均匀或分段均匀的情况，认为均匀的弦线足够长，即使长度有限，只考虑未到达另一端以前的情况，波沿弦线传播时，没有遇到除张力以外其他力的作用(重力与张力相比总是可以忽略的).这一节要讨论遇到这些情况后波如何传播的问题，还要讨论传播中两个波相遇会出现什么情况的问题.

1. 惠更斯原理

当一个波遇到只有一个小孔的壁垒(所谓小孔，是指孔的线度远小于波的波

长,所谓壁垒,是指波不能透射的障碍物)时,这个小孔就象一个点波源,向孔后发出球面波. 这种情况与波遇到小孔时波的波面是什么形状无关,只要通过小孔后的介质是均匀的、各向同性的,通过小孔后,波面都是球形的.

根据上述事实,1690 年惠更斯提出一个看法:在波的传播过程中,t 时刻,波前上的每一点均可看作一个子波源,经 Δt 时间后,这些子波源发出的波的波前的包络,就是 $t+\Delta t$ 时刻的波前. 这就是惠更斯原理.

根据惠更斯原理,可以说明在均匀各向同性介质中传播的平面波,任何时刻的波前都是平面,传播的球面波,任何时刻的波前都是球面. 如图 3.9.1(a)、(b)所示.

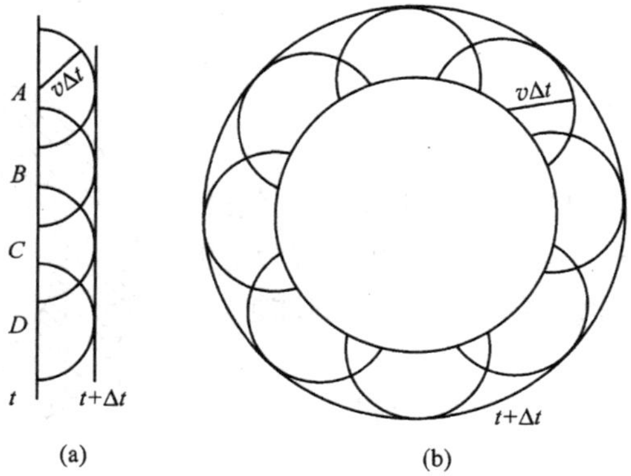

图 3.9.1

图 3.9.1(a)画了 t 时刻的波前是一个平面,画了波前上 A、B、C、D 四点作为子波源发出的球面波,在 $t+\Delta t$ 时刻,这些球面波的波前分别是以子波源为中心、以 $v\Delta t$ 为半径的球面,这些球面的包络是 $t+\Delta t$ 时刻的波前,仍是一个平面. 从图 3.9.1(b)可类似地由惠更斯原理说明 t 时刻的球面波前在 $t+\Delta t$ 时刻,波前仍是球面.

下面还要用惠更斯原理解释波的反射定律和折射定律,说明波的衍射现象. 不过,惠更斯原理尚有不完善之处. 严格按惠更斯原理的作法,新的波前应该不是一个,而是两个,除了在波传播的前方的新波前外,还应有往回传播的新波前,但实际并不存在往回传播的波. 与此有关,另一个不足之处是惠更斯原理只能确定波的传播方向,不能讨论波的强度,解决办法是引入一个 $f(\theta)$,θ 是子波传播方向与子波源和真实波源连线的夹角,要没有往回传播的波,应有 $f(\pi)=0$. 我们只用惠更斯原理,并只考虑传播前方的包络来决定波的传播方向,就不对惠更斯原理作更多的探讨了.

2. 波的反射定律和折射定律

一束平面波传播到两种均匀、各向同性的介质的分界面时将分成两束,一束仍在原介质中,但改变了传播方向,为反射波,另一束进入另一种介质,为透射波或叫折射波.可用惠更斯原理解释确定反射波和折射波传播方向的反射定律和折射定律.

(1) 反射定律

设 t 时刻平面波的波前为 AC,A 端刚达到两种介质的界面,$t+\Delta t$ 时刻,t 时刻的波前的 C 端到达界面 C',如图 3.9.2 所示.$\overline{CC'}=v\Delta t$,v 为波速.波面 AC 上任一点 B,在 $t+\Delta t'$ $\left(\Delta t'=\dfrac{\overline{AB}}{\overline{AC}}\Delta t\right)$ 到达界面上的 B'' 点.以 t 时刻的 A 点、$t+\Delta t'$ 时刻的 B'' 点和以 $t+\Delta t$ 时刻的 C' 点作为子波源发子波,在 $t+\Delta t$ 时刻,这些子波的波前分别是以 A 为中心、以 $v\Delta t$ 为半径,以 B'' 为中心、以 $v(\Delta t-\Delta t')$ 为半径和以 C' 为中心、以 $v.0$ 为半径的球面,在图中,这些球面是半圆和点.在图上从 C' 点分别作两半圆的切线,切点分别为 A' 和 B'.可以从几何上证明:两切线 $A'C'$、$B'C'$ 共线,及两直角三角形 $\triangle AA'C'$ 和 $\triangle ACC'$ 全同,$\angle CAC'=\angle AC'A'$,进而得到:反射的波线为直线.反射的波面是平面,$i=i'$.

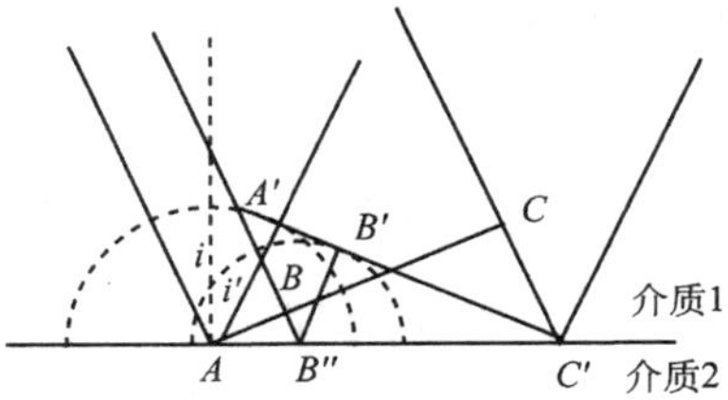

图 3.9.2

入射角 i 等于反射角 i',在同一平面上的入射波线和反射波线分处在入射点的界面法线的两侧,这就是反射定律.

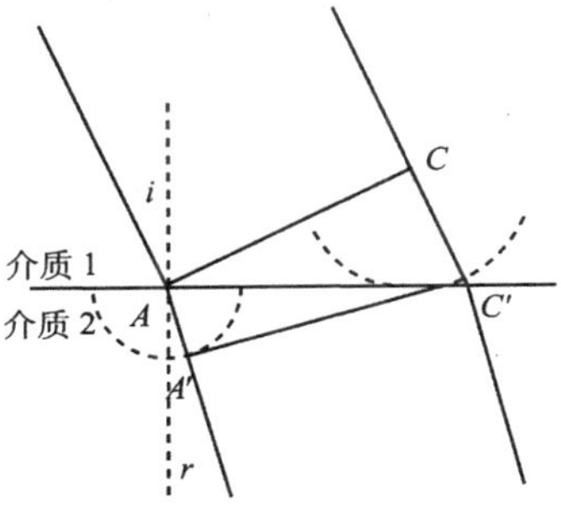

图 3.9.3

(2) 折射定律

图 3.9.3 画了一束平面入射波,t 时刻的波前为 AC,若 $\Delta t=\dfrac{\overline{CC'}}{v_1}$,其中 v_1 为波在介质 1 中传播的波速,则 t 时刻 C 端作为子波源发的子波,在 $t+\Delta t$ 时刻的波前是以 C 为中心、以 $v_1\Delta t$ 即 $\overline{CC'}$ 为半径的球面,t 时刻 A 端作为子波源发的子波,在 $t+\Delta t$ 时刻的波前是以 A 为中心、以

$v_2\Delta t=\overline{AA'}$为半径的球面,其中 v_2 是波在介质 2 中传播的波速. 同样可以证明,t 时刻AC 上各点作为子波源发的子波,在 $t+\Delta t$ 时刻的各子波前的包络即 $t+\Delta t$ 时刻透射波的波前为图中的$A'C'$,是一条直线,代表垂直纸面的一个平面

$$\sin i=\sin\angle CAC'=\frac{\overline{CC'}}{AC'}$$

$$\sin r=\frac{\overline{AA'}}{AC'}$$

$$\frac{\sin i}{\sin r}=\frac{\overline{CC'}}{\overline{AA'}}=\frac{v_1\Delta t}{v_2\Delta t}=\frac{v_1}{v_2}$$

上式正是折射定律,入射角 i 的正弦与折射角 r 的正弦之比等于两种介质中的波速之比,在同一平面内的入射波线和折射波线分处于入射点的界面法线的两侧.

若令 $n=\dfrac{v_1}{v_2}$,n 称为介质 2 相对于介质 1 的相对折射率. 引入相对折射率后,折射定律的第一句话可改为:入射角的正弦与折射角的正弦之比等于第二种介质相对于第一种介质的相对折射率.

3. 垂直入射时的反射波和透射波的振幅

上段只是讨论了反射波和透射波的传播方向问题,没有涉及反射波和透射波的振幅. 显然,这是惠更斯原理无法解决的. 要靠解满足边界条件的波动方程解决. 今以在弦线中发生的情况为例,其方法对垂直入射于两种没有耗散和吸收的均匀、各向同性的无色散介质的界面的横波、纵波都适用.

设一条分段均匀的长弦线沿 x 轴放置,$x<0$,弦线的线密度为 η_1,$x>0$,弦线的线密度为 η_2,在 $x=0$ 处相接. 弦线的张力为 T_0,横截面积均为 S,今有一入射的横波,

$$y_1=A\cos(\omega t-k_1x) \tag{1}$$

从 $-\infty$ 传播至 $x=0$ 处,一部分反射,一部分透射,设反射波和透射波分别表示为

$$y'_1=B\cos(\omega t+k_1x+\alpha_1) \tag{2}$$

$$y_2=C\cos(\omega t-k_2x+\alpha_2) \tag{3}$$

显然,y_1、y'_1 满足波动方程

$$\frac{\partial^2 y}{\partial t^2}-v_1^2\frac{\partial^2 y}{\partial x^2}=0,\quad v_1=\sqrt{\frac{T_0}{\eta_1}},\qquad x<0$$

y_2 满足波动方程

$$\frac{\partial^2 y}{\partial t^2} - v_2^2 \frac{\partial^2 y}{\partial x^2} = 0, \quad v_2 = \sqrt{\frac{T_0}{\eta_2}}, \quad x > 0$$

在 $x=0$ 处,应满足边界条件

$$y_1 + y'_1 = y_2 \tag{4}$$

$$\frac{\partial(y_1 + y'_1)}{\partial x} = \frac{\partial y_2}{\partial x} \tag{5}$$

第一个边界条件的物理意义是两段弦线在 $x=0$ 点总是连续的,两边(指 $x=0^-$ 和 $x=0^+$)的位移总相等,第二个边界条件的物理意义是 $x=0$ 点所受力的合力为零,今合力的 y 分量为零,

$$-T_0 \frac{\partial(y_1 + y'_1)}{\partial x} + T_0 \frac{\partial y_2}{\partial x} = 0$$

将(1)、(2)、(3)式代入(4)、(5)式得

$$A\cos\omega t + B\cos(\omega t + \alpha_1) = C\cos(\omega t + \alpha_2) \tag{6}$$

$$-k_1 A\sin\omega t + kB\sin(\omega t + \alpha_1) = -k_2 C\sin(\omega t + \alpha_2) \tag{7}$$

用

$$\cos(\omega t + \alpha_1) = \cos\omega t\cos\alpha_1 - \sin\omega t\sin\alpha_1$$

$$\sin(\omega t + \alpha_1) = \sin\omega t\cos\alpha_1 + \cos\omega t\sin\alpha_1$$

(6)、(7)两式对任何 t 必须都成立,两式两边的 $\sin\omega t$ 和 $\cos\omega t$ 的系数必须分别相等,由此得

$$A + B\cos\alpha_1 = C\cos\alpha_2 \tag{8}$$

$$B\sin\alpha_1 = C\sin\alpha_2 \tag{9}$$

$$-k_1(A - B\cos\alpha_1) = -k_2 C\cos\alpha_2 \tag{10}$$

$$k_1 B\sin\alpha_1 = -k_2 C\sin\alpha_2 \tag{11}$$

由(9)、(11)式及 $k_1 \neq k_2$,可得

$$\sin\alpha_1 = \sin\alpha_2 = 0, \quad \alpha_1 = \alpha_2 = 0 \tag{12}$$

将(12)式代入(8)、(10)式,解得

$$\begin{cases} B = \dfrac{k_1 - k_2}{k_1 + k_2} A \\ C = \dfrac{2k_1}{k_1 + k_2} A \end{cases} \tag{3.9.1}$$

用 $k = \dfrac{2\pi}{\lambda} = \dfrac{\omega}{v}$、$v = \sqrt{\dfrac{T_0}{\eta}}$、$\eta = \rho S$，可将(3.9.1)式改写为

$$\begin{cases} B = \dfrac{v_2 - v_1}{v_1 + v_2} A \\ C = \dfrac{2v_2}{v_1 + v_2} A \end{cases} \tag{3.9.2}$$

$$\begin{cases} B = \dfrac{\sqrt{\eta_1} - \sqrt{\eta_2}}{\sqrt{\eta_1} + \sqrt{\eta_2}} A \\ C = \dfrac{2\sqrt{\eta_1}}{\sqrt{\eta_1} + \sqrt{\eta_2}} A \end{cases} \tag{3.9.3}$$

$$\begin{cases} B = \dfrac{\rho_1 v_1 - \rho_2 v_2}{\rho_1 v_1 + \rho_2 v_2} A \\ C = \dfrac{2\rho_1 v_1}{\rho_1 v_1 + \rho_2 v_2} A \end{cases} \tag{3.9.4}$$

当 $\eta_1 > \eta_2$ 时，$\dfrac{B}{A} > 0$，反射时反射波和入射波同相位，而当 $\eta_1 < \eta_2$ 时，$\dfrac{B}{A} < 0$，反射时反射波和入射波反相位. 这种情况，反射波有相位 π 的突变，相当于差了半个波，故称为半波损失. 波从线密度大的介质(称为波密介质)射向线密度小的介质(称为波疏介质)时，反射波在反射处无半波损失，而当波从波疏介质射向波密介质时，反射波在反射处有半波损失. 而无论 $\eta_1 > \eta_2$，还是 $\eta_1 < \eta_2$，都有 $\dfrac{C}{A} > 0$，说明透射时，透射波总与入射波同相位.

当 $\eta_2 \to \infty$ 时，相当于 $x = 0$ 为弦线的固定端，由(3.9.2)式，因 $v_2 = 0$，$B = -A$，$C = 0$，入射波完全被反射，没有透射. 反射时反射波有半波损失.

当 $\eta_2 \to 0$ 时，相当于 $x = 0$ 为弦线的自由端，由(3.9.3)式，得 $B = A$，$C = 2A$. 这是不合理的. $B = A$ 说明入射波完全被反射，可 $C = 2A$ 说明仍然有透射波，而且透射波的波强比入射波还强，这显然不合理. 按(3.8.6)及(3.8.2)式计算入射

波、反射波和透射波的能流,应有入射波能流等于反射波能流加上透射波能流,现在入射波能流小于反射波能流和透射波能流之和,这不合理.再说,自由端不可能传播横波,不可能有透射的横波,今有透射的横波,不合理.出现不合理的结果原因何在?首先考察一下这种情况是否存在.$\eta_2 \to 0$ 要求 $x=0$ 处不连别的弦线,还要求 $x=0$ 点的弦线端点只能有横向即垂直于弦线的方向的运动.要求沿弦线方向,各点(包括 $x=0$ 的点)的张力分量为 T_0,不论弦线上有没有波动.这种情况是存在的,考虑 $x=0$ 的弦线端连着一个质量可忽略不计的小环,小环套在与弦线方向垂直的光滑棒上.,可沿棒无摩擦自由滑动,就是这种情况.出现上述不合理结果的原因在于原用的边界条件在这情况下不能用.在 $x=0$ 处,没有透射波,弦线的张力的横向分量为零,故 $x=0$ 处的边界条件为

$$\frac{\partial(y_1 + y'_1)}{\partial x} = 0$$

将(1)、(2)两式代入上式得

$$-A\sin\omega t + B\sin(\omega t + \alpha_1) = 0$$

可得

$$-A + B\cos\alpha_1 = 0$$

$$B\sin\alpha_1 = 0$$

解得 $\alpha_1 = 0, B = A$.这结果表明,入射波将完全反射,无半波损失.

再作几点补充说明:

(1) 反射和透射时频率不变,这一点可作为受迫振动来理解,波传播中到达的任何一点都可视为波源.

(2) 如入射波不是简谐波,例如是一个脉冲,上述讨论也完全适用,反射的脉冲形状,在无半波损失的情况下,与假想的继续向前的原波形相比,具有对反射面即界面的对称性,在有半波损失的情况下,波形除上述变化外,还有上下颠倒(即 y 的正负号相反)的变化.以上是就完全反射而言的.如不是完全反射,反射的脉冲波形,除上述变化外,还要按比例缩小.

(3) 在两种介质的衔接处,分界面的类型对纵波和横波可能有不同的情况.例如两固体没有固接,则衔接处对于横波是自由端,对于纵波不是自由端.铁轨没有焊接,因此只能传播纵波.

(4) 对于弦线以外的其他介质,因无张力 T_0 不变这一情况,(3.9.1)~(3.9.3)式不成立,因此波密波疏不能仅从密度大小判断.但(3.9.4)式可用(参看

3.55 题的提示和答案)，可用密度和波速的乘积作出判断，乘积小的为波疏介质，乘积大的为波密介质.

(5) 对于非垂直入射的情况，如果质元振动方向垂直于入射面(指入射波线和反射波线所张的平面)，(3.9.4)式也能适用.对于质元振动方向平行于入射面的情况(无论是横波还是纵波)，因垂直入射时用的边界条件不能用，所得结果(3.9.4)式也不能用.

4. 波的干涉　驻波

(1) 波的叠加原理和相干条件

几列波在同一介质中传播时，相遇前和相遇后(指分开以后)，每一列波都将保持自己原有的特性(频率、波长、振幅、相位关系、质元振动方向、波速和传播方向)，不受其他波的影响.而在相遇处，介质质元的振动位移是各波在该处激起的振动位移的矢量和.这就是波的叠加原理的表述.

波的叠加原理是从实践中总结出来的.两个石子投入静水中激起的水波相遇前后的情况，几种乐器齐奏时均能保持其音色不变，人们能同时看到不同的物体等大量事实都遵从波的叠加原理.但是也有不少事实不遵从波的叠加原理.例如，水波不能独立地穿过大浪，又如两个很响的声音混杂在一起，无法从中区分出两种声音.

为什么有的事实支持叠加原理，有的与之有抵触？如果两列波都遵从同一个波动方程，它们叠加后仍遵从这个波动方程.那么这两列波一定遵从波的叠加原理.当波动方程是线性的偏微分方程就有这种情况.

在均匀的、各向同性的无色散弹性介质中扰动不大时，胁强与胁变有正比关系，一维的波动方程

$$\frac{\partial^2 y}{\partial t^2} - v^2\frac{\partial^2 y}{\partial x^2} = 0$$

是线性的偏微分方程(三维的波动方程也是线性的偏微分方程)，若 $y_1(x,t)$、$y_2(x,t)$表示的两个波是波动方程的解，则 $y_1 + y_2$ 也是波动方程的解.单独存在或合在一起的波都可在介质中传播，因此叠加原理成立.而当扰动过大时，胁强与胁变间不再是正比关系，波动方程是非线性的，两个满足方程的解的叠加不再是方程的解，在此情况下，叠加原理不成立.不遵从叠加原理的两个波相遇，不再保持各自的特性变成一个新的波，不是原来两个波的叠加形成的波.

遵从波的叠加原理的两列波叠加后，未必出现波的干涉现象.干涉现象是指波叠加后，一些地方合成振动增强、一些地方合成振动减弱的现象.因此，要发生波的

干涉现象，除了必须遵从波的叠加原理以外，还得满足三个条件：两列波有相同的频率，有相同的振动方向，在各处相遇时均有不变的相位差.这三条称为相干条件.符合相干条件的两列或两列以上的波称为相干波.能发出相干波的两个或两个以上的波源称为相干波源.

(2) 双缝干涉

双缝干涉是最简单的干涉现象.一个平面简谐波垂直入射于一个具有两条互相平行的长直窄缝的屏障上.设两窄缝 S_1、S_2 间的距离为 d.如图 3.9.4 所示.根据惠更斯原理，未受到阻拦的两条狭缝就成了新的线波源.它们有相同的频率，相同的振动方向，有确定的相位关系，在今垂直入射的情况下，它们有相同的相位，是相干波源.在屏障的右方，从 S_1、S_2 发出的柱面简谐波将在各处相遇发生干涉，今考虑图中的任意点 P，P 点距 S_1、S_2 的距离分别为 r_1、r_2，P 点的振动振幅决定于两个因素：一是 S_1、S_2 两波源发出的波在 P 点的振动振幅，另一个是传到 P 点时两波的相位差.波源 S_1、S_2 的振幅相同，因不是平面简谐波，振幅随离波源的距离的增大而减小，(从能流和能流密度考虑可得出这个结论)，今 $r_2>r_1$，在 P 点，$A_2<A_1$.今考虑 P 点远离 S_1、S_2，即 r_1、$r_2\gg d$，则 A_1、A_2 的差别不大，近似认为相等，且在 P 点附近，认为两波的振幅都差别不大，近似相等.$A_1\approx A_2=A_0$，在 P 点附近，与 r 无关.这样影响 P 点振动强弱的就只有相位差一个因素了.

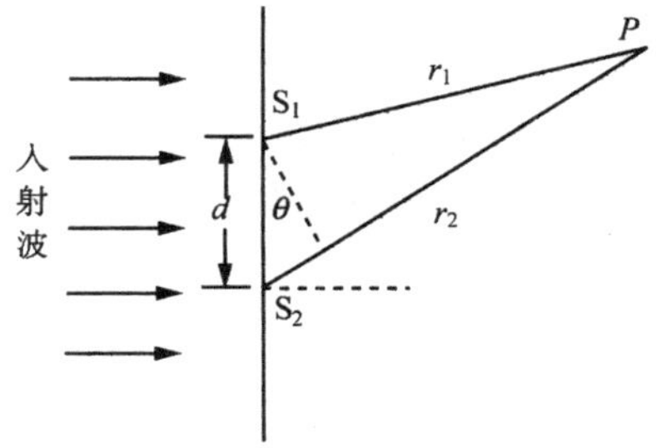

图 3.9.4

设原平面简谐波的角频率为 ω，波速为 v.从 S_1、S_2 的振动相位为零时开始计时，设质元振动方向垂直于纸面，则 P 点质元的位移随时间的变化为

$$\begin{aligned} y(t) &= A_1\cos\omega\left(t-\frac{r_1}{v}\right)+A_2\cos\omega\left(t-\frac{r_2}{v}\right) \\ &= A_0\left[\cos\omega\left(t-\frac{r_1}{v}\right)+\cos\omega\left(t-\frac{r_2}{v}\right)\right] \\ &= 2A_0\cos\left[\frac{\omega}{2v}(r_2-r_1)\right]\cos\left[\omega\left(t-\frac{r_1+r_2}{2v}\right)\right] \end{aligned}$$

P 点处质元振动的振幅为

$$A = 2A_0\cos\left[\frac{\omega}{2v}(r_2 - r_1)\right] = 2A_0\cos\left[\frac{\pi}{\lambda}(r_2 - r_1)\right]$$

当

$$\frac{\pi}{\lambda}(r_2 - r_1) = (2n + 1)\frac{\pi}{2}$$

即

$$r_2 - r_1 = \left(n + \frac{1}{2}\right)\lambda \quad (n = 0, \pm 1, \pm 2, \cdots) \tag{3.9.5}$$

时，P 点处的振动振幅为零，考虑到 A_1、A_2 略有差别，振幅不是严格为零，但满足(3.9.5)式的 P 点处的振幅，振幅较之周围的点处于极小值，这些点称为干涉相消点.

当

$$\frac{\pi}{\lambda}(r_2 - r_1) = n\pi$$

或

$$r_2 - r_1 = n\lambda \quad (n = 0, \pm 1, \pm 2, \cdots) \tag{3.9.6}$$

时，P 点处的振动振幅与周围相比处于极大.这些点称为干涉相长点.

(3.9.5)、(3.9.6)式也可以这样表述：在离 S_1、S_2 较远处，离两波源的距离之差(可称为波程差)为半波长的奇数倍的点是干涉相消点，波程差为波长的整数倍的点是干涉相长点.

也可用图 3.9.4 中的 θ 表示远处干涉相消点和干涉相长点的位置，在远处

$$r_2 - r_1 \approx d\sin\theta$$

将上式代入(3.9.5)、(3.9.6)式

$$d\sin\theta = \left(n + \frac{1}{2}\right)\lambda \quad (n = 0, \pm 1, \pm 2, \cdots) \tag{3.9.7}$$

$$d\sin\theta = n\lambda \quad (n = 0, \pm 1, \pm 2, \cdots) \tag{3.9.8}$$

如在远处放一块与屏障平行的屏，则在屏上看到的双缝干涉的干涉图样是一组明暗相间的直线(垂直于纸面).$\theta = 0$ 处有一条明线，$\theta = \pm\arcsin\dfrac{\lambda}{2d}$处各有一条暗线，$\theta = \arcsin\dfrac{\lambda}{d}$处各有一条明线，$\theta = \pm\arcsin\dfrac{3\lambda}{2d}$处各有一条暗线，依次类推.这

里借用光的干涉的语言，明线是由干涉相长点组成的线，暗线是由干涉相消点组成的线. 当$\frac{d}{\lambda}$很大时，光的干涉中常见，例如 $\lambda \approx 6\times10^{-7}$ m，即使 $d\approx0.1$mm，$\frac{d}{\lambda}\approx10^{2}$ $\arcsin\frac{n\lambda}{d}\approx\frac{n\lambda}{d}$（$n$ 不很大时）. 在 n 不很大时，明线、暗线是等距离相间的、当屏离屏障距离为 D 时，相邻的明暗线间距为$\frac{\lambda D}{2d}$.

两个相干波相遇有干涉现象，合成波的波强需算出合成波的振幅，再用(3.8.8)式计算合成波的波强，它不等于两个分波的波强之和. 而两个非相干波相遇时，合成波的波强是两个分波的波强的简单相加. 读者可从 3.49 题，对频率不符合相干条件的情况得到上述结论.

(3) 驻波

驻波是由两列振幅相同、传播方向相反的两列相干的平面简谐波发生干涉形成的.

选两列波在某处引起质元振动的相位均为零时开始计时，并将此处取为 x 坐标的原点，则两列圆频率为 ω、波速为 v、振幅为 A、传播方向相反的平面简谐波可表示为

$$y_1 = A\cos\left[\omega\left(t-\frac{x}{v}\right)\right]$$

$$y_2 = A\cos\left[\omega\left(t+\frac{x}{v}\right)\right]$$

合成波的数学表达式为

$$y = y_1 + y_2 = A\cos\left[\omega\left(t-\frac{x}{v}\right)\right]+A\cos\left[\omega\left(t+\frac{x}{v}\right)\right]$$

$$= 2A\cos\left(\frac{\omega}{v}x\right)\cos\omega t \qquad (3.9.9)$$

从(3.9.9)式可以看出这个合成波有以下特征：

i) 合成波的振幅是 x 的函数，在 x 处，振幅为$\left|2A\cos\left(\frac{\omega}{v}x\right)\right|$. 这个结果也可对两列波在 x 处激起的振动用旋转矢量法进行叠加得到.

在 $\frac{\omega}{v}x = n\pi$，或

$$x = \frac{v}{\omega}n\pi = \frac{\lambda\nu}{2\pi\nu} \cdot n\pi = \frac{1}{2}n\lambda \quad (n = 0, \pm 1, \cdots) \qquad (3.9.10)$$

处，振幅为 $2A$，为最大值. 在这些点，两列波的相位差为$\frac{2\omega x}{v} = 2n\pi$ 是 2π 的整数倍，是干涉相长点. 这些点振幅最大，称为波腹.

在 $\frac{\omega}{v}x = (2n+1)\cdot\frac{\pi}{2}$，或

$$x = \left(n + \frac{1}{2}\right)\cdot\frac{\lambda}{2} \qquad (n = 0, \pm 1, \cdots) \qquad (3.9.11)$$

处，振幅为零. 这些点，两列波的相位差为 π 的奇数倍，是干涉相消点. 两波的振幅相同，相消成完全不动，这些点称为波节或节点.

相邻两波腹之间的距离、相邻两波节之间的距离均为$\frac{\lambda}{2}$，相邻的波腹和波节之间的距离为$\frac{\lambda}{4}$.

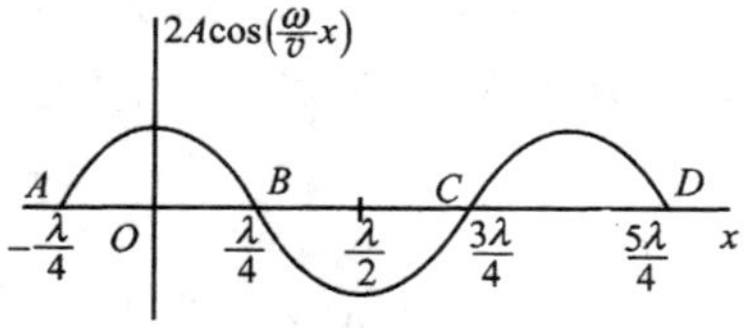

图 3.9.5

ii) 在相邻的两个波节之间，$2A\cos\left(\frac{\omega}{v}x\right)$对于各个 x 值，或者都为正值，或者都为负值. 说明两波节之间各质元的合振动总是同相位的. 在任一个波节两边的相邻两波节间. 对于各个 x 值，$2A\cos\left(\frac{\omega}{v}x\right)$总是异号的，说明两边质元的合振动总是反相位的. 如图 3.9.5 所示，图中 A、B、C、D 均为节点，A、B 之间各点，$2A\cos\left(\frac{\omega}{v}x\right)>0$，$B$、$C$ 之间各点，$2A\cos\left(\frac{\omega}{v}x\right)<0$，$B$ 点两边的 A、B 之间和 B、C 之间，$2A\cos\left(\frac{\omega}{v}x\right)$异号.

在节点，质元没有振动，相邻两节点间质元同相位地作不同振幅的简谐振动，看不到波向 x 正向还是负向传播，留在原地波动. 因此把这种波称为驻波. 把以前讲的向一方传播的波称为行波.

以前讲过随着波的传播，有振动相位的传播，也有能量的传播. 现在我们看到

驻波在原地波动,没有相位的传播,是否也没有能量的传播呢?下面讲一下这个问题,以便对驻波这个名称有更深的理解.

驻波是由振幅相同、频率相同、相向而行的两列简谐的行波干涉叠加形成的.可由(3.8.2)、(3.8.4)式计算两列简谐行波从两方通过 x 点的能流,相减即得驻波从一方通过 x 点的能流.

通过 x 点向 x 正方向流动的能流为

$$
\begin{aligned}
P = P_1 - P_2 &= \rho S\left(\frac{\partial y_1}{\partial t}\right)^2 v - \rho S\left(\frac{\partial y_2}{\partial t}\right)^2 v \\
&= \rho S A^2\omega^2\left\{\sin^2\left[\omega\left(t-\frac{x}{v}\right)\right]-\sin^2\left[\omega\left(t+\frac{x}{v}\right)\right]\right\} \\
&= \rho S A^2\omega^2\left\{\sin\left[\omega\left(t-\frac{x}{v}\right)\right]+\sin\left[\omega\left(t+\frac{x}{v}\right)\right]\right\} \\
&\quad\times\left\{\sin\left[\omega\left(t-\frac{x}{v}\right)\right]-\sin\left[\omega\left(t+\frac{x}{v}\right)\right]\right\} \\
&= -\rho S A^2\omega^2\sin\left(\frac{2\omega}{v}x\right)\sin 2\omega t
\end{aligned}
\tag{3.9.12}
$$

能流是 x 和 t 的函数.

当 $\frac{2\omega}{v}x = n\pi$,即

$$
x = \frac{1}{4}n\lambda \qquad (n = v,\ \pm 1,\ \pm 2,\cdots) \tag{3.9.13}
$$

时,$P=0$.

满足(3.9.13)式的这些点,正是驻波的波腹或波节的位置.这是可以理解的,在这些点,两行波激起的振动的相位相同(波腹)或相反(波节).由(3.8.2)和(3.8.4)式可见,虽然两列行波从两方流向波腹或波节点的能流随时间而变,但总是相等的.因此任何时刻都没有能量能通过这些点.

从动能和势能的计算可知,波腹、波节处的能量密度也随时间变化.当各处的振动速度均为零时,各处动能密度为零,系统的势能最大.此时,波节处有最大的形变,势能密度最大,与此刻其他位置的势能密度相比,与波节在其他时刻的势能密度相比都是最大.在波腹处,没有形变,势能密度为零,而且在任何时刻,都没有形变,势能密度都为零.当各处都回到平衡位置时,各处都没有形变,各处的势能密度都为零,系统的动能最大,波腹处,速度最大,动能密度最大,与此刻其他位置的动能密度相比,与波腹在其他时刻的动能密度相比都是最大.波节处,不仅此刻,而且

任何时刻速度都为零，故动能密度都为零.根据以上对波腹、波节处动能密度、势能密度的大小变化的分析，可以对驻波的能量流动变化的情况作出结论：当能流从两边的波腹向中间的波节流动时，能量由全部为动能逐渐转变为全部为势能，当能流从波节向两边的波腹流动时，能量又由全部为势能逐渐转变为全部为动能.能量全部为动能时，并不都集中在波腹处，只是波腹处的动能密度最大，能量全部为势能时，也不都集中于波节处，只是波节处势能密度最大.能流时而从两边的波腹流向中间的波节或者说从中间的波腹流向两边的波节，时而又从两边的波节流向中间的波腹或者说从中间的波节流向两边的波腹，能流只在相邻的波节、波腹间作周期的往复运动，不会流过任何的波节和波腹.整个系统或相邻的波节、波腹之间的机械能都是守恒的.

最后讨论一下由入射波和反射波叠加形成驻波的情况.根据上段讲的入射波垂直入射时反射波和透射波振幅的定量分析，要形成驻波，两个行波必须相向而行，入射波必须垂直入射于两种介质的分界面，两个行波必须振幅相同，入射波必须完全反射，没有透射.有两种这样的情况：一种是界面是固定端，入射波从波疏介质向波密介质传播，在界面反射时，反射波有半波损失，在固定端形成波节.另一种，界面是自由端，入射波从波密介质向波疏介质传播，在界面反射时，反射波无半波损失，在自由端形成波腹.传播入射波的介质当然应是均匀、各向同性的无吸收与损耗的无色散介质.如果垂直入射的界面不是固定端或自由端，不是完全反射，反射波振幅小于入射波振幅，不能形成驻波，或者说，只能形成一个驻波和一个沿入射波传播方向的行波的合成波动.

例 3.9.1　长为 L、线密度为 η、平衡时张力为 T_0 的弦右端固定，左端受简谐横向策动力 $F=F_0\cos\omega t$ 的作用.求在弦线上激起的驻波的数学表达式，并讨论不发生共振的条件，说明在不发生共振的情况下左端是否波腹？

解　取 x 轴向左为正，右端固定点取为 $x=0$.考虑到右端为波节，驻波的数学表达式可写为

$$y = A\sin\left(\frac{\omega}{v}x\right)\cos(\omega t + \alpha)$$

其中 A、α 由 $x=L$ 处的边界条件决定，在此处，策动力和张力的 y 分量的合力为零.

$$F + T_0\left.\frac{\partial y}{\partial x}\right|_{x=L} = 0$$

$$F_0\cos\omega t + T_0\frac{A\omega}{v}\cos\left(\frac{\omega}{v}L\right)\cos(\omega t + \alpha) = 0$$

由此可得

$$\alpha = \pi, A = \frac{F_0 v}{\omega T_0 \cos\left(\frac{\omega}{v}L\right)} = \frac{F_0}{\omega\sqrt{T_0\eta}\cos(\omega L\sqrt{\eta/T_0})}$$

驻波的表达式为

$$y = \frac{F_0}{\omega\sqrt{T_0\eta}\cos(\omega L\sqrt{\eta/T_0})}\sin\left(\frac{\omega}{v}x\right)\cos(\omega t + \pi)$$

不发生共振的条件是

$$\cos\left(\omega L\sqrt{\frac{\eta}{T_0}}\right) \neq 0$$

即

$$\omega \neq \frac{1}{2L}\sqrt{\frac{T_0}{\eta}}(2n+1)\pi \quad (n = 0,1,2,\cdots)$$

在不发生共振的情况下,因 $\cos\left(\frac{\omega L}{v}\right) \neq 0, \sin\left(\frac{\omega L}{v}\right) \neq 1$,左端不是波腹.左端是波腹时,将发生共振.

5. 波的衍射

波的衍射是指平面波在传播中遇到有小孔或狭缝的屏障时,通过小孔或狭缝的波的波面不再是平面,因而有绕过屏障的偏离原来的直线传播的现象.波的衍射也可称为波的绕射.可用惠更斯原理加以解释,如图3.9.6所示,孔的线度和缝宽越小,衍射现象越明显.

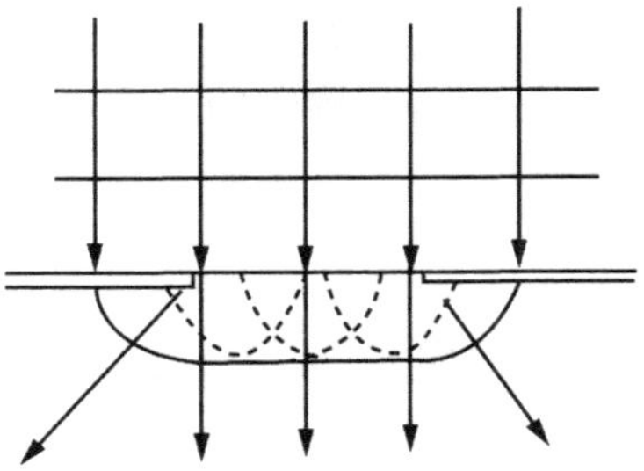

图3.9.6

如果通过小孔、狭缝的波是相干波,它们会发生干涉,其干涉图样也可称为衍射图样,两种称谓可以通用,但不能发生干涉的非相干波也能发生衍射现象.

对于屏障开有一定宽度的单缝、双缝、衍射栅以及开有圆孔的衍射图样将在光学课程中进行讨论.对于光波,由于波长很短,尽管开的狭缝已很窄,对它来说,由于不比波长小得多,不能视为没有宽度的狭缝.不过在光学课程中讲光的干涉时仍然要讲狭缝,因为它是分析有一定宽度的单缝、双缝等情况的基础.

§3.10　声　　波

频率为 20Hz 到 20000Hz 的纵机械波能引起人的听觉,这个频率范围的纵波称为声波.频率高于 20000Hz 的纵机械波,称为超声波,频率低于 20Hz 的纵机械波,称为次声波.超声波的频率可高达 10^{11}Hz,次声波的频率可低达 10^{-3}Hz.声波、超声波和次声波都是机械波.以上讲的一切对它们都适用.这里仅对声波的某些特殊问题作些补充说明.

1. 声强、声强级和声压

机械波的强弱是用波强即平均能流密度来度量的.声波既是机械波,自然也可用波强即声强度量它的强弱,但由于人的听觉对于声音的强弱不是很灵敏的,能听到的声强的数量级相差很大.能引起听觉的声波,不仅在频率上有一定范围,声强上也有一定范围,对于可闻的频率范围内的每个频率,声强太小、太大都不能引起听觉,能引起听觉的下限,称为闻阈,能引起听觉的上限,称为触觉阈,高于上限,只能引起痛觉.每个可闻频率,能引起听觉的上、下限还不一样,而且因人而异.按一般正常人的听觉,对 1000Hz 的声波,上限为 $1\mathrm{W\cdot m^{-2}}$,下限为 $10^{-12}\mathrm{W\cdot m^{-2}}$.用声强的常用对数来度量声波的强弱比较符合人耳对响度的感觉,用 $10^{-12}\mathrm{W\cdot m^{-2}}$ 作为参考标准.令 $I_0=10^{-12}\mathrm{W\cdot m^{-2}}$,定义声强 I 为 I_0 的倍数的常用对数为声强级,用 $I.L$ 表示.$I=I_0$ 时为声强级的零点.声强级的单位为贝耳,记为 B.

$$I.L = \lg\frac{I}{I_0}(\mathrm{B}) \tag{3.10.1}$$

这一单位还嫌大,常用分贝(dB)为单位.

$$I.L = 10\lg\frac{I}{I_0}\quad(\mathrm{dB}) \tag{3.10.2}$$

声波的强弱除了可用声强、声强级度量外,还可用声压来度量.由(3.7.8)式,压强偏离量

$$\Delta p = -K\frac{\Delta V}{V} = -K\frac{S\Delta y}{S\Delta x}$$

其中 K 是体积弹性模量,S 是流体柱的截面积.在 $\Delta x\to 0$ 的极限情况下,

$$\Delta p = -K\frac{\partial y}{\partial x}$$

$$y = A\cos\left[\omega\left(t-\frac{x}{v}\right)\right]$$

$$\begin{aligned}\Delta p &= -Ak\frac{\omega}{v}\sin\left[\omega\left(t-\frac{x}{v}\right)\right]\\ &= AK\frac{\omega}{v}\cos\left[\omega\left(t-\frac{x}{v}\right)+\frac{\pi}{2}\right]\\ &= A\rho\omega v\cos\left[\omega\left(t-\frac{x}{v}\right)+\frac{\pi}{2}\right]\\ &= p_m\cos\left[\omega\left(t-\frac{x}{v}\right)+\frac{\pi}{2}\right] \qquad (3.10.3)\end{aligned}$$

$$p_m = A\rho\omega v \qquad (3.10.4)$$

其中 A 是声波的振幅，ρ 是介质平衡时的密度，v 是波速，p_m 是压强偏离量的振幅，称为声压振幅.(3.10.3)式表明，压强的变化也是简谐的，较之位移的变化相位超前$\frac{\pi}{2}$.

声强与声压振幅的关系为

$$I = \frac{1}{2}\rho A^2\omega^2 v = \frac{1}{2\rho v}p_m^2 \qquad (3.10.5)$$

声强和声压振幅的平方成正比.在(3.10.5)式中，频率对声强的影响已包含在声压振幅之中，其好处是，对于不同频率的声强可以通过测量压强变化来直接加以比较，还可以用测量压强变化的仪器来代替测量位移振幅的仪器，位移振幅很小，难以测量.例如，1000Hz 的声波，人耳能够承受的最大声强（触觉阈）$1\text{W}\cdot\text{m}^{-2}$，在正常大气压下，空气密度 $\rho = 1.22\text{kg}\cdot\text{m}^{-3}$，声速 $v = 331\text{m}\cdot\text{s}^{-1}$，由(3.10.5)式算出，$p_m = 28.4\text{Pa}$，再由(3.10.4)式算出位移振幅 $A = 1.1\times10^{-5}\text{m}$.

高频的超声波，例如 10^{11}Hz 的超声波，按声速估算，其半波长约为 10^{-9}m.按波强为 $1\text{W}\cdot\text{m}^{-2}$计算，声压振幅高达 10^8Pa，一个大气压为 1.013×10^5Pa.因此，对上述强度的超声波能在这么短的半波长范围内有近千个大气压的压强变化，可以设想它的作用是非常大的.

次声波，由于波长很长，碰到非常大的障碍物时才发生明显的反射，而且在介质中传播很少被吸收，因此能传播很远距离.在气象、海洋、地质、地震等方面有不少应用.

2. 声源

声源是一些振动系统.小提琴、吉他是弦线的振动，风琴管、单簧管是振动的空气柱、液体柱，鼓、扬声器、人的声带是振动的膜．这些振动物体的振动，使得附近的空气时而稠密时而稀疏，空气作波的运动将能量传播出去，这些波进入人耳使耳膜发生振动就引起声的感觉．周期性的波或由不多的近似周期性的成分构成的声波，强度又不太大，引起乐音，远离周期性的声波引起噪音．这里只限于讨论一维情况下的声源，只讨论像弦线或空气柱这样的声源．

(1) 两端固定的情况

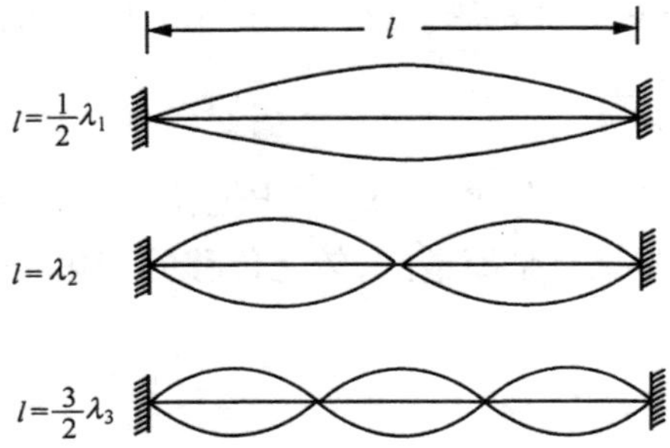

图 3.10.1

前面已论证过，在固定端，如作完全反射，不但有半波损失，反射波与入射波在反射处反相位，而且入射波、反射波振幅相同，反射处一定形成波节．对于长度为 l 的两端固定的杆、弦线或空气柱，频率最低的三种振动方式如图 3.10.1 所示．

$$l = n \cdot \frac{1}{2}\lambda n \quad (n = 1,2,\cdots) \tag{3.10.6}$$

在介质中传播机械波的波速是由介质的性质决定的[见(3.7.11)～(3.7.14)式]．介质质元各振动方式的振动频率为

$$\nu_n = \frac{v}{\lambda_n} = \frac{v}{2l/n} = n\frac{v}{2l} \quad (n = 1,2,3,\cdots) \tag{3.10.7}$$

这些连续的振动系统虽是一维的，但有无穷个自由度(描述系统的位置所需要的独立坐标数，称为系统的自由度数)，有无穷个固有频率(振动频率是由系统本身性质决定的，故称为固有频率)．以后将看到，振动系统有多少个自由度，就有多少个固有频率．借用乐器的语言，最低的固有频率，称为基频、基音或基波，其他固有频率是基频的整数倍，称为倍频或泛音，ν_n 也可称为第 n 谐波或第 $n-1$ 泛音．

用不同的触发振动的方式，例如使弦线发生不同的变形后静止释放、用锤敲击不同的部位，都是不同的触发方式，用数学的语言则是给予不同的初始条件，所激发的振动包含哪些频率的简谐振动，幅度多大，都是不一样的．例如，若 $t=0$ 时，使弦线变形接近于图 3.10.1 的第一种波形那样，则振动中主要是作基频的振动．如用锤敲击弦线的中点，则振动中不会包含频率为 ν_2、ν_4、…这些中点为波节的振动成分．关于在给定的初条件下激起的振动包含哪些成分的定量计算，将在下段分离

变量法再讲.

用不同乐器，即使弹奏同一音调，还是有区别的，原因是除了均有以这个音调相应的谐波为主要成分以外，还都包含比它频率更高的谐波，包含哪些，幅度多大或强度多大，有所不同. 这叫做音色不同，人们凭借对各种乐器的音色的经验，能够听出所使用的都是些什么乐器.

(2) 一端固定、一端自由的情况

对于空气柱，自由端是指开管的那一端.

前已讲过，在自由端完全反射，无半波损失，反射波振幅与入射波相同，形成的驻波，在自由端，一定是波腹. 根据一端为波节（固定端）另一端为波腹（自由端），频率最低的三种振动方式如图 3.10.2 所示.

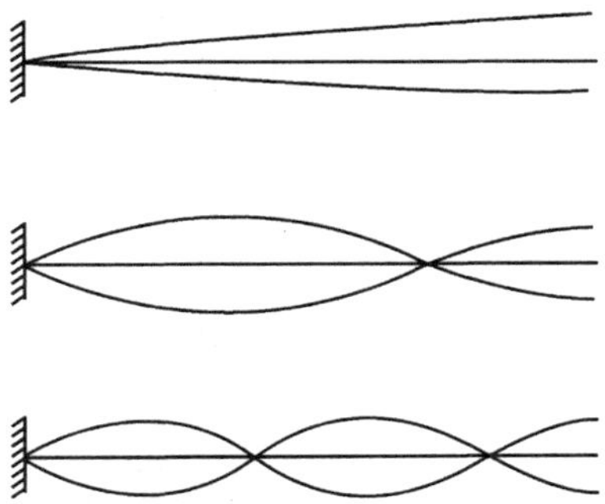

图 3.10.2

$$l = (2n+1)\frac{\lambda_n}{4} \quad (n = 0,1,2,\cdots) \tag{3.10.8}$$

$$\nu_n = \frac{v}{\lambda_n} = \frac{v}{4l}(2n+1) \quad (n = 0,1,2,\cdots) \tag{3.10.9}$$

(3) 两端自由的情况

两端都是波腹. 频率最低的三种振动方式如图 3.10.3 所示.

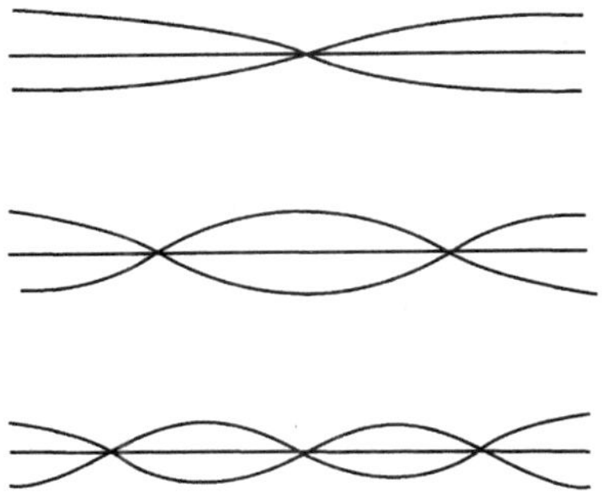

图 3.10.3

$$l = n \cdot \frac{\lambda_n}{2} \quad (n = 1,2,3,\cdots) \tag{3.10.10}$$

$$\nu_n = \frac{v}{2l}n \quad (n = 1,2,3,\cdots) \tag{3.10.11}$$

其他情况可以分段分别考虑. 例如，左端和中间某点固定，右端自由，则可分两段分别处理：左端和中间的固定点之间按两端固定处理，中间的固定点和右端之间按一端固定、一端自由处理.

以上讲的声源都是振动系统做自由振动的声源.下面举个振动系统作受迫振动的声源的实例.

例 3.10.1　图 3.10.4(a)表示的是一个用共振法测量空气中声速的装置.使振动着的频率为 ν 的音叉靠近右管开端，调节水面高度，使右管内的空气柱从零逐渐增大，图 3.10.4(b)是声音强度最大的头三个位置.若 $\nu = 1080\text{Hz}$，测得 $d = 15.3\text{cm}$，求空气中的声速.

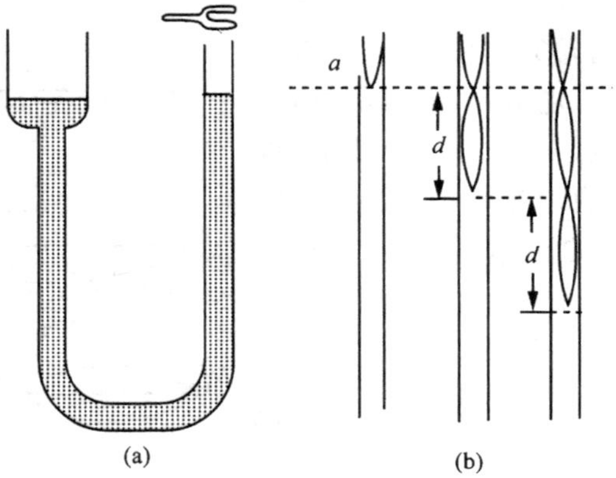

图 3.10.4

解　这里有两个声源，一个是音叉，一个是右管内的空气柱.水面在(b)图的三个位置时，我们听到的声音，主要来自空气柱传出的行波.音叉的振动起着强迫力的作用，使空气柱发生受迫振动.水相对于空气是波密介质，在空气柱与水面的界面处，反射波有半波损失，忽略水柱的振动，完全反射，界面处为波节.水面在图(b)的其他位置.也形成驻波，水面处也为波节.但图(b)所示的三个位置是发生共振的位置，空气柱振动激起的声波强度远大于直接由音叉振动激发的声波强度，而发生共振时声波振幅没有达到无穷大，说明空气柱的振动还受到阻尼.如何求有线性阻尼的声波振幅，可用下段讲的分离变量法解决.

受迫振动的频率是强迫力的频率，不论右管水面离管口有多大距离，空气柱振动频率都是 ν，空气中声速也一样，因而空气柱振动形成的驻波波长都一样.不过，未发生共振时，改变水面的位置，激起的声波声强级差别不大，无法确定除水面以外波节的位置.第一次发生共振时，水面离开口端的距离 a 略小于$\frac{1}{4}\lambda$，因为在开口端外部还有空气柱.波腹不正好在开口端而略向外移.第二次发生共振和第三次发生共振，水面比第一次发生共振时的水面分别下降$\frac{1}{2}\lambda$和λ，故由图(b)知，

$$d = \frac{1}{2}\lambda$$

$$v = \lambda\nu = 2d\nu = 2 \times 15.3 \times 10^{-2} \times 1080 = 330(\mathrm{ms}^{-1})$$

*3. 分离变量法

从上面驻波的数学表达式可以看出，对于一维的驻波，各处 x 在任何时刻 t 的位移 $y(x,t)$ 可以写成

$$y(x,t) = X(x)T(t)$$

的形式，即可以写成两个自变量的函数的乘积. 用它代入波动方程，原偏微分方程可以变成两个自变量各自需满足的两个常微分方程. 由边界条件找出各种可能的特解，写出一般解. 再由初条件求得满足初条件的解. 这是解线性微分方程的一般做法. 用这种方法可以处理齐次的或非齐次的线性微分方程.

(1) 无阻尼自由振动的三种边界条件

偏微分方程为

$$\frac{\partial^2 y}{\partial t^2} - v^2 \frac{\partial^2 y}{\partial x^2} = 0 \tag{1}$$

设特解可写成

$$y(x,t) = X(x)T(t) \tag{2}$$

代入(1)式得

$$X \frac{\mathrm{d}^2 T}{\mathrm{d}t^2} - v^2 T \frac{\mathrm{d}^2 X}{\mathrm{d}x^2} = 0 \tag{3}$$

(3)式两边除以 XT，

$$\frac{1}{T}\frac{\mathrm{d}^2 T}{\mathrm{d}t^2} - v^2 \frac{1}{X}\frac{\mathrm{d}^2 X}{\mathrm{d}x^2} = 0 \tag{4}$$

(4)式第一项只与 t 有关，第二项只与 x 有关，要对任何 x、t，(4)式都成立，只能是两项都等于常数，设第一项等于 $-\mu$，μ 为常数. 得到两个常微分方程：

$$\frac{\mathrm{d}^2 X}{\mathrm{d}x^2} + \frac{\mu}{v^2}X = 0 \tag{5}$$

$$\frac{\mathrm{d}^2 T}{\mathrm{d}t^2} + \mu T = 0 \tag{6}$$

μ 由边界条件确定.下面考虑三种边界条件.

i) 两端固定,$y(0,t)=0$ 和 $y(l,t)=0$.也可写成 $X(0)=0, X(l)=0$.

分别考虑 $\mu=0, \mu<0$ 和 $\mu>0$ 三种可能性.

如 $\mu=0$,由(5)式解得

$$X(x) = cx + d$$

其中 c、d 是积分常数,由 $X(0)=0$ 定出 $d=0$,再由 $X(l)=0$ 定出 $c=0$.从而得 $X(x)=0$ 这个无物理意义的解.可见,$\mu=0$ 不可能.

如 $\mu<0$,由(5)式解得

$$X(x) = c\mathrm{e}^{\frac{1}{v}\sqrt{-\mu}x} + d\mathrm{e}^{-\frac{1}{v}\sqrt{-\mu}x}$$

由 $X(0)=0$ 得 $d=-c$,再由 $X(l)=0$ 得 $c=0$.也得到 $X(x)=0$ 无物理意义的零解.说明 $\mu<0$ 也不可能.

综上所述,只能是 $\mu>0$.(5)式的解为

$$X(x) = c\cos\left(\frac{\sqrt{\mu}}{v}x\right) + d\sin\left(\frac{\sqrt{\mu}}{v}x\right)$$

由 $X(0)=0$ 得 $c=0$,

$$X(x) = d\sin\left(\frac{\sqrt{\mu}}{v}x\right)$$

再由 $X(l)=0$ 得

$$\frac{\sqrt{\mu}}{v}l = n\pi, \mu = \left(\frac{n\pi v}{l}\right)^2$$

$$X_n(x) = d_n\sin\left(\frac{n\pi}{l}x\right) \qquad (n = 1,2,\cdots)$$

这些 n 值都是可能的,我们注上脚标 n 表示不同的 n 时的 $X(x)$.

将 $\mu=\left(\frac{n\pi v}{l}\right)^2$ 代入(6)式,

$$\frac{\mathrm{d}^2 T}{\mathrm{d}t^2} + \left(\frac{n\pi v}{l}\right)^2 T = 0$$

其解为

$$T_n(t) = a_n\cos\left(\frac{n\pi v}{l}t\right) + b_n\sin\left(\frac{n\pi v}{l}t\right)$$

两端固定的边界条件的特解为

$$y_n(x,t) = X_n(x)T_n(t)$$

$$= \left[A_n\cos\left(\frac{n\pi v}{l}t\right) + B_n\sin\left(\frac{n\pi v}{l}t\right)\right]\sin\left(\frac{n\pi}{l}x\right)(n = 1,2,3,\cdots)$$

原来的 a_n、b_n、d_n 都是任意的常数，今将 a_nd_n. 和 b_nd_n 改成A_n、B_n 仍都是任意的常数.

一般解为

$$y(x,t) = \sum_{n=1}^{\infty}\left[A_n\cos\left(\frac{n\pi v}{l}t\right) + B_n\sin\left(\frac{n\pi v}{l}t\right)\right]\sin\left(\frac{n\pi}{l}x\right) \quad (3.10.12)$$

A_n、B_n 由初条件 $y(x,0)$ 及 $\left.\frac{\partial y(x,t)}{\partial t}\right|_{t=0}$ 确定.

由(3.10.12)式可以看出，两端固定的边界条件情况下，振动的可能角频率(固有频率)为

$$\omega_n = \frac{n\pi v}{l} \quad (n = 1,2,\cdots) \quad (3.10.13)$$

这与(3.10.7)式是一致的.

ii) $x=0$ 端固定，$x=l$ 端自由的边界条件，这个边界条件可写成，$X(0)=0$，$\left.\frac{\mathrm{d}X}{\mathrm{d}x}\right|_{x=l}=0$ 或写作 $X'(l)=0$.

同样可以证明. 只有 $\mu>0$，才能得到有意义的非零解. 并由边界条件可得

$$\mu = \left[\frac{(2n+1)\pi v}{2l}\right]^2 \quad (n = 0,1,2,\cdots)$$

一般解为

$$y(x,t) = \sum_{n=0}^{\infty}(A_n\cos\omega_n t + B_n\sin\omega_n t)\sin\left(\frac{2n+1}{2l}\pi x\right) \quad (3.10.14)$$

其中

$$\omega_n = \frac{(2n+1)\pi v}{2l} \quad (n = 0,1,2,\cdots) \quad (3.10.15)$$

(3.10.15)式与(3.10.9)式是一致的.

iii) 两端均为自由端的边界条件,可表为

$$X'(0)=0,\quad X'(l)=0$$

先证明只有 $\mu>0$ 才能得有意义的非零解(略). 由 $X'(0)=0$ 可得

$$X(x)=c\cos\left(\frac{\sqrt{\mu}}{v}x\right)$$

再由 $X'(l)=0$,得

$$\mu=\left(\frac{n\pi v}{l}\right)^2\quad(n=1,2,3,\cdots)$$

可得一般解为

$$y(x,t)=\sum_{n=1}^{\infty}(A_n\cos\omega_n t+B_n\sin\omega_n t)\cos\left(\frac{n\pi}{l}x\right)\tag{3.10.16}$$

其中

$$\omega_n=\frac{n\pi v}{l}\quad(n=1,2,3\cdots)\tag{3.10.17}$$

(3.10.17)式与(3.10.11)式是一致的.

(2) *求满足初条件的解*

对于无阻尼的自由振动的一定的边界条件,可获得波动方程的一般解,然后由初条件,确定一般解中的任意常数 A_n 和 B_n,得到满足初条件的解.

例 3.10.2　长为 l、线密度均匀的钢琴弦两端($x=0$、$x=l$)固定,波速为 v,起始时,在 $x=a$ 点受到小锤的打击,打击时,小锤与弦的接触段非常小,持续时间与弦的振动周期相比非常短. 试求弦的位移 $y(x,t)$的表达式.

解　用两端固定的边界条件的一般解(3.10.12)式

$$y(x,t)=\sum_{n=1}^{\infty}\left[A_n\cos\left(\frac{n\pi v}{l}t\right)+B_n\sin\left(\frac{n\pi v}{l}t\right)\right]\sin\left(\frac{n\pi}{l}x\right)$$

初条件为

$$y(x,0)=0$$

$$\left.\frac{\partial y}{\partial t}\right|_{t=0}=F(x)=\begin{cases}>0,\text{且很大},a-\varepsilon<x<a+\varepsilon,\varepsilon\to 0\\ =0,x<a-\varepsilon,x>a+\varepsilon\end{cases}$$

设

$$\lim_{\varepsilon\to 0}\int_{a-\varepsilon}^{a+\varepsilon}F(x)\mathrm{d}x = u$$

由 $y(x,0)=0$ 可定出 $A_n=0$,

$$y(x,t) = \sum_{n=1}^{\infty}B_n\sin\left(\frac{n\pi v}{l}t\right)\sin\left(\frac{n\pi}{l}x\right)$$

由$\left.\dfrac{\partial y}{\partial t}\right|_{t=0}=F(x)$,得

$$\sum_{n=1}^{\infty}\frac{n\pi v}{l}B_n\sin\left(\frac{n\pi}{l}x\right) = F(x)$$

两边乘以 $\sin\left(\dfrac{m\pi}{l}x\right)$,再对 x 从 0 到 l 积分,

$$\int_0^l\sum_{n=1}^{\infty}\frac{n\pi v}{l}B_n\sin\left(\frac{n\pi}{l}x\right)\sin\left(\frac{m\pi}{l}x\right)\mathrm{d}x = \int_0^l F(x)\sin\left(\frac{m\pi}{l}x\right)\mathrm{d}x \tag{1}$$

用

$$\int_0^l\sin\left(\frac{n\pi}{l}x\right)\sin\left(\frac{m\pi}{l}x\right)\mathrm{d}x = \frac{l}{2}\delta mn$$

$$\int_0^l\sum_{n=1}^{\infty}\frac{n\pi v}{l}B_n\sin\left(\frac{n\pi}{l}x\right)\sin\left(\frac{m\pi}{l}x\right)\mathrm{d}x = \frac{m\pi v}{2}B_m \tag{2}$$

用

$$\lim_{\varepsilon\to 0}\int_{a-\varepsilon}^{a+\varepsilon}F(x)\mathrm{d}x = u$$

$$\begin{aligned}\int_0^l F(x)\sin\left(\frac{m\pi}{l}x\right)\mathrm{d}x &= \lim_{\varepsilon\to 0}\int_{a-\varepsilon}^{a+\varepsilon}F(x)\sin\left(\frac{m\pi}{l}x\right)\mathrm{d}x\\ &= \lim_{\varepsilon\to 0}\int_{a-\varepsilon}^{a+\varepsilon}\sin\left(\frac{m\pi}{l}x\right)d\left(\int^X F(x)\mathrm{d}x\right)\\ &= \lim_{\varepsilon\to 0}\left\{\sin\left(\frac{m\pi}{l}x\right)\Big|_{x=a+\varepsilon}\int^{a+\varepsilon}F(x)\mathrm{d}x\right.\\ &\quad-\sin\left(\frac{m\pi}{l}x\right)\Big|_{x=a-\varepsilon}\int^{a-\varepsilon}F(x)\mathrm{d}x\\ &\quad\left.-\int_{a-\varepsilon}^{a+\varepsilon}\left[\int^x F(x)\mathrm{d}x\right]\frac{m\pi}{l}\cos\left(\frac{m\pi}{l}x\right)\mathrm{d}x\right\}\end{aligned} \tag{3}$$

因 $\int^{x} F(x)\mathrm{d}x \cdot \frac{m\pi}{l}\cos\left(\frac{m\pi}{l}x\right)$ 在 $a-\varepsilon<x<a+\varepsilon$ 内有限，

$$\lim_{\varepsilon\to 0}\int_{a-\varepsilon}^{a+\varepsilon}\left[\int^{x} F(x)\mathrm{d}x\right]\frac{m\pi}{l}\cos\left(\frac{m\pi}{l}x\right)\mathrm{d}x = 0$$

代入(3)式，

$$\begin{aligned}&\int_0^l F(x)\sin\left(\frac{m\pi}{l}x\right)\mathrm{d}x\\ &= \lim_{\varepsilon\to 0}\left[\sin\left(\frac{m\pi}{l}x\right)\bigg|_{x=a+\varepsilon}\int^{a+\varepsilon}F(x)\mathrm{d}x\right.\\ &\qquad\left.-\sin\left(\frac{m\pi}{l}x\right)\bigg|_{x=a-\varepsilon}\int^{a-\varepsilon}F(x)\mathrm{d}x\right]\\ &= \sin\left(\frac{m\pi a}{l}\right)\lim_{\varepsilon\to 0}\int_{a-\varepsilon}^{a+\varepsilon}F(x)\mathrm{d}x = u\sin\left(\frac{m\pi a}{l}\right)\end{aligned}\tag{4}$$

将(2)、(4)式代入(1)式得

$$B_m = \frac{2u}{m\pi v}\sin\left(\frac{m\pi a}{l}\right)$$

满足初条件的解为

$$y(x,t) = \sum_{n=1}^{\infty}\frac{2u}{n\pi v}\sin\left(\frac{n\pi a}{l}\right)\sin\left(\frac{n\pi}{l}x\right)\sin\left(\frac{n\pi v}{l}t\right)$$

另一种做法，利用 δ 函数的性质，将 $F(x)$ 写成

$$F(x) = u\delta(x-a)$$

立即可得(4)式，

$$\begin{aligned}\int_0^l F(x)\sin\left(\frac{m\pi}{l}x\right)\mathrm{d}x &= \int_0^l u\delta(x-a)\sin\left(\frac{m\pi}{l}x\right)\mathrm{d}x\\ &= u\sin\left(\frac{m\pi a}{l}\right)\end{aligned}$$

当 $a=\frac{1}{2}l$ 时，可以看出，将激发 $n=1、3、5、\cdots$ 的波，$n=1$ 的波振幅最大，$n=3$ 的波次之，$\frac{B_3}{B_1}=-\frac{1}{3}$. 当 $a=\frac{1}{3}l$ 时，将激发 $n=1、2、4、5、\cdots$ 的波，$n=1$ 的波振幅最大，$n=2$ 的波次之，$\frac{B_2}{B_1}=\frac{1}{2}$. 被击处不可能成为波节，因此一切在被击处成为

波节的那些振动不被激发是应得的结果.

以上处理的都是齐次方程,下面讲的受迫振动涉及到非齐次方程如何处理的问题.

(3) 受迫振动的一般处理方法

对于弦线的有阻尼的受迫振动,如阻尼是线性的,波动方程是非齐次的线性偏微分方程用§3.7推导波动方程的办法,对于均质的弦线,可以导出偏微分方程为

$$\eta\frac{\partial^2 y}{\partial t^2}+\gamma\frac{\partial y}{\partial t}-T_0\frac{\partial^2 y}{\partial x^2}=F(x,t),$$

其中 γ 是单位长度弦线的阻尼系数,$F(x,t)$是 x 点附近单位长度弦线 t 时刻受到的强迫力.

上式也可写成

$$\frac{\partial^2 y}{\partial t^2}+2\beta\frac{\partial y}{\partial t}-v^2\frac{\partial^2 y}{\partial x^2}=f(x,t) \tag{1}$$

其中 β 是单位质量弦线的阻尼因数,v 为波速,$f(x,t)$是 x 点附近单位质量弦线 t 时刻受到的强迫力,

$$f(x,t)=\frac{1}{\eta}F(x,t)$$

解此方程的办法是,先对相应的齐次方程用分离变量法及边界条件,求得 $X_n(x)$.

将非齐次方程的解写成

$$y(x,t)=\sum_{n=1}^{\infty}T_n(t)X_n(x) \tag{2}$$

将 $f(x,t)$展成 $X_n(x)$的级数

$$f(x,t)=\sum_{n=1}^{\infty}f_n(t)X_n(x) \tag{3}$$

将(2)、(3)式代入(1)式,得到 T_n 满足的常微分方程,解出 $T_n(t)$. 代入(2)式,即得方程(1)的一般解.

例 3.10.3　一根长 l、线密度为 η 的弦线两端固定.单位质量弦线振动时受到的阻尼因数为 β,今在 $x=a$ 点受到强迫力 $F_0\cos\omega t$,其中 F_0、ω 均为常量,求弦线振动的稳态解 $y(x,t)$.

解
$$\frac{\partial^2 y}{\partial t^2}+2\beta\frac{\partial y}{\partial t}-v^2\frac{\partial^2 y}{\partial x^2}=f(x,t) \tag{1}$$

其中 $f(x,t)$是单位质量弦线受到的强迫力.

相应的齐次方程为

$$\frac{\partial^2 y_0}{\partial t^2}+2\beta\frac{\partial y_0}{\partial t}-v^2\frac{\partial^2 y_0}{\partial x^2}=0 \tag{2}$$

用分离变量法,把(2)式的解写成

$$y_0(x,t)=X(x)T_0(t) \tag{3}$$

将(3)式代入(2)式得

$$X\frac{\mathrm{d}^2 T_0}{\mathrm{d}t^2}+2\beta X\frac{\mathrm{d}T_0}{\mathrm{d}t}-v^2 T_0\frac{\mathrm{d}^2 X}{\mathrm{d}x^2}=0$$

$$\frac{1}{T_0}\frac{\mathrm{d}^2 T_0}{\mathrm{d}t^2}+\frac{2\beta}{T_0}\frac{\mathrm{d}T_0}{\mathrm{d}t}=\frac{v^2}{X}\frac{\mathrm{d}^2 X}{\mathrm{d}x^2}$$

要对任何的 x、t 值等式成立,只能是等号两边均为常量,设此常量为 $-\mu$. 得到 X 满足的常微分方程

$$\frac{\mathrm{d}^2 X}{\mathrm{d}x^2}+\frac{\mu}{v^2}X=0 \tag{4}$$

用两端固定的边界条件: $X(0)=0$ 及 $X(l)=0$,要得到有意义的非零解,一定有 $\mu>0$,可得(4)式满足边界条件的特解为

$$X_n(x)=\sin\left(\frac{n\pi}{l}x\right)\quad(n=1,2,3,\cdots)$$

将(1)式的一般解写成

$$y(x,t)=\sum_{n=1}^{\infty}T_n(t)\sin\left(\frac{n\pi}{l}x\right) \tag{5}$$

$$F(x,t)=F_0\delta(x-a)\cos\omega t$$

$$f(x,t)=\frac{F(x,t)}{\eta}=\frac{F_0}{\eta}\delta(x-a)\cos\omega t$$

将 $f(x,t)$展成 X_n 的级数

$$f(x,t)=\sum_{n=1}^{\infty}f_n(t)\sin\left(\frac{n\pi}{l}x\right)$$

两边乘 $\sin\left(\frac{m\pi}{l}x\right)$，对 x 从 0 到 l 积分，可得

$$f_m(t)=\frac{1}{\int_0^l\sum_{n=1}^{\infty}\sin\left(\frac{n\pi}{l}x\right)\sin\left(\frac{m\pi}{l}x\right)\mathrm{d}x}\int_0^l f(x,t)\sin\left(\frac{m\pi}{l}x\right)\mathrm{d}x$$

$$=\frac{2}{l}\int_0^l\frac{F_0}{\eta}\delta(x-a)\cos\omega t\sin\left(\frac{m\pi}{l}x\right)\mathrm{d}x$$

$$=\frac{2F_0}{\eta l}\sin\left(\frac{m\pi}{l}a\right)\cos\omega t$$

$$f(x,t)=\frac{2F_0}{\eta l}\sum_{n=1}^{\infty}\sin\left(\frac{n\pi}{l}a\right)\sin\left(\frac{n\pi}{l}x\right)\cos\omega t \tag{6}$$

将(5)、(6)式代入(1)式，约去各项的共同因子 $\sin\left(\frac{n\pi}{l}x\right)$ 得 T_n 满足的常微分方程

$$T''_n+2\beta T'_n+\left(\frac{n\pi v}{l}\right)^2T_n=\frac{2F_0}{\eta l}\sin\left(\frac{n\pi}{l}a\right)\cos\omega t\quad(n=1,2,3,\cdots) \tag{7}$$

用(3.4.1)～(3.4.4)式，即得 T_n 的稳态解为

$$T_n(t)=\frac{2F_0\sin\left(\frac{n\pi}{l}a\right)}{\eta l\sqrt{(\omega_n^2-\omega^2)^2+4\beta^2\omega^2}}\cos(\omega t-\phi_n)$$

(1)式的稳态解为

$$y(x,t)=\frac{2F_0}{\eta l}\sum_{n=1}^{\infty}\frac{\sin\left(\frac{n\pi}{l}a\right)}{\sqrt{(\omega_n^2-\omega^2)^2+4\beta^2\omega^2}}\sin\left(\frac{n\pi}{l}x\right)\cos(\omega t-\phi_n)$$

其中

$$\omega_n=\frac{n\pi v}{l},\ \phi_n=\arctan\left(\frac{2\beta\omega}{\omega_n^2-\omega^2}\right)$$

像例 3.10.3 这样的强迫力，只集中作用于一个点或几个点，也可像例 3.9.1 那样分段，强迫力作为各段连接处的边界条件，不作为受迫振动处理，得到 3.6.8 题那样的答案.

4．拍

拍的现象是一种干涉现象. 在§3.2.2，讨论了两个不同频率的同方向振动的

叠加,如果两个频率十分接近,将出现拍的现象.现在如果两列频率十分接近的“相干”声波(打引号是因为频率这一条相干条件不严格满足)在人耳处相遇,不论这两列波从什么方向传来,都将引起耳膜作§3.2.2所讲的拍那样振动,耳膜的振动频率是两个成分的频率的平均值,振幅随时间周期地变化,响度时强时弱,像打拍子一样,每秒听到的拍数(称为拍频)为两个成分的频率之差的绝对值.如果两个成分的振幅越接近相等,强弱的差别就越明显.拍频小于等于7,就能分辨强弱,听到拍音.拍频高于7,就难于或无法分辨强弱,也就听不出有拍音了.

5. 多普勒效应

波的频率是由波源这个振动系统的振动频率决定的,波的传播速度是由传播波的介质的性质决定的.波在介质中传播时波的速度是相对于介质的,与波源相对于介质是静止的还是运动的无关,也与观察者相对于介质是否运动无关.可是观察者听到的声波频率是由人的耳膜的振动频率决定的.人或声音探测器接收到的声波频率不一定等于声源发出的声波频率.到目前为止,我们讲的波源和观察者都是相对于传播声波的介质保持静止的情况,前面所讲的波速也都是相对于介质的速度.如果相对于介质只有波源有运动,或者只有观察者有运动,或者波源、观察者都有运动,观察者接收到的声波频率将不同于波源实际发出的频率,这种效应称为多普勒效应.奥地利物理学家多普勒于1842年首先发现光的这种效应,光的颜色随发光体与观察者的相对运动而变化.声波的多普勒效应是更为常见的.当火车从你身旁经过时,你听到的汽笛声的频率在火车朝你驶来时高于实际发出的频率,当火车离你远去时又低于实际发出的频率.

下面来解释这种现象,为便于说明,讨论波源和观察者的运动速度与波源、观察者的连线共线的情况.因为所述的由介质的性质决定的波速是相对于介质的速度,必须取介质为参考系.用 u_0 表示观察者的速度,u_s 表示波源的速度,u_0、u_s 的正负号作如下规定:观察者向着波源方向运动时,$u_0>0$,背着波源的方向运动,$u_0<0$;波源向着观察者方向运动,$u_s>0$,背着观察者的方向运动,$u_s<0$.例如,图3.10.5(a)的情况,$u_0>0$,$u_s<0$.图3.10.5(b)的情况,$u_0<0$,$u_s>0$.仍用 v 表示波速.

图3.10.5

(1) $u_s=0$、$u_0\neq0$ 的情况

由于观察者的速度 $u_0\neq0$，波相对于观察者的速度为 $v+u_0$. 观察者接收到的波的频率 ν' 等于单位时间内通过观察者的波的数目. 单位时间内，离观察者 $(v+u_0)\cdot1$ 范围内的波经过观察者，图 3.10.6 中画的相邻两个波面表示振动相位相同、波的相位相差 2π 的两个波面，则所画的相邻两个波面间的距离为波长 λ，单位时间内经过观察者的波数，即观察者收到的声波频率（称为表观频率）ν'

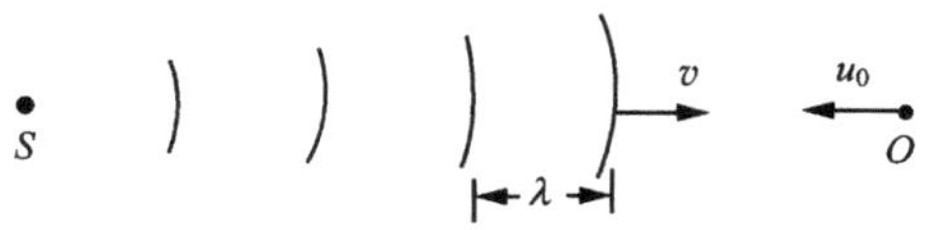

图 3.10.6

$$\nu'=\frac{(v+u_0)\cdot1}{\lambda}=\frac{v+u_0}{v}\nu \tag{3.10.18}$$

当 $u_0>0$ 时，$\nu'>\nu$；$u_0<0$ 时，$\nu'<\nu$.

若 $u_0<0$，且 $v+u_0<0$，由(3.10.18)式得 $\nu'<0$. 这个 ν' 值无物理意义. 在这种情况下，由于波速小于观察者离开它的速率，观察者收不到声波，听不到波源发出的声音.

(2) $u_0=0$、$u_s\neq0$ 的情况

如前所述，从波源发出的波相对于介质的速度 v 不因波源的运动而有所变化. 由于观察者对介质无运动，波相对于观察者的速度也仍为 v，没有变化. 但是由于波源运动，它在一周期后即在 $t+T$ 时发出的波面与 t 时刻发出的波面在 $t+T$ 时刻到达的位置间的距离不是波长 λ，而变为表观波长 λ'，它是在介质中传播的波的相位相差 2π 的两个波面间的距离. 图 3.10.7 中画了两个波面，一个来自 $t=0$ 波源位于 A 点发出的波，另一个来自 $t=T$ 波源位于 B 点发出的波，都是画 t 时刻的波面. 前后发的两个波面分别标有“1”和“2”. 在波源和观察者的连线上两波面间的距离为表观波长 λ'. 从图上可见

$$\lambda=vt-v(t-T)-u_sT=(v-u_s)T$$

T 是波的周期，$T=\dfrac{1}{\nu}$.

$$\nu'=\frac{\text{波相对于观察者的速度}\times\text{单位时间}}{\text{经过观察者的波的相位相差 }2\pi\text{ 的两波面间的距离}}$$

$$=\frac{v\cdot1}{\lambda'}=\frac{v}{(v-u_s)T}=\frac{v}{v-u_s}\nu \tag{3.10.19}$$

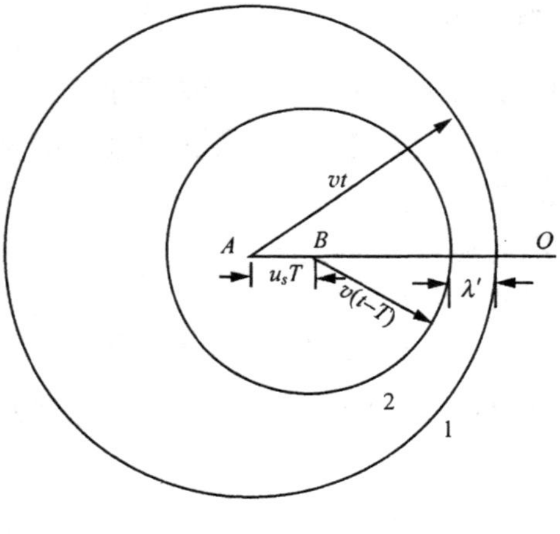

图 3.10.7

可以检验,当 $u_s<0$ 时,观察者 O 在图 3.10.7 中波源的左方,(3.10.19)式仍成立.当 $u_s>0$ 且 $u_s>v$ 时,按(3.10.19)式算出的 $\nu'<0$,也是没有物理意义的.这种情况,(3.10.19)式不成立,需另作讨论.

(3) $u_s\neq0$、$u_0\neq0$ 的情况

此时,波相对于观察者的传播速度为 $v+u_0$,由于波源的运动,空间中传播着的波的相位相差 2π 的两波面间的距离(经过观察者的距离)为 $\lambda'=(v-u_s)T$.

单位时间内通过观察者的波的数目即表观频率为

$$\nu' = \frac{(v+u_0)}{\lambda'} = \frac{v+u_0}{(v-u_s)T} = \frac{v+u_0}{v-u_s}\nu \tag{3.10.20}$$

当 $u_0<0$ 且 $v+u_0<0$ 时以及 $u_s>0$ 且 $u_s>v$ 时,(3.10.20)式均不适用,(3.10.20)式可以包括(3.10.18)和(3.10.19)式,上述(3.10.20)式不适用的两种情况也正是(3.10.18)式和(3.10.19)式分别不适用的情况.还需要特别说明的是,(3.10.18)、(3.10.19)和(3.10.20)式均不能应用于电磁波.原因有二:一是电磁波波速为光速,要用相对论的速度合成法则;二是电磁波的传播可在真空中进行,电磁波的多普勒效应只与波源和观察者的相对速度有关,无法像机械波那样,考虑波源、观察者对介质的速度.

在使用(3.10.20)式时必须正确写出 u_0、u_s 的值.需注意:i)不论介质是否运动,用(3.10.20)式,必须选介质为参考系.ii)需弄清谁是波源,谁是观察者.iii)注意 u_0、u_s 的正负号.iv)如果 $\boldsymbol{u}_0$、$\boldsymbol{u}_s$ 不与波源观察者的连线共线,即使 $\boldsymbol{u}_0$、$\boldsymbol{u}_s$ 均为

恒量，ν'也将随 t 而变，在 t 时刻用(3.10.20)式时，u、u_s 是那时刻 $\boldsymbol{u}_0$、$\boldsymbol{u}_s$ 在波源观察者连线上的分量，仍用上述关于正负号的规定.

例 3.10.4　一固定的超声源发出频率为 100kHz 的超声波. 一汽车向超声源迎面驶来，超声源处接收到汽车反射回来的超声波，由差频装置测出拍频为 10kHz. 设空气中超声的波速为 330m/s. 求汽车行驶的速度.

解　先求汽车收到的超声的频率. 超声源为波源，$u_{s1}=0$，汽车是观察者，$u_{01}=u$，u 是汽车的速度. 用(3.10.18)或(3.10.20)式，

$$\nu'_1 = \frac{v+u_{01}}{v}\nu_1 = \frac{v+u}{v}\nu \tag{1}$$

再把汽车作为波源，发反射波，频率为 $\nu_2=\nu'_1$，$u_{s2}=u$，差频装置为观察者，$u_{02}=0$，差频装置收到的频率 ν'_2

$$\nu'_2 = \frac{v}{v-u_{s2}}\nu_2 = \frac{v}{v-u}\nu'_1 \tag{2}$$

将(1)式代入(2)式，得

$$\nu'_2 = \frac{v+u}{v-u}\nu \tag{3}$$

因 $u>0$，$\nu'_2>\nu$. 由拍频 $|\nu_2-\nu|=10\text{kHz}$，得

$$\nu'_2 = \nu + 10^4 = 1.1\times 10^5\text{Hz}$$

从(3)式解出

$$u = \frac{\nu'_2-\nu}{\nu'_2+\nu}v = 15.7\text{m/s}$$

6. 冲击波

现讨论 $u_s>v$ 的情况. 图 3.10.8 中画了 t 时刻三个波面，波面 1 是 $t=0$ 时波源位于 A 点时所发，波面 2 是 $t=T$ 时波源位于 B 点时所发，波面 3 是 $t=2T$ 时波源位于 C 点时所发，这些波面，后者比前者依次落后 2π 的相位. t 时刻，波源位于 S 点. 这些波面的包络是以 S 为顶点的圆锥面，α 是圆锥的半顶角.

$$\sin\alpha = \frac{AP}{AS} = \frac{vt}{u_s t} = \frac{v}{u_s} \tag{3.10.21}$$

$\dfrac{u_s}{v}$称为马赫数，半顶角 α 称为马赫角. 只有马赫数大于 1 时才出现这种情况.

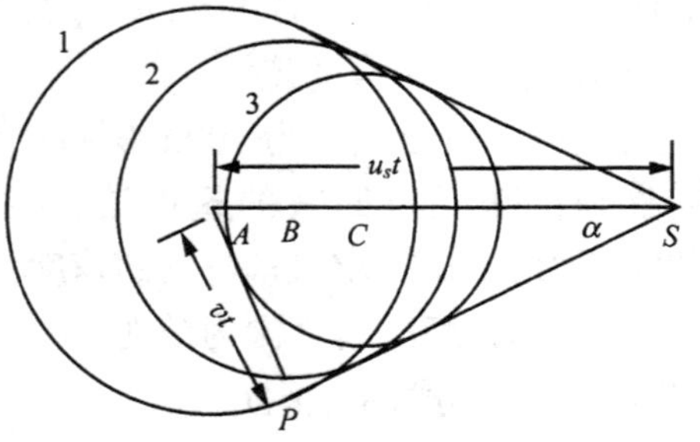

图 3.10.8

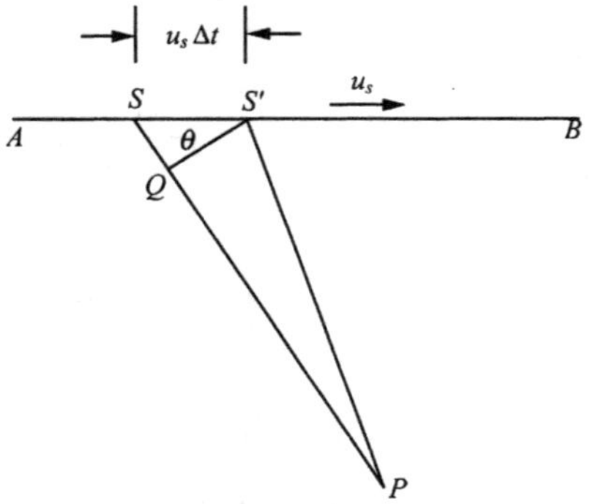

图 3.10.9

在圆锥面上各点,形成冲击波.为了看清这一点,我们用图 3.10.9 加以说明.波源以 u_s 的速度沿 AB 线运动.考虑离波源运动的轨道足够远(远大于波长即可)处的 P 点.设波源位于 S 点时发出的波 t 时达到 P 点,Δt 后,波源位于 S'点时发出的波 t'时到达 P 点,则

$$t=\frac{SP}{v},\quad t'=\frac{S'P}{v}+\Delta t$$

$$t'-t=\Delta t+\frac{1}{v}(S'P-SP)\approx\Delta t-\frac{1}{v}SQ$$

$$=\Delta t-\frac{1}{v}SS'\sin\theta=\Delta t-\frac{1}{v}u_s\Delta t\sin\theta$$

$$=\Delta t\left(1-\frac{u_s}{v}\sin\theta\right)$$

如$\frac{u_s}{v}\sin\theta=1$,则 $t'-t=0$.

可见,在 $u_s>v$ 的情况下,满足

$$\frac{u_s}{v}\sin\theta = 1 \tag{3.10.22}$$

的那些时间内发的波将同时到达 P 点.这些波在 P 点引起的位移必将越出介质弹性形变的范围,此时波的叠加原理不成立.不符合叠加原理的合成波的波强是分波波强的简单相加.可以想见,此时 P 点收到的波强度极大,形成冲击波,或叫声暴.比较(3.10.22)式与(3.10.21)式可知,$\theta=\alpha$.因此冲击波到达 P 点时,波源位于图 3.10.8 中的 S 点,P 点收到的冲击波正是图 3.10.8 中波源位于 A 点附近发出的那些波形成的.因此在圆锥面上的各点都将受到冲击波的冲击.

冲击波过后,当介质质元恢复常态后,还能收到波源发来的正常的叠加原理成立的波,这些波比起冲击波来显得弱多了.

超音速飞机或子弹在空中高速运动时,都能突然听到一个很响的声音,以后还能听到较弱的尾声,是冲击波的例子.水上快速汽艇造成的水波也是冲击波的例子.

根据狭义相对论,任何物体的速度都不可能超过真空中的光速.可是透明介质中的光速为$\frac{c}{n}$,n 为折射率,且 $n>1$.物体在介质中运动的速度超过此介质的光速是完全可能的.当在介质中运动的带电粒子的速度超过介质中的光速时将发射出光,称为切连科夫辐射,此光如冲击波那样以圆锥状的波面向外传播.利用这一现象可以设计成切连科夫计数管,用来测定带电粒子的速度.

习　题

3-1　未被拉伸时长度为 l_0 的金属丝下端悬有一定质量时,被拉伸的距离为 $10^{-3}l_0$.若将这根金属丝水平地系于相距为 l_0 的两点,将那质量悬在金属丝的中点处,求中点下降的距离.

答　约为 $0.063l_0$.

3-2　一平台在竖直方向作简谐振动,振幅为 5cm,频率为$\frac{10}{\pi}\text{s}^{-1}$.在平台到达最低点时,将一木块轻轻地放在平台上(设木块质量远小于平台质量).问(1)木块于何处离开平台?(2)木块能达到的高度比平台能达到的高多少?

答　(1)平台平衡位置上方 2.45cm;(2)1.33cm.

3-3　图中质量为 2kg 的物体从平衡位置拉开并释放后以$\frac{\pi}{6}$s 的周期在光滑的水平面上沿

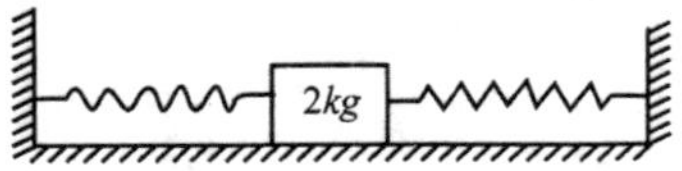

3-3　题图

直线振动.

(1) 将它由平衡位置拉开 2cm 需要多大作用力?

(2) 如果将一小质量块放在 2kg 质量块上,它们之间的静摩擦因数为 0.1.问 2kg 物体的振动振幅不超过何值时,小质量块对它无相对运动?(假定附加小质量块后对振动周期的影响可以忽略.)

答　(1)5.76N;(2)6.81×10^{-3}m.

3-4　两个完全相同的圆柱体,它们的轴平行,且在同一水平面上,相距为 $2l$,以相同的角速率按图示方向绕轴快速转动.在圆柱体上放一均质木板.木板与圆柱体之间的滑动摩擦因数为 μ.开始把木板放在平衡位置偏右 x_0 的位置,且给它一个向右的初速度 v_0,求木板的运动.

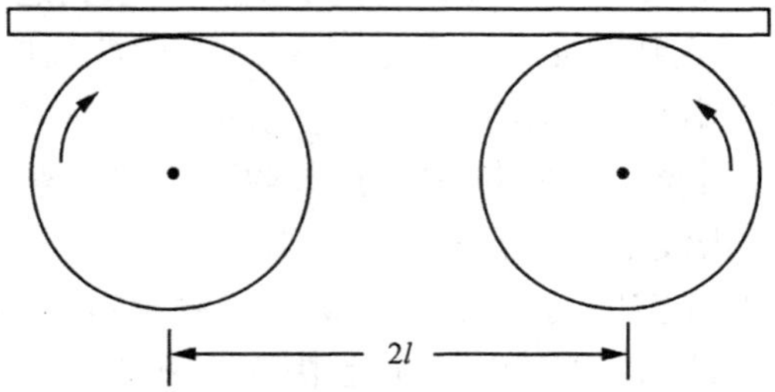

3-4　题图

答　$x=\sqrt{x_0^2+\frac{v_0^2 l}{\mu g}}\cos\left(\sqrt{\frac{\mu g}{l}}t+\alpha\right)$.

$\alpha=-\arctan\left(\frac{v_0}{x_0}\sqrt{\frac{l}{\mu g}}\right)$,在第四象限.

3-5　在劲度系数为 k 的弹簧下悬挂一质量为 m 的盘子,处于静止状态.有一质量也为 m 的物体,自比原静止的盘子高 h 处静止落下,与盘子作完全弹性碰撞(碰撞时机械能不损失)求(1)头两次碰撞期间盘子的运动;(2)用作图法求第三次碰撞的时间.(取第一次碰撞时 $t=0$.)

答　(1)$x=\sqrt{\frac{2mgh}{k}}\cos\left(\sqrt{\frac{k}{m}}t-\frac{\pi}{2}\right)$,(2)略.

3-6　质量为 m 和 $2m$ 的两质点系在一个不可伸长的轻绳两端,并搭在光滑的滑轮上,又有一根原长为 a、劲度系数为 $\frac{mg}{a}$ 的弹性绳将质量为 m 的质点与另一个质量为 m 的质点联结起来.开始时均处于竖直位置,弹性绳为原长,整个系统处于静止状态.求释放后两绳中的张力.

答　非弹性绳 $T=2mg\left[1-\frac{1}{2}\cos\left(2\sqrt{\frac{g}{3a}}t\right)\right]$,

弹性绳 $T'=mg\left[1-\cos\left(2\sqrt{\frac{g}{3a}}t\right)\right]$.

3-7　一根不计质量不可伸长的绳子,穿过光滑的水平桌面上的小孔,两端分别连着质量为

m_1 和 m_2 的两个物体. m_1 在水平桌面上作半径为 r_0 的圆周运动时, m_2 静止不动. 如图所示, 今给 m_2 一个向下的极小的冲量, 证明 m_2 将作简谐振动, 并求出其振动周期.(小孔的摩擦力可忽略不计.)

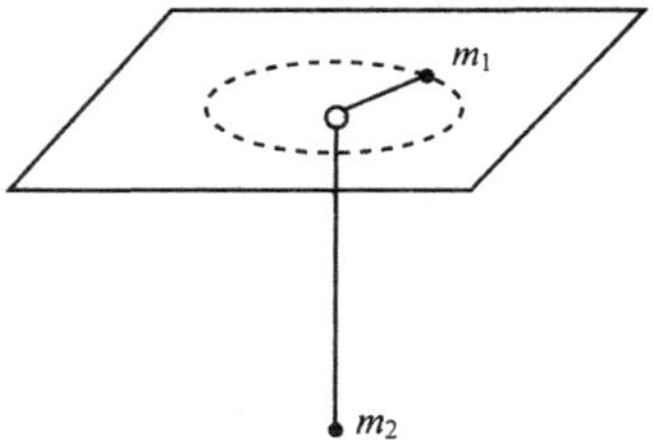

3-7　题图

答　$2\pi\sqrt{\dfrac{(m_1+m_2)r_0}{3m_2 g}}$.

*__3-8__　悬挂在原点的"单摆", 两边用旋轮线

$$x = a(\varphi - \sin\varphi), \quad y = a(1-\cos\varphi)$$

(其中 φ 为产生旋轮线的半径为 a 的圆轮转过的角度)做成挡板来对"单摆"的摆长加以控制. 如图所示."单摆"由长度为 $4a$ 的不可伸长的轻绳和摆锤构成. 证明

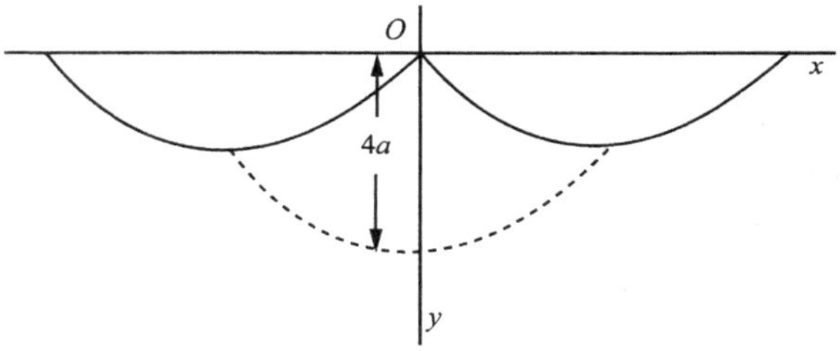

3-8　题图

(1) 摆锤的轨迹是一条旋轮线;

(2) 摆锤的运动是周期运动, 其周期为 $T=2\pi\sqrt{\dfrac{l}{g}}$, 与摆幅无关.

提示　用自然坐标系的运动微分方程, 证明 $\cos\theta$ 作简谐振动, θ 是摆线的直线部分与 x 轴的夹角.

*__3-9__　若放置在光滑的水平面上的弹簧振动系统, 弹簧的质量不可忽略, 证明系统的振动周期为

$$T = 2\pi\sqrt{\frac{M+m/3}{k}}$$

其中 m 为弹簧的质量, k 为弹簧的劲度系数, M 为系于弹簧上的物体的质量.

提示　可将弹簧等效于一个弹簧振子; 质量可忽略的弹簧原长和劲度系数均与质量不可忽略的弹簧一样, 连在弹簧上的物体质量为 m'. 先证明 $m'=\dfrac{1}{3}m$.

3-10　一个机器内某零件的振动规律为

$$x = 0.4\sin\omega t + 0.3\cos\omega t$$

x 的单位为 cm, $\omega = 20\text{s}^{-1}$. 求这个振动的振幅、最大速度及最大加速度.

答　$A=0.5\text{cm}$, $v_{\max}=10\text{cm/s}$, $a_{\max}=200\text{cm/s}^2$.

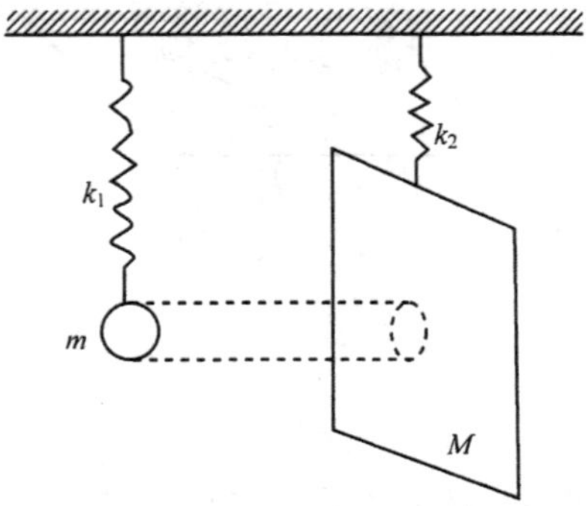

3-11　题图

3-11　一弹簧振子的劲度系数 $k_1=9.8\text{N/m}$，质量 $m=9.8\times10^{-2}\text{kg}$. 它的影子水平地投射在一屏上. 这屏的质量 $M=0.98\text{kg}$，通过劲度系数 $k_2=98\text{N/m}$ 的弹簧挂起来. 如图所示. 开始时，把它们都从平衡位置拉下 0.10m，先释放弹簧振子，如果要使影子在屏上振动的振幅为0.050m，问要过多长时间释放屏？并写出影子在屏上的振动方程.

答　$t=|\pm0.05|+0.628n|\text{s}(n=0,1,2,\cdots)$，$x=0.05\cos(10t\pm1.318)\text{m}$.

3-12　判断下列振动是否周期运动. 若是周期运动，求出它的周期.

(1) $x(t)=3\cos(4t)+5\sin(4.2t)$；

(2) $x(t)=\cos\left(\frac{1}{4q}t\right)+2\cos\left(\frac{1}{51}t\right)$；

(3) $x(t)=3\cos(10t)+4\sin[(10+\pi)t]$；

(4) $x(t)=2\cos(3t)+5\cos^2(1.4t)$；

(5) $x(t)=\sin(\sqrt{5}t)-3\cos(\sqrt{10}t)$；

(6) $x(t)=5\sin(\sqrt{2}t)+2\sin^2(2\sqrt{2}t)$.

答　(1) 是，$\frac{10}{2}\pi$；(2)是，4998π；(3)不是；(4)是，10π；(5)不是；(6)是，$\sqrt{2}\pi$.

3-13　两个在同一直线上作频率相同的简谐振动的合振动的振幅为 10cm，合振动的相位超前第一个振动$\frac{\pi}{6}$，第一个振动的振幅 $A_1=8.0\text{cm}$，求第二个振动的振幅 A_2 及它与第一个振动的相位差.

答　$A_2=5.04\text{cm}$，$\alpha_2-\alpha_1=82.5°$.

***3-14**　用旋转矢量法证明：在同一直线上的 N 个简谐振动，它们有相同的振幅 A_0、相同的圆频率 ω，相位依次超前 δ，即

$$x_i=A_0\cos[\omega t+(i-1)\delta]\quad(i=1,2,\cdots,N)$$

叠加后的合振动

$$x=\sum_{i=1}^{N}x_i=A_0\frac{\sin\left(\frac{1}{2}N\delta\right)}{\sin\left(\frac{1}{2}\delta\right)}\cos\left[\omega t+\frac{1}{2}(N-1)\delta\right]$$

提示　考虑 N 个振幅矢量都是一个圆上的弦，每个振幅矢量是正多边形的一条边.

3-15　有两支标有 256Hz 的音叉，一支是标准的，另一支是待校正的. 同时敲击两支音叉，在半分钟内能听到 45 拍. 若在待校正的音叉上适当涂蜡，从少逐渐增多. 在半分钟内听到的拍

数先减少到听不见拍声，而后又增多.问待校正音叉原来的频率多大？

答　257.5Hz.

3-16　画出在互相垂直的两个方向振动的合成运动的轨道，并在图上标明运动方向.

(1) $x = A\sin\omega t$,　$y = B\sin\left(\omega t - \frac{\pi}{3}\right)$;

(2) $x = A\sin\omega t$,　$y = B\sin\left(2\omega t + \frac{5\pi}{4}\right)$.

3-17　下列各图是在相互垂直的两个方向振动合成的利萨如图形.已知水平方向的振动的角频率为 ω，求竖直方向的振动的角频率.

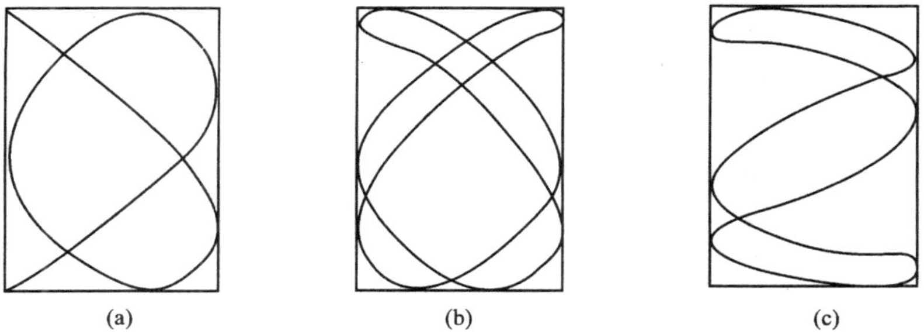

3-17　题图

答　(a) $\frac{3}{4}\omega$; (b) $\frac{2}{3}\omega$; (c) $\frac{1}{3}\omega$.

3-18　在图示的示波器萤光屏上显示的利萨如图形中，已知水平偏转讯号的频率为 100Hz.若运行方向如图中箭头所示，且 $t=0$ 时位于 S 点.试写出水平偏转讯号和竖直偏转讯号的表示式，并求出 P、Q 两点的 x 坐标.

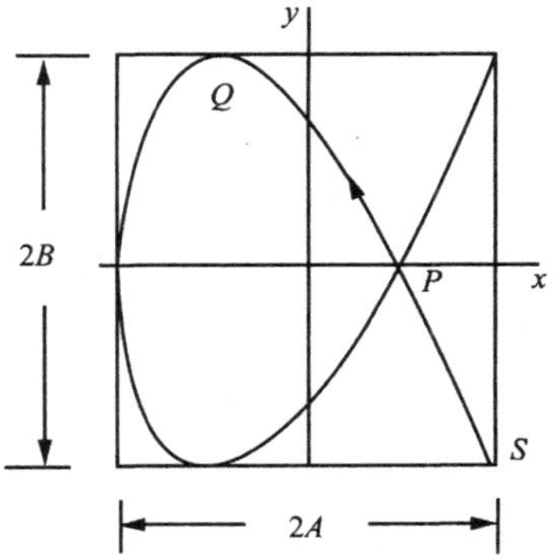

3-18　题图

答　$x = A\cos(200\pi t)$, $y = B\cos(300\pi t - \pi)$.

$x_P = \frac{1}{2}A$, $x_Q = -\frac{1}{2}A$.

3-19　若上题，$t=0$ 时位于 P 点，写出水平、竖直两方向偏转讯号的表示式.

答　$x = A\cos\left(200\pi t + \frac{\pi}{3}\right)$, $y = B\cos\left(300\pi t - \frac{\pi}{2}\right)$.

***3-20**　对题图所示的各周期运动进行谐波分析.

答　(a) $x(t) = \frac{4A}{\pi}\sum_{n=1}^{\infty}\left[\frac{1}{n}\sin\left(\frac{n\pi}{2}\right)\cos(n\omega t)\right]$;

(b) $x(t) = \frac{A}{2} + \frac{4A}{\pi^2}\sum_{n=1}^{\infty}\left[\frac{(-1)^{\frac{n-1}{2}}}{n^2}\sin\left(\frac{n\pi}{2}\right)\cos(n\omega t)\right]$;

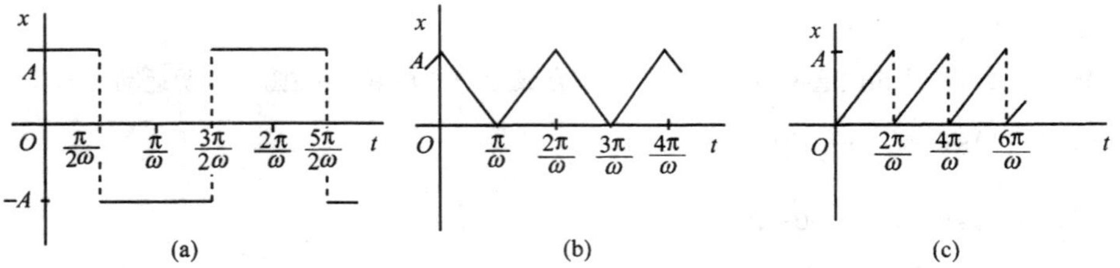

3-20　题图

(c) $x(t)=\dfrac{A}{2}-\dfrac{A}{\pi}\sum\limits_{n=1}^{\infty}\left[\dfrac{1}{n}\sin(n\omega t)\right]$.

3-21　如图所示，质量为 $m=2000\text{kg}$ 的重物以 $v=3\text{cm/s}$ 的速度匀速运动，与质量可以忽略不计的弹簧及阻尼器相撞后一起作自由阻尼振动. 已知弹簧的劲度系数 $k=48020\text{N/m}$，阻尼器的阻尼系数 $\gamma=1960\text{Ns/m}$. 问重物在碰撞后多少时间达到最大位移？最大位移多大？

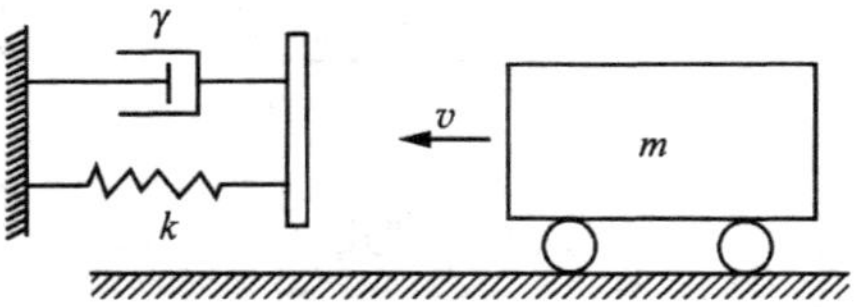

3-21　题图

答　0.30s，5.28mm.

3-22　一个有阻尼的弹簧振子系统，$m=100\text{kg}$，$k=10000\text{N/m}$，处于临界阻尼情况. 由 $t=0$ 时，$x_0=2.5\text{cm}$，$\dot{x}_0=-30\text{cm/s}$ 开始运动，问质量块将于几秒后到达平衡位置？过平衡位置后最远能移动多大距离？

答　0.5s，1.24×10^{-3}cm.

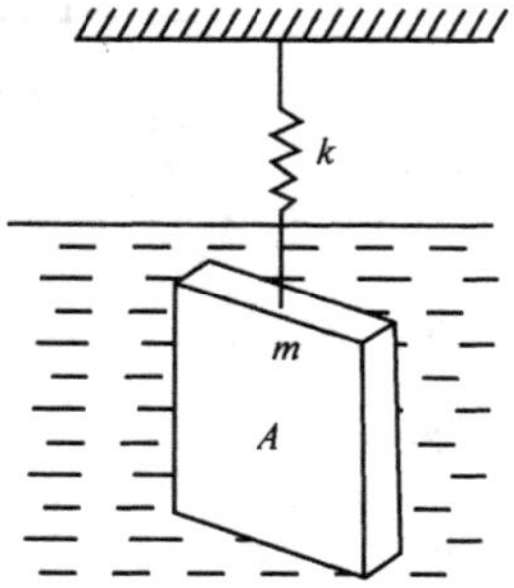

3-23　题图

3-23　如图所示，质量为 m 的薄板挂在弹簧的下端，若空气的阻力可以不计，在空气中的振动周期为 T_1，在某液体中的振动周期为 T_2，液体的阻力可表示为 $-2\eta Av$，其中 A 为薄板的面积，v 为速度，η 为液体的黏度. 试证

$$\eta = \frac{2\pi m}{AT_1T_2}\sqrt{T_2^2 - T_1^2}$$

3-24　在图示系统中，刚性杆质量可忽略不计. 图中质量 m、弹簧的劲度系数 k、阻尼器阻尼系数 γ 以及距离 a、b、l 均为已知. 写出运动微分方程. 由此求出作弱阻尼振动的角频率 ω_d 以及临界阻尼时 $\gamma=\gamma_{cr}$ 与其余各量间必须满足的关系.

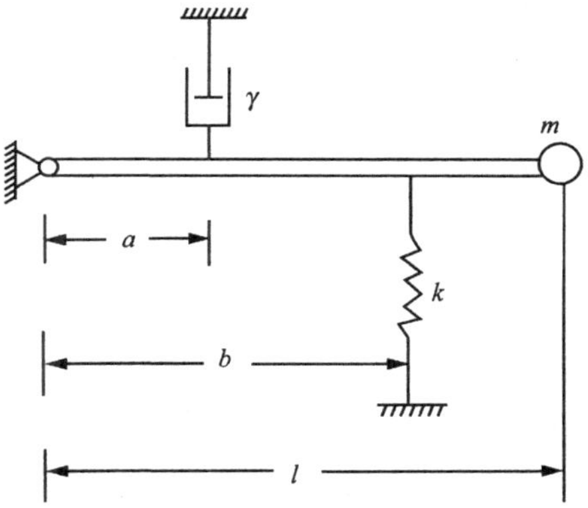

3-24　题图

答　$\omega_d = \dfrac{1}{2ml^2}\sqrt{4mkl^2b^2 - \gamma^2a^4}$，

$r_{cr} = \dfrac{2bl}{a^2}\sqrt{mk}$.

3-25　质量为 0.2kg 的物体，悬于劲度系数为 80N/m 的弹簧下，此物体还受到阻力 $-\gamma v$ 的作用，v 是物体的速度. 若阻尼振动的频率为无阻尼振动频率的 $\dfrac{\sqrt{3}}{2}$ 倍，阻尼系数 γ 多大？此系统 Q 值多大？振动经 10 个整周后，振幅减弱到原振幅的几分之几？

答　$\gamma = 4\text{N}\cdot\text{s/m}$，$Q=6.29$，$\dfrac{A}{A_0}=1.8\times10^{-16}$.

3-26　演奏钢琴上频率为 256Hz 的音键时，1s 后振动能量减至初始值的一半，问系统的 Q 值多大？若高八度的音调(512Hz)也在 1s 后振动能量衰减至初始值的一半，其 Q 值多大？

答　2.32×10^3，4.64×10^3.

3-27　根据经典电磁理论，一个加速运动的电子在单位时间内辐射的能量为 Ke^2a^2/c^3，其中 $K=6\times10^9\,\text{N}\cdot\text{m}^2/\text{C}^2$，$e=1.60\times10^{-19}\,\text{C}$(注意 K、e 的单位中的 C 是库仑，勿与光速 c 混淆). $c=3.0\times10^8\,\text{m/s}$，$a$ 为电子的瞬时加速度.

(1)一电子沿一直线以频率 ν 及振幅 A 进行振荡,每一周的运动可用 $x = A\cos(2\pi\nu t)$ 描述.问在振荡一周的时间内,它辐射了多少能量?

(2) 此振子之 Q 值多大?

(3) 在电子的运动的能量降至初始值的一半以前,振荡已经历了多少个周期?

答　(1) $8k\pi^4 e^2 \nu^3 A^2/c^3$;(2)$\dfrac{mc^3}{2k\pi e^2 \nu}$;(3)$\dfrac{mc^3}{4\pi^2 ke^2 \nu}\ln 2$.

3-28　一个无阻尼的弹簧振子的受迫振动,若强迫力的角频率 $\Omega = 5\text{s}^{-1}$ 时发生共振,给质量块增加 1kg 的质量,当 $\Omega = 4.8\text{s}^{-1}$ 时发生共振.求弹簧振子原来的质量块的质量及弹簧的劲度系数.

答　$m = 11.8\text{kg}, k = 294\text{N/m}$.

3-29　有一阻尼振子,质量 $m = 0.2\text{kg}, k = 80\text{N/m}, \gamma = 4\text{N·s/m}$.受到强迫力 $F = F_0\cos(\Omega t)$ 作用,$F_0 = 2\text{N}, \Omega = 30\text{s}^{-1}$.求

(1) 稳态振动 $x = B\cos(\Omega t - \phi)$中的 B 和 ϕ;

(2) 一周内反抗阻力耗散的机械能;

(3) 输入的平均功率.

答　(1) 1.28cm, 0.721π;(2)0.0618J,(3)0.295W.

3-30　如图所示,作用于质量块上强迫力 $F(t) = F_0\sin(\Omega t)$,弹簧支承端有运动,$x_s = a\cos(\Omega t)$,$\Omega \neq \sqrt{\dfrac{k}{m}}$,$k$ 为弹簧的劲度系数,m 为质量块的质量.求稳态振动.

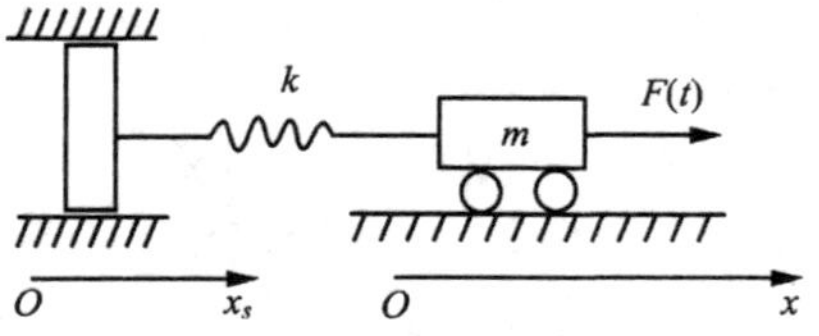

3-30　题图

答　$x = \dfrac{\sqrt{F_0^2 + k^2 a^2}}{k - m\Omega^2}\cos\left[\Omega t - \arctan\left(\dfrac{F_0}{ka}\right)\right]$

3-31　图示系统中,刚性杆 AB 的质量可忽略不计,B 端作用的强迫力 $F(t) = F_0\sin\omega t$,图中 m、k、γ、l 均为已知量,写出系统的运动微分方程,并求下列情况下质量 m 作上下稳态振动的振幅.(1)系统发生共振;(2)ω 等于固有频率 ω_0 的一半.

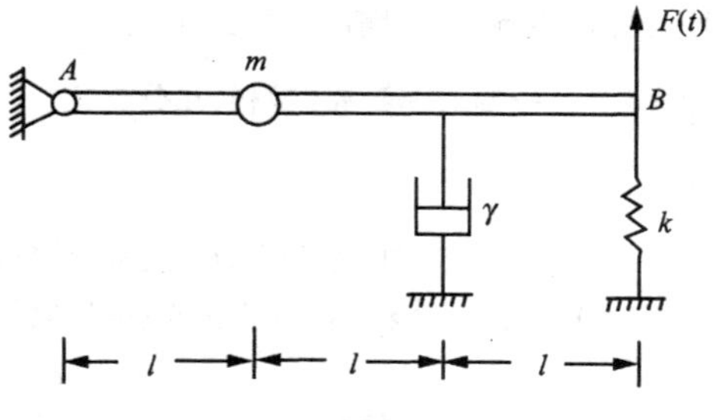

3-31　题图

答　(1)$B_r=\dfrac{F_0}{4\gamma l\sqrt{\dfrac{k}{m}-\dfrac{4\gamma^2}{9m^2}}}$；　(2)$B=\dfrac{4F_0}{9kl\sqrt{1+\dfrac{64\gamma^2}{81mk}}}$.

3-32　图中所有刚性杆质量可忽略不计，m、k、γ 和 l 均为已知. 弹簧支承端有运动，$x_s=a\sin\omega t$. 求系统的固有频率 ω_0、阻尼比 $\zeta\left(=\dfrac{\beta}{\omega_0}\right)$及微幅稳态振动的振幅.

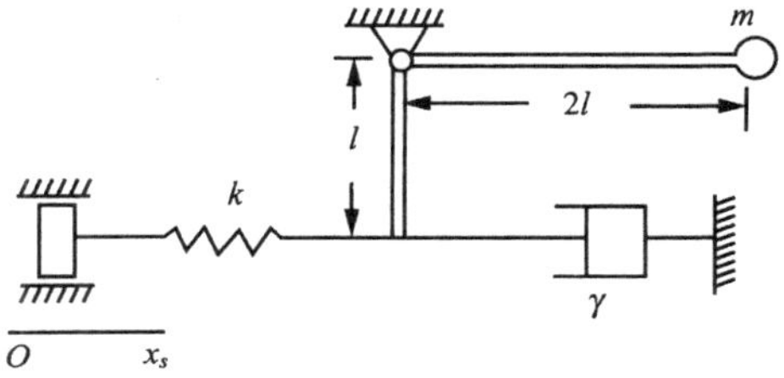

3-32　题图

答　$\omega_0=\dfrac{1}{2}\sqrt{\dfrac{k}{m}}$，$\zeta=\dfrac{\gamma}{4\sqrt{mk}}$，$B=\dfrac{a}{l\sqrt{(1-r^2)^2+(2\zeta r)^2}}$，其中 $r=\dfrac{\omega}{\omega_0}$.

3-33　如图所示，单摆悬点沿水平方向作简谐振动，$x_s=a\sin\omega t$，已知摆长为 l、摆锤质量为 m. 求微幅稳态振动中 θ 随时间的变化规律.

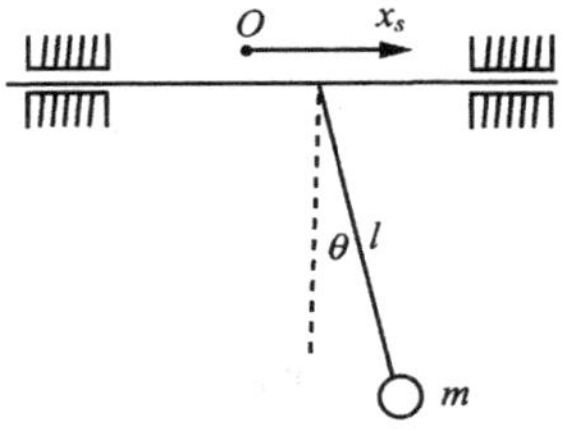

3-33　题图

答　$\theta=\dfrac{a\omega^2}{g-l\omega^2}\sin\omega t$.

3-34　图示的系统中，弹簧悬点上下作简谐振动，$x_s=\dfrac{v_0}{\omega}\sin\omega t$，初始条件为 $x(0)=0$、$\dot{x}(0)=v_0$，弹簧的劲度系数为 k，质量块的质量为 m，$\omega=\sqrt{\dfrac{k}{m}}$，求质量块的运动学方程.

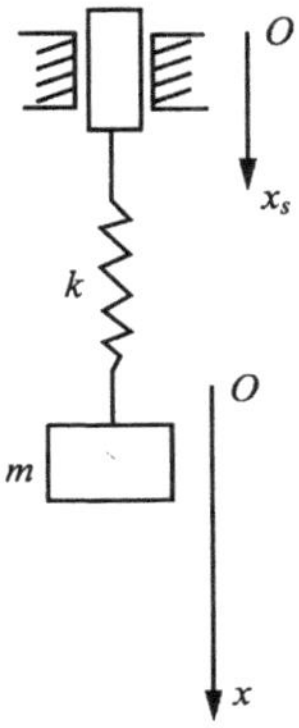

3-34　图题

答　$x=\dfrac{3v_0}{2\omega_0}\sin\omega_0 t-\dfrac{1}{2}v_0 t\cos\omega_0 t$，其中 $\omega_0=\sqrt{\dfrac{k}{m}}$.

* **3-35**　一个由凸轮激励的有阻尼的弹簧振子，如图所示. 凸轮使顶杆 A 在铅垂方向按锯齿波规律作周期性运动，凸轮的升程为 h，周期为 T. 顶杆又通过劲度系数为 k_1 的弹簧迫使有阻尼的弹簧振子振动，弹簧振子的弹簧的劲度系数为 k，质量块质量为 m，阻尼系数为 γ，求质量块的稳态振动.

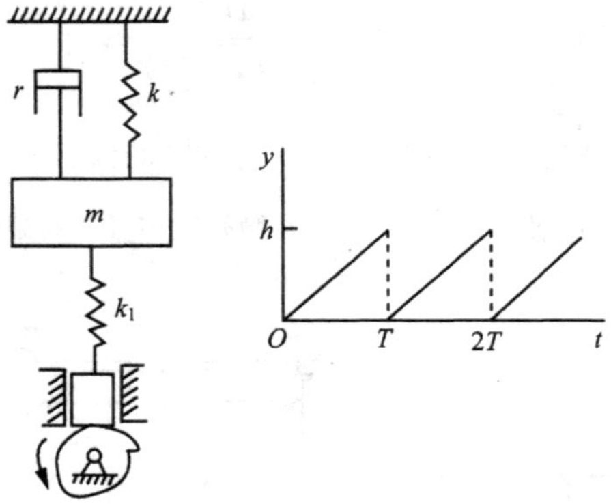

3-35　题图

答　$$x(t)=\frac{hk_1}{2(k+k_1)}-\frac{k_1h}{\pi}\sum_{n=1}^{\infty}\frac{\sin\left(\frac{2\pi n}{T}t-\phi_n\right)}{n\sqrt{\left(k+k_1-\frac{4\pi^2m}{T^2}n^2\right)^2+\frac{4\pi^2\gamma^2n^2}{T^2}}}.$$

其中 $\phi_n=\arctan\left[\frac{2\pi n\gamma T}{(k+k_1)T^2-4\pi^2n^2}\right]$

3-36　一平面简谐波

$$y=0.2\sin[\pi(0.5x-30t)]$$

x、y 的单位为 cm，t 的单位为 s. 求波的振幅、波长、频率、波速以及 $x=1$cm 处质元振动的初相位.

答　$A=0.2$cm，$\lambda=4$cm，$\nu=15\text{s}^{-1}$，$v=60\text{cm}\cdot\text{s}^{-1}$，$\alpha=0$

3-37　一波的频率为 20s^{-1}，波速为 80ms^{-1}，振幅为 0.02m，求

(1) 波的相位相差 45°的两个点间的距离；

(2) 在一给定点处，时间相隔 0.01s 的两位移之相位差；

(3) 在一给定点处，时间相隔 0.1s 的质元的两个位置的最大距离；

(4) 在一给定点处，质元的振动相位相差 45°的质元的两个位置的最大距离.

答　(1)0.5m；(2)$\frac{2\pi}{5}$；(3)$0.04\sin\frac{\pi}{5}$(m)；(4)$0.04\sin\frac{\pi}{8}$(m).

3-38　一根均匀的长弦线，线密度为 0.02kg/m. 被 50N 的力拉紧，弦线的一端 $x=0$ 作简谐振动，振幅为 0.02m，周期为 1s，$t=0$ 时，位移 y 为 0.01m，$\frac{\partial y}{\partial t}$为负值，写出向 x 正方向传播的简谐波的运动学方程.

答　$y=0.02\cos\left[2\pi\left(t-\frac{x}{50}\right)+\frac{\pi}{3}\right]$　(m)

3-39　一列沿长弦线向 x 正方向传播的平面简谐波，位于 $x=x_1=0$ 及 $x=x_2=1$m 处两质元的简谐振动如下：

$$y_1 = 0.2\sin 3\pi t, y_2 = 0.2\sin\left(3\pi t + \frac{\pi}{8}\right),$$

y 的单位为 m, t 的单位为 s. 求(1)频率 ν;(2)波长 λ;(3)波速 v;(4)该两质元的相对速率的最大值.

答　(1) $\nu = 1.5\text{s}^{-1}$;(2) $\lambda = \dfrac{16}{16n-1}$　$(n = 1,2,\cdots)$;

(3) $v = \dfrac{24}{16n-1}(\text{m/s})(n = 1,2,\cdots)$;(4) $1.2\pi\sin\dfrac{\pi}{16}(\text{m/s})$.

3-40　一平面简谐波以 50m/s 的速率沿 x 负方向传播,在 $t = 1$s 时的波形如图所示. 写出此波的运动学方程,并画出 $t = 1$s 时各质元的 $\dfrac{\partial y}{\partial t} - x$ 图

答　$y = 0.01\cos\left[5\pi\left(t + \dfrac{x}{50}\right) + \dfrac{2\pi}{3}\right](\text{m})$.

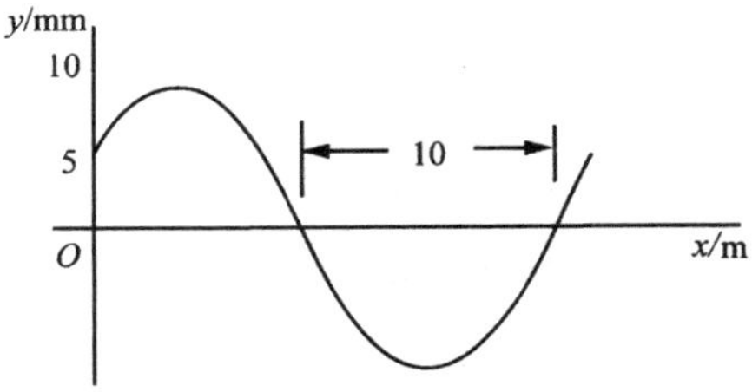

3-40　题图

3-41　一脉冲从长弦线的一端行进至另一端,需时 0.1s,弦线跨过一滑轮后悬一质量为弦线质量 100 倍的重物. 问弦线的长度多大?

答　9.8m.

3-42　在拉紧的弦线上传播一个脉冲

$$y(x,t) = \frac{b^3}{b^2 + (ax + ut)^2}$$

其中 a、b、u 均为正值常量.

(1) 此介质是否色散介质? 说明理由;

(2) 该脉冲速率多大? 方向如何?

(3) 求弦线上 $x = 0$ 处质元在 $t = 1$ 时的振动速度.

答　(2) $\dfrac{u}{a}$,向 x 负方向运动;(3) $-\dfrac{2b^3u^2}{(b^2+u^2)^2}$.

3-43　在两端固定、长度为 100m 的弦线上,有一如图所示的脉冲以 40m/s 的速率向右行进,且保持其形状不变.

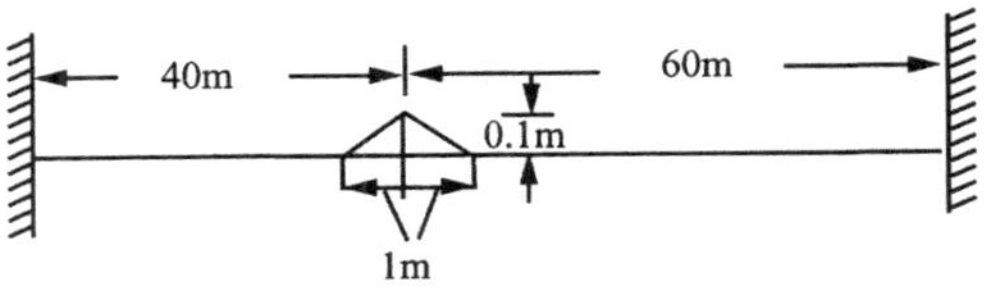

3-43　题图

(1) 定性地画出在脉冲处于图示位置时,弦线各质元的振动速度的轮廓图;

(2) 近似地估算弦线质元的最大振动速度;

(3) 若弦线总质量为 2kg,弦线中的张力有多大?

答　(2)4m/s;(3) $T_0=32$N.

3-44　一个对称的三角形脉冲在弦线上沿 x 正方向运动,其最大高度为 0.4m,全长为 1.0m,波速为 24m/s.在 $t=0$ 时,整个脉冲位于 $x=0$ 至 $x=1$m 之间.画出 $x=1$m 处质元振动速度随时间变化的曲线.

***3-45**　若有下述两列波在介质中传播

$$y_1 = A\sin(5x-10t),\ y_2 = A\sin(4x-9t)$$

式中 x、y 以 m 为单位,t 以 s 为单位.

(1) 写出合成波的方程;

(2) 求群速度 v_g;

(3) 求出合成波中振幅为零的两相邻点间的距离;

(4) 说明此介质是否色散介质?说明理由.

答　(1) $y=2A\cos\left[\frac{1}{2}(x-t)\right]\sin\left[\frac{1}{2}(9x-19t)\right]$;(2) $v_g=1$m/s;(3)2π(m).

3-46　两个不同的音叉在完全相同的两段长绳上产生稳定的简谐波,振幅 $A_1=2A_2$,波长 $\lambda_1=\frac{1}{2}\lambda_2$.设绳子除与音叉交换能量外,不与其他物体交换能量.求两音叉给予绳子的平均功率之比.

答　$\overline{P}_1/\overline{P}_2=16$.

3-47　一正弦式空气波沿直径为 0.14m 的圆柱形管子的轴向传播,波的强度为 9.0×10^{-3} J/m^2·s,频率为 300Hz,波速为 300m/s.求

(1) 波中平均能量密度和最大能量密度;

(2) 每两个相邻质元同振动相位面间的区域中含有的机械能.

答　(1)3.0×10^{-5}J/m^3,6.0×10^{-5}J/m^3;(2)4.62×10^{-7}J.

3-48　一波源以 3.5×10^4W 的功率发射球面电磁波,在某处测得该波的平均能量密度为 7.8×10^{-15}J/m^3.求该处离波源的距离.电磁波的传播速度为 3.0×10^8m/s.

答　34.5×10^3m.

3-49　两列平面简谐波

$$y_1 = A_1\cos\left[\omega_1\left(t-\frac{x}{v}\right)+\alpha_1\right]$$

$$y_2 = A_2\cos\left[\omega_2\left(t-\frac{x}{v}\right)+\alpha_2\right]$$

同时在同一介质中传播,分别讨论 $\omega_1\neq\omega_2$ 及 $\omega_1=\omega_2$ 两种情况下波强是否等于两波分别单独传播时的波强之和.

答　$\omega_1\neq\omega_2$ 时,$I=I_1+I_2$;

$\omega_1=\omega_2$ 时,$I\neq I_1+I_2$.

3-50　证明(3.8.8)式完全适用于在弹性棒中传播的纵波和横波.

3-51　设反射波的振动方向仍保持入射波的振动方向.若介质的杨氏模量值为切变模量值的$\sqrt{3}$倍.试用惠更斯原理求出一列纵波的反射波是一列横波的入射角以及一列在入射面内振动的横波的反射波为一列纵波的入射角.(不考虑这样的入射波、反射波能否遵从波的叠加原理的问题.)

3-52　当平面简谐波垂直入射于两种介质的界面时,证明:对于没有耗散和吸收的无色散介质,在任何时刻,入射波的波强等于反射波的波强和透射波的波强之和.

3-53　两根连在一起的弦线,线密度分别为 η_1 和 η_2.设想有一波从弦线 2 向弦线 1 传播,设入射波方程为

$$y_2 = A\cos(\omega t - k_2 x) \quad (x < 0)$$

边界位于 $x=0$ 处.试分别求出$\frac{\eta_2}{\eta_1}=\frac{1}{4}$和$\frac{\eta_2}{\eta_1}=9$时的反射波、透射波的数学表达式.

答　$\frac{\eta_2}{\eta_1}=\frac{1}{4}$时,$y'_2=\frac{1}{3}A\cos(\omega t+k_2 x-\pi)$,

$$y_1=\frac{2}{3}A\cos(\omega t-k_1 x).$$

$\frac{\eta_2}{\eta_1}=9$ 时, $y'_2=\frac{1}{2}A\cos(\omega t+k_2 x)$,

$$y_1=\frac{3}{2}A\cos(\omega t-k_1 x).$$

3-54　一列波从线密度为 η_1 的弦线传向线密度为 η_2 的弦线,在连接点处反射波和透射波振幅之比 r、相位关系与 η_1、η_2 间有何关系?

答　$\frac{\eta_2}{\eta_1}=(1\mp 2r)^2$,若相位相同,取“－”号,若相位相反,取“＋”号.

3-55　平面声波自空气中垂直入射到水面上,求振幅反射系数$\frac{B}{A}$和振幅透射系数$\frac{C}{A}$.

提示　空气和水的体积弹性模量不同,在界面处,$\frac{\partial(y_1+y'_1)}{\partial x}=\frac{\partial y_2}{\partial x}$的边界条件需作修改.

答　$\frac{B}{A}=\frac{\rho_1 v_1-\rho_2 v_2}{\rho_1 v_1+\rho_2 v_2}$,$\frac{C}{A}=\frac{2\rho_1 v_1}{\rho_1 v_1+\rho_2 v_2}$.

3-56　一列简谐波沿线密度为 η、张力为 T_0 的弦线从右入射,被套在竖直棒上的无质量小环反射,如图所示.环受到的摩擦力的大小与速率成正比,比例系数为 γ,求振幅的反射系数$\frac{B}{A}$,并讨论 $\gamma\to\infty$和 $\gamma\to 0$ 的两极限情况.

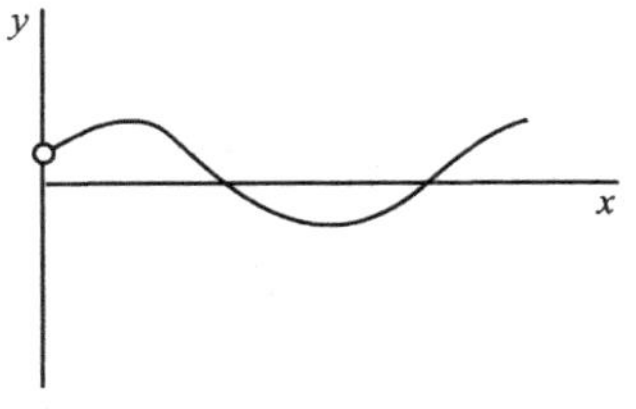

3-56　题图

答　$\frac{B}{A}=\frac{\sqrt{\eta T_0}-\gamma}{\sqrt{\eta T_0}+\gamma}$,$\gamma\to\infty$时,$\frac{B}{A}\to -1$;

$\gamma \to 0$ 时，$\dfrac{B}{A} \to 1$.

两种极限分别为固定端和自由端.

3-57　若上题的小环具有质量 m，环与竖直棒间无摩擦.有一列角频率为 ω 的简谐波被小环反射，求振幅的反射系数$\dfrac{B}{A}$及反射波与入射波的相位差.

答　$\dfrac{B}{A} = -1$，$\alpha = \arctan\left(\dfrac{2m\omega}{m^2\omega^2 - T_0\eta}\sqrt{T_0\eta}\right)$.

3-58　S_1、S_2 是两相干波源，相距$\dfrac{1}{4}$波长，S_1 比 S_2 相位超前$\dfrac{\pi}{2}$，设两波在 S_1S_2 连线上的强度相同，均为 I_0，且不随距离变化.问 S_1S_2 连线上在 S_1 外侧各点处的合成波的强度 I_1 多大？在 S_2 外侧各点处的强度 I_2 多大？

答　$I_1 = 0$，$I_2 = 4I_0$.

3-59　线密度为 η 的一根长弦处在张力 T_0 下，一点质量 m 附着在弦上某一点.从左边入射一角频率为 ω 的波沿这弦传播，设 $mg \ll T_0$.

(1) 计算被点质量 m 反射的那部分能量与入射能量之比；

(2) 假定点质量 m 被一线密度为 $\eta' \gg \eta$、长度 $l = m/\eta'$ 的短弦代替，固定 m 值不变，变 l 和 η'. l 满足什么条件，上述结果能近似成立？

答　(1)$\dfrac{m^2\omega^2}{m^2\omega^2 + 4T_0\eta}$.(2)$l \ll \dfrac{2\pi}{\omega}\sqrt{\dfrac{T_0}{\eta}}$.

3-60　S_1、S_2 是两相干波源，相距 30m，S_1、S_2 的相位相反，频率 $\nu = 100$Hz，波速 $v = 400$m/s，在 S_1S_2 连线上两波源振幅相同，不随距离变化，求 S_1S_2 连线上因干涉而静止的点的位置.

答　距 S_1 1m、3m、…、29m 各点

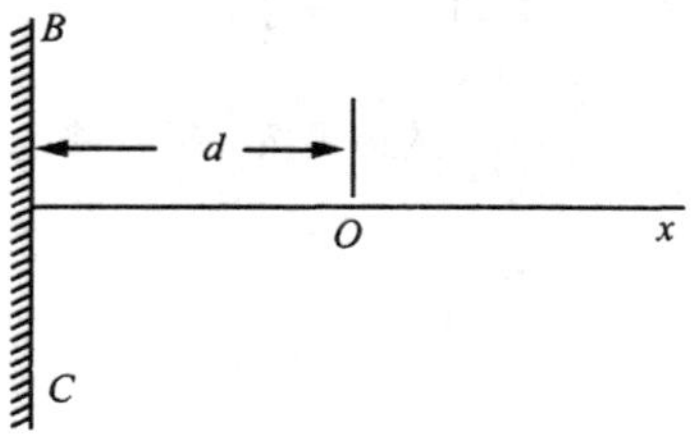

3-61　题图

3-61　图中 O 处有一波源，沿 x 轴向两边发射振幅为 A、角频率为 ω 的简谐波，波速为 v. BC 为波密介质的反射面，入射波在此被完全反射. BC 位于 $x = -d$ 处.若 $d = \dfrac{5}{4}\lambda$，λ 为波长，求出 $x > -d$ 各处波动的数学表达式.设波源的初相位为零.

答　$y = \begin{cases} 2A\cos\left(\dfrac{\omega x}{v}\right)\cos\omega t, & -d \leqslant x \leqslant 0 \\ 2A\cos\left[\omega\left(t - \dfrac{x}{v}\right)\right], & x > 0 \end{cases}$

3-62　在弦线上传播的波，其表达式为

$$y = 3\cos\left[2\pi\left(\frac{t}{0.1} - \frac{x}{10}\right) - \frac{\pi}{2}\right]$$

为在弦线上形成驻波，在 $x = 1$ 处为波节

(1) 写出应叠加的波的表达式；

(2) 写出形成的驻波的表达式；

(3) 若弦线的线密度为 1.0g/cm，求相邻两波节之间的总能量. 所给表达式中，x、y 均以米为单位，t 以 s 为单位.

答　(1) $y'=3\cos\left[2\pi\left(\frac{t}{0.1}+\frac{x}{10}\right)+\frac{1}{10}\pi\right]$；

(2) $y+y'=6\cos\left(\frac{\pi}{5}x+\frac{3}{10}\pi\right)\cos\left(2\pi\frac{t}{0.1}-\frac{2}{5}\pi\right)$；

(3) 1.78×10^4J.

3-63　在位于 x 轴的弦线上有一驻波，测得 $x=n+\frac{5}{6}$(m)($n=0$、±1, ±2, …)为波节，在波腹处，最大位移 y_{max} 为 5m，从平衡位置到最大位移历时 0.5s. 以弦线上所有质元均处于平衡位置时开始计时，写出该驻波的表达式.

答　$y=5\cos(\pi x-\frac{\pi}{3})\sin(\pi t)$.

3-64　设平面横波 1 沿 BP 方向传播，它在 B 点的振动方程为 $y_1=0.2\times10^{-2}\cos2\pi t$(m)，平面横波 2 沿 CP 方向传播，它在 C 点的振动方程为 $y_2=0.2\times10^{-2}\cos(2\pi t+\pi)$(m)，$t$ 以 s 计. P 与 B、C 分别相距 0.40m 和 0.50m，BP、CP 的夹角 $\theta=60°$，波速为 0.20ms^{-1}. 求

(1) 两波传到 P 处时的相位差；

(2) 分别考虑横波的振动方向均垂直于纸面和均平行于纸面两种情况，P 处质元合振动的振幅.

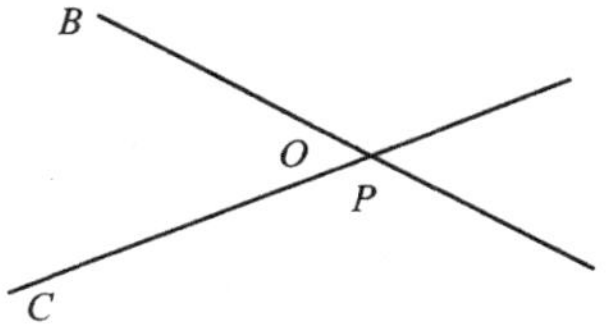

3-64　题图

答　(1)0；(2)0.40×10^{-2}m, 0.346×10^{-2}m.

3-65　图中画的是演示声波的干涉的仪器的示意图. S 为声源，D 为耳朵或其他声音探测器. 路径 SAD 的长度是固定的，路径 SBD 的长度可以变化. 干涉仪内是空气，空气中声速为 330ms^{-1}. 现测得声音强度在 B 的第一位置时为极小值 100 单位，渐增至 B 距第一位置为 1.55×10^{-2}m 的第二位置时，有极大值 900 单位. 求

(1) 声波频率；

(2) 抵达探测器 D 经 A 和经 B 的两波的振幅之比(SBD 路程长于 SAD)；

(3) 解释为什么同一声源发出的这两个波会有不同的振幅.

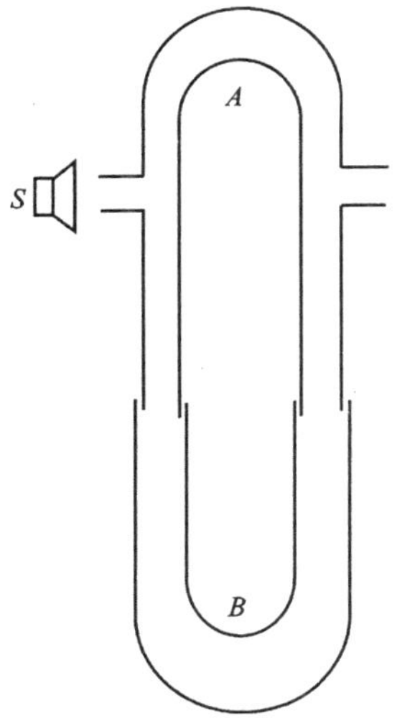

3-65　题图

答　(1)5000Hz；(2)2∶1.

3-66　图中所示的是某一时刻入射波的波形图. 分别就 BC 是波密介质和波疏介质的反射面两种情况，画出此刻反射波波形的示意图(注意未说作完全反射，反射波振幅一般

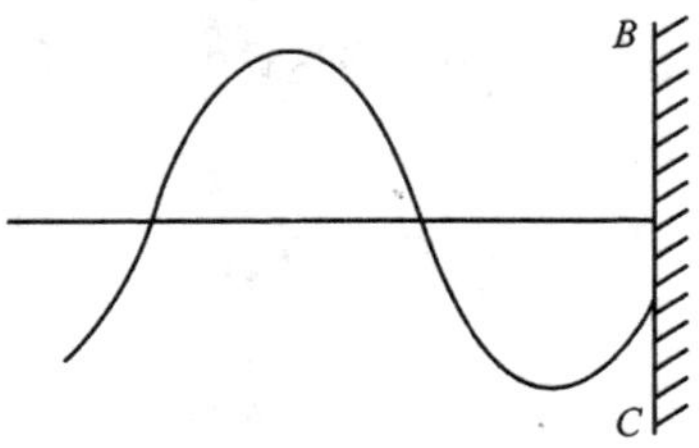

3-66　题图

应小于入射波振幅).

3-67　一根线密度为 0.15g/cm 的弦线,其一端与频率为 50Hz 的音叉相连,另一端跨过一定滑轮后悬一质量为 M 的重物.音叉到滑轮的距离为 1m.音叉振动时,为使弦线上形成一个、二个、三个波腹,重物的质量 M 应各取何值?音叉振动的振幅很小,近似认为处于波节.

答　15.3kg,3.8kg,1.7kg.

3-68　长 l、线密度 η 的均质弦线两端固定.在强大张力 T_0 作用下处于直线平衡位置.在离一端距离 a 处作用一个简谐力 $F=F_0\cos\omega t$,其中 F_0、ω 为常量.若 $\sin\left(\omega\sqrt{\frac{\eta}{T_0}}l\right)\neq 0$,求弦线的运动学方程.

答　$$y(x,t)=\begin{cases}\dfrac{F_0\sin[k(l-a)]}{kT_0\sin kl}\sin kx\cos\omega t, & 0\leqslant x\leqslant a\\[2ex] \dfrac{F_0\sin ka}{kT_0\sin kl}\sin[k(l-x)]\cos\omega t, & a\leqslant x\leqslant l\end{cases}$$

其中 $k=\omega\sqrt{\dfrac{\eta}{T_0}}$.

3-69　一吉他弦长 80cm,其基频为 400Hz,作此基频的振动,使弦中点的最大位移为 2cm,如弦中张力 $T_0=10$N.试问作用于弦支承端点的作用力的垂直于弦平衡位置的分量的最大值有多大?

答　0.79N.

3-70　一根长 L 的弦由两种线密度的弦相连而成,右边 $\frac{2}{3}L$ 长的弦线密度为 η,左边 $\frac{1}{3}L$ 长的弦线密度为 4η,张力为 T_0,两端固定.求基频、第一、第二、第三、第四泛音频率.

答　$\nu_1=\dfrac{3}{8L}\sqrt{\dfrac{T_0}{\eta}}$, $\nu_2=\dfrac{3}{4L}\sqrt{\dfrac{T_0}{\eta}}$, $\nu_3=\dfrac{9}{8L}\sqrt{\dfrac{T_0}{\eta}}$,

$\nu_4=\dfrac{3}{2L}\sqrt{\dfrac{T_0}{\eta}}$, $\nu_5=\dfrac{15}{8L}\sqrt{\dfrac{T_0}{\eta}}$.

3-71　设有两列声波,一列在空气中,另一列在水中,如果这两列声波的强度相等,水中波的压强振幅与空气中波的压强振幅之比多大?若这两列波的压强振幅相等,它们的声强之比多大?

答　$\sqrt{\dfrac{\rho_w v_w}{\rho_a v_a}}$, $\dfrac{\rho_a v_a}{\rho_w v_w}$,用脚标 w、a 区别水和空气.

3-72　一开管风琴管(两端开口)的基频为 300Hz,一闭管风琴管(一端封闭)的第二泛音和这开管风琴管的第二泛音的频率相同.问两根管子的长度各是多少?空气中声速为 330m/s.

答　55cm,45.8cm.

3-73　一小提琴的弦的质量为 2.0g,它的两固定点之间的距离为 50cm.不按手指演奏时发

出的声音是 A 调 440Hz. 试问要奏出 C 调 528Hz,手指应按在什么位置? 弦线张力多大?

答　离一端 8.3cm,774N.

3-74　有一口井,侧面是竖直的,井中有水,它可与 7Hz 和 7Hz 以上的某些频率发生共鸣. 井内的空气密度为 1.1kg/m^3,压强为 $9.5\times10^4\text{Pa}$,比热比为 $\frac{7}{5}$. 试问这井水的水面有多深? 比 7Hz 高的多大频率也能发生共鸣.

答　12m, $7(2n+1)$Hz($n=1,2,\cdots$).

3-75　一小提琴的弦长 31.6cm,线密度为 0.65g/m. 将此弦放在扬声器附近,扬声器由一频率可变的音频振荡器来策动. 当振荡器的频率在 500～1500Hz 范围内连续改变时,发现小提琴的弦只在 880Hz 与 1320Hz 这两个频率发生振动. 试问弦中的张力有多大?

答　50.3N.

* **3-76**　试用分离变量法作为受迫振动重解 3.68 题,并证明所得结果是一致的.

* **3-77**　线密度为 η、长为 L 的琴弦两端固定,受张力 T_0 作用. 设在 $t=0$ 时,将弦的中点由平衡位置拨到距离 $S(S\ll L)$处,使形成一等腰三角形,然后将弦静止释放. 求弦的运动.

答　$y(x,t)=\dfrac{8s}{\pi^2}\sum\limits_{n=1}^{\infty}\dfrac{1}{n^2}\sin\left(\dfrac{n\pi}{2}\right)\sin\left(\dfrac{n\pi}{L}x\right)\cos\left(\dfrac{n\pi}{L}\sqrt{\dfrac{T_0}{\eta}}t\right)$.

3-78　两根相同的钢琴弦在保持相同的张力时有相同的基频. 设基频为 600Hz. 试问当这两根弦同时振动时,使其中一根弦增加多大百分比的张力,每秒发生 6 个拍?

答　2.0%.

3-79　一汽笛发出频率为 1000Hz 的声音,这汽笛以 10m/s 的速率离开你向一悬崖运动. 空气中的声速为 330m/s. 试问

(1) 你听到的直接从汽笛传来的声波的频率多大?

(2) 你听到从悬崖反射回来的声波频率多大?

(3) 你能否听到拍频?

答　971Hz;(2)1030Hz;(3)拍频太高,听不出来.

3-80　火车以 25m/s 的速率行驶,汽笛声的频率为 500Hz. 一个人站离铁轨 100m 处. 当人与汽笛的连线与铁轨垂直时取为 $t=0$. 问 t 为何值时,人听到的汽笛声的频率比原频率低 25Hz? 空气中声速为 330m/s.

答　4.3s.

3-81　声波从波源水平地传向接收器,波源的速率为 u,接收器的速率为 v,向同一方向运动. 另有速率为 w 的风也水平地从波源吹向接收器. 若波源发射的声波频率为 ν,静止空气中的声速为 V. 设风向也与波源、接收器的运动方向一致. 试证:接收器收到的频率为

$$\nu'=\frac{V-v+w}{V-u+w}\nu$$

并说明此式的适用范围.

答　适用范围为 $V+w>u$、v.

3-82　频率为 ν_0 的声源,在距地面 h 高度处以匀速 u 沿 x 方向作水平运动. 一观察者位于

地面 $x=0$ 处. $t=0$ 时声源正经过他的上空. 设声速为 v. 试证

(1) t 时刻接收到的信号是声源 t_s 时发出的,

$$t_s = \frac{v^2}{v^2-u^2}\left\{t-\frac{1}{v}\left[h^2\left(1-\frac{u^2}{v^2}\right)+u^2t^2\right]^{\frac{1}{2}}\right\}$$

(2) t 时刻所接收到的信号的频率作为发出时刻 t_s 的函数为

$$\nu(t_s) = \frac{\nu_0}{1+\frac{u}{v}\frac{ut_s}{(h^2+u^2t_s^2)^{1/2}}}$$

3-83　频率为 500Hz 的音叉以 5.0rad/s 的匀角速在半径为 6.0m 的圆周上运动. 试求在距圆心 12m 处的人听到的最高和最低频率各为多大?

答　550Hz, 458Hz.

3-84　声音在大气中的传播速度为 330m/s, 一架飞机以 660m/s 的速度在观察者上方 8000m 高处飞过. 问当观察者刚听到飞机隆隆声时, 飞机离他的正上方的水平距离有多远?

答　13856m.

3-85　一架飞机在上空作水平飞行. 某时刻, 地面上的人同时听到飞机的隆隆声的位置在通过 $(2\sqrt{3}\times10^3, \sqrt{2}\times10^2)$ 点的下述曲线上:

$$x^2-3y^2-2\sqrt{3}\times10^3x+6\times10^4=0$$

x、y 在地面上, 均以 m 为单位. 能否从此曲线求出马赫角 α、飞机飞行的高度 h, 并说明飞机航行的方向?

答　$\alpha=30°$, $h=900$m. 飞机沿 x 轴向负方向飞行.

第四章　有心运动

如果作用于质点的合力的作用线永远通过一个固定点,质点在这类合力作用下的运动,称为有心运动.这种作用线永远通过固定点的力,称为有心力,这个固定点,称为力心.

有心运动是自然界中大量存在的一种重要的运动.对有心运动的研究在科学技术发展史上起过重要的作用,开普勒三定律的解释、万有引力的发现,卢瑟福 α 粒子散射实验,今天洲际导弹、人造卫星的发射、宇宙航行都是有心运动问题.鉴于这类运动在理论上和实际应用上都具有极大的重要性,我们也单列一章,用较大篇幅对这类运动的方方面面作比较详细的讨论.

§4.1　有心运动的共同特点

有心运动有以下几个共同特点:

1. 由于合力的作用线通过力心,则以力心为矩心和坐标原点,有

$$\boldsymbol{M} = \boldsymbol{r} \times \boldsymbol{F} = 0$$

由(2.4.8)式,对原点(力心)的角动量 $\boldsymbol{J}=$ 恒量,角动量守恒.

2. 由于 $\boldsymbol{J}=\boldsymbol{r}\times m\boldsymbol{v}$, $\boldsymbol{J}$ 总与 $\boldsymbol{r}$、$\boldsymbol{v}$ 均垂直, $\boldsymbol{J}$ 又是恒量,质点总在与 $\boldsymbol{J}$ 相垂直的固定平面上运动,即有心运动是平面运动.这个结论也可直观地得出.设某时刻,质点对力心的位矢为 $\boldsymbol{r}$,速度为 $\boldsymbol{v}$,作用力通过力心,即沿 $\boldsymbol{r}$ 的方向或反方向,没有与 $\boldsymbol{r}$、$\boldsymbol{v}$ 决定的平面垂直方向的加速度分量,自然,质点以后的速度仍在这平面上,也说明它必作平面运动.

思考题　$\boldsymbol{J}=\boldsymbol{C}$ 为恒矢量, $\boldsymbol{J}\cdot\boldsymbol{r}=0$,

$$c_1 x + c_2 y + c_3 z = 0$$

说明有心运动是平面运动,可否?选择质点运动的平面为 xy 平面,则 $z=0$,上式变为

$$c_1 x + c_2 y = 0$$

以上各式是否都成立？从最后的式子能否说明有心运动是直线运动？以上哪些是正确的,哪些是错误的？错在哪里？

3. 用平面极坐标来描述有心运动极为有利.一般处理有心运动,都采用极坐标.

$$\boldsymbol{J}=\begin{vmatrix}\boldsymbol{e}_r & \boldsymbol{e}_\varphi & \boldsymbol{k}\\ r & 0 & 0\\ m\dot{r} & mr\dot{\varphi} & 0\end{vmatrix}=mr^2\dot{\varphi}\boldsymbol{k}$$

可得 $r^2\dot{\varphi}=h$ 为常量.它的几何意义是面积速度不变.面积速度是指质点的矢径单位时间内扫过的面积.

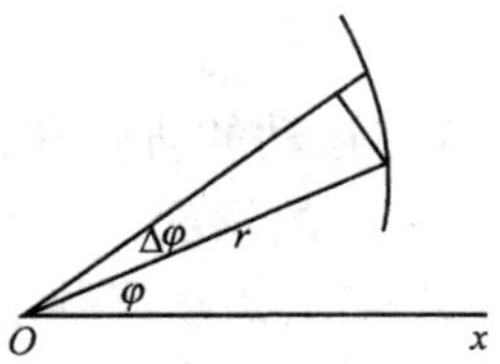

图 4.1.1

设 t 至 $t+\mathrm{d}t$ 时间内扫过的面积为 $\Delta\sigma$,则 t 时刻的面积速度定义为

$$\frac{\mathrm{d}\sigma}{\mathrm{d}t}=\lim_{\Delta t\to 0}\frac{\Delta\sigma}{\Delta t}$$

$$=\lim_{\Delta t\to 0}\frac{1}{\Delta t}\left[\frac{1}{2}\cdot 2r\sin\left(\frac{1}{2}\Delta\varphi\right)\cdot r\cos\left(\frac{1}{2}\Delta\varphi\right)+\text{高级小量}\right]$$

$$=\lim_{\Delta t\to 0}\frac{r^2\sin\Delta\varphi}{2\Delta\varphi}\cdot\lim_{\Delta t\to 0}\frac{\Delta\varphi}{\Delta t}$$

$$=\frac{1}{2}r^2\dot{\varphi}=\text{常量}$$

4. 有心力只要求其作用线通过固定的力心,其大小并不要求只与质点至力心的距离 r 有关,就是说还可以与矢径对基轴的辐角 φ 有关,即 $F=F(r,\varphi)$.但是,万有引力、库仑力、分子力、弹簧的弹性力的力源对参考系是固定点时,它们是有心力,而且其大小只与 r 有关.只与 r 有关的有心力场是保守力场.可引入有心力势能 $V(r)$.

$$F(r)=-\frac{\mathrm{d}V(r)}{\mathrm{d}r}$$

$$V(r)=-\int^r F(r)\mathrm{d}r+c$$

有能量积分

$$\frac{1}{2}m(\dot{r}^2+r^2\dot{\varphi}^2)+V(r)=E_0=\text{常量}\tag{4.1.1}$$

本章所讨论的有心运动,有心力都只是 r 的函数.

思考题 若作用于质点的力是有心力,取力心为坐标系原点,此力与 r、φ 均有关,能否作出结论:这种有心力一定是非保守力?

5. 对于具有 $F=F(r)$ 形式的有心力,采用平面极坐标,二维的平面运动可变成"一维问题".

运动微分方程为

$$\begin{cases} m(\ddot{r}-r\dot{\varphi}^2)=F(r) \\ m(r\ddot{\varphi}+2\dot{r}\dot{\varphi})=0 \end{cases} \tag{4.1.2}$$

第二个式子可改写为

$$\frac{m}{r}\frac{\mathrm{d}}{\mathrm{d}t}(r^2\dot{\varphi})=0$$

其运动积分即角动量守恒或面积速度不变的关系

$$r^2\dot{\varphi}=h=\text{常量} \tag{4.1.3}$$

用(4.1.3)式可消去(4.1.2)式第一个方程中的 $\dot{\varphi}$ 得只含 r 及其对时间的导数的方程

$$m\ddot{r}=F(r)+\frac{mh^2}{r^3} \tag{4.1.4}$$

这是一个只含一个因变量的二阶微分方程的"一维问题".由(4.1.4)式积出 $r=r(t)$,代入(4.1.3)式,再积分得 $\varphi=\varphi(t)$,(积分时,都得用初条件决定积分常数).

6. 对于 $F=F(r)$ 形式的有心力,还可引入有效势能.

(4.1.4)式的方程可以看作在随质点运动的矢径为参考系中的运动微分方程,$F(r)$为真实力,$\frac{mh^2}{r^3}$是惯性离轴力,这里取力心为坐标原点,也可称为惯性离心力.用此非惯性系,还有两个惯性力,它们的作用线虽不通过固定点,不是有心力.但作用线与矢径垂直,在(4.1.4)式中不出现.对于这个"一维问题",如果作用力只是位置的函数,必为保守力,可引入势能.$F(r)+\frac{mh^2}{r^3}$这个保守力的势能为

$$U=-\int^r\left(F(r)+\frac{mh^2}{r^3}\right)\mathrm{d}r=V(r)+\frac{mh^2}{2r^2} \tag{4.1.5}$$

这个势能称为有效势能.有效势能包括真实力势能和惯性力(惯性离轴力)势能,但

和通常的真实力势能、惯性力势能有一点不同,即它还与初条件有关,h 值由初条件确定.

对此矢径参考系,非保守力(另两个惯性力)不作功,故也有机械能守恒.

$$\frac{1}{2}m\dot{r}^2 + U(r) = E_0 = \text{常量} \tag{4.1.6}$$

或

$$\frac{1}{2}m\dot{r}^2 + V(r) + \frac{mh^2}{2r^2} = E_0 = \text{常量} \tag{4.1.6$'$}$$

(4.1.6′)中的$\frac{mh^2}{2r^2}$就是(4.1.1)式中的$\frac{1}{2}mr^2\dot{\varphi}^2$,因此两式中 E_0 相同.(4.1.6′)式也可由(4.1.4)式积分而得.

§4.2 运动微分方程的解

用(4.1.6′)式,积分可得运动微分方程的解

$$\frac{\mathrm{d}r}{\mathrm{d}t} = \pm\left[\frac{2}{m}\left(E_0 - V - \frac{mh^2}{2r^2}\right)\right]^{1/2} \tag{4.2.1}$$

$$t - t_0 = \pm\int_{r_0}^{r}\frac{\mathrm{d}r}{\left[\frac{2}{m}\left(E_0 - V - \frac{mh^2}{2r^2}\right)\right]^{1/2}} \tag{4.2.2}$$

或

$$t - t_0 = \pm\int_{r_0}^{r}\frac{\mathrm{d}r}{\left[\frac{2}{m}(E_0 - U)\right]^{1/2}} \tag{4.2.2$'$}$$

$\mathrm{d}r>0$ 时取正号,$\mathrm{d}r<0$ 时取负号.

解得 $r=r(t)$后,代入(4.1.3)式,积分得

$$\varphi - \varphi_0 = \int_{t_0}^{t}\frac{h}{[r(t)]^2}\mathrm{d}t \tag{4.2.3}$$

有时,(4.2.2)、(4.2.3)式的积分比较麻烦,也可由(4.1.6′)及(4.1.3)式得

$$\frac{\mathrm{d}r}{\mathrm{d}\varphi} = \pm\frac{r^2}{h}\left[\frac{2}{m}\left(E_0 - V - \frac{mh^2}{2r^2}\right)\right]^{1/2} \tag{4.2.4}$$

积分得

$$\varphi - \varphi_0 = \pm \int_{r_0}^{r} \frac{h}{r^2\left[\frac{2}{m}\left(E_0 - V - \frac{mh^2}{2r^2}\right)\right]^{1/2}} \mathrm{d}r \tag{4.2.5}$$

$\mathrm{d}r>0$ 时取正号，$\mathrm{d}r<0$ 时取负号.

上述积分给出了轨道方程 $r=r(\varphi)$，代入(4.1.3)式，积分得 $\varphi=\varphi(t)$.

$$t - t_0 = \frac{1}{h}\int_{\varphi_0}^{\varphi} [r(\varphi)]^2 \mathrm{d}\varphi \tag{4.2.6}$$

将 $\varphi=\varphi(t)$ 代入轨道方程 $r=r(\varphi)$，即得 $r=r(t)$.

§4.3 轨　道

解出运动方程 $r=r(t)$、$\varphi=\varphi(t)$，就可逐点描出轨道，因此运动学方程本身就是以时间 t 为参数的轨道的参数方程. 消去参数 t，即得不带参数的轨道方程. 在许多情况下，我们只要求轨道方程，不要求运动方程，则可由轨道微分方程积分直接得轨道方程.

1. 轨道微分方程

(4.2.4)式就是轨道微分方程的一种形式，其解(4.2.5)式给出轨道方程 $r=r(\varphi)$.

这里我们再介绍轨道微分方程的另一种形式——比耐公式.

$$m\ddot{r} = F(r) + \frac{mh^2}{r^3} \tag{4.1.4}$$

令 $u=\frac{1}{r}$，

$$\dot{r} = \frac{\mathrm{d}r}{\mathrm{d}\varphi}\dot{\varphi} = \frac{\mathrm{d}r}{\mathrm{d}\varphi}\frac{h}{r^2} = -h\frac{\mathrm{d}\left(\frac{1}{r}\right)}{\mathrm{d}\varphi} = -h\frac{\mathrm{d}u}{\mathrm{d}\varphi}$$

$$\ddot{r} = \frac{\mathrm{d}}{\mathrm{d}t}\left(-h\frac{\mathrm{d}u}{\mathrm{d}\varphi}\right) = -h\frac{\mathrm{d}^2u}{\mathrm{d}\varphi^2}\dot{\varphi} = -\frac{h^2}{r^2}\frac{\mathrm{d}^2u}{\mathrm{d}\varphi^2} = -h^2u^2\frac{\mathrm{d}^2u}{\mathrm{d}\varphi^2}$$

将 $\ddot{r}$ 的上述式子及 $r=\frac{1}{u}$ 代入(4.1.4)式，即得比耐公式：

$$-mh^2u^2\left(\frac{\mathrm{d}^2u}{\mathrm{d}\varphi^2} + u\right) = F\left(\frac{1}{u}\right) \tag{4.3.1}$$

用运动微分方程可以处理两类问题：一类是已知受力情况和初条件，求运动规律；另一类是已知运动规律，求未知的力．轨道微分方程也可以处理两类问题：一类是已知受力情况和初条件，求运动轨道；另一类是已知运动轨道和初条件，求未知的有心力．由(4.3.1)式可知，已知运动轨道，未给初条件即未给轨道上任一点的速度，仍可得 $F(r)$ 与 r 的函数形式，其中 h^2 是未定的常数．

思考题　两个有心力场，有同样的力心，同一质点在这两个力场中运动有同样的轨道，但在同一个位置，在第一个力场中运动的质点的速度是在第二个力场中运动的速度的 λ 倍，问这两个有心力场有何关系？能否用牛顿运动第二定律，考虑切向、法向加速度来理解所述关系．

例 4.3.1　质量为 m 的粒子在势场 $V(r)=\dfrac{k}{r^2}$($k>0$，且为常量)中运动，求用轨道参数 E_0、h 表示的轨道方程．

解　方法一，用(4.2.5)式，

$$\varphi-\varphi_0=\pm\int_{r_0}^{r}\frac{h}{r^2\left[\dfrac{2}{m}\left(E_0-\dfrac{k}{r^2}-\dfrac{mh^2}{2r^2}\right)\right]^{1/2}}\mathrm{d}r$$

令 $u=\dfrac{1}{r}$，上式可改写为

$$\varphi-\varphi_0=\pm\int_{u_0}^{u}\frac{h\mathrm{d}u}{\left\{\dfrac{2}{m}\left[E_0-\left(k+\dfrac{1}{2}mh^2\right)u^2\right]\right\}^{1/2}}$$

引入符号 $S=\sqrt{\dfrac{2k+mh^2}{2E_0}}$，上式可改写为

$$\begin{aligned}\varphi-\varphi_0&=\pm\int_{u_0}^{u}h\sqrt{\frac{m}{2E_0}}\frac{\mathrm{d}u}{[1-(Su)^2]^{1/2}}\\&=\pm\frac{h}{S}\sqrt{\frac{m}{2E_0}}[\arcsin(Su)-\arcsin(Su_0)]\end{aligned}$$

取坐标使 $u=u_0=0$ 时，$\varphi=\varphi_0=0$，并考虑$\dfrac{\mathrm{d}u}{\mathrm{d}\varphi}>0$ 的情况，取正号，

$$\varphi=\frac{h}{S}\sqrt{\frac{m}{2E_0}}\arcsin(Su)$$

$$u=\frac{1}{S}\sin\left(\frac{S}{h}\sqrt{\frac{2E_0}{m}}\varphi\right)=\sqrt{\frac{2E_0}{2k+mh^2}}\sin\left(\sqrt{1+\frac{2k}{mh^2}}\varphi\right)$$

$$r=\frac{1}{u}=\sqrt{\frac{2k+mh^2}{2E_0}}\csc\left(\sqrt{1+\frac{2k}{mh^2}}\varphi\right)$$

方法二,用比耐公式(4.3.1)

$$-mh^2u^2\left(\frac{\mathrm{d}^2u}{\mathrm{d}\varphi^2}+u\right)=F=-\frac{\mathrm{d}V}{\mathrm{d}r}=\frac{2k}{r^3}=2ku^3$$

$$\frac{\mathrm{d}^2u}{\mathrm{d}\varphi^2}+\left(1+\frac{2k}{mh^2}\right)u=0$$

取坐标,$u=u_0=0$ 时,$\varphi=\varphi_0=0$,解得

$$u=A\sin\left(\sqrt{1+\frac{2k}{mh^2}}\varphi\right)\tag{1}$$

$$r=\frac{1}{A}\csc\left(\sqrt{1+\frac{2k}{mh^2}}\varphi\right)\tag{2}$$

考虑 $r=\infty$处的势能和动能,

$$V(r)\Big|_{r\to\infty}=\lim_{r\to\infty}\frac{k}{r^2}=0\tag{3}$$

$$T\Big|_{r\to\infty}=\frac{1}{2}m(\dot{r}^2+r^2\dot{\varphi}^2)\Big|_{r\to\infty}=\frac{1}{2}m\left(\dot{r}^2+\frac{h^2}{r^2}\right)\Big|_{r\to\infty}$$

$$=\frac{1}{2}m\dot{r}^2\Big|_{r\to\infty}\tag{4}$$

$$\dot{r}=\frac{\mathrm{d}r}{\mathrm{d}\varphi}\dot{\varphi}=\frac{h}{r^2}\frac{\mathrm{d}r}{\mathrm{d}\varphi}=-h\frac{\mathrm{d}u}{\mathrm{d}\varphi}$$

将(1)式代入,

$$\dot{r}=-hA\sqrt{1+\frac{2k}{mh^2}}\cos\left(\sqrt{1+\frac{2k}{mh^2}}\varphi\right)$$

$$\dot{r}\Big|_{r\to\infty}=\lim_{\varphi\to 0}\dot{r}(\varphi)=-hA\sqrt{1+\frac{2k}{mh^2}}\tag{5}$$

考虑机械能守恒,用(3)、(4)、(5)式,

$$E_0=(T+V)\Big|_{r\to\infty}=\frac{1}{2}A^2(mh^2+2k)$$

$$A = \sqrt{\frac{2E_0}{2k + mh^2}} \tag{6}$$

将(6)式代入(2)式,即得与方法一相同的结果:

$$r = \sqrt{\frac{2k + mh^2}{2E_0}}\csc\left(\sqrt{1 + \frac{2k}{mh^2}}\varphi\right)$$

例 4.3.2　质量为 m 的质点在有心力 $\boldsymbol{F}$ 的作用下作长、短半轴分别为 a 和 b 的椭圆轨道运动,力心与椭圆中心重合.取 $r=0$ 为势能的零点时,质点的机械能为 E_0.求力的大小与质点离力心的距离 r 的关系.

解　取力心为坐标原点,x、y 轴分别与椭圆轨道的长、短半轴重合,则轨道方程为

$$\frac{x^2}{a^2} + \frac{y^2}{b^2} = 1 \tag{1}$$

把它改用极坐标表示,作坐标变换

$$x = r\cos\varphi, \qquad y = r\sin\varphi \tag{2}$$

将(2)代入(1)式,解出 r,得

$$r = \frac{1}{\sqrt{\frac{\cos^2\varphi}{a^2} + \frac{\sin^2\varphi}{b^2}}} = \frac{b}{\sqrt{\sin^2\varphi + \frac{b^2}{a^2}\cos^2\varphi}} = \frac{b}{\sqrt{1 - e^2\cos^2\varphi}} \tag{3}$$

其中 $e = \frac{1}{a}\sqrt{a^2 - b^2}$,为椭圆的偏心率.

以下用两种方法求力.

方法一,用比耐公式

$$u = \frac{1}{r} = \frac{1}{b}\sqrt{1 - e^2\cos^2\varphi} \tag{4}$$

$$\frac{\mathrm{d}u}{\mathrm{d}\varphi} = \frac{e^2}{2b}(1 - e^2\cos^2\varphi)^{-1/2}\sin2\varphi \tag{5}$$

$$\frac{\mathrm{d}^2u}{\mathrm{d}\varphi^2} = \frac{e^2}{2b}\left[2(1 - e^2\cos^2\varphi)^{-1/2}\cos2\varphi - \frac{e^2}{2}(1 - e^2\cos^2\varphi)^{-\frac{3}{2}}\sin^2 2\varphi\right]$$

由比耐公式,经计算得

$$F = -mh^2u^2\left(\frac{\mathrm{d}^2u}{\mathrm{d}\varphi^2} + u\right) = -\frac{mh^2}{b^4u}(1 - e^2) = -\frac{mh^2(1 - e^2)}{b^4}r$$

为将 F 表示成 a、b、E_0 及 r 的函数，作以下计算：

$$V=-\int_0^r F(r)\mathrm{d}r=\frac{mh^2(1-e^2)}{2b^4}r^2$$

考虑 $r=b$ 处的动能和势能，

$$T=\frac{1}{2}m\left(\frac{h}{b}\right)^2$$

$$V=\frac{mh^2(1-e^2)}{2b^2}$$

$$E_0=T+V=\frac{mh^2}{2b^2}(2-e^2)=\frac{mh^2(a^2+b^2)}{2a^2b^2}$$

$$h^2=\frac{2a^2b^2E_0}{m(a^2+b^2)}$$

将 $e=\frac{1}{a}\sqrt{a^2-b^2}$ 及上式消去 F 表达式中的 e 和 h^2，即得

$$F=-\frac{2E_0}{a^2+b^2}r$$

方法二，用(4.2.4)式解出 V 得

$$V=E_0-\frac{mh^2}{2r^4}\left(\frac{\mathrm{d}r}{\mathrm{d}\varphi}\right)^2-\frac{mh^2}{2r^2}$$

用 $u=\frac{1}{r}$ 得

$$\frac{1}{r^2}\frac{\mathrm{d}r}{\mathrm{d}\varphi}=-\frac{\mathrm{d}\left(\frac{1}{r}\right)}{\mathrm{d}\varphi}=-\frac{\mathrm{d}u}{\mathrm{d}\varphi}$$

$$V=E_0-\frac{mh^2}{2}\left(\frac{\mathrm{d}u}{\mathrm{d}\varphi}\right)^2-\frac{mh^2}{2r^2}\qquad(6)$$

由(5)式和(3)式，可得

$$\frac{\mathrm{d}u}{\mathrm{d}\varphi}=\frac{e^2}{b^2}r\sin\varphi\cos\varphi\qquad(7)$$

由(3)式可得

$$\cos^2\varphi = \frac{1}{e^2}(1 - b^2u^2), \sin^2\varphi = \frac{1}{e^2}(e^2 - 1 + b^2u^2) \tag{8}$$

用(7)、(8)式,(6)式改写为

$$V = E_0 - \frac{mh^2}{2b^4}(e^2 - 1)r^2 - \frac{mh^2}{2b^2}(2 - e^2) \tag{9}$$

考虑到 $r=0, V=0$,可得

$$E_0 = \frac{mh^2}{2b^2}(2 - e^2) \tag{10}$$

$$V = -\frac{mh^2}{2b^4}(e^2 - 1)r^2$$

用保守力与势能的关系

$$F = -\frac{\mathrm{d}V}{\mathrm{d}r} = \frac{mh^2}{b^4}(e^2 - 1)r \tag{11}$$

将 $e=\frac{1}{a}\sqrt{a^2-b^2}$ 代入(10)式可得

$$h^2 = \frac{2a^2b^2E_0}{m(a^2 + b^2)} \tag{12}$$

再用 $e=\frac{1}{a}\sqrt{a^2-b^2}$ 和(12)式,消去(11)式中的 h 和 e,即得 $F=-\frac{2E_0}{a^2+b^2}r$.

2. 轨道的分类

给定了有心力及初条件(或角动量积分常数和能量积分常数)后,原则上可以求运动轨道 $r(\varphi)$ 和运动学方程 $r(t)$ 和 $\varphi(t)$.但计算有关的积分通常是相当困难的.即使在这种情况下,我们仍能获得它的运动的若干信息.从能量积分(4.1.6′)式可以得到 $\dot{r}(r)$,从角动量积分(4.1.3)式可得 $\dot{\varphi}(r)=\frac{h}{r^2}$.因此,可以知道质点离力心距离为 r 时速度的大小和相对于矢径的方向.从(4.1.6)式还可以对有心运动的轨道加以分类,获知运动轨道的若干信息.重写(4.1.6)式于下:

$$\frac{1}{2}m\dot{r}^2 + U(r) = E_0 \tag{4.1.6′}$$

其中

$$U(r) = V(r) + \frac{mh^2}{2r^2}$$

(1) 轨道的转折点

转折点是 $\dot{r}>0$ 变为 $\dot{r}<0$ 或从 $\dot{r}<0$ 变为 $\dot{r}>0$ 的点，在转折点，$\dot{r}=0$. 由(4.1.6)式，令 $\dot{r}=0$，即得转折点满足的方程

$$U(r) = E_0 \quad 或 \quad V(r) + \frac{mh^2}{2r^2} = E_0 \tag{4.3.2}$$

(2) 轨道的分类

由(4.3.2)式的方程的根的情况，可以对运动轨道加以分类：如有两个实根 r_1、$r_2(>r_1)$，运动是有界的，图 4.3.1(a)中 $E=E_1$ 时就是这种情况，运动轨道处在半径为 r_{11} 和 r_{21} 的两个圆之间. 如只有一个实根 r_{12}，运动是无界的，图 4.3.1(a)中 $E=E_2$ 时是这种情况，质点在 $r\geqslant r_{12}$ 范围内运动. 如只有一个二重根，如图 4.3.1(a)中 $E=E_3$ 时所画的情况，质点作圆形轨道运动. 如(4.3.2)的方程有三个或三个以上的实根，如图 4.3.1(b)中 $E=E_1$ 时的情况，则运动可能是有界的，也可能是无界的，如初条件 r_0 在 $r_{11}\leqslant r_0\leqslant r_{21}$ 范围内，是有界的，如 $r_0\geqslant r_{31}$，则是无界的. 图 4.3.1(b)中 $E=E_2$ 的情况，是(4.3.2)的方程有一个单根和一个二重根(均为实根)的情况，质点可作半径为 r_{22} 的圆周运动，可是受到一点微扰，如微扰使质点的机械能变大，则运动是无界的，$r>r_{12}-\varepsilon$；如微扰使质点的机械能变小，又使 $r<r_{22}$，运动是有界的，$r_{12}+\varepsilon<r<r_{22}-\varepsilon'$；如又使 $r>r_{22}$，则运动是无界的，质点在 $r>r_{22}+\varepsilon$ 范围内运动. ε、ε' 均表示一个正的无穷小量.

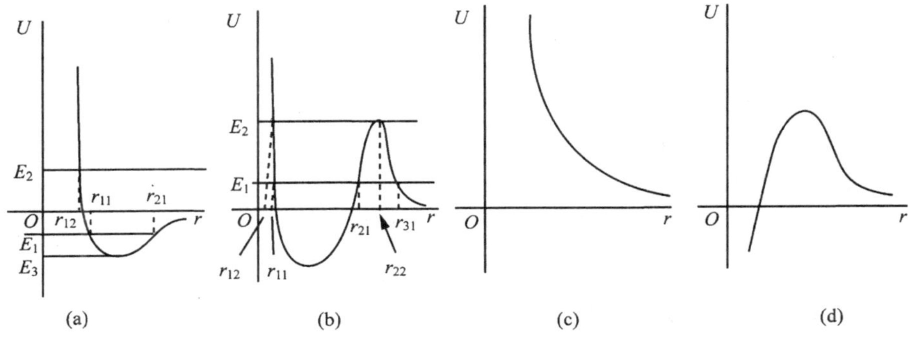

图 4.3.1

以上我们将轨道分类为有界运动和无界运动，在有界运动中，又有圆周运动和非圆周运动之别. 还有轨道是否闭合的问题，圆形轨道是否稳定的问题，我们都将另作讨论.

3. 有效势能曲线与有心力的关系

有效势能由两部分组成，一部分是有心力势能 $V(r)$，另一部分是惯性离心力势能$\frac{mh^2}{2r^2}$. 惯性离心力一定是斥力，如果有心力也是斥力，则有效势能曲线呈图 4.3.1(c)所示的形状. 如有心力是引力，当 $r\to 0$ 时，有心力趋于 $-\infty$ 比惯性离心力趋于∞慢，$r\to\infty$时，有心力趋于零也比惯性离心力趋于零慢，如万有引力和$\propto\frac{1}{r^n}$ $(n<3)$的引力情况就是如此，有效势能曲线有图 4.3.1(a)所示的形状. 如有心力是引力，$r\to 0$ 时，它趋于 $-\infty$ 比惯性离心力趋于∞慢，$r\to\infty$时，它趋于零比惯性离心力趋于零快，有效势能曲线可呈图 4.3.1(b)所示的形状. 如有心力是引力，$r\to 0$ 时，它趋于 $-\infty$ 比惯性离心力趋于∞快，$r\to\infty$时，它趋于零也比惯性离心力趋于零快，如有心力$\propto\frac{1}{r^n}$ $(n>3)$的引力情况就是这样，这时有效势能曲线呈图 4.3.1(d)的形状. 分子力那样的力，r 较小时为斥力，r 较大时为引力，而且 $r\to\infty$时，它趋于零比惯性离心力趋于零快，有效势能曲线也呈图 4.3.1(b)所示的形状.

*4. 作圆形轨道运动的条件及圆轨道运动的稳定性

在§4.3.2 中已经提到，有心运动轨道为圆形的条件是：(4.3.2)式有二重根，且初条件的 r 值正是这个重根. 从图 4.3.1 可以看出，在这个 r 值，有效势能取极值(极大或极小). 从图 4.3.1(a)、(b)可看出，在图 4.3.1(a)中，当 $E=E_3$ 时，U 取极小值，圆形轨道是稳定的. 在微扰作用后，轨道偏离圆形轨道不远，其矢径将在原圆形轨道的半径上下微小变化. 图 4.3.1(b)中 $E_1=E_2$，$r=r_{22}$的圆轨道运动是不稳定的，给予一微扰，将使轨道完全偏离圆形.

下面我们从数学上得出上述结论，并给出作圆轨道运动的条件及作稳定的圆轨道运动的条件的数学表达式.

轨道为圆形时，在矢径参考系中处于相对平衡状态.

在相对平衡位置，$\ddot{r}=0$，由(4.1.4)式得相对平衡位置 $r=r_0$(也即静参考系中圆轨道运动的半径)满足的方程为

$$\left(F(r)+\frac{mh^2}{r^3}\right)\bigg|_{r=r_0}=0 \tag{4.3.2′}$$

由 $U=V(r)+\dfrac{mh^2}{2r^2}$ 及 $F(r)=-\dfrac{\mathrm{d}V}{\mathrm{d}r}$,上式也可写成

$$\left.\frac{\mathrm{d}U}{\mathrm{d}r}\right|_{r=r_0}=0 \tag{4.3.2''}$$

要处于相对平衡状态即静系中作圆周运动,还必须在 $r=r_0$ 处,$\dot{r}=0$,由(4.1.6)或(4.1.6′)式,

$$U(r_0)=E \tag{4.3.3}$$

或

$$V(r_0)+\frac{mh^2}{2r_0^2}=E \tag{4.3.3'}$$

(4.3.2″)、(4.3.3)式或(4.3.2′)、(4.3.3′)式就是有心运动轨道为圆形的条件.

下面讨论圆形轨道的稳定性条件,

仍在矢径参考系中考虑,给一微扰,使质点偏离相对平衡位置:$r=r_0+x$,($x\ll r_0$)代入(4.1.4)式,

$$\begin{aligned}
m\ddot{x}&=F(r_0+x)+\frac{mh^2}{(r_0+x)^3}\\
&\approx F(r_0)+\left.\frac{\mathrm{d}F(r_0+x)}{\mathrm{d}x}\right|_{x=0}x+\frac{mh^2}{r_0^3}\left(1+\frac{x}{r_0}\right)^{-3}\\
&\approx F(r_0)+\left.\frac{\mathrm{d}F(r_0+x)}{\mathrm{d}x}\right|_{x=0}\cdot x+\frac{mh^2}{r_0^3}\left(1-\frac{3x}{r_0}\right)\\
&=\left.\frac{\mathrm{d}F(r_0+x)}{\mathrm{d}x}\right|_{x=0}x-\frac{3mh^2}{r_0^4}x
\end{aligned} \tag{1}$$

上述推导中用了(4.3.2)式.

如 $\dfrac{3mh^2}{r_0^4}-\left.\dfrac{\mathrm{d}F(r_0+x)}{\mathrm{d}x}\right|_{x=0}>0$,可令

$$m\omega_r^2=\frac{3mh^2}{r_0^4}-\left.\frac{\mathrm{d}F(r_0+x)}{\mathrm{d}x}\right|_{x=0}$$

(1)式可改写为

$$\ddot{x}+\omega_r^2x=0$$

$$x = A\cos(\omega_r t + \alpha)$$

在矢径参考系中，x 将在平衡位置 $x=0$（即质点的位置 r 将在平衡位置 r_0）附近作小振幅的简谐振动. 这样在静参考系中看到的圆轨道运动是稳定的.

因此圆形轨道稳定的条件为

$$\frac{3mh^2}{r_0^4} - \left.\frac{\mathrm{d}F(r_0 + x)}{\mathrm{d}x}\right|_{x=0} > 0$$

或

$$\frac{3mh^2}{r_0^4} - \left.\frac{\mathrm{d}F(r)}{\mathrm{d}r}\right|_{r=r_0} > 0 \tag{4.3.4}$$

加上轨道为圆形的条件.

(4.3.4)式也可改写为

$$\left.\frac{\mathrm{d}^2 U}{\mathrm{d}r^2}\right|_{r=r_0} > 0 \tag{4.3.4′}$$

用(4.3.2)式，也可把(4.3.4)式改写为

$$\left.\frac{\mathrm{d}F(r)}{\mathrm{d}r}\right|_{r=r_0} < -\frac{3F(r_0)}{r_0} \tag{4.3.4″}$$

矢径参考系中围绕平衡位置作小振幅简谐振动的角频率为

$$\omega_r = \sqrt{\left.\frac{\mathrm{d}^2 U}{\mathrm{d}r^2}\right|_{r=r_0} \Big/ m} \tag{4.3.5}$$

如 $\frac{3mh^2}{r_0^4} - \left.\frac{\mathrm{d}F(r_0 + x)}{\mathrm{d}x}\right|_{x=0} < 0$，可令

$$-mp^2 = \frac{3mh^2}{r_0^4} - \left.\frac{\mathrm{d}F(r_0 + x)}{\mathrm{d}x}\right|_{x=0}$$

(1)式可改写为

$$\ddot{x} - p^2 x = 0$$

解为

$$x = A\mathrm{e}^{pt} + B\mathrm{e}^{-pt}$$

这个解说明在矢径参考系中，不再作围绕平衡位置的小振动，足以说明圆形轨道是

不稳定的.

$$\left.\frac{\mathrm{d}U}{\mathrm{d}r}\right|_{r=r_0}=0,\quad \left.\frac{\mathrm{d}^2U}{\mathrm{d}r^2}\right|_{r=r_0}>0$$

说明有效势能曲线在 $r=r_0$ 处取极小值,这时 $r=r_0$ 为半径的圆周运动是稳定的

$$\left.\frac{\mathrm{d}U}{\mathrm{d}r}\right|_{r=r_0}=0,\quad \left.\frac{\mathrm{d}^2U}{\mathrm{d}r^2}\right|_{r=r_0}<0$$

说明有效势能曲线在 $r=r_0$ 处取极大值,这时 $r=r_0$ 为半径的圆周运动是不稳定的.

这和我们从势能曲线图上得出的结论一致.

如$\left.\frac{\mathrm{d}^2U}{\mathrm{d}r^2}\right|_{r=r_0}=0$,圆形轨道运动稳定与否应考虑泰勒展开的更高次项.将(4.1.4)式中的$F(r_0+x)$及$\frac{mh^2}{(r_0+x)^3}$都展开到 x^2 项、考虑到

$$F(r_0)+\frac{mh^2}{r_0^3}=0\quad 及\quad \frac{3mh^2}{r_0^4}-\left.\frac{\mathrm{d}F(r_0+x)}{\mathrm{d}x}\right|_{x=0}=0$$

x 满足的微分方程为

$$m\ddot{x}=\frac{1}{2}\left.\frac{\mathrm{d}^2F(r_0+x)}{\mathrm{d}x^2}\right|_{x=0}x^2+\frac{12mh^2}{r_0^5}x^2$$

微分方程具有

$$\ddot{x}+Ax^2=0$$

的形式.只要 $A\neq0$,无论 $A>0$ 还是<0,微扰后.偏离平衡位置后,受到的力不总是指向平衡位置的,圆形轨道不是稳定的.如 $A=0$,则还要看泰勒展开的更高次项.出现这种情况可能性不大,我们就不作讨论了.

例 4.3.3　如果在圆轨道半径 a 附近的有心吸引力的势能$\propto\frac{1}{r^n}$,问 n 在什么范围内,质点运动有稳定的圆形轨道.

解　将有心吸引力势能写成

$$V(r)=-\frac{k}{r^n}$$

其中 k 为正值常量.

$$F(r)=-\frac{\mathrm{d}V}{\mathrm{d}r}=-\frac{nk}{r^{n+1}} \tag{1}$$

用(4.3.4)式圆形轨道稳定的条件

$$\frac{3mh^2}{a^4}-\frac{n(n+1)k}{a^{n+2}}>0 \tag{2}$$

用(4.3.2)式

$$F(a)=-\frac{mh^2}{a^3} \tag{3}$$

由(1)、(3)式得

$$\frac{mh^2}{a^3}=\frac{nk}{a^{n+1}} \tag{4}$$

将(4)式代入(2)式得

$$\frac{3nk}{a^{n+2}}-\frac{n(n+1)k}{a^{n+2}}>0$$

约去 k,n,a^{n+2}这些正值因子,可得 $n<2$(n 不可能为负值,若 $n<0$,得 $n>2$,与 $n<0$ 矛盾.故 n 必为正值).这是质点运动有稳定的圆形轨道的范围.

*5. 轨道闭合的条件

(1) 伯特兰定理

圆轨道运动是闭合的.对于稳定的圆轨道运动受到微扰后,轨道是否闭合?如矢径转过多少圈后,轨道就开始重复,轨道是闭合的.伯特兰定理给出了这种对偏离稳定圆轨道运动不远的运动轨道是闭合的条件.

下面我们来导出伯特兰定理.

(4.3.1)式改写为

$$\frac{\mathrm{d}^2u}{\mathrm{d}\varphi^2}+u=G(u) \tag{1}$$

其中

$$G(u)=-\frac{1}{mh^2u^2}F\left(\frac{1}{u}\right) \tag{2}$$

圆形轨道条件(4.3.2′)式可写成

$$G(u_0)=u_0 \tag{3}$$

其中 $u_0=\dfrac{1}{r_0}$.

将 $G(u)$在 u_0 附近作泰勒展开,只保留一级小量.

$$G(u)\approx G(u_0)+\left.\frac{\mathrm{d}G(u)}{\mathrm{d}u}\right|_{u=u_0}(u-u_0) \tag{4}$$

将(4)式代入(1)式,并用(3)式,再令 $x=u-u_0$,

$$\frac{\mathrm{d}^2x}{\mathrm{d}\varphi^2}+x=\left.\frac{\mathrm{d}G(u)}{\mathrm{d}u}\right|_{u=u_0}x$$

或

$$\frac{\mathrm{d}^2x}{\mathrm{d}\varphi^2}+\beta^2x=0 \tag{5}$$

其中

$$\beta^2=1-\left.\frac{\mathrm{d}G(u)}{\mathrm{d}u}\right|_{u=u_0} \tag{6}$$

由(2)式

$$\begin{aligned}\frac{\mathrm{d}G(u)}{\mathrm{d}u}&=\frac{2}{mh^2u^3}F\left(\frac{1}{u}\right)-\frac{1}{mh^2u^2}\frac{\mathrm{d}}{\mathrm{d}u}F\left(\frac{1}{u}\right)\\&=-\frac{2G(u)}{u}-\frac{1}{mh^2u^2}\frac{\mathrm{d}}{\mathrm{d}u}F\left(\frac{1}{u}\right)\end{aligned}$$

用(3)式和(4.3.2)式,可得

$$\begin{aligned}\left.\frac{\mathrm{d}G(u)}{\mathrm{d}u}\right|_{u=u_0}&=-2+\frac{u_0}{F\left(\dfrac{1}{u_0}\right)}\left.\left[\frac{\mathrm{d}}{\mathrm{d}u}F\left(\frac{1}{u}\right)\right]\right|_{u=u_0}\\&=-2-\frac{r_0}{F(r_0)}\left.\frac{\mathrm{d}F(r)}{\mathrm{d}r}\right|_{r=r_0}\end{aligned} \tag{7}$$

将(7)式代入(6)式,得

$$\beta^2=3+\frac{r_0}{F(r_0)}\left.\frac{\mathrm{d}F(r)}{\mathrm{d}r}\right|_{r=r_0} \tag{4.3.6}$$

对于稳定的圆形轨道运动,从有效势能曲线可以看出,(5)式的微分方程必须得振动解,β^2 必大于零. 由(4.3.6)式和(4.3.4″)式(注意 $F(r_0)<0$)也可得出此结论.

选择 φ 的零点,可把微分方程(5)式的解写成

$$x = A\cos\beta\varphi \tag{8}$$

如果 β 是一个有理数,即

$$\beta = \frac{m}{n}$$

m、n 均为整数,如 m、n 无公因子,则矢径转过$\frac{2\pi n}{m}$rad 时,轨道开始重复.

伯特兰定理:当由(4.3.6)式得出的 β 是一个有理数(必要条件)而且对于可能出现圆形轨道的所有距离 r_0,β 都是相同的有理数(充分条件),则半径为 r_0 的稳定圆形轨道运动受微扰后的运动是闭合的.

关于 β 都是相同的有理数这一条件再作点说明. r_0 将随 h 的改变连续变化,如 r_0 改变时,还要保持轨道是闭合的,则 β 必须保持为有理数. 可有理数不能连续变化. 如果 β 随 r_0 而变,那就不可能对所有的 h 值,β 都是有理数. 这样就不能在任何微扰后,运动轨道都是闭合的. 因此要求 β 对所有的 r_0 都是相同的有理数.

可以证明,如果势能是 r 的幂级数,只有有心力势能取 $V=-kr^{-1}$ 或 $V=kr^2$(k 是正值常量)形式时,稳定圆形轨道受任何微扰后,其有界轨道仍是闭合的.

如果 β 与 h 有关,对于 β 是有理数的哪些 h 值的稳定圆形轨道运动,则在受到 h 保持不变的微扰,轨道仍能是闭合的.

(2) 一般的有心运动轨道闭合的条件

闭合的轨道必定是有界的运动,而且必须是周期运动,它的矢径必定至少有一个极大值和一个极小值(圆形轨道是极大值等于极小值的特殊情况),圆形轨道显然是闭合的,圆形轨道的条件已单独讲过. 下面我们只讨论非圆形的闭合轨道的条件. 稳定的圆形轨道运动受扰后的运动轨道也是非圆形的,也可以用这里讲的条件判断轨道是否闭合的问题.

用轨道微分方程(4.2.4)式计算从一个矢径的极小值转到相邻的矢径的极大值幅角的增量时,在此过程中$\frac{dr}{d\varphi}$不变号,若$\frac{dr}{d\varphi}>0$,取正号(若$\frac{dr}{d\varphi}<0$,则取负号)

$$d\varphi = \frac{h}{r^2}\frac{dr}{\left[\frac{2}{m}\left(E_0 - V - \frac{mh^2}{2r^2}\right)\right]^{1/2}}$$

$$\Delta\varphi = h\int_{r_{\min}}^{r_{\max}} \frac{\mathrm{d}r}{r^2\left[\frac{2}{m}\left(E_0 - V - \frac{mh^2}{2r^2}\right)\right]^{1/2}} \tag{4.3.7}$$

从一个极小值转到相邻的另一个极小值，幅角的增量，显然是上述 $\Delta\varphi$ 的两倍.

如 $\frac{2\Delta\varphi}{2\pi}$ 为有理数，即

$$\frac{h}{\pi}\int_{r_{\min}}^{r_{\max}} \frac{\mathrm{d}r}{r^2\left[\frac{2}{m}\left(E_0 - V - \frac{mh^2}{2r^2}\right)\right]^{1/2}} = \frac{p}{q} \tag{4.3.8}$$

其中 p、q 均为整数，则运动轨道是闭合的.

如 $\frac{\mathrm{d}r}{\mathrm{d}\varphi}<0$，则(4.3.8)式左边加负号，如质点从 $r_{\min}$ 沿着 φ 增大的方向运动到 $r_{\max}$，则 p、q 均为正值，反之则有一个为负值. 不论正、负，只要都是整数. 轨道都是闭合的.

$r_{\min}$、$r_{\max}$ 可由(4.3.2)式求得. (4.3.7)式中的 $\Delta\varphi$ 还可以有别的求法，例 4.3.6 将用别的求法. 不过要判断是否闭合，必须算出 $\Delta\varphi$ 的精确值.

例 4.3.4　一个质量为 m 的质点，在有心力 $F(r)=-\frac{GMm}{r^2}$ 的作用下，作半径为 r_0 的圆周运动. 问受到一个微扰后的轨道还是否是闭合的.

解

$$F(r)=-\frac{GMm}{r^2}$$

$$\frac{\mathrm{d}F(r)}{\mathrm{d}r} = \frac{2GMm}{r^3}$$

用(4.3.6)式

$$\beta^2 = 3 + \frac{r_0}{F(r_0)}\frac{\mathrm{d}F(r)}{\mathrm{d}r}\bigg|_{r=r_0} = 1$$

$$\beta = 1$$

为有理数，且与 r_0 无关，由伯特兰定理，轨道是闭合的. 从下节所讲平方反比律的有心运动可以知道，圆形轨道运动受到微扰后为偏离圆轨道不远的椭圆轨道运动. 轨道当然应是闭合的.

*6. 轨道的进动

$r_{\min}$ 不趋于零的有界运动，除了圆形轨道、椭圆形轨道以外，大体有以下一些

类型,如图 4.3.2(a)、(b)、(c)所示.(a)图从极小值转到极大值或从极大值转到极小值的转角 $\Delta\varphi<\frac{\pi}{2}$ 的情况,(b)图是 $\frac{\pi}{2}<\Delta\varphi<\pi$ 的情况,(c)图是 $\pi<\Delta\varphi<2\pi$ 的情况.(圆形轨道是 $\Delta\varphi=0$ 的情况,椭圆形轨道是 $\Delta\varphi=\frac{\pi}{2}$ 或 π 的情况,例 4.3.2 是 $\Delta\varphi=\frac{\pi}{2}$ 的椭圆轨道的例子).每种类型又有闭合和不闭合两种情况.(b)、(c)两种类型的轨道,轨道近心点有进动,$\frac{\pi}{2}<\Delta\varphi<\pi$ 这一类,是进动方向与轨道转动方向相反的情况,$\pi<\Delta\varphi<2\pi$ 这一类是进动方向与轨道转动方向相同的情况.

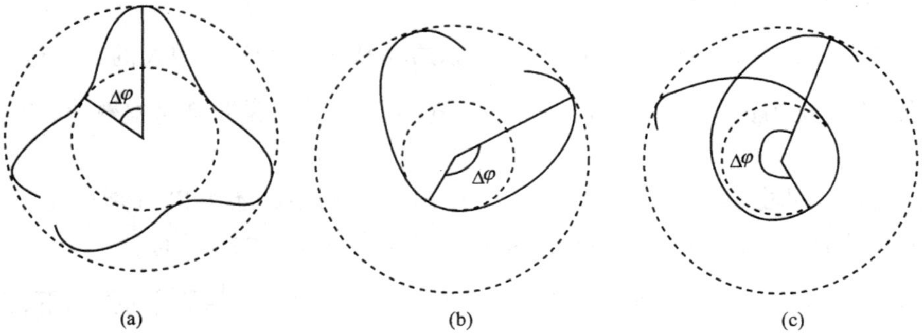

图 4.3.2

设等效的一维运动即质点在径向的运动的角频率为 ω_r,矢径方位角的变化率即轨道运动的角速度为 ω_0.在 ω_r 和 ω_0 相差不很悬殊的情况下,轨道将呈图 4.3.2(b)、(c)所示的情况.轨道近心点的进动角速度 ω_p 为

$$\omega_p=\omega_r-\omega_0 \tag{4.3.9}$$

$\omega_p>0$ 时,径向的振动比轨道转动快,进动方向与轨道转动方向相反,$\omega_p<0$ 时,进动方向则与轨道转动方向相同.

例 4.3.5　考虑一个质量为 m 的行星环绕质量为 M 的太阳运动.假定在太阳和行星周围空间均分布有密度为 ρ 的尘埃.

(i) 证明尘埃的作用是增加一个附加的有心力 $F'=-mkr$,其中 $k=\frac{4\pi}{3}\rho G$,G 为万有引力恒量,忽略任何与尘埃碰撞的阻力.

(ii) 若行星在角动量为 J 的圆轨道上运动,求轨道半径 r_0 所满足的方程.

(iii) 假定 F' 与太阳引力相比是小的,轨道稍微偏离(2)中的圆轨道,求轨道近

心点的进动角速度 ω_p，用 r_0、ρ、G、M 表示之. 说明进动角速度与轨道转动角速度同向还是反向.

解　尘埃的分布具有对太阳(视为质点)的球对称性. 由例 2.3.3 和题 2.2 可知，尘埃作用于离太阳为 r 的行星的万有引力，等于位于太阳、质量为半径为 r 的球内的尘埃质量对行星的作用力.

半径为 r 的球内尘埃的质量为

$$M' = \frac{4}{3}\pi r^3 \rho$$

尘埃对距太阳 r 处的行星的作用力

$$F' = -\frac{GM'm}{r^2} = -\frac{4}{3}\pi G\rho m r = -mkr$$

其中 $k = \frac{4\pi}{3}\rho G$.

$$F(r) = -\frac{GMm}{r^2} - mkr$$

由(4.3.2′)式，圆形轨道半径 r_0 满足的方程为

$$F(r_0) + \frac{mh^2}{r_0^3} = 0$$

即

$$-\frac{GMm}{r_0^2} - mkr_0 + \frac{J^2}{mr_0^3} = 0 \tag{1}$$

由(4.1.4)式，等效的一维运动的运动微分方程为

$$m\ddot{r} = -\frac{GMm}{r^2} - mkr + \frac{J^2}{mr^3} \tag{2}$$

轨道稍微偏离半径为 r_0 的圆轨道，将

$$r = r_0 + x$$

(x 为一级小量)代入(2)式，只保留一级小量

$$m\ddot{x} = -\frac{GMm}{r_0^2}\left(1 - \frac{2x}{r_0}\right) - mk(r_0 + x) + \frac{J^2}{mr_0^3} - \frac{3J^2}{mr_0^4}x \tag{3}$$

用(1)式，(3)式可简化为

$$m\ddot{x} = \left(\frac{2GMm}{r_0^3} - mk - \frac{3J^2}{mr_0^4}\right)x \tag{4}$$

再用(1)式消去$\frac{2GMm}{r_0^3}x$ 项,(4)式可改写为

$$m\ddot{x} = \left(-3mk - \frac{J^2}{mr_0^4}\right)x$$

这是谐振子的振动方程.其角频率为

$$\omega_r = \sqrt{\frac{J^2}{m^2 r_0^4} + 3k}$$

矢径转动的角速度(忽略一级小量)为

$$\omega_0 = \dot{\varphi} = \frac{J}{mr^2} \approx \frac{J}{mr_0^2}\left(1 - \frac{2x}{r_0}\right) \approx \frac{J}{mr_0^2}$$

由(4.3.9)式,近心点进动角速度为

$$\begin{aligned}\omega_p = \omega_r - \omega_0 &= \sqrt{\frac{J^2}{m^2 r_0^4} + 3k} - \frac{J}{mr_0^2} \\ &= \frac{J}{mr_0^2}\left(\sqrt{1 + \frac{3km^2 r_0^4}{J^2}} - 1\right) \approx \frac{3}{2}\,\frac{mkr_0^2}{J}\end{aligned} \tag{5}$$

用(1)式消去(5)式中的 J,只保留 k 的一次方项,并用 $k=\frac{4}{3}\pi\rho G$,

$$\omega_p \approx \frac{3}{2}m \cdot \frac{4}{3}\pi G\rho \cdot \frac{r_0^2}{\sqrt{GMm^2 r_0}} = 2\pi\rho r_0\sqrt{\frac{Gr_0}{M}}$$

$\omega_p > 0$ 说明进动角速度与轨道转动角速度方向相反.

例 4.3.6　一个质点在大小为$\frac{c}{r^2}e^{-kr}$(其中 k、c 为正值常量,且 k 是小量,即在质点运动过程中,$kr \ll 1$)的有心力作用下作近似的圆形轨道运动.证明:如近似的圆轨道半径为 a,每转一周,质点的矢径为极大值(或极小值)时质点与原点(力心)的连线将向前推移 πka 的角度.

证明　方法一,用比耐公式.

作近似的圆周运动,必为引力,故 $F<0$.

$$F=-\frac{c}{r^2}e^{-kr}=-cu^2e^{-\frac{k}{u}}$$

$$-mh^2u^2\left(\frac{d^2u}{d\varphi^2}+u\right)=-cu^2e^{-\frac{k}{u}} \tag{1}$$

当 $u=\frac{1}{a}$时,作近似的圆周运动,$\frac{du}{d\varphi}=0$,$\frac{d^2u}{d\varphi^2}=0$.代入(1)式,并对 $e^{-\frac{k}{u}}$ 作泰勒展开,保留一级小量,得

$$mh^2\cdot\frac{1}{a}=ce^{-ka}=c(1-ka) \tag{2}$$

将 $u=\frac{1}{a}+x$ 代入(1)式,并用(2)式,只保留一级小量,得

$$\frac{d^2x}{d\varphi^2}+\omega^2x=0 \tag{3}$$

其中 $\omega^2\approx1-ka$.在导出(3)式时又用了(2)式.

$$\omega=\sqrt{1-ka}\approx1-\frac{1}{2}ka$$

选取极轴时,使质点矢径取极大值的 φ 为零.则(3)式的解为

$$x=A\cos(\omega\varphi)$$

近似于圆形轨道,A 必为小量.

当 $\omega\Delta\varphi=2\pi$ 时,矢径的极大值再度出现,注意这里的 $\Delta\varphi$ 为(4.3.7)式中的 $\Delta\varphi$ 的两倍.这个 ω 不是ω_r,量纲也不一致.出现矢径的极大值较前一次推移的角度$(\Delta\varphi)_p$ 为

$$(\Delta\varphi)_p=\Delta\varphi-2\pi=\frac{2\pi}{\omega}-2\pi=\frac{2\pi}{1-\frac{1}{2}ka}-2\pi\approx\pi ka$$

$(\Delta\varphi)_p>0$ 说明进动角速度与轨道转动角速度同向.

方法二,引入有效势能,并用(4.3.5)式.

$$F(r)=-\frac{c}{r^2}e^{-kr}\approx-\frac{c}{r^2}(1-kr)$$

$$V(r)=-\int^r F(r)dr=-\frac{c}{r}-ck\ln r+\text{常量}$$

$$U(r)=V(r)+\frac{mh^2}{2r^2}=-\frac{c}{r}-ck\ln r+\frac{mh^2}{2r^2}+\text{常量}$$

用圆形轨道半径必须满足的条件(4.3.2′)式

$$\left.\frac{\mathrm{d}U}{\mathrm{d}r}\right|_{r=a}=0$$

得

$$ca-cka^2-mh^2=0 \tag{4}$$

用(4.3.5)式,得

$$\omega_r=\sqrt{\left.\frac{\mathrm{d}^2U}{\mathrm{d}r^2}\right|_{r=a}\Big/m}=\sqrt{\left(-\frac{2c}{a^3}+\frac{ck}{a^2}+\frac{3mh^2}{a^4}\right)\Big/m} \tag{5}$$

用(4)式消去(5)式中的 c,得

$$\omega_r=\sqrt{\frac{h^2}{a^4}-\frac{kh^2}{a^3}}=\frac{h}{a^2}\sqrt{1-ka}\approx\frac{h}{a^2}\left(1-\frac{1}{2}ka\right)$$

轨道运动的角速度

$$\omega_0=\frac{h}{a^2}$$

相继两次出现矢径极大值(或极小值)质点与力心的连线向前推移的角度为

$$(\Delta\varphi)_p\approx(\omega_0-\omega_r)\cdot\frac{2\pi}{\omega_0}\text{或}(\omega_0-\omega_r)\cdot\frac{2\pi}{\omega_r}\approx\pi ka.$$

注意:尽管 $ka\ll1$,(4)式中绝不能略去 $-cka^2$ 项,(5)式中的与 k 有关的项也不能忽略.这两项都忽略了,就把产生进动的原因全忽略了.这两项是同数量级的,忽略任何一项,都将得到错误的结果.

*7. 轨道是否通过或趋近力心的问题

若有效势能曲线如图 4.3.3 所示,质点的机械能 $E=E_0$ 的直线与有效势能曲线交于 r_1、r_2 两点,则质点的运动是有界的还是无界的,取决于初条件 $r_0\leqslant r_1$,还是$\geqslant r_2$.如 $r_0\geqslant r_2$,则作无界运动,如 $r_0\leqslant r_1$,则作有界运动.在这情况下,$r_{\max}=r_1$,$r_{\min}$是否等于零呢?从理论上讲,有心运动有角动量积分,mh 为常量.只要 $h\neq0$,就永远不可能通过力心.能否有 $r\to0$,即无限地趋近力心,要作具体分析.

由(4.1.6′)式,

$$\frac{1}{2}m\dot{r}^2 + V(r) + \frac{mh^2}{2r^2} = E_0$$

因$\frac{1}{2}m\dot{r}^2 \geqslant 0$,必须满足不等式

$$V(r) + \frac{mh^2}{2r^2} \leqslant E_0$$

或

$$2r^2V(r) + mh^2 \leqslant 2r^2E_0 \tag{4.3.10}$$

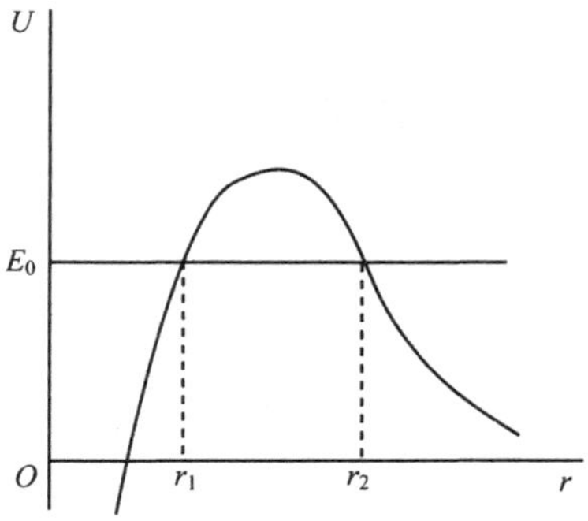

图 4.3.3

当 $h\neq 0$ 时,对于 $r=0$,(4.3.10)式的不等式不可能成立,故不可能通过力心,而 $r\to 0$,即趋于力心,只要 $V(r)\propto -\frac{1}{r^n}$,$n\geqslant 2$,有适当的初条件,不等式可以成立,因而是可能的.

对于 $h=0$ 的情况,轨道的延长线一定通过力心,轨道还未必一定通过力心,还要看势能函数、初条件的具体情况才能确定.

§4.4 平方反比律力作用下的有心运动

两质点之间的万有引力,两个点电荷间的库仑力,都是平方反比律的作用力.前者一定是吸引力,后者可以是吸引力,也可以是排斥力.用一节专讲这种规律的力,作为前面所讲理论的一个应用实例,本身又具有很大的普遍性和重要性.这种规律的有心运动的研究曾对科学技术的发展起了巨大作用.

1. 力的表达式

不论吸引力还是排斥力,我们都统一表成

$$\boldsymbol{F} = -\frac{m\alpha}{r^2}\boldsymbol{e}_r, \quad F(r) = -\frac{m\alpha}{r^2}$$

万有引力:$\alpha = GM$,G 为万有引力恒量,M 是中心体(力源)的质量.

库仑力:$\alpha = -\frac{qQ}{4\pi\varepsilon_0 m}$,$q$ 为运动质点的带电量,Q 为中心体的带电量,m 是运动质点的质量,ε_0 是真空电容率.

对于万有引力,$\alpha>0$,对于库仑力,q、Q 异号时,$\alpha>0$,q、Q 同号时,$\alpha<0$.

$\alpha>0$ 时为引力，$\alpha<0$ 时为斥力.

2. 轨道方程

用比耐公式

$$-mh^2u^2\left(\frac{\mathrm{d}^2u}{\mathrm{d}\varphi^2}+u\right)=-m\alpha u^2$$

$$\frac{\mathrm{d}^2u}{\mathrm{d}\varphi^2}+u=\frac{\alpha}{h^2}$$

令 $\xi=u-\dfrac{\alpha}{h^2}$，上式可改写为

$$\frac{\mathrm{d}^2\xi}{\mathrm{d}\varphi^2}+\xi=0$$

通过选取适当的极轴，上式的解可写成

$$\xi=A\cos\varphi$$

且使 $A>0$

$$u=\xi+\frac{\alpha}{h^2}=\frac{\alpha}{h^2}+A\cos\varphi$$

$$r=\frac{1}{u}=\frac{h^2/\alpha}{1+\dfrac{Ah^2}{\alpha}\cos\varphi} \tag{4.4.1}$$

为了与圆锥曲线方程

$$r=\frac{p}{1+e\cos\varphi}$$

或

$$r=\frac{p}{-1+e\cos\varphi}$$

相比较，式中 p、e 均为正值常量. 我们把 $\alpha>0$ 的引力情况的轨道方程写成(4.4.1)式，而把 $\alpha<0$ 的斥力情况的轨道方程写成下式：

$$r=\frac{h^2/(-\alpha)}{-1+\dfrac{Ah^2}{(-\alpha)}\cos\varphi} \tag{4.4.2}$$

可见,在平方反比律力(引力或斥力)作用下的有心运动轨道为圆锥曲线. p 称为正焦弦,e 称为偏心率,$p=\frac{h^2}{|\alpha|}$,$e=\frac{Ah^2}{|\alpha|}=Ap$.

在 $\alpha>0$ 吸引力作用下,偏心率 e 取不同值时,轨道分别为椭圆($0<e<1$)、抛物线($e=1$)和双曲线($e>1$).如图 4.4.1(a)、(b)和(c)图的左支曲线所示.在 $\alpha<0$ 排斥力作用下,必有 $e>1$(下面将看到这一点),轨道只能是双曲线.在 p 和 e 都相同(与 $\alpha>0$ 的吸引力相比),轨道如图 4.4.1(c)图的右支曲线所示.

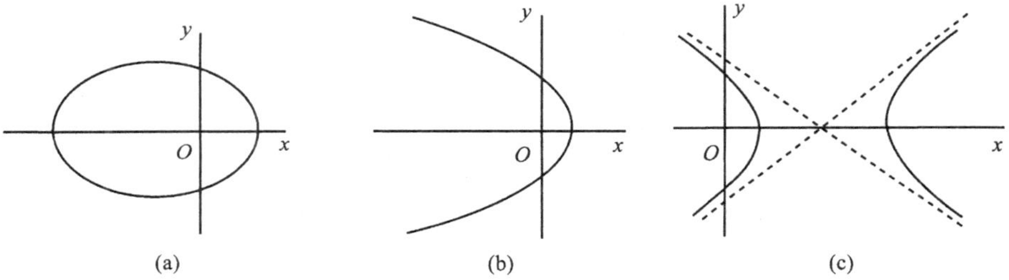

图 4.4.1

微分方程的解(4.4.1)、(4.4.2)式中的 h 和 A 是积分常数.写成圆锥曲线方程的标准形式,则式中 p 和 e 是积分常数 h 和 A 的函数,它们的值可由初条件决定.

3. 轨道参数 p、e 与运动积分常数 E、h 的关系

上面已经给出 p 与 h 的关系为

$$p=\frac{h^2}{|\alpha|} \tag{4.4.3}$$

下面我们来导出 e 与 E、h 的关系.

$\alpha>0$ 的情况

$$r=\frac{p}{1+e\cos\varphi}$$

$\varphi=0$ 处,质点处于近心点

$$r_{\min}=\frac{p}{1+e}=\frac{h^2/\alpha}{1+e}$$

$$v=\frac{h}{r_{\min}}=\frac{h}{h^2/\alpha(1+e)}=\frac{\alpha(1+e)}{h}$$

$$T = \frac{1}{2}mv^2 = \frac{1}{2}m\frac{\alpha^2(1+e)^2}{h^2}$$

取 $r=\infty$处为势能的零点，在近心点，

$$V = -\left.\frac{m\alpha}{r}\right|_{r=r_{\min}} = -\frac{m\alpha^2(1+e)}{h^2}$$

$$E = T + V = \frac{m\alpha^2(1+e)^2}{2h^2} - \frac{m\alpha^2(1+e)}{h^2}$$

上式是 $1+e$ 的一元二次代数方程，解出

$$1 + e = 1 \pm \sqrt{1 + \frac{2h^2E}{m\alpha^2}}$$

因 $e \geqslant 0$，只能取正根.

$$e = \sqrt{1 + \frac{2h^2E}{m\alpha^2}} \tag{4.4.4}$$

$\alpha<0$ 的情况，

$$r = \frac{p}{-1 + e\cos\varphi}$$

在近心点，

$$r_{\min} = \frac{p}{e-1} = -\frac{h^2}{\alpha(e-1)}$$

$$v = \frac{h}{r_{\min}} = -\frac{\alpha(e-1)}{h}$$

由上式可以看出，v 是速率，$v>0$，$\alpha<0$，只能有 $e>1$ 的一种情况.

$$T = \frac{1}{2}mv^2 = \frac{m\alpha^2(e-1)^2}{2h^2}$$

$$V = -\left.\frac{m\alpha}{r}\right|_{r=r_{\min}} = \frac{m\alpha^2(e-1)}{h^2}$$

$$E = T + V = \frac{m\alpha^2(e-1)^2}{2h^2} + \frac{m\alpha^2(e-1)}{h^2}$$

考虑到 $e>0$，也从上述代数方程解出(4.4.4)式那样的 e 与 E、h 的关系.

由(4.4.4)式可见，轨道类型完全由 E 值决定.

$E<0, 0<e<1$,轨道为椭圆,

$E=0, e=1$,轨道为抛物线,

$E>0, e>1$,轨道为双曲线.

注意,上述 E 值的范围是取无穷远为势能零点的值.

E、h 和初条件的关系是显而易见的,给出了 p、e 和 E、h 的关系,也就给出了 p、e 和初条件的关系.

椭圆轨道是有界的,抛物线和双曲线轨道都是无界的.我们也能从上节讲的轨道的分类,画出平方反比律力(引力和斥力)的有效势能曲线看出,在取无穷远为势能零点时,$E<0$,为有界运动,$E=0$ 和 $E>0$ 时为无界运动.对于斥力情况,只能有 $E>0$,也即 $e>1$ 的情况.还能看出,虽然 h 取不同值,会影响惯性离心力势能,进而影响有效势能曲线,然而轨道类型仍只取决于 E 值.

4. 轨道的直角坐标参数与运动积分常数 E、h 的关系

前面我们用极坐标来表述轨道方程,给出了轨道参数 p、e 与 E、h 的关系,现用直角坐标来表述轨道方程,也要得到它的轨道参数与 E、h 的关系.

(1) 椭圆形轨道

取力心为原点,取 x 轴,使 $\varphi=0$ 处,$r=r_{\min}$,见图 4.4.2,轨道方程为

$$\frac{(x+c)^2}{a^2}+\frac{y^2}{b^2}=1$$

有关系 $c=\sqrt{a^2-b^2}$.

只要找到 a、b、c 与 p、e 的关系,就能得到 a、b、c 与 E、h 的关系.

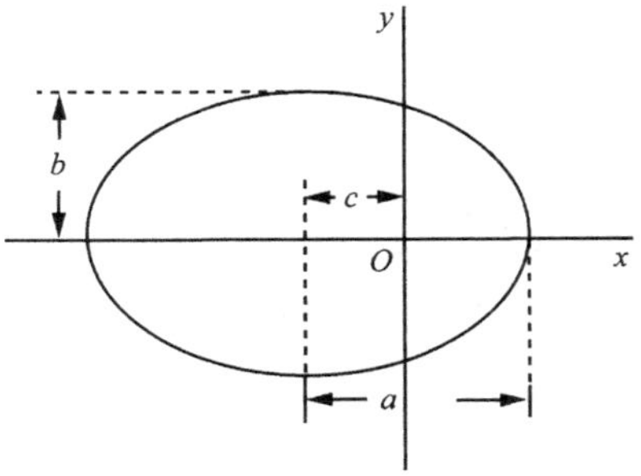

图 4.4.2

$$y^2=b^2-\frac{b^2}{a^2}(x+c)^2$$

$$r^2=x^2+y^2=\left(1-\frac{b^2}{a^2}\right)x^2-\frac{2b^2c}{a^2}x+b^2\left(1-\frac{c^2}{a^2}\right)$$

用 $c=\sqrt{a^2-b^2}$,上式可改为

$$r^2=\frac{1}{a^2}(c^2x^2-2b^2cx+b^4)=\frac{1}{a^2}(cx-b^2)^2$$

$$r = \frac{1}{a} | cx - b^2 | = \frac{1}{a}(b^2 - cx)$$

代入 $x = r\cos\varphi$,经整理后得

$$r = \frac{b^2/a}{1 + \frac{c}{a}\cos\varphi}$$

与 $r = \frac{p}{1 + e\cos\varphi}$比较,可得

$$\frac{b^2}{a} = p, \quad \frac{c}{a} = e$$

与 $c = \sqrt{a^2 - b^2}$联立,可解得

$$a = \frac{p}{1 - e^2} = -\frac{m\alpha}{2E} \tag{4.4.5}$$

$$b = \sqrt{ap} = \frac{p}{\sqrt{1 - e^2}} = h\sqrt{\frac{m}{-2E}} \tag{4.4.6}$$

$$c = ae = \frac{ep}{1 - e^2} = -\frac{m\alpha}{2E}\sqrt{1 + \frac{2h^2 E}{m\alpha^2}} \tag{4.4.7}$$

这里用了(4.4.3)、(4.4.4)式.

(4.4.5)式也可改写为

$$E = -\frac{m\alpha}{2a} \tag{4.4.8}$$

(4.4.8)式告诉我们,在平方反比引力作用下作椭圆形轨道运动的质点的机械能只与椭圆的长半轴 a 有关.

(2) 抛物线轨道

取力心为原点,取 x 轴,使 $\varphi = 0$ 处,质点的矢径 $r = r_{\min} = \frac{p}{2}$,见图 4.4.3,轨道方程为

$$y^2 = -2p\left(x - \frac{p}{2}\right)$$

上式中的 p 即 $r = \frac{p}{1 + \cos\varphi}$中的 p. $\varphi = 0$ 时,两式都给出 $r = \frac{p}{2}$, $\varphi = \frac{\pi}{2}$时,两式都

给出 $r=p$. 由后式可得 $r+r\cos\varphi=p$ 即 $r=p-x$. 由前式也可得 $r=p-x$. 证明如下: $r^2=x^2+y^2=x^2-2p\left(x-\frac{p}{2}\right)=x^2-2px+p^2=(x-p)^2$, $r=|x-p|=p-x$. 可见两式是完全等价的,两式中的 p 也相同.

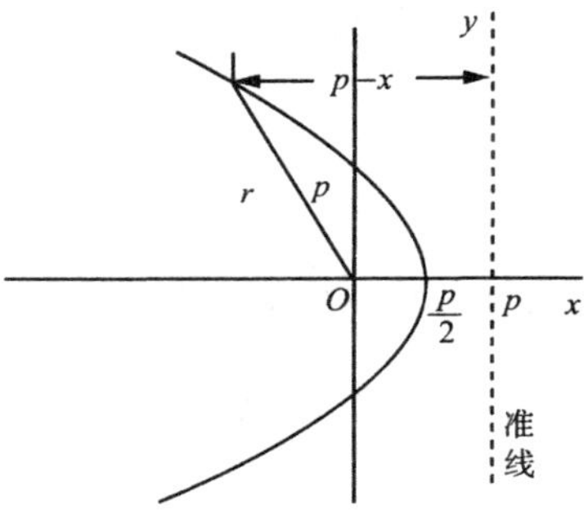

图 4.4.3

(4.4.3)式已给出

$$p=\frac{h^2}{|\alpha|}$$

考虑到抛物线轨道由平方反比引力引起, $\alpha>0$, 也可写成 $p=\dfrac{h^2}{\alpha}$.

(3) 双曲线轨道

以左支曲线的焦点(力心)为坐标系原点,取 x 轴使 $\varphi=0$ 处, $r=r_{\min}$, 则双曲线方程为

$$\frac{(x-c)^2}{a^2}-\frac{y^2}{b^2}=1$$

若以两支曲线的对称点 O' 为原点,取图 4.4.4 中的 x、y' 轴,则方程为

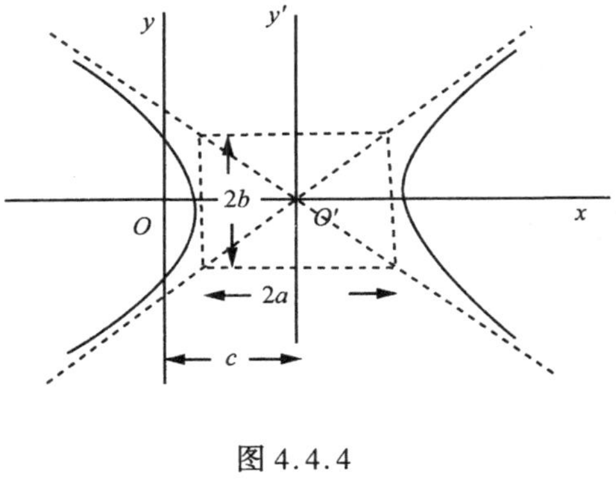

图 4.4.4

$$\frac{x^2}{a^2}-\frac{y_1^2}{b^2}=1$$

a 为实半轴, b 为虚半轴. $c=\sqrt{a^2+b^2}$.

$\pm\dfrac{b}{a}$是两支曲线的渐近线的斜率. 证明如下：

$$\frac{y'^2}{x^2-a^2}=\frac{b^2}{a^2}.$$

当 $x\to\pm\infty$时，$\dfrac{y'}{x}\to\pm\dfrac{b}{a}$.

现由双曲线的直角坐标表达式化为极坐标表达式.

$$y^2=\frac{b^2}{a^2}(x-c)^2-b^2$$

$$r^2=x^2+y^2=x^2+\frac{b^2}{a^2}(x-c)^2-b^2$$

$$=\left(1+\frac{b^2}{a^2}\right)x^2-2\frac{b^2c}{a^2}x+\frac{b^2(c^2-a^2)}{a^2}$$

$$=\frac{1}{a^2}(c^2x^2-2b^2cx+b^4)=\frac{1}{a^2}(cx-b^2)^2$$

$$=\frac{c^2}{a^2}\left(x-\frac{b^2}{c}\right)^2$$

$$r=\frac{c}{a}\left(\frac{b^2}{c}-x\right)$$

及

$$r=\frac{c}{a}\left(x-\frac{b^2}{c}\right)$$

用 $x=r\cos\varphi$ 代入上述两式，经整理后得

$$r=\frac{b^2/a}{1+\frac{c}{a}\cos\varphi}$$

及

$$r=\frac{b^2/a}{-1+\frac{c}{a}\cos\varphi}$$

分别与 $r=\dfrac{p}{1+e\cos\varphi}$及 $r=\dfrac{p}{-1+e\cos\varphi}$比较，即得

$$\frac{b^2}{a}=p,\quad \frac{c}{a}=e$$

与 $c=\sqrt{a^2+b^2}$ 联立,可解得

$$a=\frac{p}{e^2-1}=\frac{m\mid\alpha\mid}{2E} \tag{4.4.9}$$

$$b=\sqrt{ap}=h\sqrt{\frac{m}{2E}} \tag{4.4.10}$$

$$c=ae=\frac{m\mid\alpha\mid}{2E}\sqrt{1+\frac{2h^2E}{m\alpha^2}} \tag{4.4.11}$$

由(4.4.9)、(4.4.10)式可见,不论平方反比律引力还是斥力,轨道为双曲线时,E 必大于零.

改写(4.4.9)式

$$E=\frac{m\mid\alpha\mid}{2a} \tag{4.4.12}$$

质点的机械能也只与 a 有关.

将(4.4.9)～(4.4.11)式与(4.4.5)～(4.4.7)式对照可发现椭圆轨道参量和双曲线轨道参量两组 a、b、c 有十分相似的关系.

例 4.4.1 一宇宙飞船被发射到围绕太阳的一个椭圆轨道上,近日点在地球绕太阳的轨道上,远日点在火星绕太阳的轨道上.不考虑地球和火星对飞船的引力作用.设地球和火星都绕太阳作圆周运动,轨道半径分别为 R_1、$R_2=1.5R_1$.求

(i) 宇宙飞船的轨道方程;

(ii) 先证明开普勒第三定律,然后用开普勒第三定律计算按上述轨道从地球到达火星所用的时间;

(iii) 为了最节省燃料,从地球上应向什么方向发射?

解 (i)取图 4.4.5 中的 x 轴为极轴,飞船的椭圆轨道方程有下列形式:

$$r=\frac{p}{1+e\cos\varphi}$$

由 $\varphi=0, r=R_1$ 及 $\varphi=\pi, r=1.5R_1$ 得

$$R_1=\frac{p}{1+e}$$

$$1.5R_1=\frac{p}{1-e}$$

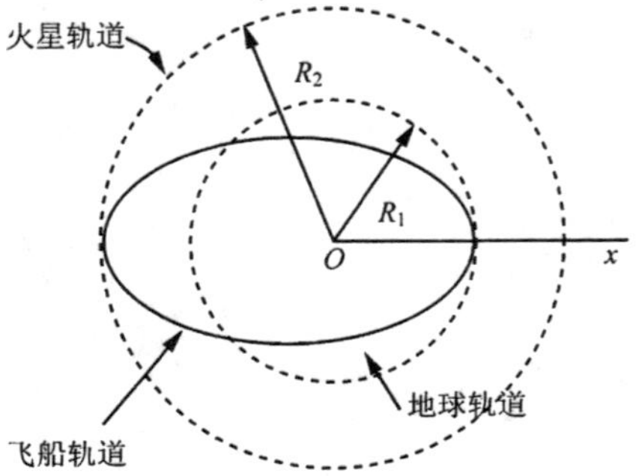

图 4.4.5

解得

$$e = 0.2, \quad p = 1.2R_1$$

故飞船的方程为

$$r = \frac{1.2R_1}{1 + 0.2\cos\varphi}$$

(ii) 用有心运动有角动量积分，面积速度不变，$\frac{d\sigma}{dt} = \frac{1}{2}h$，椭圆轨道的面积为 πab，行星绕太阳运行的周期为

$$T = \frac{\pi ab}{\frac{d\sigma}{dt}} = \frac{2\pi ab}{h}$$

用(4.4.6)、(4.4.8)式，可将上式改为

$$T = \frac{2\pi}{\alpha^{1/2}} a^{3/2}$$

$$\frac{T^2}{a^3} = \frac{4\pi^2}{\alpha} = \frac{4\pi^2}{GM} = \text{常量}$$

行星公转周期的平方和轨道的长半轴的立方成正比，这就证明了开普勒第三定律.

宇宙飞船和行星一样，仅在太阳的引力作用下绕太阳运转，也遵从开普勒第三定律.将它与地球运行周期相比.脚标 s、e 分别表示宇宙飞船和地球.例如 T_s、a_s 分别表示宇宙飞船的公转周期和轨道的长半轴

$$\frac{T_s^2}{a_s^3} = \frac{T_e^2}{R_1^3}$$

其中 $a_s = \frac{1}{2}(r_{\min} + r_{\max}) = \frac{1}{2}(R_1 + 1.5R_1) = 1.25R_1$

$$T_s = \left(\frac{a_s}{R_1}\right)^{3/2} T_e = (1.25)^{3/2} T_e = 1.40\ \text{年}$$

其中用了地球公转周期 $T_e = 1$ 年.

因此宇宙飞船沿此轨道从地球航行至火星需时 $\frac{1}{2}T_s = 0.70$ 年.

(iii) 为节省燃料，飞船应沿地球公转轨道的切线方向发射，且在地球赤道上

一点在自转速度与公转速度一致的时刻发射.

例 4.4.2　从地球飞往火星的宇宙飞船如沿直线航行,与上例所述发射方式,哪种方式比较节省燃料,哪条路线先到达火星(不考虑地球自转的影响)?

解　以太阳为参考系,设直线航行刚能到达火星,到达时 $v=0$. 由机械能守恒

$$\frac{1}{2}mv_0^2-\frac{GMm}{R_1}=-\frac{GMm}{1.5R_1}$$

$$v_0^2=\frac{2GM}{R_1}\left(1-\frac{2}{3}\right)=\frac{2GM}{3R_1}$$

v_0 是出发时宇宙飞船相对于太阳的速度. 设 v'_0 是相对于地球的发射速度,地球相对于太阳的公转速度为 $v_e=\sqrt{\dfrac{GM}{R_1}}$.

要使飞船沿直线飞行,$\boldsymbol{v}_0$、$\boldsymbol{v}_e$、$\boldsymbol{v}'_0$ 这三个速度的方向必须如图 4.4.6 所示.

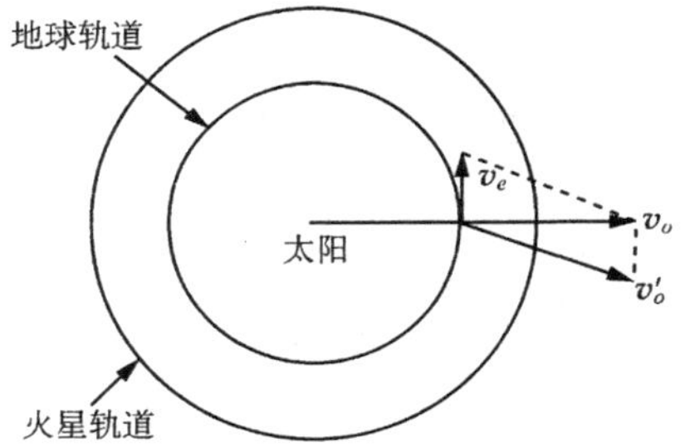

图 4.4.6

$$v'_0=\sqrt{v_0^2+v_e^2}=\sqrt{\frac{5GM}{3R_1}}$$

$$=1.29\sqrt{\frac{GM}{R_1}}$$

按上例的发射方式,由(4.4.3)式,并用上例得到的

$$p=1.2R_1,\quad h=\sqrt{GMp}=\sqrt{\frac{6}{5}GMR_1}$$

$$v_0=\frac{h}{R_1^2}=\sqrt{\frac{6GM}{5R_1}}$$

按上例所述节省燃料的发射方式.

$$v'_0=v_0-v_e=\sqrt{\frac{6GM}{5R_1}}-\sqrt{\frac{GM}{R_1}}=0.095\sqrt{\frac{GM}{R_1}}$$

可见还是上例的发射方式较节省燃料.

现计算按本例方式发射到达火星所需时间. 由机械能守恒.

$$\frac{1}{2}m\dot{r}^2-\frac{GMm}{r}=\frac{1}{2}mv_0^2-\frac{GMm}{R_1}$$

$$t=\int_{R_1}^{\frac{3}{2}R_1}\frac{\mathrm{d}r}{\sqrt{v_1^2-\frac{2GM}{R_1}+\frac{2GM}{r}}}=\int_{R_1}^{\frac{3}{2}R_1}\frac{\sqrt{r}\,\mathrm{d}r}{\sqrt{2GM+\left(v_0^2-\frac{2GM}{R_1}\right)r}}$$

用积分公式

$$\int\frac{\sqrt{v}\,\mathrm{d}x}{\sqrt{u}}=\frac{1}{b}\sqrt{uv}-\frac{k}{2b}\int\frac{\mathrm{d}x}{\sqrt{uv}}$$

$$\int\frac{\mathrm{d}x}{\sqrt{uv}}=\frac{1}{\sqrt{-bb'}}\arcsin\left(\frac{2bb'x+a'b+ab'}{k}\right)$$

其中 $u=a+bx$，$v=a'+b'x$，$k=ab'-a'b$.

令 $a=2GM$，$b=v_0^2-\frac{2GM}{R_1}$，$a'=0$，$b'=1$，$k=2GM$.

$$t=\frac{1}{v_0^2-\frac{2GM}{R_1}}\sqrt{r\left[2GM+\left(v_0^2-\frac{2GM}{R_1}\right)r\right]}\Bigg|_{r=R_1}^{r=\frac{3}{2}R_1}$$

$$-\frac{GM}{v_0^2-\frac{2GM}{R_1}}\frac{1}{\sqrt{\frac{2GM}{R_1}-v_0^2}}\arcsin\left[\frac{2\left(v_0^2-\frac{2GM}{R_1}\right)r+2GM}{2GM}\right]\Bigg|_{r=R_1}^{r=\frac{3}{2}R_1}$$

经计算，可得

$$t=-\frac{v_0R_1^2}{v_0^2R_1-2GM}+\frac{GMR_1^{3/2}}{(2GM-v_0^2R_1)^{3/2}}\left[\arcsin\left(\frac{3R_1v_0^2-4GM}{2GM}\right)\right.$$

$$\left.-\arcsin\left(\frac{R_1v_0^2-GM}{GM}\right)\right]$$

其中 $v_0=\sqrt{\frac{2GM}{3R_1}}$.

代入 $R_1=1.50\times10^{11}\,\mathrm{m}$，$G=6.67\times10^{-11}\,\mathrm{N\cdot m^2kg^{-2}}$，$M=1.99\times10^{30}\,\mathrm{kg}$，得

$$t=3.02\times10^6\,\mathrm{s}=0.096\ 年.$$

与上例相比本例的路线到达火星所需的时间较短.

5. 开普勒行星运动定律

开普勒行星运动定律包含三条定律，其内容如下：

(1) 每个行星都围绕太阳作以太阳为焦点的椭圆运动.这条定律可称为轨道定律.

(2) 由太阳到行星的矢径在相等的时间内扫过相等的面积.这条定律可称为面积定律.

(3) 行星绕太阳运动的周期的平方与该行星的椭圆轨道的半长轴的立方之比为常量(对各行星而言).这条定律可称为周期定律.

第二条定律,我们在§4.1有心运动的共同特点中已经讲过.只要是有心力作用下的运动就有这一规律,并不是平方反比律力作用下的有心运动特有的规律.

第一条定律,在本节求平方反比律力作用下的有心运动的轨道时,也已证明了在总能量(包括动能和万有引力势能,势能零点取在离太阳无穷远处)小于零时,轨道为椭圆.各行星的总能量都是小于零的.

只有第三条定律尚待证明.证明如下:用面积速度不变[(4.1.3)式]及椭圆面积为πab,其中a、b分别是椭圆的半长轴和半短轴.

$$\frac{\mathrm{d}A}{\mathrm{d}t} = \frac{1}{2}r^2\dot{\theta} = \frac{1}{2}h$$

对上式从t_0至t_0+T(T为运动周期)积分

$$\pi ab = \frac{1}{2}hT$$

$$\frac{T^2}{a^3} = \frac{4\pi^2 a^2 b^2}{a^3} = \frac{4\pi^2 b^2}{a}$$

a、b是轨道参数,对不同的行星,a、b各不相同,要证明上式右边对各行星都是一样的常量.证明如下:

用上段导出的$\frac{b^2}{a}=p$及(4.4.3)式,注意$\alpha=GM$.G是万有引力常数,M是太阳的质量.可得$\frac{T^2}{a^3}=\frac{4\pi^2}{GM}$,与行星的性质、行星的轨道参数无关.这就证明了第三条定律.

需要指出的是,上述三条定律的证明都是把太阳视为惯性系的.实际上太阳不是精确的惯性系,用§8.6讲的两体问题,仍以太阳为参考系,可以证明,第一、第二两条定律仍是对的,而第三条定律应改为

$$\frac{T^2}{a^3} = \frac{4\pi^2}{G(M+m)}$$

等式右边与行星的质量m有关,第三条定律不是严格成立的,但行星的质量比太

阳的质量小得多,最大的行星木星的质量比太阳的千分之一还小一点,因此第三条定律仍能近似成立.

还必须指出,开普勒行星运动定律的发现是在牛顿发现万有引力定律以前,是开普勒的老师丹麦天文学家第谷·布拉赫连续进行了 20 年的观测,开普勒又花了近二十年的时间对观测得到的数据进行分析后提出来的.现在用牛顿运动第二定律及万有引力定律证明行星运动三条定律是轻而易举的.可在历史的进程上正好相反.先有行星运动定律,牛顿在这基础上发现不仅天体之间、而且地球上一切物体之间都互相吸引,遵从万有引力定律.由此可见,开普勒及其老师第谷付出的巨大劳动不仅对天文学做出了重大贡献,而且对力学以至整个物理学做出的贡献是不可抹煞的.

* §4.5 拉普拉斯-龙格-楞次矢量

对于平方反比律力作用下的有心运动,还存在另一个守恒矢量,它就是拉普拉斯-龙格-楞次矢量.

1. 拉普拉斯-龙格-楞次矢量

有心力作用下的运动微分方程可写为

$$\dot{\boldsymbol{P}} = F(r)\frac{\boldsymbol{r}}{r}$$

两边叉乘对力心的角动量,

$$\begin{aligned}\dot{\boldsymbol{P}} \times \boldsymbol{J} &= F(r)\frac{\boldsymbol{r}}{r} \times (\boldsymbol{r} \times m\dot{\boldsymbol{r}}) \\ &= \frac{mF(r)}{r}[(\boldsymbol{r}\cdot\dot{\boldsymbol{r}})\boldsymbol{r} - r^2\dot{\boldsymbol{r}}]\end{aligned}$$

$$\boldsymbol{r}\cdot\dot{\boldsymbol{r}} = \frac{1}{2}\frac{\mathrm{d}}{\mathrm{d}t}(\boldsymbol{r}\cdot\boldsymbol{r}) = \frac{1}{2}\frac{\mathrm{d}r^2}{\mathrm{d}t} = r\dot{r}$$

因角动量是守恒量,$\dot{\boldsymbol{J}} = 0$,

$$\frac{\mathrm{d}}{\mathrm{d}t}(\boldsymbol{P}\times\boldsymbol{J}) = \dot{\boldsymbol{P}}\times\boldsymbol{J} = \frac{mF(r)}{r}(r\dot{r}\boldsymbol{r} - r^2\dot{\boldsymbol{r}})$$

对平方反比律的有心力,

$$F(r) = -\frac{m\alpha}{r^2}$$

$$\frac{\mathrm{d}}{\mathrm{d}t}(\boldsymbol{P}\times\boldsymbol{J}) = m^2\alpha\left(\frac{\dot{\boldsymbol{r}}}{r} - \frac{\dot{r}}{r^2}\boldsymbol{r}\right) = m^2\alpha\frac{\mathrm{d}}{\mathrm{d}t}\left(\frac{\boldsymbol{r}}{r}\right)$$

$$\frac{\mathrm{d}}{\mathrm{d}t}\left(\boldsymbol{P}\times\boldsymbol{J} - m^2\alpha\frac{\boldsymbol{r}}{r}\right) = 0$$

可见,对于平方反比律有心力作用下的运动,

$$\boldsymbol{A} = \boldsymbol{P}\times\boldsymbol{J} - m^2\alpha\frac{\boldsymbol{r}}{r} = \text{恒矢量} \tag{4.5.1}$$

$\boldsymbol{A}$ 为一守恒量,这个 $\boldsymbol{A}$ 就是拉普拉斯-龙格-楞次矢量.

对于一个二维运动,只能有四个独立的运动常数.因 $\boldsymbol{J}$ 的定义 $\boldsymbol{J}=\boldsymbol{r}\times m\boldsymbol{v}$,$\boldsymbol{J}$ 不在运动平面内,是个三维矢量.考虑 $\boldsymbol{J}$ 这个运动积分,对此二维运动,仍需看做一般的三维运动.三维运动只能有六个独立的运动常数.今有 $\boldsymbol{J}$、E、$\boldsymbol{A}$ 三个运动积分,给出了七个运动常数.显然,它们不可能是相互独立的.不难看出

$$\boldsymbol{A}\cdot\boldsymbol{J} = 0$$

(因为 $\boldsymbol{J}\perp\boldsymbol{P}\times\boldsymbol{J}$,$\boldsymbol{J}=\boldsymbol{r}\times\boldsymbol{P}$,$\boldsymbol{J}\perp\boldsymbol{r}$)说明 $\boldsymbol{A}$、$\boldsymbol{J}$ 两个运动积分中的六个运动常数要满足一个关系,只有五个是独立的.

三个运动积分已复盖了全部六个独立的运动常数,用它们求解平方反比律力作用下的有心运动是十分有利的.

2. 用拉普拉斯-龙格-楞次矢量推导平方反比律力作用下的有心运动的轨道方程

用拉普拉斯-龙格-楞次矢量推导轨道方程特别方便,轨道方程参数 p 和 e 与初条件的关系也和轨道方程同时获得.

将位矢 $\boldsymbol{r}$ 点乘拉普拉斯-龙格-楞次矢量,得

$$\begin{aligned}\boldsymbol{r}\cdot\boldsymbol{A} &= \boldsymbol{r}\cdot(\boldsymbol{P}\times\boldsymbol{J}) - m^2\alpha\frac{\boldsymbol{r}\cdot\boldsymbol{r}}{r}\\ &= \boldsymbol{J}\cdot(\boldsymbol{r}\times\boldsymbol{P}) - m^2\alpha r\\ &= \boldsymbol{J}\cdot\boldsymbol{J} - m^2\alpha r = m^2h^2 - m^2\alpha r\end{aligned} \tag{1}$$

由 $\boldsymbol{A}$ 的定义或 $\boldsymbol{A}\cdot\boldsymbol{J}=0$ 可知,$\boldsymbol{A}\perp\boldsymbol{J}$,$\boldsymbol{A}$ 是躺在质点运动平面上的一个矢量.在平方反比有心力情况下,$\boldsymbol{A}$ 是恒矢量,我们把它取为极轴,则

$$\boldsymbol{r}\cdot\boldsymbol{A} = Ar\cos\varphi \tag{2}$$

联立(1)、(2)两式得

$$r = \frac{m^2 h^2}{m^2 \alpha + A\cos\varphi} = \frac{h^2/\alpha}{1 + \dfrac{A}{m^2 \alpha}\cos\varphi} \qquad (\alpha > 0) \qquad (4.5.2)$$

或

$$r = \frac{h^2/(-\alpha)}{-1 + \dfrac{A}{m^2(-\alpha)}\cos\varphi} \qquad (\alpha < 0) \qquad (4.5.2')$$

(4.5.2.)、(4.5.2′)式已是轨道方程,已经写成了 $r = \dfrac{p}{1 + e\cos\varphi}$ 或 $r = \dfrac{p}{-1 + e\cos\varphi}$ 标准形式. 其中 p、e 均大于零,分别为正焦弦和偏心率

$$p = \frac{h^2}{|\alpha|} \qquad (4.5.3)$$

$$e = \frac{A}{m^2 |\alpha|} \qquad (4.5.4)$$

已把轨道参数 p、e 和运动常数 A、h 或初条件联系起来了. 注意这里的 A 是拉普拉斯-龙格-楞次矢量的大小,不是(4.4.1)式中的 A.

要得到(4.4.4)式,将 e 与 E、h 联系起来,作以下推导:

$$A^2 = \boldsymbol{A} \cdot \boldsymbol{A} = \left(\boldsymbol{P} \times \boldsymbol{J} - m^2 \alpha \frac{\boldsymbol{r}}{r}\right) \cdot \left(\boldsymbol{P} \times \boldsymbol{J} - m^2 \alpha \frac{\boldsymbol{r}}{r}\right)$$

$$= (\boldsymbol{P} \times \boldsymbol{J}) \cdot (\boldsymbol{P} \times \boldsymbol{J}) + m^4 \alpha^2 - 2m^2 \alpha \frac{\boldsymbol{r}}{r} \cdot (\boldsymbol{P} \times \boldsymbol{J})$$

$$(\boldsymbol{P} \times \boldsymbol{J}) \cdot (\boldsymbol{P} \times \boldsymbol{J}) = \boldsymbol{P} \cdot [\boldsymbol{J} \times (\boldsymbol{P} \times \boldsymbol{J})]$$

$$= \boldsymbol{P} \cdot [J^2 \boldsymbol{P} - \boldsymbol{J}(\boldsymbol{P} \cdot \boldsymbol{J})] = P^2 J^2$$

$$\boldsymbol{r} \cdot (\boldsymbol{P} \times \boldsymbol{J}) = \boldsymbol{J} \cdot (\boldsymbol{r} \times \boldsymbol{P}) = J^2$$

$$A^2 = P^2 J^2 + m^4 \alpha^2 - \frac{2m^2 \alpha J^2}{r}$$

$$= m^4 \alpha^2 + J^2 \left(P^2 - \frac{2m^2 \alpha}{r}\right)$$

$$= m^4 \alpha^2 + m^4 h^2 \left(v^2 - \frac{2\alpha}{r}\right)$$

$$= m^4 \alpha^2 + 2m^3 h^2 \left(\frac{1}{2} m v^2 - \frac{m\alpha}{r}\right) = m^4 \alpha^2 + 2m^3 h^2 E$$

$$A = m^2 \mid \alpha \mid \left(1 + \frac{2h^2 E}{m\alpha^2}\right)^{1/2}$$

将上式代入(4.5.4)式,即得(4.4.4)式.

§4.6 有心力场中的散射

有心运动使人们发生兴趣有两个原因.一个是天文学上研究行星的运动,另一个是对原子结构的探索,涉及到有心力场中的散射问题.当然,如果质点是原子尺度上的粒子,量子效应是明显的,用经典力学去处理,往往不正确.但在探索原子内部结构的问题上,用经典力学的方法去处理 α 粒子的散射实验,导致原子核模型的建立,在近代物理发展史上具有重大意义.

有心力场中的散射是讨论质点在有心力作用下其速度发生改变的问题.在任何力的作用下,根据牛顿运动第二定律,质点有加速度,速度当然要发生改变.有心力场中的散射不是讨论有界的有心运动中速度如何改变的问题,而是讨论无界的有心运动,在有心力场作用下速度方向最终发生多大改变的问题.说得更明确些,在无穷远处,有心力为零或趋于零,质点从无穷远处以初速度入射,进入有心力场后,在有心力作用下,速度不断改变或突然改变,最终以末速度出射,回到无穷远处.根据机械能守恒,速度大小最终没有变化,只是方向发生了改变,出射方向相对于入射方向偏转的角度为散射角.作用于质点的有心力可以是有限大小的,但持续一段时间,也可以是无限大的但持续时间极短,例如质点在刚球面上发生弹性碰撞就是这样的散射.有心力场通常是已知的,讨论粒子的散射角与其初始条件的关系,也有有心力场是未知的,由分析散射实验测得的结果来获取有心力场的信息.探索原子内部结构的 α 粒子散射实验就是这种情况.

1. 散射截面和微分散射截面

除了上述的散射角以外,描述散射的物理量还有散射截面和微分散射截面,这两个量是比较容易由实验测定的.

(1) 散射截面

设力心位于笛卡儿坐标的原点,粒子以速度 v 沿 z 轴正方向入射,入射粒子的 x、y 坐标初始值位于图 4.6.1 的以 O 为中心某一半径的圆内的在有心力场作用下将发生散射,在这圆外的不发生散射,保持原来的速度方向不变,则这个圆的面积被定义为总散射截面(简称散射截面).它是入射粒子速率的函数,标以 $\sigma(v)$.

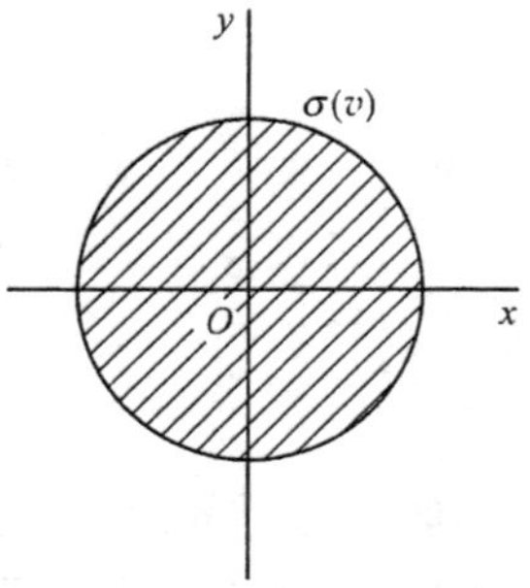

图 4.6.1

因为入射粒子具有机械能量 $E(E=\frac{1}{2}mv^2)$，这个散射截面也可以标以 $\sigma(E)$. 对于给定速率或给定能量的散射截面是可以用实验测定的. 将一均匀的具有速率 v 或机械能 E 的粒子束入射于有心力场，粒子束的横截面积(垂直于粒子束的面积) A 要足够大，即要大于 $\sigma(v)$ 或 $\sigma(E)$，若测出粒子束中被散射的粒子占的分数为 F，则

$$\sigma(v) \text{ 或 } \sigma(E) = FA \tag{4.6.1}$$

(2) 微分散射截面

我们用极坐标 ρ、φ 来表述入射粒子(沿 z 轴正方向入射)在其横截面积(xy 平面)上的初始位置，用球坐标 θ、φ 来表述出射粒子的速度方向，如图 4.6.2 所示.(此图是对斥力的情况画的，引力也可能产生散射，出射方向同样可用 θ、φ 来表述)，参数 ρ 被称为瞄准距离或碰撞参数. 对于给定的有心力场和给定的入射速率 v 或机械能 E 的入射粒子，粒子出射方向(θ、φ)和粒子的入射位置(ρ、φ)有确定的函数关系(两个 φ 是相同的，因此我们也可以说 θ 和 ρ 有确定的函数关系). 在入射粒子束的横截面积 $A>\sigma(v)$ 或 $\sigma(E)$ 的情况下，单位时间内，在(θ、φ)附近单位立体角内出射的粒子数与入射强度即单位时间内通过垂直于射束的单位面积的粒子数成正比

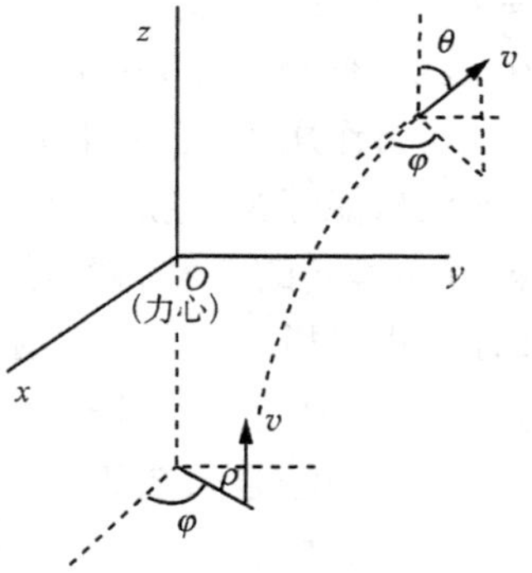

图 4.6.2

微分散射截面可定义如下：

在 $\theta\sim\theta+\mathrm{d}\theta$、$\varphi=0\sim2\pi$ 的立体角 $\mathrm{d}\Omega(\theta)$ 内散射的微分散射截面，

$$\mathrm{d}\sigma(v,\theta)=\frac{\text{单位时间内散射到 }\theta\sim\theta+\mathrm{d}\theta\text{、}\varphi=0\sim2\pi\text{ 立体角 }\mathrm{d}\Omega(\theta)\text{ 内的粒子数}}{\text{入射强度}} \tag{4.6.2}$$

它是入射粒子速率 v 的函数，也可写成机械能 E 的函数 $\mathrm{d}\sigma(E,\theta)$. $\mathrm{d}\Omega(\theta)=2\pi\sin\theta\mathrm{d}\theta$.

也可以用另一种微分散射截面的定义，将上述 $\mathrm{d}\sigma(v,\theta)$ 表成

$$d\sigma(v,\theta) = 2\pi\sigma(v,\theta)\sin\theta d\theta$$

或

$$d\sigma(E,\theta) = 2\pi\sigma(E,\theta)\sin\theta d\theta \tag{4.6.3}$$

把 $\sigma(v,\theta)$或 $\sigma(E,\theta)$称为微分散射截面,其物理意义为

$$\sigma(v,\theta) \text{ 或 } \sigma(E,\theta) = \frac{\text{单位时间内散射到 } \theta \text{ 附近单位立体角内的粒子数}}{\text{入射强度}} \tag{4.6.4}$$

$\sigma(v,\theta)$或 $\sigma(E,\theta)$可以实验测定,如实验测得散射到 $\theta\sim\theta+d\theta$、$\varphi=0\sim2\pi$ 的立体角 $d\Omega(\theta)$内的粒子数占入射粒子数的分数 $dF(v,\theta)$或 $dF(E,\theta)$,则

$$d\sigma(v,\theta) = AdF(v,\theta)$$

或

$$d\sigma(E,\theta) = AdF(E,\theta) \tag{4.6.5}$$

$$\sigma(v,\theta) = \frac{AdF(v,\theta)}{2\pi\sin\theta d\theta}$$

或

$$\sigma(E,\theta) = \frac{AdF(E,\theta)}{2\pi\sin\theta d\theta} \tag{4.6.6}$$

(3) 散射截面和微分散射截面的关系

$$\sigma(v) = \int_0^{\theta_{max}} 2\pi\sigma(v,\theta)\sin\theta d\theta$$

或

$$\sigma(E) = \int_0^{\theta_{max}} 2\pi\sigma(E,\theta)\sin\theta d\theta \tag{4.6.7}$$

积分上限也可以写成 π,当 $\theta>\theta_{max}$时,有 $\sigma(v,\theta)$或 $\sigma(E,\theta)=0$.

(4) 微分散射截面与瞄准距离的关系

由(4.6.4)式,单位时间散射到 $\theta\sim\theta+d\theta$、$\varphi=0\sim2\pi$ 立体角 $d\Omega(\theta)$内的粒子数为

$$dN(v,\theta) = I\sigma(v,\theta)\cdot 2\pi\sin\theta d\theta \tag{1}$$

其中 I 是入射强度.

这些粒子来自通过散射截面中半径为 $\rho \sim \rho + \mathrm{d}\rho$ 的圆环中的粒子,

$$\mathrm{d}N(v,\theta) = I \cdot 2\pi\rho\mathrm{d}\rho \tag{2}$$

前面已说过,粒子入射时的瞄准距离 ρ 与出射速度的方向 θ 间有一确定的函数关系(函数形式取决于有心力场),

$$\rho = \rho(\theta)$$

$$\mathrm{d}\rho = \frac{\mathrm{d}\rho}{\mathrm{d}\theta}\mathrm{d}\theta \tag{3}$$

注意 ρ 常常是 θ 的单调递减函数,$\frac{\mathrm{d}\rho}{\mathrm{d}\theta}<0$. 在(3)式中 $\mathrm{d}\rho$ 与 $\mathrm{d}\theta$ 异号,而在(1)、(2)式中的 $\mathrm{d}\theta$ 和 $\mathrm{d}\rho$ 均大于零. 将(3)式代入(2)式时,为使代入后的 $\mathrm{d}\theta$ 仍大于零以便和(1)式相比较,(3)式代入(2)式后的式子应写成

$$\mathrm{d}N(v,\theta) = I \cdot 2\pi\rho\left|\frac{\mathrm{d}\rho}{\mathrm{d}\theta}\right|\mathrm{d}\theta \tag{4}$$

比较(1)、(4)式即得

$$\sigma(v,\theta) = \frac{\rho}{\sin\theta}\left|\frac{\mathrm{d}\rho}{\mathrm{d}\theta}\right| \tag{4.6.8}$$

2. 散射角和有心力势能的关系,散射角与瞄准距离的关系

设有心力势能为 $V(r)$,在无穷远处,有心力趋于零,势能也取无穷远为零势能点,并取力心至质点轨道的近心点的连线为极轴. 如散射粒子的出射方向与极轴的夹角为 β,则散射角

$$\theta = |\pi - 2\beta| \tag{4.6.9}$$

如有心力是斥力,$\beta<\frac{\pi}{2}$,$\theta=\pi-2\beta$,如有心力是引力,$\beta>\frac{\pi}{2}$,$\theta=2\beta-\pi$.

由(4.2.5)式

$$\beta = \int_{r_{\min}}^{\infty} \frac{h\mathrm{d}r}{r^2\left[\frac{2}{m}\left(E_0 - V(r) - \frac{mh^2}{2r^2}\right)\right]^{1/2}}$$

若入射粒子的速率为 v,瞄准距离为 ρ,则

$$h = \rho v$$

$$E_0 = \frac{1}{2}mv^2$$

$$\beta = \int_{r_{\min}}^{\infty} \frac{\rho \mathrm{d}r}{r^2\left[1 - \dfrac{V(r)}{E_0} - \dfrac{\rho^2}{r^2}\right]^{1/2}}$$

令 $u=\dfrac{1}{r}$，上式改写为

$$\beta = \int_{0}^{u_{\max}} \frac{\rho \mathrm{d}u}{\left[1 - \dfrac{V\left(\dfrac{1}{u}\right)}{E_0} - \rho^2 u^2\right]^{1/2}}$$

$u=u_{\max}$处，$\dfrac{\mathrm{d}r}{\mathrm{d}\varphi}=0$，由(4.3.2)式，$u_{\max}$满足

$$E_0 - V\left(\frac{1}{u}\right) - \frac{1}{2}m\rho^2 v^2 u^2 = 0$$

代入 $E_0=\dfrac{1}{2}mv^2$，上式可化为

$$1 - \frac{V\left(\dfrac{1}{u}\right)}{E_0} - \rho^2 u^2 = 0 \tag{4.6.10}$$

$$\theta = \left|\pi - 2\int_0^{u_{\max}} \frac{\rho \mathrm{d}u}{\left[1 - \dfrac{1}{E_0}V\left(\dfrac{1}{u}\right) - \rho^2 u^2\right]^{1/2}}\right| \tag{4.6.11}$$

其中 $u_{\max}$由(4.6.10)式确定.

(4.6.11)式给出了具有初速率 v 或机械能E_0 的粒子的散射角 θ 与瞄准距离 ρ 的函数关系$\theta(\rho)$，由此可得到 $\rho(\theta)$，用(4.6.8)式即可求 $\sigma(v,\theta)$或 $\sigma(E,\theta)$.

3. α 粒子的散射

α 粒子是带正电 $2e$(e 是电子所带电量的绝对值)的氦核，具有两个质子和两个中子.设 α 粒子质量为 m.在原子序数为 Z 的原子核库仑排斥力场中受到散射.原子核为力心.由于原子核质量比 α 粒子大得多，可以近似地认为原子核是不动的.

$$F(r)=\frac{1}{4\pi\varepsilon_0}\frac{2Ze^2}{r^2}=\frac{Ze^2}{2\pi\varepsilon_0 r^2} \tag{1}$$

为了利用§4.4 给出的平方反比律力作用下的有心运动公式,将(1)式与§4.4 所写的一般表达式

$$F(r)=-\frac{m\alpha}{r^2} \tag{2}$$

(注意不要把这个式子中的 α 与 α 粒子发生混淆)相比,(2)式中的 α 为

$$\alpha=-\frac{Ze^2}{2\pi\varepsilon_0 m} \tag{3}$$

因 $\alpha<0$,轨道为双曲线,方程为

$$r=\frac{p}{-1+e\cos\varphi} \tag{4}$$

由(4.4.3)、(4.4.4)式及这里的(3)式,

$$p=\frac{h^2}{|\alpha|}=\frac{2\pi\varepsilon_0 mh^2}{Ze^2} \tag{5}$$

$$e=\sqrt{1+\frac{2h^2E}{m\alpha^2}}=\sqrt{1+\frac{8\pi^2\varepsilon_0^2mh^2E}{Z^2e^4}} \tag{6}$$

等号左边的 e 是偏心率,等号右边的 e 是电子所带电量的绝对值,注意不要发生混淆.

在已求得轨道方程的情况下,可以不必用(4.6.11)式求散射角 θ.只要极轴取力心至质点轨道的近心点的连线,见图 4.6.3,$r\to\infty$ 相应的幅角取正值的一个角即(4.6.9)式中的 β.

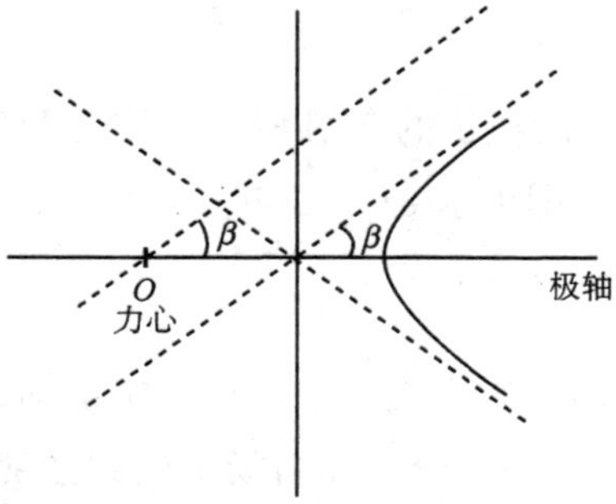

图 4.6.3

由(4)式可得

$$-1+e\cos\beta=0 \tag{7}$$

$$\cos\beta=\frac{1}{e} \tag{8}$$

由(4.6.9)式,并注意是斥力,$\beta<\frac{\pi}{2}$,

$$\sin\frac{\theta}{2}=\sin\left(\frac{\pi}{2}-\beta\right)$$

$$= \cos\beta = \frac{1}{e} \tag{9}$$

用三角公式

$$\sin\frac{\theta}{2} = \frac{1}{\csc\frac{\theta}{2}} = \frac{1}{\sqrt{1+\cot^2\frac{\theta}{2}}} \tag{10}$$

将(10)式代入(9)式，解出 $\cot^2\frac{\theta}{2}$，得

$$\cot\frac{\theta}{2} = \sqrt{e^2-1} \tag{11}$$

将(6)式代入(11)式，得

$$\cot\frac{\theta}{2} = \sqrt{\frac{8\pi^2\varepsilon_0^2 mh^2E}{Z^2e^4}} = \frac{2\pi\varepsilon_0 h}{Ze^2}\sqrt{2mE} \tag{12}$$

设入射 α 粒子的初始速率为 v，瞄准距离为 ρ，则

$$h = \rho v,\quad E = \frac{1}{2}mv^2$$

代入(12)式，得

$$\cot\frac{\theta}{2} = \frac{2\pi\varepsilon_0 m\rho v^2}{Ze^2} \tag{13}$$

或

$$\rho = \frac{Ze^2}{2\pi\varepsilon_0 mv^2}\cot\frac{\theta}{2} \tag{14}$$

将(14)式代入(4.6.8)式，即得微分散射截面

$$\sigma(v,\theta) = \left(\frac{Ze^2}{4\pi\varepsilon_0 mv^2}\right)^2\frac{1}{\sin^4\frac{\theta}{2}} \tag{15}$$

(15)式就是著名的卢瑟福散射公式．这个公式是 1911 年提出的，1913 年为盖革和马士登的实验证实．

4．其他例子

例 4.6.1　质量为 m 的粒子在势场 $V(r)=\frac{k}{r^2}$($k>0$，且为常量)中运动．求

(1) 粒子轨道离力心的最近距离;

(2) 粒子的散射角和微分散射截面.

解 (1)方法一,先求出轨道方程(见例 4.3.1)得

$$r=\sqrt{\frac{2k+mh^2}{2E}}\csc\left(\sqrt{1+\frac{2k}{mh^2}}\varphi\right)$$

由$\frac{\mathrm{d}r}{\mathrm{d}\varphi}=0$找出或直接看出

$$r_{\min}=\sqrt{\frac{2k+mh^2}{2E}}$$

方法二,直接对近心点写机械能守恒和角动量守恒关系:

$$\frac{1}{2}mv^2+\frac{k}{r_{\min}^2}=E$$

$$r_{\min}v=h$$

消去 v 得 $r_{\min}$的上述结果.

方法三,由确定轨道转折点即 r 的极值满足的方程(4.3.2)式

$$\frac{h}{r_{\min}^2}+\frac{mh^2}{2r_{\min}^2}=E$$

舍去上述方程的 $r_{\min}<0$ 的根,可得正确结果.

(2)方法一,先求出轨道方程,像讲 α 粒子散射那样从 $r\to\infty$ 找出 β 和 θ,再求 $\sigma(E,\theta)$.

方法一写出的方程

$$r=\sqrt{\frac{2k+mh^2}{2E}}\csc\left(\sqrt{1+\frac{2k}{mh^2}}\varphi\right)$$

没有取力心至轨道近心点的连线为极轴.可令 $r\to\infty$得两个角,由此直接找出散射角 θ.今得到的两个 φ 角分别为 0 和 $\pi\Big/\sqrt{1+\frac{2k}{mh^2}}$,

$$\theta=\pi-\left(\pi\Big/\sqrt{1+\frac{2k}{mh^2}}-0\right)=\pi-\pi\sqrt{\frac{mh^2}{2k+mh^2}}$$

用 $h=\rho v,E=\frac{1}{2}mv^2$,上式可改写为

$$\theta = \pi - \pi\rho\sqrt{\frac{E}{k + E\rho^2}}$$

解出 ρ^2 作为 θ 的函数，

$$\rho^2 = \frac{k(\pi - \theta)^2}{E\theta(2\pi - \theta)}$$

用(4.5.8)式，可得

$$\sigma(E,\theta) = \frac{k\pi^2(\pi - \theta)}{E(2\pi - \theta)^2\theta^2\sin\theta}$$

方法二，在求得 $r_{\min}$后用(4.6.11)式求 θ.

在用(4.6.11)式时，注意有心力是斥力.

$$\theta = \pi - 2\int_0^{\sqrt{\frac{2E}{2k+mh^2}}} \frac{\rho \mathrm{d}u}{\left(1 - \frac{k}{E}u^2 - \rho^2 u^2\right)^{1/2}}$$

$$= \pi - 2\frac{\rho}{\sqrt{\frac{k}{E} + \rho^2}}\arcsin\left(\sqrt{\frac{k}{E} + \rho^2} \cdot \sqrt{\frac{2E}{2k + mh^2}}\right)$$

$$= \pi - \pi\rho\sqrt{\frac{E}{k + E\rho^2}}$$

其中用了 $h = \rho v$ 和 $E = \frac{1}{2}mv^2$.

以下略.

例 4.6.2 质量为 m 的粒子，受到势场为 $V(r) = -\frac{a}{r^4}$($a>0$ 且为常量)作用.求俘获以初速 v 从无穷远处射来的粒子的总截面.

解 能被俘获是指粒子能无限趋近于力心.

方法一，用§4.3 讲轨道分类的办法，先画出有效势能曲线.从无穷远射来的粒子要能趋近于力心，其能量必须大于等于有效势能的最大值.从有效势能与 h 有关，对于一定的入射速率 v 而言，瞄准距离 ρ 不同，h 就不同.因而，

$$E \geqslant U_0 \tag{1}$$

就给出了瞄准距离 ρ 必须满足的不等式，由此可求总俘获截面.参见图 4.6.4，

$$U = -\frac{a}{r^4} + \frac{mh^2}{2r^2} \tag{2}$$

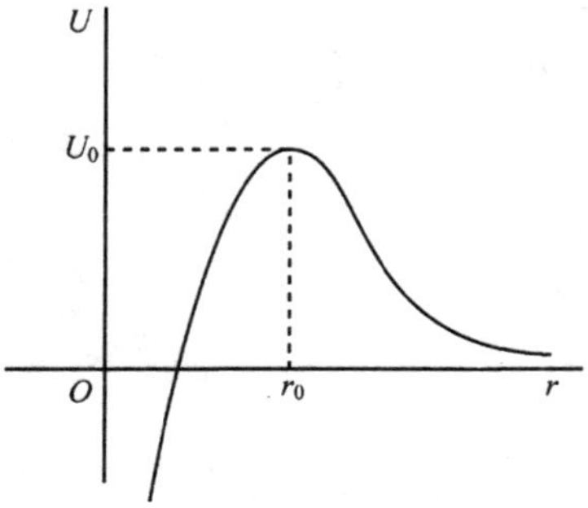

图 4.6.4

由$\frac{\mathrm{d}U}{\mathrm{d}r}=0$得 U_0 相应的 r_0 值满足的方程

$$\frac{4a}{r_0^5}-\frac{mh^2}{r_0^3}=0$$

解得

$$r_0=\sqrt{\frac{4a}{mh^2}} \tag{3}$$

将(3)式代入(2)式得

$$U_0=\frac{(mh^2)^2}{16a} \tag{4}$$

由(1)、(4)式及 $E=\frac{1}{2}mv^2$、$h=\rho v$ 可得

$$\rho^2\leqslant\frac{2}{v}\sqrt{\frac{2a}{m}}$$

能被俘获的总截面

$$\sigma=\pi\rho_{\max}^2=\frac{2\pi}{v}\sqrt{\frac{2a}{m}}$$

方法二,粒子轨道有转折点的条件是

$$U=E \tag{5}$$

在这里(5)式的具体化为

$$-\frac{a}{r^4}+\frac{m\rho^2v^2}{2r^2}=\frac{1}{2}mv^2$$

或

$$\frac{1}{2}mv^2r^4-\frac{1}{2}m\rho^2v^2r^2+a=0 \tag{6}$$

粒子能被俘获即能无限趋向力心,轨道就不能存在极小值,无转折点.(6)式作为反映转折点所在位置的 r 的平方的方程应无实数解,必有下列不等式:

$$\left(-\frac{1}{2}m\rho^2v^2\right)^2-4\left(\frac{1}{2}mv^2\right)a<0$$

由此也能得到

$$\rho^2 < \frac{2}{v}\sqrt{\frac{2a}{m}}$$

以下略

习　题

4-1　某个彗星围绕太阳作椭圆轨道运动，在远日点的速率为 10km/s，在近日点的速率为 80km/s. 地球围绕太阳作圆轨道运动，速率为 30km/s，半径为 1.5×10^8km. 求此彗星在远日点离太阳的距离

答　3×10^8km.

4-2　假定在地球表面附近运行的人造地球卫星每 90 分钟转一周，月球表面附近运行的人造月球卫星也是每 90 分钟转一周. 关于月球的组成，你有何结论？

答　月球均质，且其密度与地球相同.

4-3　知道地球表面的重力加速度为 9.8m/s^2，围绕地球的大圆周长为 4×10^7m，又知道月球和地球的直径和质量之比分别为

$$\frac{D_m}{D_e} = 0.27, \quad \frac{M_m}{M_e} = 0.0123$$

问从月球表面出发、逃离月球引力场所必须具有的相对于月球的最小速度多大？（把月球视为惯性系.）

答　2.38×10^3m/s.

4-4　从地球飞往火星的宇宙飞船的运行轨道为一椭圆，其近日点为地球，远日点为火星. 设地球和火星的运行轨道都是圆，半径分别为 R_e 和 R_m. 如图所示. 忽略各行星对飞船的引力作用. 问

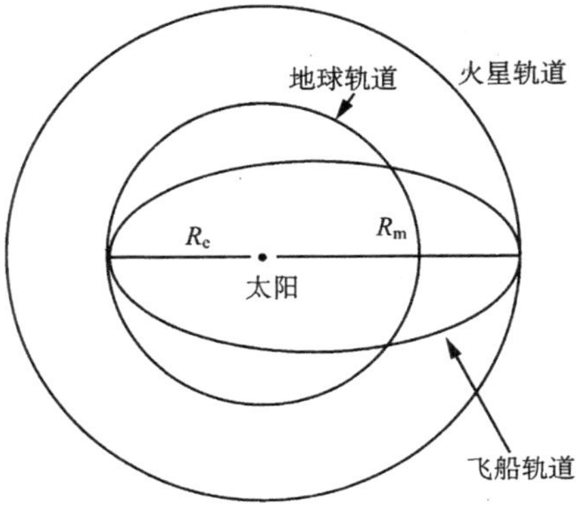

4-4　题图

(1)飞船相对地球以何速度(大小、方向)离开地球?

(2) 到达火星要用多长时间?

答　(1)$\sqrt{\dfrac{2GMR_m}{R_e(R_m+R_e)}}-\sqrt{\dfrac{GM}{R_e}}$,其中 M 是太阳的质量,沿地球轨道的切线方向. (2)$\dfrac{1}{2}\left(\dfrac{R_m+R_e}{2R_e}\right)^{3/2}$年.

4-5　我国于 1971 年 3 月 3 日发射的科学实验卫星的重量为 221.0kg,近地点高度为 266km,远地点高度为 1826km,地球半径取为 6400km.求该卫星运行的周期.

答　106 分.

4-6　一质量为 m 的空间站沿半径为 R 的圆轨道绕月球运动.为使空间站能在月球上登陆,沿轨道切线方向向前发射一质量为 m_1 的物体,使空间站在发射物体后,转过辐角 180°后刚好抵达月球表面.已知月球的质量为 M_m,半径为 R_m,求

(1) 质量为 m_1 的物体的发射速度;

(2) 从发射到空间站抵达月球所经历的时间.

答　(1)$\dfrac{m}{m_1}\sqrt{\dfrac{GM_m}{R}}-\dfrac{m-m_1}{m_1}\sqrt{\dfrac{2GM_mR_m}{R(R+R_m)}}$;

(2) $\dfrac{\pi}{2}\sqrt{\dfrac{(R+R_m)^3}{2GM_m}}$.

4-7　假定你去访问一无大气、半径为 R_0 的小行星,发现物体以速率 v_0 水平抛出后,恰好能环绕该星体的表面作圆周运动.用 v_0、R_0 表示下述各量:

(1) 物体逃离该小行星的速度;

(2) 从行星表面竖直上抛使最高点达到 R_0 高度所需的上抛速率,并求该物体达到$\dfrac{1}{2}R_0$ 高度时的速率;

(3) 质量为 m 的物体在离行星表面为 y 时的势能;

(4) 使物体从行星表面升到 y 高度所需的上抛速率.

答　(1) $\sqrt{2}v_0$;(2) v_0,$\dfrac{\sqrt{3}}{3}v_0$;

(3) $-\dfrac{mv_0^2R_0}{R_0+y}$;　(4) $v_0\sqrt{\dfrac{2y}{R_0+y}}$.

4.1　一个质量为 m 的粒子在大小为$\dfrac{2m}{r^3}$的有心引力作用下运动.$t=0$ 时,$r=2$,速度的径向和横向分量分别为$\sqrt{\dfrac{3}{2}}$和 1.证明 $\ddot{r}=2/r^3$,并求 $r(t)$.

答　$r=[2(t^2+\sqrt{6}t+2)]^{1/2}$.

4.2　一质量为 m 的质点以初速率 v 从无穷远沿一直线运动.力心 P 离此直线的最短距离为 a.有心引力使质点在轨道 $r=c\coth\varphi$ 中运动,求 $F(r)$和 $\varphi(t)$.

答　$F=ma^2v^2\left(\frac{1}{r^3}-\frac{2c^2}{r^5}\right)$,

$$\varphi-\coth\varphi=\varphi_0-\coth\varphi_0+\frac{av}{c^2}t.$$

4.3　一个质量为 m 的质点在有心力 $F=-\frac{k}{r^3}$(k 为正值常量)作用下运动.选择总能 E 和角动量 J 的什么值时,它的轨道有 $r=ae^{b\varphi}$(a、b 为常量)形式.

答　$E=0, J=\sqrt{\frac{mk}{1+b^2}}$.

4.4　求质量为 m 的质点在具有势能 $V=\frac{\alpha}{r}-\frac{\beta}{r^2}$($\alpha$、$\beta$ 均为正值常量)的有心力场中运动的轨道.并说明在什么运动条件下,质点将通过力心、趋于力心和飞往无限远.有无可能作周期运动?

4.5　求使一个粒子在 $r=a(1+\cos\varphi)$的轨道上运动的有心力.

答　$F=-\frac{3mah^2}{r^4}$.

4.6　质量为 m 的质点 A,在光滑的水平桌面上运动.此质点系在一根可不计质量的不可伸长的绳子上,绳子穿过桌面上的一个光滑小孔 O 后于另一端系一个相同质量的质点 B.若质点 A 在桌面上离 O 点 a 处,沿垂直于 OA 的方向以速度 $\left(\frac{9}{2}ag\right)^{1/2}$ 射出.证明此质点在以后的运动中离 O 点的距离必在 a 及 $3a$ 之间.

4.7　一个质量为 m 的质点在有心力 $F=-\frac{mk^2a^4}{r^3}$(k、a 均为常量)作用下运动.开始位于 $r=a$, $\varphi=\pi$,速度的径向分量和横向分量分别为 $-\frac{ka}{\pi}$ 及 ka.求(1)轨道方程 $r(\varphi)$;(2)运动学方程 $r(t)$和 $\varphi(t)$.

答　(1) $r\varphi=a\pi$;(2) $r=\frac{a}{\pi}(\pi-kt)$, $\varphi=\frac{\pi^2}{\pi-kt}$.

4.8　质量为1g的质点在有心力的吸引下运动.此力与质点到力心的距离的立方成正比.在距离等于1cm时,引力等于 1×10^{-5}N. $t=0$ 时,质点与力心的距离为 $r_0=2$cm,速度 $v_0=0.5\text{cm}\cdot\text{s}^{-1}$,其方向与由力心到此质点之直线成45°角.求此质点的运动轨道及运动学方程.

答　取极轴时,使 $t=0$ 时,$\varphi=0$.

$$r=2e^{\varphi},\ r^2=4+\sqrt{2}t,\ \varphi=\frac{1}{2}\ln\left(1+\frac{\sqrt{2}}{4}t\right).$$

4.9　导出求有心力的公式

$$F=\frac{mh^2}{2}\frac{dp^{-2}}{dr}$$

式中 m 为质点的质量,r 为质点到力心的距离,h 为角动量与质量之比,p 为力心到轨道切线的垂直距离.

4.10　一个单位质量的物体在一有心力场中运动.它的轨道为 $r=ae^{-b\varphi}$,a、b 均为常量.

$t=0$ 时,位于离力心 a 处,径向速度为 k.求有心力的势能.

答 $V(r)=-\dfrac{k^2a^2(b^2+1)}{2b^2r^2}$.

4.11 质量为 m 的质点受到的有心力为 $F=-m\left(\dfrac{\mu^2}{r^2}+\dfrac{\nu^3}{r^3}\right)$,$\mu$、$\nu$ 都是常数.证明当 $h^2>\nu^2$(h 为面积速度的两倍)时,其轨道方程有

$$r=\frac{a}{1+e\cos k\varphi}$$

的形式,并给出 a、e、k 与 h、$r_{\min}$ 等的关系.

答 $k=\dfrac{\sqrt{h^2-\nu^2}}{h}$,$a=\dfrac{h^2-\nu^2}{\mu^2}$,$e=\dfrac{a-r_{\min}}{r_{\min}}$.

4.12 稠密气体团质量为 m,半径极小,可以忽略.像粒子一样穿过球状的、半径为 R 的低密度的均匀气体云.气体云总质量为 $M(M\gg m)$.忽略所有非引力作用

(1) 用"粒子"与云中心的距离 r 表示"粒子"受的力 $\boldsymbol{F}(r)$及其势能 $V(r)(0\leqslant r\leqslant\infty)$.画出 $V(r)$的示意图;

(2) 若"粒子"具有角动量 $J=m\left(\dfrac{GMR}{32}\right)^{1/2}$,总机械能 $E=-\dfrac{5GMm}{4R}$.求轨道的转折点 $r_{\max}$、$r_{\min}$,"粒子 "总是在云里? 云外? 还是有时在云里、有时在云外?

(3) "粒子"具有(2)所给的 J 和 E,求轨道方程 $r(\varphi)$,并画出示意图,说明有几个转折点.

答 (1)

$$F=\begin{cases}-\dfrac{GMm}{R^3}r, & 0\leqslant r\leqslant R,\\[2ex] -\dfrac{GMm}{r^2}, & R\leqslant r<\infty,\end{cases}$$

$$V=\begin{cases}-\dfrac{GMm}{2R^3}(3R^2-r^2), & 0\leqslant r\leqslant R,\\[2ex] -\dfrac{GMm}{r}, & R\leqslant r<\infty;\end{cases}$$

(2) 转折点:$r_{\max}=\left(\dfrac{2+\sqrt{2}}{8}\right)^{1/2}R$,

$r_{\min}=\left(\dfrac{2-\sqrt{2}}{8}\right)^{1/2}R$,总在云里.

(3) 选择适当的极轴

$$r^2=\frac{R^2}{8-4\sqrt{2}\sin(2\varphi)}$$

共有 4 个转折点.

***4.13** 假设太阳被一种至少扩展到地球轨道半径那么远的尘埃云包围着.太阳产生一种

熟知的势 $V_1=-GMm/r$,G 为万有引力恒量,M、m 分别是太阳和地球的质量. 尘埃附加一个势 $V_2=\frac{1}{2}kr^2$,k 为小量(常量). 地球沿一平均半径为 r_0 的近似圆的椭圆旋转. 尘埃的作用使得椭圆缓慢进动. 找出进动角速度的近似表示式(精确到 k 的一次方项),进动与原旋转方向相同还是相反?

答　$\omega_p=\frac{3k}{2m\omega_0}$,其中 $\omega_0=\frac{h}{r_0^2}$.

进动方向与原旋转方向相反.

***4.14**　一个质量为 m 的质点束缚在线性势 $V=kr$(k 为常量)之中.

(1) 当能量、角动量为多大时,轨道是一个以原点为圆心、半径为 R 的圆?

(2) 圆运动的角速度多大?

(3) 如果质点稍微偏离圆轨道,小振动的圆频率多大?

答　(1) $E=\frac{3}{2}kR$,$J=(mkR^3)^{1/2}$;

(2) $\omega_0=\sqrt{\frac{k}{mR}}$;(3) $\omega_r=\sqrt{3}\omega_0$.

***4.15**　(1)证明在按$\frac{1}{r}$规律变化的有心引力势场中具有相同角动量的圆形轨道的半径等于抛物线轨道近心点离力心距离的两倍;

(2) 证明在(1)中的有心力场中具有相同的角动量的圆形轨道和抛物线轨道相交处的速率,后者是前者的$\sqrt{2}$倍.

4.16　一质点作椭圆轨道运动,偏心率为 e,力心在椭圆轨道的一焦点上. 当质点运动到近心点时,力心突然移到椭圆的另一焦点上. 求证以后椭圆轨道的偏心率为$\frac{e(3+e)}{1-e}$. 说明原来 e 值处在什么范围时,新的轨道将仍是椭圆、变成抛物线和变成双曲线.

答　$0<e<\sqrt{5}-2$ 时仍为椭圆.

$e=\sqrt{5}-2$ 时为抛物线,

$\sqrt{5}-2<e<1$ 时为双曲线.

4.17　有两颗地球卫星 M_1 及 M_2 沿同一椭圆运动. 地球中心在此椭圆的一个焦点上,又设 M_1、M_2 相距不远. 可将圆弧$\overset{\frown}{M_1M_2}$看作直线. 已知直线 M_1M_2 的中点经近地点时,$M_1M_2=b$,近地点到地心的距离为 R_1,远地点到地心的距离为 R_2. 求直线 M_1M_2 的中点经远地点时这两颗卫星的距离. 若取卫星处于近地点时 $\varphi=0$,则在任意 φ 角时,两颗卫星的距离多大?

答　在远地点,距离为$\frac{R_1}{R_2}b$.

在任意 φ 角,距离为

$\frac{b}{1+e}\sqrt{e^2+1+2e\cos\varphi}$,其中 $e=\frac{R_2-R_1}{R_1+R_2}$.

4.18　宇宙飞船绕一行星沿圆轨道飞行,轨道半径为 R,飞行速率为 v_0. 要把轨道改为经

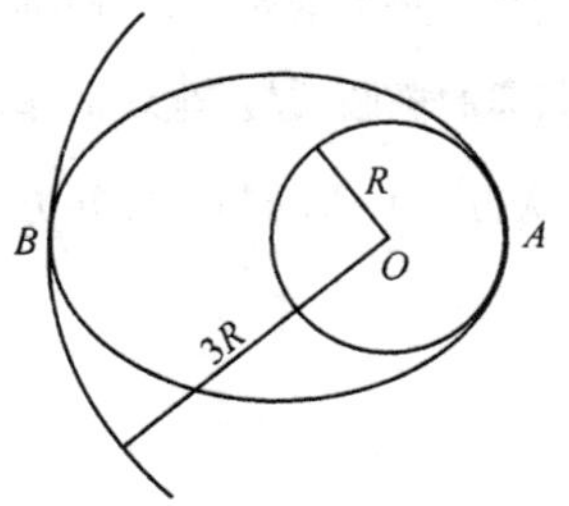

4.18　题图

过 B 点的椭圆轨道，如题图所示，B 点位于以 O 为圆心、半径为 $3R$ 的圆周上.

(1) 写出该椭圆的方程；

(2) 飞船在 A 点进入上述轨道时，它的速度应增加多少？

(3) 从 A 点到 B 点的航程要用多少时间？

(4) 当飞船的位矢垂直于 AB 时，速度的径向和横向分量多大？

答　(1) $r=\dfrac{\frac{3}{2}R}{1+\frac{1}{2}\cos\varphi}$；(2) $\left(\sqrt{\dfrac{3}{2}}-1\right)v_0$；

(3) $2\sqrt{2}\pi R/v_0$；(4) $v_r=\pm\sqrt{\dfrac{1}{6}}v_0$，$v_\varphi=\sqrt{\dfrac{2}{3}}v_0$.

4.19　(1)某彗星的轨道为抛物线，其近日点为地球轨道(假定为圆形)半径的$\frac{1}{n}$，则此彗星运行时，在地球轨道内停留的时间为一年的$\frac{2}{3n}\frac{n+2}{\pi}\sqrt{\frac{n-1}{2n}}$倍. 试证明之；

(2) 再证任何抛物线轨道的彗星，停留在地球轨道(仍假定为圆形)内的最长时间为$\frac{2}{3\pi}$年或约为 76 日.

4.20　一火箭自地球表面发射，发射方向与铅直方向成 α 角，火箭将按椭圆轨道运动. 若椭圆之长轴是地球半径的 $n(n<2)$倍，地球半径为 R. 求火箭在空中飞行的时间.

答　$t=\sqrt{\dfrac{n^3R}{g}}\left[\dfrac{2\sqrt{n-1}}{n}\cos\alpha+\pi-2\arctan\left(\dfrac{2\sqrt{n-1}\cos\alpha}{n-2+\sqrt{n^2+4(n-1)\sin^2\alpha}}\right)\right]$.

4.21　已知一个由具有电荷 e 的核和一个在半径为 r_0 的圆形轨道上的单电子组成的氘原子的经典模型. 突然这个核发射出一个电子，其电荷变为 $2e$. 这个被发射的电子很快地逃逸了，我们可不考虑它. 在轨道上的那个电子立即有一个新状态.

(1) 求出发射后与发射前电子能量之比(规定无穷远处势能为零)；

(2) 求出新轨道的离核最近和最远的距离，以 r_0 为单位；

(3) 以 r_0 表示出新轨道的长轴和短轴.

答　$\dfrac{E_2}{E_1}=3$，$r_{\min}=\dfrac{1}{3}r_0$，$r_{\max}=r_0$，

$2a=\dfrac{4}{3}r_0$，$2b=\dfrac{2}{3}\sqrt{3}r_0$.

4.22　证明作椭圆轨道运动物体的最大与最小速率的乘积为$\left(\frac{2\pi a}{T}\right)^2$，其中 T 是周期，a 是长半轴.

4.23　质量为 m 的粒子以初速 v 从无穷远向其势能大小为$\frac{\alpha}{r^n}$(α 为正值常量)的引力场运

动.求粒子被俘获的总截面.

答　$\sigma=\pi n(n-2)^{\frac{2-n}{n}}\left(\dfrac{\alpha}{mv^2}\right)^{2/n}$.

4.24　求一个粒子被半径为 a 的刚球弹性散射的微分散射截面和总散射截面.

答　$\sigma(v,\theta)=\dfrac{1}{4}a^2,\sigma(v)=\pi a^2$.

4.25　求一个粒子被大小为$\dfrac{k}{r^2}$(k 为常量)的斥力散射的微分散射截面 $\sigma(v,\theta)$.

答　$\sigma(v,\theta)=\left[\dfrac{k}{2mv^2\sin^2(\theta/2)}\right]^2$.

4.26　在核物理中常遇到下列球形势阱

$$V(r)=\begin{cases}-V_0, & r\leqslant a\\ 0, & r>a\end{cases}$$

(1) 证明:在经典力学中被上述势产生的散射如同光线被相对折射率 $n=\sqrt{\dfrac{E+V_0}{E}}$、半径为 a 的球的折射(这等效说明为什么既能用惠更斯原理的波动说又可用牛顿力学的微粒说解释折射现象).

(2) 证明微分散射截面为

$$\sigma(E,\theta)=\begin{cases}\dfrac{n^2a^2}{4\cos\dfrac{\theta}{2}}\dfrac{\left(n\cos\dfrac{\theta}{2}-1\right)\left(n-\cos\dfrac{\theta}{2}\right)}{\left(1+n^2-2n\cos\dfrac{\theta}{2}\right)}, & 0<\theta\leqslant 2\arccos\dfrac{1}{n}\\ 0, & 0>2\arccos\dfrac{1}{n}\end{cases}$$

(3) 求总散射截面.可能用到下列积分公式

$$\int\frac{x\mathrm{d}x}{(a+bx)^2}=\frac{1}{b^2}\left[\ln(a+bx)+\frac{a}{a+bx}\right]$$

$$\int\frac{x^2\mathrm{d}x}{(a+bx)^2}=\frac{1}{b^3}\left[a+bx-2a\ln(a+bx)-\frac{a^2}{a+bx}\right]$$

答　$\sigma(E)=\pi a^2$.

4.27　一束质量为 m、能量为 E 的粒子垂直入射在厚度为 d,每单位体积内包含 n 个固定散射中心的金属薄片上,一个粒子与一个散射中心间的力是大小为$\dfrac{k}{r^2}$(k 为常量)的斥力.问束中粒子有多大部分被散射到 θ 大于 α 的立体角内.

答　$\dfrac{nd\pi k^2}{4E^2}\cot^2\left(\dfrac{\alpha}{2}\right)$.

4.28　具有动能为 T(非相对论的)的带电 π 介子(π^+ 或 π^-)和电荷为 Ze、有效半径为 b 的重核.考虑经典力学的图像,当 π 介子距核的最近距离等于或小于 b 时,π 介子就会打到核上.

忽略核的反冲，证明 π 介子的碰撞截面为

$$\begin{cases}\sigma = \pi b^2\left(\dfrac{T-V}{T}\right), & \text{对于 } \pi^+ \\ \sigma = \pi b^2\left(\dfrac{T+V}{T}\right), & \text{对于 } \pi^-,\end{cases}$$

其中 $V=\dfrac{Ze^2}{b}$.

4.29　一束质量为 m、能量为 E 的粒子垂直入射在 4.27 题所述的金属薄片上，离粒子束通过薄片所在的 O 点距离为 r 的地方，放置一面积为 $A(A\ll r^2)$ 的粒子探测器. 从 O 点到探测器的线与粒子入射方向间夹角为 α（如题图所示）. 若射到金属薄片上的粒子束流密度为 I，问单位时间内有多少粒子射中探测器？

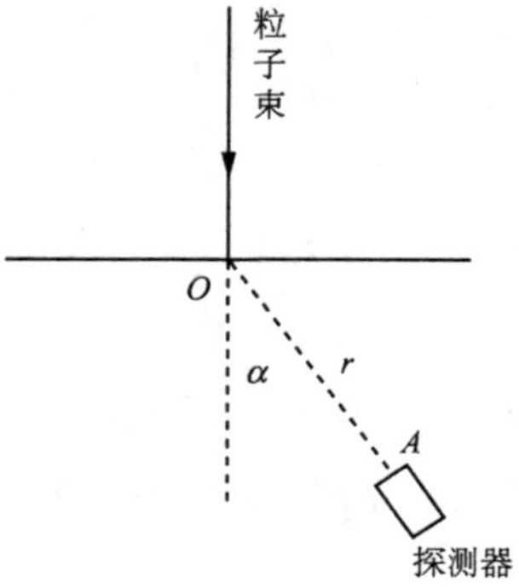

4.29　题图

答　$N=Ind\dfrac{k^2}{16E^4\sin^2\left(\dfrac{\alpha}{2}\right)}\cdot\dfrac{A}{r^2}$.

4.30　粒子束遇到由许多散射中心组成的靶子. 设 $I(0)$ 是入射时的粒子束强度. 进入靶后穿透 x 距离处的强度为 $I(x)$. 设束中一个粒子被一个散射中心散射的总散射截面为 σ. 证明

(1) $I(x)=I(0)e^{-n\sigma x}$，n 为单位体积内的散射中心数；

(2) 粒子被散射前运行的平均距离为 $\dfrac{1}{n\sigma}$.

第五章　流体力学基础

液体和气体统称为流体．流体是比以后讲的刚体更为复杂的质点系，可是这里处理的流体力学问题并不需要后面讲的关于质点系动力学的普遍理论．流体力学是力学的一个分支．流体力学在生产上有着广泛的应用，航空工程、造船工业、水利工程、土木工程与流体力学密切相关是不难想象的，就是机械制造工业，在设计水力及蒸汽透平、喷气发动机、压缩机、水泵等动力机械的叶片、导流片及其他零部件的形状，都需要流体力学，在气象学、天文学、化学、生物学、医学上都有流体力学的用武之地．随着科学技术的发展，流体力学与其他科学相互渗透，形成一系列的边缘学科，如电磁流体力学、化学流体力学、生物流体力学、地球流体力学、爆炸力学、空气动力学等．因此，对于理工科各专业，学点流体力学的基本知识都是有必要的．

§5.1　流体力学的基本概念

1．研究对象和研究方法

流体力学是研究流体(包括液体和气体)的宏观的运动规律及其与其他运动形态之间的相互作用的．

流体是由大量分子组成的，分子都在无规则地运动着，其运动在微观上表现出无规则的随机性和不均匀性，在宏观上又有确定的统计规律性和一定的均匀性(允许有涨落)．在力学上，它是个质点系，应遵从质点系的普遍规律，它是一个大量粒子构成的系统，它又是一个热学系统，研究其宏观的运动规律，如同热学那样，存在着两种不同的方法，一种是统计物理的办法，从分子、原子的运动出发，用统计平均的方法，找出各宏观物理量之间满足的关系，并从理论上得出各种物理特性．但目前，液体的输运过程的理论还很不完善，不能准确地得到输运系数的值．另一种方法是关于流体的扩散、黏性、热传导这些输运过程的规律及其相关的系数和其他物理量均得由实验确定．用牛顿运动定律、质量能量守恒定律、热力学定律等物理定律建立流体力学的理论．前一种研究方法能深刻揭示微观与宏观之间的内在联系，对于理解流体力学中的很多基本性质和概念也大有好处．但被广泛采用并已获得很大成功的还是后一种研究方法. 在我们的课程中只涉及后一种研究方法.

2. 流体的性质与分类

固体、液体、气体的宏观性质可由其分子结构以及分子间的作用力得到解释. 两个孤立的分子(不形成任何化学键)相互间的作用力 f 与分子间距离 d 的关系如图 5.1.1 所示. 当 $d<d_0$(d_0 约为 10^{-10} m)时为斥力,随着距离 d 的减小,斥力迅速增大,当 $d>d_0$ 时为引力,引力较小. 当 $d=10^{-9}$m 和 10^{-8}m 时,引力变得很小,可以忽略不计. 温度较低(对不同物质,较低较高有不同的标准)时,分子运动不够剧烈,分子间的距离只能在其平衡位置 $d=d_0$ 处作微小振动,物质处于固态,固体有抵抗改变其体积和形状的恢复力、温度升高,分子运动比较剧烈,使分子间作用力不能维持分子在其固定的平衡位置附近作微小振动. 但相对地仍有平衡位置,还能维持分子不互相远离,物质呈液态,仍能保持其体积基本不变,但其形状不能维持不变. 温度再升高,分子运动更加剧烈,$d\approx10d_0$,分子间作用力几乎可以忽略,不能保持形状和体积,总能充满整个容器,物质呈气态.

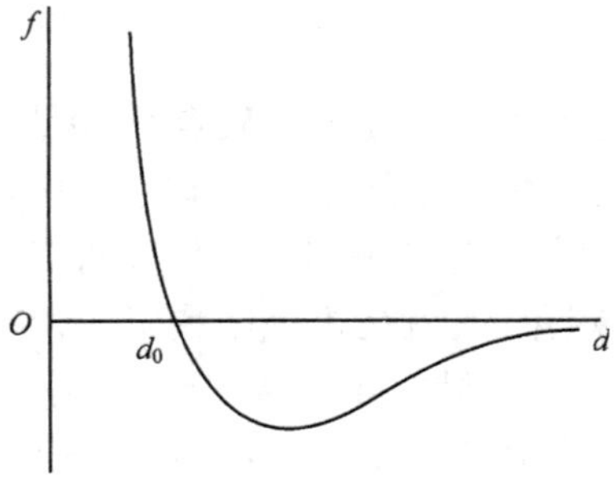

图 5.1.1

流体(包括液体和气体)具有以下几个性质,并对流体进行分类.

(1) 易流动性

静止流体不可能承受切向应力,不论多小的切向应力,都将引起流体流动而变形. 因此,静止流体只有法向应力,没有切向应力.

(2) 黏性

流体在运动时,即使分子间的相互作用力可以忽略不计,由于分子的无规运动,当相邻两层有不同的宏观速度时,无规运动交换分子的结果,仍能对相邻两层的流体间的宏观速度差别起消除作用,这样的相互作用力,称之为黏性力或内摩擦力. 根据黏性的大小,可分为黏性流体和无黏性流体两大类,后者完全忽略黏性. 实际上,任何流体都有一定的黏性. 无黏性流体是一种理想化了的近似模型.

由分子的无规运动,还可解释另两种输运过程. 当流体中存在温度差时,将有热量自温度高处向温度低处输运,这是热传导现象. 当混合物流体中各处的组元的浓度存在差别时,各组元物质将从浓度高处向浓度低处迁移,这是扩散现象. 黏性、热传导、扩散分别是动量、能量和质量的输运过程.

由于三种输运过程有相同的微观机制,如黏性可以忽略,也就可不考虑热传导和扩散.

(3) 压缩性

对于气体,两分子间距离足够大,两相邻分子间不能保持一定的平衡距离,自然是可压缩的. 对于液体,两相邻分子间有一定的平衡距离,在外加压力或改变温度时,相邻的两分子间的平衡距离多少有些变化,液体的体积和密度因而多少有些变化. 因此,任何真实液体都是可以压缩的. 液体在通常的压力及温度下,压缩性很小. 一般情况下,可把液体视为不可压缩的. 在压强温度变化很大的特殊情况下,例如研究水中爆炸问题,必须考虑流体是可压缩的. 一般情形下,气体是可压缩的,只是在温度差不大,密度变化甚微,又是低速运动,才可把气体作不可压缩流体处理. 严格讲,不可压缩流体不存在,不可压缩流体也是一种理想化了的近似模型.

3. 连续介质模型、流体质元和微团的概念

流体是由大量分子组成的. 分子间的平均距离,对液体而言,和分子的有效直径差不多. 空气分子间的平均距离比分子的有效直径大得多. 在微观上,流体是一个离散粒子的系统,可在宏观上,对于我们所要面对的大量的涉及流体运动的问题,如机翼因受周围气体分子的冲撞对机翼的压力这种问题,机翼的线度比分子间的距离大得多,在机翼上任何宏观小微观大的面积上,在任何宏观小微观大的时间内,都受到大量气体分子的碰撞作用. 个别分子的行为并不影响大量分子的统计平均效果. 在标准状态下,$1mm^3$ 的气体中,含有 2.7×10^{16} 个分子,而 $1mm^3$ 的水中,有 3.3×10^{19} 个分子. 因此,在大多数情况下,包括气体在内,可把流体视为连续介质,认为流体是由流体质元连续地无空隙地组成的. 流体质元是指体积线度宏观上足够小又包含大量流体分子的分子团,对流体质元来说,分子的尺寸及分子间的距离也极其微小,可忽略其间隙,视为连续介质质元. 相当于质点,因为是连续体,不用质点这个词. 质元和质点一样是不考虑自旋的. 线度仍是宏观小微观大的体积内的无数个质元构成微团. 微团内各质元的速度差别是不能忽略的. 由于热运动,分子将出入处于各空间位置的分子团,但因有统计规律性,确保分子团(质元或微团)有稳定的物理量、气体十分稀薄时,是不能把气体视为连续介质的.

§5.2　流体运动学

1．描述流体运动的两种方法

第一种方法称为拉格朗日方法，考虑每个流体质元（以后简称为质元）的整个运动过程，这种方法就是把第二章讲的对质点所采用的方法运用于连续介质中的质元．若采用直角坐标，用 $t=0$ 时质元的位置（x_0、y_0、z_0）标记每个质元，若知道它们在任何时刻 t 的位置（x、y、z），即知道下列函数：

$$\begin{cases} x = x(x_0,\ y_0,\ z_0,\ t) \\ y = y(x_0,\ y_0,\ z_0,\ t) \\ z = z(x_0,\ y_0,\ z_0,\ t) \end{cases} \tag{5.2.1}$$

就完全描述了流体的运动．变量 x_0、y_0、z_0、t 称为拉格朗日变量．对 t 求一阶、二阶偏导数，就得到初始时刻 $t=0$ 位于（x_0、y_0、z_0）的质元的速度和加速度随时间的变化．

$$\begin{cases} v_x = \dfrac{\partial x(x_0,\ y_0,\ z_0,\ t)}{\partial t} \\ v_y = \dfrac{\partial y(x_0,\ y_0,\ z_0,\ t)}{\partial t} \\ v_z = \dfrac{\partial z(x_0,\ y_0,\ z_0,\ t)}{\partial t} \end{cases} \tag{5.2.2}$$

$$\begin{cases} a_x = \dfrac{\partial^2 x(x_0,\ y_0,\ z_0,\ t)}{\partial t^2} \\ a_y = \dfrac{\partial^2 y(x_0,\ y_0,\ z_0,\ t)}{\partial t^2} \\ a_z = \dfrac{\partial^2 z(x_0,\ y_0,\ z_0,\ t)}{\partial t^2} \end{cases} \tag{5.2.3}$$

第二种方法称为欧拉方法，描述空间中每一点的质元的运动随时间如何变化，t 时刻，位于（x、y、z）处的质元的速度表成下列函数：

$$\begin{cases} v_x = v_x(x, y, z, t) \\ v_y = v_y(x, y, z, t) \\ v_z = v_z(x, y, z, t) \end{cases} \tag{5.2.4}$$

要完全描述作为热学系统的流体的运动,还需要给出状态函数、压强、密度、温度等.

$$p = p(x, y, z, t), \quad \rho = \rho(x, y, z, t), \quad T = T(x, y, z, t)$$

变量 x、y、z、t 称为欧拉变量. 需注意:$\dfrac{\partial v_x(x, y, z, t)}{\partial t}$是 t 时刻位于(x、y、z)处的质元的速度分量 v_x 的时间变化率,因为没有盯住一个质元,它不是 t 时刻位于(x、y、z)处的质元的加速度分量 a_x(x、y、z、t). 如何由(5.2.4)式求 $\boldsymbol{a}(x, y, z, t)$呢? 注意 x, y, z 均是 t 的函数.

$$\begin{aligned} \boldsymbol{a}(x, y, z, t) &= \frac{\mathrm{d}\boldsymbol{v}(x, y, z, t)}{\mathrm{d}t} \\ &= \frac{\partial \boldsymbol{v}}{\partial t} + \frac{\partial \boldsymbol{v}}{\partial x}\frac{\mathrm{d}x}{\mathrm{d}t} + \frac{\partial \boldsymbol{v}}{\partial y}\frac{\mathrm{d}y}{\mathrm{d}t} + \frac{\partial \boldsymbol{v}}{\partial z}\frac{\mathrm{d}z}{\mathrm{d}t} \\ &= \frac{\partial \boldsymbol{v}}{\partial t} + v_x\frac{\partial \boldsymbol{v}}{\partial x} + v_y\frac{\partial \boldsymbol{v}}{\partial y} + v_z\frac{\partial \boldsymbol{v}}{\partial z} \\ &= \frac{\partial \boldsymbol{v}}{\partial t} + (\boldsymbol{v} \cdot \nabla)\boldsymbol{v} \end{aligned} \tag{5.2.5}$$

其中 $\boldsymbol{v}$ 应代入(5.2.4)式,不能代入(5.2.2)式.

对于用欧拉变量的任何矢量 $\boldsymbol{A}$ 和任何标量 φ 都有类似(5.2.5)式的关系:

$$\frac{\mathrm{d}\boldsymbol{A}}{\mathrm{d}t} = \frac{\partial \boldsymbol{A}}{\partial t} + (\boldsymbol{v} \cdot \nabla)\boldsymbol{A} \tag{5.2.6}$$

$$\frac{\mathrm{d}\varphi}{\mathrm{d}t} = \frac{\partial \varphi}{\partial t} + (\boldsymbol{v} \cdot \nabla)\varphi \tag{5.2.7}$$

$\dfrac{\mathrm{d}\boldsymbol{A}}{\mathrm{d}t}$、$\dfrac{\mathrm{d}\varphi}{\mathrm{d}t}$分别称为 $\boldsymbol{A}$、φ 对 t 的质元变化率或叫随体变化率,$\dfrac{\partial \boldsymbol{A}}{\partial t}$、$\dfrac{\partial \varphi}{\partial t}$分别称为 $\boldsymbol{A}$、φ 对 t 的定位变化率或当地变化率、局部变化率. (5.2.6)、(5.2.7)式等号右边的第二项是由于质元位置变化导致的变化率,可称为 $\boldsymbol{A}$、φ 对 t 的位变变化率或迁移变化率. 质元变化率等于定位变化率和位变变化率之和.

顺便讲一下流体的可压缩、不可压缩的数学特征. 对不可压缩流体,其密度对

时间的质元变化率为零

$$\frac{\mathrm{d}\rho}{\mathrm{d}t} = 0$$

在运动过程中,每个质元的密度保持不变,它并不意味着不可压缩流体一定是均质的,更不意味着时时处处都是均质的了.只有既是不可压缩的,$\frac{\mathrm{d}\rho}{\mathrm{d}t}=0$,又有$\frac{\partial \rho}{\partial t}=0$或$\nabla\rho=0$,才有 $\rho=$常量,时时处处都是均质的.

思考题　有$\frac{\partial \rho}{\partial t}=0$,能得出什么结论?有$\nabla\rho=0$,能得出什么结论?

注意　(5.2.5)式中的$\boldsymbol{a}(x、y、z、t)$是 t 时刻位于$(x、y、z)$处质元的加速度,(5.2.3)式中的$\boldsymbol{a}(x_0、y_0、z_0、t)$是 $t=0$ 时位于$(x_0、y_0、z_0)$处的质元在 t 时刻的加速度.是用两种变量表述的不同质元的加速度,切勿发生混淆.

两种方法既然都能完全描述流体的运动,它们之间必有关系,能从一种描述改为另一种描述.

从拉格朗日描述改为欧拉描述比较简单,由(5.2.1)式解出

$$x_0 = x_0(x,\ y,\ z,\ t)$$
$$y_0 = y_0(x,\ y,\ z,\ t)$$
$$z_0 = z_0(x,\ y,\ z,\ t)$$

代入(5.2.2)、(5.2.3)式即得欧拉描述的(5.2.4)、(5.2.5)式.

从欧拉描述改为拉格朗日描述也不难.将(5.2.1)式代入(5.2.4)、(5.2.5)式.即得拉格朗日描述的(5.2.2)、(5.2.3)式.要得到拉格朗日描述的(5.2.1)式,需解联立微分方程组.将(5.2.4)式改写为

$$\begin{cases}\dfrac{\mathrm{d}x}{\mathrm{d}t} = v_x(x,\ y,\ z,\ t)\\[2ex]\dfrac{\mathrm{d}y}{\mathrm{d}t} = v_y(x,\ y,\ z,\ t)\\[2ex]\dfrac{\mathrm{d}z}{\mathrm{d}t} = v_z(x,\ y,\ z,\ t)\end{cases}\tag{5.2.4′}$$

由(5.2.4′)式积分得

$$\begin{cases}x = x(t,\ c_1,\ c_2,\ c_3)\\ y = y(t,\ c_1,\ c_2,\ c_3)\\ z = z(t,\ c_1,\ c_2,\ c_3)\end{cases}\tag{5.2.8}$$

代入初条件 $t=0$ 时,$x=x_0, y=y_0, z=z_0$,解出 c_1, c_2, c_3 作为 x_0, y_0, z_0 和 t 的函数,再代回(5.2.8)式,即得(5.2.1)式.

采用拉格朗日方法,可以利用质点的动力学方程、采用欧拉方法,可以广泛利用场论的知识,各有优缺点. 许多实际问题,例如飞机航行时的动力学特性,只要知道飞机的速度、各处受到的空气的压强即可. 因此欧拉方法被广泛采用.

例 5.2.1 已知用欧拉方法描述的流体运动,速度场为 $v_x=5x^2, v_y=-15xy, v_z=0$. 试求任意点$(x, y, z)$处质元的加速度.

解 用(5.2.5)式,

$$a_x=\frac{\partial v_x}{\partial t}+v_x\frac{\partial v_x}{\partial x}+v_y\frac{\partial v_x}{\partial y}+v_z\frac{\partial v_x}{\partial z}=50x^3$$

$$a_y=\frac{\partial v_y}{\partial t}+v_x\frac{\partial v_y}{\partial x}+v_y\frac{\partial v_y}{\partial y}+v_z\frac{\partial v_y}{\partial z}=150x^2y$$

$$a_z=\frac{\partial v_z}{\partial t}+v_x\frac{\partial v_z}{\partial x}+v_y\frac{\partial v_z}{\partial y}+v_z\frac{\partial v_z}{\partial z}=0$$

例 5.2.2 流体如上例那样流动,求 $t=0$ 时,位于$\left(\frac{1}{5}、-1、0\right)$处的流体质元的运动学方程.

解 先把欧拉描述改为拉格朗日描述,解下列方程组.

$$\frac{\mathrm{d}x}{\mathrm{d}t}=5x^2,\quad \frac{\mathrm{d}y}{\mathrm{d}t}=-15xy,\quad \frac{\mathrm{d}z}{\mathrm{d}t}=0$$

解得

$$x=\frac{1}{5(c_1-t)},\quad y=c_2(t-c_1)^3,\quad z=c_3.$$

由初条件 $t=0,\ x=\frac{1}{5},\ y=-1,\ z=0$ 定出 $c_1=1,\ c_2=1,\ c_3=0$.

所求的质元的运动学方程为

$$x=\frac{1}{5(1-t)},\quad y=(t-1)^3,\quad z=0$$

2. 轨迹、流线和流管

轨迹和流线是流体运动的两种几何图示,分别对应于拉格朗日描述和欧拉描述.

正如质点运动学中所讲的，由(5.2.1)式三个方程中消去 t 得到两个曲面方程，例如由(5.2.1)式头两个式子和后两个式子分别消去 t 得到

$$\begin{cases} f(x,\ y,\ x_0,\ y_0,\ z_0) = 0 \\ g(y,\ z,\ x_0,\ y_0,\ z_0) = 0 \end{cases}$$

其交线就是 $t=0$ 时位于(x_0、y_0、z_0)的流体质元的轨迹方程.

现在介绍欧拉方法引入的流线的概念，流线与静电场中所讲的电场线类同，电场线上各点的电场方向沿通过该点的电场线的切线方向，电场强度的大小由垂直于该点的电场线的单位面积上通过的电场线数来表示. 流线上各点的流体质元的速度方向沿通过该点的流线的切线方向，速度的大小由垂直于该点的流线的单位面积上通过的流线数来表示. 电场线起于正电荷，止于负电荷或者起终点在无穷远处，流线起于源点，止于汇交点或者起终点在无穷远处，除汇交点外，电场线和流线都不能相交，因为在每一点的电场方向或流速方向都是惟一的. 流线和静电场的电场线有一点不相同，静电场的电场线不随时间变化，而空间中任一固定点处的流体质元的速度可以随时间而变化，因而流线可以随时间变化.

轨迹和流线不一定重合，即一条流线不一定是某个质元的轨迹. 分别写出它们各自满足的微分方程，就能得出这一结论.

任何质元的轨迹满足的微分方程为(5.2.4′)式，它是一阶常微分方程组，其中 t 是自变量，$x,\ y,\ z$ 均是因变量即函数.

考虑到在任何时刻 t，流线上每一点的切线方向为质元的速度方向，必有质元的元位移与该质元的速度平行，由此可写出流线满足的微分方程为

$$\mathrm{d}\boldsymbol{r} \times \boldsymbol{v}(x,\ y,\ z,\ t) = 0$$

或

$$\frac{\mathrm{d}x}{v_x(x,\ y,\ z,\ t)} = \frac{\mathrm{d}y}{v_y(x,\ y,\ z,\ t)} = \frac{\mathrm{d}z}{v_z(x,\ y,\ z,\ t)} \qquad (5.2.9)$$

质元轨迹满足的微分方程(5.2.4′)式可改写为

$$\frac{\mathrm{d}x}{v_x(x,\ y,\ z,\ t)} = \frac{\mathrm{d}y}{v_y(x,\ y,\ z,\ t)} = \frac{\mathrm{d}z}{v_z(x,\ y,\ z,\ t)} = \mathrm{d}t$$

与(5.2.9)式十分相似，能否说，质元的轨迹与流线满足同样的微分方程因而完全重合？应作否定的回答，两组常微分方程并不相同，(5.2.4′)式是四个变量(通常把 t 视为自变量，$x,\ y,\ z$ 是因变量)之间满足的三个常微分方程. 而(5.2.9)式中的 t 是参量，它是 x,y,z 三个变量(可把其中任何一个作为自变量，另两个为因

变量)之间满足的两个常微分方程. 因此,两组方程的解一般是不同的. 只有当流线不随时间变化,各点处质元的速度 $\boldsymbol{v}$ 不随时间而变,即$\dfrac{\partial \boldsymbol{v}(x, y, z, t)}{\partial t}=0$ 时,从(5.2.4′)式消去变量 t 的微分,也变成和(5.2.9)式完全一样的两个常微分方程. $\dfrac{\partial \boldsymbol{v}(x, y, z, t)}{\partial t}=0$ 的流动,称为定常流动. 因此,只有定常流动,才能有轨迹和流线完全重合.

例 5.2.3 已知流体运动的速度场

$$\boldsymbol{v} = -\frac{cy}{x^2+y^2}\boldsymbol{i} + \frac{cx}{x^2+y^2}\boldsymbol{j}$$

其中 c 为常量. 试求流线方程.

解 由(5.2.9)式

$$\frac{\mathrm{d}x}{-\dfrac{cy}{x^2+y^2}} = \frac{\mathrm{d}y}{\dfrac{cx}{x^2+y^2}} = \frac{\mathrm{d}z}{0}$$

$$\frac{cx}{x^2+y^2}\mathrm{d}x = -\frac{cy}{x^2+y^2}\mathrm{d}y$$

$$\mathrm{d}z = 0$$

解得流线方程为

$$x^2+y^2 = C_1,\quad z = C_2$$

它是垂直于 z 轴的平面上以 z 轴为中心的同心圆轴.

例 5.2.4 流体运动的速度场为

$$\boldsymbol{v} = \boldsymbol{A}\cos\omega t + \boldsymbol{B}\sin\omega t$$

其中 $\boldsymbol{A}$、$\boldsymbol{B}$ 均为常矢量,ω 是常数. 求流线和轨迹方程.

解 流线的微分方程为

$$\frac{\mathrm{d}x}{A_x\cos\omega t + B_x\sin\omega t} = \frac{\mathrm{d}y}{A_y\cos\omega t + B_y\sin\omega t} = \frac{\mathrm{d}z}{A_z\cos\omega t + B_z\sin\omega t}$$

积分得

$$\begin{cases}\dfrac{x}{A_x\cos\omega t + B_x\sin\omega t} - \dfrac{y}{A_y\cos\omega t + B_y\sin\omega t} = C_1\\[2ex]\dfrac{y}{A_y\cos\omega t + B_y\sin\omega t} - \dfrac{z}{A_z\cos\omega t + B_z\sin\omega t} = C_2\end{cases}$$

轨迹的微分方程为

$$\frac{\mathrm{d}x}{\mathrm{d}t} = A_x \cos\omega t + B_x \sin\omega t$$

$$\frac{\mathrm{d}y}{\mathrm{d}t} = A_y \cos\omega t + B_y \sin\omega t$$

$$\frac{\mathrm{d}z}{\mathrm{d}t} = A_z \cos\omega t + B_z \sin\omega t$$

积分得

$$\begin{cases} x = \dfrac{A_x}{\omega}\sin\omega t - \dfrac{B_x}{\omega}\cos\omega t + D_1 \\ y = \dfrac{A_y}{\omega}\sin\omega t - \dfrac{B_y}{\omega}\cos\omega t + D_2 \\ z = \dfrac{A_z}{\omega}\sin\omega t - \dfrac{B_z}{\omega}\cos\omega t + D_3 \end{cases}$$

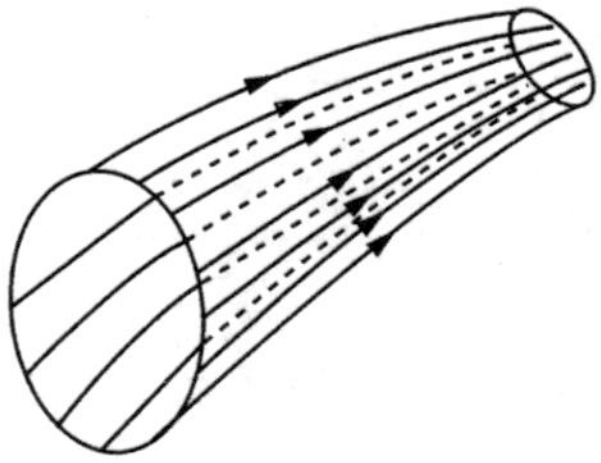

图 5.2.1

现在介绍流管的概念. 通过任一闭合曲线上的每一点的流线围成的管状曲面,称为流管,如图 5.2.1 所示. 流管是由流线围成的,流速沿流线的切线方向,因此,流管面上的质元不会有垂直于流管的速度分量. 流线不相交,对于定常流动,任一流管内的流体质元不会流到流管外,流管外的流体质元也不会流到流管内. 对于非定常流动,流线随时间是变化的,流体质元是可以跑出或跑进早先时刻的流管的.

3. 连续性方程

除了物体的速度接近光速和在原子核反应中,质量和能量可以相互转化,质量不守恒外,其他一切形式的运动,都遵从质量守恒定律,流体力学所涉及的运动速度远小于光速,自然质量守恒定律成立. 现在我们用它来导出流体运动必须遵从的连续性方程.

在流体内任取一个固定的由封闭曲面 S 包围的区域,其体积为 V. 在 t 时刻,此区域内的流体质量为

$$\int_V \rho(x, y, z, t)\mathrm{d}V$$

在 $t+\Delta t$ 时刻,此区域内的流体质量为

$$\int_V \rho(x, y, z, t+\Delta t)\mathrm{d}V$$

在 $t \sim t+\Delta t$ 期间,此区域内的流体质量的增量为

$$\int_V \rho(x, y, z, t+\Delta t)\mathrm{d}V - \int_V \rho(x, y, z, t)\mathrm{d}V$$
$$= \int_V [\rho(x, y, z, t+\Delta t) - \rho(x, y, z, t)]\mathrm{d}V$$

再计算通过此封闭曲面流出此区域的流体质量,在封闭曲面 S 上取面元 $\mathrm{d}S$,规定面元 $\mathrm{d}S$ 的法向矢量 $\boldsymbol{n}$ 向外为正,如图 5.2.2 所示. 设 t 时刻,面元 $\mathrm{d}S$ 处流体质元的速度为 $\boldsymbol{v}$,在 $t \sim t+\Delta t$ 期间,经面元 $\mathrm{d}S$ 流出区域的流体质量为

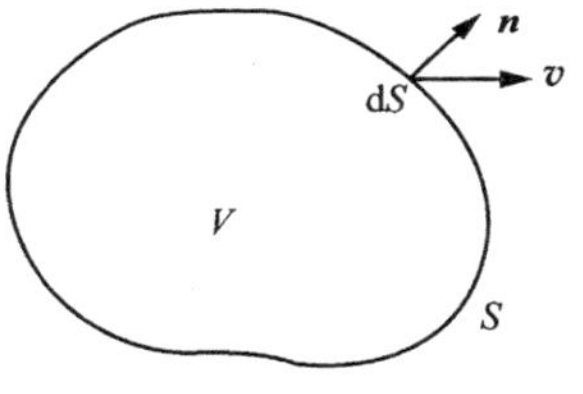

图 5.2.2

$$\rho(x, y, z, t)\boldsymbol{v}(x, y, z, t)\cdot\boldsymbol{n}\mathrm{d}S\Delta t$$

在此期间,流出此区域的流体质量为

$$\oint_S \rho(x, y, z, t)\boldsymbol{v}(x, y, z, t)\cdot\boldsymbol{n}\mathrm{d}S\Delta t$$

根据质量守恒定律,区域内质量的增量应等于流进此区域的质量

$$\int_V [\rho(x, y, z, t+\Delta t) - \rho(x, y, z, t)]\mathrm{d}V$$
$$= -\oint_S \rho(x, y, z, t)\boldsymbol{v}(x, y, z, t)\cdot\boldsymbol{n}\mathrm{d}S\Delta t$$

两边除以 Δt,并令 $\Delta t \to 0$,即得

$$\int_V \frac{\partial\rho}{\partial t}\mathrm{d}V = -\oint_S \rho\boldsymbol{v}\cdot\boldsymbol{n}\mathrm{d}S \tag{5.2.10}$$

由矢量分析的高斯定理

$$\oint \rho\boldsymbol{v}\cdot\boldsymbol{n}\mathrm{d}S = \int_V \nabla\cdot(\rho\boldsymbol{v})\mathrm{d}V$$

(5.2.10)式可改写为

$$\iint_V \left[\frac{\partial \rho}{\partial t} + \nabla \cdot (\rho \boldsymbol{v})\right] \mathrm{d}V = 0 \tag{5.2.11}$$

(5.2.10)、(5.2.11)式是连续性方程的积分形式.

(5.2.11)式中积分区域是任意的,不论位于何处,也不论取多大范围,(5.2.11)式都成立,令 $V \to 0$,即得在任何地点(x, y, z),任何时刻 t 都必须满足的方程

$$\frac{\partial \rho}{\partial t} + \nabla \cdot (\rho \boldsymbol{v}) = 0 \tag{5.2.12}$$

用(5.2.7)式,

$$\frac{\mathrm{d}\rho}{\mathrm{d}t} = \frac{\partial \rho}{\partial t} + \boldsymbol{v} \cdot \nabla \rho$$

及矢量分析公式,

$$\nabla \cdot (\rho \boldsymbol{v}) = \rho \nabla \cdot \boldsymbol{v} + \nabla \rho \cdot \boldsymbol{v}$$

(5.2.12)式可改写为

$$\frac{\mathrm{d}\rho}{\mathrm{d}t} + \rho \nabla \cdot \boldsymbol{v} = 0 \tag{5.2.13}$$

(5.2.12)、(5.2.13)式都可称为连续性方程的微分形式.

$\nabla \cdot \boldsymbol{v}$ 称为 $\boldsymbol{v}$ 的散度,也可表为 $\mathrm{div}\boldsymbol{v}$,是标量. 用直角坐标表示,

$$\nabla \cdot \boldsymbol{v} = \frac{\partial v_x}{\partial x} + \frac{\partial v_y}{\partial y} + \frac{\partial v_z}{\partial z}$$

用柱坐标表示. 可对上式进行坐标变换,得

$$\nabla \cdot \boldsymbol{v} = \frac{1}{r} \frac{\partial (r v_r)}{\partial r} + \frac{1}{r} \frac{\partial v_\varphi}{\partial \varphi} + \frac{\partial v_z}{\partial z}$$

$\nabla \rho$ 称为 ρ 的梯度,也可表为 $\mathrm{grad}\rho$,是矢量,用直角坐标表示,

$$\nabla \rho = \boldsymbol{i} \frac{\partial \rho}{\partial x} + \boldsymbol{j} \frac{\partial \rho}{\partial y} + \boldsymbol{k} \frac{\partial \rho}{\partial z}$$

用柱坐标表示,

$$\nabla \rho = \boldsymbol{e}_r \frac{\partial \rho}{\partial r} + \boldsymbol{e}_\varphi \frac{1}{r} \frac{\partial \rho}{\partial \varphi} + \boldsymbol{k} \frac{\partial \rho}{\partial z}$$

对于不可压缩流体,$\frac{\mathrm{d}\rho}{\mathrm{d}t} = 0$,由(5.2.13)式,

$$\nabla \cdot \boldsymbol{v} = 0 \tag{5.2.14}$$

反之亦然,即由$\nabla \cdot \boldsymbol{v}=0$和(5.2.13)式,可得$\frac{\mathrm{d}\rho}{\mathrm{d}t}=0$. 因此,(5.2.14)式既是不可压缩流体的连续性方程,又是判定一个运动着的流体不可压缩的根据.

定常流动时,有$\frac{\partial \rho}{\partial t}=0$,由(5.2.12)式,可得定常流动时的连续性方程:

$$\nabla \cdot (\rho \boldsymbol{v}) = 0 \tag{5.2.15}$$

定常流动时,在任何时间内,流进和流出任何体积的质量总是相抵的.

对于定常流动,考虑细流管,所谓"细",是指在垂直于该流管的截面上各点可视为有同样的速度. 若 S_1、S_2 是垂直于细流管的两处的截面积,两处的流速分别为 $\boldsymbol{v}_1$、$\boldsymbol{v}_2$,则对细流管两截面间的区域用(5.2.11)式(注意$\frac{\partial \rho}{\partial t}=0$),得

$$\rho_1 v_1 S_1 = \rho_2 v_2 S_2 \tag{5.2.16}$$

对于不可压缩流体的定常流动,考虑细流管,可得

$$v_1 S_1 = v_2 S_2 \tag{5.2.17}$$

思考题 能否用(5.2.14)式,把(5.2.17)式的适用范围中的定常流动条件去掉?

例 5.2.5 已知一不可压缩流体的流动,$v_x = ax^2 + by$,其中 a、b 均为常量,$v_z=0$,$y=0$ 处,$v_y=0$. 求此流动的加速度场.

解 由不可压缩流体的连续性方程(5.2.14)式,得

$$2ax + \frac{\partial v_y}{\partial y} = 0$$

积分得

$$v_y = -2axy + \varphi(x, z, t)$$

由 $y=0$ 处,$v_y=0$ 定出 $\varphi(x, z, t)=0$. 于是

$$\boldsymbol{v} = (ax^2 + by)\boldsymbol{i} - 2axy\boldsymbol{j}$$

由(5.2.5)式,

$$a_x = \frac{\mathrm{d}v_x}{\mathrm{d}t} = \frac{\partial v_x}{\partial t} + \boldsymbol{v} \cdot \nabla v_x = v_x \frac{\partial v_x}{\partial x} + v_y \frac{\partial v_x}{\partial y} + v_z \frac{\partial v_x}{\partial z}$$

$$= (ax^2 + by)2ax - 2axy \cdot b = 2a^2 x^3$$

$$a_y = \frac{\mathrm{d}v_y}{\mathrm{d}t} = \frac{\partial v_y}{\partial t} + \boldsymbol{v} \cdot \nabla v_y = v_x \frac{\partial v_y}{\partial x} + v_y \frac{\partial v_y}{\partial y} + v_z \frac{\partial v_y}{\partial z}$$

$$= (ax^2 + by)(-2ay) - 2axy(-2ax) = 2ay(ax^2 - by)$$

$$a_z = 0$$

*4. 有旋流动和无旋流动　速度势

在第七章将论证,对于刚体(在运动中,它上面任何两点间的距离保持不变的物体,称为刚体,也是理想化的近似模型),任取刚体上一点作为基点,刚体上其余各点的速度可以分解为跟随基点的平动速度和在基点平动参考系中围绕基点的转动速度的叠加,即

$$\boldsymbol{v} = \boldsymbol{v}_0 + \boldsymbol{\omega} \times \boldsymbol{r}$$

其中 $\boldsymbol{v}_0$ 是基点的瞬时速度,$\boldsymbol{\omega}$ 是在基点平动参考系中围绕基点的瞬时转动角速度(可证明:对于任取的基点,在同一时刻,在基点平动参考系中．围绕基点的转动角速度都一样),$\boldsymbol{r}$ 是刚体上的点对基点的位矢．角速度 $\boldsymbol{\omega}$ 可以用 $\boldsymbol{v}$ 表示之．对上式两边取旋度,作旋度运算时,t 视为参量,如同一个常量,可得

$$\boldsymbol{\omega} = \frac{1}{2} \nabla \times \boldsymbol{v}$$

$\nabla \times \boldsymbol{v}$ 也可写作 $\mathrm{rot}\boldsymbol{v}$ 或 $\mathrm{curl}\boldsymbol{v}$,称为 $\boldsymbol{v}$ 的旋度,用直角坐标表示

$$\nabla \times \boldsymbol{v} = \left(\frac{\partial v_z}{\partial y} - \frac{\partial v_y}{\partial z}\right)\boldsymbol{i} + \left(\frac{\partial v_x}{\partial z} - \frac{\partial v_z}{\partial x}\right)\boldsymbol{j} + \left(\frac{\partial v_y}{\partial x} - \frac{\partial v_x}{\partial y}\right)\boldsymbol{k}$$

用柱坐标表示,

$$\nabla \times \boldsymbol{v} = \left(\frac{1}{r}\frac{\partial v_z}{\partial \varphi} - \frac{\partial v_\varphi}{\partial z}\right)\boldsymbol{e}_r + \left(\frac{\partial v_r}{\partial z} - \frac{\partial v_z}{\partial r}\right)\boldsymbol{e}_\varphi$$

$$+ \left[\frac{1}{r}\frac{\partial (r v_\varphi)}{\partial r} - \frac{1}{r}\frac{\partial v_r}{\partial \varphi}\right]\boldsymbol{k}$$

流体的运动比刚体复杂得多,各质元之间的距离不保持不变,因此不存在对整个流体统一的角速度,不能选取共同的基点,只能在微团中选取一个质元为基点．不仅如此,微团也不能近似为刚体,微团内各质元除了跟随基点的平动和同时在基点平动参照系中绕基点转动外,还有一项使微团发生变形的变形速度 $\boldsymbol{v}_b$,

$$\boldsymbol{v} = \boldsymbol{v}_0 + \boldsymbol{\omega} \times \delta \boldsymbol{r} + \boldsymbol{v}_b$$

可以证明:微团中质元的速度确有上述形式,且 $\boldsymbol{v}_b = \nabla\psi$,由矢量分析知,$\nabla \times \boldsymbol{v}_b = \nabla \times \nabla\psi = 0$. 证明如下:

考虑微团中两个质元:$M_0(x, y, z)$和 $M(x+\delta x, y+\delta y, z+\delta z)$. 位于$(x, y, z)$的 M_0 是基点. 速度为 $\boldsymbol{v}_0$,M 点的速度$\boldsymbol{v}$ 为

$$\boldsymbol{v} = \boldsymbol{v}_0 + \frac{\partial \boldsymbol{v}}{\partial x}\delta x + \frac{\partial \boldsymbol{v}}{\partial y}\delta y + \frac{\partial \boldsymbol{v}}{\partial z}\delta z$$

写出上式 x 分量的关系,

$$\begin{aligned} v_x &= v_{0}x + \frac{\partial v_x}{\partial x}\delta x + \frac{\partial v_x}{\partial y}\delta y + \frac{\partial v_x}{\partial z}\delta z \\ &= v_{0}x + \frac{1}{2}\left(\frac{\partial v_x}{\partial z} - \frac{\partial v_z}{\partial x}\right)\delta z - \frac{1}{2}\left(\frac{\partial v_y}{\partial x} - \frac{\partial v_x}{\partial y}\right)\delta y \\ &\quad + \frac{\partial v_x}{\partial x}\delta x + \frac{1}{2}\left(\frac{\partial v_y}{\partial x} + \frac{\partial v_x}{\partial y}\right)\delta y + \frac{1}{2}\left(\frac{\partial v_x}{\partial z} + \frac{\partial v_z}{\partial x}\right)\delta z \\ &= v_{0}x + \omega_y\delta z - \omega_z\delta y + \frac{\partial\psi}{\partial(\delta x)} \end{aligned}$$

其中

$$\omega_y = \frac{1}{2}\left(\frac{\partial v_x}{\partial z} - \frac{\partial v_z}{\partial x}\right), \omega_z = \frac{1}{2}\left(\frac{\partial v_y}{\partial x} - \frac{\partial v_x}{\partial y}\right)$$

$$\begin{aligned} \psi = \frac{1}{2}\Big[&\frac{\partial v_x}{\partial x}(\delta x)^2 + \frac{\partial v_y}{\partial y}(\delta y)^2 + \frac{\partial v_z}{\partial z}(\delta z)^2 + \left(\frac{\partial v_z}{\partial y} + \frac{\partial v_y}{\partial z}\right)\delta y\delta z \\ &+ \left(\frac{\partial v_x}{\partial z} + \frac{\partial v_z}{\partial x}\right)\delta z\delta x + \left(\frac{\partial v_y}{\partial x} + \frac{\partial v_x}{\partial y}\right)\delta x\delta y\Big] \end{aligned}$$

同理可得

$$v_y = v_{0}y + \omega_z\delta x - \omega_x\delta z + \frac{\partial\psi}{\partial(\delta y)}$$

$$v_z = v_{0}z + \omega_x\delta y - \omega_y\delta x + \frac{\partial\psi}{\partial(\delta z)}$$

$$\boldsymbol{v} = \boldsymbol{v}_0 + \boldsymbol{\omega} \times \delta\boldsymbol{r} + \nabla\psi \tag{5.2.18}$$

其中

$$\boldsymbol{\omega} = \frac{1}{2} \nabla \times \boldsymbol{v} \tag{5.2.19}$$

注意　(5.2.19)式中求旋度时，微团的基点坐标 x、y、z 为变量，而(5.2.18)式中对 ψ 求梯度时是在基点平动参考系中进行的，$\frac{\partial v_x}{\partial x}$等偏导数都视为常量，$\delta x$、$\delta y$、$\delta z$ 为变量. 证毕.

$\omega \neq 0$ 说明微团中的质元对其基点质元有转动. 因此，由(5.2.19)式，如速度的旋度

$$\nabla \times \boldsymbol{v} \neq 0$$

则此流动为有旋流动. $\boldsymbol{v}$ 是x、y、z、t 的函数，在哪个时刻、哪个地点，$\nabla \times \boldsymbol{v} \neq 0$，则那时那处的流动是有旋的. $\nabla \times \boldsymbol{v} = 0$ 的流动则为无旋流动.

若

$$\nabla \times \boldsymbol{v} = 0$$

则 $\boldsymbol{v}$ 必是某个函数 ϕ 的梯度

$$\boldsymbol{v} = \nabla \phi \tag{5.2.20}$$

ϕ 称为速度势. 因此，对于一个无旋流动的速度场，可以改用一个速度势场来描述. 速度势与速度之间的关系和势能与保守力之间的关系(差一个负号)、静电场中电势与电场强度之间的关系(差一个负号)可以类比. 不过，保守力场、静电场一定是定常的，无旋流动的速度场不一定是定常的. 更可与之类比的是以后讲的势函数与有势力之间的关系.

例 5.2.6　分别说明下述的流动是否无旋流动？若为无旋流动，求出它的速度势.

(1) $v_x = ay$, $v_y = v_z = 0$，其中 a 为常量.

(2) $v_r = -\dfrac{z\sin\varphi}{r^2}$, $v_\varphi = \dfrac{z\cos\varphi}{r^2}$, $v_z = \dfrac{\sin\varphi}{r}$.

(3) $v_r = 0$, $v_\varphi = ar$, $v_z = 0$，其中 a 为常量.

解　(1) $\nabla \times \boldsymbol{v} = \left(\dfrac{\partial v_z}{\partial y} - \dfrac{\partial v_y}{\partial z}\right)\boldsymbol{i} + \left(\dfrac{\partial v_x}{\partial z} - \dfrac{\partial v_z}{\partial x}\right)\boldsymbol{j} + \left(\dfrac{\partial v_y}{\partial x} - \dfrac{\partial v_x}{\partial y}\right)\boldsymbol{k}$

$= -a\boldsymbol{k} \neq 0$

故处处为有旋流动.

(2) $\nabla \times \boldsymbol{v} = \left(\dfrac{1}{r}\dfrac{\partial v_z}{\partial \varphi} - \dfrac{\partial v_\varphi}{\partial z}\right)\boldsymbol{e}_r + \left(\dfrac{\partial v_r}{\partial z} - \dfrac{\partial v_z}{\partial r}\right)\boldsymbol{e}_\varphi + \left[\dfrac{1}{r}\dfrac{\partial (r v_\varphi)}{\partial r} - \dfrac{1}{r}\dfrac{\partial v_r}{\partial \varphi}\right]\boldsymbol{k}$

$= 0$

是无旋流动. 由(5.2.20)式及梯度的柱坐标表示式,

$$\frac{\partial \phi}{\partial r}=-\frac{z\sin\varphi}{r^2},\ \frac{1}{r}\frac{\partial \phi}{\partial \varphi}=\frac{z\cos\varphi}{r^2},\frac{\partial \phi}{\partial z}=\frac{\sin\varphi}{r}$$

积分得

$$\phi=\frac{z\sin\varphi}{r}+f_1(\varphi,\ z)$$

$$\phi=\frac{z\sin\varphi}{r}+f_2(r,\ z)$$

$$\phi=\frac{z\sin\varphi}{r}+f_3(r,\ \varphi)$$

三个速度势 ϕ 必须相同,只能是 $f_1=f_2=f_3=0$. 故

$$\phi=\frac{z\sin\varphi}{r}.$$

(3) $\nabla\times\boldsymbol{v}=2a\boldsymbol{k}\neq0$,处处为有旋流动.

§5.3 流体静力学

静力学是动力学的特殊情况. 可是流体静力学的平衡方程对各种流体(不论是黏性的、无黏性的、可压缩的还是不可压缩的)都是适用的,而我们并不对各种流体的动力学都作详尽的讲述,因此我们不从流体动力学得出流体静力学.

1. 无黏性流体和静止流体的应力和压强

流体中受到的力有两类:一类叫彻体力(或叫质量力),作用于流体的体积内各流体质元上,其大小与流体质量或体积或带电量成正比,如重力、电磁力和第十章讲的达朗伯惯性力(把动力学问题作静力学问题处理时引入的),流体内各部分之间的万有引力也是彻体力,可是它很小,总是可以忽略的. 另一类叫表面力,是作用在所取流体系统表面上的力,由与它相接触的流体或物体的直接作用而产生的,我们这里要讲的应力、压强属于这一类,器壁对流体的作用力也属于表面力.

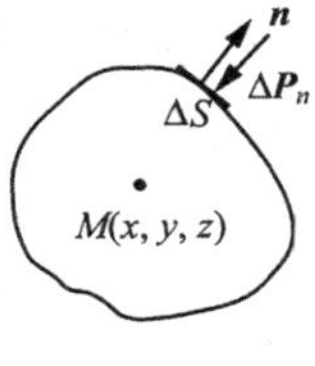

图 5.3.1

在流体内任一点 $M(x、y、z)$附近考虑一块流体,在其表面上取一个小面积 ΔS,规定其单位法向矢量向外为正,如图 5.3.1 所示. 在此面上受到周围流体的作用力,称为应力. 一般来讲,

既有法向分量，又有切向分量．对于无黏性流体，不论该块流体对周围流体有无相对运动，没有黏性力（或叫内摩擦力），因而没有切向应力．对于静止流体，该块流体对周围流体无相对运动，即使是黏性流体，也没有黏性力．因为如果有此切向力存在，由流体的易流动性，该块流体与周围流体间不可能无相对运动，不可能静止．因此，对于静止流体，对于无相对运动的流体之间不存在切向应力，只有法向应力．又由于流体是不能拉伸的，法向应力不可能是张力，只能是压力．在 ΔS 面上受到的压力 $\Delta \boldsymbol{P}_n$，与 $\boldsymbol{n}$ 方向相反．单位面积上受到的压力的大小，称为压强．

令体积向 M 点收缩，ΔS 面的法向 $\boldsymbol{n}$ 保持不变，求下列极限：

$$p_n = \lim_{\Delta S \to 0} \frac{|\Delta \boldsymbol{P}_n|}{\Delta S} = \left| \frac{\mathrm{d}\boldsymbol{P}_n}{\mathrm{d}S} \right|$$

p_n 是通过 M 点沿法向为 $\boldsymbol{n}$ 的单位截面上的两边流体相互作用的法向力的大小，称为压强．对于一般的连续介质，p_n 与 $\boldsymbol{n}$ 的取向有关，故一般需用脚标表明法向，可是对于无黏性流体（不论是否运动）和静止流体（不论是否黏性流体）而言，可以证明，p_n 与 $\boldsymbol{n}$ 的取向无关．以后就无需用脚标 $\boldsymbol{n}$ 了．

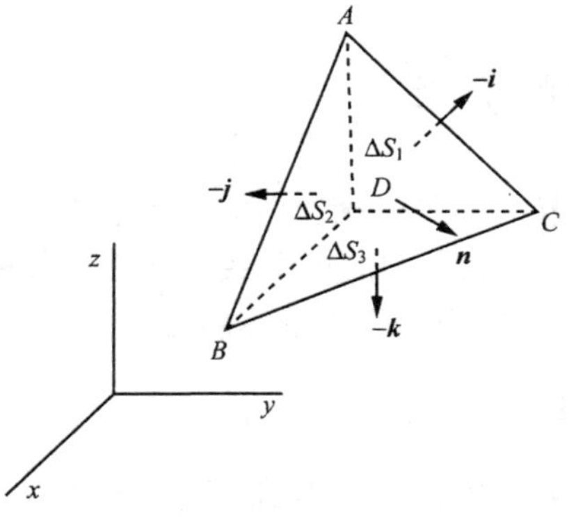

图 5.3.2

现在来证明一点的压强与截面的取向无关，考虑图 5.3.2 所示的四面体，三条棱 DB、DC、DA 分别与 x、y、z 轴平行，ADC 面、ABD 面、BCD 面的法向单位矢量分别标为 $-\boldsymbol{i}$、$-\boldsymbol{j}$、$-\boldsymbol{k}$，ABC 面的法向单位矢量 $\boldsymbol{n}$ 的方向余弦为 α、β、γ，四面体位于点 (x, y, z) 附近，(x, y, z) 点在四面体内，四个面的面积分别为 ΔS_1、ΔS_2、ΔS_3 和 ΔS（ΔS 在图中未标出）．现考虑无黏性流体或处于静止的任何流体，表面力没有切向应力，受到的彻体力有重力，对于运动的无黏性流体，若作静力学处理，彻体力还有达朗伯惯性力，如不作静力学处理，用牛顿运动第二定律时，需考虑质量与加速度的乘积．当四面体保持各面的取向不变向 $(x、y、z)$ 点收缩，各个面的面积都是二阶小量，四面体的体积是三阶小量，压强 p_{-i}、p_{-j}、p_{-k}、p_n 密度 ρ、重力加速度 g、加速度 a 都是有限量，因而，表面力是二阶小量，彻体力、质量与加速度的乘积都是三阶小量，取极限时，三阶小量可以忽略．

考虑到表面力都是压力，取极限时，四个表面力的合力应为零，

$$\lim_{\Delta S_1\to 0}p_{-i}\Delta S_1\boldsymbol{i}+\lim_{\Delta S_2\to 0}p_{-j}\Delta S_2\boldsymbol{j}+\lim_{\Delta S_3\to 0}p_{-k}\Delta S_3\boldsymbol{k}+\lim_{\Delta S\to 0}p_n\Delta S(-\boldsymbol{n})=0$$

注意到

$$\boldsymbol{n}=\alpha\boldsymbol{i}+\beta\boldsymbol{j}+\gamma\boldsymbol{k}$$

$$\Delta S_1=\alpha\Delta S,\quad \Delta S_2=\beta\Delta S,\quad \Delta S_3=\gamma\Delta S$$

代入上述极限式，得到(x, y, z)点的四个取向的截面上的压强均相等，

$$p_{-i}=p_{-j}=p_{-k}=p_n$$

$\boldsymbol{n}$ 不论如何取向，即 α、β、γ 不论为何值，均有上述关系，这就证明了无黏性流体或静止流体内任何一点的压强，与通过该点的面的取向无关，压强 p 只能是位置 x、y、z 和时间 t 的函数，

$$p=p(x, y, z, t)$$

2. 平衡方程

对于静止流体内任何一点的压强，不论受到何种、多大的彻体力，压强与面的取向是无关的. 可是对于静止流体内的压强分布或者说对任何一点压强的方向变化率，彻体力起着决定性的作用.

考虑体积 V 内的流体处于平衡状态. 设密度为 $\rho(x, y, z)$，单位质量受到的彻体力为 $\boldsymbol{F}(x, y, z)$，压强为 $p(x, y, z)$. 对每个质元用平衡条件，将体积 V 内所有质元的平衡方程相加，注意牛顿运动第三定律，内部质元之间的相互作用力的合力为零，可得体积 V 内的流体的平衡条件是表面力和彻体力的合力为零.

$$\int_V\rho\boldsymbol{F}\mathrm{d}V+\oint_S(-p)\boldsymbol{n}\mathrm{d}S=0 \tag{5.3.1}$$

其中 S 是体积 V 的表面，是一个封闭曲面. (5.3.1)式是平衡方程的积分形式.

更有意义的是平衡方程的微分形式. 由矢量分析公式

$$\oint_S f\boldsymbol{n}\mathrm{d}S=\int_V\nabla f\mathrm{d}V$$

(5.3.1)式可改写为

$$\int_V(\rho\boldsymbol{F}-\nabla p)\mathrm{d}V=0$$

令系统无限缩小至点(x, y, z)，并考虑上述积分的被积函数的连续性，立即得到平衡方程的微分形式：

$$\rho \boldsymbol{F} = \nabla p \tag{5.3.2}$$

对于均质流体(不可压缩的单相流体系统),ρ 为常量. 可由(5.3.2)式求出压强分布 p. 对于其状态方程与温度无关的流体(称为正压流体),由(5.3.2)式及状态方程 $\rho=\phi(p)$可求出 p 和ρ. 对于其状态方程与温度有关的流体,与周围有热量交换,则需联立(5.3.2)式、状态方程 $p=f(\rho,T)$以及由能量守恒定律得到的能量方程,才能求得压强分布. 我们在讨论压强分布时只限于均质流体.

若单位质量所受的彻体力 $\boldsymbol{F}$ 是保守力,即

$$\boldsymbol{F} = -\nabla U$$

U 是单位质量彻体力势能,可称为势函数,则(5.3.2)式可写成

$$-\rho \nabla U = \nabla p \tag{5.3.3}$$

对于均质流体,$\rho=$常量,(5.3.3)式可改写为

$$p = -\rho U + C \tag{5.3.4}$$

其中 C 为常量,与势函数 U 的零点如何选取有关.

若 $\boldsymbol{F}$ 是保守力,但不限于均质流体,可由(5.3.3)式计算平衡时压强的方向导数. 两边点乘该方向的单位矢量,

$$\nabla p \cdot \boldsymbol{l}^{\circ} = -\rho \nabla U \cdot \boldsymbol{l}^{\circ}$$

$$\frac{\partial p}{\partial l} = -\rho \frac{\partial U}{\partial l} \tag{5.3.5}$$

如 $\boldsymbol{n}$ 为∇p 方向的单位矢量,$\boldsymbol{n}=\dfrac{\nabla p}{|\nabla p|}$,取 $\boldsymbol{l}^{\circ}=\boldsymbol{n}$,

$$\frac{\partial p}{\partial n} = -\rho \frac{\partial U}{\partial n}$$

如 $\boldsymbol{l}^{\circ}$与 $\boldsymbol{n}$ 的夹角为α,因$\dfrac{\partial p}{\partial l}=\nabla p\cdot\boldsymbol{l}^{\circ}=(\nabla p)\boldsymbol{n}\cdot\boldsymbol{l}^{\circ}=\dfrac{\partial p}{\partial n}\cos\alpha$,(5.3.5)式可改写为

$$\frac{\partial p}{\partial l} = -\rho \frac{\partial U}{\partial n}\cos\alpha \tag{5.3.6}$$

随着 α 由 0 增大到$\dfrac{\pi}{2}$,$\dfrac{\partial p}{\partial l}$从$\dfrac{\partial p}{\partial n}$单调下降至零,$\alpha$ 由$\dfrac{\pi}{2}$增大到 π,$\dfrac{\partial p}{\partial l}$从零单调下降至$-\dfrac{\partial p}{\partial n}$,梯度所指的方向是该量的方向导数最大的方向,也是等量面最密集的方向.

对(5.3.3)式两边取旋度,用标量的梯度的旋度等于零及 $\nabla\times(f\mathbf{A})=\nabla f\times\mathbf{A}$

$+f\nabla\times\boldsymbol{A}$,得

$$\nabla\rho\times\nabla U=0 \tag{5.3.7}$$

对(5.3.3)式两边叉乘∇U,得

$$\nabla p\times\nabla U=0 \tag{5.3.8}$$

由(5.3.8)式可知,通过任何点(x, y, z)的等压面的法线方向与等势面的法线方向是重合的,由此可见,等压面和等势面也是重合的. 由(5.3.7)式可知,在彻体力是保守力的情况下,不仅静止流体的等压面和等势面重合,而且还和等密度面重合.

根据彻体力是保守力的静止流体的等压面与等密度面必须重合可知,在两种密度不同又不相混的流体处于平衡时,它的分界面(两边均为等密度面)必为等压面. 液体的自由面(与大气的分界面)是等密度面,也是等压面,其压强就是大气压强.

以上所讲的平衡也包括了相对平衡,因为选择适当的参考系,相对平衡就成了平衡. 如果所用的参考系是非惯性系,则彻体力中应考虑因采用此非惯性系而引入的惯性力.

下面再讨论一下流体处于平衡或相对平衡时,彻体力必须满足什么条件的问题.

显然,对所用的参考系,(5.3.2)式中的 $\boldsymbol{F}$ 必须不显含时间 t.

对于均质流体,ρ 为常量,(5.3.2)式可改为

$$\boldsymbol{F}=\nabla\left(\frac{1}{\rho}p\right)$$

故

$$\nabla\times\boldsymbol{F}=0 \tag{5.3.9}$$

要求单位质量流体受到的彻体力是保守力.

对于非均质流体,要达到平衡或相对平衡,可不要求$\nabla\times\boldsymbol{F}=0$. 由(5.3.2)式,

$$\begin{aligned}\nabla\times\boldsymbol{F}&=\nabla\times\left(\frac{1}{\rho}\nabla p\right)\\&=\nabla\left(\frac{1}{\rho}\right)\times\nabla p+\frac{1}{\rho}\nabla\times\nabla p=\nabla\left(\frac{1}{\rho}\right)\times\nabla p\end{aligned}$$

$$\boldsymbol{F}\cdot\nabla\times\boldsymbol{F}=\frac{1}{\rho}\nabla p\cdot\left[\nabla\left(\frac{1}{\rho}\right)\times\nabla p\right]$$

$$= \frac{1}{\rho} \nabla \left(\frac{1}{\rho} \right) \cdot [\nabla p \times \nabla p] = 0 \tag{5.3.10}$$

(5.3.9)、(5.3.10)式分别是均质流体和非均质流体达到平衡或相对平衡除 $\boldsymbol{F}$ 不显含 t 以外必须满足的条件.

例 5.3.1　一个半径为 R 的开口圆桶放在水平面上,桶内盛有密度为 ρ 的均质液体,静止时液面高度为 h. 让圆桶绕自身的对称轴以角速度 ω 旋转. 最终液体相对于圆桶处于平衡状态. 设大气压强为 p_0. 求

(1) 液体内的压强分布;

(2) 圆桶底面上液体的压强分布和圆桶底面受到的总压力;

(3) 设想有一个过对称轴的平面将圆桶分成两半,求半圆桶的侧面受到的总压力.

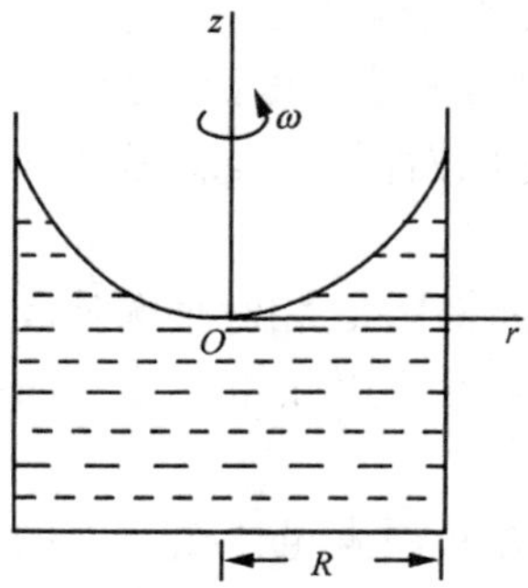

图 5.3.3

解　取固连于圆桶的柱坐标,对称轴为 z 轴,向上为正. 坐标原点位于对圆桶平衡时自由面的中心. 如图 5.3.3 所示.

单位质量液体受到的彻体力为惯性离心力和重力.

$$\boldsymbol{F} = \omega^2 r \boldsymbol{e}_r - g\boldsymbol{k}$$

势函数为

$$U = -\frac{1}{2}\omega^2 r^2 + gz$$

由(5.3.4)式,压强分布为

$$p = \frac{1}{2}\rho\omega^2 r^2 - \rho g z + C$$

由题设条件:$r=0$、$z=0$ 处 $p=p_0$ 定出 $C=p_0$.

$$p = p_0 + \frac{1}{2}\rho\omega^2 r^2 - \rho g z \tag{1}$$

为了计算圆桶底面处液体的压强分布,必须算出圆桶底面的 z 坐标 $z_{\min}$,为此先得计算液面最高处的 z 坐标 $z_{\max}$ 和 $z \geqslant 0$ 部分液体的体积 V_1.

由 $r=R, p=p_0$,可求出 $z_{\max}$,

$$z_{\max} = \frac{1}{2g}\omega^2 R^2$$

在自由面上，$p=p_0$，代入(1)式得自由面的方程为

$$z=\frac{1}{2g}\omega^2r^2$$

液体处于 $z\geqslant 0$ 处的体积 V_1 为

$$V_1=\int_0^{z_{\max}}\pi(R^2-r^2)\mathrm{d}z=\int_0^{z_{\max}}\pi\left(R^2-\frac{2gz}{\omega^2}\right)\mathrm{d}z=\frac{\pi\omega^2R^4}{4g}$$

由质量守恒及液体的均质性，可求 $z_{\min}$，

$$V_1+(0-z_{\min})\pi R^2=\pi R^2h$$

$$z_{\min}=\frac{1}{\pi R^2}(V_1-\pi R^2h)=\frac{\omega^2R^2}{4g}-h \tag{2}$$

将(2)式代入(1)式，即得圆桶底面处液体的压强分布

$$p_b=p_0+\frac{1}{2}\rho\omega^2r^2-\frac{1}{4}\rho\omega^2R^2+\rho gh.$$

圆桶底面受到的总压力 F_b 为

$$F_b=\int_0^R p_b\cdot 2\pi r\mathrm{d}r=2\pi\int_0^R\left[\left(p_0+\rho gh-\frac{1}{4}\rho\omega^2R^2\right)r+\frac{1}{2}\rho\omega^2r^3\right]\mathrm{d}r$$

$$=\pi(p_0+\rho gh)R^2,\quad \text{方向向下.}$$

计算 F_b 的更简便的方法是考虑圆桶内全部液体作为系统，可视为质点. 竖直方向受到的力有：空气压力，其合力为 πp_0R^2；重力，其合力为 $\pi\rho ghR^2$，均向下；底面向上的作用力，它的反作用力就是 F_b. 由竖直方向合力为零，立即可得结果.

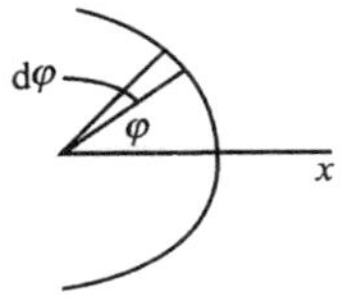

图 5.3.4

现计算半圆桶侧面所受的合力 $\boldsymbol{F}_{hs}$. 先计算 $z\sim z+\mathrm{d}z$ 段半圆桶侧面所受到压力 $\mathrm{d}\boldsymbol{F}_{hs}$. 根据对称性，$\mathrm{d}\boldsymbol{F}_{hs}$ 和 $\boldsymbol{F}_{hs}$ 的方向沿半圆桶的对称轴，即图 5.3.4 中的 x 轴. 考虑面元 $\varphi\sim\varphi+\mathrm{d}\varphi$、$z\sim z+\mathrm{d}z$ 受到的压力的 x 分量，对 φ 积分得 $\mathrm{d}F_{hs}$，

$$\mathrm{d}F_{hs}=\int_{-\frac{\pi}{2}}^{\frac{\pi}{2}}p(R\cdot z)\cos\varphi R\mathrm{d}\varphi\mathrm{d}z$$

$$=\int_{-\frac{\pi}{2}}^{\frac{\pi}{2}}\left(p_0+\frac{1}{2}\rho\omega^2R^2-\rho gz\right)\cos\varphi\cdot R\mathrm{d}\varphi\mathrm{d}z$$

$$= 2R\left(p_0 + \frac{1}{2}\rho\omega^2 R^2 - \rho g z\right)dz$$

$$F_{hs} = \int_{z_{min}}^{z_{max}} 2R\left(p_0 + \frac{1}{2}\rho\omega^2 R^2 - \rho g z\right)dz$$

$$= 2p_0 R\left(h + \frac{\omega^2 R^2}{4g}\right) + \rho g R h^2 + \frac{\rho\omega^4 R^5}{16g}$$

思考题　$\boldsymbol{F}_{hs}$的作用点如何计算?

3. 流体静力学规律及其应用

我们仅限于讨论均质液体.

(1) 帕斯卡原理和水压机

由(5.3.4)式,

$$p = -\rho U + C$$

其中 C 是常量,在势函数的零点取定以后,C 的值可由已知的某一点的压强来决定,某一点的压强有多大改变,在保守的彻体力作用下的处于平衡的均质流体中各点压强也就有多大改变. 这种某点的压强的变化能瞬时地即不需经历时间的传到处于平衡的流体中各点,称为帕斯卡原理.

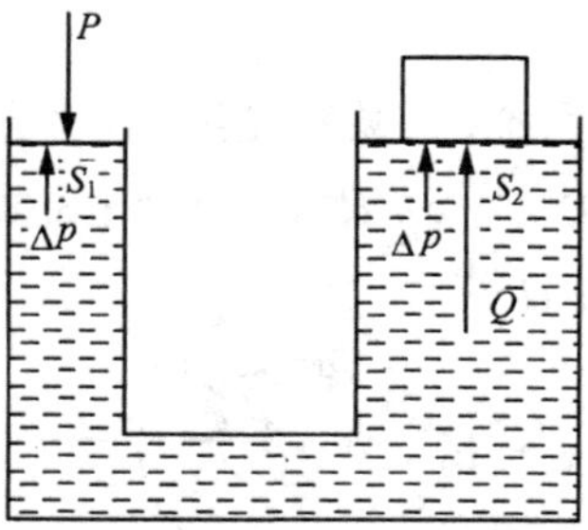

图 5.3.5

水压机就是根据帕斯卡原理设计的. 能用较小的力将较大的物体举起来. 其示意图为图 5.3.5,在左边面积为 S_1 的活塞上施以向下的力 P,可使各点的压强增大 Δp

$$\Delta p = \frac{P}{S_1}$$

能让右边面积为 S_2、与左边活塞在同一水平面的活塞给重物施以向上的作用力

$$Q = \Delta p \cdot S_2 = P\frac{S_2}{S_1}$$

S_2/S_1 愈大,Q/P 也愈大.

如左边继续下压,右边继续上升,两边不处于同一水平面,P 与 Q 的关系应改为

$$Q = \frac{P}{S_1} S_2 - \Delta p' \cdot S_2$$

其中 $\Delta p'$是由于左边活塞低于右边活塞两活塞处的压强差.

(2) 阿基米德原理 浮体和潜体的稳定性

浮在液体中或沉没在液体中的物体分别称为浮体和潜体,如图 5.3.6(a)、(b)所示.

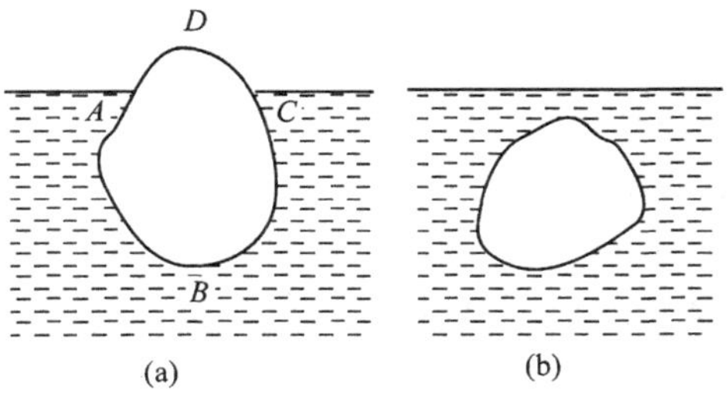

图 5.3.6

浮体和潜体都受到周围液体的压力和向下的重力作用,浮体还受到大气的压力,沉到底部的潜体还受到底面向上的作用力. 它们处于平衡时,它们受到的全部作用力的合力为零.

先对未沉到底的潜体的平衡进行分析. 潜体没有进行任何水平的运动,说明合力的水平分量为零,水平方向只有周围液体的压力作用,说明周围液体的压力的合力必定是铅直方向的. 再设想把潜体所占那部分空间换成该液体,同样能处于平衡,此时周围液体对这部分液体的压力的合力没变,这合力正好与这部分占据潜体位置的流体受到的重力平衡,因此,液体对潜体的总压力必然是向上的,称为浮力. 对于沉到底部的潜体也一样,周围液体的总压力仍然是浮力,其数值等于被排开的那部分液体所受的重力. 沉到底部说明潜体比同体积的液体更重,其差值需要外加底部向上的支持力来平衡.

对于浮体,可以把它分成两部分考虑,图 5.3.6(a)中 ABC 部分潜在液体中,ACD 部分沉在气体的底部. AC 是两部分的分界面,设想通过此面,两部分分别受到向下和向上的相互作用力. ABC 这部分受到液体的浮力(周围液体的压力的合力),其大小等于与 ABC 体积相同的液体的重量. 向上的浮力、ACD 部分给予的向下的压力及 ABC 部分受到的向下的重力三者平衡. ACD 这部分,受到大气的压力,其合力向下,重力向下,还有 ABC 部分给予的支持力向上,三者平衡. 考虑整个浮体,浮体受到的重力(向下)加上空气的压力(向下)与浮力(其大小等于被排开的液体即具有 ABC 那部分体积的液体的重量)三者平衡. 可见,浮体的重量小于同体积的液体的重量,因此浮在液面上.

液体对潜体的浮力,其数值等于被潜体排开的那部分体积的液体的重量,这就是阿基米德原理. 注意,上述阿基米德原理中的潜体改成浮体就不对了. 液体对浮体的浮力与大气对浮体浸入液体的那部分液面[如图 5.3.6(a)中的 AC 面]的压力的合力,其数值等于被浮体排开的那部分体积的液体的重量.

用阿基米德原理可以讨论浮体和潜体的稳定性问题.

浮体受到重力、液体的浮力和大气的压力的作用,大气的压力可以考虑为大气的浮力和大气对浮体浸入液体的那部分液面的压力之和. 通常,大气的浮力很小,可以忽略. 重力的作用点称为重心,液体的浮力和大气对浮体浸入液体的那部分液面的压力的合力的作用点,称为浮心,这合力数值上等于被浮体排开的那部分体积的液体的重量,浮心也就是这部分液体的重心. 由于液体是均质的,这部分液体的重心也就是这部分体积的形心.

重力用 $\boldsymbol{W}$ 表示,重心位置用 G 表示,浮力和大气对浮体浸入液体的那部分液面的压力的合力用 $\boldsymbol{F}_B$ 表示,浮心位置用 B 表示.

浮体平衡时必满足两个条件:i) $F_B = W$;ii) $\boldsymbol{F}_B$ 的作用线和 $\boldsymbol{W}$ 的作用线重合.

浮体的平衡稳定性有三种情况,由于偏离平衡位置后,浸入部分的形状发生变化,浮心在浮体中的位置将发生变化. 以下所说的浮心位置都是指偏离时的位置.

i) 重心在浮心下方,如图 5.3.7(a)所示,$\boldsymbol{W}$ 和 $\boldsymbol{F}_B$ 构成恢复力矩. 平衡是稳定的.

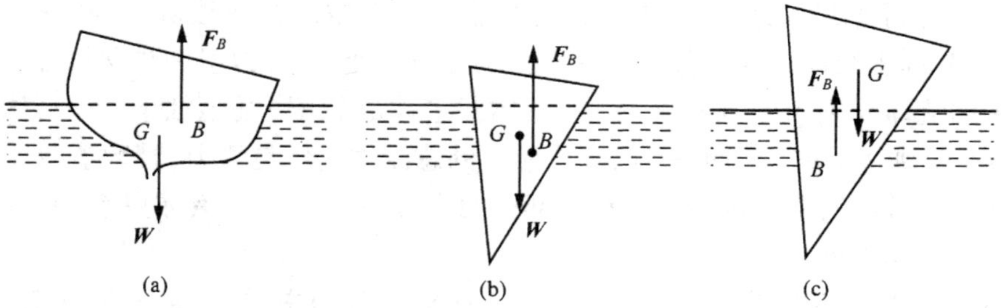

图 5.3.7

ii) 重心在浮心上方,可能有两种情况,如图 5.3.7(b)那样,$\boldsymbol{W}$ 和 $\boldsymbol{F}_B$ 构成恢复力矩,平衡是稳定的;如图 5.3.7(c)那样,$\boldsymbol{W}$ 和 $\boldsymbol{F}_B$ 构成的力矩将使浮体偏离加剧,

浮体将更大偏离,可能翻倒,则原来的平衡是不稳定的.

iii) 重心和浮心重合,这是随遇平衡的情况

对于潜体的平衡稳定性,可以同样地讨论. 由于偏离平衡位置后,不仅重心相对于物体的位置不变,浮心相对于物体的位置也不变. 因而情况比较简单,只要重心在浮心的上方,一定是不稳定平衡,重心和浮心重合,一定是随遇平衡,重心在浮心的下方,则为稳定平衡.

§5.4 无黏性流体的动力学

1. 流体力学的基本方程组

对于流体,有不可压缩和可压缩之分,有黏性流体和无黏性流体之分,有均质和非均质之分,有正压流体和非正压流体之分,流体受的彻体力有保守力、有势力和非保守力、非有势力之分,流动有定常的和不定常的之分,又有有旋流动和无旋流动之分. 描述一般的流体运动,就得给出与流体运动有关的各物理量如速度 $\boldsymbol{v}$、密度 ρ、压强 p、温度 T 等与地点 x、y、z 和时间 t 的函数关系. 因此,流体力学的基本方程应是关于 $\boldsymbol{v}$、ρ、p、T 等所满足的方程,由质量守恒定律、牛顿运动定律、能量守恒定律以及关于黏性力的实验定律、流体的状态方程(实验定律)给出. 它们是连续性方程、运动微分方程、能量方程(不限于机械能,还有热量的传递)、本构方程(黏性力的实验定律)和状态方程.

这一节只限于讨论无黏性流体,没有黏性力,就无需本构方程;前面说过,黏性现象和热传导现象有相同机制,没有黏性,也就没有热传导,不需要涉及热量传递的能量方程. 在质点力学中,如作用力都是保守力,可不直接用运动微分方程,而是用由它导出的机械能守恒关系. 在流体力学中,如彻体力是保守力,也可用运动微分方程导出的机械能守恒关系伯努利方程. 因此对本节讨论的无黏性流体动力学,基本方程是连续性方程、伯努利方程和状态方程.

2. 理想流体定常流动的伯努利方程

理想流体是指无黏性的不可压缩流体. 对于单相的不可压缩流体,是均质流体,ρ 为常量. 对于不可压缩的复相系,对每个单相流体,是均质流体.

在§5.1 已讲过,定常流动时,流线与轨迹重合,运动微分方程沿流线积分,也是沿质元的轨迹积分,可采用拉格朗日的方法,其做法和质点动力学无异. 考虑一个质元,用牛顿运动定律:

$$m\frac{\mathrm{d}\boldsymbol{v}}{\mathrm{d}t} = m\boldsymbol{F} - \frac{m}{\rho}\nabla p$$

右边第一项是作用于质元的彻体力,第二项是作用于质元的表面力的合力,表面力为周围流体所施的压力,(由于无黏性,表面力中无切向应力)[参看(5.3.1)、(5.3.2)式].

注意,定常流动时一定有$\frac{\partial \boldsymbol{v}}{\partial t}=0$,$\frac{\mathrm{d}\boldsymbol{v}}{\mathrm{d}t}$是速度对时间的随体变化率,一般$\frac{\mathrm{d}\boldsymbol{v}}{\mathrm{d}t}\neq 0$.

运动微分方程两边点乘 $\boldsymbol{v}\mathrm{d}t$,消去 m 得

$$\boldsymbol{v}\cdot\mathrm{d}\boldsymbol{v}=\boldsymbol{F}\cdot\boldsymbol{v}\mathrm{d}t-\frac{1}{\rho}\nabla p\cdot\boldsymbol{v}\mathrm{d}t=\boldsymbol{F}\cdot\mathrm{d}\boldsymbol{r}-\frac{1}{\rho}\nabla p\cdot\mathrm{d}\boldsymbol{r}$$

$\mathrm{d}\boldsymbol{r}$ 是质元在 $\mathrm{d}t$ 时间内沿流线亦即沿轨道的元位移. 因定常流动,$\frac{\partial p}{\partial t}=0$,

$$\nabla p\cdot\mathrm{d}\boldsymbol{r}=\frac{\partial p}{\partial x}\mathrm{d}x+\frac{\partial p}{\partial y}\mathrm{d}y+\frac{\partial p}{\partial z}\mathrm{d}z+\frac{\partial p}{\partial t}\mathrm{d}t=\mathrm{d}p$$

上式可写成

$$\mathrm{d}\left(\frac{1}{2}v^2\right)=\boldsymbol{F}\cdot\mathrm{d}\boldsymbol{r}-\frac{1}{\rho}\mathrm{d}p=\boldsymbol{F}\cdot\mathrm{d}\boldsymbol{r}-\mathrm{d}\left(\frac{p}{\rho}\right)$$

沿流线也是沿轨道积分,

$$\frac{1}{2}v_2^2-\frac{1}{2}v_1^2=\int_{r_1}^{r_2}\boldsymbol{F}\cdot\mathrm{d}\boldsymbol{r}-\frac{1}{\rho}(p_2-p_1) \tag{5.4.1}$$

如彻体力 $\boldsymbol{F}$ 是保守力,$\boldsymbol{F}=-\nabla U$,

$$\int_{r_1}^{r_2}\boldsymbol{F}\cdot\mathrm{d}\boldsymbol{r}=-\int_1^2\mathrm{d}U=-(U_2-U_1)$$

$$\frac{1}{2}\rho(v_2^2-v_1^2)=-\rho(U_2-U_1)-(p_2-p_1)$$

或

$$\frac{1}{2}\rho v^2+\rho U+p=\text{常量} \tag{5.4.2}$$

常见的情况是流体所受的彻体力只是重力,如取 z 轴竖直向上,$z=0$ 为势能零点,则 $U=gz$.

$$\frac{1}{2}\rho v^2+\rho gz+p=\text{常量} \tag{5.4.3}$$

(5.4.1)~(5.4.3)式均称为理想流体定常流动时的伯努利方程,(5.4.2)、(5.4.3)式也称为伯努利积分.

需要特别指出的是式中的常量是对给定的流线上的各点而言的,对不同的流线,可以有不同的常量. 这些常量称为伯努利常数. 不同的流线,相应于不同质元的轨迹. 在同样的力场(彻体力场、压力场)中,初条件不同,当然可以有不同的常

数.

下面我们还将用欧拉的方法导出理想流体不定常流动的伯努利方程，作为它的特例，也能得到理想流体定常流动的伯努利方程.

使用上述伯努利方程必须注意以下两点：

(1) 必须符合它的适用范围：无黏性、不可压缩、定常流动. 实际上都是在能作上述几点近似下使用的. 无黏性近似还要求不与外界有热量交换；

(2) 由于常须联立连续性方程求解，往往对流管使用伯努利方程，流管要符合“细流管”的要求，考虑的两个截面处，流线要相互平行或近于平行，截面上各点的压强差别可以忽略. 在不严格符合上述要求时，可计算流管中平均速度和平均压强间的关系. 如两处属于缓变情况，仍然不失为较好的近似.

例 5.4.1　在大水桶侧面靠近底面处开一小孔，小孔面积为 S. 水桶内装有密度为 ρ 的水，水面高出小孔的高度为 h，如图 5.4.1 所示. 求(1)水从小孔流出时的速度；(2)从小孔流出的流量(单位时间内流出的质量).

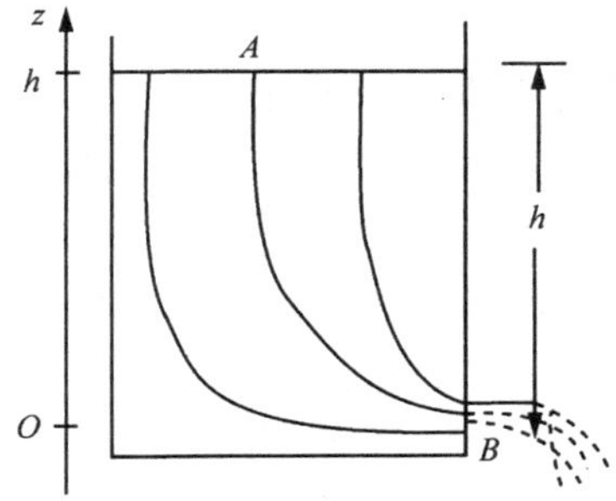

图 5.4.1

解　取 z 轴竖直向上，小孔处为坐标零点，考虑一条流线 AB，流线上 A、B 两点的压强均为大气压 p_0，z 坐标分别为 h 和 0. 用 (5.4.3)式.

$$\frac{1}{2}\rho v_A^2 + \rho gh + p_0 = \frac{1}{2}\rho v_B^2 + p_0$$

A 处水桶截面比小孔面积大得多，$v_A \ll v_B$，可略去 v_A^2 项，视 $v_A \simeq 0$，立即可得

$$v_B \doteq \sqrt{2gh}$$

单位时间内从小孔流出的水的质量为

$$Q \doteq \rho v_B S \doteq \rho S\sqrt{2gh}$$

这里两个量的答案都用了近似号，有两处作了近似，一是用了 $v_A \simeq 0$ 的近似，在计算流量时用了小孔的面积 S. 又作了一次近似. 实际上在小孔截面上各处，流速的方向不是水平的，流到小孔前，流管一直是收缩的，从小孔流出时，还将继续收缩，到变成水平方向时，其截面积(图 5.4.2(a)中 C 处的截面)略小于 S.

小孔处(严格讲小孔外 C 处)的质元速度与物体自高 h 处自由下落的速度相同是合理的. 因为在质元流动过程中受到重力和周围流体的压力作用，它们所作

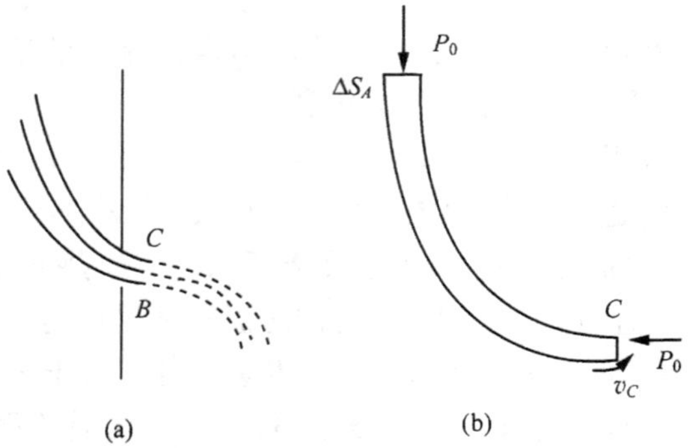

图 5.4.2

的功等于质元动能的增量. 质元自 A 处至 C 处[见图 5.4.2(b)],压力所作的功,只有 A 处和 C 处两端的压力作功,中间过程中,质元前端和质元后端经过同一位置时所作的功率刚好抵消,而在 A 处和 C 处,在 $\mathrm{d}t$ 时间内,压力作功之和也为零. $p_0 v_A \Delta S_A \mathrm{d}t - p_0 v_C \Delta S_C \mathrm{d}t = 0$.

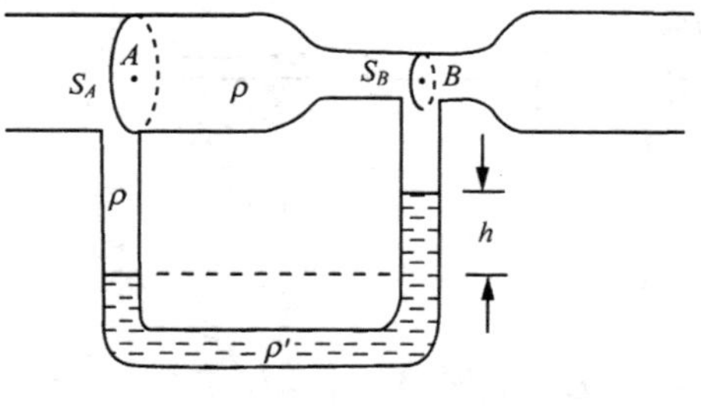

图 5.4.3

例 5.4.2　密度为 ρ 的不可压缩流体在水平的两头粗中间细的管内作定常流动,如图 5.4.3 所示. 已知在 A 处管的截面积为 S_A, B 处截面积为 S_B. U 形管内除有密度为 ρ 的流体外,还有密度为 $\rho'(>\rho)$的流体. 今两边密度为 ρ' 的流体的高度差为 h. 求管内通过的质量流量 Q.

解　设 A、B 两点至 U 形管内密度为 ρ' 的两个流体面的距离分别为 a 和 b. 则

$$p_A + \rho g a = p_B + \rho g b + \rho' g h$$

$$p_A - p_B = \rho' g h - \rho g(a - b) = (\rho' - \rho) g h \tag{1}$$

导出上式时用了 $a - b = h$.

由(5.4.3)式,考虑到 A、B 两点高度一样,

$$\frac{1}{2}\rho v_A^2 + p_A = \frac{1}{2}\rho v_B^2 + p_B \tag{2}$$

再由连续性方程,

$$v_A S_A = v_B S_B \tag{3}$$

从(1)、(2)、(3)式可解出

$$v_A = \sqrt{\frac{2gh(\rho' - \rho)}{\rho(S_A^2 - S_B^2)}} S_B, \quad v_B = \sqrt{\frac{2gh(\rho' - \rho)}{\rho(S_A^2 - S_B^2)}} S_A$$

$$Q = \rho v_A S_A \text{ 或 } \rho v_B S_B = \sqrt{\frac{2\rho gh(\rho' - \rho)}{S_A^2 - S_B^2}} S_A S_B$$

例 5.4.3 定性解释喷雾器的工作原理和飞机产生升力的机理.

答 喷雾器如图 5.4.4 所示. 压缩活塞,使气筒内气体获得速度,由连续性方程知,在喷咀处流速特大,使喷咀处压强足够低(用了伯努利方程),将下方容器中装的药液吸上来,随着气流喷出.

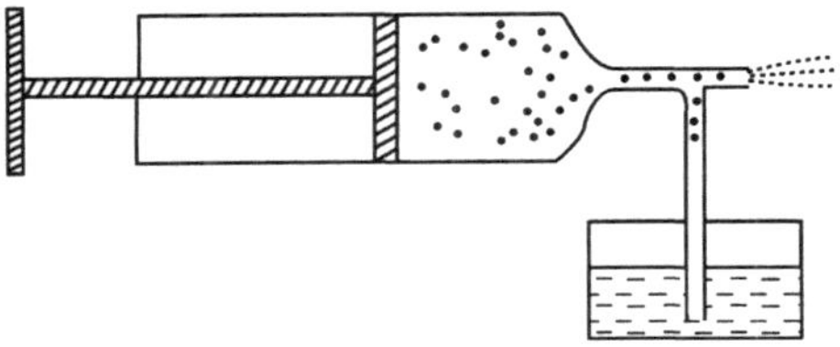

图 5.4.4

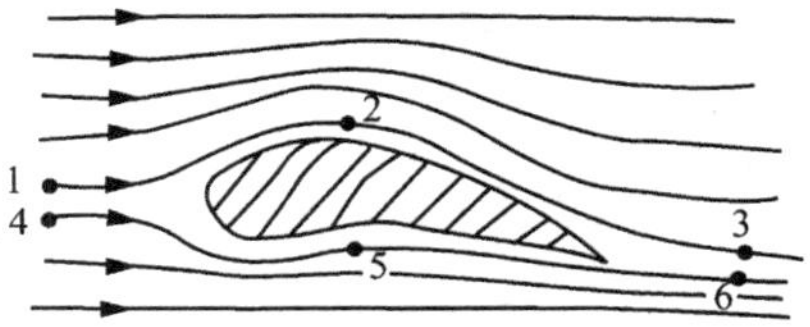

图 5.4.5

图 5.4.5 画了飞机向前高速前进时以飞机为参考系机翼附近空气流动的流线示意图(设机翼长度比宽度大得多,且剖面形状相同,可视为二维流动). 考虑两条流线上具有代表性的六点. 1、2、3 三点处于同一条流线上,4、5、6 三点处于另一条流线上,1、4、3、6 点离机翼足够远,可视为未受机翼运动的影响,2、5 两点分别在紧挨机翼的上方和下方. 这是飞机在空中飞行或在起飞时经过一定时间后的情况. 以飞机为参考系,流体的运动可视为定常流动. 在 1、4、3、6 各点,流速均为飞机的速率,与飞机的速度方向相反,这四点高度差别不大,若忽略其差别的话,这两条流线的伯努利常数可视为相等. 由于 1、2、3 流线的流程比 4、5、6 流线的流程大,差别主要在机翼附近,可见,在 2 点的流速应大于在 4 点的流速. 而 2、4 两点的高度差不大,对伯努利常数视为相等的两条流线上的 2、4 两点用伯努利方程(5.4.3)式,可知 2 点处的压强小于 4 点处的,这就产生了往上的升力,飞机的速度(对地)越大,这个升力就越大. 使升力大于重力才能往上升.

这里我们用了理想流体定常流动的伯努利方程. 喷雾器和飞机,涉及的流体是气体,只有在气体的流速远小于气体中扰动的传播速度即声速时,才可把气体视为不可压缩的.

*3. 无黏性流体动力学的第一积分

上面讲的伯努利方程或叫伯努利积分是理想流体即无黏性的不可压缩流体作定常流动时的第一积分. 现在要讨论的仍是无黏性流体,但不限于不可压缩,也不限于定常流动,在一定情况下可以写出的第一积分.

由牛顿运动定律,对无黏性流体,有

$$\frac{\mathrm{d}\boldsymbol{v}}{\mathrm{d}t}=\boldsymbol{F}-\frac{1}{\rho}\nabla p$$

因不限于定常流动,得采用欧拉方法,对$\frac{\mathrm{d}\boldsymbol{v}}{\mathrm{d}t}$用(5.2.6)式,

$$\frac{\mathrm{d}\boldsymbol{v}}{\mathrm{d}t}=\frac{\partial\boldsymbol{v}}{\partial t}+(\boldsymbol{v}\cdot\nabla)\boldsymbol{v}$$

上式可改写为

$$\frac{\partial\boldsymbol{v}}{\partial t}+(\boldsymbol{v}\cdot\nabla)\boldsymbol{v}=\boldsymbol{F}-\frac{1}{\rho}\nabla p \tag{5.4.4}$$

用矢量分析公式

$$(\boldsymbol{v}\cdot\nabla)\boldsymbol{v}=\frac{1}{2}\nabla v^2-\boldsymbol{v}\times(\nabla\times\boldsymbol{v})$$

上式又可改写为

$$\frac{\partial\boldsymbol{v}}{\partial t}+\frac{1}{2}\nabla v^2-\boldsymbol{v}\times(\nabla\times\boldsymbol{v})=\boldsymbol{F}-\frac{1}{\rho}\nabla p \tag{5.4.5}$$

(5.4.5)式被称为欧拉方程,由它出发,可以得到各种情况下的第一积分.

(1) 理想流体作定常流动

定常流动时,各物理量不显含时间 t,有$\frac{\partial\boldsymbol{v}}{\partial t}=0$,$\frac{\partial\rho}{\partial t}=0$, $\frac{\partial p}{\partial t}=0$. 理想流体是不可压缩的,$\frac{\mathrm{d}\rho}{\mathrm{d}t}=0$,又是定常流动,$\frac{\partial\rho}{\partial t}=0$,故有 ρ 为常量[用了(5.2.6)式,$\nabla\rho=0$,即$\frac{\partial\rho}{\partial x}=\frac{\partial\rho}{\partial y}=\frac{\partial\rho}{\partial z}=0$]. 对(5.4.5)式沿流线积分,因 $\mathrm{d}\boldsymbol{r}=\boldsymbol{v}\mathrm{d}t$, $\boldsymbol{v}\times(\nabla\times\boldsymbol{v})$这个矢量与 $\boldsymbol{v}$ 及$\nabla\times\boldsymbol{v}$ 均垂直,故有 $\boldsymbol{v}\times(\nabla\times\boldsymbol{v})\cdot\boldsymbol{v}=0$,又因$\nabla v^2\cdot\mathrm{d}\boldsymbol{r}=\frac{\partial v^2}{\partial x}\mathrm{d}x+\frac{\partial v^2}{\partial y}\mathrm{d}y+$

$\frac{\partial v^2}{\partial z}\mathrm{d}z=\mathrm{d}v^2$,这里用了$\frac{\partial v^2}{\partial t}=0$,同样,$\nabla p\cdot\mathrm{d}\boldsymbol{r}=\mathrm{d}p$,这里用了$\frac{\partial p}{\partial t}=0$.

$$\int\frac{\partial \boldsymbol{v}}{\mathrm{d}t}\cdot\mathrm{d}\boldsymbol{r}+\int\frac{1}{2}\nabla v^2\cdot\mathrm{d}\boldsymbol{r}-\int\boldsymbol{v}\times(\nabla\times\boldsymbol{v})\cdot\mathrm{d}\boldsymbol{r}=\int\boldsymbol{F}\cdot\mathrm{d}\boldsymbol{r}-\frac{1}{\rho}\int\nabla p\cdot\mathrm{d}\boldsymbol{r}$$

可得

$$\frac{1}{2}v_2^2-\frac{1}{2}v_1^2=\int_{r_1}^{r_2}\boldsymbol{F}\cdot\mathrm{d}\boldsymbol{r}-\frac{1}{\rho}(p_2-p_1)$$

这正是(5.4.1)式.

(2) 理想流体在某区域作无旋的定常流动

上段由(5.4.5)式导出(5.4.1)式时,只有沿流线即某质元的轨迹积分,才有$\int\boldsymbol{v}\times(\nabla\times\boldsymbol{v})\cdot\mathrm{d}\boldsymbol{r}=0$,(5.4.5)式中其余各项的积分并不要求非沿流线不可. 现在比上段多了一个条件:某区域的流动是无旋的. 因无旋流动时,有$\nabla\times\boldsymbol{v}=0$. 在流动的无旋区域取任何路线积分即不必沿流线积分,也有$\int\boldsymbol{v}\times(\nabla\times\boldsymbol{v})\cdot\mathrm{d}\boldsymbol{r}=0$,因而都能得到(5.4.1)式的第一积分. 若彻体力是保守力,在无旋区域取任何路线积分,也同样有(5.4.2)式,而且有同样的伯努利常数. 因此对理想流体的定常流动,只要两条流线都经过无旋区域即分处于两条流线上的两点可以找到一条处于无旋区域的路线将它们连接起来,沿这两条流线的积分就有同样的伯努利常数. 因为可直接对这条连线积分得到(5.4.2)式. 例5.4.3说明飞机升力问题中,由于图5.4.5中1、4两点位于无旋区域,不必检验2、5两点的流动是否无旋,由于它们分属于经过1、4两点的流线,可以直接对2、5两点用(5.4.2)或(5.4.3)式两条流线有相同而不是近似相同的伯努利常数.

例5.4.4 图5.4.6所示是一个测量流速的称为皮托管的装置. 将弯成直角形的玻璃管插入水中,两直角边分别处于水平和竖直位置,测出图中直立管中水面离流动水面的距离h,即可算出流速. 要求它们之间的函数关系. 设水的密度为ρ.

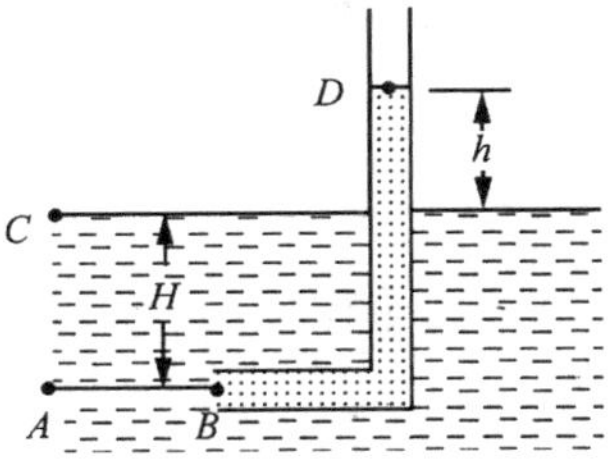

图5.4.6

解 水平的A、B线显然处于同一条流线上,A点处在上游离装置较远处,未受到插入装置的影响,B点位于水平管的开口处. 从对称性考虑,$v_B=0$. 该点被称为驻点,由(5.4.3)式,

$$\frac{1}{2}\rho v_A^2 + p_A = p_B \tag{1}$$

在离装置较远处，各处都有同样的流速，显然是无旋流动. 图中将水面处的 C 点与 A 点联结起来，考虑到无旋，可对 A、C 两点用(5.4.3)式，

$$\frac{1}{2}\rho v_A^2 + p_A = \frac{1}{2}\rho v_C^2 + p_C + \rho g H$$

其中 $v_A = v_C$，$p_C = p_0$ 为大气压，H 为水平管离流动的水面的距离，得

$$p_A = p_0 + \rho g H \tag{2}$$

直角形管中流动处于平衡状态，由(5.3.4)式，

$$p_B = p_0 + \rho g(H + h) \tag{3}$$

将(2)、(3)式代入(1)式，即得

$$v_A = \sqrt{2gh}$$

v_A 是未受插入测速装置扰动的原来的流速. 其实，静力学的平衡方程也可视为伯努利积分的特例. 考虑 C、A、B、D(在直立管的水平面上)都有相同的伯努利常数. 可直接对 C、D 两点写伯努利积分得到结果.

(3) 正压流体的定常流动

正压流体可以是可压缩流体(不可压缩流体也属于正压流体)，但 ρ 只是 p 的函数

$$\rho = \rho(p)$$

沿流线积分，可得

$$\frac{1}{2}v_2^2 - \frac{1}{2}v_1^2 = \int_{r_1}^{r_2} \boldsymbol{F}\cdot \mathrm{d}\boldsymbol{r} - \int \frac{1}{\rho(p)}\mathrm{d}p \tag{5.4.6}$$

如彻体力是保守力，沿流线有下列伯努利积分：

$$\frac{1}{2}v^2 + U + \Pi = 常量 \tag{5.4.7}$$

其中 $\Pi = \int \frac{1}{\rho(p)}\mathrm{d}p = \Pi(p)$.

对于不同的流线，(5.4.7)式的常量可能不同. 如在某区域流动又是无旋的，

则经过无旋区域的各流线,伯努利常数均相同.

例 5.4.5 可逆绝热的可压缩理想气体(不是不可压缩的,不是理想流体)作定常流动.写出它的伯努利积分式.

解 理想气体的可逆绝热过程是正压流体,可逆绝热过程的过程方程给出了它的状态方程 $\rho=\rho(p)$.

$$p\rho^{-\gamma} = C^{-\gamma}$$

其中 γ 是比热比(定压比热与定容比热之比),C 是与初始状态有关的常量.

$$\rho = Cp^{\frac{1}{\gamma}}$$

$$\Pi = \int \frac{1}{Cp^{\frac{1}{\gamma}}}\mathrm{d}p = \frac{\gamma}{C(\gamma-1)}p^{\frac{\gamma-1}{\gamma}} = \frac{\gamma}{\gamma-1}\frac{p}{\rho}$$

由(5.4.7)式,伯努利积分式为

$$\frac{1}{2}v^2 + \frac{\gamma}{\gamma-1}\frac{p}{\rho} = 常量$$

思考题 对于理想气体的其他可逆过程(例如可逆等温过程)的定常流动能否运用由(5.4.5)式得出的某种伯努利积分?这种流体能否称为正压流体?

(4) 理想流体或正压流体作有旋的定常流动

如彻体力是保守力,沿 $\nabla\times\boldsymbol{v}$ 的方向(涡线方向)的路线积分,积分中始终有 $\nabla\times\boldsymbol{v}/\!/\mathrm{d}\boldsymbol{r}$,

$$\int[\boldsymbol{v}\times(\nabla\times\boldsymbol{v})]\cdot\mathrm{d}\boldsymbol{r} = 0$$

对(5.4.5)式作积分,也可得到(5.4.2)式(理想流体适用)或(5.4.7)式(正压流体适用).取一条流线,通过流线上所有点作涡线张成曲面,这曲面上的点均有相同的伯努利常数.

(5) 理想流体或正压流体,彻体力是保守力,作定常的无旋流动

理想流体也属于正压流体.定常流动,彻体力是保守力.故有(5.4.7)式的第一积分,由于整个流场是无旋的,故(5.4.7)式的第一积分,在此不限于同一流线,而是对整个流场各点均有

$$\frac{1}{2}v^2 + U + \Pi = 常量 \tag{5.4.8}$$

(5.4.8)式称为伯努利-拉格朗日积分,形式上与(5.4.7)式的伯努利积分完全相同,但是有所不同的,(5.4.7)式中的常量是对同一条流线上各点而言的,对不同的流线有不同的常量,而(5.4.8)式中的常量是对整个流场中的各点而言的.

以上讨论的都是定常流动,下面讨论不定常流动情况下的第一积分.

(6) 理想流体或正压流体作不定常流动

只有在彻体力是保守力或有势力且整个流场中的运动是无旋的情况下存在着一个第一积分.

由于是无旋流动,$\nabla\times\boldsymbol{v}=0$,存在着一个速度势 ϕ,$\boldsymbol{v}=\nabla\phi$.

再用流体是理想流体或无黏性的正压流体.

$$\Pi=\frac{p}{\rho}\text{ 或 }\Pi=\int\frac{\mathrm{d}p}{\rho(p)}$$

由彻体力是保守力或有势力,

$$\boldsymbol{F}=-\nabla U$$

其中 U 是 x、y、z 或 x、y、z、t 的函数.

将以上各式代入(5.4.5)式,注意 $d\Pi=\frac{\mathrm{d}p}{\rho(p)}$,$\nabla\Pi=\frac{1}{\rho(p)}\nabla p$,可得

$$\frac{\partial}{\partial t}\nabla\phi+\nabla\left(\frac{1}{2}v^2+U+\Pi\right)=0$$

梯度是对空间坐标求偏导,$\frac{\partial}{\partial t}$是对时间求偏导,在非相对论适用的范围内,空间和时间是相互独立的变量,对相互独立的变量求偏导的次序可以互换,上式可写成

$$\nabla\left(\frac{\partial\phi}{\partial t}+\frac{1}{2}v^2+U+\Pi\right)=0$$

上式表明括号内的函数对 x、y、z 的偏导均为零,因此该函数只能是 t 的函数. 即

$$\frac{\partial\phi}{\partial t}+\frac{1}{2}v^2+U+\Pi=f(t)\tag{5.4.9}$$

(5.4.9)式称为拉格朗日积分. 它表明,对整个流场内任何一点,在同一时刻,(5.4.9)式等号左边的量是常量,不同时刻为不同的常量. 如果不是整个流场的流动都无旋,则对无旋区域的那些点,(5.4.9)式是成立的.

在使用各种情况下的第一积分式时,必须注意它是对哪些点或哪些区域成立的.

例 5.4.6　理想流体在重力作用下从大容器侧面靠近底部的一个水平细管中流出，细管长 l，截面积不变，离容器中液面的垂直距离为 h. 如图 5.4.7 所示. 从图中 B 处开始放水时计时. 求 B 处速度与时间的函数关系(在 h 没有显著变化的时间内).

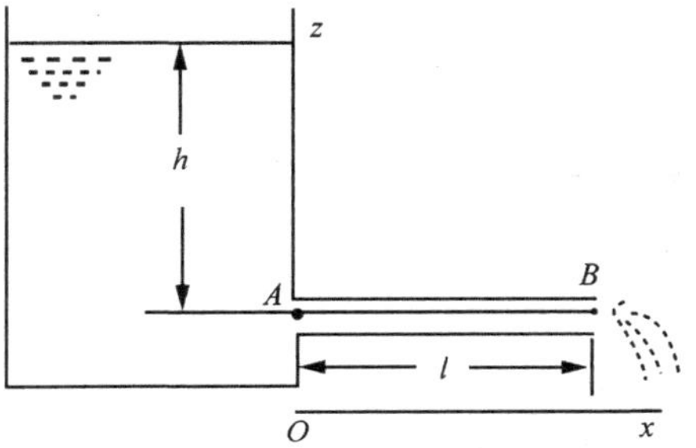

图 5.4.7

解　这是个不定常流动的情况，可肯定在 AB 段的流动是无旋的. 在此段，可写出(5.4.9)式的拉格朗日积分，

$$\frac{\partial \phi}{\partial t}+\frac{1}{2}v^2+gz+\frac{p}{\rho}=f(t) \tag{1}$$

在 AB 段，v 是 x 和 t 的函数.

$$v=\nabla\phi=\frac{\partial \phi}{\partial x} \tag{2}$$

速度势 ϕ 是 x 和 t 的函数.

把 t 视为参量，(2)式对 x 从 0 到任意点 x 积分，

$$\phi=\int_0^x v(x,\ t)\mathrm{d}x+\phi_0(t)$$

可取 $\phi_0(t)=0$，即在任何时刻都取 $x=0$ 处的速度势为零，对 AB 段任何点任何时刻的速度均无影响.

$$\phi=\int_0^x v(x,\ t)\mathrm{d}x \tag{3}$$

用不可压缩流体的连续性方程 $\nabla\cdot\boldsymbol{v}=0$，$\frac{\partial v}{\partial x}=0$. (3)式中的被积函数 $v(x,\ t)=v(t)$，与 x 无关，

$$\phi = v(t)x \tag{4}$$

$$\frac{\partial \phi}{\partial t} = \frac{\mathrm{d}v}{\mathrm{d}t}x \tag{5}$$

将(5)式代入(1)式，

$$\frac{\mathrm{d}v}{\mathrm{d}t}x + \frac{1}{2}v^2 + gz + \frac{p}{\rho} = f(t) \tag{6}$$

在 t 时刻对 A、B 两点用(6)式，考虑到 A 点在容器内水平细管入口处，近似地用 $v_A \approx 0$，且 A、B 两点有相同的 z 坐标. 设大气压为 p_0，$p_B = p_0$，$p_A = p_0 + \rho gh$，$x_A = 0$，$x_B = l$，$v_B = v$，

$$l\frac{\mathrm{d}v}{\mathrm{d}t} + \frac{1}{2}v^2 + \frac{p_0}{\rho} = \frac{p_0 + \rho gh}{\rho}$$

$$\frac{\mathrm{d}v}{\mathrm{d}t} = \frac{1}{l}\left(gh - \frac{1}{2}v^2\right)$$

上式满足初条件 $t=0$ 时，$v=0$ 的解为

$$v = \sqrt{2gh}\,\frac{\exp(\sqrt{2gh}t/l) - 1}{\exp(\sqrt{2gh}t/l) + 1}$$

$t \to \infty$ 时，$v \to \sqrt{2gh}$，达到定常流动的情况. 实际上，无需 t 趋于无穷，就已接近于定常流动了. 当 $\frac{\sqrt{2gh}}{l}t = 3.66$ 时，$v \doteq 0.95\sqrt{2gh}$. 如 $h = 100\mathrm{m}$，$l = 20\mathrm{m}$，$t = 5.23\ \mathrm{s}$ 时就达到上述的接近程度，当 $t = 10.0\mathrm{s}$ 时，$v \doteq 0.998\sqrt{2gh}$. 可见，从开始的不定常流动过渡到定常流动所经历的时间是很短暂的.

对系统的运动的描述是与选取的参考系紧密相关的. 可能出现这样的情况：对于一个参考系，流体的运动是定常流动，对于另一个参考系却是不定常流动；对于一个参考系，流动是无旋的，对于另一个参考系却是有旋的. 也有这样的可能，对于一个参考系，流体不处于平衡状态，对于另一个参考系处于平衡状态. 处理一个系统的动力学问题，采用什么参考系有方便不方便的区别，对于有几个质点的动力学问题，有可能对不同的质点使用不同的参考系最方便. 这些问题在处理流体力学问题中都是需要认真考虑的，需综合考虑选用哪个或哪些参考系最方便，流体运动属于哪种类型，需要考虑哪些彻体力，可用哪个第一积分式等问题.

§5.5　黏性流体的运动

实际的流体都具有一定的黏性. 对某些问题，黏性的影响不大，作为无黏性流

体处理,可以得到满意的结果. 而对另外一些问题,如求解物体在流体中的运动、物体与流体之间的热量传递等,黏性是绝不能忽略的. 否则就会得到与实际完全不符的结果. 即使像水和空气这些黏性较小的流体,在长距离的流动过程中由黏性引起的偏差也是不可忽视的,在固体表面附近的流动,也必须考虑黏性的存在.

1. 黏性流体运动的一般特性

§5.3.1 中已作了论证,在静止流体和运动的无黏性流体中,只存在指向作用面的法向应力. 而且应力的大小与作用面的方位无关,不存在切向应力. 在运动的黏性流体中,情况比较复杂,既有法向应力,又有切向应力,表面力不垂直于表面,应力的大小也与作用面的方位有关.

由于存在着切向的表面力,黏性流体的任何流动,截面上的流速分布一定是不均匀的. 作定常流动时,黏性流体与相邻的固体表面间无相对滑动,有流体附着在固体的边界上.

实验发现,存在着两种型态的流动——层流和湍流. 流速相当低时,作层流型的流动,流体一层一层地流动,各层之间有相对滑动. 流速从相当低逐渐增大,分层流动的特征逐渐丧失. 流速大到一定程度,各层分子以非常无秩序的方式混合,质元的轨迹杂乱无章,流动呈湍流型. 层流型流动可以是定常的,也可以是不定常的,湍流型流动一定是不定常的.

有黏性力存在,克服黏性力作功,必将消耗机械能,以热量形式传给外界,要维持定常流动,必须持续地供给动力,必须沿流动方向有压力降.

湍流在工程上是普遍存在的. 可惜关于湍流尚无成熟的理论,仅有一个半经验理论. 我们主要讨论层流型态的流动.

2. 牛顿黏性定律　黏度

黏性力遵从什么实验规律? 如何度量黏性流体黏性的大小? 实验表明,大多数流体遵从牛顿黏性定律,它是在流体作层流型流动时相邻的两层之间的黏性力遵从的实验定律,

$$f = \eta \frac{\mathrm{d}v}{\mathrm{d}n}\Delta S \tag{5.5.1}$$

ΔS 是在两个流层之间取的面元,$\boldsymbol{n}$ 是它的法向单位矢量,f 是法线正向一方通过 ΔS 面作用于负向一方的黏性力. 该力的大小与 ΔS 面的大小、与速度梯度$\frac{\mathrm{d}v}{\mathrm{d}n}$均成正比,比例系数 η 称为黏度,用以度量流体黏性的大小. 黏度的量纲为

$$[\eta]=\frac{MLT^{-2}}{LT^{-1}L^{-1}L^{2}}=ML^{-1}T^{-1}$$

在 SI 制中,黏度的单位为千克/米·秒($kg\cdot m^{-1}s^{-1}$),称作帕·秒(Pa·s),帕是帕斯卡的简称. 它是压强的单位,即牛顿/米^2($N\cdot m^{-2}$),在 CGS 制中,黏度的单位为克/厘米·秒($g\cdot cm^{-1}\cdot s^{-1}$),称作泊(泊肃叶的简称),1 帕$=10^{-1}$Pa·s.

黏度与温度有关,液体的黏性主要来自分子的内聚力,黏度随温度升高而减小. 气体的黏性靠分子的热运动输运动量引起,黏度随温度的升高而增大. 在常温下,液体的黏度有 $10^{-3}\sim10^{-1}$ Pa·s 的数量级,气体为 $10^{-6}\sim10^{-5}$ Pa·s 的数量级.

遵从(5.5.1)式的流体,称为牛顿流体,不遵从(5.5.1)式的流体,称为非牛顿流体. 图 5.5.1(a)、(b)给出在同温同压下牛顿流体的 η 与$\frac{dv}{dn}$、$\frac{f}{\Delta S}$与$\frac{dv}{dn}$关系的示意图. 图 5.5.2(a)、(b)给出在同温同压下非牛顿流体的 η 与$\frac{dv}{dn}$、$\frac{f}{\Delta S}$与$\frac{dv}{dn}$关系的示意图.

我们只讨论牛顿流体的层流.

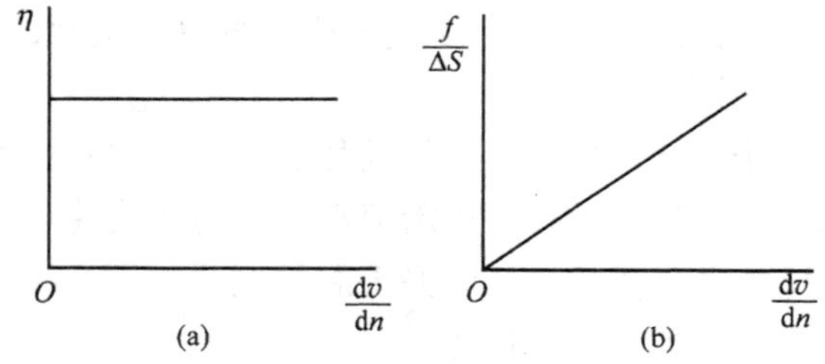

图 5.5.1

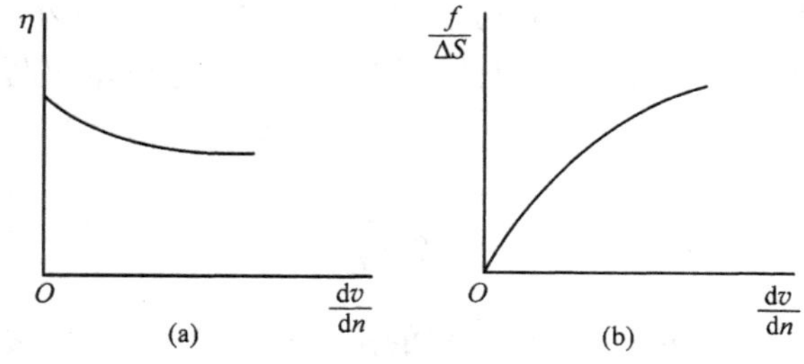

图 5.5.2

3. 不可压缩流体的层流

用牛顿黏性定律讨论不可压缩的黏性流体的几个层流型流动的例子.

(1) 同心圆柱测黏器

在图5.5.3所示的旋转的同心圆柱测黏器中充满了黏度为η、密度为ρ的不可压缩液体，半径为r_2的外圆筒以恒定的角速度ω转动，半径为r_1的内圆筒在黏性力矩与弹簧的扭力矩M共同作用下处于平衡状态. M可从弹簧扭转的角度计算出来.

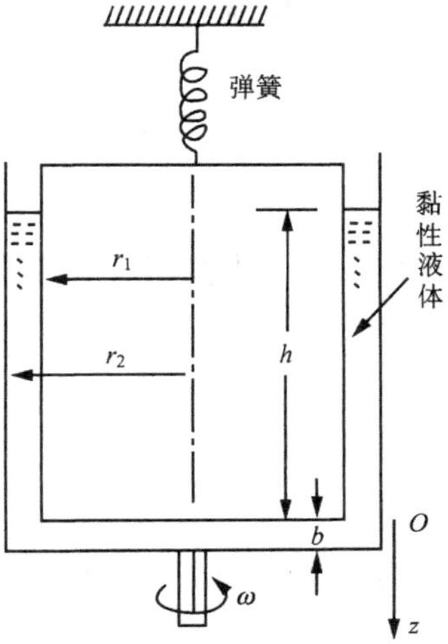

图 5.5.3

在侧面两圆筒之间$r_1<r<r_2$，取$r\to r+\mathrm{d}r$、$\varphi\to\varphi+\mathrm{d}\varphi$、$z\to z+\mathrm{d}z$处的质元所受的水平切向力如图5.5.4所示. 因切向无加速度.

$$\eta\frac{\mathrm{d}v}{\mathrm{d}r}\bigg|_{r+\mathrm{d}r}(r+\mathrm{d}r)\mathrm{d}\varphi\mathrm{d}z-\eta\frac{\mathrm{d}v}{\mathrm{d}r}\bigg|_{r}r\mathrm{d}\varphi\mathrm{d}z=0 \tag{1}$$

对$\left.\dfrac{\mathrm{d}v}{\mathrm{d}r}\right|_{r+\mathrm{d}r}$在$r$处作泰勒展开，只写出一级项，

$$\frac{\mathrm{d}v}{\mathrm{d}r}\bigg|_{r+\mathrm{d}r}=\frac{\mathrm{d}v}{\mathrm{d}r}\bigg|_{r}+\frac{\mathrm{d}^2v}{\mathrm{d}r^2}\bigg|_{r}\mathrm{d}r+\cdots \tag{2}$$

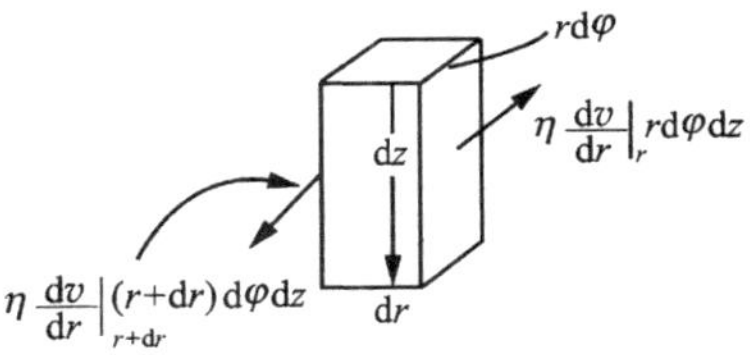

图 5.5.4

将(2)式代入(1)式，略去高级小量，可得

$$\frac{\mathrm{d}^2v}{\mathrm{d}r^2}=0$$

积分得

$$v=C_1r+C_2$$

由边界条件：$r=r_1$，$v=0$；$r=r_2$，$v=r_2\omega$，定出C_1、C_2，得

$$v=\frac{\omega r_2}{r_2-r_1}(r-r_1)$$

$$\frac{dv}{dr} = \frac{r_2 \omega}{r_2 - r_1}$$

与 r 无关.

黏性流体通过 $r = r_1$ 的侧面给予内圆筒的黏性力矩为

$$M_1 = \eta \frac{r_2 \omega}{r_2 - r_1} \cdot 2\pi r_1 h \cdot r_1 = \frac{2\pi \eta h r_1^2 r_2 \omega}{r_2 - r_1}$$

在计算黏性流体通过图 5.5.3 中 $z = 0$ 的底面给予内圆筒的黏性力矩前,先得求出 r 处从内圆筒底部到外圆筒底部间即 $z = 0$ 到 $z = b$ 间的速度梯度,取质元为 $r \to r + dr$、$z \to z + dz$、$\varphi: 0 \to 2\pi$ 的圆筒,不难证明

$$\left. \frac{\partial v(r、z)}{\partial z} \right|_r = \frac{r\omega}{b}$$

与 z 无关.

黏性流体通过底面上 $r \to r + dr$、$\varphi: 0 \to 2\pi$ 的圆环面元作用于内圆筒的黏性力矩为

$$dM_2 = \eta \frac{r\omega}{b} \cdot 2\pi r dr \cdot r = \frac{2\pi \eta \omega r^3}{b} dr$$

黏性流体通过底面作用于内圆筒的黏性力矩为

$$M_2 = \int_0^{r_1} \frac{2\pi \eta \omega r^3}{b} dr = \frac{\pi \eta \omega r_1^4}{2b}$$

内圆筒受的黏性力矩与弹簧的扭力矩平衡,

$$M_1 + M_2 - M = 0$$

$$\frac{2\pi \eta h r_1^2 r_2 \omega}{r_2 - r_1} + \frac{\pi \eta \omega r_1^4}{2b} = M$$

$$\eta = \frac{2bM(r_2 - r_1)}{\pi r_1^2 \omega (4bhr_2 + r_1^2 r_2 - r_1^3)}$$

还可以计算要维持这个黏性流体的定常流动,外界必须不断提供的能量. 流体内部的黏性力作功所消耗的机械能以热量的形式散发给外界. 这部分能量等于要维持外圆筒保持恒定的角速度所需的外力矩 M' 作的功.

作用于外圆筒的黏性力矩也有两部分,一部分来自黏性流体通过 $r = r_2$ 的侧面给予的,另一部分来自黏性流体通过底面给予的,分别用 M'_1、M'_2 表示这两部

分的黏性力矩.

$$M'_1 = \eta \frac{r_2 \omega}{r_2 - r_1} 2\pi r_2 (h + b) r_2 = \frac{2\pi\eta r_2^3 \omega (h + b)}{r_2 - r_1}$$

$$M'_2 = \int_0^{r_2} \eta \frac{r\omega}{b} \cdot 2\pi r \cdot r\mathrm{d}r = \frac{\pi\eta\omega r_2^4}{2b}$$

$$M' = M'_1 + M'_2 = \frac{2\pi\eta r_2^3 \omega (h + b)}{r_2 - r_1} + \frac{\pi\eta\omega r_2^4}{2b}$$

维持此黏性流体的定常流动需提供的功率为

$$M'\omega = \pi\eta\omega^2 r_2^3 \left[\frac{2(h + b)}{r_2 - r_1} + \frac{r_2}{2b}\right]$$

(2) 两固定的平行平板间的层流型流动

有两个可视为无限大的固定的平行平板,两板间距为 b,黏度为 η 的不可压缩流体在两板之间沿平行于平板的一个方向(取为 x 轴正向)作定常流动. 不计重力,取垂直于两板的方向为 z 轴.

考虑位于 $x\to x+\mathrm{d}x$、$y\to y+\mathrm{d}y$、$z\to z+\mathrm{d}z$ 的质元,受到周围流体的压力、黏性力如图 5.5.5 所示. 靠沿 x 方向的压力降来维持沿 x 方向的定常流动. 由不可压缩流体的连续性方程 $\nabla\cdot\boldsymbol{v}=0$ 可知,$\dfrac{\partial v}{\partial x}=0$. 由于有黏性力,平行于 xy 平面的各层的流速不同,即 v 是 z 的函数. 图中所画的黏性力方向都是按 $\dfrac{\mathrm{d}v}{\mathrm{d}z}>0$ 画的.

根据牛顿运动定律,因 x 方向无加速度,

$$p\,|_x \mathrm{d}y\mathrm{d}z - p\,|_{x+\mathrm{d}x} \mathrm{d}y\mathrm{d}z + \eta \frac{\mathrm{d}v}{\mathrm{d}z}\bigg|_{z+\mathrm{d}z} \mathrm{d}x\mathrm{d}y - \eta \frac{\mathrm{d}v}{\mathrm{d}z}\bigg|_{z} \mathrm{d}x\mathrm{d}y = 0$$

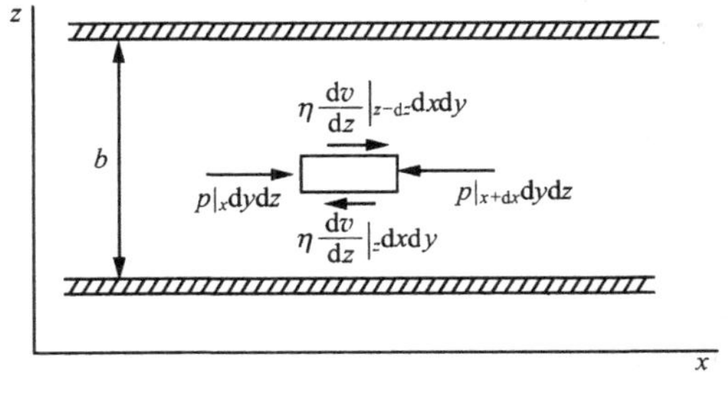

图 5.5.5

将$\left.\frac{\mathrm{d}v}{\mathrm{d}z}\right|_{z+\mathrm{d}z}$在$z$处作泰勒展开，$p|_{x+\mathrm{d}x}$在$x$处作泰勒展开，均只写出一级小量，

$$\left.\frac{\mathrm{d}v}{\mathrm{d}z}\right|_{z+\mathrm{d}z}=\left.\frac{\mathrm{d}v}{\mathrm{d}z}\right|_{z}+\left.\frac{\mathrm{d}^2 v}{\mathrm{d}z^2}\right|_{z}\mathrm{d}z+\cdots$$

$$p|_{x+\mathrm{d}x}=p|_{x}+\left.\frac{\mathrm{d}p}{\mathrm{d}x}\right|_{x}\mathrm{d}x+\cdots$$

代入上式，可得

$$\frac{\mathrm{d}p}{\mathrm{d}x}=\eta\frac{\mathrm{d}^2 v}{\mathrm{d}z^2}$$

不计重力，p只是x的函数，$\frac{\mathrm{d}p}{\mathrm{d}x}$与$z$无关，上式对$z$积分两次，得

$$v(z)=\frac{1}{2\eta}\frac{\mathrm{d}p}{\mathrm{d}x}z^2+C_1 z+C_2$$

积分常数C_1、C_2由边界条件：平板处无相对运动，流速为零，即$z=0$处，$v=0$及$z=b$处，$v=0$，定出$C_1=-\frac{b}{2\eta}\frac{\mathrm{d}p}{\mathrm{d}x}$，$C_2=0$.

$$v(z)=\frac{1}{2\eta}\frac{\mathrm{d}p}{\mathrm{d}x}(z^2-bz)$$

单位时间内通过y方向单位宽度的质量流量为

$$q=\int_0^b\rho v(z)\mathrm{d}z=\int_0^b\frac{\rho}{2\eta}\frac{\mathrm{d}p}{\mathrm{d}x}(z^2-bz)\mathrm{d}z=-\frac{\rho}{12}\frac{b^3}{\eta}\frac{\mathrm{d}p}{\mathrm{d}x}$$

$v(z)$不是x的函数，故$\frac{\mathrm{d}p}{\mathrm{d}x}$也不是$x$的函数，前已说过$\frac{\mathrm{d}p}{\mathrm{d}x}$不是$z$的函数，故$\frac{\mathrm{d}p}{\mathrm{d}x}$是常量，因$q>0$，$\frac{\mathrm{d}p}{\mathrm{d}x}<0$，即要维持定常流动，在流动方向应有一个不变的为负值的压强梯度.

$$\frac{\mathrm{d}p}{\mathrm{d}x}=-\frac{12\eta q}{\rho b^3}=-\frac{12\eta\bar{v}}{b^2}$$

其中$\bar{v}$是平均速度.

沿流线相距L的两点间压强降落为

$$-\Delta p=\frac{12\eta\bar{v}L}{b^2}$$

(3) 不可压缩的黏性流体在圆管中的层流型流动

若不可压缩的黏性流体沿半径为 R 的圆管向右运动，由于黏性，定常流动后，在管壁处速度为零，在圆管的对称轴上速度最大. 在垂直于流动方向的截面上，速度分布是轴对称的，取对称轴为 z 轴的柱坐标. 考虑位于 $r\sim r+\mathrm{d}r$、$\varphi\sim\varphi+\mathrm{d}\varphi$、$z\sim z+\mathrm{d}z$处的质元，受到的沿运动方向的表面力(压力和黏性力)如图 5.5.6 所示.

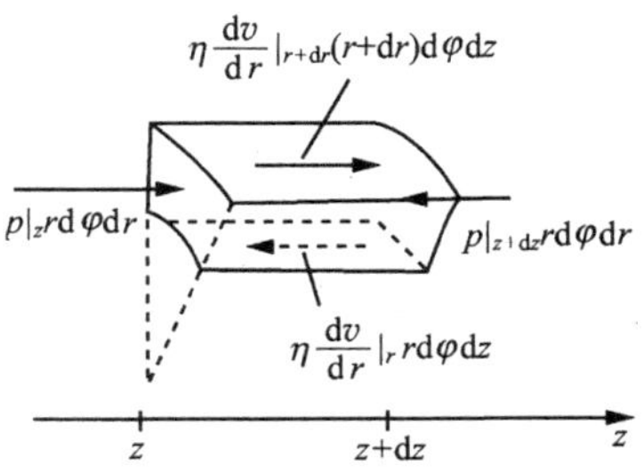

图 5.5.6

由不可压缩流体的连续性方程$\nabla\cdot\boldsymbol{v}=0$ 可知，$\dfrac{\partial v}{\partial z}=0$.

由牛顿运动定律，

$$p\mid_z r\mathrm{d}\varphi\mathrm{d}r - p\mid_{z+\mathrm{d}z} r\mathrm{d}\varphi\mathrm{d}r + \eta\frac{\mathrm{d}v}{\mathrm{d}r}\bigg|_{r+\mathrm{d}r}(r+\mathrm{d}r)\mathrm{d}\varphi\mathrm{d}z$$

$$-\eta\frac{\mathrm{d}v}{\mathrm{d}r}\bigg|_r r\mathrm{d}\varphi\mathrm{d}z = 0$$

将 $p|_{z+\mathrm{d}z}$在 z 处作泰勒展开，$\dfrac{\mathrm{d}v}{\mathrm{d}r}\bigg|_{r+\mathrm{d}r}$在 r 处作泰勒展开，略去高级小量后，上式变为

$$\eta\frac{\mathrm{d}^2v}{\mathrm{d}r^2}r+\eta\frac{\mathrm{d}v}{\mathrm{d}r}-\frac{\mathrm{d}p}{\mathrm{d}z}r=0 \tag{1}$$

不计重力，压强也具有轴对称性，对上述质元沿径向和横向列平衡方程进而可得：p 与 r、φ 均无关，只能是 z 的函数，故上面未写$\dfrac{\partial p}{\partial z}$，而直接写作$\dfrac{\mathrm{d}p}{\mathrm{d}z}$，$\dfrac{\mathrm{d}p}{\mathrm{d}z}$，也只能是 z 的函数，解上述关于 r 的常微分方程时，$\dfrac{\mathrm{d}p}{\mathrm{d}z}$是“常量”.

令 $v'=\dfrac{\mathrm{d}v}{\mathrm{d}r}$，$A=\dfrac{1}{\eta}\dfrac{\mathrm{d}p}{\mathrm{d}z}$，(1)式可改写为

$$\frac{\mathrm{d}v'}{\mathrm{d}r}+\frac{1}{r}v'=A \tag{2}$$

先考虑齐次的一阶线性方程，再用常数变易法解非齐次一阶线性方程

$$v'=\frac{C(r)}{r} \tag{3}$$

将(3)式代入(2)式，可得 $C(r)$满足的微分方程

$$\frac{1}{r}\frac{\mathrm{d}C(r)}{\mathrm{d}r} = A$$

解出

$$C(r) = \frac{1}{2}Ar^2 + C_1$$

$$\frac{\mathrm{d}v}{\mathrm{d}r} = v' = \frac{C(r)}{r} = \frac{1}{2}Ar + \frac{C_1}{r} \tag{4}$$

要得到(4)式微分方程的解，必须用两个边界条件．在 $r=R$ 处，$v=0$ 是一个很容易找出的一个条件．注意在 $r=R$ 处，$\frac{\mathrm{d}v}{\mathrm{d}r}\neq 0$．因为附着于圆管的流体质元与未附着的流体质元之间仍有黏性力，附着于圆管的流体与管壁之间也有力的作用．从对称性考虑，在 $r=0$ 处速度最大，$v=v_{\max}$为极大值，因此另一个边界条件是极值条件：$r=0$ 处，$\frac{\mathrm{d}v}{\mathrm{d}r}=0$．由此可定出 $C_1=0$，代入(4)式得

$$\frac{\mathrm{d}v}{\mathrm{d}r} = \frac{1}{2}Ar$$

上述方程满足边界条件 $r=R$ 处，$v=0$ 的解为

$$v(r) = \frac{1}{4}A(r^2 - R^2) = \frac{1}{4\eta}\frac{\mathrm{d}p}{\mathrm{d}z}(r^2 - R^2) \tag{5}$$

因 $v(r)>0$，由(5)式可看出，$\frac{\mathrm{d}p}{\mathrm{d}z}<0$，即沿流动方向有压强降落．前已说过，$\frac{\mathrm{d}p}{\mathrm{d}z}$不是$r$、$\varphi$ 的函数，只能是 z 的函数．现由(5)式又可看到$\frac{\mathrm{d}p}{\mathrm{d}z}$也不是 z 的函数．$\frac{\mathrm{d}p}{\mathrm{d}z}$是常量．若沿流动方向即沿 z 轴取 1、2 两点，相距为 L，则

$$\frac{\mathrm{d}p}{\mathrm{d}z} = \frac{p_2 - p_1}{z_2 - z_1} = \frac{p_2 - p_1}{L}$$

(5)式可改写成

$$v(r) = \frac{p_1 - p_2}{4\eta L}(R^2 - r^2) \tag{5.5.2}$$

单位时间内通过圆管截面的质量即质量流量为

$$Q = \int_0^R \rho v(r) \cdot 2\pi r \mathrm{d}r = \frac{(p_1 - p_2)\pi\rho R^4}{8\eta L} \tag{5.5.3}$$

(5.5.3)式称作泊肃叶公式.

要维持这流动,提供在这段长 L 的流程中因黏性力消耗的机械能所需的功率(为避免与压强发生混淆,改用 N 表示)为

$$\begin{aligned} N &= (p_1 - p_2)\pi R^2 \bar{v} \\ &= (p_1 - p_2)\pi R^2 \cdot \frac{1}{\pi R^2}\int_0^R v(r) \cdot 2\pi r \mathrm{d}r \\ &= (p_1 - p_2)\int_0^R v(r) \cdot 2\pi r \mathrm{d}r = (p_1 - p_2)\frac{Q}{P} = \frac{(p_1 - p_2)^2 \pi R^4}{8\eta L} \end{aligned} \tag{5.5.4}$$

4. 修改了的伯努利方程

对于理想流体的定常流动,如果彻体力是保守力,有(5.4.2)式的伯努利积分,如彻体力是重力,有(5.4.3)式的伯努利积分. 对于不可压缩的黏性流体的定常流动,即使彻体力是保守力,由于表面力中的黏性力是耗散力,要消耗机械能,使之变成系统的内能再以热量的形式传给外界. 因此,(5.4.2)式及彻体力是重力时的(5.4.3)式均不成立. 需作修改,要加上一项沿流线从位置 1 至位置 2 损失的机械能项也即需给系统补充的能量项. 在彻体力是重力的情况下,对于单位体积的流体,(5.4.2)式应修改为

$$\frac{1}{2}\rho v_1^2 + \rho g z_1 + p_1 = \frac{1}{2}\rho v_2^2 + \rho g z_2 + p_2 + e \tag{5.5.5}$$

这里取 z 轴竖直向上,e 是单位体积流体沿流线从位置 1 运动到位置 2 期间由于黏性力作负功损失的机械能,或者说为维持上述从位置 1 到位置 2 的运动需给单位体积流体补充的能量. (5.5.5)式就是适用于不可压缩的黏性流体在重力场(无其他彻体力)中作定常流动的修改了的伯努利方程. 如果彻体力是其他的保守力,将(5.5.5)式中的 $\rho g z$ 改成 ρU 即可.

为了佐证 e 的物理意义,我们用(5.5.5)式重新理解(5.5.4)式的导出过程.

对于不可压缩的黏性流体在半径为 R 的圆管中的定常流动,不计重力,在圆管的垂直于流速的横截面上压强相等,由连续性方程,$v_1 = v_2$,再由(5.5.5)式,得

$$p_1 - p_2 = e$$

这里 e 是单位体积流体沿流线从位置 1 到位置 2 需补充的能量. 单位时间内流过

的体积为$\frac{Q}{\rho}$,所需补充的能量,也就是要维持这段定常流动所需的功率,

$$N = e\frac{Q}{\rho} = (p_1 - p_2)\frac{Q}{\rho}$$

例 5.5.1　在一个大容器的侧面接近底面处连接一个半径为 R、长度为 L 的水平小圆管,在距管口 L_1、L_2 的 B、C 两点处分别装上竖直的管子. 大容器内装入密度为 ρ、黏度为 η 的不可压缩的黏性液体. 定常流动时,大容器中流体自由面距出水管的高度为 h. 如图 5.5.7 所示. 设大气压强为 p_0. 求

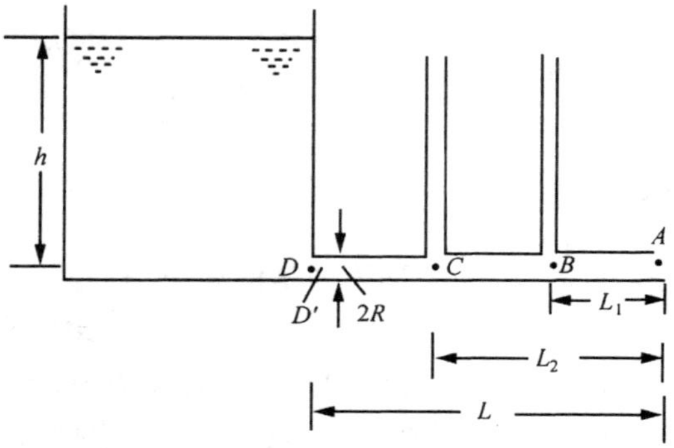

图 5.5.7

(1) B、C 点竖直管中的液面高度;

(2) 小圆管中的平均速度和流量;

(3) 从出水管的 D 端入口到 A 端流出,因黏性力每秒消耗的机械能;

(4) 若液体是密度为 ρ 的理想流体,重求(1)、(2)各量.

在水平小圆管内可不计重力的影响.

解　液体从大容器进入水平小圆管的前后两点 D 和 D'(见图 5.5.7),速度有明显的变化,在 D 点,$\boldsymbol{v}_D \approx 0$,在 D'点,$\boldsymbol{v}_{D'} = \boldsymbol{v}_C = \boldsymbol{v}_B = \boldsymbol{v}_A = \bar{\boldsymbol{v}}$(用了连续性方程,$\bar{\boldsymbol{v}}_{D'}$表示 D'处垂直于流速的横截面上的平均速度),流体从大容器的自由面流至 D'点,由于两个原因:第一,各层流速很小、相邻两层间流速差当然也很小,各层间的黏性力很小. 第二,流体的大部分质元远离固体边界,附面层的影响很小. 从自由面到 D'这一段可采用理想流体近似. 从 D'至 A 段作为黏性流体的定常流动处理. 这一段流经水平的小圆管,完全可用(5.5.2)～(5.5.4)式.

在 $D'A$ 段,对 BA、CA、$D'A$ 各流程,用(5.5.3)式,可得

$$\frac{p_A - p_0}{L_1} = \frac{p_C - p_0}{L_2} = \frac{p_{D'} - p_0}{L} = \frac{8\eta Q}{\pi\rho R^4} = \alpha \tag{1}$$

其中 p_0 是 A 点的压强,等于大气压,α 式中各量均为常量,但 Q 待求,α 也是待定的常量.

对各流层($r \sim r+\mathrm{d}r$、r 值不同的各小圆环)用(5.5.2)式,再把各流层的式子加起来平均,

$$\frac{1}{2}\rho\,\overline{v_1^2} + \rho g\,\overline{z_1} + \overline{p_1} = \frac{1}{2}\rho\,\overline{v_2^2} + \rho g\,\overline{z_2} + \overline{p_2} + \bar{e} \tag{2}$$

对 D'、A 两点用(2)式,考虑到小圆管水平、不计重力影响 $\rho g\,\overline{z_1} = \rho g\,\overline{z_2}$, $\overline{p_1} = p_{D'}$, $\overline{p_2} = p_0$. $\overline{v_1^2} = \overline{v_2^2}$. 可得

$$p_{D'} = p_0 + \bar{e} \tag{3}$$

对 D、D' 两点用理想流体的伯努利积分(5.4.3)式. 并略去$\overline{v^2}$和 $\bar{v}^2$ 的差别,

$$p_D = p_{D'} + \frac{1}{2}\rho\bar{v}^2 \tag{4}$$

D 点的压强可用静止流体的压强公式,

$$p_D = p_0 + \rho g h \tag{5}$$

用(5.5.2)式求 $D'A$ 段的 $\bar{v}$,

$$\begin{aligned}\bar{v} &= \frac{1}{\pi R^2}\int_0^R [v(r)]\cdot 2\pi r\mathrm{d}r \\ &= \frac{1}{\pi R^2}\int_0^R \frac{\alpha}{4\eta}(R^2 - r^2)\cdot 2\pi r\mathrm{d}r = \frac{\alpha R^2}{8\eta}\end{aligned} \tag{6}$$

其中用了(1)式:$\dfrac{p_{D'} - p_0}{L} = \alpha$.

由(1)、(3)两式得

$$p_{D'} = p_0 + L\alpha \tag{7}$$

由(4)、(5)两式得

$$p_{D'} + \frac{1}{2}\rho\bar{v}^2 = p_0 + \rho g h \tag{8}$$

由(7)、(8)两式得

$$\rho gh - \frac{1}{2}\rho \bar{v}^2 = L\alpha \tag{9}$$

将(6)式代入(9)式,得

$$\frac{\rho R^4}{64\eta^2}\alpha^2 + L\alpha - \rho gh = 0$$

$$\alpha = \left(-1 + \sqrt{L^2 + \frac{\rho R^4}{32\eta^2}\cdot \rho gh}\right) \Big/ \frac{\rho R^4}{64\eta^2}$$

$$= \frac{64\eta^2}{\rho R^4}\left(\sqrt{L^2 + \frac{\rho^2 ghR^4}{32\eta^2}} - L\right) \tag{10}$$

由(5.5.3)式和(1)式得到 Q 与 α 的关系,再将(10)式代入得流量,

$$Q = \frac{\pi\rho R^4}{8\eta}\alpha = 8\pi\eta\left(\sqrt{L^2 + \frac{\rho^2 ghR^4}{32\eta^2}} - L\right)$$

由(6)、(10)两式可得平均速度为

$$\bar{v} = \frac{Q}{\rho\pi R^2} = \frac{8\eta}{\rho R^2}\left(\sqrt{L^2 + \frac{\rho^2 ghR^4}{32\eta^2}} - 1\right)$$

DA 段因黏性力每秒消耗的机械能即维持此段定常流动所需补充的功率为

$$N = (p_{D'} - p_0)\frac{Q}{\rho} = L\alpha\frac{Q}{\rho} = \frac{512\pi\eta^3 L}{\rho^2 R^4}\left(\sqrt{L^2 + \frac{\rho^2 ghR^4}{32\eta^2}} - 1\right)^2$$

由(1)式和(10)式,p_B、p_C 分别为

$$p_B = p_0 + L_1\alpha, \quad p_C = p_0 + L_2\alpha$$

竖直管中是静止流体,可用静止流体的压强公式. $p_B = p_0 + \rho gh_B$, $p_C = p_0 + \rho gh_C$,得

$$h_B = \frac{\alpha}{\rho g}L_1, \quad h_C = \frac{\alpha}{\rho g}L_2$$

B、C 两点处竖直管中的液面高度的连线通过 A 点,如图 5.5.8 所示.

若流体是密度为 ρ 的理想流体. 将上述有关各式令 $\eta \to 0$,得到

$$h_B = h_C = 0$$

$$\bar{v} = \sqrt{2gh}, \quad Q = \pi R^2 \rho\sqrt{2gh}$$

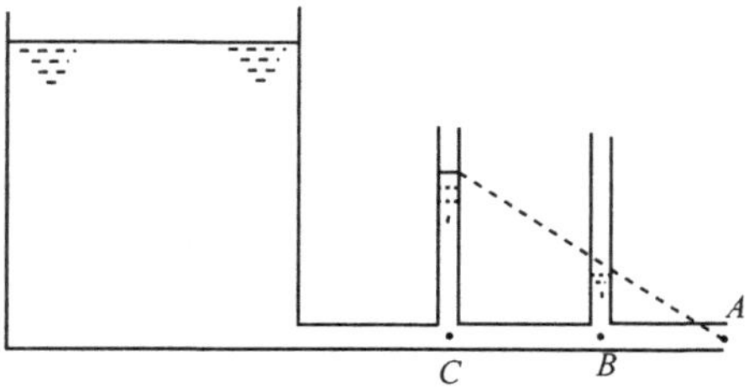

图 5.5.8

$$N = 0$$

这些结果正是我们所期待的.

*5. 不可压缩黏性流体的动量方程　雷诺数和相似律

前面已经说过,运动着的黏性流体内部的应力情况比较复杂,不仅有法向应力,而且有切向应力,表面力不垂直所取的表面,应力大小也与所取作用面的方位有关. 一点的应力状态如图 5.5.9 所示. σ_{ij} 的下标 i 表示作用面的外法线方向,1、2、3 分别表示沿 x、y、z 轴,下标 j 表示表面力的方向,1、2、3 分别表示沿 x、y、z 轴正向. 可表成应力张量

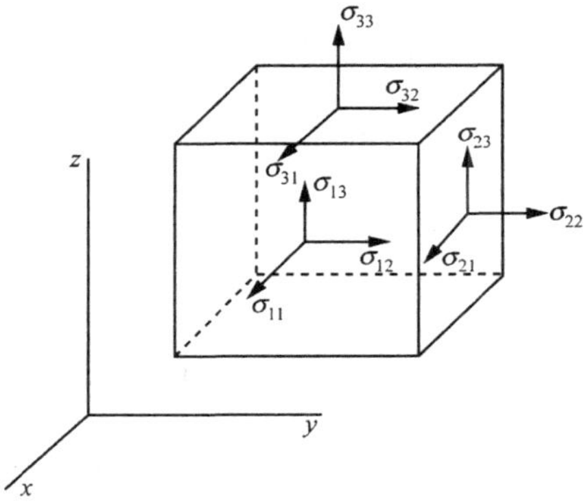

图 5.5.9

$$\boldsymbol{\sigma} = \begin{pmatrix} \sigma_{11} & \sigma_{12} & \sigma_{13} \\ \sigma_{21} & \sigma_{22} & \sigma_{23} \\ \sigma_{31} & \sigma_{32} & \sigma_{33} \end{pmatrix}$$

无黏性力时的压强写成张量形式

$$\boldsymbol{p} = \begin{pmatrix} -p & 0 & 0 \\ 0 & -p & 0 \\ 0 & 0 & -p \end{pmatrix}$$

由黏性力构成的表面力张量称为黏性胁强张量

$$\boldsymbol{\tau} = \boldsymbol{\sigma} - \boldsymbol{p} = \begin{pmatrix} \sigma_{11} + p & \sigma_{12} & \sigma_{13} \\ \sigma_{21} & \sigma_{22} + p & \sigma_{23} \\ \sigma_{31} & \sigma_{32} & \sigma_{33} + p \end{pmatrix} \tag{1}$$

位于 $x \sim x + \mathrm{d}x$、$y \sim y + \mathrm{d}y$、$z \sim z + \mathrm{d}z$ 的质元受到的表面力的 x 分量为

$$\begin{aligned} F_{sx}^{(V)} \mathrm{d}x\mathrm{d}y\mathrm{d}z = & [\sigma_{11}(x + \mathrm{d}x, y, z) - \sigma_{11}(x, y, z)]\mathrm{d}y\mathrm{d}z \\ & + [\sigma_{21}(x, y + \mathrm{d}y, z) - \sigma_{21}(x, y, z)]\mathrm{d}x\mathrm{d}z \\ & + [\sigma_{31}(x, y, z + \mathrm{d}z) - \sigma_{31}(x, y, z)]\mathrm{d}x\mathrm{d}y \\ = & \left(\frac{\partial \sigma_{11}}{\partial x} + \frac{\partial \sigma_{21}}{\partial y} + \frac{\partial \sigma_{31}}{\partial z}\right)\mathrm{d}x\mathrm{d}y\mathrm{d}z \end{aligned}$$

(x、y、z)点的单位体积流体受到的表面力的 x 分量为

$$F_{sx}^{(V)} = \frac{\partial \sigma_{11}}{\partial x} + \frac{\partial \sigma_{21}}{\partial y} + \frac{\partial \sigma_{31}}{\partial z} \tag{2}$$

(x、y、z)点的单位体积流体受到的表面力的 y、z 分量经计算可得

$$F_{sy}^{(V)} = \frac{\partial \sigma_{12}}{\partial x} + \frac{\partial \sigma_{22}}{\partial y} + \frac{\partial \sigma_{32}}{\partial z} \tag{3}$$

$$F_{sz}^{(V)} = \frac{\partial \sigma_{13}}{\partial x} + \frac{\partial \sigma_{23}}{\partial y} + \frac{\partial \sigma_{33}}{\partial z} \tag{4}$$

由牛顿黏性定律(5.5.1)式,并推广到法线方向

$$\tau_{ij} = \eta \frac{\partial v_j}{\partial x_i} \quad (i, j = 1,2,3) \tag{5}$$

例如 $\tau_{21} = \eta \dfrac{\partial v_x}{\partial y}$, $\tau_{11} = \eta \dfrac{\partial v_x}{\partial x}$.

将(1)、(5)式代入(2)、(3)、(4)式,得

$$\begin{aligned} F_{sx}^{(V)} &= \frac{\partial \tau_{11}}{\partial x} - \frac{\partial p}{\partial x} + \frac{\partial \tau_{21}}{\partial y} + \frac{\partial \tau_{31}}{\partial z} \\ &= \eta\left(\frac{\partial^2 v_x}{\partial x^2} + \frac{\partial^2 v_x}{\partial y^2} + \frac{\partial^2 v_x}{\partial z^2}\right) - \frac{\partial p}{\partial x} \end{aligned}$$

$$F_{sy}^{(V)} = \eta\left(\frac{\partial^2 v_y}{\partial x^2} + \frac{\partial^2 v_y}{\partial y^2} + \frac{\partial^2 v_y}{\partial z^2}\right) - \frac{\partial p}{\partial y}$$

$$F_{sz}^{(V)}=\eta\left(\frac{\partial^2 v_z}{\partial x^2}+\frac{\partial^2 v_z}{\partial y^2}+\frac{\partial^2 v_z}{\partial z^2}\right)-\frac{\partial p}{\partial z}$$

将单位体积流体受到的表面力写成矢量式，

$$\boldsymbol{F}_s^{(V)}=-\nabla p+\eta\nabla^2\boldsymbol{v} \tag{5.5.6}$$

加上标“(V)”表示单位体积流体受到的力，以与彻体力 $\boldsymbol{F}$ 是单位质量受到的力有所区别.

不可压缩的黏性流体的动量方程为

$$\rho\frac{\mathrm{d}\boldsymbol{v}}{\mathrm{d}t}=\rho\boldsymbol{F}+\boldsymbol{F}_s^{(V)}$$

用(5.2.6)式，并代入(5.5.6)式，上式改为

$$\rho\frac{\partial\boldsymbol{v}}{\partial t}+\rho(\boldsymbol{v}\cdot\nabla)\boldsymbol{v}=\rho\boldsymbol{F}-\nabla p+\eta\nabla^2\boldsymbol{v} \tag{5.5.7}$$

(5.5.7)式被称为纳维尔-斯托克斯方程. 其中 $\eta\nabla^2\boldsymbol{v}$ 是由黏性胁强张量给出的作用于单位体积的黏性力. 适用于不可压缩的、η 为常量的牛顿流体(遵从牛顿黏性定律的黏性流体).

用矢量分析公式

$$(\boldsymbol{v}\cdot\nabla)\boldsymbol{v}=\frac{1}{2}\nabla v^2-\boldsymbol{v}\times(\nabla\times\boldsymbol{v})$$

(5.5.7)式还可表为

$$\rho\frac{\partial\boldsymbol{v}}{\partial t}+\frac{1}{2}\rho\nabla v^2-\rho\boldsymbol{v}\times(\nabla\times\boldsymbol{v})=\rho\boldsymbol{F}-\nabla p+\eta^2\nabla^2\boldsymbol{v} \tag{5.5.7$'$}$$

如果是可压缩的黏性流体，(5.5.7)、(5.5.7′)式还有一附加项.

几种特殊情况：

(1) 理想流体即无黏性的不可压缩流体，$\eta=0$，(5.5.7)式简化为欧拉方程(5.4.4)式；

(2) 静止流体. 不论是否黏性流体，(5.5.7)式简化为平衡方程(5.3.2)式；

(3) 不可压缩的黏性流体的定常流动，$\frac{\partial\boldsymbol{v}}{\partial t}=0$. (5.5.7)式简化为

$$\frac{1}{2}\rho\nabla v^2-\rho\boldsymbol{v}\times(\nabla\times\boldsymbol{v})=\rho\boldsymbol{F}-\nabla p+\eta\nabla^2\boldsymbol{v} \tag{5.5.8}$$

对于在水平圆管中的层流运动，不计重力，$\boldsymbol{F}=0$. 考虑到$\nabla v^2=0$，$\nabla\times\boldsymbol{v}=0$，解偏

微分方程

$$-\nabla p + \eta \nabla^2 \boldsymbol{v} = 0$$

可得(5.5.2)式.

如取 m_0、l_0、t_0 分别作质量、长度和时间的单位,即 $m = m^* m_0$, $l = l^* l_0$, $t = t^* t_0$,则 v 以 $v_0 = \frac{l_0}{t_0}$ 为单位,ρ 以 $\rho_0 = \frac{m_0}{l_0^3}$ 为单位,F 以 $F_0 = \frac{m_0 l_0}{t_0^2}$ 为单位,η 以 $\eta_0 = m_0 l_0^{-1} t_0^{-1}$ 为单位,则所有带 * 的上标的物理量都是无量纲的量. $\nabla = \frac{1}{l_0}\nabla^*$,其中 $\nabla^* = \boldsymbol{i}\frac{\partial}{\partial x^*} + \boldsymbol{j}\frac{\partial}{\partial y^*} + \boldsymbol{k}\frac{\partial}{\partial z^*}$(5.5.7)式也可变成无量纲的物理量满足的偏微分方程,

$$\rho^* \frac{\partial \boldsymbol{v}^*}{\partial t^*} + \rho^* (\boldsymbol{v}^* \cdot \nabla^*) \boldsymbol{v}^* = \rho^* \boldsymbol{F}^* + \eta^* \nabla^{*2} \boldsymbol{v}^* \tag{5.5.9}$$

从(5.5.9)式可以看出,不论采用什么 m_0、l_0、t_0 作为质量、长度和时间的单位,只要 $\frac{\eta^*}{\rho^*}$ 相同,两种不可压缩的黏性流体的无量纲物理量有完全相同的偏微分方程,如果有相同的无量纲的边界条件和初条件,则它们的无量纲的 $\boldsymbol{v}^*$ 有完全相同的解. 这种情况称为遵从相似律. 利用相似律,可以用于水利工程中,水力机械运作、港口及防波堤的建设,采用模拟试验,不必使用原型作试验. 用于飞机设计中. 可将设计的飞机做成模型,放在风洞中,让空气以某种速度迎向飞机模型相当于飞机以该速度在静止的大气中运动. 利用相似律,还可以通过模拟试验来研究那些数学上难以处理的复杂的流动问题、模型和原型要求具有几何相似(各相关部位都有相同的几何形状)、运动相似(对应的部位所受的力之比为常数). 用这相似律,还可以用杯中的涡流来研究实际的龙卷风.

可以找到一个无量纲的量雷诺数,

$$Re = \frac{\rho v r}{\eta} \tag{5.5.10}$$

来反映不同的不可压缩的黏性流体(ρ、η 表征)在相似的边界条件(其线度用 r 表征)下有相似的运动规律($\boldsymbol{v}$ 表征).

流体在圆管中运动是层流还是湍流,对于不同的不可压缩的黏性流体,均可用雷诺数作出判断,其中 r 表示圆管的半径. 实验确定,存在着一个临界雷诺数 $Re = 1000$. 在 $Re < 1000$ 时,一定作层流型流动,这个 1000 是下临界雷诺数,还有一个上临界雷诺数,上临界雷诺数没有确定的值,与测试条件关系很大,测试时扰

动越小，上临界雷诺数越大. 大于上临界雷诺数，一定是湍流. 雷诺数在下临界雷诺数与上临界雷诺数之间可能是层流，也可能是湍流，与试验条件有关. 对于其他形状截面的管道或绕过各种形状的物体，从层流向湍流的转变，也有它的下临界雷诺数和上临界雷诺数. 下临界雷诺数具有实质意义，对于几种不同截面形状的管道，下临界雷诺数分别如下：正方形截面的管道为 2070（r 是正方形边长）、正三角形截面的管道为 3339（r 为三角形边长）、同心圆筒间的管道为 550（r 为两半径之差）.

习　题

5.1　已知流体流动的速度场为

$$v_x = x + t,\ v_y = y + t,\ v_z = 0$$

求用拉格朗日变量表示的速度分布.

答　$v_x = (x_0 + 1)e^t - 1,\ v_y = (y_0 + 1)e^t - 1,\ v_z = 0$. 其中 (x_0, y_0) 是流体质元在 $t = 0$ 时的 x、y 坐标.

5.2　某一流体流动的拉格朗日描述是

$$x = \sqrt{x_0^2 + y_0^2}\cos\left(\omega t + \arctan\frac{y_0}{x_0}\right)$$

$$y = \sqrt{x_0^2 + y_0^2}\sin\left(\omega t + \arctan\frac{y_0}{x_0}\right)$$

其中 ω 是常量. 求出用欧拉方式描述的速度场.

答　$\boldsymbol{v} = -\omega y\boldsymbol{i} + \omega x\boldsymbol{j}$.

5.3　流体运动的速度场为

$$v_x = yzt,\ v_y = zxt,\ v_z = 0$$

问当 $t = 10$ 时，在点 (2,5,3) 处的质元的加速度为何值？

答　$a_x = 1815,\ a_y = 4506,\ a_z = 0$.

5.4　流体沿 x 方向定常流动，速度按线性规律递增，已知流体质元流经相距 $l = 50$cm 的 A、B 两点时速度 $v_A = 2\text{ms}^{-1}$、$v_B = 6\text{ms}^{-1}$，如图所示. 试求流经这两点时质元的加速度.

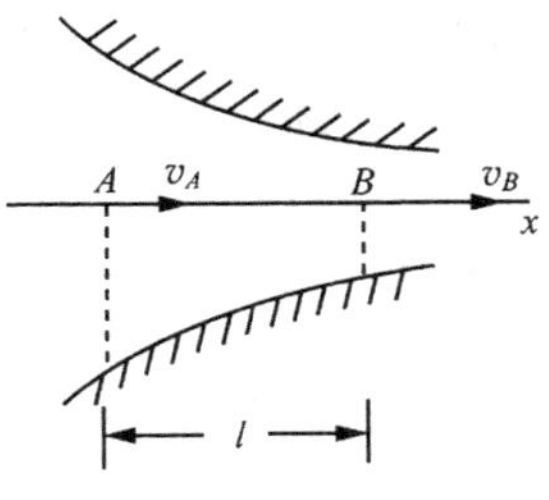

5.4 题图

答　$a_A = 16\text{ms}^{-2},\ a_B = 48\text{ms}^{-2}$.

5.5　流体在平面上作定常流动，其速度场用极坐标表示为

$$\boldsymbol{v}(r,\ \varphi) = br\boldsymbol{e}_\varphi$$

其中 b 为常量. 求该流动的加速度场.

答　$\boldsymbol{a}=-b^2(x\boldsymbol{i}+y\boldsymbol{j})$或$-b^2 r\boldsymbol{e}_r$.

5.6　已知一定常流动的速度场为

$$v_x = 2kx,\ v_y = 2ky,\ v_z = -4kz$$

其中 k 为常量. 试求通过(1,1,1)点的流线方程.

答　$x=y,\ z=\dfrac{1}{x^2}$

5.7　已知某流动的速度场为

$$\boldsymbol{v} = (1+At)\boldsymbol{i} + 2x\boldsymbol{j}$$

式中 A 为常量. 求

(1) $t=t_0$ 时通过$(x_0,\ y_0)$点的流线方程;

(2) $t=t_0$ 时,位于$(x_0,\ y_0)$点的流体质元的轨道方程;

(3) $t=t_0$ 时位于$(x_0,\ y_0)$点的流体质元在 t 时刻的速度.

答　(1) $y-y_0=\dfrac{1}{1+At_0}(x^2-x_0^2)$;

(2) $x=x_0+(t-t_0)+\dfrac{1}{2}A(t^2-t_0^2)$;

$y=y_0-At_0^2t+2x_0(t-t_0)+(t-t_0)^2+\dfrac{1}{3}A(t^3-3t_0^2t+2t_0^3)$.

(3) $\boldsymbol{v}=(1+At)\boldsymbol{i}+[2x_0+2(t-t_0)+A(t^2-t_0^2)]\boldsymbol{j}$.

5.8　流体运动的速度分布若为

$$\boldsymbol{v} = (x+t)\boldsymbol{i} - (y-t)\boldsymbol{j}$$

求通过$(-1,-1)$点的流线及 $t=0$ 时通过$(-1,-1)$点的迹线.

答　流线:$xy-xt+yt-1=0$.

迹线:$x+y+2=0$.

5.9　流体运动的轨迹为

$$x = x_0\mathrm{e}^{-2bt},\ y = y_0\mathrm{e}^{bt},\ z = z_0\mathrm{e}^{bt}$$

其中 b 为非零常量. 判断此流动是否定常流动?

答　是定常流动.

5.10　对5.5题所述的流体流动. 如取以恒定速度 V 沿 x 轴向正方向运动的参考系S',固连于它的两个坐标轴 x'、y'轴分别与x、y 轴平行,且 $t=0$ 时,两坐标系完全重合. 问在 S'系中看此流动是否还是定常流动? 给出 t 时刻通过任意点$(x'_0,\ y'_0)$的流线方程.

答　不是定常流动,所求流线方程为

$$(x'+Vt)^2+\left(y'+\frac{V}{b}\right)^2=(x'_0+Vt)^2+\left(y'_0+\frac{V}{b}\right)^2.$$

5.11　判断下述不可压缩流体的运动是否可能存在.

(1) $v_x = x,\ v_y = y,\ v_z = z$;

(2) $v_x = 2x^2 + y, v_y = 2y^2 + z, v_z = -4(x+y)z + xy$;

(3) $v_x = yzt, v_y = xzt, v_z = xyt$.

答　(1) 不可能;(2)、(3) 可能.

5.12　分别判断 5.5 题、5.9 题所述流动的流体是否不可压缩流体.

答　都是不可压缩流体.

5.13　某流体沿截面积不变的直圆管流动,流速为

$$v = \frac{1}{2}(v_1 + v_2) + \frac{1}{2}(v_2 - v_1)\text{th}x$$

其中 v_1、v_2 为常量. 在 $x = -\infty$处,密度 $\rho = \rho_1$. 问此流体是否可压缩? 并求沿管道的密度分布.

答　可压缩. $\rho = \frac{\rho_1 v_1}{v}$.

* **5.14**　判断以下流动的类型:定常不定常,有旋无旋,如是无旋流动,求出速度势. 流体可否压缩?

(1) $v_x = -\frac{2xyz}{(x^2+y^2)^2}, v_y = \frac{(x^2-y^2)z}{(x^2+y^2)^2}, v_z = \frac{y}{x^2+y^2}$;

(2) $v_r = (n+1)ar^n e^{-k(n+1)\varphi}$,

$v_\varphi = -k(n+1)ar^n e^{-k(n+1)\varphi}, v_z = 0$

其中 k、n、a 均为常量.

答　(1) 定常、无旋,$\phi = \frac{yz}{x^2+y^2}$,不可压缩;

(2) 定常、无旋,$\phi = ar^{n+1}e^{-k(n+1)\varphi}$,可压缩.

5.15　一根横截面积为 1cm^2 的管子铅直地连在一个容器上,容器高度为 1cm,横截面积为 100cm^2. 今把水注入到离容器底面的高度 100cm,管子上端封闭,并将水面上方的气体抽空. 求(1)水对容器底面的作用力;(2)系统内水的重量;(3)解释(1)和(2)所得数值为何不同;(4)如置于磅秤上,磅秤示重多大(容器质量可忽略不计)?

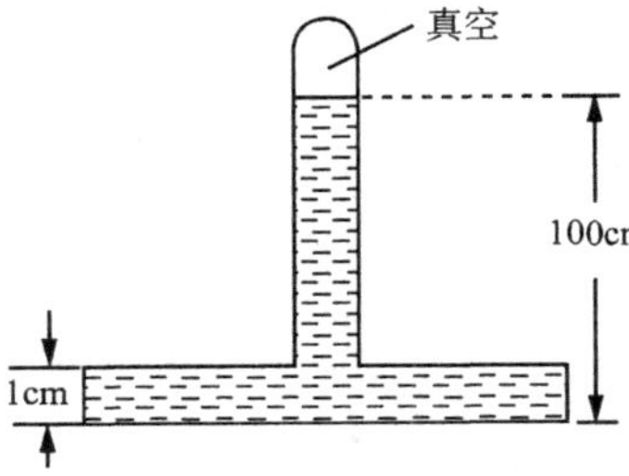

5.15 题图

答　(1) 98N;(2) 1.96N;(4) 0.199kg 力.

5.16　设一盛着水的长方体水箱以与水平面夹角为 α 的恒力 F 往斜面上拉,斜面的倾角为 θ,取固连于水箱的 x、y、z 坐标,如图所示. 水箱置于水平面上静止时,水面高度为 h,水箱 x 方向的边长为 L_1,z 方向的边长为 L_2. 水的密度为 ρ,大气压强为 p_0. 求相对于水箱平衡后,(1)水的压强分布 $p(x, y)$;(2)$x = 0$ 处的水箱壁受到的总压力 $\boldsymbol{N}$(水箱的质量可以忽略不计).

答　(1) $p = p_0 - \rho(a + g\sin\theta)\left(x - \frac{1}{2}L_1\right) - \rho g\cos\theta(y - h)$;

(2) $\boldsymbol{N} = -\boldsymbol{i}\left\{\left[p_0 + \frac{1}{2}\rho(a + g\sin\theta)L_1\right]L_2 h_1 - \frac{1}{2}\rho g(h_1^2 - 2h_1 h)L_2\cos\theta\right\}$.

其中 $a = \frac{F\cos(\alpha - \theta)}{\rho L_1 L_2 h}$，$h_1 = h + \frac{L_1(a + g\sin\theta)}{2g\cos\theta}$. 为 $x = 0$ 处的水面高度.

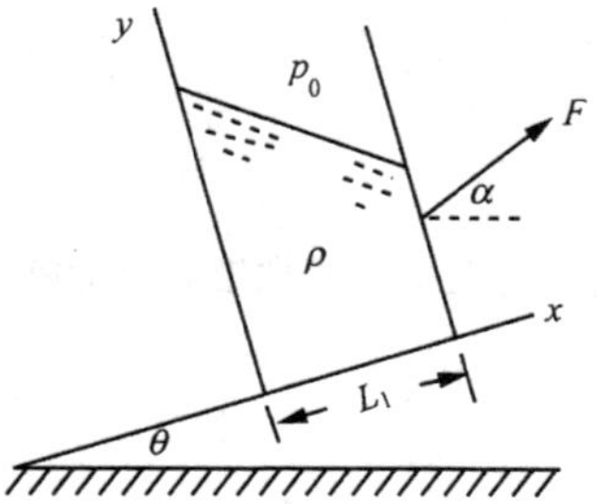

5.16 题图

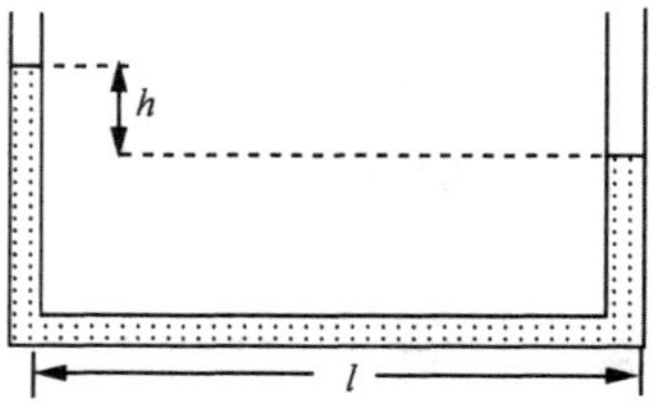

5.17 题图

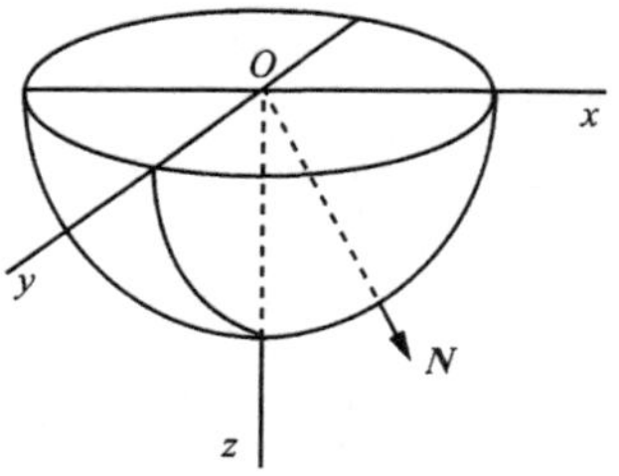

5.18 题图

5.17　用图示的 U 形管测量汽车的加速度. 当汽车加速行驶时，测得 $h = 100$mm. 求汽车的加速度(图中 $l = 200$mm).

答　4.9ms^{-2}.

5.18　具有铅垂轴的半径为 r 的半球内盛满液体、求被两个互相垂直的平面所切出的八分之一球面上压力的合力 $\boldsymbol{N}$ 及其作用线. 设自由面上压力为零. 液体的密度为 ρ.

答　$N = \frac{1}{6}\rho g r^3\sqrt{8 + \pi^2}$，$x = y = \frac{2}{\pi}z$.

5.19　证明任意曲面在彻体力仅有重力的静止流体中所受的总压力的水平分量等于该曲面在垂直面上的投影面积上所受的总压力.

5.20　一半径为 R 的圆柱形容器，其顶盖中心装有一敞口的测压管(见图)容器装满密度为 ρ 的水，测压管中的水面比顶盖高 h. 大气压为 p_0. 当容器绕其对称轴以角速度 ω 旋转时，顶盖受到水向上的作用力有多大?

答　$\pi R^2\left(p_0 + \rho g h + \frac{1}{4}\rho\omega^2 R^2\right)$.

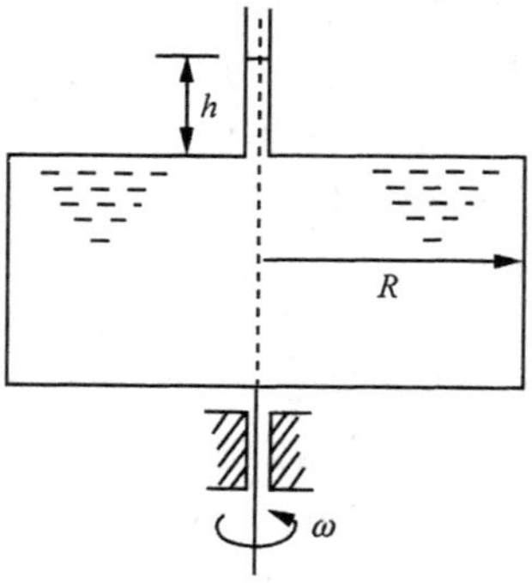

5.20 题图

5.21　一离心分离机，其容器半径为 R，高度为 H. 容器静止时装水高度为 h. 水的密度为 ρ. 为使水不溢出，角速度不能超过何值?

答　$\frac{2}{R}\sqrt{g(H-h)}$.

5.22　设有一单位质量受到的彻体力场

$$F_x=\frac{1}{2}(y^2+z^2)+2\lambda(y+z)x,\ F_y=\frac{1}{2}(z^2+x^2)+2\mu(z+x)y,$$

$$F_z=\frac{1}{2}(x^2+y^2)+2\nu(x+y)z,$$

其中 λ、μ、ν 均为常数. 问 λ、μ、ν 为何值时,在此力场作用下的均质流体可能达到平衡.

答　$\lambda=\mu=\nu=\frac{1}{2}$.

5.23　一个充满水的密闭容器,以等角速度 ω 绕一水平轴旋转,能否达到相对平衡?如能相对平衡,求出等压面方程.

答　不能相对平衡.

5.24　图中圆形截面的活塞直径 $d=4$cm,圆柱体状重物 W 的底面直径 $D=24$cm. 当作用在活塞上的力 F 为 100N 时,能举起重物的质量多大?

答　367kg.

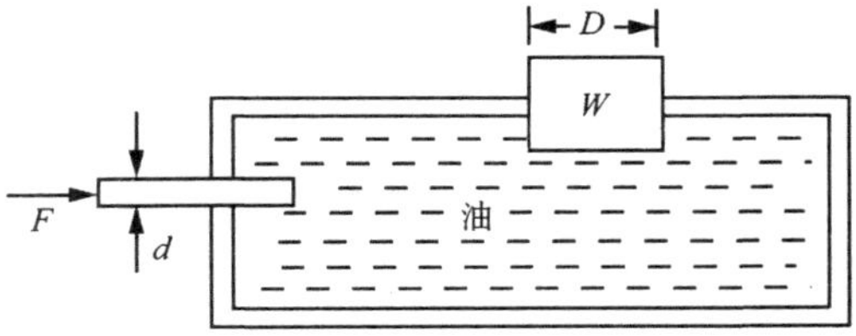

5.24 题图

5.25　如图所示,盛水容器底部开有直径 $d=5$cm 的圆孔,用空心金属球封住. 球重 2.45N,半径 $r=4$cm. 水深 $H=20$cm. 试求升起该球所需之力.

答　2.76N.

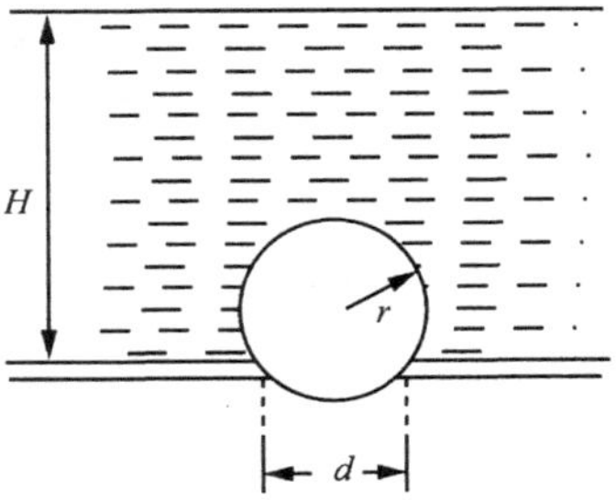

5.25 题图

5.26　一个均质的正立方体木块,边长为 1m、加重物后浸入水中达到平衡时,恰好一半浸入水中,重心位置如(a)图所示. 当木块转过 45°角如(b)图所示. 求此位置木块受到的恢复力矩.

答　866N·m.

5.27　一低速风洞具有开口式的试验段,其横截面直径为 d,一杯式酒精压力计连接于风洞较粗段上,此处横截面的直径为 D. 当重力作用下的密度为 ρ 的理想气体流过时,压力计高度读数为 h,大气压强为 p_0,酒精密度为 ρ'. 流动是定常的. 求试验段流体的速度.

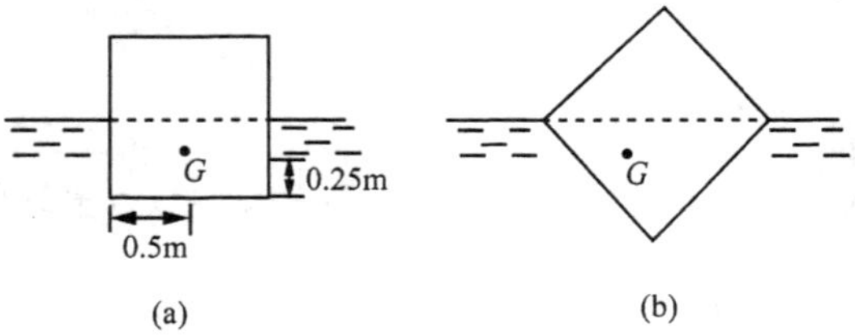

5.26 题图

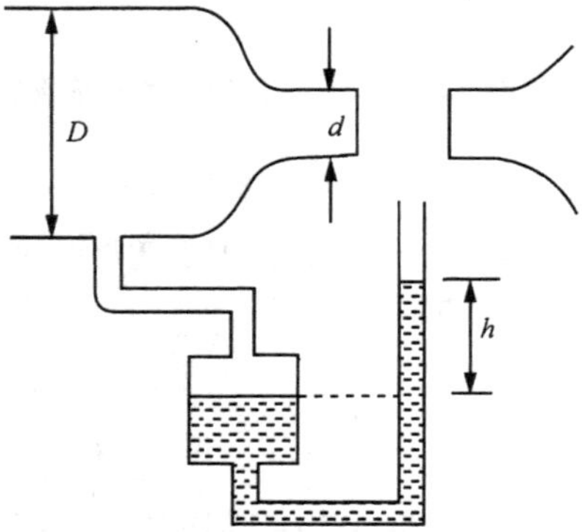

5.27 题图

答　$\dfrac{D^2}{\sqrt{D^4-d^4}}\sqrt{\dfrac{2\rho' gh}{\rho}}$.

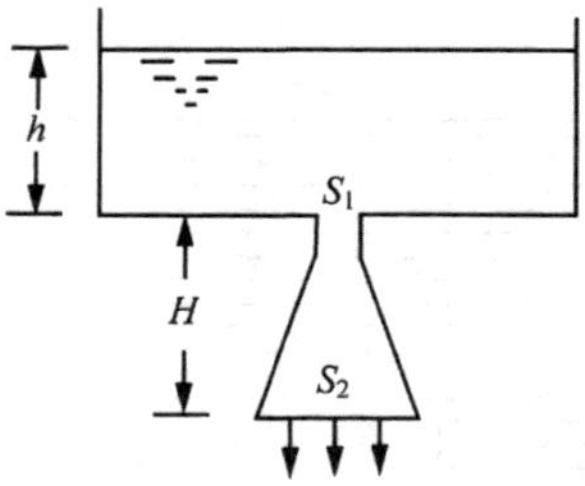

5.28 题图

5.28　密度为 ρ 的水从一大容器流入一喇叭型导管，入口和出口处截面积分别为 S_1 和 S_2，导管长 H，如图所示. 大气压强为 p_0，运动是定常的. 问 h 多大时，导管入口处压强为零.

答　$h=\dfrac{S_1^2}{S_2^2-S_1^2}\left(\dfrac{p_0}{\rho g}-\dfrac{S_2^2}{S_1^2}H\right)$.

5.29　如图所示，压强为 1.08×10^5Pa 的空气以 30ms^{-1}的速度从 A、B 两个进口流进箱内，进口面积都为 5cm^2，箱内的空气经过 C 排气口排入大气，排气压强等于大气压强为 1.013×10^5Pa. 气体不可压缩，密度为 1.225kg/m^3. 进出口 A、B、C 处于同一高度. 设为定常流动. 试求反作用力 R_1 和 R_2.

答　$R_1=5.65$N，$R_2=6.66$N.

5.30　一水塔的蓄水箱底离地面的高度 $H_0=20$m，其横截面为半径 $R=2$m 的圆. 蓄水深 $h=1$m. 如果用装在高 $H_1=5$m 处截面积为 2cm^2 的水龙头放水，假定始终都是定常流动，问需多久才能将水放完？

答　3.61×10^3 s.

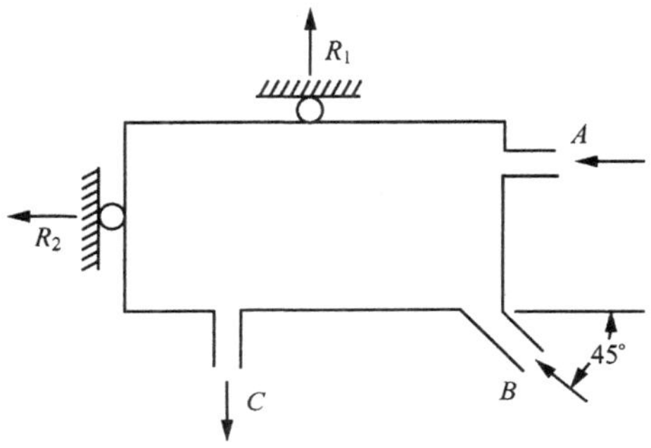

5.29 题图

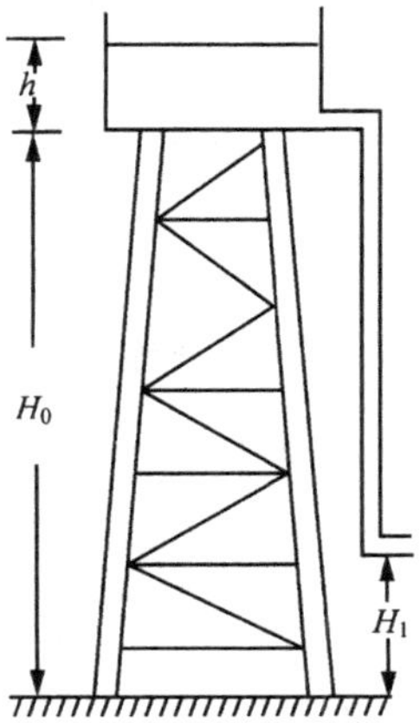

5.30 题图

5.31　洒水车的大水槽的后端底部有一小孔，当洒水车以匀加速度 a 前进时，后端水面的高度为 h. 求此刻水从小孔流出的速率(以洒水车为参考系).

答　$\sqrt{2gh}$.

5.32　半径为 R 的圆柱形水槽绕自身的铅垂对称轴以匀角速 ω 转动，水槽侧壁有一小孔，水面最低处在小孔上方 h 处. 求此刻水从小孔流出时相对于水槽的速率.

答　$\sqrt{2gh+\omega^2R^2}$.

***5.33**　密度为 ρ 的理想流体通过截面积为正方形的水平的圆弧形管道(见图)作定常流动，正方形边长为 $2L$，圆形轨道的中心线的半径为 R. 测得通道在同一高度上内外侧压差为 Δp，通道内水流速度为 $v_r=v_z=0, v_\varphi=\dfrac{A}{r}$. A 为待定常数. 试证明通过通道的水流质量流量为

$$Q=\sqrt{\frac{2\rho L\Delta p}{R}}(R^2-L^2)\ln\left(\frac{R+L}{R-L}\right)$$

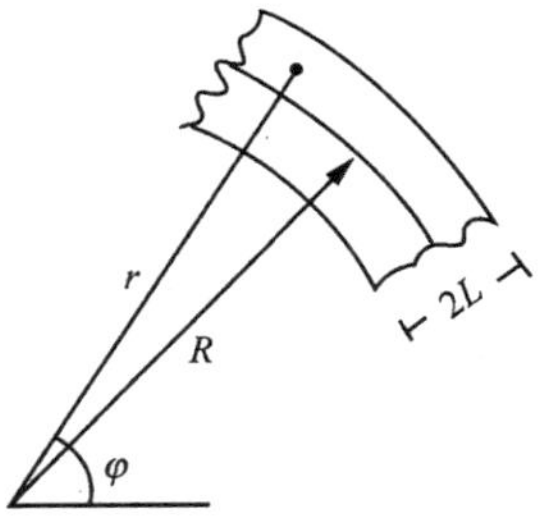

5.33 题图

***5.34**　密度为 ρ 的理想流体作定常流动，其流场的速度分布为

$$\boldsymbol{v}=\begin{cases} r\omega\,\boldsymbol{e}_\varphi, & 0\leqslant r\leqslant r_0 \\ \dfrac{r_0^2\omega}{r}\boldsymbol{e}_\varphi, & r\geqslant r_0 \end{cases}$$

其中 ω 为常量. 求此流场的压强分布. 设 $r\to\infty$ 时, $p=p_0$ 为周围的大气压强(不计重力的影响).

提示　可采用绕对称轴以恒定角速度 ω 转动的参考系或解用柱坐标表示的微分方程(5.4.4)式.

答　$$p=\begin{cases} p_0-\rho(r_0\omega)^2+\frac{1}{2}\rho(r\omega)^2, & 0\leqslant r\leqslant r_0 \\ p_0-\frac{1}{2}\rho r_0^4\omega^2/r^2, & r\geqslant r_0. \end{cases}$$

***5.35**　理想流体沿水平圆环作二维定常流动,不计重力的影响. 若 $v_r=0$, v_φ 不随 φ 变化. 试求(1) p 和 v_φ、r 满足的微分方程. (2)分别对 $v_\varphi=k$、$v_\varphi=kr$ 和 $v_\varphi=\frac{k}{r}$ 三种情况写出 p 与 r 的函数关系.

答　(1) $\frac{\mathrm{d}p}{\mathrm{d}r}=\rho\frac{v_\varphi^2}{r}$, (2) $p=\rho k^2\ln r+C$,

$p=\frac{1}{2}\rho k^2r^2+C$, $p=-\frac{\rho k^2}{2r^2}+C$, C 为常量.

***5.36**　密度为 ρ 的理想流体运动的速度势 $\phi=a(x^2-y^2)$,其中 a 为常量、若静止处压强为 p_0. 求压强分布. (不计重力).

答　$p=p_0-2\rho a^2(x^2+y^2)$.

5.37　两个倾斜的可视为无穷大的平行平板,倾角为 α,相距为 b,如图所示. 其间有密度为 ρ、黏度为 η 的不可压缩流体作定常的二维流动,平均速度为 $\bar{v}$. 考虑重力的影响. 求图中 1、2 两点的压强差.

答　$p_2-p_1=-\rho gh\cos\alpha-\left(\frac{12\eta\bar{v}}{b^2}+\rho g\sin\alpha\right)L$.

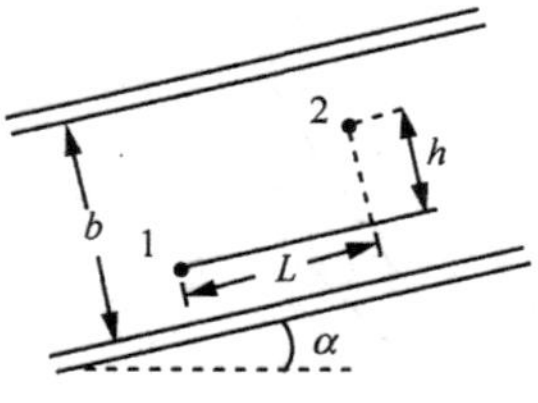

5.37 题图

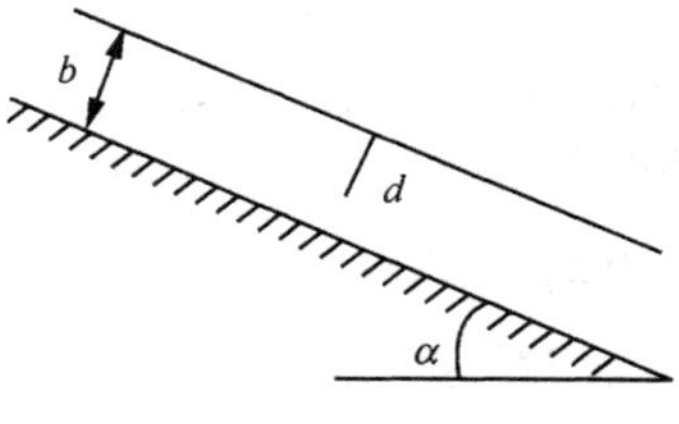

5.38 题图

5.38　某不可压缩的密度为 ρ,黏度为 η 的流体,在重力作用下沿倾角为 α 的固定平面作二维的定常层流型流动,流层厚度为 b,有自由表面. 求(1) 垂直于纸面的单位宽度流量;(2) 在自由表面下深度 d 为何值,该处的流速等于流动的平均速度.

答　(1) $q=\frac{\rho gb^3}{3\eta}\sin\alpha$; (2) $d=\frac{\sqrt{3}}{3}b$.

5.39　以长为 1m、半径为 1mm 的圆形管道连接两水槽. 试求两水槽水面差为 50cm 时,管道中心线处的流速及流量. 已知水在20℃时黏度为$1.00\times10^{-3}\text{N}\cdot\text{s/m}^2$.

答　$v(0)=1.23\text{ms}^{-1}$, $Q=1.92\times10^{-3}\text{kg}\cdot\text{s}^{-1}$.

5.40　以400kW的泵在4km的距离上要以$1.5\text{m}^3/\text{s}$通过一水平圆管输送重燃油,若效率为75%,此油的密度为0.92g/cm^3,黏度为0.19Pa·s. 圆管的半径至少多大?

答　0.347m.

5.41　就一定常的圆管中的层流,离中心线(r)多大处的速度等于平均速度.

答　$r=\frac{\sqrt{2}}{2}R$.

5.42　水在20℃时通过一直径为0.20m的水平圆管. 当平均速度为2.5m/s时,管中每米有3.77Pa/m的压强降落. 问与用泊肃叶公式计算的所需压强降落比较有多大的误差? 水在此温度下的黏度为$1.55\times10^{-3}\text{Pa}\cdot\text{s}$.

答　21.6%.

5.43　密度$\rho=0.93\text{g/cm}^3$、黏度$\eta=1.48\times10^{-1}\text{Pa}\cdot\text{s}$的原油沿一半径$r=1.27\text{cm}$的铅直圆管作定常的层流流动. 相距15m的上下两个压力计的读数分别为$1.72\times10^5\text{Pa}$和$4.13\times10^5\text{Pa}$.

(1) 确定流动的方向;

(2) 求出流量.

答　(1) 自下而上流动;(2) 4.46kg/s.

5.44　设5.30题的水塔中,蓄水箱是大容器,其中的水是黏性流体,黏度为$\eta=1.00\times10^{-3}\text{Pa}\cdot\text{s}$.

(1) 假定流体作定常的层流流动,求流量;

(2) 若水是理想流体,并假定作定常的层流流动,求流量;

*(3) 计算雷诺数,判断流动的真实类型.

答　(1) 3.18kg/s;(2) 3.54kg/s;(3) 1.27×10^5,湍流.

***5.45**　试用(5.57)式的偏微分方程导出适用于不可压缩的黏性流体在不计重力的圆管中作定常流动的(5.5.2)和(5.5.3)式.

第六章　狭义相对论

相对论是20世纪物理学取得的两个(另一个是量子论)最伟大发现之一. 经典力学认为空间间隔(长度)、时间间隔、质量都是与物体运动无关的不变量,相对论使这些基本物理概念发生了深刻的变革,提出了新的时空观. 经典力学只能处理物体的低速运动,处理高速运动,不仅出现了很大的误差,而且还遇到了无法克服的困难. 相对论圆满地解决了这些问题,而且用于处理经典力学行之有效的低速运动,也能得到相同的结果. 相对论已成为许多基础学科和现代工程技术的理论基础. 相对论包括狭义相对论和广义相对论两大部分,狭义相对论不仅涉及力学,而且还涉及电磁学等其他领域. 我们的课程只对狭义相对论力学的一些基本问题作简略的讨论.

§6.1　牛顿的时空观和伽利略变换

在第一章中我们对参考系和坐标系是加以严格的区别的,参考系选定以后,还可以采用不同的坐标系,坐标系可以是固连于参考系的,也可以是不固连于参考系的动坐标系. 完全可以用同一个坐标系来表达采用两个参考系的各个物理量. 因此,除了大家一般都会采取的参考系和坐标系不必都作说明外,应该既说明用什么参考系,又说明用什么坐标系. 在这一章,坐标系都取固连于参考系的. 因此这一章中所讲的坐标系,同时也是参考系.

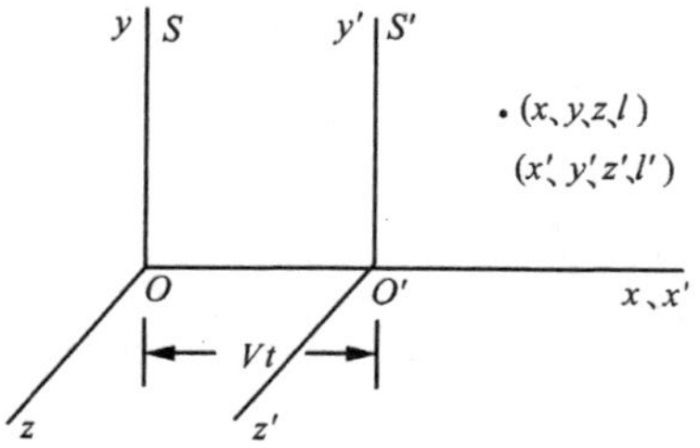

图 6.1.1

现有两个坐标系 $Oxyz$ 和 $O'x'y'z'$,称前者为 S 系,后者为 S'系. 坐标轴 x 与 x'、y 与 y'、z 与 z'分别平行,指向相同. S'系相对于S 系以速度 V 沿 x 轴正向运动. 物体在 S、S'系中的时空位置分别以(x、y、z、t)及(x'、y'、z'、t')表示. 即 S 系中的观察者看到物体在 t 时刻位于(x、y、z)点,S'系中的观察者看到物体在 t'时刻位于(x'、y'、z')点. 今取坐标,使 $t=t'=0$ 时,两坐标系的 x 与

x'、y 与 y'、z 与 z' 分别重合，则在 t 时刻，物体和 S、S' 系的位置如图 6.1.1 所示.

在写出两个坐标系的时空坐标的变换关系前，首先作了两个基本假定：第一个假定是，一个尺子的长度在任何坐标系中看都是一样的，换句话说，不论尺子静止或以什么速度运动，长度不变；第二个假定，一个过程所经历的时间，在任何坐标系中看都是一样的，说得更明确一点，S、S' 系分别在各处放置的钟都是校准好的，当两个坐标系完全重合时取为 $t=t'=0$，两个坐标系各处放置的钟在同一时刻有相同的指示(对同一坐标系而言)，这就是“校准好”的含义，第二个假定是说，由于 S、S' 系有相对运动，当一个系的钟与另一个系的钟相遇时，两个钟指示的时间是一样的，换句话说，一个标准的钟走的快慢不因它静止还是以什么速度运动都是一样的. 这两个假定就是通常说的空间距离是绝对的，时间是绝对的，空间和时间是与物体的运动无关的绝对空间和绝对时间. 经典力学的时空观就是这种绝对时空观.

根据以上的时空观，可写出 S、S' 系的坐标变换关系为

$$\begin{cases} x' = x - Vt \\ y' = y \\ z' = z \\ t' = t \end{cases} \tag{6.1.1}$$

或其逆变换

$$\begin{cases} x = x' + Vt' \\ y = y' \\ z = z' \\ t = t' \end{cases} \tag{6.1.1$'$}$$

(6.1.1)和(6.1.1′)式的变换关系都被称为伽利略变换.

在写(6.1.1)式的第一式时，x' 是 S' 系中测得的物体的 x' 坐标点离 O' 点的距离，对 S 系来说，这段距离是以速度 V 运动的，测得的距离即此时刻 t，O' 点、x' 坐标点与 x 轴重合的两点间的距离是一样的. 由此有

$$x = x' + Vt, \qquad \text{或} \qquad x' = x - Vt$$

这里用了绝对空间的假定. 再用绝对时间的假定，在两个系中经历的时间：从 $t=0$ 到 t 和从 $t'=0$ 到 t' 是一样的，即 $t=t'$，于是，可将上式改成(6.1.1′)的第一个式子.

在 S、S'系中物体的速度分别为

$$\boldsymbol{v} = v_x\boldsymbol{i} + v_y\boldsymbol{j} + v_z\boldsymbol{k} = \frac{\mathrm{d}x}{\mathrm{d}t}\boldsymbol{i} + \frac{\mathrm{d}y}{\mathrm{d}t}\boldsymbol{j} + \frac{\mathrm{d}z}{\mathrm{d}t}\boldsymbol{k}$$

$$\boldsymbol{v}' = v'_x\boldsymbol{i}' + v'_y\boldsymbol{j}' + v'_z\boldsymbol{k}' = \frac{\mathrm{d}x'}{\mathrm{d}t'}\boldsymbol{i}' + \frac{\mathrm{d}y'}{\mathrm{d}t'}\boldsymbol{j}' + \frac{\mathrm{d}z'}{\mathrm{d}t'}\boldsymbol{k}'$$

根据坐标系的取法,有 $\boldsymbol{i}=\boldsymbol{i}'$,$\boldsymbol{j}=\boldsymbol{j}'$,$\boldsymbol{k}=\boldsymbol{k}'$.

对(6.1.1)式作微分,

$$\mathrm{d}x' = \mathrm{d}x - V\mathrm{d}t$$

$$\mathrm{d}y' = \mathrm{d}y$$

$$\mathrm{d}z' = \mathrm{d}z$$

$$\mathrm{d}t' = \mathrm{d}t$$

用第四式,在前三式两边分别除以 $\mathrm{d}t'$和 $\mathrm{d}t$,得

$$v'_x = v_x - V,\ v'_y = v_y,\ v'_z = v_z \tag{6.1.2}$$

可合写成

$$\boldsymbol{v}' = \boldsymbol{v} - \boldsymbol{V},\ \text{或}\ \boldsymbol{v} = \boldsymbol{v}' + \boldsymbol{V}$$

这正是第一章所讲的速度合成法则(1.3.1)式,绝对速度 $\boldsymbol{v}$ 是相对速度 $\boldsymbol{v}'$和牵连速度 $\boldsymbol{V}'$的矢量和.

对(6.1.2)式微分,两边分别除以 $\mathrm{d}t'$和 $\mathrm{d}t$,得

$$a'_x = a_x,\ a'_y = a_y,\ a'_z = a_z \tag{6.1.3}$$

可合写成 $\boldsymbol{a}'=\boldsymbol{a}$.

在牛顿力学中,质点的质量也被假定与运动无关的,在 S 系、S'系测得的质点的质量 m 都是一样的

$$m' = m$$

作用于质点的力,例如万有引力只与两个质点之间的相对位矢有关,摩擦力只与两个物体的相对速度有关,周期性强迫力是时间 t 的函数. 一般地讲,力可以是时间 t、相对位矢 $\Delta\boldsymbol{r}$ 和相对速度 $\Delta\boldsymbol{v}$ 的函数. 时间 t、相对位矢 $\Delta\boldsymbol{r}$、相对速度 $\Delta\boldsymbol{v}$ 均与坐标系的选取无关. 因此,在不同的惯性系中,对于一个质点的运动,作用在质点上的力都是一样的

$$\boldsymbol{F}' = \boldsymbol{F}$$

考虑到 S、S'系间加速度、质量和力的上述关系，对 S 系有

$$\boldsymbol{F} = m\boldsymbol{a}$$

对 S'系也有

$$\boldsymbol{F}' = m'\boldsymbol{a}'$$

牛顿运动第二定律对所有惯性参考系都是成立的. 既然一切真实力在不同的惯性系中都一样，而且认为力的作用是无需经过时间传递的，自然应得出结论：牛顿运动第三定律对所有惯性系也是成立的. 从牛顿运动定律导出的质点的动量定理、动能定理、角动量定理以至全部的牛顿的经典力学的定理、定律在所有的惯性系中都有同样的形式. 同样的形式是指各力学量之间遵从的关系，不论采用哪个惯性系，都有一样的数学表达式.

在任何惯性系中，物体的动力学规律都有相同的数学表达式. 因此，任何力学实验都无法赋予某个惯性系有更加特殊的地位，任何惯性系都是平权的. 这是从牛顿的时空观两条基本假设(空间间隔是绝对的，时间间隔是绝对的，在一切惯性系中都是一样的.)下导出的伽利略变换，进而得出的一个原理，这个原理称为力学相对性原理或叫伽利略相对性原理.

下面将看到，这个伽利略相对性原理虽然能正确地说明静止和运动的相对性，但对电磁现象是不适用的，对高速的机械运动也是不适用的.

§6.2 牛顿的时空观遇到的困难 迈克耳孙-莫雷实验

1. 电磁波的波动方程

1861～1862 年，麦克斯韦在已发现的实验规律(库仑定律、高斯定理、奥斯特发现电流磁效应、毕奥-萨伐尔定律、安培定律、法拉第电磁感应定律等)的基础上，加以推广，并补充了涡旋电场和位移电流两条假设后，提出了后人以他的名字命名的麦克斯韦方程组，并用这个方程组预言了电磁波的存在. 在一维情况下，真空中传播的电磁波的波动方程为

$$\frac{\partial^2 \boldsymbol{E}}{\partial t^2} - \frac{1}{\varepsilon_0 \mu_0}\frac{\partial^2 \boldsymbol{E}}{\partial x^2} = 0$$

$$\frac{\partial^2 \boldsymbol{H}}{\partial t^2} - \frac{1}{\varepsilon_0 \mu_0}\frac{\partial^2 \boldsymbol{H}}{\partial x^2} = 0$$

其中 $\boldsymbol{E}$ 是电场强度，$\boldsymbol{H}$ 是磁场强度，ε_0 为真空介电常数，μ_0 为真空磁导率. 真空中电磁波的传播速度为

$$c=\frac{1}{\sqrt{\varepsilon_0\mu_0}}=3\times10^8\mathrm{m/s}$$

c 正是真空中的光速，麦克斯韦由此提出了光的电磁学说.

1887 年，赫兹在实验中证实了电磁波的存在.

在介质中，一维情况下的电磁波波动方程为

$$\frac{\partial^2 \boldsymbol{E}}{\partial t^2}-\frac{1}{\varepsilon\mu}\frac{\partial^2 \boldsymbol{E}}{\partial x^2}=0$$

$$\frac{\partial^2 \boldsymbol{H}}{\partial t^2}-\frac{1}{\varepsilon\mu}\frac{\partial^2 \boldsymbol{H}}{\partial x^2}=0$$

其中 ε、μ 分别是介质的介电常数和磁导率. 在介质中电磁波的传播速度为

$$v=\frac{1}{\sqrt{\varepsilon\mu}}=\frac{1}{n}c$$

其中 n 为介质的折射率.

光在真空中传播是各向同性的，向任何方向，光速 c 都一样，而且与参考系无关.

2. 以太

电磁波的波动方程有与机械波的波动方程同样的形式，而机械波只能在弹性介质中传播，在真空中无法传播. 电磁波不仅能在介质中还能在真空中传播. 于是人们设想一定也存在一种被称为以太的弹性介质存在. 机械波的波动方程是以介质为参考系的，真空中传播的电磁波的波动方程应以太为参考系，电磁波在相对于以太静止的参考系中的传播速度为 c. 由于光能在真空中也能在透明介质中传播，以太必须既在真空中存在，又在介质中存在. 由于没有发现地球、行星、卫星等天体的运动偏离牛顿力学的规律的情况，这种以太和物质之间不可能有力学的相互作用，只能是其他种类的相互作用. 洛伦兹在 1895 年提出一种看法，认为以太既是电磁现象的荷载者，物质又是由带电粒子组成的，以太和物质间会有电磁的相互作用. 洛伦兹成功地解释了物质的光学性质和电磁性质. 洛伦兹的这方面理论被称为洛伦兹的电子论.

由于真空中光速比机械波在介质中的传播速度大得多，以太必须有非常大的弹性模量和非常小的质量密度.

尽管猜测以太应具有以上特性是难以捉摸的，但在当时还是被人们所接受. 存在以太的假定是保持牛顿的绝对时空观能适用于电磁学的构想下提出来的，不

能不认为是把力学与电磁学的理论统一起来的一种尝试.

人们对以太的探测只能限于对不同情况下进行光速的测量,不能像对弹性介质那样,测量其组分、结构,对它的力学的、热学的、电磁的性质进行测量.

3. 迈克耳孙-莫雷实验

迈克耳孙-莫雷实验是一个测量光速的最重要、精确度也最高的实验,这个实验先在1881年由迈克耳孙所作,结果难于作出结论. 1887年迈克耳孙和莫雷又以更高的精确度重做了这个实验. 由于它在相对论的诞生上至关重要,以后又有不少人以越来越高的精确度做了这个实验.

设计这个实验的目的是想测出地球对以太的运动速度,有利于支持以太存在的说法.

实验装置的简要说明如图6.2.1所示. 从光源 S 射出的单色光以45°的入射角射到涂有薄银层的半透明玻璃板 A 上,把入射光分成反射和透射互相垂直的两束光,透射光再透过与 A 平行的厚度相同的玻璃板 B,射到反射镜 M_1 上,原路返回,一部分经 A 反射进入望远镜 T;另一束反射光射到反射镜 M_2 上,原路返回至 A,一部分透射后和上述在 A 反射的那部分会合,也射入望远镜 T. 玻璃板 B 起补偿作用,使两束光通过玻璃板的光程相等. 设从 A 到 M_1 的空气光程为 l_1,从 A 到 M_2 的空气光程为 l_2.

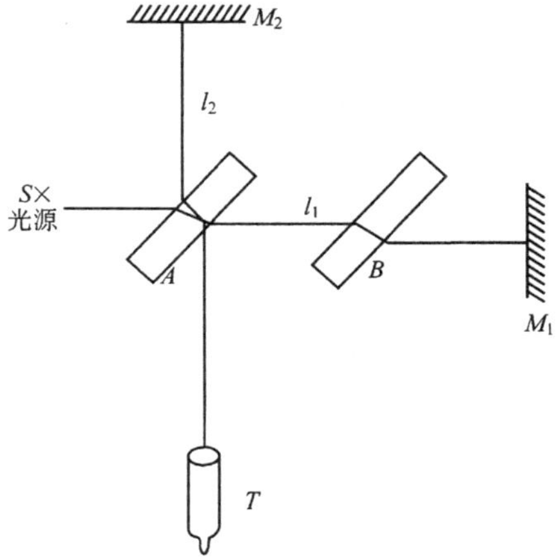

图 6.2.1

两束光在 A 分开时相位相同,分别经 M_1、M_2 反射后回到 A 会合时,即使 l_1、l_2 相等,由于两条路线光速可能不同,也可能有相位差,计算这相位差时可以不计经过玻璃板的路程.

设以太相对于太阳是静止的,则固连于地球的实验装置以地球公转的速率 $V=3.0\times10^4\,\mathrm{m/s}$ 相对于以太运动,地球自转的速率在赤道附近最大,也只有 $5\times10^2\,\mathrm{m/s}$,与公转速度相比是可以忽略的.

设从 A 至 M_1 的光的传播方向是地球公转速度 $\mathbf{V}$ 的方向,则从 A 至 M_2 的光的传播方向是与地球公转速度 $\mathbf{V}$ 的方向垂直的.

设 $t=0$ 时在 A 处分成两束光,从 A 到 M_1 需时 t_{11},以 M_1 回到 A 需时 t_{12},

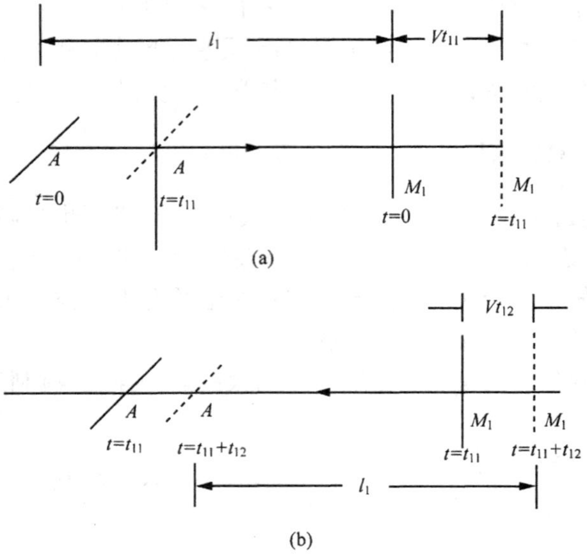

图 6.2.2

在 $0 \sim t_{11}$ 期间及在 $t_{11} \sim t_{11}+t_{12}$ 期间，相对于以太，装置沿 $\mathbf{V}$ 的方向分别移动的距离为 Vt_{11} 和 Vt_{12}，如图 6.2.2(a)、(b)所示．从 A 到 M_1，相对于以太，光的行程为 l_1+Vt_{11}，从 M_1 返回 A，相对于以太，光的行程为 l_1-Vt_{12}．相对于以太，光速为 c．

$$ct_{11} = l_1 + Vt_{11}$$

$$ct_{12} = l_1 - Vt_{12}$$

由 A 至 M_1，再从 M_1 返回 A，需时 $t_1 = t_{11}+t_{12}$，可得

$$t_1 = \frac{l_1}{c-V} + \frac{l_1}{c+V} = \frac{2l_1}{c}\frac{1}{1-\left(\frac{V}{c}\right)^2}$$

设从 A 到 M_2 来回的时间为 t_2．图 6.2.3 画出了 $t=0$，$t=\frac{1}{2}t_2$ 及 $t=t_2$，三个时刻装置在以太参考系中的位置以及光从 A 反射到 M_2 再反射回到 A 的光路．考虑到在以太参考系中光速为 c，在 $0 \sim \frac{1}{2}t_2$ 时间内，光程为 $\sqrt{l_2^2+\left(\frac{1}{2}Vt_2\right)^2}$，

$$c \cdot \frac{1}{2}t_2 = \sqrt{l_2^2 + \left(\frac{1}{2}Vt_2\right)^2}$$

解出

$$t_2 = \frac{2l_2}{c}\frac{1}{\sqrt{1-\left(\frac{V}{c}\right)^2}}$$

两个时间之差

$$\Delta t = t_2 - t_1 = \frac{2l_2}{c}\frac{1}{\sqrt{1-\left(\frac{V}{c}\right)^2}} - \frac{2l_1}{c}\frac{1}{1-\left(\frac{V}{c}\right)^2}$$

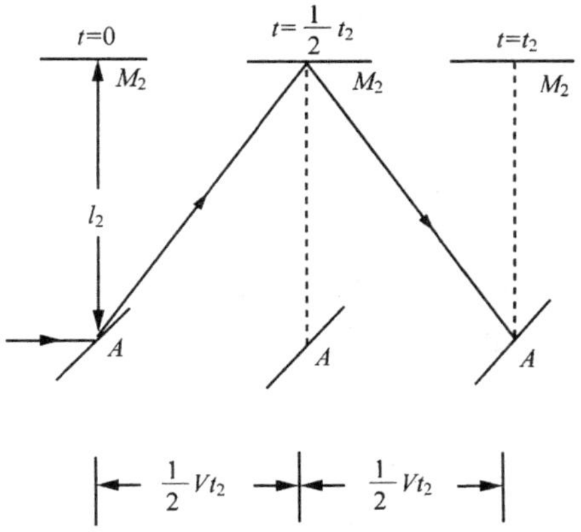

图 6.2.3

装置旋转 90°,使两臂互易位置,光源是固定在实验桌上的,也随之转动. 转动后,AM_2 沿 **V** 的方向,由 A 至 M_2 来回需时

$$t'_2 = \frac{2l_2}{c}\frac{1}{1-\left(\frac{V}{c}\right)^2}$$

AM_1 方向与 **V** 的方向垂直,光由 A 至 M_1 来回需时

$$t'_1 = \frac{2l_1}{c}\frac{1}{\sqrt{1-\left(\frac{V}{c}\right)^2}}$$

两个时间之差

$$\Delta t' = t'_1 - t'_2 = \frac{2l_1}{c}\frac{1}{\sqrt{1-\left(\frac{V}{c}\right)^2}} - \frac{2l_2}{c}\frac{1}{1-\left(\frac{V}{c}\right)^2}$$

由于旋转引起的总时间差为

$$\Delta t + \Delta t' = \frac{2(l_1+l_2)}{c}\left[\frac{1}{1-\left(\frac{V}{c}\right)^2} - \frac{1}{\sqrt{1-\left(\frac{V}{c}\right)^2}}\right]$$

因 $V \ll c$,可作近似,只保留$\frac{V}{c}$的二次方项,

$$\frac{1}{1-\left(\frac{V}{c}\right)^2}\approx 1+\left(\frac{V}{c}\right)^2,\ \frac{1}{\sqrt{1-\left(\frac{V}{c}\right)^2}}\approx 1+\frac{1}{2}\left(\frac{V}{c}\right)^2$$

$$\Delta t+\Delta t'\approx\frac{l_1+l_2}{c}\frac{V^2}{c^2}$$

在旋转 90°的过程中，由于时间差，导致光程差（按以太参考系的路程计）为 $c(\Delta t+\Delta t')$，导致干涉条纹的移动数 N 为

$$N=\frac{c(\Delta t+\Delta t')}{\lambda}=\frac{l_1+l_2}{\lambda}\frac{V^2}{c_2}$$

装置中 $l_1=l_2=11\text{m}$，单色光是钠光 D 线，$\lambda\approx5.9\times10^{-7}\text{m}$，再将 $V\approx3\times10^4\text{m/s}$，$c\approx3\times10^8\text{m/s}$ 代入，得

$$N\approx0.37$$

实验结果显示的 $N<0.02$. 这结果并不因季节的改变发生变化. 以后直至 1969 年，有不少人反复作了类似的实验，不断提高精确度，结果都是干涉条纹没有移动.

如何看待这个实验结果，有以下几种选择：(1)作出结论：地球相对于以太是静止的. 这与假设以太是绝对静止的参考系有所抵触；(2)放弃以太的假设；(3)仍保留以太假设，另外提出某些假定.

第一种选择，地球相对于以太静止，地球也是绝对静止的参考系（认为以太是绝对静止的参考系），这不仅与视以太为绝对静止的参考系的初衷有抵触，而且又有回到早被哥白尼否定的地心说之嫌. 也和第二章讲的河岸冲刷、傅科摆等显示地球的非惯性系效应相抵触. 如果不用地心说，认为地球完全带动了以太，这又和视以太为绝对静止的参考系相矛盾. 电磁波在对地球静止的介质中的传播速度为 $\frac{c}{n}$，也是难于用物质与以太间的电相互作用作出解释的. 在未找到更有说服力的解释以前，取第二种选择自然是困难的. 下面讲一下取第三种选择提出的一个假设.

*4. 洛伦兹-斐兹杰惹的收缩假设

斐兹杰惹于 1889 年、洛伦兹于 1892 年分别独立地提出一个假设，物体在以太中运动时，在运动方向上物体的长度要收缩. 当物体对以太的运动速度为 V 时，收缩因子为 $1-V^2/2c^2$，1895 年，洛伦兹又把收缩因子改为 $\sqrt{1-\left(\frac{V}{c}\right)^2}$.

洛伦兹-斐兹杰惹收缩假设是为保住以太假设提出来的. 用这个假设，能够解

释迈克耳孙-莫雷实验的结果. 解释如下:仍认为地球相对于以太的速度为 V,仍认为光速 c 是相对于以太的. 由于地球对以太有运动,沿地球运动方向的物体长度要收缩. 这样,迈克耳孙-莫雷实验装置中的 AM_1 的距离 l_1,旋转以前收缩为 $l_1\sqrt{1-\left(\frac{V}{c}\right)^2}$, $t_1=\frac{2l_1\sqrt{1-\left(\frac{V}{c}\right)^2}}{c}\frac{1}{1-\left(\frac{V}{c}\right)^2}=\frac{2l_1}{c}\frac{1}{\sqrt{1-\left(\frac{V}{c}\right)^2}}$, AM_2 的距离 l_2 旋转以前不变, t_2 不变;旋转以后, AM_1 的距离 l_1 不变, t'_1 不变, AM_2 的距离 l_2 收缩为 $l_2\sqrt{1-\left(\frac{V}{c}\right)^2}$, t'_2 改为$\frac{2l_2}{c}\frac{1}{\sqrt{1-\left(\frac{V}{c}\right)^2}}$,最后, $\Delta t+\Delta t'=t_2-t_1+t'_1-t'_2$ $=\frac{2(l_1+l_2)}{c}\left[\frac{1}{\sqrt{1-\left(\frac{V}{c}\right)^2}}-\frac{1}{\sqrt{1-\left(\frac{V}{c}\right)^2}}\right]=0$,故 $N=0$,与实验结果就没有矛盾了. 后于 1904 年,洛伦兹又引入"地方时"和上述的收缩假设一起导出了由庞加莱命名的洛伦兹变换. 可以使麦克斯韦方程组满足相对性原理.

5. 牛顿力学遇到的困难

综上所述,牛顿力学遇到的困难可归纳为以下几点:

(1) 电磁学的基本方程麦克斯韦方程组不遵从伽利略相对性原理. 经典力学与经典电磁学没有一个统一的相对性原理是理论上的一大缺憾;

(2) 真空中的光速 c 不遵从经典力学的速度合成法则;

(3) 采用以太假设,又引入洛伦兹-斐兹杰惹收缩假设能解释迈克耳孙-莫雷实验等实验事实,再引入"地方时"的概念导出了正确的洛伦兹变换,认为麦克斯韦方程组仅适用于对以太静止的参考系,并在洛伦兹变换下具有不变性. 但是作的假设太多,对这些假设又不能给出令人满意的说明;

(4) 就以太假设来说,既看不见,又摸不着,赋予它各种性质又无法进行实验验证. 认定它具有力学性质,又与物质只有电磁的相互作用,没有力学的相互作用,自相矛盾;

(5) 牛顿力学有绝对的时空观,可是一切找寻绝对空间的努力都没有成功.

爱因斯坦冲破了旧的观念的束缚,创立了相对论,圆满地解决了当时面临的难题,而且由它作出的一切结论,均一一为尔后的实验所证实.

§6.3　狭义相对论的两条基本假设及相对论的时空观

除了迈克耳孙-莫雷实验以外,还做过其他的实验和观察,例如菲佐实验、光行差现象、对相互围绕旋转的双星的观察等都无法在牛顿力学的绝对时空观和伽利略变换的框架下得到解释. 爱因斯坦于1905年在题为《运动物体的电动力学》论文中提出了两条基本假设. 由此创立了相对论.

1. 狭义相对论的两条基本假设

(1) 狭义相对性原理

物理学定律在一切惯性系中都有相同的形式. 所有惯性系都是平权的,不存在绝对惯性系. 作任何物理实验都无法确定一个惯性系的运动状况. 这个相对性原理,可称为爱因斯坦相对性原理,以别于伽利略相对性原理.

(2) 光速不变原理

在任何惯性系中测得的真空中的光速的量值等于 c, $c\approx 3\times 10^8\,\mathrm{m/s}$. 与光源的运动无关.

伽利略相对性原理只适用于低速情况下的力学规律. 狭义相对性原理适用于力学规律、电磁学规律、所有的物理学规律. 比起伽利略相对性原理广义得多. 所以称之为"狭义",因为它只对一切惯性系而言,广义相对性原理是对一切参考系而言的,包括非惯性系.

光速不变原理似乎可包括在狭义相对性原理之中. 光是电磁波,而电磁波的波动方程可从麦克斯韦方程组导出,真空中的麦克斯韦方程组在任何的惯性系中都有相同的形式,真空中电磁波的波动方程在任何惯性系中都有相同的形式,进而得到在任何惯性系中,真空中的光速都有同样的量值. 这就从狭义相对性原理和麦克斯韦方程导出了光速不变原理. 这样做等于用麦克斯韦方程这个电磁学中的基本原理代替了光速不变原理. 基于狭义相对论涉及的学科不限于电磁学,仍应将光速不变原理作为创立狭义相对论的第二条基本假设.

2. 不同地点时钟的同步

讨论时空观首先要解决长度和时间的测量问题,长度的测量比较简单,只要有标准尺即可. 在各个参考系中,用对它静止的标准尺去量度各个长度即可. 时间的测量,当然要有标准的钟,即放在一个参考系中任一地点的钟在任何时刻都有相同的指示. 问题是这些标准钟怎样放置到各处去,先集中到一处,将时间拨到同一时刻,再把它们分别放到各个地点不行吗? 不行! 因为牛顿力学的绝对时间不存在. 把一处的钟移往别处的移动过程中,会影响走时的快慢,原来同步的钟就变成不同步了. 固然,无限缓慢地移动可以无限地趋近于同步. 但我们设想的是理想的实验,必须绝对准确,无限缓慢移动的办法不理想,可以找到理想的办法. 利用光速不变原理,将钟先放到各个位置不动,当两个坐标系 S、S'原点重合时,将两个原点处放置的钟分别拨到 $t=0$ 和 $t'=0$ 的时刻,同时向各个方向发光信号,在 S 系的(x、y、z)点收到光信号时,把那里放置的钟拨到 $t=\sqrt{x^2+y^2+z^2}/c$ 时刻,同样在 S' 系的(x'、y'、z')点收到光信号时,把那里放置的钟拨到 $t'=\sqrt{x'^2+y'^2+z'^2}/c$ 时刻. 这样,就使同一坐标系各处放置的钟达到同步了,而且可以对两个坐标系的时间进程进行比较. 我们设想进行的这些操作都是理想的、绝对准确的. 因此不涉及要采用什么装置来保证达到多高精确度的问题.

3. 动钟变慢效应

两个惯性系 S 和S',$t=t'=0$ 时,x 和x'、y 和y'、z 和z'分别重合,S'系以速度 V 向 x 轴正向运动,如图 6.3.1 所示. 今在 S'系中(O、L、O)处放一反射镜,$t=t'=0$ 时,自原点沿 y'轴正向向反射镜发一光信号(事件 1),在 O'点收到反射回来的光信号为事件 2. 在 S'系中,两事件发生的时间差为

$$\Delta t' = \frac{2l}{c}$$

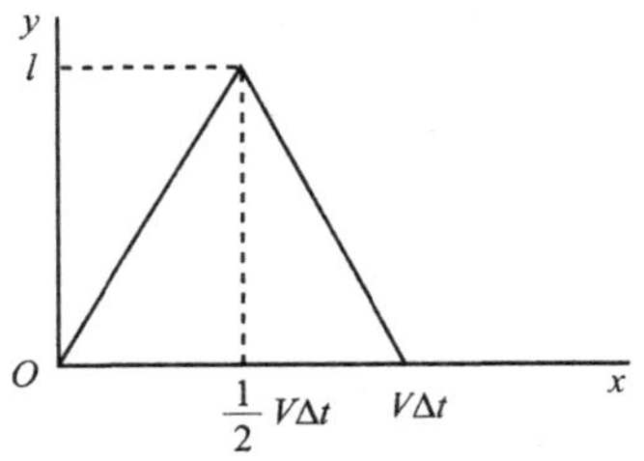

图 6.3.1

在 S 系中,光信号返回 S'系原点 O'时即事件 2 发生时,$t=\Delta t$(在 S 系中,设两事件发生的时间差为 Δt),O'点的钟与 S 系中($V\Delta t$、0、0)处的钟相遇. 光信号被反射时,在 S 系中,反射镜位于$\left(\frac{1}{2}V\Delta t、l、0\right)$点. 在 S 系中,光信号从 S'系的 O'点发出到返回 S'系的 O'点,光的行程如图 6.3.1 所示.

根据光速不变原理,

$$2\sqrt{l^2+\left(\frac{1}{2}V\Delta t\right)^2} = c\Delta t$$

解出 Δt 得

$$\Delta t = \frac{2l}{\sqrt{c^2 - V^2}} = \frac{2l}{c}\frac{1}{\sqrt{1-\left(\frac{V}{c}\right)^2}} = \frac{1}{\sqrt{1-\left(\frac{V}{c}\right)^2}}\Delta t'$$

$$\Delta t' = \Delta t\sqrt{1-\left(\frac{V}{c}\right)^2} \tag{6.3.1}$$

由上式可见，$\Delta t' < \Delta t$，两个事件间的时间间隔，S' 系的钟的指示数小于 S 系的钟的指示数．S 系中的观察者得出结论，运动的时钟变慢了．差了一个小于 1 的因子 $\sqrt{1-\left(\frac{V}{c}\right)^2}$．

可能会提出一个问题，在 S' 系中的观察者看，S 系是以 V 的速率向 x' 负方向运动，今 $\Delta t > \Delta t'$，对 S' 系中的观察者，这情况是真的吗？如果是真的，能否得出动钟变快的结论？岂不矛盾？这里进行比较的是三个钟：S' 系中位于原点 O' 的钟和 S 系中位于原点 O 和位于 $(V\Delta t、0、0)$ 点的两个钟．S 系中的观察者看到的是 S' 系中的同一个钟，而 S' 系中的观察者看到的是 S 系中两个不同地点的钟．S' 系中的观察者也看到 $t_1 = 0$ 和 $t_2 = \Delta t$ 不假，但 S' 系中的观察者看到的 Δt 不是两个事件间的时间间隔，因为在 S' 系中的观察者看来，S 系中两地的钟不同步．这个问题下面讲同时的相对性再讲．把这因素扣除后，S' 系中的观察者也一样可得出结论：S 系中的钟（动钟）也是走慢的，而且变慢因子也是 $\sqrt{1-\left(\frac{V}{c}\right)^2}$．

4．同时的相对性　动钟不同步

现在就来解决上面提出的问题．用相对性原理，S' 系中的观察者看 S 系中的钟是动钟，也应变慢，而上面两事件的例子，$\Delta t > \Delta t'$ 是表观的，Δt 不是 S' 系中的观察者看到的两事件间的时间间隔，原因在于在 S' 系中的观察者看来 S 系中各地的钟没有完全同步，x 坐标不同的各点的钟不同步．S' 系中的观察者后遇到的钟较先遇到的钟拨快了．去掉拨快量后，真正的时间间隔表为 $(\Delta t)_{S'}$，则拨快量 $\Delta\delta$ 为

$$\Delta\delta = \Delta t - (\Delta t)_{S'}$$

由相对性原理，动钟变慢，变慢因子为 $\sqrt{1-\left(\frac{-V}{c}\right)^2}$，$(\Delta t)_{S'}$ 应为

$$(\Delta t)_{S'} = \sqrt{1-\left(\frac{-V}{c}\right)^2}\Delta t' = \sqrt{1-\left(\frac{V}{c}\right)^2}\Delta t'$$

与 $\Delta t' = \sqrt{1-\left(\frac{V}{c}\right)^2}\Delta t$、$\Delta x = V\Delta t$ 联立，可得

$$\Delta\delta = \Delta t - (\Delta t)_{S'} = \Delta t - \sqrt{1-\left(\frac{V}{c}\right)^2}\Delta t'$$

$$= \Delta t - \sqrt{1-\left(\frac{V}{c}\right)^2}\cdot\sqrt{1-\left(\frac{V}{c}\right)^2}\Delta t = \left(\frac{V}{c}\right)^2\Delta t = \frac{V}{c^2}\Delta x \qquad (6.3.2)$$

(6.3.2)式表明，当 S'系向 x 轴正向以 V 的速度运动时，S'系中的观察者认为S 系各处的钟是不完全同步的，遇到的 $x\neq 0$ 的钟，都有一个拨快量，后遇到的拨快得更多，差 Δx 的两个钟，拨快量差为$\frac{V}{c^2}\Delta x$，说得更明确些，在有相对运动的方向上，动系的钟不同步. 如 $V<0$，则 $\Delta x<0$ 时，$\Delta\delta>0$. 也是后遇到的钟拨快得更多些. 一个惯性系中已校准同步的钟，在另一个对它有相对运动的惯性系中看，它各处的钟没有完全同步. 这就是说，在一个惯性系中认为是同时发生的两个事件，另一个惯性系中看，两事件未必是同时发生的. 这就是同时的相对性. 还可能出现这样的情况，对两个事件发生的先后次序，两个惯性系中的观察者的说法是相反的.

5. 动尺收缩效应

一根杆的长度，在对它静止的惯性系中看它的长度和在对它有运动的惯性系中看它的长度是可能不一样的. 设在 S'系中沿x'轴放置一根杆，其杆长 l'可以通过测量它的两端在x'轴上的坐标x'_1、x'_2 测定. $l' = x'_2 - x'_1$(设 $x'_2 > x'_1$). 在相对于它静止的惯性系中测得的长度，称为固有长度. S'系如图 6.1.1 那样对 S 系向x 轴正向速度为V 运动，S 系中的观察者看来，这杆随 S'系一起是运动的. S 系中测得的动杆的长度与固有长度是不同的. 测量它的长度必须由 S 系中的两个观察者同时测量杆的两端的 x 坐标x_1、x_2，则其长度为 $l = x_2 - x_1$(设 $x_2 > x_1$). 也可以在杆的两端在同一时刻发出火花在 x 轴上留下两个痕迹.（位于 x_1、x_2). 注意这“同时”都是对 S 系而言的，不是对 S'系而言. 同时是相对的. 在哪个坐标系测量杆长，必须在那个坐标系中同时测量两端的坐标. 杆对 S'系是静止的，任何时候测量，两端的坐标都是那两个值，什么时候测量都行. 现在我们用动钟变慢效应来导动尺收缩效应的数学表达式.

考虑 S 系中沿x 轴放置一固有长度为l 的杆AB，S'系中位于原点O'的观察者随着S'系向x 轴正向以速度 V 运动，在他看来，杆 AB 随着S 系以速率 V 向x'轴负方向运动，杆的两端 A、B 先后经过他的身旁，经历的时间为 $\Delta t'$. 在他看来，

杆长 l'为

$$l' = V\Delta t' \tag{1}$$

另一方面,在 S 系中的观察者测得 S'系中位于 O'的观察者途经杆的两端 A、B 所经历的时间为

$$\Delta t = \frac{l}{V} \tag{2}$$

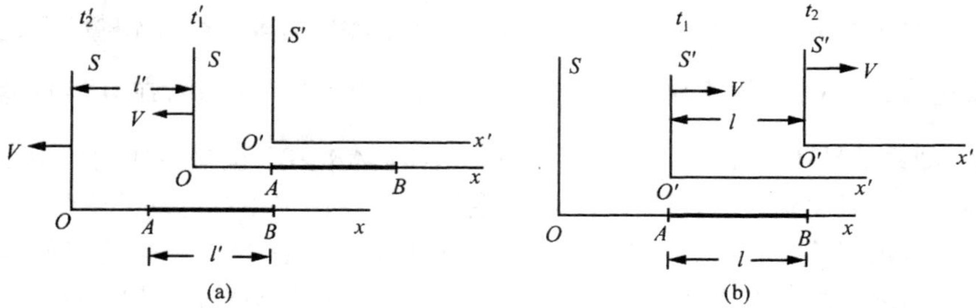

图 6.3.2

这个过程在 S'系中的观察者看来,如图 6.3.2(a)所示,在 S 系中的观察者看来,如图 6.3.2(b)所示. 称 O'与 A 相遇为事件 1,O'与 B 相遇为事件 2,在 S'系中测得两事件发生的时间 t'_1、t'_2,是由放置于 O'的同一个钟测出的,在 S 系测得两事件发生的时间 t_1、t_2,是由放置于 A、B 的两个钟测出的. 对 S 系而言,S'系的钟是动钟,而且 $\Delta t' = t'_2 - t'_1$ 是由同一个钟测得的. t_1、t_2 虽由放在 A、B 处的两个钟测得,由于两地的钟是静止的,因而是同步的. 根据动钟变慢效应,(6.3.1)式,有

$$\Delta t' = \Delta t\sqrt{1-\left(\frac{V}{c}\right)^2} \tag{3}$$

依次将(3)式和(2)式代入(1)式,即得

$$l' = V\Delta t' = V\Delta t\sqrt{1-\left(\frac{V}{c}\right)^2} = l\sqrt{1-\left(\frac{V}{c}\right)^2} \tag{6.3.3}$$

l'是 S'系中的观察者测得的杆长,他看到的杆是运动的,l 是 S 系中观察者测得的杆长,他看到的杆是静止的,l 是固有长度. (6.3.3)式表明,动杆的长度为固有长度的$\sqrt{1-\left(\frac{V}{c}\right)^2}$倍,$l' < l$,(6.3.3)式即动尺收缩效应的数学表达式.

思考题 试从 S' 系中的观察者考虑钟慢效应及动系中异地放置的钟不完全同步,导出(3)式的 Δt、$\Delta t'$ 间的关系

例 6.3.1 有一列"火车"$A'B'$ 的固有长度 $l = 8.64 \times 10^8$ km,以速度 $V = 2.40 \times 10^5$ km/s从"站台"AB 旁边经过."站台"的固有长度也为 l.在"火车"的车头、车尾各放一个对"火车"而言已同步的钟,在"站台"的起点、终点也各放一个对"站台"而言已同步的钟.在"火车"车头 B' 与"站台"的起点 A 对齐时,两个相遇的钟均指示 12 点正,即 $t'_{B'O} = t_{AO} = 12$ 点正.问

(1) 当"火车"的车尾 A' 与"站台"的起点 A 对齐时,每一个钟指示什么时间?

(2) 当"火车"的车尾 A' 与"站台"的终点 B 对齐时,每一个钟指示什么时间?

解 取"站台"为 S 系,"火车"为 S' 系.

(1) 当"火车"的车尾 A' 与"站台"的起点 A 对齐时,因"站台"上的观察者测得的"站台"长度为 l,"火车"长度为 $l\sqrt{1-\left(\frac{V}{c}\right)^2} < l$,此时,"火车"的位置如图 6.3.3(a)所示.而"火车"上的观察者测得"火车"长 l,"站台"长 $l\sqrt{1-\left(\frac{V}{c}\right)^2}$,此时,"站台"的位置如图 6.3.3(b)所示.

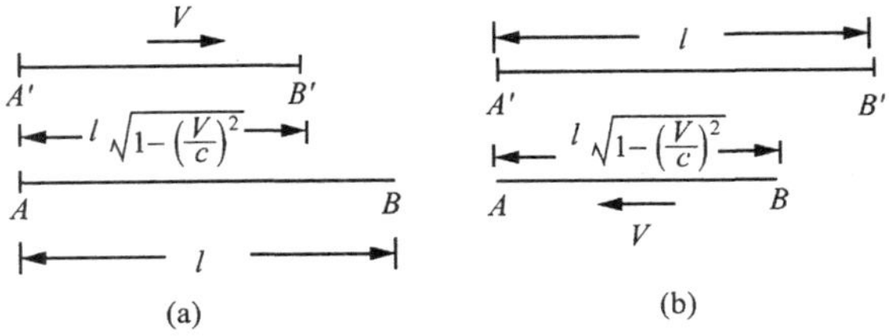

图 6.3.3

"站台"从 A 与 B' 对齐的 $t'_{A'O} = 12$ 点正到(b)图的 A、A' 对齐

$$t'_{A'1} = t'_{A'0} + \frac{l}{V} = 12 + \frac{8.64 \times 10^8}{2.40 \times 10^5 \times 3600} = 13 \text{ 点正}$$

"火车"从 B' 与 A 对齐的 $t_{A0} = 12$ 点正到(a)图的 A'、A 对齐

$$t_{A1} = t_{A0} + \frac{l\sqrt{1-\left(\frac{V}{c}\right)^2}}{V} = 12 \text{ 点 } 36 \text{ 分}$$

此时,A' 的钟与 A 的钟相遇,两钟的指示,两个坐标系中的观察者均无异议.此时,两个坐标系中的观察者都认为自己坐标系中的钟是同步的,别的坐标系中在

运动方向上各处的钟不同步．“火车”中的观察者说，此时，B'处的钟与A'处的钟同步，故 $t'_{B'1}=t'_{A'1}=13$ 点正．“站台”上的观察者说，B 处的钟与 A 处的钟同步，故 $t_{B1}=t_{A1}=12$ 点 36 分．对这两个钟点，另一个坐标系中的观察者有无异议？且看下面的计算．

先看“站台”上的观察者对 $t_{B'1}$的计算．从 B'与A 对齐(此时 $t'_{B'0}=t_{A0}=12$ 点正)到 A'与A 对齐(此时，$t_{A1}=12$ 点 36 分，t'_{B1}待求)，“站台”上的钟走了 36 分钟，“站台”上 A 处的观察者视“火车”中的钟是动钟，由(6.3.1)式，“火车”上的钟走了 $36\sqrt{1-\left(\frac{V}{c}\right)^2}=21.6$ 分，因此 B'处的钟的指示为

$$t_{B'1}=t'_{B'0}+21.6=12\text{ 点 }21.6\text{ 分}$$
$$=12\text{ 点 }21\text{ 分 }36\text{ 秒}$$

也可用(6.3.2)式，B'的钟比A'的钟滞后的时间为$\frac{V}{c^2}l$(注意这 l 是S'系中的距离，是固有长度，不是图(a)中的 $A'B'$间距)

$$t_{B1}=t'_{A1}-\frac{V}{c^2}l=12\text{ 点 }21\text{ 分 }36\text{ 秒}$$

再看“火车”上 A'处的观察者对t'_{B1}的计算．“火车”上的观察者对 $t_{A1}=12$ 点 36 分无异议．B 处的钟比A 处的钟拨快的时间为$\frac{V}{c^2}l$，故

$$t'_{B1}=t_{A1}+\frac{V}{c^2}l=12\text{ 点 }36\text{ 分}+38.4\text{ 分}$$
$$=13\text{ 点 }14\text{ 分 }24\text{ 秒}$$

由以上两个时间的计算可见，只有两个坐标系中相遇的钟的指示数，两个坐标系中在相遇处的观察者才有一致的看法，他们对别处的钟指示什么时间，一般来说，看法不同．

(2) 当“火车”的车尾 A'与“站台”的终点 B 对齐时，“站台”上的观察者与“火车”中的观察者看到的情景分别如图 6.3.4(a)、(b)所示．

“火车”从 A'、A 对齐到A'、B 对齐经历的时间，在“站台”上的观察者看来为$\frac{l}{V}$[参看图 6.3.4(a)]，“站台”上的观察者测得

$$t_{B2}=t_{A2}=t_{A1}+\frac{l}{V}=13\text{ 点 }36\text{ 分}$$

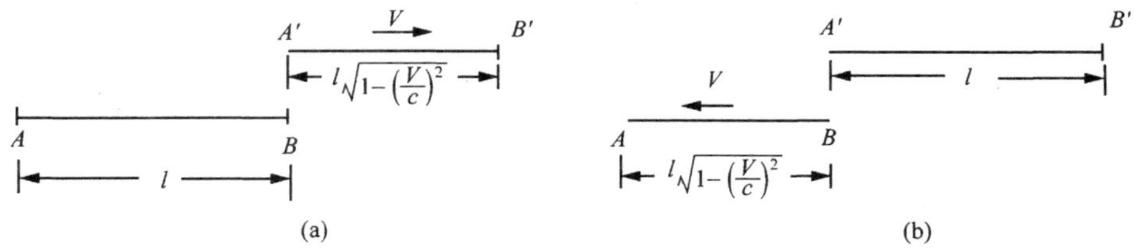

图 6.3.4

"站台"从 A、A'对齐到 B、A'对齐经历的时间,在"火车"中的观察者看来为 $\dfrac{l\sqrt{1-\left(\dfrac{V}{c}\right)^2}}{V}$[参看图 6.3.4(b)]. "火车"中 A'处的观察者测得

$$t'_{A'2} = t'_{B'2} = t'_{A1} + \frac{l\sqrt{1-\left(\frac{V}{c}\right)^2}}{V} = 13\text{ 点 }36\text{ 分}$$

此时 A'、B 相遇,对 t_{B2}、$t'_{A'2}$的指示数,两个坐标系中的观察者看法相同. 而对异地的钟的指示数计算如下:

"站台"上 B 处的观察者认为 B'处的钟比 A'处的钟滞后$\dfrac{V}{c^2}l$,

$$t_{B'2} = t'_{A'2} - \frac{V}{c^2}l = 13\text{ 点 }36\text{ 分} - 38.4\text{ 分}$$

$$= 12\text{ 点 }57\text{ 分 }36\text{ 秒}$$

"火车"上 A'处的观察者认为 A 处的钟比 B 处的钟滞后$\dfrac{V}{c^2}l$,

$$t'_{A2} = t_{B2} - \frac{V}{c^2}l = 13\text{ 点 }36\text{ 分} - 38.4\text{ 分}$$

$$= 12\text{ 点 }57\text{ 分 }36\text{ 秒}$$

以上对 $t_{B'2}$和 t'_{A2}的计算方法是最简便的. 用钟慢效应来计算动钟的指示数,有时也要考虑不同步的拨快量. 就比较麻烦了.

以上用的符号说明如下:上标不带"′"表示"站台"上的观察者所测,上标带"′"表示"火车"中的观察者所测. 例如,$t_{B'2}$和 $t'_{B'2}$分别表示在 A'、B 对齐时,当地"站台"和"火车"上的两个观察者测得的 B'处的钟所指示的时间.

例 6.3.2　一架飞机以 600m/s 的速度飞行，经多长时间，飞机上的钟与地面上的钟相差 2×10^{-12}s？设原来指示数相同时，均取为时间的零点，相差 2×10^{-12}s 时，飞机上的钟和地面上的钟各指示什么时间？此时，地面上的人看来，在此期间飞机飞过的距离多大？飞机上的人看来，在此期间地面“飞过”的距离多大？

解　在 S 系中的观察者，认为 S' 系是动系，它的钟走慢．可取地面为 S 系，也可取飞机为 S 系．

用动钟变慢效应关系，

$$\Delta t' = \Delta t\sqrt{1-\left(\frac{V}{c}\right)^2}$$

今 $V\ll c$，可取近似

$$\Delta t' = \Delta t\left[1-\frac{1}{2}\left(\frac{V}{c}\right)^2\right],$$

$$t'-0 = (t-0)\left[1-\frac{1}{2}\left(\frac{V}{c}\right)^2\right].$$

用题设条件　$t-t'=2\times10^{-12}$s 时的 t 满足的关系为

$$2\times10^{-12} = t-t' = \frac{1}{2}t\left(\frac{V}{c}\right)^2$$

$$t = \frac{2\times2\times10^{-12}}{\left(\frac{V}{c}\right)^2} = \frac{2\times2\times10^{-12}}{\left(\frac{600}{3\times10^8}\right)^2} = 1\text{s}$$

此时 $t'=t-2\times10^{-12}=(1-2\times10^{-12})$s．

注意，t' 表示动钟的指示时间．如两次遇到的动钟不是同一地点的，需考虑拨快量．今分别取飞机为 S' 系和取地面为 S' 系加以考虑．

取飞机为 S' 系，飞机上的钟（同一地点的）为 $(1-2\times10^{-12})$s 及 1s 时，相应的与飞机所在位置的地面上的钟指示为 1s 及 $(1+2\times10^{-12})$s．在地面上的人看来，在 0～1s 及 0～$(1+2\times10^{-12})$s 期间，飞机飞过的距离分别为 $600\times1=600$m 及 $600\times(1+2\times10^{-12})$m．在飞机上的人看来，地面“飞过”的距离分别为 $600\times(1-2\times10^{-12})$m 及 $600\times1=600$m．

取地面为 S' 系，与飞机所在位置相应的地面上的钟是不同地点的，应考虑拨快量．其结果，使飞机上的人看到的动钟不是走慢而是“走快”．考虑到开始 $t=t'=0$，

$$t' = t\sqrt{1-\left(\frac{V}{c}\right)^2}+\frac{V}{c^2}Vt = t\left[1+\frac{1}{2}\left(\frac{V}{c}\right)^2\right]$$

$$= (1+2\times 10^{-12})t$$

当飞机上的钟指示$(1-2\times 10^{-12})$s 及 1s 时，相应位置的地面上的钟分别指示$(1+2\times 10^{-12})(1-2\times 10^{-12})=1$s 及$(1+2\times 10^{-12})$s. 相遇的两个系的钟的指示数与取飞机为 S'系是完全一样的. 因此，今后不必考虑两种不同的取法. 在这里取飞机为 S'系更为简便. 考虑同一地点的动钟. 可直接用(6.3.1)式，无需考虑拨快量.

§6.4 洛伦兹变换及其直接结论

在上一节我们看到在狭义相对论的两个基本假设下导出的时空观与牛顿力学的绝对时空观截然不同. 在 v 与 c 不是 $v\ll c$ 的情况下，牛顿力学的时空观及相应的伽利略变换必须被(6.3.1)～(6.3.3)式表明的时空观及与之相应的洛伦兹变换所取代. 正如从牛顿的绝对空间绝对时间两个假定可导出伽利略变换一样，由狭义相对论的两个基本假设可导出洛伦兹变换. 我们用两个基本假设导出的(6.3.1)～(6.3.3)式导出洛伦兹变换，既简便，又具有十分明确的物理意义.

1. 洛伦兹变换

图 6.4.1 表示两个惯性系，S 系是静止的，S'系以速度 V 向 x 轴正向运动. 取两个坐标系完全重合时，$t=t'=0$. 事件 P 在两个坐标系中的时空坐标分别为$(x、y、z、t)$和$(x'、y'、z'、t')$. 洛伦兹变换就是要给出这两组时空坐标间的关系.

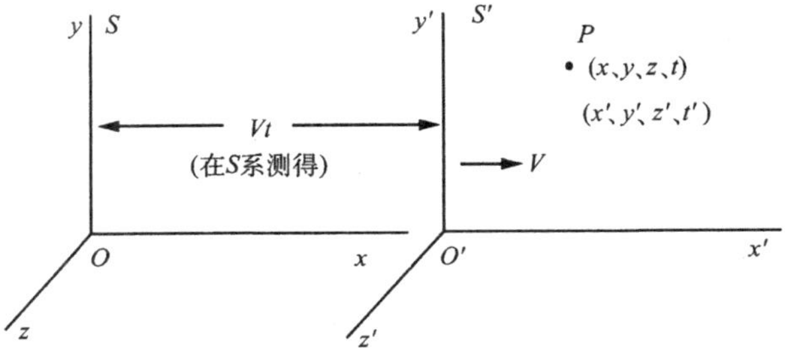

图 6.4.1

在 S 系中测得事件 P 发生的地点对 O' 的位矢的 x 分量不是 x'，而是 $x'\sqrt{1-\left(\frac{V}{c}\right)^2}$[这里用了(6.3.3)式]，$x\neq Vt+x'$，而是

$$x = Vt + x'\sqrt{1-\left(\frac{V}{c}\right)^2} \tag{1}$$

根据动钟变慢效应，S'系中O'处的钟的指示$t'_{0'}$与S系中的钟的指示t的关系，由(6.3.1)式

$$t'_{0'} = \sqrt{1-\left(\frac{V}{c}\right)^2}\,t \tag{2}$$

由(6.3.2)式，在S'系中P所在x'处的钟，在S系中测，比O'处的钟滞后$\frac{V}{c^2}x'$，即

$$t' - t'_{O'} = -\frac{V}{c^2}(x'-0) = -\frac{V}{c^2}x' \tag{3}$$

另外在y、z方向，S'系对S系无相对运动，显然有

$$y' = y \tag{4}$$

$$z' = z \tag{5}$$

将(2)式代入(3)式，可得

$$t' = \sqrt{1-\left(\frac{V}{c}\right)^2}\,t - \frac{V}{c^2}x' \tag{6}$$

再用(1)式消去(6)式中的x'，可得

$$t' = \frac{t - \frac{V}{c^2}x}{\sqrt{1-\left(\frac{V}{c}\right)^2}} \tag{7}$$

上述(1)、(4)、(5)、(7)式的变换关系，称为洛伦兹变换.

$$\begin{cases} x' = \dfrac{x - Vt}{\sqrt{1-\left(\frac{V}{c}\right)^2}} \\ y' = y \\ z' = z \\ t' = \dfrac{t - \frac{V}{c^2}x}{\sqrt{1-\left(\frac{V}{c}\right)^2}} \end{cases} \tag{6.4.1}$$

由(6.4.1)式解出 x、y、z、t,可得

$$\begin{cases} x = \dfrac{x' + Vt'}{\sqrt{1-\left(\dfrac{V}{c}\right)^2}} \\ y = y' \\ z = z' \\ t = \dfrac{t' + \dfrac{V}{c^2}x'}{\sqrt{1-\left(\dfrac{V}{c}\right)^2}} \end{cases} \tag{6.4.1'}$$

(6.4.1′)式也称为洛伦兹变换,它是(6.4.1)式的逆变换,它也可由相对性原理,考虑 S 系对 S' 系以速度 $-V$ 向 x' 轴正向运动(以速度 V 向 x' 轴负向运动的另一种说法),可以直接写出(6.4.1′)式.

当 $V \ll c$ 时,(6.4.1)、(6.4.1′)式分别退化为伽利略变换(6.1.1)、(6.1.1′).由此可见,洛伦兹变换既适用于高速情况$\left(\dfrac{V}{c}\approx 1\right)$,又适用于低速情况$\left(\dfrac{V}{c}\ll 1\right)$.在洛伦兹变换下保持不变的狭义相对论力学规律是精确的,伽利略变换是洛伦兹变换的低速极限. 在伽利略变换下保持不变的牛顿力学规律是低速情况下适用的近似理论,说它近似是相对于精确而言. 在低速情况下,其准确度是可以满意的.

在使用(6.4.1)、(6.4.1′)式时应注意,S、S' 系的坐标,必须取有相对运动的方向为 x 轴和 x' 轴,V 为 S' 系对 S 系向 x 轴正向运动的速度,而且取两坐标系完全重合(x、x',y、y',z、z' 和 O 与 O' 均分别重合)时为 $t=0$ 和 $t'=0$. 如不是这样,变换式要作适当修改.

例 6.4.1 用洛伦兹变换重解例 6.3.1(1).

解 取“火车”为 S' 系,“站台”为 S 系,“火车”的速度 V 的方向为 x 轴、x' 轴的正方向. 当“火车”头 B'(为原点)与“站台”的起点 A(为原点)重合时,取 $t=t'=0$,即例 6.3.1 中的 12 点.

当 A、A' 重合时,“火车”中和“站台”上 A 处的观察者看到的景象分别如图 6.4.2(a)、(b)所示.

“火车”中的观察者看到“站台”的 A 端从 B' 点运动到 A' 点,经历的时间为 $\dfrac{l}{V}$,故

$$t'_{A'1} = t'_{B'1} = t'_{B'0} + \frac{l}{V} = 1\text{ 点}$$

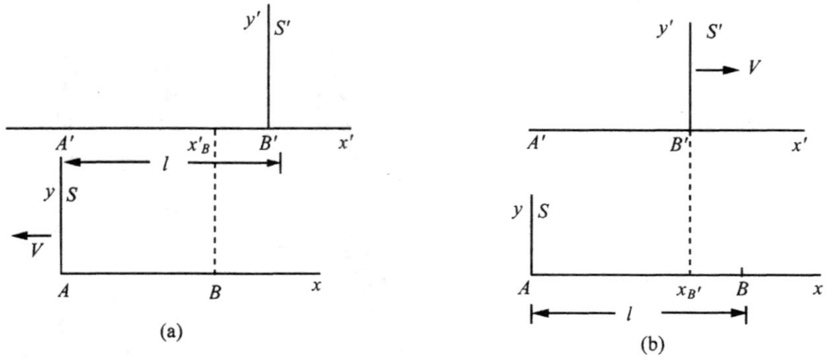

图 6.4.2

这里用了观察者看到的自己所在的坐标系中各处的钟是同步的.

由 $x'_{A'}=-l$、$t'_{A'1}=1$ 点及 $t_{A1}=\dfrac{t'_{A'1}+\dfrac{V}{c^2}x'_A}{\sqrt{1-\left(\dfrac{V}{c}\right)^2}}$ 可得

$$t_{A1}=0.6\text{ 点}，\quad \text{即 12 点 36 分}$$

要用 $t_{B1}=\dfrac{t'_{B1}+\dfrac{V}{c^2}x'_B}{\sqrt{1-\left(\dfrac{V}{c}\right)^2}}$ 求 t_{B1}，必须知道 x'_B，x'_B 是 B 点在 x' 轴上的坐标，如用尺缩效应，可直接写出 x'_B，这里，我们直接用洛伦兹变换求得.

由 $x_B=\dfrac{x'_B+Vt'_{B1}}{\sqrt{1-\left(\dfrac{V}{c}\right)^2}}$，$x_B=l$，$t'_{B1}=t'_{B'1}=\dfrac{l}{V}$ 可得

$$x'_B=x_B\sqrt{1-\left(\frac{V}{c}\right)^2}-Vt'_{B1}=l\left[\sqrt{1-\left(\frac{V}{c}\right)^2}-1\right]$$

将 x'_B、t'_{B1} 代入 $t_{B1}=\dfrac{t'_{B1}+\dfrac{V}{c^2}x'_B}{\sqrt{1-\left(\dfrac{V}{c}\right)^2}}$ 得

$$t_{B1}=1.24\text{ 点}\quad \text{即 13 点 14 分 24 秒}$$

在“站台”上 A 点的观察者看来，“站台”上各处的钟都是同步的.

$$t_{A1} = t_{B1} = t_{B'1}$$

$t_{B'1}$是 B'点的 x 坐标 $x_{B'}$ 处的钟指示的时间.

此时 A'、A 重合，$x'_{A'} = x'_A$，

$$x'_{A'} = x'_A = \frac{x_A - Vt_{A1}}{\sqrt{1-\left(\frac{V}{c}\right)^2}} \tag{1}$$

$$x'_{B'} = \frac{x_{B'} - Vt_{B'1}}{\sqrt{1-\left(\frac{V}{c}\right)^2}} \tag{2}$$

(2)式－(1)式，并用 $x'_{B'} - x'_A = l$，$x_A = 0$，$t_{B'1} = t_{A1}$，可得

$$x_{B'} = l\sqrt{1-\left(\frac{V}{c}\right)^2}$$

$$t_{A1} = t_{B1} = t_{B'1} = \frac{x_{B'}}{V} = \frac{l}{V}\sqrt{1-\left(\frac{V}{c}\right)^2}$$

$$= 0.6\text{点}$$

即 12 点 36 分由 $x'_{A'} = -l$，$x_{A'} = x_A = 0$，用 $x_{A'} = \dfrac{x'_{A'} + Vt'_{A'1}}{\sqrt{1-\left(\frac{V}{c}\right)^2}}$可得

$$t'_{A'1} = \frac{x_{A'}\sqrt{1-\left(\frac{V}{c}\right)^2} - x'_{A'}}{V} = \frac{l}{V} = 1\text{点}$$

即 13 点正. 由 $x'_{B'} = 0$ 和前面求得的 $x_{B'} = l\sqrt{1-\left(\frac{V}{c}\right)^2}$，用 $x_{B'} = \dfrac{x'_{B'} + Vt'_{B'}}{\sqrt{1-\left(\frac{V}{c}\right)^2}}$，

可得

$$t'_{B'} = \frac{x_{B'}\sqrt{1-\left(\frac{V}{c}\right)^2} - x'_{B'}}{V} = \frac{l}{V}\left[1-\left(\frac{V}{c}\right)^2\right]$$

$$= 0.36 \text{点}$$

即 12 点 21 分 36 秒. 这个例题的解法全用洛伦兹变换关系式,一点也没用动尺收缩公式(6.3.3)式,也没用动钟变慢公式(6.3.1)式及拨快量公式(6.3.2)式. 例 6.3.1的解法是光用上述三个公式,不用洛伦兹变换关系. 对这两种方法的优缺点作一比较. 例 6.3.1 的解法较简便,物理意义也很清楚这是它的优点,缺点是稍有不慎就会出错. 例 6.4.1 的解法,只要正确运用洛伦兹变换式,正确找出两组时空坐标中的已知量,一般不易发生错误. 反复使用(6.4.1)式或(6.4.1′)式. 不用太多思考其物理意义,这些都是它的优点. 缺点是不够简便,物理意义不如上法清楚. 如果不限于只用这种或那种方法,就能更好地发挥两种方法的优点.

2. 尺缩效应和钟慢效应

现在要用洛伦兹变换关系式导出尺缩效应的(6.3.3)式和钟慢效应的(6.3.1)式.

在静系中测量动尺的长度,必须同时测量其两端的坐标. 这个同时必须是静系的同时. 若动系 S' 中沿 x' 轴放置一固有长度为 l_0 的尺子其两端的 x' 坐标为 x'_1 和 x'_2,在 S' 系中,x'_1、x'_2 都不随 t' 而变,任何时刻都有 $x'_2 - x'_1 = l_0$,在 S 系中,x'_1、x'_2 是 t 的函数,与其 S 系中的相应的时空坐标间有洛伦兹变换关系. 由(6.4.1)式的第一式

$$x'_1 = \frac{x_1 - Vt_1}{\sqrt{1 - \left(\frac{V}{c}\right)^2}}$$

$$x'_2 = \frac{x_2 - Vt_2}{\sqrt{1 - \left(\frac{V}{c}\right)^2}}$$

在 S 系中同时测其两端的 x 坐标 x_1、x_2,“同时”意味着有 $t_1 = t_2$. 设其长度为 l,则

$$l = x_2 - x_1 = (x'_2 - x'_1)\sqrt{1 - \left(\frac{V}{c}\right)^2} + V(t_2 - t_1) = l_0\sqrt{1 - \left(\frac{V}{c}\right)^2}$$

这与(6.3.3)式是一致的.

用(6.4.1′)的第四式,考虑 S' 系中同一地点($x'_2 = x'_1$)的一个钟的两个时刻 t'_1、t'_2,在 S 系中相应的时间为 t_1、t_2,

$$t_1=\frac{t'_1+\frac{V}{c^2}x'_1}{\sqrt{1-\left(\frac{V}{c}\right)^2}}$$

$$t_2=\frac{t'_2+\frac{V}{c^2}x'_2}{\sqrt{1-\left(\frac{V}{c}\right)^2}}$$

$$\Delta t'=t'_2-t'_1=(t_2-t_1)\sqrt{1-\left(\frac{V}{c}\right)^2}-\frac{V}{c_2}(x'_2-x'_1)=\Delta t\sqrt{1-\left(\frac{V}{c}\right)^2}.$$

这就是(6.3.1)式.

3. 同时和时序的相对性和因果关系的绝对性

有两个相互有运动的惯性系,在一个惯性系中看,两个事件是同时发生的,在另一个惯性系中看,这两个事件可能同时发生,也可能是不同时发生的. 这种情况说明同时是相对的,这就是同时的相对性. 与此密切相关的是时序的相对性,在一个惯性系中看. 事件 1 先发生,事件 2 后发生,在另一个惯性系中看,可能时序不变,也可能发生颠倒,即事件 2 先发生,事件 1 后发生. 但是,具有因果关系或可能具有因果关系的两个事件发生先后次序如果也在某个惯性系中看,发生了颠倒,先发生产生结果的事件,后发生造成结果的原因的事件,那就荒谬了. 我们将证明,这样的怪事不可能出现. 这就是因果关系的绝对性. 这三个论断可以用统一的数学表达式加以说明.

用(6.4.1)式的第四式

$$t'_1=\frac{t_1-\frac{V}{c^2}x_1}{\sqrt{1-\left(\frac{V}{c}\right)^2}},t'_2=\frac{t_2-\frac{V}{c^2}x_2}{\sqrt{1-\left(\frac{V}{c}\right)^2}}$$

$$t'_2-t'_1=\frac{t_2-t_1-\frac{V}{c^2}(x_2-x_1)}{\sqrt{1-\left(\frac{V}{c}\right)^2}}\qquad(6.4.2)$$

或用(6.4.1′)式的第四式,可得

$$t_2 - t_1 = \frac{t'_2 - t'_1 + \frac{V}{c^2}(x'_2 - x'_1)}{\sqrt{1 - \left(\frac{V}{c}\right)^2}} \tag{6.4.2'}$$

(6.4.2)、(6.4.2′)式表明

(1) 两事件在 S'系中是同时发生的，$t'_1 = t'_2$，在 S 系中，如两事件在同地发生或有 $x'_1 = x'_2$. 则这两个事件也是同时发生的，因为有 $t_1 = t_2$. 如 $x'_2 \neq x'_1$，则 $t_2 \neq t_1$，两事件不是同时发生的. 这就说明了同时的相对性. 也给出了在两个惯性系中都是同时发生的条件是两事件发生在同一地点或有相同的 x'坐标(x'轴取在有相对运动的方向)的两个地方.

(2) 在 S'系中两事件同时发生，$t'_2 - t'_1 = 0$. 在 S 系中，$x_1 \neq x_2$ 的两地的钟，由(6.4.2)式，必有 $t_1 \neq t_2$，就是说这两地的钟指示不同的时间，换句话说，在 S'系中各处的钟指示同一时刻，相应的 S 系中各处的钟，如 x 坐标不同. 此时(对 S'系而言)不指同一时刻，不同步的原因是，在 S'系中的观察者看来，各处的钟有一个与 x 有关的拨快量. 将 $t'_2 = t'_1$ 代入(6.4.2)式，

$$t_2 - t_1 = \frac{V}{c^2}(x_2 - x_1)$$

$t_2 \neq t_1$ 是因为 x_2 处的钟比 x_1 处的钟有一个拨快量差. 这就导出了(6.3.2)式，

$$\Delta\delta = \frac{V}{c^2}(x_2 - x_1) = \frac{V}{c^2}\Delta x$$

这个拨快量是对 S 系各地的钟而言的，去掉这个拨快量后，因为还未考虑钟慢效应，仍不能和 S'系的钟同步.

令 $x_1 = 0, x_2 = x$，即得 x 处的钟的拨快量为

$$\delta = \frac{V}{c^2}x$$

(3) 如 $t_2 - t_1 > 0$，即在 S 系中，x_1、x_2 两处发生的两个事件 $P_1(x_1, t_1)$、$P_2(x_2, t_2)$，P_1 先发生，P_2 后发生. 当满足条件

$$t_2 - t_1 - \frac{V}{c^2}(x_2 - x_1) < 0 \tag{6.4.3}$$

时，由(6.4.2)式，$t'_2 - t'_1 < 0$. 这就是说，在 S' 系中，两事件 $P_1(x'_1、t'_1)$和 $P_2(x'_2、t'_2)$发生的次序与 S 系相反，这种情况说明了时序的相对性.

同样,由(6.4.2′)式可得 如 $t'_2-t'_1>0$,满足条件

$$t'_2-t'_1+\frac{V}{c^2}(x'_2-x'_1)<0 \tag{6.4.3′}$$

时,有 $t_2-t_1<0$. 两事件 P_1、P_2 发生的次序在 S 系和 S'系中是相反的.

发生时序颠倒的条件(6.4.3)、(6.4.3′)式可改写为

$$V\frac{x_2-x_1}{t_2-t_1}>c^2$$

$$-V\frac{x'_2-x'_1}{t'_2-t'_1}>c^2$$

因为$|V|<c$,上述两式要成立,必有

$$\left|\frac{x_2-x_1}{t_2-t_1}\right|>c,\quad \left|\frac{x'_2-x'_1}{t'_2-t'_1}\right|>c \tag{6.4.4}$$

如果 P_1、P_2 两个事件有因果关系,因事件 P_1 发生,才有事件 P_2 发生,那么,t_1 时刻发生于 x_1 处的事件 P_1 的信息,必须在 t_2-t_1 的时间内传到 x_2 处,才能在 t_2 时刻在 x_2 处发生事件 P_2. 传递信息可以通过乘坐一种交通工具的人去完成,也可以通过电报、电话,通过无线电波、光信号传递. 交通工具的速度$<c$,真空中电磁波的速度为 c,故传播速度$\leqslant c$. 就是说,在 t_2-t_1 时间内,能传到的最远距离为 $c(t_2-t_1)$有因果关系的两个事件 $P_1(x_1、t_1)$、$P_2(x_2、t_2)$必须满足关系:$|x_2-x_1|\leqslant c|t_2-t_1|$,此关系不满足(6.4.4)式,也就不满足(6.4.3)式. 在 S'系中,也不满足(6.4.3′)式. 说明有因果关系的两个事件的时序,不论用什么惯性系,时序决不会颠倒,这就是因果关系的绝对性.

我们可以把所有的事件根据它们与某个事件的关系分成两类,满足(6.4.3)式的事件是与某事件不可能有因果关系的,它与某事件发生的次序是相对的,用不同的惯性系,次序可能颠倒,这是一类;另一类的那些事件,都与某事件不满足(6.4.3)式,它们是与某事件有或可能有因果关系的事件. 它们与某事件发生的先后次序,在任何惯性系中看都不会颠倒.

在这里,我们用了狭义相对论的一个结论,任何物体的运动速度,不论用什么惯性系,都不可能超过真空中光的传播速度 c. 这个结论在以后两节中才能得到完全的论证.

例 6.4.2 火车以速度 V 通过隧道,设火车 ab 与隧道 AB 的固有长度均为 L_0. 从地面看,火车前端 b 到达隧道终点 B 的同时,隧道的起点 A 遭到雷击. 试

问:此雷击能否在火车的尾端 a 或别处留下痕迹(分别以地面和火车为参考系进行分析)? 分别用两种参考系说明下列三个事件发生的先后次序. 事件 P_1:火车前端 b 到达隧道终点 B;事件 P_2:上述雷击击中隧道起点 A;事件 P_3:火车尾端 a 到达隧道起点 A、若取事件 P_1 发生时 $t_1=0, t'_1=0$. 求出 t_2、t'_2, t_3、t'_3.

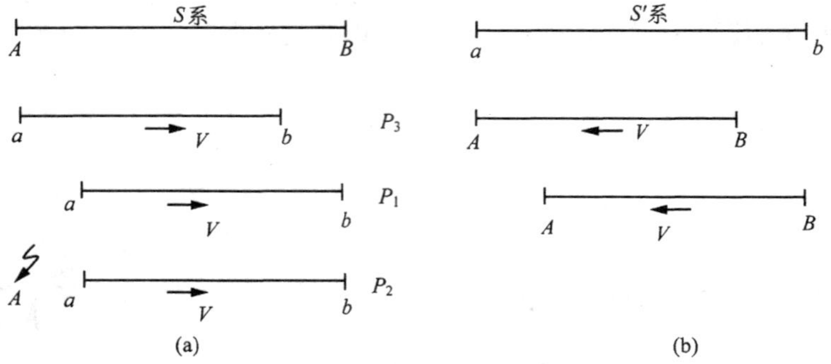

图 6.4.3

解　取地面为 S 系,火车为 S'系,用尺缩效应(6.3.3)式,在两个参考系中画出三个事件发生时的相对位置,即可排出三个事件发生的次序的大部分. 次序如图 6.4.3(a)、(b)所示. 在 S 系中,P_3 首先发生,然后 P_1、P_2 同时发生. 在 S'系中,P_1 比 P_3 先发生,P_2 发生较 P_1、P_3 早还是迟待定.

用洛伦兹变换(6.4.1)或(6.4.1′)式时需取 B 和 b 分别为 S 系和 S'系的原点,向右为 x、x'轴正向. 图中画的 V 均是速率.

我们采取例 6.3.1 及例 6.4.1 两种解法并用的方法最方便. 图中画各事件发生时火车、隧道的相对位置时考虑了尺缩效应. 用(6.3.3)式可计算图中已画出的各事件发生的时间. 图中未能画出 S'系中P_2 发生的相对位置,则用洛伦兹变换式计算 t'_2.

在 S 系中,由题设,$t_1=0$,P_1、P_2 两事件同时发生,$t_2=t_1=0$.

在图 6.4.3(a)中,AB 长 L_0,ab 长 $L_0\sqrt{1-\left(\frac{V}{c}\right)^2}$.

$$t_3 = t_1 - \frac{L_0 - L_0\sqrt{1-\left(\frac{V}{c}\right)^2}}{V} = -\frac{L_0}{V}\left[1-\sqrt{1-\left(\frac{V}{c}\right)^2}\right]$$

在 S'系中,由题设,$t'_1=0$.

在图 6.4.3(b)中，AB 长 $L_0\sqrt{1-\left(\frac{V}{c}\right)^2}$，$ab$ 长 L_0，

$$t'_3=\frac{L_0-L_0\sqrt{1-\left(\frac{V}{c}\right)^2}}{V}=\frac{L_0}{V}\left[1-\sqrt{1-\left(\frac{V}{c}\right)^2}\right]$$

P_2 事件发生的位置是雷击击中的隧道起点 A，此点的 x 坐标为 $x_{A2}=-L_0$，雷击的时间是火车前端 b 到达隧道终点 B 时，正是 S 系中事件 P_1 发生的时间，由题设，$t_2=t_1=0$. 由(6.4.1)式的第四式

$$t'_2=\frac{t_2-\frac{V}{c^2}x_{A2}}{\sqrt{1-\left(\frac{V}{c}\right)^2}}=\frac{VL_0}{c^2\sqrt{1-\left(\frac{V}{c}\right)^2}}$$

因

$$t'_2-t'_3=\frac{VL_0}{c^2\sqrt{1-\left(\frac{V}{c}\right)^2}}-\frac{L_0}{V}\left[1-\sqrt{1-\left(\frac{V}{c}\right)^2}\right]$$

$$=\frac{L_0}{V\sqrt{1-\left(\frac{V}{c}\right)^2}}\left[1-\sqrt{1-\left(\frac{V}{c}\right)^2}\right]>0$$

故在 S' 系中，$t'_2>t'_3>t'_1$，三个事件发生的先后次序为 P_1、P_3、P_2.

用 S 系，由图 6.4.3(a)可以看出，A 端遭雷击时，火车上任何地方都不可能有痕迹.

用 S' 系，要判断雷击时有没有殃及火车，需求出雷击时 A 点的 x' 坐标 x'_{A2}. 由 $x_{A2}=-L_0$，$t_2=0$，

$$x'_{A2}=\frac{x_{A2}-Vt_2}{\sqrt{1-\left(\frac{V}{c}\right)^2}}=-\frac{L_0}{\sqrt{1-\left(\frac{V}{c}\right)^2}}<-L_0$$

火车位于 $-L_0\leqslant x'\leqslant 0$. 上式表明，$A$ 点遭雷击时，隧道的 A 端早已“驶过”火车的尾端 a（a 端的 x' 坐标为 $-L_0$）. 因此雷击不会殃及火车.

也可以用钟慢效应(6.3.1)式来计算 t'_2，但究竟用 $t'_2-t'_1=\frac{t_2-t_1}{\sqrt{1-\left(\frac{V}{c}\right)^2}}$、

$t_2 - t_1 = \dfrac{t'_2 - t'_1}{\sqrt{1-\left(\dfrac{V}{c}\right)^2}}$，$t'_2 - t'_3 = \dfrac{t_2 - t_3}{\sqrt{1-\left(\dfrac{V}{c}\right)^2}}$，还是用 $t_2 - t_3 = \dfrac{t'_2 - t'_3}{\sqrt{1-\left(\dfrac{V}{c}\right)^2}}$？因为(6.3.1)式只能对动系中同一地点的钟使用，对于位于不同地点的动钟，要受到拨快量的影响，(6.3.1)式不成立，今 P_2、P_3 两事件发生在同一地点 A，故应把隧道即 S 系视为动系，只能用 $t'_2 - t'_3 = \dfrac{t_2 - t_3}{\sqrt{1-\left(\dfrac{V}{c}\right)^2}}$. 在这里，其余三式都不成立. 因 $t_2 - t_3 > 0$，也可用 $t'_2 - t'_3 = \dfrac{t_2 - t_3}{\sqrt{1-\left(\dfrac{V}{c}\right)^2}}$ 得出 $t'_2 > t'_3$，从而得出在 S' 系中，P_3 先发生、P_2 后发生的结论.

4. 双生子佯谬

有一对双生子甲和乙，甲留在地球上，乙乘坐火箭以可与真空中光速比拟的高速度飞向远方，后以同样的速率原路返回地球. 在地球上的人认为火箭是动系，火箭上的人认为地球是动系. 根据钟慢效应，视火箭为动系，乙返回地球后将看到自己比甲年轻，若视地球为动系，甲、乙重新相遇时，乙将看到甲比自己年轻. 结论完全相反，这就是双生子佯谬. 佯谬是指表面上很荒谬，实际上并非如此. 甲、乙重新相遇，谁比谁年轻是可以作比较得出一个明确的结论的. 解决这个佯谬，就是要找到一个合理的结论，说明究竟谁较年轻.

细胞的产生、衰老、死亡的过程也和任何周期过程一样，在运动时会变慢(钟慢效应)，双生子佯谬也可换个说法叫做时钟佯谬. 把双生子改成两个标准钟，乙钟飞回和甲钟相遇时，究竟哪个钟经历的时间较短.

为了避免折回时有一个减速加速(指速率的时间变化率减小或增大)过程，考虑两个火箭 A 和 B，火箭 A 向远离地球的方向运动，火箭 B 向返回地球的方向运动，在同一条直线上，速率都是 V. 两个火箭相遇时，将火箭 B 上的标准钟拨到火箭 A 上的标准钟的时刻.

设地球上的钟经 Δt 时间，火箭 A 与火箭 B 相遇，此时地球上的观察者测得相遇地点离地面距离为 $V\Delta t$，火箭 A 上的钟经历的时间为 $\Delta t' = \sqrt{1-\left(\dfrac{V}{c}\right)^2}\Delta t$、火箭 A 上的观察者视自己不动而地球是运动的，地球上的钟实际经历的时间为 $\sqrt{1-\left(\dfrac{V}{c}\right)^2}\Delta t' = \sqrt{1-\left(\dfrac{V}{c}\right)^2}\cdot\sqrt{1-\left(\dfrac{V}{c}\right)^2}\Delta t = \left[1-\left(\dfrac{V}{c}\right)^2\right]\Delta t$，考虑相遇处一个

固连于地球的钟有一拨快量 $\delta=\frac{V}{c^2}x=\frac{V}{c^2}V\Delta t=\left(\frac{V}{c}\right)^2\Delta t$. 在相遇处,与地球固连的钟指示的时间为$\left[1-\left(\frac{V}{c}\right)^2\right]\Delta t+\delta=\Delta t$. 从火箭 A 离地到与火箭 B 相遇,地球上的钟历时 Δt,火箭 A 上的钟历时 $\Delta t'=\sqrt{1-\left(\frac{V}{c}\right)^2}\Delta t$. 同样考虑火箭 B 从相遇处飞抵地球,火箭 B 的钟又历时 $\Delta t'=\sqrt{1-\left(\frac{V}{c}\right)^2}\Delta t$,地球上的钟显示历时又是 Δt,整个过程,包括一去一回,地球上的钟共历时 $2\Delta t$,火箭 B 上钟显示共历时 $2\Delta t\sqrt{1-\left(\frac{V}{c}\right)^2}$. 因此,结论是火箭上的钟历时较短. 换回双生子,乘坐火箭的乙将比留在地球上的甲较年轻. 如果儿子留在地球上,父亲乘坐高速火箭做足够长的时间的星际旅行归来,由于父亲衰老的进程变慢,父亲反比儿子更年轻的情况是可以出现的. 如果双生子中的乙,乘坐火箭,一去不返,究竟甲比乙还是乙比甲衰老进程较慢? 甲、乙双方都认为对方衰老得慢些,都是对的. 他们不再相遇,无法进行比较.

*5. 观察到的运动物体的情况

曾有一些介绍相对论的科普文章,描述在一个接近于光速的高速列车里观察到车外的景物都变扁了. 显然,作者考虑了(6.3.3)式洛伦兹收缩公式,在有相对运动的方向,看到的长度小于固有长度,无相对运动的方向,看到的长度和固有长度一样,从而设想出这幅图像,这种讲法是不准确的. 按相对论理论,光速虽很大,毕竟是有限的,观看和测量是有所不同的,测量时是同时(对测量者所在的参考系而言)将两端的坐标记录下来进行量度,观看到的长度是两端发出的光子同时进入观察者的眼睛或照相机的镜头来量度的. 因为两端离我们的距离不同,同时进入的不是两端同时发出的. 因此,目测的长度和实地测量的长度不同.

具体分析一个最简单的情况,考虑固有长度为 L_0 的杆 AB 沿静系 x 轴以 V 的速度向正方向运动. 观察者位于坐标原点 O. 图 6.4.4(a)、(b)、(c)、(d)画出了杆的四个代表性位置. 图中标出的杆长 $L=L_0\sqrt{1-\beta^2}$,其中 $\beta=\frac{V}{c}$,L^* 是观看到的杆长. 下面分别对杆的前端的 x 坐标处于不同区间进行分析.

$x\leqslant 0$ 时,如图 6.4.4(a)所示. 设 t, t'分别是两端处于B、A'时发出的光子到达观察者所需的时间.

$$t=\frac{-x}{c},\quad t'=\frac{L^*-x}{c}$$

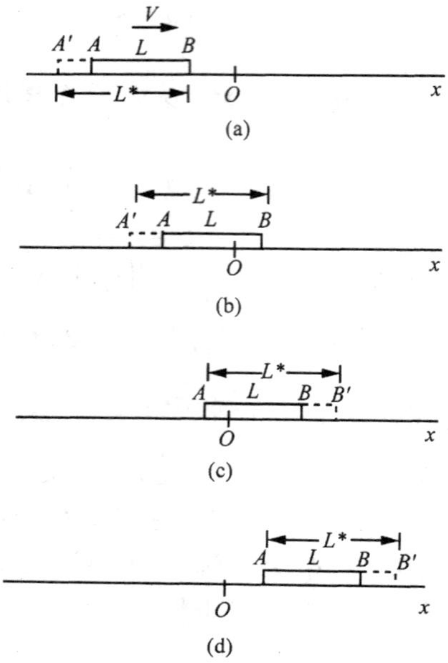

图 6.4.4

观察者要在同一时刻收到两端 A'和 B 发出的光子,必须在 t 到 t'的时间内,光子通过的距离为 $A'B$ 即 L^*,

$$c(t'-t)=L^*$$

在此期间,杆前进的距离应等于观看到的杆长(简称视长)和测量到的杆长(简称杆长)之差,

$$V(t'-t)=L^*-L$$

两式相除,即可解出 L^*,得

$$L^*=\frac{c}{c-V}L=\frac{1}{1-\beta}L_0\sqrt{1-\beta^2}=\sqrt{\frac{1+\beta}{1-\beta}}L^0 \tag{1}$$

$0\leqslant x\leqslant\frac{1}{2}L_0\sqrt{1-\beta^2}$时,如图 6.4.4(b)所示.

两端 A'、B 分别在 t'前和 t 前发出的光子同时到达 O 点,必须在 t 到 t'的时间内,光子通过的距离等于视长 L^* 与两倍 OB 的距离之差,

$$c(t'-t)=L^*-2x$$

在此期间，杆前进的距离仍然等于视长与杆长之差，

$$V(t'-t)=L^*-L$$

消去 $t'-t$，解出 L^*，可得

$$L^*=\frac{1}{c-V}(cL-2Vx)=\frac{1}{1-\beta}(L_0\sqrt{1-\beta^2}-2\beta x)$$

$$=\sqrt{\frac{1+\beta}{1-\beta}}L_0-\frac{2\beta}{1-\beta}x \tag{2}$$

$\frac{1}{2}L_0\sqrt{1-\beta^2}\leqslant x\leqslant L_0\sqrt{\frac{1+\beta}{1-\beta}}$时，如图 6.4.4(c)所示．关于此区间的上界 $L_0\sqrt{\frac{1+\beta}{1-\beta}}$的由来，以后再作说明，由图 6.4.4(c)可见，两端 A、B'早先时候（即 t 前和 t'前）发出的光子要同时到达 O 点，必须在 t 到 t'的时间内，光子通过的距离等于视长 L^* 与两倍 AO 的距离之差，

$$c(t'-t)=L^*-2(L^*-x)=2x-L^*$$

另一式仍然是

$$V(t'-t)=L^*-L$$

消去 $t'-t$，解出 L^* 得

$$L^*=\sqrt{\frac{c-V}{c+V}}L_0+\frac{2V}{c+V}x=\sqrt{\frac{1-\beta}{1+\beta}}L_0+\frac{2\beta}{1+\beta}x \tag{3}$$

$x\geqslant L_0\sqrt{\frac{1+\beta}{1-\beta}}$时，如图 6.4.4(d)所示．从图中可见，两端 A、B'早先两个时刻发出的光子要同时到达 O 时，必须在这两个时刻之间，光子通过的距离等于视长 L^*

$$c(t'-t)=L^*$$

另一式仍然是

$$V(t'-t)=L^*-L$$

与 $x\leqslant 0$ 时的两个式子完全相同，可解出

$$L^*=\sqrt{\frac{1+\beta}{1-\beta}}L_0 \tag{4}$$

现在来说明(3)、(4)两式适用的区间的分界线为 $x=L_0\sqrt{\frac{1+\beta}{1-\beta}}$的来历．用两

种方法说明：

(1) 用 x' 表示图 6.4.4(d)中 A 端的坐标，显然图 6.4.4(d)表示 $x'\geqslant 0$ 的情况．即(4)式的适用区间的下界为 $x'=0$．相应的 B' 坐标为 $x=L^*=\sqrt{\dfrac{1+\beta}{1-\beta}}L_0$ 为(4)式的适用区间的下界；

(2) 考虑到随着杆沿 x 轴的运动，观察者看到的杆的长度是连续变化的，由(3)式，求出 $L^*=\sqrt{\dfrac{1+\beta}{1-\beta}}L_0$ 的 x 值，即为(3)式适用区间的上界，

$$\sqrt{\frac{1-\beta}{1+\beta}}L_0+\frac{2\beta}{1+\beta}x=\sqrt{\frac{1+\beta}{1-\beta}}L_0$$

可得 $x=\sqrt{\dfrac{1+\beta}{1-\beta}}L_0$.

综合(1)、(2)、(3)、(4)式，观察者看到的杆长是前端坐标 x 的函数，

$$L^*=\begin{cases}\sqrt{\dfrac{1+\beta}{1-\beta}}L_0, & x\leqslant 0\\[2mm] \sqrt{\dfrac{1+\beta}{1-\beta}}L_0-\dfrac{2\beta}{1-\beta}x, & 0\leqslant x\leqslant\dfrac{1}{2}L_0\sqrt{1-\beta^2}\\[2mm] \sqrt{\dfrac{1-\beta}{1+\beta}}L_0+\dfrac{2\beta}{1+\beta}x, & \dfrac{1}{2}L_0\sqrt{1-\beta^2}\leqslant x\leqslant L_0\sqrt{\dfrac{1+\beta}{1-\beta}}\\[2mm] \sqrt{\dfrac{1+\beta}{1-\beta}}L_0, & x\geqslant L_0\sqrt{\dfrac{1+\beta}{1-\beta}}\end{cases}$$

其中 $\beta=\dfrac{V}{c}$.

上述结果表明，当 $x=\dfrac{1}{2}L_0\sqrt{1-\beta^2}$ 时，$L^*=L_0\sqrt{1-\beta^2}$，是目测的最短长度，它等于实地测量的长度．实地测量的运动的杆长一定小于固有长度．而目测的运动的杆长可以小于、等于还可以大于固有长度．因此，高速列车里的乘客看到车外的景象不是象所述科普文章作者描述的那样都变扁了，只有列车旁及前后一定范围内的那些景物看起来变扁了，前方后方稍远处的景物看起来反而变胖了．这里没有考虑生理上的因素，如视觉暂留、视角问题、双眼效应等．

如果高速运动的物体不在观察者跟前经过，即最近距离不等于零，而且是一个三维的物体．例如一个立方体，情况会比较复杂，不仅有长度的膨胀收缩变化，还会有角度的变化，直角有时变成锐角，有时变成钝角．我们不作具体讨论了．

§6.5 狭义相对论的运动学

在一个惯性系中描述质点的运动,狭义相对论和牛顿力学没有什么不同. 可从一个惯性系的描述变为另一个惯性系的描述,两种理论迥然不同. 我们已经知道,光在真空中传播的速度,在任何惯性系中都是 c(光速不变原理). 牛顿力学的速度合成法则或叫速度变换公式:绝对速度等于相对速度和牵连速度的矢量和. 在狭义相对论中是不成立的. 这里讲狭义相对论的运动学,只需讲与牛顿力学不同的关于相对运动的运动学.

1. 速度的变换公式

有两个惯性系 S 和 S'系,S'系以 $\boldsymbol{V}$ 的速度对 S 系运动. 取洛伦兹变换(6.4.1)、(6.4.1′)式能适用的时间空间坐标,即 $t=0$、$t'=0$ 时,两坐标系 $Oxyz$ 和 $O'x'y'z'$完全重合,$\boldsymbol{V}$ 的方向是 x 轴正向.

今有一个质点 P,在 S'系中观测,运动速度为 $\boldsymbol{v}'=\frac{\mathrm{d}x'}{\mathrm{d}t'}\boldsymbol{i}'+\frac{\mathrm{d}y'}{\mathrm{d}t'}\boldsymbol{j}'+\frac{\mathrm{d}z'}{\mathrm{d}t'}\boldsymbol{k}'$,这是相对速度,在 S 系中观测,运动速度为 $\boldsymbol{v}=\frac{\mathrm{d}x}{\mathrm{d}t}\boldsymbol{i}+\frac{\mathrm{d}y}{\mathrm{d}t}\boldsymbol{j}+\frac{\mathrm{d}z}{\mathrm{d}t}\boldsymbol{k}$,这是绝对速度. 根据坐标的取法,牵连速度为 $\boldsymbol{V}=V\boldsymbol{i}$,且 $\boldsymbol{i}'=\boldsymbol{i},\boldsymbol{j}'=\boldsymbol{j},\boldsymbol{k}'=\boldsymbol{k}$. 三个速度之间的关系可称为速度合成法则. 它给出在有相对运动的两个惯性系观测的两个速度之间的关系,也可叫速度变换关系.

在牛顿力学中,速度变换公式可从伽利略变换导出、相对论已用洛伦兹变换取代了伽利略变换. 自然也可用洛伦兹变换导出相对论的速度变换公式.

由(6.4.1′)式,两边作微分

$$\mathrm{d}x=\frac{\mathrm{d}x'+V\mathrm{d}t'}{\sqrt{1-\left(\frac{V}{c}\right)^2}}$$

$$\mathrm{d}y=\mathrm{d}y'$$

$$\mathrm{d}z=\mathrm{d}z'$$

$$\mathrm{d}t=\frac{\mathrm{d}t'+\frac{V}{c^2}\mathrm{d}x'}{\sqrt{1-\left(\frac{V}{c}\right)^2}}$$

$$
\begin{cases}
v_x = \dfrac{\mathrm{d}x}{\mathrm{d}t} = \dfrac{\mathrm{d}x' + V\mathrm{d}t'}{\mathrm{d}t' + \dfrac{V}{c^2}\mathrm{d}x'} = \dfrac{\dfrac{\mathrm{d}x'}{\mathrm{d}t'} + V}{\dfrac{\mathrm{d}t'}{\mathrm{d}t'} + \dfrac{V}{c^2}\dfrac{\mathrm{d}x'}{\mathrm{d}t'}} = \dfrac{v'_x + V}{1 + \dfrac{V}{c^2}v'_x} \\
v_y = \dfrac{\mathrm{d}y}{\mathrm{d}t} = \dfrac{\mathrm{d}y'\sqrt{1 - \left(\dfrac{V}{c}\right)^2}}{\mathrm{d}t' + \dfrac{V}{c^2}\mathrm{d}x'} = \dfrac{v'_y\sqrt{1 - \left(\dfrac{V}{c}\right)^2}}{1 + \dfrac{V}{c^2}v'_x} \\
v_z = \dfrac{\mathrm{d}z}{\mathrm{d}t} = \dfrac{\mathrm{d}z'\sqrt{1 - \left(\dfrac{V}{c}\right)^2}}{\mathrm{d}t' + \dfrac{V}{c^2}\mathrm{d}x'} = \dfrac{v'_z\sqrt{1 - \left(\dfrac{V}{c}\right)^2}}{1 + \dfrac{V}{c^2}v'_x}
\end{cases}
\tag{6.5.1}
$$

其逆变换为

$$
\begin{cases}
v'_x = \dfrac{v_x - V}{l - \dfrac{V}{c^2}v_x} \\
v'_y = \dfrac{v_y\sqrt{1 - \left(\dfrac{V}{c}\right)^2}}{l - \dfrac{V}{c^2}v_x} \\
v'_z = \dfrac{v_z\sqrt{1 - \left(\dfrac{V}{c}\right)^2}}{l - \dfrac{V}{c^2}v_x}
\end{cases}
\tag{6.5.1$'$}
$$

当 $V \ll c$ 时，洛伦兹变换可用伽利略变换作为近似，相对论的速度变换公式(6.5.1)、(6.5.1′)式也可用牛顿力学的速度变换公式(1.3.1)、(1.3.1′)式作为近似.

现在用速度变换公式检验我们前面提到过的两个结论.

(1) 检验光速不变原理. 设对 S' 系的光速为 $\boldsymbol{c} = v'_x\boldsymbol{i} + v'_y\boldsymbol{j}$，$v'^2_x + v'^2_y = c^2$. 对 S 系的光速可表为 $\boldsymbol{c} = v_x\boldsymbol{i} + v_y\boldsymbol{j}$. 要算出 $v_x^2 + v_y^2 = c^2$. 计算如下：用(6.5.1)式，

$$
v_x = \frac{v'_x + V}{1 + \dfrac{V}{c^2}v'_x}
$$

$$v_y=\frac{v'_y\sqrt{1-\left(\frac{V}{c}\right)^2}}{1+\frac{V}{c^2}v'_x}=\frac{\sqrt{c^2-v'^2_x}\sqrt{1-\left(\frac{V}{c}\right)^2}}{1+\frac{V}{c^2}v'_x}$$

$$v_x^2+v_y^2=\frac{(v'_x+V)^2+(c^2-v'^2_x)\left[1-\left(\frac{V}{c}\right)^2\right]}{\left(1+\frac{V}{c^2}v'_x\right)^2}$$

$$=\frac{v'^2_x\left(\frac{V}{c}\right)^2+2Vv'_x+c^2}{\left(1+\frac{V}{c^2}v'_x\right)^2}=\frac{\left(v'_x\frac{V}{c}+c\right)^2}{\left(1+\frac{V}{c^2}v'_x\right)^2}=c^2$$

(2) 检验对一个惯性系的速度小于光速 c,对任何惯性系的速度都一定小于光速 c. 设对 S'系,质点的运动速度 $\boldsymbol{v}'=v'_x\boldsymbol{i}+v'_y\boldsymbol{j}+v'_z\boldsymbol{k}$, $v^2_{x'}+v^2_{y'}+v^2_{z'}<c^2$. 对 S 系,质点的运动速度可表为 $\boldsymbol{v}=v_x\boldsymbol{i}+v_y\boldsymbol{j}+v_z\boldsymbol{k}$. 要算出 $v_x^2+v_y^2+v_z^2<c^2$. 用(6.5.1)式,可得

$$v_x^2+v_y^2+v_z^2=\frac{v'^2_x+2Vv'_x+V^2+v'^2_y\left[1-\left(\frac{V}{c}\right)^2\right]+v'^2_z\left[1-\left(\frac{V}{c}\right)^2\right]}{\left(1+\frac{V}{c^2}v'_x\right)^2}$$

上式分子$=v'^2_x+v'^2_y+v'^2_z+c^2-c^2+2Vv'_x+V^2+\left(\frac{V}{c}v'_x\right)^2$

$$-\left(\frac{V}{c}\right)^2(v'^2_x+v'^2_y+v'^2_z)$$

$$=(v'^2_x+v'^2_y+v'^2_z)\left[1-\left(\frac{V}{c}\right)^2\right]$$

$$-c^2\left[1-\left(\frac{V}{c}\right)^2\right]+c^2\left(1+\frac{V}{c^2}v'_x\right)^2$$

$$v_x^2+v_y^2+v_z^2=c^2-\frac{[c^2-(v'^2_x+v'^2_y+v'^2_z)]\left[1-\left(\frac{V}{c}\right)^2\right]}{\left(1+\frac{V}{c^2}v'_x\right)^2}$$

因 $c^2-(v'^2_x+v'^2_y+v'^2_z)>0, 1-\left(\frac{V}{c}\right)^2>0, \left(1+\frac{V}{c^2}v'_x\right)^2>0$,上式等号右边第二

项>0,故

$$v_x^2 + v_y^2 + v_z^2 < c^2$$

下一节我们再论证,在一个惯性系中,质点的速度不可能达到真空中的光速 c. 到那时,质点的速度在任何惯性系中都不可能达到真空中的光速 c 就得到了完全的论证.

例 6.5.1　两根固有长度均为 L_0 的杆,排成一直线. 在某一参考系中以匀速 V 且沿所在的同一直线相向运动. 试问:在固连于一根杆的参考系中测得的另一根杆的长度有多大?

解　设原用的参考系为 S'系,固连于一根杆的参考系为 S 系,则 S'系对 S 系的运动速度为 $\boldsymbol{V}$,正是另一根杆对 S'系的速度 $\boldsymbol{V}$

$$\boldsymbol{v}' = V\boldsymbol{i}$$

用(6.5.1)式

$$v_x = \frac{v'_x + V}{1 + \frac{V}{c^2}v'_x} = \frac{V + V}{1 + \frac{V}{c^2}V} = \frac{2V}{1 + \frac{V^2}{c^2}}$$

$$v_y = \frac{v'_y\sqrt{1 - \left(\frac{V}{c}\right)^2}}{1 + \frac{V}{c^2}v'_x} = 0$$

$$v_z = \frac{v'_z\sqrt{1 - \left(\frac{V}{c}\right)^2}}{1 + \frac{V}{c^2}v'_x} = 0$$

$$\boldsymbol{v} = \frac{2V}{1 + \frac{V^2}{c^2}}\boldsymbol{i}$$

用(6.3.3)式,在 S 系中,测得的另一根杆的长度为

$$L = L_0\sqrt{1 - \left(\frac{V}{c}\right)^2} = L_0\,\frac{c^2 - V^2}{c^2 + V^2}$$

例 6.5.2　设上题中的两根杆在某一参考系中以相同的速率 V、互成 90°角运动. 在固连于一根杆的参考系中测得的另一根杆的长度是多少?

解　像上例那样取 S'系和 S 系. 令 $\boldsymbol{v}' = V\boldsymbol{j}$.

$$v_x = \frac{v'_x + V}{1 + \frac{V}{c^2} v'_x} = V$$

$$v_y = \frac{V\sqrt{1 - \left(\frac{V}{c}\right)^2}}{1 + \frac{V}{c^2} v'_x} = V\sqrt{1 - \left(\frac{V}{c}\right)^2}$$

$$v = \sqrt{v_x^2 + v_y^2} = \sqrt{V^2 + V^2\left[1 - \left(\frac{V}{c}\right)^2\right]} = V\sqrt{2 - \left(\frac{V}{c}\right)^2}$$

将 S 系重取坐标轴，取 $\boldsymbol{v}$ 的方向为 $\bar{x}$ 轴，$\bar{y}$ 轴在原 xy 平面内，则另一根杆在 $\bar{x}$ 轴上的投影将收缩，收缩因子为 $\sqrt{1 - \left(\frac{v}{c}\right)^2}$，在 $\bar{y}$ 轴上的投影保持固有长度不变. 由此可计算在 S 系中测得的另一根杆的长度.

另一根杆在 $\bar{x}$ 轴、$\bar{y}$ 轴上的投影的固有长度分别为

$$L_{0\bar{x}} = L_0 \frac{v_x}{v}, \quad L_{0\bar{y}} = L_0 \frac{v_y}{v}$$

S 系中测得的另一根杆的长度为

$$\begin{aligned} L &= \sqrt{\left[L_{0\bar{x}}\sqrt{1 - \left(\frac{v}{c}\right)^2}\right]^2 + L_{0\bar{y}}^2} \\ &= \sqrt{L_0^2 \frac{v_x^2}{v^2}\left(1 - \frac{v^2}{c^2}\right) + L_0^2 \frac{v_y^2}{v^2}} = L_0\sqrt{\frac{v_x^2 + v_y^2}{v^2} - \frac{v_x^2}{c^2}} \\ &= L_0\sqrt{1 - \left(\frac{v_x}{c}\right)^2} = L_0\sqrt{1 - \left(\frac{V}{c}\right)^2} \end{aligned}$$

2. 加速度的变换公式

加速度在牛顿力学的动力学方程中是一个很重要的物理量，质点的运动微分方程中少不了它. 可它并不出现在狭义相对论的动力学方程中，加速度这个物理量在狭义相对论中不再具有重要性. 我们讲加速度的变换公式，只是为了弄明白，在相对论中，从一个惯性系换用另一个惯性系，其加速度会有什么样的变化，是不是还有牛顿力学中的结论：对任何惯性系，质点运动的加速度是不变的？答案是否定的.

对(6.5.1)式进行微分

$$\mathrm{d}v_x = \mathrm{d}\left(\frac{v'_x + V}{1+\frac{V}{c^2}v'_x}\right) = \frac{\mathrm{d}v'_x}{1+\frac{V}{c^2}v'_x} - \frac{v'_x + V}{\left(1+\frac{V}{c^2}v'_x\right)^2}\frac{V}{c^2}\mathrm{d}v'_x$$

$$= \frac{1-\left(\frac{V}{c}\right)^2}{\left(1+\frac{V}{c^2}v'_x\right)^2}\mathrm{d}v'_x$$

$$\mathrm{d}v_y = \mathrm{d}\left[\frac{v'_y\sqrt{1-\left(\frac{V}{c}\right)^2}}{1+\frac{V}{c^2}v'_x}\right] = \frac{\sqrt{1-\left(\frac{V}{c}\right)^2}}{1+\frac{V}{c^2}v'_x}\mathrm{d}v'_y - \frac{v'_y\sqrt{1-\left(\frac{V}{c}\right)^2}}{\left(1+\frac{V}{c^2}v'_x\right)^2}\frac{V}{c^2}\mathrm{d}v'_x$$

$$\mathrm{d}v_z = \mathrm{d}\left[\frac{v'_z\sqrt{1-\left(\frac{V}{c}\right)^2}}{1+\frac{V}{c^2}v'_x}\right] = \frac{\sqrt{1-\left(\frac{V}{c}\right)^2}}{1+\frac{V}{c^2}v'_x}\mathrm{d}v'_z - \frac{v'_z\sqrt{1-\left(\frac{V}{c}\right)^2}}{\left(1+\frac{V}{c^2}v'_x\right)^2}\frac{V}{c^2}\mathrm{d}v'_x$$

对(6.4.1′)的第四式进行微分，

$$\mathrm{d}t = \frac{\mathrm{d}t' + \frac{V}{c^2}\mathrm{d}x'}{\sqrt{1-\left(\frac{V}{c}\right)^2}} = \frac{1+\frac{V}{c^2}v'_x}{\sqrt{1-\left(\frac{V}{c}\right)^2}}\mathrm{d}t'$$

用 $\mathrm{d}t$ 去除前三式，得

$$\begin{cases} a_x = \dfrac{\mathrm{d}v_x}{\mathrm{d}t} = \dfrac{\left[1-\left(\frac{V}{c}\right)^2\right]^{3/2}}{\left(1+\frac{V}{c^2}v'_x\right)^3}\dfrac{\mathrm{d}v'_x}{\mathrm{d}t} = \dfrac{\left[1-\left(\frac{V}{c}\right)^2\right]^{3/2}}{\left(1+\frac{V}{c^2}v'_x\right)^3}a'_x \\ a_y = \dfrac{\mathrm{d}v_y}{\mathrm{d}t} = \dfrac{1-\left(\frac{V}{c}\right)^2}{\left(1+\frac{V}{c^2}v'_x\right)^2}a'_y - \dfrac{\frac{V}{c^2}v'_y\left[1-\left(\frac{V}{c}\right)^2\right]}{\left(1+\frac{V}{c^2}v'_x\right)^3}a'_x \\ a_z = \dfrac{\mathrm{d}v_z}{\mathrm{d}t} = \dfrac{1-\left(\frac{V}{c}\right)^2}{\left(1+\frac{V}{c^2}v'_x\right)^2}a'_z - \dfrac{\frac{V}{c^2}v'_z\left[1-\left(\frac{V}{c}\right)^2\right]}{\left(1+\frac{V}{c^2}v'_x\right)^3}a'_x \end{cases} \tag{6.5.2}$$

同样，将 V 换为 $-V$，a_x、a_y、a_z 分别与 a'_x、a'_y、a'_z 交换位置，v'_x、v'_y、v'_z 分别换

成 v_x、v_y、v_z，即得(6.5.2)式的逆变换

$$\begin{cases} a'_x = \dfrac{\left[1-\left(\dfrac{V}{c}\right)^2\right]^{3/2}}{\left(1-\dfrac{V}{c^2}v_x\right)^3}a_x \\ a'_y = \dfrac{1-\left(\dfrac{V}{c}\right)^2}{\left(1-\dfrac{V}{c^2}v_x\right)^2}a_y + \dfrac{\dfrac{V}{c^2}v_y\left[1-\left(\dfrac{V}{c}\right)^2\right]}{\left(1-\dfrac{V}{c^2}v_x\right)^3}a_x \\ a'_z = \dfrac{1-\left(\dfrac{V}{c}\right)^2}{\left(1-\dfrac{V}{c^2}v_x\right)^2}a_z + \dfrac{\dfrac{V}{c^2}v_z\left[1-\left(\dfrac{V}{c}\right)^2\right]}{\left(1-\dfrac{V}{c^2}v_x\right)^3}a_x \end{cases} \tag{6.5.2'}$$

由(6.5.2)式可以看出，即使在 S' 系中，质点作匀变速直线运动，a'_x 为常量，$a'_y=a'_z=0$，$v'_y=v'_z=0$，因 $v'_x\neq 0$，且不为常量，在 S 系中，虽仍是直线运动，但不是匀变速的，a_x 将随 v'_x 的变化而变化.

当$\dfrac{V}{c}\ll 1$ 时，(6.5.2)、(6.5.2′)式都可用牛顿力学的加速度在伽利略变换下是不变量的近似式：$a_x=a'_x$，$a_y=a'_y$，$a_z=a'_z$.

例 6.5.3 在 S 系中质点作抛物运动，运动方程为

$$x = v_{x0}t,\ y = v_{y0}t - \frac{1}{2}gt^2$$

若 S' 系和 S'' 系分别以 V 的速率向 x 正向和 y 正向运动，描述该质点在 S' 系、S'' 系中的运动.

解 在 S 系中

$$v_x = v_{x0},\ v_y = v_{y0} - gt,\ a_x = 0,\ a_y = -g$$

在 S' 系中，由(6.5.2′)式

$$a'_x = 0,\ a'_y = -\frac{1-\left(\dfrac{V}{c}\right)^2}{\left(1-\dfrac{V}{c^2}v_{x0}\right)^2}g$$

仍是匀变速运动，但不再是原来的加速度，其轨迹仍是抛物线.

由于 S'' 系对 S 系以 V 的速率向 y 轴正向运动，(6.5.2′)式应改为

$$a''_x = \frac{1-\left(\frac{V}{c}\right)^2}{\left(1-\frac{V}{c^2}v_y\right)^2}a_x + \frac{\frac{V}{c^2}v_x\left[1-\left(\frac{V}{c}\right)^2\right]}{\left(1-\frac{V}{c^2}v_y\right)^3}a_y$$

$$a''_y = \frac{\left[1-\left(\frac{V}{c}\right)^2\right]^{3/2}}{\left(1-\frac{V}{c^2}v_y\right)^3}a_y$$

代入 a_x、a_y、v_x、v_y 值得

$$a''_x = -\frac{\frac{V}{c^2}v_{x0}\left[1-\left(\frac{V}{c}\right)^2\right]}{\left[1-\frac{V}{c^2}(v_{y0}-gt)\right]^3}g$$

$$a''_y = -\frac{\left[1-\left(\frac{V}{c}\right)^2\right]^{3/2}}{\left[1-\frac{V}{c^2}(v_{y0}-gt)\right]^3}g$$

还得将 S 系中的时间坐标表成 S'' 系的时空坐标的函数，为此，也得先将(6.4.1)的第四式改为

$$t'' = \frac{t-\frac{V}{c^2}y}{\sqrt{1-\left(\frac{V}{c}\right)^2}}$$

代入 $y = v_{y0}t - \frac{1}{2}gt^2$，得关于 t 的二次代数方程，

$$\frac{Vg}{2c^2}t^2 - \left(\frac{Vv_{y0}}{c^2}-1\right)t - t''\sqrt{1-\left(\frac{V}{c}\right)^2} = 0$$

解出 t，注意 $t>0$，得

$$t = \frac{Vv_{y0} - c^2 + c\sqrt{(Vv_{y0}-c^2)^2 + 2Vgt''\sqrt{1-\left(\frac{V}{c}\right)^2}}}{Vg}$$

可见，a''_x、a''_y 均随 t'' 而变.

只有对原参考系加速度分量为零的方向有匀速运动的这一类参考系，原来的

匀变速运动仍是匀变速运动,但加速度不再是原来的加速度.

3. 多普勒效应

§3.10.5 讲了声波的多普勒效应. 现在我们用和§3.10.5 同样的方法来讨论在真空中传播的光波的多普勒效应. 和声波相比,有一点不同,声波是介质质元的机械振动的集体运动,需靠介质才能传播,(3.10.18)~(3.10.20)式中的 u_0(观察者的运动速度)、u_S(声源的运动速度)都是相对于介质的. 而在真空中传播光波,没有介质,应该只与光源及观察者的相对运动有关. 下面我们分别把光源作为静系、观察者作为动系和把观察者作为静系、光源作为动系,用第三章讲的方法分别推导多普勒效应的频率变化公式. 如果得到同样的公式,上述说法就得到了证实. 情况正是这样的.

(1) 光源和观察者间的相对运动在它们的连线上的情形(纵向多普勒效应)

设固连于光源的参考系为 S'系,固连于观察者的参考系为 S 系. 它们相向的运动速度为 V, V 为正值说明它们真作相向运动, V 为负值说明它们实际上作相互远离的运动. V 的这种正负号规定与第三章对 u_0、u_S 的正负号规定是一致的.

先考虑 S'系为静系, S 系以 V 的速度运动,如图 6.5.1 所示(可与图 3.10.6 类比). 相邻的两个波面的相位差为 2π,其间距离为 λ',这是 S'系中测得的长度.

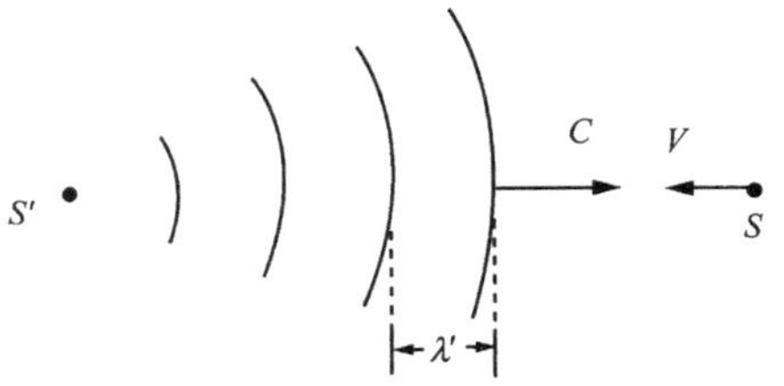

图 6.5.1

观察者在 S'系的单位时间内接收到的波数为

$$\frac{(c+V)\cdot 1}{\lambda'}=\frac{c+V}{c}\nu'$$

其中 ν'是S'系即光源参考系中光的频率,仿照固有长度的名称,可称为光的固有频率,波速、频率、波长之间有关系: $c=\lambda'\nu'$.

S 系即观察者参考系测得的光的频率 ν 是观察者在自己参考系的单位时间内接收到的波数. 观察者的钟是动钟,是随观察一起运动的动系中的同一个钟,其经历的时间与拨快量无关. 根据动钟变慢效应(6.3.1)式,[在此应改为 $\Delta t=\Delta t'\sqrt{1-\left(\frac{V}{c}\right)^2}$]. 动系 S 系中的 1s, 即 $\Delta t=1\text{s}$, 静系 S' 中经历的时间为

$\Delta t' = \dfrac{1}{\sqrt{1-\left(\frac{V}{c}\right)^2}}$(s)动系 S 中 1s 内经过观察者的波数即观察者测得的光的频率 ν 等于 S'系中$\dfrac{1}{\sqrt{1-\left(\frac{V}{c}\right)^2}}$秒内经过观察者的波数.

$$\nu = \frac{1}{\sqrt{1-\left(\frac{V}{c}\right)^2}} \frac{c+V}{c} \nu' = \sqrt{\frac{c+V}{c-V}} \nu' \qquad (6.5.3)$$

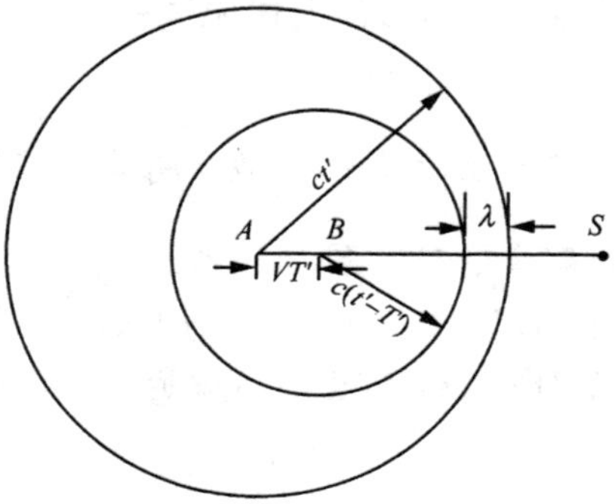

图 6.5.2

再考虑 S 系为静系，S'系即光源以 V 的速度向观察者运动. 如图 6.5.2 所示(与图 3.10.7 可类比). 图中画的波面是光源 S'分别于 $t'=0$ 位于 A 点、$t'=T'$位于 B 点发出的波在 t'时刻传到的位置，t'、T'都是按 S'系计时，T'是光的固有周期，固有频率 $\nu' = \dfrac{1}{T'}$，图中 λ 是观察者(S 系)测得的光的波长. 由图可见

$$\begin{aligned}\lambda &= ct' - c(t'-T') - VT' \\ &= (c-V)T' = (c-V)\frac{1}{\nu'}\end{aligned}$$

S'系中的单位时间内通过观察者的波数为

$$\frac{c \cdot 1}{\lambda} = \frac{c}{c-V} \nu'$$

此式与(3.10.19)式相当.

现在 S'系为动系，静系 S 中经历 1 秒，动系 S'经历$\sqrt{1-\left(\frac{V}{c}\right)^2}$ s. 观察者(S 系)测得的频率等于 S'系中$\sqrt{1-\left(\frac{V}{c}\right)^2}$秒内通过观察者的波数，

$$\nu = \sqrt{1-\left(\frac{V}{c}\right)^2} \cdot \frac{c}{c-V} \nu' = \sqrt{\frac{c+V}{c-V}} \nu'$$

与(6.5.3)式相同. 可见，观察者测得的光的频率只与观察者与光源的相对运动有

关,(6.5.3)式中的 V 表示相向运动的速度,ν'为固有频率.

例 6.5.4 一辆汽车以 90km/h 的速度驶向一个汽车速度监视雷达站,如果雷达站的工作频率是 2×10^{10}Hz,雷达站上的警察观测到的频率移动有多大?

解 汽车接收到的频率为

$$\nu' = \nu_0\sqrt{\frac{c+V}{c-V}}$$

汽车反射频率为 ν'的波,雷达站收到的反射波的频率为

$$\nu'' = \nu'\sqrt{\frac{c+V}{c-V}} = \nu_0\sqrt{\frac{c+V}{c-V}}\sqrt{\frac{c+V}{c-V}} = \nu_0\frac{c+V}{c-V}$$

因$\frac{V}{c}$很小,可取近似,只保留$\frac{V}{c}$的一次幂,

$$\nu'' = \nu_0\frac{1+\frac{V}{c}}{1-\frac{V}{c}} \approx \nu_0\left(1+\frac{V}{c}\right)\left(1+\frac{V}{c}\right) \approx \nu_0\left(1+\frac{2V}{c}\right)$$

警察观测到的频率移动为

$$\nu'' - \nu_0 = \nu_0\left(1+\frac{2V}{c}\right) - \nu_0 = \frac{2V\nu_0}{c}$$

$$= 2\times\frac{90\times10^3}{3600}\times\frac{2\times10^{10}}{3\times10^8} = 3.33\times10^3(\text{Hz})$$

例 6.5.5 某甲乘火箭飞船 A 以 $0.6c$ 的速度离开空间站,某乙乘火箭飞船 B 以 $0.8c$ 的速度向相反方向离开空间站. 甲向空间站发出一束波长为 5000Å 的光,问空间站上的观察者和乙看到的光的波长各是多少?

解 空间站上的观察者看到的光的频率为

$$\nu' = \nu_0\sqrt{\frac{c-V}{c+V}} = \frac{c}{\lambda_0}\sqrt{\frac{c-V}{c+V}}$$

看到的波长为

$$\lambda' = \frac{c}{\nu'} = c/\frac{c}{\lambda_0}\sqrt{\frac{c-V}{c+V}} = \lambda_0\sqrt{\frac{c+V}{c-V}} = \lambda_0\sqrt{\frac{1+\frac{V}{c}}{1-\frac{V}{c}}}$$

$$= 5 \times 10^3 \times 10^{-10}\sqrt{\frac{1+0.6}{1-0.6}} = 1 \times 10^{-6}(\text{m}) \text{ 或 } 10000\text{Å}$$

设空间站为 S'系，飞船 A 为 S 系，S'系对 S 系的速度 $V=0.6c$，飞船 B 对 S'系的速度 $v'=0.8c$. 则飞船 B 对 S 系的速度为

$$v = \frac{v'+V}{1+\frac{V}{c^2}v'} = \frac{0.8c+0.6c}{1+\frac{0.6c}{c^2}0.8c} = 0.946c$$

乙看到的甲发出的光的波长为

$$\lambda'' = \lambda_0\sqrt{\frac{1+\frac{V}{c}}{1-\frac{V}{c}}} = 5\times 10^3 \times 10^{-10}\sqrt{\frac{1+0.946}{1-0.946}} = 3\times 10^{-6}(\text{m}) \text{ 或 } 30000\text{Å}$$

无论空间站上的观察者还是乙看到的甲发出的光的波长都已超出了可见光的范围. 处于红外区域.

(2) 光源和观察者间的相对运动不在它们的连线上的情形(横向多普勒效应)

这种情形也可参照第三章§3.10.5所讲的处理办法，考虑用在连线方向的相对速度分量 $V\cos\theta$（θ 如图6.5.3所示）代替观察者在 S 系中的单位时间内接收到的波数式子中的 V，即将$\frac{c}{c-V}\nu'$改为$\frac{c}{c-V\cos\theta}\nu'$. 需注意，动钟变慢效应变慢因子中的 V 不能跟着也改为 $V\cos\theta$，仍为 V 不变. 由此，即可写出观察者（S 系）测到的频率为

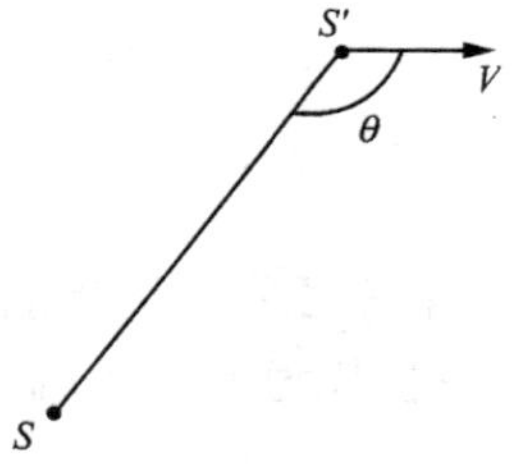

图 6.5.3

$$\nu = \sqrt{1-\left(\frac{V}{c}\right)^2}\,\frac{c}{c-V\cos\theta}\nu' \qquad (6.5.4)$$

(6.5.4)式是把 S 系（观察者）视为静系、S 系（光源）视为动系写出的. 如图6.5.3所示.

如把 S'系（光源）视为静系、S 系（观察者）视为动系，则在 S 系的单位时间内观察者接收到波数为$\frac{c+V\cos\theta'}{c}\nu'$，$\theta'$如图6.5.4所示. 注意纵向多普勒效应中的 V 的正负号规定（规定相向运动时，$V>0$）决定了 θ'如图所示，而不是它的补角. 考虑钟慢效应，可得观察者（S 系）测到的频率为

$$\nu = \frac{1}{\sqrt{1-\left(\frac{V}{c}\right)^2}} \frac{c + V\cos\theta'}{c} \nu' \quad (6.5.5)$$

注意(6.5.5)式中的 θ' 不等于(6.5.4)式中的 θ,用6.26题证明的 $\cos\theta$ 与 $\cos\theta'$ 的变换关系,可由(6.5.4)式导出(6.5.5)式. 说明(6.5.4)、(6.5.5)式是完全一致的,都是正确的.

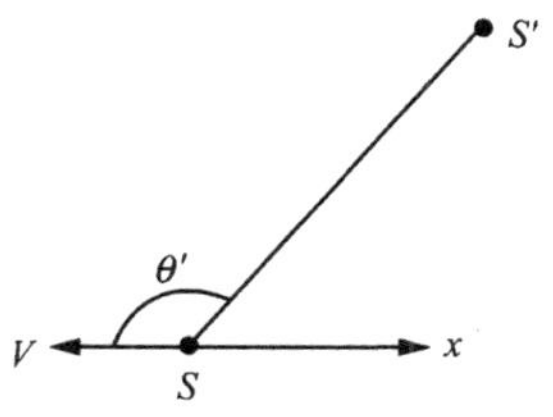

图 6.5.4

§6.6 狭义相对论的动力学

牛顿力学遵从伽利略相对性原理,牛顿运动定律及由它导出的所有力学规律在伽利略变换下保持相同的形式. 狭义相对论的动力学方程必须在洛伦兹变换下保持相同的形式. 在 $v \ll c$ 的情况下,牛顿力学理论是足够精确的,洛伦兹变换也近似为伽利略变换关系. 因此,狭义相对论的动力学方程也必须在 $v \ll c$ 的情况下还原为牛顿力学的动力学方程,相对论动力学方程中的各物理量如质量、动量、动能等也应在 $v \ll c$ 的情况下还原成牛顿力学的形式,相对论的动力学方程还必须经得起实验和实践的检验.

1. 动量和质量

在牛顿力学中,质点的动量定义为质量与速度的乘积. 质点的运动状态改变时,质量是不变的. 如果保留这两点,不难看到,在满足动量守恒条件的情况下,不能保证在洛伦兹变换下,对一切惯性系动量守恒定律都成立. 要在满足动量守恒的情况下,在洛伦兹变换下,对一切惯性系,动量守恒定律都成立且形式不变,就得抛弃牛顿力学中关于动量的定义、质点的质量是个与运动状态无关的恒量这两点中的一点或两点都抛弃. 要使相对论的动量的定义在 $v \ll c$ 的极限下还原成牛顿力学的动量,看来,形式上仍保留牛顿力学关于动量的定义,而不再认为质点的质量是恒量,质量与质点的速度有关,如在 $v \ll c$ 的情况下,相对论的质量以牛顿力学的质量为极限,就完全符合理论上的要求了. 理论和实验都证实了这样的考虑是正确的

$$\boldsymbol{P} = m(v)\boldsymbol{v} \quad (6.6.1)$$

为导出质量与速率的关系,考虑有两个完全相同的质点,质点 1 在 S 系中具有速度 $\boldsymbol{v}_{10} = v_0\boldsymbol{j}$,质点 2 在 S' 系中具有速度 $\boldsymbol{v}'_{20} = -v_0\boldsymbol{j}$. S' 系沿 x 轴以速度 V 向正方向运动,如图 6.1.1 所示. 按速度变换公式,质点 2 在 S 系中的速度为 $\boldsymbol{v}_{20}$

$= V\boldsymbol{i} - \sqrt{1-\left(\frac{V}{c}\right)^2}\, v_0\boldsymbol{j}$,质点 1 在 S'系中的速度为 $\boldsymbol{v}'_{10} = -V\boldsymbol{i} + \sqrt{1-\left(\frac{V}{c}\right)^2}\, v_0\boldsymbol{j}$.

这两个质点发生完全弹性碰撞,使碰撞期间,x、x'方向无相互作用力,则碰后,质点 1 的速度为 $\boldsymbol{v}_1 = -v\boldsymbol{j}$,在 S'系中,质点 2 的速度为 $\boldsymbol{v}'_2 = v\boldsymbol{j}$. 这里用了在不受外力作用的方向,动量分量不变,没有假定质量不变,v 都是被弹回的速率,两个 v 不加区别,即令它们相等,其根据是相对性原理,除了 y 方向差一负号以外,质点 1 在 S 系中碰前在 y 方向的速度分量与质点 2 在 y'方向的速度分量大小相同,因此碰后,质点 1 在 S 系中 y 方向的速度分量应与质点 2 在 S'系中 y'方向的速度分量除差一负号外大小相同. 由速度变换公式可得:碰后,质点 2 在 S 系中的速度为 $\boldsymbol{v}_2 = V\boldsymbol{i} + \sqrt{1-\left(\frac{V}{c}\right)^2}\, v\boldsymbol{j}$,质点 1 在 S'系中的速度为 $\boldsymbol{v}'_1 = -V\boldsymbol{i} - \sqrt{1-\left(\frac{V}{c}\right)^2}\, v\boldsymbol{j}$.

因为质量与速率有关,需算出两个质点在 S 系、S'系碰前和碰后的速率. 在 S 系中,碰前,质点 1 的速率 $v_{10} = v_0$,质点 2 的速率 $v_{20} = \sqrt{V^2 + \left(1-\frac{V^2}{c^2}\right)v_0^2}$;碰后,质点 1 的速率 $v_1 = v$,质点 2 的速率 $v_2 = \sqrt{V^2 + \left(1-\frac{V^2}{c^2}\right)v^2}$. 在 S'系中,碰前,质点 1 的速率 $v'_{10} = \sqrt{V^2 + \left(1-\frac{V^2}{c^2}\right)v_0^2}$,质点 2 的速率 $v'_{20} = v_0$;碰后,质点 1 的速率 $v'_1 = \sqrt{V^2 + \left(1-\frac{V^2}{c^2}\right)v^2}$,质点 2 的速率 $v'_2 = v$.

在 S 系中考虑动量守恒,两质点碰撞前后 x 方向和 y 方向的动量分量之和分别相等.

$$m(v_0)\cdot 0 + m\left(\sqrt{V^2 + \left(1-\frac{V^2}{c^2}\right)v_0^2}\right)V = m(v)\cdot 0 + m\left(\sqrt{V^2 + \left(1-\frac{V^2}{c^2}\right)v^2}\right)V \tag{1}$$

$$m(v_0)\cdot v_0 + m\left(\sqrt{V^2 + \left(1-\frac{V^2}{c^2}\right)v_0^2}\right)\left(-\sqrt{1-\frac{V^2}{c^2}}\,v_0\right) = m(v)(-v) + m\left(\sqrt{V^2 + \left(1-\frac{V^2}{c^2}\right)v^2}\right)\sqrt{1-\frac{V^2}{c^2}}\,v \tag{2}$$

注意,m 后括号中的量是速率,不是表示 m 与速率的乘积,表示的是质量是速率的函数. 例如 $m(v_0)$ 是速率为 v_0 时质点的质量, $m(v)$、$m\left(\sqrt{V^2+\left(1-\frac{V^2}{c^2}\right)v_0^2}\right)$、$m\left(\sqrt{V^2+\left(1-\frac{V^2}{c^2}\right)v^2}\right)$ 分别表示速率为 v、$\sqrt{V^2+\left(1-\frac{V^2}{c^2}\right)v_0^2}$、$\sqrt{V^2+\left(1-\frac{V^2}{c^2}\right)v^2}$ 时质点的质量.

由(1)式可得

$$v = v_0 \tag{3}$$

将(3)式代入(2)式,可得

$$m(v_0) = m\left(\sqrt{V^2+\left(1-\frac{V^2}{c^2}\right)v_0^2}\right)\sqrt{1-\frac{V^2}{c^2}} \tag{4}$$

令(4)式中的 $v_0 \to 0$,即得质量与速率的函数关系

$$m(V) = \frac{m(0)}{\sqrt{1-\frac{V^2}{c^2}}}$$

$m(0)$ 表示 $v_0 \to 0$ 或 $\frac{v}{c} \ll 1$ 时质点的质量即牛顿力学所用的不随速率而变的质点的质量,通常用 m_0 表示,称为静质量

$$m(V) = \frac{m_0}{\sqrt{1-\frac{V^2}{c^2}}} \tag{6.6.2}$$

也可用下列方法导出(6.6.2)式. 由(4)式

$$m\left(\sqrt{V^2+\left(1-\frac{V^2}{c^2}\right)v_0^2}\right) = \frac{m(v_0)}{\sqrt{1-\frac{V^2}{c^2}}} \tag{5}$$

$$\frac{m(v_0)}{\sqrt{1-\frac{V^2}{c^2}}} = \frac{m(v_0)\sqrt{1-\frac{v_0^2}{c^2}}}{\sqrt{1-\frac{V^2}{c^2}}\sqrt{1-\frac{v_0^2}{c^2}}} = \frac{m(v_0)\sqrt{1-\frac{v_0^2}{c^2}}}{\sqrt{1-\frac{V^2+\left(1-\frac{V^2}{c^2}\right)v_0^2}{c^2}}} \tag{6}$$

$$= \frac{m(v_0)\sqrt{1-\frac{v_0^2}{c^2}}}{\sqrt{1-\left[\sqrt{V^2+(1-V^2/c^2)v_0^2}\right]^2/c^2}}$$

比较(5)、(6)两式,可得

$$m\left(\sqrt{V^2+\left(1-\frac{V^2}{c^2}\right)v_0^2}\right)\sqrt{1-\frac{\left[\sqrt{V^2+\left(1-\frac{V^2}{c^2}\right)v_0^2}\right]^2}{c^2}}=m(v_0)\sqrt{1-\frac{v_0^2}{c^2}} \tag{7}$$

从上式可见,等号左边有 $m(A)\sqrt{1-\frac{A^2}{c^2}}$ 的形式,与等号右边的形式相同,等式成立说明两边都不是 A 的函数,也不是 v_0 的函数,只能是与 v 无关的常量. 这个恒量可取 $v_0=0$ 或 $\frac{v_0}{c}\ll 1$ 时的值,上式变成

$$m(V)\sqrt{1-\frac{V^2}{c^2}}=m_0 \text{或}\ m(V)=\frac{m_0}{\sqrt{1-\frac{V^2}{c^2}}}$$

当 $V\ll c$ 时,由(6.6.2)式,$m(V)\doteq m_0$,在低速极限下,相对论质量还原成牛顿力学的不变的质量,不变是指不因质点的运动状态的改变(在 $V\ll c$ 的范围内的改变)而改变,因而也不因选用不同的参考系而有所改变. 这完全符合牛顿力学对质量的不变要求,说明(6.6.2)式定义的相对论质量符合在低速极限下还原成牛顿力学的质量这一理论要求.

除光子和中微子的静质量 $m_0=0$,它在真空中的光速为 c 外,静质量 $m_0>0$ 的粒子,随着 v 的增大,在 $v\not\ll c$ 时,m 也随之增大,在 $v\to c$ 时 $m\to\infty$. 因此,可以理解相对论的断言:对物体无论加多大的力,当 v 接近真空中光速 c 时,质量要趋于无穷大,因此物体的速度只能无限趋近于但永远不能达到和超过真空中的光速 c. 这里所以说"可以理解"而不说"证明",是因为到目前为止我们还没有给出相对论的动力学方程,要说"证明"就有用牛顿力学的动力学方程之嫌.

2. 力和动力学方程

在牛顿力学中,作用于质点上的力等于质点动量的时间变化率

$$\boldsymbol{F}=\frac{\mathrm{d}\boldsymbol{P}}{\mathrm{d}t}$$

不涉及变质量质点问题(§8.7 讨论此类问题)时,质点的质量 m 是恒量,上式又可写成

$$F = m\frac{\mathrm{d}\boldsymbol{v}}{\mathrm{d}t} = m\boldsymbol{a}$$

在狭义相对论中,前已看到,即使不涉及§8.7所讨论的那类变质量质点问题,质点的质量也不再是恒量,随质点的速率而变. 显然,$\boldsymbol{F}=m\boldsymbol{a}$ 不成立. 保留牛顿力学的力的定义,即

$$\boldsymbol{F} = \frac{\mathrm{d}\boldsymbol{P}}{\mathrm{d}t} \tag{6.6.3}$$

能满足理论上要求的在低速近似下成为牛顿力学相应的方程.

代入 $\boldsymbol{P}=m(v)\boldsymbol{v}$ 及(6.6.2)式,上式也可改写为

$$\boldsymbol{F} = \frac{\mathrm{d}[m(v)\boldsymbol{v}]}{\mathrm{d}t} \tag{6.6.3′}$$

$$\boldsymbol{F} = \frac{\mathrm{d}}{\mathrm{d}t}\left(\frac{m_0}{\sqrt{1-\frac{v^2}{c^2}}}\boldsymbol{v}\right) \tag{6.6.3″}$$

在牛顿力学中,这样的力的定义又是牛顿运动第二定律的数学表达式即与一个实验定律联系在一起的,符合伽利略相对性原理,在一切惯性系中都有同样的定律形式.

在狭义相对论中,如果这个力的定义并不与一个力学定律相联系,也就是说,它不是质点的动力学方程,那么作这样的力的定义就没有实际意义.

(6.6.3)式定义的力,应在洛伦兹变换下具有与$\frac{\mathrm{d}\boldsymbol{P}}{\mathrm{d}t}$同样的变换关系. 可是万有引力定律和胡克定律不具有在各个惯性系中有相同的定律形式,也无法对两定律作出合理的修正后能满足在洛伦兹变换下保持定律形式的要求. 带电粒子在电磁场中受到的洛伦兹力在洛伦兹变换下能保持其定律形式不变. 对于遵从以后讲的力的变换关系即$\frac{\mathrm{d}\boldsymbol{P}}{\mathrm{d}t}$的变换关系的力作用下的质点的运动,(6.6.3)式兼有动力学方程的物理意义. 电磁场的变换关系是相对论电动力学讨论的课题,超出了我们的课程范围,对于洛伦兹力遵从后面讲的力的变换关系不作论证了.

将(6.6.3″)式进行积分,可得

$$\frac{m_0}{\sqrt{1-\frac{v^2}{c^2}}}\boldsymbol{v} - \frac{m_0}{\sqrt{1-\frac{v_0^2}{c^2}}}\boldsymbol{v}_0 = \int_0^t \boldsymbol{F}\mathrm{d}t$$

即使$\int_0^t \boldsymbol{F}\mathrm{d}t$ 的值趋于无穷，v 可以无限趋近于 c，但不能达到 c，更不可能大于 c. 这是从普遍的动力学方程得出的结论，可以说证明了在一个参考系中，物体的速度只能趋近于真空中的光速 c，不能达到和超过 c. 加上由速度变换公式证明的一个惯性系中小于 c 的速度，在任何惯性系中速度都小于 c. 就完全的证明了相对论的断言：物体的速度只能无限趋近于真空中的光速 c，永不能达到和超过 c.

例 6.6.1　写出相对论粒子在下列两种情况下的动力学方程：(1) $\boldsymbol{v}$ 只改变数值；(2) $\boldsymbol{v}$ 只改变方向.

解　$$\boldsymbol{F}=\frac{\mathrm{d}}{\mathrm{d}t}\left(\frac{m_0\boldsymbol{v}}{\sqrt{1-\dfrac{v^2}{c^2}}}\right)$$

$$=-\frac{1}{2}m_0\frac{1}{\left(1-\dfrac{v^2}{c^2}\right)^{3/2}}\left(-\frac{2v}{c^2}\frac{\mathrm{d}v}{\mathrm{d}t}\right)\boldsymbol{v}+\frac{m_0}{\sqrt{1-\dfrac{v^2}{c^2}}}\frac{\mathrm{d}\boldsymbol{v}}{\mathrm{d}t}$$

$$=\frac{m_0v\boldsymbol{v}}{c^2\left(1-\dfrac{v^2}{c^2}\right)^{3/2}}\frac{\mathrm{d}v}{\mathrm{d}t}+\frac{m_0}{\sqrt{1-\dfrac{v^2}{c^2}}}\frac{\mathrm{d}\boldsymbol{v}}{\mathrm{d}t}$$

(1) $\boldsymbol{v}$ 只改变数值，作用力方向与粒子的速度方向总相同，$\boldsymbol{F}$、$\boldsymbol{v}$、$\dfrac{\mathrm{d}\boldsymbol{v}}{\mathrm{d}t}$矢量的作用线均在同一条直线上.

$$F=\left[\frac{m_0v^2}{c^2}\frac{1}{\left(1-\dfrac{v^2}{c^2}\right)^{3/2}}+\frac{m_0}{\sqrt{1-\dfrac{v^2}{c^2}}}\right]\frac{\mathrm{d}v}{\mathrm{d}t}=\frac{m_0}{\left(1-\dfrac{v^2}{c^2}\right)^{3/2}}\frac{\mathrm{d}v}{\mathrm{d}t}$$

(2) $\boldsymbol{v}$ 只改变方向，$\dfrac{\mathrm{d}v}{\mathrm{d}t}=0$，

$$\boldsymbol{F}=\frac{m_0}{\sqrt{1-\dfrac{v^2}{c^2}}}\frac{\mathrm{d}\boldsymbol{v}}{\mathrm{d}t}$$

例 6.6.2　一个静止质量为 m_0 的粒子原来处于静止状态. 求受到恒力 $F=F_0$ 作用后粒子的速度与时间的函数关系.

解　可用上例(1)导出的动力学方程，

$$F = \frac{m_0}{\left(1 - \frac{v^2}{c^2}\right)^{3/2}} \frac{\mathrm{d}v}{\mathrm{d}t}$$

$$\int_0^t \frac{1}{m_0} F \mathrm{d}t = \int_0^v \frac{1}{\left(1 - \frac{v^2}{c^2}\right)^{3/2}} \mathrm{d}v$$

将 $F = F_0$ 代入上述积分,用积分公式

$$\int \frac{\mathrm{d}x}{(a^2 - x^2)^{3/2}} = \frac{x}{a^2 \sqrt{a^2 - x^2}}$$

可得

$$\frac{1}{m_0} F_0 t = \frac{cv}{\sqrt{c^2 - v^2}}$$

解出

$$v = \frac{F_0 ct}{\sqrt{F_0^2 t^2 + m_0^2 c^2}}$$

无论 t 取何值,v 永远小于 c,$t \to \infty$ 时,$v \to c$.

3. 能量、能量和动量的关系

(1) 质点的动能

类似牛顿力学的方法,在动力学方程两边点乘 $\boldsymbol{v}\mathrm{d}t$,在 $\mathrm{d}t$ 时间内外力作用质点的功等于在此期间质点动能的增量(质点的动能定理的微分形式)

$$\mathrm{d}T = \boldsymbol{F} \cdot \boldsymbol{v} \mathrm{d}t = \boldsymbol{v} \cdot \frac{\mathrm{d}\boldsymbol{p}}{\mathrm{d}t} \mathrm{d}t = \frac{\boldsymbol{p}}{m} \cdot \mathrm{d}\boldsymbol{p} \tag{1}$$

由

$$m = \frac{m_0}{\sqrt{1 - \frac{v^2}{c^2}}}$$

可得

$$m^2 c^2 - m^2 v^2 = m_0^2 c^2$$

$$m^2c^2 - m_0^2c^2 = p^2 = \boldsymbol{p} \cdot \boldsymbol{p} \tag{2}$$

(2)式两边微分,得

$$\boldsymbol{p} \cdot \mathrm{d}\boldsymbol{p} = mc^2\mathrm{d}m \tag{3}$$

将(3)式代入(1)式,积分

$$\Delta T = \int \mathrm{d}T = \int c^2\mathrm{d}m = c^2\Delta m \tag{6.6.4}$$

质点处于静止时,动能 $T=0$,质点的速率为 v 时,具有动能 T 为

$$T = c^2[m(v) - m(0)] = m(v)c^2 - m_0c^2 \tag{6.6.5}$$

在 $v \ll c$ 时,(6.6.5)式可作近似成为牛顿力学的动能表达式

$$\begin{aligned} T &= m(v)c^2 - m_0c^2 = \frac{m_0}{\sqrt{1-\left(\frac{v}{c}\right)^2}}c^2 - m_0c^2 \\ &= m_0\left(1-\frac{v^2}{c^2}\right)^{-\frac{1}{2}}c^2 - m_0c^2 \\ &= m_0\left(1+\frac{v^2}{2c^2}\right)c^2 - m_0c^2 = \frac{1}{2}m_0v^2 \end{aligned}$$

动能 T 是能量的组成部分,mc^2、m_0c^2 都具有能量的量纲. m_0c^2 是质点静止时具有的能量,称为静能. mc^2 是动能和静能之和,是质点具有速率 v 时的总能量,记为

$$E = mc^2 \tag{6.6.6}$$

通常把(6.6.6)式的关系称为质能关系.

质能关系把能量和质量联系了起来,外界对质点作功(正功或负功),质点的能量有所变化,质点的动能和质点的质量也都随之发生变化.

(2) 质点的能量、质能关系

(6.6.4)式是由质点的动力学方程(6.6.3″)式积分得到的. 可视为质点的动能定理. 前面说过,不是所有关于力的定律都具有洛伦兹变换不变性. (6.6.3″)式的动力学方程只能用于在具有洛伦兹变换不变性的力作用下的质点的运动. 那么由它导出的(6.6.4)式以及关于质点的动能的(6.6.5)式和质点的总能量的(6.6.6)式(质能关系)自然也只能在这个范围内适用,而且还只能用于静质量 m_0

不发生变化的场合. 爱因斯坦把(6.6.6)式的质能关系作为一个假定成为相对论中的一个关系式,认为质点具有的总能量 E 与其质量 m 满足(6.6.6)式的质能关系,总能量等于动能与静能之和.

$$E = T + m_0 c^2 \tag{6.6.7}$$

由(6.6.6)及(6.6.7)式即可导出(6.6.5)式和(6.6.4)式. 这个假定经过实验和实践的检验,证明是正确的. 这样(6.6.4)~(6.6.7)式和下面讲的能量动量关系(6.6.9)式成为相对论动力学中被广泛使用的方程. 而(6.6.3″)式能用的场合不多.

(6.6.6)、(6.6.7)式还可应用于粒子内部能量发生变化、粒子衰变、裂变、聚变等这些静质量有所变化的情况下每个粒子的动能、静能和总能量的计算. 对一个粒子来说,其总能的变化包括动能的变化和静能的变化两部分:

$$\Delta E = \Delta T + (\Delta m_0) c^2 \tag{6.6.8}$$

当 $\Delta m_0 = 0$ 时,(6.6.8)式就变成(6.6.4)式.

(3) 质点的能量和动量的关系

由动量的定义(6.6.1)式,代入质量与速率的关系(6.6.2)式,得

$$m^2 c^2 - p^2 = m_0^2 c^2$$

两边乘以 c^2,再用(6.6.6)式,即得质点的能量和动量的关系,

$$E^2 = m_0^2 c^4 + p^2 c^2 \tag{6.6.9}$$

或写成

$$E^2 = E_0^2 + p^2 c^2 \tag{6.6.9′}$$

其中 E_0 是静能.

例 6.6.3 把电子自速度 $0.9c$ 增加到 $0.99c$ 需要多大的能量? 这过程中电子的质量增加了多少? (电子的静止质量 $m_0 = 9.11 \times 10^{-31}\text{kg}$).

解 $$\Delta E = \frac{m_0 c^2}{\sqrt{1-(0.99)^2}} - \frac{m_0 c^2}{\sqrt{1-(0.9)^2}}$$

$$= 3.93 \times 10^{-13}\text{J} \text{ 或 } 2.46\text{MeV}$$

$$\Delta m = \frac{\Delta E}{c^2} = 4.37 \times 10^{-30}\text{kg}$$

例 6.6.4　(1) 找出静止质量为零的粒子(如光子、中微子)的能量与质量的关系和能量与动量的关系.

(2) 光子的能量与频率的关系为 $E=h\nu$, h 为普朗克常数,求光子的质量和动量.

解　(1) 由 $\boldsymbol{p}=\dfrac{m_0}{\sqrt{1-\left(\dfrac{V}{c}\right)^2}}\mathbf{V}$, $E=\dfrac{m_0c^2}{\sqrt{1-\left(\dfrac{V}{c}\right)^2}}$可知,因 $m_0=0$,而 $\boldsymbol{P}\neq 0$, $E\neq 0$,必有 $V=c$.

由(6.6.9)式,$E=pc$.

由(6.6.6)式,$E=mc^2$.

(2) 将 $E=h\nu$ 代入$E=pc$、$E=mc^2$,

即得

$$p=\frac{E}{c}=\frac{h\nu}{c},\quad m=\frac{E}{c^2}=\frac{h\nu}{c^2}$$

4. 质点系的动量守恒定律

牛顿第三定律在狭义相对论中是不成立的,因为作用力和反作用力同时存在、同时消失是基于超距作用的假定的,认为发生力的作用是不需要经历时间传递的.而相对论认为有一间距的两粒子的相互作用是以有限速度(不超过真空中的光速)传递的. 牛顿运动第三定律不成立,就无法用牛顿力学的办法,即无法由质点的动量定理导出不受外界作用的系统的动量守恒定律.

可是实验表明,在惯性系中,一个不受外界作用的质点系(以后简称孤立系),动量守恒定律是普遍成立的.

系统的总动量包括粒子的动量和场(例如电磁场)的动量. 如果孤立系运动的两个状态都只有粒子的动量,则对这两个状态,可写出

$$\sum_i \boldsymbol{p}_{i1}=\sum_j \boldsymbol{p}_{j2} \tag{6.6.10}$$

其中 $\boldsymbol{p}_{i1}$是系统在状态 1 时第 i 个粒子的动量,若第 i 个粒子的静止质量为m_{i0},速度为 $\boldsymbol{v}_{i1}$,则

$$\boldsymbol{p}_{i1}=\frac{m_{i0}\boldsymbol{v}_{i1}}{\sqrt{1-\dfrac{v_{i1}^2}{c^2}}}$$

质点系在 1、2 两个状态时各包含的粒子数可以不相同,例如两个粒子作完全非弹

性碰撞,碰前系统有两个粒子,碰后系统只有一个粒子. 只有作完全弹性碰撞,碰前碰后,系统的粒子数一样,而且各粒子的静止质量不变. 非弹性碰撞,不仅粒子的静止质量要变,粒子数要变,而且碰前碰后的粒子的静止质量之和也是不相等的,这和牛顿力学中系统的总(静止)质量一定守恒是很不相同的.

对于两个粒子的孤立系统,两粒子作完全弹性碰撞,静止质量不变,碰后仍是原来的两个粒子,分别用 $\boldsymbol{p}_1$、$\boldsymbol{p}_2$ 表示碰前的两粒子的动量,$\boldsymbol{p}'_1$、$\boldsymbol{p}'_2$ 表示碰后两粒子的动量. 由动量守恒

$$\boldsymbol{p}_1 + \boldsymbol{p}'_2 = \boldsymbol{p}'_1 + \boldsymbol{p}'_2$$

或写成

$$\boldsymbol{p}'_1 - \boldsymbol{p}_1 = -(\boldsymbol{p}'_2 - \boldsymbol{p}_2)$$

$\boldsymbol{p}'_1 - \boldsymbol{p}_1$ 是碰撞过程中粒子 2 对粒子 1 作用的总的结果,同样,$\boldsymbol{p}'_2 - \boldsymbol{p}_2$ 是碰撞过程中粒子 1 对粒子 2 作用的总的结果. 可以说,就总的结果而言,作用和反作用是相反的. 而牛顿第三定律是瞬时关系. 我们没有讨论过程中经历的细节. 因此,孤立系的动量守恒与说牛顿第三定律在相对论中不成立不矛盾.

5. 质点系的能量守恒定律

能量守恒和转化定律是大量实验事实总结出来的一条普遍规律. 其表述如下:在惯性系中,一个孤立系统在运动中,能量可在内部互相转化,但总能量保持守恒.

总能量包括粒子的能量 mc^2 和场的能量 E_f,守恒定律可表为

$$\sum_i m_i c^2 + E_f = \text{恒量} \tag{6.6.11}$$

如果孤立系统的初态和终态都只是粒子,能量守恒的表达式为

$$\sum_i m_{i1} c^2 = \sum_j m_{j2} c^2$$

或

$$\sum_i m_{i1} = \sum_j m_{j2} \tag{6.6.12}$$

$$\sum_i \frac{m_{i0}}{\sqrt{1 - \frac{v_{i1}^2}{c^2}}} = \sum_j \frac{m_{j0}}{\sqrt{1 - \frac{v_{j2}^2}{c^2}}} \tag{6.6.12'}$$

式中 1、2 分别表示初、终态,i、j 都是粒子的编号.

重力、万有引力和弹簧的弹性力都不遵从相对论要求的力的变换规律，无法写出具有洛伦兹不变性的势能(场能). 因此，在初终态都是粒子的孤立系统，总是用(6.6.12)、(6.6.12′)式这样的反映过程前后两状态间的能量守恒关系，避免讨论具有场能又难以表达的中间过程.

例 6.6.5　一个静止的 π 介子裂变为一个 μ 子和一个中微子. 已知中微子的静止质量为零，π 介子的静止质量为 m_π，μ 子的静止质量为 m_μ. 求 μ 子的动能 T_μ.

解　根据能量守恒和动量守恒，可得

$$m_\pi c^2 = \frac{m_\mu c^2}{\sqrt{1-\beta^2}} + E_\nu$$

$$0 = \frac{m_\pi c\beta}{\sqrt{1-\beta^2}} + \frac{E_\nu}{c}$$

其中 $\beta = \dfrac{V}{c}$，写出上式时用了例 6.6.4 的结论，并规定中微子的运动方向为速度的正向.

两式消去 E_ν，可解出

$$\beta = \frac{m_\mu^2 - m_\pi^2}{m_\mu^2 + m_\pi^2}$$

由(6.6.5)式，μ 子的动能为

$$T_\mu = \frac{m_\mu c^2}{\sqrt{1-\beta^2}} - m_\mu c^2 = \frac{(m_\mu - m_\pi)^2}{2m_\pi} c^2$$

例 6.6.6　某一个粒子衰变为静止质量为 m_1 及 m_2 的两个粒子，实验测得这两个粒子的动量为 $\boldsymbol{p}_1$ 和 $\boldsymbol{p}_2$，二者的方向间夹角为 θ，求该粒子的静止质量.

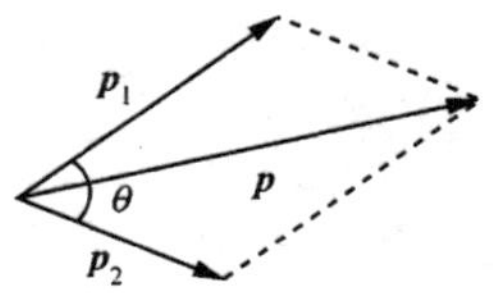

图 6.6.1

解　根据动量守恒，原粒子的动量即系统的总动量为图 6.6.1 中的 $\boldsymbol{p}$，

$$p = \sqrt{p_1^2 + p_2^2 + 2p_1 p_2 \cos\theta}$$

设所求粒子的静止质量为 m，由(6.6.9)式，该粒子的能量 E 为

$$E = \sqrt{m^2 c^4 + c^2 p^2} = \sqrt{m^2 c^4 + c^2(p_1^2 + p_2^2 + 2p_1 p_2 \cos\theta)}$$

衰变后形成的两粒子的能量分别为

$$E_1 = \sqrt{m_1^2 c^4 + c^2 p_1^2}$$

$$E_2 = \sqrt{m_2^2 c^4 + c^2 p_2^2}$$

由能量守恒,

$$E = E_1 + E_2$$

将前述三式代入上式,解出 m 得

$$m = \left\{ m_1^2 + m_2^2 + \frac{2}{c^2}\left[\sqrt{(p_1^2 + m_1^2 c^2)(p_2^2 + m_2^2 c^2)} - p_1 p_2 \cos\theta\right] \right\}^{1/2}$$

6. 粒子的碰撞

这里考虑不受其他作用的两个粒子的碰撞,对于碰撞的分类,和牛顿力学一样,有完全非弹性碰撞、非弹性碰撞和完全弹性碰撞几种情况,也有正碰和斜碰的区分. 由于粒子的质量是否与粒子的速率有关以及碰撞是否引起粒子内部能量的改变,狭义相对论和牛顿力学处理碰撞问题又有许多不同之处.

对于某一惯性系,两粒子进行碰撞,可以改用碰前与一个粒子固连的参考系,这样,两个粒子的碰撞就变成另一个粒子与这个静止的粒子的碰撞. 对于牛顿力学可以处理的低速粒子的碰撞,也可以这样改换参考系变成另一个粒子与一个静止粒子的碰撞,只是由于低速粒子的质量是一个恒量,直接处理斜碰并不困难,改变参考系处理后再变回原来的参考系可能更觉麻烦.

基于可采用上述的作法. 这里仅需考虑构成孤立系的一个粒子与另一个静止粒子的碰撞. 下面分别讨论完全非弹性碰撞和完全弹性碰撞两种情况.

(1) 完全弹性碰撞

一般来说,粒子发生碰撞,不仅使参碰粒子的动能发生变化,还可能使参碰粒子的内部能量(称为内能,与热现象中可以改变的与大量粒子的无规则热运动有关的那部分内能不是一回事)发生变化. 粒子内能发生了变化,其静止质量也就变了,原来的粒子也就变成了另一个粒子. 如果粒子发生的碰撞,参碰粒子的内能都不变,即碰后仍是碰前的那些粒子,这种碰撞称为完全弹性碰撞. 若碰撞使参碰粒子部分或全部都变成新的粒子但并没有合成一个新粒子,则为非弹性碰撞. 如果碰撞使参碰的粒子合成一个新的粒子,则为完全非弹性碰撞.

现在讨论完全弹性碰撞,如上所述,完全弹性碰撞是粒子的静止质量在碰撞过程中保持不变的碰撞. 在这种情况下,碰撞的初终态动能相等. 这和低速粒子的完全弹性碰撞是一样的.

考虑对某一惯性系,一个静止质量为 m_{10}、速度为 $\boldsymbol{v}_{10}$ 的粒子与一个静止质量为 m_{20}、静止的粒子发生完全弹性碰撞. 可设碰后两粒子的速度为 $\boldsymbol{v}_1$、$\boldsymbol{v}_2$.

若为正碰,$\boldsymbol{v}_1$、$\boldsymbol{v}_2$ 与 $\boldsymbol{v}_{10}$ 共线. 规定 $\boldsymbol{v}_{10}$ 的方向为正方向,则由动量守恒和能量守恒,可得

$$\frac{m_{10}v_{10}}{\sqrt{1-\frac{v_{10}^2}{c^2}}}=\frac{m_{10}v_1}{\sqrt{1-\frac{v_1^2}{c^2}}}+\frac{m_{20}v_2}{\sqrt{1-\frac{v_2^2}{c^2}}}$$

$$\frac{m_{10}}{\sqrt{1-\frac{v_{10}^2}{c^2}}}+m_{20}=\frac{m_{10}}{\sqrt{1-\frac{v_1^2}{c^2}}}+\frac{m_{20}}{\sqrt{1-\frac{v_2^2}{c^2}}}$$

两个方程中只有 $\boldsymbol{v}_1$、$\boldsymbol{v}_2$ 两个未知量,原则上是可解的,但要解出 $\boldsymbol{v}_1$、$\boldsymbol{v}_2$ 相当麻烦,就不进一步讨论了.

与静止粒子的完全弹性碰撞也可能是斜碰,则 $\boldsymbol{v}_1$、$\boldsymbol{v}_2$、$\boldsymbol{v}_{10}$ 不共线,需将 $\boldsymbol{v}_1$、$\boldsymbol{v}_2$ 按与 $\boldsymbol{v}_{10}$ 平行和垂直的两个方向分解,共有四个未知量,只能由动量守恒得到两个方程和由能量守恒得到一个方程共三个方程. 只有在实验测出一个粒子的出射方向或测出两个粒子出射方向的夹角才能解.

(2) 完全非弹性碰撞

也考虑在某一惯性系中,一个静止质量为 m_{10}、速度为 $\boldsymbol{v}_{10}$ 的粒子与另一个静止质量为 m_{20} 静止的粒子发生完全非弹性碰撞,碰撞后合成一个新粒子,设新粒子的静止质量为 m_{30},速度为 $\boldsymbol{v}_3$.

根据动量守恒,$\boldsymbol{v}_3$ 必沿 $\boldsymbol{v}_{10}$ 方向. 因此,碰撞一定是正碰

$$m_1v_{10}=m_3v_3 \tag{1}$$

其中 $m_1=\frac{m_{10}}{\sqrt{1-\frac{v_{10}^2}{c^2}}}$,$m_3=\frac{m_{30}}{\sqrt{1-\frac{v_3^2}{c^2}}}$.

(1)式中 m_3、v_3 均是未知量,或者说 m_{30}、v_3 是未知量. 和低速粒子的完全非弹性碰撞从动量守恒一个式子即能解决问题不同. 原因是低速粒子的质量是与运动状态无关的,相对论粒子的质量与速率有关,而且碰撞前后粒子的静止质量之和不守恒;与低速粒子的碰撞还有一点不同,低速粒子的碰撞系统不是孤立系,而相对论粒子的碰撞系统是孤立系,还可列出能量守恒的关系

$$m_1c^2+m_{20}c^2=m_3c^2$$

或

$$m_1+m_{20}=m_3 \tag{2}$$

由(1)、(2)两式消去 m_3,即得

$$v_3=\frac{m_1v_{10}}{m_1+m_{20}} \tag{6.6.13}$$

由(2)式、(6.6.13)式及 $m_3=\dfrac{m_{30}}{\sqrt{1-\dfrac{v_3^2}{c^2}}}$,可得

$$m_{30}^2=(m_1+m_{20})^2\left(1-\frac{v_3^2}{c^2}\right)=(m_1+m_{20})^2-\frac{m_1^2v_{10}^2}{c^2} \tag{6.6.14}$$

为了说明完全非弹性碰撞过程的静能、动能转化情况,并与低速粒子的完全非弹性碰撞作比较,将(6.6.14)式改写为与碰撞前的动能的关系.

对碰撞前的粒子 1 写能量动量关系及动能、静能与总能的关系(6.6.7)

$$m_1^2c^4=m_{10}^2c^4+c^2m_1^2v_{10}^2$$

$$m_1c^2=m_{10}c^2+T_1$$

其中 T_1 是碰撞前粒子 1 的动能.

将上述两式代入(6.6.14)式,可得

$$\begin{aligned}
m_{30}^2&=\left(m_{10}+m_{20}+\frac{T_1}{c^2}\right)^2-(m_1+m_{10})\frac{T_1}{c^2}\\
&=\left(m_{10}+m_{20}+\frac{T_1}{c^2}\right)^2-\left(m_{10}+\frac{T_1}{c^2}+m_{10}\right)\frac{T_1}{c^2}\\
&=(m_{10}+m_{20})^2+2(m_{10}+m_{20})\frac{T_1}{c^2}+\frac{T_1^2}{c^4}-2m_{10}\frac{T_1}{c^2}-\frac{T_1^2}{c^4}\\
&=(m_{10}+m_{20})^2+\frac{2m_{20}T_1}{c^2}
\end{aligned}$$

$$m_{30}=\frac{1}{c}\left[(m_{10}+m_{20})^2c^2+2m_{20}T_1\right]^{1/2} \tag{6.6.14′}$$

或

$$m_{30}=(m_{10}+m_{20})\left[1+\frac{2m_{20}T_1}{(m_{10}+m_{20})^2c^2}\right]^{1/2} \tag{6.6.14''}$$

从上式可见，因$\frac{2m_{20}T_1}{(m_{10}+m_{20})^2c^2}>0$，碰撞后必有 $m_{30}>m_{10}+m_{20}$. 可见，完全非弹性碰撞中，碰撞后，静能一定增加，动能一定减少(总能量守恒)，入射粒子的动能一部分转化为新粒子的内能(静能的一部分). 碰撞前两粒子的静能提供新粒子静能的其余部分. 这和低速粒子的完全非弹性碰撞时一部分动能转化为非机械能是可以类比的，如低速粒子碰撞系统是孤立系，损失的机械能转化为系统的内能，系统的温度上升，不以热量的形式传给外界.

从(6.6.14″)式的低速近似式，更能说明上述的类比关系.

当 $T_1\ll(m_{10}+m_{20})c^2$ 时，展开(6.6.14″)式，只保留$\frac{T_1}{(m_{10}+m_{20})c^2}$的一次方项，可得

$$[m_{30}-(m_{10}+m_{20})]c^2\doteq\frac{m_{20}T_1}{m_{10}+m_{20}} \tag{3}$$

上式等号左边是碰撞系统静能的增量，也是动能的损失量，说明如下：

$$\begin{aligned}T_1-T_3&=m_1c^2-m_{10}c^2-(m_3c^2-m_{30}c^2)\\&=(m_3-m_{20})c^2-m_{10}c^2-(m_3c^2-m_{30}c^2)\\&=[m_{30}-(m_{10}+m_{20})]c^2\end{aligned} \tag{4}$$

在上式推导中用了(2)式.

将(4)式代入(3)式，

$$T_1-T_3\doteq\frac{m_{20}T_1}{m_{10}+m_{20}}$$

上式等号右边正是低速粒子作完全非弹性碰撞时的动能损失量. 由此类比，不仅看到相对论的动能表达式与牛顿力学的动能表达式是精确和近似的关系，也看到了相对论中的静能(也可叫内能)与低速情况下的内能之间的可类比关系.

例 6.6.7　一静止质量为 M_0 的静止粒子，发射一光子后，变成静止质量为 m_0 的粒子. 求光子的能量 E_ν 和新粒子的速度 v.

解　这是与完全非弹性碰撞相反的过程. 由于生成的粒子中没有一个是静止的，无法用现成的(6.6.13)、(6.6.14)等式，只能列动量守恒和能量守恒的关系求解.

$$\frac{E_\nu}{c} + mv = 0 \tag{1}$$

$$M_0 c^2 = mc^2 + E_\nu \tag{2}$$

$$m = \frac{m_0}{\sqrt{1 - \frac{v^2}{c^2}}} \tag{3}$$

用(1)式消去(2)式中的 E_ν,并代入(3)式,可得

$$M_0 c^2 = mc^2 - mvc = mc(c - v)$$

$$= \frac{m_0 c}{\sqrt{1 - \frac{v^2}{c^2}}}(c - v) = m_0 c^2 \sqrt{\frac{c - v}{c + v}}$$

解出

$$v = -\frac{M_0^2 - m_0^2}{M_0^2 + m_0^2} c$$

$v<0$,说明新粒子的运动方向与光子运动方向相反.

将 v 代入(1)式,可解得

$$E_\nu = \frac{M_0^2 - m_0^2}{2M_0} c^2$$

例 6.6.8 一入射光子与静止的自由电子(静止质量为 m_0)发生完全弹性碰撞. 证明:入射光子波长 λ_0、出射光子波长 λ 与出射方向、入射方向间夹角 θ 之间有下列关系:

$$\lambda - \lambda_0 = \frac{h}{m_0 c}(1 - \cos\theta)$$

其中 h 为普朗克常数.

解 这一现象称为康普顿效应. 碰撞前后参碰粒子的静止质量没有变化(光子的静止质量为零),故为完全弹性碰撞. 碰撞过程如图 6.6.2(a)所示,反映动量守恒的三个动量的平行四边形关系如图 6.6.2(b)所示.

由能量守恒和动量守恒,

$$h\nu + mc^2 = h\nu_0 + m_0 c^2 \tag{1}$$

$$\boldsymbol{p}_e + \boldsymbol{p}_\nu = \boldsymbol{p}_{\nu 0} \tag{2}$$

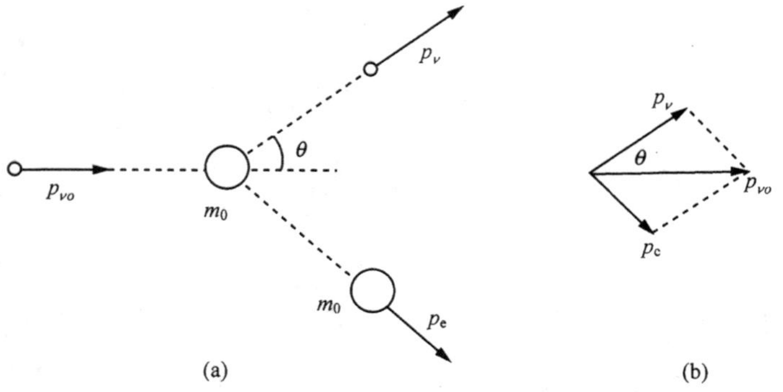

图 6.6.2

对电子写能量动量关系

$$m^2c^4 = m_0^2c^4 + c^2p_e^2 \tag{3}$$

由上述三式，注意 $p_{\nu0} = \dfrac{h\nu_0}{c}$，$p_\nu = \dfrac{h\nu}{c}$，可得

$$\begin{aligned}(h\nu_0 + m_0c^2 - h\nu)^2 &= m_0^2c^4 + c^2(\boldsymbol{p}_{\nu0} - \boldsymbol{p}_\nu)\cdot(\boldsymbol{p}_{\nu0} - \boldsymbol{p}_\nu)\\ &= m_0^2c^4 + (h\nu_0)^2 + (h\nu)^2 - 2(h\nu_0)(h\nu)\cos\theta\end{aligned}$$

上式化简后，可得

$$\frac{h}{m_0c}(1-\cos\theta) = \frac{c}{\nu} - \frac{c}{\nu_0} = \lambda - \lambda_0$$

由上式可见，因等号左边显然大于零，故 $\lambda > \lambda_0$，或 $\nu < \nu_0$，经散射后，光子能量减小. 这是必然的，它的一部分能量转化为电子的动能.

7. 质量、动量、能量和力的变换公式

上面我们讲了在一个惯性系中的动力学问题的处理，有时改用其他惯性系可能更加方便，例如我们在讨论完全非弹性碰撞曾提出采用固连于碰前的一个粒子的惯性系，就变成了与一个静止粒子的碰撞问题，对于完全非弹性碰撞，还能把原来的斜碰变成正碰问题来处理，可用(6.6.12)、(6.6.13)等式. 从一个惯性系改用另一个惯性系，不仅速度要发生变化，与动力学方程有关的其他物理量：质量、动量、能量和力都要发生变化，两个惯性系间的速度变换公式，在§6.5.1 已经给出，这里我们要讲质量、动量、能量和力的变换公式.

(1) 质量的变换公式

设静止质量为 m_0 的粒子,在 S 系中,速度为 $\boldsymbol{v}$,质量为 m. 另有 S'系对 S 系向 x 轴正向运动,速度为 V. 质量变换公式是要给出如何从 S 系中的质量求出 S' 系中的质量.

为此,需用速度变换公式(6.5.1′)式将 S'系中的质量 m'与速率 v'的函数关系改为 m'与在 S 系中的速率 v、速度分量 v_x、v_y、v_z 及两惯性系的相对速度 $\mathbf{V}$ 的函数关系,进而改为 m'与 S 系中的质量 m、速度分量 v_x、v_y、v_z 及两惯性系的相对速度 $\mathbf{V}$ 的函数关系

$$m' = \frac{m_0}{\sqrt{1 - \dfrac{v'^2}{c^2}}}$$

$$\begin{aligned}
1 - \frac{v'^2}{c^2} &= 1 - \frac{v'^2_x + v'^2_y + v'^2_z}{c^2} \\
&= 1 - \frac{1}{c^2}\left[\frac{(v_x - V)^2 + v_y^2\left(1 - \dfrac{V^2}{c^2}\right) + v_z^2\left(1 - \dfrac{V^2}{c^2}\right)}{\left(1 - \dfrac{Vv_x}{c^2}\right)^2}\right] \\
&= \frac{1}{\left(1 - \dfrac{Vv_x}{c^2}\right)^2}\left[\left(1 - \frac{Vv_x}{c^2}\right)^2 - \frac{1}{c^2}(v_x - V)^2\right. \\
&\qquad \left. - \frac{1}{c^2}(v_y^2 + v_z^2)\left(1 - \frac{V^2}{c^2}\right)\right]
\end{aligned}$$

$$\begin{aligned}
\left(1 - \frac{Vv_x}{c^2}\right)^2 - \frac{1}{c^2}(v_x - V)^2 &= 1 - \frac{2Vv_x}{c^2} + \frac{V^2 v_x^2}{c^4} - \frac{1}{c^2}(v_x^2 - 2Vv_x + V^2) \\
&= 1 + \frac{V^2 v_x^2}{v^4} - \frac{v_x^2}{c^2} - \frac{V^2}{c^2} = 1 - \frac{V^2}{c^2} - \frac{v_x^2}{c^2}\left(1 - \frac{V^2}{c^2}\right) \\
&= \left(1 - \frac{V^2}{c^2}\right)\left(1 - \frac{v_x^2}{c^2}\right)
\end{aligned}$$

$$1 - \frac{v'^2}{c^2} = \frac{1}{\left(1 - \dfrac{Vv_x}{c^2}\right)^2}\left[\left(1 - \frac{V^2}{c^2}\right)\left(1 - \frac{v_x^2 + v_y^2 + v_z^2}{c^2}\right)\right]$$

$$= \frac{1}{\left(1 - \frac{Vv_x}{c^2}\right)^2}\left(1 - \frac{V^2}{c^2}\right)\left(1 - \frac{v^2}{c^2}\right)$$

$$m' = \frac{m_0}{\left(1 - \frac{Vv_x}{c^2}\right)^{-1} \cdot \sqrt{1 - \frac{V^2}{c^2}} \cdot \sqrt{1 - \frac{v^2}{c^2}}} = m\frac{1 - \frac{Vv_x}{c^2}}{\sqrt{1 - \frac{V^2}{c^2}}} \quad (6.6.15)$$

其逆变换为

$$m = m'\frac{1 + \frac{Vv'_x}{c^2}}{\sqrt{1 - \frac{V^2}{c^2}}} \quad (6.6.15')$$

(2) 能量的变换公式

用 $E = mc^2$ 及 $p_x = mv_x = \frac{E}{c^2}v_x$，由(6.6.15)式可得

$$E' = \frac{E - Vp_x}{\sqrt{1 - \frac{V^2}{c^2}}} \quad (6.6.16)$$

其逆变换为

$$E = \frac{E' + Vp'_x}{\sqrt{1 - \frac{V^2}{c^2}}} \quad (6.6.16')$$

(3) 动量的变换公式

用质量的变换公式、速度的变换公式、质能关系式和动量的定义，立即可得动量的变换公式

$$
\begin{cases}
p'_x = m'v'_x = m\dfrac{1-\dfrac{Vv_x}{c^2}}{\sqrt{1-\dfrac{V^2}{c^2}}}\dfrac{v_x - V}{1-\dfrac{Vv_x}{c^2}} = \dfrac{mv_x - mV}{\sqrt{1-\dfrac{V^2}{c^2}}} = \dfrac{p_x - \dfrac{V}{c^2}E}{\sqrt{1-\dfrac{V^2}{c^2}}} \\
p'_y = m'v'_y = m\dfrac{1-\dfrac{Vv_x}{c^2}}{\sqrt{1-\dfrac{V^2}{c^2}}}\dfrac{\sqrt{1-\dfrac{V^2}{c^2}}v_y}{1-\dfrac{Vv_x}{c^2}} = mv_y = p_y \\
p'_z = m'v'_z = m\dfrac{1-\dfrac{Vv_x}{c^2}}{\sqrt{1-\dfrac{V^2}{c^2}}}\dfrac{\sqrt{1-\dfrac{V^2}{c^2}}v_z}{1-\dfrac{Vv_x}{c^2}} = mv_z = p_z
\end{cases}
\tag{6.6.17}
$$

其逆变换为

$$
\begin{cases}
p_x = \dfrac{p'_x + \dfrac{V}{c^2}E'}{\sqrt{1-\dfrac{V^2}{c^2}}} \\
p_y = p_{y'} \\
p_z = p_{z'}
\end{cases}
\tag{6.6.17′}
$$

(4) 力的变换公式

可用力的定义 $\boldsymbol{F}=\dfrac{\mathrm{d}\boldsymbol{p}}{\mathrm{d}t}$、动量的变换公式、时间坐标的变换关系、总能等于动能加静能即 $E = T + m_0c^2$、动能定理$\dfrac{\mathrm{d}T}{\mathrm{d}t} = \boldsymbol{F}\cdot\boldsymbol{v}$，通过直接求导可得力的变换公式，推导如下：

$$
F'_x = \frac{\mathrm{d}p'_x}{\mathrm{d}t'} = \frac{\mathrm{d}}{\mathrm{d}t}\left(\frac{p_x - \dfrac{V}{c^2}E}{\sqrt{1-\dfrac{V^2}{c^2}}}\right)\frac{\mathrm{d}t}{\mathrm{d}t'}
$$

$$= \frac{1}{\sqrt{1-\frac{V^2}{c^2}}}\left(\frac{\mathrm{d}p_x}{\mathrm{d}t} - \frac{V}{c^2}\frac{\mathrm{d}E}{\mathrm{d}t}\right)\frac{\mathrm{d}t}{\mathrm{d}t'}$$

$$= \frac{1}{\sqrt{1-\frac{V^2}{c^2}}}\left(F_x - \frac{V}{c^2}\frac{\mathrm{d}T}{\mathrm{d}t}\right)\frac{\mathrm{d}t}{\mathrm{d}t'}$$

$$= \frac{1}{\sqrt{1-\frac{V^2}{c^2}}}\left(F_x - \frac{V}{c^2}\boldsymbol{F}\cdot\boldsymbol{v}\right)\frac{\mathrm{d}t}{\mathrm{d}t'}$$

$$\frac{\mathrm{d}t}{\mathrm{d}t'} = \frac{\mathrm{d}}{\mathrm{d}t'}\left(\frac{t' + \frac{V}{c^2}x'}{\sqrt{1-\frac{V^2}{c^2}}}\right) = \frac{1}{\sqrt{1-\frac{V^2}{c^2}}}\left(1 + \frac{Vv'_x}{c^2}\right)$$

$$= \frac{1}{\sqrt{1-\frac{V^2}{c^2}}}\left[1 + \frac{V}{c^2}\frac{v_x - V}{1-\frac{Vv_x}{c^2}}\right]$$

$$= \frac{1}{\sqrt{1-\frac{V^2}{c^2}}}\cdot\frac{1}{1-\frac{Vv_x}{c^2}}\left(1 - \frac{Vv_x}{c^2} + \frac{Vv_x}{c^2} - \frac{V^2}{c^2}\right) = \frac{\sqrt{1-\frac{V^2}{c^2}}}{1-\frac{Vv_x}{c^2}}$$

$$\begin{cases} F'_x = \dfrac{1}{\sqrt{1-\frac{V^2}{c^2}}}\left(F_x - \dfrac{V}{c^2}\boldsymbol{F}\cdot\boldsymbol{v}\right)\dfrac{\sqrt{1-\frac{V^2}{c^2}}}{1-\frac{Vv_x}{c^2}} = \dfrac{F_x - \frac{V}{c^2}\boldsymbol{F}\cdot\boldsymbol{v}}{1-\frac{Vv_x}{c^2}} \\ F'_y = \dfrac{\mathrm{d}p'_y}{\mathrm{d}t'} = \dfrac{\mathrm{d}p_y}{\mathrm{d}t'} = \dfrac{\mathrm{d}p_y}{\mathrm{d}t}\dfrac{\mathrm{d}t'}{\mathrm{d}t} = F_y\dfrac{\sqrt{1-\frac{V^2}{c^2}}}{1-\frac{Vv_x}{c^2}} \\ F'_z = F_z\dfrac{\sqrt{1-\frac{V^2}{c^2}}}{1-\frac{Vv_x}{c^2}} \end{cases} \tag{6.6.18}$$

其逆变换为

$$\left\{\begin{aligned} F_x &= \frac{F'_x + \dfrac{V}{c^2}\boldsymbol{F}' \cdot \boldsymbol{v}'}{1 + \dfrac{Vv'_x}{c^2}} \\ F_y &= F'_y \frac{\sqrt{1 - \dfrac{V^2}{c^2}}}{1 + \dfrac{Vv'_x}{c^2}} \\ F_z &= F'_z \frac{\sqrt{1 - \dfrac{V^2}{c^2}}}{1 + \dfrac{Vv_x}{c^2}} \end{aligned}\right. \tag{6.6.18′}$$

注意 以上所讲各物理量包括速度、加速度、质量、能量、动量和力在 S 和 S' 两个惯性系之间的变换公式. 要求 S、S' 系的相对速度及坐标取法如图 6.4.1 所示. (可作适当放宽,如何放宽,请读者自行考虑). 如果要采用的 S' 系对原用的 S 系的运动速度 $\boldsymbol{V}$ 不是只有 x 分量. 显然不能直接运用这些变换公式. 有两种解决办法:一是把变换公式修改为与相对速度 $\boldsymbol{V}$ 相应的变换公式. 这办法一般比较麻烦. 另一个办法简单可行. 改变原 S 系的坐标轴取向,使 x 轴沿 $\boldsymbol{V}$ 的方向.

例 6.6.9 相距为 a 的两个点电荷 q_1 和 q_2,在垂直于它们连线的方向上相对于 S 系以匀速 v 运动. 试求它们在 S 系中的相互作用力.

解 取固连于两点电荷的坐标系 S',并取 S、S' 系有相对运动的方向为 x 轴和 x' 轴. 则在 S' 系中,$\boldsymbol{v}'=0$. 两点电荷相互作用力为

$$F'_x = 0,\ F'_y = \pm \frac{q_1 q_2}{4\pi\varepsilon_0 a^2},\ F'_z = 0$$

F'_y 式中的正负号表示两个点电荷受的力,一个取正号,另一个取负号.

用力的变换公式(6.6.18′),得

$$F_x = 0,\ F_y = \pm \frac{q_1 q_2}{4\pi\varepsilon_0 a^2}\sqrt{1 - \frac{v^2}{c^2}},\ F_z = 0$$

例 6.6.10 两个静止质量均为 m_0 的粒子发生完全非弹性碰撞. 碰前的速度分别为

$$\boldsymbol{v}_{10} = \frac{2}{5}c\boldsymbol{\xi}^0 - \frac{4}{5}c\boldsymbol{\eta}^0,\quad \boldsymbol{v}_{20} = \frac{1}{5}c\boldsymbol{\xi}^0 + \frac{2}{5}c\boldsymbol{\eta}^0$$

求碰撞产生的新粒子的静止质量和速度.

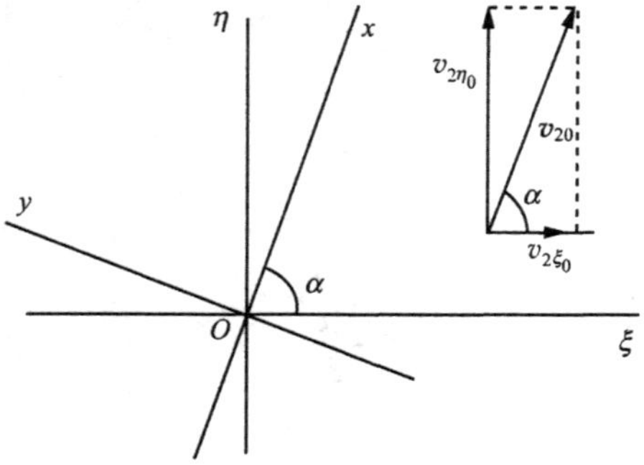

图 6.6.3

解　改取坐标 x、y,使 x 轴平行于碰前粒子 2 的速度 $\boldsymbol{v}_{20}$,如图 6.6.3 所示.图中 α 为 x 轴与 ξ 轴的夹角

$$\cos\alpha = \frac{v_{2\xi_0}}{v_{20}} = \frac{\frac{1}{5}c}{\sqrt{\left(\frac{1}{5}c\right)^2 + \left(\frac{3}{5}c\right)^2}} = \frac{1}{\sqrt{10}}$$

$$\sin\alpha = \frac{v_{2\eta_0}}{v_{20}} = \frac{3}{\sqrt{10}}$$

碰前粒子 2 的速度的 x、y 分量为

$$v_{2x_0} = v_{2\xi_0}\cos\alpha + v_{2\eta_0}\sin\alpha$$

$$= \frac{1}{5}c \cdot \frac{1}{\sqrt{10}} + \frac{3}{5}c \cdot \frac{3}{\sqrt{10}} = \frac{\sqrt{10}}{5}c \text{ 或 } 0.632c$$

$$v_{2y_0} = -v_{2\xi_0}\sin\alpha + v_{2\eta_0}\cos\alpha = -\frac{1}{5}c\frac{3}{\sqrt{10}} + \frac{3}{5}c \cdot \frac{1}{\sqrt{10}} = 0$$

碰前粒子 1 的速度的 x、y 分量为

$$v_{1x_0} = v_{1\xi_0}\cos\alpha + v_{1\eta_0}\sin\alpha$$

$$= \frac{2}{5}c \cdot \frac{1}{\sqrt{10}} - \frac{4}{5}c \cdot \frac{3}{\sqrt{10}} = -\frac{\sqrt{10}}{5}c \text{ 或 } -0.632c$$

$$v_{1y_0}=-v_{1\xi_0}\sin\alpha+v_{1\eta_0}\cos\alpha$$

$$=-\frac{2}{5}c\cdot\frac{3}{\sqrt{10}}-\frac{4}{5}c\cdot\frac{1}{\sqrt{10}}=-\frac{\sqrt{10}}{5}c\text{ 或 }-0.632c$$

取 S' 系,它以碰前粒子 2 的速度 $\boldsymbol{v}_{20}$ 相对于原 S 系运动.

$$\boldsymbol{V}=\boldsymbol{v}_{20}=\frac{\sqrt{10}}{5}c\,\boldsymbol{i}$$

在 S' 系中,用速度变换公式可得粒子 2、粒子 1 的速度分别为

$$\boldsymbol{v}'_{20}=0$$

$$v'_{1x_0}=\frac{v_{1x_0}-V}{1-\dfrac{Vv_{1x_0}}{c^2}}=\frac{-\dfrac{\sqrt{10}}{5}c-\dfrac{\sqrt{10}}{5}c}{1-\dfrac{1}{c^2}\left(\dfrac{\sqrt{10}}{5}c\right)\left(-\dfrac{\sqrt{10}}{5}c\right)}=-\frac{2}{7}\sqrt{10}c$$

$$v'_{1y_0}=\frac{v_{1y_0}\sqrt{1-\dfrac{V^2}{c^2}}}{1-\dfrac{Vv_{1x_0}}{c^2}}=\frac{-\dfrac{\sqrt{10}}{5}c\sqrt{1-\dfrac{1}{c^2}\left(\dfrac{\sqrt{10}}{5}c\right)^2}}{1-\dfrac{1}{c^2}\left(\dfrac{\sqrt{10}}{5}c\right)\left(-\dfrac{\sqrt{10}}{5}c\right)}=-\frac{\sqrt{6}}{7}c$$

$$v'^2_{10}=v'^2_{1x_0}+v'^2_{1y_0}=\frac{46}{49}c^2$$

$$m'_1=\frac{m_{10}}{\sqrt{1-\dfrac{v'^2_{10}}{c^2}}}=\frac{m_0}{\sqrt{1-\dfrac{1}{c^2}\dfrac{46}{49}c^2}}=\frac{7}{\sqrt{3}}m_0$$

m_{10}是粒子 1 的静止质量,m'是在S'系中粒子 1 的质量. 用 m_1 表示在 S 系中粒子 1 的质量,

$$m_1=\frac{m_{10}}{\sqrt{1-\dfrac{1}{c^2}(v^2_{1x_0}+v^2_{1y_0})}}$$

作为第一次验算,再由(6.6.15)式计算 m'_1

$$m'_1=m_1\frac{1-\dfrac{Vv_{1x_0}}{c^2}}{\sqrt{1-\dfrac{V^2}{c^2}}}=\frac{m_{10}}{\sqrt{1-\dfrac{1}{c^2}(v^2_{1x_0}+v^2_{1y_0})}}\frac{1-\dfrac{Vv_{1x_0}}{c^2}}{\sqrt{1-\dfrac{V^2}{c^2}}}$$

$$= \frac{m_0\left[1-\frac{1}{c^2}\frac{\sqrt{10}}{5}c\left(-\frac{\sqrt{10}}{5}c\right)\right]}{\sqrt{1-\frac{1}{c^2}\left[\left(-\frac{\sqrt{10}}{5}c\right)^2+\left(-\frac{\sqrt{10}}{5}c\right)^2\right]}\cdot\sqrt{1-\frac{1}{c^2}\left(\frac{\sqrt{10}}{5}c\right)^2}} = \frac{7}{\sqrt{3}}m_0$$

由(6.6.13)式，碰撞产生的新粒子在 S' 系中的速度为

$$v'_{3x} = \frac{m'_1 v'_{1x_0}}{m'_1 + m_{20}} = \frac{\frac{7}{\sqrt{3}}m_0\left(-\frac{2}{7}\sqrt{10}c\right)}{\frac{7}{\sqrt{3}}m_0 + m_0} = -\frac{2\sqrt{10}}{7+\sqrt{3}}c$$

$$v'_{3y} = \frac{m'_1 v'_{1y_0}}{m'_1 + m_{20}} = \frac{\frac{7}{\sqrt{3}}m_0\left(-\frac{\sqrt{6}}{7}c\right)}{\frac{7}{\sqrt{3}}m_0 + m_0} = -\frac{\sqrt{6}}{7+\sqrt{3}}c$$

其中 m_{20}是粒子 2 的静止质量，静止质量与选用什么惯性系无关.

$$v'_3 = \sqrt{v'^2_{3x} + v'^2_{3y}} = \frac{\sqrt{46}}{7+\sqrt{3}}c$$

用(6.6.14)式，新粒子的静止质量为

$$m_{30} = (m'_1 + m_{20})\sqrt{1-\frac{v'^2_3}{c^2}}$$

$$= \left(\frac{7}{\sqrt{3}}m_0 + m_0\right)\sqrt{1-\frac{1}{c^2}\left(\frac{\sqrt{46}}{7+\sqrt{3}}c\right)^2} = \sqrt{2+\frac{14}{3}\sqrt{3}}\,m_0$$

用(6.5.1)式，新粒子在 S 系中的速度为

$$v_{3x} = \frac{v'_{3x} + V}{1+\frac{V}{c^2}v'_{3x}} = \frac{-\frac{2\sqrt{10}}{7+\sqrt{3}}c + \frac{\sqrt{10}}{5}c}{1+\frac{1}{c^2}\frac{\sqrt{10}}{5}c\left(-\frac{2\sqrt{10}}{7+\sqrt{3}}c\right)}$$

$$= -\frac{1}{5}\sqrt{10}(2-\sqrt{3})c \text{ 或 } -0.169c$$

$$v_{3y} = \frac{v'_{3y}\sqrt{1-\frac{V^2}{c^2}}}{1+\frac{V}{c^2}v'_{3x}} = \frac{-\frac{\sqrt{6}}{7+\sqrt{3}}c\sqrt{1-\frac{1}{c^2}\left(\frac{\sqrt{10}}{5}c\right)^2}}{1+\frac{1}{c^2}\frac{\sqrt{10}}{5}c\left(-\frac{2\sqrt{10}}{7+\sqrt{3}}c\right)}$$

$$= -\frac{\sqrt{10}}{10}(3-\sqrt{3})c \text{ 或 } -0.401c$$

$$v_3 = \sqrt{v_{3x}^2 + v_{3y}^2} = \sqrt{\left[-\frac{1}{5}\sqrt{10}(2-\sqrt{3})c\right]^2 + \left[-\frac{\sqrt{10}}{10}(3-\sqrt{3})c\right]^2}$$

$$= \sqrt{\frac{1}{5}(20-11\sqrt{3})}c \text{ 或 } 0.435c$$

为了验证这种做法和计算结果的正确性,再作以下计算.

碰前在 S 系中粒子 1 和粒子 2 的质量

$$m_1 = \frac{m_{10}}{\sqrt{1-\frac{1}{c^2}(v_{1x_0}^2 + v_{1y_0}^2)}} = \sqrt{5}m_0 \text{或 } 2.236m_0$$

$$m_2 = \frac{m_{20}}{\sqrt{1-\frac{1}{c^2}(v_{2x_0}^2 + v_{2y_0}^2)}} = \frac{1}{3}\sqrt{15}m_0 \text{或 } 1.291m_0$$

碰后新粒子在 S 系中的质量为

$$m_3 = \frac{m_{30}}{\sqrt{1-\frac{v_3^2}{c^2}}} = \frac{\sqrt{2+\frac{14}{3}\sqrt{3}}m_0}{\sqrt{1-\frac{1}{c^2}\left[\frac{1}{5}(20-11\sqrt{3})c\right]^2}}$$

$$= \frac{\sqrt{20+\frac{140}{3}\sqrt{3}}}{\sqrt{22\sqrt{3}-30}}m_0 \text{或 } 3.527m_0$$

$$m_1 + m_2 = 2.236m_0 + 1.291m_0 = 3.527m_0 = m_3$$

$$m_3 v_{3x} = 3.527m_0(-0.169c) = -0.596m_0 c$$

$$m_1 v_{1x_0} + m_2 v_{2x_0}$$

$$= 2.236m_0(-0.632c) + 1.291m_0 \cdot 0.632c$$

$$= -0.597m_0 c = m_3 v_{3x}$$

$$m_3 v_{3y} = 3.527m_0 \cdot (-0.401c) = -1.41m_0 c$$

$$m_1 v_{1y_0} + m_2 v_{2y_0} = 2.236m_0(-0.632c) + 1.291m_0 \cdot 0$$

$$= -1.41 m_0 c = m_3 v_{3y}$$

可见,所得的解完全符合应有的能量守恒和动量守恒关系. 说明这种做法切实可行. 如果不改变参考系,直接在原 S 系中列出能量守恒和动量守恒的三个方程,解此方程组,会遇到数学上的困难.

*§6.7　四维矢量　闵可夫斯基空间

洛伦兹变换给出了时空坐标的变换关系,空间三个坐标和时间构成四维矢量,对于相对运动及坐标系取法如图 6.4.1 所示的 S、S'系的变换,坐标变换关系可写成下列矩阵形式:

$$\begin{pmatrix} x' \\ y' \\ z' \\ ct' \end{pmatrix} = \begin{pmatrix} \dfrac{1}{\sqrt{1-\dfrac{V^2}{c^2}}} & 0 & 0 & -\dfrac{\dfrac{V}{c}}{\sqrt{1-\dfrac{V^2}{c^2}}} \\ 0 & 1 & 0 & 0 \\ 0 & 0 & 1 & 0 \\ -\dfrac{\dfrac{V}{c}}{\sqrt{1-\dfrac{V^2}{c^2}}} & 0 & 0 & \dfrac{1}{\sqrt{1-\dfrac{V^2}{c^2}}} \end{pmatrix} \begin{pmatrix} x \\ y \\ z \\ ct \end{pmatrix}$$

动量、能量的变换关系也可写成矩阵形式

$$\begin{pmatrix} p'_x \\ p'_y \\ p'_z \\ \dfrac{E'}{c} \end{pmatrix} = \begin{pmatrix} \dfrac{1}{\sqrt{1-\dfrac{V^2}{c^2}}} & 0 & 0 & -\dfrac{\dfrac{V}{c}}{\sqrt{1-\dfrac{V^2}{c^2}}} \\ 0 & 1 & 0 & 0 \\ 0 & 0 & 1 & 0 \\ -\dfrac{\dfrac{V}{c}}{\sqrt{1-\dfrac{V^2}{c^2}}} & 0 & 0 & \dfrac{1}{\sqrt{1-\dfrac{V^2}{c^2}}} \end{pmatrix} \begin{pmatrix} p_x \\ p_y \\ p_z \\ \dfrac{E}{c} \end{pmatrix}$$

注意，ct 与 x、y、z 有同样的量纲，$\frac{E}{c}$ 也与 p_x、p_y、p_z 有同样的量纲．两个四维矢量的变换矩阵都是一样的，写成这样的形式便于记忆．

为了便于说明一些不变量在洛伦兹变换下的不变性质，常取（x、y、z、$\mathrm{i}ct$）为四维的时空坐标矢量．这个四维空间被称为闵可夫斯基空间．四维时空坐标矢量的变换关系也可写成矩阵形式

$$\begin{pmatrix} x' \\ y' \\ z' \\ \mathrm{i}ct' \end{pmatrix} = \begin{pmatrix} \frac{1}{\sqrt{1-\frac{V^2}{c^2}}} & 0 & 0 & \frac{\mathrm{i}\frac{V}{c}}{\sqrt{1-\frac{V^2}{c^2}}} \\ 0 & 1 & 0 & 0 \\ 0 & 0 & 1 & 0 \\ -\frac{\mathrm{i}\frac{V}{c}}{\sqrt{1-\frac{V^2}{c^2}}} & 0 & 0 & \frac{1}{\sqrt{1-\frac{V^2}{c^2}}} \end{pmatrix} \begin{pmatrix} x \\ y \\ z \\ \mathrm{i}ct \end{pmatrix} \tag{6.7.1}$$

（p_x、p_y、p_z、$\frac{\mathrm{i}E}{c}$）为四维动量矢量，其变换关系也可写成矩阵形式

$$\begin{pmatrix} p'_z \\ p'_y \\ p'_z \\ \mathrm{i}\frac{E'}{c} \end{pmatrix} = \begin{pmatrix} \frac{1}{\sqrt{1-\frac{V^2}{c^2}}} & 0 & 0 & \frac{\mathrm{i}\frac{V}{c}}{\sqrt{1-\frac{V^2}{c^2}}} \\ 0 & 1 & 0 & 0 \\ 0 & 0 & 1 & 0 \\ -\frac{\mathrm{i}\frac{V}{c}}{\sqrt{1-\frac{V^2}{c^2}}} & 0 & 0 & \frac{1}{\sqrt{1-\frac{V^2}{c^2}}} \end{pmatrix} \begin{pmatrix} p_x \\ p_y \\ p_z \\ \mathrm{i}\frac{E}{c} \end{pmatrix} \tag{6.7.2}$$

用(6.7.1)、(6.7.2)式的洛伦兹变换矩阵形式，可以和三维欧几里得空间的转动变换相比拟．三维欧几里得空间的转动变换是常系数的线性变换，是一个正交变换，把每一行、每一列都看作矢量的话，任何一个行（或列）矢量与自己点乘等于1，任何两个不同的行（或列）矢量点乘都等于零．(6.7.1)、(6.7.2)式中的矩阵表示的洛伦兹变换也是常系数的线性变换，也是正交变换，如用 a_{ij} 表示洛伦兹变换

的矩阵元. 则有 $\sum_{k=1}^{4} a_{ik}a_{jk} = \delta_{ij}$、$\sum_{i=1}^{4} a_{ij}a_{ik} = \delta_{jk}$，$\delta_{ij}$、$\delta_{jk}$ 是克罗内克符号，两脚标相同时为 1，不相同时为零，第一个和式表示两个行矢量点乘，第二个和式表示两个列矢量点乘，三维欧几里得空间的转动变换，从(x、y、z)→(x'、y'、z')，保持该点与原点的距离的平方 $x^2+y^2+z^2=x'^2+y'^2+z'^2$ 不变，闵可夫斯基四维空间的"转动"变换，也有 $x^2+y^2+z^2+(\mathrm{i}ct)^2=x'^2+y'^2+z'^2+(\mathrm{i}ct')^2$，不变，即点($x$、$y$、$z$、$\mathrm{i}ct$)至原点的距离的平方具有洛伦兹变换下不变的性质

$$x'^2+y'^2+z'^2+(\mathrm{i}ct')^2$$

$$=\left(\frac{x-Vt}{\sqrt{1-\frac{V^2}{c^2}}}\right)^2+y^2+z^2+\left[\mathrm{i}c\left(\frac{t-\frac{Vx}{c^2}}{\sqrt{1-\frac{V^2}{c^2}}}\right)\right]^2$$

$$=\frac{x^2-2xVt+V^2t^2}{1-\frac{V^2}{c^2}}+y^2+z^2-\frac{c^2\left(t^2-\frac{2xVt}{c^2}+\frac{V^2x^2}{c^4}\right)}{1-\frac{V^2}{c^2}}$$

$$=x^2+y^2+z^2-c^2t^2=x^2+y^2+z^2+(\mathrm{i}ct)^2$$

比较(6.7.2)式与(6.7.1)式可见，在四维动量空间中的"转动"变换. 也有动量空间中的点到原点的距离的平方不变，即

$$p'^2_x+p'^2_y+p'^2_z+\left(\frac{\mathrm{i}E'}{c}\right)^2=p^2_x+p^2_y+p^2_z+\left(\frac{\mathrm{i}E}{c}\right)^2$$

这个不变量正是能量动量关系(6.6.9)

$$E^2=c^2p^2+m_0^2c^4$$

$$p^2_x+p^2_y+p^2_z+\left(\frac{\mathrm{i}E}{c}\right)^2=-m_0^2c^2 \tag{6.7.3}$$

将四维动量应用于光波，可有四维的波矢量. 光子的动量，其大小

$$p=\frac{h\nu}{c}=\frac{h}{\lambda}=\frac{2\pi}{\lambda}\frac{h}{2\pi}=\hbar k$$

其中 $\hbar=\frac{h}{2\pi}$，$k=\frac{2\pi}{\lambda}$，动量的方向为波的传播方向.

$$\boldsymbol{p}=\hbar\boldsymbol{k}$$

$\boldsymbol{k}$ 称为波矢,其方向为波的传播方向.

光子的能量 $E = h\nu = \frac{h}{2\pi}\cdot 2\pi\nu = \hbar\omega$.

光波的四维动量矢量为$\left(\hbar\boldsymbol{k},\ \mathrm{i}\frac{\hbar\omega}{c}\right)$, $\hbar\boldsymbol{k}$ 是$(\hbar k_x, \hbar k_y, \hbar k_z)$的简写. $\hbar$ 是标量,四维动量除以 $\hbar$,为四维波矢量$\left(\boldsymbol{k},\ \frac{\mathrm{i}\omega}{c}\right)$,也具有洛伦兹变换不变性,由(6.7.3)式,考虑到光子的静止质量等于零,(直接证明也很简单),有

$$kx^2 + ky^2 + kz^2 + \left(\frac{\mathrm{i}\omega}{c}\right)^2 = k^2 - \frac{\omega^2}{c^2} = \left(\frac{2\pi}{\lambda}\right)^2 - \left(\frac{2\pi\nu}{c}\right)^2 = 0 \quad (6.7.4)$$

利用正交变换行矢量和列矢量都是正交归一化的性质可以证明:两个矢量的标量积在正交变换下不变. 证明如下,

设 $\boldsymbol{A}$、$\boldsymbol{B}$ 是两个矢量,经正交变换后变为 $\boldsymbol{A}'$、$\boldsymbol{B}'$,

$$A'_i = \sum_k a_{ik}A_k, \quad B'_j = \sum_l a_{il}B_l$$

$$\sum_i A'_i B'_i = \sum_i \sum_k \sum_l a_{ik}a_{il}A_kB_l$$

$$= \sum_k \sum_l A_kB_l\left(\sum_i a_{ik}a_{il}\right) = \sum_k \sum_l A_kB_l\delta_{kl} = \sum_k A_kB_k$$

(6.7.1)、(6.7.2)式中的洛伦兹变换是正交变换. 因此,两个四维矢量的标量积是洛伦兹变换下的不变量. 利用这条性质,闵可夫斯基空间的位置矢量与四维波矢量的标量积是不变量,

$$\boldsymbol{k}' \cdot \boldsymbol{r}' + \left(\mathrm{i}\frac{\omega'}{c}\right)(\mathrm{i}ct') = \boldsymbol{k} \cdot \boldsymbol{r} + \left(\mathrm{i}\frac{\omega}{c}\right)(\mathrm{i}ct)$$

即

$$\boldsymbol{k}' \cdot \boldsymbol{r}' - \omega' t' = \boldsymbol{k} \cdot \boldsymbol{r} - \omega t = \text{常量}$$

$\boldsymbol{k}\cdot\boldsymbol{r} - \omega t$ 是真空中电磁波的相位. 用这相位的不变性可以导出相对论多普勒效应的几个式子.

我们还讲过三维的速度和三维力的变换公式,也可以构造四维速度矢量、四维力矢量,在洛伦兹变换下,四维速度空间和四维力空间中的间隔保持不变.

四维速度和四维力的变换关系如下:

$$\begin{pmatrix} \dfrac{v'_x}{\sqrt{1-\dfrac{v'^2}{c^2}}} \\ \dfrac{v'_y}{\sqrt{1-\dfrac{v'^2}{c^2}}} \\ \dfrac{v'_z}{\sqrt{1-\dfrac{v'^2}{c^2}}} \\ \dfrac{\mathrm{i}c}{\sqrt{1-\dfrac{v'^2}{c^2}}} \end{pmatrix} = \begin{pmatrix} \dfrac{1}{\sqrt{1-\dfrac{V^2}{c^2}}} & 0 & 0 & \dfrac{\mathrm{i}\dfrac{V}{c}}{\sqrt{1-\dfrac{V^2}{c^2}}} \\ 0 & 1 & 0 & 0 \\ 0 & 0 & 1 & 0 \\ -\dfrac{\mathrm{i}\dfrac{V}{c}}{\sqrt{1-\dfrac{V^2}{c^2}}} & 0 & 0 & \dfrac{1}{\sqrt{1-\dfrac{V^2}{c^2}}} \end{pmatrix} \begin{pmatrix} \dfrac{v_x}{\sqrt{1-\dfrac{v^2}{c^2}}} \\ \dfrac{v_y}{\sqrt{1-\dfrac{v^2}{c^2}}} \\ \dfrac{v_z}{\sqrt{1-\dfrac{v^2}{c^2}}} \\ \dfrac{\mathrm{i}c}{\sqrt{1-\dfrac{v^2}{c^2}}} \end{pmatrix} \tag{6.7.5}$$

$$\begin{pmatrix} \dfrac{F'_x}{\sqrt{1-\dfrac{v'^2}{c^2}}} \\ \dfrac{F'_y}{\sqrt{1-\dfrac{v'^2}{c^2}}} \\ \dfrac{F'_z}{\sqrt{1-\dfrac{v'^2}{c^2}}} \\ \dfrac{\mathrm{i}\dfrac{\boldsymbol{F}'\cdot\boldsymbol{v}'}{c}}{\sqrt{1-\dfrac{v'^2}{c^2}}} \end{pmatrix} = \begin{pmatrix} \dfrac{1}{\sqrt{1-\dfrac{V^2}{c^2}}} & 0 & 0 & \dfrac{\mathrm{i}\dfrac{V}{c}}{\sqrt{1-\dfrac{V^2}{c^2}}} \\ 0 & 1 & 0 & 0 \\ 0 & 0 & 1 & 0 \\ -\dfrac{\mathrm{i}\dfrac{V}{c}}{\sqrt{1-\dfrac{V^2}{c^2}}} & 0 & 0 & \dfrac{1}{\sqrt{1-\dfrac{V^2}{c^2}}} \end{pmatrix} \begin{pmatrix} \dfrac{F_x}{\sqrt{1-\dfrac{v^2}{c^2}}} \\ \dfrac{F_y}{\sqrt{1-\dfrac{v^2}{c^2}}} \\ \dfrac{F_z}{\sqrt{1-\dfrac{v^2}{c^2}}} \\ \dfrac{\mathrm{i}\dfrac{\boldsymbol{F}\cdot\boldsymbol{v}}{c}}{\sqrt{1-\dfrac{v^2}{c^2}}} \end{pmatrix} \tag{6.7.6}$$

$$\left(\frac{v'_x}{\sqrt{1-\dfrac{v'^2}{c^2}}}\right)^2 + \left(\frac{v'_y}{\sqrt{1-\dfrac{v'^2}{c^2}}}\right)^2 + \left(\frac{v'_z}{\sqrt{1-\dfrac{v'^2}{c^2}}}\right)^2 + \left(\frac{\mathrm{i}c}{\sqrt{1-\dfrac{v'^2}{c^2}}}\right)^2$$

$$= \left(\frac{v_x}{\sqrt{1-\dfrac{v^2}{c^2}}}\right) + \left(\frac{v_y}{\sqrt{1-\dfrac{v^2}{c^2}}}\right) + \left(\frac{v_z}{\sqrt{1-\dfrac{v^2}{c^2}}}\right) + \left(\frac{\mathrm{i}c}{\sqrt{1-\dfrac{v^2}{c^2}}}\right) = -c^2$$

$$\left(\frac{F'_x}{\sqrt{1-\frac{v'^2}{c^2}}}\right)^2+\left(\frac{F'_y}{\sqrt{1-\frac{v'^2}{c^2}}}\right)^2+\left(\frac{F'_z}{\sqrt{1-\frac{v'^2}{c^2}}}\right)^2+\left(\frac{\mathrm{i}\frac{\boldsymbol{F}'\cdot\boldsymbol{v}'}{c}}{\sqrt{1-\frac{v'^2}{c^2}}}\right)^2$$

$$=\left(\frac{F_x}{\sqrt{1-\frac{v^2}{c^2}}}\right)^2+\left(\frac{F_y}{\sqrt{1-\frac{v^2}{c^2}}}\right)^2+\left(\frac{F_z}{\sqrt{1-\frac{v^2}{c^2}}}\right)^2+\left(\frac{\mathrm{i}\frac{\boldsymbol{F}\cdot\boldsymbol{v}}{c}}{\sqrt{1-\frac{v^2}{c^2}}}\right)^2=\text{常量}$$

将带"′"的量与不带"′"的量对调,洛伦兹变换矩阵中的 V 改成 $-V$,即可写出上述各式的逆变换.

四维位矢、四维动量矢量、四维波矢、四维力矢量都是四维位置空间即闵可夫斯基空间的矢量,在洛伦兹变换(正交变换)下,它们的"长度"都是不变量,两个事件的时空间距在任何惯性系中都是一定的. 在牛顿力学中,伽利略变换不能表成一个正交变换,没有类似的矢量"长度"的伽利略变换不变量.

粒子在不受外界影响下进行碰撞,根据动量、能量守恒,碰撞前后,其四维动量矢量相等. 由此也可得到碰撞前后系统的四维动量的"长度"的平方相等,系统的四维动量的各分量等于各粒子的相应分量的代数和. 若用 $p_{j\alpha}$($\alpha=1$、2、3、4)表示碰前系统中第 j 个粒子的四维动量的四个分量,其中 $p_{j1}=p_{jx}$, $p_{j2}=p_{jy}$, $p_{j3}=p_{jz}$, $p_{j4}=\mathrm{i}\frac{E_j}{c}$,上标带"′"表示碰后的量. 用 $\mathscr{p}$ 表示四维动量矢量,以与 $\boldsymbol{p}$ 表示三维动量相区别.

孤立系统内部的碰撞,碰撞前后系统的四维动量、系统的四维动量的"长度"相等的数学表达式分别为

$$\sum_j p_{j\alpha}=\sum_k p'_{k\alpha}\qquad(\alpha=1,2,3,4)\tag{6.7.7}$$

$$\sum_{\alpha=1}^{4}\left[\left(\sum_j p_{j\alpha}\right)^2\right]=\sum_{\alpha=1}^{4}\left[\left(\sum_k p_{k\alpha}\right)^2\right]\tag{6.7.8}$$

因碰撞不限于完全弹性碰撞,碰撞前后系统的粒子数不一定相等,即 j、k 的取值不一定相同.

例 6.7.1 试证明:在没有外场时,光子不可能转化为电子-正电子偶.

证明 光子的四维动量为 $\hbar\mathscr{k}$. 用(6.7.4)式,光子的四维动量的"长度"的平方为

$$(\hbar k_x)^2+(\hbar k_y)^2+(\hbar k_z)^2+\left(\frac{\mathrm{i}\hbar\omega}{c}\right)^2=0\tag{1}$$

用p_+、p_-分别表示正电子和电子的四维动量，$\boldsymbol{p}_+$、$\boldsymbol{p}_-$分别表示它们的三维动量.

由(6.7.8)式和(1)式可得

$$(p_+ + p_-)\cdot(p_+ + p_-) = 0$$

即

$$p_+^2 + p_-^2 + 2\,p_+\cdot p_- = 0 \tag{2}$$

由(6.7.3)式，设 m_0 为电子和正电子的静止质量.

$$p_+^2 = p_-^2 = -\,m_0^2c^2 \tag{3}$$

$$p_+\cdot p_- = \boldsymbol{p}_+\cdot\boldsymbol{p}_- - \frac{E_+E_-}{c^2} \tag{4}$$

将(3)、(4)式代入(2)式可得

$$\boldsymbol{p}_+\cdot\boldsymbol{p}_- - \frac{E_+E_-}{\boldsymbol{c}^2} = \boldsymbol{m}_0^2\boldsymbol{c}^2 \tag{5}$$

由 $E^2=c^2(p^2+m_0^2c^2)$可知，因 $m_0>0$，有 $E_+>c|\boldsymbol{p}_+|$、$E_->c|\boldsymbol{p}_-|$，又因 $\boldsymbol{p}_+\cdot\boldsymbol{p}_-\leqslant|\boldsymbol{p}_+||\boldsymbol{p}_-|$，故有 $\boldsymbol{p}_+\cdot\boldsymbol{p}_- - \frac{E_+E_-}{c^2}<0$. (5)式左边小于零，右边大于零. 说明(5)式不能成立. 这就证明了这种转化不可能.

习 题

6.1 菲佐实验所用的装置如图所示. 光源发出的在真空中波长为 λ 的光经镀有半透膜的玻璃片M分成两束相干光，一束透射，经 M_1、M_2、M_3，再在 M 处透射，射入望远镜 T；另一束经 M 反射，经 M_3、M_2、M_1，再在 M 处反射，射入望远镜 T. 前者顺水速而行，后者逆水速而行. 设水速为 V，水的折射率为 n. 若光相对于静止水中以太的速率为$\frac{c}{n}$. 以 V 的速率运动的水带动以太的速率为kV. 用钠黄光作光源，$\lambda=5893\times10^{-10}$m、$l=15$m，$V=7.0$m/s，$n=1.33$. 观察到与 $V=0$ 的情况相比，测得移动的干涉条纹数为 $\delta=0.19$. 根据以太存在的假设，k 应取何值?

答 $k=\frac{\delta\lambda c}{4n^2lV}=0.45$.

6.2 改用本题图的实验装置作上述菲佐实验. 半径为 R 的折射率为n 的玻璃圆柱绕固定的 O 点作恒定的角速度ω 转动. 两束光通过玻璃的距离均为 $2l$. 求射入望远镜 T 的两束光的光程差. 设圆盘拖动以太的系数为 k.

答 $\frac{8klcn^2\omega\sqrt{4R^2-l^2}}{4c^2-n^2k^2\omega^2(4R^2-l^2)}$.

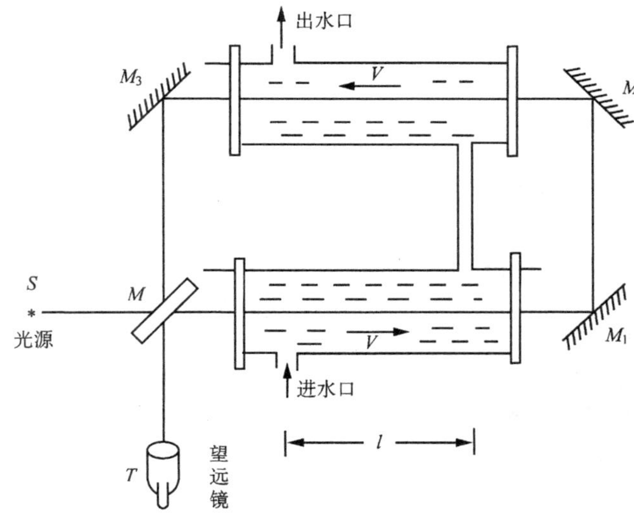

6.1 题图

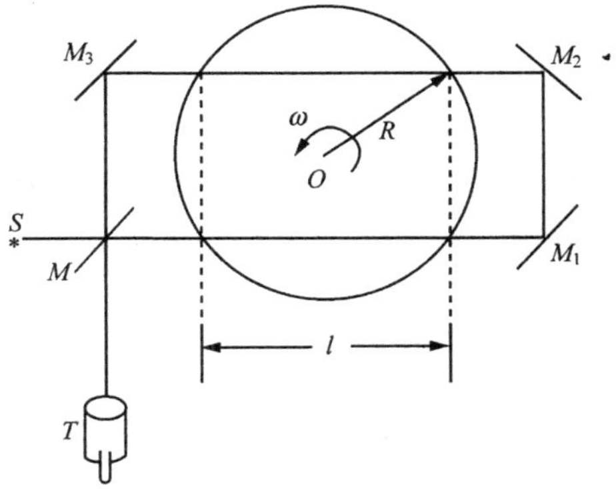

6.2 题图

6.3 在地球上某地发生的一个过程经历的时间为 Δt,问在以 1800km/h 的恒定速度飞行的飞机上的观察者测得的此过程经历的时间为多大?若过程开始时两钟读数相同,经过多长时间飞机上的钟的读数又和地球上的钟的读数相同?

答　$\dfrac{\Delta t}{\sqrt{1-\left(\dfrac{500}{3\times10^8}\right)^2}}$, $\sim1.97\times10^9$ 年.

6.4 静止时 μ 子的平均寿命为 2.197×10^{-6}s. 在宇宙射线中,μ 子的速度可达 $0.99c$(c 为真空中的光速). 在地球上的观察者看来,平均来讲,这种高速的 μ 子能运动多大距离?

答　4.6×10^3m.

6.5　一列车以 $v=0.6c$（c 为真空中的光速）的恒定速度运动，经过地面上 A、B 两点所用的时间为 40 分（以列车上静止的钟计时）.

(1) 求地面上的人测得的 A、B 间的距离；

(2) 求列车上的人测得的 A、B 间的距离；

(3) 在列车上的人看来，地面上 B 处的钟比 A 处的钟拨快了多少？

答　(1) 5.4×10^{11}m；(2) 4.32×10^{11}m；(3) 18 分.

6.6　在惯性系 S' 中的同一地点先后发生两个事件，时间间隔为 $\Delta t'=300$s，在另一惯性系 S 中测得这两个事件的时间间隔为 $\Delta t=500$s. 在惯性系 S 中测得的这两个事件发生的地点相距多远？

答　1.2×10^{11}m.

6.7　静长为 L 的车厢以 V 的恒定速度运动，在车厢的后端 A 沿运动方向发出一光信号，经前端 B 的平面镜反射后回到后端 B，求

(1) 在车厢里的人看来，光信号从发出到到达 B 端所需的时间 $\Delta t'_1$ 以及从 A 端发出到返回 A 端所需的时间 $\Delta t'_2$；

(2) 在地面上的人看来，与 $\Delta t'_1$、$\Delta t'_2$ 相应的时间 Δt_1、Δt_2.

答　(1) $\Delta t'_1=\dfrac{L}{c}$，$\Delta t'_2=\dfrac{2L}{c}$；

(2) $\Delta t_1=\dfrac{L}{c}\sqrt{\dfrac{c+V}{c-V}}$，$\Delta t_2=\dfrac{2L}{c}\dfrac{1}{\sqrt{1-\left(\dfrac{V}{c}\right)^2}}$.

6.8　两条静止长度均为 L_0 的宇宙飞船 A、B 沿平行的航道以恒定的相对速率相向而行. A 船上的观察者看到自己的船头先与对方的船尾相遇，Δt 时间后，自己的船尾再与对方的船头相遇，试问

(1) B 船上的观察者看到两船相遇的次序是怎样的？

(2) 两船的相对速度多大？

(3) 看到两船以大小相等、方向相反的速度运动的观察者看到两船两端相遇的次序如何？

答　(1) 与 A 船上的观察者看到的次序相反；

(2) $V=\dfrac{2L_0\Delta t}{(\Delta t)^2+L_0^2/c^2}$；

(3) 两船的船头先相遇，然后两船的船头与另一船的船尾同时相遇.

6.9　一艘火箭飞船以 $V=0.8c$ 的速度飞经地球，相遇时都把时间调整到 12 点正.

(1) 飞船上的时钟 12 点半时飞经一相对于地球静止、它的钟也与地球同步的宇航站，此时宇航站的钟指示何时？

(2) 地球上的人测得的宇航站离地球多远？

(3) 飞船经宇航站时，向地球发一信号，地球上的人何时收到这个信号？

(4) 地球上的人收到信号后立即发回信号，飞船上的人何时接到信号？

答　(1) 12 点 50 分；(2) 40 光分或 7.2×10^{11}m；

(3) 13 点半；(4) 16 点半.

6.10　一根米尺相对于 S' 系静止，与 $O'x'$ 轴的夹角为 30°. 如 S' 系相对于 S 系沿 x 轴（与 x' 轴平行）方向运动. 在 S 系中测得米尺与 x 轴的夹角为 45°. 求 (1) S 系中测得的米尺的长度；(2) S' 系相对于 S 系的速度.

答　(1) 0.707m；(2) $0.816c$.

6.11　一短跑选手在地球上以 10s 的时间跑完 100m，在沿跑的方向以 $0.98c$ 的速度相对于地球飞行的飞船中的观察者看到此选手跑了多少时间和多长距离？

答　约 50s. 沿相反方向倒退，跑了约 49 光秒的距离.

6.12　若 6.6 题 S' 系中先后发生的两个事件并不发生在同一地点，在有相对运动的方向上相距 $\Delta x'=10$ 光分. $\Delta t'$, Δt 仍和 6.6 题相同. 求 (1) S' 系相对于 S 系的速度 V；(2) 在 S 系中测得的两事件发生的地点间的距离 Δx.

答　(1) $0.296c$；(2) 12 光分.

6.13　一质点在惯性系 S' 中作匀速率圆周运动，轨道方程为

$$x'^2+y'^2=r^2,\ z'=0$$

S' 系以速度 V 沿 x 轴向正向运动，在 $t=t'=0$ 时，x、x'，y、y'，z、z' 轴分别重合. 试证明：在惯性系 S 中测得的轨道为一椭圆，椭圆的中心以速度 V 移动.

6.14　设 S' 系以速度 V 沿 x 轴向正方向相对于 S 系运动. 固定在 S' 系内 (x'_0、y'_0、z'_0) 点的时钟，在 t'_0 时刻从 S 系内 (x_0、y_0、z_0) 点旁边经过. 这时 S 系内的时钟指示 t_0 时刻. 写出在这种情况下的洛伦兹变换公式.

答　$x'-x'_0=\dfrac{x-x_0-V(t-t_0)}{\sqrt{1-\left(\dfrac{V}{c}\right)^2}}$，$y'-y'_0=y-y_0$，$z'-z'_0=z-z_0$，$t'-t'_0=\dfrac{t-t_0-\dfrac{V}{c^2}(x-x_0)}{\sqrt{1-\left(\dfrac{V}{c}\right)^2}}$.

***6.15**　设 S' 系相对于 S 系的速度 $\mathbf{V}$ 并不平行于 x 轴，$t=t'=0$ 时，x 与 x' 轴、y 与 y' 轴、z 与 z' 轴两两重合. 试导出在这种情况下的洛伦兹变换公式.

提示　把 $\boldsymbol{r}$、$\boldsymbol{r}'$ 分解为平行于 $\mathbf{V}$ 的分量 $\boldsymbol{r}_{/\!/}=\dfrac{\boldsymbol{r}\cdot\mathbf{V}}{V^2}\mathbf{V}$、$\boldsymbol{r}'_{/\!/}=\dfrac{\boldsymbol{r}'\cdot\mathbf{V}}{V^2}\mathbf{V}$ 和垂直于 $\mathbf{V}$ 的分量 $\boldsymbol{r}_\perp=\boldsymbol{r}-\boldsymbol{r}_{/\!/}$、$\boldsymbol{r}'_\perp=\boldsymbol{r}'-\boldsymbol{r}'_{/\!/}$.

答　$\boldsymbol{r}'\cdot\mathbf{V}=\dfrac{\boldsymbol{r}\cdot\mathbf{V}-V^2t}{\sqrt{1-\left(\dfrac{V}{c}\right)^2}}$，$\boldsymbol{r}'-\dfrac{\boldsymbol{r}'\cdot\mathbf{V}}{V^2}\mathbf{V}=\boldsymbol{r}-\dfrac{\boldsymbol{r}\cdot\mathbf{V}}{V^2}\mathbf{V}$，

$$t'=\frac{t-\dfrac{\boldsymbol{r}\cdot\mathbf{V}}{c^2}}{\sqrt{1-\left(\dfrac{V}{c}\right)^2}}.$$

6.16　有两个事件 A、B，在惯性系 S 中同时发生，两事件发生地点相距 1m. 另一惯性系 S' 相对于沿从事件 A 到 B 两发生地的连线运动. 在 S' 系中测得两发生地的距离为 2m. 求 S'

系中测出的两事件发生的时间间隔．哪个事件先发生？

答　5.77×10^{-9}s，事件 B 先发生．

6.17　A、B 两钟相对于某惯性系的一条直线上作方向相同、速率不同的匀速运动．在相遇时两种均拨到零点．A 钟在时刻 T_A 向 B 的方向发出一光信号，B 钟收到该信号的时间为 T_B．证明：B 钟相对 A 钟的运动速率为

$$V = c(T_B^2 - T_A^2)/(T_A^2 + T_B^2)$$

6.18　S'系以 V 的恒定速度沿 S 系的 x 轴向正向运动．若质点在 S'系的 $x'y'$平面内运动，速度 $\boldsymbol{v}'$与 x'轴的夹角为 θ'．试证明，在 S 系中，质点的速度 v 与 x 轴的夹角 θ 满足关系

$$\tan\theta = \frac{v'\sin\theta'\sqrt{1-(V/c)^2}}{V + v'\cos\theta'}$$

6.19　两根静止长度均为 l_0 的杆成一直线放置，并以相对于一个参考系以相同的速率 v 匀速相向运动．试问在固连于一个杆的参考系内的观察者测得的另一根杆的长度是多少？

答　$l_0\dfrac{1-v^2/c^2}{1+v^2/c^2}$.

6.20　在某一参考系 S 中，两条飞船 A、B 分别以 $0.8c$ 及 $0.6c$ 的速率相向而行．找出一个参考系 S'，使两条飞船分别以相同的速率 v'相向而行．

(1) 求 S'系对 S 系的速度 $\mathbf{V}$；(2) v'有多大？

答　(1) $V=0.2c$，方向沿飞船 A 的航向；(2) $v'=0.714c$．

6.21　在某一参考系中，物体 A 以匀速率 $v_A=0.8c$ 沿 x 轴向正向运动，物体 B 以匀速率 $v_B=0.6c$ 沿 x 轴向负向运动．在 A 看来，B 的速度 v'_B 如何？

答　$-0.95c$．

6.22　一光源在其静止的坐标系中向各方向均匀地辐射，当它以接近于光速 c 的速率 V 在参考系 S 中运动时，在 S 系中，它的辐射将在它的前进方向上有强烈的辐射(这种现象称为前灯效应)．要使发射出的辐射有一半在半顶角 $\theta=10^{-3}$rad 的圆锥状立体角内，V 应多大？

提示　可利用 6.18 题结果．

答　$(1-5\times10^{-7})c$．

***6.23**　当 S'系相对于 S 系的速度 $\mathbf{V}$ 有任意方向时，试导出速度变换公式并表成矢量形式．

答　$\boldsymbol{v}'=\dfrac{1}{1-\dfrac{1}{c^2}(\boldsymbol{v}\cdot\mathbf{V})}\left[\boldsymbol{v}\sqrt{1-\dfrac{V^2}{c^2}}-\mathbf{V}+\dfrac{\boldsymbol{v}\cdot\mathbf{V}}{V^2}\left(1-\sqrt{1-\dfrac{V^2}{c^2}}\right)\mathbf{V}\right]$.

6.24　利用速度变换公式求出 6.1 题所述的菲佐实验中在顺水速和逆水速两种情况下的光速与用以太假设解释菲佐实验引入的拖曳系数 k 后的光速相比较，从而导出 k 与折射率的关系．

答　$v_1=\dfrac{c}{n}+\left(1-\dfrac{1}{n^2}\right)V$，$v_2=\dfrac{c}{n}-\left(1-\dfrac{1}{n^2}\right)V$，$k=1-\dfrac{1}{n^2}$.

6.25　两根静止长度均为 l_0 的尺在某一参考系中分别如题图(a)、(b)那样以相同的速率

V、互成 90°角运动. 在与一根尺固连的参考系中测得的另一根尺的长度是多少?

答　(a)图 $l=l_0\sqrt{1-\frac{V^2}{c^2}}$,

(b)图 $l=l_0\sqrt{1-\frac{V^2}{c^2}+\frac{V^4}{c^4}}$.

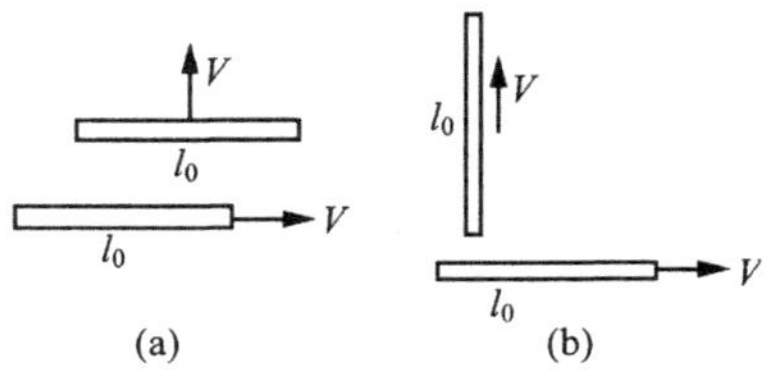

6.25 题图

6.26　证明光线与 x 轴的夹角 θ 的变换公式为

$$\tan\theta=\frac{c\sin\theta'\sqrt{1-\left(\frac{V}{c}\right)^2}}{c\cos\theta'+V}\text{ 或 }\cos\theta=\frac{c\cos\theta'+V}{c+V\cos\theta'}.$$

***6.27**　一枚火箭相对于固连于自己的参考系以匀加速度 a_0 作直线运动. 按照地球的钟,从静止出发,经过多长时间(假定时钟的运行与其加速度无关),火箭加速到 $V=0.8c$? 按照火箭内的时钟,加速到这一速度需用多长时间?

答　$t=\frac{4c}{3a_0}$, $t_0=\frac{c}{a_0}\ln 3$.

6.28　静止的氢原子发出的一条光谱线 H_δ 的波长 $\lambda=0.4101\times10^{-6}$m. 当氢原子以 $v=5\times10^5$m/s向着观察者飞行时,观察者看到的波长将有多大的改变?

答　减小 6.8×10^{-10}m.

6.29　当一光源以速率 V_1 向地球靠近时,地球上静止的人甲看到光源发出的是波长 $\lambda_1=5000$Å 的绿光,而相对地球以速率 V_2 运动(与光源的运动沿同一直线)的人乙看到的却是波长 $\lambda_2=6000$Å 的红光. 当光源以相同的速率 V_1 远离地球时,甲也看到波长 λ_2 的红光.

(1) 求光源发出的光的波长 λ_0;

(2) 求 V_1、V_2 的值;

(3) 当光源以 V_1 远离地球时,乙看到的光的波长多大?

答　(1) $\lambda_0=5477$Å; (2) $V_1=0.091c$, $V_2=0.18c$; (3) 7.2×10^3Å.

6.30　一宇宙飞船以速度 $0.6c$ 离开地球飞向离地球 3 光年的宇航站(地球参考系测出的距离),然后再返回地球. 起飞时地球的钟为 $t=0$,飞船的钟为 $t'=0$. 地球上每隔 1 年向飞船发一光脉冲,飞船上的人也每隔 1 年向地球发一光脉冲. 试问

(1) 旅行过程中,地球上的人和飞船上的人各发了几个脉冲?

(2) 飞船上的人在哪些时刻收到脉冲?

(3) 地球上的人在哪些时刻收到脉冲?

答　(1) 向飞船发了 9 个脉冲,向地球发了 7 个脉冲;

(2) $t'=2, 4, 4.5, 5, 5.5, 6, 6.5, 7, 7.5$(年);

(3) $t=2,4,6,8,8.5,9,9.5$(年).

6.31　氢原子光谱中的一条谱线 Hα,波长为 6.561×10^{-7}m. 在地球上测得来自太阳赤道上相对两端辐射 Hα 线的波长差为 9×10^{-12}m. 假定此效应是由于太阳自转引起的. 求太阳的自转周期 T. 已知太阳直径 $D=1.4\times10^9$m.

答　约25天.

6.32　试求初速为零的静止质量为 m_0、荷电 q 的相对论带电粒子在电场强度为 E 的恒定均匀电场中的运动方程.

答　$x=\frac{m_0c^2}{qE}\left[\sqrt{1+\left(\frac{qEt}{m_0c}\right)^2}-1\right],\ y=z=0.$

6.33　试求静止质量为 m_0、荷电 q、初速度为 $\boldsymbol{V}$ 的相对论带电粒子在磁感应强度为 $\boldsymbol{B}(\boldsymbol{B}\perp\boldsymbol{V})$ 的均匀恒定磁场中的运动.

答　在垂直于 $\boldsymbol{B}$ 的初速 $\boldsymbol{V}$ 所在平面上作半径 $r=\frac{m_0V}{qB\sqrt{1-\left(\frac{V}{c}\right)^2}}$ 的匀速率为 V 的圆周运动.

6.34　试用相对论粒子的动能 T 表示它的动量的大小 p,用相对论粒子的动量 $\boldsymbol{p}$ 表示它的速度 $\boldsymbol{v}$.

答　$p=\frac{1}{c}\sqrt{T(T+2m_0c^2)},\ \boldsymbol{v}=\frac{c\boldsymbol{p}}{\sqrt{p^2+m_0c^2}}.$

6.35　一个静止质量为 m_0 的相对论粒子具有能量 E. 求该粒子的速率 v. 讨论非相对论和极相对论两种极限情况.

答　$v=\frac{c}{E}\sqrt{E^2-m_0^2c^4}$,非相对论极限:$v\approx\sqrt{\frac{2T}{m_0}}$,极相对论极限:$v=\left[1-\frac{1}{2}\left(\frac{m_0c^2}{E}\right)^2\right]$.

6.36　一个能量为 E_i 的光子被一个静止质量为 m_e 的静止电子所散射. 设散射后光子的能量为 E_f,入射光子与散射光子之间的夹角为 θ. 找出 E_i、E_f 和 θ 之间的关系.

答　$1-\cos\theta=\left(\frac{1}{E_f}-\frac{1}{E_i}\right)m_ec^2.$

6.37　一个静止的 π^+ 介子衰变为 μ^+ 子和中微子. 三者的静止质量分别为 $m_{\pi0}$、$m_{\mu0}$ 和零. 求 μ 子和中微子的动能 T_μ、T_ν.

答　$T_\mu=\frac{(m_{\pi0}-m_{\mu0})^2c^2}{2m_{\pi0}},\ T_\nu=\frac{(m_{\pi0}^2-m_{\mu0}^2)c^2}{2m_{\pi0}}.$

6.38　静止质量均为 9.11×10^{-31}kg 的一个电子和一个正电子相碰撞,两粒子消失产生电磁辐射、若湮没前均静止,求辐射出的能量.

答　1.64×10^{-13}J.

6.39　两个静止质量均为 m_0 的粒子,一个处于静止状态,另一个动能为其静能的6倍. 两粒子作完全非弹性碰撞. 求复合粒子的静止质量和速度.

答　$4m_0,\ \frac{\sqrt{3}}{2}c.$

6.40　一个静止质量为 M_0、速率为 $0.8c$ 沿 x 轴向正方向运动的粒子衰变成两个静止质量均为 m_0 的粒子,其中一个以 $0.6c$ 的速率沿 y 轴向负方向运动. 求(1)另一个粒子的速率和运动方向；(2)$\dfrac{m_0}{M_0}$.

答　(1) $0.985c$，与 x 轴夹角 $\theta=\arctan 0.135$；(2) 0.24.

6.41　可以通过辐射 γ 量子的方法使被激励的原子核返回基态．设基态的质量即原子核的静止质量为 m_0，激发能(处于该激发态时原子核的能量减去处于基态时的能量)为 ΔE．求辐射出的 γ 量子的频率．

答　$\nu=\dfrac{\Delta E}{h}\left(1-\dfrac{\Delta E}{2m_0c^2+2\Delta E}\right)$.

6.42　一个静止质量为 M_0 的静止粒子裂变为静止质量分别为 m_{10} 和 M_{20} 的两粒子，裂变能 $M_0c^2-(m_{10}+m_{20})c^2$ 在这两个粒子间如何分配？

答　$T_1=\dfrac{(M_0-m_{10})^2-m_{20}^2}{2M_0}c^2$，$T_2=\dfrac{(M_0-m_{20})^2-m_{10}^2}{2M_0}c^2$.

6.43　静止的电子偶湮没时产生两个光子．如果其中一个光子再与另一个静止电子发生碰撞，它能给予这个电子的最大速度多大？

答　$\dfrac{4}{5}c$.

***6.44**　一总能量为 E_0、静止质量为 m_0 的粒子与一个具有相同静止质量的静止粒子发生完全弹性碰撞，散射后两粒子动能相等．求散射后两粒子的夹角，并讨论非相对论和极相对论两种极限情况．

答　$\cos\dfrac{\theta}{2}=\sqrt{\dfrac{E_0+m_0c^2}{E_0+3m_0c^2}}$，$\theta=\dfrac{\pi}{2}$，$\theta\to 0$.

***6.45**　一个能量为 E_ν 的光子与一个能量为 $E\gg m_0c^2$(m_0 为静止质量)的电子发生碰撞．

(1) 若在实验室参考系中光子运动方向与电子运动方向的夹角为 θ，碰前光子在电子参考系中的能量 E'_ν 等于多少？

(2) 若 $E'_\nu\ll m_0c^2$，电子的反冲可以略去，光子在电子参考系中的能量不会因为碰撞而改变．问碰撞后光子在实验室参考系中能量的最小值和最大值各是多少？

答　(1) $E'_\nu=\left[\dfrac{E}{m_0c^2}(1-\cos\theta)+\dfrac{m_0c^2}{2E}\cos\theta\right]E_\nu$；

(2) $E_{\nu\min}\approx\left(\dfrac{m_0c^2}{2E}\right)^2E_\nu$，$E_{\nu\max}\approx\left(\dfrac{2E}{m_0c^2}\right)^2E_\nu$.

***6.46**　用真空中电磁波的相位是洛伦兹变换下的不变量导出多普勒效应(6.5.4)、(6.5.5)式．

勘　误　表

P.13 第 7 行，$\frac{\Delta\theta}{\theta t}$ 改为 $\frac{\Delta\theta}{\Delta t}$. 第 8 行，$\frac{\Delta\theta}{\theta s}\frac{\Delta s}{\theta t}$ 改为 $\frac{\Delta\theta}{\Delta s}\frac{\Delta s}{\Delta t}$.

P.17 倒数第 8 行，$\boldsymbol{v}_A =$ 改为 $\boldsymbol{v}_A$.

P.18 第 4 行，$\dot{r}=$ 改为 $\dot{r}+$.

P.19 第 4 行，静系改为静坐标系，第 5 行，动系改为动坐标系.

P.21 倒数第 6 行，$\frac{\tilde{\mathrm{d}}\,\boldsymbol{v}_{\mathrm{c}}}{\mathrm{d}t}$ 改为 $\frac{\tilde{\mathrm{d}}\,\boldsymbol{v}_{\mathrm{r}}}{\mathrm{d}t}$.

P.22 第 12 行，句号前加(对动系上的点而言).

P.27 第 9 行，$3b\Omega\boldsymbol{e}_\varphi$ 改为 $(3b\Omega-2ct)\boldsymbol{e}_\varphi$.

P.31 第 9 行，$\rho=\infty$ 改为 $\rho=0$

P.32 第 5、6、7 行，arsh 改为 arcsh，(共 7 处)

P.41 图 2.1.3 前一行，静摩擦力改为最大静摩擦力.

P.51 倒数第 4 行，弹簧常数改为劲度系数.

P.54 第 15，18 行，$1-2\mu$ 改为 $1-2\mu^2$.

P.55 第 3 行，$\frac{\mathrm{d}s}{\mathrm{d}t}$ 改为 $\frac{\mathrm{d}s}{\mathrm{d}\theta}$，(共两处). 倒数第 2 行，例 2.3.3 改为例 2.2.3.

P.56 第 4 行，(2.2.1)式改为(2.2.2)式.

P.56 倒数第 2 行，轨道是已知改为轨道已知.

P.57 第 4 行，在一条光滑的改为在竖直平面内一条光滑的.

P.58 第 10 行，$\rho=\frac{\mathrm{d}s}{\mathrm{d}\theta}$ 改为 $\rho=-\frac{\mathrm{d}s}{\mathrm{d}\theta}$.

P.58 第 11，14 行，$+\mu v^2$ 改为 $-\mu v^2$，(共 2 处).

P.58 第 16 行，=改为=－(加负号).

P.58 第 18，19 行，$\mathrm{e}^{2\mu\arctan\frac{x}{2a}}$ 改为 $\mathrm{e}^{-2\mu\arctan\frac{x}{2a}}$，(共 2 处).

P.59 第 1，2 行，改成 $\frac{1}{2}v^2+\frac{g}{4a}x^2+ga=2ga\mathrm{e}^{-\frac{1}{2}\mu\pi}\mathrm{e}^{2\mu\arctan\frac{x}{2a}}$.

P.61 倒数第 7 行，$p^2\frac{k}{M}$ 改为 $p^2+\frac{k}{M}$，式子后加编号(4).

P.62 第 4 行，待令系数改为待定系数.

P.63 第 15 行，$\alpha t\left(\alpha=\dfrac{A}{mT}\right)$ 改为 αt，$\left(\alpha=\dfrac{A}{mT}\right)$.

P.72 图 2.3.1，$\boldsymbol{r}$ 向右靠，PP' 加箭头，标以 $\mathrm{d}\boldsymbol{r}$.

P.73 第 1 行，p 改为 P，p' 改为 P'. 第 4 行，$\boldsymbol{\alpha}$ 改为 α.

P.94 第 7 行，$\dfrac{1}{2}\dot{r}$ 改为 $\dfrac{3r^2}{\omega^2}\dot{r}^2$，(共 2 处).

P.97 倒数第 3 行，压缩阶段改为恢复阶段.

P.101 第 8 行，坐标改为位矢.

P.103 图 2.5.1 中，$v'_{2to}=v'_{2t}$ 往右上方移至箭头处.

P.113 倒数第 11 行，Δf 改为 ∇f.

P.118 第 9 行，约束力改为如约束力.

P.119，倒数第 7 行，见图 2.8.1 改为图 2.8.1 是按§1.3 $Oxyz$ 为静系画的.

P.144，第 15 行，$m_2\cos\alpha_c$ 改为 $m_1+m_2\cos\alpha_c$.

P.147，去掉 2.18 题图. 第 9 行，$\dfrac{nV_0}{\gamma}$ 改为 $\dfrac{mV_0}{\gamma}$.

P.149，倒数第 11 行，15 改为 13. 倒数第 9 行，7 改为 5.

P.150，第 7，8，9 行，U 改为 V.

P.154，第 5 行，$z_{\min}=a$，$z_{\max}=\dfrac{V^2}{2g}$ 改为 a 与 $\dfrac{V^2}{2g}$ 中大者为 $z_{\max}$，小者为 $z_{\min}$.

P.155，第 3 行，a^4v^2 改为 a^4V^2. 第 9 行，弹性常改为劲度系.

P.155，第 18 行，角速度改为角速度 ω.

P.156，第 11 行，ω_0 改为 $\left(1-\dfrac{\eta_0}{L}\right)\omega_0$，(共 2 处).

P.156，倒数第 9，10 行，位置满足改为一个特解为.

P.157，倒数第 1 行，$\left(1-\dfrac{4}{3}\sin^3\alpha\right)$ 改为 $\left(1-\dfrac{4}{3}\sin^2\alpha\right)\sin\alpha$.

P.159，图 3.1.1，M 改为 m，图 3.1.2，加 k，m.

P.165，倒数第 7 行，$\sqrt{\dfrac{I^2}{mk}+\left(\delta+\dfrac{\mu mg}{k}\right)^2}$ 改为 $\sqrt{\dfrac{I^2}{mk}+\left(\delta+\dfrac{\mu mg}{k}\right)^2}-\dfrac{2\mu mg}{k}$.

P.187，倒数第 5 行，ξ^2 改成 ζ^2.

P.189，第 4 行，$\approx$ 改成 $\propto$ (共 2 处). 第 11 行，$\delta\zeta^2$ 改成 $8\zeta^2$.

P.203，倒数第 4 行，S～改为 S–.

P.207，倒数第 8 行，P.208 第 2，3 行，B 改为 K(共 3 处).

P.225，倒数第 11 行，圆频率改为角频率.

P.227，第 8，9，11 行，$A^2\omega^2$ 改为 $A^2\omega^2 v$. 第 14 行，$n=v$ 改为 $n=0$.

P.231，第 2 行 Ak 改为 AK.

P.239，倒数第 4 行，$\int^X$ 改为 $\int^x$.

P.250，倒数第 3 行，$\frac{1}{2}$ 改为 $\frac{1}{3}$.

P.252，倒数第 13 行，$\frac{10}{2}\pi$ 改为 10π. 第 14 行，$\frac{1}{4q}t$ 改为 $\frac{1}{49}t$.

P.258，3-35 题图中，□改为 $\boxed{\text{A}}$，题图下第 2 行，$4\pi^2 n^2$ 改为 $4\pi^2 n^2 m$.

P.262 第 4 行，最后句号前加(设 $mg \ll T_0$).

P.263 第 5 行，$-\frac{2}{5}\pi$ 改为 $-\frac{1}{5}\pi$. 倒数第 11 行，1.55 改为 1.65.

P.266 第 7 行，问号后加设声速为 330m/s. 倒数第 1 行，900 改为 990.

P.277 第 7，9，12 行，实根改为正实根(共 3 处).

P.277 第 9 行，两个圆之间，后加也可能是无界的，图 4.3.1(d)可有这种情况.

P.278 倒数第 8 行，$E_1=E_2$ 改为 $E=E_2$.

P.297，图 4.4.4 中，长方形虚线框的两侧边应与双曲线相切. 倒数第 2 行，y_1^2 改为 y'^2.

P.301 倒数第 6 行，$\frac{h}{R_1^2}$ 改为 $\frac{h}{R_1}$.

P.302 第 1 行，v_1^2 改为 v_0^2.

P.304 倒数第 7 行，$\dot{\boldsymbol{r}}$ 改为 $\boldsymbol{r}$.

P.314 倒数第 10 行，$\frac{h}{r_{\min}^2}$ 改为 $\frac{k}{r_{\min}^2}$.

P.315 第 4 行，(4.5.8)式改为(4.6.8)式.

P.322 倒数第 12 行，$\sqrt{\frac{n^3 R}{g}}$ 改为 $\sqrt{\frac{n^3 R}{2g}}$.

P.323 第 13 行，$\left(1+n^2-2n\cos\frac{\theta}{2}\right)$ 改为 $\left(1+n^2-2n\cos\frac{\theta}{2}\right)^2$.

P.324 第 4 行，$\frac{Ze^2}{b}$ 改为 $\frac{Ze^2}{4\pi\epsilon_0 b}$. 倒数第 7 行，$16E^4\sin^2\left(\frac{\alpha}{2}\right)$ 改为 $16E^2\sin^4\left(\frac{\alpha}{2}\right)$.

P.333 倒数第 9 行，同心圆轴改为同心圆族.

P.339 第 8，9，11 行，$v_0 x$ 改为 v_{0x}(共3处).

P.339 倒数第 4 行，v_0y 改为 v_{0y}. 倒数第 3 行，v_0z 改为 v_{0z}.

P.341 倒数第 8 行，达郎伯改为达朗贝尔.

P.347 倒数第 2 行，$p(R\cdot z)$ 改为 $p(R,z)$.

P.358 第 7 行，流动改为流体.

P.369 倒数第 6 行，$\frac{\mathrm{d}p}{\mathrm{d}z}$，也只能改为 $\frac{\mathrm{d}p}{\mathrm{d}z}$ 也只能.

P.371 第 7 行，$\frac{Q}{P}$ 改为 $\frac{Q}{\rho}$.

P.373 第 1 行，$\frac{p_\mathrm{A}-p_0}{L_1}$ 改为 $\frac{p_\mathrm{B}-p_0}{L_1}$. 倒数第 5 行，去掉由(1)、(3)两式得.

P.374 第 3 行，$\frac{\rho R^4}{64\eta^2}\alpha^2$ 改为 $\frac{1}{2}\frac{\rho R^4}{64\eta^2}\alpha^2$，第 4 行，−1 改为 $-L$.

P.383 倒数第 10 行，2.76N 改为 3.76N.

P.386 第 13 行，pa^2 改为 ρa^2.

P.390 倒数第 13 行，$\boldsymbol{V}'$ 改为 $\boldsymbol{V}$.

P.393 倒数第 1 行，以 M_1 改为从 M_1.

P.396 第 5 行，$\frac{V^2}{c_2}$ 改为 $\frac{V^2}{c^2}$.

P.399 第 15 行 $(O、L、O)$ 改为 $(0,l,0)$

P.404 第 13 行，$t_{\mathrm{B1}}=t'_{\mathrm{A1}}$ 改为 $t_{\mathrm{B'1}}=t'_{\mathrm{A'1}}$.

P.410 图 6.4.2(a)中 l 表示 $A'B'$ 的长度，图应相应改动.

P.424(6.5.1′)式中，分母上的 l 改为 1(共 3 处).

P.426 倒数第 4 行，$\sqrt{1-\left(\frac{V}{c}\right)^2}$ 改为 $\sqrt{1-\left(\frac{v}{\mathrm{c}}\right)^2}$.

P.431 倒数第 3 行，观察改为观察者.

P.438 倒数第 11 行，它改为它们.

P.445 第 8 行，$\boldsymbol{p}_1+\boldsymbol{p}'_2$ 改为 $\boldsymbol{p}_1+\boldsymbol{p}_2$.

P.465 第 6 行，$kx^2+ky^2+kz^2$ 改为 $k_x^2+k_y^2+k_z^2$.

P.470 第 12 行，后端 B 改为后端 A.

P.471 倒数第 1 行，S' 相对于改为 S' 相对于 S.

科学出版社“十三五”普通高等教育本科规划教材

经 典 力 学

(下 册)

强元棨 编著

科 学 出 版 社
北 京

内 容 简 介

本书是作者根据在中国科学技术大学、青岛大学多年从事力学和理论力学教学的实践经验写出的、把力学和理论力学两门课程打通的一本教科书.

本书分上下册，上册包括质点运动学、质点动力学、振动和波、有心运动、流体力学基础和狭义相对论；下册包括刚体运动学、质点系动力学、刚体动力学、力学的拉格朗日表述、有限多自由度系统的小振动和力学的哈密顿表述.

本书可作为综合性大学、师范院校、理工科大学物理系一年级下学期的力学课和二年级上学期的理论力学课的教材，也可供其他专业的师生作教学参考书.

图书在版编目（CIP）数据

经典力学(上下册)／强元棨编著. —北京：科学出版社，2003
科学出版社“十三五”普通高等教育本科规划教材
ISBN 978-7-03-010644-5

Ⅰ. 经…　Ⅱ. 强…　Ⅲ. 力学-高等院校-教材　Ⅳ. O3

中国版本图书馆 CIP 数据核字（2002）第 054756 号

责任编辑：鄢德平　龙嫚嫚／责任校对：曹锐军
责任印制：赵　博／封面设计：迷底书装

科学出版社 出版
北京东黄城根北街 16 号
邮政编码：100717
http://www.sciencep.com
北京天宇星印刷厂印刷
科学出版社发行　各地新华书店经销
*
2003 年 1 月第 一 版　开本：720×1000 1/16
2025 年 6 月第七次印刷　印张：34 1/4
字数：648 000

定价：198.00 元(上下册)

目 录

讲课学时分配参考意见

质点运动学　4	质点动力学　14
振动和波　14	有心运动　10
流体力学基础　8	狭义相对论　14

上册共 64 学时

刚体运动学　6　　质点系动力学　10

刚体动力学　12

力学的拉格朗日表述　16

有限多自由度系统的小振动　8

力学的哈密顿表述　16

下册共 68 学时

机动　12 学时　　上下册共 144 学时

所计学时不包括习题课,也不包括打 * 号部分.

第七章　刚体运动学

第一章我们讨论了质点运动学,可以视为质点的物体无需考虑物体上各点速度、加速度之间的差异,因此只需讨论物体上任意选定的一点的位置、速度、加速度、轨道即可.这一章讨论的刚体不是质点.因此对于给定的刚体的运动,要能说明刚体任何一点的位置、速度、加速度、轨道等等.刚体当然可以分成许多部分,每一部分上各点的速度(加速度)间的差别可以忽略,即每一部分都是质点,整个刚体是一个质点系.是否对每一个质点的都逐一加以说明呢?不必,刚体是一个特殊的质点系.只要对它的为数不多的几个物理量加以说明即可.由此就能获知刚体上任何一点的运动状况,刚体运动学要讨论的就是这些问题.

§7.1　基本概念

1. 刚体

刚体是一个特殊的质点系,是指在任何力的作用下,它的任何两点间的距离保持不变的物体.它和质点一样,也是实际物体理想化了的一种抽象模型,任何物体在力的作用下,大小、形状多少总有变化,因此绝对的刚体不存在.但是如果物体运动中,其大小、形状的变化可以忽略不计,就可把它作刚体处理.

2. 自由度及刚体运动的分类

描述运动物体或说得更一般一点一个力学系统的位置所需要的独立坐标的数目,称为该力学系统的自由度.如果运动质点的位置需要三个独立坐标,则说它有三个自由度或自由度为3.在一个平面或一个曲面上运动的质点,有两个自由度.因为给了两个坐标,第三个坐标就惟一确定了.自由度顾名思义是自由的程度.受的限制越多,自由度就越小.运动时不受任何限制的质点,可称为自由质点.自由质点总有三个自由度.即使自由质点作抛物运动和自由落体运动,分别是在一个平面上和一条直线上运动,那是解动力学方程的结果,质点未受限制只能在此平面上和在此直线上运动,自由度也是三个.

刚体有多大的自由度?刚体由无数个质点组成,可这些质点之间保持距离不变，因此它绝没有无数个自由度．刚体模型本身就作了无数个限制．刚体的自由度多大，还要看运动中还受到外加的什么限制（或叫约束）没有．

根据约束的不同情况，可对刚体的运动加以分类．

（1）自由刚体的运动

这是不受任何约束的刚体的运动，也可称为刚体的一般运动．现在我们来看它有多大的自由度．显然，由于刚体上任何两点间的距离保持不变，只要给定不在同一直线上的三点的位置，刚体的位置也即刚体上任何点的位置就完全确定了．因为任何第四点的位置（x_4、y_4、z_4）与这三点保持距离不变，即有下列三个关系：

$$(x_4 - x_i)^2 + (y_4 - y_i)^2 + (z_4 - z_i)^2 = d_{i4}^2 \quad (i = 1,2,3)$$

其中 d_{i4}是第四点与第 i 点间的距离．只要 x_i、y_i、z_i（$i=1,2,3$）给定，由上述三式可以确定 x_4、y_4 和 z_4．

那么三个点共有 9 个坐标，是否有 9 个自由度呢？不然，这三个点相互间距离也保持不变，也有三个关系：

$$(x_i - x_j)^2 + (y_i - y_j)^2 + (z_i - z_j)^2 = d_{ij}^2 \quad (i,j = 1,2,3;i \neq j)$$

d_{ij}是第 i 个点与第 j 个点间的距离．

因此，9 个坐标中只有 6 个是独立的．刚体的一般运动有六个自由度．

（2）刚体的平动

第一章已经指出，作平动的刚体，从运动学的角度看，可以作质点处理．如果没有受到外加的约束，它是自由质点，有三个自由度．也可以用上述讲法予以说明，特别选择不在同一直线上的三点 $A(x_1、y_1、z_1)$、$B(x_1、y_1、z_2)$、$C(x_3、y_1、z_1)$，由于刚体作平动，AB 线、AC 线在运动中始终保持与自己平行，A、B 两点始终有相同的 x、y 坐标，A、C 两点始终有相同的 y、z 坐标．现有 5 个坐标变量，要满足两两距离不变的三个关系，它们是$(z_2 - z_1)^2 = d_{AB}^2$，$(x_3 - x_1)^2 = d_{AC}^2$，$(x_3 - x_1)^2 + (z_2 - z_1)^2 = d_{BC}^2$．因有勾股定理，第三式可从前两式相加得到，不独立．因而有 $5-2=3$，三个自由度．

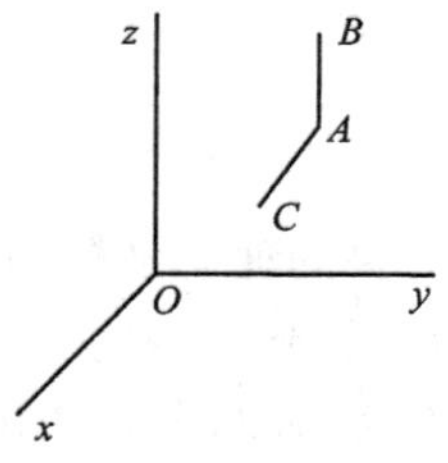

图 7.1.1

（3）刚体的定轴转动

如果刚体运动时，刚体“上”（打引号是为了包括并不在刚体上，但刚体运动时它们相对于刚体上各点的位置不变,好像有无形的刚性杆把它们连在刚体上这种情况)至少有两点始终保持不动的运动.这两点连线上的各点都是固定点,刚体只能围绕这条直线转动.这条直线就是刚体转动时的固定转轴,故称刚体的这种运动为刚体的定轴转动.

定轴转动只有一个自由度.证明如下:选不在同一直线上的三点,其中两点选在转轴上,第三点有三个坐标,它与转轴上的两点间距离不变,有两个关系式.因而只有一个独立坐标,故只有一个自由度.

(4) 刚体的平面平行运动

运动时,刚体上各点都在各自的平面上运动,这些平面又必然互相平行.为把其特色表达得更明白一点,称它为平面平行运动.由于各点的运动平面互相平行是必然的,也可称为平面运动.

平面平行运动最多有 3 个自由度,证明如下:选择始终在同一平面上运动的不在同一直线上的三点,把这平面取为 xy 平面,三点的位置为(x_i、y_i),($i=1$、2、3),共 6 个坐标,三点间距离保持不变,6 个坐标变量满足 3 个关系,故只有 3 个独立坐标.证毕.

(5) 刚体的定点转动

运动过程中,刚体"上"有一点固定不动的运动称为刚体的定点转动.每一瞬时,刚体绕通过此固定点的某条直线转动,这条直线不固定(如固定的话,那是定轴转动),因此,每个瞬时都有一个通过固定点的瞬时转轴.确定刚体的定点转动的自由度时,可这样选取三点:一点就选固定点,它的坐标不是变量,另两点与固定点不在同一直线上,有 6 个坐标,三点间两两距离保持不变,有 3 个关系式,故刚体的定点转动有 3 个自由度.

***3. 角速度矢量**

§3.1 中讲的动参考系实际上就是一个刚体.在质点运动过程中,动参考系和固连于它的坐标系是绝不发生变形的,完全符合刚体应具有的特征.平动参考系是刚体在作平动,转动参考系是刚体在作定轴转动(如 $\boldsymbol{\omega}$ 转轴方向不变)或定点转动($\boldsymbol{\omega}$ 方向随时间变化),有平动又有转动的参考系是刚体作平面平行运动或一般运动.所讲的牵连速度和牵连加速度就是与质点位置重合的刚体"上"的点的速度和加速度.在§1.3 中已经讲了转动角速度,而且已把它标作矢量,没有予以证明.鉴于角速度是刚体运动学中一个十分重要的物理量,这里对角速度是矢量作一个不很严格的证明.

(1) 矢量的定义及其性质

矢量是一个既有大小又有方向的量，可用一个有向线段表示，线段的长度表示大小，线段的箭头指向表示方向．两个矢量如大小相等方向相同，它们是相等的．矢量不仅是有大小有方向的量，还要求其加法符合平行四边形法则或三角形法则，如图 7.1.2(a)、(b)所示．

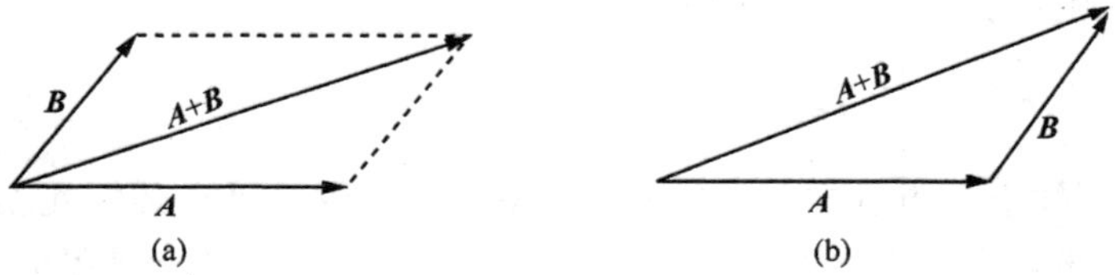

图 7.1.2

矢量具有以下性质：

a. 加法运算具有交换律，即 $\boldsymbol{A}+\boldsymbol{B}=\boldsymbol{B}+\boldsymbol{A}$．

b. 加法运算具有结合律，即 $(\boldsymbol{A}+\boldsymbol{B})+\boldsymbol{C}=\boldsymbol{A}+(\boldsymbol{B}+\boldsymbol{C})$．

c. 矢量和标量的乘积是矢量，而且矢量的数乘具有分配律，即

$$\lambda(\boldsymbol{A}+\boldsymbol{B})=\lambda\boldsymbol{A}+\lambda\boldsymbol{B}$$

需要说明的是以上特性不是矢量所独有的，即具有上述特性的量不一定符合矢量加法的运算法则，因而不一定是矢量．

d. 由两个矢量的矢积定义的矢量具有分配律

$$\boldsymbol{C}\times(\boldsymbol{A}+\boldsymbol{B})=\boldsymbol{C}\times\boldsymbol{A}+\boldsymbol{C}\times\boldsymbol{B}$$

(2) 有限角位移不是矢量，无限小角位移是矢量

角位移可以看做有大小有方向的量，用有向线段表示时，线段的长度与角位移的大小成正比，线段的箭头指向为右手螺旋在转动平面内作此转动时螺轴前进的方向．我们用两个特殊的角位移的相加可以做出有限角位移不是矢量的结论．

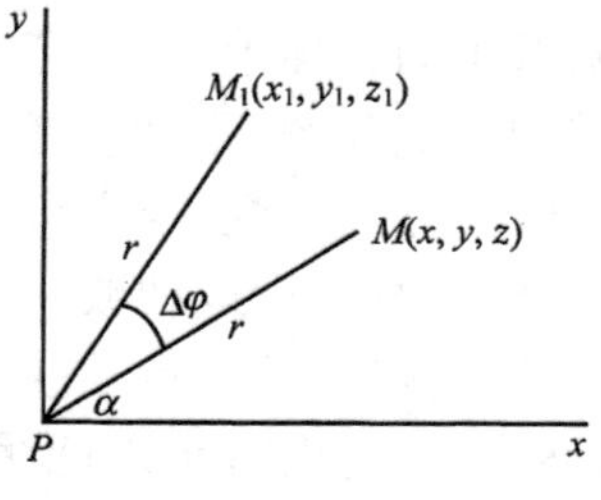

图 7.1.3

第一个角位移是由绕 z 轴转 $\Delta\varphi$ 角引起的，它使坐标为$(x、y、z)$的 M 点变为坐标为$(x_1、y_1、z_1)$的 M_1 点，如图 7.1.3 所示．显然有

$$z_1=z.$$

为求此转动前后的其他坐标变换关系，设 M 点离 z 轴的距离为 r，M 点到 z 轴的垂线与 z 轴的交点为 P，PM 与 x 轴的夹角为 α，则

$$x = r\cos\alpha$$

$$y = r\sin\alpha$$

$$\begin{aligned} x_1 &= r\cos(\alpha + \Delta\varphi) = r\cos\alpha\cos\Delta\varphi - r\sin\alpha\sin\Delta\varphi \\ &= x\cos\Delta\varphi - y\sin\Delta\varphi \\ y_1 &= r\sin(\alpha + \Delta\varphi) = r\sin\alpha\cos\Delta\varphi + r\cos\alpha\sin\Delta\varphi \\ &= y\cos\Delta\varphi + x\sin\Delta\varphi. \end{aligned}$$

这个角位移引起的坐标变换关系可写成矩阵形式：

$$\begin{pmatrix} x_1 \\ y_1 \\ z_1 \end{pmatrix} = \begin{pmatrix} \cos\Delta\varphi & -\sin\Delta\varphi & 0 \\ \sin\Delta\varphi & \cos\Delta\varphi & 0 \\ 0 & 0 & 1 \end{pmatrix} \begin{pmatrix} x \\ y \\ z \end{pmatrix}$$

第二个角位移是由绕 x 轴转 $\Delta\psi$ 角引起的，它使坐标为 $(x、y、z)$ 的 M 点变为坐标为 $(x_2、y_2、z_2)$ 的 M_2 点. 用上述方法或考虑 $x、y、z$ 轴的相对位置参考上述结果直接写出下列坐标变换关系：

$$\begin{pmatrix} y_2 \\ z_2 \\ x_2 \end{pmatrix} = \begin{pmatrix} \cos\Delta\psi & -\sin\Delta\psi & 0 \\ \sin\Delta\psi & \cos\Delta\psi & 0 \\ 0 & 0 & 1 \end{pmatrix} \begin{pmatrix} y \\ z \\ x \end{pmatrix}$$

或

$$\begin{pmatrix} x_2 \\ y_2 \\ z_2 \end{pmatrix} = \begin{pmatrix} 1 & 0 & 0 \\ 0 & \cos\Delta\psi & -\sin\Delta\psi \\ 0 & \sin\Delta\psi & \cos\Delta\psi \end{pmatrix} \begin{pmatrix} x \\ y \\ z \end{pmatrix}$$

先作上述第一个转动再作上述第二个转动，点 $M(x、y、z)$ 最终变为点

$M_{12}(x_{12}、y_{12}、z_{12})$，坐标变换关系为

$$\begin{pmatrix} x_{12} \\ y_{12} \\ z_{12} \end{pmatrix} = \begin{pmatrix} 1 & 0 & 0 \\ 0 & \cos\Delta\psi & -\sin\Delta\psi \\ 0 & \sin\Delta\psi & \cos\Delta\psi \end{pmatrix} \begin{pmatrix} \cos\Delta\varphi & -\sin\Delta\varphi & 0 \\ \sin\Delta\varphi & \cos\Delta\varphi & 0 \\ 0 & 0 & 1 \end{pmatrix} \begin{pmatrix} x \\ y \\ z \end{pmatrix}$$

$$= \begin{pmatrix} \cos\Delta\varphi & -\sin\Delta\varphi\cos\Delta\psi & \sin\Delta\varphi\sin\Delta\psi \\ \sin\Delta\varphi & \cos\Delta\varphi\cos\Delta\psi & -\cos\Delta\varphi\sin\Delta\psi \\ 0 & \sin\Delta\psi & \cos\Delta\psi \end{pmatrix} \begin{pmatrix} x \\ y \\ z \end{pmatrix}$$

先作上述第二个转动再作上述第一个转动，点 $M(x、y、z)$最终变为 $M_{21}(x_{21}、y_{21}、z_{21})$，坐标变换关系为

$$\begin{pmatrix} x_{21} \\ y_{21} \\ z_{21} \end{pmatrix} = \begin{pmatrix} \cos\Delta\varphi & -\sin\Delta\varphi & 0 \\ \sin\Delta\varphi & \cos\Delta\varphi & 0 \\ 0 & 0 & 1 \end{pmatrix} \begin{pmatrix} 1 & 0 & 0 \\ 0 & \cos\Delta\psi & -\sin\Delta\psi \\ 0 & \sin\Delta\psi & \cos\Delta\psi \end{pmatrix} \begin{pmatrix} x \\ y \\ z \end{pmatrix}$$

$$= \begin{pmatrix} \cos\Delta\varphi & -\sin\Delta\varphi\cos\Delta\psi & \sin\Delta\varphi\sin\Delta\psi \\ \sin\Delta\varphi & \cos\Delta\varphi\cos\Delta\psi & -\cos\Delta\varphi\sin\Delta\psi \\ 0 & \sin\Delta\psi & \cos\Delta\psi \end{pmatrix} \begin{pmatrix} x \\ y \\ z \end{pmatrix}$$

比较两个坐标变换关系中的变换矩阵可见，当 $\Delta\varphi$、$\Delta\psi$ 不都是无限小量时，$x_{21} \neq x_{12}, y_{21} \neq y_{12}, z_{21} \neq z_{12}$，$M_{21}$点与 M_{12}点不重合，说明相继作两个转动的次序是不可交换的，没有交换律，表示有限角位移的有向线段一定不符合矢量的加法运算法测，它不是矢量；而当 $\Delta\varphi$、$\Delta\psi$ 均为无限小量时，为与有限量相区别，改用 $d\varphi$、$d\psi$ 表示相应的无限小量，只保留一级小量，$\cos d\varphi = \cos d\psi = 1$，$\sin d\varphi = d\varphi$，$\sin d\psi = d\psi$，$\sin d\varphi \sin d\psi = 0$，有 $x_{21} = x_{12}$、$y_{21} = y_{12}$、$z_{21} = z_{12}$，M_{21}点与 M_{12}点重合，可得出结论：表示无限小角位移的有向线段的加法运算具有交换律，但还不能由此得出结论说无限小角位移的加法符合平行四边形法则. 完全可以说明两个任意的无限小角位移的加法符合平行四边形法则，下面讲的角速度矢量足以弥补这里未予证明的不足.

(3) 角速度矢量

如证明了两个任意的无限小角位移的加法符合平行四边形法则，则无限小角

位移是矢量，用上述性质 c 就证明了角速度是矢量. 我们的做法是，先假定角速度是矢量，用上述性质 d，两个矢量的矢积是矢量，证明按平行四边形加法运算法则有

$$\boldsymbol{\omega} = \boldsymbol{\omega}_1 + \boldsymbol{\omega}_2$$

从而证实了原先的假定：角速度是矢量.

现有一刚体在某时刻既围绕 OA 轴以角速度 $\boldsymbol{\omega}_1$ 转动、又围绕 OB 轴以角速度 $\boldsymbol{\omega}_2$ 转动，如图 7.1.4 所示. 说得详细一点，刚体在此时刻围绕动参考系中的固定轴 OA 以角速度 $\boldsymbol{\omega}_1$ 转动，动参考系又围绕静参考系中的固定轴 OB 以角速度 $\boldsymbol{\omega}_2$ 转动，要证明：刚体在此刻围绕静参考系中的固定轴 OC 以角速度 $\boldsymbol{\omega}$ 转动.

$$\boldsymbol{\omega} = \boldsymbol{\omega}_1 + \boldsymbol{\omega}_2$$

符合矢量的平行四边形加法法则.

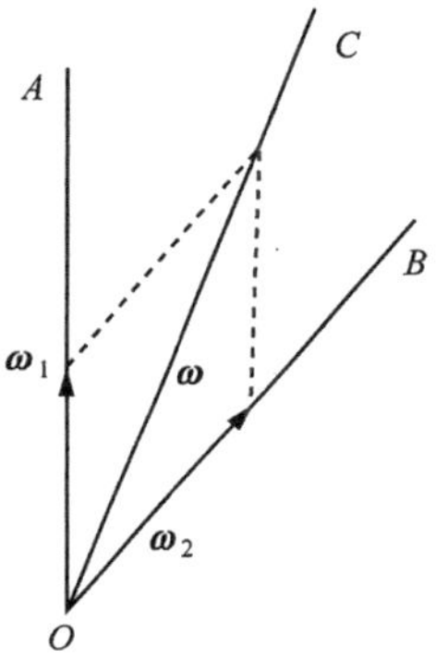

图 7.1.4

证明分两步走. 第一步，证明按平行四边形法则确定的 OC 直线是转轴. OC 上任一点的速度为零. 在 OC 上任取一点 P，设 $OP = r$，OC 与 OA、OB 的夹角设为 α、β，由平行四边形对边平行，内错角相等以及三角形边角的正弦定理可得

$$\frac{\omega_2}{\sin\alpha} = \frac{\omega_1}{\sin\beta} \quad 即 \quad \omega_1 \sin\alpha = \omega_2 \sin\beta$$

绕 OA 轴作角速度 $\boldsymbol{\omega}_1$ 的转动，P 点的速度垂直纸面向下，大小为 $\omega_1 r\sin\alpha$，绕 OB 轴作角速度 $\boldsymbol{\omega}_2$ 的转动，P 点的速度垂直纸面向上，大小为 $\omega_2 r\sin\beta$. 同时作上述两个转动，P 点的速度为上述两个速度之和等于零.

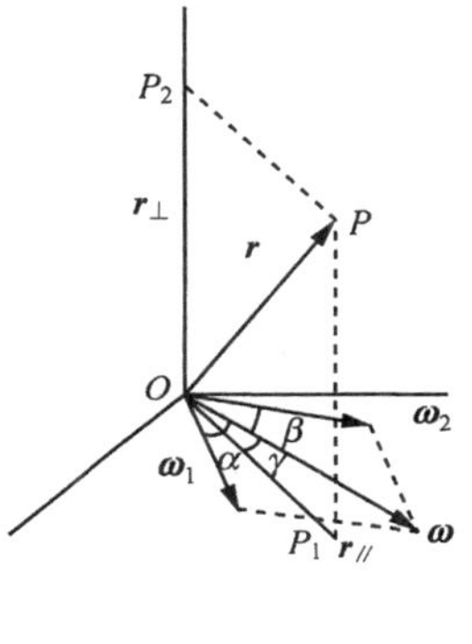

图 7.1.5

第二步，证明 $\boldsymbol{\omega}_1$、$\boldsymbol{\omega}_2$ 按平行四边形法则相加得到的 $\boldsymbol{\omega}$，对刚体上任何一点，有

$$\boldsymbol{\omega}_1 \times \boldsymbol{r} + \boldsymbol{\omega}_2 \times \boldsymbol{r} = \boldsymbol{\omega} \times \boldsymbol{r} \tag{1}$$

即按两种转动计算的速度之矢量和等于按合成的转动计算的速度.

任一点 P 对 O 点的位矢总可以分解为 $\boldsymbol{r}_{/\!/}$ 和 $\boldsymbol{r}_{\perp}$，$\boldsymbol{r}_{/\!/}$ 在 $\boldsymbol{\omega}_1$、$\boldsymbol{\omega}_2$、$\boldsymbol{\omega}$ 所在的平面上，$\boldsymbol{r}_{\perp}$ 与上述平面垂直. 为明显起见，我们把图 7.1.4 改画成图 7.1.5. 将 $\boldsymbol{r}_{/\!/}$、

$\boldsymbol{r}_{\perp}$ 的矢端记为 P_1、P_2，要证明在计算 P_1 点的速度时，有

$$\boldsymbol{\omega}_1 \times \boldsymbol{r}_{/\!/} + \boldsymbol{\omega}_2 \times \boldsymbol{r}_{/\!/} = \boldsymbol{\omega} \times \boldsymbol{r}_{/\!/} \tag{2}$$

证明　规定垂直 $\boldsymbol{\omega}_1$、$\boldsymbol{\omega}_2$、$\boldsymbol{\omega}$ 所在平面向下的速度为正. 设 $\boldsymbol{r}_{/\!/}$ 与 $\boldsymbol{\omega}$ 的夹角为 ν.

$$\begin{aligned}
(2)\text{式左边} &= -\omega_1 r_{/\!/}\sin(\alpha-\nu) + \omega_2 r_{/\!/}\sin(\beta+\nu) \\
&= -\omega_1 r_{/\!/}(\sin\alpha\cos\nu - \cos\alpha\sin\nu) \\
&\quad + \omega_2 r_{/\!/}(\sin\beta\cos\nu + \cos\beta\sin\nu) \\
&= -(\omega_1\sin\alpha - \omega_2\sin\beta) r_{/\!/}\cos\nu + (\omega_1\cos\alpha + \omega_2\cos\beta) r_{/\!/}\sin\nu \\
&= (\omega_1\cos\alpha + \omega_2\cos\beta) r_{/\!/}\sin\nu = \omega r_{/\!/}\sin\nu = \text{右边}
\end{aligned}$$

其中用了 $\boldsymbol{\omega}_1$、$\boldsymbol{\omega}_2$ 和 $\boldsymbol{\omega}$ 之间的平行四边形关系

$$\omega_1\sin\alpha - \omega_2\sin\beta = 0$$

$$\omega_1\cos\alpha + \omega_2\cos\beta = \omega$$

同样考虑 P_2 点的速度，可证

$$\boldsymbol{\omega}_1 \times \boldsymbol{r}_{\perp} + \boldsymbol{\omega}_2 \times \boldsymbol{r}_{\perp} = \boldsymbol{\omega} \times \boldsymbol{r}_{\perp} \tag{3}$$

(2)、(3)两式相加即得(1)式

$$\boldsymbol{\omega}_1 \times (\boldsymbol{r}_{/\!/} + \boldsymbol{r}_{\perp}) + \boldsymbol{\omega}_2 \times (\boldsymbol{r}_{/\!/} + \boldsymbol{r}_{\perp}) = \boldsymbol{\omega} \times (\boldsymbol{r}_{/\!/} + \boldsymbol{r}_{\perp})$$

$$\boldsymbol{\omega}_1 \times \boldsymbol{r} + \boldsymbol{\omega}_2 \times \boldsymbol{r} = \boldsymbol{\omega} \times \boldsymbol{r}$$

考虑到 $\boldsymbol{r}$ 是任意的，即得　$\boldsymbol{\omega} = \boldsymbol{\omega}_1 + \boldsymbol{\omega}_2$，证毕.

§7.2　刚体的运动学方程

运动学方程要能说明这个系统的每一点的坐标是如何随时间变化的. 对于一个刚体来说，其运动学方程就是描述刚体位置的独立坐标与时间的函数关系. 要在动力学中列出的这些独立坐标满足的微分方程易解. 这里就有一个如何选取独立坐标的问题. 下面我们就刚体的各类运动分别说明.

1. 平动

刚体的平动，在运动学方面可以视为一个质点，可用刚体上任一点的坐标. 未

受约束时有三个自由度.运动学方程为

$$\begin{cases} x = x(t) \\ y = y(t) \\ z = z(t) \end{cases} \quad 或 \begin{cases} \rho = \rho(t) \\ \varphi = \varphi(t) \\ z = z(t) \end{cases} \quad 或 \begin{cases} r = r(t) \\ \theta = \theta(t) \\ \varphi = \varphi(t) \end{cases} \quad 等.$$

2. 定轴转动

只有一个自由度,可取转轴为 z 轴,可用轴外任一点在柱坐标中的 φ 为坐标.运动学方程为

$$\varphi = \varphi(t)$$

3. 平面平行运动

平面平行运动时,刚体上各点均在各自的平面上运动,这些平面互相平行.我们取静坐标系的 xy 平面与这些平面平行.在同一时刻,x、y 值相同 z 值不同的各点有完全相同的运动状况(速度、加速度),各点的 z 坐标在运动过程中保持不变.

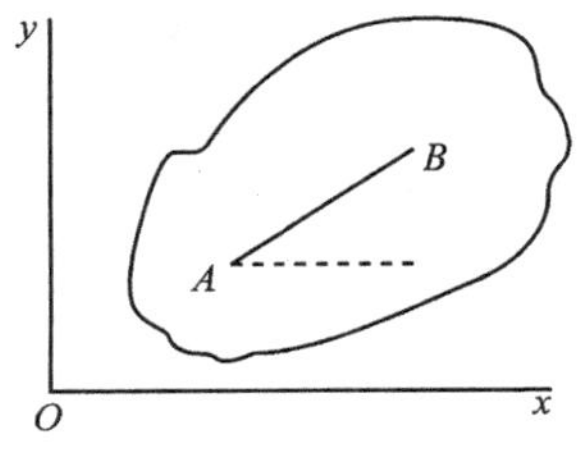

图 7.2.1

作平面平行运动的刚体最多有三个自由度.可选刚体"上"位在 xy 平面上的一点 A 的 x、y 坐标和另一点 B 与 A 的连线与 x 轴的夹角 φ 为独立坐标.运动学方程为

$$x = x(t),\ y = y(t),\ \varphi = \varphi(t)$$

4. 定点转动 欧拉角

定点转动有三个自由度.取固定点以外的刚体"上"任何两点的直角坐标不方便,因为六个坐标中满足三个关系.取刚体"上"某条线的三个方向余弦即它与 x、y、z 轴的三个夹角 α、β、γ 的余弦以及围绕此直线的转角也不方便.原因是三个余弦满足一个关系:$\cos^2\alpha + \cos^2\beta + \cos^2\gamma = 1$.欧拉提出用 θ、φ、ψ 三个角(被称为欧拉角)来表述作定点转动的刚体的位置.下面我们就来讲三个欧拉角是如何规定的.

取固定点为坐标系原点,$O\xi\eta\zeta$ 为静坐标系,取固连于刚体的 $Oxyz$ 动坐标系.动坐标系相对于静坐标系的位置反映了刚体的位置.用三个欧拉角来表述这两个

坐标系的相对位置. 如图 7.2.2 所示.

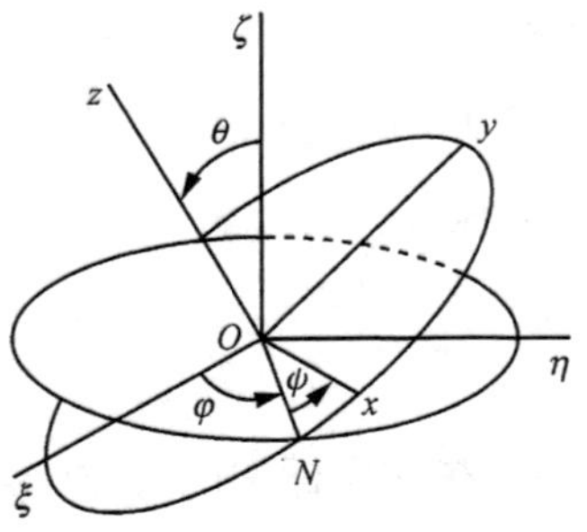

图 7.2.2

θ 角是 ζ 轴与 z 轴间较小的夹角($\leqslant\pi$),以 $\xi\eta$ 平面与 xy 平面的交线 ON 为转轴从 ζ 轴转到 z 轴的角,θ 与 ON 有右手螺旋关系,由保证 $\theta\leqslant\pi$ 决定 ON 的朝向.(交线有两个朝向). 称 θ 为章动角,其定义域为 $0\leqslant\theta\leqslant\pi$.

φ 角是以 ζ 轴为转轴,从 ξ 轴转到 ON 的角度. 称 φ 为进动角,其定义域为 $0\leqslant\varphi\leqslant2\pi$.

ψ 角是以 z 轴为转轴,从 ON 转到 x 轴的角度. 称 ψ 为自转角,其定义域为 $0\leqslant\psi\leqslant2\pi$.

当 x、y、z 轴分别与 ξ、η、ζ 轴重合时,$\theta=0$, $\varphi=0$, $\psi=0$.

从 $\theta=\varphi=\psi=0$ 的位置如何转到 $\theta\neq0$、$\varphi\neq0$、$\psi\neq0$ 的位置? 一种转法是先绕 ζ 轴转 φ 角,如图 7.2.3(a)所示. 动坐标系 $Oxyz$ 在图中为 $Ox'y'z'$,此时 x 轴(图中 x' 轴)就是最后 ON 的位置. 再绕(a)图的 x' 轴(ON 轴)转 θ 角,此时 x' 轴位置不变,y' 轴变为 y'' 轴,z' 轴转到最后 z 轴的位置,如图 7.2.3(b)所示. 最后再绕 z 轴转 ψ 角,此时 z 轴位置不变,x' 轴转到最后 x 轴的位置,y'' 轴也转到最后 y 轴的位置,如图 7.2.3(c)所示. 刚体达到最后位置. 也可以有别的转法.

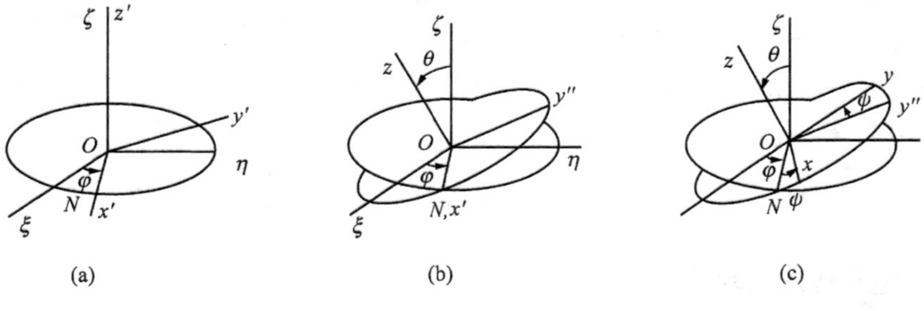

图 7.2.3

欧拉角 θ、φ、ψ 间没有任何关系,均可在各自定义域内独立取值,独立坐标数等于自由度数,足以表达作定点运动的刚体位置. 定点转动时的运动学方程为

$$\theta=\theta(t),\ \varphi=\varphi(t),\ \psi=\psi(t)$$

5. 一般运动

刚体的一般运动意味着:上述四种运动都是它特殊情况.

在§1.3中我们讲动参考系既有平动又有转动的情况,那个动参照物的运动就是刚体的一般运动.那里讲的牵连速度是动参照物上的点的绝对速度,也就是作一般运动的刚体上的点的速度.因此,刚体的一般运动可以看做跟随动坐标系原点(固连于动参照物即刚体上的点,这里称为基点)的平动和围绕原点(基点)的定点转动合成的.

基点必须是刚体"上"的点,选用刚体"上"哪点为基点,从运动学方面讲是无关紧要的.不过基点选得不好,可以把一个简单的运动变成一个复杂的运动.例如一个定轴转动变成平面平行运动,一个定点转动变成一般运动.

上述说法可以得到一个结论:刚体的任何运动总可以分解为跟随基点的平动和在基点平动参考系中围绕基点的转动.下节我们再证明,在任何时刻,围绕基点的转动角速度与基点的选择无关.

刚体的一般运动的运动学方程由基点的运动学方程和围绕基点的定点转动的运动学方程组成,它们是

$$\begin{cases} x = x(t) \\ y = y(t) \\ z = z(t) \end{cases} \qquad \begin{cases} \theta = \theta(t) \\ \varphi = \varphi(t) \\ \psi = \psi(t) \end{cases}$$

其中 θ、φ、ψ 是固连于刚体的以基点为原点的坐标系和以基点为原点的平动坐标系构成的欧拉角.

§7.3 刚体上各点的速度和加速度

1. 普遍适用的速度、加速度公式

刚体的一般运动可包括它的各种特殊情况.上节已指出,§1.3中讲的动参考系既有平动又有转动的情况,那个动参照物的运动就是刚体的一般运动.那里讲的牵连速度、牵连加速度就是作一般运动的刚体上的点的速度和加速度.

$$\boldsymbol{v} = \boldsymbol{v}_{O'} + \boldsymbol{\omega} \times \boldsymbol{r}' \tag{7.3.1}$$

$$\boldsymbol{a} = \boldsymbol{a}_{O'} + \frac{\mathrm{d}\boldsymbol{\omega}}{\mathrm{d}t} \times \boldsymbol{r}' + \boldsymbol{\omega} \times (\boldsymbol{\omega} \times \boldsymbol{r}') \tag{7.3.2}$$

就是普遍适用的速度、加速度公式.其中 O' 是基点,$\boldsymbol{v}_{O'}$、$\boldsymbol{a}_{O'}$ 分别是基点的速度和加速度,$\boldsymbol{\omega}$ 是刚体在基点平动参考系中围绕基点 O' 的角速度,$\boldsymbol{r}'$ 是要求其速度、加速度的刚体上的那点对基点(平动坐标系的原点)的位矢.注意这平动坐标系一般来讲只有 O' 点固连于刚体.

2. 特殊情况

(1) 平动

$$\boldsymbol{\omega}=0,\ \boldsymbol{v}=\boldsymbol{v}_{O'},\ \boldsymbol{a}=\boldsymbol{a}_{O'}$$

(2) 定轴转动

选固定轴上的点为基点，$\boldsymbol{v}_{O'}=0$，$\boldsymbol{a}_{O'}=0$.

$$\boldsymbol{v}=\boldsymbol{\omega}\times\boldsymbol{r} \tag{7.3.3}$$

$$\boldsymbol{a}=\frac{\mathrm{d}\boldsymbol{\omega}}{\mathrm{d}t}\times\boldsymbol{r}+\boldsymbol{\omega}\times(\boldsymbol{\omega}\times\boldsymbol{r}) \tag{7.3.4}$$

(3) 平面平行运动

如选基点 O'为瞬时速度为零的点，则

$$\boldsymbol{v}=\boldsymbol{\omega}\times\boldsymbol{r}' \tag{7.3.5}$$

$$\boldsymbol{a}=\boldsymbol{a}_{O'}+\frac{\mathrm{d}\boldsymbol{\omega}}{\mathrm{d}t}\times\boldsymbol{r}'+\boldsymbol{\omega}\times(\boldsymbol{\omega}\times\boldsymbol{r}') \tag{7.3.6}$$

这个瞬时速度为零的点，称为瞬时转动中心，简称瞬心. 它是刚体“上”的点，可在不同时刻，它是刚体上不同的点. 各时刻为瞬心的这些点在刚体上连成的曲线，称为本体极迹，与各时刻瞬心相重合的空间的点连成的曲线，称为空间极迹，在每一时刻，本体极迹曲线和空间极迹曲线都在那个时刻的瞬心那点相切，空间极迹曲线是固定的，本体极迹曲线是固连于刚体的，是运动的. 本体极迹曲线在空间极迹曲线上的纯滚动就反映了刚体的平面平行运动. 注意(7.3.6)式中仍保留着 $\boldsymbol{a}_{O'}$ 项，这是因为在 O'点为瞬心的那时刻前和后，O'点的速度并不为零，因此瞬心那点的加速度不为零. 当然也可以取那瞬时加速度为零的刚体“上”的点为基点(这点可称为加速度瞬心)，这样，$\boldsymbol{a}_{O'}=0$，可 $\boldsymbol{v}_{O'}\neq0$. 这样处理没有多大优越性，我们就不多说了.

(4) 定点转动

选固定点为基点，$\boldsymbol{v}$、$\boldsymbol{a}$ 的式子也可写成(7.3.3)、(7.3.4)式.

类似于平面平行运动中讲的本体极迹和空间极迹，对于定点转动，也有本体极面和空间极面的概念. 稍后再作细讲.

3. 平面平行运动、瞬心、本体极迹和空间极迹

前面已讲了有关的概念.这里进一步讲如何求瞬心的问题.求瞬心位置可用几何的方法,也可用分析的方法.

先讲几何的方法.

如知道此刻刚体"上"两点(它们在同一运动平面上)的速度,有两种情形:

i)两点的速度不平行,则从这两点作速度的垂线,其交点即为瞬心 c.如图 7.3.1(a)所示.(实际上,对于这种情形,只要知道两点的速度方向即可).

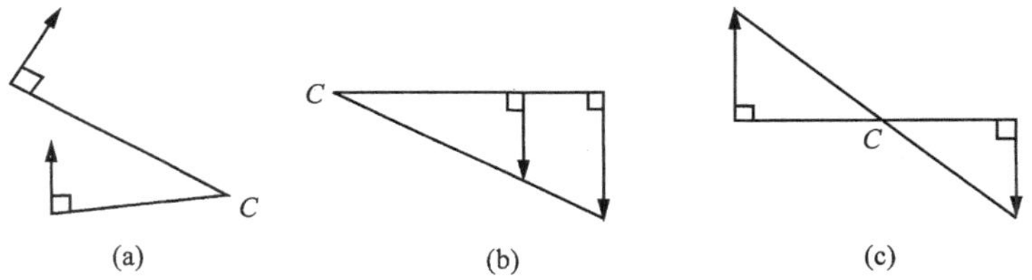

图 7.3.1

ii)两点的速度平行(同向或反向),这两点的连线与两速端的连线的交点即为瞬心 c.如图 7.3.1(b)、(c)所示.在此情形下,两点的速度必与两点的连线垂直.

如知道此刻刚体"上"一点的速度 $\boldsymbol{v}$ 和刚体的角速度 $\boldsymbol{\omega}$. $\boldsymbol{\omega}$ 必与 $\boldsymbol{v}$ 垂直,即包含 $\boldsymbol{v}$ 的作用线的一个平面与转轴垂直.则瞬心 C 必在此平面上的一条过该点垂直于 $\boldsymbol{v}$ 的直线上,且离该点的距离为$\frac{v}{\omega}$,根据 $\boldsymbol{\omega}$ 的方向决定 c 在直线上的哪一侧,如图 7.3.2(a)、(b)所示.图 7.3.2(a)的角速度垂直纸面向下,图 7.3.2(b)的角速度垂直纸面向上.

图 7.3.2

再讲分析的方法

取静坐标系 Oxy 和固连于刚体的动坐标系 $O'x'y'$,均与刚体上各点的运动平面平行,且两坐标平面完全重合. O'为所选的基点,设 C 为瞬心,则用(7.3.1)式

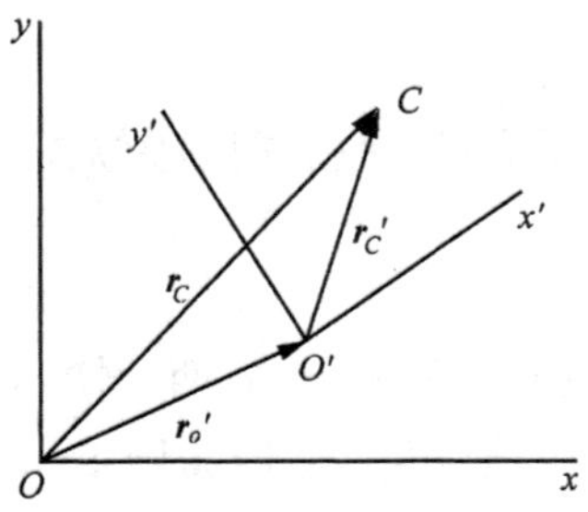

图 7.3.3

$$0 = \boldsymbol{v}_C = \boldsymbol{v}'_O + \boldsymbol{\omega} \times \boldsymbol{r}'_C \quad (7.3.7)$$

如已知 $\boldsymbol{v}'_O$ 与 $\boldsymbol{\omega}$，可求 $\boldsymbol{r}'_C$.

用动系表达(7.3.7)式中各量

$$\boldsymbol{v}_{O'} = v_{O'x'}\boldsymbol{i}' + v_{O'y'}\boldsymbol{j}'$$

$$\boldsymbol{\omega} = \omega \boldsymbol{k}'$$

$$\boldsymbol{r}'_C = x'_C\boldsymbol{i}' + y'_C\boldsymbol{j}'$$

代入(7.3.7)式，可得

$$v_{O'x'} - \omega y_C{}' = 0$$

$$v_{O'y'} + \omega x_C{}' = 0$$

解出

$$x_C{}' = -\frac{v_{O'y'}}{\omega}, \quad y_C{}' = \frac{v_{O'x'}}{\omega}. \quad (7.3.8)$$

即为瞬心在刚体上的位置坐标. 从 $x_C{}'$、$y_C{}'$ 两式中消去参数(参数可以是时间 t 或别的坐标)即得本体极迹方程

$$f(x_C{}', y_C{}') = 0$$

用静系表达(7.3.7)式中各量

$$\boldsymbol{v}_{O'} = \dot{x}_{O'}\boldsymbol{i} + \dot{y}_{O'}\boldsymbol{j}$$

$$\boldsymbol{\omega} = \omega \boldsymbol{k}$$

$$\boldsymbol{r}_C{}' = \boldsymbol{r}_C - \boldsymbol{r}_{O'} = (x_C - x_{O'})\boldsymbol{i} + (y_C - y_{O'})\boldsymbol{j}$$

代入(7.3.7)式，可得

$$x_C = x_{O'} - \frac{\dot{y}_{O'}}{\omega}, \quad y_C = y_{O'} + \frac{\dot{x}_{O'}}{\omega} \quad (7.3.9)$$

为瞬心在空间的位置坐标. 从(7.3.9)的两式中消去参数，即得空间极迹方程 $f(x_C, y_C) = 0$.

如 ω 未知，只要知道刚体上另一点(设为 A)的位置及速度的一个分量，例如 $v_{Ax'}$ 或 $\dot{x}_A$，就能用(7.3.7)式的两个分量方程加上 $\boldsymbol{v}_A = \boldsymbol{v}_{O'} + \boldsymbol{\omega} \times \boldsymbol{r}_A{}'$ 的一个分量方程联立求出 $x_C{}'$、$y_C{}'$ 和 ω 和(或) x_C、y_C 和 ω.

前面说过，在每一时刻，本体极迹曲线和空间极迹曲线都在那个时刻的瞬心那点相切. 因本体极迹曲线固连于刚体，空间极迹曲线是固定的，可以说本体极迹曲线在空间极迹曲线上的纯滚动反映了作平面平行运动的刚体的运动. 这个结论十分重要，下面的例题还不能很直观地验证这个结论，这里先举两个显而易见的例子. 第一个例子，圆轮沿直线作平面的纯滚动，本体极迹曲线就是圆轮的边线，空间极迹典线就是这条直线. 第二个例子，均质直杆沿直角边下滑所作的平面平行运动，本体极迹曲线是以直杆中心为圆心以直杆半长为半径的圆弧，空间极迹曲线是以直角顶点为圆心以直杆长为半径的圆弧. 两个例子的两条极迹曲线都在那个时刻的瞬心那点相切.

例 7.3.1 半径为 r 的半圆柱固定于水平面上，平板搁在半圆柱和水平面上，板的下端 A 点沿水平面向右滑动. 如图 7.3.4 所示，求平板与半圆柱保持相切期间的本体极迹和空间极迹方程.

解 取静坐标系 Oxy，固连于刚体（平板）的动坐标系 $Ax'y'$. 基点必须是刚体上其速度或一个速度分量是已知的点，基点必须取为动坐标系的原点，才能使用(7.3.8)、(7.3.9)式. 本题已知刚体上两点（A 点和切点 D）的速度方向，可用找瞬心位置的几何方法. 直接写出瞬心用参数 θ 表示的动系坐标和静系坐标，分别消去参数 θ，即得本体极迹方程和空间极迹方程

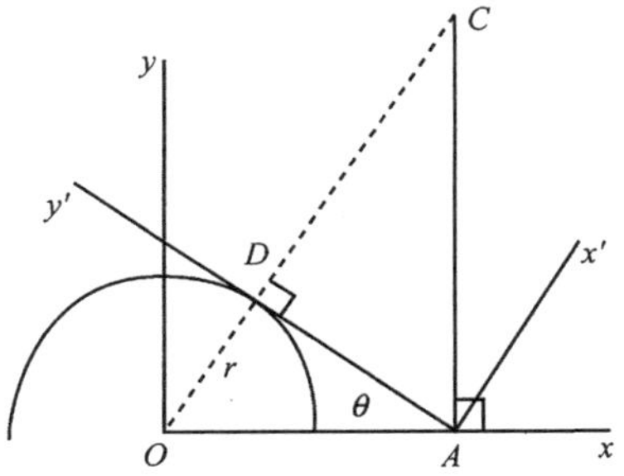

图 7.3.4

$$x'_c = \overline{CD} = \overline{AD}\cot\theta = r\cot^2\theta$$

$$y'_c = \overline{AD} = r\cot\theta$$

消去上述两式中的 θ，得本体极迹方程

$$y'^2_c = rx'_c, \qquad x_c = r\csc\theta$$

$$y_c = \overline{AD}\csc\theta = r\cot\theta\csc\theta$$

消去 θ 可得空间极迹方程

$$x_c^4 - r^2(x_c^2 + y_c^2) = 0$$

例 7.3.2 半径为 r 的圆在其所在平面内运动. 在某时刻，已知相距为$\sqrt{2}r$ 的两点A 和B 的加速度，A 点的加速度指向B，B 点的加速度指向圆心O，加速度的大小均为 a. 求此时加速度瞬心的位置.

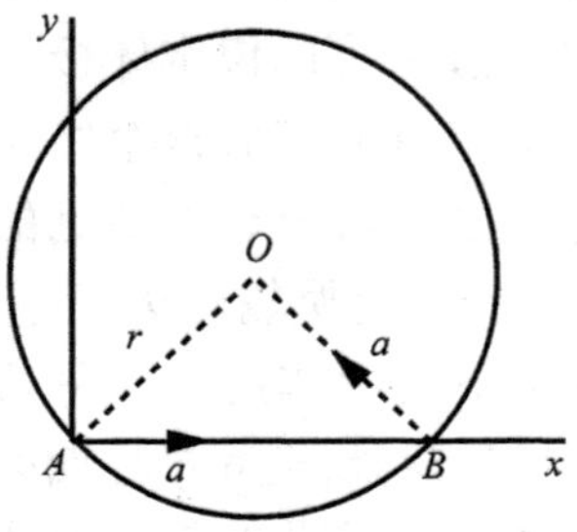

图 7.3.5

解　这圆显然作平面平行运动. 取图 7.3.5 所示的坐标系 Axy，因使用(7.3.6)式无需求导，仅用坐标系来表示矢量，所取的坐标是静系还是动系无所谓. 平面平行运动视为跟随基点的平动和在基点平动参考系中围绕基点的转动（各点都绕基点作半径不等的圆周运动）. 今已知 A、B 两点的加速度，可选 A 点为基点（选 B 点也可以），写 B 点的加速度. 设此时的角速度为 ω，角加速度$\frac{\mathrm{d}\omega}{\mathrm{d}t}=\beta$，规定垂直纸面向上为正.

$$a\boldsymbol{i}+\beta\boldsymbol{k}\times\sqrt{2}r\boldsymbol{i}+\omega\boldsymbol{k}\times(\omega\boldsymbol{k}\times\sqrt{2}r\boldsymbol{i})$$
$$=a(-\cos45^\circ\boldsymbol{i}+\sin45^\circ\boldsymbol{j})$$

上式的两个分量方程为

$$a-\sqrt{2}r\omega^2=-\frac{\sqrt{2}}{2}a$$

$$\sqrt{2}r\beta=\frac{\sqrt{2}}{2}a$$

解得

$$\omega^2=\frac{1}{2r}(1+\sqrt{2})a,\quad \beta=\frac{a}{2r}$$

设加速度瞬心位于(x、y)，对此点用加速度公式(7.3.6)式

$$a\boldsymbol{i}+\beta\boldsymbol{k}\times(x\boldsymbol{i}+y\boldsymbol{j})+\omega\boldsymbol{k}\times[\omega\boldsymbol{k}\times(x\boldsymbol{i}+y\boldsymbol{j})]=0$$

分量方程为

$$a-\beta y-\omega^2x=0$$

$$\beta x-\omega^2y=0$$

解出 x、y 并将 ω^2、β 与 a、r 的关系代入得

$$x=\frac{a\omega^2}{\omega^4+\beta^2}=\frac{\sqrt{2}}{2}r,\quad y=\frac{\beta}{\omega^2}x=\frac{1}{2}(2-\sqrt{2})r$$

4. 定点转动中的本体极面和空间极面

和平面平行运动中的瞬心相当，在定点转动中有瞬轴．瞬轴上除一点是固定点外，其余的点是瞬时速度为零的点．刚体定点转动时，瞬时转轴在空间中扫出的轨迹是一个极面，称为空间极面，瞬时转轴上的点和瞬心一样都是那个时刻刚体"上"的点．刚体定点转动时，刚体"上"处于瞬时转轴上的点也连成一个锥面，称为本体极面．两个极面有公共的顶点(定点转动的固定点)，每个瞬时的瞬时转轴是两个锥面的公共母线．刚体的定点转动也可由本体极面在空间极面上作无滑动地滚动来反映．刚体的平面平行运动可以看做是绕位于无穷远处的固定点的定点转动，锥面变成了柱面，它与垂直于转轴(各时刻的转轴互相平行即转轴方向不变)的平面的交线就变成了极迹．

取固定点 O 为静坐标系 $O\xi\eta\zeta$ 和固连于刚体的动坐标系 $Oxyz$ 的共同原点，若已知 $\boldsymbol{\omega}(t)$ 在两个坐标系的表示式．则取瞬轴上一点的位矢 $\boldsymbol{r}(t)$，因 $\boldsymbol{r}\parallel\boldsymbol{\omega}$，由解析几何立即可得

$$\frac{x}{\omega_x}=\frac{y}{\omega_y}=\frac{z}{\omega_z}$$

消去参量 t，即得本体极面方程．$f(x,y,z)=0$．由

$$\frac{\xi}{\omega_\xi}=\frac{\eta}{\omega_\eta}=\frac{\zeta}{\omega_\zeta}$$

消去参量 t，即得空间极面方程 $F(\xi,\eta,\zeta)=0$．

5. 刚体的角速度与基点的选择无关

刚体的任何运动总可以看做跟随基点的平动和在基点平动参考系中围绕基点的定点转动合成的运动．我们现在来证明：不论选什么基点，在基点平动参考系中围绕基点的转动角速度是一样的．证明如下：

在刚体上任取两点分别作为基点，对刚体上任意点 P，有

$$\boldsymbol{v}_P=\boldsymbol{v}_A+\boldsymbol{\omega}_A\times(\boldsymbol{r}_P-\boldsymbol{r}_A) \tag{1}$$

$$\boldsymbol{v}_P=\boldsymbol{v}_B+\boldsymbol{\omega}_B\times(\boldsymbol{r}_P-\boldsymbol{r}_B) \tag{2}$$

$\boldsymbol{\omega}_A$、$\boldsymbol{\omega}_B$ 是分别以 A、B 为基点时，在各基点平动参考系中围绕各基点的转动角速度．

同样，取 A 为基点，B 点的速度为

$$v_B = v_A + \omega_A \times (r_B - r_A) \tag{3}$$

将(3)式代入(2)式,得

$$v_P = v_A + \omega_A \times (r_B - r_A) + \omega_B \times (r_P - r_B) \tag{4}$$

(1)式减(4)式,移项后可得

$$(\omega_A - \omega_B) \times (r_P - r_B) = 0 \tag{5}$$

P 点不是 B 点,故 $r_P - r_B \neq 0$. 上述两矢量的矢积等于零还有两种可能.

一种可能:$\omega_A - \omega_B \neq 0$　但 $\omega_A - \omega_B // r_P - r_B$;

另一种可能:$\omega_A - \omega_B = 0$　即 $\omega_A = \omega_B$.

因为 P 点是刚体上任意的点,对所有点,(5)式都得成立,$\omega_A - \omega_B$ 是与 P 点无关的,而 $r_P - r_B$ 是与 P 点有关的. (5)式对所有点都成立,只能是后一种可能:$\omega_A = \omega_B$. A、B 是任取的. 这就证明了角速度与基点的选择无关. 只与刚体运动有关,故可称为刚体的角速度.

6. 欧拉运动学方程

要求作定点转动或作一般运动的刚体上任何点的速度和加速度,用(7.3.1)式、(7.3.2)式时必须知道刚体的角速度 ω,要知道角速度在静坐标系、动坐标系的表示式. $\omega_\xi(t)$、$\omega_\eta(t)$、$\omega_\zeta(t)$、$\omega_x(t)$、$\omega_y(t)$、$\omega_z(t)$. 前面我们又讲过,刚体作定点转动时,运动学方程为

$$\theta = \theta(t),\ \varphi = \varphi(t),\ \psi = \psi(t)$$

知道了一个系统的运动学方程,系统的运动状况就完全清楚了. 包括可以求出系统的任何一点的速度和加速度. 那么对刚体的定点转动,又如何从已知的三个欧拉角随时间的函数关系来求刚体上任何一点的速度、加速度呢? 这就得找到角速度的动、静坐标系分量与三个欧拉角的函数关系. 这些关系就是我们这里要讲的欧拉运动学方程.

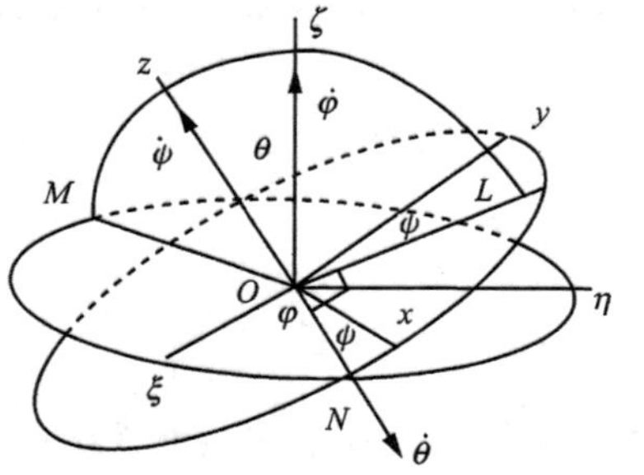

图 7.3.6

我们将 ω 按三个欧拉角转轴的单位矢量分解

$$\omega = \dot{\theta} n^\circ + \dot{\varphi} \zeta^\circ + \dot{\psi} k$$

其中 n°是 ON 方向的单位矢量.

将 n°和 ζ°按动坐标系三个单位矢量分解,参看图 7.3.6,图中 OL 是 ζz 轴决定的平

面与 x、y、ON 平面的交线，ON 既在 xy 面上，又在 $\xi\eta$ 面上，所以 $ON\perp z$，ζ 轴决定的平面，$ON\perp OL$. 当绕 z 轴转 ψ 角时，x 轴从 ON 转到图中的位置，y 轴则从 OL 转到图中的位置，故 OL 与 y 轴的夹角为 ψ.

$$\boldsymbol{n}^{\circ} = \cos\psi\boldsymbol{i} + \cos\left(\psi + \frac{\pi}{2}\right)\boldsymbol{j} = \cos\psi\boldsymbol{i} - \sin\psi\boldsymbol{j}$$

$$\begin{aligned}\boldsymbol{\zeta}^{\circ} &= \sin\theta\cos\left(\frac{\pi}{2} - \psi\right)\boldsymbol{i} + \sin\theta\cos\psi\boldsymbol{j} + \cos\theta\boldsymbol{k} \\ &= \sin\theta\sin\psi\boldsymbol{i} + \sin\theta\cos\psi\boldsymbol{j} + \cos\theta\boldsymbol{k}\end{aligned}$$

$$\begin{aligned}\boldsymbol{\omega} = &(\dot{\theta}\cos\psi + \dot{\varphi}\sin\theta\sin\psi)\boldsymbol{i} + (\dot{\varphi}\sin\theta\cos\psi - \dot{\theta}\sin\psi)\boldsymbol{j} \\ &+ (\dot{\psi} + \dot{\varphi}\cos\theta)\boldsymbol{k}\end{aligned}$$

$$\begin{cases}\omega_x = \dot{\varphi}\sin\theta\sin\psi + \dot{\theta}\cos\psi \\ \omega_y = \dot{\varphi}\sin\theta\cos\psi - \dot{\theta}\sin\psi \\ \omega_z = \dot{\varphi}\cos\theta + \dot{\psi}\end{cases} \tag{7.3.10}$$

同样将 $\boldsymbol{n}^{\circ}$、$\boldsymbol{k}$ 按静坐标系三个单位矢量分解，参看图 7.3.6，图中 OM 是 ζ、z 轴决定的平面 $\xi\eta$ 平面的交线. 因 $\boldsymbol{n}^{\circ}\perp\boldsymbol{\zeta}^{\circ}$、$\boldsymbol{k}$，$OM$ 在 $\boldsymbol{\zeta}^{\circ}$、$\boldsymbol{k}$ 决定的平面上，故 $OM\perp ON$.

$$\boldsymbol{n}^{\circ} = \cos\varphi\boldsymbol{\xi}^{\circ} + \sin\varphi\boldsymbol{\eta}^{\circ}$$

$$\begin{aligned}\boldsymbol{k} &= \sin\theta\cos\left(\frac{\pi}{2} - \varphi\right)\boldsymbol{\xi}^{\circ} + \sin\theta\left[-\sin\left(\frac{\pi}{2} - \varphi\right)\right]\boldsymbol{\eta}^{\circ} + \cos\theta\boldsymbol{\zeta}^{\circ} \\ &= \sin\theta\sin\varphi\boldsymbol{\xi}^{\circ} - \sin\theta\cos\varphi\boldsymbol{\eta}^{\circ} + \cos\theta\boldsymbol{\zeta}^{\circ}\end{aligned}$$

$$\begin{aligned}\boldsymbol{\omega} = &(\dot{\theta}\cos\varphi + \dot{\psi}\sin\theta\sin\varphi)\boldsymbol{\xi}^{\circ} + (\dot{\theta}\sin\varphi - \dot{\psi}\sin\theta\cos\varphi)\boldsymbol{\eta}^{\circ} \\ &+ (\dot{\varphi} + \dot{\psi}\cos\theta)\boldsymbol{\zeta}^{\circ}\end{aligned}$$

$$\begin{cases}\omega_\xi = \dot{\theta}\cos\varphi + \dot{\psi}\sin\theta\sin\varphi \\ \omega_\eta = \dot{\theta}\sin\varphi - \dot{\psi}\sin\theta\cos\varphi \\ \omega_\zeta = \dot{\varphi} + \dot{\psi}\cos\theta\end{cases} \tag{7.3.11}$$

(7.3.10)、(7.3.11)两组方程都称做欧拉运动学方程.

例 7.3.3 具有固定顶点 O 的圆锥在平面上滚动而不滑动. 圆锥高 $OC=h$，顶角 $AOB=90°$. 圆锥底面中心 C 等速率运动，每过 1s 回到原处一次. 求在图 7.3.7所示位置时(OA 在平面上)，直径 AB 的端点 B 的速度、圆锥的角加速度和

A、B 两点的加速度.

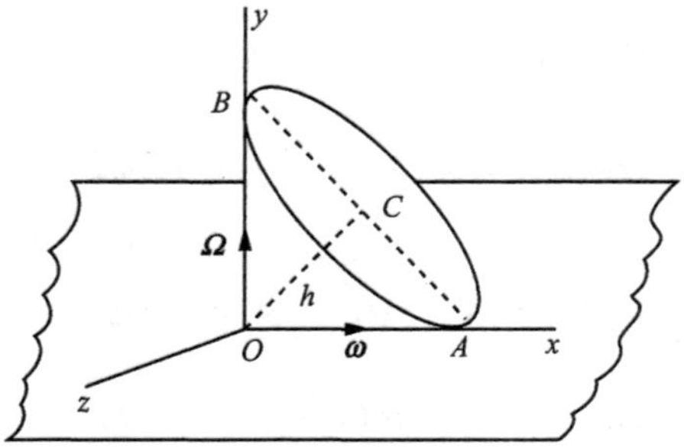

图 7.3.7

解　取动坐标系 $Oxyz$ 只有 O 点固连于圆锥顶点. 动坐标系的 y 轴为固定轴,动坐标系围绕 y 轴转动角速度即 OC 绕 y 轴的角速度 $\boldsymbol{\Omega}$. 由 $\Omega\cdot 1=2\pi$,可得

$$\boldsymbol{\Omega} = 2\pi\boldsymbol{j}$$

在图示位置,OA 线上各点速度为零,(无滑动,平面是固定的),可见此时,x 轴是刚体的瞬时转轴,而且在任何时刻,x 轴都是瞬轴. 设圆锥体的角速度为 $\boldsymbol{\omega}$,

$$\boldsymbol{\omega} = \omega\boldsymbol{i}$$

考虑 OC 以 $\boldsymbol{\Omega}$ 的角速度转动,

$$\begin{aligned}\boldsymbol{v}_c &= \boldsymbol{\Omega}\times\boldsymbol{OC} = 2\pi\boldsymbol{j}\times h\cdot\frac{\sqrt{2}}{2}(\boldsymbol{i}+\boldsymbol{j})\\ &= -\sqrt{2}\pi h\boldsymbol{k}\end{aligned}$$

c 点作为刚体上的点,以 $\boldsymbol{\omega}$ 的角速度转动,

$$\boldsymbol{v}_c = \boldsymbol{\omega}\times\boldsymbol{OC} = \omega\boldsymbol{i}\times h\cdot\frac{\sqrt{2}}{2}(\boldsymbol{i}+\boldsymbol{j}) = \frac{\sqrt{2}}{2}h\omega\boldsymbol{k}$$

比较两个 $\boldsymbol{v}_c$ 式可得 $\omega=-2\pi$

$$\boldsymbol{\omega} = -2\pi\boldsymbol{i}$$

$$\boldsymbol{v}_B = \boldsymbol{\omega}\times\boldsymbol{OB} = -2\pi\boldsymbol{i}\times\sqrt{2}h\boldsymbol{j} = -2\sqrt{2}\pi h\boldsymbol{k}$$

因为 $\boldsymbol{\omega}=-2\pi\boldsymbol{i}$ 对任何时刻都成立

$$\boldsymbol{\beta} = \frac{\mathrm{d}\boldsymbol{\omega}}{\mathrm{d}t} = -2\pi\frac{\mathrm{d}\boldsymbol{i}}{\mathrm{d}t} = -2\pi\boldsymbol{\Omega}\times\boldsymbol{i} = 4\pi^2\boldsymbol{k}$$

用(7.3.4)式

$$\boldsymbol{a}_A = \frac{\mathrm{d}\boldsymbol{\omega}}{\mathrm{d}t} \times \boldsymbol{OA} + \boldsymbol{\omega} \times (\boldsymbol{\omega} \times \boldsymbol{OA})$$

$$= 4\pi^2 \boldsymbol{k} \times \sqrt{2}h\boldsymbol{i} + (-2\pi\boldsymbol{i}) \times [(-2\pi\boldsymbol{i}) \times \sqrt{2}h\boldsymbol{i}]$$

$$= 4\sqrt{2}\pi^2 h\boldsymbol{j}$$

$$\boldsymbol{a}_B = \frac{\mathrm{d}\boldsymbol{\omega}}{\mathrm{d}t} \times \boldsymbol{OB} + \boldsymbol{\omega} \times (\boldsymbol{\omega} \times \boldsymbol{OB}) = -4\sqrt{2}\pi^2 h(\boldsymbol{i} + \boldsymbol{j})$$

例 7.3.4 写出例 7.3.3 题的运动学方程.

解 定点转动的运动学方程是三个欧拉角随时间的变化关系.动坐标系必须固连于刚体.对于同一个刚体的定点转动,动、静坐标系不同的选取,θ、φ、ψ 与 t 的函数关系是不同的,选取得好坏,对这些函数是否简单,好不好写,至关重要.对本题,我们取的动、静坐标系,$t=0$ 时两坐标系的位置如图 7.3.8 所示,ξ、x 轴重合,z 轴通过底面中心 c,η、ζ、y、z 轴都在同一平面内.

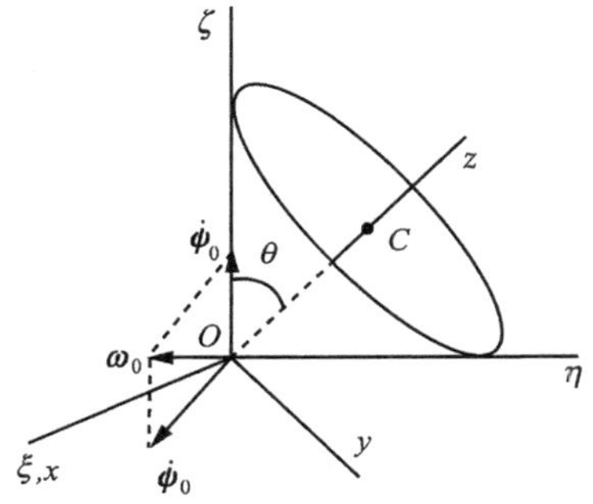

图 7.3.8

显然,$\theta=\dfrac{\pi}{4}$且不随时间变化,即 $\dot{\theta}=0$.

$t=0$ 时,xy 面与 $\xi\eta$ 面的交线是 x 轴,由于 θ 是从 ζ 轴转到 z 轴,故 ON 指向 x 负方向.故 $t=0$ 时,自转角 $\psi_0=\pi$,进动角 $\varphi_0=\pi$,

$$\dot{\boldsymbol{\varphi}}_0 = \boldsymbol{\Omega} = 2\pi\boldsymbol{\zeta}^\circ, \boldsymbol{\omega}_0 = -2\pi\boldsymbol{\eta}^\circ$$

$$\dot{\boldsymbol{\psi}}_0 = \boldsymbol{\omega}_0 - \dot{\boldsymbol{\varphi}}_0 - \dot{\boldsymbol{\theta}}_0 = -2\pi\boldsymbol{\eta}^\circ - 2\pi\boldsymbol{\zeta}^\circ - 0$$

$$= -2\sqrt{2}\pi\boldsymbol{k}$$

由 $\dot{\boldsymbol{\varphi}}=\dot{\boldsymbol{\varphi}}_0$ 不变以及 $\dot{\boldsymbol{\psi}}=\boldsymbol{\omega}-\dot{\boldsymbol{\varphi}}$,各矢量间的夹角不随时间变化可知 $\dot{\psi}=\dot{\psi}_0$ 即

$$\dot{\varphi} = 2\pi, \quad \dot{\psi} = -2\sqrt{2}\pi$$

对上两式积分,用初条件,即得

$$\varphi = \pi + 2\pi t, \quad \psi = \pi - 2\sqrt{2}\pi t$$

故运动学方程为

$$\theta = \frac{\pi}{4},\ \varphi = \pi(1+2t),\ \psi = \pi(1-2\sqrt{2})t$$

例 7.3.5　求例 7.3.3 题圆锥上 B 点任何时刻的速度和加速度.

解　我们取 B 点处于最高位置时为 $t=0$,并取例 7.3.4 所采用的动、静坐标系.可用上题写出的运动学方程.

$$\begin{cases}\theta = \dfrac{\pi}{4} \\ \varphi = \pi(1+2t) \\ \psi = \pi(1-2\sqrt{2}t)\end{cases}$$

用欧拉运动学方程(7.3.10)式,得角速度在动坐标系中的表达式

$$\omega_x = \dot{\varphi}\sin\theta\sin\psi + \dot{\theta}\cos\psi = \sqrt{2}\pi\sin[\pi(1-2\sqrt{2}t)]$$

$$\omega_y = \dot{\varphi}\sin\theta\cos\psi - \dot{\theta}\sin\psi = \sqrt{2}\pi\cos[\pi(1-2\sqrt{2}t)]$$

$$\omega_z = \dot{\varphi}\cos\theta + \dot{\psi} = -\sqrt{2}\pi$$

B 点对 O 点的位矢为

$$\boldsymbol{r} = -h\boldsymbol{j} + h\boldsymbol{k}$$

$$\begin{aligned}\boldsymbol{v}_B &= \boldsymbol{\omega}\times\boldsymbol{r} = (\omega_x\boldsymbol{i} + \omega_y\boldsymbol{j} + \omega_z\boldsymbol{k})\times(-h\boldsymbol{j} + h\boldsymbol{k}) \\ &= h(\omega_y + \omega_z)\boldsymbol{i} - h\omega_x\boldsymbol{j} - h\omega_x\boldsymbol{k} \\ &= \sqrt{2}\pi h\{\cos[\pi(1-2\sqrt{2}t)] - 1\}\boldsymbol{i} \\ &\quad -\sqrt{2}\pi h\sin[\pi(1-2\sqrt{2}t)](\boldsymbol{j} + \boldsymbol{k})\end{aligned}$$

当 $t=0$ 时,$\boldsymbol{v}_B = -2\sqrt{2}\pi h\boldsymbol{i}$,与例 7.3.3 的结果相同.

注意　由于自转角速度与进动角速度的大小不等,$t=1\mathrm{s}$ 时,c 点回到 $t=0$ 时的位置,因而 z 轴也回到 $t=0$ 时的位置,x 轴、y 轴因而 B 点都没有回到 $t=0$ 时的位置.

如用加速度公式(7.3.4)式,先得计算$\dfrac{\mathrm{d}\boldsymbol{\omega}}{\mathrm{d}t}$,

$$\frac{\mathrm{d}\boldsymbol{\omega}}{\mathrm{d}t} = \frac{\tilde{\mathrm{d}}\boldsymbol{\omega}}{\mathrm{d}t} + \boldsymbol{\omega}\times\boldsymbol{\omega} = \frac{\tilde{\mathrm{d}}\boldsymbol{\omega}}{\mathrm{d}t}$$

$$= -4\pi^2\cos[\pi(1-2\sqrt{2}t)]\boldsymbol{i} + 4\pi^2\sin[\pi(1-2\sqrt{2}t)]\boldsymbol{j}$$

$$\boldsymbol{a}_B = \frac{\mathrm{d}\boldsymbol{\omega}}{\mathrm{d}t}\times\boldsymbol{r} + \boldsymbol{\omega}\times(\boldsymbol{\omega}\times\boldsymbol{r}) = \frac{\mathrm{d}\boldsymbol{\omega}}{\mathrm{d}t}\times\boldsymbol{r} + \boldsymbol{\omega}\times\boldsymbol{v}_B$$

$$= 2\pi^2 h\sin[\pi(1-2\sqrt{2}t)]\{1-\cos[\pi(1-2\sqrt{2}t)]\}\boldsymbol{i}$$

$$+ 2\pi^2 h\{\sin^2[\pi(1-2\sqrt{2}t)] + \cos[\pi(1-2\sqrt{2}t)] + 1\}\boldsymbol{j}$$

$$+ 2\pi^2 h\{3\cos[\pi(1-2\sqrt{2}t)] - 1\}\boldsymbol{k}$$

当 $t=0$ 时，$\boldsymbol{a}_B = -8\pi^2 h\boldsymbol{k}$. 也与例 7.3.3 的结果相同.

也可用 $\boldsymbol{a}_B = \frac{\mathrm{d}\boldsymbol{v}_B}{\mathrm{d}t} = \frac{\tilde{\mathrm{d}}\boldsymbol{v}_B}{\mathrm{d}t} + \boldsymbol{\omega}\times\boldsymbol{v}_B$ 求 $\boldsymbol{a}_B$.

用此法计算例 7.3.3 题 A 点的加速度也能得到同样结果.

思考题　能否用上述计算的 $\boldsymbol{a}_B$，考虑适当时刻，得到例 7.3.3 题要求的 $\boldsymbol{a}_A$？

§7.4　刚体的相对运动

第一章讨论质点的运动时，讲了质点的相对运动. 对于刚体的运动，也同样有讲刚体的相对运动的必要. 关于绝对运动、相对运动、牵连运动的讲法和第一章讲的是完全一样的. 我们讲过的平面平行运动和一般运动，动参考系就是基点平动参照系，相对于基点平动参考系的运动是刚体的相对运动，选取完全不固连于刚体的平动参考系没有什么好处. 因此这里讲刚体的相对运动，只需讲动参考系作纯转动和跟随基点既平动又转动的两种情况.

1. 刚体在转动参考系中定轴转动的转轴与转动参考系的转轴相交的情况

图 7.4.1(a)所示的正圆锥在平面上绕 O 点的纯滚动就是这种情况的一个例子. 取正圆锥的轴线 OB 为动系的一个坐标轴. 正圆锥一方面围绕轴线以 ω_1 的角速度转动(相对运动)，另一方面又跟随动系(固连于动参考系的三个坐标轴)绕固定的竖直轴以 ω_2 的角速度转动(动系的绝对运动，圆锥的牵连运动). 动系有一个坐标轴固连于刚体. 这正是我们在§1.3 中讲角速度是矢量时所讲的刚体同时围绕两个轴 OB 和 OA 转动的情况. 在那里已证明：刚体对静参考系的角速度符合矢量的加法运算法则.

$$\boldsymbol{\omega} = \boldsymbol{\omega}_1 + \boldsymbol{\omega}_2 \tag{7.4.1}$$

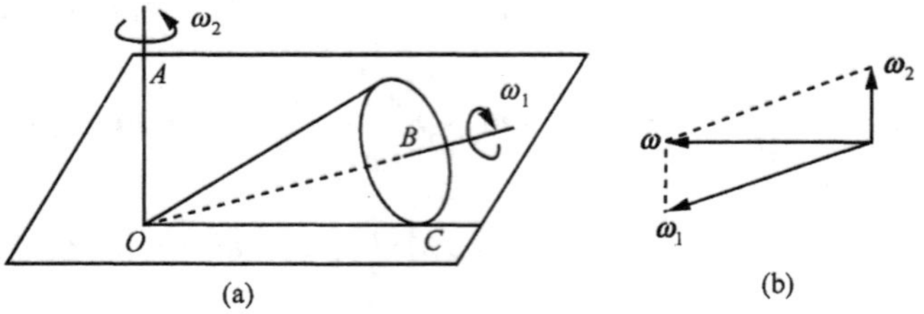

图 7.4.1

如图 7.4.1(b)所示. OC 轴是图示时刻的瞬时转轴. 用相对运动的语言讲, $\boldsymbol{\omega}_1$ 是相对角速度 $\boldsymbol{\omega}_r$, $\boldsymbol{\omega}_2$ 是牵连角速度 $\boldsymbol{\omega}_e$, $\boldsymbol{\omega}$ 是绝对角速度. 三个角速度也有质点相对运动中三个速度类似的关系

$$\boldsymbol{\omega} = \boldsymbol{\omega}_r + \boldsymbol{\omega}_e \tag{7.4.2}$$

2. 刚体在转动参考系中定轴转动的转轴与转动参考系的转轴平行的情况

图 7.4.2 所示的小圆柱体在固定的大圆柱体上作纯滚动可以作为刚体作这种相对运动的一个例子. $O\xi\eta\zeta$ 是静参考系中的固定坐标系, $Oxyz$ 是固连于动参考系的坐标系. OO'方向取为 x 轴, z 轴和 ζ 轴重合垂直纸面向下. 图中未画出, 小圆柱体在动系中绕过 O'平行于 z 轴的转轴以 ω_1 的角速度转动, 动系又以 ω_2 的角速度绕 ζ 轴(或 z 轴)转动. $\boldsymbol{\omega}_1$ 是相对角速度 $\boldsymbol{\omega}_r$, $\boldsymbol{\omega}_2$ 是牵连角速度 $\boldsymbol{\omega}_e$, 绝对角速度 $\boldsymbol{\omega}$ 与 $\boldsymbol{\omega}_r$、$\boldsymbol{\omega}_e$ 也有(7.4.2)式的关系. $\boldsymbol{\omega}$ 的瞬时转轴位于 OO' 连线上, $\boldsymbol{\omega}$ 与 $\boldsymbol{\omega}_1$、$\boldsymbol{\omega}_2$ 平行. 证明上述关系, 并找出瞬轴的位置, 可以用质点的相对运动的知识, 用瞬轴上的点的速度 $\boldsymbol{v} = \boldsymbol{v}_r + \boldsymbol{v}_e = 0$ 确定瞬轴的位置. 再用小圆柱(刚体)一个便于计算的特殊点(例如图中的 A 点)用 $\boldsymbol{v} = \boldsymbol{v}_r + \boldsymbol{v}_e$, $\boldsymbol{v}$ 与 $\boldsymbol{\omega}$ 有关, $\boldsymbol{v}_r$、$\boldsymbol{v}_e$ 分别与 $\boldsymbol{\omega}_1$、$\boldsymbol{\omega}_2$ 有关, 可以确定 $\boldsymbol{\omega}$. 我们不对这个特殊例子作上述计算来证明, 而采用更方便、更一般的办法来证明普遍适用的

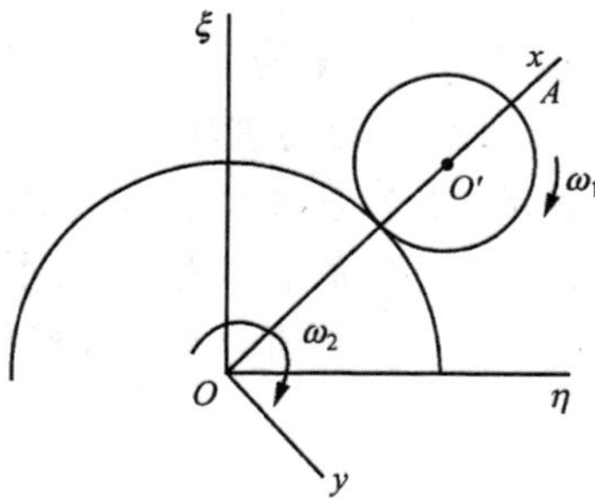

图 7.4.2

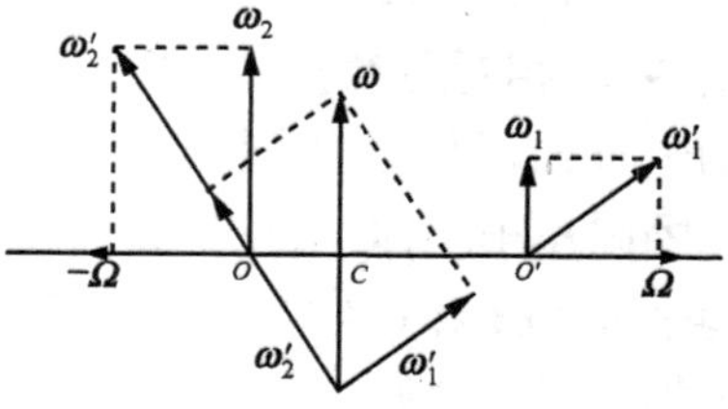

图 7.4.3

上述关系.

证明办法一是利用角速度的矢量性,二是利用上段讲的两个相交的转动角速度的合成.

把互相平行的 $\boldsymbol{\omega}_1$、$\boldsymbol{\omega}_2$ 重画于图 7.4.3 中,利用角速度的矢量性

$$\boldsymbol{\omega}_1+\boldsymbol{\omega}_2=\boldsymbol{\omega}_1+\boldsymbol{\Omega}+\boldsymbol{\omega}_2+(-\boldsymbol{\Omega})=\boldsymbol{\omega}'_1+\boldsymbol{\omega}'_2=\boldsymbol{\omega}$$

上式得出第二个等式和第三个等式,用了上段讲的相交的两个角速度的合成法则,也用了角速度的矢量性.

用几何知识很容易证明:$\boldsymbol{\omega}$ 的转轴与 $\boldsymbol{\omega}_1$、$\boldsymbol{\omega}_2$ 的转轴是平行的,今 $\boldsymbol{\omega}_1$、$\boldsymbol{\omega}_2$ 同向时 $\omega=\omega_1+\omega_2$,绝对角速度 $\boldsymbol{\omega}$ 的转轴位置经过 OO' 线上的 C 点由 $\omega_1\cdot O'C=\omega_2\cdot OC$ 决定. $\boldsymbol{\omega}$ 与 $\boldsymbol{\omega}_1$、$\boldsymbol{\omega}_2$ 同向.

如 $\boldsymbol{\omega}_1$、$\boldsymbol{\omega}_2$ 反平行,如图 7.4.4 那样,$\boldsymbol{\omega}$ 的转轴与 $\boldsymbol{\omega}_1$、$\boldsymbol{\omega}_2$ 的转轴平行. $\omega=|\boldsymbol{\omega}_1-\boldsymbol{\omega}_2|$,$\boldsymbol{\omega}$ 的指向与 ω_1、ω_2 中较大的方向一致. $\boldsymbol{\omega}$ 的转轴位置 C 在 OO' 线上 ω_1、ω_2 较大者的外侧. 也有 $\omega_1\cdot O'C=\omega_2\cdot OC$ 的关系.

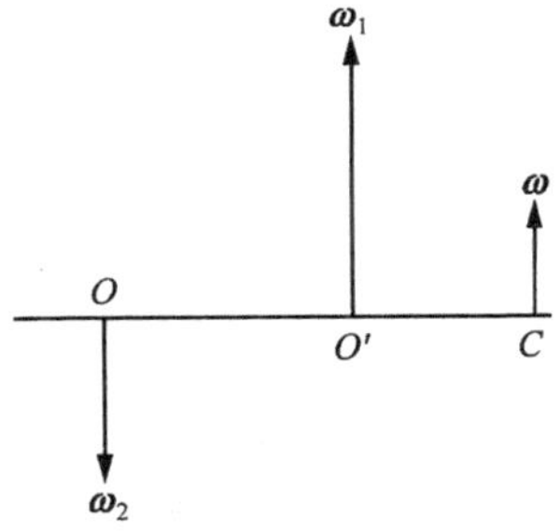

图 7.4.4

两个平行的角速度的合成角速度与两个平行力的合力的证明方法和结果都是一样的.

特殊情况. $\boldsymbol{\omega}_2=-\boldsymbol{\omega}_1$,但两个转轴并不重合,根据上述合成法,$\boldsymbol{\omega}=\boldsymbol{\omega}_1+\boldsymbol{\omega}_2=0$,没有转动,转轴位于无穷远,说明不是静止不动,而是平动. 刚体上各点,在此刻均有相同的速度. 例如图 7.4.5 中的任意点 P 的速度

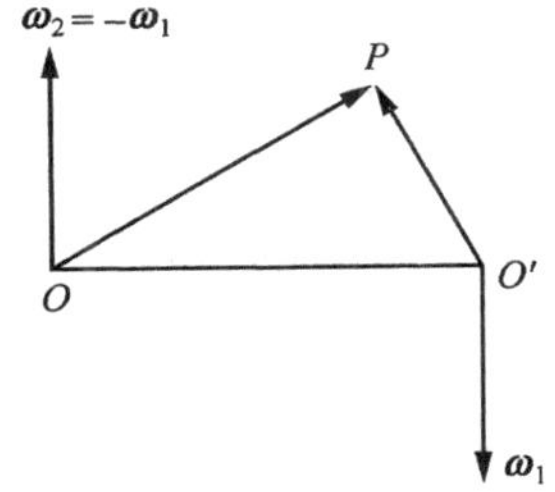

图 7.4.5

$$\begin{aligned}\boldsymbol{v}&=\boldsymbol{\omega}_1\times\boldsymbol{O'P}+\boldsymbol{\omega}_2\times\boldsymbol{OP}\\&=\boldsymbol{\omega}_1\times\boldsymbol{O'P}-\boldsymbol{\omega}_1\times\boldsymbol{OP}\\&=\boldsymbol{\omega}_1\times(\boldsymbol{O'P}-\boldsymbol{OP})=\boldsymbol{\omega}_1\times\boldsymbol{O'O}\end{aligned}\tag{7.4.3}$$

或

$$\boldsymbol{v}=\boldsymbol{\omega}_2\times\boldsymbol{OO'}\tag{7.4.3'}$$

与 P 点的位置无关,只与“角速度偶”(借用力偶这一称呼)有关. 而且与“角速度偶”的位置无关,与如何构成“角速度偶”无关,只与“角速度偶矩(矢量)”有关. 这与

力偶矩对于它产生的效果的情况是完全一样的.

*3. 相对转动和牵连转动的两个转轴既不相交又不平行的情况

在一个转动平台上,放一台电动机,转子的转轴和转动平台的转轴,一般都是既不相交又不平行的情况.为了说明如何处理这类问题,我们讨论图7.4.6所示两个角速度的合成.

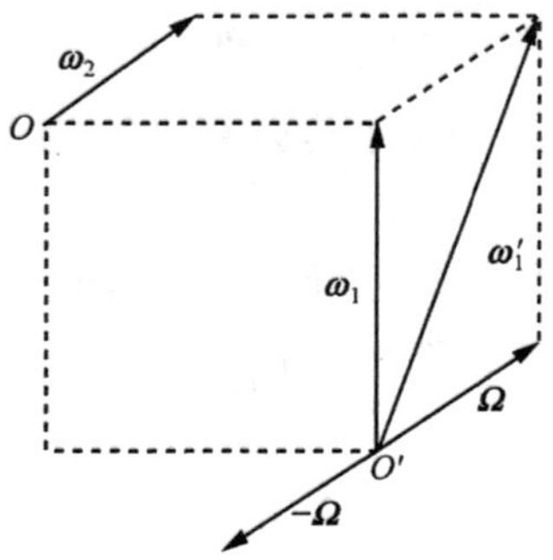

图7.4.6

转动参考系对静参考系的转动角速度为 $\boldsymbol{\omega}_2$,刚体对动系的角速度为 $\boldsymbol{\omega}_1$.如图所示.角速度的大小及其位置构成一个长方体的两条既不平行又不相交的棱边.可在 O' 处加两个角速度 $\boldsymbol{\Omega}$ 和 $-\boldsymbol{\Omega}$,如图所示.其中 $\boldsymbol{\Omega}=\boldsymbol{\omega}_2$.则

$$\begin{aligned}\boldsymbol{\omega} &= \boldsymbol{\omega}_1+\boldsymbol{\omega}_2=\boldsymbol{\omega}_1+\boldsymbol{\Omega}+\boldsymbol{\omega}_2+(-\boldsymbol{\Omega})\\ &= \boldsymbol{\omega}_1'+\boldsymbol{\omega}_2+(-\boldsymbol{\Omega})\end{aligned}\tag{7.4.4}$$

其中 $\boldsymbol{\omega}_1'=\boldsymbol{\omega}_1+\boldsymbol{\Omega}$,其大小和其方向等于 $\boldsymbol{\omega}_1+\boldsymbol{\omega}_2$,可其作用线通过 O' 点. $\boldsymbol{\omega}_2$ 和 $(-\boldsymbol{\Omega})$ 构成"角速度偶".其效果是使刚体有一个平动,平动速度为 $\boldsymbol{\omega}_2\times\boldsymbol{OO'}$.

因此在这种情况下,刚体的绝对运动也可以看做跟随 O' 平动参考系作 $\boldsymbol{\omega}_2\times\boldsymbol{OO'}$ 速度的平动加上在此平动参考系作围绕 O' 点的角速度为 $\boldsymbol{\omega}_1+\boldsymbol{\omega}_2$ 的转动.

这种情况不仅具有一定的实际意义,例如讨论开头所讲的那个电动机转子的运动,用上述理论是比较方便的.上述理论还具有理论意义.我们已经讲过,刚体的一般运动可以分解为跟随基点(刚体"上"的点)的平动加上一个在基点平动参考系中绕基点的一个转动.现在我们又可以说:刚体的一般运动也可以分解为两个转动的叠加,即刚体跟随基点转动参考系围绕静系原点的转动和在基点转动参考系中绕基点的转动这两个转动的叠加.转动参考系绕静系原点的角速度等于基点的速度按(7.4.3′)式改成一个"角速度偶"中的不通过基点的那个角速度,在基点转动参考系中绕基点的角速度等于刚体在基点平动参考系中绕基点的角速度减去"角速度偶"中另一个通过基点的角速度.对于一个刚体的运动,一般来说,两个转动的转轴既不相交又不平行,在特殊情况下可以是相交的或平行的.

4. 取随基点平动又转动的参考系

随基点平动又转动的参考系是指基点为动系上的固定点(通常取它为动系的原点),它在静参考系中以基点平动参考系运动;动系又在基点平动参考系中围绕基点转动的动参考系.

刚体在此动参考系中只能是围绕基点(动系原点)的定点转动.若动系对基点平动参考系中基点的角速度为 $\boldsymbol{\Omega}$,刚体在动系中对基点的角速度为 $\boldsymbol{\omega}_r$.则根据两个相交的角速度的合成法则(7.4.1)式.刚体对基点平动参考系的角速度(通过基点)为

$$\boldsymbol{\omega} = \boldsymbol{\omega}_r + \boldsymbol{\Omega}$$

在静参考系中,刚体上任一点 P 点的速度为

$$\boldsymbol{v} = \boldsymbol{v}_{O'} + (\boldsymbol{\omega}_r + \boldsymbol{\Omega}) \times \boldsymbol{r}'$$

其中 $\boldsymbol{v}_{O'}$ 是动系原点(即基点)O'的速度,$\boldsymbol{r}'$是P 点对O'点的位矢.

以上所讲的动参考系都是部分固连于刚体的.取完全不固连于刚体的动系,不会比在静参考系中描述刚体的运动更简单,因而没有讲它的必要.

例 7.4.1 图 7.4.7 所示差动机构中.在曲柄 4 上活动地安装着行星齿轮 3,行星齿轮 3 和锥齿轮 1 和 2 相啮合.锥齿轮 1、2 和曲柄 4 均绕同一轴线 AB 转动,不过它们可有各自的角速度.已知两锥齿轮的角速度 $\omega_1 = 5\text{rad/s}$, $\omega_2 = 3\text{rad/s}$.转动方向相同,如图所示.行星齿轮的半径 $r = 2\text{cm}$,两锥齿轮的半径 $R = 7\text{cm}$.求曲柄 4 的角速度 ω_4 和行星齿轮相对于曲柄的角速度 ω_{34}.

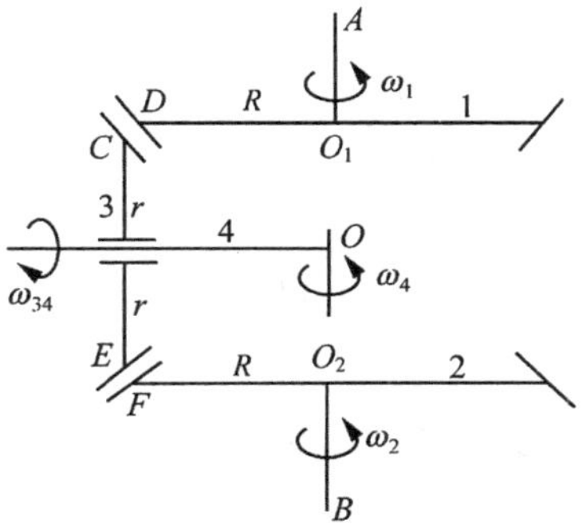

图 7.4.7

解 设所要求的 $\boldsymbol{\omega}_4$ 和 $\boldsymbol{\omega}_{34}$ 的正方向规定如图中所示.取曲柄 4 为动参考系,$\boldsymbol{\omega}_4$ 是行星齿轮的牵连角速度,$\boldsymbol{\omega}_{34}$是它的相对角速度,它的绝对角速度 $\boldsymbol{\omega}_3 = \boldsymbol{\omega}_4 + \boldsymbol{\omega}_{34}$.

行星齿轮 3 上 C、E 两点的绝对速度应分别与锥齿轮 1 上相接触的 D 点、锥齿轮 2 上相接触的 F 点的绝对速度相等.由此列出

$$(\boldsymbol{\omega}_4 + \boldsymbol{\omega}_{34}) \times \boldsymbol{OC} = \boldsymbol{\omega}_1 \times \boldsymbol{O_1D}, \quad (\boldsymbol{\omega}_4 + \boldsymbol{\omega}_{34}) \times \boldsymbol{OE} = \boldsymbol{\omega}_2 \times \boldsymbol{O_2F}$$

$$\omega_4 R + \omega_{34} r = \omega_1 R, \quad \omega_4 R - \omega_{34} r = \omega_2 R$$

即

$$7\omega_4 + 2\omega_{34} = 5 \cdot 7 = 35$$

$$7\omega_4 - 2\omega_{34} = 3 \cdot 7 = 21$$

解得

$$\omega_4 = 4\text{rad/s}, \quad \omega_{34} = 3.5\text{rad/s}$$

习　　题

7.1　揉茶机的揉桶有三个曲柄支承，曲柄的支座为 A、B、C，支轴为 a、b、c，且 A、B、C 与 a、b、c 为两等边三角形，各曲柄长 r，均以不变的角速度 ω 绕其支座转动，如图所示．求揉桶中心 O 点的速率和加速度的大小．

答　$v_0 = r\omega$，$a_0 = r\omega^2$．

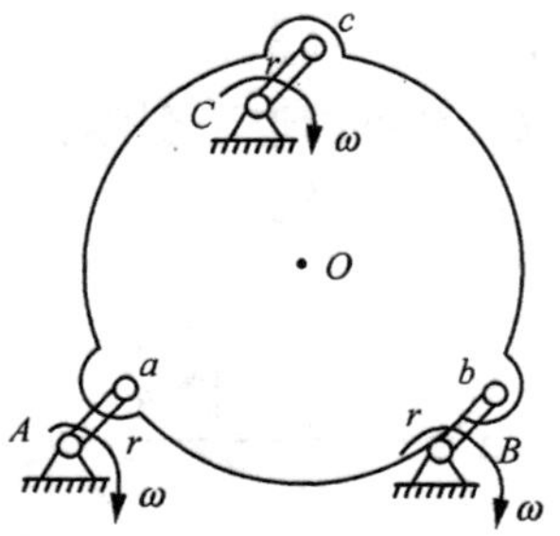

7.1 题图

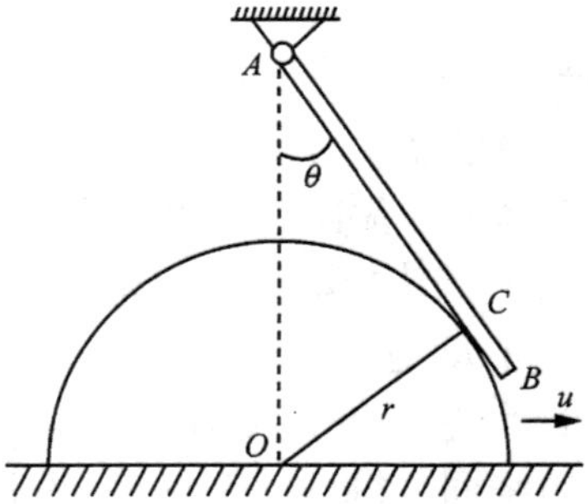

7.2 题图

7.2　半径为 r 的半圆形凸轮以匀速 u 沿水平线向右运动，带动直杆 AB 绕 A 点转动，当 $\theta = 30°$时，A 点与凸轮的中心 O 点正好在同一铅直线上（见图）．求此时 AB 杆与凸轮相接触的一点 C 的速度与加速度的大小．

答　$v = \dfrac{\sqrt{3}}{2}u$，$a = \dfrac{u^2}{2r}$．

7.3　图中画的是蒸汽机或内燃机中用的曲柄、滑块联杆机构．曲柄 OA 以等角速度 ω 绕 O 点转动．通过联杆 AB 带动活塞 B，在滑槽中左右运动．若 $OA = R$，$AB = l$，$t = 0$ 时 $\varphi = 0$．求 t 时活塞 B 的速度．

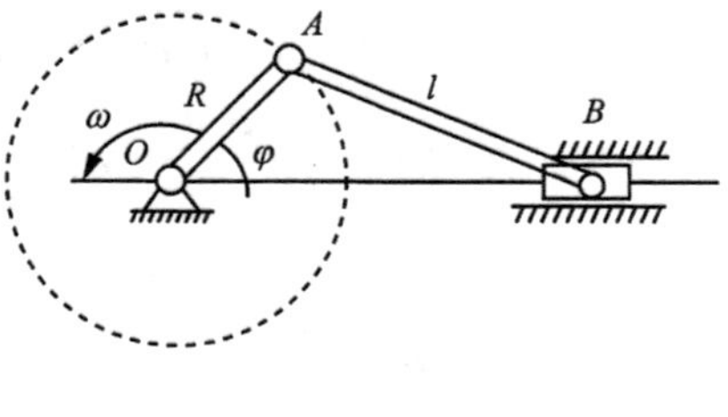

7.3 题图

答　$v_B = R\omega\left(1+\frac{R\cos\omega t}{\sqrt{l^2-R^2\sin^2\omega t}}\right)\sin\omega t$.

7.4　曲柄 OA 以匀角速度 $\omega_0 = 10\ 1/s$ 顺时针方向转动.求当 $\theta=30°$时,BC 杆的角速度 ω、角加速度 β 及销钉 A 在 BC 杆导槽中的相对加速度 a_r.

答　$\omega = 5s^{-1}$(顺时针),

$\beta=0$,

$a_r = 866cm.s^{-2}$(指向 C 点).

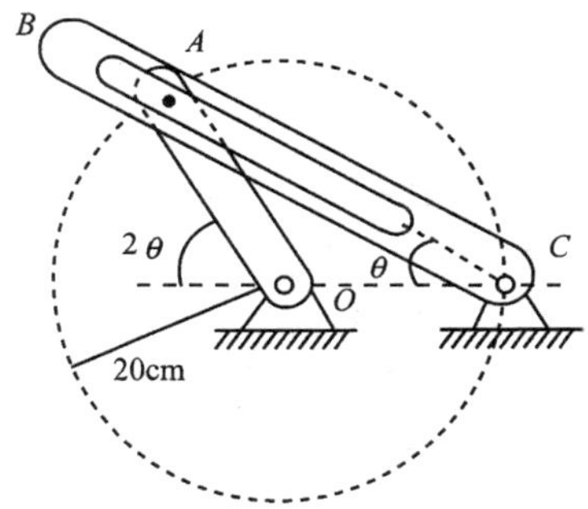

7.4 题图

7.5　摇床急用机构的曲柄以不变转速 $n=90r/min$ 绕定轴 O 转动,通过滑块 A 带动扇形齿轮绕 O_1 轴摆动,从而带动齿条 B 作铅垂方向振动.设 OO_1 在同一水平线上,曲柄 $OA=76mm$,其他尺寸如下图所示.求 $\theta=30°$时齿条 B 的速度和加速度.

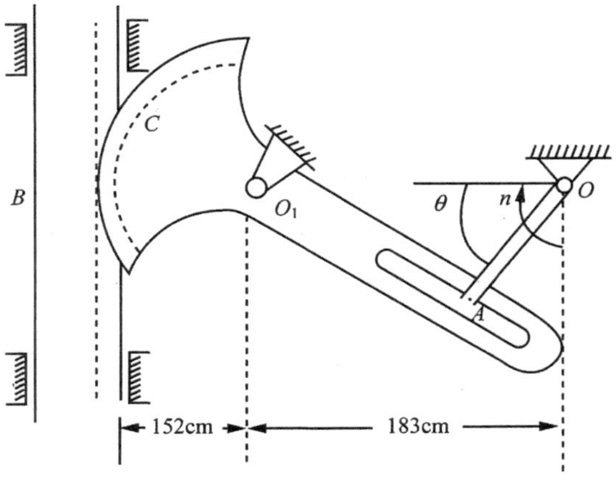

7.5 题图

答　$v_B = 52.8cm\cdot s^{-1}$(向下),$a_B = 324cm\cdot s^{-2}$(向下).

7.6　某瞬时刚体绕通过坐标原点的某轴作定轴转动.刚体上一点 $M_1(1,0,1)$的速度 $v_1=4ms^{-1}$,它与 x 轴所成的角 $\alpha_1=45°$;另一点 $M_2(3,4,0)$的速度 v_2 与 x 轴成 α_2 角,且 $\cos\alpha_2 = -0.8$,试求此刻刚体的角速度 $\boldsymbol{\omega}$ 及 M_2 点的速度的大小.

答　$\boldsymbol{\omega} = \frac{3}{2}\sqrt{2}\boldsymbol{i}+2\sqrt{2}\boldsymbol{j}+\frac{3}{2}\sqrt{2}\boldsymbol{k}$, $\omega=\sqrt{17}\ s^{-1}$;

$v_2 = \frac{15}{2}\sqrt{2}ms^{-1}$.

7.7　半径为 b 的小圆柱在一个较大的半径为 a 的圆柱内部纯滚动.如外面的圆柱围绕它的轴(固定轴)以角速度 Ω 转动.两圆柱的轴所在平面以角速度 ω 绕固定轴转动.设 Ω、ω 都是正的.求小圆柱的角速度.

答　$\frac{1}{b}[a(\Omega-\omega)+b\omega]$.

7.8　证明均质的质量为 m 的直棒的动能 $T=\frac{1}{6}m(\boldsymbol{u}\cdot\boldsymbol{u}+\boldsymbol{u}\cdot\boldsymbol{v}+\boldsymbol{v}\cdot\boldsymbol{v})$,其中 $\boldsymbol{u}$、$\boldsymbol{v}$ 分别是棒两端的速度.

7.9　一个半径为 a、圆心为 A 的圆柱在一个水平面上作无滑滚动,圆心 A 以恒定速度 u 运动.另一个半径为 b、圆心为 B 的第二个圆柱(它的轴与第一个圆柱的轴平行),在第一个圆柱上作无滑滚动,B 点相对于固连于第一个圆柱的坐标系以恒定的速率 v 运动.P 点是第二个圆柱边缘上的点.若 $t=0$ 时,A、B、P 在同一铅垂线上.求 P 点的速度、加速度和时间的关系.

答　
$$\boldsymbol{v}_p=[u+(a+b)\dot{\alpha}\cos\alpha+b\dot{\beta}\cos\beta]\boldsymbol{i}+[(a+b)\dot{\alpha}\sin\alpha+b\dot{\beta}\sin\beta]\boldsymbol{j},$$
$$\boldsymbol{a}_p=-[(a+b)\dot{\alpha}^2\sin\alpha+b\dot{\beta}^2\sin\beta]\boldsymbol{i}+[(a+b)\dot{\alpha}^2\cos\alpha+b\dot{\beta}^2\cos\beta]\boldsymbol{j},$$

其中 $\alpha=[u/a+v/(a+b)]t$,$\beta=(u/a+v/b)t$,$\boldsymbol{i}$ 是水平方向的单位矢量,与 $\boldsymbol{u}$ 同指向 $\boldsymbol{j}$ 是竖直向下的单位矢量.

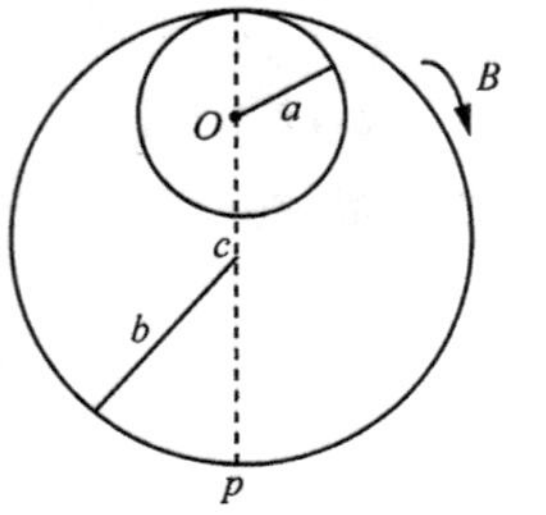

7.10 题图

7.10　半径为 b 的圆筒在半径为 a 的固定圆柱上作纯滚动.若相切的直线从静止开始以恒定的角加速度 β 围绕固定圆柱的轴顺时针转动.图中画的是 $t=0$ 时的位置.求圆筒上 P、C 两点 t 时刻的速度和加速度(均按圆筒的切向和法向分解).

答　$v_{ct}=(b-a)\beta t$,$v_{cn}=0$,$a_{ct}=(b-a)\beta$,$a_{cn}=(b-a)\beta^2t^2$;

$$v_{pt}=(b-a)\beta t\left[1-\cos\left(\frac{a}{2b}\beta t^2\right)\right],\ v_{pn}=(b-a)\beta t\sin\left(\frac{a}{2b}\beta t^2\right),$$

$$a_{pt}=(b-a)\beta\left[1+\cos\left(\frac{a}{2b}\beta t^2\right)-\beta t^2\sin\left(\frac{a}{2b}\beta t^2\right)\right],$$

$$a_{pn}=(b-a)\beta\left[\frac{b-a}{b}\beta t^2-\sin\left(\frac{a}{2b}\beta t^2\right)+\beta t^2\cos\left(\frac{a}{2b}\beta t^2\right)\right].$$

7.11　证明刚体上任何两点的速度在它们联线上的投影相等(速度投影定理).

7.12　曲柄 OA 在题图所示位置(OA 与 DC 的夹角为 $60°$,BD 与 OA 垂直)绕定轴 O 转动的角速度 $\omega=4\mathrm{s}^{-1}$.$OA=AB=AD=a=30\mathrm{cm}$,$BC=b=40\mathrm{cm}$.滑块 C、D 在同一水平直线上,并限在水平滑道内滑动.求此时刻滑块 C、D 的速度.

答　$v_C=35.9\mathrm{cm\cdot s^{-1}}$, $v_D=139\mathrm{cm\cdot s^{-1}}$.

7.13　一个半径为 r 的圆柱沿一平面作无滑滚动,其轴线 O 保持速度 v_0 不变,一块长度为 l 的矩形平板其 B 边以铰链接在圆柱的边缘上,另一端 A 边搁在上述平面上,随圆柱运动.若 $t=0$ 时 $\varphi=0$.求 A 边的速度与时间的关系.并取适当的坐标,取最方便的基点,写出 AB 板的运动学方程.

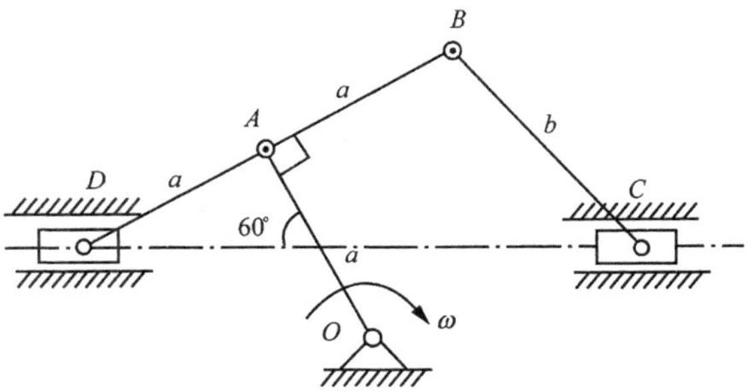

7.12 题图

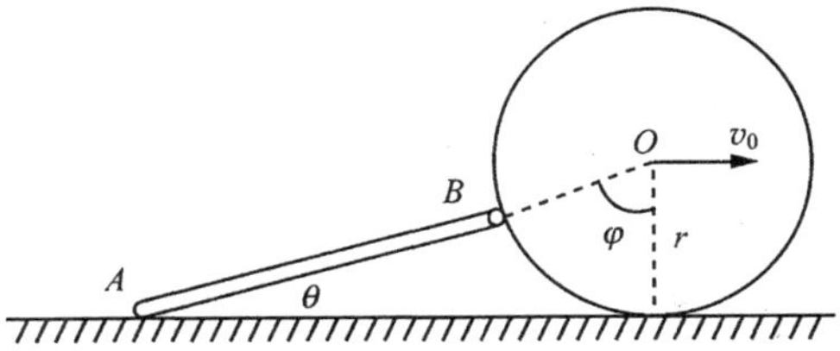

7.13 题图

答　$v_A=2v_0\sin^2\left(\frac{v_0}{2r}t\right)\left[1+\frac{r\sin(\frac{v_0}{r}t)}{\sqrt{l^2-4r^2\sin^4(\frac{v_0}{2r}t)}}\right]$

取 B 为基点，$t=0$ 时 B 点坐标为 $x=0,y=0$（$\boldsymbol{v}_0$ 方向为 x 正向，y 轴竖直向上）AB 板的运动学方程为

$$x_B = v_0 t - r\sin\left(\frac{v_0}{r}t\right), y_B = r\left[1-\cos\left(\frac{v_0}{r}t\right)\right]$$

$$\theta = \arcsin\left\{\frac{r}{l}\left[1-\cos\left(\frac{v_0}{r}t\right)\right]\right\}$$

7.14　求上题中 AB 板的空间极迹和本体极迹方程(可用 t 作为参数).

答　取上题答案中所用的静坐标系，空间极迹方程为

$$x_C = v_0 t - (r\sin\varphi + l\cos\theta)$$

$$y_C = (r\sin\varphi + l\cos\theta)\tan\frac{\varphi}{2}$$

其中 $\varphi=\frac{v_0}{r}t,\cos\theta=\frac{1}{l}\sqrt{l^2-r^2\left[1-\cos\left(\frac{v_0}{r}t\right)\right]^2}$. 如取固连于 AB 的坐标 $Ax'y'$，原点在 A 点，

x'沿AB方向，y'轴与之垂直．向上为正．则本体极迹方程为

$$x'_C = y_C\sin\theta, y'_C = y_C\cos\theta$$

或

$$x'_C = y'_C\tan\theta$$

其中 y_C 与θ、φ 以及θ、φ 与t 的关系同上．

7.15　曲柄 OA 以匀角速度$n_0=50\text{r/min}$绕定轴 O 转动，定齿轮的齿数为 Z_4，齿数 Z_1、Z_2 的两齿轮紧固成一体装在曲柄 OA 上的B 点．求装在 A 端的齿数Z_3 的齿轮转速．

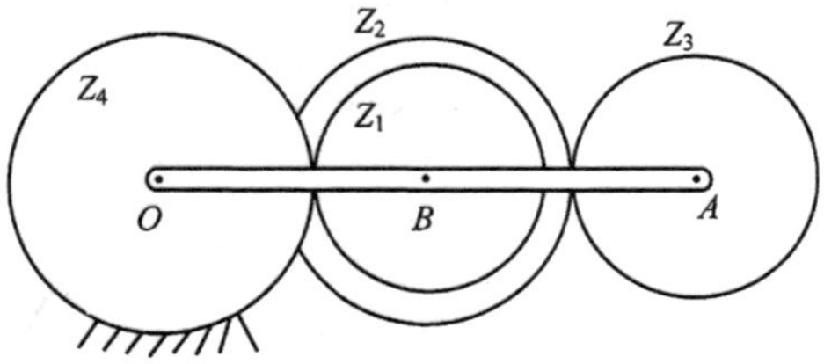

7.15 题图

答　$n_3=n_0\left(1-\dfrac{Z_2Z_4}{Z_1Z_3}\right)$.

7.16　A、B、C 三个半径均为r 的圆盘，紧挨着安装在一曲柄上．除 A 盘不动外，B、C 两盘可分别绕 O_2、O_3 转动．曲柄围绕 O_1 转动．整个机构在同一平面上．B、C 盘均作纯滚动．若 B 盘的转动角速度为$\omega(t)$．求

(1) C 盘的转动角速度；

(2) t 时刻位于B、C 两盘相接触的两点P、Q 的加速度的大小；

(3) 若 $t=0$ 时，P 点在图示位置，求任何时刻 P 点的加速度的大小．

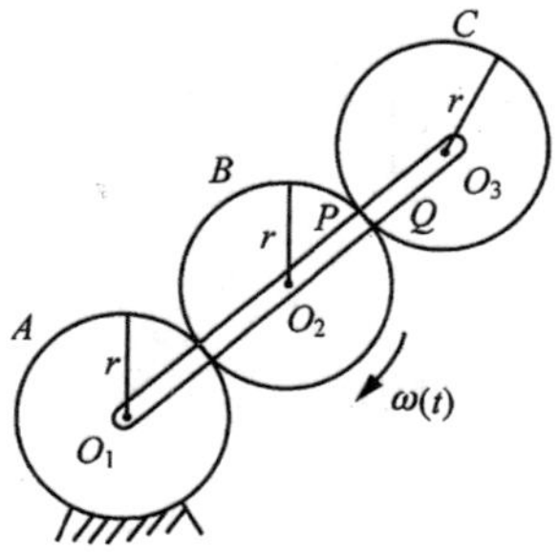

7.16 题图

答　(1)$\omega_C=0$；(2)$a_P=\dfrac{3}{2}r\omega^2$，

$a_Q=r\sqrt{\omega^4+4\dot{\omega}^2}$；

(3) $a_P=r[\omega^4(\dfrac{5}{4}+\cos\dfrac{3}{2}\omega t)+3\omega^2\dot{\omega}\sin\dfrac{3}{2}\omega t$

$+2\dot{\omega}^2(1-\cos\dfrac{3}{2}\omega t)]^{1/2}$

当$\dfrac{1}{2}\omega t=2n\pi(n=0,1,2,\cdots)$时，结果与(2)的结果相同．

7.17　一半径为 a 的圆盘A 以等角速度ω_A 绕其固定中心O转动，另一半经为 b 的圆盘B 以等角速ω_B 绕其中心O'在前一圆盘外侧纯滚动(如题图所示)．求

(1) 两盘的连杆 OO' 的转动角速度 Ω;

(2) B 盘在 A 盘上转动回到 A 盘上同一接触点所需的最短时间 t_1;

(3) B 盘上与 A 盘的相接触点又回到与 A 盘相接触的位置所需的最短时间 t_2;

(4) O' 点回到空间原来位置所需的最短时间 t_3;

(5) 如 $a=5\text{cm}$, $b=3\text{cm}$, $\omega_A=20\pi\text{s}^{-1}$, $\omega_B=36\pi\text{s}^{-1}$, B 盘所有点回到空间原来位置所需的最小时间 t_4. A、B 盘所有点回到空间原来位置所需的最小时间 t_5, A 盘所有点及 O' 点回到空间原来位置所需的最小时间 t_6.

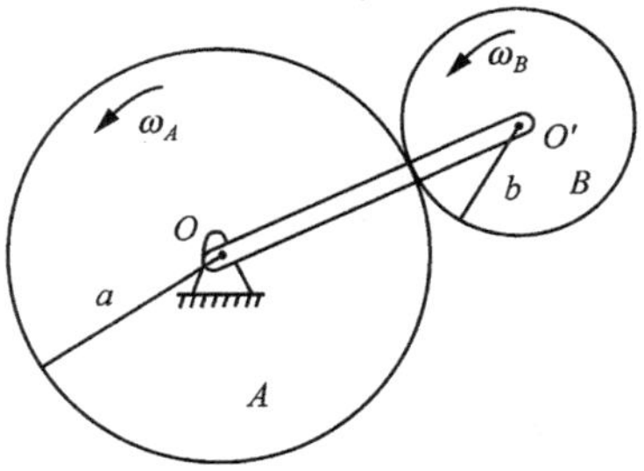

7.17 题图

答 $\Omega=\dfrac{a\omega_A+b\omega_B}{a+b}$, $t_1=\dfrac{2\pi}{|\omega_B-\omega_A|}$,

$t_2=\dfrac{2\pi(a+b)}{a|\omega_B-\omega_A|}$, $t_3=\dfrac{2\pi(a+b)}{a\omega_A+b\omega_B}$,

$t_4=1\text{s}$, $t_5=1\text{s}$, $t_6=1\text{s}$.

7.18 高为 h、顶角为 2α 的正圆锥在一水平面上绕顶点作纯滚动. 若已知其几何对称轴以恒定的角速度 Ω 绕竖直轴转动. 求此刻圆锥底面上最高点 A 的速度和加速度.

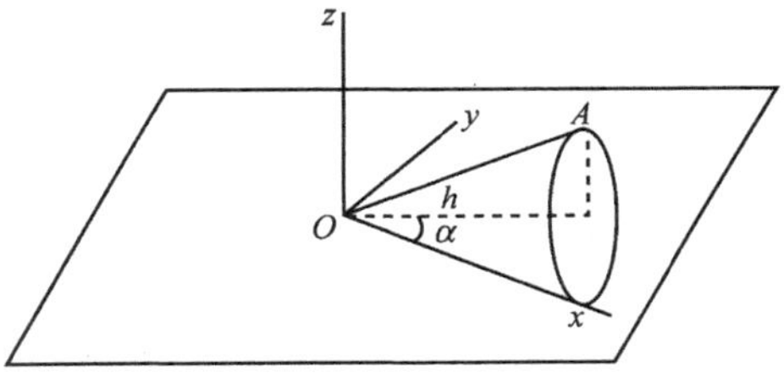

7.18 题图

答 $\boldsymbol{v}_A=2\Omega h\cos\alpha\boldsymbol{j}$, $\boldsymbol{a}_A=-2\Omega^2h\cos\alpha\boldsymbol{i}-\Omega^2h\csc\alpha\boldsymbol{k}$.

7.19 直杆 A 铰接于 U 形夹板的 OO' 轴上, 该板连在旋转的竖直轴的端点, 竖直轴以图示的角速度 Ω 转动, 杆 A 与竖直轴 z 的夹角 θ 以不变的速率 $\dot{\theta}=-p$ 变化. 求杆 A 的角速度 $\boldsymbol{\omega}$ 与角加速度 $\boldsymbol{\beta}$.

答 $\boldsymbol{\omega}=p\boldsymbol{j}+\Omega\boldsymbol{k}$, $\boldsymbol{\beta}=-\Omega p\boldsymbol{i}$.

7.20 飞机重心 G 做匀速直线运动. 今将平动坐标系 xyz 的原点置于 G 点, 飞机相对于此坐标系的角速度为: 滚转 $\omega_x=0.5\text{s}^{-1}$, 俯仰 $\omega_y=0.3\text{s}^{-1}$, 偏航 $\omega_z=0.1\text{s}^{-1}$. 现有一旅客在重心 G 之后 30m, 高于 G 点 2m, 以相对于机身的速度 $v_r=1\text{ms}^{-1}$ 沿与 x 轴相反的方向走向机尾. 求此旅客的加速度.

答 $\boldsymbol{a}=3.1\boldsymbol{i}+4.24\boldsymbol{j}-2.78\boldsymbol{k}(\text{m}\cdot\text{s}^{-2})$.

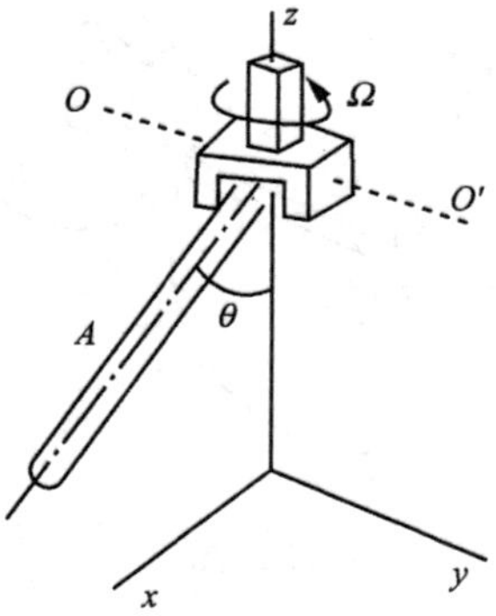

7.19 题图

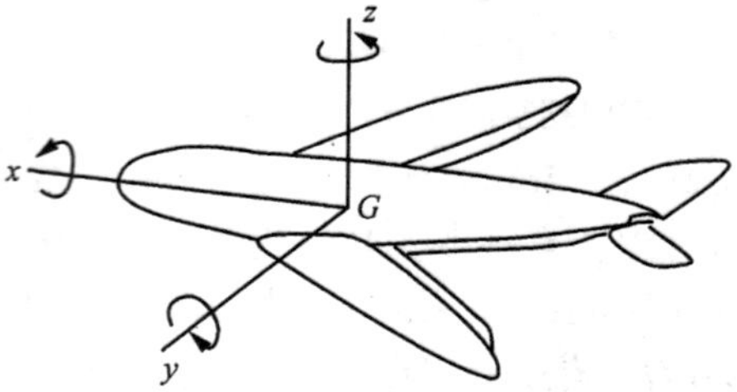

7.20 题图

7.21　圆盘以匀角速度 Ω 绕其中心轴 z 转动，架子 A 以匀角速度 ω_2 绕其轴线 y'（$y' /\!/ y$）转动. 同时，整个装置以角速度 ω_1 绕 X 轴转动. 求当架子 A 使圆盘处于图示位置时圆盘的角速度 $\boldsymbol{\omega}$、角加速度 $\boldsymbol{\beta}$ 以及圆盘上最高点 P 的速度和加速度. 图中 xyz 坐标轴固连于架子 A，在此时，x 轴与固定坐标 X 轴平行. 设圆盘半径为 r，y、y' 轴间距为 b，x、X 轴间距为 C，z 轴与 Z 轴间的水平间距可以忽略.

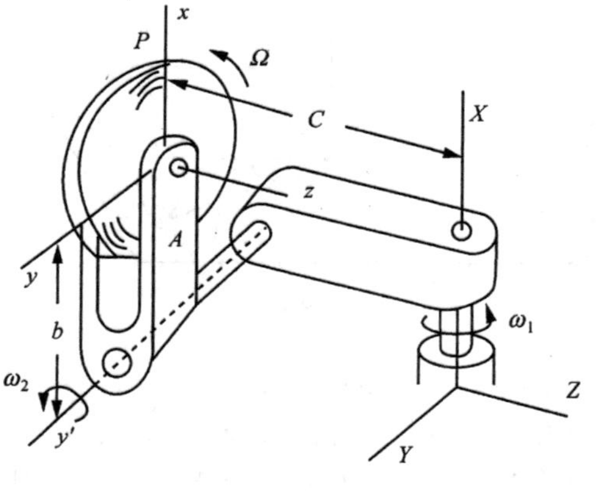

7.21 题图

答　$\boldsymbol{\omega} = \omega_1 \boldsymbol{i} + \omega_2 \boldsymbol{j} + \Omega \boldsymbol{k}$，$\boldsymbol{\beta} = \Omega\omega_2 \boldsymbol{i} - \Omega\omega_1 \boldsymbol{j}$，

$\boldsymbol{v}_p = (c\omega_1 + r\Omega)\boldsymbol{j} - (b + r)\omega_2 \boldsymbol{k}$，

$\boldsymbol{a}_p = -[(b + r)\omega_2^2 + r\Omega^2]\boldsymbol{i} + (2b + r)\omega_1\omega_2 \boldsymbol{j} + [r\Omega\omega_1 + c\omega_1^2]\boldsymbol{k}$.

7.22　若作定点转动的刚体的运动学方程为

$$\varphi = at,\ \psi = bt,\ \theta = c$$

式中 a、b、c 均为常量. φ、ψ、θ 为欧拉角. 求角速度、角加速度在动、静坐标系中的分量.

答　$\omega_x = a\sin c\sin bt$, $\omega_y = a\sin c\cos bt$,

$\omega_z = b + a\cos c$; $\beta_x = ab\sin c\cos bt$,

$\beta_y = -ab\sin c\sin bt$, $\beta_z = 0$;

$\omega_\xi = b\sin c\sin at$, $\omega_\eta = -b\sin c\cos at$,

$\omega_\zeta = a + b\cos c$; $\beta_\xi = ab\sin c\cos at$,

$\beta_\eta = ab\sin c\sin at$, $\beta_\zeta = 0$.

7.23　刚体作上题的运动. 求刚体上(1,0,0)点及位于空间(1,0,0)的刚体上的点在 t 时刻的速度和加速度.

答　t 时刻刚体上(1,0,0)点(固连于刚体) $\boldsymbol{v} = (b + a\cos c)\boldsymbol{j} - a\sin c\cos bt\boldsymbol{k}$,

$$\boldsymbol{a} = -[(b + a\cos c)^2 + (a\sin c\cos bt)^2]\boldsymbol{i} + (a\sin c)^2\sin bt\cos bt\boldsymbol{j} + a\sin c(2b + a\cos c)\sin bt\boldsymbol{k};$$

t 时刻刚体上位于空间的(1,0,0)的点. $\boldsymbol{v} = (a + b\cos c)\boldsymbol{\eta}^\circ + b\sin c\cos at\boldsymbol{\zeta}^\circ$,

$$\boldsymbol{a} = -[(a + b\cos c)^2 + (b\sin c\cos at)^2]\boldsymbol{\xi}^\circ - (b\sin c)^2\sin at\cos at\boldsymbol{\eta}^\circ + b^2\sin c\cos c\sin at\boldsymbol{\zeta}^\circ.$$

***7.24**　刚体作 7.22 题所给的定点转动. 求本体极面和空间极面满足的方程.

答　本体极面方程为

$$x^2 + y^2 = \frac{a^2\sin^2 c}{(b + a\cos c)^2}z^2$$

空间极面方程为

$$\xi^2 + \eta^2 = \frac{b^2\sin^2 c}{(a + b\cos c)^2}\zeta^2$$

7.25　开始固连于刚体的动坐标系 $Oxyz$ 与静坐标系 $O\xi\eta\zeta$ 完全重合(x、y、z 轴分别与 ξ、η、ζ 轴重合). 动系先绕 ξ 轴转 θ 角, 再绕新的 y 轴转 ψ 角, 最后绕新的 z 轴转 φ 角, 刚体的位置用此 θ、ψ、φ 来描述. 像推导欧拉运动学方程那样, 分别写出作定点转动的刚体的角速度在固连于刚体的 xyz 坐标系的三个分量与在 $\xi\eta\zeta$ 静坐标系的三个分量与这里定义的 θ、ψ、φ 三个角及其对时间的导数的关系.

答

$$
\begin{cases}
\omega_x = \dot{\psi}\sin\varphi + \dot{\theta}\cos\psi\cos\varphi \\
\omega_y = \dot{\psi}\cos\varphi - \dot{\theta}\cos\psi\sin\varphi \\
\omega_z = \dot{\varphi} + \dot{\theta}\sin\psi
\end{cases}
$$

$$
\begin{cases}
\omega_\xi = \dot{\theta} + \dot{\varphi}\sin\psi \\
\omega_\eta = \dot{\psi}\cos\theta - \dot{\varphi}\cos\psi\sin\theta \\
\omega_\zeta = \dot{\psi}\sin\theta + \dot{\varphi}\cos\psi\cos\theta
\end{cases}
$$

7.26　圆锥滚子在水平的圆锥环形支座上作纯滚动，滚子底面半径 $R=10\sqrt{2}$cm. 顶角 $2\alpha=90^\circ$，滚子中心 A 沿其轨迹运动的速率 $v_A=20\text{cm}\cdot\text{s}^{-1}$. 求圆锥滚子上点 B 和 C 的速度和加速度的大小.

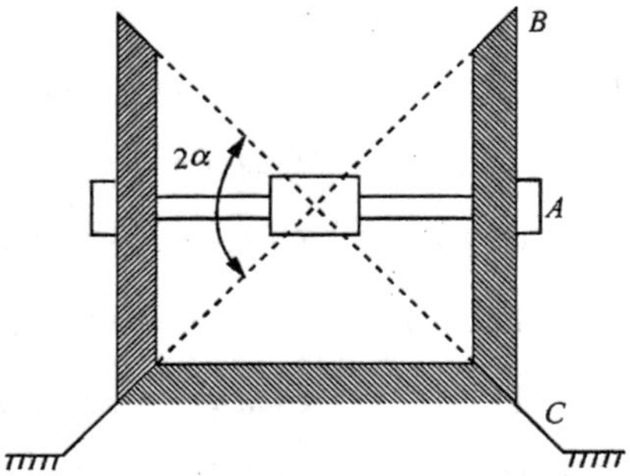

7.26 题图

答　$v_B=40\text{cm}\cdot\text{s}^{-1}$，$v_c=0$，

$a_B=40\sqrt{5}\text{cm}\cdot\text{s}^{-2}$，$a_c=40\text{cm}\cdot\text{s}^{-2}$.

7.27　下图是一个双重差动机构. 曲柄 3 绕固定轴 AB 转动. 在曲柄上活动地套一行星齿轮 4. 行星齿轮由半径分别为 $r_1=5$cm 和 $r_2=2$cm 的两个锥齿轮固连而成. 两锥齿轮又分别与半径各为 $R_1=10$cm、$R_2=5$cm 的另两个锥齿轮 1、2 啮合. 齿轮 1、2 均绕 AB 轴转动，均不与曲柄相连. 它们的角速度分别为 $\omega_1=4.5$rad/s，$\omega_2=9$rad/s，转动方向相同. 求曲柄 3 的角速度 ω_3 和行星齿轮相对于曲柄的角速度 ω_{43}.

答　$\omega_3=7$rad/s，　$\omega_{43}=5$rad/s.

7.28　用什么样的动系，可把刚体作定点转动时用的 $\dot{\boldsymbol{\theta}}$、$\dot{\boldsymbol{\varphi}}$、$\dot{\boldsymbol{\psi}}$ 三个角速度中的一个作为相对角速度，而另两个作为牵连角速度.

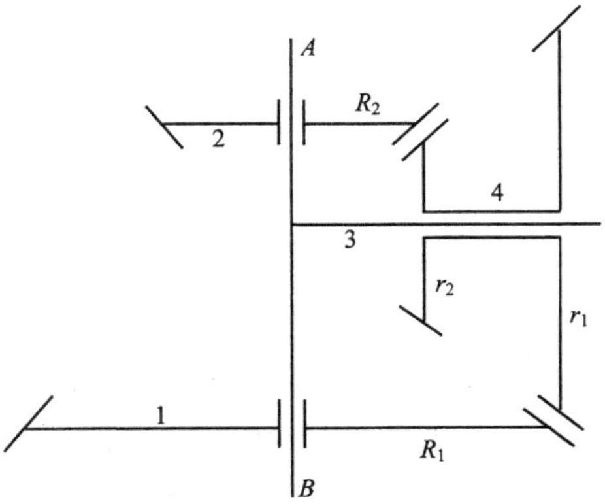

7.27 题图

第八章　质点系动力学

不是所有的力学系统都可以用质点来处理的，但是所有的力学系统总可以看成是由若干个或无数个质点构成的，就是说都可以看做质点系.质点系动力学是建立在质点动力学的基础上的.但是仅用我们已经讲过的质点动力学，要想弄清楚质点系中每一个质点的运动，一般来讲是不可能的.这是因为，第一，我们解单个质点的动力学问题，即使作用于它的力都知道，或虽不全知道，但有足够的约束方程，可以列出与未知函数数目一样多的微分方程、代数方程，理论上能获得确定的解，但往往各个方程包含不止一个未知函数，求解微分方程会很困难.现在质点系包含有限多或无限多的质点，它们之间的相互作用力即使是已知的，用隔离法写出每个质点的运动微分方程不难，但要求解比一个质点的三个多得多的微分方程，简直是不可能的.第二，质点系内部质点与质点之间的相互作用力往往是未知的，连运动微分方程都写不出来.有一类包含无限多个质点的质点系刚体，由于有无限多个约束，它的自由度是有限的.我们可以通过不多的微分方程求解，获知刚体的运动学方程，可用第七章所讲的刚体运动学获知刚体上任何一点的运动情况.对于任何的质点系，虽然不一定能搞清它的每一部分的运动状况，我们总可以对它的整体的运动有所了解.本章就是首先讨论质点系普遍适用的理论，用它可以讨论质点系的整体运动，也为下章讨论刚体的动力学问题作理论准备.本章还要用这些普遍适用的理论，讨论不属于刚体尚能彻底求解的质点系——两个质点的孤立系统和变质量质点的运动.

§8.1　质点系动力学涉及的几个新问题

1. 内力和外力

对于一个质点，不需考虑质点内部各部分之间的相互作用力，它们对质点的运动没有任何影响.在质点动力学的几个定理中，它们完全不出现.影响质点运动的力都是其他物体施加的，因此都是外力，因无需考虑内力，这外力的“外”字也就不必特别标出了.质点系可不同，质点系内部的相互作用力，称为内力，质点系以外物体对质点系中的质点的力，称为外力.它们在质点系的几个普遍定理中起的作用是有区别的.有的定理,内力不出现,有的定理,内力要出现.因此必须区分内力和外力.

内力是否在质点系的几个基本定理中出现,决定于内力具有的以下几个性质:

(1) 质点系内力之和等于零

由牛顿第三定律,质点系内任何一对质点间的相互作用力和反作用力(都是内力),任何时刻总是大小相等、方向相反,且在同一条作用线上,它们之和等于零.若质点 i 作用于质点 j 的力用 $\boldsymbol{f}_{ji}$ 表示,则

$$\boldsymbol{f}_{ij} + \boldsymbol{f}_{ji} = 0$$

第 i 个质点所受的合内力为

$$\boldsymbol{F}_i^{(i)} = \sum_{\substack{j=1\\ j\neq i}}^{n} \boldsymbol{f}_{ij}$$

对质点系所有质点所受的内力求和

$$\boldsymbol{F}_i^{(i)} = \sum_{i=1}^{n} \boldsymbol{F}_i^{(i)} = \sum_{i=1}^{n} \sum_{\substack{j=1\\ j\neq i}}^{n} \boldsymbol{f}_{ij} = 0$$

等于零的原因是质点系中的内力总是成对的.这里设质点系内包含 n 个质点,上标 i 表示内力.外力用上标 e 表示.

(2) 质点系内力对于任何矩心的力矩之和等于零

只要证明一对作用力反作用力对任何矩心的力矩之和等于零即可.

图 8.1.1 中 i、j 两个质点相互作用力为 $\boldsymbol{f}_{ji}$ 和 $\boldsymbol{f}_{ij}$,O 点是任取的一点,对 O 点,这一对内力的力矩之和为

$$\begin{aligned}\boldsymbol{r}_i \times \boldsymbol{f}_{ij} + \boldsymbol{r}_j \times \boldsymbol{f}_{ji} &= \boldsymbol{r}_i \times \boldsymbol{f}_{ij} + \boldsymbol{r}_j \times (-\boldsymbol{f}_{ij}) \\ &= (\boldsymbol{r}_i - \boldsymbol{r}_j) \times \boldsymbol{f}_{ij} = 0\end{aligned}$$

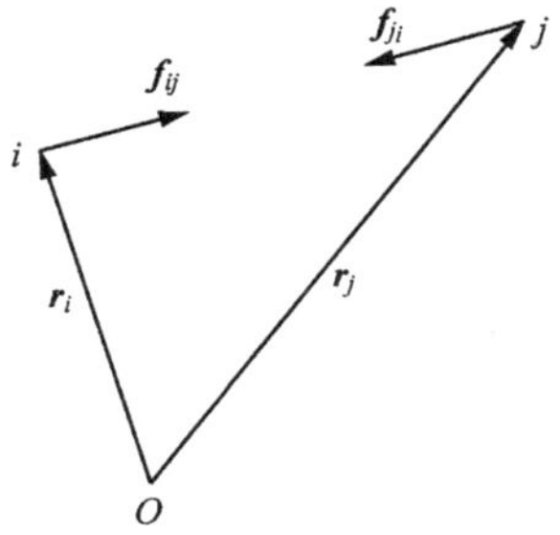

图 8.1.1

对轴的力矩等于对轴上一点的力矩点乘这个轴的单位矢量,因此一对作用力反作用力对任何轴的力矩之和等于零.

这个任何点可以是任何的固定点,也可以是任何的动点,任何轴可以是任何固定轴,也可以是任何的动轴.

以上两点对于质点内部的内力也完全适用,也由于这两点,在动量定理和角动量定理中,和质点的情况一样,内力在质点系的这两个定理中不出现.

(3) *质点系内一对内力作功之和不一定等于零*

或者说一对内力对相互作用的两个质点所作的功率之和不一定等于零.

考虑 i、j 两个质点,它们相互作用的一对内力所作的功率之和为

$$\boldsymbol{f}_{ij} \cdot \boldsymbol{v}_i + \boldsymbol{f}_{ji} \cdot \boldsymbol{v}_j = \boldsymbol{f}_{ij} \cdot (\boldsymbol{v}_i - \boldsymbol{v}_j)$$

对于质点来说,质点内部的速度差别是可以忽略的,因此 $\boldsymbol{v}_i = \boldsymbol{v}_j$,一对内力所作的功率之和一定为零.对于质点系,一般讲,系统内部各质点的速度是不同的,其差与相互作用力的作用线也一般不垂直,因而一对内力作的功率之和不一定为零.这是和质点内的内力有所区别的,因此在质点系的动能定理和机械能定理中,内力和外力一样将在定理中出现.

2. 质量中心(简称质心)

前面我们说讨论质点系的"整体"运动,质点系内各质点相互间并不相对静止,因此绝不是一个普通意义下的整体.质点系运动时,其质量在空间的分布随时在变化,任何时候,质点系的质量分布总有一个平均位置,这个平均位置就是质量中心,简称质心.把质点系等效于全部质量位于质心的等效质点,这个等效质点的运动就是我们所说的质点系的"整体"运动.

设质点系包含 n 个质点,第 i 个质点的质量为 m_i,位矢为 $\boldsymbol{r}_i$,则质点系质心的位矢 $\boldsymbol{r}_C$ 为

$$\boldsymbol{r}_C = \sum_{i=1}^{n} m_i \boldsymbol{r}_i \Big/ \sum_{i=1}^{n} m_i \tag{8.1.1}$$

$\boldsymbol{r}_i$ 是时间 t 的函数,$\boldsymbol{r}_C$ 也是时间 t 的函数.

如果质点系不是孤立质点组成的,质量是连续分布的,则(8.1.1)式中的求和改成积分.

质量连续分布于一个体积内时

$$\boldsymbol{r}_C = \iiint_V \boldsymbol{r}\rho \mathrm{d}V \Big/ \iiint_V \rho \mathrm{d}V$$

其中 ρ 是质量体密度.

质量连续分布于一个曲面上时

$$r_C = \iint_S r\sigma \mathrm{d}s \Big/ \iint_S \sigma \mathrm{d}s$$

其中 σ 是质量面密度.

质量连续分布于一条曲线上时

$$r_C = \int_L r\eta \mathrm{d}l \Big/ \int_L \eta \mathrm{d}l$$

其中 η 是质量线密度.

以上各式都是矢量式,计算时要用分量式.质心所在位置未必一定有质量分布.质心相对于质点系的位置,仅由质点系的质量分布决定,与参考系、坐标系的选取无关.质心和重心是两个不同的物理概念,重心是重力作用的中心点,对于质量分布的空间线度不大(各处地球的重力加速度可视为恒量)的质点系,重心的概念才有意义,在重心概念有意义的范围内,质心和重心处于同一位置,在重心概念失去意义的场合,质心的概念仍然有效.

3. 质心平动参考系(简称质心系)

质心平动参考系(简称质心系,可不要与质点系相混淆)是跟随质点系质心平动的参考系.通常固连于它的坐标系原点取在质心,但不是必需这样取.质心系可能是惯性系,也可能是非惯性系,在讨论质点系内各质点的动力学问题时,质心系是很有用的.

§8.2　质点系的动量定理

1. 质点系的(总)动量

设质点系有 n 个质点,n 可以是有限大的值,也可以是无限大的.质量分布可以是分立的,也可以是连续的.为简便起见,今后推导公式时,我们都把它写成分立的求和形式.在例题或习题中遇到连续的质量分布时,就改成相应的积分式子.

质点系的(总)动量等于质点系内各质点的动量之和

$$\boldsymbol{P} = \sum_{i=1}^{n} m_i \boldsymbol{v}_i \tag{8.2.1}$$

(8.2.1)式是质点系动量的定义式.利用质心的定义,可以证明:质点系的动量等于具有质点系的质量、位于质心的以质心速度运动的质点(我们称它为质点系的等效质点或简称为等效质点)所具有的动量.证明如下:

$$\begin{aligned}\boldsymbol{P} &= \sum_{i=1}^{n} m_i \boldsymbol{v}_i = \sum_{i=1}^{n} m_i \frac{\mathrm{d}\boldsymbol{r}_i}{\mathrm{d}t} = \frac{\mathrm{d}}{\mathrm{d}t}\left(\sum_{i=1}^{n} m_i \boldsymbol{r}_i\right) \\ &= \frac{\mathrm{d}}{\mathrm{d}t}\left[\sum_{i=1}^{n} m_i \cdot \frac{\sum_{i=1}^{n} m_i \boldsymbol{r}_i}{\sum_{i=1}^{n} m_i}\right] = \frac{\mathrm{d}}{\mathrm{d}t}(m\boldsymbol{r}_c) \\ &= m\frac{\mathrm{d}\boldsymbol{r}_c}{\mathrm{d}t} = m\boldsymbol{v}_c \end{aligned} \tag{8.2.2}$$

在质心系中，质点系的动量恒为零(不论质心系是否惯性系)，证明如下：

$$\begin{aligned}\boldsymbol{P}' &= \sum_{i=1}^{n} m_i \boldsymbol{v}'_i = \sum_{i=1}^{n} m_i(\boldsymbol{v}_i - \boldsymbol{v}_c) = \sum_{i=1}^{n} m\boldsymbol{v}_i - \sum_{i=1}^{n} m_i \boldsymbol{v}_c \\ &= m\boldsymbol{v}_c - m\boldsymbol{v}_c = 0\end{aligned}$$

2. 质点系的动量定理和动量守恒定律

(1) 基本形式

质点系的动量的时间变化率等于作用于质点系上的合外力

$$\frac{\mathrm{d}}{\mathrm{d}t}\left(\sum_{i=1}^{n} m_i \boldsymbol{v}_i\right) = \sum_{i=1}^{n} \boldsymbol{F}_i^{(\mathrm{e})} \tag{8.2.3}$$

证明　对第 i 个质点用牛顿运动第二定律

$$\frac{\mathrm{d}}{\mathrm{d}t} m_i \boldsymbol{v}_i = \boldsymbol{F}_i^{(\mathrm{e})} + \sum_{\substack{j=1 \\ j\neq i}}^{n} \boldsymbol{f}_{ij} \quad (i = 1,2,\cdots,n)$$

其中 $\boldsymbol{F}_i^{(\mathrm{e})}$ 是作用于第 i 个质点上的合外力，$\boldsymbol{f}_{ij}$ 是质点系内第 j 个质点作用于第 i 个质点的力(内力).

对质点系 n 个质点的上述式子求和，利用质点系内力之和为零这一特性，即证明了(8.2.3)式.

(8.2.3)式中内力不出现，能否说内力只能改变质点系内各质点的动量，不能改变质点系的总动量？此说不够准确，应说内力不能直接改变质点系的总动量.为什么要这样说呢？我们知道，有的作用于质点的力，与质点的速度 $\dot{\boldsymbol{r}}$ 有关，如内力改变了质点的速度，从而间接地使作用于该质点的外力发生变化，那么内力的作用通过改变外力而间接影响了质点系的总动量.例如人骑自行车，人按闸时，人和闸间、闸皮与钢圈间的相互作用力都是内力(人和自行车为质点系)，可以使自行车减速.原因是按闸时改变了车轮的转速,改变了车轮与地面两接触点的相对速度,从而改变了车轮与地面两接触点间的摩擦力(外力),因而间接地影响质点系的总动量.

(2) 质心运动定理

将(8.2.2)式代入(8.2.3)式,即得质心运动定理的表达式

$$m\frac{\mathrm{d}\boldsymbol{v}_c}{\mathrm{d}t}=\sum_{i=1}^{n}\boldsymbol{F}_i^{(\mathrm{e})} \tag{8.2.4}$$

$\frac{\mathrm{d}\boldsymbol{v}_c}{\mathrm{d}t}$或$\frac{\mathrm{d}^2\boldsymbol{r}_c}{\mathrm{d}t^2}$是质心加速度,也可以说是等效质点的加速度.(8.2.4)式表明,质点系的"整体"运动等效于一个等效质点的运动.质心运动定理给出的等效质点的动量的时间变化率与等效质点所受外力的关系,正是质点动力学中牛顿运动第二定律给出的关系.正是由于这一点,才能用等效质点这个术语来代表质点系的"整体"运动.

在求解等效质点的运动规律时,可采用求解质点的运动微分方程的一切技巧,包括选用什么参考系(如选用非惯性系,需引入惯性力,作为外力来处理)、什么坐标系(直角坐标、柱坐标、球坐标、自然坐标等)、采用何种方法解运动微分方程等等,也和质点的运动微分方程一样,根据所给的条件,可用质心运动定理去处理动力学的正问题或逆问题.

说等效质点的运动反映质点系的"整体"运动还是不够确切的.应该说,等效质点的运动反映了质点系的"整体"平动.质点系毕竟不是质点,质点是无所谓转动的,因此等效质点也只能反映质点系"整体"的平动.质点系的"整体"运动还有围绕质心的转动,即在质心平动参考系中围绕质心的转动.

从(8.2.4)式可对质心平动参考系是否惯性系做出结论.当考察等效质点的运动所用的参考系是惯性系时,如质点系所受的合外力等于零,质心系是惯性系,若合外力不为零,质心系是非惯性系.若考察等效质点的运动用的是非惯性系,作用于质点系的合外力为零,分别两种情况:合外力只是真实力,另一种情况是合外力也包括了惯性力,对于这两种情况,能否对质心系是否惯性系做出明确的结论?作为思考题请读者自己考虑.在质心系中,质点系的动量定理将是什么样子?也请读者思考.

(3) 质点系的动量守恒定律

从(8.2.3)或(8.2.4)式可以看出,当作用于质点系的合外力 $\sum_{i=1}^{n}\boldsymbol{F}_i^{(\mathrm{e})}=0$ 时,

质点系的动量是恒量，在此期间，质点系动量守恒. 如作用于质点系的合外力的某个分量，例如 $\sum_{i=1}^{n} F_{ix}^{(e)}=0$ 在运动过程中成立，则质点系的动量的相应分量(这里是 x 分量)在此过程中不变，质点系在此方向(今 x 方向)动量守恒.

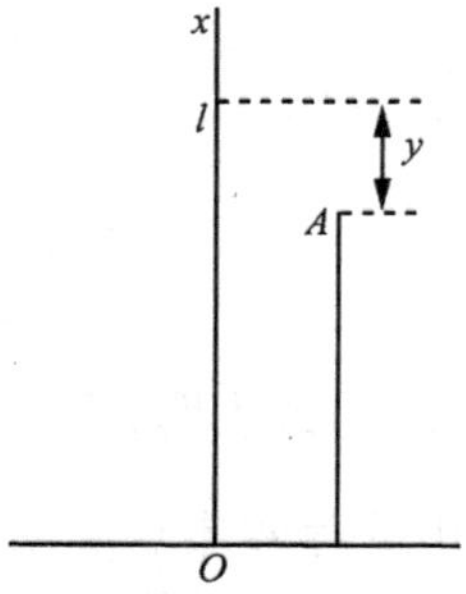

图 8.2.1

例 8.2.1　有一根长为 l、质量为 m 的均质绳子上端提着，下端刚好着地. 然后上端放开，让绳子自由下落. 求地面受到的绳子的压力.

解　把绳子取作质点系，取图 8.2.1 所示的坐标，绳子下落过程中，系统质心的坐标 x_c 是绳的上端 A 下落距离 y 的函数，y 随 t 按自由落体的变化规律是已知的，因而可得 x_c 与 t 的函数关系，再由质心运动定理可得待求的力.

由质心的定义，

$$mx_c = \frac{m}{l}y \cdot O + \frac{m}{l}(l-y) \cdot \frac{1}{2}(l-y)$$

$$x_c = \frac{1}{2l}(l-y)^2$$

代入 $y=\frac{1}{2}gt^2$，得

$$x_c = \frac{1}{2l}(l-\frac{1}{2}gt^2)^2$$

由质心运动定理，

$$m\ddot{x}_c = N - mg$$

将 x_c 的表达式求导，代入上式，可得

$$N = \frac{3mg^2t^2}{2l}$$

绳子对地面的反作用力

$$N' = -N = -\frac{3mg^2t^2}{2l}$$

以上是在绳子尚未完全落到地面上时的式子，全落到地面上后，$N' = -mg$. 故

$$N' = \begin{cases} -\dfrac{3mg^2t^2}{2l}, & 0 \leqslant t < \sqrt{\dfrac{2l}{g}} \\ -mg, & t \geqslant \sqrt{\dfrac{2l}{g}} \end{cases}$$

例 8.2.2　一个砂漏如图 8.2.2 所示,置于一个磅秤上,容器的质量为 M,砂子质量为 m. 在 $t<0$ 时,砂子置于容器的上部. $t=0$ 时,打开中间的活门,让砂子下落,若单位时间内有 λ(正的常数)的砂子离开容器的上部,自由下落的距离为 h. 问 $t \geqslant 0$ 时,磅秤的读数将如何变化?设砂子刚到达容器底部时,上部还有砂子.

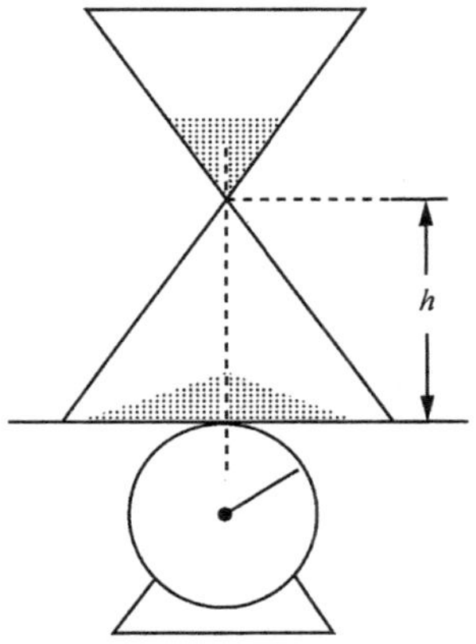

图 8.2.2

解　以容器和全部砂子为系统,分几个时段予以考虑. $0 \leqslant t < t_1$($t_1 = \sqrt{\dfrac{2h}{g}}$ 为砂子自由下落 h 所需的时间)、$t_1 \leqslant t < t_2$(t_2 为砂子刚全部离开容器上部的时刻)、$t_2 < t < t_1 + t_2$ 及 $t \geqslant t_1 + t_2$.

$0 \leqslant t < t_1$ 期间,在 $t \sim t+\mathrm{d}t$ 时间内,系统动量增量

$$\mathrm{d}p = \lambda t \cdot g\mathrm{d}t$$

由质点系动量定理

$$\lambda gt\mathrm{d}t = [(M+m)g - N]\mathrm{d}t$$

得磅秤读数

$$N = (M+m)g - \lambda gt$$

$t_1 \leqslant t < t_2$ 期间,在 $t \sim t+\mathrm{d}t$ 时间内,系统动量的增量由两部分提供,一部分来自离开容器而尚未到达底部的那部分砂子.

$$\mathrm{d}p_1 = (\lambda t_1)g\mathrm{d}t = \lambda\sqrt{2gh}\,\mathrm{d}t$$

另一部分来自落到底部时砂子动量发生的变化

$$\mathrm{d}p_2 = \lambda\mathrm{d}t(0 - \sqrt{2gh}) = -\lambda\sqrt{2gh}\,\mathrm{d}t$$

两部分刚好抵消,故

$$\frac{\mathrm{d}p}{\mathrm{d}t} = 0,$$

$$0 = (M + m)g - N$$

$$N = (M + m)g$$

$t_2 \leqslant t < t_1 + t_2$ 期间,尚未到达底部的砂子质量为 $\lambda t_2 - \lambda(t - t_1)$,故

$$\begin{aligned} dp_1 &= [\lambda t_2 - \lambda(t - t_1)]g dt \\ &= \lambda[\sqrt{2gh} - g(t - t_2)]dt \end{aligned}$$

落到底部的砂子动量增量仍为

$$dp_2 = -\lambda\sqrt{2gh}\,dt$$

由质点系动量定理

$$\lambda[\sqrt{2gh} - g(t - t_2)]dt - \lambda\sqrt{2gh}\,dt = [(M + m)g - N]dt$$

注意　$\lambda t_2 = m$,

$$N = Mg + \lambda gt$$

$t \geqslant t_1 + t_2$ 时,全部砂子都已落到底部

$$N = (M + m)g$$

N 与 t 的函数关系如图 8.2.3 所示.

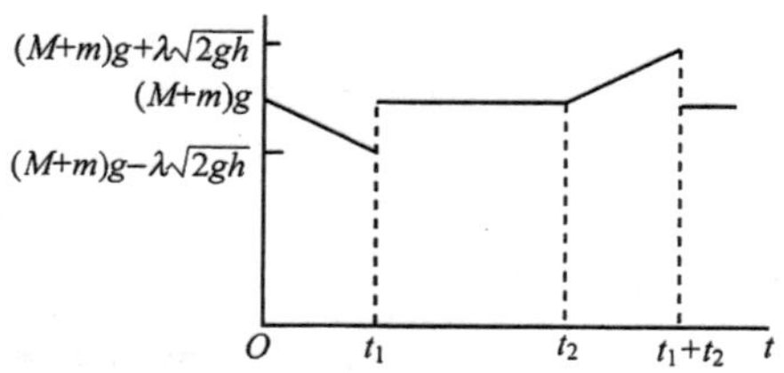

图 8.2.3

§8.3　质点系的角动量定理

1. 质点系对固定矩心的角动量定理

先写出对质点系中第 i 个质点的对此固定矩心的角动量定理

$$\frac{d\boldsymbol{J}_i}{dt} = \boldsymbol{r}_i \times \boldsymbol{F}_i^{(e)} + \boldsymbol{r}_i \times \boldsymbol{F}_i^{(i)}$$

其中 $\boldsymbol{J}_i=\boldsymbol{r}_i\times m_i\boldsymbol{v}_i$，$\boldsymbol{r}_i$ 是第 i 个质点对此矩心的位矢，$\boldsymbol{v}_i$ 是第 i 个质点对此参考系的速度．若此参考系是非惯性系，在外力 $\boldsymbol{F}_i^{(e)}$ 中应包括各种惯性力．$\boldsymbol{F}_i^{(i)}$ 是第 i 个质点受到的合内力．

对 n 个质点求和，利用作用于质点系的内力对任何矩心的力矩之和为零这一特性，即得质点系对固定矩心的角动量定理表达式

$$\frac{\mathrm{d}\boldsymbol{J}}{\mathrm{d}t}=\boldsymbol{M}^{(e)} \tag{8.3.1}$$

其中 $\boldsymbol{J}=\sum_{i=1}^{n}\boldsymbol{J}_i=\sum_{i=1}^{n}(\boldsymbol{r}_i\times m_i\boldsymbol{v}_i)$，$\boldsymbol{M}^{(e)}=\sum_{i=1}^{n}\boldsymbol{r}_i\times\boldsymbol{F}_i^{(e)}$．

质点系对固定矩心的角动量的时间变化率等于质点系所受外力（包括惯性力）对该矩心的力矩之和．

它的分量形式，相当于对三个固定轴的角动量定理

$$\begin{cases}\dfrac{\mathrm{d}J_x}{\mathrm{d}t}=M_x^{(e)}\ \text{或}\ \dfrac{\mathrm{d}}{\mathrm{d}t}\displaystyle\sum_{i=1}^{n}m_i(y_i\dot{z}_i-z_i\dot{y}_i)=\sum_{i=1}^{n}(y_iF_{iz}^{(e)}-z_iF_{iy}^{(e)})\\[2ex] \dfrac{\mathrm{d}J_y}{\mathrm{d}t}=M_y^{(e)}\ \text{或}\ \dfrac{\mathrm{d}}{\mathrm{d}t}\displaystyle\sum_{i=1}^{n}m_i(z_i\dot{x}_i-x_i\dot{z}_i)=\sum_{i=1}^{n}(z_iF_{ix}^{(e)}-x_iF_{iz}^{(e)})\\[2ex] \dfrac{\mathrm{d}J_z}{\mathrm{d}t}=M_z^{(e)}\ \text{或}\ \dfrac{\mathrm{d}}{\mathrm{d}t}\displaystyle\sum_{i=1}^{n}m_i(x_i\dot{y}_i-y_i\dot{x}_i)=\sum_{i=1}^{n}(x_iF_{iy}^{(e)}-y_iF_{ix}^{(e)})\end{cases} \tag{8.3.2}$$

2．对质心系中的固定矩心和质心为矩心的角动量定理

可利用上面讲的对固定矩心的角动量定理，注意质心平动参考系一般是非惯性系，设质心加速度为 $\boldsymbol{a}_c$，$\boldsymbol{a}_c$ 可由质心运动定理求得．

若固连于质心系的坐标原点不是质心 C，对原点的角动量定理为

$$\begin{aligned}\frac{\mathrm{d}\boldsymbol{J}}{\mathrm{d}t}&=\sum_{i=1}^{n}\boldsymbol{r}_i\times\boldsymbol{F}_i^{(e)}+\sum_{i=1}^{n}[\boldsymbol{r}_i\times(-m_i\boldsymbol{a}_c)]\\&=\boldsymbol{M}^{(e)}+\boldsymbol{a}_c\times\sum_{i=1}^{n}m_i\boldsymbol{r}_i\\&=\boldsymbol{M}^{(e)}+\boldsymbol{a}_c\times m\boldsymbol{r}_c=\boldsymbol{M}^{(e)}+\boldsymbol{r}_c\times(-m\boldsymbol{a}_c)\end{aligned} \tag{8.3.3}$$

式中 $\boldsymbol{F}_i^{(e)}$ 是作用于第 i 个质点的“真实”的合外力，$\boldsymbol{M}^{(e)}$ 是对原点（固定矩心）的“真实”外力的力矩之和，$\boldsymbol{r}_c$ 是质心对此矩心的位矢，$\boldsymbol{a}_c$ 是对静参考系的质心加速度，

如静系是惯性系，则上述“真实”外力都是真实的外力，如静系是非惯性系，则“真实”外力中包括因静系是非惯性系而引入的惯性力.

$\boldsymbol{r}_c\times(-m\boldsymbol{a}_c)$是因质心平动参考系对静参考系有加速度而引入的惯性力对固定矩心的力矩之和.$(-m\boldsymbol{a}_c)$是这些惯性力的合力，惯性力对矩心的力矩之和等于作用于等效质点的惯性力的合力对该矩心的力矩.先求力矩再求和先求和再求力矩，不是对任何一组力这两种计算方法都能得到同样的计算结果，只有对于作用于各质点的一组力方向都一样、大小与被作用的质点质量成正比才能得到同样的结果因而能这样做.重力也具有这样的特点，因此计算重力的力矩之和，可代之以计算作用于等效质点的重力(即作用于质点系的重力的合力)的力矩.

若质心平动参考系中取质心为矩心，则(8.3.3)式中的 $\boldsymbol{r}_c=0$，

$$\frac{\mathrm{d}\boldsymbol{J}}{\mathrm{d}t}=\boldsymbol{M}^{(\mathrm{e})} \tag{8.3.4}$$

和对静参考系中的固定矩心的角动量定理有完全相同的形式.$\boldsymbol{M}^{(\mathrm{e})}$是真实外力的力矩之和.不论静系是否惯性系，也不论质心系对静系有无加速度，只要取质心为矩心，由于平动惯性力具有上述的两个特征，它们对质心的力矩之和一定为零.同理，以质心为矩心，重力的力矩之和也一定为零.

(8.3.3)式等号右边的附加项 $\boldsymbol{r}_c\times(-m\boldsymbol{a}_c)$不出现有以下三种情况：

(1) $\boldsymbol{r}_c=0$，就是刚讲过的(8.3.4)式的情况；

(2) $\boldsymbol{a}_c=0$；

(3) $\boldsymbol{r}_c\neq0$，$\boldsymbol{a}_c\neq0$，但 $\boldsymbol{r}_c\times\boldsymbol{a}_c=0$，即 $\boldsymbol{a}_c/\!/\boldsymbol{r}_c$，由于两矢量的作用线都通过同一点(质心)，平行也就是共线，等效质点所受合惯性力的作用线通过矩心，当然它对矩心无力矩.

思考题　试推导对动点 A 为矩心的角动量定理，它能否等同于对 A 点平动参考系中的固定矩心 A 的角动量定理.如动点是质心 C，则对动点 C 为矩心的角动量定理有没有(8.3.4)式.如平动参考系不是质心系，对动系中的固定矩心以及对动系中的质心的角动量定理又将有何种表达式?

3. 等效质点对固定矩心的角动量定理

等效质点对固定矩心的角动量为 $\boldsymbol{r}_c\times m\boldsymbol{v}_c$，它的时间变化率

$$\begin{aligned}\frac{\mathrm{d}}{\mathrm{d}t}(\boldsymbol{r}_c\times m\boldsymbol{v}_c)&=\frac{\mathrm{d}\boldsymbol{r}_c}{\mathrm{d}t}\times m\boldsymbol{v}_c+\boldsymbol{r}_c\times\frac{\mathrm{d}(m\boldsymbol{v}_c)}{\mathrm{d}t}\\&=\boldsymbol{v}_c\times m\boldsymbol{v}_c+\boldsymbol{r}_c\times\sum_{i=1}^{n}\boldsymbol{F}_i^{(\mathrm{e})}=\boldsymbol{r}_c\times\sum_{i=1}^{n}\boldsymbol{F}_i^{(\mathrm{e})}\end{aligned} \tag{8.3.5}$$

推导中用了质心运动定理.

结果表明:等效质点对固定矩心的角动量的时间变化率等于作用于等效质点的合外力对矩心的力矩.和质点对固定矩心的角动量定理有完全相同的形式.通常把等效质点的动量定理称为质心运动定理,等效质点对固定矩心的角动量定理也可以称为“质心(对固定矩心)的角动量定理.”

注意　角动量定义中 $\boldsymbol{v}_c$ 取决于选用什么参考系,$\boldsymbol{r}_i$ 取决于选择什么点为矩心.我们把等效质点对固定矩心的角动量简称为质心对固定矩心的角动量,不要与质点系在质心平动参考系中对质心的角动量相混淆.两者参考系和矩心的选取都不相同.

4. 三个角动量和三个角动量定理之间的关系

三个角动量是指质点系在静参考系中对固定矩心的角动量 $\boldsymbol{J}$、等效质点在静参考系中对同一固定矩心的角动量即质心对该矩心的角动量 J_{eq} 和质点系在质心平动参考系中对质心的角动量 $\boldsymbol{J}_c'$ 三个角动量定理是指上述三个角动量的时间变化率遵从的规律.

为方便起见,静参考系的坐标原点取在固定矩心.图 8.3.1 中 $Oxyz$、$Cx'y'z'$ 分别是固连于静参考系和质心平动参考系的坐标系.$\boldsymbol{r}_i$、$\boldsymbol{r}_i'$ 分别是位于 P 点的第 i 个质点对两个坐标系原点的位矢.

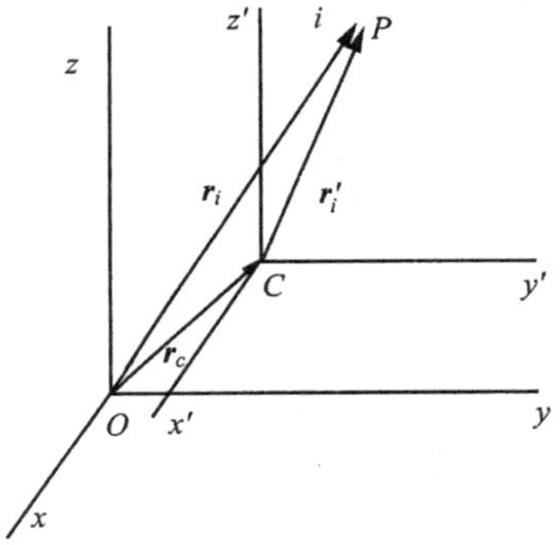

图 8.3.1

$$\boldsymbol{r}_i = \boldsymbol{r}_c + \boldsymbol{r}_i' \tag{1}$$

用 $\boldsymbol{J}$、$\boldsymbol{J}_{eq}$ 和 $\boldsymbol{J}_c'$ 分别依次表示前述的三个角动量.则根据定义,

$$\boldsymbol{J} = \sum_{i=1}^{n}(\boldsymbol{r}_i \times m_i\boldsymbol{v}_i) \tag{2}$$

$$\boldsymbol{J}_{eq} = \boldsymbol{r}_c \times m\boldsymbol{v}_c \quad 其中\ m = \sum_{i=1}^{n} m_i \tag{3}$$

$$\boldsymbol{J}_c' = \sum_{i=1}^{n}(\boldsymbol{r}_i' \times m_i\boldsymbol{v}_i') \tag{4}$$

$\boldsymbol{v}_i$、$\boldsymbol{v}_i'$ 分别是第 i 个质点对静参考系和对质心平动参考系的速度.

$$\boldsymbol{v}_i = \boldsymbol{v}_c + \boldsymbol{v}_i' \tag{5}$$

将(1)、(5)式代入(2)式，

$$\begin{aligned}\boldsymbol{J} &= \sum_{i=1}^{n}(\boldsymbol{r}_i \times m_i\boldsymbol{v}_i) = \sum_{i=1}^{n}[(\boldsymbol{r}_c + \boldsymbol{r}_i') \times m_i(\boldsymbol{v}_c + \boldsymbol{v}_i')] \\ &= \sum_{i=1}^{n}(\boldsymbol{r}_c \times m_i\boldsymbol{v}_c) + \sum_{i=1}^{n}(\boldsymbol{r}_c \times m_i\boldsymbol{v}_i') + \sum_{i=1}^{n}(\boldsymbol{r}_i' \times m_i\boldsymbol{v}_c) \\ &\quad + \sum_{i=1}^{n}(\boldsymbol{r}_i' \times m_i\boldsymbol{v}_i')\end{aligned} \tag{6}$$

(6)式等号右边第一项，

$$\sum_{i=1}^{n}(\boldsymbol{r}_c \times m_i\boldsymbol{v}_c) = \boldsymbol{r}_c \times (\sum_{i=1}^{n} m_i)\boldsymbol{v}_c = \boldsymbol{r}_c \times m\boldsymbol{v}_c = \boldsymbol{J}_{eq} \tag{7}$$

(6)式等号右边第二项，

$$\begin{aligned}\sum_{i=1}^{n}(\boldsymbol{r}_c \times m_i\boldsymbol{v}_i') &= \boldsymbol{r}_c \times \sum_{i=1}^{n} m_i\boldsymbol{v}_i' = \boldsymbol{r}_c \times \sum_{i=1}^{n} m_i \frac{\mathrm{d}\boldsymbol{r}_i'}{\mathrm{d}t} \\ &= \boldsymbol{r}_c \times \frac{\mathrm{d}}{\mathrm{d}t}\Big(\sum_{i=1}^{n} m_i\boldsymbol{r}_i'\Big) = \boldsymbol{r}_c \times \frac{\mathrm{d}}{\mathrm{d}t}(m\boldsymbol{r}_c') = 0\end{aligned} \tag{8}$$

其中 $\boldsymbol{r}_c'$ 是质点系质心对 C 点的位矢，显然 $\boldsymbol{r}_c'=0$.

(6)式等号右边第三项，

$$\sum_{i=1}^{n}(\boldsymbol{r}_i' \times m_i\boldsymbol{v}_c) = \Big(\sum_{i=1}^{n} m_i\boldsymbol{r}_i'\Big) \times \boldsymbol{v}_c = m\boldsymbol{r}c' \times \boldsymbol{v}_c = 0 \tag{9}$$

将(4)、(7)、(8)、(9)式代入(6)式，即得

$$\boldsymbol{J} = \boldsymbol{J}_{eq} + \boldsymbol{J}_c' \tag{8.3.6}$$

这就是三个角动量之间的关系，这个关系在计算质点系的角动量时有时是有用的.

(8.3.6)式是个矢量关系，它的分量对通过该固定矩心的任何方向的轴，三个角动量均有(8.3.6)式相应的关系.

用这里引入的符号，三个角动量定理重列于下：

$$\frac{\mathrm{d}\boldsymbol{J}}{\mathrm{d}t} = \boldsymbol{M}^{(\mathrm{e})} \tag{8.3.1}$$

$$\frac{\mathrm{d}\boldsymbol{J}_{eq}}{\mathrm{d}t} = \boldsymbol{r}_c \times \sum_{i=1}^{n} \boldsymbol{F}_i^{(\mathrm{e})} \tag{8.3.5}$$

$$\frac{\mathrm{d}\boldsymbol{J}'_c}{\mathrm{d}t} = \boldsymbol{M}'^{(e)}_c \tag{8.3.4}$$

由(8.3.6)式对 t 求导可得

$$\frac{\mathrm{d}\boldsymbol{J}}{\mathrm{d}t} = \frac{\mathrm{d}\boldsymbol{J}_{eq}}{\mathrm{d}t} + \frac{\mathrm{d}\boldsymbol{J}'_c}{\mathrm{d}t}$$

由力矩的定义,

$$\begin{aligned}\boldsymbol{M}^{(e)} &= \sum_{i=1}^{n}\boldsymbol{r}_i \times \boldsymbol{F}_i^{(e)} = \sum_{i=1}^{n}(\boldsymbol{r}_c + \boldsymbol{r}'_i) \times \boldsymbol{F}_i^{(e)} \\ &= \boldsymbol{r}_c \times \sum_{i=1}^{n}\boldsymbol{F}_i^{(e)} + \sum_{i=1}^{n}\boldsymbol{r}'_i \times \boldsymbol{F}_i^{(e)} \\ &= \boldsymbol{r}_c \times \sum_{i=1}^{n}\boldsymbol{F}_i^{(e)} + \boldsymbol{M}'_c \end{aligned} \tag{8.3.7}$$

由(8.3.1)、(8.3.5)、(8.3.4)和(8.3.7)式可得出

$$(8.3.4)\text{ 式} + (8.3.5)\text{ 式} = (8.3.1)\text{ 式}$$

这就是三个角动量定理的关系.

5. 角动量守恒定律

如静参考系是惯性系,由(8.3.1)式,如对静系中的固定矩心,真实力的力矩之和等于零,则在静系中对该矩心的角动量守恒.如对某个固定轴的力矩之和等于零,则对该固定轴的角动量守恒.由(8.3.4)式,如对质心的力矩之和为零,则在质心平动参考系中对质心的角动量守恒.如对通过质心的一定方向的轴的力矩之和为零,则在质心平动参考系中对通过质心的该方向的固定轴的角动量守恒.如静参考系是非惯性系,上述的角动量是否守恒,不仅要考虑真实外力对矩心或固定轴的力矩,还要考虑因静参考系是非惯性系必须考虑的惯性力产生的力矩,看这些力矩之和是否为零,等效质点的角动量守恒可按一个普通的质点的角动量守恒来考虑.

守恒是对一个过程而言的.因此守恒条件也必须在这过程中始终满足的.

例 8.3.1 质量为 m 的小环,套在质量为 M、半径为 R 的光滑均质圆圈上.一起静放在光滑的水平面上.若使小环沿圆圈的切线方向突然获得一初速度 V,讨论以后的运动.

(i) 证明圆圈只作平动;

(ii) 证明圆圈的中心绕小环、圆圈的共同质心作匀速率圆周运动;

(iii) 用小环对圆圈中心的位矢与初始时的位矢间的夹角表示圆圈中心的绝

对速度.

解　(i) 要证明圆圈只做平动,只要证明在它自己的质心(圆圈中心)平动参考系中保持静止,则在静参考系中它只能随其质心作平动.圆圈是刚体,圆圈不可能对其质心作平动,因此只需证明不对圆圈中心转动即可.

现以圆圈为质点系,采用它的质心平动参考系即圆圈中心平动参考系,在水平面内,只能受到小环给予的作用力,由于圆圈光滑,此力必通过圆圈中心,此力对圆圈中心的力矩恒为零.取圆圈中心为矩心,由(8.3.4)式,圆圈在其质心平动参考系中对其质心(圆圈中心)角动量守恒.开始时,圆圈没有绕其质心转动,对质心的角动量为零,角动量守恒,角动量恒为零,圆圈始终不绕其质心转动.

(ii)取小环与圆圈为质点系.设 O 为圆圈中心,C 为共同质心,取 $Cx'y'$ 坐标固连于共同质心平动参考系,x'轴正向与小环获得的初速度 $\mathbf{V}$(对静参考系)的方向一致.由质心的定义,O、C 间距离

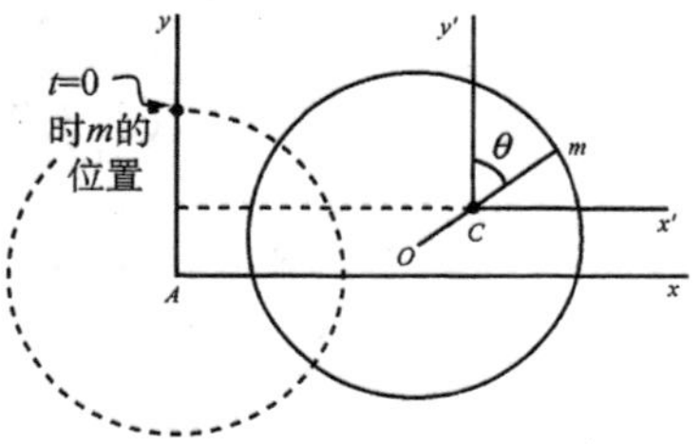

图 8.3.2

$$\overline{OC} = \frac{mR + M \cdot O}{m + M} = \frac{mR}{m + M}$$

由约束可知,小环 m、圆圈中心 O 与共同质心 C 始终在一条直线上. $t=0$ 及 t 时刻圆圈、小环的位置如图 8.3.2 中虚线和实线所示.在 t 时刻

$$x'_O = -\frac{mR}{m + M}\sin\theta$$

$$y'_O = -\frac{mR}{m + M}\cos\theta$$

消去 θ 可得 O 点在共同质心平动参考系中的轨道方程,

$$x'^2_O + y'^2_O = \left(\frac{mR}{m + M}\right)^2$$

此轨道是以 C 为圆心、半径为$\frac{mR}{m + M}$的圆.

再证明作匀速率圆周运动

$$\dot{x}'_O = -\frac{mR}{m + M}\dot{\theta}\cos\theta \tag{1}$$

$$\dot{y}'_O = \frac{mR}{m + M}\dot{\theta}\sin\theta \tag{2}$$

$$v'_O = \sqrt{\dot{x}'^2_O + \dot{y}'^2_O} = \frac{mR}{m+M}\dot{\theta}$$

由于 m、M 系统在水平面内未受外力，由质心运动定理可知，质心 C 作匀速运动，C 点平动参考系和静参考系一样是惯性系. 再在 C 点平动参考系中对圆圈用等效质点对 C 点的角动量定理，由于圆圈所受的力（小环施给的力）通过 C 点，因此对等效质点的力通过 C 点，对 C 点的力矩为零，在 C 点平动参考系中，等效质点对 C 点的角动量守恒.

$$M\left(\frac{mR}{m+M}\right)^2\dot{\theta} = \text{常量}$$

故 $\dot{\theta}=$常量，$v'_O=$常量.

上述角动量守恒的式子也可用圆圈（质点系）对 C 点的角动量守恒得到，这时需用(8.3.6)式求圆圈对 C 点的角动量.

(iii) 我们取静坐标系 Axy 如图 8.3.2 所示，x 与 x' 轴、y 与 y' 轴分别平行，取 m、M 为质点系，由质心运动定理可知，C 点对静系的速度为恒量，

$$\boldsymbol{V}_c = \frac{mV}{m+M}\boldsymbol{i} \tag{3}$$

由绝对速度、相对速度和牵连速度的关系(1.3.1)式，并用上述(1)、(2)、(3)式，O 点的绝对速度

$$\begin{aligned}\boldsymbol{V}_O &= \boldsymbol{V}_c + \dot{x}'_O\boldsymbol{i} + \dot{y}'_O\boldsymbol{j}\\ &= \left(\frac{mV}{m+M} - \frac{mR}{m+M}\dot{\theta}\cos\theta\right)\boldsymbol{i} + \frac{mR}{m+M}\dot{\theta}\sin\theta\boldsymbol{j}\end{aligned} \tag{4}$$

为求 $\dot{\theta}$，又回到 C 点平动参考系，考虑小环的速率不变，

$$(R - \overline{OC})\dot{\theta} = \frac{MR}{m+M}\dot{\theta} = V - V_c \tag{5}$$

将(3)式代入(5)式，解出

$$\dot{\theta} = \frac{V}{R} \tag{6}$$

将(6)式代入(4)式，得

$$\boldsymbol{V}_O = \frac{mV}{m+M}(1-\cos\theta)\boldsymbol{i} + \frac{mV}{m+M}\sin\theta\boldsymbol{j}$$

也可以用 m、M 质点系对静参考系中的固定点 A 的角动量守恒来求 $\dot{\theta}$.

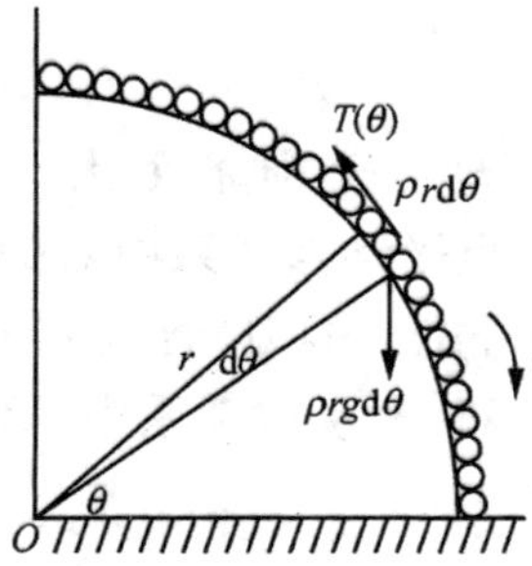

图 8.3.3

例 8.3.2　(i)线密度为 ρ 的均质链条放置在半径为 r 的光滑的固定的四分之一圆柱上，如图 8.3.3所示，链条长度为$\frac{1}{2}\pi r$，从静止释放．求刚释放时链条的角加速度 β 和链条各处的张力 $T(\theta)$；

(ii) 若光滑的四分之一圆柱并不固定，而置于光滑的水平面上，四分之一圆柱的质量为 M．求刚体从静止释放时链条的角加速度 β 和链条各处的张力 $T(\theta)$．

设链条下滑时，下端均没受到水平面的阻挡．

解　(i) 用质点系对固定矩心 O 点的角动量定理，圆柱对链条的支持力均通过 O 点，对 O 点无力矩，只有重力有力矩．

$\theta \sim \theta + \mathrm{d}\theta$ 段链条，受重力 $\rho r g\mathrm{d}\theta$，它对 O 点的力矩为 $\rho rg \cdot r\cos\theta\mathrm{d}\theta = \rho r^2 g\cos\theta\mathrm{d}\theta$，整个链条受到的重力对 O 点的力矩之和为

$$\int_0^{\frac{\pi}{2}} \rho r^2 g\cos\theta\mathrm{d}\theta = \rho r^2 g\sin\theta\Big|_0^{\frac{\pi}{2}} = \rho r^2 g$$

整个链条对 O 点的角动量定理表达式为

$$\left(\frac{1}{2}\pi r\rho\right)r^2\beta = \rho r^2 g$$

$$\beta = \frac{2g}{\pi r}$$

下面求张力 $T(\theta)$，考虑 $\theta=0$ 到 $\theta(0<\theta\leqslant\frac{\pi}{2})$段的链条为质点系，用对 O 点的角动量定理

$$\rho r\theta \cdot r^2\beta = \int_0^{\theta} \rho r^2 g\cos\theta\mathrm{d}\theta - T(\theta) \cdot r$$

将已解出的 $\beta=\frac{2g}{\pi r}$代入上式，可解出

$$T(\theta) = \rho rg\left(\sin\theta - \frac{2\theta}{\pi}\right)$$

由于链条各处有相同的角加速度，此题也可分成无数个质元，用自然坐标．列出切向的方程，先求 β 再求 $T(\theta)$．

(ii) 设四分之一圆柱的加速度为 a．以四分之一圆柱为参考系，$\theta\sim\theta+\mathrm{d}\theta$ 处

链条质元受到的力如图 8.3.4 所示，其中 $\rho ra\mathrm{d}\theta$ 是惯性力. 开始质元速度为零，法向加速度为零

$$\mathrm{d}N+\rho ra\mathrm{d}\theta\cdot\cos\theta=\rho rg\mathrm{d}\theta\cdot\sin\theta$$

$$\mathrm{d}N=\rho r(g\sin\theta-a\cos\theta)\mathrm{d}\theta$$

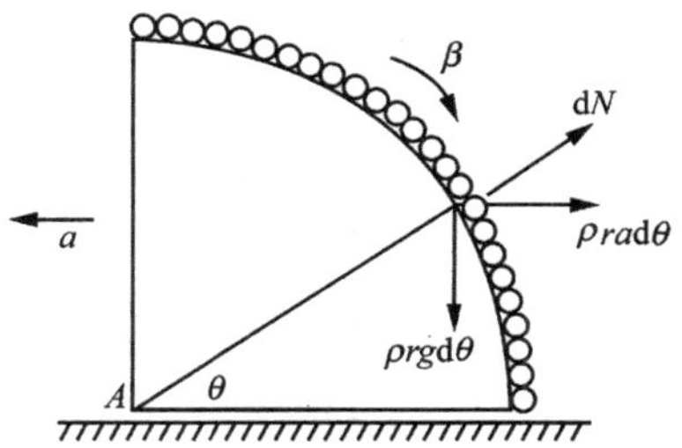

图 8.3.4

各质元所受的支持力 dN 的反作用力的水平分量是使四分之一圆柱具有加速度 a 的原因. 在静参考系中用牛顿运动第二定律，

$$\begin{aligned}Ma&=\int\cos\theta\mathrm{d}N=\int_0^{\frac{\pi}{2}}\rho r(g\sin\theta-a\cos\theta)\cos\theta\mathrm{d}\theta\\&=\frac{1}{2}\rho rg\sin^2\theta\Big|_0^{\frac{\pi}{2}}-\rho ra\int_0^{\frac{\pi}{2}}\frac{1}{2}(1+\cos2\theta)\mathrm{d}\theta\\&=\frac{1}{2}\rho rg-\frac{1}{4}\rho\pi ra\end{aligned}$$

解出

$$a=\frac{2\rho rg}{4M+\rho\pi r}$$

再在四分之一圆柱参考系中对整个链条用对柱心 A 点的角动量定理

$$\begin{aligned}\left(\frac{1}{2}\pi r\rho\right)r^2\beta&=\int_0^{\frac{\pi}{2}}\rho rar\sin\theta\mathrm{d}\theta+\int_0^{\frac{\pi}{2}}\rho rgr\cos\theta\mathrm{d}\theta\\&=-\rho r^2a\cos\theta\Big|_0^{\frac{\pi}{2}}+\rho r^2g\sin\theta\Big|_0^{\frac{\pi}{2}}=\rho r^2(a+g)\end{aligned}$$

解出 β，并将前已解出的 a 代入，可得

$$\beta=\frac{2(a+g)}{\pi r}=\frac{2g}{\pi r}\frac{4M+\rho\pi r+2\rho r}{4M+\rho\pi r}$$

像(1)中求 $T(\theta)$一样，考虑 $\theta=0\sim\theta(0<\theta\leqslant\frac{\pi}{2})$段链条为质点系，在四分之一圆柱参考系中对 A 点的角动量定理

$$\rho r\theta\cdot r^2\beta=\int_0^{\theta}\rho ra\cdot r\sin\theta\mathrm{d}\theta+\int_0^{\theta}\rho rgr\cos\theta\mathrm{d}\theta-T(\theta)r$$

$$= \frac{2\rho^2 r^3 g}{4M + \rho\pi r}(1 - \cos\theta) + \rho r^2 g\sin\theta - T(\theta) r$$

$$T(\theta) = - \rho r^2 \theta\beta + \frac{2\rho^2 r^2 g}{4M + \rho\pi r}(1 - \cos\theta) + \rho r g\sin\theta$$

$$= - \frac{2\rho r g\theta}{\pi} \cdot \frac{4M + \rho\pi r + 2\rho r}{4M + \rho\pi r} + \frac{2\rho^2 r^2 g}{4M + \rho\pi r}(1 - \cos\theta) + \rho r g\sin\theta$$

§8.4　质点系的动能定理

质点系的动能定理也和上节讲角动量定理一样,有对不同的参考系的动能定理.为说得简单起见,把静参考系都取为惯性系(如果要取非惯性系作为静系,只要把惯性力当真实力处理即可).

1. 惯性系中质点系的动能定理

根据质点的动能定理(2.3.13)式,对第 i 个质点,

$$\mathrm{d}T_i = \Big(\boldsymbol{F}_i^{(\mathrm{e})} + \sum_{\substack{j=1\\ j\neq i}}^{n}\boldsymbol{f}_{ij}\Big) \cdot \boldsymbol{v}_i \mathrm{d}t$$

$$= \boldsymbol{F}_i^{(\mathrm{e})} \cdot \mathrm{d}\boldsymbol{r}_i + \sum_{\substack{j=1\\ j\neq i}}^{n}\boldsymbol{f}_{ij} \cdot \mathrm{d}\boldsymbol{r}_i \quad (i = 1,2,\cdots,n)$$

其中 $T_i = \frac{1}{2} m_i v_i^2$ 为第 i 个质点的动能,$\boldsymbol{F}_i^{(\mathrm{e})}$ 是作用于第 i 个质点的合外力,$\boldsymbol{f}_{ij}$ 是质点系内第 j 个质点作用于第 i 个质点的内力.

把 n 个质点的动能定理表达式全加起来

$$\mathrm{d}T = \sum_{i=1}^{n}\mathrm{d}T_i = \sum_{i=1}^{n}\boldsymbol{F}_i^{(\mathrm{e})} \cdot \mathrm{d}\boldsymbol{r}_i + \sum_{i=1}^{n}\sum_{\substack{j=1\\ j\neq i}}^{n}\boldsymbol{f}_{ij} \cdot \mathrm{d}\boldsymbol{r}_i$$

第 i 个质点和第 j 个质点在 $t \sim t + \mathrm{d}t$ 时间间隔内相互作用的一对内力做功之和为

$$\boldsymbol{f}_{ij} \cdot \mathrm{d}\boldsymbol{r}_i + \boldsymbol{f}_{ji} \cdot \mathrm{d}\boldsymbol{r}_j = \boldsymbol{f}_{ij} \cdot \mathrm{d}\boldsymbol{r}_i - \boldsymbol{f}_{ij} \cdot \mathrm{d}\boldsymbol{r}_j$$

$$= \boldsymbol{f}_{ij} \cdot (\mathrm{d}\boldsymbol{r}_i - \mathrm{d}\boldsymbol{r}_j) = \boldsymbol{f}_{ij} \cdot \mathrm{d}(\boldsymbol{r}_i - \boldsymbol{r}_j)$$

$$= \boldsymbol{f}_{ij} \cdot \mathrm{d}\boldsymbol{r}_{ij}$$

第 i、j 两质点间一对内力做功之和也可写成 $\boldsymbol{f}_{ji} \cdot \mathrm{d}\boldsymbol{r}_{ji}$,$\mathrm{d}\boldsymbol{r}_{ij}$ 表示在 $t \sim t + \mathrm{d}t$ 内第 i

个质点对第 j 个质点的相对位移.

质点系所有内力做功之和 $\sum_{i=1}^{n}\sum_{\substack{j=1\\j\neq i}}^{n}(\boldsymbol{f}_{ij}\cdot \mathrm{d}\boldsymbol{r}_{ij})$ 可改写为 $\frac{1}{2}\sum_{\substack{i,j=1\\i\neq j}}^{n}(\boldsymbol{f}_{ij}\cdot \mathrm{d}\boldsymbol{r}_{ij})$.

$$\mathrm{d}T=\sum_{i=1}^{n}\boldsymbol{F}_i^{(\mathrm{e})}\cdot \mathrm{d}\boldsymbol{r}_i+\frac{1}{2}\sum_{\substack{i,j=1\\i\neq j}}^{n}\boldsymbol{f}_{ij}\cdot \mathrm{d}\boldsymbol{r}_{ij} \tag{8.4.1}$$

或

$$\frac{\mathrm{d}T}{\mathrm{d}t}=\sum_{i=1}^{n}\boldsymbol{F}_i^{(\mathrm{e})}\cdot \boldsymbol{v}_i+\frac{1}{2}\sum_{\substack{i,j=1\\i\neq j}}^{n}\boldsymbol{f}_{ij}\cdot \boldsymbol{v}_{ij} \tag{8.4.1$'$}$$

(8.4.1)式和(8.4.1′)式都是质点系动能定理的表达式,质点系动能的增量等于作用于质点系的外力作功和内力做功之和,或者说,质点系动能的时间变化率等于作用于质点系的外力的功率和内力的功率之和.

只有对所有的 i、j,有 $\boldsymbol{f}_{ij}\cdot \mathrm{d}\boldsymbol{r}_{ij}$ 或 $\boldsymbol{f}_{ij}\cdot \boldsymbol{v}_{ij}=0$ 即有下列两种情况之一:(1)无相对位移,$\mathrm{d}\boldsymbol{r}_{ij}=0$ 或无相对速度,$\boldsymbol{v}_{ij}=0$.(2)相对位移与相互作用力垂直 $\boldsymbol{f}_{ij}\perp \mathrm{d}\boldsymbol{r}_{ij}$ 或相对速度与相互作用力垂直 $\boldsymbol{f}_{ij}\perp \boldsymbol{v}_{ij}$,才有内力做功之和为零或内力的功率之和为零.两种情况也可归并为一种情况:在相互作用力的作用线方向无相对位移(或无相对速度).所述条件是充分条件,非必要条件.因为不能排除可能有不是对每一对内力做功之和为零但对质点系却有对所有内力做功之和为零这种情况.

因为相对位移或相对速度与参考系的选取无关,因此,质点系的内力做功之和是否为零,对所取的任何参考系都是一样的.

2. 平动参考系中质点系的动能定理

设平动参考系对惯性系的加速度为 $\boldsymbol{a}_{O'}$,则惯性力对质点系做的元功为

$$\begin{aligned}\sum_{i=1}^{n}(-m_i\boldsymbol{a}_{O'})\cdot \mathrm{d}\boldsymbol{r}'_i&=-\boldsymbol{a}_{O'}\cdot \mathrm{d}\Big(\sum_{i=1}^{n}m_i\boldsymbol{r}'_i\Big)\\&=-\boldsymbol{a}_{O'}\cdot \mathrm{d}m\boldsymbol{r}'_c=(-m\boldsymbol{a}_{O'})\cdot \mathrm{d}\boldsymbol{r}'_c\end{aligned}$$

惯性力对质点系所做的元功之和等于作用于等效质点的总惯性力对等效质点所作的元功.

上述讲法和上节讲的对质点系的惯性力对矩心的力矩之和等于对等效质点的总惯性力对该矩心的力矩的讲法完全一样.但需注意,这种情况只有在动参考系相对于惯性系作平动时才对,因为作用于质点系的一组力只有符合两个条件:其大小与被作用的质点的质量成正比,其方向都一样.只有平动惯性力才符合这两个条件.这也和上节所讲的完全一样.

对任意的平动参考系,质点系的动能定理表达式为

$$dT' = \sum_{i=1}^{n} \boldsymbol{F}_i^{(e)} \cdot d\boldsymbol{r}_i' + (-m\boldsymbol{a}_{O'}) \cdot d\boldsymbol{r}_c' + \frac{1}{2}\sum_{\substack{i,j=1\\ i\neq j}}^{n} \boldsymbol{f}_{ij} \cdot d\boldsymbol{r}_{ij} \qquad (8.4.2)$$

特别有用的是质心平动参考系,在此平动参考系中,质心无位移,$d\boldsymbol{r}'_c = 0$,故惯性力不作功,质点系的动能定理有下列与惯性系中完全相同的形式:

$$dT_c' = \sum_{i=1}^{n} \boldsymbol{F}_i^{(e)} \cdot d\boldsymbol{r}_i + \frac{1}{2}\sum_{\substack{i,j=1\\ i\neq j}}^{n} \boldsymbol{f}_{ij} \cdot d\boldsymbol{r}'_{ij} \qquad (8.4.3)$$

思考题　(1)若静参考系不是惯性系,(8.4.3)式中的 $\boldsymbol{F}_i^{(e)}$ 能否不考虑因静参考系不是惯性系而引入的惯性力?(8.4.2)式中的 $\boldsymbol{F}_i^{(e)}$ 能否不考虑因静参考系不是惯性系而引入的惯性力?

(2) 例 8.3.1 中对于小环和圆圈为质点系,分别说明在静参考系、质心平动参考系和圆圈中心平动参考系中动能是否为恒量?

3. 机械能定理及机械能守恒定律

惯性系中质点系的动能定理可以写成

$$dT = \sum_{i=1}^{n} \boldsymbol{F}_i^{(e)} \cdot d\boldsymbol{r}_i + \sum_{i=1}^{n} \boldsymbol{F}_i^{(i)} \cdot d\boldsymbol{r}_i$$

其中 $\boldsymbol{F}_i^{(i)}$ 表示作用于第 i 个质点的合内力.

若真实外力、内力(通常是考虑一对内力)中有些是保守力,可引入相应的势能来计算它们做的功,将它们代入动能定理表达式,相应的式子即为机械能定理的表达式

$$d(T + V^{(e)} + V^{(i)}) = \sum_{i=1}^{n} \boldsymbol{F}_{i非保}^{(e)} \cdot d\boldsymbol{r}_i + \sum_{i=1}^{n} \boldsymbol{F}_{i非保}^{(i)} \cdot d\boldsymbol{r}_i \qquad (8.4.4)$$

其中 $\sum_{i=1}^{n} \boldsymbol{F}_{i保}^{(e)} \cdot d\boldsymbol{r}_i = -dV^{(e)}$,$\sum_{i=1}^{n} \boldsymbol{F}_{i保}^{(i)} \cdot d\boldsymbol{r}_i = -dV^{(i)}$.

若做功的真实外力都是保守力,$\sum_{i=1}^{n} \boldsymbol{F}_i^{(e)} \cdot d\boldsymbol{r}_i = -dV^{(e)}$,内力也都是保守力,$\sum_{i=1}^{n} \boldsymbol{F}_i^{(i)} \cdot d\boldsymbol{r}_i = -dV^{(i)}$,则质点系的机械能守恒

$$d(T + V^{(e)} + V^{(i)}) = 0$$

$$T + V^{(e)} + V^{(i)} = E = 常量 \qquad (8.4.5)$$

对平动参考系,质点系的动能定理表达式可写为

$$\mathrm{d}T' = \sum_{i=1}^{n}\boldsymbol{F}_i^{(\mathrm{e})}\cdot\mathrm{d}\boldsymbol{r}_i' + (-m\boldsymbol{a}_{O'})\cdot\mathrm{d}\boldsymbol{r}_c' + \sum_{i=1}^{r}\boldsymbol{F}_i^{(\mathrm{i})}\cdot\mathrm{d}\boldsymbol{r}_i'$$

也有相应的机械能定理,如做功的外力都是保守力,内力都是保守力,惯性力 $-m\boldsymbol{a}_{O'}$ 是保守力,有 $-m\boldsymbol{a}_{O'}\cdot\mathrm{d}\boldsymbol{r}_c' = -\mathrm{d}V^{(\mathrm{f})}$,则质点系的机械能

$$T' + V^{(\mathrm{e})} + V^{(\mathrm{i})} + V^{(\mathrm{f})} = \text{常量} \tag{8.4.6}$$

对于质心平动参考系,也有相应的机械能定理,由于惯性力不做功,不论惯性力是否为保守力,它不影响机械能守恒.

4. 柯尼希定理

质点系在静参考系中的动能等于静参考系中等效质点的动能和在质心平动参考系中质点系的动能之和.这就是柯尼希定理.

$$T = \frac{1}{2}mv_c^2 + \sum_{i=1}^{n}\frac{1}{2}m_i v_{ic}'^2 \tag{8.4.7}$$

证明　$$T = \sum_{i=1}^{n}\frac{1}{2}m_i v_i^2 = \sum_{i=1}^{n}\frac{1}{2}m_i(\boldsymbol{v}_i\cdot\boldsymbol{v}_i)$$

$$= \sum_{i=1}^{n}\frac{1}{2}m_i(\boldsymbol{v}_c + \boldsymbol{v}'_{ic})\cdot(\boldsymbol{v}_c + \boldsymbol{v}'_{ic})$$

$$= \sum_{i=1}^{n}\frac{1}{2}m_i(\boldsymbol{v}_c\cdot\boldsymbol{v}_c) + \sum_{i=1}^{n}m_i(\boldsymbol{v}_c\cdot\boldsymbol{v}'_{ic}) + \sum_{i=1}^{n}\frac{1}{2}m_i(\boldsymbol{v}'_{ic}\cdot\boldsymbol{v}'_{ic})$$

$$= \frac{1}{2}mv_c^2 + \sum_{i=1}^{n}\frac{1}{2}m_i v_{ic}'^2$$

推导中用了

$$\sum_{i=1}^{n}m_i(\boldsymbol{v}_c\cdot\boldsymbol{v}'_{ic}) = \boldsymbol{v}_c\cdot\sum_{i=1}^{n}m_i\boldsymbol{v}'_{ic} = \boldsymbol{v}_c\cdot\frac{\mathrm{d}}{\mathrm{d}t}\Big(\sum_{i=1}^{n}m_i\boldsymbol{r}'_{ic}\Big)$$

$$= \boldsymbol{v}_c\cdot\frac{\mathrm{d}}{\mathrm{d}t}(m\boldsymbol{r}'_{cc}) = \boldsymbol{v}_c\cdot m\boldsymbol{v}'_{cc} = 0$$

这里 $\boldsymbol{v}'_{cc}$ 是质心平动参考系中质心的速度,故有 $\boldsymbol{v}'_{cc}=0$.

柯尼希定理给出了三个动能之间的关系,与三个角动量之间的关系非常相似.如果把等效质点的动能称做"牵连"动能,等效质点的角动量称为"牵连"角动量,都有绝对量等于牵连量和相对量之和.但和速度、加速度的三个量之间的关系有一点

是不相同的，速度、加速度三个量之间的关系对任何平动参考系都成立，而动能、角动量只有对质心平动参考系才成立.

5. 三个动能定理之间的关系

三个动能之间的关系有和三个角动量之间非常相似的关系，三个动能定理也应该有与三个角动量定理之间非常相似的关系.

(8.4.1)式减去(8.4.3)式(等号两边分别相减).

$$\text{左边} = \mathrm{d}T - \mathrm{d}T'_c = \mathrm{d}(T - T'_c) = \mathrm{d}\left(\frac{1}{2}mv_c^2\right),$$

这里用了柯尼希定理　$T'_c = \sum_{i=1}^{n} \frac{1}{2} m_i v_{ic}'^2$.

$$\text{右边} = \sum_{i=1}^{n} \boldsymbol{F}_i^{(e)} \cdot \mathrm{d}\boldsymbol{r}_i + \frac{1}{2}\sum_{\substack{i,j=1\\ i\neq j}}^{n} \boldsymbol{f}_{ij} \cdot \mathrm{d}\boldsymbol{r}_{ij} - \sum_{i=1}^{n} \boldsymbol{F}_i^{(e)} \cdot \mathrm{d}\boldsymbol{r}'_i - \frac{1}{2}\sum_{\substack{i,j=1\\ i\neq j}}^{n} \boldsymbol{f}_{ij} \cdot d\boldsymbol{r}'_{ij}$$

$$= \sum_{i=1}^{n} \boldsymbol{F}_i^{(e)} \cdot \mathrm{d}(\boldsymbol{r}_i - \boldsymbol{r}'_i) + \frac{1}{2}\sum_{\substack{i,j=1\\ i\neq j}}^{n} \boldsymbol{f}_{ij} \cdot \mathrm{d}(\boldsymbol{r}_{ij} - \boldsymbol{r}'_{ij})$$

$$= \sum_{i=1}^{n} \boldsymbol{F}_i^{(e)} \cdot \mathrm{d}\boldsymbol{r}_c = \left(\sum_{i=1}^{n} \boldsymbol{F}_i^{(e)}\right) \cdot \mathrm{d}\boldsymbol{r}_c$$

这里用了　$\boldsymbol{r}_{ij} - \boldsymbol{r}'_{ij} = (\boldsymbol{r}_i - \boldsymbol{r}_j) - (\boldsymbol{r}'_i - \boldsymbol{r}'_j)$

$$= (\boldsymbol{r}_i - \boldsymbol{r}'_i) - (\boldsymbol{r}_j - \boldsymbol{r}'_j) = \boldsymbol{r}_c - \boldsymbol{r}_c = 0$$

左边＝右边，得

$$\mathrm{d}\left(\frac{1}{2}mv_c^2\right) = \left(\sum_{i=1}^{n} \boldsymbol{F}_i^{(e)}\right) \cdot \mathrm{d}\boldsymbol{r}_c \tag{8.4.8}$$

这正是等效质点的动能定理，也可称作质心动能定理.

的确，三个动能定理有与三个角动量定理非常相似的关系.

思考题　考虑一下三个动量之间以及三个动量定理之间有没有与角动量、动能类似的关系.

例 8.4.1　质量各为 m 和 M 的两物块，用原长为 a、伸长时劲度系数为 k 的弹性绳连接，置于粗糙的水平面上，物块与水平面间的摩擦因数为 μ. 开始两物块相距为 a，m 静止，M 具有沿连线向外的速度 v_0. 求物块运动中的最大距离 b.

解　此题完全可以采用隔离法，用质点的动量定理给出的运动微分方程联立求解. 这里我们作为质点系的例题，用质心平动参考系，取质心为固连于它的坐标原点，先确定初条件. m、M 的初位置设为 x_{10} 和 x_{20}，用质心的定义

$$mx_{10}+Mx_{20}=(m+M)\cdot 0$$

又

$$x_{20}-x_{10}=a$$

解出

$$x_{10}=-\frac{Ma}{m+M},\ x_{20}=\frac{ma}{m+M} \tag{1}$$

质心对静参考系的速度为 $\frac{Mv_0}{m+M}$.

m、M 的初速度分别为

$$\dot{x}_{10}=0-\frac{Mv_0}{m+M}=-\frac{Mv_0}{m+M} \tag{2}$$

$$\dot{x}_{20}=v_0-\frac{Mv_0}{m+M}=\frac{mv_0}{m+M} \tag{3}$$

以上初位置、初速度均采用质心平动参考系并用固连于它的坐标系表达的.

系统受到的内力为保守力,可引入势能,外力是对两个物体的摩擦力为非保守力,重力和支持力均为不作功的外力.两物体运动到最大距离时,两物体对静参考系有相同的速度,这个速度也就是在静参考系中质心的速度.在质心平动参考系中,此时两物体的速度均为零.用求两物体初位置同样的办法,可得此时两物体的位置坐标分别为

$$x_1=-\frac{Mb}{m+M},\ x_2=\frac{mb}{m+M} \tag{4}$$

由质心平动参考系中的机械能定理,

$$\frac{1}{2}k(b-a)^2-\left(\frac{1}{2}m\dot{x}_{10}^2+\frac{1}{2}M\dot{x}_{20}^2\right)=-\mu mg(x_1-x_{10})-\mu Mg(x_2-x_{20})$$

将(1)、(2)、(3)、(4)式代入上式,解出

$$b=a+\sqrt{\frac{mM}{K(m+M)}}$$

例 8.4.2 一质量为 M 的车上装有一根轻杆,用一根长为 R、可不计质量、不可伸长的细绳将质量为 μ 的小球挂在杆上.问车和球开始的初速度 v_0 多大时,当这辆车与另一辆原来静止的质量为 m 的车相接后,球刚能围绕悬挂点转圆圈.(设

车子运动所在的水平面是光滑的.)

解　以地为参考系,设两车相接的瞬间速度为 v,当小球达到最高点时,两车的速度为 v_1,小球的速度为 v_2,均以 $\boldsymbol{v}_0$ 的方向为正方向.

取两车和小球作为系统,相接时动量守恒,相接后,水平方向动量仍然守恒,还有在相接以后的机械能定恒,由此列出下列三个关系:

$$(M+m)v+\mu v_0=(M+\mu)v_0$$

$$(M+m)v_1+\mu v_2=(M+\mu)v_0$$

$$\frac{1}{2}(M+m)v_1^2+\frac{1}{2}\mu v_2^2+\mu g\cdot 2R=\frac{1}{2}(M+m)v^2+\frac{1}{2}\mu v_0^2$$

相接过程中,由于时间间隔极短,绳子仍处于铅直位置,小球未受到水平方向的力,故仍是原速 v_0.相接以后,绳子两端分别对杆和对小球的力作功均不为零,但这一对力作功之和为零,符合机械能守恒条件.

以两车为参考系,在小球达到最高点的这一时刻,由于绳子处于铅直位置,两车在水平方向未受外力,在竖直方向没有加速度,合力为零.此刻,两车作为参考系是惯性系.在此参考系中,小球刚能作圆周运动的条件是,在最高点,绳子张力刚好为零,全由重力提供向心力,由此有下列关系:

$$\frac{\mu(v_2-v_1)^2}{R}=\mu g$$

由以上四式可解得

$$v_0=\frac{1}{m}\sqrt{(M+m)(5M+5m+4\mu)gR}$$

例 8.4.3　一个质量为 m 的小环,套在半径为 r、质量为 M 的匀质大圆圈上,并可在它上面作无摩擦地滑动.它们被静置于光滑的水平面上,突然一个水平冲量 I 作用于圆圈,其作用线通过共同质心 C 并垂直于环与圆圈中心 O 的连线,如图8.4.1所示.求小环和圆圈在 O 点平动参考系中对 O 点的角速度以及小环、圆圈间相互作用力的大小.

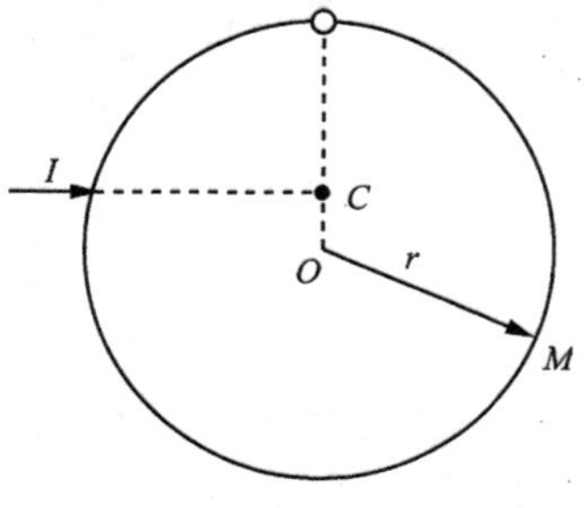

图 8.4.1

解　冲量 I 作用以后,小环、圆圈系统在静参考系中动量守恒.由质心运动定理,质心 C 在静系中的速度为

$$v_c = \frac{I}{m+M}$$

I 作用后的瞬时，小环在静系中的速度仍为零，在质心 C 平动参考系(也是惯性系)中的速度为 $0-\frac{I}{m+M}=-\frac{I}{m+M}$. 以后由于小环受力始终与在此参考系中的速度垂直，外力不作功，由质点的动能定理(小环为系统)，动能保持不变，保持速率为 $\frac{I}{m+M}$. 小环与 C 点间的距离，由质心的定义可求得为 $\frac{Mr}{m+M}$，保持不变，小环围绕 C 点作匀速率圆周运动，角速度为

$$\omega = \left(\frac{I}{m+M}\right)\Big/\left(\frac{Mr}{m+M}\right) = \frac{I}{Mr}$$

角速度的方向垂直纸面向上. 由于圆圈是匀质的，其质心在圆圈中心 O 点，共同质心 C 必在小环与 O 点的连线上. O 点和小环在 C 点平动参考系中均以上述恒定角速度 ω 围绕 C 点转动，这个 ω 也是小环在 O 点平动参考系中围绕 O 点的转动角速度. 请读者思考这里能否用第七章所讲的绝对角速度、相对角速度和牵连角速度间的(7.4.2)式的关系?

现在来求圆圈在 O 点平动参考系中围绕 O 点的转动角速度 Ω. 在冲量 I 作用过程中，圆圈受到的只是给予此冲量的冲击力，它通过共同质心 C，对 C 点的力矩为零，因此在冲量作用后的共同质心 C 点平动参考系中，圆圈的角动量在冲击过程中不变，冲击前，圆圈对静参考系是静止的，在冲击后的 C 点平动参考系中，O 点的速度为 $0-\frac{I}{m+M}=-\frac{I}{m+M}$，负号表示速度实际方向向左，圆圈对任何平动参考系没有转动，因此在 C 点平动参考系中，圆圈对 C 点的角动量等于等效质点在此参考系中对 C 点的角动量，它等于 $M\left(-\frac{I}{m+M}\right)\cdot\frac{mr}{m+M}=-\frac{MmrI}{(m+M)^2}$，(规定垂直纸面向上的角速度为正). 冲击后，等效质点围绕 C 点的角速度为 ω，等效质点对 C 点的角动量为 $M\left(\frac{mr}{m+M}\right)^2\omega=\frac{m^2rI}{(m+M)^2}$，圆圈在其质心 O 点平动参考系中对 O 点的角动量为 $Mr^2\Omega$.

冲击过程中，在 C 点平动参考系中圆圈对 C 点的角动量守恒，由(8.3.6)式

$$Mr^2\Omega + \frac{m^2rI}{(m+M)^2} = -\frac{MmrI}{(m+M)^2}$$

解出

$$\Omega = -\frac{mI}{M(m+M)r}$$

求 Ω 还有许多不同的方法,最好的方法是取冲击后的 O 点平动参考系,取圆圈为质点系,在冲击过程中用对 O 点的角动量定理

$$Mr^2\Omega - O = -I\frac{mr}{m+M}$$

立即可得 Ω 的上述结果.

这里用了以下几点考虑:(1)冲击前,对此参考系,圆圈只随其质心 O 作平动,无转动.等效质点对自己所在的点的角动量为零,故冲击前圆圈对 O 点的角动量为零.(2)系统自身的质心平动参考系虽是非惯性系,但矩心取在质心时,无需考虑惯性力,冲击过程中只有冲击力的力矩,此力矩方向垂直纸面向下,故取负值.

计算小环和圆圈间的作用力也有多种方法,最简便的是取 C 点平动参考系,考虑小环受圆圈的作用力.

$$F = m\left(\frac{Mr}{m+M}\right)\omega^2 = \frac{mI^2}{M(m+M)r}$$

§8.5　两体问题

1. 什么是两体问题

在实际问题中,常常会遇到这么一类问题,例如太阳和地球、地球和月球、两个粒子的弹性碰撞、两个粒子相互靠近时由于相互间的作用力和反作用力两粒子都改变了原来的运动方向这种散射现象(粒子碰撞,运动状态发生改变,也可称为散射,反之,如果碰撞不要求粒子曾真正挨到一起过,也可把散射看做一种碰撞).它们的运动有共同的特点.

凡是两个可以看做 质点的物体除了相互间有遵从牛顿运动第三定律的作用力、反作用力,完全不受外界的作用或外界的作用可以忽略,这样两个质点的运动问题,称为两体问题.

如果两个质点还受到其他物体的作用力,下面将证明:如果两个质点系统各个质点受到的合外力具有下列两个特点:(1)每个质点受到的合外力有相同的方向;(2)每个质点受到的合外力的大小与两质点的质量成正比,可以得到与不受外力的两体问题相同的一个质点在另一个质点平动参考系中的运动微分方程.这样的两个质点,在考虑它们的相对运动方面,也可以作为两体问题来处理.

两体问题变为单体问题以后,就成了第四章讲的有心运动问题了.

2．变两体问题为单体问题的办法

(1) 用质心平动参考系

两质点质量分别为 m_1、m_2，m_1 只受 m_2 的作用力 $\boldsymbol{f}_{12}$，m_2 只受 m_1 的作用力 $\boldsymbol{f}_{21}$. 两质点对静系(惯性系)坐标原点的位矢分别为 $\boldsymbol{r}_1$、$\boldsymbol{r}_2$，两质点系统的质心的位矢为

$$\boldsymbol{r}_c = \frac{m_1\boldsymbol{r}_1 + m_2\boldsymbol{r}_2}{m_1 + m_2} \tag{1}$$

两质点相对于质心的位矢分别为

$$\boldsymbol{r}_{1c} = \boldsymbol{r}_1 - \boldsymbol{r}_c = \frac{m_2}{m_1 + m_2}(\boldsymbol{r}_1 - \boldsymbol{r}_2) = \frac{m_2}{m_1 + m_2}\boldsymbol{r}_{12} \tag{2}$$

$$\boldsymbol{r}_{2c} = \boldsymbol{r}_2 - \boldsymbol{r}_c = \frac{m_1}{m_1 + m_2}\boldsymbol{r}_{21} \tag{3}$$

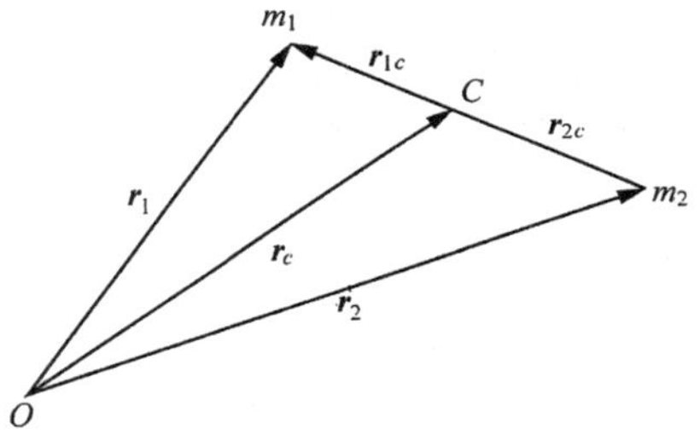

图 8.5.1

其中 $\boldsymbol{r}_{12}$是质点 1 相对于质点 2 的位矢.

由质心运动定理

$$(m_1 + m_2)\ddot{\boldsymbol{r}}_c = 0 \tag{8.5.1}$$

质心平动参考系是惯性系，在此参考系中，质点 1 的运动微分方程为

$$m_1\ddot{\boldsymbol{r}}_{1c} = \boldsymbol{f}_{12} \tag{8.5.2}$$

同样可得质点 2 在此参考系中的运动微分方程，但求得满足初条件的(8.5.1)、(8.5.2)式的解 $\boldsymbol{r}_c(t)$、$\boldsymbol{r}_{1c}(t)$后，可由(1)、(2)、(3)式立即得到 $\boldsymbol{r}_{2c}(t)$及相对于静参考系的 $\boldsymbol{r}_1(t)$、$\boldsymbol{r}_2(t)$.

$$\boldsymbol{r}_{2c}(t) = -\frac{m_1}{m_2}\boldsymbol{r}_{1c}(t) \tag{8.5.3}$$

$$\boldsymbol{r}_1(t) = \boldsymbol{r}_c(t) + \boldsymbol{r}_{1c}(t),\ \boldsymbol{r}_2(t) = \boldsymbol{r}_c(t) + \boldsymbol{r}_{2c}(t) \tag{8.5.4}$$

(2) 用另一个质点平动参考系

可用几种办法获得一个质点在另一个质点平动参考系中的运动微分方程. 在

已有上列各式的情况下，最简便的办法是将(2)式代入(8.5.2)式，即得质点 1 在质点 2 平动参考系中的运动微分方程

$$\frac{m_1 m_2}{m_1 + m_2}\ddot{\boldsymbol{r}}_{12} = \boldsymbol{f}_{12} \tag{8.5.5}$$

因 $\boldsymbol{r}_{21} = -\boldsymbol{r}_{12}$，$\boldsymbol{f}_{21} = -\boldsymbol{f}_{12}$. 代入(8.5.5)式可得质点 2 在质点 1 平动参考系中的运动微分方程：

$$\frac{m_1 m_2}{m_1 + m_2}\ddot{\boldsymbol{r}}_{21} = \boldsymbol{f}_{21} \tag{8.5.5$'$}$$

其他的办法有先在静参考系写出质点 1、质点 2 的运动微分方程，两式分别乘以另一个质点的质量，然后相减，即得相对位矢满足的微分方程(8.5.5)或(8.5.5′)式. 也可以直接在一个质点平动参考系中写另一个质点的运动微分方程，因这个参考系是非惯性系，必须考虑惯性力，这个惯性力可以表示成所考虑质点的相对加速度的函数，移至等号左边，与左边的质量乘相对加速度合在一起，即得(8.5.5)或(8.5.5′)式.

由(8.5.1)式解出满足初条件的解 $\boldsymbol{r}_c(t)$，再由(8.5.5)式解出满足初条件的解 $\boldsymbol{r}_{12}(t)$，也可进而求质点 1 对静参考系的运动.

$$\boldsymbol{r}_1(t) = \boldsymbol{r}_c(t) + \boldsymbol{r}_{1c}(t) = \boldsymbol{r}_c(t) + \frac{m_2}{m_1 + m_2}\boldsymbol{r}_{12}(t) \tag{8.5.6}$$

同样可得

$$\boldsymbol{r}_2(t) = \boldsymbol{r}_c(t) + \boldsymbol{r}_{2c}(t) = \boldsymbol{r}_c(t) + \frac{m_1}{m_1 + m_2}\boldsymbol{r}_{21}(r) \tag{8.5.6$'$}$$

3. 折合质量

(8.5.5)或(8.5.5′)式是一个质点在另一个质点平动参考系中的运动微分方程，这是毫无疑问的. 从前述的推导过程以及所得结果都可以看出，这个参考系绝不是惯性系，但是如果把该质点的质量改成 $\frac{m_1 m_2}{m_1 + m_2}$，就不必再引入惯性力，实际上是惯性力已在改质量中加以考虑了. 我们通常用 μ 表示 $\frac{m_1 m_2}{m_1 + m_2}$，称为折合质量，则(8.5.5)、(8.5.5′)式分别变为

$$\mu\ddot{\boldsymbol{r}}_{12} = \boldsymbol{f}_{12} \tag{8.5.7}$$

$$\mu \ddot{\boldsymbol{r}}_{21} = \boldsymbol{f}_{21} \tag{8.5.7$'$}$$

其中 $\mu=\dfrac{m_1 m_2}{m_1+m_2}$.

把质点的质量改为折合质量后，就可把原本是非惯性系的参考系当做惯性系来处理了.

我们也可以把(8.5.5)式左边的因子$\dfrac{m_2}{m_1+m_2}$移到右边去，(8.5.5)式变为

$$m_1 \ddot{\boldsymbol{r}}_{12} = \frac{m_1+m_2}{m_2}\boldsymbol{f}_{12} \tag{8.5.8}$$

(8.5.8)式右边的力是真实力和惯性力(惯性力可写成 $\boldsymbol{f}_{12}$的函数)的合力，也可把这个力称为“折合力”.折合质量和“折合力”两者只能采用一个.

4. 外力对两质点运动的影响

如果两质点系除相互有作用力以外，还受外力作用，就不是两体问题了.设 $\boldsymbol{F}_1^{(e)}$、$\boldsymbol{F}_2^{(e)}$分别为作用于质点 1、质点 2 的合外力，则在静参考系中

$$m_1 \ddot{\boldsymbol{r}}_1 = \boldsymbol{f}_{12} + \boldsymbol{F}_1^{(e)} \tag{1}$$

$$m_2 \ddot{\boldsymbol{r}}_2 = \boldsymbol{f}_{21} + \boldsymbol{F}_2^{(e)} \tag{2}$$

$$(m_1+m_2)\ddot{\boldsymbol{r}}_c = \boldsymbol{F}_1^{(e)} + \boldsymbol{F}_2^{(e)} \tag{3}$$

(1)式乘以 m_2 减去(2)式乘以 m_1，整理后可得

$$\frac{m_1 m_2}{m_1+m_2}\ddot{\boldsymbol{r}}_{12} = \boldsymbol{f}_{12} + \frac{m_2\boldsymbol{F}_1^{(e)} - m_1\boldsymbol{F}_2^{(e)}}{m_1+m_2} \tag{8.5.9}$$

从(3)式和(8.5.9)式可知，在有外力作用时，两质点系统的质心不再作匀速运动，质心平动参考系不再是惯性系，两质点间相对运动也与无外力作用时的有所不同.

如 $m_2\boldsymbol{F}_1^{(e)}=m_1\boldsymbol{F}_2^{(e)}$ 即$\dfrac{\boldsymbol{F}_1^{(e)}}{m_1}=\dfrac{\boldsymbol{F}_2^{(e)}}{m_2}$，则(8.5.9)式右边的第二项为零，这时的(8.5.9)式就和(8.5.5)式无异了.这就证明了在§8.5.1 中所说的两质点所受外力方向相同、大小与质点的质量成正比(或说两质点的单位质量所受外力相同)时得到与不受外力的两体问题相同的一个质点在另一个质点平动参考系中的运动微分方程.两质点的相对运动与不受外力时的情况是相同的.(如有相同的初条件).

在地球表面，两质点即使受到重力的作用，只要不再受其他外力，由于重力满

足$\dfrac{\boldsymbol{F}_1^{(e)}}{m_1}=\dfrac{\boldsymbol{F}_2^{(e)}}{m_2}$的条件，在考虑两质点的相对运动时，仍然能按两体问题处理，地球和月球两质点系统受到太阳的引力，由于太阳距地球、月球十分遥远，太阳至两者的距离差别不大，可以近似认为太阳对两者的力符合上述条件，因而不会影响月球、地球间的相对运动.

例 8.5.1　一根原长为 a、劲度系数为 k 的轻弹簧两端各连一个质量为 m 的质点，静置于光滑的水平面上. 质量也为 m 的第三个质点以垂直于弹簧方向的速度 v 射中一个质点，并粘在上面. 问 v 多大时，以后运动中弹簧的最大长度为 $3a$.

解　用静参考系，碰撞时，对发生碰撞的两质点来说有动量守恒，由此可得，粘在一起成为质量为 $2m$ 的质点有垂直于弹簧的速度 $v'=\dfrac{1}{2}v$.

以下用三种方法继续求解.

方法一，引入折合质量，$\mu=\dfrac{2m\cdot m}{2m+m}=\dfrac{2}{3}m$，用另一个未受到碰撞的质点平动参考系，有机械能和对坐标系原点(未受到碰撞的质点所在位置)的角动量两个守恒量

$$\frac{1}{2}\mu(\dot{r}^2+r^2\dot{\varphi}^2)+\frac{1}{2}k(r-a)^2=\frac{1}{2}\mu v'^2=\frac{1}{8}\mu v^2$$

$$\mu r^2\dot{\varphi}=\mu v'a=\frac{1}{2}\mu va$$

消去 $\dot{\varphi}$，并将弹簧最大伸长时，$r=3a$，$\dot{r}=0$ 及 $\mu=\dfrac{2}{3}m$ 代入，可得

$$v=3a\sqrt{\frac{3k}{m}}$$

方法二，采用碰撞后的原三质点系统的质心平动参考系，该系对静参考系的速度大小为

$$v_c=\frac{mv}{m+m+m}=\frac{1}{3}v$$

方向垂直于开始时的弹簧.

刚碰后，质量为 $2m$ 的质点的初速度为

$$v_{1c0}=\frac{1}{2}v-\frac{1}{3}v=\frac{1}{6}v$$

方向垂直于那时的弹簧. 那时，质点离质心(取为原点)的距离为

$$r_{1c0}=\frac{m}{2m+m}a=\frac{1}{3}a$$

对原点(质心)的角动量守恒,

$$J=J_0=2m\cdot\frac{1}{6}v\cdot\frac{1}{3}a=\frac{1}{9}mav$$

对此参考系,(碰撞后)有机械能守恒.注意弹簧势能的写法,弹簧力是真实力,不因参考系的不同选择而有所不同,但在不同的参考系中,其表达式不一定相同.再说,原来弹簧势能是与两端的质点在弹簧的力作用下作功相联系的,现在只与一端的质点作功相联系,因此不能用原来的势能作坐标变换而得,只能先写出力的表达式,由保守力作功与势能的关系导出.

设两端质点间的距离为 r,质量为 $2m$ 的质点离质心的距离为 $r_{1c}=\frac{1}{3}r$.当 $r=a$时,$r_{1c}=\frac{1}{3}a$,弹簧为原长,$F=0$,F 不随参考系如何选取而变,由此可写出下列式子:

$$F=-k(r-a)=-k'\left(r_{1c}-\frac{1}{3}a\right)$$

代入 $r_{1c}=\frac{1}{3}r$,可得劲度系数 $k'=3k$.

$$F=-3k\left(r_{1c}-\frac{1}{3}a\right)$$

取弹簧为原长($r_{1c}=\frac{1}{3}a$)时为势能的零点,

$$V=-\int_{\frac{1}{3}a}^{r_{1c}}F\mathrm{d}r_{1c}=\frac{3}{2}k\left(r_{1c}-\frac{1}{3}a\right)^2$$

当弹簧伸长到最大值 $r_{\max}=3a$ 时,$r_{1c}=\frac{1}{3}\cdot 3a=a$,质点只有垂直于弹簧的速度,速率为最小值.设为 $v_{\min}$,由对原点的角动量守恒

$$2m\cdot a\cdot v_{\min}=J_0=\frac{1}{9}mav$$

得

$$v_{\min}=\frac{1}{18}v$$

由机械能守恒

$$\frac{1}{2}\cdot 2m(v_{\min})^2+\frac{1}{2}3k\left(a-\frac{1}{3}a\right)^2=\frac{1}{2}\cdot 2m(v_{1c0})^2$$

代入 $v_{\min}=\frac{1}{18}v$，$v_{1c0}=\frac{1}{6}v$，可解出 $v=3a\sqrt{\frac{3k}{m}}$.

如采用 $2m$ 和 m 两个质点为系统，写系统的弹簧势能时，不必改变弹簧的劲度系数.

方法三，采用质心转动参考系，它是既跟随质心平动又随两体连线绕 c 点转动的非惯性系，以质量为 $2m$ 的质点为系统

$$h=r_{1c0}\cdot v_{1c0}=\frac{1}{3}a\cdot\frac{1}{6}v=\frac{1}{18}av$$

写有效势能表达式时，注意质量应代以 $2m$.

$$U(r_{1c})=V(r_{1c})+\frac{2mh^2}{2r_{1c}^2}=\frac{3}{2}k\left(r_{1c}-\frac{1}{3}a\right)^2+\frac{ma^2v^2}{324r_{1c}^2}$$

当 $r_{1c}=\frac{1}{3}a$ 时，$\dot{r}_{1c}=0$，当 $r_{1c}=a$ 时，$\dot{r}_{1c}=0$. 由机械能守恒

$$U(a)=U\left(\frac{1}{3}a\right)$$

得到 v 满足的方程，从中可解出 $v=3a\sqrt{\frac{3k}{m}}$.

5．两体的散射问题

在第四章我们讲了一个粒子在固定力心产生的有心力场中的散射问题. 这一章我们讲了两体问题可以讨论两体的散射问题. 两体的散射问题是指两质点除了相互间有遵从牛顿运动第三定律的作用力外不受其他力的作用，散射粒子没被固定，其质量不比被散射粒子的质量大得多，这样的两个粒子的散射问题. 我们可以用两体问题的理论，采用两粒子的质心平动参考系或采用散射粒子平动参考系引入折合质量的办法变成上章能处理的单体问题. 但是，这样求得的散射角和微分散射截面是对质心平动参考系或是对散射粒子平动参考系的，而实验测得的结果是对静参考系即实验室参考系的，要分析实验结果，就必须知道理论上用两个平动参考系求得的散射角和微分散射截面和测得的对实验室参考系的散射角和微分散射截面之间的关系. 这就是这里讲两体散射问题的主题.

(1) *用质心平动参考系和用散射粒子平动参考系有相同的散射角*

设质量分别为 m_1、m_2 的两粒子散射前对实验室参考系的速度分别为 $\boldsymbol{v}_{10}$、

$\boldsymbol{v}_{20}$，散射后分别为 $\boldsymbol{v}_1$、$\boldsymbol{v}_2$，采用质心平动参考系，散射前后，它们分别为 $\boldsymbol{v}'_{10}$、$\boldsymbol{v}'_{20}$、$\boldsymbol{v}'_1$、$\boldsymbol{v}'_2$，$\boldsymbol{v}'_{10}=\boldsymbol{v}'_{10}-\boldsymbol{v}_c$，余类推，其中 $\boldsymbol{v}_c$ 是在实验室参考系中质心的速度

$$\boldsymbol{v}_c=\frac{m_1\boldsymbol{v}_{10}+m_2\boldsymbol{v}_{20}}{m_1+m_2}$$

在质心平动参考系中，用 $\boldsymbol{r}'_1(t)$、$\boldsymbol{r}'_2(t)$分别表示散射过程中 t 时刻两粒子对质心(取为坐标系原点)的位矢. 由质心的定义

$$m_1\boldsymbol{r}'_1(t)+m_2\boldsymbol{r}'_2(t)=(m_1+m_2)\boldsymbol{r}'_c=0 \tag{1}$$

两边对 t 求导，得

$$m_1\boldsymbol{v}'_1(t)+m_2\boldsymbol{v}'_2(t)=0 \tag{2}$$

在质心平动参考系中，两粒子的机械能和对质心的角动量都是守恒量，由机械能守恒，散射前和散射后，两粒子均处于无穷远. 对每一个粒子来说，在无穷远处势能均为零(通常总取无穷远为势能的零点)，动能应相等，由此得出 $|\boldsymbol{v}'_1|=|\boldsymbol{v}'_{10}|$、$|\boldsymbol{v}'_2|=|\boldsymbol{v}'_{20}|$. 再考虑对质心的角动量守恒，$\boldsymbol{v}'_{10}$、$\boldsymbol{v}'_1$ 的作用线与通过原点的平行线间的距离相等，同样 $\boldsymbol{v}'_{20}$、$\boldsymbol{v}'_2$ 的作用线与通过原点的平行线间的距离相等.

根据以上所述，可示意地画出两粒子的轨道如图 8.5.2(a)、(b)所示，图 8.5.2(a)画的是相互间作用力为斥力的情况，图 8.5.2(b)画的是相互作用力为引力的情况.

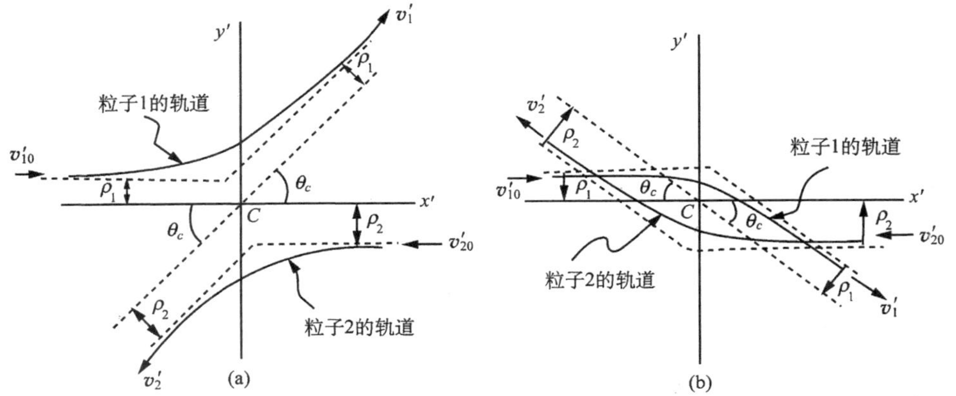

图 8.5.2

两粒子有相似的轨道，任何时刻 t，$\dfrac{\boldsymbol{r}'_1(t)}{\boldsymbol{r}'_2(t)}=-\dfrac{m_2}{m_1}$，$\dfrac{\boldsymbol{v}'_1(t)}{\boldsymbol{v}'_2(t)}=-\dfrac{m_2}{m_1}$，$\dfrac{\rho_1}{\rho_2}=\dfrac{m_2}{m_1}$，$\dfrac{h_1}{h_2}=\dfrac{\rho_1}{\rho_2}\dfrac{v'_{10}}{v'_{20}}=\left(\dfrac{m_2}{m_1}\right)^2$，$v'_{10}=v'_1$，$v'_{20}=v'_2$. 注意，$\boldsymbol{r}'_1(t)$和 $\boldsymbol{r}'_2(t)$不仅方向相反，而且作用线完全重合，$\boldsymbol{v}'_1(t)$和 $\boldsymbol{v}'_2(t)$方向相反，作用线平行而不重合.

图中还画出了两个粒子的散射角，从上述的轨道相似性，可以看出有 $\theta_{c1}=\theta_{c2}=\theta_c$，因此图中都只标以 θ_c，下标 c 表示质心平动参考系，现再用数学式子证明 $\theta_{c1}=\theta_{c2}$如下：

$$\cos\theta_{c1}=\frac{\boldsymbol{v}'_1\cdot\boldsymbol{v}'_{10}}{|\boldsymbol{v}'_1||\boldsymbol{v}'_{10}|},\cos\theta_{c2}=\frac{\boldsymbol{v}'_2\cdot\boldsymbol{v}'_{20}}{|\boldsymbol{v}'_2||\boldsymbol{v}'_{20}|}$$

将上述两式相除，并代入(1)、(2)式可得

$$\frac{\cos\theta_{c1}}{\cos\theta_{c2}}=1,\quad \theta_{c1}=\theta_{c2}$$

现在我们来证明，在散射粒子平动参考系中被散射粒子的散射角 θ_{12}或 θ_{21}和在质心平动参考系中两粒子的散射角 θ_c 也是相同的

$$\theta_{12}=\theta_{21}=\theta_c \tag{8.5.10}$$

证明　$\boldsymbol{v}'_1=\boldsymbol{v}_1-\boldsymbol{v}_c=\boldsymbol{v}_1-\dfrac{m_1\boldsymbol{v}_1+m_2\boldsymbol{v}_2}{m_1+m_2}$

$$=\frac{m_2}{m_1+m_2}(\boldsymbol{v}_1-\boldsymbol{v}_2)=\frac{m_2}{m_1+m_2}\boldsymbol{v}_{12}$$

同理

$$\boldsymbol{v}'_{10}=\frac{m_2}{m_1+m_2}\boldsymbol{v}'_{12,0}$$

$$\cos\theta_c=\frac{\boldsymbol{v}'_1\cdot\boldsymbol{v}'_{10}}{|\boldsymbol{v}'_1||\boldsymbol{v}'_{10}|}=\frac{\dfrac{m_2}{m_1+m_2}\boldsymbol{v}_{12}\cdot\dfrac{m_2}{m_1+m_2}\boldsymbol{v}_{12,0}}{\dfrac{m_2}{m_1+m_2}|\boldsymbol{v}_{12}|\dfrac{m_2}{m_1+m_2}|\boldsymbol{v}_{12,0}|}=\frac{\boldsymbol{v}_{12}\cdot\boldsymbol{v}_{12,0}}{|\boldsymbol{v}_{12}||\boldsymbol{v}_{12,0}|}=\cos\theta_{12}$$

$$\theta_c=\theta_{12}$$

将 $\boldsymbol{v}_{21}=-\boldsymbol{v}_{12}$，$\boldsymbol{v}_{21,0}=-\boldsymbol{v}_{12,0}$代入 $\cos\theta_{21}=\dfrac{\boldsymbol{v}_{21}\cdot\boldsymbol{v}'_{21,0}}{|\boldsymbol{v}_{21}||\boldsymbol{v}_{21,0}|}$可得　$\cos\theta_{21}=\cos\theta_{12}$，

$\theta_{21}=\theta_{12}=\theta_c$.

(2) θ_c 或 θ_{12} 与 θ_r 的关系

现考虑一个简单但有实用价值的情况，在实验室参考系中，$\boldsymbol{v}_{10}\neq 0$，$\boldsymbol{v}_{20}=0$. 在此参考系中，粒子 1（被散射）和粒子 2 的运动轨道如图 8.5.3 所示. $\boldsymbol{v}_1$、$\boldsymbol{v}_2$ 是被散射和散射粒子最后的出射速度，它们的大小、方向与作用力、被散射粒子的初速度 $\boldsymbol{v}_{10}$、瞄准距离 ρ 和两粒子的质量有关. 为找 θ_c 或 θ_{12} 与 θ_r 的关系所画的图 8.5.3

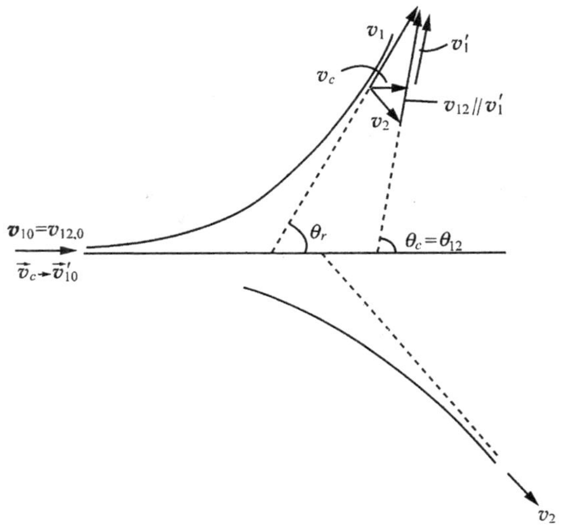

图 8.5.3

对 $\boldsymbol{v}_{10}\neq 0$，$\boldsymbol{v}_{20}=0$ 的一切情况均适用.

$$\boldsymbol{v}_{12,0}=\boldsymbol{v}_{10}-\boldsymbol{v}_{20}=\boldsymbol{v}_{10}$$

$$\boldsymbol{v}_c=\frac{m_1\boldsymbol{v}_{10}+m_2\boldsymbol{v}_{20}}{m_1+m_2}=\frac{m_1}{m_1+m_2}\boldsymbol{v}_{10}$$

$$\boldsymbol{v}_{10}'=\boldsymbol{v}_{10}-\boldsymbol{v}_c=\frac{m_2}{m_1+m_2}\boldsymbol{v}_{10}$$

$$\boldsymbol{v}_1'=\boldsymbol{v}_1-\boldsymbol{v}_c=\frac{m_2(\boldsymbol{v}_1-\boldsymbol{v}_2)}{m_1+m_2}=\frac{m_2}{m_1+m_2}\boldsymbol{v}_{12}$$

考虑到 $\boldsymbol{v}_1'=\boldsymbol{v}_1-\boldsymbol{v}_c$、$\boldsymbol{v}_c\,/\!/\,\boldsymbol{v}_{10}$ 以及 $\boldsymbol{v}_1'\,/\!/\,\boldsymbol{v}_{12}$，在粒子 1 出射处画出 $\boldsymbol{v}_1$、$\boldsymbol{v}_2$、$\boldsymbol{v}_{12}$、

$\boldsymbol{v}'_1$ 及 $\boldsymbol{v}_c$ 的矢量关系图.

$\boldsymbol{v}_1$ 及 $\boldsymbol{v}_{10}$的夹角为实验室参考系中的散射角 θ_r，$\boldsymbol{v}'_1$ 与 $\boldsymbol{v}'_{10}$的夹角为 θ_c，$\boldsymbol{v}_{12}$与 $\boldsymbol{v}_{12,0}$的夹角为 θ_{12}，可以看到在 $\boldsymbol{v}_{10}\neq 0$、$\boldsymbol{v}_{20}=0$ 的特殊情况下，$\theta_c=\theta_{12}$（前已证明在任何情况下，均有此关系）. 由 $\boldsymbol{v}_1$、$\boldsymbol{v}_2$、$\boldsymbol{v}_{12}$、$\boldsymbol{v}'_1$ 及 $\boldsymbol{v}_c$ 的矢量关系图可找出θ_c 或θ_{12}与 θ_r 的关系.

$$v_1\sin\theta_r = v'_1\sin\theta_c \tag{1}$$

$$v_1\cos\theta_r = v_c + v'_1\cos\theta_c \tag{2}$$

两式相除得

$$\tan\theta_r = \frac{v'_1\sin\theta_c}{v_c + v'_1\cos\theta_c} \tag{3}$$

在质心系中，总动量恒为零，机械能守恒，在散射前后，动能相等

$$\boldsymbol{P}'_{10} + \boldsymbol{P}'_{20} = 0 \tag{4}$$

$$\boldsymbol{P}'_1 + \boldsymbol{P}'_2 = 0 \tag{5}$$

$$\frac{P_1'^2}{2m_1} + \frac{P_2'^2}{2m_2} = \frac{P_{10}'^2}{2m_1} + \frac{P_{20}'^2}{2m_2} \tag{6}$$

由(4)、(5)式分别可得

$$P'_{10} = P'_{20},\quad P'_1 = P'_2$$

将它们代入(6)式，则得

$$P'_{10} = P'_{20} = P'_1 = P'_2$$

由 $P'_{10}=m_1v'_{10}$，$P'_1=m_1v'_1$ 及 $P'_{10}=P'_1$ 得 $v'_1=v'_{10}$，

$$v_c = \frac{m_1}{m_1+m_2}v_{10} \tag{7}$$

$$v'_1 = v'_{10} = v_{10} - v_c = v_{10} - \frac{m_1}{m_1+m_2}v_{10} = \frac{m_2}{m_1+m_2}v_{10} \tag{8}$$

将(7)、(8)两式代入(3)式，得

$$\tan\theta_r = \frac{\sin\theta_c}{\dfrac{m_1}{m_2} + \cos\theta_c} \tag{8.5.11}$$

(8.5.11)式只适用于 $\boldsymbol{v}_{10}\neq 0, \boldsymbol{v}_{20}=0$ 的情况.

当 $m_2 \gg m_1$ 时,$\theta_r=\theta_c=\theta_{12}$.

此时,粒子 2 保持静止,粒子 2 平动参考系实际上就是实验室参考系,自然应有 $\theta_r=\theta_C=\theta_{12}$的结果.

例 8.5.2 中子、质子散射. 中子和质子都处于光滑的水平面上,中子从远处以速度 v_0、瞄准距离 ρ 向原静止并不固定的质子方向运动,中子和质子的质量均为 m,求实验室参考系中的散射角 θ_r.

解 用质子平动参考系

$$\mu=\frac{m\cdot m}{m+m}=\frac{1}{2}m,\quad F=-\frac{Gm^2}{r^2}$$

注意,F 是真实力,不能把万有引力定律中的中子质量改为折合质量,但为了用(4.4.1)~(4.4.4)式,需把 F 写成

$$F=-\frac{\mu\alpha}{r^2}$$

的形式,其中

$$\alpha=2Gm,\ h=v_{12,0}\rho=(v_{10}-v_{20})\rho=\rho v_0$$

$$E=\frac{1}{2}\mu v_{12,0}^2=\frac{1}{4}mv_0^2$$

因 $\alpha>0$,其解为(4.4.1)式

$$r_{12}=\frac{h^2/\alpha}{1+e\cos\varphi_{12}}$$

这里把(4.4.1)式中的$\dfrac{Ah^2}{\alpha}$改写为标准的圆锥曲线方程中用的偏心率e.

由(4.4.4)式

$$e=\sqrt{1+\frac{2h^2E}{\mu\alpha^2}}=\sqrt{1+\frac{\rho^2v_0^4}{4G^2m^2}}=\frac{\sqrt{4G^2m^2+\rho^2v_0^4}}{2Gm}$$

当 $\varphi_{12}=\pm\phi$ 时,$r_{12}\to\infty$,此时

$$1+e\cos\phi=0$$

解出 ϕ,并将 e 代入得

$$\phi = \arccos\left(-\frac{1}{e}\right) = \arccos\left[-\frac{2Gm}{\sqrt{4G^2m^2+\rho^2v_0^4}}\right]$$

在质心平动参考系中,中子的轨道如图 8.5.4 所示.

$$\theta_c = \theta_{12} = 2\phi - \pi = 2\arccos\left[-\frac{2Gm}{\sqrt{4G^2m^2+\rho^2v_0^4}}\right] - \pi$$

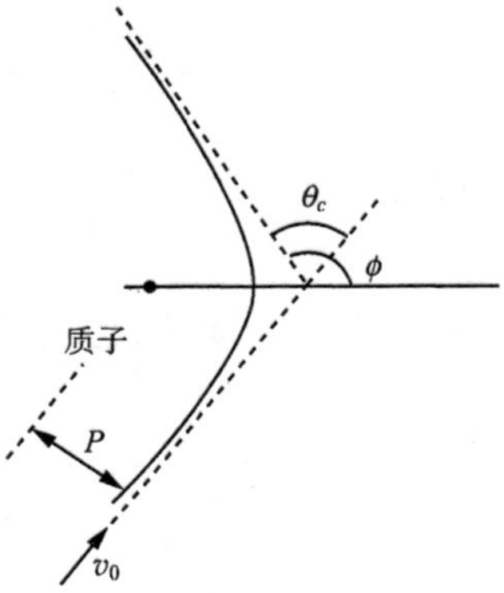

图 8.5.4

用(8.5.11)式,代入 $m_1 = m_2 = m$(注意不能代入 $m_2 = \mu$)

$$\tan\theta_r = \frac{\sin\theta_c}{1+\cos\theta_c}$$

$$= \frac{2\sin\frac{1}{2}\theta_c\cos\frac{1}{2}\theta_c}{2\cos^2\frac{1}{2}\theta_c} = \tan\left(\frac{1}{2}\theta_c\right)$$

$$\theta_r = \frac{1}{2}\theta_c = \arccos\left[-\frac{2Gm}{\sqrt{4G^2m^2+\rho^2v_0^4}}\right] - \frac{\pi}{2}$$

思考题　如 $\boldsymbol{v}_{10}\neq 0, \boldsymbol{v}_{20}\neq 0$,为了求 θ_c 或 θ_{12} 与 θ_r 的关系,相应于图 8.5.3 的图应如何画?

*(3) 几个参考系中的微分散射截面 $\sigma_c(v',\theta_c)$、或 $\sigma_{12}(v,\theta_{12})$ 与 $\sigma_r(v,\theta_r)$ 间的关系

我们也只讨论质量为 m_1 的被散射粒子入射速度 $\boldsymbol{v}_{10} = \boldsymbol{v}$,质量为 m_2 的散射粒子未被固定,开始时 $\boldsymbol{v}_{20} = 0$ 的简单情况.

$\sigma_c(v',\theta_c)$、$\sigma_{12}(v,\theta_{12})$、$\sigma_r(v,\theta_r)$ 中的 v 都用被散射粒子入射时对实验室参考系的速率 v,它也是被散射粒子入射时对散射粒子平动参考系的速率. v' 是与 v 相应的质心系中的入射速率.

按定义式(4.6.8)式

$$-2\pi\sigma_{12}(v,\theta_{12})\sin\theta_{12}\mathrm{d}\theta_{12} = 2\pi\rho\mathrm{d}\rho \tag{1}$$

其中 ρ 是用散射粒子平动参考系时的瞄准距离, $2\pi\rho\mathrm{d}\rho$ 是垂直于在无穷远处入射时粒子流的一个半径为 ρ 至 $\rho+\mathrm{d}\rho$ 的圆环面积. 通过此圆环初速为 v 的入射粒子经散射后出射时在 $\theta_{12} \sim \theta_{12}+\mathrm{d}\theta_{12}$, $\varphi = 0 \sim \varphi = 2\pi$ 的立体角内,这个 $\sigma_{12}(v,\theta_{12})$ 就是用散射粒子平动参考系时的微分散射截面.

同样可写出有关质心平动参考系和实验室参考系的两个微分散射截面的定义式

$$-2\pi\sigma_c(v',\theta_c)\sin\theta_c\,\mathrm{d}\theta_c = 2\pi\rho_c\,\mathrm{d}\rho_c \tag{2}$$

$$-2\pi\sigma_r(v,\theta_r)\sin\theta_r\,\mathrm{d}\theta_r = 2\pi\rho\,\mathrm{d}\rho \tag{3}$$

用实验室参考系时的瞄准距离也就是用散射粒子平动参考系时的瞄准距离，故都用同样的符号 ρ. 用质心平动参照系时瞄准距离 ρ_c 与 ρ 的关系可用质心的定义获得

$$\rho_c = \frac{m_2}{m_1+m_2}\rho \tag{4}$$

其中 m_1、m_2 分别是被散射粒子和散射粒子的质量.

由(1)、(2)、(4)式和(8.5.10)式可得

$$\sigma_{12}(v,\theta_{12}) = \left(\frac{m_1+m_2}{m_2}\right)^2\sigma_c(v',\theta_c) \tag{8.5.12}$$

由(1)、(3)式可得

$$\sigma_r(v,\theta_r) = \sigma_{12}(v,\theta_{12})\frac{\sin\theta_{12}}{\sin\theta_r}\frac{\mathrm{d}\theta_{12}}{\mathrm{d}\theta_r} \tag{5}$$

用(8.5.10)式，将(8.5.11)式中的 θ_c 改成 θ_{12}，两边微分得

$$\sec^2\theta_r\,\mathrm{d}\theta_r = \frac{1+\dfrac{m_1}{m_2}\cos\theta_{12}}{\left(\cos\theta_{12}+\dfrac{m_1}{m_2}\right)^2}\mathrm{d}\theta_{12},$$

$$\frac{\mathrm{d}\theta_{12}}{\mathrm{d}\theta_r} = \sec^2\theta_r\frac{\left(\cos\theta_{12}+\dfrac{m_1}{m_2}\right)^2}{1+\dfrac{m_1}{m_2}\cos\theta_{12}} \tag{6}$$

将(6)式代入(5)式得

$$\sigma_r(v,\theta_r) = \sigma_{12}(v,\theta_{12})(1+\tan^2\theta_r)\frac{\left(\cos\theta_{12}+\dfrac{m_1}{m_2}\right)^2}{1+\dfrac{m_1}{m_2}\cos\theta_{12}}\cdot\frac{\sin\theta_{12}}{\sin\theta_r}$$

$$= \sigma_{12}(v, \theta_{12}) \frac{\left[1 + \left(\frac{m_1}{m_2}\right)^2 + 2\frac{m_1}{m_2}\cos\theta_{12}\right]^{3/2}}{1 + \frac{m_1}{m_2}\cos\theta_{12}} \tag{8.5.13}$$

这里又用了(8.5.10)和(8.5.11)式.

例 8.5.3　若 α 粒子受原子序数为 Z 的原子核库仑排斥力作用下散射时不作原子核保持不动的近似,设 α 粒子质量为 m,原子序数为 Z 的原子核质量为 M.求实验室参考系的微分散射截面 $\sigma_r(v, \theta_r)$.

解　在散射粒子平动参考系中,用折合质量 $\mu = \frac{mM}{m+M}$ 代替卢瑟福公式中的 m,即得散射粒子平动参考系中的 $\sigma_{12}(v, \theta_{12})$.

由(8.5.13)式,即可获得

$$\sigma_r(v, \theta_r) = \sigma_{12}(v, \theta_{12}) \frac{\left[1 + (\frac{m_1}{m_2})^2 + 2\frac{m_1}{m_2}\cos\theta_{12}\right]^{3/2}}{1 + \frac{m_1}{m_2}\cos\theta_{12}}$$

其中　$\sigma_{12}(v, \theta_{12}) = \left[\frac{Ze^2(m+M)}{4\pi\varepsilon_0 mMv^2}\right]^2 \frac{1}{\sin^4\left(\frac{1}{2}\theta_{12}\right)}$.再用(8.5.10)和(8.5.11)式将 θ_{12} 表示成 m、M 和 θ_r 的函数.

§8.6　变质量质点的运动

这里所讲的变质量质点不是相对论效应,我们所讨论的质点运动远没有达到需要考虑相对论效应的程度.我们这里所说的变质量质点是指不断喷射气体的火箭、雨滴下落过程中由于周围水汽凝结在它上面质量变大这一类问题.如果把分离出去的部分和以后要加入的部分都包括在质点系内,质点系的质量仍是不变的,可是我们关心的只是变化着质量的那部分的运动规律,因此需要用已讲理论推导出这部分即变质量质点的运动微分方程.

1. 变质量质点的运动微分方程

导出变质量质点的运动微分方程的办法是把分离出去的或(和)结合进来的部分都包括在质点系内,用质点系的动量定理.由于影响变质量质点运动的只是刚分离出去或(和)刚结合进来的那部分,早已分离出去的和尚未结合进来的都对此刻的变质量质点的运动无影响,因此,我们只需考虑 $t \sim t+\Delta t$ 时间内的变质量质点和在此期间变化的部分,在此期间,把它们取为质点系,用质点系的动量定理.为了说话的方便,以下我们把变质量的质点称为本体,把变化出去或变化进来的部分称为微粒.

设 t 时刻,本体质量为 m,速度为 $\boldsymbol{v}$,分别考虑微粒并入和分出两种情况.

先考虑微粒并入情况,t 时刻,微粒尚未并入,质量为 Δm,速度为 $\boldsymbol{u}$,$t+\Delta t$ 时刻,本体质量为 $m+\Delta m$,速度为 $\boldsymbol{v}+\Delta\boldsymbol{v}$,微粒已并入本体.

再考虑微粒分出情况,t 时刻,微粒尚未分出,$t+\Delta t$ 时刻,本体质量为 $m+\Delta m(\Delta m<0)$,速度为 $\boldsymbol{v}+\Delta\boldsymbol{v}$,微粒质量 $-\Delta m$ 已分出,速度为 $\boldsymbol{u}$.

分别两种情况写动量定理表达式如下:

并入的情况:

$$(m+\Delta m)(\boldsymbol{v}+\Delta\boldsymbol{v})-(m\boldsymbol{v}+\Delta m\cdot\boldsymbol{u})=(\boldsymbol{F}_m^{(\mathrm{e})}+\boldsymbol{F}_{\Delta m}^{(\mathrm{e})})\Delta t$$

分出的情况:

$$(m+\Delta m)(\boldsymbol{v}+\Delta\boldsymbol{v})+(-\Delta m)\boldsymbol{u}-m\boldsymbol{v}=(\boldsymbol{F}_m^{(\mathrm{e})}+\boldsymbol{F}_{\Delta m}^{(\mathrm{e})})\Delta t$$

两边均除以 Δt,再令 $\Delta t\to 0$,两式都得到 t 时的同样的运动微分方程

$$m\frac{\mathrm{d}\boldsymbol{v}}{\mathrm{d}t}+(\boldsymbol{v}-\boldsymbol{u})\frac{\mathrm{d}m}{\mathrm{d}t}=\boldsymbol{F}_m^{(\mathrm{e})}+\boldsymbol{F}_{\mathrm{d}m}^{(\mathrm{e})} \tag{8.6.1}$$

其中 $\boldsymbol{u}$ 是微粒单独存在时的速度,即并入前或分出后的速度.

推导上述方程时取本体和微粒为质点系,因此右边的力标的上标"e"是指 t 时刻本体、微粒这个质点系以外物体所施的力.把作用于这个质点系的外力对本体和微粒分列,是为了引起读者的注意,作用于微粒的外力不总是为零或可以忽略的.因为(8.6.1)式中的 m 是本体的质量,因此可把(8.6.1)式说成是本体的即变质量质点的运动微分方程.但要防止发生下列错误:把无需考虑的微粒作用于本体的力也考虑到 $\boldsymbol{F}_m^{(\mathrm{e})}$ 中去.

在处理变质量质点问题时,有时用从(8.6.1)式改写的下列式子更为方便:

$$\frac{\mathrm{d}(m\boldsymbol{v})}{\mathrm{d}t}-\boldsymbol{u}\frac{\mathrm{d}m}{\mathrm{d}t}=\boldsymbol{F}_m^{(\mathrm{e})}+\boldsymbol{F}_{\mathrm{d}m}^{(\mathrm{e})} \tag{8.6.1$'$}$$

$$m\frac{\mathrm{d}\boldsymbol{v}}{\mathrm{d}t}-\boldsymbol{v}_r\frac{\mathrm{d}m}{\mathrm{d}t}=\boldsymbol{F}_m^{(\mathrm{e})}+\boldsymbol{F}_{\mathrm{d}m}^{(\mathrm{e})} \tag{8.6.1$''$}$$

其中 $\boldsymbol{v}_r=\boldsymbol{u}-\boldsymbol{v}$ 是微粒并入前或分离后相对于本体的速度.

运动微分方程是瞬时的关系，方程中所有的量都是 t 时刻的. 不论质点的质量是否变化，在惯性系中，质点遵从牛顿运动第二定律，在非惯性系中，只要考虑惯性力，也遵从牛顿运动第二定律. 我们把(8.6.1″)式写成牛顿运动第二定律的规范形式：

$$m\frac{\mathrm{d}\boldsymbol{v}}{\mathrm{d}t}=\boldsymbol{F}_m^{(\mathrm{e})}+\boldsymbol{F}_{\mathrm{d}m}^{(\mathrm{e})}+\boldsymbol{v}_r\frac{\mathrm{d}m}{\mathrm{d}t}$$

由此解释各项的物理意义，左边是本体质量乘加速度，右边应是作用于这个质点的力，$\boldsymbol{F}_m^{(\mathrm{e})}$ 是除微粒(对本体用牛顿运动第二定律时，本体是系统，微粒是外界)以外其他物体施于本体的力，此外，只能是微粒作用于本体的力，以 $\boldsymbol{F}_{\mathrm{d}m\to m}$ 表之，则

$$\boldsymbol{F}_{\mathrm{d}m\to m}=\boldsymbol{F}_{\mathrm{d}m}^{(\mathrm{e})}+\boldsymbol{v}_r\frac{\mathrm{d}m}{\mathrm{d}t}\tag{8.6.2}$$

通常把微粒作用于本体的力，称为反推力.

我们可以把(8.6.2)式看做微粒的动量定理方程，把(8.6.2)式改写为

$$(\boldsymbol{v}-\boldsymbol{u})\mathrm{d}m=(\boldsymbol{F}_{\mathrm{d}m}^{(\mathrm{e})}-\boldsymbol{F}_{\mathrm{d}m\to m}^{(\mathrm{e})})\mathrm{d}t=(\boldsymbol{F}_{\mathrm{d}m}^{(\mathrm{e})}+\boldsymbol{F}_{m\to\mathrm{d}m}^{(\mathrm{e})})\mathrm{d}t$$

左边是微粒在合并过程($t\sim t+\mathrm{d}t$ 时间内)中动量的增量，把左边写成$(\boldsymbol{u}-\boldsymbol{v})(-\mathrm{d}m)$，因而也是微粒在分出过程($t\sim t+\mathrm{d}t$ 时间内)中动量的增量，右边正是在此期间外力的冲量，其中 $\boldsymbol{F}_{m\to\mathrm{d}m}^{(\mathrm{e})}$ 是本体施予的，它是 $\boldsymbol{F}_{\mathrm{d}m\to m}^{(\mathrm{e})}$ 的反作用力.

2. 火箭的直线运动

可用(8.6.1″)式，火箭发射时，微粒相对于本体的速度即喷气速度 v_r 可作为常量来处理，外力只有重力，而作用于微粒的重力是可以忽略的，规定向上为正.

$$m\frac{\mathrm{d}v}{\mathrm{d}t}-v_r\frac{\mathrm{d}m}{\mathrm{d}t}=-mg\tag{1}$$

由于喷气的相对于本体的速度与规定的正方向相反，$v_r<0$

$$\mathrm{d}v=-g\mathrm{d}t+\frac{v_r}{m}\mathrm{d}m\tag{2}$$

积分时用初条件 $t=0,v=v_0,m=m_0$，得

$$v=v_0-gt+v_r\ln\frac{m_s}{m_0}\tag{3}$$

其中 m_s 是燃料燃放完毕后空火箭的质量(包括火箭外壳和所带的仪器设备).

发射人造地球卫星、宇宙飞船要使它达到和超过第一宇宙速度、第二宇宙速

度,需要靠火箭来运载.怎样提高火箭的最大速度呢?可以采取以下几个措施:(1)提高喷射速度$|v_r|$,这是影响最大的一个因素;(2)增大燃料和空火箭的质量比$\frac{m_0-m_s}{m_s}$,减小空火箭质量、增加燃料质量都能增大这个质量比;(3)加快燃料燃烧时间,缩短喷射时间,以减小重力的影响;(4)采用多级火箭,但一般采用三至四级为宜,采用再多,效果就不大了.

如要进一步计算火箭的路程与时间的关系,必须知道本体质量随时间变化的规律 $m=m(t)$.

(1)设有线性关系,$m(t)=m_0(1-\alpha t)$,其中 α 为正值常量.设初条件 $t=0$ 时,$x=x_0$.

对(2)式积分.用初条件 $t=0$ 时,$v=v_0$,$m=m_0$

$$\begin{aligned}\frac{\mathrm{d}x}{\mathrm{d}t} &= v = v_0 - gt + v_r\ln\frac{m(t)}{m_0}\\ &= v_0 - gt + v_r\ln(1-\alpha t)\end{aligned}$$

再对上式积分,用初条件,$t=0$ 时,$x=x_0$.

$$x = x_0 + (v_0 - v_r)t - \frac{1}{2}gt^2 - \frac{v_r}{\alpha}(1-\alpha t)\ln(1-\alpha t)$$

上式只适用于从开始发射到燃料烧完为止这一段时间内即 $0\leqslant t\leqslant\frac{m_0-m_s}{\alpha m_0}$ 期间.烧完以后的运动比较简单,就不讨论了.

(2) 设有指数变化规律 $m(t)=m_0\mathrm{e}^{-\alpha t}$,$\alpha>0$ 为常量.

$$\frac{\mathrm{d}x}{\mathrm{d}t} = v_0 - gt + v_r\ln\frac{m(t)}{m_0} = v_0 - gt - \alpha v_r t$$

用初条件,$t=0$ 时,$x=x_0$,积分得

$$x = x_0 + v_0 t - \frac{1}{2}(g+\alpha v_r)t^2$$

$-\alpha v_r$ 必比 g 大得多,若 $-\alpha v_r<g$,反推力小于重力,是不可能发射火箭的.

上述 $x(t)$ 的关系只适用于 $0\leqslant t\leqslant\frac{1}{\alpha}\ln\frac{m_0}{m_s}$ 期间,以后的运动也不讨论了.

3．其他变质量质点问题举例

例 8.6.1　雨滴通过饱和大气层下落时,水蒸汽附在它的表面凝结为水而增

加雨滴的质量,设雨滴质量的增加率和它的表面积成正比,比例系数为 k,密度始终为常数 ρ,开始下落时,半径为 a,初速为零.求雨滴下落的速度.

解　微粒合并前速度 $\boldsymbol{u}=0$,微粒受的外力可忽略.

设 t 时刻,本体(雨滴)半径为 r,质量为 m,

$$m = \frac{4}{3}\pi r^3 \rho$$

本体受外力$\frac{4}{3}\pi r^3 \rho g$(向下为正方向).

由(8.6.1′)式

$$\frac{\mathrm{d}}{\mathrm{d}t}\left(\frac{4}{3}\pi r^3 \rho v\right) = \frac{4}{3}\pi r^3 \rho g$$

可改为

$$\frac{\mathrm{d}(r^3 v)}{\mathrm{d}r}\frac{\mathrm{d}r}{\mathrm{d}t} = r^3 g \tag{1}$$

由质量的时间变化率与表面积成正比

$$\frac{\mathrm{d}}{\mathrm{d}t}\left(\frac{4}{3}\pi r^3 \rho\right) = 4\pi r^2 k$$

$$4\pi r^2 \rho \frac{\mathrm{d}r}{\mathrm{d}t} = 4\pi r^2 k$$

$$\frac{\mathrm{d}r}{\mathrm{d}t} = \frac{k}{\rho} \tag{2}$$

将(2)式代入(1)式,积分

$$\int_{\substack{r=a\\v=0}}^{r,v} \mathrm{d}(r^3 v) = \int_a^r \frac{r^3 g\rho}{k}\mathrm{d}r$$

积得

$$r^3 v = \frac{\rho g}{4k}(r^4 - a^4),\quad v = \frac{\rho g}{4k}\left(r - \frac{a^4}{r^3}\right) \tag{3}$$

由(2)式可积出

$$r = a + \frac{k}{\rho}t \tag{4}$$

将(4)式代入(3)式

$$v = \frac{\rho g}{4k}\left[a + \frac{k}{\rho}t - \frac{a^4}{\left(a + \frac{k}{\rho}t\right)^3}\right]$$

例 8.6.2 一条线密度为 λ、长度为 L 的松环型链条堆放在光滑的水平面上. 链条一端系有一质量为 M 的物体. 今使此物体从静止出发,以恒定的加速度 a 竖直向上运动. 求上端作用在物体上的力 F.

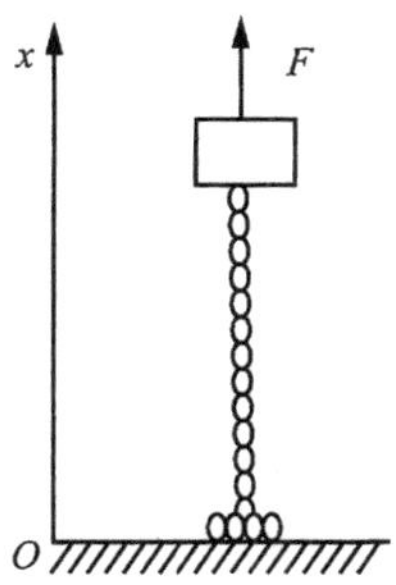

图 8.6.1

解 取图 8.6.1 所示的坐标.

方法一,作为变质量质点问题解. 取物体和被提起的链条部分为本体. 已知

$$m = M + \lambda x, \quad \frac{\mathrm{d}v}{\mathrm{d}t} = a, \quad u = 0$$

$$F_m^{(e)} = F - (M + \lambda x)g, \quad F_{\mathrm{d}m}^{(e)} = 0$$

初条件 $t=0$ 时 $x=0, v=0$.

由 $\frac{\mathrm{d}v}{\mathrm{d}t}=a$ 及初条件. 积得

$$v = at, \quad x = \frac{1}{2}at^2$$

将上述各量代入(8.6.1)式,得

$$F = M(a + g) + \frac{1}{2}\lambda a(g + 3a)t^2$$

方法二,用质心运动定理解.

质心运动定理是质点系的动量定理的另一种形式,必须取质量不变的系统,因此不能对本体用质心运动定理. 今取物体和整个链条为质点系. 在 t 时刻,物体坐标为 x,提起的链条部分长 x,这部分的质心位于 $\frac{1}{2}x$,未提起部分,坐标均为零,由质心的定义

$$x_c = \frac{1}{M + \lambda L}\left(Mx + \lambda x \cdot \frac{1}{2}x\right)$$

对 t 求导两次得

$$\dot{x}_c = \frac{1}{M + \lambda L}(M\dot{x} + \lambda x\dot{x})$$

$$\ddot{x}_c = \frac{1}{M + \lambda L}(M\ddot{x} + \lambda x\ddot{x} + \lambda\dot{x}^2)$$

由题给的条件

$$\ddot{x} = a$$

初条件：$t=0$ 时，$x=0$，$\dot{x}=0$，积出

$$\dot{x} = at, \ x = \frac{1}{2}at^2$$

对尚未提起的链条部分列牛顿运动第二定律方程，可得水平面的支持力

$$N = \lambda(L - x)g$$

将上面的 $\ddot{x}_c$、$\ddot{x}$、$\dot{x}$、x 及 N 代入由质心运动定理列出的下列方程：

$$(M + \lambda L)\ddot{x}_c = F - (M + \lambda L)g + N$$

即得 F 的与方法一同样的结果.

注意，在用质心运动定理时，从质心的定义 $x_c = \sum_{i=1}^{n} m_i x_i \Big/ \sum_{i=1}^{n} m_i$ 出发，求导获得 $\ddot{x}_c$，不易出错. 如用 $\ddot{x}_c = \sum_{i=1}^{n} m_i \ddot{x}_i \Big/ \sum_{i=1}^{n} m_i$ 直接得出 $\ddot{x}_c$，要十分谨慎. 如这里用它，得到 $\ddot{x}_c = \frac{1}{M + \lambda L}(M\ddot{x} + \lambda x\ddot{x})$ 就不对了，与正确结果相比，丢了一项 $\frac{1}{M + \lambda L}\lambda\dot{x}^2$，原因在于漏算了微粒那部分对质心加速度的贡献. 在 $t \sim t + \Delta t$ 时间内，微粒质量 $\lambda\Delta x$ 从速度为零突然变为 $\dot{x}$，速度改变量是有限量，时间 Δt 是将趋于零的小量，因而其加速度是无穷大量，$\Delta t \to 0$ 时，微粒的质量是无限小量，质量和加速度的乘积在这里是有限量，不是无限小量，不能忽略. 它的贡献正是丢失的那一项. 证明如下：

在 $t \sim t + \Delta t$ 时间内对微粒用动量定理.

$$\lambda\Delta x(\dot{x} - 0) = f\Delta t$$

令 $\Delta t \to 0$，　$f = \lambda\dot{x}^2$，其中 f 是作用于微粒的合力，尚在水平面上的链条对它无作用力，重力是无限小量可忽略. 这力全是与之相邻的已提起的链条部分施予的. $\lambda\dot{x}^2$ 就是 t 时刻微粒的质量乘它的加速度.

如用质点系的动量定理,直接写出物体和整个链条的动量 $P=(M+\lambda x)\dot{x}$,再往下解也是可行的.如用质心运动定理求 $\ddot{x}_c$ 时,用 $\dot{x}_c=\sum\limits_{i=1}^{n}m_i\dot{x}_i\Big/\sum\limits_{i=1}^{n}m_i$ 也不会出问题,因为在这个式子中微粒部分的项是无限小量,可以忽略.

方法三,用隔离法,具体求解略.

例 8.6.3 长为 L,不可伸长的均质绳子垂直于桌边静置于光滑的水平桌上,使它的一半从桌边下垂,让其自由下滑.求绳子的末端滑到边缘时绳子的速度.

解 此例极简单,也可用各种方法,用普通物理的方法尤为简单,作为变质量问题就有点小题大做、自找麻烦了.但为了说明两点:(1)提供一个 $\boldsymbol{F}_{\mathrm{d}m}^{(\mathrm{e})}\neq 0$ 的例子,说明(8.6.1)式中有 $\boldsymbol{F}_{\mathrm{d}m}^{(\mathrm{e})}$ 单列的必要;(2)有时选择本体,不是只有一种选法.还是讲了几种方法.

方法一,用普通物理的解法,以整个绳子为系统,用机械能守恒定律,取开始时绳子下端位置为势能的零点.

$$\frac{1}{2}mv^2=\frac{1}{2}mg\left(\frac{1}{4}L+\frac{1}{2}L\right),\quad v=\frac{1}{2}\sqrt{3gL}$$

方法二,作为变质量问题求解,选下垂部分为本体.

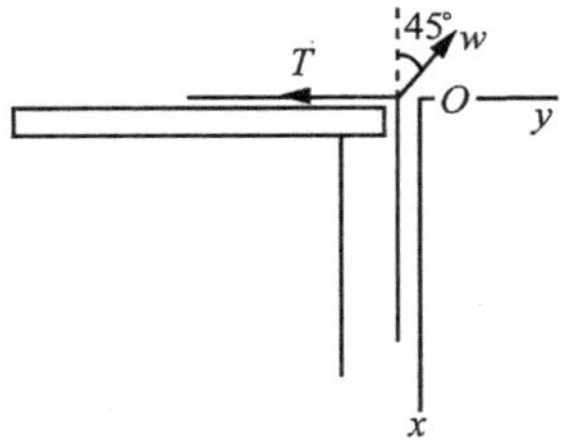

图 8.6.2

微粒并入前有与本体相同的速率,但方向不同.用图 8.6.2 所示的坐标.

t 时刻,用下垂部分下端的 x 坐标表示本体的位置,此时绳子各部分速率为 v.微粒合并前的速度 $\boldsymbol{u}=v\boldsymbol{j}$,本体速度为 $v\boldsymbol{i}$,$\boldsymbol{F}_m^{(\mathrm{e})}=\rho xg\boldsymbol{i}$

$$\boldsymbol{F}_{\mathrm{d}m}^{(\mathrm{e})}=-T\boldsymbol{j}+W(-\cos45^\circ\boldsymbol{i}+\cos45^\circ\boldsymbol{j}),\ m=\rho x$$

本体的运动微分方程为

$$m\frac{\mathrm{d}\boldsymbol{v}}{\mathrm{d}t}+\boldsymbol{v}\frac{\mathrm{d}m}{\mathrm{d}t}-\boldsymbol{u}\frac{\mathrm{d}m}{\mathrm{d}t}=\boldsymbol{F}_m^{(\mathrm{e})}+\boldsymbol{F}_{\mathrm{d}m}^{(\mathrm{e})}$$

写成分量方程,用上述给出的各量代入得

$$-v\frac{\mathrm{d}m}{\mathrm{d}t}=W\cdot\frac{\sqrt{2}}{2}-T \tag{1}$$

$$\rho x\frac{\mathrm{d}v}{\mathrm{d}t}+v\frac{\mathrm{d}m}{\mathrm{d}t}=\rho xg-W\cdot\frac{\sqrt{2}}{2} \tag{2}$$

隔离尚在桌面上的部分,还可列出第三个方程

$$(\rho L-\rho x)\frac{\mathrm{d}v}{\mathrm{d}t}=T \tag{3}$$

将(1)、(2)、(3)式相加得

$$\rho L\frac{\mathrm{d}v}{\mathrm{d}t}=\rho xg$$

因$\frac{\mathrm{d}v}{\mathrm{d}t}=\frac{\mathrm{d}v}{\mathrm{d}x}\frac{\mathrm{d}x}{\mathrm{d}t}=v\frac{\mathrm{d}v}{\mathrm{d}x}$,故上式可改写为

$$v\mathrm{d}v=\frac{g}{L}x\mathrm{d}x$$

$$\int_0^v v\mathrm{d}v=\int_{\frac{1}{2}L}^{L}\frac{g}{L}x\mathrm{d}x$$

可得

$$v=\frac{1}{2}\sqrt{3gL}$$

方法三,作为变质量问题求解,选桌上部分为本体.具体求解作为思考题请读者完成.

例 8.6.4　物体沿水平轨道滑行,燃气以不变的相对于物体的速度 v_r 铅直地向下排出,物体的初速为 v_0.设物体的质量按规律 $m=m_0-\alpha t$(其中 α 为常量)变化,滑动摩擦因数为 μ,求此物体速度的变化规律和运动学方程.

解　$$m\frac{\mathrm{d}\boldsymbol{v}}{\mathrm{d}t}-\boldsymbol{v}_r\frac{\mathrm{d}m}{\mathrm{d}t}=\boldsymbol{F}_m^{(e)}+\boldsymbol{F}_{\mathrm{d}m}^{(e)} \tag{1}$$

今已知　$m=m_0-\alpha t,\boldsymbol{v}=v\boldsymbol{i},\boldsymbol{v}_r=-v_r\boldsymbol{j}$

$$\boldsymbol{F}_m^{(e)}=-\mu N\boldsymbol{i}+(N-mg)\boldsymbol{j}=-\mu N\boldsymbol{i}+[N-(m_0-\alpha t)g]\boldsymbol{j}$$

$$\boldsymbol{F}_{\mathrm{d}m}^{(e)}=0$$

其中 $\boldsymbol{i}$ 是沿水平向前方向的单位矢量,$\boldsymbol{j}$ 是沿竖直向上方向的单位矢量,N 是水平轨道的支持力.

将 m、$\boldsymbol{v}$、$\boldsymbol{v}_r$、$\boldsymbol{F}_m^{(e)}$、$\boldsymbol{F}_{\mathrm{d}m}^{(e)}$代入(1)式,写成分量方程

$$(m_0 - \alpha t)\frac{\mathrm{d}v}{\mathrm{d}t} = -\mu N \tag{2}$$

$$-v_r\alpha = N - (m_0 - \alpha t)g \tag{3}$$

由(2)、(3)式消去 N 得

$$(m_0 - \alpha t)\frac{\mathrm{d}v}{\mathrm{d}t} = -\mu(m_0 - \alpha t)g + \mu\alpha v_r$$

$$\mathrm{d}v = \left(-\mu g + \frac{\mu\alpha v_r}{m_0 - \alpha t}\right)\mathrm{d}t$$

积分时用初条件 $t=0$ 时 $v=v_0$ 得

$$v = v_0 - \mu g t + \mu v_r \ln\frac{m_0}{m_0 - \alpha t}$$

求运动学方程,再对上式积分,用初条件:$t=0$ 时,$x=0$,可得

$$x = \int_0^t \left[v_0 - \mu g t + \mu v_r \ln\left(\frac{m_0}{m_0 - \alpha t}\right)\right]\mathrm{d}t$$

$$= v_0 t - \frac{1}{2}\mu g t^2 + \mu v_r \left\{t\left[1 + \ln\left(\frac{m_0}{m_0 - \alpha t}\right)\right] - \frac{m_0}{\alpha}\ln\left(\frac{m_0}{m_0 - \alpha t}\right)\right\}$$

* §8.7 位力定理

位力定理也是很多系统适用的一条定理,它与我们已讲过的所有定理不同,它具有统计性质,考虑某些力学量的时间平均值遵从的规律.

位力定理适用于所有质点的位矢 $\boldsymbol{r}_i$ 和动量 $\boldsymbol{p}_i$ 都是有界的,即在所有时间内保持有限值的一切质点系.

设质点系有 n 个质点,第 i 个质点的位矢为 $\boldsymbol{r}_i$,动量为 $\boldsymbol{p}_i$,所受的力为 $\boldsymbol{F}_i$,包括质点系内外施予的力.由牛顿运动第二定律

$$\dot{\boldsymbol{p}}_i = \boldsymbol{F}_i$$

定义一个量

$$S = \sum_{i=1}^{n} \boldsymbol{p}_i \cdot \boldsymbol{r}_i$$

S 对时间求导

$$\frac{\mathrm{d}S}{\mathrm{d}t}=\sum_{i=1}^{n}(\boldsymbol{p}_i\cdot\dot{\boldsymbol{r}}_i+\dot{\boldsymbol{p}}_i\cdot\boldsymbol{r}_i) \tag{1}$$

改写右边第一项

$$\sum_{i=1}^{n}(\boldsymbol{p}_i\cdot\dot{\boldsymbol{r}}_i)=\sum_{i=1}^{n}(m_i\dot{\boldsymbol{r}}_i\cdot\dot{\boldsymbol{r}}_i)=\sum_{i=1}^{n}m_iv_i^2=2T \tag{2}$$

改写右边第二项

$$\sum_{i=1}^{n}(\dot{\boldsymbol{p}}_i\cdot\boldsymbol{r}_i)=\sum_{i=1}^{n}(\boldsymbol{F}_i\cdot\boldsymbol{r}_i) \tag{3}$$

将(2)、(3)式代入(1)式

$$\frac{\mathrm{d}S}{\mathrm{d}t}=2T+\sum_{i=1}^{n}\boldsymbol{F}_i\cdot\boldsymbol{r}_i \tag{4}$$

计算 $0\sim\tau$ 时间内的平均值，(4)式左边的平均值为

$$\overline{\frac{\mathrm{d}S}{\mathrm{d}t}}=\frac{1}{\tau}\int_0^{\tau}\frac{\mathrm{d}S}{\mathrm{d}t}\mathrm{d}t=\frac{1}{\tau}[S(\tau)-S(0)]$$

故有

$$\overline{2T}+\overline{\sum_{i=1}^{n}\boldsymbol{F}_i\cdot\boldsymbol{r}_i}=\frac{1}{\tau}[S(\tau)-S(0)] \tag{5}$$

如果运动是周期的，取 τ 为周期的整数倍，则 $S(\tau)=S(0)$，(5)式右边等于零，若运动不是周期的，但质点系内所有质点的 $\boldsymbol{r}_i$、$\boldsymbol{p}_i$ 均是有限的，则 S 也必是有限的，只要 τ 足够长，(5)式右边要多小就有多小，即可使(5)式右边趋于零，可得

$$\overline{T}=-\frac{1}{2}\overline{\sum_{i=1}^{n}(\boldsymbol{F}_i\cdot\boldsymbol{r}_i)} \tag{8.7.1}$$

(8.7.1)式的关系称为位力定理. $-\frac{1}{2}\sum_{i=1}^{n}(\boldsymbol{F}_i\cdot\boldsymbol{r}_i)$ 被称为系统的位力，或叫均功. 位力定理可表述为：质点系的平均动能等于其位力或等于其均功.

例如，一个质点的简谐振动，$F=-kx$，$F=-\frac{\mathrm{d}V}{\mathrm{d}x}$，$V=\frac{1}{2}kx^2$.

$$\overline{T}=-\frac{1}{2}\overline{Fx}=-\frac{1}{2}\overline{(-kx)x}=\overline{\frac{1}{2}kx^2}=\overline{V}$$

又如单个质点的有心运动，若有心力势能是 r 的幂级数，$F\propto r^n$，若 $V=kr^{n+1}$，则 $F=-(n+1)kr^n$. 若有心运动是有界的，则

$$\overline{T}=-\frac{1}{2}\overline{[-(n+1)kr^n]\cdot r}=\frac{n+1}{2}\overline{V}$$

对于轨道为椭圆的行星运动，符合位力定理成立的条件，有心力与 r^{-2} 成正比，$n=-2$，$\overline{T}=-\frac{1}{2}\overline{V}$. 对于轨道为抛物线或双曲线的彗星运动，尽管也有 $n=-2$，但不符合位力定理条件，无 $\overline{T}=-\frac{1}{2}\overline{V}$ 的关系.

用位力定理还可以导出理想气体的玻意耳定律.

设理想气体系统由 N 个分子组成，被封闭在体积 V 的容器内. 若气体的绝对温度为 T(勿与动能相混淆)，根据能量按自由度均分定理，每个分子的平均平动动能为 $\frac{3}{2}kT$，其中 k 是玻尔兹曼常数. (8.7.1)式的左边等于

$$\frac{3}{2}NkT$$

(8.7.1)式右边中的 $\boldsymbol{F}_i$，由于是理想气体，不考虑分子间的相互作用力，气体足够稀薄，分子间的相互碰撞也很少，比起分子与容器壁间的碰撞，也可忽略不计，因此 $\boldsymbol{F}_i$ 仅需考虑容器壁对分子的约束力. 这约束力与气体分子对器壁的作用力(与压强相联系)是作用力和反作用力. 若器壁的单位法向矢量 $\boldsymbol{n}$ 的正向规定指向容器外部，器壁面积元 $\mathrm{d}A$ 作用于气体分子的力为

$$\mathrm{d}\boldsymbol{F}=-f\boldsymbol{n}\mathrm{d}A$$

其中 f 是单位面积受力的大小，(8.7.1)式右边等于

$$-\frac{1}{2}\overline{\sum_{i=1}^{n}\boldsymbol{F}_i\cdot\boldsymbol{r}_i}=\frac{1}{2}\overline{\oint_A f\boldsymbol{n}\cdot\boldsymbol{r}\mathrm{d}A}$$

$$=\frac{1}{2}p\int_V\nabla\cdot\boldsymbol{r}\mathrm{d}V=\frac{1}{2}p\int_V 3\mathrm{d}V=\frac{3}{2}PV$$

其中 P 是系统达到热平衡时的压强，V 是器壁面积 A 所包围的体积即容器体积. 推导中用了 $\overline{f}=p$，单位面积受力的大小的平均值等于压强，还用了高斯定理

$$\oint_A\boldsymbol{r}\cdot\boldsymbol{n}\mathrm{d}A=\int_V\nabla\cdot\boldsymbol{r}\mathrm{d}V$$

(8.7.1)式两边相等,约去共同因子$\frac{3}{2}$,即得

$$pV = NkT$$

它就是玻意耳定律——理想气体的状态方程.在经典的气体分子运动论中,位力定理是导出非理想气体状态方程的主要计算工具.

习　题

8.1　证明一个均质的三角形薄板的质心与位于该三角形三个顶点有相等质量的质点系统的质心重合.

8.2　求由抛物线 $y=x^2$ 和直线 $y=a$ 围成的区域形状的均质薄板的质心.

答　$x_c=0, y_c=\frac{3}{5}a$.

8.3　求由四个平面:$x=0, y=0, z=0$ 和 $4x+2y+z=8$ 为边界的均质实心体的质心.

答　$x_c=\frac{1}{2}, y_c=1, z_c=2$.

8.4　求均质的内外半径分别为 a 和 b 的半球壳的质心.

答　在对称轴上离球心$\frac{3(a+b)(a^2+b^2)}{8(a^2+ab+b^2)}$处.

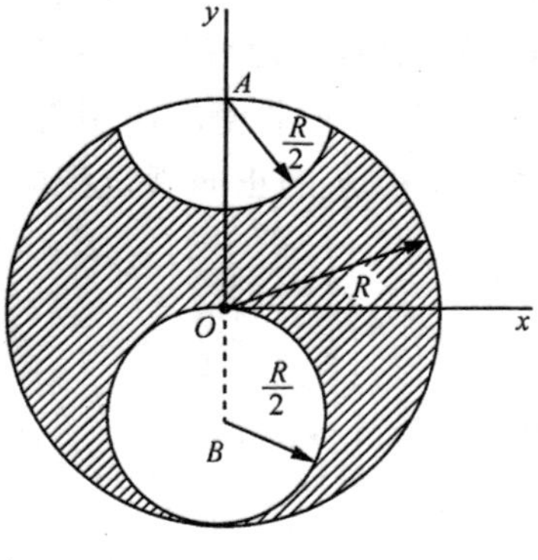

8.5题图

8.5　题图所示划有斜线的匀质薄板,是由半径为 R 的大圆板挖去两个半径为$\frac{1}{2}R$ 的完整的和不完整的两个小圆板形成的.两小圆的圆心 A、B 处于同一条直径上,且在圆心 O 的两侧与 O 点的距离 R 和$\frac{R}{2}$处.求此薄板的质心.

答　$x_c=0, y_c=0.062R$.

8.6　正圆锥体底面的半径为 a,今用一通过其对称轴的平面将它等分为二.证明任意一半的质心和该轴的距离为$\frac{a}{\pi}$.

8.7　修理街道电网用的迁移式转动起重机安装在质量 1t 的自动车上.质量 200kg 的起重机的摇架 K 装在质量 100kg、杆长 4m 的杆 L 上,可绕与图面垂直的水平轴 O 转动,摇架的质心 C 离轴 O 的距离 $OC=3.5$m.

(1) 开始起重机杆 L 处于水平位置,自动车处于静止.求当起重机杆转过 60°时,未上闸的自动车移动的距离,运动时所受阻力均可不计.

(2) 自动车上了闸,起重机杆从水平位置以恒定的角速度 $\omega=0.02\text{rad}\cdot\text{s}^{-1}$转到 60°期间,靠地面的摩擦力,自动车保持不动,求在此期间摩擦力给予的冲量.

(3) 若摩擦因数 $\mu=0.1$,要在转动过程中保持自动车不动,对转动角速度 ω 有何限制?

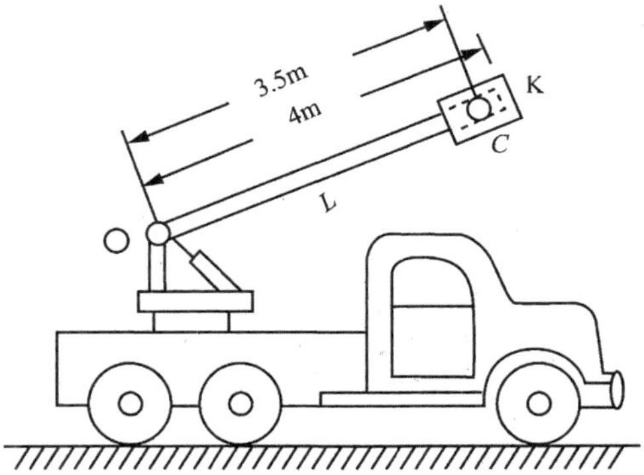

8.7 题图

答 (1)0.346m;(2)15.6Ns;(3)$\omega<1.18\text{rad}\cdot\text{s}^{-1}$.

8.8 一火箭垂直向上发射,当它到达飞行最高点时炸裂成三个等质量的碎片.观察到其中一块碎片经时间 t_1 垂直地落到地上,而其他两块碎片在炸裂后的 t_2 时刻落到地上.求炸裂时离地面的高度.

答 $\frac{1}{2}gt_1t_2\frac{t_1+2t_2}{2t_1+t_2}$.

8.9 证明质量为 M 的飞机在水平航线上飞行时落下一个质量为 m 的炸弹时,飞机将有一个向上的加速度 mg/M.

8.10 水从 5m 高处以每分 60kg 的速率注入静放在地上的桶中,桶的质量为 12kg.求水注入一分钟时桶受到地面的作用力.

答 715N.

8.11 一根长为 $2a$ 的不可伸长的轻绳,中点连着一个质量为 M 的质点,两端各连一个质量为 m 的质点,在一光滑的水平面上成一正好拉紧的直线.给 M 一个垂直于绳的水平初速 v.证明:若时间 τ 以后两端的质点发生碰撞时,质量为 M 的质点从开始位置位移 $b=\frac{1}{M+2m}(Mv\tau+2ma)$,并证明正要发生碰撞之前,绳子张力 $T=mM^2v^2/[(M+2m)^2a]$.

8.12 质量为 m_A 与 m_B 的两个小球 A 和 B,用不可伸长的轻绳相连,静止在水平面上.绳子拉紧时,给 B 球一个冲量 $\boldsymbol{I}$,$\boldsymbol{I}$ 的方向与 AB 成 α 角,$\alpha<\frac{\pi}{2}$,如题图所示.已知冲击后 B 的速度 $\boldsymbol{v}_B$ 之大小.求 $\boldsymbol{v}_B$ 的方向和冲量 $\boldsymbol{I}$ 的大小.

8.12 题图

答 $I=m_Bv_B\Big/\sqrt{\sin^2\alpha+\left(\frac{m_B}{m_A+m_B}\right)^2\cos^2\alpha}$.

v_B 与 AB 的夹角 $\beta=\arcsin\left(\dfrac{1}{\sqrt{1+\left(\dfrac{m_B}{m_A+m_B}\right)^2\cot^2\alpha}}\right)$.

8.13　扫雪机在水平路上以速度 15km/h 行驶，每分钟把质量为 30t 的雪抛到路旁，雪相对于雪铲的速度为 12m/s，并沿 45°角方向. 求路面与轮胎间的横向力，并求驱动扫雪机工作所需之牵引力.

答　横向力 4.24kN，牵引力 2.08kN.

8.14　有一松环链条堆在桌面上，堆起的高度可以不计. 链条单位长度质量为 λ(λ 为常量)，上端系一条不可伸长的轻绳，绳子跨过一个光滑的滑轮后在另一端连接一个质量为 M 的物体. 当链条和绳的连接点行将离开桌面时放开 M. 放开时绳子已拉紧，链条、物体均处于静止状态. 设链条升高时未受到尚堆在桌面上部分的任何作用力，链条上端升到最大高度时，链条尚有一部分堆在桌面上. 求链条上端所能达到的最大高度.

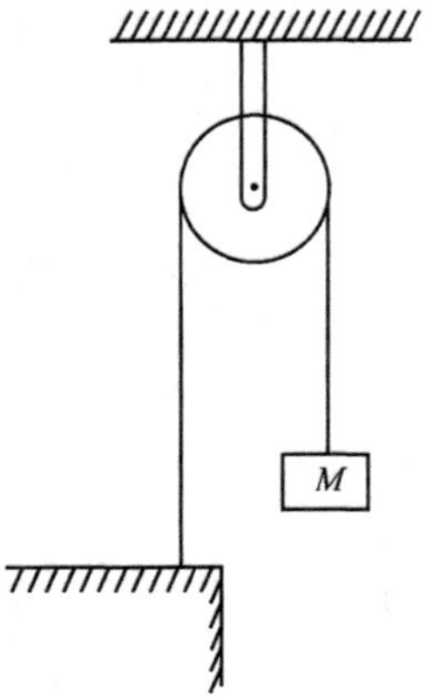

8.14 题图

答　$\sqrt{3}M/\lambda$.

8.15　一个仅由自身引力保持在一起的小天体，如果它非常靠近大质量体的话，可以被这个大天体引起的潮汐力所分裂. 求一个直径为 1km、密度为 $\rho=2\text{g/cm}^3$ 的小天体围绕地球作圆周运动而不被拉散的极限半径. 已知地球质量 $M=5.97\times10^{27}$g.

答　$r_{\min}=\left(\dfrac{9M}{4\pi\rho}\right)^{1/3}=1.29\times10^9$cm.

8.16　有 m_1、m_2 和 m_3 三质量受到它们的相互间万有引力的作用. 如果最初这些质量位于边长为 a 的等边三角形的顶点，只要这些质量的初速度适当选择，它们的位置就会连续确定一个边长为 a 以等角速 ω 转动的等边三角形. 求 ω 与 m_1、m_2、m_3、a 以及引力常数 G 的关系.

提示　先求出质心离一个质点的距离，然后对它用牛顿运动第二定律，关键是求出这个质点所受的力.

答　$\omega^2=\dfrac{G(m_1+m_2+m_3)}{a^3}$.

8.17　半径为 R、质量为 M 的水平均质圆盘可绕通过其中心的铅垂轴无摩擦地转动.

(1) 若圆盘绕该轴以 Ω 的角速度转动，求圆盘对该轴的角动量；

(2) 质量为 m 的甲虫按 $S=\dfrac{1}{2}at^2$(a 为常量)的规律沿圆盘的边缘爬行，开始时两者都是静止的，求甲虫爬行后圆盘的角速度；

(3) 质量为 m 的甲虫从边缘上一点突然以对圆盘恒定的角速度 ω 作半径为 $\dfrac{1}{2}R$ 的圆周运动，开始两者都是静止的，求甲虫突然爬行后圆盘的角速度.

答　(1) $\dfrac{1}{2}MR^2\Omega$；(2) $\Omega=\dfrac{2mat}{(2m+M)R}$；

(3) $\Omega=\dfrac{m\omega\cos^2\left(\frac{1}{2}\omega t\right)}{M+2m\cos^2\left(\frac{1}{2}\omega t\right)}$,与 $\boldsymbol{\omega}$ 方向相反.

8.18 在光滑的水平桌上,有两个质量为 m 的质点,用一根长度为 a 的不可伸长的轻绳相连接,两质点原先静止,绳子处于拉紧状态. $t=0$ 时,给一个质点垂直于绳的冲量 I.求证此后两质点作旋轮线运动,该质点与另一质点的能量之比为 $\cot^2\left(\dfrac{It}{2ma}\right)$.

8.19 质量分别为 m 和 M 的两个小环套在一个光滑的圆形金属丝上.金属丝固定在竖直平面内.两小环用一根无质量不可伸长的绳子连着.证明:两小环运动时,只要绳子处于拉紧状态,它的张力为 $2mMg\tan\alpha\cdot\cos\theta/(m+M)$,其中 2α 是拉紧的绳子对圆心所张的角,θ 是绳子与水平线间的夹角,g 为重力加速度.

8.20 两个质量均为 m 的质点,连在一根长 l、质量可忽略不计的刚性杆的两端.这系统在光滑水平面上以质心速度为 v、角速度为 $\boldsymbol{\omega}$(其方向垂直于运动平面)运动时,其一端的一个质点与另一个质量也为 m 的静止质点作完全非弹性碰撞时,运动的质点的速度方向与质心的速度方向相反.求(1)碰撞以后的角速度;(2)在碰撞中损失的机械能.

答 (1)$\dfrac{3l\omega+2v}{4l}$; (2)$\dfrac{1}{4}mv^2+\dfrac{1}{16}ml(l\omega^2-4\omega v)$.

8.21 一个半径为 a 的均质圆盘可在竖直平面内围绕通过它的中心 C 的水平轴自由转动,质量为圆盘 $\dfrac{1}{10}$ 的昆虫 A 在盘的最低点,整个系统处于静止状态.突然,昆虫以相对于圆盘不变的速率 V 开始沿边缘爬动.证明圆盘的初角速度为 $V/6a$.如用 θ 表示 CA 线与竖直向下方向间的夹角,证明微分方程 $6a\ddot{\theta}+g\sin\theta=0$ 成立.证明圆盘对昆虫的作用力在垂直于半径方向的分量为 $\dfrac{1}{12}mg\sin\theta$,其中 m 是圆盘的质量.

8.22 质量为 M、半径为 a 的均质圆柱可围绕它在水平方向固定的对称轴自由转动.质量为 m、长度 $b=2\pi an$(n 为整数)的均质链条一端连在圆柱上,然后绕圆柱 n 圈,让非常小的一段链条自由挂着,整个系统由静止释放.求链条的角速度与圆柱角位移 θ 的函数关系.

答 $\dot{\theta}=\left[\dfrac{mg(\theta^2+2\cos\theta-2)}{\pi n(M+2m)a}\right]^{1/2}$.

8.23 两根质量为 m、长 $2a$ 完全相同的均质杆 AB 和 BC 于 B 点自由铰接,在一光滑的水平桌上运动.用两杆的夹角 2θ、AC 和平面上固定方向间的夹角 φ 及其对时间的导数表示系统在其质心平动参考系中的动能.

答 $T=\dfrac{1}{3}ma^2[(1+3\cos^2\theta)\dot{\theta}^2+(1+3\sin^2\theta)\dot{\varphi}^2]$.

8.24 一系统由两个轮子、杆 O_1O_2 及其平行杆 AB 组成,轮子半径为 r、质量为 M_1,均匀分布于边缘. O_1O_2 杆连接于两轮轴上,AB 杆与固连于轮子的 O_1A、O_2B 铰接,O_1O_2 杆及 AB 杆质量均为 M_2、O_1A、O_2B 长为 $\dfrac{1}{2}r$,质量可以不计.若在题图所示位置时,轮子在直线轨道上作纯滚动,轮轴的速度为 v_0.求此系统的动能.

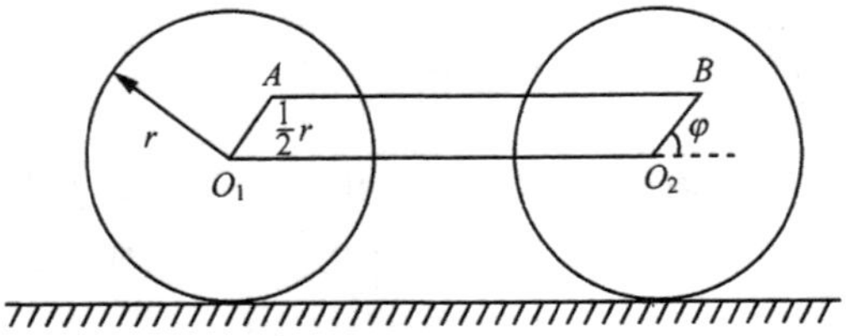

8.24 题图

答　$T=\frac{1}{8}v_0^2[16M_1+M_2(9+4\sin\varphi)]$.

8.25　质量均为 m 的两个质点用长度为 $4a$ 的不可伸长、不计质量的绳子连接.开始两质点均以与连线相垂直的速度 v 在光滑的水平面上运动,两质点轨道间距离为 $4a$.突然遇到一个直径可忽略的光滑钉子,此时钉子距质点 1 的距离为 a,若以后两质点在相反方向转动时不相碰.问在以后的运动中,(1)质点 1 离钉子的最大距离多大?(2)质点 1 离钉子最大距离时绳子张力多大?

答　(1)$1.653a$;(2)$0.459\frac{mv^2}{a}$.

8.26　质量均为 m 的两个质点用一根长度为 a 的刚性的轻杆连结.开始系统静止在一光滑水平面上.在 $t=0$ 时,一力 $\boldsymbol{F}$ 作用于其中一个质点,大小保持不变,方向保持与杆垂直.用角动量定理和动能定理两种方法求杆与开始方向夹角为 φ 时的角速度.

答　$\sqrt{\frac{2F}{ma}\varphi}$.

8.27　质量为 M、半径为 a 的半球,其底面放在光滑的水平面上.有一质量为 m 的质点沿此半球下滑,初始位置与球心的连线和铅垂线成 α 角,系统开始是静止的,求质点绕球心的角速度.

答　$\dot{\theta}=\left[\frac{2g}{a}\cdot\frac{\cos\alpha-\cos\theta}{1-\frac{m}{m+M}\cos^2\theta}\right]^{1/2}$.

8.28　一个质量为 M、半径为 R 的匀质圆柱体置于光滑的水平面上,可绕其竖直的对称轴自由转动,两个质量均为 m 的质点,用长度均为 a 的不可伸长的轻绳连接在圆柱的一条直径两端的钩子上,将绳子按顺时针方向完全绕在圆柱体上,再用钩子将两质点直接挂在圆柱体上.证明:整个系统不论以什么角速度绕对称轴逆时针转动时,先让直接钩住质点的两钩子脱钩,只要绳子长度合适,当绳子完全展开时,再让直径两端处的钩子脱钩,圆柱体都将停止转动,求绳长 a 与 m、M、R 的关系.

答　$a=\frac{1}{2}\left(\frac{M+4m}{m}\right)^{1/2}R$.

8.29　一质量为 M、半径为 R 的重星以速度 $\boldsymbol{V}$ 通过质量密度为 ρ 的非常稀薄的气体,由于它的引力场,重星将吸引迎面接近它的气体分子,并将它俘获在表面上.相对于 V,气体分子的热运动可以忽略. 气体分子间的相互作用力也可以忽略不计. 求星体在此刻受到来自气体分子的阻力.

答　$\boldsymbol{F}_{阻}=-\frac{\pi\rho}{V}R^2\left(V^2+\frac{2GM}{R}\right)\boldsymbol{V}$.

8.30　两颗星的质量分别为 M 和 m, 相距为 d, 两星绕着不动的质心作圆周运动. 两颗星近似为质点, 质量为 M 的星发生爆炸, 损失质量 ΔM. 爆炸是瞬时的, 球对称的, 对残余体的作用力合力为零, 爆炸时对另一颗星无直接作用. 证明: 当 $\Delta M<\frac{1}{2}(M+m)$时, 余下的双星系统的运动仍是有界的.

8.31　有两个质量均为 m 的质点用一根劲度系数为 k、未伸缩时长 a 的轻弹簧连起来, 静置在光滑的水平面上. 第三个质量也为 m 的质点以垂直于弹簧的速度 V 运动并射中一个质点粘在上面. 要使弹簧拉伸到最大长度为 $3a$, V 应多大?

答　$V=3a\sqrt{\frac{3k}{m}}$.

8.32　一个质量为 m 的中子以速率 v 与一个质量为 M 的静止的原子发生弹性碰撞. 试用静参考系和作为两体问题引入折合质量的办法证明碰后原子的最大速率为 $V=\frac{2m}{m+M}v$.

8.33　两个质量分别为 m_1 和 m_2 的行星围绕太阳作长半轴分别为 a_1 和 a_2 的椭圆轨道运动. 证明: 它们的周期比为

$$\frac{T_1}{T_2}=\left[\frac{a_1^3(M+m_2)}{a_2^3(M+m_1)}\right]^{1/2}$$

其中 M 是太阳的质量.

8.34　质量分别为 m 和 M 的两质点 A 和 B, 在相互吸引力作用下运动, 如质点 A 相对于质点 B 的角动量为 $\boldsymbol{J}_{AB}$. 证明: 在质心平动参考系中系统相对于质心的角动量为 $\frac{M}{M+m}\boldsymbol{J}_{AB}$.

8.35　质量分别为 $4m$ 和 m 的两质点 A 和 B 能沿 x 轴无摩擦地运动, 两质点间有大小为 kr 的相互吸引力, 其中 k 是正值常量, r 是两质点间的距离. $t=0$ 时, 质点 A 位于 $x=5a$ 处, 质点 B 位于 $x=10a$ 处, 均处于静止状态. 求: (1)两质点发生碰撞的 x 值; (2)在将发生碰撞的时刻两质点的相对速度; (3)如碰撞是弹性的, 碰撞后到再次发生碰撞经历的时间.

答　(1)$6a$; (2)$\frac{5a}{2}\sqrt{\frac{5k}{m}}$; (3)$2\pi\sqrt{\frac{m}{5k}}$.

8.36　质量为 m、带电荷 e 的两个相同的带电粒子, 开始相距很远, 一个粒子是静止的, 另一个以速率 v、瞄准距离 $\rho=2ke^2/mv^2$ 向静止的粒子方向运动. 求质心系中和实验室参考系中的散射角 θ_C、θ_r, 两粒子的最近距离及最近距离时两粒子的相对速率和绝对速率. 其中 k 是 $F=ke^2/r^2$ 中的系数.

答　$\theta_C=90°$, $\theta_r=45°$, $\frac{2ke^2(1+\sqrt{2})}{mv^2}$,

$v_r=(\sqrt{2}-1)v$, $v_1=\frac{v}{2}\sqrt{3(2-\sqrt{2})}$, $v_2=\frac{v}{2}\sqrt{2-\sqrt{2}}$.

8.37 质量分别为 m 和 M 的两个质点分别连在一个原长为 a、劲度系数为 k 的轻弹簧的两端. 开始两质点均处于静止状态, m 位于 M 正上方 a 处. $t=0$ 时给 m 一个竖直向上的速率 v. 求以后任何时刻两质点的位置.

答 $$x_M=\frac{mv}{m+M}t-\frac{1}{2}gt^2-\frac{mv}{m+M}\sqrt{\frac{mM}{k(m+M)}}\sin\left(\sqrt{\frac{k(m+M)}{mM}}t\right),$$

$$x_m=a+\frac{mv}{m+M}t-\frac{1}{2}gt^2+\frac{mv}{m+M}\sqrt[k]{\frac{mM}{k(m+M)}}\sin\left(\sqrt{\frac{k(m+M)}{mM}}t\right).$$

x 的原点取在开始 M 所在位置, 向上为正.

8.38 初始质量为 m_0 的火箭在均匀重力场中以不变加速度 ng(其中 g 是重力加速度)铅直地上升, 不计空气阻力, 燃气喷射的相对速率 v_r 不变. 求火箭质量的变化规律.

答 $m=m_0\exp\left(-\frac{n+1}{v_r}gt\right)$.

8.39 火箭在均匀重力场中以不变加速度 a 向上运动, 不计空气阻力, 燃气喷射的相对速率 v_r 不变. 求火箭质量降为二分之一所需的时间 τ.

答 $\tau=(v_r\ln 2)/(a+g)$.

8.40 初速为零的变质量质点以不变的加速度 a 沿水平方向运动, 燃气喷射的相对速率 v_r 是常量, 不计阻力, 求质量减为 $\frac{1}{k}$ 时所走过的路程.

答 $S=\frac{1}{2a}(v_r\ln k)^2$

8.41 如上题的变质量质点受到滑动摩擦力, 摩擦因数为 μ. 求所走过的路程.

答 $S=\frac{a}{2(a+\mu g)^2}(v_r\ln k)^2$.

8.42 若例 8.6.4 中物体变化规律为 $m=m_0e^{-\alpha t}$. 求其解. 又问, 当 α 值多大时, 物体将以不变的速度运动?

答 $v=v_0-\mu(g-\alpha v_r)t$,

$s=v_0t-\frac{1}{2}\mu(g-\alpha v_r)t^2$, $\alpha=g/v_r$.

8.43 火箭在无引力场和无阻力的情况下作直线运动. 设火箭的初始质量为 m_0, 最终质量为 m_1, 喷射的相对速率为常量 v_r, 求从开始到全部燃料烧完时推力所作的功.

答 $A=m_1v_r^2\left(\frac{m_0}{m_1}-1-\ln\frac{m_0}{m_1}\right)$.

8.44 火箭在真空和无引力情况下作直线运动. 初始质量和最终质量分别为 m_0 和 m_1, 定义火箭的机械效率为燃料烧完后火箭的动能与所消耗的能量之比. 问齐奥尔可夫斯基数 $z=\frac{m_0}{m_1}$ 多大时火箭的效率最大. 设喷射速率 v_r 不变.

答 z 为下列方程的根:

$$\ln z=2(z-1)/(z+1).$$

8.45 一股横截面积为 A、密度为 ρ 以绝对速度 v_0 在水平方向运动的水流无弹性地射中一质量为 m 的木块，即水离开木块时有相对于木块的水平速度分量为零．若木块与它在其上滑动的水平面间的摩擦因数为 μ．求木块的最终速度．

答　$v_0-\left(\dfrac{\mu mg}{\rho A}\right)^{1/2}$.

8.46 一质量为 M(无水时)的水桶开始处于静止状态，桶中装有质量为 m 的水，通过一根绳子施以恒力 F 将桶从井中提上来，桶中的水以不变的速率从桶中漏出来，经过时间 T 桶变成空的，求变成空桶的瞬间桶的速度．

答　$\dfrac{FT}{m}\ln\left(\dfrac{M+m}{M}\right)-gT$.

8.47 一质量为 m_0、横截面积为 A 的宇宙飞船以速度 v_0 航行，穿过一密度为 ρ 的处于静止状态的尘云，如尘埃粘贴到宇宙飞船上，求以后宇宙飞船的运动．(设 A 不随时间变化．)

答　$\sqrt{\dfrac{m_0}{m_0+2\rho A v_0 t}}\,v_0$.

8.48 作为变质量问题重解例 8.2.2.

***8.49** 用位力定理解 8.16 题．

提示　在质心平动参考系中对其中一个质点使用位力定理．

***8.50** 有一群质量为 m 的粒子，它们围绕同一个中心作圆轨道运动，每个粒子具有相同的动能，作用力只有相互间的万有引力．求粒子数密度与离中心的距离 r 间的函数关系(假设密度是球对称的)．

提示　可用位力定理．

***8.51** 证明：如果作用于质点系的力 $\boldsymbol{F}_i$ 是非摩擦力 $\boldsymbol{F}_i'$ 和正比于速度的摩擦力 $\boldsymbol{f}_i$ 之和，位力只与 $\boldsymbol{F}_i'$ 有关，没有来自 $\boldsymbol{f}_i$ 的贡献．

第九章　刚体动力学

上一章我们讨论了质点系动力学,讲了三个基本定理及其守恒定律,并用它们处理了两个特殊的质点系;两体问题和变质量质点的运动.这一章要讨论又一种特殊的质点系——刚体的运动,在第七章我们已讨论过刚体运动学,虽然刚体由无数个质点组成,由于刚体内任何两点间的距离保持不变,刚体的运动只有有限个自由度,质点系的基本定理可以给出足够多的动力学方程,原则上可以解决刚体动力学问题.但是直接用上章讲的几个基本定理来处理刚体动力学问题是不方便的.由于刚体内任何两点间距离保持不变,在计算刚体的角动量和动能时不必总从质点系的角动量和动能的定义起算,可以引入转动惯量和惯量张量,使刚体的角动量和动能有简便的计算公式,与此有关,质点系的角动量定理和动能定理对于刚体这个特殊的质点系也可进一步具体化.

§9.1　力系的简化

1. 力系的简化是刚体动力学中特有的问题

对于一个没有固定点的刚体的运动,可由

$$m\ddot{\boldsymbol{r}}_c = \boldsymbol{F}^{(\mathrm{e})}, \frac{\mathrm{d}\boldsymbol{J}'_c}{\mathrm{d}t} = \boldsymbol{M}'^{(\mathrm{e})}_c$$

决定.其中 m 是刚体的质量,$\boldsymbol{r}_c$ 是质心对静参考系中固定点(原点)的位矢,$\boldsymbol{F}^{(\mathrm{e})}$ 是合外力,如静系不是惯性系,外力中包括惯性力,$\boldsymbol{J}'_c$ 是在质心系中刚体对质心的角动量,$\boldsymbol{M}'^{(\mathrm{e})}_c$ 是外力对质心的力矩之和.

就同一个刚体而言,如果两个力系分别作用于它,这两个力系有相同的 $\boldsymbol{F}^{(\mathrm{e})}$ 和 $\boldsymbol{M}'^{(\mathrm{e})}_c$,必将产生同样的运动,可以说这两个力系是等效的.对于非刚体的质点系,还不能说这样的两个力系等效,因为质点系中各个质点的运动是不一样的.

对于有固定点的刚体的运动,可由

$$\frac{\mathrm{d}\boldsymbol{J}}{\mathrm{d}t} = \boldsymbol{M}^{(\mathrm{e})}$$

决定.其中 $\boldsymbol{J}$、$\boldsymbol{M}^{(e)}$ 都是以固定点 O 为矩心的.

就刚体而言,只要两个力系对固定点有同样的 $\boldsymbol{M}^{(e)}$,可以说这两个力系是等效的.对于非刚体的质点系,虽有某个质点是固定的,对此固定点有同样的 $\boldsymbol{M}^{(e)}$,不能说两个力系是等效的.

只有有两个力系的等效问题,才谈得上找一个较简单的等效力系,才有力系的简化问题.因此力系的简化是刚体动力学中特有的问题.

2. 定位矢量、滑移矢量和自由矢量

一个矢量除了有大小、有方向以外,还有矢量的作用点以及作用线,有了作用点和矢量的方向,作用线也就确定了.必须说明它的大小、方向和作用点的矢量称为定位矢量.必须说明它的大小、方向以及作用线(作用点不必说明,可以沿作用线移动)的矢量称为滑移矢量.仅需说明它的大小和方向,不必说明作用点,也不必说明作用线的矢量称为自由矢量.几何点的速度、加速度、作用于非刚体的质点系的力都是定位矢量的例子,作用于刚体上的力是滑移矢量的例子,对于大小、方向都相同的两个力,只要在同一作用线上,它们对 $\boldsymbol{F}^{(e)}$ 的贡献,对质心或对任何点都有相同的力矩,因此它们对 $\boldsymbol{M}'^{(e)}_c$、对 $\boldsymbol{M}^{(e)}$ 的贡献都是一样的,因此它们是滑移矢量.作用于质点的力以及作用于刚体的力偶矩都是自由矢量的例子.

3. 共点力系和平行力系的合成

力系中各个力的作用线均汇交于同一点的力系称为共点力系,力系中各个力的作用线均互相平行的力系称为平行力系.

(1) 共点力系的合成

既然作用于刚体的力是滑移矢量,可将共点力系中各个力均沿其作用线滑移,使作用点均改为作用线的交点,然后用平行四边形法则逐个相加,即可得到与这个力系等效的一个合力.

(2) 平行力系的合成

平行力系的合成也可采用逐个相加的办法,讲请两个指向相同的平行力如何合成和两个指向相反的平行力如何合成即可.其办法都是加一对大小相等、方向相反有相同作用线的一对力分别与两平行力之一合成使两平行力变为两共点力,如图 9.1.1(a)、(b)所示,再按上述的共点力系的合成办法求其合力,$\boldsymbol{F}_1$、$\boldsymbol{F}_2$ 并不一定与它们的作用点的连线垂直,但利用它们是滑移矢量,经过滑移,总能使之垂直.图中就画成垂直的情况.

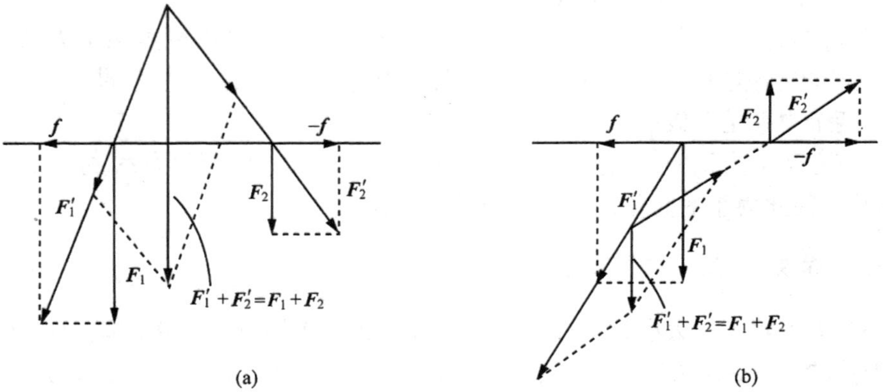

图 9.1.1

图中待加的两个平行力是 $\boldsymbol{F}_1$、$\boldsymbol{F}_2$，分别与一对力 $\boldsymbol{f}$ 和 $-\boldsymbol{f}$ 相加后得 $\boldsymbol{F}'_1$ 和 $\boldsymbol{F}'_2$，为两共点力，合成后的 $\boldsymbol{F}'_1+\boldsymbol{F}'_2=\boldsymbol{F}_1+\boldsymbol{F}_2$. 由几何知识可以获得；合力 $\boldsymbol{F}_1+\boldsymbol{F}_2$ 的作用线必与 $\boldsymbol{F}_1$、$\boldsymbol{F}_2$ 的作用线平行，对于 $\boldsymbol{F}_1$、$\boldsymbol{F}_2$ 指向相同的图 9.1.1(a)情况，合力的作用线位于 $\boldsymbol{F}_1$、$\boldsymbol{F}_2$ 的两条作用线之间，对于 $\boldsymbol{F}_1$、$\boldsymbol{F}_2$ 指向相反的图 9.1.1(b)情况，合力的作用线位于 $\boldsymbol{F}_1$、$\boldsymbol{F}_2$ 的两条作用线之外，在 $|\boldsymbol{F}_1|$、$|\boldsymbol{F}_2|$ 中较大者的外侧.

根据等效的要求可以确定合力作用线的位置，分别就两种情况予以说明.

$\boldsymbol{F}_1$、$\boldsymbol{F}_2$ 指向相同的图 9.1.1(a)情况，设两作用线相距为 l，合力作用线在两作用线之间与两作用线的距离分别为 r_1 和 r_2，取合力作用线上一点为矩心，则合力的力矩为零，$\boldsymbol{F}_1$、$\boldsymbol{F}_2$ 对此矩心的力矩之和也应为零，则有

$$r_1+r_2=l, F_1r_1-F_2r_2=0$$

解出

$$r_1=\frac{F_2}{F_1+F_2}l, \qquad r_1=\frac{F_1}{F_1+F_2}l \tag{9.1.1}$$

其中 $F_1=|\boldsymbol{F}_1|$，$F_2=|\boldsymbol{F}_2|$.

$\boldsymbol{F}_1$、$\boldsymbol{F}_2$ 指向相反的图 9.1.1(b)情况，设合力作用线位于 $F_1(>F_2)$一边的外侧，距 $\boldsymbol{F}_1$、$\boldsymbol{F}_2$ 作用线的距离分别为 r_1、r_2，则有

$$r_2-r_1=l, \qquad F_1r_1-F_2r_2=0$$

解出

$$r_1 = \frac{F_2}{F_1 - F_2} l, \qquad r_2 = \frac{F_1}{F_1 - F_2} l \tag{9.1.2}$$

图 9.1.1(a)、(b)的两种情况,求合力作用线的位置可以用统一的一个式子,只要对 F_1、F_2 的正负号,r_1、r_2 的正负号和力矩的正负号做出统一的规定即可,例如规定 F_1 向下为正、F_2 向上为正,r_1、r_2 向左为正,力矩垂直纸面向外为正.则都可以统一使用(9.1.2)式.

4. 一般力系的简化,简化中心,主矢和主矩

共点力系和平行力系都可以用其合力来等效.但力系的作用线可能既不能汇交于一点,又不互相平行,即力系既不是共点力系,也不是平行力系.如力系中包含 n 个力 $\boldsymbol{F}_i(i=1,2,\cdots,n)$,可在任意点 O,加 n 对力 $\boldsymbol{F}_i$ 和 $-\boldsymbol{F}_i(i=1,2,\cdots,n)$,在 O 点的 n 个力 $\boldsymbol{F}_i(i=1,2,\cdots,n)$ 构成共点力系,可求其合力,

$$\boldsymbol{F} = \sum_{i=1}^{n} \boldsymbol{F}_i \tag{9.1.3}$$

在 O 点的另 n 个力 $-\boldsymbol{F}_i$ 与原力系中的 n 个力 $\boldsymbol{F}_i$ 构成 n 个力偶,其力偶矩之和

$$\boldsymbol{M} = \sum_{i=1}^{n} \boldsymbol{r}_i \times \boldsymbol{F}_i \tag{9.1.4}$$

其中 $\boldsymbol{r}_i$ 是 $\boldsymbol{F}_i$ 的作用点对 O 点的位矢.

$\boldsymbol{F}$ 是力系中各力的矢量和,$\boldsymbol{M}$ 是力系对 O 点的力矩(即力系中各力对 O 点的力矩之和).$\boldsymbol{F}$ 被称为力系的主矢,$\boldsymbol{M}$ 被称为力系的主矩,所选的 O 点被称为简化中心.

由(9.1.3)式可见,主矢与简化中心的选取无关,由(9.1.4)式可见,由于 $\boldsymbol{r}_i$ 与简化中心选取有关,一般来讲,主矩 $\boldsymbol{M}$ 与简化中心的选取有关.因此应称 $\boldsymbol{M}$ 为对这个简化中心 O 点的主矩.在特定条件下,主矩与简化中心的选取无关,或在一定范围内与简化中心的选取无关.

下面我们就来讨论这个问题.

设 O 和 O' 是两个简化中心,$\boldsymbol{M}_O$ 和 $\boldsymbol{M}_{O'}$ 分别表示对 O 点和 O' 点为简化中心的主矩.图 9.1.2 中画了力系中第 i 个力 $\boldsymbol{F}_i$ 的作用点对 O 和 O' 点的位矢分别为 $\boldsymbol{r}_i$ 和 $\boldsymbol{r}'_i$ 及矢量 $\overrightarrow{OO'}$ 的关系.

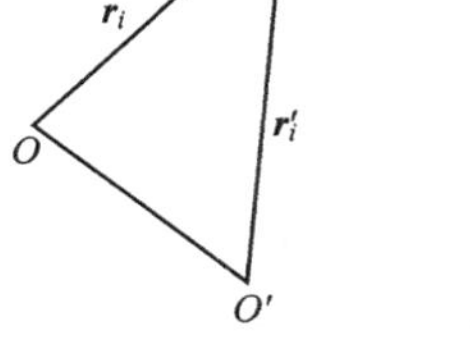

图 9.1.2

$$\boldsymbol{M}_{O'} = \sum_{i=1}^{n}(\boldsymbol{r}_i' \times \boldsymbol{F}_i) = \sum_{i=1}^{n}[(\overrightarrow{O'O}+\boldsymbol{r}_i)\times \boldsymbol{F}_i]$$

$$= \overrightarrow{O'O}\times \sum_{i=1}^{n}\boldsymbol{F}_i + \sum_{i=1}^{n}(\boldsymbol{r}_i \times \boldsymbol{F}_i)$$

$$= \overrightarrow{O'O}\times F + M_O \tag{9.1.5}$$

由(9.1.5)式可知,简化中心从 O 点改为 O' 点,主矩的增量等于位于 O 点的主矢对 O' 点的力矩.

由(9.1.5)式还可看出,当主矢 $\boldsymbol{F}=0$ 时,则主矩与简化中心的选取无关.若主矢 $\boldsymbol{F}\neq 0$,但简化中心 O 点沿主矢的作用线移到 O' 点,因 $\overrightarrow{OO'}\times \boldsymbol{F}=0$,对于这些简化中心,都有与 O 点相同的主矩.

5. 简化后的几种情况

对于任选的一个简化中心,无非有以下四种情况:

(1) $\boldsymbol{F}=0,\boldsymbol{M}=0$,则对任何简化中心,都有 $\boldsymbol{F}=0,\boldsymbol{M}=0$.

(2) $\boldsymbol{F}=0,\boldsymbol{M}\neq 0$,则对任何简化中心,也都有这种情况且 $\boldsymbol{M}$ 均相同,无法进一步简化.

(3) $\boldsymbol{F}\neq 0,\boldsymbol{M}=0$,则对其他简化中心,$\boldsymbol{F}$ 不变,如简化中心沿 $\boldsymbol{F}$ 的作用线改变,$\boldsymbol{M}=0$ 不变,选其他点为简化中心,$\boldsymbol{M}\neq 0$.可见对于能有 $\boldsymbol{F}\neq 0$、$\boldsymbol{M}=0$ 的那些点作简化中心,简化已达到最大程度、共点力系和平行力系,选择适当的简化中心,将有 $\boldsymbol{F}\neq 0$、$\boldsymbol{M}=0$.

(4) $\boldsymbol{F}\neq 0,\boldsymbol{M}\neq 0$.又有两种情况:

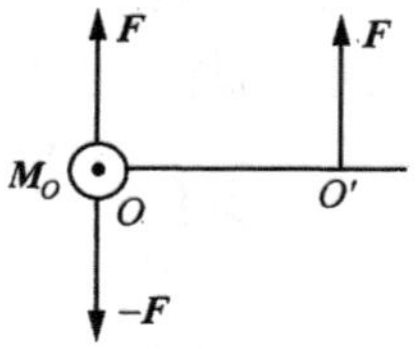

图 9.1.3

a. $\boldsymbol{F}\perp \boldsymbol{M}_O$,如图 9.1.3 所示,以 O 点为简化中心,$\boldsymbol{M}_O\neq 0$,$M_O\perp F$.图中 $\boldsymbol{M}_O$ 的方向垂直纸面向外(借用电磁学中表示磁感应强度 $\boldsymbol{B}$ 的方向的标法.⊙表示垂直纸面向外的方向,⊗表示垂直纸面向里的方向),则 $\boldsymbol{M}_O$ 可用图中的 $-\boldsymbol{F}$ 和作用于 O' 点的 $\boldsymbol{F}$ 一对力偶来等效,$-\boldsymbol{F}$ 的作用线与通过 O 点的主矢 $\boldsymbol{F}$ 的作用线重合,这两个力互相抵消,这样选 O' 点为简化中心,就成了 $\boldsymbol{F}\neq 0$、$\boldsymbol{M}_{O'}=0$ 的情况.如何找 O' 点的位置呢?通过 O 点作 $\boldsymbol{F}$、$\boldsymbol{M}_O$ 所在平面的垂线,在 $\boldsymbol{F}\times \boldsymbol{M}_O$ 的方向取 O' 点,使 $OO'=\dfrac{M_O}{F}$,或

$$\overrightarrow{OO'} = \frac{\boldsymbol{F} \times \boldsymbol{M}_O}{F^2} \tag{9.1.6}$$

由(9.1.5)式,用(9.1.6)式确定的 O'点作简化中心或在通过 O'点的主矢作用线上任何一点作简化中心,力系简化为一个单力 $\boldsymbol{F}$.

如果作用于刚体的力系是共面力系(作用力的作用线均在同一平面上的力系),任取一点作简化中心,将是 $\boldsymbol{F}\neq 0, \boldsymbol{M}_O \neq 0$,但这是 $\boldsymbol{M}_O \perp \boldsymbol{F}$ 的情况.在力的作用线所在平面上选取适当的点为简化中心,可以简化为一个单力的最简情况.

b. $\boldsymbol{F} \not\perp \boldsymbol{M}_O$,可将 $\boldsymbol{M}_O$ 按平行于 $\boldsymbol{F}$ 的方向以及垂直于 $\boldsymbol{F}$ 的方向分解 $\boldsymbol{M}_O = \boldsymbol{M}_{O/\!/} + \boldsymbol{M}_{O\perp}$,对于 $\boldsymbol{M}_{O\perp}$,可用(9.1.6)式由

$$\overrightarrow{OO'} = \frac{\boldsymbol{F} \times \boldsymbol{M}_{O\perp}}{F^2} \tag{9.1.7}$$

找出新的简化中心 O'点.对 O'点,由(9.1.5)式

$$\begin{aligned}
\boldsymbol{M}_{O'} &= \overrightarrow{OO'} \times \boldsymbol{F} + \boldsymbol{M}_O \\
&= \frac{1}{F^2}[(\boldsymbol{F} \times \boldsymbol{M}_{O\perp}) \times \boldsymbol{F}] + \boldsymbol{M}_{O/\!/} + \boldsymbol{M}_{O\perp} \\
&= -\frac{1}{F^2}[\boldsymbol{M}_{O\perp}(\boldsymbol{F}\cdot\boldsymbol{F}) - \boldsymbol{F}(\boldsymbol{F}\cdot\boldsymbol{M}_{O\perp})] + \boldsymbol{M}_{O/\!/} + \boldsymbol{M}_{O\perp} \\
&= -\boldsymbol{M}_{O\perp} + \boldsymbol{M}_{O/\!/} + \boldsymbol{M}_{O\perp} = \boldsymbol{M}_{O/\!/}
\end{aligned}$$

取 O'点为简化中心后,力系简化为一个主矢 $\boldsymbol{F}$ 和一个作用线与主矢的作用线相同的主矩 $\boldsymbol{M}_{O'}(=\boldsymbol{M}_{O/\!/})$.这种主矢和主矩作用线重合的情况常被称为力螺旋.

由于 $\boldsymbol{F} \times \boldsymbol{M}_{O/\!/} = 0$,计算 O'点位置的(9.1.7)式也可改用(9.1.6)式.

例 9.1.1 一个力系包括作用于原点的力 $\boldsymbol{F}_1 = R\boldsymbol{i} + 2R\boldsymbol{j} + 3R\boldsymbol{k}$ 和作用于$(a, a, 0)$的力 $\boldsymbol{F}_2 = -R\boldsymbol{i} - R\boldsymbol{j} + R\boldsymbol{k}$.问取何处为简化中心可得到最大的简化,并给出简化结果.

解 主矢 $\boldsymbol{F} = \boldsymbol{F}_1 + \boldsymbol{F}_2 = R\boldsymbol{j} + 4R\boldsymbol{k}$.

暂取原点为简化中心,主矩

$$\begin{aligned}
\boldsymbol{M}_O &= \boldsymbol{r}_1 \times \boldsymbol{F}_1 + \boldsymbol{r}_2 \times \boldsymbol{F}_2 \\
&= (a\boldsymbol{i} + a\boldsymbol{j}) \times (-R\boldsymbol{i} - R\boldsymbol{j} + R\boldsymbol{k}) = aR\boldsymbol{i} - aR\boldsymbol{j}
\end{aligned}$$

将 $\boldsymbol{M}_O$ 按主矢方向及垂直于主矢的方向分解

$$\boldsymbol{M}_{O/\!/} = \left(\boldsymbol{M}_O \cdot \frac{\boldsymbol{F}}{F}\right)\frac{\boldsymbol{F}}{F} = \left[(aR\boldsymbol{i} - aR\boldsymbol{j}) \cdot \frac{R\boldsymbol{j} + 4R\boldsymbol{k}}{\sqrt{R^2 + (4R)^2}}\right]\frac{R\boldsymbol{j} + 4R\boldsymbol{k}}{\sqrt{R^2 + (4R)^2}}$$

$$= -\frac{1}{17}aR(\boldsymbol{j} + 4\boldsymbol{k})$$

$$\boldsymbol{M}_{O\perp} = \boldsymbol{M}_O - \boldsymbol{M}_{O/\!/} = aR\left(\boldsymbol{i} - \frac{16}{17}\boldsymbol{j} + \frac{4}{17}\boldsymbol{k}\right)$$

由(9.1.6)式

$$\overrightarrow{OO'} = \frac{(R\boldsymbol{j} + 4R\boldsymbol{k}) \times (aR\boldsymbol{i} - aR\boldsymbol{j})}{R^2 + (4R)^2} = \frac{1}{17}a(4\boldsymbol{i} + 4\boldsymbol{j} - \boldsymbol{k})$$

选 O' 点其坐标为$\left(\frac{4}{17}a, \frac{4}{17}a, -\frac{1}{17}a\right)$为简化中心，主矩 $\boldsymbol{F} = R\boldsymbol{j} + 4R\boldsymbol{k}$，主矩 $\boldsymbol{M}_{O'} = \boldsymbol{M}_{O/\!/} = -\frac{1}{17}aR(\boldsymbol{j} + 4\boldsymbol{k})$. 这是力螺旋的情况.

在求得 $\boldsymbol{M}_{O\perp}$后可用下法求$\overrightarrow{OO'}$，设$\overrightarrow{OO'} = x\boldsymbol{i} + y\boldsymbol{j} + z\boldsymbol{k}$，

由　$\overrightarrow{OO'} \times \boldsymbol{F} = \boldsymbol{M}_{O\perp}$得

$$\begin{cases} (4y - z)R = aR \\ -4xR = -\frac{16}{17}aR \\ xR = \frac{4}{17}aR \end{cases}$$

解得

$$x = \frac{4}{17}a$$

令 $y = t$，则 $z = 4t - a$，t 可取任何值. 简化中心 O' 点可取直线 $x = \frac{4}{17}a$，$y = t$，$z = 4t - a$（t 可取任何值）上任何一点，均有上面得到的主矢 $\boldsymbol{F}$ 和主矩$\boldsymbol{M}_{O'}$.

可以验证，前法得到的 O' 点在这条直线上，这条直线与主矢 $\boldsymbol{F}$ 平行.

§9.2　刚体的平衡和平动

1. 刚体动力学的基本方程

在§9.1 中我们已经写出了对刚体的各类运动普遍适用的动力学方程，这里

再复述如下:

质心运动定理

$$m\ddot{\boldsymbol{r}}_c = \boldsymbol{F}^{(e)} \tag{9.2.1}$$

其中 m 是刚体的质量,$\boldsymbol{r}_c$ 是刚体质心的位矢,$\boldsymbol{F}^{(e)}$是作用于刚体的主矢,如静参考系是非惯性系,外力应包括用此非惯性系应考虑的惯性力.

质心平动参考系中对质心的角动量定理

$$\frac{\mathrm{d}\boldsymbol{J}_c'}{\mathrm{d}t} = \boldsymbol{M}_c^{(e)} \tag{9.2.2}$$

其中 $\boldsymbol{J}_c'$是在质心平动参考系中刚体对质心的角动量,$\boldsymbol{M}'^{(e)}$是以质心为简化中心的主矩,如静参考系是非惯性系,计算主矩时仅需考虑静参考系对惯性系转动有关的惯性力的力矩.

2. 刚体平衡的必要条件

由(9.2.1)、(9.2.2)式可知,刚体处于平衡的必要条件为

$$\boldsymbol{F}^{(e)} = 0 \tag{9.2.3}$$

即作用于刚体的主矢等于零,

$$\boldsymbol{M}_c'^{(e)} = 0 \tag{9.2.4}$$

即对质心的主矩为零.

由于有(9.2.3)、(9.2.4)式,用(9.1.5)式可得对任何点 A 作为简化中心,都有

$$\boldsymbol{M}_A^{(e)} = 0 \tag{9.2.5}$$

(9.2.3)～(9.2.5)式九个方程中,只有六个方程是独立的.利用平衡条件求作用在处于平衡的刚体上某个或某些未知力时,可以利用(9.2.5)式选取适当的简化中心,可能使更多的方程中只出现一个或尽可能少的未知量,给求解方程组带来方便.为此可采取以下措施:(1) 选取较多未知力作用线的交点为矩心;(2) 选取坐标轴与较多的未知力垂直或平行;(3) 选取系统使不需计算的力成为内力,可在方程中不出现;(4) 选取系统的次序由大到小;(5) 利用对称性,可以减少未知量.对于不计质量的处于平衡状态的杆,如只有两端受外力作用,则外力必沿杆的方向,可能是拉力,也可能是压力,否则不能同时满足(9.2.3)、(9.2.4)式,这样的杆,称为二力杆.利用二力杆的受力特性,可以减少未知量.

所以说(9.2.3)、(9.2.4)式是必要条件,是因为这些条件只能保证刚体的质心无加速度和在质心平动参考系中对质心的角动量是恒量.如质心速度不为零或在质心平动参考系中对质心的角动量不为零,则刚体还不是处于平衡状态.因此刚体处于平衡除了满足平衡的必要条件外,还要求初条件有 $\boldsymbol{v}_c=0, \boldsymbol{J}'_c=0$.

例 9.2.1　图 9.2.1(a)、(b)、(c)分别表示一台起重机的侧视图、俯视图和立体图,图中 $AB=BC=AD=AE$,A、B、D、E 皆以铰链相接,不计各杆的质量,重物重 P,系统处于平衡.求铅垂杆 AB 及各斜杆内力与 α 的关系.

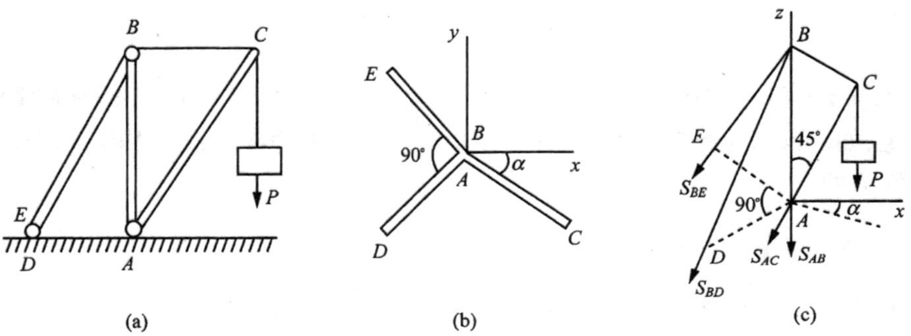

图 9.2.1

解　取图中所示 x、y、z 坐标,各杆重量不计,均为二力杆,各杆所受内力、外力均沿杆的方向,以起重机和重物为系统,A、D、E 处铰链不包括在系统之内.设各杆的内力均为张力,则 A、D、E 处铰链给予各杆的外力分别如图 9.2.1(c)中 S_{AC}、S_{BD}、S_{BE}所示的方向,这些外力的值分别等于各杆中内力的值.以 B 为矩心,可立即求得 AC 杆中的内力 S_{AC}.设 $AB=BC=AD=AE=l$,则 $\boldsymbol{M}_B^{(e)}=0$,

$$Pl + S_{AC} l \cos 45^\circ = 0$$

得

$$S_{AC} = -\sqrt{2} P$$

S_{AC}为负值说明 AC 杆的内力为压力.

由 $F_x^{(e)}=0, F_y^{(e)}=0, F_z^{(e)}=0$,分别有

$$-S_{BE}\cdot\frac{\sqrt{2}}{2}\cdot\frac{\sqrt{2}}{2} - S_{BD}\cdot\frac{\sqrt{2}}{2}\cdot\frac{\sqrt{2}}{2} - S_{AC}\cdot\frac{\sqrt{2}}{2}\cos\alpha = 0$$

$$S_{BE}\cdot\frac{\sqrt{2}}{2}\cdot\frac{\sqrt{2}}{2}-S_{BD}\cdot\frac{\sqrt{2}}{2}\cdot\frac{\sqrt{2}}{2}+S_{AC}\cdot\frac{\sqrt{2}}{2}\sin\alpha=0$$

$$-S_{AE}-S_{BE}\cdot\frac{\sqrt{2}}{2}-S_{BD}\cdot\frac{\sqrt{2}}{2}-S_{AC}\cdot\frac{\sqrt{2}}{2}-P=0$$

解得 $S_{AB}=-\sqrt{2}P\cos\alpha, S_{BD}=P(\cos\alpha-\sin\alpha)$

$S_{BE}=P(\cos\alpha+\sin\alpha)$

例 9.2.2 在图 9.2.2(a)所示桥梁桁架中,所有桁架质量不计,斜杆与水平线成 45°角,在节点 E 和 AC 杆的中点均有铅垂荷载 P. 求 1、2、3 杆中的内力.

解 取向右为 x 轴正向,向上为 y 轴正向. 设杆 1 长 l,则 $AC=CE=EG=\sqrt{2}l$.

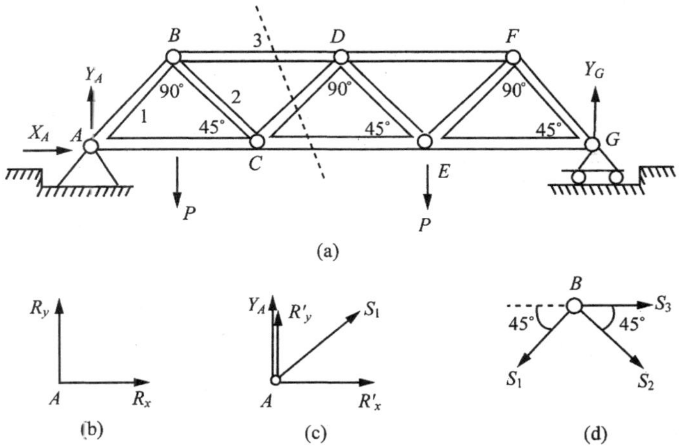

图 9.2.2

以整体为系统,包括 A、G 处铰链,不包括桥墩.

由 $\boldsymbol{M}_A^{(e)}=0, F_x^{(e)}=0, F_y^{(e)}=0$,有下列关系:

$$Y_G\cdot 3\sqrt{2}l-P\cdot 2\sqrt{2}l-P\cdot\frac{\sqrt{2}}{2}l=0$$

$$X_A=0, Y_A+Y_G-2P=0$$

可得

$$X_A=0, Y_G=\frac{5}{6}P, Y_A=\frac{7}{6}P$$

其中 X_A、Y_A 是桥墩作用于铰链 A 的作用力，Y_G 是桥墩作用于铰链 G 的作用力.

以 AC 杆为系统，不包括两端的铰链，由于 AC 杆中部受有负载，不是二力杆. 设铰链 A 对 AC 杆的作用力为 R_x、R_y，如图 9.2.2(b)所示. 由 $\boldsymbol{M}_c^{(e)}=0$，立即可得

$$R_y = \frac{1}{2}P$$

再以铰链 A 为系统，受力情况如图 9.2.2(c)所示，其中 Y_A 是桥墩对它的作用力，R'_x、R'_y 是 AC 杆对它的作用力，S_1 是杆 1 对它的作用力，由 $F_y^{(e)}=0$，有

$$S_1 \cdot \frac{\sqrt{2}}{2} + Y_A + R'_y = 0$$

代入 $Y_A=\frac{7}{6}P$，$R'_y=-R_y=-\frac{1}{2}P$，得

$$S_1 = -\frac{2}{3}\sqrt{2}P$$

再以铰链 B 为系统，受力情况如图 9.2.2(d)所示，由 $F_x^{(e)}=0$，$F_y^{(e)}=0$，并将 S_1 值代入可得

$$S_2 = \frac{2}{3}\sqrt{2}P, \qquad S_3 = -\frac{4}{3}P$$

以上用对铰链为系统的方法，可称为节点法. 也可用截面法求内力. 例如用截面法求 S_3，取图 9.2.2(a)中用虚线表示的截面右边部分为系统，因 CD、CE 均为二力杆，它们的内力(对所取系统而言都是外力)作用线交于 C 点，取 C 为矩心，由 $\boldsymbol{M}_c^{(e)}=0$，可得

$$P \cdot \sqrt{2}l - S_3 \cdot \frac{\sqrt{2}}{2}l - Y_G \cdot 2\sqrt{2}l = 0$$

代入 $Y_G=\frac{5}{6}P$，解出 $S_3=-\frac{4}{3}P$.

3. 刚体平动的必要条件

作平动时，在同一时刻，刚体上各点都有相同的速度和相同的加速度，可用(9.2.1)式质心运动定理及初条件解出各点的速度随时间的变化，进而可知刚体上任何点的运动规律. 以上这些和解质点动力学问题无异.

关于刚体的平动，惟一需要说明的是在什么情况下刚体将作平动. 刚体作平

动,在其质心平动参考系中必须处于平衡状态,因此在质心平动参考系中,应有

$$\boldsymbol{F}^{(e)} + \boldsymbol{F}'_{惯} = 0 \tag{9.2.6}$$

$$\boldsymbol{M}'^{(e)}_c = 0 \tag{9.2.7}$$

$$\boldsymbol{M}'_A + \boldsymbol{M}'_{惯A} = 0 \tag{9.2.8}$$

其中 A 是刚体“上”的任何点,如静参考系是惯性系,则 $\boldsymbol{F}^{(e)}$ 是作用于刚体的真实外力的合力,$\boldsymbol{F}'_{惯}$ 是因质心平动参考系对静参考系有平动加速度而引入的惯性力,$\boldsymbol{M}'_{惯A}$ 是因质心平动参考系对静参考系有加速度而引入的作用于质心的合惯性力对 A 点的力矩.如静参考系是非惯性系,则 $\boldsymbol{F}^{(e)}$ 中除真实外力外还包括因静参考系是非惯性系而需引入的一切惯性力(包括平动惯性力和转动惯性力),$\boldsymbol{M}'^{(e)}_c$ 是 $\boldsymbol{F}^{(e)}$ 中各个力对质心的力矩之矢量和,可以不计算因静参考系对惯性系有平动加速度而引入的平动惯性力的力矩,必须考虑因静参考系对惯性系有转动而需引入的转动惯性力的贡献,$\boldsymbol{M}'_A$ 的计算中要考虑 $\boldsymbol{F}^{(e)}$ 中各个力包括因静参考系是非惯性系而引入的一切惯性力的贡献,$\boldsymbol{F}'_{惯}$、$\boldsymbol{M}'_{惯A}$ 与静参考系是惯性系所讲的一样.

(9.2.6)、(9.2.7)、(9.2.8)式九个分量方程中只有六个方程是独立的,和讲(9.2.3)、(9.2.4)、(9.2.5)式是刚体平衡的必要条件而非充要条件的理由一样.(9.2.6)~(9.2.8)式是刚体平动的必要条件.

§9.3 转动惯量和惯量张量

由于刚体是一个内部各质元之间的距离保持不变的特殊的质点系,在计算刚体的角动量和动能时,可以由适用于一般质点系的定义式导出十分简单的计算公式.公式中涉及一个新的物理量——转动惯量和惯量张量.这是刚体区别于一般的质点系的又一个特性.

1. 刚体的角动量

处理刚体转动经常用的两个角动量定理(对静参考系中的固定点或固定轴的角动量定理和在质心平动参考系中对质心或对通过质心的转轴的角动量定理)都是对所用参考系中的固定点或固定轴的角动量定理,涉及到对固定点、固定轴的角动量的计算.

刚体绕固定点转动时,由(7.3.3)式,位矢为 $\boldsymbol{r}_i$ 的第 i 个质元的速度为

$$\boldsymbol{v}_i = \boldsymbol{\omega} \times \boldsymbol{r}_i$$

第 i 个质元的质量为 m_i，则刚体对此固定点的角动量为

$$\boldsymbol{J} = \sum_i (\boldsymbol{r}_i \times m_i \boldsymbol{v}_i) = \sum_i [\boldsymbol{r}_i \times m_i (\boldsymbol{\omega} \times \boldsymbol{r}_i)]$$

由矢量代数公式

$$\boldsymbol{A} \times (\boldsymbol{B} \times \boldsymbol{C}) = \boldsymbol{B}(\boldsymbol{A} \cdot \boldsymbol{C}) - \boldsymbol{C}(\boldsymbol{A} \cdot \boldsymbol{B})$$

$$\boldsymbol{J} = \sum_i m_i [\boldsymbol{\omega} r_i^2 - \boldsymbol{r}_i (\boldsymbol{\omega} \cdot \boldsymbol{r}_i)]$$

将 $\boldsymbol{r}_i = x_i \boldsymbol{i} + y_i \boldsymbol{j} + z_i \boldsymbol{k}$，$\boldsymbol{\omega} = \omega_x \boldsymbol{i} + \omega_y \boldsymbol{j} + \omega_z \boldsymbol{k}$ 代入上式得

$$J_x = \left[\sum_i m_i (y_i^2 + z_i^2)\right]\omega_x - \left[\sum_i m_i x_i y_i\right]\omega_y - \left[\sum_i m_i x_i z_i\right]\omega_z$$

$$J_y = -\left[\sum_i m_i y_i x_i\right]\omega_x + \left[\sum_i m_i (z_i^2 + x_i^2)\right]\omega_y - \left[\sum_i (m_i y_i z_i)\right]\omega_z$$

$$J_z = -\left[\sum_i m_i z_i x_i\right]\omega_x - \left[\sum_i m_i z_i y_i\right]\omega_y + \left[\sum_i m_i (x_i^2 + y_i^2)\right]\omega_z$$

用符号

$$I_{xx} = \sum_i m_i (y_i^2 + z_i^2),\ I_{yy} = \sum_i m_i (z_i^2 + x_i^2)$$

$$I_{zz} = \sum_i m_i (x_i^2 + y_i^2),\ I_{xy} = I_{yx} = -\sum_i m_i x_i y_i$$

$$I_{xz} = I_{zx} = -\sum_i m_i x_i z_i,\ I_{yz} = I_{zy} = -\sum_i m_i y_i z_i \tag{9.3.1}$$

将(9.3.1)式引入的各符号代入前三式，得

$$\begin{cases} J_x = I_{xx}\omega_x + I_{xy}\omega_y + I_{xz}\omega_z \\ J_y = I_{yx}\omega_x + I_{yy}\omega_y + I_{yz}\omega_z \\ J_z = I_{zx}\omega_x + I_{zy}\omega_y + I_{zz}\omega_z \end{cases} \tag{9.3.2}$$

(9.3.2)式也可写成矩阵形式

$$\begin{pmatrix} J_x \\ J_y \\ J_z \end{pmatrix} = \begin{pmatrix} I_{xx} & I_{xy} & I_{xz} \\ I_{yx} & I_{yy} & I_{yz} \\ I_{zx} & I_{zy} & I_{zz} \end{pmatrix} \begin{pmatrix} \omega_x \\ \omega_y \\ \omega_z \end{pmatrix} \tag{9.3.2$'$}$$

如用 x_1、x_2、x_3 轴分别表示 x、y、z 轴，(9.3.2)式也可写成

$$J_i = \sum_{k=1}^{3} I_{ik}\omega_k \qquad (i = 1,2,3) \tag{9.3.2$''$}$$

式中 I_{xx}、I_{yy}、I_{zz} 称为轴转动惯量或转动惯量，分别为绕 x 轴、y 轴和 z 轴的转动惯

量,I_{xy}等称为惯量积,为了书写方便起见,我们定义的惯量积和一些教科书中定义的惯量积相差一个负号,(9.3.2′)式中的3行3列矩阵具有张量的特性,称为惯量张量,说得更准确一点,是对刚体上这个固定点的惯量张量,可用张量的符号 $\boldsymbol{I}$ 表示它,(9.3.2′)式可写成

$$\boldsymbol{J} = \boldsymbol{I} \cdot \boldsymbol{\omega} \tag{9.3.2′}$$

几点说明:

(1) 对轴的转动惯量等于各质元的质量与该质元至该轴的距离的平方的乘积之和,例如对 x 轴的转动惯量

$$I_{xx} = \sum_i m_i(y_i^2 + z_i^2)$$

其中 $y_i^2 + z_i^2$ 是第 i 个质元至 x 轴的距离的平方.

(2) 对固定点的角动量 $\boldsymbol{J}$,一般与此刻绕该点的转动角速度不同向或反向,即

$$\boldsymbol{J} \not\parallel \boldsymbol{\omega}$$

只有当 $I_{xx} = I_{yy} = I_{zz}$,且 $I_{xy} = I_{yz} = I_{zx} = 0$ 或绕有关的惯量积均为零的轴(该轴称为惯量主轴)转动时,才有

$$\boldsymbol{J} \parallel \boldsymbol{\omega} \text{ 或 } \boldsymbol{J} = I\boldsymbol{\omega}$$

(3) 绕固定点转动时,对固定点的角动量在瞬轴方向的分量,有

$$J = I\omega \tag{9.3.3}$$

其中 I 是绕该瞬轴的转动惯量,证明如下:

对 $\boldsymbol{J} = \sum\limits_i m_i[\boldsymbol{\omega} r_i^2 - \boldsymbol{r}_i(\boldsymbol{\omega} \cdot \boldsymbol{r}_i)]$ 两边点乘$\dfrac{\boldsymbol{\omega}}{\omega}$(取角速度方向为该瞬轴单位矢量的正方向)

$$J = \sum_i m_i\left[\omega r_i^2 - \frac{(\boldsymbol{\omega} \cdot \boldsymbol{r}_i)^2}{\omega}\right]$$

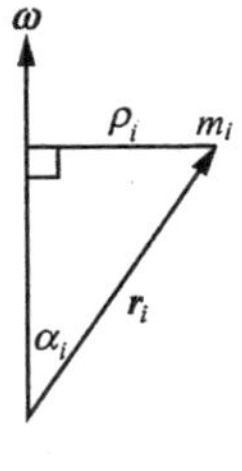

图 9.3.1

设第 i 个质元此时的位矢与瞬轴的夹角为α_i,如图9.3.1所示

$$\boldsymbol{\omega} \cdot \boldsymbol{r}_i = \omega r_i \cos\alpha_i$$

代入上式得

$$J = \sum_i m_i r_i^2 (1 - \cos^2\alpha_i)\omega$$

$$= \sum_i m_i r_i^2 \sin^2 \alpha_i \omega = \sum_i m_i \rho_i^2 \omega = I\omega$$

其中 ρ_i 是第 i 个质元至瞬轴的距离,见图 9.3.1.

(4) 刚体绕固定轴转动时,对轴上一点的角动量当然也可用对固定点的角动量的(9.3.2)式.一般取固定轴为 z 轴,则 $\omega_x = \omega_y = 0$.

由(2)、(3)所述,只有该轴是惯量主轴时,才有 $\boldsymbol{J} = I\boldsymbol{\omega}$,但无条件地都有 $J = I\omega$,即对该转轴的角动量等于对该轴的转动惯量和角速度的乘积.

(5) (9.3.2)式中的 $\boldsymbol{J}$ 是刚体作定点转动时对固定点的角动量,适用于静参考系中对刚体上的固定点——定点转动的固定点或定轴转动轴上的任一点、也适用于在质心平动参考系中对质心的角动量,当然也适用于对任何动参考系中刚体上的固定点的角动量.

如刚体作平面平行运动或一般运动,要计算对静参考系中的固定点(原点)的角动量,可用(8.3.6)式

$$\boldsymbol{J} = \boldsymbol{J}_{eq} + \boldsymbol{J}'_c = \boldsymbol{r}_c \times m\boldsymbol{v}_c + \boldsymbol{I}_c \cdot \boldsymbol{\omega} \tag{9.3.4}$$

其中 $\boldsymbol{r}_c$、$\boldsymbol{v}_c$ 分别是刚体质心对静系中固定点的位矢和速度,m 是刚体的质量,$\boldsymbol{r}_c \times m\boldsymbol{v}_c$ 是等效质点在静参考系中对固定点的角动量,$\boldsymbol{I}_c$ 是对质心的惯量张量,$\boldsymbol{I}_c \cdot \boldsymbol{\omega}$ 是刚体在质心平动参考系中绕质心以角速度 $\boldsymbol{\omega}$ 转动时对质心的角动量.

2. 刚体的动能

(1) 刚体的定点转动

$$T = \sum_i \frac{1}{2} m_i \boldsymbol{v}_i \cdot \boldsymbol{v}_i = \frac{1}{2}\sum_i m_i \boldsymbol{v}_i \cdot (\boldsymbol{\omega} \times \boldsymbol{r}_i)$$

$$= \frac{1}{2}\sum_i m_i \boldsymbol{\omega} \cdot (\boldsymbol{r}_i \times \boldsymbol{v}_i) = \frac{1}{2}\boldsymbol{\omega} \cdot \sum_i (\boldsymbol{r}_i \times m_i \boldsymbol{v}_i)$$

$$= \frac{1}{2}\boldsymbol{\omega} \cdot \boldsymbol{J} \tag{9.3.5}$$

将(9.3.2′)式代入上式,则得

$$T = \frac{1}{2}\boldsymbol{\omega} \cdot \boldsymbol{I} \cdot \boldsymbol{\omega} \tag{9.3.6}$$

(9.3.6)式写成矩阵形式,则为

$$T = \frac{1}{2}(\omega_x\omega_y\omega_z)\begin{pmatrix} I_{xx} & I_{xy} & I_{xz} \\ I_{yx} & I_{yy} & I_{yz} \\ I_{zx} & I_{zy} & I_{zz} \end{pmatrix}\begin{pmatrix} \omega_x \\ \omega_y \\ \omega_z \end{pmatrix} \tag{9.3.6'}$$

用 x_1、x_2、x_3 分别表示 x、y、z，上式也可写为

$$T = \frac{1}{2}\sum_{i,k=1}^{3} I_{ik}\omega_i\omega_k \tag{9.3.6''}$$

定点转动时，刚体的动能还可写成第三种形式，下列推导中参图 9.3.1.

$$\begin{aligned} T &= \sum_i \frac{1}{2}m_i\boldsymbol{v}_i\cdot\boldsymbol{v}_i = \sum_i \frac{1}{2}m_i(\boldsymbol{\omega}\times\boldsymbol{r}_i)\cdot(\boldsymbol{\omega}\times\boldsymbol{r}_i) \\ &= \frac{1}{2}\sum_i m_i\,|\boldsymbol{\omega}\times\boldsymbol{r}_i|^2 = \frac{1}{2}\sum_i m_i\omega^2 r_i^2\sin^2\alpha_i \\ &= \frac{1}{2}\Big(\sum_i m_i\rho_i^2\Big)\omega^2 = \frac{1}{2}I\omega^2 \end{aligned} \tag{9.3.7}$$

式中 I、ω 分别是此时对转轴的转动惯量和角速度.这个转轴可以是瞬时的，也可以是固定的.

刚体的定点转动动能的三种表达式均可与质点的动能表达式进行类比.

质点的动能	刚体的定点转动动能
$T = \frac{1}{2}mv^2$,	$T = \frac{1}{2}I\omega^2$
$T = \frac{1}{2}m\boldsymbol{v}\cdot\boldsymbol{v} = \frac{1}{2}\boldsymbol{v}\cdot\boldsymbol{P}$,	$T = \frac{1}{2}\boldsymbol{\omega}\cdot\boldsymbol{J}$
$T = \frac{1}{2}\boldsymbol{v}\cdot m\boldsymbol{v} = \frac{1}{2}\boldsymbol{v}\cdot\boldsymbol{m}\cdot\boldsymbol{v}$,	$T = \frac{1}{2}\boldsymbol{\omega}\cdot\boldsymbol{I}\cdot\boldsymbol{\omega}$

$$T = \frac{1}{2}(v_xv_yv_z)\begin{pmatrix} m & 0 & 0 \\ 0 & m & 0 \\ 0 & 0 & m \end{pmatrix}\begin{pmatrix} v_x \\ v_y \\ v_z \end{pmatrix}, T = \frac{1}{2}(\omega_x\omega_y\omega_z)\begin{pmatrix} I_{xx} & I_{xy} & I_{xz} \\ I_{yx} & I_{yy} & I_{yz} \\ I_{zx} & I_{zy} & I_{zz} \end{pmatrix}\begin{pmatrix} \omega_x \\ \omega_y \\ \omega_z \end{pmatrix}$$

由此可以看出，J 与 P，$\boldsymbol{J}$ 与 $\boldsymbol{P}$，I 与 m，$\boldsymbol{\omega}$ 与 $\boldsymbol{v}$ 之间有一一对应关系，$\boldsymbol{I}$ 与 $\boldsymbol{m}$（把它表成张量，其元素为 $m\delta_{ij}$）之间也有对应关系.由此可以看出，I 称为转动惯量和 $\boldsymbol{I}$ 称为惯量张量的理由，m 是质点惯性的量度，I 和 $\boldsymbol{I}$ 是刚体转动惯性的量度，以

后从刚体定轴转动的对轴的角动量定理表达式能再次看到它具有惯性的物理意义.不过由于 m 毕竟是标量,$\boldsymbol{I}$ 是张量,$\boldsymbol{J}$ 与 $\boldsymbol{P}$ 之间的对应关系需慎用,$\boldsymbol{P}$ 与 $\boldsymbol{v}$ 方向一定相同,$\boldsymbol{J}$ 与 $\boldsymbol{\omega}$ 一般不同向.

(9.3.5)～(9.3.7)式也适用于刚体在质心平动参考系中围绕质心转动的那部分动能的计算,式中的 $\boldsymbol{J}$、$\boldsymbol{I}$ 都是对质心而言的.x、y、z 是通过质心的三个互相垂直的轴,可以是三个方向保持不变的坐标,它们是部分固定连于刚体的坐标,也可以是固连于刚体的三个坐标.即使是刚体的定点转动并使用静参考系,x、y、z 三个坐标轴也同样可有不同的取法,不一定取静坐标系,也可以取固连于刚体的动坐标系.取固连于刚体的动坐标系的好处是刚体相对于动坐标系的位置不变,因而与刚体对坐标轴的质量分布紧密相关的 I 和 $\boldsymbol{I}$ 不是时间的函数.能取这样的坐标也是刚体区别于一般的质点系的又一特点.

(2) 刚体的一般运动

刚体的运动总可以分解为跟随刚体上一点(基点)的平动和在基点平动参考系中围绕基点的转动.在选质心为基点时,刚体的动能可用适用于一般质点系的柯尼希定理(8.4.7)式来计算在静参考系中刚体的动能

$$T = \frac{1}{2}mv_c^2 + \sum_i \frac{1}{2}m_i v_{ic}'^2 = \frac{1}{2}mv_i^2 + T_c' \tag{9.3.8}$$

其中 $T_c' = \frac{1}{2}\boldsymbol{\omega}\cdot\boldsymbol{J}_c'$ 或 $T_c' = \frac{1}{2}\boldsymbol{\omega}\cdot\boldsymbol{I}_c\cdot\boldsymbol{\omega}$ 或 $T_c' = \frac{1}{2}I_c\omega^2$.

3. 转动惯量和惯量张量

(1) 转动惯量

根据前述对轴的转动惯量的定义

$$I = \sum_i m_i\rho_i^2 = \sum_i m_i(\boldsymbol{n}\times\boldsymbol{r}_i)\cdot(\boldsymbol{n}\times\boldsymbol{r}_i)$$

其中 $\boldsymbol{n}$ 是该轴的单位矢量.为书写方便起见,用 x_1、x_2、x_3 分别表示 x、y、z 轴

$$\boldsymbol{n} = n_1\boldsymbol{i} + n_2\boldsymbol{j} + n_3\boldsymbol{k}$$

$$\boldsymbol{r}_i = x_{1i}\boldsymbol{i} + x_{2i}\boldsymbol{j} + x_{3i}\boldsymbol{k}$$

将 $\boldsymbol{n}$、$\boldsymbol{r}_i$ 代入上式得

$$I = \sum_i m_i \sum_{j,k=1}^{3}(r_i^2\delta_{jk} - x_{ji}x_{ki})n_j n_k \tag{9.3.9}$$

若 $\boldsymbol{n}=\boldsymbol{i}$,即 $n_1=1, n_2=n_3=0$,

$$I=\sum_i m_i(x_{1i}^2+x_{2i}^2+x_{3i}^2-x_{1i}x_{1i})$$

$$=\sum_i m_i(x_{2i}^2+x_{3i}^2)$$

正是绕 x_1 轴的转动惯量.

(2) 惯量张量、转动惯量与惯量张量之间的关系

如定义

$$I_{jk}=\sum_i m_i(r_i^2\delta_{jk}-x_{ji}x_{ki}) \tag{9.3.10}$$

它正是惯量张量 $\boldsymbol{I}$ 的第 j 行第 k 列的矩阵元.
即

$$\boldsymbol{I}=\begin{pmatrix} I_{11} & I_{12} & I_{13} \\ I_{21} & I_{22} & I_{23} \\ I_{31} & I_{32} & I_{33} \end{pmatrix}$$

则(9.3.9) 式可改写为

$$I=\sum_{j,k=1}^{3} I_{jk}n_j n_k \tag{9.3.11}$$

和(9.3.6′)、(9.3.6″)式是一个关系的两种写法一样,(9.3.11)式也可写成矩阵形式

$$I=(n_1\,n_2\,n_3)\begin{pmatrix} I_{11} & I_{12} & I_{13} \\ I_{21} & I_{22} & I_{23} \\ I_{31} & I_{32} & I_{33} \end{pmatrix}\begin{pmatrix} n_1 \\ n_2 \\ n_3 \end{pmatrix} \tag{9.3.11′}$$

转动惯量是关于轴的,不仅与轴的取向有关,还与轴的位置有关.惯量张量是关于点的,与点的位置有关,其矩阵元的值还与三个坐标轴如何选取有关.但对同一点,坐标轴选取不同,虽然矩阵元不同,张量还是相同的,正如一个矢量其分量与坐标系选取有关,而矢量仍是同一矢量一样.

*(3) 惯量张量从一组坐标到另一组坐标的变换

关于刚体上同一点的惯量张量,选 x_1、x_2、x_3 三个笛卡儿坐标,惯量张量的分

量为 I_{jk}，选 x'_1、x'_2、x'_3三个笛卡儿坐标，惯量张量的分量为 $I_{j'k'}$，这两组分量之间有什么关系呢？

为书写方便起见，两组坐标的单位矢量分别用 $\boldsymbol{e}_1$、$\boldsymbol{e}_2$、$\boldsymbol{e}_3$ 和 $\boldsymbol{e}'_1$、$\boldsymbol{e}'_2$、$\boldsymbol{e}'_3$表示. 用符号 $e_{j'k}$表示$\boldsymbol{e}_{j'}$在不带撇的坐标系中的k 分量即$e_{j'k}=\boldsymbol{e}_{j'}\cdot\boldsymbol{e}_k$，显然有 $e_{kj'}=e_{j'k}$，则有关系

$$I_{j'k'} = \sum_{j,k=1}^{3} e_{j'j}e_{k'k}I_{jk} \tag{9.3.12}$$

证明

$$\sum_{j,k=1}^{3} e_{j'j}e_{k'k}I_{jk} = \sum_{j,k=1}^{3} e_{j'j}e_{k'k}\sum_i m_i(r_i^2\delta_{jk} - x_{ji}x_{ki})$$

$$= \sum_i m_i\left[r_i^2\sum_{j,k=1}^{3} e_{j'j}e_{k'k}\delta_{jk} - \sum_{j=1}^{3} e_{j'j}x_{ji}\sum_{k=1}^{3} e_{k'k}x_{ki}\right] \tag{1}$$

而

$$\sum_{j,k=1}^{3} e_{j'j}e_{k'k}\delta_{jk} = \sum_{j=1}^{3} e_{j'j}e_{k'j} = \boldsymbol{e}_{j'}\cdot\boldsymbol{e}_{k'} = \delta_{j'k'} \tag{2}$$

$$\sum_{j=1}^{3} e_{j'j}x_{ji} = \boldsymbol{e}_{j'}\cdot\boldsymbol{r}_i = x_{j'i} \tag{3}$$

注意 i 表示质元的编号，j、k、j'、k'表示坐标的编号，勿发生混淆. $x_{j'i}$表示第i 个质元的位矢的第 j'个分量.

用(2)、(3)式，(1)式可写成

$$\sum_{j,k=1}^{3} e_{j'j}e_{k'k}I_{jk} = \sum_i m_i(r_i^2\delta_{j'k'} - x_{j'i}x_{k'i}) = I_{j'k'}$$

这就证明了(9.3.12)式.

(9.3.12)式可写成矩阵形式

$$I_{j'k'} = (e_{j'1}\,e_{j'2}\,e_{j'3})\begin{pmatrix} I_{11} & I_{12} & I_{13} \\ I_{21} & I_{22} & I_{23} \\ I_{31} & I_{32} & I_{33} \end{pmatrix}\begin{pmatrix} e_{k'1} \\ e_{k'2} \\ e_{k'3} \end{pmatrix} \tag{9.3.12'}$$

(4) 关于两个不同点的惯量张量之间的关系

关于质心的惯量张量，称之为中心惯量张量. 关于任意点 A 的惯量张量与中心惯量张量之间有下列关系：

$$I_{jk}(A) = I_{jk}(C) + m[R_c^2(A)\delta_{jk} - X_{jc}(A)X_{kc}(A)] \tag{9.3.13}$$

其中 $I_{jk}(C)$是关于质心的惯量张量即中心惯量张量的元素，$\boldsymbol{R}_c(A)=x_{1c}(A)\boldsymbol{e}_1+x_{2c}(A)\boldsymbol{e}_2+x_{3c}(A)\boldsymbol{e}_3$ 是质心 C 相对于 A 的位矢.

注意 两点 A 和 C，取的坐标有同样的方向，故用同样的下标 j、k.(9.3.13)式右边第二项是质量为刚体质量 m、位于质心的质点即等效质点关于 A 点的惯量张量.

证明

$$\begin{aligned}I_{jk}(A) &= \sum_i m_i[r_i^2(A)\delta_{jk}-x_{ji}(A)x_{ki}(A)]\\&=\sum_i m_i[\boldsymbol{r}_i(A)\cdot\boldsymbol{r}_i(A)\delta_{jk}-x_{ji}(A)x_{ki}(A)]\\&=\sum_i m_i\{[\boldsymbol{r}_i(C)+\boldsymbol{R}_c(A)]\cdot[\boldsymbol{r}_i(C)+\boldsymbol{R}_c(A)]\delta_{jk}\\&\quad-[X_{ji}(C)+X_{jc}(A)][X_{ki}(C)+X_{kc}(A)]\}\end{aligned}\tag{1}$$

由质心的定义，其中

$$\sum_i m_i\boldsymbol{R}_c(A)\cdot\boldsymbol{r}_i(C)=\boldsymbol{R}_c(A)\cdot\sum_i m_i\boldsymbol{r}_i(C)=0\tag{2}$$

$$\sum_i m_iX_{jc}(A)X_{ki}(C)=X_{jc}(A)\sum_i m_ix_{ki}(C)=0\tag{3}$$

前式 $\sum_i m_i\boldsymbol{r}_i(C)=0$ 是因为刚体质心关于质心的位矢为零，后式 $\sum_i m_ix_{ki}(C)=0$ 是因为刚体质心关于质心的位矢的第 k 个分量为零.

将(2)、(3)式代入(1)式，得

$$\begin{aligned}I_{jk}(A)&=\sum_i m_i\{[r_i^2(C)+R_c^2(A)]\delta_{jk}-[x_{ji}(C)x_{ki}(C)]-[X_{jc}(A)X_{kc}(A)]\}\\&=\sum_i m_i[r_i^2(C)\delta_{jk}-x_{ji}(C)x_{ki}(C)]+\sum_i m_i[R_c^2(A)\delta_{jk}-X_{jc}(A)X_{kc}(A)]\\&=I_{jk}(C)+m[R_c^2(A)\delta_{jk}-X_{jc}(A)X_{kc}(A)]\end{aligned}$$

证毕.

(5) 关于转动惯量的两个定理

平行轴定理：刚体绕两个互相平行的轴(其中一个通过质心)的两个转动惯量有下列关系：

$$I(A)=I(C)+md^2\tag{9.3.14}$$

其中 d 是两个平行的轴之间的距离.

证明　由(9.3.13)式,令 $k=j$,

$$\begin{aligned}I_{jj}(A)&=I_{jj}(C)+m[R_c^2(A)-X_{jc}^2(A)]\\&=I_{jj}(C)+m\sum_{\substack{k=1\\k\neq j}}^{3}X_{kc}^2(A)\\&=I_{jj}(C)+md^2\end{aligned}$$

我们要求哪个轴的转动惯量,把那个轴取为笛卡儿坐标之一,则上式就是(9.3.14)式.

垂直轴定理:对于薄板形刚体,取笛卡儿坐标时,取 z 轴与薄板垂直,x、y 轴取薄板上两个互相垂直的轴,则有下列关系:

$$I_{zz}=I_{xx}+I_{yy}\tag{9.3.15}$$

证明　根据所取的坐标,所有质元的 z 坐标均为零,即 $z_i=0$.

$$I_{xx}=\sum_i m_i(y_i^2+z_i^2)=\sum_i m_i y_i^2$$

$$I_{yy}=\sum_i m_i(z_i^2+x_i^2)=\sum_i m_i x_i^2$$

$$I_{zz}=\sum_i m_i(x_i^2+y_i^2)=\sum_i m_i x_i^2+\sum_i m_i y_i^2=I_{yy}+I_{xx}$$

(6) 惯量椭球、惯量主轴

为了形象地描述过一点 O 的各种取向的轴的转动惯量的大小,我们在该轴上取线段 $\overline{OQ}=\dfrac{1}{\sqrt{I}}$,$I$ 为对该轴的转动惯量. Q 点的坐标为 $x=\dfrac{1}{\sqrt{I}}n_1$,$y=\dfrac{1}{\sqrt{I}}n_2$,$z=\dfrac{1}{\sqrt{I}}n_3$. $\boldsymbol{n}$ 是该轴的单位矢量,n_1、n_2、n_3 分别是 $\boldsymbol{n}$ 的 x、y、z 分量.

将 x_1、x_2、x_3 分别改为 x、y、z,(9.3.11)式可写成

$$I=I_{xx}n_1^2+I_{yy}n_2^2+I_{zz}n_3^2+2I_{xy}n_1n_2+2I_{xz}n_1n_3+2I_{yz}n_2n_3$$

两边除以 I

$$I_{xx}\left(\frac{n_1}{\sqrt{I}}\right)^2+I_{yy}\left(\frac{n_2}{\sqrt{I}}\right)^2+I_{zz}\left(\frac{n_3}{\sqrt{I}}\right)^2+2I_{xy}\frac{n_1}{\sqrt{I}}\frac{n_2}{\sqrt{I}}+2I_{xz}\frac{n_1}{\sqrt{I}}\frac{n_3}{\sqrt{I}}+2I_{yz}\frac{n_2}{\sqrt{I}}\frac{n_3}{\sqrt{I}}=1$$

注意$\dfrac{n_1}{\sqrt{I}}$、$\dfrac{n_2}{\sqrt{I}}$、$\dfrac{n_3}{\sqrt{I}}$正是 Q 点的 x、y、z 坐标,由此可得 Q 点的坐标满足的方程为

$$I_{xx}x^2 + I_{yy}y^2 + I_{zz}z^2 + 2I_{xy}xy + 2I_{xz}xz + 2I_{yz}yz = 1 \qquad (9.3.16)$$

它是一个椭球面的方程，这个椭球称为惯量椭球. 通过 O 点的任一方向的轴与该椭球面的交点 Q 至 O 点的距离 $\overline{OQ}$ 的平方的倒数数值上等于对该轴的转动惯量

$$I = \frac{1}{(\overline{OQ})^2} \qquad (9.3.17)$$

距离 $\overline{OQ}$ 越大，I 越小.

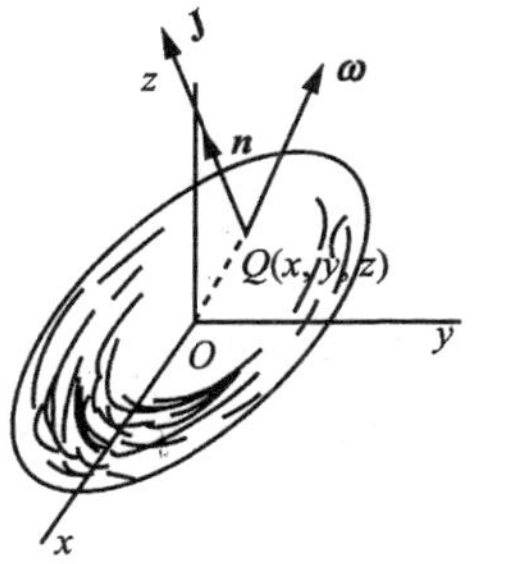

图 9.3.2

惯量椭球除了可以反映轴转动惯量的大小以外，还能反映绕一个轴转动时，其角动量 $\boldsymbol{J}$ 的方向为该轴与椭球交点处椭球面的法线方向，如图 9.3.2 所示. 证明如下：转轴与椭球面的交点 Q 的坐标为 x、y、z，角速度的三个分量与 x、y、z 成正比

$$\frac{\omega_x}{x} = \frac{\omega_y}{y} = \frac{\omega_z}{z} = \mu$$

或 $\omega_x = \mu x, \omega_y = \mu y, \omega_z = \mu z$. 代入(9.3.2)式

$$J_x = I_{xx}\omega_x + I_{xy}\omega_y + I_{xz}\omega_z = \mu(I_{xx}x + I_{xy}y + I_{xz}z)$$

$$J_y = I_{yx}\omega_x + I_{yy}\omega_y + I_{yz}\omega_z = \mu(I_{yx}x + I_{yy}y + I_{yz}z)$$

$$J_z = I_{zx}\omega_x + I_{zy}\omega_y + I_{zz}\omega_z = \mu(I_{zx}x + I_{zy}y + I_{zz}z)$$

由椭球面方程(9.3.16)式可计算椭球面上 Q 点的法向单位矢量 $\boldsymbol{n}$ 的三个分量

$$\lambda \frac{\partial F}{\partial x} = 2\lambda(I_{xx}x + I_{xy}y + I_{xz}z)$$

$$\lambda \frac{\partial F}{\partial y} = 2\lambda(I_{yx}x + I_{yy}y + I_{yz}z)$$

$$\lambda \frac{\partial F}{\partial z} = 2\lambda(I_{zx}x + I_{zy}y + I_{zz}z)$$

其中

$$F = I_{xx}x^2 + I_{yy}y^2 + I_{zz}z^2 + 2I_{xy}xy + 2I_{xz}xz + 2I_{yz}yz - 1$$

$$\lambda = \left[\left(\frac{\partial F}{\partial x}\right)^2 + \left(\frac{\partial F}{\partial y}\right)^2 + \left(\frac{\partial F}{\partial z}\right)^2\right]^{-1/2}$$

λ 是归一化因子.

比较 $\boldsymbol{J}$ 的三个分量与 Q 点的法向单位矢量的三个分量可得

$$J_x \bigg/ \left(\lambda \frac{\partial F}{\partial x}\right) = J_y \bigg/ \left(\lambda \frac{\partial F}{\partial y}\right) = J_z \bigg/ \left(\lambda \frac{\partial F}{\partial z}\right) \qquad \text{证毕}.$$

利用惯量椭球的这一特性,极易看出 $\boldsymbol{J}$ 与 $\boldsymbol{\omega}$ 同向的两种情况:a. 惯量椭球是球状的,则对任何轴转动均有 $\boldsymbol{J} /\!/ \boldsymbol{\omega}$;b. 绕一个惯量主轴转动. 这是前面由(9.3.2)式已得出的结论.

选择适当的互相垂直的三个坐标轴 x、y、z,可使惯量积均为零,即

$$I_{xy} = I_{xz} = I_{yz} = 0$$

惯量张量为

$$I = \begin{pmatrix} I_1 & 0 & 0 \\ 0 & I_2 & 0 \\ 0 & 0 & I_3 \end{pmatrix}$$

这样选择的 x、y、z 轴是惯量椭球的三个对称轴,即前面已提到的惯量主轴. 对惯量主轴的转动惯量 I_1、I_2、I_3 称为主转动惯量.

4. 惯量主轴位置的求法

采用惯量主轴,惯量张量的所有惯量积均为零. 对过此点的任何轴的转动惯量、绕此点的角速度为 $\boldsymbol{\omega}$ 时对该点的角动量以及转动动能的表达式都特别简单,(9.3.11′)、(9.3.2′)、(9.3.6′)式分别简化为

$$I = I_1 n_1^2 + I_2 n_2^2 + I_3 n_3^2 \tag{9.3.18}$$

$$\boldsymbol{J} = I_1 \omega_x \boldsymbol{i} + I_2 \omega_y \boldsymbol{j} + I_3 \omega_z \boldsymbol{k} \tag{9.3.19}$$

$$T = \frac{1}{2}(I_1 \omega_x^2 + I_2 \omega_y^2 + I_3 \omega_z^2) \tag{9.3.20}$$

关于 $\boldsymbol{J}$、T 的时间变化率的动力学方程也将变得比较简单,因此选取惯量主轴的坐标有其优越性,下面我们介绍几种求惯量主轴位置及主转动惯量的方法.

(1) 用线性代数求矩阵特征值和特征矢量的方法

i) 主转动惯量 I_1、I_2、I_3 是三次方程

$$\left| I_{jk} - I\delta_{jk} \right| = 0 \tag{9.3.21}$$

的三个根.

ii) 第 i 个惯量主轴的单位矢量 $\boldsymbol{e}_i$ 在原坐标系中的三个分量 $e_{ik}(k=1、2、3)$是联立方程组

$$\begin{cases}\sum_k (I_{jk}-I_i\delta_{jk})e_{ik}=0 & (j=1,2,3)\\ \sum_k e_{ik}^2=1\end{cases}\tag{9.3.22}$$

的解,其中 I_i 是由(9.3.21)式求得的第 i 个主转动惯量.

(2) 根据惯量积的定义判断惯量主轴的位置

例如 z 轴是惯量主轴,则与其有关的两惯量积 $I_{xz}=0, I_{yz}=0$. 由此可以判断:对于一个薄板刚体,对于板上的任何点(取为原点)取垂直于板的轴为 z 轴,则因刚体上任何质元的 z 坐标,$z_i=0$. 由惯量积的定义,必有 $I_{xz}=0$、$I_{yz}=0$,故 z 轴即垂直于板的轴一定是惯量主轴.

关于惯量主轴,我们讲了两个定义,一个定义是:与之相关的惯量积均为零,例如 $I_{xz}=0, I_{yz}=0$,则 z 轴为惯量主轴. 另一个定义是惯量椭球的对称轴为惯量主轴. 从 $\boldsymbol{J}$ 与 $\boldsymbol{\omega}$ 同向的条件来看,这两种定义是一致的. 下面我们来证明这两种定义是等价的.

证明 先证 $I_{xz}=0$、$I_{yz}=0$,则 z 轴是惯量椭球的对称轴.

由(9.3.11′)式

$$I(n_x,n_y,n_z)=I_{xx}n_x^2+I_{yy}n_y^2+I_{zz}n_z^2+2I_{xy}n_xn_y$$

$$\begin{aligned}I(-n_x,-n_y,n_z)&=I_{xx}(-n_x)^2+I_{yy}(-n_y)^2+I_{zz}n_z^2+2I_{xy}(-n_x)(-n_y)\\&=I_{xx}n_x^2+I_{yy}n_y^2+I_{zz}n_z^2+2I_{xy}n_xn_y=I(n_x,n_y,n_z)\end{aligned}$$

这就证明了 z 轴是惯量椭球的一个对称轴.

再证 如 z 轴是惯量椭球的对称轴,则相应的惯量积 $I_{xz}=0, I_{yz}=0$.

根据 z 轴是惯量椭球的对称轴,应有

$$I(n_x,n_y,n_z)=I(-n_x,-n_y,n_z)$$

由(9.3.11′)式,可得

$$I_{xz}n_x+I_{yz}n_y=0$$

由 z 轴是对称轴,对 n_x、n_y 的任意值,上式均成立.

令 $n_x \neq 0, n_y = 0$，上式成立，必有 $I_{xz} = 0$，再令 $n_x = 0, n_y \neq 0$，上式成立，必有 $I_{yz} = 0$.

(3) 根据刚体质量分布的对称性判断惯量主轴的位置

i) 如绕轴转动 θ 角，θ 不是 2π 的整数倍，质量分布不变，该轴必为惯量主轴，如 θ 不是 π 的整数倍，质量分布不变，则该轴是惯量椭球的旋转对称轴，即不仅它是惯量主轴，与它垂直的任何轴都是惯量主轴.

证明　当绕刚体上一条直线转动时，线上任何点的惯量椭球也随刚体一起转动，如转动前和转动后，质量分布不变，则前后惯量椭球的位置也不变. 根据这幅图像可以设想有此情况的下列几种情形：

θ 是 2π 的整数倍，总有上述情况；

θ 是 π 的奇数倍，该轴必是惯量主轴；

θ 不是 π 的整数倍，该轴不但是惯量主轴，而且是惯量椭球的旋转对称轴.

ii) 如果质量分布有对称平面，即$(x_i、y_i、z_i)$与$(x_i、y_i、-z_i)$两处质元有同样的质量 m_i，xy 平面是对称平面. 则对对称平面上的任何点，垂直于对称平面的轴（取为 z 轴）是惯量主轴.

证明　$I_{xz} = -\sum\limits_i m_i x_i z_i = 0$，因为位于$(x_i, y_i, z_i)$与$(x_i, y_i, -z_i)$两处的质元有同样的质量 m_i，这一对质元对 I_{xz} 的贡献为零. 刚体可以分成无数个这样成对的质元，故 $I_{xz} = 0$，同理 $I_{yz} = 0$，故 z 轴是惯量主轴.

iii) 如质量分布有对称轴，例如 z 轴是对称轴，(x_i, y_i, z_i)与$(-x_i, -y_i, z_i)$两处质元有同样的质量 m_i，则 z 轴是惯量主轴.

证明　也用惯量积的定义，可得 $I_{xz} = -\sum\limits_i m_i x_i z_i = 0, I_{yz} = -\sum\limits_i m_i y_i z_i = 0$.

(4) 在一个惯量主轴位置已经确定的情况下，可以用求极值的办法求另两个惯量主轴的位置及其相应的主转动惯量.

设 z 轴是一个惯量主轴，要找另一个惯量主轴的方向余弦$(n_x, n_y, 0)$，由 $n_x^2 + n_y^2 + n_z^2 = 1, n_y = \sqrt{1-n_x^2}$.

由(9.3.11′)式，对方向余弦为$\left(n_x, \sqrt{1-n_x^2}, 0\right)$的轴，转动惯量为

$$I\left(n_x, \sqrt{1-n_x^2}, 0\right) = I_{xx} n_x^2 + I_{yy}(1-n_x^2) + 2I_{xy} n_x \sqrt{1-n_x^2}$$

主转动惯量必须满足极值条件，确定惯量主轴的 n_x 由下式确定：

$$\frac{\mathrm{d}I\left(n_x,\sqrt{1-n_x^2},0\right)}{\mathrm{d}n_x}=0$$

即

$$(I_{xx}-I_{yy})n_x+I_{xy}\frac{1-2n_x^2}{\sqrt{1-n_x^2}}=0 \tag{9.3.23}$$

若用惯量主轴与 x 轴的夹角 θ 为变量,(9.3.23)式可改写为

$$(I_{xx}-I_{yy})\cos\theta+I_{xy}\frac{1-2\cos^2\theta}{\sin\theta}=0$$

$$(I_{xx}-I_{yy})\sin\theta\cos\theta-I_{xy}(2\cos^2\theta-1)=0$$

$$(I_{xx}-I_{yy})\cdot\frac{1}{2}\sin2\theta-I_{xy}\cos2\theta=0$$

$$\tan2\theta=\frac{2I_{xy}}{I_{xx}-I_{yy}} \tag{9.3.24}$$

满足(9.3.23)、(9.3.24)式的两个 n_x 值 n_{x1}、n_{x2} 或两个 θ 值 θ_1、θ_2 可以确定另两个惯量主轴的位置.

(5) 用对质心的惯量主轴位置确定对其他点的惯量主轴

i) 如一个轴通过质心,且是对质心的一个惯量主轴,则它对轴上任何点来说,这个轴都是惯量主轴.

证明 由(9.3.13)式

$$I_{xz}(A)=I_{xz}(C)-mx_C(A)z_C(A)$$

$$I_{yz}(A)=I_{yz}(C)-my_C(A)z_C(A)$$

其中 $x_C(A)$、$y_C(A)$、$z_C(A)$分别是质心 C 相对于 A 点的位矢的 x、y、z 分量.

如 z 轴是对质心的一个惯量主轴,则 $I_{xz}(C)=0, I_{yz}(C)=0$.

z 轴通过 A 点,又通过 C 点,则 $x_C(A)=0, y_C(A)=0$.

这些等于零的式子代入 $I_{xz}(A)$、$I_{yz}(A)$的式子,即得 $I_{xz}(A)=0, I_{yz}(A)=0$,对于 A 点来说,z 轴也是惯量主轴.

ii) 如果一个轴是对于轴上两个不同点的惯量主轴,则该轴对轴上任何点来说

都是惯量主轴，并且此轴必通过质心.

证明 设 z 轴对轴上 A、B 两点都是惯量主轴，则由(9.3.13)式，有

$$I_{xz}(A) = I_{xz}(C) - m x_C(A) z_C(A) = 0 \tag{1}$$

$$I_{xz}(B) = I_{xz}(C) - m x_C(B) z_C(B) = 0 \tag{2}$$

A、B 两点都在 z 轴，$x_A=0$，$x_B=0$，

$$x_C(A) = x_C - x_A = x_C \tag{3}$$

$$x_C(B) = x_C - x_B = x_C \tag{4}$$

由以上各式可得

$$x_C[z_C(A) - z_C(B)] = 0 \tag{5}$$

因 A、B 是 z 轴不同的两点

$$z_C(A) - z_C(B) \neq 0 \tag{6}$$

上(5)、(6)式及(3)、(4)式得

$$x_C = x_C(A) = x_C(B) = 0 \tag{7}$$

将(7)式代入(1)式或(2)式得

$$I_{xz}(C) = 0 \tag{8}$$

同理可得 $y_C=0, I_{yz}(C)=0$ (9)

(7)、(8)、(9)式说明质心 C 也在 z 轴上，z 轴也是对质心的惯量主轴. 再由 i) 的结论，对 z 轴上任何点，z 轴都是惯量主轴.

例 9.3.1 求一个匀质的边长为 a、质量为 m 的正三角形薄板对质心的惯量主轴及主转动惯量.

解 质心 C 位于三角形三条中线的交点. 对于薄板刚体，任何垂直于薄板的轴都是惯量主轴，因此过质心的垂直于薄板的轴是对质心的一个惯量主轴. 绕此轴(设为 z 轴)转$\frac{2\pi}{3}$角，质量分布不变，此角不是 π 的整数倍，可见 z 轴是一个旋转对称轴(惯量椭球的)，通过质心 C，在薄板上取任何两个互相垂直的轴均为对质心的惯量主轴. 为便于计算，我们选平行一条边的轴为 x 轴，垂直于该边的轴为 y 轴，

如图 9.3.3所示.

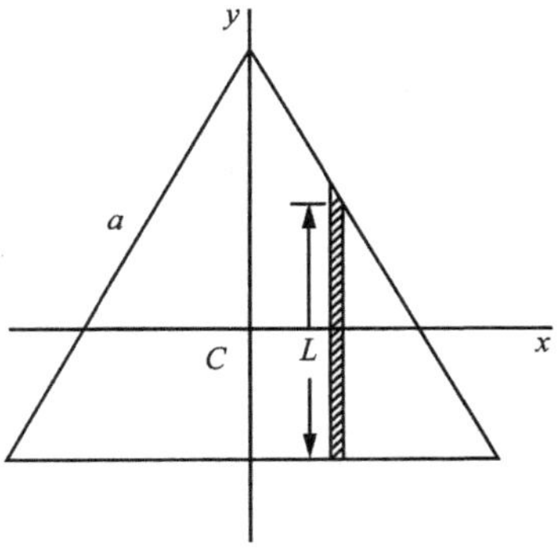

图 9.3.3

$$I_1 = I_2 = I_{yy} = \int x^2 \mathrm{d}m$$

$$\frac{L}{\frac{\sqrt{3}}{2}a} = \frac{\frac{a}{2} - x}{\frac{a}{2}}$$

$$L = \sqrt{3}\left(\frac{a}{2} - x\right)$$

$$\mathrm{d}m = \frac{m}{\frac{1}{2}a \cdot \frac{\sqrt{3}}{2}a}\sqrt{3}\left(\frac{a}{2} - x\right)\mathrm{d}x = \frac{4m}{a^2}\left(\frac{a}{2} - x\right)\mathrm{d}x$$

$$I_1 = I_2 = \int_{-\frac{a}{2}}^{\frac{a}{2}} x^2 \cdot \frac{4m}{a^2}\left(\frac{a}{2} - x\right)\mathrm{d}x = \frac{1}{24}ma^2$$

由垂直轴定理， $I_3 = I_{zz} = I_1 + I_2 = \frac{1}{12}ma^2$

例 9.3.2 求一个匀质的边长为 a、质量为 m 的正三角形薄板对边上任一点，例如离边的中点距离为 b 的 O 点的惯量主轴和主转动惯量，再求对该点与此边相对的顶角的连线 OP(见图 9.3.4)的轴转动惯量.

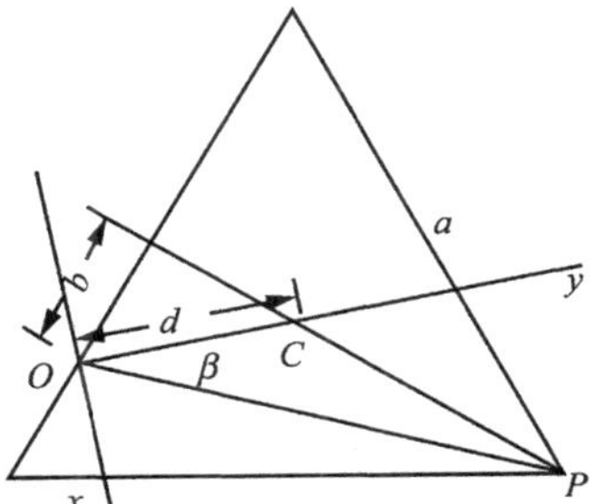

图 9.3.4

解 取图 9.3.4 中 OC 为 y 轴，它通过质心 C，且对质心来说，该轴是惯量主轴(见上例). 我们已证明：对质心的惯量主轴上的任何点，此 y 轴都是惯量主轴，在板上过 O 点与 y 轴垂直的 x 轴以及垂直于板的 z 轴均是对 O 点的惯量主轴.

由上例求得 $I_2 = I_{yy} = \frac{1}{24}ma^2$

由平行轴定理，

$$I_1 = I_{xx} = \frac{1}{24}ma^2 + md^2$$

$$= \frac{1}{24}ma^2 + m\left[\left(\frac{1}{3} \cdot \frac{\sqrt{3}}{2}a\right)^2 + b^2\right] = m\left(\frac{1}{8}a^2 + b^2\right)$$

在上述计算中用了中心惯量椭球是旋转惯量椭球的性质

$$I_3 = I_{zz} = I_1 + I_2 = m\left(\frac{1}{6}a^2 + b^2\right)$$

考虑$\triangle OCP$，$\overline{OC} = d = \sqrt{\frac{1}{12}a^2 + b^2}$，$\overline{CP} = \frac{\sqrt{3}}{3}a$，

$$\overline{OP} = \sqrt{\left(\frac{\sqrt{3}}{2}a\right)^2 + b^2} = \sqrt{\frac{3}{4}a^2 + b^2}$$

由余弦定理，

$$\overline{CP}^2 = \overline{OC}^2 + \overline{OP}^2 - 2\,\overline{OC}\cdot\overline{OP}\cos\beta$$

其中 $\beta = \angle COP$，是 OP 轴与 y 轴的夹角.

$$\cos\beta = \frac{\overline{OC}^2 + \overline{OP}^2 - \overline{CP}^2}{2\,\overline{OC}\cdot\overline{OP}} = \frac{\frac{1}{12}a^2 + b^2 + \frac{3}{4}a^2 + b^2 - \frac{1}{3}a^2}{2\sqrt{\frac{1}{12}a^2 + b^2}\cdot\sqrt{\frac{3}{4}a^2 + b^2}}$$

$$= \frac{\sqrt{3}(a^2 + 4b^2)}{\sqrt{a^2 + 12b^2}\cdot\sqrt{3a^2 + 4b^2}}$$

$$\sin^2\beta = 1 - \cos^2\beta = \frac{16a^2b^2}{(a^2 + 12b^2)(3a^2 + 4b^2)}$$

用(9.3.11′)式，注意 $n_1 = \sin\beta$，$n_2 = \cos\beta$，$n_3 = 0$，可得对 OP 轴的转动惯量为

$$I = (\sin\beta\ \cos\beta\ 0)\begin{pmatrix} I_1 & 0 & 0 \\ 0 & I_2 & 0 \\ 0 & 0 & I_3 \end{pmatrix}\begin{pmatrix} \sin\beta \\ \cos\beta \\ 0 \end{pmatrix}$$

$$= I_1\sin^2\beta + I_2\cos^2\beta$$

$$= m\left(\frac{1}{8}a^2 + b^2\right)\frac{16a^2b^2}{(a^2 + 12b^2)(3a^2 + 4b^2)} + \frac{1}{24}ma^2\cdot\frac{3(a^2 + 4b^2)^2}{(a^2 + 12b^2)(3a^2 + 4b^2)}$$

$$= \frac{1}{8}ma^2\frac{a^2 + 12b^2}{3a^2 + 4b^2}$$

例 9.3.3　若某刚体对某点的惯量张量为

$$\begin{pmatrix}3 & 0 & 2\\ 0 & 5 & 0\\ 2 & 0 & 6\end{pmatrix}$$

所有轴转动惯量和惯量积均以 ma^2 为单位.求该点的主转动惯量和惯量主轴的位置.

解 惯量张量中,$I_{xy}=0,I_{yz}=0$,可见 y 轴是一个惯量主轴.

方法一,用线性代数求矩阵的特征值和特征矢量的方法.

在 xz 平面内两惯量主轴相应的主转动惯量为下列二次方程的根:

$$\begin{vmatrix}3-I & 2\\ 2 & 6-I\end{vmatrix}=0$$

$$I^2-9I+14=0$$

解得 $I_1=7ma^2,I_3=2ma^2$.

与 I_1 相应的惯量主轴对 x 轴、z 轴的方向余弦即该轴单位矢量的 x、z 分量分别设为 e_{1x}、e_{1z},它们满足下列方程组:

$$\begin{pmatrix}3-7 & 2\\ 2 & 6-7\end{pmatrix}\begin{pmatrix}e_{1x}\\ e_{1z}\end{pmatrix}=0$$

$$e_{1x}^2+e_{1z}^2=1$$

只有两个独立方程,即

$$2e_{1x}-e_{1z}=0$$

$$e_{1x}^2+e_{1z}^2=1$$

解得

$$e_{1x}=\frac{\sqrt{5}}{5},e_{1z}=\frac{2\sqrt{5}}{5}$$

与 I_3 相应的惯量主轴单位矢量的 x、z 分量 e_{3x}、e_{3z} 满足下列方程组:

$$\begin{pmatrix}3-2 & 2\\ 2 & 6-2\end{pmatrix}\begin{pmatrix}e_{3x}\\ e_{3z}\end{pmatrix}=0$$

$$e_{3x}^2+e_{3z}^2=1$$

解得

$$e_{3x} = -\frac{2\sqrt{5}}{5}, \qquad e_{3z} = \frac{\sqrt{5}}{5}$$

也可用两个单位矢量互相垂直,由

$$e_{1x}e_{3x} + e_{1z}e_{3z} = 0$$

$$e_{3x}^2 + e_{3z}^2 = 1$$

求 e_{3x} 和 e_{3z}.

还可用 $\boldsymbol{e}_3 = \boldsymbol{e}_1 \times \boldsymbol{e}_2 = \left(\frac{\sqrt{5}}{5}\boldsymbol{i} + \frac{2\sqrt{5}}{5}\boldsymbol{k}\right) \times \boldsymbol{j} = -\frac{2\sqrt{5}}{5}\boldsymbol{i} + \frac{\sqrt{5}}{5}\boldsymbol{k}$.

方法二,在已知一个惯量主轴的情况下,可用求极值的办法求另两个惯量主轴的位置.

由于已知的惯量主轴不是 z 轴,而是 y 轴,需将(9.3.24)式改成

$$\tan 2\theta = \frac{2I_{zx}}{I_{zz} - I_{xx}}$$

其中 θ 是与 I_1 相应的惯量主轴与 z 轴的夹角.

将 $I_{zx} = 2ma^2, I_{zz} = 6ma^2, I_{xx} = 3ma^2$ 代入,得

$$\tan 2\theta = \frac{4}{3}$$

$$\tan\theta = \tan\left(\frac{1}{2}\arctan\frac{4}{3}\right) = \frac{\tan\left(\arctan\frac{4}{3}\right)}{1 + \sec\left(\arctan\frac{4}{3}\right)}$$

设 $\arctan\frac{4}{3} = \varphi$, $\tan\varphi = \frac{4}{3}$

$$\sec\left(\arctan\frac{4}{3}\right) = \sec\varphi = \sqrt{1 + \tan^2\varphi} = \frac{5}{3}$$

$$\tan\theta = \frac{\frac{4}{3}}{1 + \frac{5}{3}} = \frac{1}{2}$$

即 $\frac{e_{1x}}{e_{1z}} = \frac{1}{2}$,与 $e_{1x}^2 + e_{1z}^2 = 1$ 联立可解得与方法一完全相同的结果.以下略.

§9.4　刚体的定轴转动

1. 定轴转动的动力学方程

刚体动力学的两个基本定理是质心运动定理和对固定点或对质心的角动量定理(质心平动参考系中的对固定点的角动量定理).有固定点时就用对固定点的角动量定理.定轴转动有固定点,也用对固定点的角动量定理.固定点取为原点,固定轴一般取为 z 轴,为使刚体的质量分布相对于坐标轴不变,x 轴、y 轴也固连于刚体.这样刚体运动时,惯量张量各分量都不随时间变化.对所用的静参考系而言,x、y 轴的单位矢量 $\boldsymbol{i}$、$\boldsymbol{j}$ 是 t 的函数,随刚体一起以角速度 $\boldsymbol{\omega}$ 绕 z 轴转动.

质心速度及其时间变化率分别为

$$\begin{aligned}\boldsymbol{v}_c &= \boldsymbol{\omega} \times \boldsymbol{r}_c = \omega \boldsymbol{k} \times (x_c \boldsymbol{i} + y_c \boldsymbol{j} + z_c \boldsymbol{k}) \\ &= -\omega y_c \boldsymbol{i} + \omega x_c \boldsymbol{j}\end{aligned}$$

$$\begin{aligned}\frac{\mathrm{d}\boldsymbol{v}_c}{\mathrm{d}t} &= \frac{\tilde{\mathrm{d}}\boldsymbol{v}_c}{\mathrm{d}t} + \boldsymbol{\omega} \times \boldsymbol{v}_c \\ &= -\dot{\omega} y_c \boldsymbol{i} + \dot{\omega} x_c \boldsymbol{j} + \omega \boldsymbol{k} \times (-\omega y_c \boldsymbol{i} + \omega x_c \boldsymbol{j}) \\ &= (-\dot{\omega} y_c - \omega^2 x_c)\boldsymbol{i} + (\dot{\omega} x_c - \omega^2 y_c)\boldsymbol{j}\end{aligned}$$

质心运动定理　$m\dfrac{\mathrm{d}\boldsymbol{v}_c}{\mathrm{d}t} = \boldsymbol{F}$ 的分量方程为

$$\begin{cases} -m y_c \dot{\omega} - m x_c \omega^2 = F_x \\ m x_c \dot{\omega} - m y_c \omega^2 = F_y \\ 0 = F_z \end{cases} \tag{9.4.1}$$

由于刚体动力学的所有方程中都只涉及外力和外力矩,从现在开始,我们不再在 $\boldsymbol{F}$、$\boldsymbol{M}$ 的右上方加上标 e.

对原点(固定点)的角动量及其时间变化率分别为

$$\boldsymbol{J} = \boldsymbol{I} \cdot \boldsymbol{\omega} = \begin{pmatrix} I_{xx} & I_{xy} & I_{xz} \\ I_{yx} & I_{yy} & I_{yz} \\ I_{zx} & I_{zy} & I_{zz} \end{pmatrix} \begin{pmatrix} 0 \\ 0 \\ \omega \end{pmatrix} = I_{xz}\omega \boldsymbol{i} + I_{yz}\omega \boldsymbol{j} + I_{zz}\omega \boldsymbol{k}$$

$$\begin{aligned}\frac{\mathrm{d}\boldsymbol{J}}{\mathrm{d}t} &= \frac{\tilde{\mathrm{d}}\boldsymbol{J}}{\mathrm{d}t} + \boldsymbol{\omega} \times \boldsymbol{J} \\ &= I_{xz}\dot{\omega}\boldsymbol{i} + I_{yz}\dot{\omega}\boldsymbol{j} + I_{zz}\dot{\omega}\boldsymbol{k} + \omega\boldsymbol{k} \times (I_{xz}\omega\boldsymbol{i} + I_{yz}\omega\boldsymbol{j} + I_{zz}\omega\boldsymbol{k}) \\ &= (I_{xz}\dot{\omega} - I_{yz}\omega^2)\boldsymbol{i} + (I_{yz}\dot{\omega} + I_{xz}\omega^2)\boldsymbol{j} + I_{zz}\dot{\omega}\boldsymbol{k}\end{aligned}$$

对 O 点的角动量定理 $\frac{\mathrm{d}\boldsymbol{J}}{\mathrm{d}t} = \boldsymbol{M}$ 的分量方程为

$$\begin{cases} I_{xz}\dot{\omega} - I_{yz}\omega^2 = M_x \\ I_{yz}\dot{\omega} + I_{xz}\omega^2 = M_y \\ I_{zz}\dot{\omega} = M_z \end{cases} \tag{9.4.2}$$

(9.4.1)、(9.4.2)式中的 $\boldsymbol{F}$ 及 $\boldsymbol{M}$ 是作用于刚体的外力和对 O 点的外力矩，均包括主动力和约束力的贡献，但约束力均通过 z 轴，不可能产生对 z 轴的力矩，故 M_z 中只有主动力的贡献.

刚体作定轴转动时只有一个自由度，可采用围绕转轴的角位置来说明刚体的位置.如作用于刚体的主动力已知，由(9.4.2)式的第三个方程及初条件，可以得到定轴转动的运动学方程 $\varphi = \varphi(t)$.将此解代入(9.4.1)、(9.4.2)式的其余五个式子，可求得未知的约束力.如果运动是已知的，也可确定主动力中的未知部分.不论动力学的正问题还是逆问题，都无需对其余五式进行积分，如 x、y 轴不固连于刚体，也和 z 轴一样是静参考系中的固定轴，也可得到与(9.4.1)、(9.4.2)式同样形式的方程.对 x、y 轴看做静坐标系还是动坐标系都可以，都有同样的方程也毫不奇怪，因为参考系都是用的静参考系，方程都是瞬时的关系，如果在此瞬时表达的坐标系取得一样，自然应得到同样的方程，把 x、y 轴取作静坐标系时，I_{xz}、I_{yz} 是 t 的函数，但无需进行积分时，两种取法没有什么差别，需要积分的(9.4.2)式的第三式，两种取法没有差别，z 坐标轴都是静坐标轴，I_{zz} 都不是 t 的函数.

2．轴承上的附加压力

(9.4.1)、(9.4.2)式的六个方程除了可求运动学方程外，还可求外力的五个未知量.轴承给予轴的作用力有六个分量，只能求得与轴垂直的四个分量以及沿轴方向的两个分量之和.在两个轴承处，分别沿轴的方向外加任何一对大小相等、方向相反的作用力，并不影响刚体的运动，因此无法求出每个轴承给予轴的力沿轴方向的分量.

轴承给予的力是约束力，约束力一般是未知的，它与系统的质量分布有关，与受主动力的情况有关,还与刚体的运动情况有关.在同样的主动力作用之下,转动时轴承受到的压力和不转动时受到的压力之差称为轴承上的附加压力.在什么情况下,使轴承不因转动而额外受到附加压力,是有轴承的机器和器械制造必须注意的一个问题.制造不善,就可能在运转时,轴承受到很大的附加压力,严重影响使用寿命.

不转动时,$\omega=0,\dot{\omega}=0$.由(9.4.1)式的第一、二个方程和(9.4.2)式的第一、二个方程得

$$F_x=0,F_y=0,M_x=0,M_y=0$$

正常转动时,$\dot{\omega}=0$,要在 $\omega\neq0$ 的情况下没有附加压力.主动力一样,仍然要有 $F_x=0$、$F_y=0$、$M_x=0$ 和 $M_y=0$.

由(9.4.1)、(9.4.2)式可得

$$x_c=0,y_c=0,I_{xz}=0,I_{yz}=0$$

也就是说,要在正常转动时,轴承未受到附加压力,必须绕通过质心的惯量主轴作定轴转动.

要说明的是在机器开动和关闭的过程中,主动力的作用情况是与开动前、关闭前不同的.约束力也将是不同的,因而轴承处所受压力必有变化.但在 $x_c=0$、$y_c=0$,$I_{xz}=0$,$I_{yz}=0$ 的情况下,在此 $\dot{\omega}\neq0$ 的过程中,由(9.4.1)、(9.4.2)式,仍有

$$F_x=0,\quad F_y=0,\quad M_x=0,\quad M_y=0$$

轴承处所受压力的变化,其值等于所加的主动力,方向相反,这所加的主动力当然应是轴承所能承受的.

例 9.4.1　一个涡轮(它是薄的均质圆盘),质量 $m=20\text{kg}$,半径 $r=0.2\text{m}$.由于安装不善,转轴虽仍通过质心,但偏离对称轴的角度 $\alpha=1°$.若盘心 O 至两轴承 A、B 的距离 $a=b=0.5\text{m}$,作匀角速转动,$\omega=400\pi\text{rad}\cdot\text{s}^{-1}$.求轴承上受到的最大压力和最大附加压力.

解　取两组固连于刚体的坐标系,$Oxyz$ 用来列动力学方程,$Ox'y'z'$ 用来帮助计算 I_{xz} 和 I_{yz},z 轴为转轴,y 轴取在盘面上,它垂直于 z 轴和盘面法线构成的平面.y' 轴与 y 轴重合,z' 轴沿盘面法线方向.x'、y'、z' 轴均是惯量主

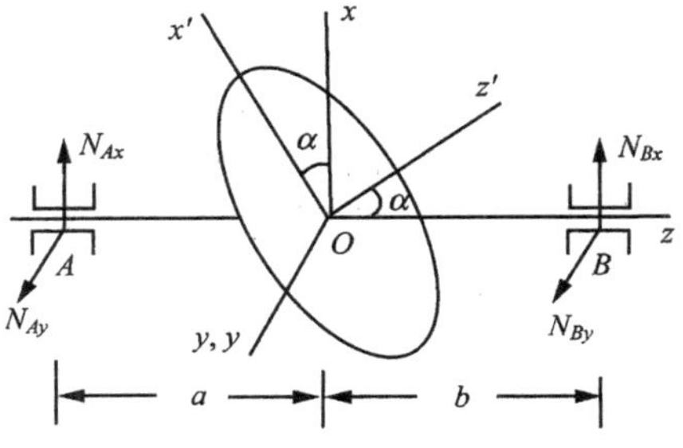

图 9.4.1

轴.

由题设, $x_c=0$, $y_c=0$, $\dot{\omega}=0$. 因 y 轴是惯量主轴, $I_{yz}=0$. 代入(9.4.1)、(9.4.2)式,可得下列方程:

$$0 = N_{Ax} + N_{Bx} - mg\cos\varphi \tag{1}$$

$$0 = N_{Ay} + N_{By} + mg\sin\varphi \tag{2}$$

$$0 = N_{Ay}a - N_{By}\cdot b \tag{3}$$

$$I_{xz}\omega^2 = -N_{Ax}a + N_{Bx}b \tag{4}$$

其中 φ 是 x 轴与竖直向上方向间的夹角.

下面我们介绍几种计算 I_{xz} 的方法.

方法一,按惯量积的定义计算,用 x'、y' 作积分变量

$$\boldsymbol{r} = x'\boldsymbol{i}' + y'\boldsymbol{j}'$$

$$\boldsymbol{i} = \cos\alpha\boldsymbol{i}' + \sin\alpha\boldsymbol{k}', \boldsymbol{j} = \boldsymbol{j}', \boldsymbol{k} = -\sin\alpha\boldsymbol{i}' + \cos\alpha\boldsymbol{k}'$$

$$x = \boldsymbol{r}\cdot\boldsymbol{i} = x'\cos\alpha, z = \boldsymbol{r}\cdot\boldsymbol{k} = -x'\sin\alpha$$

$$\mathrm{d}m = \sigma\mathrm{d}x'\mathrm{d}y', \text{其中 } \sigma = \frac{m}{\pi r^2}$$

$$I_{xz} = -\int xz\mathrm{d}m = -4\int_0^r \mathrm{d}y'\int_0^{\sqrt{r^2-y'^2}}(-x'^2\sin\alpha\cos\alpha)\sigma\mathrm{d}x'$$

$$= \frac{4}{3}\sigma\sin\alpha\cos\alpha\int_0^r(r^2-y'^2)^{3/2}\mathrm{d}y'$$

作变量代换,令 $y'=r\sin\beta$,从 $\beta=0$ 积到 $\beta=\frac{\pi}{2}$.经计算可得

$$I_{xz} = \frac{1}{8}mr^2\sin2\alpha$$

方法二,用 I_{xz} 的定义,将 x、z 变换成 x'、z' 的函数,用已知的 $I_{x'x'}$、$I_{z'z'}$、$I_{x'z'}$ 求之.

$$x = x'\cos\alpha + z'\sin\alpha$$

$$z = -x'\sin\alpha + z'\cos\alpha$$

$$I_{xz} = -\int xz\mathrm{d}m = -\int(x'\cos\alpha + z'\sin\alpha)(-x'\sin\alpha + z'\cos\alpha)\mathrm{d}m$$

$$=\int x'^2\cos\alpha\sin\alpha\,\mathrm{d}m-\int z'^2\sin\alpha\cos\alpha\,\mathrm{d}m-\int x'z'(\cos^2\alpha-\sin^2\alpha)\mathrm{d}m$$

$$=\int(x'^2+y'^2)\sin\alpha\cos\alpha\,\mathrm{d}m-\int(z'^2+y'^2)\sin\alpha\cos\alpha\,\mathrm{d}m$$

$$-\int x'z'(\cos^2\alpha-\sin^2\alpha)\mathrm{d}m$$

$$=(I_{z'z'}-I_{x'x'})\sin\alpha\cos\alpha+I_{x'z'}\cos2\alpha$$

将 $I_{z'z'}=\frac{1}{2}mr^2$，$I_{x'x'}=\frac{1}{4}mr^2$ 及 $I_{x'z'}=0$ 代入即得

$$I_{xz}=\frac{1}{8}mr^2\sin2\alpha$$

方法三，用(9.3.12′)式及 $\boldsymbol{I}$ 在 $x'y'z'$ 坐标系中的分量求 I_{xz}.

$$I_{xz}=(\cos\alpha\quad 0\quad \sin\alpha)\begin{pmatrix}\frac{1}{4}mr^2 & 0 & 0\\ 0 & \frac{1}{4}mr^2 & 0\\ 0 & 0 & \frac{1}{2}mr^2\end{pmatrix}\begin{pmatrix}-\sin\alpha\\ 0\\ \cos\alpha\end{pmatrix}$$

$$=\frac{1}{8}mr^2\sin2\alpha$$

方法四，用轴转动惯量与惯量张量的关系(9.3.11′)式及 $\boldsymbol{I}$ 在 $x'y'z'$ 坐标系中的分量求 I_{xx}、I_{zz}，再用 $I_{z'z'}$ 与 I_{xx}、I_{zz}、I_{xz} 的关系求 I_{xz}.

$$I_{xx}=(\cos\alpha\quad 0\quad \sin\alpha)\begin{pmatrix}\frac{1}{4}mr^2 & 0 & 0\\ 0 & \frac{1}{4}mr^2 & 0\\ 0 & 0 & \frac{1}{2}mr^2\end{pmatrix}\begin{pmatrix}\cos\alpha\\ 0\\ \sin\alpha\end{pmatrix}$$

$$=\frac{1}{4}mr^2\cos^2\alpha+\frac{1}{2}mr^2\sin^2\alpha$$

其中$(\cos\alpha\quad 0\quad \sin\alpha)$来自 $\boldsymbol{i}=\cos\alpha\boldsymbol{i}'+\sin\alpha\boldsymbol{k}'$.

$$I_{zz}=(-\sin\alpha\quad 0\quad \cos\alpha)\begin{pmatrix}\frac{1}{4}mr^2 & 0 & 0\\ 0 & \frac{1}{4}mr^2 & 0\\ 0 & 0 & \frac{1}{2}mr^2\end{pmatrix}\begin{pmatrix}-\sin\alpha\\ 0\\ \cos\alpha\end{pmatrix}$$

$$=\frac{1}{4}mr^2\sin^2\alpha+\frac{1}{2}mr^2\cos^2\alpha$$

其中$(-\sin\alpha\quad 0\quad \cos\alpha)$来自 $\boldsymbol{k}=-\sin\alpha\boldsymbol{i}'+\cos\alpha\boldsymbol{k}'$.

$$I_{z'z'}=(\sin\alpha\quad 0\quad \cos\alpha)\begin{pmatrix}I_{xx} & 0 & I_{xz}\\ 0 & I_{yy} & 0\\ I_{xz} & 0 & I_{zz}\end{pmatrix}\begin{pmatrix}\sin\alpha\\ 0\\ \cos\alpha\end{pmatrix}$$

$$=I_{xx}\sin^2\alpha+I_{zz}\cos^2\alpha+2I_{xz}\sin\alpha\cos\alpha$$

其中$(\sin\alpha\quad 0\quad \cos\alpha)$来自 $\boldsymbol{k}'=\sin\alpha\boldsymbol{i}+\cos\alpha\boldsymbol{k}$.

$$I_{xz}=\frac{I_{z'z'}-I_{xx}\sin^2\alpha-I_{zz}\cos^2\alpha}{2\sin\alpha\cos\alpha}$$

将 $I_{z'z'}=\frac{1}{2}mr^2$,及刚求出的 I_{xx}、I_{zz}代入上式,可得 $I_{xz}=\frac{1}{8}mr^2\sin2\alpha$.

将 I_{xz}值代入(4)式,用 $a=b$,从(1)～(4)式联立方程可解得

$$N_{Ax}=\frac{1}{2}m\left(g\cos\varphi-\frac{1}{8a}r^2\omega^2\sin2\alpha\right)$$

$$N_{Ay}=-\frac{1}{2}mg\sin\varphi$$

$$N_{Bx}=\frac{1}{2}m\left(g\cos\varphi+\frac{1}{8a}r^2\omega^2\sin2\alpha\right)$$

$$N_{By}=-\frac{1}{2}mg\sin\varphi$$

$$N_A^2=\frac{1}{4}m^2\left(g^2-\frac{gr^2\omega^2}{4a}\sin2\alpha\cos\varphi+\frac{1}{64a^2}r^4\omega^4\sin^22\alpha\right)$$

$$N_B^2 = \frac{1}{4}m^2\left(g^2 + \frac{gr^2\omega^2}{4a}\sin 2\alpha\cos\varphi + \frac{1}{64a^2}r^4\omega^4\sin^2 2\alpha\right)$$

这里设轴承是光滑的,$N_{Az} = N_{Bz} = 0$.

轴承处最大压力为

$$N_{A\max} = N_{B\max} = \frac{1}{2}m\left(g + \frac{1}{8a}r^2\omega^2\sin 2\alpha\right)$$

附加压力分量为

$$\Delta N_{Ax} = -\frac{1}{16a}mr^2\omega^2\sin 2\alpha$$

$$\Delta N_{Ay} = 0$$

$$\Delta N_{Bx} = \frac{1}{16a}mr^2\omega^2\sin 2\alpha$$

$$\Delta N_{By} = 0$$

最大附加压力为

$$\Delta N_{A\max} = \Delta N_{B\max} = \frac{1}{16a}mr^2\omega^2\sin 2\alpha$$

代入 m、r、a、ω、α 的数据可得最大压力为 5.5×10^3N,最大附加压力为 5.4×10^3N、最大附加压力约为平衡时压力的 54 倍.

§9.5 刚体的平面平行运动

1. 以质心为基点的动力学方程

刚体的任何运动均可看做跟随基点(刚体上的点或固连于刚体的点)的平动和围绕基点的定点转动.对于刚体的平面平行运动,它围绕基点的转动是定轴转动.在质点系动力学中,我们已给出在质心平动参考系中,即使质心系对静参考系有加速度,在用对质心的角动量定理计算对质心的外力矩时,不必考虑与质心系对静参考系有加速度相关的惯性力,因此我们一般取质心为基点.

取 x、y、z 为静坐标系,刚体上任何质点的运动平面均平行于 xy 面,刚体的瞬时转轴沿 z 轴方向.平动坐标系的原点固连于刚体的质心,x'、y'、z'分别与x、y、z 轴保持平行.动力学方程为静参考系中的质心运动定理和质心平动参考系中对质心的角动量定理

$$\begin{cases} m\ddot{x}_c = F_x \\ m\ddot{y}_c = F_y \\ 0 = m\ddot{z}_c = F_z \end{cases} \tag{9.5.1}$$

$$\begin{cases} I_{x'z'}\dot{\omega} - \omega^2 I_{y'z'} = M_{x'} \\ I_{y'z'}\dot{\omega} + \omega^2 I_{x'z'} = M_{y'} \\ I_{z'z'}\dot{\omega} = M_{z'} \end{cases} \tag{9.5.2}$$

(9.5.1)式的第一、二个方程和(9.5.2)式的第三个方程决定刚体的运动学方程，其余三个方程可以用来求未知的力．平面平行运动一般是约束运动，不仅其余三个方程中含有约束力，决定运动学方程的三个方程中 F_x、F_y、M_z 也常含有约束力，因此求运动学方程还需要列出约束方程联立求解．注意，由于 $Cx'y'z'$ 坐标系只是部分固连于刚体，$I_{x'z'}$、$I_{y'z'}$ 一般是时间的函数．

此外，还可用动能定理，在刚体的任何运动中，内力做功之和一定为零，因此动能定理中不必考虑内力作功，如作功的力都是保守力，可利用机械能守恒关系．尽量利用可直接写出的运动积分对求运动学方程总是有益的．

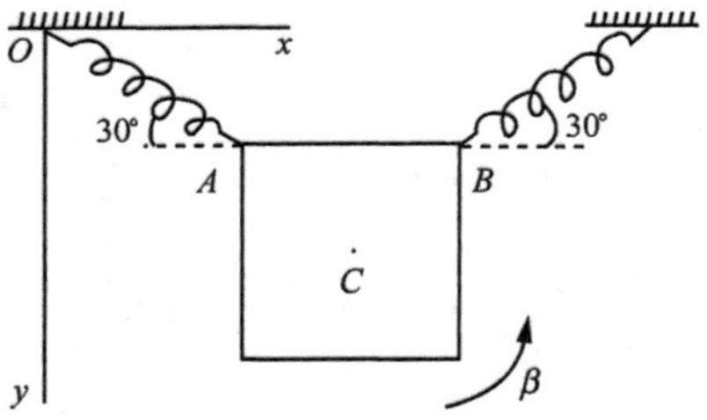

图 9.5.1

例 9.5.1　一边长为 a、质量为 m 的匀质正方形薄板，用两根轻弹簧悬挂于两个固定点，如图 9.5.1 所示．各边处于水平或竖直位置．若连接 B 角的弹簧突然脱开，求此时板的质心加速度和板的角加速度．若把弹簧换成不可伸长的轻绳又如何？

解　取图中所示的 x、y 坐标，弹簧脱开前处于平衡，A 处弹簧对薄板的拉力为

$$\begin{aligned} \boldsymbol{F} &= -\frac{1}{2}mg\boldsymbol{j} - \frac{1}{2}mg\cot 30^\circ \boldsymbol{i} \\ &= -\frac{\sqrt{3}}{2}mg\boldsymbol{i} - \frac{1}{2}mg\boldsymbol{j} \end{aligned}$$

B 角的弹簧刚脱开时，A 点位置尚未变化，A 处弹簧的作用力未变．

由质心运动定理

$$m\ddot{x}_c = -\frac{\sqrt{3}}{2}mg, m\ddot{y}_c = mg - \frac{1}{2}mg = \frac{1}{2}mg$$

得

$$\ddot{x}_c = -\frac{\sqrt{3}}{2}g, \qquad \ddot{y}_c = \frac{1}{2}g$$

由转动惯量的定义或利用已知的转动惯量和垂直轴定理,不难求得通过质心的垂直于薄板的轴的转动惯量为 $I = \frac{1}{6}ma^2$,其中 a 为正方形的边长.

由质心平动参考系对质心的角动量定理

$$\frac{1}{6}ma^2\beta = \frac{\sqrt{3}}{2}mg \cdot \frac{1}{2}a - \frac{1}{2}mg \cdot \frac{1}{2}a$$

得

$$\beta = \frac{3}{2a}(\sqrt{3} - 1)g$$

若把弹簧改成不可伸长的轻绳,由于绳子的作用力是约束力,B 角刚脱开后的瞬间,尽管位置尚未变化,由于系统其他受力情况发生变化,A 端绳子拉力也要变化,其大小是待求的,方向必沿绳子方向,只能是拉力.设绳子张力为 T.

和上述三个动力学方程相应的方程为

$$m\ddot{x}_c = -\frac{\sqrt{3}}{2}T, \quad m\ddot{y}_c = mg - \frac{1}{2}T$$

$$\frac{1}{6}ma^2\beta = \frac{\sqrt{3}}{2}T \cdot \frac{1}{2}a - \frac{1}{2}T \cdot \frac{1}{2}a = \frac{1}{4}(\sqrt{3} - 1)aT$$

三个方程中有四个未知量,还需用约束关系来补充一个方程.

设绳长为 l,因 l 保持不变,可得到 $\ddot{x}_c$、$\ddot{y}_c$ 与 β 间的一个关系,设绳子与 y 轴的夹角为 α,则在刚脱开时

$$\ddot{x}_c = l\ddot{\alpha}\sin30° + \frac{\sqrt{2}}{2}a\beta\cos45° = \frac{1}{2}l\ddot{\alpha} + \frac{1}{2}a\beta$$

$$\ddot{y}_c = l\ddot{\alpha}(-\cos30°) + \frac{\sqrt{2}}{2}a\beta(-\cos45°) = -\frac{\sqrt{3}}{2}l\ddot{\alpha} - \frac{1}{2}a\beta$$

把 $l\ddot{\alpha}$ 看做一个未知量,现有五个方程,五个未知量,可解得

$$\beta = \frac{3(7\sqrt{3}-1)}{73}\frac{g}{a}$$

$$T = \frac{2}{73}(10+3\sqrt{3})mg$$

$$\ddot{x}_c = -\frac{1}{73}(9+10\sqrt{3})g$$

$$\ddot{y}_c = \frac{1}{73}(63-3\sqrt{3})g$$

例 9.5.2　一个半径为 a、质量为 m 的均质圆柱静止在另一个半径为 $b(>a)$ 的固定圆柱的顶端，设摩擦因数 $\mu=0.1$，在重力作用下开始运动.

(1) 用滚动、滑动、又滚又滑、脱离大圆柱体来说明小圆柱体运动的顺序；

(2) 求出从第一种运动变为第二种运动时 θ 满足的关系或 θ 值；

(3) 求出脱离大圆柱体时 θ 满足的关系.

解　(1) 开始运动时，质心速度极小，所需向心力很小，重力的分力又较大，需支持力较大，其反作用力正压力较大，可有足够的静摩擦力作纯滚动. 随着 θ 的增大，正压力减小，最大静摩擦力减小，到不能提供纯滚动所需的摩擦力时，运动变为又滚又滑. θ 再增大到质心作圆周运动所需的向心力刚好等于重力在这方向的分力时，支持力(正压力的反作用力)为零，以后，重力的这个分力继续减小，要保持不脱离大圆柱体所需的向心力更大，而支持力不能变为负值，因而在支持力变为零时就脱离大圆柱体.

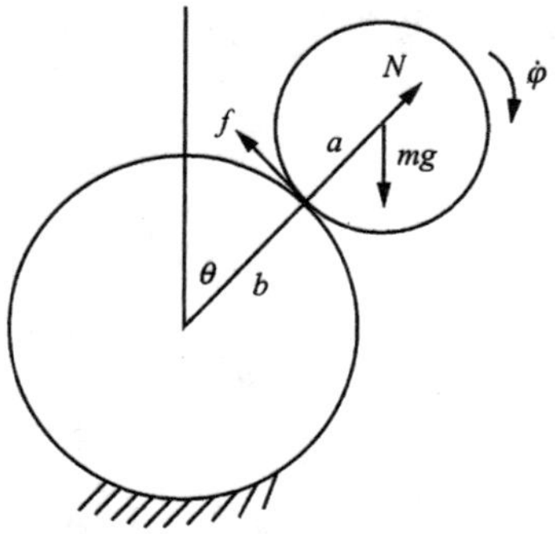

图 9.5.2

(2) 纯滚动时，设静摩擦力为 f，支持力为 N，如图 9.5.2 所示

$$m(a+b)\ddot{\theta} = mg\sin\theta - f \qquad (1)$$

$$m(a+b)\dot{\theta}^2 = mg\cos\theta - N \qquad (2)$$

$$\frac{1}{2}ma^2\ddot{\varphi} = fa \qquad (3)$$

纯滚动的约束条件：两圆柱的接触点无相对速度，大圆柱不动，小圆柱上接触点速度为零，

$$(a+b)\dot{\theta} - a\dot{\varphi} = 0$$

两边对 t 求导

$$(a+b)\ddot{\theta}-a\ddot{\varphi}=0$$

用上式,可将(3)式改为

$$\frac{1}{2}m(a+b)\ddot{\theta}=f \tag{4}$$

由(1)、(4)式消去 f,可解得

$$\ddot{\theta}=\frac{2}{3}\frac{g}{a+b}\sin\theta \tag{5}$$

(5)式两边乘 $\dot{\theta}$,并用 $\dot{\theta}\ddot{\theta}=\frac{1}{2}\frac{\mathrm{d}\dot{\theta}^2}{\mathrm{d}t}$,可得

$$\mathrm{d}\dot{\theta}^2=\frac{4}{3}\frac{g}{a+b}\sin\theta\mathrm{d}\theta$$

积分上式,用初条件:$\theta=0,\dot{\theta}=0$,可得

$$\dot{\theta}^2=\int_0^\theta\frac{4}{3}\frac{g}{a+b}\sin\theta\mathrm{d}\theta=\frac{4}{3}\frac{g}{a+b}(1-\cos\theta)$$

代入(2)式,得

$$N=mg\cos\theta-m(a+b)\cdot\frac{4}{3}\frac{g}{a+b}(1-\cos\theta)$$

$$=\frac{1}{3}(7\cos\theta-4)mg \tag{6}$$

由(4)、(5)式得

$$f=\frac{1}{2}m(a+b)\cdot\frac{2}{3}\cdot\frac{g}{a+b}\sin\theta=\frac{1}{3}mg\sin\theta \tag{7}$$

将(6)、(7)式及 $\mu=0.1$ 代入从纯滚动变为又滚又滑的条件　$f=\mu N$ 得

$$10\sin\theta=7\cos\theta-4$$

将 $\sin\theta=\sqrt{1-\cos^2\theta}$代入.两边平方.整理后可得

$$149\cos^2\theta-56\cos\theta-84=0$$

$$\cos\theta=\frac{56+\sqrt{(56)^2-4.149(-84)}}{2.149}=0.9631$$

$$\theta\approx15.6^\circ$$

已舍去显然不可能的大于90°的另一个根.

开始变成又滚又滑时

$$\dot{\theta}^2 = \frac{4}{3}\frac{g}{a+b}(1-0.9631) = 0.0492\frac{g}{a+b}$$

又滚又滑期间,由质心运动定理

$$m(a+b)\ddot{\theta} = mg\sin\theta - \mu N$$

$$m(a+b)\dot{\theta}^2 = mg\cos\theta - N \tag{8}$$

两式消去 N 得

$$(a+b)\ddot{\theta} - \mu(a+b)\dot{\theta}^2 = g(\sin\theta - \mu\cos\theta)$$

两边乘 $\dot{\theta}\mathrm{d}t$,可得

$$\frac{1}{2}(a+b)\mathrm{d}\dot{\theta}^2 - \mu(a+b)\dot{\theta}^2\mathrm{d}\theta = g(\sin\theta - \mu\cos\theta)\mathrm{d}\theta$$

可找到积分因子 $\mathrm{e}^{-2\mu\theta}$

$$\frac{1}{2}(a+b)\mathrm{e}^{-2\mu\theta}\mathrm{d}\dot{\theta}^2 - \mu(a+b)\mathrm{e}^{-2\mu\theta}\dot{\theta}^2\mathrm{d}\theta = g\mathrm{e}^{-2\mu\theta}(\sin\theta - \mu\cos\theta)\mathrm{d}\theta$$

$$\frac{1}{2}(a+b)\mathrm{d}(\mathrm{e}^{-2\mu\theta}\dot{\theta}^2) = g\mathrm{e}^{-2\mu\theta}(\sin\theta - \mu\cos\theta)\mathrm{d}\theta$$

积分时,θ 从 0.27rad 积到 θ,$\dot{\theta}^2$ 从 $0.0492\frac{g}{a+b}$ 积到 $\dot{\theta}^2$,这里已把 15.6°改成 0.27rad.

$$\frac{1}{2}(a+b)\left[\mathrm{e}^{-2\mu\theta}\dot{\theta}^2 - \mathrm{e}^{-0.54\mu}\cdot 0.0492\frac{g}{a+b}\right]$$

$$= g\cdot\frac{1}{4\mu^2+1}[\mathrm{e}^{-2\mu\theta}(-2\mu\sin\theta - \cos\theta) - \mathrm{e}^{-0.54\mu}\cdot$$

$$(-2\mu\cdot 0.269 - 0.963)] - \mu g\frac{1}{4\mu^2+1}[\mathrm{e}^{-2\mu\theta}(-2\mu\cos\theta + \sin\theta)$$

$$- \mathrm{e}^{-0.54\mu}(-2\mu\cdot 0.963 + 0.269)]$$

代入 $\mu=0.1$,从上式解出

$$\dot{\theta}^2 = \frac{2g}{a+b}(0.958\mathrm{e}^{0.2\theta} - 0.288\sin\theta - 0.942\cos\theta).$$

将上式代入(8)式,令 $N=0$,即得脱离固定圆柱体时 θ 满足的关系

$$3.3e^{0.2\theta} - \sin\theta - 5\cos\theta = 0$$

例 9.5.3 一个半径为 r、长为 $4r$ 的均质圆柱体在一底面的边缘粘着一个质量也为 m 的质点，在一倾角为 α 的粗糙的固定斜面上由静止滚下，开始质点 m 在 $x=0$、$y=2r$ 处（见图 9.5.3）. 求圆柱体和粘在它上面的质点构成的系统的质心加速度、角加速度、角速度以及系统受到斜面施予的支持力和摩擦力（包括它们的作用点）. 只要求列出足够的方程，不必积分求解.

解 支持力和静摩擦力都是作用于各质元的平行力系，由 §9.1.3 所述，都可简化为一个单力，由于各质元受到的支持力 $\mathrm{d}\boldsymbol{N}$ 与静摩擦力 $\mathrm{d}\boldsymbol{f}$ 无正比关系，合力 $\boldsymbol{N}$ 和 $\boldsymbol{f}$ 无共同的作用点，设两作用点在质心平动坐标系中的 z' 坐标分别为 a 和 b，则两作用点对质心 C 的位矢为

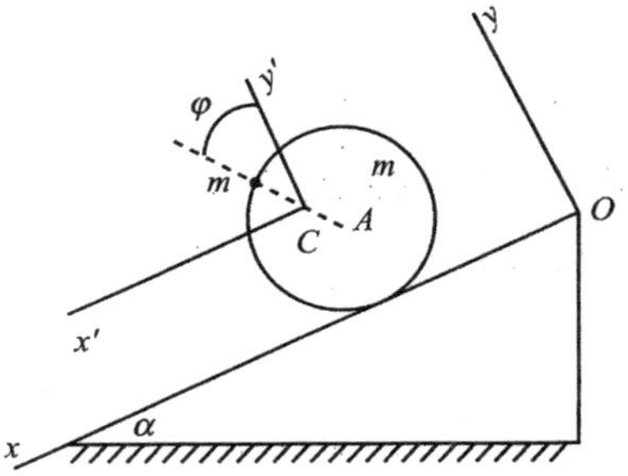

图 9.5.3

$$\boldsymbol{r}_N = -\frac{r}{2}\sin\varphi\boldsymbol{i}' - \left(r + \frac{r}{2}\cos\varphi\right)\boldsymbol{j}' + a\boldsymbol{k}'$$

$$\boldsymbol{r}_f = -\frac{r}{2}\sin\varphi\boldsymbol{i}' - \left(r + \frac{r}{2}\cos\varphi\right)\boldsymbol{j}' + b\boldsymbol{k}'$$

$$\boldsymbol{N} = N\boldsymbol{j}', \quad \boldsymbol{f} = -f\boldsymbol{i}'$$

在质心平动参考系中，系统受到的对质心的外力矩，经计算可得

$$\begin{aligned}\boldsymbol{M} &= \boldsymbol{r}_N \times \boldsymbol{N} + \boldsymbol{r}_f \times \boldsymbol{f} \\ &= -aN\boldsymbol{i}' - bf\boldsymbol{j}' - \left[\frac{1}{2}rN\sin\varphi + rf\left(1 + \frac{1}{2}\cos\varphi\right)\right]\boldsymbol{k}'\end{aligned}$$

由(9.5.1)、(9.5.2)式

$$2m\ddot{x}_c = 2mg\sin\alpha - f \tag{1}$$

$$2m\ddot{y}_c = N - 2mg\cos\alpha \tag{2}$$

$$I_{z'z'}\dot{\omega} = -fr\left(1 + \frac{1}{2}\cos\varphi\right) - \frac{1}{2}Nr\sin\varphi \tag{3}$$

$$I_{x'z'}\dot{\omega} - \omega^2 I_{y'z'} = -aN \tag{4}$$

$$I_{y'z'}\dot{\omega} + \omega^2 I_{x'z'} = -bf \tag{5}$$

其中

$$I_{z'z'} = \frac{1}{2}mr^2 + m\left(\frac{1}{2}r\right)^2 + m\left(\frac{1}{2}r\right)^2 = mr^2 \tag{6}$$

$$I_{x'z'} = -\sum_i m_i x'_i z'_i = -m\left(-\frac{1}{2}r\sin\varphi\right)r - m\cdot\frac{1}{2}r\sin\varphi(-r)$$

$$= mr^2\sin\varphi \tag{7}$$

$$I_{y'z'} = -\sum_i m_i y'_i z'_i = -m\left(-\frac{1}{2}r\cos\varphi\right)r - m\cdot\frac{1}{2}r\cos\varphi(-r)$$

$$= mr^2\cos\varphi \tag{8}$$

在计算惯量矩时用了(9.3.13)式，在定义式等号后的两项中第一项是圆柱的贡献，第二项是粘在圆柱上的质点的贡献.

$$\omega = \dot{\varphi} \tag{9}$$

下面写约束方程：

$$\dot{x}_A - r\dot{\varphi} = 0$$

$$x_c = x_A + \frac{1}{2}r\sin\varphi$$

$$y_c = r + \frac{1}{2}r\cos\varphi$$

$$\dot{x}_c = \dot{x}_A + \frac{1}{2}r\dot{\varphi}\cos\varphi = r\dot{\varphi} + \frac{1}{2}r\dot{\varphi}\cos\varphi = r\dot{\varphi}\left(1 + \frac{1}{2}\cos\varphi\right)$$

$$\ddot{x}_c = r\ddot{\varphi}\left(1 + \frac{1}{2}\cos\varphi\right) - \frac{1}{2}r\dot{\varphi}^2\sin\varphi \tag{10}$$

$$\dot{y}_c = -\frac{1}{2}r\dot{\varphi}\sin\varphi$$

$$\ddot{y}_c = -\frac{1}{2}r\ddot{\varphi}\sin\varphi - \frac{1}{2}r\dot{\varphi}^2\cos\varphi \tag{11}$$

将(6)～(10)式代入(1)～(5)式得

$$2mr\ddot{\varphi}\left(1 + \frac{1}{2}\cos\varphi\right) - mr\dot{\varphi}^2\sin\varphi = 2mg\sin\alpha - f \tag{12}$$

$$-mr\ddot{\varphi}\sin\varphi - mr\dot{\varphi}^2\cos\varphi = N - 2mg\cos\alpha \tag{13}$$

$$mr^2\ddot{\varphi} = -fr\left(1 + \frac{1}{2}\cos\varphi\right) - \frac{1}{2}rN\sin\varphi \tag{14}$$

$$mr^2\ddot{\varphi}\sin\varphi - mr^2\dot{\varphi}^2\cos\varphi = -aN \tag{15}$$

$$mr^2\ddot{\varphi}\cos\varphi + mr^2\dot{\varphi}^2\sin\varphi = -bf \tag{16}$$

由(12)～(16)式,加上初条件:$t=0$ 时,$\varphi=0,\dot{\varphi}=0$ 可解出 φ、$\dot{\varphi}$、$\ddot{\varphi}$、f、N、a、b 作为 t 的函数.

思考题 (1) 此题遵从机械能守恒条件,试写出机械能守恒的关系式.

(2) 如圆柱体在斜面上做又滚又滑运动,摩擦因数为 μ,列出足以求解的方程组.

*2. 对瞬轴的角动量定理

以瞬心为基点,刚体的平面平行运动可以看做对通过瞬心的轴的纯转动.如能写出以瞬心为矩心的角动量定理,就能由此解出作平面平行运动的刚体的运动学方程.问题是对过瞬心的轴的角动量定理(下面我们简称对瞬轴的角动量定理)有怎样的表达式,有没有对固定轴的角动量定理或对质心平动参考系中对过质心的轴(在质心系中也是固定轴)的角动量定理同样的表达式.

对瞬轴的角动量这种提法还是含糊不清的.首先,这个角动量是对静参考系的绝对角动量,还是对与瞬心有关的动参考系的相对角动量,再说,与瞬心有关的动参考系还可以有不同的取法,可以取只是某时刻为瞬心的平动参考系,自然,此参考系是部分固连于刚体的,且在其他时刻,刚体上与动参考系固连的那些点不是瞬心(注意我们这里所讲的瞬心都是对静参考系而言的,)也可以取任何时刻跟随瞬心作平动的参考系,这个参考系完全不固连于刚体,它的平动速度(对静参考系而言)是瞬心沿空间极迹移动的速度.鉴于上述两方面的原因,对瞬轴的角动量定理可以有多种不同的表达式.我们没有必要给出所有这些表达式,我们只讲其中较易导出也便于使用的一种.所考虑的角动量是对静参考系的绝对角动量.

(9.3.3)式给出了对瞬轴(此时在此轴上刚体质元对静参考系的速度为零)的角动量,为了表明通过瞬心,我们加下标 p

$$J_p = I_p\omega$$

其中 I_p 是对此时通过瞬心的转轴的转动惯量,ω 是此时刚体的角速度.

对瞬轴的角动量定理能否写成

$$\frac{\mathrm{d}J_p}{\mathrm{d}t} = \frac{\mathrm{d}(I_p\omega)}{\mathrm{d}t} = M_p$$

其中 M_p 是 t 时刻对瞬轴的外力矩之和? 答案是否定的,因为对瞬轴的角动量不是对固定轴的角动量，只有对固定轴的角动量，才有$\frac{\mathrm{d}J}{\mathrm{d}t}=M$，这个固定轴不一定必须是转轴. 如取 t 时刻的瞬轴作为固定轴，上述式子也不成立，因为要在 t 时刻求导，必须被求导的量在 t 时刻前后也成立. 在 t 时刻前后，该轴不是瞬时转轴，$J_p\neq I_p\omega$，如采用原点取与瞬心重合的空间极迹的点，沿空间极迹移动的平动参考系，则通过 O'或 P 点的轴对静系而言是瞬轴，对动系而言是固定轴，可不是刚体的转动轴，对静系而言，$J_p=I_p\omega$，对动系而言，$J_{O'}\neq I_p\omega$，因而也没有$\frac{\mathrm{d}(I_p\omega)}{\mathrm{d}t}=M_p$，可以写$\frac{\mathrm{d}J_{O'}}{\mathrm{d}t}=M_{O'}=M_p$，但 M_p 中还包括惯性力的力矩. 如取 t 时刻的瞬心部分固连的平动参考系，有 $J_p=I_p\omega$，也有$\frac{\mathrm{d}(I_p\omega)}{\mathrm{d}t}=M_p$，还可写成 $I_p\frac{\mathrm{d}\omega}{\mathrm{d}t}=M_p$，这时，$P$ 点是基点，通过 P 点的轴是固定轴，也是转轴，但 M_p 也要包括因此基点平动参考系是非惯性系而必须引入的惯性力的力矩.

下面我们由动能定理导出对瞬轴的角动量定理(用静参考系).

由(9.3.7)式，作平面平行运动的刚体的动能为

$$T=\frac{1}{2}I_p\omega^2$$

用动能定理的微分形式

$$\mathrm{d}T=\mathrm{d}\left(\frac{1}{2}I_p\omega^2\right)=\sum_i \boldsymbol{F}_i\cdot\boldsymbol{v}_i\mathrm{d}t$$

由于在刚体运动时，内力作功之和一定为零，等号右边是在 $t\sim t+\mathrm{d}t$ 时间内外力所作的功，$\boldsymbol{F}_i$ 是作用在第 i 个质点上的外力，$\boldsymbol{v}_i$ 是第 i 个质点的速度.

作用于刚体的外力的功可以改写

$$\begin{aligned}\sum_i \boldsymbol{F}_i\cdot\boldsymbol{v}_i\mathrm{d}t &= \sum_i \boldsymbol{F}_i\cdot(\boldsymbol{\omega}\times\boldsymbol{r}_{ip})\mathrm{d}t\\ &= \sum_i \boldsymbol{\omega}\cdot(\boldsymbol{r}_{ip}\times\boldsymbol{F}_i)\mathrm{d}t=\boldsymbol{\omega}\cdot\sum_i(\boldsymbol{r}_{ip}\times\boldsymbol{F}_i)\mathrm{d}t\\ &= \boldsymbol{\omega}\cdot\boldsymbol{M}_p\mathrm{d}t=\omega M_p\mathrm{d}t\end{aligned}$$

其中 $\boldsymbol{r}_{ip}$是第 i 个质点对瞬心的位矢，$\boldsymbol{M}_p$ 是外力对瞬心的力矩，M_p 是外力对瞬轴的力矩

$$\frac{\mathrm{d}}{\mathrm{d}t}\left(\frac{1}{2}I_p\omega^2\right)=\omega M_p$$

一般情况下，I_p 是 t 的函数，上式可简化为

$$I_p \frac{\mathrm{d}\omega}{\mathrm{d}t} + \frac{1}{2}\omega \frac{\mathrm{d}I_p}{\mathrm{d}t} = M_p \tag{9.5.3}$$

当 $\omega=0$ 或 $\frac{\mathrm{d}I_p}{\mathrm{d}t}=0$ 即 I_p 不随 t 而变时，才有

$$I_p \frac{\mathrm{d}\omega}{\mathrm{d}t} = M_p$$

没有附加项，和对固定转轴的角动量定理或在质心平动参考系中对过质心的轴的角动量定理有完全相同的式子.

ω 恒为零是没有转动的情况，可(9.5.3)式是瞬时关系，只要在某时刻 $\omega=0$，在此时刻 $\frac{\mathrm{d}\omega}{\mathrm{d}t}\neq 0$，$I_p \frac{\mathrm{d}\omega}{\mathrm{d}t} = M_p$. 在§7.3.3 中举的两个例子：圆轮沿直线做的平面的纯滚动和均质直杆沿直角边下滑做的平面平行运动都是 $\frac{\mathrm{d}I_p}{\mathrm{d}t}=0$ 的例子，而圆轮沿直线作的平面的又滚又滑运动和均质直杆沿钝角边下滑做的平面平行运动以及下面讲的例 9.5.5 所给的运动都是 $\frac{\mathrm{d}I_p}{\mathrm{d}t}\neq 0$ 的例子.

例 9.5.4 用(9.5.3)式求例 9.5.2 中圆柱作纯滚动时的角加速度、角速度与 θ 的关系.

解 两圆柱的接触线为瞬轴，瞬轴与质心的距离保持不变，由平行轴定理可知，对瞬轴的转动惯量 I_p 为常量. 由(9.5.3)式

$$\frac{3}{2}ma^2 \frac{\mathrm{d}\omega}{\mathrm{d}t} = mga\sin\theta$$

角加速度 $$\frac{\mathrm{d}\omega}{\mathrm{d}t} = \frac{2g}{3a}\sin\theta \tag{1}$$

纯滚动的约束方程为

$$(a+b)\dot{\theta} - a\omega = 0$$

$$\omega = \frac{a+b}{a}\dot{\theta} \tag{2}$$

将(2)式代入(1)式得

$$(a+b)\ddot{\theta} = \frac{2}{3}g\sin\theta$$

$$\ddot{\theta}=\frac{\mathrm{d}\dot{\theta}}{\mathrm{d}t}=\frac{\mathrm{d}\dot{\theta}}{\mathrm{d}\theta}\dot{\theta}$$

$$(a+b)\dot{\theta}\mathrm{d}\dot{\theta}=\frac{2}{3}g\sin\theta\mathrm{d}\theta$$

两边积分,用初条件:$\theta=0,\dot{\theta}=0$,得

$$\frac{1}{2}\dot{\theta}^2=\frac{2g}{3(a+b)}(1-\cos\theta)$$

$$\dot{\theta}=\sqrt{\frac{4g}{3(a+b)}(1-\cos\theta)}=\frac{2}{3}\sqrt{\frac{6g}{a+b}}\sin\frac{1}{2}\theta$$

代入(2)式,得

$$\omega=\frac{2}{3}\sqrt{\frac{6(a+b)g}{a^2}}\sin\frac{1}{2}\theta$$

例 9.5.5　长为 $2a$、质量为 m 的均质杆,在光滑的桌面上由竖直位置的静止状态在重力的作用下倒下,求其运动微分方程.

解　杆受到的外力有重力 mg 和桌面的支持力 N,均在铅直方向,水平方向无外力,考虑到初条件,质心 C 在水平方向无运动,取固定的 Oxy 坐标,如图 9.5.4 所示. A 点的速度沿 x 轴负方向,C 点的速度竖直向下,由此两点的速度方向可以判断;在图示位置,P 点为瞬心.

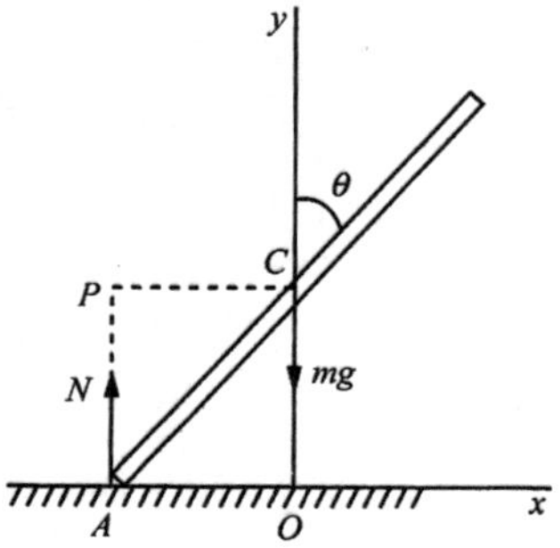

图 9.5.4

下面我们用几种不同的方法导出 θ 满足的微分方程.

方法一,用质心运动定理和质心平动参考系中对质心的角动量定理.

$$m\ddot{y}_c=N-mg,\quad \frac{1}{3}ma^2\ddot{\theta}=Na\sin\theta$$

约束关系:

$$y_c=a\cos\theta$$

可得

$$\left(\frac{1}{3}+\sin^2\theta\right)a\ddot{\theta}+a\sin\theta\cos\theta\cdot\dot{\theta}^2=g\sin\theta$$

方法二,用机械能守恒定律

$$T=\frac{1}{2}I_p\dot{\theta}^2=\frac{1}{2}\left[\frac{1}{3}ma^2+m(a\sin\theta)^2\right]\dot{\theta}^2=\frac{1}{2}ma^2\left(\frac{1}{3}+\sin^2\theta\right)\dot{\theta}^2$$

$$V=mga\cos\theta,\qquad \frac{1}{2}ma^2\left(\frac{1}{3}+\sin^2\theta\right)\dot{\theta}^2+mga\cos\theta=mga$$

这就是 θ 满足的微分方程,如要得到方法一的微分方程.两边对 t 求导即得.

方法三,用对瞬轴的角动量定理(9.5.3)式

$$I_p=\frac{1}{3}ma^2+m(a\sin\theta)^2=ma^2\left(\frac{1}{3}+\sin^2\theta\right)$$

$$\frac{\mathrm{d}I_p}{\mathrm{d}t}=2ma^2\sin\theta\cdot\cos\theta\dot{\theta}$$

$$\omega=\dot{\theta},M_p=mga\sin\theta$$

代入(9.5.3)式,消去各项中的 ma,即得方法一所给的 θ 满足的微分方程.

例 9.5.6 长为 l 的均质杆 AB 在竖直平面内运动,其 A 端在半径为 $r\left(<\frac{l}{2}\right)$ 的圆周上运动,运动中杆总与圆周上的 M 点保持接触,杆与圆周之间的摩擦力可以忽略不计.开始 AB 杆从与水平面的夹角为 θ 的位置的静止状态开始运动.求开始运动时杆的角加速度.

解 设杆的质量为 m.

方法一,用对瞬轴的角动量定理(9.5.3)式.

由 A 点的速度沿圆周和与 M 相接触的点的速度沿杆的方向可以判断,P 点为此刻瞬心的位置.

$$I_p=\frac{1}{12}ml^2+md^2=\frac{1}{12}ml^2+m\left[(2r)^2+\left(\frac{1}{2}l\right)^2-2\cdot 2r\cdot\frac{l}{2}\cos\theta\right]$$

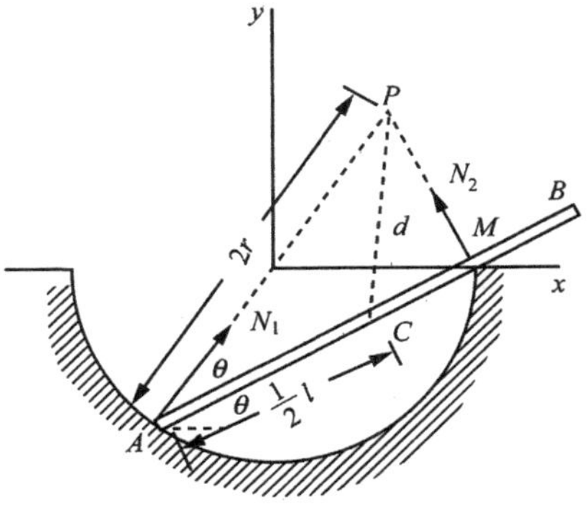

图 9.5.5

$$= m\left(\frac{1}{3}l^2 + 4r^2 - 2rl\cos\theta\right)$$

规定垂直纸面向下方向的角动量为正值，

$$M_p = mg\left(\frac{l}{2}\cos\theta - 2r\cos2\theta\right)$$

由于此刻处于静止状态，$\omega = -\dot{\theta} = 0$.

将 I_p、M_p 及 ω 代入(9.5.3)式得

$$\frac{\mathrm{d}\omega}{\mathrm{d}t} = \frac{M_p}{I_p} = \frac{\left(\frac{1}{2}l\cos\theta - 2r\cos2\theta\right)g}{\frac{1}{3}l^2 + 4r^2 - 2rl\cos\theta}$$

方法二，用机械能守恒定律

$$T = \frac{1}{2}I_p\dot{\theta}^2 = \frac{1}{2}m\left(\frac{1}{3}l^2 + 4r^2 - 2rl\cos\theta\right)\dot{\theta}^2$$

$$V = -mgr\sin2\theta + mg\cdot\frac{l}{2}\sin\theta + 常量$$

$$T + V = 常量$$

$$\frac{1}{2}m\left(\frac{1}{3}l^2 + 4r^2 - 2rl\cos\theta\right)\dot{\theta}^2 - mgr\sin2\theta + \frac{1}{2}mgl\sin\theta = 常量$$

两边对 t 求导，消去各项的公因子 $m\dot{\theta}$，并令 $\dot{\theta}=0$ 即可解出 $-\ddot{\theta}$即得$\frac{\mathrm{d}\omega}{\mathrm{d}t}$的上述结果.

方法三，用质心运动定理和质心平动参考系中对质心的角动量定理.

取图 9.5.5 中所示的坐标

$$m\ddot{x}_c = N_1\sin2\theta - N_2\sin\theta \tag{1}$$

$$m\ddot{y}_c = N_1\cos2\theta + N_2\cos\theta - mg \tag{2}$$

$$\frac{1}{12}ml^2\ddot{\theta} = -N_1\cdot\frac{l}{2}\sin\theta + N_2\left(2r\cos\theta - \frac{1}{2}l\right) \tag{3}$$

$$x_c = \frac{1}{2}l\cos\theta - r\cos2\theta$$

$$y_c = -r\sin2\theta + \frac{1}{2}l\sin\theta$$

在开始时，$\dot{x}_c=0$，$\dot{y}_c=0$，$\dot{\theta}=0$，但在计算 $\dot{x}_c$、$\dot{y}_c$ 与 θ、$\dot{\theta}$ 的关系时，由于还要计算 $\ddot{x}_c$、$\ddot{y}_c$，不能令 $\dot{\theta}=0$ 后再求导，在求开始时的 $\ddot{x}_c$、$\ddot{y}_c$ 时，对 $\dot{x}_c$、$\dot{y}_c$ 求导后可令 $\dot{\theta}=0$. 故有

$$\dot{x}_c=-\frac{1}{2}l\dot{\theta}\sin\theta+2r\dot{\theta}\sin 2\theta$$

$$\ddot{x}_c=-\frac{1}{2}l\ddot{\theta}\sin\theta+2r\ddot{\theta}\sin 2\theta \tag{4}$$

$$\dot{y}_c=-2r\dot{\theta}\cos 2\theta+\frac{1}{2}l\dot{\theta}\cos\theta$$

$$\ddot{y}_c=-2r\ddot{\theta}\cos 2\theta+\frac{1}{2}l\ddot{\theta}\cos\theta \tag{5}$$

(1)～(5)式五个方程中有 $\ddot{x}_c$、$\ddot{y}_c$、$\ddot{\theta}$、N_1、N_2 五个未知量，可解出开始时 $\ddot{\theta}$作为θ 的函数，可得到与方法一、方法二相同的结果，显然比上述两法麻烦得多. 原因是不必求的未知的约束力 N_1、N_2 出现在方程中了.

3. 滚动摩擦

如果在滚动时只有我们已经讲过的滑动摩擦（包括没有相对运动时的静摩擦），则一个围绕其对称轴以初角速度转动的圆柱体置于粗糙的水平面上，开始一段时间内做又滚又滑运动，以后将变为纯滚动，纯滚动摩擦力必将变为零，以后将保持这个角速度一直运动下去. 事实上，这是不可能的，圆柱体最终将停止运动. 说明必有另一种摩擦机制存在. 对于一个在粗糙水平面上处于平衡的圆柱体，如在其中心作用一个水平力 $\boldsymbol{F}$，如果只有我们已经讲过的滑动摩擦，则不论 $\boldsymbol{F}$ 多么小，圆柱体受力情况如图 9.5.6 所示，其中 $\boldsymbol{P}$ 是重力. $\boldsymbol{N}$ 是水平面的支持力，$\boldsymbol{N}$ 与 $\boldsymbol{P}$ 大小相等、方向相反，$\boldsymbol{f}$ 是滑动静摩擦力，$\boldsymbol{F}$ 较小时，$\boldsymbol{f}=-\boldsymbol{F}$，$f\leqslant\mu N$，$\mu$ 是（滑动）静摩擦因数. $\boldsymbol{f}$ 与 $\boldsymbol{F}$ 构成一对力偶，不论 $\boldsymbol{F}$ 多小，力偶矩多小，圆柱体都应该具有角加速度而产生转动. 实际情况并非如此，在 $\boldsymbol{F}$ 不够大时，圆柱体仍处于平衡状态. 这也说明必存在着另一种摩擦机制，这就是我们要讲的滚动摩擦.

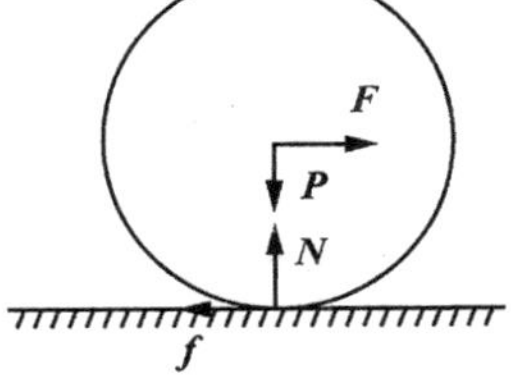

图 9.5.6

发生滚动摩擦的原因，是因为圆柱体和平面都不是绝对的刚体，在它们的接触处，由于力的作用多少会发生变形，在接触面上，圆柱体受分布力的作用，如图 9.5.7(a)所示. 以 A 点为简化中心，这些力简化为一个单力 $\boldsymbol{R}$ 和一个力偶，其力

偶矩为 $\boldsymbol{M}$，如图 9.5.7(b)所示．这个 $\boldsymbol{R}$ 可分解为支持力 $\boldsymbol{N}$ 和滑动摩擦力 $\boldsymbol{f}$，如图 9.5.7(c)所示．这个力矩为 $\boldsymbol{M}$ 的力偶称为滚动摩阻力偶(简称摩阻力偶)．在 $\boldsymbol{F}$ 不够大时，即 $|\boldsymbol{F}|$ 未超过最大静摩擦力(设加力 $\boldsymbol{F}$ 前圆柱处于平衡)时，$\boldsymbol{M}$ 与 $\boldsymbol{F}$、$\boldsymbol{f}$ 这一对力偶的力矩平衡，因此，圆柱体仍处于平衡状态．

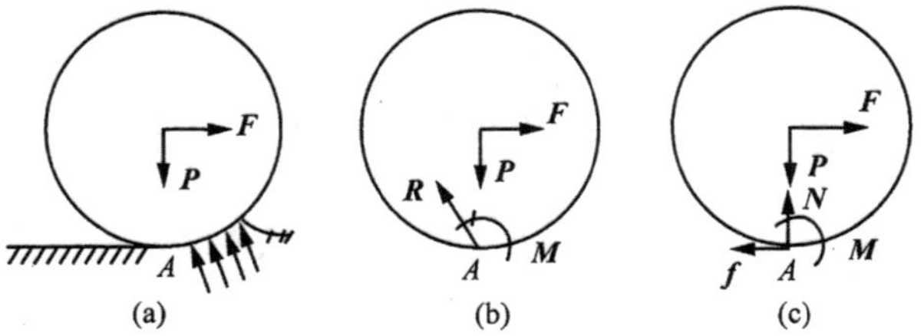

图 9.5.7

静滑动摩擦力 $\boldsymbol{f}$ 随 $\boldsymbol{F}$ 增大而增大，在保持平衡时，$\boldsymbol{f}$ 与 $\boldsymbol{F}$ 总是等值反向，当 $\boldsymbol{F}$ 增大到 $f=f_{max}=\mu N$ 时就不再继续保持平衡，将开始有相对运动，μ 为滑动静摩擦因数，f_{max} 为最大静摩擦力．静摩擦力必在 0 与 $f_{max}=\mu N$ 之间．

静滚动摩阻力偶矩也有类似情况，在仍保持平衡时，当 $\boldsymbol{F}$ 增大时，滑动静摩擦力 $\boldsymbol{f}$ 总与 $\boldsymbol{F}$ 等值反向，$\boldsymbol{F}$、$\boldsymbol{f}$ 这一对力偶矩总与静滚动摩阻力偶矩 $\boldsymbol{M}$ 等值反向．随着 $\boldsymbol{F}$ 增大，M 值也随之增大，当 $\boldsymbol{F}$ 增大到将滚未滚的临界状态时，滚动摩阻力偶矩 M 达到最大值 M_{max}．

滑动摩擦力通常用下列滑动摩擦定律，

$$0 \leqslant f \leqslant f_{max} = \mu N$$

μN 是最大静摩擦力，略去有相对运动和无相对运动时摩擦因数的差别，μN 也是有相对运动时的滑动摩擦力．

滚动因摩阻力偶矩也有类似的滚动摩阻力律

$$0 \leqslant M \leqslant M_{max} = \delta N \tag{9.5.4}$$

δN 是最大静滚动摩阻力偶矩，也是有滚动时的滚动摩阻力偶矩．δ 称为滚动摩阻因数．

实验表明，δN 与圆柱体的半径无关，与支承面的支持力 N 的大小成正比，δ 是比例常数，称为滚动摩阻因数，具有长度的量纲，一般用 cm 或 mm 为单位，δ 与圆柱体的半径无关，与圆柱体和支承面材料的硬度和湿度有关．

按《机械设计手册》上册(燃料化学工业出版社，1970 年版)提供的材料，滚动摩阻因数 δ 有下列数据(单位为 mm)．

铸铁与铸铁 0.5,软钢与软钢 0.05,

钢质车轮与钢轨 0.5,木与木 0.5~0.8,

软木与软木 1.5,轮胎与路面 2~10,

有滚珠轴承的料车与钢轨 0.09,

无滚珠轴承的料车与钢轨 0.21.

$\boldsymbol{N}$ 与 $\boldsymbol{M}$ 互相垂直,可等效于一个单力 $\boldsymbol{N}'$.将 $\boldsymbol{M}$ 等效于 $\boldsymbol{N}'$、$\boldsymbol{N}''$这一对力偶的力矩,其中 $\boldsymbol{N}''$与 $\boldsymbol{N}$ 等值反向,$\boldsymbol{N}'$与 $\boldsymbol{N}$ 等值同向,作用线互相平行,并不重合.$\boldsymbol{N}$ 与 $\boldsymbol{N}''$平衡,见图 9.5.8.因此 $\boldsymbol{N}$ 与 $\boldsymbol{M}$ 就等效于一个单力 $\boldsymbol{N}'$,δ'就是这个单力 $\boldsymbol{N}'$与 $\boldsymbol{N}$ 两作用线间的距离,也是等效于 $\boldsymbol{M}$ 的 $\boldsymbol{N}''$与 $\boldsymbol{N}'$这一对力偶的力臂,$\delta'\leqslant\delta$.

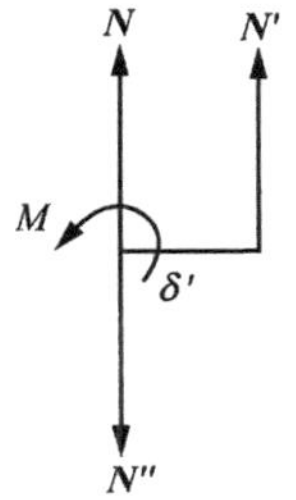

图 9.5.8

对于半径为 r 的圆柱体,发生纯滚动,必须满足 $Fr\geqslant\delta N$.$F\leqslant\mu N$;发生纯滑动的条件是 $F\geqslant\mu N$,$Fr\leqslant\delta N$.

在一般情况下,$\frac{\delta}{r}\ll\mu$,例如木轮与木质平面间,无润滑,$\mu=0.2$,有润滑时,$\mu=0.07$.(均取最小值),$\delta=0.08\text{cm}$(取最大值),若轮子半径 $r=30\text{cm}$,$\frac{\delta}{r}=\frac{0.08}{30}=0.0027$,比 0.2 小得多,比 0.07 也小不少.因此在平衡的情况下,滚动摩擦是绝不能忽略的.而在有滚动时,滚动摩擦常常是可以忽略的.在从平衡时不断增大拉力到开始运动时,轮子总是先滚动而不是先滑动.

例 9.5.7 一个水平力 $\boldsymbol{F}$ 作用于半径为 R、质量为 m 的均质圆柱的上端 B 点,圆柱与水平面间的滚动摩阻因数为 δ,问要使圆柱体作纯滚动,滑动摩擦因数 μ 应满足什么条件?

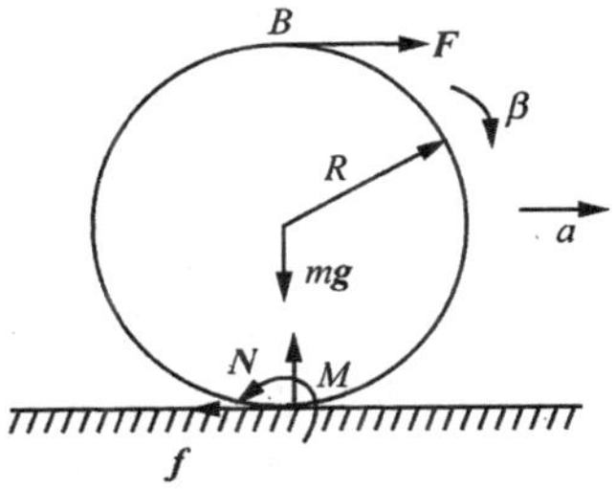

图 9.5.9

解 圆柱体的质心加速度 a、角加速度 β 的正值方向如图 9.5.9 所示.

$$ma = F - f \tag{1}$$

$$0 = N - mg \tag{2}$$

$$\frac{1}{2}mR^2\beta = FR + fR - M \tag{3}$$

$$M = N\delta \tag{4}$$

纯滚动条件:

$$a = R\beta \tag{5}$$

(1)、(3)式消去 f,并用(5)式得

$$\frac{3}{2}mRa = 2FR - M$$

由(2)、(4)式

$$M = mg\delta$$

代入上式,解出 a 得

$$a = \frac{2}{3mR}(2FR - mg\delta)$$

$$f = F - ma = F - \frac{2}{3R}(2FR - mg\delta)$$

$$= \frac{2mg\delta}{3R} - \frac{F}{3} \tag{6}$$

f 为静滑动摩擦力,必有

$$f \leqslant \mu N = \mu mg \tag{7}$$

由(6)、(7)式,可得

$$\mu \geqslant \frac{2\delta}{3R} - \frac{F}{3mg}$$

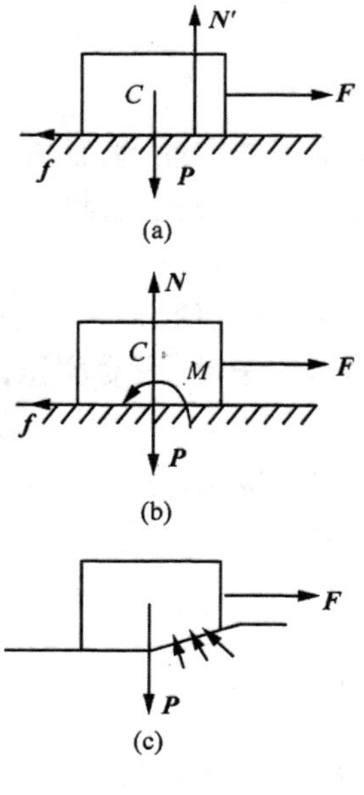

图 9.5.10

其实,滚动摩擦机制并不是仅在圆柱体平衡、滚动或又滚又滑时才存在.在非圆柱体的物体平衡或平动时也同样存在.例如图9.5.10(a)所示的情况,一长方体受到水平作用力 $\boldsymbol{F}$ 仍处于平衡状态,它受到重力 $\boldsymbol{P}$、静滑动摩擦力 $\boldsymbol{f}$,还有不通过质心的支持力 $\boldsymbol{N}'$,$\boldsymbol{F}$ 与 $\boldsymbol{f}$ 等值反向,作用线不重合,$\boldsymbol{N}'$ 与 $\boldsymbol{P}$ 也等值反向,作用线也不重合,$\boldsymbol{F}$、$\boldsymbol{f}$ 这一对力偶的力矩与 $\boldsymbol{P}$、$\boldsymbol{N}'$ 这一对力偶的力矩平衡,受力情况如图9.5.10(a)所示.不通过质心的支持力 $\boldsymbol{N}'$ 等效于图9.5.10(b)中的支持力 $\boldsymbol{N}$ 和摩阻力偶矩 $\boldsymbol{M}$.产生这种情况也是与物体、支承面均不是绝对的刚体,接触处发生变形,物体受到支承面如图 9.5.10(c)所示的分布力有关.这与前面讲的滚动摩擦机制是一回事.对于这种非圆柱体中产生的这种摩擦机制,把滚动摩擦改称转动摩擦似乎更为合理.

§9.6 刚体的定点转动

刚体的定点转动具有三个自由度,通常采用两组坐标:固定坐标系 $O\xi\eta\zeta$ 和固连于刚体的坐标系 $Oxyz$,两坐标系的原点 O 是固定点,动坐标系相对于静坐标系的位置也就是刚体的位置,用三个欧拉角 ψ、φ、θ 来描述.知道了三个欧拉角随时间的变化关系,由第七章讲的欧拉运动学方程,就可求得用两组坐标系表达的刚体的角速度,就可求出刚体上任何一点的速度和加速度.如何求 $\psi(t)$、$\varphi(t)$、$\theta(t)$,这就是这一节要解决的问题.

1. 基本动力学方程

对固定点 O 的角动量定理,

$$\frac{\mathrm{d}\boldsymbol{J}}{\mathrm{d}t} = \boldsymbol{M}$$

其中 $\boldsymbol{J}$ 是对固定点 O 的角动量,$\boldsymbol{M}$ 是外力对固定点 O 的主矩.

O 点取刚体运动的固定点,上式通常用固连于刚体的坐标系 $Oxyz$ 来表达,采取这种坐标系的优点是惯量张量的各个分量是不随时间变化的常量,而且可取关于 O 点的惯量主轴为 x、y、z 坐标,则惯量积均为零,角动量和角动量定理的表达式都特别简单.

取固连于刚体的 x、y、z 轴为关于固定点 O 的惯量主轴,绕此三个轴的转动惯量分别用 I_1、I_2、I_3 表示,则

$$\boldsymbol{J} = I_1\omega_x\boldsymbol{i} + I_2\omega_y\boldsymbol{j} + I_3\omega_z\boldsymbol{k}$$

$$\begin{aligned}
\frac{\mathrm{d}\boldsymbol{J}}{\mathrm{d}t} &= \frac{\tilde{\mathrm{d}}\boldsymbol{J}}{\mathrm{d}t} + \boldsymbol{\omega}\times\boldsymbol{J} \\
&= I_1\dot{\omega}_x\boldsymbol{i} + I_2\dot{\omega}_y\boldsymbol{j} + I_3\dot{\omega}_z\boldsymbol{k} + (\omega_x\boldsymbol{i} + \omega_y\boldsymbol{j} + \omega_z\boldsymbol{k})\times(I_1\omega_x\boldsymbol{i} \\
&\quad + I_2\omega_y\boldsymbol{j} + I_3\omega_z\boldsymbol{k}) \\
&= [I_1\dot{\omega}_x - (I_2 - I_3)\omega_y\omega_z]\boldsymbol{i} + [I_2\dot{\omega}_y - (I_3 - I_1)\omega_z\omega_x]\boldsymbol{j} \\
&\quad + [I_3\dot{\omega}_z - (I_1 - I_2)\omega_x\omega_y]\boldsymbol{k}
\end{aligned}$$

对刚体的固定点 O 的角动量定理的分量方程为

$$\begin{cases} I_1\dot{\omega}_x - (I_2 - I_3)\omega_y\omega_z = M_x \\ I_2\dot{\omega}_y - (I_3 - I_1)\omega_z\omega_x = M_y \\ I_3\dot{\omega}_z - (I_1 - I_2)\omega_x\omega_y = M_z \end{cases} \tag{9.6.1}$$

(9.6.1)式通常被称为欧拉动力学方程.

加上欧拉运动学方程

$$\begin{cases} \omega_x = \dot{\varphi}\sin\theta\sin\psi + \dot{\theta}\cos\psi \\ \omega_y = \dot{\varphi}\sin\theta\cos\psi - \dot{\theta}\sin\psi \\ \omega_z = \dot{\varphi}\cos\theta + \dot{\psi} \end{cases} \tag{9.6.2}$$

共六个一阶常微分方程,是刚体定点转动的基本动力学方程.由(9.6.2)式对时间求导,代入(9.6.1)式,可得欧拉角的三个二阶常微分方程.如知道作用于刚体的主动力以及初条件 $t=t_0$ 时的 ψ、φ、θ、$\dot{\psi}$、$\dot{\varphi}$、$\dot{\theta}$ 值或 ψ、φ、θ、ω_x、ω_y、ω_z 值,原则上可以解出定点转动的动力学方程 $\psi=\psi(t)$,$\varphi=\varphi(t)$,$\theta=\theta(t)$.但是,在一般情况下,外力矩 M_x、M_y、M_z 是 t、ψ、φ、θ 的函数甚至是 t、ψ、φ、θ、ω_x、ω_y、ω_z 的函数.不难想像,求解这样的非线性微分方程是很困难的,寻找上述方程组的可积分情况,是早期刚体动力学的主要课题,至今也只找到几种可积分的情况.

如果作用在刚体上的外力做功的都是保守力,则可用机械能守恒定律

$$T + V = E = 常量$$

采用固连于刚体的三个惯量主轴为坐标轴,上式可具体化为

$$\frac{1}{2}(I_1\omega_x^2 + I_2\omega_y^2 + I_3\omega_z^2) + V = E = 常量 \tag{9.6.3}$$

(9.6.3)式可从(9.6.1)式导出,读者不妨自己推导一下.下面我们分别讨论两种常见的带有一定普遍性的可积分情况.

2. 定点自由转动

如果刚体定点转动时,对固定点的外力矩为零,由于刚体的质量是不能忽略的,刚体必受到重力,因此不可能不受外力,对固定点没有外力矩只能是刚体绕质心作定点转动.作用于刚体上各质元的重力方向相同,大小与质元质量成正比,这些作用于各质元上的重力对固定点的力矩等效于作用于质心的合重力对固定点的力矩,今固定点就是质心,重力对固定点的力矩为零.刚体的这种定点转动称为刚体的定点自由转动,也称为欧拉-泊松情形,或简称欧拉情形.

*(1) 一般情形

一般情形是指对刚体的质量分布没有任何特殊要求,(9.6.1)式中涉及的中心惯量张量的三个主转动惯量均不相等,即 $I_1 \neq I_2 \neq I_3$. 由于是定点自由转动,$\boldsymbol{M}=0$.

满足守恒条件,有角动量积分

$$\boldsymbol{J} = \boldsymbol{J}_0 = \text{常量}$$

$$J^2 = \boldsymbol{J} \cdot \boldsymbol{J} = I_1^2 \omega_x^2 + I_2^2 \omega_y^2 + I_3^2 \omega_z^2 = J_0^2 = \text{常量} \tag{9.6.4}$$

因外力不做功,有能量积分,又因质心是固定点,重力势能不变,动能也是守恒的

$$I_1 \omega_x^2 + I_2 \omega_y^2 + I_3 \omega_z^2 = 2T_0 = \text{常量} \tag{9.6.5}$$

定义

$$D = \frac{J_0^2}{2T_0}, \quad \Omega = \frac{2T_0}{J_0} \tag{1}$$

取固连于刚体的坐标时,不仅取惯量主轴方向.还使所取的 x、y、z 轴,三个主转动惯量有以下大小关系:

$$I_1 > I_2 > I_3$$

因为

$$\frac{D}{I_1} = \frac{J_0^2}{2I_1 T_0} = \frac{I_1^2 \omega_x^2 + I_2^2 \omega_y^2 + I_3^2 \omega_z^2}{I_1^2 \omega_x^2 + I_1 I_2 \omega_y^2 + I_1 I_3 \omega_z^2} < 1$$

$$\frac{D}{I_3} = \frac{J_0^2}{2I_3 T_0} = \frac{I_1^2 \omega_x^2 + I_2^2 \omega_y^2 + I_3^2 \omega_z^2}{I_3 I_1 \omega_x^2 + I_3 I_2 \omega_y^2 + I_3^2 \omega_z^2} > 1$$

故有

$$I_1 > D > I_3$$

将 D、Ω 代入(6.6.4)、(6.6.5)式得

$$I_1^2 \omega_x^2 + I_2^2 \omega_y^2 + I_3^2 \omega_z^2 = D^2 \Omega^2$$

$$I_1 \omega_x^2 + I_2 \omega_y^2 + I_3 \omega_z^2 = D\Omega^2$$

从上述两式解出 ω_x、ω_z 作为 ω_y 的函数,得

$$\omega_x^2 = \frac{I_2(I_2 - I_3)}{I_1(I_1 - I_3)}(\alpha^2 - \omega_y^2) \tag{2}$$

$$\omega_z^2 = \frac{I_2(I_1 - I_2)}{I_3(I_1 - I_3)}(\beta^2 - \omega_y^2) \tag{3}$$

其中

$$\alpha^2 = \frac{D(D - I_3)}{I_2(I_2 - I_3)}\Omega^2 \tag{4}$$

$$\beta^2 = \frac{D(I_1 - D)}{I_2(I_1 - I_2)}\Omega^2 \tag{5}$$

将 ω_x^2、ω_z^2 的式子代入(9.6.1)的第二式,注意 $M_y=0$,得

$$\dot{\omega}_y^2 = \frac{(I_1 - I_2)(I_2 - I_3)}{I_1 I_3}(\alpha^2 - \omega_y^2)(\beta^2 - \omega_y^2)$$

上式两边乘 $I_1 I_3/(I_1 - I_2)(I_2 - I_3)\alpha^2\beta^2$,得

$$\frac{I_1 I_3}{(I_1 - I_2)(I_2 - I_3)\alpha^2\beta^2}\dot{\omega}_y^2 = \left(1 - \frac{\omega_y^2}{\alpha^2}\right)\left(1 - \frac{\omega_y^2}{\beta^2}\right)$$

假定 $\alpha^2 > \beta^2$,定义 $q = \frac{\omega_y}{\beta}$,上式改为

$$\frac{I_1 I_3}{(I_1 - I_2)(I_2 - I_3)\alpha^2}\dot{q}^2 = (1 - q^2)(1 - k^2 q^2)$$

其中

$$k^2 = \frac{\beta^2}{\alpha^2} < 1$$

分离变量积分

$$t = \frac{1}{\alpha}\sqrt{\frac{I_1 I_3}{(I_1 - I_2)(I_2 - I_3)}}\int_{q_0}^{q}\frac{\mathrm{d}q}{\sqrt{(1 - q^2)(1 - k^2 q^2)}}$$

$$= \frac{1}{\alpha}\sqrt{\frac{I_1 I_3}{(I_1 - I_2)(I_2 - I_3)}}\left[\int_0^{q}\frac{\mathrm{d}q}{\sqrt{(1 - q^2)(1 - k^2 q^2)}} - \int_0^{q_0}\frac{\mathrm{d}q}{\sqrt{(1 - q^2)(1 - k^2 q^2)}}\right]$$

$$= \frac{1}{\alpha}\sqrt{\frac{I_1 I_3}{(I_1 - I_2)(I_2 - I_3)}}\left[\int_0^{\arcsin q}\frac{\mathrm{d}\phi}{(1 - k^2\sin^2\phi)^{1/2}} - \int_0^{\arcsin q_0}\frac{\mathrm{d}\phi}{(1 - k^2\sin^2\phi)^{1/2}}\right]$$

$$=\frac{1}{\alpha}\sqrt{\frac{I_1 I_3}{(I_1-I_2)(I_2-I_3)}}\left[F(k,\arcsin q)-F(k,\arcsin q_0)\right]$$

在上述积分中作了变量代换,令 $q=\sin\phi$,其中 $q=\frac{\omega_y}{\beta}$,α、β、Ω、D 由(1)、(4)、(5)式给出,$k=\frac{\beta}{\alpha}$,$F(k,\arcsin q)$是第一类椭圆函数,有表可查.

上式给出了 t 与 ω_y 的函数关系,代入(2)、(3)式可得 t 与 ω_x、t 与 ω_z 的函数关系.

把上述函数关系写成 $\omega_x(t)$、$\omega_y(t)$、$\omega_z(t)$.下面我们再讲一下如何进一步求 $\psi(t)$、$\varphi(t)$和 $\theta(t)$.

对 O 点的角动量用静坐标系 $O\xi\eta\zeta$ 表示,

$$\boldsymbol{J}=J\boldsymbol{\zeta}^{\circ}$$

这里考虑到 $\boldsymbol{J}$ 是恒矢量,今沿 $\boldsymbol{J}$ 的方向取 ζ 轴.

用固连于刚体的取惯量主轴为坐标的 $Oxyz$ 表示

$$\boldsymbol{J}=I_1\omega_x\boldsymbol{i}+I_2\omega_y\boldsymbol{j}+I_3\omega_z\boldsymbol{k} \tag{6}$$

从图 9.6.1 可以看出,用 $Oxyz$ 坐标系表示,还可写成

$$\boldsymbol{J}=J\sin\theta\sin\psi\boldsymbol{i}+J\sin\theta\cos\psi\boldsymbol{j}+J\cos\theta\boldsymbol{k} \tag{7}$$

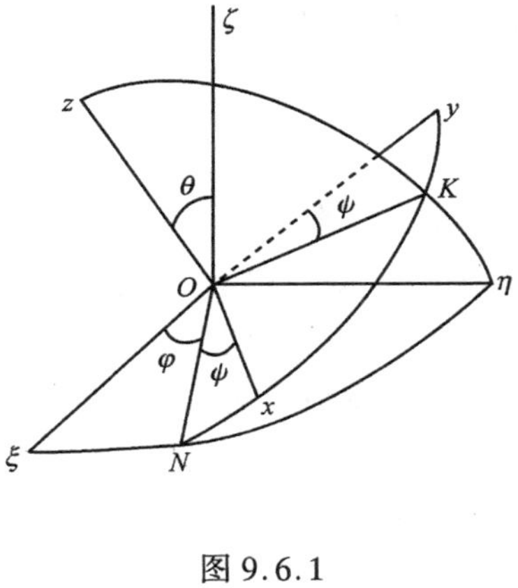

图 9.6.1

比较(6)、(7)两式可得

$$I_1\omega_x=J\sin\theta\sin\psi$$

$$I_2\omega_y=J\sin\theta\cos\psi$$

$$I_3\omega_z=J\cos\theta$$

由上述三式可得

$$\cos\theta=\frac{I_3\omega_z}{J} \tag{9.6.6}$$

$$\tan\psi=\frac{I_1\omega_x}{I_2\omega_y} \tag{9.6.7}$$

由已求得的 $\omega_x(t)$、$\omega_y(t)$、$\omega_z(t)$,即可由上述两式求出 $\theta(t)$和 $\psi(t)$.

由欧拉运动学方程(9.6.2)的第一式乘以 $\sin\psi$ 加上第二式乘以 $\cos\psi$,可得

$$\dot{\varphi}\sin\theta = \omega_x \sin\psi + \omega_y \cos\psi \tag{9.6.8}$$

将 $\theta(t)$、$\psi(t)$、$\omega_x(t)$、$\omega_y(t)$代入上式,积分可得 $\varphi(t)$.

我们还可以根据(9.6.4)、(9.6.5)式两个运动积分,对一般情形下的定点自由转动作定性的几何描述.刚体定点转动时,对该定点的惯量椭球也随刚体一起运动.我们在§9.3 讲惯量椭球时已指出,刚体绕通过固定点 O 的某瞬轴转动时,该轴与椭球面的交点 Q,椭球面在 Q 点的法线方向与此时刚体的角动量 $\boldsymbol{J}$ 的方向平行.今定点自由转动,有角动量积分,$\boldsymbol{J}$ 是常量.刚体运动时,惯量椭球随之运动,一般 $\boldsymbol{\omega}$ 不是常量,因而 Q 点在空间的位置在变化,但 Q 点处的法线方向不变(因 $\boldsymbol{J}$ 的方向不变).在 Q 点,椭球面的切面的法线方向不变.由此可见,切平面固定不变或作平面平行运动.固定点 O 至该切面的垂直距离 d 等于 $\boldsymbol{OQ}$ 在 $\boldsymbol{J}$ 方向的投影的绝对值

$$d = \left| \boldsymbol{OQ} \cdot \frac{\boldsymbol{J}}{J} \right|$$

在§9.3.3 中讲过

$$\boldsymbol{\omega} = \mu \boldsymbol{OQ}$$

其中 μ 是常量.代入上式,并用(9.3.5)式,

$$d = \left| \frac{\boldsymbol{\omega}}{\mu} \cdot \frac{\boldsymbol{J}}{J} \right| = \left| \frac{1}{\mu J} 2T \right|$$

刚体的定点自由转动,J、T 均为常量,故刚体运动时 d 不变,关于 O 点的惯量椭球随刚体运动时,Q 点的切平面与 O 点的垂直距离不变,这个切平面是空间的固定平面,并不作平面平行运动.Q 点在瞬时转轴上,此时刚体上 Q 点的速度为零.可见刚体绕质心作定点自由转动时,关于 O 点(质心)的惯量椭球在空间的固定平面上作纯滚动.还要说明一下,纯滚动时,$\overline{\boldsymbol{OQ}}$长度一般是变化的,在§9.3.3 中作惯量椭球时令

$$\overline{OQ} = \frac{1}{\sqrt{I}}$$

因 $T = \frac{1}{2} I\omega^2$, $I = \frac{2T}{\omega^2}$

$$\overline{OQ} = \frac{1}{\sqrt{\frac{2T}{\omega^2}}} = \frac{\omega}{\sqrt{2T}}$$

对于一般的定点自由转动，T 为常量，ω 不一定是常量，故$\overline{OQ}$也不一定是常量.

综上所述，反映刚体定点自由转动的几何图像如图 9.6.2 所示.

思考题 在什么情况下，刚体的定点自由转动时，$\overline{OQ}$长度保持不变？

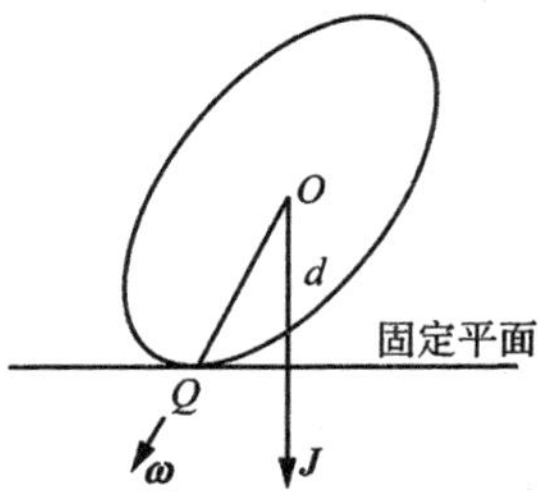

图 9.6.2

(2) 中心惯量椭球有旋转对称轴的情形

刚体具有旋转对称轴，该对称轴必是中心惯量椭球的旋转对称轴. 可是中心惯量椭球具有旋转对称轴并不要求刚体具有旋转对称轴，例如底面为正多边形的均质柱体其中心惯量椭球具有旋转对称轴.

取中心惯量椭球的旋转对称轴为 z 轴，则过固定点（质心）垂直于 z 轴的平面上任何方向都是惯量主轴，有 $I_1 = I_2$. 在此情形下，欧拉动力学方程为

$$\begin{cases} I_1\dot{\omega}_x - (I_1 - I_3)\omega_y\omega_z = 0 \\ I_1\dot{\omega}_y - (I_3 - I_1)\omega_z\omega_x = 0 \\ I_3\dot{\omega}_z = 0 \end{cases} \tag{9.6.9}$$

除了有前面讲过的角动量积分和能量积分

$$J^2 = I_1^2(\omega_x^2 + \omega_y^2) + I_3^2\omega_z^2 = J_0^2 \tag{1}$$

$$T = \frac{1}{2}I_1(\omega_x^2 + \omega_y^2) + \frac{1}{2}I_3\omega_z^2 = T_0 \tag{2}$$

以外，可从(9.6.9)的第三式得到第三个、进而得到第四个运动积分

$$\omega_z = \omega_{z0} \tag{3}$$

$$\omega = \omega_0 \tag{4}$$

这后两个积分可从前两个积分得到. (1)式减去乘以 $2I_1$ 的(2)式，解出 ω_z^2 得

$$\omega_z^2 = \frac{J_0^2 - 2I_1T_0}{I_3(I_3 - I_1)} = 常量 \tag{5}$$

将(5)式代回(1)式或(2)式可得

$$\omega_x^2 + \omega_y^2 = 常量 \tag{6}$$

$$\omega^2 = \omega_x^2 + \omega_y^2 + \omega_z^2 = 常量 \tag{7}$$

将(3)式代入(9.6.9)的第一、二式,并令

$$\Omega = \frac{I_3 - I_1}{I_1}\omega_{z0} \tag{9.6.10}$$

得

$$\dot{\omega}_x + \Omega\omega_y = 0 \tag{8}$$

$$\dot{\omega}_y - \Omega\omega_x = 0 \tag{9}$$

(8)式对 t 求导,再代入(9)式得

$$\ddot{\omega}_x + \Omega^2\omega_x = 0$$

积分得

$$\omega_x = \omega_1\cos(\Omega t + \alpha)$$

再用(8)式得

$$\omega_y = -\frac{1}{\Omega}\dot{\omega}_x = \omega_1\sin(\Omega t + \alpha)$$

其中 ω_1、α 可由初条件 ω_{x0}、ω_{y0} 确定.

$$\omega_1 = \sqrt{\omega_{x0}^2 + \omega_{y0}^2}, \qquad \alpha = \arccos\frac{\omega_{x0}}{\sqrt{\omega_{x0}^2 + \omega_{y0}^2}}$$

角速度的大小 ω 不变,ω_z 不变,因而角速度矢量与固连于刚体的 z 轴即中心惯量椭球的旋转对称轴的夹角不变,角速度在固连于刚体的坐标系中以恒定的角速度 Ω 绕 z 轴转动. 当 $I_3>I_1$ 时,Ω 与 ω_{z0} 同号,$I_3<I_1$ 时,Ω 与 ω_{z0} 异号. 我们可选 z 轴的正方向,使 $\omega_{z0}>0$,则 $I_3>I_1$ 时,$\Omega>0$,$I_3<I_1$ 时,$\Omega<0$.

$\boldsymbol{J}$ 为常量,可选 $\boldsymbol{J}$ 的方向为 ζ 轴的正方向,

$$J_z = I_3\omega_z = I_3\omega_{z0} = 常量$$

又有

$$J_z = J\cos\theta = J_0\cos\theta$$

故

$$\cos\theta = \frac{J_z}{J_0} = \frac{I_3\omega_{z0}}{J_0} = 常量$$

$$\theta = \theta_0 = \arccos\frac{I_3\omega_{z0}}{J_0} = \arccos\left[\frac{I_3\omega_{z0}}{\sqrt{I_1^2(\omega_{x0}^2+\omega_{y0}^2)+I_3^2\omega_{z0}^2}}\right]$$

将 ω_x、ω_y、θ 各式代入欧拉运动学方程得

$$\dot{\varphi}\sin\theta_0\sin\psi = \omega_1\cos(\Omega t+\alpha) = \omega_1\sin\left(\frac{\pi}{2}-\alpha-\Omega t\right) \tag{10}$$

$$\dot{\varphi}\sin\theta_0\cos\psi = \omega_1\sin(\Omega t+\alpha) = \omega_1\cos\left(\frac{\pi}{2}-\alpha-\Omega t\right) \tag{11}$$

$$\dot{\varphi}\cos\theta_0 + \dot{\psi} = \omega_{z0} \tag{12}$$

由(10)、(11)式得

$$\dot{\varphi} = \frac{\omega_1}{\sin\theta_0} = \sqrt{\omega_{x0}^2+\omega_{y0}^2}\Bigg/\frac{I_1\sqrt{\omega_{x0}^2+\omega_{y0}^2}}{\sqrt{I_1^2(\omega_{x0}^2+\omega_{y0}^2)+I_3^2\omega_{z0}^2}} = \frac{\sqrt{I_1^2(\omega_{x0}^2+\omega_{y0}^2)+I_3^2\omega_{z0}^2}}{I_1}$$

$$\psi = -\Omega t + \frac{\pi}{2} - \alpha = -\frac{I_3-I_1}{I_1}\omega_{z0}t + \frac{\pi}{2} - \alpha$$

$$\varphi = \frac{\sqrt{I_1^2(\omega_{x0}^2+\omega_{y0}^2)+I_3^2\omega_{z0}^2}}{I_1}t + \varphi_0$$

这种 $\theta=\theta_0$ 的定点转动，没有章动，只有自转和进动，这种运动称为规则进动. 中心惯量椭球有旋转对称轴的刚体作定点自由转动，是规则进动. 规则进动时，自转角速度 $\dot{\psi}$ 和进动角速度 $\dot{\varphi}$ 也是常量.

下面我们再看一下中心惯量椭球有旋转对称轴的刚体作定点自由转动时的几何图像.

设 λ 为 $\boldsymbol{\omega}$ 与 ζ 轴即 $\boldsymbol{\omega}$ 与 $\boldsymbol{J}$ 的夹角，μ 为 $\boldsymbol{\omega}$ 与 z 轴的夹角，θ 为 z 轴与 ζ 轴的夹角

$$\cos\lambda = \frac{\boldsymbol{\omega}\cdot\boldsymbol{J}}{\omega J} = \frac{2T_0}{\omega J_0} > 0$$

$$\cos\mu = \frac{\omega_z}{\omega} = \frac{\omega_{z0}}{\sqrt{\omega_{x0}^2+\omega_{y0}^2+\omega_{z0}^2}} > 0$$

$$\cos\theta = \frac{J_z}{J} = \frac{I_3\omega_{z0}}{\sqrt{I_1^2(\omega_{x0}^2+\omega_{y0}^2)+I_3^2\omega_{z0}^2}} > 0$$

λ、μ、θ 都只能在 $[0,\pi]$ 区间内，它们的余弦大于零，说明这些角都是锐角，在特殊

情况下可以等于零. 注意这个结论是在我们取 z 轴不仅是惯量椭球的旋转对称轴，而且使 $\omega_{z0}>0$，ζ 轴取 $\boldsymbol{J}_0$ 的方向的情况下做出的.

比较 μ 和 θ 的大小关系，

如 $I_3=I_1$，$\cos\theta=\cos\mu$，$\theta=\mu$

不限于 $I_3=I_1$ 的情况，把 $\cos\theta$ 看做 I_3 的函数（I_1 不变）

$$\cos^2\theta=\frac{I_3^2\omega_{z0}^2}{I_1^2(\omega_{x0}^2+\omega_{y0}^2)+I_3^2\omega_{z0}^2}$$

$$\frac{\mathrm{d}\cos^2\theta}{\mathrm{d}I_3^2}=\frac{\omega_{z0}^2}{I_1^2(\omega_{x0}^2+\omega_{y0}^2)+I_3^2\omega_{z0}^2}-\frac{I_3^2\omega_{z0}^4}{[I_1^2(\omega_{x0}^2+\omega_{y0}^2)+I_3^2\omega_{z0}^2]^2}$$

$$=\frac{I_1^2(\omega_{x0}^2+\omega_{y0}^2)\omega_{z0}^2}{[I_1^2(\omega_{x0}^2+\omega_{y0}^2)+I_3^2\omega_{z0}^2]^2}>0$$

$\cos^2\theta$ 随 I_3^2 单调递增，$\cos\theta$ 也随 I_3 单调递增. 可见，

如 $I_3<I_1$，$\cos\theta<\cos\mu$，$\theta>\mu$，从前面已知，$\Omega<0$，$\dot{\psi}>0$.

如 $I_3>I_1$，$\cos\theta>\cos\mu$，$\theta<\mu$，从前面已知，$\Omega>0$，$\dot{\psi}<0$.

本体极面在空间极面上纯滚动形象地反映了刚体的运动情况. 图 9.6.3(a)、(b)分别表示 $I_3<I_1$ 及 $I_3>I_1$ 两种情况.

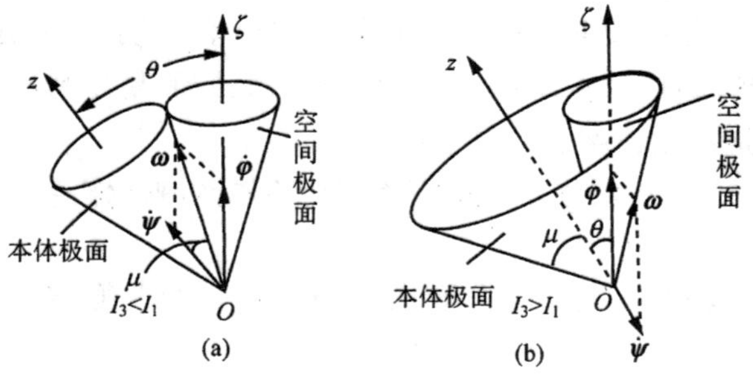

图 9.6.3

不论 $I_3<I_1$ 还是 $I_3>I_1$，进动角速度 $\dot{\varphi}$ 均大于零，故逆着 ζ 轴看，$\boldsymbol{\omega}$ 绕 ζ 轴均作逆时针转动，$\dot{\psi}$ 的正负号则反映刚体绕 z 轴转动的方向，也反映 z 轴绕 ζ 轴、本体极面绕空间极面转动的方向，$I_3<I_1$，$\dot{\psi}>0$，逆着 ζ 轴看，转动是逆时针的，$I_3>I_1$，$\dot{\psi}<0$，转动是顺时针的.

思考题　试用在一般情形中讲的采用惯量椭球在空间固定平面上纯滚动的几何图像定性地做出关于 I_1、I_3 大小关系及 θ、μ 大小关系之间的联系的结论.

地球近似地可以看做是具有旋转对称轴的扁椭球形刚体，设三个半轴分别为 a、a、b，a 是赤道处的地球半径，b 是两极处的地球半径，$b<a$，把地球的地理地轴即旋转对称轴取为 z 轴，$I_3>I_1=I_2$．若认为太阳、月球对地球的作用力均作用于地球的质心，则地球在其质心平动参考系中做定点自由转动，其几何图像如图 9.6.3(b)那样．地球的瞬时转轴称为天文地轴，天文地轴以 $\Omega=\dfrac{I_3-I_1}{I_1}\omega_{z0}$ 的角速度绕 z 轴(地球的地理地轴)转动．设地球质量为 m，则

$$I_1=\frac{1}{5}m(a^2+b^2),\qquad I_3=\frac{1}{5}m(a^2+a^2)=\frac{2}{5}ma^2$$

$$\frac{I_3-I_1}{I_1}=\frac{\frac{2}{5}ma^2-\frac{1}{5}m(a^2+b^2)}{\frac{1}{5}m(a^2+b^2)}=\frac{a^2-b^2}{a^2+b^2}$$

天文地轴围绕地理地轴一周所需时间为

$$\tau=\frac{2\pi}{\Omega}=\frac{2\pi I_1}{(I_3-I_1)\omega_{z0}}=\frac{2\pi(a^2+b^2)}{(a^2-b^2)\omega_{z0}}$$

代入 $a\approx6378\text{km}$、$b\approx6357\text{km}$，$\dfrac{2\pi}{\omega_{z0}}$ 近似用 $\dfrac{2\pi}{\omega}=1$ 天代替，得 $\tau\approx303$ 天．实际观测到的数据是 $\tau=430$ 天约 14 个月．产生误差的原因是多方面的，首先太阳和月球的引力并不作用于地球质心，其次，地球也不是理想的均质的刚体，再有用 ω 代替 ω_{z0} 也使 τ 值偏小．

例 9.6.1 一个边长为 $2a$、$2a$ 和 $4a$ 的匀质长方体围绕其质心做定点自由转动．使其以角速度 Ω 围绕一条对角线自旋．求通过质心平行长边的线在空间描出的圆锥的半顶角，并证明这条直线沿圆锥运动一周所需的时间为 $\dfrac{10\pi}{\sqrt{11}\Omega}$．

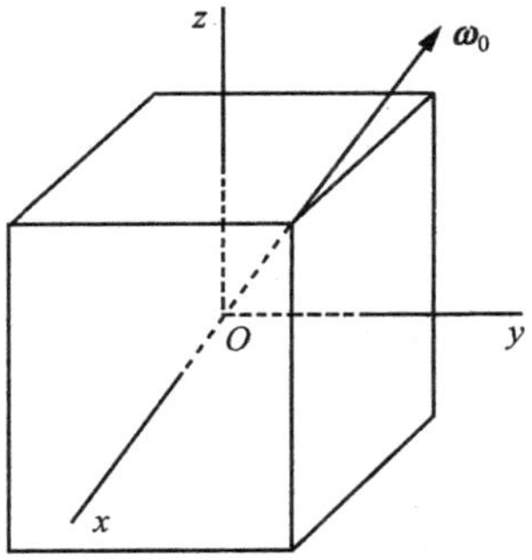

图 9.6.4

解 取质心(固定点)为原点，取惯量椭球的旋转对称轴为 z 轴，x、y 轴分别垂直于另两组平行平面，如图 9.6.4 所示．设长方体质量为 m，有

$$I_1=I_2=\int_{-a}^{a}\frac{m}{2a\cdot2a\cdot4a}\mathrm{d}x\int_{-a}^{a}\mathrm{d}y\int_{-2a}^{2a}(y^2+z^2)\mathrm{d}z$$

$$=\frac{m}{16a^3}\cdot 2a\int_{-a}^{a}\left[4ay^2+\frac{1}{3}\cdot 2(2a)^3\right]\mathrm{d}y$$

$$=\frac{5}{3}ma^2$$

$$I_3=\int_{-2a}^{2a}\frac{m}{2a\cdot 2a\cdot 4a}\mathrm{d}z\int_{-a}^{a}\mathrm{d}y\int_{-a}^{a}(x^2+y^2)\mathrm{d}x$$

$$=\frac{m}{16a^3}\cdot 4a\int_{-a}^{a}\left(2ax^2+\frac{1}{3}\cdot 2a^3\right)\mathrm{d}y=\frac{2}{3}ma^2$$

根据上述对中心惯量椭球有旋转对称轴的刚体作定点自由转动所讲的理论，长方体做规则进动，由于 $I_3<I_1$，运动如图 9.6.3(a)所示．要求的半顶角即章动角 θ，这条线即 z 轴沿圆锥运动一周所需的时间即进动的周期．

根据所取坐标，

$$\dot{\boldsymbol{\omega}}_0=\Omega\left(\frac{a}{\sqrt{a^2+a^2+(2a)^2}}\boldsymbol{i}+\frac{a}{\sqrt{a^2+a^2+(2a)^2}}\boldsymbol{j}+\frac{2a}{\sqrt{a^2+a^2+(2a)^2}}\boldsymbol{k}\right)$$

$$=\frac{1}{\sqrt{6}}\Omega(\boldsymbol{i}+\boldsymbol{j}+2\boldsymbol{k})$$

$$\cos\theta=\frac{I_3\omega_{z0}}{\sqrt{I_1^2(\omega_{x0}^2+\omega_{y0}^2)+I_3^2\omega_{z0}^2}}=\frac{\frac{2}{3}ma^2\cdot\frac{1}{\sqrt{6}}2\Omega}{\sqrt{\left(\frac{5}{3}ma^2\right)^2\left(\frac{1}{6}\Omega^2+\frac{1}{6}\Omega^2\right)+\left(\frac{2}{3}ma^2\right)^2\cdot\frac{4}{6}\Omega^2}}$$

$$=\frac{4}{\sqrt{66}}$$

$$\dot{\varphi}=\frac{\sqrt{I_1^2(\omega_{x0}^2+\omega_{y0}^2)+I_3^2\omega_{z0}^2}}{I_1}=\frac{\sqrt{\left(\frac{5}{3}ma^2\right)^2\left(\frac{1}{6}\Omega^2+\frac{1}{6}\Omega^2\right)+\left(\frac{2}{3}ma^2\right)^2\cdot\frac{4}{6}\Omega^2}}{\frac{5}{3}ma^2}$$

$$=\frac{1}{5}\sqrt{11}\Omega$$

进动的周期 $T=\dfrac{2\pi}{\dot{\varphi}}=\dfrac{2\pi}{\frac{1}{5}\sqrt{11}\Omega}=\dfrac{10\pi}{\sqrt{11}\Omega}$．

(3) 绕惯量主轴转动的运动稳定性

前面我们已讨论过对于 $I_1 \neq I_2 \neq I_3$ 的一般刚体做定点自由转动的求解问题. 其运动学方程是相当复杂的. 讨论它的在任何初条件下运动的稳定性是很困难的. 我们仅限于讨论定点自由转动绕某个惯量主轴转动的稳定性问题.

沿三个惯量主轴方向为固连于刚体的 x、y、z 轴, 相应的主转动惯量分别为 I_1、I_2、I_3, 刚体做定点自由转动. 具有初条件, $t=0$ 时, $\boldsymbol{\omega}=\omega_0 \boldsymbol{i}$, 即绕 x 轴转动. 不难验证, 这种运动状态是欧拉动力学方程的一个特解, 因此将保持这种运动. 讨论其运动的稳定性, 是对此运动给予一个小的扰动, 看扰动后的运动偏离原来的运动有多远, 例如使 $\boldsymbol{\omega}$ 偏离 $\omega_0 \boldsymbol{i}$, 变为

$$\boldsymbol{\omega} = (\omega_0 + \delta_0)\boldsymbol{i} + \varepsilon_0 \boldsymbol{j} + \sigma_0 \boldsymbol{k}$$

δ_0、ε_0、σ_0 均为小量. 以后的角速度

$$\boldsymbol{\omega} = (\omega_0 + \delta)\boldsymbol{i} + \varepsilon \boldsymbol{j} + \sigma \boldsymbol{k}$$

如 δ、ε、σ 仍保持小量, 则原运动是稳定的, 如 δ、ε、σ 不能都保持小量, 则原运动是不稳定的.

设 δ、ε、σ 均为小量, 代入欧拉动力学方程, 得

$$I_1(\dot{\omega}_0 + \dot{\delta}) - (I_2 - I_3)\varepsilon\sigma = 0$$

$$I_2\dot{\varepsilon} - (I_3 - I_1)\sigma(\omega_0 + \delta) = 0$$

$$I_3\dot{\sigma} - (I_1 - I_2)(\omega_0 + \delta)\varepsilon = 0$$

注意. $\dot{\omega}_0 = 0$, 并略去二阶小量 $\varepsilon\sigma$、$\sigma\delta$、$\delta\varepsilon$, 上述三式变为

$$I_1\dot{\delta} = 0 \tag{1}$$

$$I_2\dot{\varepsilon} - (I_3 - I_1)\omega_0\sigma = 0 \tag{2}$$

$$I_3\dot{\sigma} - (I_1 - I_2)\omega_0\varepsilon = 0 \tag{3}$$

对(1)式积分, 用初条件得 $\delta = \delta_0$ 即

$$\omega_x = \omega_0 + \delta = \omega_0 + \delta_0$$

(2)式对 t 求导, 再将(3)式代入得

$$\ddot{\varepsilon} + \frac{(I_1 - I_3)(I_1 - I_2)}{I_2 I_3}\omega_0^2 \varepsilon = 0 \tag{4}$$

同样,(3)式对 t 求导,再将(2)式代入得

$$\ddot{\sigma}+\frac{(I_1-I_3)(I_1-I_2)}{I_2 I_3}\omega_0^2\sigma=0 \tag{5}$$

如有

$$\frac{(I_1-I_3)(I_1-I_2)}{I_2 I_3}>0 \tag{9.6.11}$$

(4)、(5)式是简谐振动的微分方程,则只要初条件 ε_0、σ_0 为小量,以后 ε、σ 均为小量.故当 $I_1>I_2$、$I_1>I_3$ 或 $I_1<I_2$、$I_1<I_3$ 即当绕主转动惯量最大或最小的惯量主轴的定点自由转动,(9.6.11)式成立,运动是稳定的.若 I_1 在三个主转动惯量中不是最大、也不是最小,则(9.6.11)式不成立,则绕与 I_1 相应的 x 轴的定点自由转动是不稳定的.微扰的初条件 ε_0、σ_0 虽为小量,在 ε、σ 还较小时,(4)、(5)式尚能成立,但(4)、(5)式不是简谐振动的微分方程,ε、σ 不能保持小量,不为小量时,(4)、(5)式也不再适用了.

以上结论是对理想的刚体而言的,对于可变形的物体,只有绕最大主转动惯量的惯量主轴的转动才是稳定的.今说明如下:

考虑中心惯量椭球具有旋转对称轴的物体,让它绕旋转对称轴(取为 z 轴)作定点自由转动.如物体是刚体,则不论 $I_3>I_1=I_2$,还是 $I_3<I_1=I_2$,运动都是稳定的.但如物体是可变形的,则只有 $I_3>I_1=I_2$ 情形,绕旋转对称轴的定点自由转动才是稳定的.

由角动量守恒:$I_1^2(\omega_x^2+\omega_y^2)+I_3^2\omega_z^2=J_0^2$,

由动能守恒,$I_1(\omega_x^2+\omega_y^2)+I_3\omega_z^2=2T_0$.

第一式减去乘以 I_1 的第二式,得

$$J_0^2-2I_1T_0=I_3(I_3-I_1)\omega_z^2$$

取 ζ 轴沿 $\boldsymbol{J}$ 的方向

$$J_z=I_3\omega_z=J_0\cos\theta$$

用上式消去前式中的 ω_z,得

$$J_0^2-2I_1T_0=\frac{J_0^2}{I_3}(I_3-I_1)\cos^2\theta$$

$$T_0=\frac{J_0^2}{2I_3}\left[1+\left(\frac{I_3}{I_1}-1\right)\sin^2\theta\right]$$

图 9.6.5 给出了$\frac{2I_3T_0}{J_0^2}$与 θ 之间的关系.

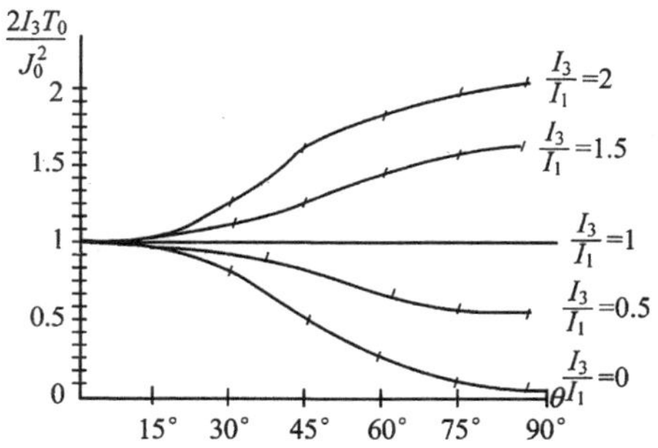

图 9.6.5

如转动的物体不是理想的刚体,而是可变形的弹性体,内力不会影响角动量,但内力作功,动能减小.在$\frac{I_3}{I_1}<1$ 的情况下,不能保持在 $\theta=0$ 的附近运动,因而绕 z 轴的转动是不稳定的.而在$\frac{I_3}{I_1}>1$ 的情况下,T 在 $\theta=0$ 处为极小值,只要内力作功不增加系统的动能,$\theta=0$ 的运动是稳定的.有实际的例子可证实上述说法.1958 年美国发射的探险者 1 号卫星(explorer 1 satellite)是一个细长的回转体,如图 9.6.6所示.该卫星在运行中绕对称轴(取为 z 轴)旋转,是 $I_3/I_1<1$ 的情况,卫星上有四根能变形的天线,结果卫星飞行不到一圈,θ 角即从 0°变到 60°.后来发射的 Telstar 通讯卫星,绕最大主转动惯量的轴转动,是 $I_3/I_1>1$ 的情况,$\theta=0$ 的运动是稳定的.

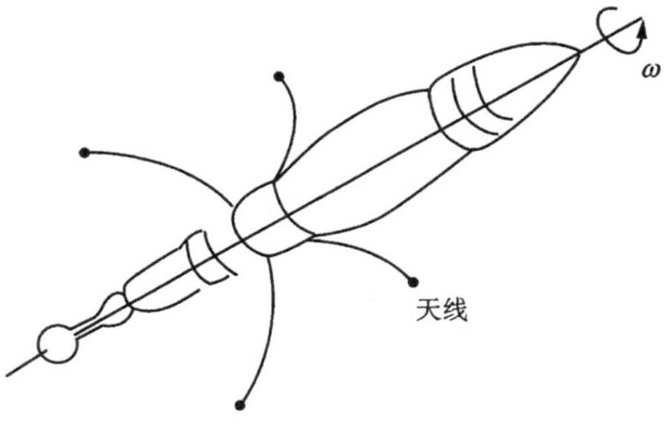

图 9.6.6

3. 重力作用下对称刚体的定点转动

对称刚体是指作定点转动的固定点，其惯量椭球有旋转对称轴，取此轴为 z 轴，则有 $I_1=I_2$，而且对此轴上的另一点，此轴也是其惯量椭球的旋转对称轴. 则此轴必通过质心. 今固定点 O 不是质心，设固定点 O 与质心 C 间的距离为 l，除了固定点受到外力以外只有重力的作用或者说刚体的定点转动受到的外力，只有重力对固定点有不为零的外力矩. 这种运动称为定点转动的拉格朗日情形.

对于具有 $I_1=I_2$ 的对称刚体的定点转动，采用部分固连于刚体的坐标系比较方便. 下面先介绍这种坐标系.

(1) NKZ 坐标系

参考系仍是静系，用来表达对固定点的角动量定理的坐标系总要使惯量张量的各分量不随时间而变化，因此要刚体对坐标轴的质量分布不随时间变化. 取固连于刚体的坐标系能满足这个要求. 对于惯量椭球具有旋转对称轴的刚体，刚体对坐标轴的质量分布可能随时间有变化，但因垂直于旋转对称轴的平面上任取两个互相垂直的方向的轴都是惯量主轴，而且主转动惯量都一样，可以采取部分固连于刚体的坐标系来表达. 这个部分固连于刚体的坐标系只有 z 轴.（取惯量椭球的旋转对称轴）固连于刚体，x、y、z 轴随刚体一起作进动和章动，不随刚体绕 z 轴自转. 其 x、y、z 轴分别为图 7.2.3(b)中的 x'、y''、z 轴，也分别是图 9.6.1 中的 N、K、z 轴，因此，这个坐标系可称做 NKZ 坐标系，或称为莱沙尔(Resal)坐标系，由于 $I_1=I_2$，坐标系不随刚体绕 z 轴自转，仍满足刚体运动过程中，三个主转动惯量和惯量张量各元素均不变的要求.

NKZ 坐标系的角速度 $\boldsymbol{\Omega}=\dot{\boldsymbol{\varphi}}+\dot{\boldsymbol{\theta}}$，用 NKZ 坐标系表达时，参看图 7.3.6 可直接写出

$$\begin{cases}\Omega_x = \dot{\theta}\\ \Omega_y = \dot{\varphi}\sin\theta\\ \Omega_z = \dot{\varphi}\cos\theta\end{cases} \tag{9.6.12}$$

$$\begin{aligned}\frac{\mathrm{d}\boldsymbol{J}}{\mathrm{d}t} &= \frac{\tilde{\mathrm{d}}\boldsymbol{J}}{\mathrm{d}t} + \boldsymbol{\Omega}\times\boldsymbol{J}\\ &= \frac{\mathrm{d}\boldsymbol{J}}{\mathrm{d}t} + (\Omega_y J_z - \Omega_z J_y)\boldsymbol{i} + (\Omega_z J_x - \Omega_x J_z)\boldsymbol{j} + (\Omega_x J_y - \Omega_y J_x)\boldsymbol{k}\\ &= (I_1\dot{\omega}_x + I_3\Omega_y\omega_z - I_1\Omega_z\omega_y)\boldsymbol{i} + (I_1\dot{\omega}_y + I_1\Omega_z\omega_x - I_3\Omega_x\omega_z)\boldsymbol{j}\end{aligned}$$

$$+ (I_3\dot{\omega}_z + I_1\Omega_x\omega_y - I_1\Omega_y\omega_x)\boldsymbol{k}$$

用 NKZ 坐标系表达的仅适用于惯量椭球具有旋转对称轴的刚体定点转动的对固定点的角动量定理为

$$\begin{cases} I_1\dot{\omega}_x + I_3\Omega_y\omega_z - I_1\Omega_z\omega_y = M_x \\ I_1\dot{\omega}_y + I_1\Omega_z\omega_x - I_3\Omega_x\omega_z = M_y \\ I_3\dot{\omega}_z + I_1(\Omega_x\omega_y - \Omega_y\omega_x) = M_z \end{cases} \tag{9.6.13}$$

作为用 NKZ 坐标系的一个例子,我们用它来处理中心惯量椭球具有旋转对称轴的定点自由转动.

取 ζ 轴沿对固定点 O(质心)的角动量 $\boldsymbol{J}$ 的方向,则

$$\boldsymbol{J} = J_0\boldsymbol{\zeta}^0$$

$\boldsymbol{\zeta}^0$ 按 NKZ 坐标系三个单位矢量 $\boldsymbol{i}$、$\boldsymbol{j}$、$\boldsymbol{k}$ 方向分解,

$$\boldsymbol{\zeta}^0 = \sin\theta\boldsymbol{j} + \cos\theta\boldsymbol{k}$$

用 NKZ 坐标系表达

$$\boldsymbol{J} = J_0\sin\theta\boldsymbol{j} + J_0\cos\theta\boldsymbol{k}$$

刚体的角速度 $\boldsymbol{\omega}$ 用 NKZ 坐标系表示为

$$\begin{aligned} \boldsymbol{\omega} &= \dot{\boldsymbol{\varphi}} + \dot{\boldsymbol{\theta}} + \dot{\boldsymbol{\psi}} = \boldsymbol{\Omega} + \dot{\boldsymbol{\psi}} \\ &= \dot{\theta}\boldsymbol{i} + \dot{\varphi}\sin\theta\boldsymbol{j} + (\dot{\varphi}\cos\theta + \dot{\psi})\boldsymbol{k} \end{aligned} \tag{9.6.14}$$

$$\begin{aligned} \boldsymbol{J} &= \begin{pmatrix} I_1 & 0 & 0 \\ 0 & I_1 & 0 \\ 0 & 0 & I_3 \end{pmatrix} \begin{pmatrix} \omega_x \\ \omega_y \\ \omega_z \end{pmatrix} \\ &= I_1\dot{\theta}\boldsymbol{i} + I_1\dot{\varphi}\sin\theta\boldsymbol{j} + I_3(\dot{\varphi}\cos\theta + \dot{\psi})\boldsymbol{k} \end{aligned}$$

比较两个 $\boldsymbol{J}$ 的表达式可得

$$I_1\dot{\theta} = 0$$

$$I_1\dot{\varphi}\sin\theta = J_0\sin\theta$$

$$I_3(\dot{\varphi}\cos\theta + \dot{\psi}) = J_0\cos\theta$$

可解得

$$\dot{\theta} = 0, \dot{\varphi} = \frac{J_0}{I_1}$$

$$\dot{\psi} = \frac{I_1 - I_3}{I_1 I_3} J_0 \cos\theta \tag{9.6.14'}$$

这个结果与本节 2(2)中所得结果是完全一致的.

(2) 采用 NKZ 坐标系来处理定点转动的拉格朗日情形

$$\begin{aligned} \boldsymbol{M} &= l\boldsymbol{k} \times mg(-\boldsymbol{\zeta}^0) \\ &= l\boldsymbol{k} \times (-mg\sin\theta\boldsymbol{j} - mg\cos\theta\boldsymbol{k}) = mgl\sin\theta\boldsymbol{i} \end{aligned}$$

将(9.6.12)、(9.6.14)式及上述 $\boldsymbol{M}$ 代入(9.6.13)式得

$$\begin{cases} I_1 \dfrac{\mathrm{d}\dot{\theta}}{\mathrm{d}t} + I_3(\dot{\varphi}\sin\theta)(\dot{\varphi}\cos\theta + \dot{\psi}) - I_1\dot{\varphi}^2\sin\theta\cos\theta = mgl\sin\theta \\ I_1 \dfrac{\mathrm{d}}{\mathrm{d}t}(\dot{\varphi}\sin\theta) + I_1(\dot{\varphi}\cos\theta)\dot{\theta} - I_3\dot{\theta}(\dot{\varphi}\cos\theta + \dot{\psi}) = 0 \\ I_3 \dfrac{\mathrm{d}}{\mathrm{d}t}(\dot{\varphi}\cos\theta + \dot{\psi}) = 0 \end{cases} \tag{9.6.15}$$

由(9.6.15)的第三式得

$$\dot{\varphi}\cos\theta + \dot{\psi} = \omega_{z0} \tag{9.6.16}$$

将上式代入(9.6.15)的第二式

$$I_1 \frac{\mathrm{d}}{\mathrm{d}t}(\dot{\varphi}\sin\theta) + I_1\dot{\varphi}\dot{\theta}\cos\theta - I_3\omega_{z0}\dot{\theta} = 0$$

上式两边乘以 $\sin\theta$,可写成全微分

$$\frac{\mathrm{d}}{\mathrm{d}t}(I_1\dot{\varphi}\sin^2\theta + I_3\omega_{z0}\cos\theta) = 0$$

$$I_1\dot{\varphi}\sin^2\theta + I_3\omega_{z0}\cos\theta = \alpha \tag{9.6.17}$$

式中 α 的物理意义是角动量在 ζ 轴上的投影.(9.6.17)式可直接从对 ζ 轴角动量守恒写出.

由(9.6.15)的第一式乘 $\dot{\theta}$ 加上第二式乘 $\dot{\varphi}\sin\theta$ 可得

$$I_1\dot{\theta}\ddot{\theta} + I_1\dot{\varphi}\sin\theta\frac{\mathrm{d}}{\mathrm{d}t}(\dot{\varphi}\sin\theta) = mgl\dot{\theta}\sin\theta$$

积分得

$$\frac{1}{2}I_1\dot{\theta}^2 + \frac{1}{2}I_1\dot{\varphi}^2\sin^2\theta = -mgl\cos\theta + h \tag{9.6.18}$$

(9.6.18)式的运动积分与机械能守恒有关

$$T = \frac{1}{2}I_1\dot{\theta}^2 + \frac{1}{2}I_1(\dot{\varphi}\sin\theta)^2 + \frac{1}{2}I_3(\dot{\psi} + \dot{\varphi}\cos\theta)^2$$

$$= \frac{1}{2}I_1\dot{\theta}^2 + \frac{1}{2}I_1\dot{\varphi}^2\sin^2\theta + \frac{1}{2}I_3\omega_{z0}^2$$

$$V = mgl\cos\theta$$

这里取固定点处为势能的零点

$$T + V = \frac{1}{2}I_1\dot{\theta}^2 + \frac{1}{2}I_1\dot{\varphi}^2\sin^2\theta + \frac{1}{2}I_3\omega_{z0}^2 + mgl\cos\theta = E \tag{9.6.18$'$}$$

比较(9.6.18)、(9.6.18′)式可知

$$h = E - \frac{1}{2}I_3\omega_{z0}^2$$

A. 规则进动

规则进动时，$\theta = \theta_0 =$ 常量，故 $\dot{\theta} = \ddot{\theta} = 0$，由(9.6.16)及(9.6.15)的第一式可得进动角速度 $\dot{\varphi}$ 满足的方程

$$I_1\dot{\varphi}^2\cos\theta_0 - I_3\omega_{z0}\dot{\varphi} + mgl = 0$$

可解出两个根

$$\dot{\varphi}_{1,2} = \frac{I_3\omega_{z0} \pm \sqrt{I_3^2\omega_{z0}^2 - 4I_1 mgl\cos\theta_0}}{2I_1\cos\theta_0} \tag{9.6.19}$$

其中取加号的为 $\dot{\varphi}_1$，取减号的为 $\dot{\varphi}_2$. 较大的 $\dot{\varphi}_1$ 为快进动角速度，较小的 $\dot{\varphi}_2$ 为慢进动角速度.

当 $0 < \theta_0 < \frac{\pi}{2}$ 时，只有满足

$$I_3^2\omega_{z0}^2 \geqslant 4mgl\cos\theta_0$$

的才能发生规则进动. $\dot{\varphi}$ 得满足(9.6.19)式.

当 $\frac{\pi}{2} < \theta_0 < \pi$ 时，只要 $\dot{\varphi}$ 满足(9.6.19)式，均能发生规则进动.

在 $l=0$ 即作定点自由转动时，$\dot{\varphi}_2=0$，只有快进动．进动角速度为

$$\dot{\varphi}=\frac{I_3}{I_1\cos\theta_0}\omega_{z0}=\frac{J_{z0}}{I_1\cos\theta_0}=\frac{J_0\cos\theta_0}{I_1\cos\theta_0}=\frac{J_0}{I_1}$$

与以前得到的结果是完全一致的．

在重力矩不为零时，一般既有快进动，又有慢进动．

当 $I_3^2\omega_{z0}^2\gg 4I_1mgl$ 时

$$\dot{\varphi}_1\doteq\frac{I_3\omega_{z0}}{I_1\cos\theta_0}$$

$$\dot{\varphi}_2=\frac{I_3\omega_{z0}-I_3\omega_{z0}\left(1-\frac{4I_1mgl\cos\theta_0}{I_3^2\omega_{z0}^2}\right)^{1/2}}{2I_1\cos\theta_0}$$

$$\doteq\frac{2I_1mgl\cos\theta_0}{I_3\omega_{z0}\cdot 2I_1\cos\theta_0}=\frac{mgl}{I_3\omega_{z0}}$$

只要 $\dot{\psi}$ 满足(9.6.16)式，快进动、慢进动两种规则进动都可能发生．但如 $\dot{\psi}\gg\dot{\varphi}$，由(9.6.16)式，$\omega_{z0}\doteq\dot{\psi}$，$\dot{\varphi}_1$ 可能与 $\dot{\varphi}\ll\dot{\psi}$ 相抵触，在这种情况下，只可能发生慢进动的规则进动．进动角速度为

$$\dot{\varphi}\doteq\frac{mgl}{I_3\dot{\psi}}$$

当 $I_3^2\omega_{z0}^2\ll mgl$ 时，只能有一种规则进动且 θ_0 必须为钝角，即 $\theta>\frac{\pi}{2}$，进动角速度为

$$\dot{\varphi}=-\frac{\sqrt{-4I_1mgl\cos\theta_0}}{2I_1\cos\theta_0}=\sqrt{\frac{mgl}{-I_1\cos\theta_0}}$$

自转角速度满足(9.6.16)式．

当 $I_3^2\omega_{z0}^2=4I_1mgl\cos\theta_0$ 时，只有一种规则进动．进动角速度和自转角速度分别为

$$\dot{\varphi}=\frac{I_3\omega_{z0}}{2I_1\cos\theta_0}=\frac{\sqrt{4I_1mgl\cos\theta_0}}{2I_1\cos\theta_0}=\sqrt{\frac{mgl}{I_1\cos\theta_0}}$$

$$\dot{\psi}=\omega_{z0}-\dot{\varphi}\cos\theta_0$$

$$=\sqrt{\frac{4I_1 mgl\cos\theta_0}{I_3^2}}-\sqrt{\frac{mgl\cos\theta_0}{I_1}}=\frac{2I_1-I_3}{I_1 I_3}\sqrt{mglI_1\cos\theta_0}$$

*B. 一般情况

由(9.6.17)式

$$\dot{\varphi}=\frac{\alpha-I_3\omega_{z0}\cos\theta}{I_1\sin^2\theta}$$

将上式代入(9.6.18′)式得

$$\frac{1}{2}I_1\dot{\theta}^2+\frac{(\alpha-I_3\omega_{z0}\cos\theta)^2}{2I_1\sin^2\theta}+\frac{1}{2}I_3\omega_{z0}^2+mgl\cos\theta=E \tag{1}$$

令 $u=\cos\theta$,则 $\dot{u}=-\sin\theta\cdot\dot{\theta}=-\sqrt{1-\cos^2\theta}\,\dot{\theta}=-(1-u^2)^{1/2}\dot{\theta}$

$$\dot{\theta}=-\frac{\dot{u}}{(1-u^2)^{1/2}}$$

(1)式可改写为

$$\frac{1}{2}I_1\frac{\dot{u}^2}{1-u^2}+\frac{(\alpha-I_3\omega_{z0}u)^2}{2I_1(1-u^2)}+\frac{1}{2}I_3\omega_{z0}^2+mglu=E \tag{2}$$

经整理后,(2)式可写成

$$\dot{u}^2=\frac{1-u^2}{I_1}(2E-2mglu-I_3\omega_{z0}^2)-\frac{1}{I_1^2}(\alpha-I_3\omega_{z0}u)^2$$

令

$$f(u)=\frac{1-u^2}{I_1}(2E-2mglu-I_3\omega_{z0}^2)-\frac{1}{I_1^2}(\alpha-I_3\omega_{z0}u)^2 \tag{9.6.20}$$

则

$$\dot{u}=\pm\sqrt{f(u)},\quad t=\pm\int_{u_0}^{u}\frac{\mathrm{d}u}{\sqrt{f(u)}} \tag{9.6.21}$$

由(9.6.21)式给出 $\theta(t)$,再用(9.6.17)式可得 $\varphi(t)$,用(9.6.16)式可得 $\psi(t)$.但是(9.6.21)式通常是一个椭圆积分.下面我们从(9.6.20)式定义的 $f(u)$的变化规律对这个比较复杂的运动做定性描述.

由 $u\to-\infty$时,$f(u)\to-\infty$;$u=\pm1$ 时,$f(u)\leqslant0$;$u\to\infty$时,$f(u)\to\infty$以及 $f(u)$是 u 的三次方程可知.$f(u)=0$ 有三个根,依大小次序编号为 u_1、u_2、u_3,又

由于 $u=\cos\theta$,刚体的运动必处于 $-1\leqslant u\leqslant 1$ 范围内.在此范围内必有 $f(u)$大于零的区域,否则(9.6.21)式中被积函数为虚数.

a. 三个根都是单根的情况

根据 $f(u)$的变化趋势,刚体的运动范围在 $u_1\leqslant u\leqslant u_2$ 范围内,θ 的变化范围为$\theta_2\leqslant\theta\leqslant\theta_1$.

$$\theta_1 = \arccos u_1, \qquad \theta_2 = \arccos u_2$$

$f(u)$-u 的一般变化规律如图 9.6.7 所示.

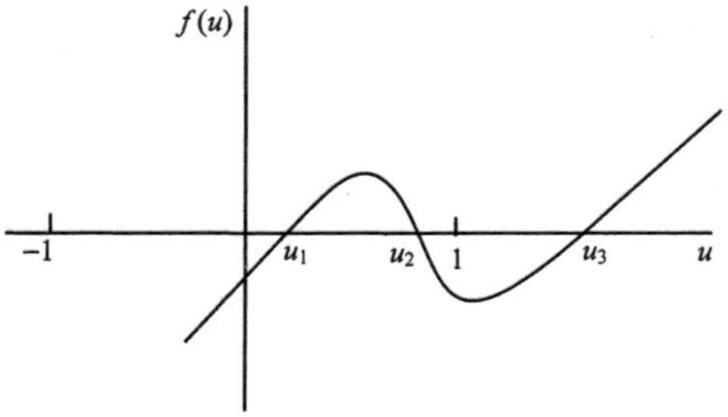

图 9.6.7

在 $u=u_1$、u_2 时,$f(u)=0$ 即 $\dot{u}=0$,$\dot{\theta}=0$.因此 u_1、u_2 所对应的 θ_1、θ_2 是刚体章动的两个极限位置.刚体绕对称轴 z 以 $\dot{\psi}$ 的角速度自转,z 轴又以角速度 $\dot{\varphi}$ 绕 ζ 轴进动的同时,还伴随着它与 ζ 轴的夹角 θ 在 θ_1 和 θ_2 之间章动.从固定点沿对称轴取一定长度,其端点随刚体运动时在球面上描绘出一条曲线可形象地描绘出刚体的进动和章动.

曲线的形状有三种类型,与进动角速度 $\dot{\varphi}$ 的情况有关:

i) 运动期间,$\dot{\varphi}$ 的正负号保持不变且不等于零.这种情况的曲线没有尖点,也没有圈子,在 θ 的上下边界与纬线相切,如图 9.6.8(a)所示.

ii) 运动期间,$\dot{\varphi}$ 的正负号保持不变,有时为零.下面将说明,在 $\dot{\varphi}$ 不变号的情况下,$\dot{\varphi}$ 只有在 $u=u_2$ 处才可能取零值,因此在上边界处出现尖点,下边界仍与纬线相切.如图 9.6.8(b)所示.

iii) 运动期间,$\dot{\varphi}$ 改变正负号,变号处必经历 $\dot{\varphi}=0$,曲线将出现圈子,上下边界仍与纬线相切,如图 9.6.8(c)所示.

说明一下 i)、ii)、iii)三种情况的出现与初条件的关系.

由(9.6.17)式可得 $\dot{\varphi}$ 与初条件的关系

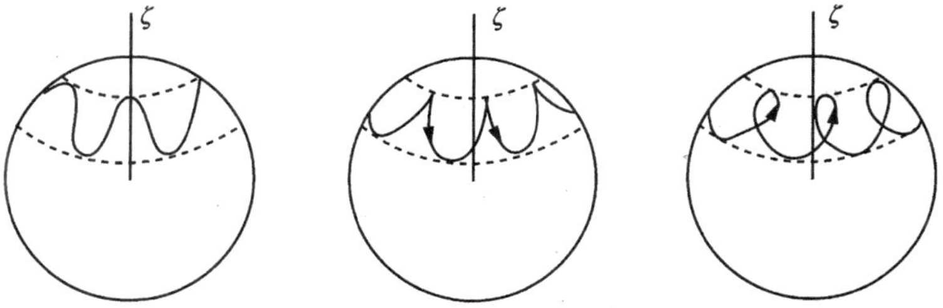

(a) (b) (c)

图 9.6.8

$$\dot{\varphi}=\frac{\alpha-I_3\omega_{z0}\cos\theta}{I_1\sin^2\theta}=\frac{\alpha-I_3\omega_{z0}u}{I_1(1-u^2)} \tag{9.6.22}$$

我们选取 z 轴的正方向时，总使 $\omega_{z0}>0$，图 9.6.8 只画了 θ_1、θ_2 均为锐角的情况，当然还可以有 θ_1、θ_2 中一个或两个均为钝角的情况.

当$\frac{\alpha}{I_3\omega_{z0}}>u_2>u_1$ 时，$\dot{\varphi}(u_2)>0,\dot{\varphi}(u_1)>0$，曲线呈图 9.6.8(a)的情况，端点沿曲线自左向右运动.

当$\frac{\alpha}{I_3\omega_{z0}}=u_2>u_1$ 时，$\dot{\varphi}(u_2)=0,\dot{\varphi}(u_1)>0$，曲线呈图 9.6.8(b)的情况.

当 $u_2>\frac{\alpha}{I_3\omega_{z0}}>u_1$ 时，$\dot{\varphi}(u_2)<0,\dot{\varphi}(u_1)>0$，曲线呈图 9.6.8(c)的情况.

当 $u_2>u_1>\frac{\alpha}{I_3\omega_{z0}}$时，$\dot{\varphi}(u_2)<0,\dot{\varphi}(u_1)<0$，曲线呈图 9.6.8(a)的情况，端点沿曲线自右向左运动.

不可能出现 $u_2>u_1=\frac{\alpha}{I_3\omega_{z0}}$的情况，证明如下：

设 $u^*=\frac{\alpha}{I_3\omega_{z0}}$是(9.6.20)式给出的 $f(u)=0$ 的一个根，不能再有 $f(\pm 1)=0$，由(9.6.20)式，必有

$$2E-2mglu^*-I_3\omega_{z0}^2=0$$

即

$$u^*=\frac{2E-I_3\omega_{z0}^2}{2mgl}$$

用 u^* 的这两个关系,可把(9.6.20)式的 $f(u)$ 改写为

$$f(u)=\frac{1-u^2}{I_1}\cdot 2mgl(u^*-u)-\frac{I_3^2\omega_{z0}^2}{I_1^2}(u^*-u)^2$$

$$=(u^*-u)\left[\frac{2mgl}{I_1}(1-u^2)-\frac{I_3^2\omega_{z0}^2}{I_1^2}(u^*-u)\right]$$

另一个处于(−1、1)内的根必须满足

$$\frac{2mgl}{I_1}(1-u^2)-\frac{I_3^2\omega_{z0}^2}{I_1^2}(u^*-u)=0$$

$$u^*-u=\frac{2mglI_1}{I_3^2\omega_{z0}^2}(1-u^2)>0$$

可见 u_1 或 u_2 必小于 u^*,就是说,u^* 只能是 u_1、u_2 中的较大者,只能是 $u^*=u_2$,不能有 $u^*=u_1$.

图 9.6.7 所画的 $f(u)$-u 曲线也只画了 θ_1、θ_2 均为锐角故 u_1、u_2 均大于零的情况,也可以有 θ_1、θ_2 中一个或两个为钝角即 u_1、u_2 中一个或两个小于零的情况.即使在这种情况下,上面对于$\frac{\alpha}{I_3\omega_{z0}}$与 u_1、u_2 的大小关系的三种情况的讨论,也都同样适用,因而仍然有图 9.6.8 所画的三种类型,需要改动的只是 θ_1、θ_2 角有一个或两个改为钝角.

下面我们再进一步直接从初条件本身来判断刚体运动将是上述的何种类型.为书写简便起见,引入符号 $u'=\frac{\alpha}{I_3\omega_{z0}}$,要找出在什么初条件下,$u_2$、$u_1$、$u'$间将有什么样的大小关系.

由(9.6.20)式

$$f(u')=\frac{1-u'^2}{I_1}(2E-2mglu'-I_3\omega_{z0}^2)$$

下面的讨论对 u_1、u_2 大于零小于零的各种情况均适用.

先考虑$|u'|<1$ 的情形.

当 $2E-2mglu'-I_3\omega_{z0}^2>0$ 时,$f(u')>0$,u'必在 u_1、u_2 之间,$u_1<u'<u_2$.

当 $2E-2mglu'-I_3\omega_{z0}^2<0$ 时,$f(u')<0$,u'必在$(-1,u_1)$或$(u_2,1)$区间内.但是可以证明,$-1<u'<u_1$ 的情况不可能发生.因为 $f(u)=\dot{u}^2$ 必须大于等于零,由(9.6.20)式看,对于 u_1、u_2 都得满足

$$2E - 2mglu - I_3\omega_{z0}^2 > 0$$

$u' > \dfrac{2E - I_3\omega_{z0}^2}{2mgl}$与$u_1$及$u_2 < \dfrac{2E - I_3\omega_{z0}^2}{2mgl}$都要成立.只能有$u' > u_1$、$u_2$,故只能处于$(u_2, 1)$区间内.这是$u' > u_2 > u_1$的情况.

当$2E - 2mglu' - I_3\omega_{z0}^2 = 0$时,$f(u') = 0$,$u' = u_1$或$u_2$,前面已证明只能有$u' = u_2$,这是$u' = u_2 > u_1$的情况.

考虑$u' < -1$的情形.

当$2E - 2mglu' - I_3\omega_{z0}^2 > 0$时,$f(u') < 0$,$u'$必在$(-\infty, -1)$区间内,这是$u_2 > u_1 > u'$的情况.

当$2E - 2mglu' - I_3\omega_{z0}^2 < 0$时,$f(u') > 0$,$u'$应在$u_1$、$u_2$间,可这与$u' < -1$的前提相抵触,这种情况不可能出现.

当$2E - 2mglu' - I_3\omega_{z0}^2 = 0$时,$f(u') = 0$,$u' = u_1$、$u_2$或$u_3$,这也与$u' < -1$的前提抵触,这种情况也不可能出现.

再考虑$u' > 1$的情形.

当$2E - 2mglu' - I_3\omega_{z0}^2 > 0$时,$f(u') < 0$,$u'$必在$(1, u_3)$间,这是$u' > u_2 > u_1$的情况.

当$2E - 2mglu' - I_3\omega_{z0}^2 < 0$时,$f(u') > 0$,$u_1 < u' < u_2$,这与$u' > 1$的前提相抵触,不可能出现此情况.

当$2E - 2mglu' - I_3\omega_{z0}^2 = 0$时,$f(u') = 0$,$u' = u_3$,这也是$u' > u_2 > u_1$的情况.

最后还有$|u'| = 1$的情形,$f(u') = 0$,u'为u_2、u_3中的一个(前已证明$u' = u_1$是不可能的,因此$u' = -1$也是不可能的),如$u' = u_2$,那是$u' = u_2 > u_1$的情况,如$u' = u_3$,则是$u' > u_2 > u_1$的情况.何种情况,需解出u_1、u_2才能判断.只有特定的初条件,才有$u' = 1$的情形.

b. 出现二重根的情况

出现二重根有两种情况,一种是$u_1 = u_2$,另一种是$u_2 = u_3$.

考虑$u_1 = u_2$的情况.

如$u_1 = u_2 \neq 1$,则$f(u)$-u的关系如图9.6.9(a)所示,刚体的运动是规则进动.

在$u = u_1$有重根,必有$f(u_1) = 0$,$f'(u_1) = 0$,即

$$f(u_1) = \frac{1 - u_1^2}{I_1}(2E - 2mglu_1 - I_3\omega_{z0}^2) - \frac{1}{I_1^2}(\alpha - I_3\omega_{z0}u_1)^2 = 0,$$

$$f'(u_1) = -\frac{2mgl}{I_1}(1-u_1^2) - \frac{2u_1}{I_1}(2E - 2mglu_1 - I_3\omega_{z0}^2) + \frac{2I_3\omega_{z0}}{I_1^2}(\alpha - I_3\omega_{z0}u_1) = 0$$

两式分别可改写为

$$\frac{2E - 2mglu_1 - I_3\omega_{z0}^2}{1-u_1^2} = I_1\left[\frac{\alpha - I_3\omega_{z0}u_1}{I_1(1-u_1^2)}\right]^2$$

$$mgl = -\frac{u_1}{1-u_1^2}(2E - 2mglu_1 - I_3\omega_{z0}^2) + I_3\omega_{z0}\frac{\alpha - I_3\omega_{z0}u_1}{I_1(1-u_1^2)}$$

将前式代入上式，并注意到(9.6.22)式，可得

$$mgl = -I_1u_1\dot{\varphi}^2 + I_3\omega_{z0}\dot{\varphi}$$

上式中 $u_1 = \cos\theta_0$，θ_0 为规则进动的章动角，$\dot{\varphi}$ 是此规则进动的进动角速度，这个方程正是前面讲规则进动时得到的方程.

如 $u_1 = u_2 = 1$，则 $f(u)$-u 的关系如图 9.6.9(b)所示，这时 $\alpha = I_3\omega_{z0}$，$\theta_1 = \theta_2 = 0$，刚体绕对称轴 z 轴、也绕固定的 ζ 轴做直立的“定轴”转动.

如 $u_1 = u_2 = -1$，则 $f(u)$-u 的关系如图 9.6.9(c)所示. 这时 $\alpha = -I_3\omega_{z0}$，$\theta_1 = \theta_2 = \pi$，也是刚体绕对称轴 z 轴也绕固定的 ζ 轴做直立的“定轴”转动.

这两种“定轴”转动所以带引号是因为它们都不是真正的定轴转动. 但由图9.6.9(b)、(c)可看出，因为 $f(u) < 0$ 是不可能的，这两个“定轴”运动是稳定的.

再考虑 $u_2 = u_3$ 的情况.

因为 $f(1) \leqslant 0$，$u_2 = u_3$ 的值小于 1 或大于 1，都得有 $f(1) > 0$，这是不可能的，故只能是 $u_2 = u_3 = 1$. $f(u)$-u 的关系如图 9.6.10(a)或(b)所示. 此时必有 $\alpha = I_3\omega_{z0}$. 由(9.6.20)式，此时 $f(u)$ 变为

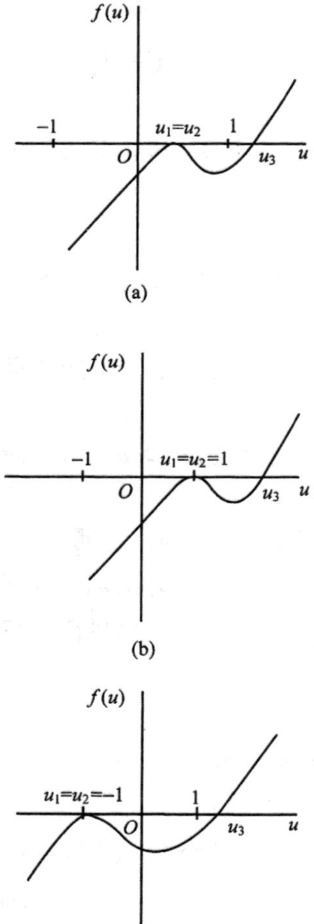

图 9.6.9

$$f(u)=\frac{1-u^2}{I_1}(2E-2mglu-I_3\omega_{z0}^2)-\frac{I_3^2\omega_{z0}^2}{I_1^2}(1-u)^2$$

$$f(0)=\frac{1}{I_1}(2E-I_3\omega_{z0}^2)-\frac{I_3^2\omega_{z0}^2}{I_1^2}$$

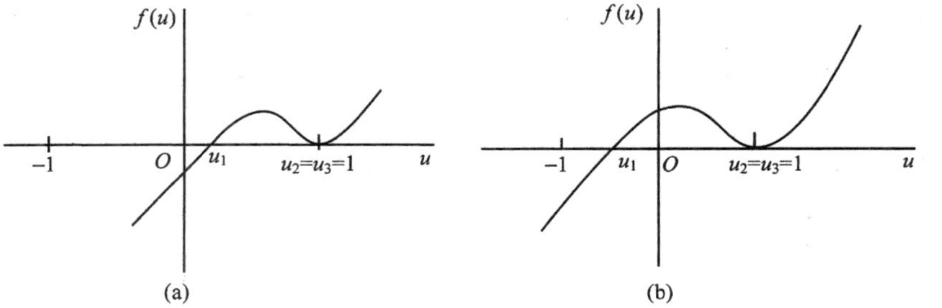

图 9.6.10

由 $f(0)>0$ 还是 <0,可以判断 $f(u)$-u 曲线为图 9.6.10(a)还是图 9.6.10(b)情况.

如 $2E-I_3\omega_{z0}^2-\frac{I_3^2\omega_{z0}^2}{I_1}<0$,则 $f(0)<0, u_1>0, f(u)$-u 曲线为图 9.6.10(a)情况.

如 $2E-I_3\omega_{z0}^2-\frac{I_3^2\omega_{z0}^2}{I_1}>0$,则 $f(0)>0, u_1<0, f(u)$-u 曲线为图 9.6.10(b)情况.

在非常特殊的情况下,即当 $2E-I_3\omega_{z0}^2-\frac{I_3^2\omega_{z0}^2}{I_1}=0$,则 $f(0)=0$, $u_1=0$. $f(u)$-u 曲线通过原点.

不管是哪种情况,刚体将在 $\theta=0$ 与 $\theta=\arccos u_1$ 间做比较复杂的运动.

c. 出现三重根的情况

根据 $f(u)$ 的函数必须有: $f(-1)\leqslant 0$, $f(1)\leqslant 0$, $f(-\infty)=-\infty$, $f(\infty)=\infty$,可以判断;当出现三重根 $u_1=u_2=u_3$ 时,只能是 $u_1=u_2=u_3=1$. $f(u)$-u 的关系如图 9.6.11 所示.此时有 $\alpha=I_3\omega_{z0}$, $\theta=\theta_0=0$.

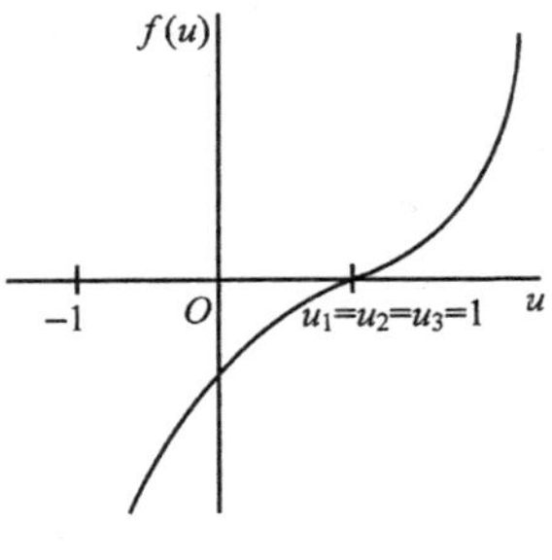

图 9.6.11

因 $u=\cos\theta\leqslant 1, f(u)=\dot{u}^2\geqslant 0$,今 $\theta=0$. 当 $\theta>0$ 时,$f(u)<0$ 是不可能的. 因此刚体绕对称轴 z 轴也是绕固定的 ζ 轴也作稳定的直立的"定轴"转动. 作这种运动也需要满足特定的条件.

(3) 刚体作直立陀螺运动的初条件

$u_1=u_2=1, u_1=u_2=-1$ 和 $u_1=u_2=u_3=1$ 均是刚体作直立陀螺运动的情况. 从 $f(u)$-u 的关系图上已看到这些直立陀螺运动都是稳定的. 而 $u_1<1, u_2=u_3=1$ 的刚体运动也有直立的时候,但不能维持在直立的运动状态. 前面也对作上述各种运动必须具有的初条件作了一些陈述,这里再统一的全面的讲一下这个问题.

当 $u=1$ 是 $f(u)=0$ 的二重根或三重根时,前已指出,必有满足 $\alpha=I_3\omega_{z0}$ 的初条件,将

$$E=\frac{1}{2}I_3\omega_{z0}^2+mgl,\quad \alpha=I_3\omega_{z0}$$

代入(9.6.20)式,经整理后可得

$$f(u)=\frac{(1-u)^2}{I_1^2}[2mglI_1(1+u)-I_3^2\omega_{z0}^2]$$

显而易见,上述 $f(u)=0$ 的三个根为

$$1,1\text{ 和}\frac{I_3^2\omega_{z0}^2}{2mglI_1}-1$$

第三个根 $\dfrac{I_3^2\omega_{z0}^2}{2mglI_1}-1$ 有四种情况:小于零,在[0、1)区间内,等于 1 和大于 1.

i) $u_1=\dfrac{I_3^2\omega_{z0}^2}{2mglI_1}-1<0, u_2=u_3=1$,初条件还得满足 $I_3^2\omega_{z0}^2<2mglI_1$. 这是图 9.6.10(b)的情况. 由 $I_3^2\omega_{z0}^2<2mglI_1$ 和 $E=\dfrac{1}{2}I_3\omega_{z0}^2+mgl$ 可以得出前面给过的初条件满足 $2E-I_3\omega_{z0}^2-\dfrac{I_3^2\omega_{z0}^2}{I_1}>0$.

ii) $0\leqslant u_1=\dfrac{I_3^2\omega_{z0}^2}{2mglI_1}-1<1, u_2=u_3=1$. 初条件还得满足 $2mglI_1\leqslant I_3^2\omega_{z0}^2<4mglI_1$. 这是图 9.6.10(a)的情况. 或曲线通过原点的未画的一种情况. 这里给的初条件也已包括了前面给的初条件需满足的 $2E-I_3\omega_{z0}^2-\dfrac{I_3^2\omega_{z0}^2}{I_1}\leqslant 0$.

以上两种情况均不能维持在直立状态运动.

iii) $u_1=u_2=u_3=1$,即$\frac{I_3^2\omega_{z0}^2}{2mglI_1}-1=1$,初条件还得满足 $I_3^2\omega_{z0}^2=4mglI_1$.这是图 9.6.11 所示的三重根的情况.有稳定的直立陀螺运动.

iv) $u_1=u_2=1$,$u_3=\frac{I_3^2\omega_{z0}^2}{2mglI_1}-1>1$,初条件还得满足 $I_3^2\omega_{z0}^2>4mglI_1$.这是图 9.6.9(b)所示的情况.有稳定的直立陀螺运动.

再强调一下,以上四种情况都得具有开头所讲的 E 和 α 的初条件.即 $E=\frac{1}{2}I_2\omega_{z0}^2+mgl$ 和 $\alpha=I_3\omega_{z0}$,可参阅(9.6.17)式,并注意 $\theta=0$.

当 $u=-1$ 是 $f(u)=0$ 的二重根时,初条件满足下列两式

$$E=\frac{1}{2}I_3\omega_{z0}^2-mgl,\quad \alpha=-I_3\omega_{z0}$$

代入(9.6.20)式,经整理后可得

$$f(u)=-\frac{(1+u)^2}{I_1^2}\left[2mglI_1(1-u)+I_3^2\omega_{z0}^2\right]$$

$f(u)=0$ 的三个根为

$$-1,\ -1,\frac{I_3^2\omega_{z0}^2}{2mglI_1}+1>1$$

$f(u)$-u 的关系如图 9.6.9(c)所示,这是 $\theta=\pi$ 的直立陀螺运动,运动是稳定的.除了 E、α 需满足上述关系外,没有其他要求.可以看出 -1 只能是 $f(u)=0$ 的二重根,不可能是三重根.

思考题 在我们的讨论中未提及 $u=1$、$u=-1$ 分别为 $f(u)=0$ 的单根的情况.考虑一下这两种情况是否可能发生?

例 9.6.2 图 9.6.12 为一回转罗盘、试证:(i)当回转罗盘的 AB 轴沿水平的东西方向安装在地面上时,若自转轴与地轴间有一微小夹角,则自转轴将绕地轴以

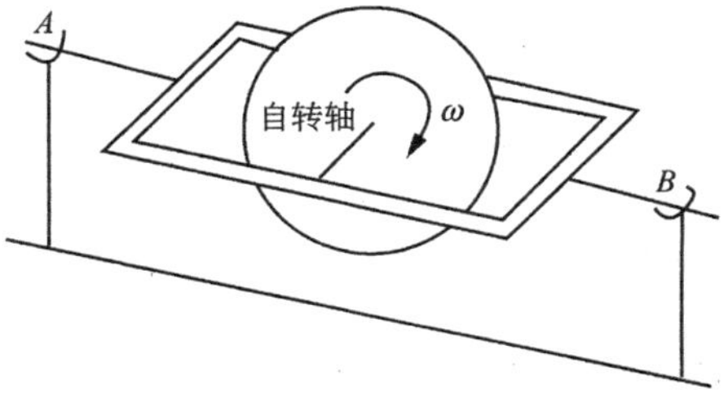

图 9.6.12

角频率 $\omega_1=\sqrt{\dfrac{I_3\omega\Omega}{I_1}}$ 作简谐振动，其中 I_3 是回转罗盘绕自转轴的转动惯量，I_1 是对 AB 轴的转动惯量，ω 是回转罗盘的自转角速度，Ω 是地球自转角速度.(ii)当回转罗盘的 AB 轴沿铅直方向固定在地面上时，则在水平面内的回转罗盘的自转轴指向若偏离北方一微小角度，将以角频率 $\omega_1=\sqrt{\dfrac{I_3\omega\Omega\cos\lambda}{I_1}}$ 作简谐振动，其中 λ 为当地的纬度.

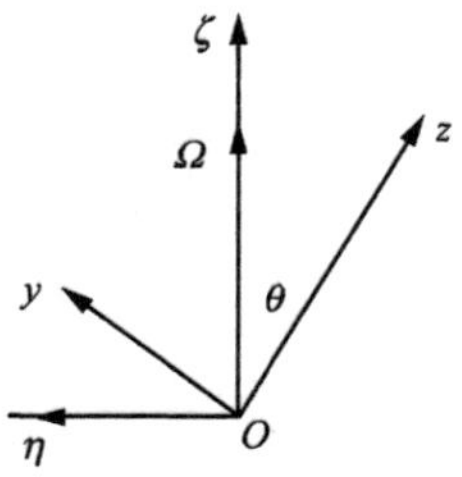

图 9.6.13

证明　为明确起见，考虑在北纬 λ 处.

(i) 取 x 轴沿水平的自西向东方向(图 9.6.13 中垂直纸面向里)，ζ 轴沿地轴方向，z 轴取回转罗盘的自转轴方向，ζ、y、z 轴在铅直平面内.坐标原点 O 取回转罗盘的质心.ξ 轴与 x 轴一致，垂直纸面向里.$O\xi\eta\zeta$ 固连于地球，我们采取随地球运动的质心平动参考系，它是非惯性系，但因平动非惯性系引入的惯性力对质心的力矩之和为零.

罗盘的角速度为

$$\boldsymbol{\omega}_2=\dot{\theta}\boldsymbol{i}+\Omega\sin\theta\boldsymbol{j}+(\Omega\cos\theta+\omega)\boldsymbol{k}$$

罗盘对质心的角动量为

$$\boldsymbol{J}=I_1\dot{\theta}\boldsymbol{i}+I_1\Omega\sin\theta\boldsymbol{j}+I_3(\Omega\cos\theta+\omega)\boldsymbol{k}$$

用来表达的 $Oxyz$ 坐标系的角速度为

$$\boldsymbol{\Omega}'=\boldsymbol{\omega}_2-\omega\boldsymbol{k}=\dot{\theta}\boldsymbol{i}+\Omega\sin\theta\boldsymbol{j}+\Omega\cos\theta\boldsymbol{k}$$

$$\begin{aligned}\frac{\mathrm{d}\boldsymbol{J}}{\tilde{\mathrm{d}}t}&=\frac{\tilde{\mathrm{d}}\boldsymbol{J}}{\mathrm{d}t}+\boldsymbol{\Omega}'\times\boldsymbol{J}\\&=I_1\ddot{\theta}\boldsymbol{i}+I_1\Omega\dot{\theta}\cos\theta\boldsymbol{j}-I_3\Omega\dot{\theta}\sin\theta\boldsymbol{k}\\&\quad+(\dot{\theta}\boldsymbol{i}+\Omega\sin\theta\boldsymbol{j}+\Omega\cos\theta\boldsymbol{k})\times[I_1\dot{\theta}\boldsymbol{i}+I_1\Omega\sin\theta\boldsymbol{j}+I_3(\Omega\cos\theta+\omega)\boldsymbol{k}]\\&=[I_1\ddot{\theta}+I_3(\Omega\cos\theta+\omega)\Omega\sin\theta-I_1\Omega^2\sin\theta\cos\theta]\boldsymbol{i}\\&\quad+[2I_1\Omega\dot{\theta}\cos\theta-I_3\dot{\theta}(\Omega\cos\theta+\omega)]\boldsymbol{j}-I_3\Omega\dot{\theta}\sin\theta\boldsymbol{k}\end{aligned}$$

罗盘包括架子和 AB 轴的系统受到外力除对 O 点无力矩的重力外，只能是

AB 轴承处施给的. 若无摩擦力矩,则外力对 AB 轴的力矩为零,即 $M_x=0$.

写出$\dfrac{\mathrm{d}\boldsymbol{J}}{\mathrm{d}t}=\boldsymbol{M}$ 的 x 分量方程

$$I_1\ddot{\theta}+I_3(\Omega\cos\theta+\omega)\Omega\sin\theta-I_1\Omega^2\sin\theta\cos\theta=0$$

因 $\omega\gg\Omega$, $\sin\theta\doteq\theta$, $\cos\theta\doteq1$,上式可简化为

$$I_1\ddot{\theta}+I_3\omega\Omega\theta=0,\quad \omega_1=\sqrt{\frac{I_3\omega\Omega}{I_1}}$$

(ii) 取图 9.6.14 所示的坐标系,O 点取在罗盘的质心,ξ 轴竖直向上,η 轴向东,ζ 轴向北,x 轴与 ξ 轴一致,z 轴与自转轴一致,z、ζ、y、η 轴处于同一水平面内,其相对位置如图 9.6.13 那样,参考系同上.

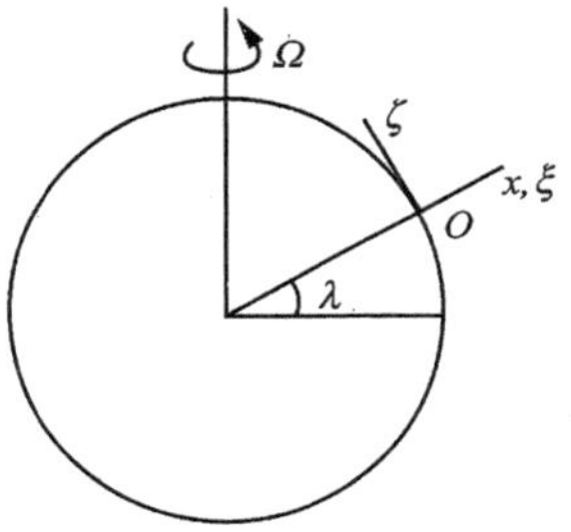

图 9.6.14

$$\boldsymbol{\omega}_2=(\dot{\theta}+\Omega\sin\lambda)\boldsymbol{i}+\Omega\cos\lambda\sin\theta\boldsymbol{j}+(\Omega\cos\lambda\cos\theta+\omega)\boldsymbol{k}$$

其中 θ 是 z 轴与 ζ 轴间的夹角.

$Oxyz$ 坐标系的角速度为

$$\boldsymbol{\Omega}'=\boldsymbol{\omega}_2-\omega\boldsymbol{k}=(\dot{\theta}+\Omega\sin\lambda)\boldsymbol{i}+\Omega\cos\lambda\sin\theta\boldsymbol{j}+\Omega\cos\lambda\cos\theta\boldsymbol{k}$$

罗盘对质心的角动量为

$$\boldsymbol{J}=I_1(\dot{\theta}+\Omega\sin\lambda)\boldsymbol{i}+I_1\Omega\cos\lambda\sin\theta\boldsymbol{j}+I_3(\Omega\cos\lambda\cos\theta+\omega)\boldsymbol{k}$$

$$\frac{\mathrm{d}\boldsymbol{J}}{\tilde{\mathrm{d}}t}=\frac{\tilde{\mathrm{d}}\boldsymbol{J}}{\mathrm{d}t}+\boldsymbol{\Omega}'\times\boldsymbol{J}$$

$$=[I_1\ddot{\theta}+I_3\Omega\cos\lambda\sin\theta(\Omega\cos\lambda\cos\theta+\omega)-I_1\Omega^2\cos^2\lambda\times\sin\theta\cos\theta]\boldsymbol{i}+[2I_1\Omega\dot{\theta}\cos\lambda\cos\theta-I_3(\dot{\theta}+\Omega\sin\lambda)\times(\Omega\cos\lambda\cos\theta+\omega)+I_1\Omega^2\cos\lambda\sin\lambda\cos\theta)]\boldsymbol{j}-I_3\Omega\dot{\theta}\cos\lambda\sin\theta\boldsymbol{k}$$

同样有 $M_x=0$,写出 $\frac{\mathrm{d}J_x}{\mathrm{d}t}=M_x$,

$$I_1\ddot{\theta}+I_3\Omega\cos\lambda\sin\theta(\Omega\cos\lambda\cos\theta+\omega)-I_1\Omega^2\cos^2\lambda\sin\theta\cos\theta=0$$

因 $\omega\gg\Omega$,θ 很小,$\sin\theta\doteq\theta$,$\cos\theta\doteq1$,上式简化为

$$I_1\ddot{\theta}+(I_3\Omega\omega\cos\lambda)\theta=0$$

$$\omega_1=\sqrt{\frac{I_3\Omega\omega\cos\lambda}{I_1}}$$

比较两种情况的 ω_1,可测出当地的纬度 λ.

如 AB 轴与轴承间有摩擦力矩,$M_x\neq0$,x 轴(自转轴)围绕指向北方的 ζ 轴作阻尼振动,最终自转轴指向北方.

*__例 9.6.3__　一个有旋转对称轴的刚体质量 $m=1\text{kg}$,绕对称轴上一点作定点转动,对此点三个主转动惯量分别为 $I_1=I_2=1\text{kgm}^2$,$I_3=2\text{kgm}^2$,质心离固定点的距离 $l=0.2\text{m}$、$t=0$ 时,$\dot{\varphi}_0=0$,$\dot{\psi}_0=100\text{s}^{-1}$,$\dot{\theta}_0=2\text{s}^{-1}$,$\theta_0=30°$,质心位于固定点的上方,求运动中章动角的上下边界,并说明对称轴上的一点在空间中描绘出的曲线为图 9.6.8 中的哪一种?

解　由(9.6.16)式

$$\omega_{z0}=\dot{\psi}_0+\dot{\varphi}_0\cos\theta_0=100\text{s}^{-1}$$

由(9.6.17)式

$$\alpha=I_1\dot{\varphi}_0\sin^2\theta_0+I_3\omega_{z0}\cos\theta_0=173.2\text{kg}\cdot\text{m}^2\cdot\text{s}^{-1}$$

由(9.6.18′)式

$$E=\frac{1}{2}(I_1\dot{\theta}_0^2+I_1\dot{\varphi}_0^2\sin^2\theta_0+I_3\omega_{z0}^2)+mgl\cos\theta_0=1.000\times10^4\text{N}\cdot\text{m}$$

由(9.6.20)式定义的 $f(u)=0$ 得

$$(1-u^2)(7.370-3.92u)-(173.2-200u)^2=0$$

用逐级近似法可求得

$$u_1=0.8609,\qquad u_2=0.8709$$

相应的

$$\theta_1 = 30.58°, \qquad \theta_2 = 29.44°$$

由(9.6.17)式可算出在 $\theta=\theta_1$、θ_2 时的进动角速度 $\dot{\varphi}(\theta_1)$、$\dot{\varphi}(\theta_2)$为

$$\dot{\varphi}(\theta_1) = \frac{\alpha - I_3\omega_{z0}\cos\theta_1}{I_1\sin^2\theta_1} = 3.94\text{s}^{-1}$$

$$\dot{\varphi}(\theta_2) = \frac{\alpha - I_3\omega_{z0}\cos\theta_2}{I_1\sin^2\theta_2} = -4.06\text{s}^{-1}$$

从 $\dot{\varphi}(\theta_1)>0$、$\dot{\varphi}(\theta_2)<0$ 可见,属于图 9.6.8(c)的情况.

$\dfrac{\alpha}{I_3\omega_{z0}}=\dfrac{1.732}{2.100}=0.866$,确有 $u_2>\dfrac{\alpha}{I_3\omega_{z0}}>u_1$,正是理论上做出的出现所述情况要求的大小关系.

*__例 9.6.4__ 一个有旋转对称轴的刚体,质量 $m=1\text{kg}$,绕对称轴上一点作定点转动,对此点三个主转动惯量分别为 $I_1=I_2=10\text{kg}\cdot\text{m}^2$,$I_3=1\text{kg}\cdot\text{m}^2$.质心离固定点的距离 $l=0.2\text{m}$. $t=0$ 时,$\dot{\varphi}_0=-2\text{s}^{-1}$,$\dot{\psi}_0=10\text{s}^{-1}$,$\dot{\theta}_0=0$,$\theta_0=135°$,质心位于固定点的下方.求运动中章动角的上下边界,并说明对称轴上一点在空间中描绘出的曲线为图 9.6.8 中的哪一种?

解 由(9.6.16)式

$$\omega_{z0} = 10(-2)\cdot\left(-\frac{\sqrt{2}}{2}\right)= 11.414(\text{s}^{-1})$$

由(9.6.17)式

$$\alpha = 10(-2)\left(\frac{\sqrt{2}}{2}\right)^2 + 1\cdot 11.414\cdot\left(-\frac{\sqrt{2}}{2}\right)= -18.07(\text{kg}\cdot\text{m}^2\cdot\text{s}^{-1})$$

由(9.6.18′)式

$$E =\frac{1}{2}\left[10.0 + 10(-2)^2\left(\frac{\sqrt{2}}{2}\right)^2 + 1\cdot(11.414)^2\right]+ 1.98\cdot 0.2\left(-\frac{\sqrt{2}}{2}\right)$$

$$=73.75\text{N}\cdot\text{m}$$

由(9.6.20)式定义的 $f(u)=0$ 得

$$\frac{1}{10}(1-u^2)[147.5-3.92u-1\cdot(11.414)^2]-\frac{1}{100}(-18.07-1\cdot 11.414u)^2 = 0$$

可以解得

$$u_1 = -0.7071, u_2 = -0.6160, u_3 = 9.039$$

相应的章动角上下边界为

$$\theta_1 = 135°, \qquad \theta_2 = 128°$$

在章动角处于上下边界时的进动角速度为

$$\dot{\varphi}(\theta_1) = -2.00\mathrm{s}^{-1}, \qquad \dot{\varphi}(\theta_2) = -1.78\mathrm{s}^{-1}$$

这是 $u_2 > u_1 > \frac{\alpha}{I_3 \omega_{z0}}$,进动角速度不变号且 $\dot{\varphi}(\theta_1) < 0$、$\dot{\varphi}(\theta_2) < 0$ 的情况,对称轴上一点在空间中描绘的曲线呈图 9.6.8(a)的情况,端点沿曲线自右向左运动,只是 θ_1、θ_2 均为钝角.

例 9.6.5　一个匀质的实心球在以恒定角速度 Ω 绕固定竖直轴转动的水平面上做纯滚动.证明球心在固定的空间中的轨道为圆,且周期为 $7\pi/\Omega$.

解　此题是刚体的一般运动.用静参考系,并取静坐标系 $Oxyz$,xy 平面是水平的,z 轴为转动水平面的固定轴.

设 $\boldsymbol{v}_p$ 是水平面上那时坐标为 x、y 的 p 点的速度,$\boldsymbol{v}_b$ 是球面上与水平面接触的点的速度

$$\boldsymbol{v}_p = \boldsymbol{\Omega} \times \boldsymbol{r}, \quad \boldsymbol{v}_b = \dot{\boldsymbol{r}} + \boldsymbol{\omega} \times \boldsymbol{R}$$

其中 $\dot{\boldsymbol{r}}$ 是球心的速度,$\boldsymbol{\omega}$ 是球的角速度,$\boldsymbol{R}$ 是接触点对球心的位矢,$\boldsymbol{R} = -R\boldsymbol{k}$,$R$ 为球的半径.

由纯滚动条件:$\boldsymbol{v}_b = \boldsymbol{v}_p$,即

$$\dot{\boldsymbol{r}} + \boldsymbol{\omega} \times \boldsymbol{R} = \boldsymbol{\Omega} \times \boldsymbol{r}$$

两边对 t 求导,注意 $\dot{\boldsymbol{R}} = 0$,$\dot{\boldsymbol{\Omega}} = 0$

$$\ddot{\boldsymbol{r}} + \dot{\boldsymbol{\omega}} \times \boldsymbol{R} = \boldsymbol{\Omega} \times \dot{\boldsymbol{r}} \tag{1}$$

由质心运动定理

$$m\ddot{\boldsymbol{r}} = \boldsymbol{F} \tag{2}$$

其中 m 是球的质量,$\boldsymbol{F}$ 是水平面作用于球的摩擦力.水平面的支持力与重力的作用相抵消.

用质心平动参考系中对质心的角动量定理,

$$\frac{2}{5} mR^2 \cdot \dot{\boldsymbol{\omega}} = \boldsymbol{R} \times \boldsymbol{F} \tag{3}$$

将(3)式、(2)式依次代入(1)式得

$$\ddot{\boldsymbol{r}}+\frac{5}{2R^2}(\boldsymbol{R}\times\ddot{\boldsymbol{r}})\times\boldsymbol{R}-\boldsymbol{\Omega}\times\dot{\boldsymbol{r}}=0$$

代入 $\boldsymbol{r}=x\boldsymbol{i}+y\boldsymbol{j}$, $\boldsymbol{R}=-R\boldsymbol{k}$, $\boldsymbol{\Omega}=\Omega\boldsymbol{k}$,并将上式写成分量方程得

$$\frac{7}{2}\ddot{x}+\Omega\dot{y}=0 \tag{4}$$

$$\frac{7}{2}\ddot{y}-\Omega\dot{x}=0 \tag{5}$$

积分(4)、(5)式得

$$\frac{7}{2}\dot{x}+\Omega y=C_1 \tag{6}$$

$$\frac{7}{2}\dot{y}-\Omega x=C_2 \tag{7}$$

其中 C_1、C_2 由初条件决定,得

$$C_1=\frac{7}{2}\dot{x}(0)+\Omega y(0),\qquad C_2=\frac{7}{2}\dot{y}(0)-\Omega x(0)$$

$x(0)$、$y(0)$是 $t=0$ 时球心的 x、y 坐标,$\dot{x}(0)$、$\dot{y}(0)$是 $t=0$ 时球心的 x、y 方向速度分量.由(5)、(6)两式消去 $\dot{x}$,整理后得

$$\ddot{y}+\frac{4}{49}\Omega^2\left(y-\frac{C_1}{\Omega}\right)=0$$

其解可写成

$$y=\frac{C_1}{\Omega}+A\cos\left(\frac{2}{7}\Omega t+\varphi\right) \tag{8}$$

其中 A、φ 由初条件决定.可得

$$A=\frac{7}{2\Omega}\sqrt{[\dot{x}(0)]^2+[\dot{y}(0)]^2}$$

$$\tan\varphi=\frac{\dot{y}(0)}{\dot{x}(0)},\qquad \sin\varphi=-\frac{\dot{y}(0)}{\sqrt{[\dot{x}(0)]^2+[\dot{y}(0)]^2}}$$

将(8)式代入(7)式得

$$x=-\frac{C_2}{\Omega}-A\sin\left(\frac{2}{7}\Omega t+\varphi\right) \tag{9}$$

(8)、(9)两式表明,球心的轨道为圆,圆心位于$\left(-\frac{C_2}{\Omega},\frac{C_1}{\Omega}\right)$,圆的半径为$A$,其轨道方程为

$$\left(x+\frac{C^2}{\Omega}\right)^2+\left(y-\frac{C_1}{\Omega}\right)^2=A^2$$

角频率为$\omega_c=\frac{2}{7}\Omega$,周期$T=\frac{2\pi}{\omega_c}=\frac{7\pi}{\Omega}$,圆心位置、圆的半径与初条件有关,而球心作圆周运动的周期与初条件无关.

4. 关于高速陀螺的理论

高速陀螺是指具有极大自转角速度的具有旋转对称轴的刚体.通常称它为回转仪.

(1) 高速陀螺的初级理论

高速陀螺的初级理论是认为不论初条件如何,运动过程中由于自转角速度很大,比进动角速度和章动角速度都大得多,刚体的角速度总近似地等于自转角速度.即

$$\boldsymbol{\omega}=\dot{\boldsymbol{\psi}}+\dot{\boldsymbol{\varphi}}+\dot{\boldsymbol{\theta}}\approx\dot{\boldsymbol{\psi}}=\dot{\psi}\boldsymbol{k} \tag{1}$$

仍取旋转对称轴为z轴

$$\boldsymbol{J}\approx I_3\omega_{z0}\boldsymbol{k}\approx I_3\dot{\psi}\boldsymbol{k} \tag{2}$$

若回转仪受到的外力矩$\boldsymbol{M}$是由作用于对称轴上离固定点O的距离为l处的$\boldsymbol{F}$产生的

$$\boldsymbol{F}=F\boldsymbol{n}$$

$\boldsymbol{n}$为作用力方向的单位矢量,则外力矩

$$\boldsymbol{M}=l\boldsymbol{k}\times F\boldsymbol{n}=lF\boldsymbol{k}\times\boldsymbol{n}$$

由$\frac{\mathrm{d}\boldsymbol{J}}{\mathrm{d}t}=\boldsymbol{M}$得

$$I_3\dot{\psi}\frac{\mathrm{d}\boldsymbol{k}}{\mathrm{d}t}=lF\boldsymbol{k}\times\boldsymbol{n}$$

$$\frac{\mathrm{d}\boldsymbol{k}}{\mathrm{d}t}=-\frac{Fl}{I_3\dot{\psi}}\boldsymbol{n}\times\boldsymbol{k}=\boldsymbol{\Omega}\times\boldsymbol{k}$$

上式表明,旋转对称轴的角速度也即回转仪的进动角速度为

$$\boldsymbol{\Omega} = -\frac{Fl}{I_3\dot{\psi}}\boldsymbol{n}$$

如外力 $\boldsymbol{F}$ 为重力

$$\boldsymbol{F} = -mg\boldsymbol{\zeta}^0$$

(ζ 轴竖直向上).则回转仪的进动角速度为

$$\boldsymbol{\Omega} = \frac{mgl}{I_3\dot{\psi}}\boldsymbol{\zeta}^0 \tag{3}$$

(3)式正是我们前面讲定点转动的拉格朗日情形中在 $I_3^2\omega_{z0}^2 \gg 4I_1mgl$、$\dot{\psi}\gg\dot{\varphi}$、$\dot{\theta}=0$、$\ddot{\theta}=0$、初条件还得满足 $I_1\cos\theta_0\dot{\varphi}_0^2 - I_3\omega_{z0}\dot{\varphi}_0 + mgl = 0$ 所得到的 $\dot{\varphi}\approx\frac{mgl}{I_3\dot{\psi}}$.这里回转仪的初级理论要求 $\dot{\psi}\gg\dot{\varphi}$、$\dot{\theta}$,还用了(1)、(2)式的近似考虑.显然不可能做严格的规则进动.那么究竟离严格的规则进动有多远?由(3)式算出的进动角速度有多大意义?这里作的(1)、(2)式近似考虑与以前讲的式子的成立条件有什么关系?或者说(1)、(2)式的考虑究竟是一个什么量化的关系?下面的讨论可以找到这些问题的答案.

*(2) 高速陀螺运动的严格理论处理

考虑 $t=0$ 时,$\dot{\psi}=\dot{\psi}_0$,$\dot{\varphi}=\dot{\varphi}_0\ll\dot{\psi}_0$,$\dot{\theta}=0$,$\theta=\theta_1$,在重力矩作用下的运动.下面出现的 m、I_1、I_3、l 等的物理意义均和以前一样.

由(9.6.16)式

$$\omega_{z0} = \dot{\varphi}_0\cos\theta_1 + \dot{\psi}_0 \approx \dot{\psi}_0$$

由(9.6.17)式

$$\alpha = I_1\dot{\varphi}_0\sin^2\theta_1 + I_3\omega_{z0}\cos\theta_1 \approx I_3\dot{\psi}_0\cos\theta_1 = I_3\dot{\psi}_0u_1$$

由(9.6.18′)式

$$E = \frac{1}{2}(I_1\dot{\theta}_0^2 + I_1\dot{\varphi}_0^2\sin^2\theta_1 + I_3\omega_{z0}^2) + mgl\cos\theta_1$$

$$\approx\frac{1}{2}I_3\dot{\psi}_0^2 + mglu_1$$

将上述三式代入(9.6.20)式定义的 $f(u)=0$,经整理后得

$$2I_1 mgl(u_1 - u)(1 - u^2) - (I_3\dot{\psi}_0^2)(u_1 - u)^2 = 0$$

除 $u = u_1$ 为上述方程的一个根外,另两个根满足下列方程:

$$2I_1 mgl(1 - u^2) - (I_3\dot{\psi}_0)^2(u_1 - u) = 0$$

含 $u_1 - u = x$,则 $u = u_1 - x$,上述方程可改写为

$$2mglI_1 x^2 + (I_3^2\dot{\psi}_0^2 - 4mglI_1 u_1)x - 2mglI_1(1 - u_1^2) = 0$$

由于 $\dot{\psi}_0$ 很大,$I_3^2\dot{\psi}_0^2 \gg 4mglI_1$,上式可简化为

$$2mglI_1 x^2 + I_3^2\dot{\psi}_0^2 x - 2mglI_1(1 - u_1^2) = 0$$

$$x_{2,3} = \frac{-I_3^2\dot{\psi}_0^2 \pm \sqrt{(I_3^2\dot{\psi}_0^2)^2 + 16(mglI_1)^2(1 - u_1^2)}}{4mglI_1}$$

上式中加号的根对应于 x_2,减号的根对应于 x_3 $|x_2|$ 必须$\leqslant 2$,$|x_3| \gg 1$

$$x_2 = -\frac{I_3^2\dot{\psi}_0^2}{4mglI_1}\left\{1 - \left[1 + \frac{16(mglI_1)^2(1 - u_1^2)}{(I_3^2\dot{\psi}_0^2)^2}\right]^{\frac{1}{2}}\right\}$$

$$= -\frac{I_3^2\dot{\psi}_0^2}{4mglI_1}\left[-\frac{16(mglI_1)^2(1 - u_1^2)}{2(I_3^2\dot{\psi}_0^2)^2}\right]$$

$$= \frac{2mglI_1}{I_3^2\dot{\psi}_0^2}(1 - u_1^2) \ll 1$$

$x_2 \ll 1$ 即 $\cos\theta_1 - \cos\theta_2 \ll 1$,说明章动角的上下边界相距极小,虽然不是严格的规则进动,存在着章动,但章动角的变化范围极小,非常接近于规则进动.

由(9.6.17)式,可计算在各种章动角时的进动角速度

$$\dot{\varphi} = \frac{\alpha - I_3\omega_{z0}\cos\theta}{I_1\sin^2\theta} = \frac{I_3\dot{\psi}_0}{I_1\sin^2\theta}(\cos\theta_1 - \cos\theta)$$

$$\approx \frac{I_3\dot{\psi}_0}{I_1\sin^2\theta_1}(u_1 - u)$$

这里考虑到章动范围不大,分母中的 $\sin^2\theta$ 用 $\sin^2\theta_1$ 代替.

考虑 u_1、u_2 间的中间值处的进动角速度作为一种平均进动角速度

$$\overline{\dot{\varphi}} \approx \dot{\varphi}\left(\frac{u_1+u_2}{2}\right) \approx \frac{I_3\dot{\psi}_0}{I_1\sin^2\theta_1}\left(u_1-\frac{u_1+u_2}{2}\right)$$

$$=\frac{I_3\dot{\psi}_0}{2I_1\sin^2\theta_1}(u_1-u_2)=\frac{I_3\dot{\psi}_0}{2I_1\sin^2\theta_1}x_2$$

$$=\frac{I_3\dot{\psi}_0}{2I_1\sin^2\theta_1}\cdot\frac{2mglI_1}{I_3^2\dot{\psi}_0^2}(1-u_1^2)$$

$$=\frac{mgl}{I_3\dot{\psi}_0\sin^2\theta_1}(1-\cos^2\theta_1)=\frac{mgl}{I_3\dot{\psi}_0}$$

如考虑 $\dot{\varphi}(u_1)$与 $\dot{\varphi}(u_2)$的平均值即 $\dot{\varphi}(\theta_1)$与 $\dot{\varphi}(\theta_2)$的平均值作为进动角速度的一种平均值也得到同样的结果.(这是必然的,因为 $\dot{\varphi}$ 与 u 有近似的线性关系).

可见回转仪的初级理论所得的规则进动的进动角速度是章动范围极小的某种平均进动角速度.初级理论中(1)、(2)式的近似相当于 $I_3^2\dot{\psi}_0^2 \gg 4mglI_1$.上面我们对 $\dot{\psi}_0 \gg \dot{\varphi}_0, \dot{\theta}_0$ 且 $\dot{\theta}_0=0$ 的情况作了分析,没对 $\dot{\psi}_0 \gg \dot{\varphi}_0$、$\dot{\theta}_0$ 但 $\dot{\theta}_0 \neq 0$ 的更一般情况进行分析.不过例 9.6.2 已提供了这么一个实例,使我们相信,我们的结论也适用于 $I_3^2\dot{\psi}_0^2 \gg 4mglI_1, \dot{\psi}_0 \gg \dot{\varphi}_0$、$\dot{\theta}_0$,而 $\dot{\varphi}_0 \neq 0$、$\dot{\theta}_0 \neq 0$ 的更一般情况.

*5. 拉莫尔进动

(1) 原子中的电子在外磁场中的拉莫尔进动

在原子的经典模型中,电子绕原子核作高速圆周运动,如同一个圆形电流.这个圆形电流视为刚体绕原子核心的定点转动如同一个对称陀螺的运动,电子的运动对原子核心具有角动量,如将原子置于均匀外磁场中,圆形电流如同一个具有磁矩的磁偶极子受到磁场的力矩作用,电子的运动是陀螺运动的拉格朗日情形(原子核对电子的作用力通过原子核心,对原子核心无力矩).由于高速转动,又可用高速陀螺的初级理论来讨论电子轨道的进动.

电子绕原子核作圆周运动时,对原子核中心的角动量为

$$\boldsymbol{J}=I_3\boldsymbol{\omega}=mr^2\omega\boldsymbol{n}$$

其中 m 是电子质量,r 为圆周运动的半径,ω 为角速度,$\boldsymbol{n}$ 是轨道平面的法向单位矢量,与电子的圆周运动方向有右手螺旋关系或者说与圆形电流流动方向有左手螺旋关系.

电子运动相当于一个圆电流,电流强度为

$$i = \frac{\omega}{2\pi}e$$

其中 e 是电子所带电量的绝对值.

圆电流相当于一个磁偶极子,其磁偶极矩为

$$\boldsymbol{p}_m = -i\pi r^2\boldsymbol{n} = -\frac{\omega}{2\pi}e\pi r^2\boldsymbol{n} = -\frac{1}{2}e\omega r^2\boldsymbol{n}$$

在磁感应强度为 $\boldsymbol{B}$ 的均匀磁场中受到的外力矩为

$$\boldsymbol{M} = \boldsymbol{p}_m \times \boldsymbol{B} = -\frac{1}{2}e\omega r^2\boldsymbol{n} \times \boldsymbol{B}$$

将 $\boldsymbol{J}$ 和 $\boldsymbol{M}$ 代入 $\frac{\mathrm{d}\boldsymbol{J}}{\mathrm{d}t} = \boldsymbol{M}$,整理后可得

$$\frac{\mathrm{d}\boldsymbol{n}}{\mathrm{d}t} = -\frac{e}{2m}\boldsymbol{n} \times \boldsymbol{B} = \frac{e}{2m}\boldsymbol{B} \times \boldsymbol{n}$$

可见电子轨道平面的法线方向 $\boldsymbol{n}$ 将以角速度

$$\boldsymbol{\Omega} = \frac{e}{2m}\boldsymbol{B}$$

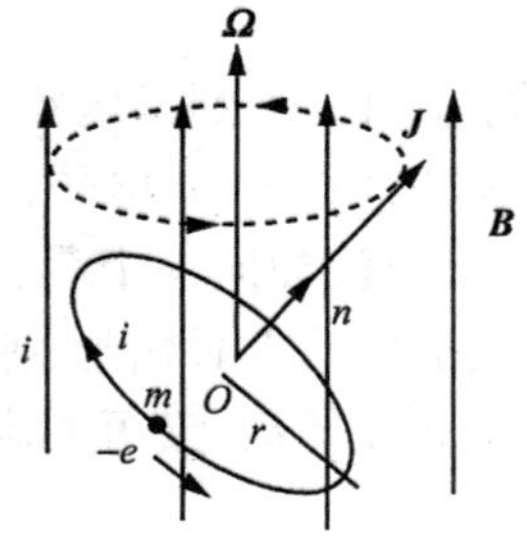

图 9.6.15

绕通过原子核中心 O 点的平行于磁场方向的轴进动. 注意 $e>0$, $\boldsymbol{\Omega}$ 与 $\boldsymbol{B}$ 同向,如图 9.6.15 所示.

(2) 磁介质的抗磁性

磁介质分子中的任何一个电子进行着两种运动,一是绕原子核的轨道运动,如上所述,另一个是电子本身的自旋运动. 这两种运动可等效于一个圆电流,总称为分子电流. 分子电流具有的磁矩,称为分子磁矩. 对于顺磁质,分子磁矩不为零,且有相当的量值、对于抗磁质,每个分子的分子磁矩为零. 在外磁场中,每个圆电流都要发生进动,不论圆电流面的法向单位矢量 $\boldsymbol{n}$(按讲拉莫尔进动时所规定的取向)与外磁场 $\boldsymbol{B}$ 的夹角是锐角还是钝角, $\boldsymbol{n}$ 的进动角速度总与 $\boldsymbol{B}$ 方向一致,而每个圆电流的磁矩 $\boldsymbol{p}_m$ 总与 $\boldsymbol{n}$ 方向相反. 因此, $\boldsymbol{p}_m$ 的进动角速度总与 $\boldsymbol{B}$ 同向,而由于它们进动产生的附加磁矩 $\Delta\boldsymbol{p}_m$ 总与 $\boldsymbol{B}$ 反向. 这就是产生抗磁性的经典理论解释.

习　题

9.1　轴 AB 与铅直的 ζ 轴成 α 角，长度为 a 的悬臂 CD 垂直地固连在轴上，CD 与铅直面 ζAB 成 θ 角，如题图所示. 一铅直向下的力 $\boldsymbol{P}$ 作用于 D 点. 求此力对 AB 轴的力矩.

答　$pa\sin\alpha\sin\theta$.

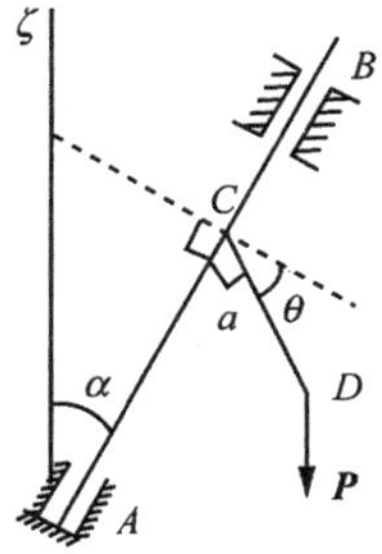

9.1 题图

9.2　一个力系由三个力组成：$\boldsymbol{F}_1 = 3\boldsymbol{i} + 2\boldsymbol{j} + a\boldsymbol{k}$，作用于原点，$\boldsymbol{F}_2 = -\boldsymbol{i} + 3\boldsymbol{j} - 2\boldsymbol{k}$，作用于(2,1,0)点，$\boldsymbol{F}_3 = 2\boldsymbol{i} - \boldsymbol{j} + 5\boldsymbol{k}$，作用于(0,−1,−2)点，力的单位为牛顿，坐标取米为单位. 问 a 取何值时，可等效于一个单力. 该等效的单力作用线在何处?

答　$a = 1\text{m}$，作用线方程为 $x = \dfrac{3}{4} + t, y = \dfrac{3}{2} + t, z = \dfrac{3}{4} + t$，$t$ 为参量.

9.3　一条螺旋线的弧形的金属丝，螺旋线的方程为 $x = a\cos\theta, y = a\sin\theta, z = a\theta\tan\alpha$，$\theta$ 由 0 变到 $\dfrac{\pi}{2}$，金属丝每一线元 $\mathrm{d}s$ 受外力，大小为 $p\mathrm{d}s$，方向从线元作 z 轴的垂线离开 z 轴的指向. 证明整个金属丝所受的力等效于一个力螺旋的作用，作用线为 $x = y, z = \dfrac{1}{4}\pi a\tan\alpha$，并求这个力螺旋的螺矩.（螺矩为沿作用线的主矩与主矢之比，力矩的正向规定与主矢的正向一致.）

答　$\left(\dfrac{\pi}{4} - 1\right)a\tan\alpha$.

9.4　证明一个力系总能简化为通过一给定点 O 的一个力和作用在任一个给定的不包含 O 点的平面上的一个力.

9.5　一个力系由四个力组成，其作用线组成四面体 $ABCD$，这四个力 $\boldsymbol{f}_1 = k\boldsymbol{AB}, \boldsymbol{f}_2 = k\boldsymbol{BC}, \boldsymbol{f}_3 = k\boldsymbol{CD}, \boldsymbol{f}_4 = k\boldsymbol{DA}$，其中 k 是一常量. 证明这个力系等效于一个力偶，其大小为 $6kV/d$，其中 V 是四面体的体积，d 是两条边 AC 和 BD 间的最短距离.

提示　任意两条直线 l_1、l_2 若分别通过 M_1、M_2 点，方向矢量分别为 $\boldsymbol{S}_1$、$\boldsymbol{S}_2$，则此两直线间的最短距离为

$$d = \frac{|\boldsymbol{M}_1\boldsymbol{M}_2 \cdot (\boldsymbol{S}_1 \times \boldsymbol{S}_2)|}{|\boldsymbol{S}_1 \times \boldsymbol{S}_2|}$$

9.6　一个均质的梯子靠在粗糙的地板和同样粗糙的墙上，摩擦角为 ε，处于平衡的极限状态. 求梯子与水平线间的夹角.

答　$\dfrac{\pi}{2} - 2\varepsilon$.

9.7　一桁架结构及负荷情况如题图所示. 所有的杆质量不计，用光滑铰链连接，求 CE、ED、FD 三杆的内力.

答　$S_{CE} = -4Q, S_{ED} = -\sqrt{3}Q, S_{FD} = \dfrac{5}{2}\sqrt{3}Q$. 正值说明内力为拉伸的力，负值说明内力是

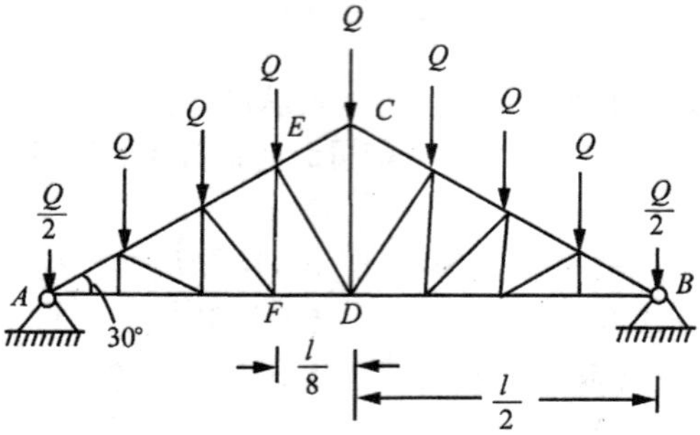

9.7 题图

压缩的力.

9.8 两个相同的长度为 $2a$、质量为 M 的均质梯子 AB 和 BC 在 B 点光滑绞接在一起.端点 A、C 静置于粗糙的水平面上,梯子与水平面间摩擦因数为 μ,$\angle ABC=2\alpha$.一个质量为 m 的人要能爬到 B 点,求 μ 需满足的条件.

答　$\mu \geqslant \frac{M+m}{2M+m}\tan\alpha$.

9.9 两个相同的质量为 M、半径为 a 的粗糙的均质圆柱体置于粗糙的水平面上.两轴线相距 $2\sqrt{2}a$.第三个半径为 a、质量为 $2M$ 的粗糙均质圆柱体对称地静置于上述两个圆柱体上面.证明:要能平衡,圆柱体间的摩擦因数必须大于 $\tan\frac{\pi}{8}$,圆柱体与平面间的摩擦因数必须大于 $\frac{1}{2}\tan\frac{\pi}{8}$.

9.10 长 l 的均质重杆 AB 的 A 端能在一光滑的铅直线上运动,B 端能沿一条粗糙的水平直线上运动.两条直线间的最短距离为 a,$a<l$,B 端与水平直线间的静摩擦因数为 μ.若 $l>a\sqrt{1+\mu^2}$,A 端高于 B 端、证明杆在下列位置:

$$\arcsin\frac{a}{l}\leqslant\theta\leqslant\arccos\sqrt{\frac{l^2-a^2(1+\mu^2)}{l^2(1+4\mu^2)}}$$

其中 θ 是 AB 杆与竖直向下直线间的夹角,平衡是可能的.

9.11 一圆筒形玻璃杯盛满了冰,重量为空杯时的六倍.若空杯时质心位于离底面四分之一高度处.问将冰装到什么高度,杯子最不容易倾倒.

答　装到六分之一高度处.

9.12 杆 BC、BD、CD、CE、CG、DG 由铰链连接,位于立方体的边和对角线上,如题图所示.铰链 B、E、G 是固定的.各杆不计质量,在节点 D,有作用力 Q 沿对角线 ED 方向,在节点 C 有作用力 P 沿 CG 方向.处于平衡状态.求各杆的内力.

答　$S_{BC}=-\sqrt{2}Q$,$S_{BD}=Q$,$S_{CD}=-\sqrt{2}Q$,

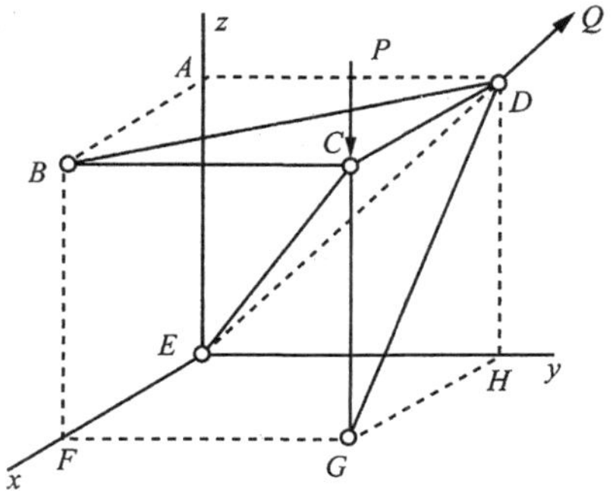

9.12 题图

$S_{CE}=\sqrt{6}Q, S_{CG}=-P-\sqrt{2}Q, S_{DG}=Q$,正值表示拉伸,负值表示压缩.

9.13　一个质点系由位于点$(a,-a,a)$质量为$4m$的质点、位于点$(-a,a,a)$质量为$3m$的质点和位于点(a,a,a)的质量为$2m$的质点组成.(1)求关于坐标原点的惯量张量;(2)用(1)的结果求通过原点、单位方向矢量$\boldsymbol{n}=\frac{1}{\sqrt{2}}\boldsymbol{i}+\frac{1}{\sqrt{2}}\boldsymbol{j}$的轴的转动惯量.

答　(1) $ma^2\begin{pmatrix}18 & 5 & -3\\ 5 & 18 & -1\\ -3 & -1 & 18\end{pmatrix}$;(2) $23ma^2$.

9.14　一个质点系包括位于点$(a,-a,0)$质量为$4m$的质点、位于点$(-a,a,0)$质量为$3m$的质点和位于$(a,a,0)$质量为$2m$的质点.(1)求关于坐标原点的惯量张量;(2)求关于原点的主转动惯量和惯量主轴.

答　(1) $ma^2\begin{pmatrix}9 & 5 & 0\\ 5 & 9 & 0\\ 0 & 0 & 18\end{pmatrix}$;(2) $I_1=4ma^2$, $I_2=14ma^2$, $I_3=18ma^2$;　$\boldsymbol{e}_1=\frac{1}{\sqrt{2}}(\boldsymbol{i}-\boldsymbol{j})$, $\boldsymbol{e}_2=\frac{1}{\sqrt{2}}(\boldsymbol{i}+\boldsymbol{j})$, $\boldsymbol{e}_3=\boldsymbol{k}$.

9.15　求底面半径为r、高为h、质量为m的圆锥体相对于底面中心的惯量张量.当r与h之比为何值时,过此点的任何轴都是惯量主轴.并在此情况下,找出质心的位置以及关于质心的主转动惯量.

答　取底面中心为坐标原点O,圆锥的对称轴为z轴

$$\boldsymbol{I}(O)=\begin{pmatrix}\frac{1}{20}m(3r^2+2h^2) & 0 & 0\\ 0 & \frac{1}{20}m(3r^2+2h^2) & 0\\ 0 & 0 & \frac{3}{10}mr^2\end{pmatrix}$$

当$\frac{h}{r}=\sqrt{\frac{3}{2}}$时，过 O 点的任何轴都是惯量主轴.此时质心 C 的位置为

$$x(C)=y(C)=0,z(C)=\frac{1}{8}\sqrt{6}r$$

$$\boldsymbol{I}(C)=\begin{pmatrix}\frac{33}{160}mr^2 & 0 & 0\\ 0 & \frac{33}{160}mr^2 & 0\\ 0 & 0 & \frac{3}{10}mr^2\end{pmatrix}$$

9.16　半径为 R 的非均匀圆球，在距中心 r 处的密度可以用下式表示：

$$\rho=\rho_0\left(1-a\frac{r^2}{R^2}\right)$$

式中 ρ_0 及 a 为常量.试求：

(1) 对过球心的任何轴的转动惯量；

(2) 关于球面上一点的三个主转动惯量；

*(3) 关于球面上一点的惯量张量，要用下列坐标表达它，取 x、y、z 坐标后，球心的坐标为 $(R\cos\alpha,R\cos\beta,R\cos\gamma)$.

答　(1) $I=\frac{14-10a}{35-21a}mR^2$，其中 $m=\frac{4}{15}\pi\rho_0(5-3a)R^3$；

(2) $I_1=I_2=\frac{49-31a}{35-21a}mR^2$，$I_3=\frac{14-10a}{35-21a}mR^2$；

(3) $$\begin{pmatrix}I_c+mR^2\sin^2\alpha & -mR^2\cos\alpha\cos\beta & -mR^2\cos\alpha\cos\gamma\\ -mR^2\cos\alpha\cos\beta & I_c+mR^2\sin^2\beta & -mR^2\cos\beta\cos\gamma\\ -mR^2\cos\alpha\cos\gamma & -mR^2\cos\beta\cos\gamma & I_c+mR^2\sin^2\gamma\end{pmatrix}$$

其中 $I_c=\frac{14-10a}{35-21a}=mR^2$.

9.17　质量为 m 的均质椭球，椭球方程为$\frac{x^2}{a^2}+\frac{y^2}{b^2}+\frac{z^2}{c^2}=1$.试求此椭球绕过其质心的三个惯量主轴的转动惯量.

答　$I_1=\frac{1}{5}m(b^2+c^2)$，$I_2=\frac{1}{5}m(c^2+a^2)$，$I_3=\frac{1}{5}m(a^2+b^2)$.

***9-18**　上题如不取三个惯量主轴为坐标，取上述坐标绕 z 轴转 α 角后的 x、y、z 坐标，求关于质心的惯量张量.

答　$$\boldsymbol{I}=\begin{pmatrix}\frac{1}{5}m[b^2+c^2+(a^2-b^2)\sin^2\alpha] & \frac{1}{5}m(a^2-b^2)\sin\alpha\cos\alpha & 0\\ \frac{1}{5}m(a^2-b^2)\sin\alpha\cos\alpha & \frac{1}{5}m[a^2+c^2+(b^2-a^2)\sin^2\alpha] & 0\\ 0 & 0 & \frac{1}{5}m(a^2+b^2)\end{pmatrix}.$$

9.19　一个质量为 m、边长为 a 的立方体.试求:(1)关于质心的惯量张量;(2)关于一个顶点取过此点的三条边为 x、y、z 轴时的惯量张量;(3)关于一个顶点的三个主转动惯量,并说明惯量主轴如何选取;(4)写出(2)、(3)两种坐标取法时的惯量椭球方程.

答　(1) $\begin{pmatrix} \frac{1}{6}ma^2 & 0 & 0 \\ 0 & \frac{1}{6}ma^2 & 0 \\ 0 & 0 & \frac{1}{6}ma^2 \end{pmatrix}$;　(2) $\begin{pmatrix} \frac{2}{3}ma^2 & -\frac{1}{4}ma^2 & -\frac{1}{4}ma^2 \\ -\frac{1}{4}ma^2 & \frac{2}{3}ma^2 & -\frac{1}{4}ma^2 \\ -\frac{1}{4}ma^2 & -\frac{1}{4}ma^2 & \frac{2}{3}ma^2 \end{pmatrix}$;

(3) $I_1 = I_2 = \frac{11}{12}ma^2, I_3 = \frac{1}{6}ma^2$.

选对角线为 z 轴,从此角作垂直于对角线的任意两个互相垂直、满足右手螺旋关系的轴均可选为 x 轴和 y 轴;

(4) 取(2)的坐标系,惯量椭球方程为

$$\frac{2}{3}ma^2(x^2 + y^2 + z^2) - \frac{1}{2}ma^2(xy + xz + yz) = 1$$

取(3)的坐标系,惯量椭球方程为

$$\frac{11}{12}ma^2(x^2 + y^2) + \frac{1}{6}ma^2z^2 = 1.$$

9.20　分别用(9.3.11′)式和利用上题在求得的惯量椭球方程两种办法求绕过此角单位矢量为 $\boldsymbol{n} = \left(\frac{\sqrt{3}}{3}, \frac{\sqrt{2}}{2}, \frac{\sqrt{6}}{6}\right)$ 的轴的转动惯量,并给出此轴与惯量椭球面交点的坐标.

答　$I = \frac{1}{12}(8 - \sqrt{2} - \sqrt{3} - \sqrt{6})ma^2$,交点坐标为 $\frac{1}{\sqrt{I}}\left(\sqrt{\frac{\sqrt{3}}{3}}, \sqrt{\frac{\sqrt{2}}{2}}, \sqrt{\frac{\sqrt{6}}{6}}\right)$.

9.21　考虑一均质薄板位于 $x-y$ 平面,证明对板上任何一点的惯量张量有如下形式:

$$\begin{pmatrix} A & -C & 0 \\ -C & B & 0 \\ 0 & 0 & A + B \end{pmatrix}.$$

***9.22**　若上题的坐标改用绕 z 轴旋转 θ 角后的坐标,证明惯量张量为

$$\begin{pmatrix} A' & -C' & 0 \\ -C' & B' & 0 \\ 0 & 0 & A' + B' \end{pmatrix}$$

其中

$$A' = A\cos^2\theta + B\sin^2\theta - C\sin 2\theta$$

$$B' = A\sin^2\theta + B\cos^2\theta + C\sin 2\theta$$

$$C' = C\cos 2\theta - \frac{1}{2}(B - A)\sin 2\theta$$

并由此证明:如转角

$$\theta = \frac{1}{2}\arctan\left(\frac{2C}{B - A}\right)$$

转后的 x、y 轴为惯量主轴.

*9.23　一个质量为 m 的均质圆锥,其底面边缘的方程为$(x-a)^2+z^2=a^2$ 和 $y=0$. 顶点位于$(a,ka,0)$. 求关于原点的惯量张量.

答　$\frac{ma^2}{20}\begin{pmatrix}3+2k^2 & -5k & 0\\ -5k & 26 & 0\\ 0 & 0 & 23+2k^2\end{pmatrix}$.

9.24　证明:(1)对于过一点的三个互相垂直的轴的转动惯量,对任一个轴的转动惯量都不能超过对另两个轴的转动惯量之和;

(2) 在刚体上取 $Oxyz$ 与 $Ox'y'z'$ 两坐标系. 如两坐标系不仅有公共的原点,x、y、x'、y' 轴还在同一平面上,则刚体对各轴的转动惯量有下列关系:

$$I_{xx} + I_{yy} = I_{x'x'} + I_{y'y'}$$

并给予物理解释.

9.25　质量为 m 的均质薄片,由 x 轴、y 轴及圆心在(R,R)、半径为 R 的圆弧围成它的边界. 求过原点的在 xy 平面上与 x 轴夹角为 30°的轴的转动惯量.

答　$I=\frac{1}{12(4-\pi)}[48-19\sqrt{3}+\pi(6\sqrt{3}-15)]mR^2$.

9.26　一个 S 形曲轴由两个半径为 a、质量为$\frac{m}{2}$的均质半圆周连成一个平面,中心与两端在一条直线上. 让它围绕与此直线相重合的光滑杆转动. 在时间 τ 内,转动由静止状态以恒定的角加速度加速至角速度 Ω. 求为产生这种运动所必须给予沿杆的方向的力矩以及杆给予曲轴的力矩.

答　$ma^2\Omega/2\tau$,杆给予曲轴的力矩的曲轴平面内的分量为 $2ma^2\Omega/\pi\tau$,垂直于曲轴平面的分量为 $2ma^2\Omega^2t^2/\pi\tau^2$.

9.27　质量为 M、半径为 R 的均质实心球,绕一固定的竖直的直径以角速度 ω 在空间自由转动,另有一个质量为 m 的质点最初位于球的一极,以恒定速率 v 沿球的一个大圆运动. 证明:当质点到达另一极时,球的转动被延迟的角度为

$$\alpha = \frac{\pi R\omega}{v}\left(1-\sqrt{\frac{2M}{2M+5m}}\right).$$

9.28　长为 l、重 P 的均匀直杆在铅垂直平面内绕其上端 O 自由摆动. 试求当杆子处在与铅垂线成 φ 角时,距 O 点为 x 处的杆子截面 A 的弯曲力矩的大小,并问此时弯曲力矩具有最大值的截面在何处?

提示　截面 A 处杆的两边除相互有作用力外,还有相互作用的力矩,现在要求的就是这相

互作用的力矩.

答　所求力矩为$\frac{P}{4l^2}(l-x)^2 x\sin\varphi$, $x=\frac{1}{3}l$处的截面受到的弯曲力矩最大.

9.29　一段曲率半径为 R 的圆弧绕通过弧线中心并与纸面垂直的水平轴线无摩擦地摆动.证明微振动周期与圆弧的长度无关,并求作此微振动的圆弧的等值单摆长.

答　$2R$.

9.30　半径为 r 的圆扇形面绕垂直于其平面且通过其中心角顶点的光滑水平轴作微振动.扇形的角度多大时,此摆的等值单摆长等于扇形弧长的一半.

答　$\alpha=2\arcsin(0.75)$.

9.31　有一半径为 r、质量为 M 的均质圆球在球心通过无摩擦的质量可以不计的球形轴承连接于长度为 l、质量为 m 的均质杆的一端,杆的另一端由无摩擦的铰链悬挂于一固定点.杆可在竖直平面内运动形成一个摆.试求此摆作微振动的周期.若圆球与杆固连,微振动的周期多大?

答　$2\pi\sqrt{\frac{2(m+3M)l}{3(m+2M)g}}$, $2\pi\sqrt{\frac{2[5(m+3M)l^2+6Mr^2]}{15(m+2M)gl}}$.

9.32　一个均质的立方体绕其对角线自由转动.证明:若一条边突然地被固定,让其绕该边转动,其动能损失了$\frac{11}{12}$.

9.33　求上题前后两个定轴转动的角动量大小之比以及在固定过程中给予的外力矩之冲量的大小与原角动量大小之比.

提示　注意利用 9.19 题的结果.

答　$\frac{J}{J_0}=\frac{1}{4}\sqrt{\frac{41}{6}}$, $\frac{|\boldsymbol{J}-\boldsymbol{J}_0|}{|\boldsymbol{J}_0|}=\frac{11}{24}\sqrt{6}$.

9.34　一个均质的正圆锥底面半径为 r、高为$\sqrt{\frac{3}{2}}r$,其质心的位置以及关于质心的惯量张量可利用 9.15 题的结果.此圆锥绕一条母线转动角速度为 Ω,突然放开这条母线固定与此母线相交的底面的直径.求此刻绕底面直径转动的角速度以及前后动能之比.

答　$\frac{1}{4}\sqrt{\frac{2}{5}}\Omega$　$\frac{T_1}{T_2}=80$.

9.35　题图中画的是一个凸轮轴的简化抽象图,质量为 m 和 $2m$ 的四个质点固定在无质量的杆上,并都处在一个平面内.它以恒定的角速度 ω 绕 OO' 轴转动,轴承处无摩擦.求:(1)轴承施加的力对质心的力矩多大?(2)绕质点所在平面中哪一个轴作定轴转动时不论 ω 多大轴承处没有附加压力?

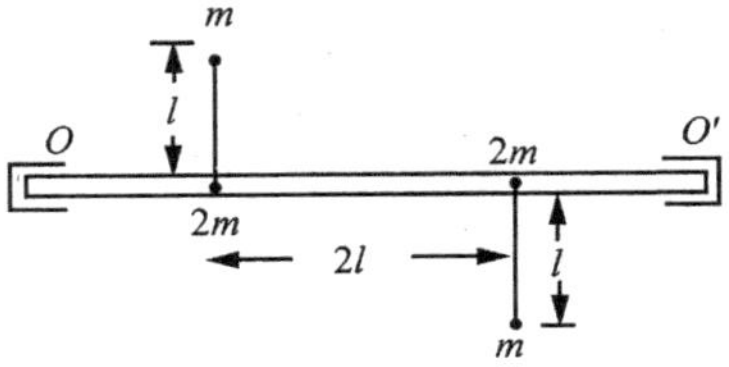

9.35 题图

答　(1) $2ml^2\omega^2$,在图示位置,方向垂直纸面向外(如 $\boldsymbol{\omega}$ 方向向右).(2)绕过质心与 OO' 轴夹角为 $-22.5°$或 $67.5°$的轴转动.

9.36　一个人用棒打垒球,打在何处才能在打击的瞬间,握棒的手不受到冲击力.设棒绕手作定轴转动时的转动惯量为 I,棒的质量为 m,棒的质心离手握住的一端的距离为 d.

答　击球点离握的一端距离 $l=\frac{I}{md}$.

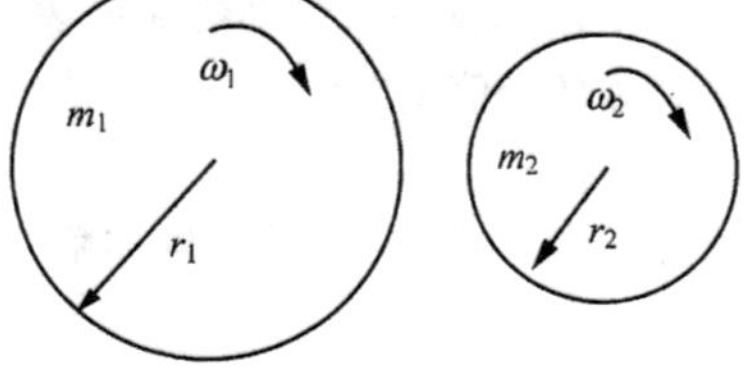

9.37 题图

9.37　两个均质的圆柱体环绕各自的对称轴自由转动.若两圆柱体的半径分别为 r_1 和 r_2,质量分别为 m_1 和 m_2,转动的角速度分别为 ω_1 和 ω_2,如题图所示,让它们互相靠拢直到互切并达到不再随时间变化的稳定运动状态.求稳定运动后两圆柱体的角速度.

答　$\Omega_1=\frac{m_1r_1\omega_1-m_2r_2\omega_2}{(m_1+m_2)r_1}$,　$\Omega_2=\frac{m_2r_2\omega_2-m_1r_1\omega_1}{(m_1+m_2)r_2}$.

9.38　一个边长为 a、质量为 m 的均质薄正方形板绕一个与它的法线成 θ 角通过中心的轴以恒定角速度 ω 转动.选取下列两组坐标:两个坐标系的原点 O 均取在板的中心,$O\xi\eta\zeta$ 是实验室坐标系,取转轴为 ζ 轴,$Oxyz$ 固连于薄板,z 轴沿板的法线方向,x、y 轴在薄板平面上,取与 ζ 轴垂直的一个方向为 y 轴,x、y 轴不必一定与正方形的边平行或垂直,$t=0$ 时,y 轴和 η 轴重合,如题图所示,求(1) 用两组坐标系表达的角动量;(2) 用两组坐标系表达的作用在轴上的力对 O 点的力矩.

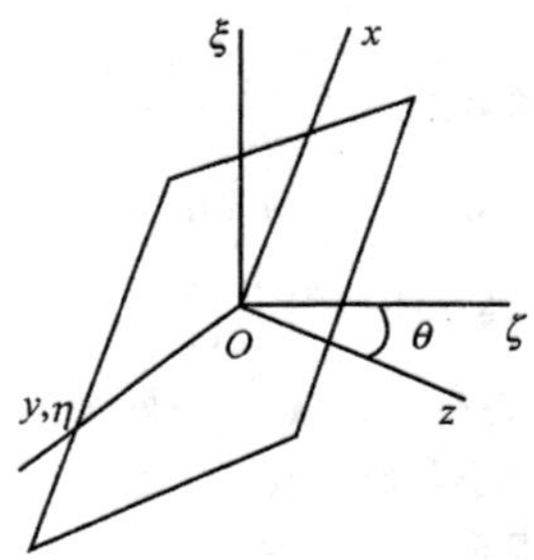

9.38 题图

答　(1) $\boldsymbol{J}=\frac{1}{12}ma^2\omega\sin\theta\boldsymbol{i}+\frac{1}{6}ma^2\omega\cos\theta\boldsymbol{k}$,

$$\boldsymbol{J}=-\frac{1}{12}ma^2\omega[\sin\theta\cos\theta\cos\omega t\boldsymbol{\xi}^0+\sin\theta\cos\theta\sin\omega t\boldsymbol{\eta}^0-(1+\cos^2\theta)\boldsymbol{\zeta}^0];$$

(2) $\boldsymbol{M}=-\frac{1}{12}ma^2\omega^2\sin\theta\cos\theta\boldsymbol{j}$

$$\boldsymbol{M}=\frac{1}{12}ma^2\omega^2\sin\theta\cos\theta(\sin\omega t\boldsymbol{\xi}^0-\cos\omega t\boldsymbol{\eta}^0).$$

9.39　长为 $2a$ 的均质棒 AB,A 端连于固定的光滑铰链.棒自水平位置无初速地开始运动,当棒通过铅直位置时,铰链脱开.证明此后运动中棒的质心沿抛物线轨道运动,并求从脱开到质心再下降 h 高度时,棒转过的圈数.

答　$\frac{1}{2\pi}\sqrt{\frac{3h}{a}}$.

9.40　重 W 的均质棒,两端用两条平行的绳悬挂,棒在水平位置处于平衡.如其中一条绳断了,求此瞬时另一绳子中的张力.

答　$\frac{1}{4}W$.

9.41　一均质圆柱质量为 M、半径为 r,放在完全光滑的斜面上,斜面的倾角为 α.圆柱外楼有可以弯曲无重量的绳子,此绳子沿着斜面经过一个质量可以忽略不计的滑轮后在下端悬一质量为 m 的重物.试求圆柱质心加速度 a、重物的加速度 a'、圆柱的角加速度 β 及绳子张力 T.

答　$a=\dfrac{(M+2m)\sin\alpha-m}{M+3m}g, a'=\dfrac{3m-M\sin\alpha}{M+3m}g$

$\beta=\dfrac{4mg\cos^2\left(\dfrac{\pi}{4}-\dfrac{\alpha}{2}\right)}{(M+3m)r}, T=\dfrac{2Mm\cos^2\left(\dfrac{\pi}{4}-\dfrac{\alpha}{2}\right)}{M+3m}g$

9.42　两个全同的均质球,一个以质心速度 V 无滑动地滚向处于静止状态的另一个球,发生正碰.假定碰撞时可忽略所有摩擦力,且可认为碰撞是完全弹性的.(1)计算碰撞后两球最后变为纯滚动时的质心速度;(2)计算后来由于摩擦力作用损失的机械能与初始能量之比.

答　(1) $v_1=\dfrac{2}{2}V, v_2=\dfrac{5}{7}V$;(2) $\dfrac{20}{49}$.

9.43　质量为 m、半径为 r 的均质圆柱置于粗糙的斜面上,斜面倾角 $\alpha=30°$、质量为 m,置于粗糙的水平面上.圆柱与斜面间、斜面与水平面间的摩擦因数均为 $\mu=0.1$,开始圆柱与斜面均从静止状态开始运动.求圆柱质心的运动学方程以及圆柱的角速度.

答　$x_c=-\dfrac{[(1-\mu^2)\sin\alpha-2\mu\cos\alpha]\cos\alpha+\mu}{1+[(1-\mu^2)\sin\alpha-2\mu\cos\alpha]\sin\alpha}\cdot\dfrac{1}{2}gt^2$

$y_c=-\dfrac{[(1-\mu^2)\sin\alpha-2\mu\cos\alpha]\sin\alpha}{1+[(1-\mu^2)\sin\alpha-2\mu\cos\alpha]\sin\alpha}gt^2$

x 轴沿水平方向,y 轴竖直向上.

$\omega=\dfrac{2\mu(\cos\alpha+\mu\sin\alpha)}{1+[(1-\mu^2)\sin\alpha-2\mu\cos\alpha]\sin\alpha}\cdot\dfrac{gt}{r}$.

9.44　一质量为 m 的均质细杆下端置于光滑的桌面上,从与铅垂线成 θ_0 角静止释放.求解放后的瞬间桌子对杆的作用力.

答　$\dfrac{mg}{1+3\sin^2\theta_0}$.

9.45　光滑的水平面上有两根均质细杆 A 和 B,长度均为 1m,质量分别为 1kg 和 2kg,两杆彼此平行.杆 B 静止地放置在 $y=0$、$x=0$ 到 $x=1$m 处,A 以 10m/s 的速度沿 y 方向运动,在与 B 碰撞前,一端保持在 $x=(-1+\varepsilon)$m 处,另一端保持在 $x=\varepsilon$m 处($0<\varepsilon\ll1$).在 $t=0$ 时,A 到达 $y=0$ 处同 B 发生完全弹性碰撞,不计两杆再次碰撞的可能性,求碰后两杆的运动.

答　$\boldsymbol{v}_A=\dfrac{20}{3}\boldsymbol{j}, \boldsymbol{\omega}_A=-20\boldsymbol{k}, \boldsymbol{v}_B=\dfrac{5}{3}\boldsymbol{j}, \boldsymbol{\omega}_B=-10\boldsymbol{k}$.

速度以 $\mathrm{ms^{-1}}$ 为单位,角速度以 $\mathrm{rads^{-1}}$ 为单位.

9.46　一半径为 a 的均质实心球以速度 V 在水平面上滚动时遇到一个高度为 $h(<a)$ 的台阶,若碰撞是完全非弹性的,在碰撞点无滑动.问球要跃上台阶其速度 V 需多大.

答　$V>\dfrac{a}{7a-5h}\sqrt{70gh}$.

9.47　一个质量为 m、半径为 r 的均质实心圆柱体沿着一个楔的倾斜表面向下运动,楔的质量为 M,它可以沿一个光滑的水平面自由运动.

(1) 如圆柱体与楔之间无摩擦,圆柱体自静止开始下滑,下降高度 h 时,楔运动了多大距离？

(2) 如圆柱体与楔之间有摩擦力.圆柱体自静止开始作纯滚动，下降高度 h 时，楔运动了多大距离？

(3) 比较两种情况，圆柱体到达楔底哪种更快些？与圆柱的半径有无关系？

答　(1)、(2)$\frac{mh}{m+M}\cot\theta$，θ 为楔的倾角.

(3) 纯滑动时更快些，与圆柱体半径无关.

9.48　两个相同的梯子，一端用铰链连接起来，下部再用绳子连接，以 60°角置于光滑的水平面上.如果绳子突然切断，求此瞬时铰链的加速度.通常把梯子抽象为均质薄板或细杆.

答 $\frac{3}{8}g$.

9.49　一个质量为 m、半径为 a 的均质实圆柱体在一个固定的粗糙的内半径为 b、轴线水平的空圆柱体内部作无滑滚动.若运动的圆柱体在最低位置的角速度为 Ω，证明如 $\Omega \geqslant \left[\frac{11}{3}(b-a)g\right]^{1/2} \Big/ a$，实圆柱可通过最高位置绕空圆柱作完全的转动，并求两圆柱体间的摩擦力.

答　$\frac{1}{3}mg\sin\theta$，其中 θ 是两圆柱体的轴构成的平面与铅垂线的夹角.

9.50　两根相同的均质棒 AB 和 BC，质量为 m. B 点用光滑铰链连接，A 端被光滑铰链到一个固定点，棒限于在竖直平面内，AC 原在同一水平线上，$\angle ABC = 90°$.求刚释放时两棒的初角加速度之比.

答　$\frac{\beta_{AB}}{\beta_{BC}} = \frac{3}{4}$.

9.51　一个质量为 M、边长为 a 的均质立方体静置在一个光滑的水平桌面上.在通过它的质心且平行两个竖直面的平面上有一根质量为 $\frac{1}{3}M$、长度为 $4a$ 的光滑均质杆，其一端放在桌面上，另一端靠在立方体竖直面的最高点.在此位置释放这个系统，证明：

(1) 当杆与立方体仍保持接触期间，$\dot{\theta}^2 = 3g(1-4\sin\theta)/a(16-3\sin^2\theta)$，其中 θ 是杆与水平面的夹角；

(2) 在 $\sin\theta$ 满足 $3\sin^3\theta - 48\sin\theta + 8 = 0$ 时，杆与立方体开始分离.

9.52　要使一个半径为 a 的乒乓球在获得一个向前的质心初速度 $\boldsymbol{V}_0$ 和一个初角速度 $\boldsymbol{\omega}_0$ 后，由于水平桌面的摩擦力作用，最终乒乓球有与初速度 $\boldsymbol{V}_0$ 方向相反的质心速度，问 $\boldsymbol{V}_0$ 和 $\boldsymbol{\omega}_0$ 应有什么样的关系.

答　$\boldsymbol{\omega}_0$ 的方向必须是它使球与桌面的接触点的速度方向与 $\boldsymbol{V}_0$ 一致且其大小满足关系 $a\omega_0 > \frac{5}{2}V_0$.

9.53　一个半径为 a、质量为 m 的均质圆环被投射到一个倾角为 α 的粗糙斜面上，开始有向下的质心速度 V 和一个使环有沿斜面向上转动倾向的角速度，开始环的位置距斜面底部的高度 h 处.圆环保持在一个竖直平面内运动.如到达斜面底部时刚好处于静止.求(1)圆环与斜面间的摩擦因数;(2)圆环的初始角速度.

答(1)$\left(1+\frac{V^2}{2gh}\right)\tan\alpha$;(2)$\frac{V^2+2gh}{aV}$.

9.54 两个质量均为 M、半径均为 a 的均质轮子,其质量均集中于轮子边缘,两根不计质量的杆 O_1A、O_2B 分别固连于两个轮子,质量为 m 的均质杆通过 A、B 两个光滑轴承将两个轮子连接起来,$O_1A=O_2B=b$,运动中 $O_1A /\!/ O_2B$. O_2 处通过一个劲度系数为 k 的水平弹簧连在一固定点,如题图所示. AB 处于最低位置时,弹簧无形变.若轮子在水平面上的平衡位置附近作小振动(纯滚动),求振动周期.

答 $2\pi\sqrt{\frac{(4M+m)a^2+mb(b-2a)}{ka^2+mgb}}$.

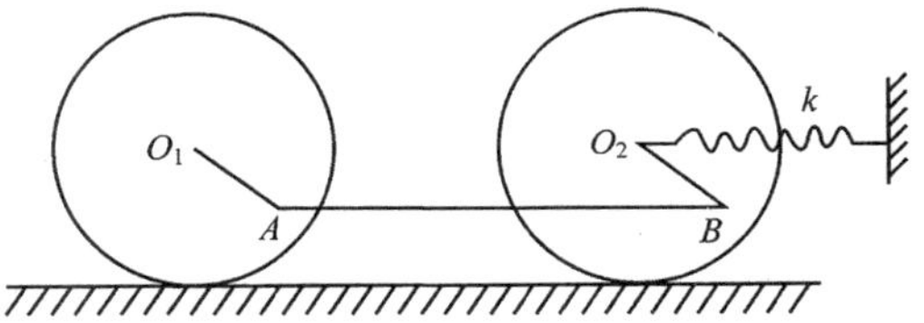

9.54 题图

9.55 匀质杆 AB、BD 和 DE 用光滑铰链 B、D 连接,如题图所示.三杆长度分别为 a、b、d,质量均为 m.杆 AB 和 DE 分别可绕铅直的固定轴 A 和 E 在水平面的某一范围内无摩擦摆动,设在图示时刻,AB 与 BD 成一直线,$BD\perp DE$,此时杆 AB 的角速度为 ω,角加速度为零.求此时 BD 杆在 B、D 端受到的外力.

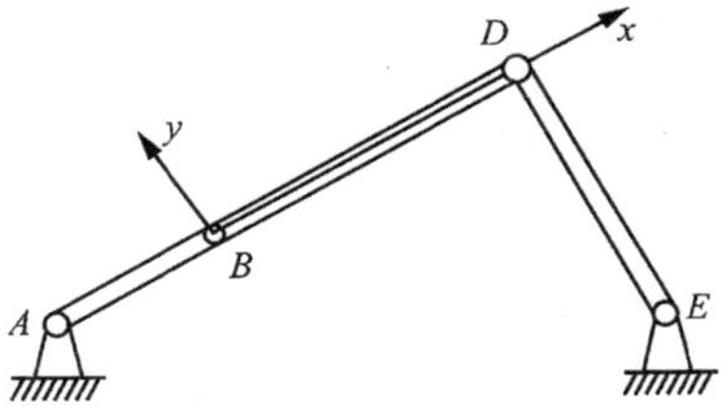

9.55 题图

答 取图示的 x、y 轴,此时 B 端受力:

$$X_B=-\frac{1}{3}ma\left(4+\frac{5a}{2b}\right)\omega^2,\quad Y_B=0.$$

D 端受力:$X_D=\frac{1}{3}ma\left(1+\frac{a}{b}\right)\omega^2$, $Y_D=0$.

***9.56** 证明刚体作平面平行运动时关于瞬心的角动量定理还可以有下列形式:

$$I_{O'}\frac{\mathrm{d}\omega}{\mathrm{d}t}=M_{O'}+m\omega(\dot{\boldsymbol{r}}_{O'}\cdot\boldsymbol{r}'_c)$$

$$\frac{\mathrm{d}(I_{O'}\omega)}{\mathrm{d}t}=M_{O'}-m\omega(\dot{\boldsymbol{r}}_{O'}\cdot\boldsymbol{r}'_c)$$

其中 O' 是与瞬心重合的空间点,$\dot{\boldsymbol{r}}_{O'}$ 是随瞬心沿空间极迹平动的坐标系的速度.

***9.57** 证明刚体作平面平行运动时关于瞬心的角动量定理还可以有下列形式:

$$\frac{\mathrm{d}(I_{O'}\omega)}{\mathrm{d}t} = M_{O'} - \frac{\boldsymbol{\omega}}{\omega} \cdot (\dot{\boldsymbol{r}}_{O'} \times m\dot{\boldsymbol{r}}_c)$$

式中 $\dot{\boldsymbol{r}}_{O'}$ 的物理意义同上题. O'是与瞬心重合的空间点,并不固连于刚体

$$I_{O'}\frac{\mathrm{d}\omega}{\mathrm{d}t} = M_{O'} - \frac{\boldsymbol{\omega}}{\omega} \cdot (m\boldsymbol{r}'_c \times \ddot{\boldsymbol{r}}_{O'})$$

式中 $\ddot{\boldsymbol{r}}_{O'}$ 是瞬心平动参考系原点 O'的加速度, O'是刚体上为瞬心的那一点.

9.58　长为 $2a$、质量为 m 的均质杆在光滑的水平桌面上由静止的竖直位置在重力的作用下倒下.试用几种方法列出关于 θ 满足的运动微分方程, θ 为杆与铅垂线的夹角.

答 $a^2[(1+3\sin^2\theta)\ddot{\theta}+3\sin\theta\cos\theta\dot{\theta}^2]-3ga\sin\theta=0.$

9.59　半径为 r 的均质轮子沿着与水平面成 α 角的斜面无滑动地滚下.问当滚动摩阻因数 δ 为何值时,轮子质心作等速运动.

答　$\delta=r\tan\alpha.$

9.60　一个半径为 R 的均质轮子(质量均匀分布在边缘)在铅直直径的上端施以水平力 $\boldsymbol{F}$,轮子与水平面间的滚动摩阻因数为 δ.要在此力作用下轮子做纯滚动,滑动摩擦因数应满足什么条件?

答　$\mu\geqslant\dfrac{\delta}{2R}.$

9.61　质量为 M、半径为 R 的均质圆柱放在倾角为 α 的斜面上,吊有质量为 m 的重物、不可伸长的轻绳跨过定滑轮系于圆柱的轴心上,圆柱、滑轮间的绳子与斜面平行,圆柱与斜面间的滚动摩阻因数为 δ.问

(1) 要能维持圆柱体在斜面上处于平衡,重物的质量 m 应满足什么条件?

(2) 圆柱与斜面间的摩擦因数 μ 满足什么条件才能保持圆柱体平衡?

答　(1) $M\left(\sin\alpha-\dfrac{\delta}{R}\cos\alpha\right)\leqslant m\leqslant M\left(\sin\alpha+\dfrac{\delta}{R}\cos\alpha\right)$;

(2) $\mu\geqslant\dfrac{\delta}{R}.$

9.62　一回转仪的中心惯量椭球有旋转对称轴,且有 $I_1=I_2=2I_3$,今绕质心作定点自由转动,其自转角速度为 ω_1,自转轴与进动轴间的夹角 $\theta=60°$,求进动角速度 ω_2.

答　$\omega_2=2\omega_1.$

9.63　均匀圆盘绕其质心作定点自由转动,开始时,圆盘绕与圆盘的对称轴成45°角的轴线转动,角速度为 ω_0.证明在以后的运动中,圆盘的轴线绘出一正圆锥面,此圆锥面的轴线与初始转动轴的夹角为 $\arctan\left(\dfrac{1}{3}\right)$,并证明圆盘轴线以等角速 $\dfrac{1}{2}\sqrt{10}\omega_0$ 转动.

9.64　一个质量为 m、半径为 a 的均质圆盘绕通过质心与其垂线成 α 角的轴以角速度 Ω 转动.圆盘突然被释放,让其绕质心自由转动.

(1) 证明转轴在空间描绘出一个圆锥,相对于圆盘也描绘出一个圆锥;

(2) 求转轴在空间描绘圆锥一周所需的时间;

(3) 求转轴相对于圆盘描绘圆锥一周所需的时间.

答　(2) $\dfrac{2\pi}{\Omega\sqrt{1+3\cos^2\alpha}}$，　(3) $\dfrac{2\pi}{\Omega\cos\alpha}$.

9.65　一个物体围绕其质心作定点自由转动. 主转动惯量 $I_1 > I_2 > I_3$. 若开始时，$\omega_{z0} > 0$，$\omega_{x0} < 0$，且有 $J^2 = 2I_2 T$，其中 J 是对固定点的角动量，T 是动能. 证明：

$$\omega_x = -\frac{J}{I_2}\left[\frac{I_2(I_2 - I_3)}{I_1(I_1 - I_3)}\right]^{1/2}\operatorname{sech}\tau,\ \omega_y = \frac{J}{I_2}\tanh\tau$$

$$\omega_z = \frac{J}{I_2}\left[\frac{I_2(I_1 - I_2)}{I_3(I_1 - I_3)}\right]^{1/2}\operatorname{sech}\tau$$

其中 $\tau = \dfrac{J}{I_2}\left[\dfrac{(I_1 - I_2)(I_2 - I_3)}{I_1 I_3}\right]^{1/2} t$.

当 t 趋于无穷大时，将发生什么情况？

答　$t \to \infty$ 时，$\omega_x \to 0$，$\omega_y \to \dfrac{J}{I_2}$，$\omega_z \to 0$. 最终将变成围绕固连于刚体的过质心的 y 轴(主转动惯量居中的惯量主轴)的恒定角速度转动.

9.66　质量为 M、半径为 R 的均质球固连在一根长度为 l($l \gg R$)、无质量的刚性杆的一端，球可以绕杆自转，被置于地球的均匀重力场中，球和杆可以围绕杆的另一端作无摩擦定点转动. 若此杆和球绕竖直轴以不变的角速度 $\boldsymbol{\omega}$ 转动，方向向上，没有章动，球和杆又绕杆以 $\boldsymbol{\Omega}$ 的恒定角速度转动，方向沿杆指向外. 求章动角 θ.

答　$\theta = \arccos\left[\dfrac{2R^2\omega\Omega - 5lg}{5l^2\omega^2}\right]$

9.67　一回转仪可绕其质心作定点自由转动. 若 $I_1 = I_2 = nI_3$，$t = 0$ 时，对称轴与进动轴之间的夹角为 θ_0. 证明：(1)刚体作规则进动；(2)自转角速度 $\dot\psi$ 与进动角速度 $\dot\varphi$ 间有下列关系：$\dot\psi = (n-1)\dot\varphi\cos\theta_0$.

***9.68**　求例 9.6.3 的刚体运动中最小的自转角速度及其相应的章动角.

提示　必须先证明此题 $\dot\psi$ 无极值.

答　$\dot\psi_{\min} = 96.6\text{s}^{-1}$，$\theta \doteq 30.58°$.

9.69　一个有固定点的重对称陀螺，以恒定的角速度 Ω 绕竖直轴进动，章动角为 θ_0 不变，陀螺质量为 m，质心离固定点的距离为 h，对固定点的三个主转动惯量为 I_1、$I_2 = I_1$，和 I_3. 求自转角速度 $\dot\psi$.

答　$[(I_1 - I_3)\Omega^2\cos\theta_0 + mgh]/I_3\Omega$.

9.70　六个质量为 m 的质点位于三个长度为 $2l$、互相正交的无质量的刚性杆的两端，如题图所示. 绕 O 点作无摩擦定点转动. 要使此系统能绕竖直轴(即 $\theta = 0$)稳定地自转，其自转角速度 S 应当多大？

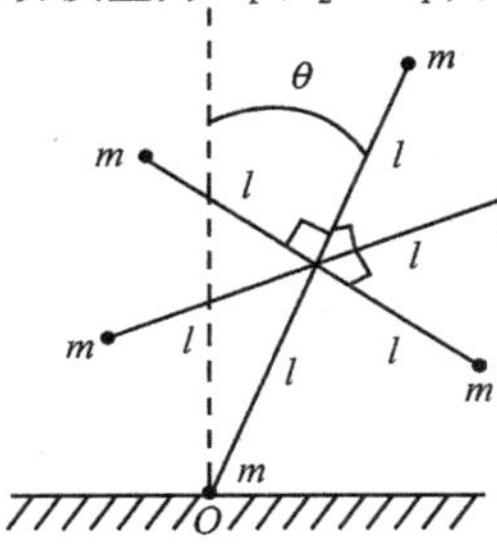

9.70 题图

提示　这里所讲的稳定性是指一般的稳定性问题，即给予微扰后不会远离原来 $\theta = 0$ 附近的运动即可认为是稳定的. 需用欧拉动力学方程获得 θ 满足的微分方程来讨论.不限于利用 $f(u)$-u 曲线讲的图 9.6.9(b)所示情况.

答　$S>\frac{3}{2}\omega+\frac{3g}{2\omega l}$,$\omega$ 为进动角速度.

9.71　一个由四叶片螺旋桨推进的飞机相对于惯性系以不变的角速度 Ω 在一个水平圆周上作逆时针飞行(从上方看),螺旋桨以不变的角速度 ω 作顺时针旋转(由驾驶员看).要保持这样的飞行,轴承加在螺旋桨上的力矩应多大? 方向如何?

答　$M=I_3\Omega\omega$,方向指向飞机圆形轨道的中心.

9.72　证明 9.70 题的转动系统围绕 O 点作规则进动,如章动角为 60°,则角速度在对称轴上的分量不小于$\sqrt{\frac{15g}{2l}}$.

9.73　一个高度为 h、底面半径为 a、质量为 m 的均质正圆锥绕其顶点作规则进动.对称轴与铅垂线的夹角为 θ_0,围绕对称轴的角速度为 Ω.求进动角速度 ω_p,.

答　$\omega_p=\frac{a^2\Omega\pm\sqrt{(a^2\Omega)^2-5gh(4h^2-a^2)\cos\theta_0}}{(4h^2-a^2)\cos\theta_0}$.

9.74　一个半径为 a 的均质圆盘围绕其对称轴的角速度为Ω,同时对称轴又在水平面内围绕竖直轴作进动.若圆盘的中心离固定点 O 的距离为 l,如题图所示.求进动角速度 $\boldsymbol{\omega}_p$.

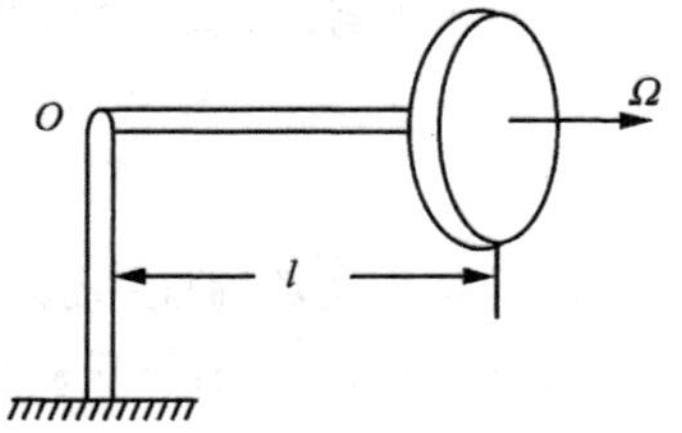

9.74 题图

答　$\omega_p=\frac{2gl}{a^2\Omega}$,方向竖直向上.

* **9.75**　一个有旋转对称轴的刚体,质量 $m=10\text{kg}$,绕对称轴上一点作定点转动,对此点三个主转动惯量分别为 $I_1=I_2=1\text{kg}\cdot\text{m}^2$,$I_3=2\text{kg}\cdot\text{m}^2$,质心离固定点的距离 $l=0.1\text{m}$. $t=0$ 时,$\dot{\varphi}_0=-10\text{s}^{-1}$,$\dot{\psi}_0=100\text{s}^{-1}$,$\dot{\theta}_0=0$,$\theta_0=30°$,质心位于固定点的上方.求运动中章动角的上下边界,并说明对称轴上的一点在空间中描绘出的曲线如图 9.6.8 中的哪一种.

答　$30°\leqslant\theta\leqslant33.16°$,对称轴上一点在空间描绘出的曲线如图 9.6.8(c)所示.

* **9.76**　一个有旋转对称轴的刚体质量 $m=1\text{kg}$,绕对称轴上一点作定点转动,对此点三个主转动惯量分别为 $I_1=I_2=1\text{kg}\cdot\text{m}^2$,$I_3=2\text{kg}\cdot\text{m}^2$,质心离固定点距离 $l=0.5\text{m}$. $t=0$ 时,$\dot{\varphi}_0=0$,$\dot{\psi}_0=100\text{s}^{-1}$,$\dot{\theta}_0=10\text{s}^{-1}$,$\theta_0=60°$,质心位于固定点的上方.求运动中进动角速度的最大值和最小值(考虑代数值),它们相应的章动角为何值? 在此两时刻,自转角速度多大?

答　当 $\theta=\theta_1=62.92°$时,$\dot{\varphi}=\dot{\varphi}_{\max}=11.28\text{s}^{-1}$. $\dot{\psi}=94.86\text{s}^{-1}$.

当 $\theta=\theta_2=57.14°$时,$\dot{\varphi}=\dot{\varphi}_{\min}=-12.07\text{s}^{-1}$,$\dot{\psi}=106.5\text{s}^{-1}$.

* **9.77**　求上题运动过程中自转角速度的最大值,此时章动角为何值?

提示　首先得考察运动中在 θ 的上下边界范围内 $\dot{\psi}$ 随 θ 的变化趋势.

答　在 $\theta=57.14°$时 $\dot{\psi}=\dot{\psi}_{\max}=106.5^{s^{-1}}$.

* **9.78**　在一个绕铅直轴以恒定角速度 Ω 转动的水平面上,置一个质量为 m、半径为 a、围绕过球心的任何轴转动的转动惯量均为 I 的球.球与水平面间的摩擦力使球在水平面上作纯滚

动.证明:不论给球一个什么样的初条件,在静参考系中,球心必作圆周运动,且作此圆周运动的角速度 ω_c 与球的质量、球的半径均无关,仅与转动平面的角速度以及球的质量分布有关,且有下式:

$$\omega_c = \frac{\Omega}{1 + \frac{ma^2}{I}}$$

9.79 半径为 a、质量为 m 的球在半径为 b、内面粗糙的固定圆柱内壁上作纯滚动,试证其在铅直方向的运动将是简谐振动.

第十章　力学的拉格朗日表述

除第六章外，前面所讲的力学理论是建立在牛顿运动三个定律的基础上的，可以称为力学的牛顿表述. 由于涉及的不少物理量，如速度、加速度、角速度、动量、角动量、力、力矩等都是矢量，许多动力学方程都是矢量方程，因而也常被称为矢量力学. 从这一章开始，我们介绍力学的另一种理论，更多的采用数学分析的方法，因此这种力学理论通常被称为分析力学.

矢量力学直观性强，对于不同的系统（质点、刚体、理想流体、弹性体等等）、不同的运动状态（例如刚体的定轴转动、平面平行运动，定点转动、变质量质点的运动等等）、不同的外界条件（例如有心力、弹性力、有约束等），同样的定理往往有各自不同的表达形式，接受这些理论不困难，可是运用这些理论，常常容易犯这样那样的错误. 因此学习和运用这部分理论去处理力学问题，对于培养和提高学生分析问题和解决问题的能力方面有极大的好处. 因此我们仍然保留先讲矢量力学后讲分析力学、且使矢量力学占近三分之二的篇幅这种传统的讲法. 可是从解决问题方面，毕竟分析力学优于矢量力学，不论用分析力学的哪个方程（拉格朗日方程、哈密顿正则方程或别的方程），不分系统类别、运动类别，都有统一的方程、统一的处理方法，比较不易出错. 特别在处理有约束的力学系统，分析力学更具它的优越性，例如 n 个质点的系统，具有 k 个约束方程，只有 $3n-k$ 个自由度，用拉格朗日方程可直接得到这 $3n-k$ 个二阶微分方程，在约束是理想、完整约束时，未知的约束力可以不在方程中出现. 用矢量力学，一般需列出 $3n$ 个二阶微分方程和 k 个约束方程联立求解，约束越多，自由度越小，可是联立方程却越多，分析力学另一个突出优点在于它建立的方程与系统的能量发生联系，能量是各种运动（不仅是机械运动）共同具有的，因此分析力学理论有可能直接用来处理某些非力学问题（例如 §10.3.7 中讲的处理电路问题、§12.2.5 中讲的处理光学问题）或者更便于过渡到物理学其他领域的理论（如热力学统计物理、量子力学等）.

分析力学的表述方法大体上可以分为两类，取广义坐标列出方程的称之为拉格朗日力学，取广义坐标及其共轭的广义动量列出方程的称为哈密顿力学.

§10.1 约　束

我们在§2.7讲有约束存在时质点的运动时,已经讲了什么是约束、约束方程,并对约束加以各种分类. 那里讲的完全可以推广到一般的质点系.

1. 约束、约束方程及约束的几种分类

凡是对质点系在运动中的位置坐标(采用笛卡儿直角坐标、柱坐标、球坐标或其他曲线坐标均可,以后我们说到坐标,都是指这类的坐标)、它们对时间的导数及时间之间存在着某种关系,则我们说这个质点系受到约束,这个关系称为约束方程.

对于 n 个质点组成的质点系,其坐标我们用 x_1、x_2、…、x_{3n}表示,x_1、x_2、x_3、…、x_{3n-2}、x_{3n-1}、x_{3n}可以分别表示x_1、y_1、z_1、…、x_n、y_n、z_n,也可以分别表示 r_1、φ_1、z_1、…、r_n、φ_n、z_n 等. 由约束方程为等式还是不等式对约束作下列分类.

$f(x_1, x_2, \cdots, x_{3n})=0$ 为双面(或叫不可解)稳定的完整约束.

$f(x_1, x_2, \cdots, x_{3n}, t)=0$ 为双面不稳定完整约束.

$f(x_1, x_2, \cdots, x_{3n})\geqslant 0$ 或$\leqslant 0$ 为单面(或叫可解)稳定约束.

$f(x_1, x_2, \cdots, x_{3n}, t)\geqslant 0$ 或$\leqslant 0$ 为单面不稳定约束.

今后对于单面约束可以作以下处理,当系统处于等号位置时,视为受到双面约束,处于不等号位置时,可视为无约束. 这样处理后,就不必再提单面约束了. 以上约束方程中只含坐标和时间的,也可称为几何约束.

对上述双面的几何约束方程对时间求导,约束方程有

$$f(x_1, x_2, \cdots, x_{3n}, \dot{x}_1, \dot{x}_2, \cdots, \dot{x}_{3n}, t) = 0$$

的形式. 说明几何约束也对坐标、速度和时间之间有约束关系,可是这个含有速度的约束方程是由原约束方程导出的,是不独立的,也就是说后一个约束关系已包含在前一个约束关系之中了. 这后一个约束关系通过积分可以得到前一个约束关系. 前一个关系不含坐标对时间的导数,为几何约束.

如含有坐标对时间的导数的约束方程不能通过积分变成不含坐标对时间的导数的约束方程,这种含有坐标对时间的导数的约束方程:

$$f(x_1, x_2, \cdots, x_{3n}, \dot{x}_1, \dot{x}_2, \cdots, \dot{x}_{3n}, t) = 0$$

$$f(x_1, x_2, \cdots, x_{3n}, \dot{x}_1, \dot{x}_2, \cdots, \dot{x}_{3n}, \ddot{x}_1, \ddot{x}_2, \cdots, \ddot{x}_{3n}, t) = 0$$

均为微分约束,也叫非完整约束,前一个是一阶非完整约束,后一个是二阶非完整约束,还可以有更高阶的非完整约束.

如一阶非完整约束方程中的所有的坐标对时间的一阶导数都是线性的,即约束方程可写成下列形式:

$$\sum_{i=1}^{3n}(a_i\dot{x}_i + b) = 0$$

其中 a_i、b 可以是坐标、时间的函数,这种约束称为一阶线性非完整约束.

举一个一阶线性非完整约束的例子.

球在水平面上纯滚动,受到外加主动力的作用,质心速度、角速度都不是恒量.设球的半径为 a. 取固定的坐标系 $Oxyz$, x、y 轴取在水平面上, z 轴竖直向上. 设质心为 C,球与水平面的接触点为 A. 用质心坐标 x_c、y_c、z_c 及欧拉角 ψ、φ、θ 表示球的位形, ψ、φ、θ 是固连于球的坐标系与质心平动坐标系 $Cx'y'z'$ 构成的三个欧拉角, x'、y'、z' 轴分别与 x、y、z 轴平行.

除了 $z=a$ 这个完整约束外,还有两个一阶线性非完整约束,下面来导出它们的约束方程.

$$\boldsymbol{v}_c = \dot{x}_c\boldsymbol{i} + \dot{y}_c\boldsymbol{j}$$

$$\boldsymbol{\omega} = \omega_{x'}\boldsymbol{i} + \omega_{y'}\boldsymbol{j} + \omega_{z'}\boldsymbol{k}$$

$$\boldsymbol{v}_A = \boldsymbol{v}_c + \boldsymbol{\omega}\times(-a\boldsymbol{k}) = 0$$

即

$$\dot{x}_c - a\omega_{y'} = 0,\ \dot{y}_c + a\omega_{x'} = 0$$

用(7.3.11)式的欧拉运动学方程

$$\omega_{x'} = \dot{\theta}\cos\varphi + \dot{\psi}\sin\theta\sin\varphi$$

$$\omega_{y'} = \dot{\theta}\sin\varphi - \dot{\psi}\sin\theta\cos\varphi$$

$$\omega_{z'} = \dot{\varphi} + \dot{\psi}\cos\theta$$

约束方程为

$$\dot{x}_c - a\dot{\theta}\sin\varphi + a\dot{\psi}\sin\theta\cos\varphi = 0$$

$$\dot{y}_c + a\dot{\theta}\cos\varphi + a\dot{\psi}\sin\theta\sin\varphi = 0$$

微分约束,就拿一阶微分约束来讲,它对系统的速度(或角速度)有所限制,对位置没有任何限制,因而不能使独立坐标数有所减少.

完全不受非完整约束的系统称为完整系统,受到非完整约束的系统称为非完整系统.目前对非完整系统也提出了各种理论,尚不成熟.本书只讨论完整系统和比较成熟的仅受一阶线性非完整约束的系统.

2. 虚位移、可能位移和实位移

设 n 个质点组成的系统,受到一个完整约束,约束方程为

$$f(x_1, x_2, \cdots, x_{3n}, t) = 0 \tag{10.1.1}$$

t 时刻,系统的位置(常称为位形)由坐标($x_1, x_2, \cdots, x_{3n}$)表示,受到限制,必须满足约束方程(10.1.1)式.同一时刻,设想系统从上述位形作一微小的位移,达到 $x_1+\delta x_1, x_2+\delta x_2, \cdots, x_{3n}+\delta x_{3n}$,位移后的位形仍满足(10.1.1)式,

$$f(x_1+\delta x_1, x_2+\delta x_2, \cdots, x_{3n}+\delta x_{3n}, t) = 0 \tag{10.1.2}$$

设想的这一位移($\delta x_1, \delta x_2, \cdots, \delta x_{3n}$)不经历时间,称为质点系的虚位移.这位移的起终点即位移前后系统的位形都满足那个时刻的约束方程,只与约束有关,与系统受主动力的情况、初条件均无关.

对(10.1.2)式左边在($x_1, x_2, \cdots, x_{3n}$)点进行泰勒展开,只保留一级小量,可得

$$f(x_1, x_2, \cdots, x_{3n}, t) + \sum_{i=1}^{3n} \frac{\partial f}{\partial x_i}\delta x_i = 0$$

由(10.1.1)式,上式左边第一项等于零,即得由此约束决定的虚位移必须满足的关系

$$\sum_{i=1}^{3n} \frac{\partial f}{\partial x_i}\delta x_i = 0 \tag{10.1.3}$$

如果只有这一个约束,虚位移($\delta x_1, \delta x_2, \cdots, \delta x_{3n}$)只受上述一个关系约束,$3n$ 个虚位移分量中有 $3n-1$ 个是独立的,可以任意取值,剩下一个分量就由(10.1.3)式决定.可见,满足(10.1.1)式约束的虚位移有无穷多个.

可能位移是可能发生的位移,它当然要经历一定时间的,而且应为约束所允许,即 t 时刻和 $t+\mathrm{d}t$ 时刻($\mathrm{d}t$ 是作此可能位移所经历的时间)都必须满足约束方程.

$$f(x_1+\mathrm{d}x_1, x_2+\mathrm{d}x_2, \cdots, x_{3n}+\mathrm{d}x_{3n}, t+\mathrm{d}t) = 0$$

也像对(10.1.2)式那样,对上式作泰勒展开,只保留 $\mathrm{d}x_1,\mathrm{d}x_2,\cdots,\mathrm{d}x_{3n},\mathrm{d}t$ 的线性项,可得

$$\sum_{i=1}^{3n}\frac{\partial f}{\partial x_i}\mathrm{d}x_i+\frac{\partial f}{\partial t}\mathrm{d}t=0 \tag{10.1.4}$$

得到上式时也用了(10.1.1)式.

同样,满足约束方程的可能位移也有无穷多个,可能位移也仅与约束有关,也与系统受主动力的情况和给予的初条件无关.

如果约束方程(10.1.1)式不显含时间 t,则$\frac{\partial f}{\partial t}=0$,可能位移($\mathrm{d}x_1,\mathrm{d}x_2,\cdots,\mathrm{d}x_{3n}$)满足的方程为

$$\sum_{i=1}^{3n}\frac{\partial f}{\partial x_i}\mathrm{d}x_i=0,$$

与虚位移($\delta x_1,\delta x_2,\cdots,\delta x_{3n}$)满足的(10.1.3)式完全相同. 可见在$\frac{\partial f}{\partial t}=0$ 即稳定约束的情况下,所有的虚位移都是可能发生的,都是可能位移. 不言而喻,对于约束方程(10.1.1)式显含时间的不稳定约束,在$\frac{\partial f}{\partial t}\neq 0$ 时,系统处于同一位形时,虚位移和可能位移满足的方程不同,虚位移不是可能位移.

实位移是真正实际发生的位移的简称,实位移当然只有一个,即在某时刻,系统处于某个位形,系统如何运动就决定了应作何位移. 它不仅要满足约束方程,而且要满足系统的运动学方程,因此与系统受主动力的情况以及给予系统的初条件都有关系. 可能位移是考虑到系统受到主动力的各种情况,初条件的各种情况下可能发生的实位移. 在这个意义下,说可能位移与主动力情况、初条件情况无关.

实位移必在可能位移之列,考虑到上述可能位移与虚位移是否一致的结论,可以说,对于稳定约束,实位移必在虚位移之列,对于不稳定约束,实位移一般不在虚位移之列.

下面我们讲一下约束方程、虚位移等的几何意义. 对于 n 个质点的系统,考虑 x_1、x_2、…、x_{3n}张成的 $3n$ 维空间. 约束方程是 $3n$ 维空间的曲面. 约束方程不显含时间 t,$3n$ 维空间的曲面不随时间变化,是不动的. (注意在普通的三维空间,实施约束的面并不固定,还可能是稳定约束,例如一个物体在一个并不固定的斜面上运动,对于物体和斜面构成的系统,如果物体和斜面的运动都是未知的,物体的坐标和斜面的坐标间满足的约束关系不显含时间,是稳定约束.)(10.1.3)式表明:虚位移必与 $3n$ 维空间约束曲面的法线方向垂直. 即在那时刻曲面上那点的切平

面上，只有稳定约束，约束方程与 t 无关，$3n$ 维空间的约束曲面不随时间变化，可能位移也在曲面上那点的切平面上. 因此，稳定约束才有实位移在虚位移之列.

以上所讲的一切都是对完整约束而言的.

现考虑一阶线性非完整约束，约束方程为

$$\sum_{i=1}^{3n}(a_i\dot{x}_i + b) = 0 \tag{10.1.5}$$

其中 a_i、b 可以是坐标、时间的函数.

(10.1.5)式改写成微分形式

$$\sum_{i=1}^{3n}(a_i\mathrm{d}x_i + b\mathrm{d}t) = 0 \tag{10.1.6}$$

(10.1.6)式是可能位移和实位移需满足的方程.

将微分 $\mathrm{d}x_i$、$\mathrm{d}t$ 分别改成变分 δx_i、δt，再令 $\delta t = 0$(因为虚位移不是真实的位移，不需经历时间，故有 $\delta t = 0$，采用这样的变分，称为等时变分)，即得由约束方程(10.1.5)式给出的虚位移需满足的方程：

$$\sum_{i=1}^{3n}a_i\delta x_i = 0 \tag{10.1.7}$$

由(10.1.6)、(10.1.7)式可以看出：(1)一阶线性非完整约束不仅对可能位移和实位移有所限制，对于虚位移也有所限制，将使独立的虚位移数减少. (2)如果(10.1.5)式中的 $b=0$，则在(10.1.6)式中没有 $b\mathrm{d}t$ 项，不论 a_i 中有没有显含时间 t，实位移、可能位移和虚位移满足相同的方程，虚位移和可能位移一致，实位移在虚位移之列. 如 $b\neq0$，即使 a_i 和 b 均不显含 t，实位移、可能位移满足的方程和虚位移满足的方程也是不同的，实位移不在虚位移之列. 因此对于一阶线性非完整约束，实位移是否在虚位移之列，不是看约束方程是否显含 t，而是看 b 是否等于零即一阶线性非完整约束是否是齐次的. $b=0$ 的约束是齐次的，b 不为零的约束是非齐次的.

由于将完整约束的约束方程对 t 求导，可得到一阶线性非完整约束形式的方程(10.1.5)式，由上述同样的方法得到(10.1.6)、(10.1.7)式也是获得完整约束可能位移、实位移和虚位移满足的方程的方法.

3. 自由度和约束的关系　广义坐标

设 n 个质点组成的系统，描述它的位形需用 $3n$ 个坐标，如果系统受到 k($k<3n$)个完整约束，则 $3n$ 个坐标中只有 $3n-k$ 个坐标可以任意取值，余下的 k 个坐

标值可由上述 $3n-k$ 个坐标的取值代入 k 个完整约束方程所确定，这就是说，只有 $3n-k$ 个独立坐标.

如上述系统同时还受到 $r(r<3n-k)$ 个一阶线性非完整约束. 既然是非完整约束，其约束方程是不能积分变成只含坐标和时间的约束方程的. 因此没有对 $3n$ 个坐标另加什么限制，独立坐标数仍然是 $3n-k$ 个.

前面已经讲过，不论是完整约束还是一阶线性非完整约束，都对虚位移有所限制，今 $3n$ 个虚位移分量要满足 $k+r$ 个方程，故只有 $3n-k-r$ 个虚位移分量是独立的.

有多少个独立坐标和有多少个独立的虚位移分量都是重要的. 前者决定应选取多少个广义坐标，后者在运用变分原理导出运动微分方程时需要考虑. 因此我们可以把系统具有的独立坐标数定义为自由度，也可以把系统具有的独立的虚位移分量数定义为自由度. 对于完整系统，两种定义法，都是同样的自由度，对于非完整系统，两种定义得出的自由度是不同的. 讨论完整系统的分析力学理论，采用何种定义是无所谓的，可采用与矢量力学一致的定义，把独立坐标数定义为自由度.

用一组独立的坐标就可以表述系统所处的位置，采用什么坐标为独立坐标可有很多种选择，可在原用坐标中选取，也可以部分或全部另外选取. 被选取的坐标称为广义坐标. 所以称为广义坐标，是因为它不限于上述的笛卡儿直角坐标、柱坐标、球坐标或其他曲线坐标，它可以不限于一个质点的上述坐标，例如几个质点的坐标的函数、质心坐标、刚体定点转动引用的欧拉角，在第十二章讲的正则变换，还可以取能量、角动量、时间等作为广义坐标.

广义坐标和原用坐标之间的关系称为坐标变换关系，如用 q_1、q_2、…表示广义坐标，用 x_1、x_2、…表示原用坐标，若 n 个质点的系统，受有 k 个完整约束，则系统具有 $s=3n-k$ 个自由度. 坐标变换关系可写成

$$x_i = x_i(q_1,\ q_2,\cdots,q_s,\ t)\quad (i=1,2,\cdots,3n) \tag{10.1.8}$$

用一组与自由度数目相同的广义坐标可以表述系统的位形，因为通过坐标变换关系，对 s 个广义坐标的一组取值相应的 $3n$ 个原用坐标有一组取值. 因此，坐标变换关系已体现了所有的完整约束，但还是不把坐标变换关系等同于约束方程为好. 完整约束的约束方程是否显含 t，决定约束是否稳定约束. 以后将看到，能量是否守恒与是否稳定约束有密切关系. 有不稳定的完整约束时，坐标变换关系中必有显含 t 的，但稳定的完整约束时，也可能选取广义坐标其坐标变换关系中有显含时间 t 的. 举一个简单的例子，一个质点被限制在一个半径为 a 的圆周上运动. 若取此圆周所在平面为 xy 平面，圆心为坐标系原点，如取直角坐标，约束方程

为 $x^2+y^2=a^2$ 和 $z=0$. 如取柱坐标,约束方程为 $r=a$ 和 $z=0$. 约束方程均不显含时间 t,为稳定约束. 若取绕 z 轴以恒定角速度转动的坐标系 $Ox'y'z'$(z'轴与 z 轴重合,$t=0$ 时,x'轴与 x 轴重合,动坐标系的转动角速度为 ω),并取柱坐标 r'、θ'、z'中的 θ'为广义坐标,θ'是位矢与 x'轴的夹角,则除 $z'=0$ 这个约束关系外,有坐标变换关系

$$x = a\cos(\theta' + \omega t),\ y = a\sin(\theta' + \omega t)$$

不能把这两个坐标变换关系当做约束关系,那样就把稳定约束误为不稳定约束了.

同一个约束是稳定约束还是不稳定约束可以因参考系的不同选取而有所不同. 例如一个质点在一个以已知其运动的斜面上运动. 若以斜面为参考系,斜面对质点的约束是稳定约束,如以地面为参考系,斜面的约束是不稳定约束. 但是在参考系选定以后,一个约束是否是稳定约束,与选用什么广义坐标无关.

*4. 法甫式完全可积的必要条件

具有下列形式:

$$\sum_{i=1}^{3n} a_i \mathrm{d}x_i + b \cdot \mathrm{d}t = 0$$

(其中 a_i、b 是 $x_1,\ x_2,\cdots,x_{3n}$和 t 的函数)的约束方程是完整约束还是一阶线性非完整约束要看等式左边的法甫式是否完全可积.

法甫式 $\sum\limits_{i=1}^{3n} a_i \mathrm{d}x_i + b\mathrm{d}t$ 完全可积有两种情况:

(1) 法甫式本身就是个全微分

$$\sum_{i=1}^{3n} a_i \mathrm{d}x_i + b\mathrm{d}t = df(x_1,\ x_2,\cdots,x_{3n},t)$$

将右边的全微分写成

$$\mathrm{d}f(x_1,\ x_2,\cdots,x_{3n},t) = \sum_{i=1}^{3n} \frac{\partial f}{\partial x_i}\mathrm{d}x_i + \frac{\partial f}{\partial t}\mathrm{d}t$$

比较两式可得

$$a_i = \frac{\partial f}{\partial x_i} \qquad (i = 1,2,\cdots,3n)$$

$$b = \frac{\partial f}{\partial t}$$

因$\dfrac{\partial}{\partial x_j}\left(\dfrac{\partial f}{\partial x_i}\right)=\dfrac{\partial}{\partial x_i}\left(\dfrac{\partial f}{\partial x_j}\right)$,$\dfrac{\partial}{\partial t}\left(\dfrac{\partial f}{\partial x_i}\right)=\dfrac{\partial}{\partial x_i}\left(\dfrac{\partial f}{\partial t}\right)$,对 i、j 的各种取值都必须成立.可得

$$\sum_{i=1}^{3n} a_i \mathrm{d}x_i + b\mathrm{d}t$$

是全微分的必要充分条件为

$$\begin{cases}\dfrac{\partial a_i}{\partial x_j}=\dfrac{\partial a_j}{\partial x_i} & (i,\ j=1,2,\cdots,3n)\\[2ex] \dfrac{\partial a_i}{\partial t}=\dfrac{\partial b}{\partial x_i} & (i=1,2,\cdots,3n)\end{cases}\tag{10.1.9}$$

(2) *法甫式本身不是全微分,但乘了一个积分因子后变成全微分*

不是任何一个法甫式都有这种积分因子的.下面我们讲一下法甫式具有这样的积分因子的必要条件或充分必要条件.

对于三个变量的法甫式

$$A(x,\ y,\ z)\mathrm{d}x + B(x,\ y,\ z)\mathrm{d}y + C(x,\ y,\ z)\mathrm{d}z$$

有积分因子 $\varphi(x,\ y,\ z)$,使

$$\varphi(x,\ y,\ z)[A(x,\ y,\ z)\mathrm{d}x + B(x,\ y,\ z)\mathrm{d}y + C(x,\ y,\ z)\mathrm{d}z]$$

为全微分的充分必要条件是

$$C\left(\frac{\partial A}{\partial y}-\frac{\partial B}{\partial x}\right)+A\left(\frac{\partial B}{\partial z}-\frac{\partial C}{\partial y}\right)+B\left(\frac{\partial C}{\partial x}-\frac{\partial A}{\partial z}\right)=0\tag{10.1.10}$$

或把上式写成

$$\begin{vmatrix} A & B & C\\ \dfrac{\partial}{\partial x} & \dfrac{\partial}{\partial y} & \dfrac{\partial}{\partial z}\\ A & B & C\end{vmatrix}=0\tag{10.1.10$'$}$$

证明　$\varphi(A\mathrm{d}x+B\mathrm{d}y+C\mathrm{d}z)$为全微分,必须满足全微分条件(10.1.9)式,即

$$\frac{\partial(\varphi A)}{\partial y}=\frac{\partial(\varphi B)}{\partial x},\ \frac{\partial(\varphi B)}{\partial z}=\frac{\partial(\varphi C)}{\partial y},\ \frac{\partial(\varphi C)}{\partial x}=\frac{\partial(\varphi A)}{\partial z}$$

上述三式经整理后,依次为

$$\varphi\left(\frac{\partial A}{\partial y}-\frac{\partial B}{\partial x}\right)=B\frac{\partial \varphi}{\partial x}-A\frac{\partial \varphi}{\partial y}$$

$$\varphi\left(\frac{\partial B}{\partial z}-\frac{\partial C}{\partial y}\right)=C\frac{\partial \varphi}{\partial y}-B\frac{\partial \varphi}{\partial z}$$

$$\varphi\left(\frac{\partial C}{\partial x}-\frac{\partial A}{\partial z}\right)=A\frac{\partial \varphi}{\partial z}-C\frac{\partial \varphi}{\partial x}$$

上述三式分别乘以 C、A、B,然后相加得

$$\varphi\left[C\left(\frac{\partial A}{\partial y}-\frac{\partial B}{\partial x}\right)+A\left(\frac{\partial B}{\partial z}-\frac{\partial C}{\partial y}\right)+B\left(\frac{\partial C}{\partial x}-\frac{\partial A}{\partial z}\right)\right]=0$$

因 $\varphi\neq0$,必有

$$C\left(\frac{\partial A}{\partial y}-\frac{\partial B}{\partial x}\right)+A\left(\frac{\partial B}{\partial z}-\frac{\partial C}{\partial y}\right)+B\left(\frac{\partial C}{\partial x}-\frac{\partial A}{\partial z}\right)=0$$

这就证明了上式是必要条件,充分条件的证明可参看 B. B. 史捷班诺夫著的《微分方程教程》.

对于 $N(N>3)$个变量的法甫式,任何三项(例如含 dx_i、dx_j、dx_k 的三项,$i\neq j\neq k$)构成的法甫式,可把与此三项的微分变量以外的变量(这里是 x_l,其中 $l\neq i$、j、k)视为参量,显然,这个法甫式应满足(10.1.10)式. 对于 N 个变量的法甫式,这样的条件共有 C_N^3 个. 它们都是 N 个变量的法甫式有积分因子存在的必要条件.

例 10.1.1　判断 $\dot{x}_c-a\dot{\theta}\sin\varphi+a\dot{\psi}\sin\theta\cos\varphi=0$ 能否完全可积.

解　法甫式为

$$dx_c-a\sin\varphi d\theta+a\sin\theta\cos\varphi d\psi=0$$

显然,$d\varphi$ 的系数为零,而 $d\theta$、$d\psi$ 的系数中显含 φ,法甫式不是全微分. 法甫式是否存在积分因子,可用(10.1.10)式来检验.

如取 x、y、z 分别为 x_c、θ 和 φ,则 A、B、C 分别为

$$A=1,\ B=-a\sin\varphi,\ C=0$$

$$C\left(\frac{\partial A}{\partial y}-\frac{\partial B}{\partial x}\right)+A\left(\frac{\partial B}{\partial z}-\frac{\partial C}{\partial y}\right)+B\left(\frac{\partial C}{\partial x}-\frac{\partial A}{\partial z}\right)$$
$$=0+1(-a\cos\varphi-0)-a\sin\varphi(0-0)\neq0$$

(10.1.10)式的任一个条件不成立,足以说明 $\dot{x}_c-a\dot{\theta}\sin\varphi+a\dot{\psi}\sin\theta\cos\varphi=0$ 不存在积分因子,不能完全可积,该约束为一阶线性非完整约束.

例 10.1.2 检验法甫式

$$(xz^{-1}+2wx^{-1}y^{-1}z^{2})\mathrm{d}w+(2wz^{-1}+x^{-1}y^{2})\mathrm{d}x$$
$$+(wxy^{-1}z^{-1}+3y)\mathrm{d}y+(y^{2}z^{-1}+3w^{2}x^{-1}y^{-1}z)\mathrm{d}z=0$$

是否满足完全可积的必要条件.

解 首先判断法甫式是否已是全微分. 因

$$\frac{\partial(xz^{-1}+2wx^{-1}y^{-1}z^{2})}{\partial x}=z^{-1}-2wx^{-2}y^{-1}z^{2}$$

$$\frac{\partial(2wz^{-1}+x^{-1}y^{2})}{\partial w}=2z^{-1}$$

两式不等,说明法甫式不是全微分.

用(10.1.10)式看法甫式是否满足存在积分因子的必要条件.

今 $N=4, C_N^3=C_4^3=4$,分别对法甫式中第一、第二和第三项为一组,第一、第二和第四项为一组,第一、第三和第四项为一组以及第二、第三和第四项为一组,可列出(10.1.10)式的四个式子. 经计算,(10.1.10)式的四个式子都是成立的. 法甫式满足存在积分因子的必要条件.

未予证明(10.1.10)式是充分必要条件,还不能说法甫式存在积分因子. 这里所给的法甫式是有积分因子的,积分因子为 xyz. 由

$$xyz[(xz^{-1}+2wx^{-1}y^{-1}z^{2})\mathrm{d}w+(2wz^{-1}+x^{-1}y^{2})\mathrm{d}x$$
$$+(wxy^{-1}z^{-1}+3y)\mathrm{d}y+(y^{2}z^{-1}+3w^{2}x^{-1}y^{-1}z)\mathrm{d}z]=0$$

可得

$$\mathrm{d}(wx^{2}y+xy^{3}z+w^{2}z^{3})=0$$

5. 理想约束

前面所讲的约束的分类都是对每一个约束而言的. 这里作理想约束和非理想约束之分是就一个质点系所受约束的全体而言的.

如果在任何时刻,对于系统的任何虚位移,约束力 R_i 所作的虚功之和等于零,例如对于一个 n 个质点的系统,有

$$\sum_{i=1}^{3n}R_i\delta x_i=0 \tag{10.1.11}$$

其中 $R_i\delta x_i$ 是虚位移分量为 δx_i 约束力 R_i 所作的虚功. 如 x_i 具有长度的量纲,

与此坐标相应的约束力具有力的量纲,如 x_i 具有角度的量纲,则 R_i 具有力矩的量纲. 如任何时刻,任何虚位移,(10.1.11)式成立,则系统受到的约束是理想约束,否则为非理想约束.

由于是否理想约束对于能否用分析力学的下述理论至关重要. 我们再对有关问题作几点说明:

(1) 单个约束力有两种情况不作虚功,一种情况是约束力作用的质点的虚位移只能为零,例如圆柱体在固定的曲面上作纯滚动,接触点的虚位移为零,作用于该接触点的支持力、(静)摩擦力均不作虚功. 另一种情况是约束力与作用点的虚位移垂直,例如质点在光滑曲面、曲线上运动,曲面、曲线给予质点的约束力与质点的虚位移垂直,不作虚功. 又如通过不可伸长的绳子拴于固定点的质点,绳子沿垂直于绳子方向运动时,绳子张力不作虚功.

(2) 一对大小相等、方向不一定相反的两约束力作虚功之和为零有两种情况,一种情况是这一对力的两施力者无相对虚位移,接触面只能作纯滚动就是这种情况,另一种情况是这一对力的两施力质点的相对虚位移与作用力垂直,有光滑表面接触的两个刚体相互间在接触点施以的作用力、反作用力所作的虚功之和等于零,由质量可不计的刚性杆连接的两质点杆对两质点的约束力所作的虚功之和等于零都是这种情况. 此外,如图 10.1.1,一个不可伸长的绳子穿过固定小环,绳子两端分别连着两个质点 A、B,绳子作用于两质点的张力 $\boldsymbol{T}_A$、$\boldsymbol{T}_B$ 大小相等、方向却不相反,这一对力对质点 A、B 所作的虚功之和也等于零. 证明如下:

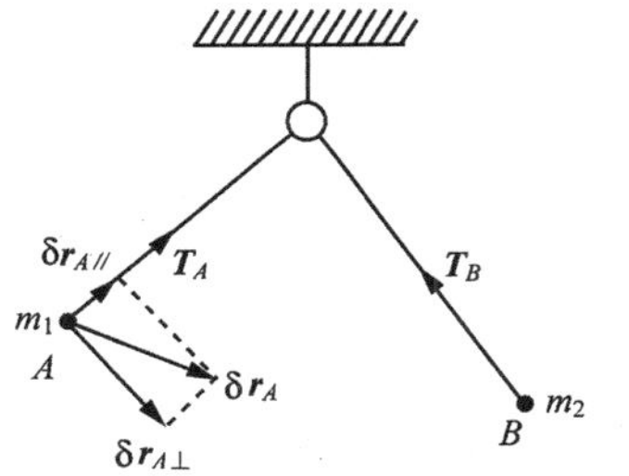

图 10.1.1

图中只画了质点 A 的任意虚位移 $\delta\boldsymbol{r}_A$,将它沿绳子的作用力 $\boldsymbol{T}_A$ 方向及其垂直的方向分解,分量分别为 $\delta\boldsymbol{r}_{A/\!/}$ 和 $\delta\boldsymbol{r}_{A\perp}$,规定 $\delta\boldsymbol{r}_{A/\!/}$ 与 $\boldsymbol{T}_A$ 同向时,$\delta r_{A/\!/}>0$,

$$\begin{aligned}\boldsymbol{T}_A\cdot\delta\boldsymbol{r}_A+\boldsymbol{T}_B\cdot\delta\boldsymbol{r}_B &= \boldsymbol{T}_A\cdot(\delta\boldsymbol{r}_{A/\!/}+\delta\boldsymbol{r}_{A\perp})+\boldsymbol{T}_B(\delta\boldsymbol{r}_{B/\!/}+\delta\boldsymbol{r}_{B\perp})\\ &= \boldsymbol{T}_A\cdot\delta\boldsymbol{r}_{A/\!/}+\boldsymbol{T}_B\cdot\delta\boldsymbol{r}_{B/\!/}=T_A\delta r_{A/\!/}+T_B\delta r_{B/\!/}\\ &= T_A(\delta r_{A/\!/}+\delta r_{B/\!/})=0\end{aligned}$$

这里用了 $T_A=T_B$,绳子不可伸长,$\delta r_{A/\!/}+\delta r_{B/\!/}=0$.

(3) 判断是否作虚功或说所作虚功是否为零不都能从是否作实功或可能作实功(考虑作可能位移时,力作的功)来加以判断,由于以后考虑广义力时,不作虚功的主动力对广义力无贡献可以不考虑. 因此在考虑是否作虚功的问题不仅限于考虑约束力. 科里奥利力永远与质点的实位移垂直,不作实功,但允许质点作与实位移不同方向的虚位移,对于作不与科里奥利力垂直的虚位移,科里奥利力作的虚功不为零. 再如处于平衡情况下,每个力都不作实功,但都可以作虚功,这些是不作实功却作虚功的例子. 再举不作虚功但作实功的例子,例如图 10.1.2 所示的两质点 P、Q 组成的系统,如质点 P 的运动方程是已知的,则作用于质点 P 上的力 $\boldsymbol{F}$ 作实功但不作虚功. 再如一根不可伸长的绳子一端固定,另一端连着一个质点,质点自绳子处于松弛状态在重力的作用下自由下落,当绳子被拉紧的那瞬间,绳子张力作实功,但不作虚功.

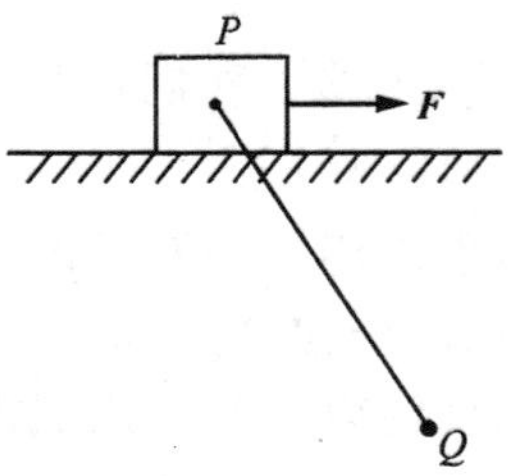

图 10.12

对于稳定的双面几何约束,可能位移与虚位移完全一致,可以做出结论,约束力在一切可能位移时都不做实功,它也一定不做虚功. 而对于不稳定的双面几何约束,可能位移和虚位移一般不一致,自然作不做实功和作不做虚功不相干.

(4) 如果因某个约束力作的虚功不为零影响系统所受的全体约束不是理想约束,我们可以把这个力不作为约束力处理,作为主动力看待. 这样约束就是理想约束了. 质点或圆柱体在接触面上有相对滑动时的滑动摩擦力作的虚功不为零,这个力需作主动力处理.

§10.2　虚功原理

1. 虚功原理

(1) 虚功原理的表述

具有完整、稳定、理想约束并处于静止状态的系统平衡的充要条件是主动力在任意虚位移下所做的虚功之和等于零. 其数学表达式可以有以下几种形式(设系统由 n 个质点组成,由于受到完整约束,具有 s 个自由度).

用各质点的原用坐标,可表达为

$$\sum_{i=1}^{3n} F_i \delta x_i = 0 \tag{10.2.1}$$

其中 F_i 是与坐标 x_i 相应的主动力,如 x_i 具有长度的量纲,F_i 具有力的量纲,如 x_i 具有角度的量纲,F_i 具有力矩的量纲.

用广义坐标,可表达为

$$\sum_{i=1}^{s} Q_i \delta q_i = 0 \qquad (10.2.2)$$

其中 Q_i 称为广义力,是与广义坐标 q_i 相应的广义力(下面再细讲).

如所选的广义坐标在平衡位置处的虚位移均不恒为零,则可表达为

$$Q_i = 0 \quad (i = 1,2,\cdots,s) \qquad (10.2.3)$$

如主动力有势,且所选的广义坐标在平衡位置处的虚位移均不恒为零,上式也可表成

$$\frac{\partial V}{\partial q_i} = 0 \text{ 或 } \frac{\partial U}{\partial q_i} = 0 \quad (i = 1,2,\cdots,s) \qquad (10.2.4)$$

其中 V 或 U 是变换为广义坐标后的主动力势能或势函数.

运用虚功原理求解静力学问题时,用(10.2.1)式是不方便的. 因为 $3n$ 个 δx_i 不是互相独立的,因而不能得出 $F_i=0$,$(i=1,2,\cdots,3n)$的结论,从这一个式子不能解出 s 个未知量. 在用(10.2.3)或(10.2.4)式时,必须检验在平衡位置广义坐标的虚位移均不恒为零的条件是否满足.

(2) 证明

质点系处于平衡,必然有每个质点均处于平衡

$$F_i + R_i = 0 \qquad (i = 1,2,\cdots,3n)$$

力为零,任意虚位移时此力所做虚功必为零

$$(F_i + R_i)\delta x_i = 0 \qquad (i = 1,2,\cdots,3n)$$

把上述 $3n$ 个式子加起来

$$\sum_{i=1}^{3n} (F_i + R_i)\delta x_i = 0$$

由理想约束条件

$$\sum_{i=1}^{3n} R_i \delta x_i = 0$$

两式相减即得(10.2.1)式.

以上是必要性的证明,现在证明充分性. 设(10.2.1)式成立,加上理想约束条件,则有

$$\sum_{i=1}^{3n}(F_i + R_i)\delta x_i = 0$$

设 x_i 为笛卡儿直角坐标，由牛顿运动定律

$$m_i\ddot{x}_i = F_i + R_i$$

其中 m_i 是第 j 个质点的质量，$j=\left[\dfrac{i+2}{3}\right]$，[ ]表示取不大于括号内的最大的整数.

代入前一式子

$$\sum_{i=1}^{3n} m_i\ddot{x}_i\delta x_i = 0 \tag{1}$$

此刻静止，实位移应与此刻的加速度成正比．设比例系数为 λ

$$\mathrm{d}x_i = \lambda\ddot{x}_i$$

这个实位移在虚位移之列(考虑稳定约束条件)，(1)式是对任意虚位移均成立的，今取此实位移为虚位移，有

$$\delta x_i = \lambda\ddot{x}_i \tag{2}$$

(1)式对此虚位移成立，把(2)式代入(1)式得

$$\sum_{i=1}^{3n}\lambda m_i\ddot{x}_i^2 = 0$$

上式要成立，只有

$$\ddot{x}_i = 0 \qquad (i = 1,2,\cdots,3n) \tag{3}$$

原来静止，由(3)式可保持静止，处于平衡状态.

以上证明了采用直角坐标的(10.2.1)式，做坐标变换可得不限于直角坐标的(10.2.1)式和(10.2.2)式.

如所有 δq_i 不恒为零，即都可取不为零的值，则依次取 $\delta q_i \neq 0 (i=1,2,\cdots,s)$，其余 $\delta q_j = 0 (j\neq i)$，即可证(10.2.3)式.

如某个 δq_j 只能取零值，即 $\delta q_j \equiv 0$，则相应的 $Q_j \neq 0$，用上述方法可证其余 $Q_i = 0 (i\neq j)$．这时虚功原理可表述为

$$\begin{cases}\delta q_j = 0 \\ Q_i = 0 \quad (i \neq j)\end{cases}$$

关于主动力有势，$Q_j = -\dfrac{\partial V}{\partial q_j}$的证明下面再讲.

(3) 关于完整、稳定约束条件的补充说明

许多理论力学教科书论述虚功原理时未提完整、稳定约束这个条件. 因此有必要再讲一下这个问题. 从上面证明充分性可以看出,我们用了实位移在虚位移之列,在上一节我们讲了如约束是完整、稳定约束,实位移在虚位移之列. 再举一个满足完整、理想约束和(10.2.1)式,但是不稳定约束,系统不处于平衡状态的例子. 这个例子是一个物体处于粗糙的水平平板上,平板相对于静参考系有向上的加速度 a,水平方向施以一个力 $\boldsymbol{F}$,由于静摩擦力 $\boldsymbol{f}$ 的存在,水平方向无运动. 对平板参考系而言,显然处于平衡状态,也完全符合完整、稳定、理想约束、处于静止和(10.2.1)式这些平衡的充要条件. 静摩擦力 $\boldsymbol{f}$ 是约束力,水平方向的力 $\boldsymbol{F}$、竖直方向的重力、惯性力本来都是主动力,由于双面几何约束,虚位移为零,不作虚功的主动力均可视为约束力,故(10.2.1)式成立. 可对于静参考系来说,虽然(10.2.1)式仍成立,显然不处于平衡状态,稳定约束这一条不满足是其主要原因,由于不是稳定约束,实位移不在虚位移之列,不作虚功而作实功,故系统有加速度.

关于完整约束的要求是过强了,可以放宽为:约束必须是理想、稳定约束和齐次的一阶线性非完整约束,这样,可能位移满足的方程仍与虚位移满足的方程相同,实位移在虚位移之列. 齐次一阶线性非完整约束的约束方程中的 a_i 也允许显含 t,系统平衡也将要求主动力是 t 的函数. 举一个有齐次一阶线性非完整约束的系统处于平衡的例子,在外力作用下的刚球在水平面上处于平衡就是一例.

(4) 关于处于静止的条件的说明

处于静止的条件也是必须的,显然振动系统处于平衡位置时,满足完整、稳定、理想约束和(10.2.1)式,由于速度不为零,是不能算平衡的. 如果不加处于静止这个条件,把完整、稳定、理想约束和(10.2.1)式作为系统处于平衡的必要条件,当然是可以的. 如果说是系统处于平衡位置的充分必要条件也是不妥的,举两个例子. 例1,一根不可伸长的绳子一端固定,另一端连着一个质点,质点在光滑平面上运动. 例2,轻杆两端各连一个质点构成的系统在光滑平面上作随其质心的匀速运动和围绕质心的匀角速转动. 两个例子都满足完整、稳定、理想约束和(10.2.1)式这些条件,系统不处于平衡状态也不处于平衡位置.

2. 广义力

在分析力学中,广义力是一个重要的概念. 它的定义与主动力作虚功有关,通过坐标变换关系(10.1.8)式用广义坐标的虚位移来表示原用坐标的虚位移,把主动力作虚功也用广义力、广义坐标的虚位移表达,这样就定义了广义力.

对坐标变换关系(10.1.8)式进行变分,变分运算如同微分运算,进行微分运算后,将微分符号改为变分符号再令 $\delta t=0$ 即可.

$$x_i = x_i(q_1, q_2, \cdots, q_s, t)$$

$$\delta x_i = \frac{\partial x_i}{\partial q_1}\delta q_1 + \frac{\partial x_i}{\partial q_2}\delta q_2 + \cdots + \frac{\partial x_i}{\partial q_s}\delta q_s = \sum_{j=1}^{s} \frac{\partial x_i}{\partial q_j}\delta q_j$$

$$\delta W = \sum_{i=1}^{3n} F_i \delta x_i = \sum_{i=1}^{3n} F_i \left(\sum_{j=1}^{s} \frac{\partial x_i}{\partial q_j}\delta q_j\right) = \sum_{j=1}^{s}\left(\sum_{i=1}^{3n} F_i \frac{\partial x_i}{\partial q_j}\right)\delta q_j$$

把主动力作的虚功写成广义力、广义坐标的虚位移的乘积求和

$$\delta W = \sum_{j=1}^{s} Q_j \delta q_j$$

比较两个虚功的表达式,即得广义力的定义式

$$Q_j = \sum_{i=1}^{3n} F_i \frac{\partial x_i}{\partial q_j} \quad (j = 1,2,\cdots,s) \tag{10.2.5}$$

Q_j 可称为作用于质点系的广义力的第 j 个分量或说作用于质点系的对应于广义坐标 q_j 的广义力.

广义力的求法;

(1) 直接用广义力的定义式 $Q_j = \sum_{i=1}^{3n} F_i \frac{\partial x_i}{\partial q_j}$.

(2) 遵照导出(10.2.5)式的步骤,将 δx_i 表成 $\delta q_1, \delta q_2, \cdots, \delta q_s$ 的函数,代入 $\sum_{i=1}^{3n} F_i \delta x_i$,与 $\sum_{j=1}^{s} Q_j \delta q_j$ 比较而得.

(3) 求 Q_j 时,考虑虚位移 $\delta q_j \neq 0$,其余 $\delta q_i = 0 (i \neq j)$,用对坐标变换关系求变分的办法或直接由几何知识获得 $\delta x_i(0,0,\cdots,\delta q_j,0,\cdots)(i = 1,2,\cdots,3n)$. 再由 $Q_j \delta q_j = \sum_{i=1}^{3n} F_i \delta x_i(0,\cdots,0,\delta q_j,0,\cdots)$ 得 Q_j.

(4) 如主动力有势,可先写出势能 $V(x_1, x_2, \cdots, x_{3n})$ 或势函数 $U(x_1, x_2, \cdots, x_{3n}, t)$,它们与主动力 F_i 的关系分别为 $F_i = -\frac{\partial V}{\partial x_i}$ 或 $F_i = -\frac{\partial U}{\partial x_i}$. 可用坐标变换关系将 V 或 U 表成广义坐标的函数

$$V(q_1, q_2, \cdots, q_s, t) \text{ 或 } U(q_1, q_2, \cdots, q_s, t)$$

则广义力可用 $Q_j = -\frac{\partial V(q_1, q_2, \cdots, q_s, t)}{\partial q_j}$ 或 $Q_j = -\frac{\partial U(q_1, q_2, \cdots, q_s, t)}{\partial q_j}$ 计

算,证明如下:

$$-\frac{\partial V}{\partial q_j}=-\sum_{i=1}^{3n}\frac{\partial V(x_1,x_2,\cdots,x_{3n})}{\partial x_i}\frac{\partial x_i}{\partial q_j}=\sum_{i=1}^{3n}F_i\frac{\partial x_i}{\partial q_j}=Q_j$$

这里写的$-\frac{\partial V}{\partial q_j}$是$-\frac{\partial V(q_1,q_2,\cdots,q_s,t)}{\partial q_j}$的简写.

$$V(q_1,q_2,\cdots,q_s,t)=V(x_1(q_1,q_2,\cdots,q_s,t),\cdots,x_{3n}(q_1,q_2,\cdots,q_s,t))$$

第一个等号右边的求和式中用了复合函数求导法. 最后得到的广义力 Q_j 是 q_1, $q_2,\cdots,q_s$, t 的函数.

同样可证$-\frac{\partial U}{\partial q_j}=Q_j$.

如果主动力不都是有势力,有势的主动力可通过先写出势能或势函数的方法求,再加上用前面的方法求出的非有势力对广义力的贡献. 在下节处理动力学问题的拉格朗日方程中,对于有势的主动力,可用求得的势能或势函数求拉格朗日函数,不必考虑它对广义力的贡献. 这和在矢量力学引入势能来处理动力学问题的情况是类似的.

s 个广义力分量的表达式是与 s 个广义坐标如何选取密切相关的,只要有一个广义坐标取法不同,也可能使其余 $s-1$ 个广义力分量表达式有所不同. 这和一个力按不同坐标系分解有不同的分量表达式是类似的.

例 10.2.1 用铰链连接两根长 l、重 Q 的均质棒 A 和 B,重量可忽略不计的支撑棒 C 长 L. 在 C 棒的 D 端施以竖直向上的力 P,所有的接触都是光滑的. 求平衡时图中坐标 x 和 θ 的值.

解 题目已规定了取 x 和 θ 为广义坐标,再取竖直向下的 y 坐标. 与主动力作虚功有关的坐标有 A 棒质心的 y 坐标 y_A, B 棒质心的 y 坐标 y_B 及 D 点的 y 坐

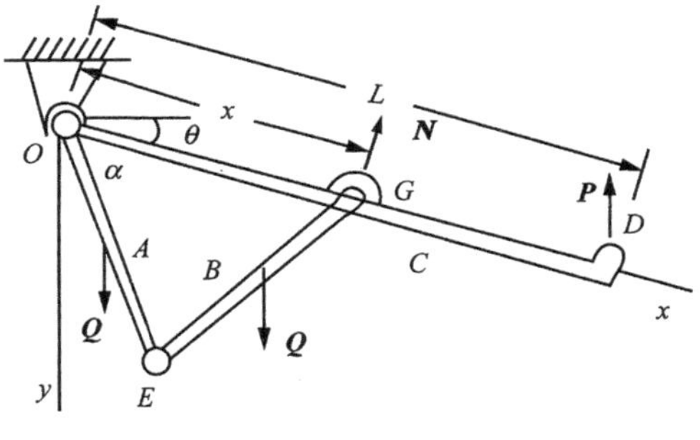

图 10.2.1

标 y_D.

先求这些坐标与广义坐标 x、θ 间的坐标变换关系. 由

$$y_A = \frac{l}{2}\sin(\alpha + \theta) = \frac{l}{2}(\sin\alpha\cos\theta + \sin\theta\cos\alpha)$$

$$\cos\alpha = \frac{x}{2}/l = \frac{x}{2l}, \ \sin\alpha = \sqrt{1 - \frac{x^2}{4l^2}} = \frac{1}{2l}\sqrt{4l^2 - x^2}$$

可得

$$y_A = \frac{1}{4}x\sin\theta + \frac{1}{4}\sqrt{4l^2 - x^2}\cos\theta$$

$$y_B = x\sin\theta + \frac{l}{2}\sin(\alpha - \theta) = \frac{3}{4}x\sin\theta + \frac{1}{4}\sqrt{4l^2 - x^2}\cos\theta$$

$$y_D = l\sin\theta$$

再计算这些原用坐标虚位移与广义坐标虚位移的关系,

$$\begin{aligned}\delta y_A = &\frac{1}{4}\sin\theta\delta x + \frac{1}{4}x\cos\theta\delta\theta - \frac{x}{4\sqrt{4l^2 - x^2}}\cos\theta\delta x \\ &- \frac{1}{4}\sqrt{4l^2 - x^2}\sin\theta\delta\theta \\ = &\left(\frac{1}{4}\sin\theta - \frac{x}{4\sqrt{4l^2 - x^2}}\cos\theta\right)\delta x + \left(\frac{1}{4}x\cos\theta - \frac{1}{4}\sqrt{4l^2 - x^2}\sin\theta\right)\delta\theta\end{aligned}$$

$$\delta y_B = \left(\frac{3}{4}\sin\theta - \frac{x}{4\sqrt{4l^2 - x^2}}\cos\theta\right)\delta x + \left(\frac{3}{4}x\cos\theta - \frac{1}{4}\sqrt{4l^2 - x^2}\sin\theta\right)\delta\theta$$

$$\delta y_D = l\cos\theta\delta\theta$$

代入 $\delta W = Q\delta y_A + Q\delta y_B - P\delta y_D$,与

$$\delta W = Q_x\delta x + Q_\theta\delta\theta$$

比较可得

$$Q_x = Q\sin\theta - \frac{Qx\cos\theta}{2\sqrt{4l^2 - x^2}}$$

$$Q_\theta = Qx\cos\theta - \frac{1}{2}Q\sqrt{4l^2 - x^2}\sin\theta - Pl\cos\theta$$

由(10.2.3)式,在平衡位置 $Q_x=0,Q_\theta=0$,

$$Q\sin\theta - \frac{Qx\cos\theta}{2\sqrt{4l^2-x^2}} = 0$$

$$Qx\cos\theta - \frac{1}{2}Q\sqrt{4l^2-x^2}\sin\theta - PL\cos\theta = 0$$

可解得在平衡位置

$$x = \frac{4PL}{3Q},\ Q = \arctan\frac{PL}{\sqrt{(3Ql)^2-(2PL)^2}}$$

方法二,因主动力都是保守力,可以引入势能

$$V = -Qy_A - Qy_B + Py_D + 常数$$

用上面得到的坐标变换关系

$$V(x,\ \theta) = -Q\left(x\sin\theta + \frac{1}{2}\sqrt{4l^2-x^2}\cos\theta\right) + PL\cos\theta + 常数$$

$$\frac{\partial V}{\partial x} = -Q\sin\theta + \frac{1}{2}\theta\frac{x}{\sqrt{4l^2-x^2}}\cos\theta = 0$$

$$\frac{\partial V}{\partial \theta} = -Qx\cos\theta + \frac{1}{2}Q\sqrt{4l^2-x^2}\sin\theta + PL\cos\theta = 0$$

即可解得平衡位置处 x 和 θ 的值.

3. 选取广义坐标必须注意的问题

(1) 不限于静力学问题,选取的广义坐标必须满足两个要求

i) 选取的广义坐标彼此必须是独立的.

例如图 10.2.2 所示的系统在竖直的 xy 平面内运动. 用主动力作用的质点的 x、y 坐标为原用坐标,六个坐标中有三个约束关系

$$(x_A - x_B)^2 + (y_A - y_B)^2 = l^2$$

$$x_C = \frac{1}{2}(x_A + x_B)$$

$$y_C = \frac{1}{2}(y_A + y_B)$$

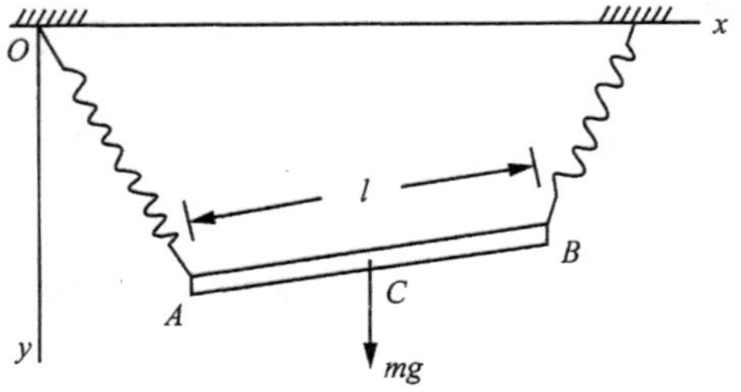

图 10.2.2

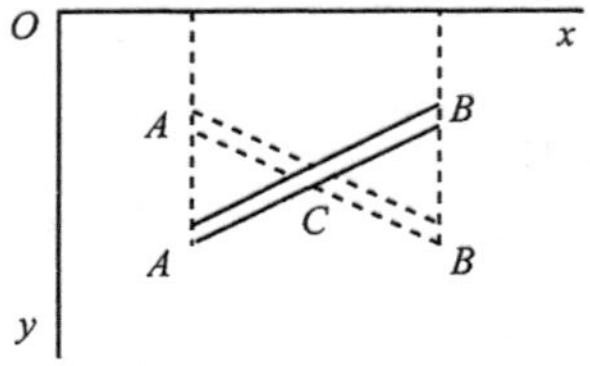

图 10.2.3

只有三个独立坐标，显然不能选 x_A、x_B、x_C 为广义坐标，它们间有一个约束关系，只有两个是独立的.

ii) 必须能惟一的确定系统的位形，所选的广义坐标的每一组值应确定系统惟一的一个位形. 例如图 10.2.2 所示的系统，选 x_A、x_B、y_C 能符合独立要求，但同一组 x_A、x_B、y_C 值，允许有两个位形，如图 10.2.3 所示，也不宜选它们为广义坐标.

(2) 用虚功原理确定平衡位置时还必须满足另外两个要求

i) 在平衡位置处，各广义坐标的虚位移必须都能独立取值，才能从 $\sum\limits_{i=1}^{s} Q_i \delta q_i = 0$ 得到

$$Q_i \delta q_i = 0 \qquad (i = 1, 2, \cdots, s)$$

例如图 10.2.4 所示的系统，两根不可伸长的绳子将两个质点连在一起连接于固定点.

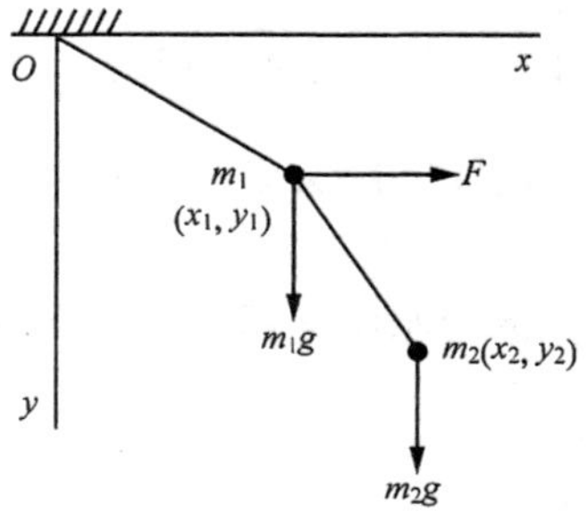

图 10.2.4

取 x_1、y_1、x_2、y_2 为原用坐标，有两个约束方程：

$$x_1^2 + y_1^2 = l_1^2$$

$$(x_2 - x_1)^2 + (y_2 - y_1)^2 = l_2^2$$

自由度为 2，需取两个广义坐标.

对约束方程作等时变分得

$$x_1\delta x_1 + y_1\delta y_1 = 0$$

$$(x_2 - x_1)(\delta x_2 - \delta x_1) + (y_2 - y_1)(\delta y_2 - \delta y_1) = 0$$

可解出

$$\delta x_1 = -\frac{y_1}{x_1}\delta y_1$$

$$\delta y_2 = -\frac{x_2 - x_1}{y_2 - y_1}\delta x_2 + \left(1 - \frac{x_2 - x_1}{y_2 - y_1} \cdot \frac{y_1}{x_1}\right)\delta y_1$$

显然,δx_1 与 δy_1 不独立,δy_1 与 δx_2 是独立的,δy_1 与 δy_2、δx_1 与 δx_2、δx_1 与 δy_2 都是分别相互独立的. 但是在非平衡位置处相互独立的两个虚位移,有可能在平衡位置处不再相互独立,例如 δy_1 与 δy_2 就是这种情况,在平衡位置处,直观地可以看出,$x_1 = x_2$,将它代入第二个虚位移满足的方程,可得 $\delta y_2 = \delta y_1$,说明相互不独立.

如取 y_1、y_2 为广义坐标,会出现什么情况呢?

$$\begin{aligned}\delta W &= F\delta x_1 + m_1 g\delta y_1 + m_2 g\delta y_2 \\ &= \left(-\frac{Fy_1}{x_1} + m_1 g\right)\delta y_1 + m_2 g\delta y_2 = 0\end{aligned}$$

如误以为 δy_1、δy_2 相互独立,得出

$$-\frac{Fy_1}{x_1} + m_1 g = 0,\ m_2 g = 0$$

显然是错误的. $m_2 g \neq 0$,因而前一个式子也不能成立.

如果知道 $\delta y_1 = \delta y_2$,得到

$$-\frac{Fy_1}{x_1} + m_1 g + m_2 g = 0$$

那是正确的,将上式与 $x_1^2 + y_1^2 = l_1^2$ 联立,可解出平衡位置时的 x_1、y_1 值. 但若不用 $x_1 = x_2$,则无法计算 x_2 和 y_2.

同样,用 x_1、y_2 为广义坐标,会出现和用 y_1、y_2 为广义坐标同样的问题. 用 x_1、x_2 为广义坐标或用 y_1、x_2 为广义坐标都是可以的. 值得注意的是在平衡位置有 $x_1 = x_2$,似乎就必有 $\delta x_1 = \delta x_2$,进而得出在平衡位置处 δx_1、δx_2 不独立的结论,这是不对的. 将平衡位置处,$\delta y_1 = \delta y_2$ 代入虚位移满足的第二个方程得

$$(x_2 - x_1)(\delta x_2 - \delta x_1) = 0$$

今在平衡位置有 $x_1 = x_2$,可不要求 $\delta x_1 = \delta x_2$. $x_1 = x_2$ 没作为一个约束方程给出,当然就不要求有 $\delta x_1 = \delta x_2$. 两虚位移是否相互独立,一定要从虚位移满足的方程中去考察.

ii) 在用(10.2.3)或(10.2.4)式时必须核验广义坐标在平衡位置处的虚位移能否任意取值,不恒为零. 若某个广义坐标的虚位移在此处只能等于零,则相应的广义力不为零,可代之用该虚位移等于零.

举一个只有一个自由度的例子,一个均质棒靠在光滑的半球形碗内,棒长为 l,碗的半径为 r, $r<\frac{l}{2}$. 求棒的平衡位置.

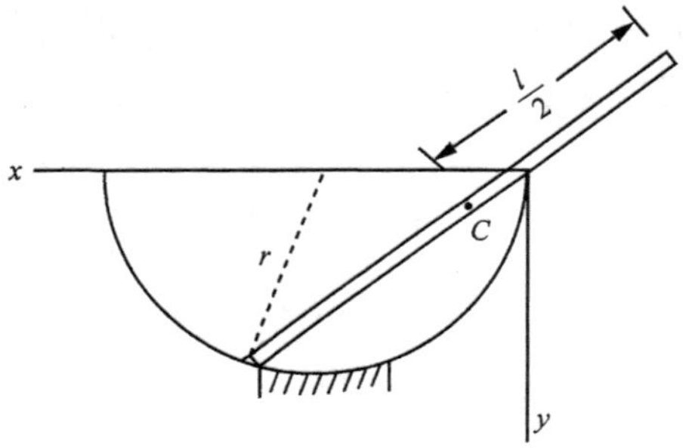

图 10.2.5

这个例子符合运用虚功原理的条件,只有一个自由度,取任何坐标都是独立的. 但如果取 y_C 为广义坐标.

$$\delta W = mg\delta y_C = 0$$

上式是由(10.2.1)式得出的,是正确的. 显然 $Q_y = mg \neq 0$. 此时不能用(10.2.2)式,原因在于 $\delta y_C \equiv 0$. 用此式改用其他广义坐标,还是可以确定平衡位置的.

选用广义坐标是否合适一般是可以判断的. 如果主动力已知,求平衡位置,广义坐标若选择不当,会出现广义力不合理的情况;如果平衡位置已知,求未知的主动力,选用的广义坐标是否合适,一般可以凭直观做出判断的,不能靠直觉的,可以从虚位移满足的关系来作判断.

4. 如何求约束力

在满足理想约束的条件下,未知的约束力在方程中不出现,使解题过程得到不少简化,这是分析力学优于矢量力学之处. 如果要求某个约束力,有两个办法.

(1) 在用分析力学解得系统的运动方程(动力学问题)或平衡位置和未知的主动力(静力学问题)后,列出包含要求的约束力在内的矢量力学的动力学方程或平衡方程解之. 充分发扬各类理论的长处,避免各类方程的短处.

(2) 分析力学毕竟是个完整的理论,分析力学能解决矢量力学能解决的一切问题. 用虚功原理求某个约束力的办法如下:先用虚功原理求出平衡位置和主动力的一切未知因素,再把要求的约束力有关的约束解除,使所要求的约束力变成主动力. 约束发生了变化,系统的选取也可能有所不同,需在新的情况下,再用虚功原理. 需注意两点:A.要保证约束仍是理想约束. B.为了便于用已得的结果,一般仍保留原来的广义坐标,但由于约束、自由度、系统、主动力的情况有某些变化,与原来的广义坐标对应的广义力分量部分改变或全部改变,需重作计算.

例 10.2.2 求例 10.2.1 中支撑棒在 G 处给予的支持力 $\boldsymbol{N}$(参看图 10.2.1).

解 方法一,用矢量力学的办法.

隔离支撑棒,除 O 点处受轴承的作用力外,D 端受作用力 P,在 G 处受到 B 棒的作用力 N 即所求的 $\boldsymbol{N}$ 的反作用力,大小相等,方向与图示方向相反.

用平衡条件,对 O 点的力矩为零

$$Nx - PL\cos\theta = 0$$

将例 10.2.1 求出的平衡位置 x 和 θ 值代入,即得

$$N = \frac{PL\cos\theta}{x} = \frac{PL}{4PL/3Q} \cdot \frac{1}{\sqrt{1+\tan^2\theta}}$$

$$= \frac{3}{4}Q\sqrt{\frac{(3Ql)^2-(2PL)^2}{(3Ql)^2-3(PL)^2}}$$

方法二,用虚功原理的办法.

以 A、B 杆为系统,系统不再包括支撑杆. 仍然符合应用虚功原理的完整、稳定、理想约束、静止的条件,解除 G 处的约束,取 y_A、y_B 和 θ 为原用坐标,自由度没变,仍以 x、θ 为广义坐标,坐标变换关系仍和未解除约束时一样,因而 δy_A、δy_B 与 δx、$\delta\theta$ 的关系也没变,但系统变了,受主动力的情况变了,$\boldsymbol{P}$ 不再作用于系统,需考虑待求的支撑杆给予的支持力 $\boldsymbol{N}$. 需重新计算广义力 Q_x 和 Q_θ.

$$\delta W = Q\delta y_A + Q\delta y_B - Nx\delta\theta$$

$$= \left(Q\sin\theta - \frac{Qx\cos\theta}{2\sqrt{4l^2-x^2}}\right)\delta x$$

$$+\left(Qx\cos\theta-\frac{1}{2}Q\sqrt{4l^2-x^2}\sin\theta-Nx\right)\delta\theta=0$$

与 $\delta W=Q_x\delta x+Q_\theta\delta\theta$ 相比较，可得广义力 Q_x 和 Q_θ，这里 Q_x 没变，Q_θ 变了．由 $Q_\theta=0$ 得

$$Qx\cos\theta-\frac{1}{2}Q\sqrt{4l^2-x^2}\sin\theta-Nx=0$$

代入例 10.2.1 解得的平衡位置的 x 和 θ 值，解出 N 可得与方法一同样的结果．

例 10.2.3　压缩机如图 10.2.6 所示，杆 $AB=BC$，杆重可以不计，铰链和滑槽都是光滑的，滑块 D 的质量也可以不计．求(i)P、Q 与 α 之间的关系．(ii)A 处铰链给杆的约束力．

解　(i) 取图中所示 Axy 坐标．设杆长为 l，取 α 为广义坐标

$$x_B=-l\cos\alpha,\ y_C=-2l\sin\alpha$$

$$\delta W=P\delta x_B+Q\delta y_C=(Pl\sin\alpha-2Ql\cos\alpha)\delta\alpha=0$$

因 $\delta\alpha\neq0$，故

$$Q_\alpha=Pl\sin\alpha-2Ql\cos\alpha=0,\ P=2Q\cot\alpha$$

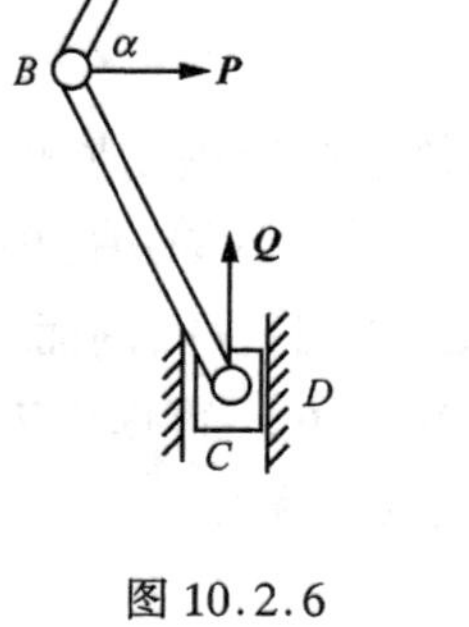

图 10.2.6

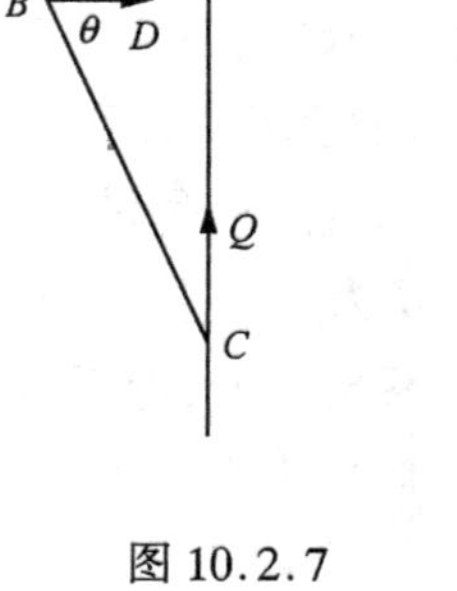

图 10.2.7

(ii) 方法一，解除 A 处 x 方向的约束，原 A 处在 x 方向的约束力 X_A 变成主动力，现系统有两个自由度，取 A 点的坐标 x 与 φ 为广义坐标，如图 10.2.7 所示．

$$x_B = x - l\cos\varphi$$

$$y_C = -l\sin\varphi - l\sin\theta$$

用 $x - l\cos\varphi = -l\cos\theta$ 消去上式中的 θ,得

$$y_C = -l\sin\varphi - \sqrt{l^2\sin^2\varphi + 2lx\cos\varphi - x^2}$$

$$\delta W = X_A\delta x + P\delta x_B + Q\delta y_C = Q_x\delta x + Q_\varphi\delta\varphi = 0$$

因要求的量 X_A 在 Q_φ 中不出现,可以不计 Q_φ

$$Q_x = X_A + P\frac{\partial x_B}{\partial x} + Q\frac{\partial y_C}{\partial x}$$

$$= X_A + P - Q\frac{l\cos\varphi - x}{\sqrt{l^2\sin^2\varphi + 2lx\cos\varphi - x^2}}$$

在平衡位置,$x=0$,$\varphi=\alpha$,$Q_x=0$[用了(10.2.3)式],代入上式,再用(i)中得到的 P、Q、α 间的关系,即得

$$X_A = -\frac{P}{2} \text{ 或 } X_A = -Q\cot\alpha$$

同样解除 A 处 y 方向约束,可得

$$Y_A = -Q \text{ 或 } Y_A = -\frac{1}{2}P\tan\alpha$$

分别解除 A 处 x 方向和 y 方向的约束比同时解除 A 处 x 方向、y 方向的约束更简便些.

方法二,介绍一种利用运动学知识找虚位移之间满足的关系的方法.

解除 A 处 x 方向的约束,令 δx、$\delta\alpha$ 是广义坐标的虚位移,δx_B、δy_C 是与作虚功有关的虚位移,在求 Q_x 时,可令 $\delta x\neq 0$,$\delta\alpha=0$. 在此情况下求 δx_B、δy_C 与 δx 的关系,且直接在平衡位置处考虑它们之间的关系.

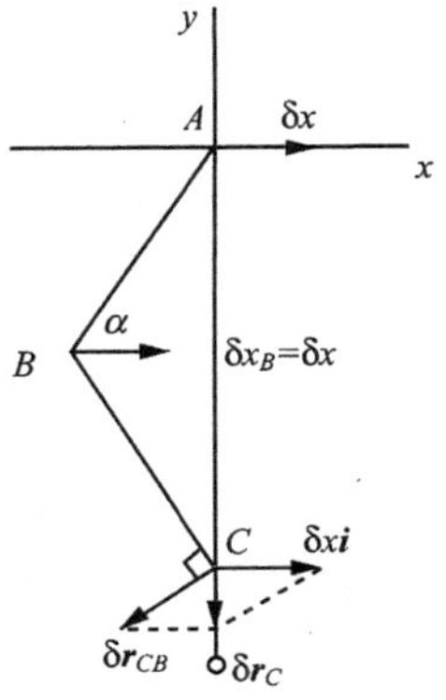

图 10.2.8

从图 10.2.8 可以看出,在平衡位置处,在 $\delta\alpha=0$ 的情况下

$$\delta x_B = \delta x$$

以 B 为基点,考虑 C 点的虚位移

$$\delta \boldsymbol{r}_C = \delta x \boldsymbol{i} + \delta \boldsymbol{r}_{CB},$$

其中 $\delta x \boldsymbol{i}$ 是跟随 B 点的牵连虚位移，$\delta \boldsymbol{r}_{CB}$ 是相对于 B 点的虚位移，其方向与 BC 垂直. 由于约束，C 点只能有 y 方向的虚位移，由矢量加法的平行四边形关系，在平衡位置处，且在 $\delta\alpha = 0$ 的情况下，

$$\delta y_C = -\cot\alpha \cdot \delta x$$

$$\begin{aligned}\delta W = Q_x \delta x &= X_A \delta x + P\delta x_B + Q\delta y_C \\ &= (X_A + P - Q\cot\alpha)\delta x = 0\end{aligned}$$

再代入(i)的结果，解出 X_A，可得与方法一相同的结果.

一般来说，用矢量力学的平衡方程来求约束力总比解除约束用虚功原理的办法更简便.

§10.3　拉格朗日方程

1. 达朗贝尔原理、达朗贝尔-拉格朗日方程

上面我们讲的虚功原理(或称为虚位移原理)是处理静力学问题的. 现在我们要在它的基础上导出处理动力学问题的方程. 其办法是把动力学问题设法转化为静力学问题.

根据牛顿运动定律，对于一个质点

$$m\ddot{\boldsymbol{r}} = \boldsymbol{F} + \boldsymbol{R}$$

其中 $\boldsymbol{F}$、$\boldsymbol{R}$ 分别是作用于质点的主动力(合力)和约束力(合力). 上式改写成平衡方程形式

$$\boldsymbol{F} + \boldsymbol{R} + (-m\ddot{\boldsymbol{r}}) = 0 \tag{10.3.1}$$

对于 n 个质点的系统，把每个质点的(10.3.1)式列出的式子加起来，则有

$$\sum_{i=1}^{n}[\boldsymbol{F}_i + \boldsymbol{R}_i + (-m_i\ddot{\boldsymbol{r}}_i)] = 0 \tag{10.3.2}$$

(10.3.1)式中的$(-m\ddot{\boldsymbol{r}})$是我们过去已经讲过的惯性力，在随质点平动的参考系(非惯性系)中，真实力(包括主动力和约束力)和惯性力的合力为零. 在这个非惯性系中，(10.3.1)式是名符其实的平衡方程. (10.3.2)式中的$(-m_i\ddot{\boldsymbol{r}}_i)$也是惯性力，不过各质点没有相同的加速度，因此没有统一的非惯性系，找不到一个参考系，质点系在其中真正处于平衡状态，但(10.3.2)式毕竟已写成了平衡方程的形

式．$(-m\ddot{\boldsymbol{r}})$和$(-m_i\ddot{\boldsymbol{r}}_i)$都被称为达朗贝尔惯性力．

(10.3.1)和(10.3.2)式把动力学问题转化为静力学问题，就可以在虚功原理的基础上导出分析力学处理动力学的方程．(10.3.1)和(10.3.2)式表明：主动力、约束力和达朗贝尔惯性力的合力等于零．对于每个质点，在它自己的平动参考系中，上述三个力构成平衡力系．这就是达朗贝尔原理的文字表达，(10.3.1)、(10.3.2)式是达朗贝尔原理的数学表达式．

如系统所受约束为理想约束，则可得到类似虚功原理那样的表达式

$$\sum_{i=1}^{n}(\boldsymbol{F}_i - m_i\ddot{\boldsymbol{r}}_i)\cdot\delta\boldsymbol{r}_i = 0 \tag{10.3.3}$$

或

$$\sum_{i=1}^{3n}(F_i - m_i\ddot{x}_i)\cdot\delta x_i = 0 \tag{10.3.3'}$$

两式中的 i 和 m_i、F_i 并不相同，(10.3.3)式中的 m_i 是第 i 个质点的质量，(10.3.3′)式中的 m_i 是第$\left[\dfrac{i+2}{3}\right]$个质点的质量，与此有关，对(10.3.3′)式中的 F_i、x_i 也要作相应的理解，(10.3.3)式没对取何种坐标系表达作规定，(10.3.3′)式限于取笛卡儿直角坐标系表达．由于不是真正的静力学问题(一般地讲，质点系在任何参考系中均不处于平衡状态)，不要求非得稳定约束，也不要求非得完整约束．(10.3.3)式、(10.3.3′)式被称为达朗贝尔-拉格朗日方程，也可称为动力学普遍方程．具有理想约束的系统，在其运动的任何时刻，主动力和达朗贝尔惯性力作任何虚位移时所作的虚功之和为零．

注意：(1)两式中的 $\ddot{\boldsymbol{r}}_i$、$\ddot{x}_i$ 都是对静参考系而言的，如果静参考系不是惯性系，需引入的惯性力应视为主动力，归在 F_i 中．

(2) 两式中的各虚位移要受到约束(如存在约束的话)的制约，因而不是都独立的，不能进而得出 $\boldsymbol{F}_i - m_i\ddot{\boldsymbol{r}}_i = 0$、$F_i - m_i\ddot{x}_i = 0$．只有 $\delta\boldsymbol{r}_i$、δx_i 都用独立的广义坐标的虚位移 δq_j 表示时，才能得到它们的系数分别等于零，成为便于利用的动力学方程，也只有这样，才能用达朗贝尔-拉格朗日方程求解动力学问题．

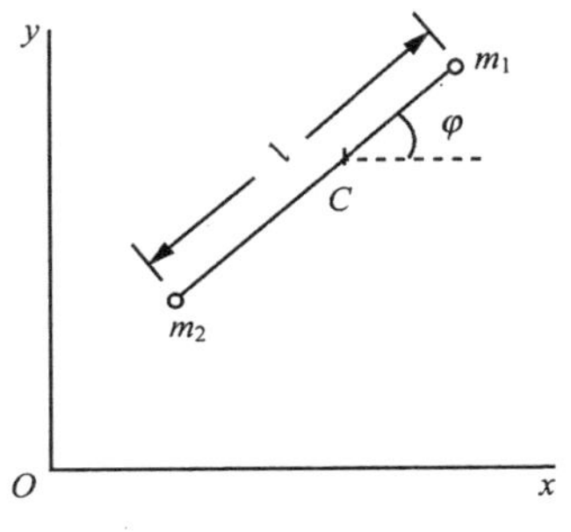

图 10.3.1

例 10.3.1　一个不计质量的长度为 l 的轻杆两端分别连着两个质点，质量分别为 m_1 和 m_2，置于光滑的水平面上．用动力学普遍

方程得出此系统的运动微分方程.

解　方法一　在竖直方向无运动,可仅考虑水平的 xy 平面内的运动. 两质点受到轻杆的约束,满足理想约束条件,水平面内未受任何主动力. 取图示两质点的 x、y 坐标. 由(10.3.3′)式,

$$-m_1\ddot{x}_1\delta x_1 - m_1\ddot{y}_1\delta y_1 - m_2\ddot{x}_2\delta x_2 - m_2\ddot{y}_2\delta y_2 = 0 \tag{1}$$

取质心 C 的 xy 坐标 x_C、y_C 和杆与 x 轴的夹角 φ 为广义坐标.

$$\begin{cases} x_1 = x_C + \dfrac{m_2}{m_1+m_2}l\cos\varphi \\ y_1 = y_C + \dfrac{m_2}{m_1+m_2}l\sin\varphi \\ x_2 = x_C - \dfrac{m_1}{m_1+m_2}l\cos\varphi \\ y_2 = y_C - \dfrac{m_1}{m_1+m_2}l\sin\varphi \end{cases} \tag{2}$$

$$\begin{cases} \dot{x}_1 = \dot{x}_C - \dfrac{m_2}{m_1+m_2}l\dot{\varphi}\sin\varphi \\ \dot{y}_1 = \dot{y}_C + \dfrac{m_2}{m_1+m_2}l\dot{\varphi}\cos\varphi \\ \dot{x}_2 = \dot{x}_C + \dfrac{m_1}{m_1+m_2}l\dot{\varphi}\sin\varphi \\ \dot{y}_2 = \dot{y}_C - \dfrac{m_1}{m_1+m_2}l\dot{\varphi}\cos\varphi \end{cases} \tag{3}$$

$$\begin{cases} \ddot{x}_1 = \ddot{x}_C - \dfrac{m_2}{m_1+m_2}l\ddot{\varphi}\sin\varphi - \dfrac{m_2}{m_1+m_2}l\dot{\varphi}^2\cos\varphi \\ \ddot{y}_1 = \ddot{y}_C + \dfrac{m_2}{m_1+m_2}l\ddot{\varphi}\cos\varphi - \dfrac{m_2}{m_1+m_2}l\dot{\varphi}^2\sin\varphi \\ \ddot{x}_2 = \ddot{x}_C + \dfrac{m_1}{m_1+m_2}l\ddot{\varphi}\sin\varphi + \dfrac{m_1}{m_1+m_2}l\dot{\varphi}^2\cos\varphi \\ \ddot{y}_2 = \ddot{y}_C - \dfrac{m_1}{m_1+m_2}l\ddot{\varphi}\cos\varphi + \dfrac{m_1}{m_1+m_2}l\dot{\varphi}^2\sin\varphi \end{cases} \tag{4}$$

$$\begin{cases}\delta x_1 = \delta x_C - \dfrac{m_2}{m_1+m_2} l\sin\varphi\delta\varphi \\ \delta y_1 = \delta y_C + \dfrac{m_2}{m_1+m_2} l\cos\varphi\delta\varphi \\ \delta x_2 = \delta x_C + \dfrac{m_1}{m_1+m_2} l\sin\varphi\delta\varphi \\ \delta y_2 = \delta y_C - \dfrac{m_1}{m_1+m_2} l\cos\varphi\delta\varphi \end{cases} \tag{5}$$

将(4)、(5)式代入(1)式,经计算后得

$$-(m_1+m_2)\ddot{x}_C\delta x_C - (m_1+m_2)\ddot{y}_C\delta y_C - \frac{m_1 m_2}{m_1+m_2} l^2\ddot{\varphi}\delta\varphi = 0 \tag{6}$$

因 δx_C、δy_C、$\delta\varphi$ 彼此独立,故它们的系数为零,即得到要求的运动微分方程

$$\begin{cases}(m_1+m_2)\ddot{x}_C = 0, \\ (m_1+m_2)\ddot{y}_C = 0, \\ \dfrac{m_1 m_2}{m_1+m_2} l^2\ddot{\varphi} = 0.\end{cases} \quad 或 \begin{cases}\ddot{x}_C = 0 \\ \ddot{y}_C = 0 \\ \ddot{\varphi} = 0\end{cases}$$

方法二,利用柯尼希定理求达朗贝尔惯性力所作的虚功可较快得到(6)式.

直接取方法一中的 x_C、y_C、φ 为广义坐标,系统受到的达朗贝尔惯性力如图10.3.2所示. 其中 $-m_1\ddot{x}_C$、$-m_1\ddot{y}_C$、$-m_2\ddot{x}_C$、$-m_2\ddot{y}_C$ 是由质心平动参考系可能是非惯性系而引入的惯性力,其余四个力是由于两质点在质心平动参考系中围绕质心的转动而引入的惯性力.

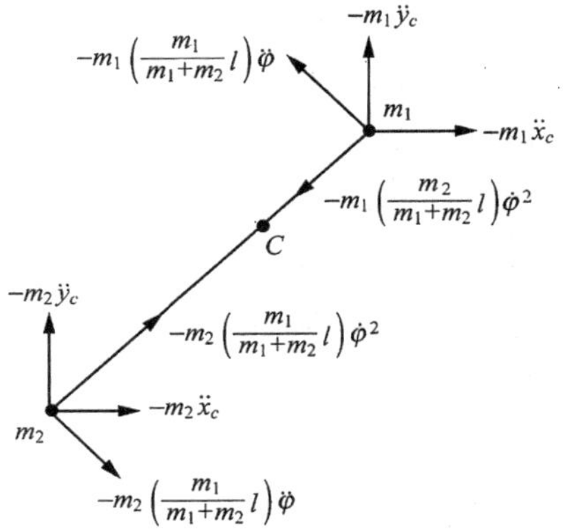

图 10.3.2

根据柯尼希定理,这些达朗贝尔惯性力所作的虚功可以分成两部分虚功之和

$$\delta W = \delta W_1 + \delta W_2 \tag{7}$$

其中 δW_1 是在静参考系中作用于等效质点的达朗贝尔惯性力 $-m_1\ddot{x}_C$、$-m_1\ddot{y}_C$、$-m_2\ddot{x}_C$、$-m_2\ddot{y}_C$ 在虚位移 δx_C、δy_C 时所作的虚功. δW_2 是在质心平动参考系中

两质点围绕质心作虚位移 $\delta\varphi$ 时达朗贝尔惯性力 $-m_1\left(\frac{m_2}{m_1+m_2}l\right)\ddot{\varphi}$、$-m_1\left(\frac{m_2}{m_1+m_2}l\right)\dot{\varphi}^2$、$-m_2\left(\frac{m_1}{m_1+m_2}l\right)\ddot{\varphi}$、$-m_2\left(\frac{m_1}{m_1+m_2}l\right)\dot{\varphi}^2$ 所作的虚功.

$$\begin{aligned}\delta W_1 &= -m_1\ddot{x}_C\delta x_C - m_1\ddot{y}_C\delta y_C - m_2\ddot{x}_C\delta x_C - m_2\ddot{y}_C\delta y_C \\ &= -(m_1+m_2)\ddot{x}_C\delta x_C - (m_1+m_2)\ddot{y}_C\delta y_C \end{aligned} \tag{8}$$

$$\begin{aligned}\delta W_2 &= -m_1\left(\frac{m_2}{m_1+m_2}l\right)\ddot{\varphi}\cdot\left(\frac{m_2}{m_1+m_2}l\right)\delta\varphi \\ &\quad - m_2\left(\frac{m_1}{m_1+m_2}l\right)\ddot{\varphi}\cdot\left(\frac{m_1}{m_1+m_2}l\right)\delta\varphi \\ &= -\frac{m_1m_2}{m_1+m_2}l^2\ddot{\varphi}\delta\varphi \end{aligned} \tag{9}$$

在(9)式的计算中考虑到 $-m_1\left(\frac{m_2}{m_1+m_2}l\right)\dot{\varphi}^2$、$-m_2\left(\frac{m_1}{m_1+m_2}l\right)\dot{\varphi}^2$ 均不作虚功.

将(8)、(9)式代入(7)式,用达朗贝尔-拉格朗日方程令它等于零即得方法一得到的(6)式.

如不用柯尼希定理,直接考虑图 10.3.2 中所示的八个达朗贝尔惯性力在系统作 δx_C、δy_C、$\delta\varphi$ 时所作的虚功,也能得到同样的结果,但计算要麻烦不少. 说用柯尼希定理不很确切,说利用三个动能定理的关系(参看 §8.4.5)更确切.

例 10.3.2　用动力学普遍方程导出刚体绕固定轴转动时的运动微分方程.

解　取 $Oxyz$ 坐标系固连于刚体,其中 z 轴是固定的转轴. 定轴转动只有一个自由度,取绕 z 轴的转角 φ 为广义坐标.

考虑位于$(x、y、z)$处质元 $\mathrm{d}m$,受到两个达朗贝尔惯性力:一个是惯性离轴力 $\dot{\varphi}^2\sqrt{x^2+y^2}\,\mathrm{d}m$;另一个是切向惯性力 $-\ddot{\varphi}\sqrt{x^2+y^2}\,\mathrm{d}m$. 前者恒与虚位移垂直,不作虚功;后者要作虚功.

$$-\ddot{\varphi}\sqrt{x^2+y^2}\,\mathrm{d}m\cdot\sqrt{x^2+y^2}\,\delta\varphi = -\ddot{\varphi}(x^2+y^2)\mathrm{d}m\cdot\delta\varphi$$

设主动力对转轴的力矩为 M,则由动力学普遍方程

$$\delta W = \left[M - \int\ddot{\varphi}(x^2+y^2)\mathrm{d}m\right]\delta\varphi = 0$$

即得

$$I_z\ddot{\varphi} = M$$

其中 $I_z = \int(x^2 + y^2)\mathrm{d}m$ 为刚体绕 z 轴的转动惯量.

例 10.3.3 用动力学普遍方程导出刚体作定点转动时的角动量定理.

解 设刚体上第 i 个质点质量为 m_i，受主动力 $\boldsymbol{F}_i$，该质点对固定点的位矢为 $\boldsymbol{r}_i$，定点转动时各质点的虚位移可设想由绕过固定点 O 的任何轴的一个无限小转动引起，可表成

$$\delta\boldsymbol{r}_i = \delta\boldsymbol{n} \times \boldsymbol{r}_i$$

$\delta\boldsymbol{n}$ 的方向表示转轴的正方向，其大小表示转角，这个无限小虚位移矢量的分量正是刚体定点转动时三个独立广义坐标的虚位移.

由动力学普遍方程

$$\begin{aligned}\sum_i(\boldsymbol{F}_i - m_i\ddot{\boldsymbol{r}}_i)\cdot\delta\boldsymbol{r}_i &= \sum_i[(\boldsymbol{F}_i - m_i\ddot{\boldsymbol{r}}_i)\cdot(\delta\boldsymbol{n}\times\boldsymbol{r}_i)]\\ &= \delta\boldsymbol{n}\cdot\left[\sum_i(\boldsymbol{r}_i\times\boldsymbol{F}_i) - \sum_i(\boldsymbol{r}_i\times m_i\ddot{\boldsymbol{r}}_i)\right]\\ &= \delta\boldsymbol{n}\cdot\left[\boldsymbol{M} - \frac{\mathrm{d}}{\mathrm{d}t}\sum_i(\boldsymbol{r}_i\times m_i\dot{\boldsymbol{r}}_i)\right]\\ &= \delta\boldsymbol{n}\cdot\left(\boldsymbol{M} - \frac{\mathrm{d}\boldsymbol{J}}{\mathrm{d}t}\right) = 0\end{aligned}$$

由 $\delta\boldsymbol{n}$ 是任意的，可得

$$\frac{\mathrm{d}\boldsymbol{J}}{\mathrm{d}t} = \boldsymbol{M}$$

用动力学普遍方程可以导出矢量力学中的所有动力学方程、定理表达式或具体问题的运动微分方程，可是从例 10.3.1 可见，用矢量力学可以轻而易举得到的运动微分方程，动力学普遍方程却花了不少笔墨. 从实用价值讲，动力学普遍方程的确没多大优越性，可它具有理论意义，不仅可以导出用于完整系统的便于使用的拉格朗日方程等，还可以导出非完整系统的各种动力学方程.

2. 完整系统的拉格朗日方程

(1) 基本形式

若 n 个质点的系统，受到 k 个完整、理想约束，则有 $3n-k$ 个自由度，取 q_1、

q_2、…、q_s 为广义坐标,要把动力学的普遍方程

$$\sum_{i=1}^{3n}(F_i - m_i\ddot{x}_i)\delta x_i = 0$$

化成便于应用的方程.

$\sum\limits_{i=1}^{3n}F_i\delta x_i$ 可表成 $\sum\limits_{k=1}^{s}Q_k\delta q_k$,现要将 $\sum\limits_{i=1}^{3n}m_i\ddot{x}_i\delta x_i$ 也表成 $\sum\limits_{k=1}^{s}P_k\delta q_k$ 的形式. Q_i 称为广义力,$-P_i$ 可称为广义惯性力.

由坐标变换关系

$$x_i = x_i(q_1, q_2, \cdots, q_s, t) \tag{10.3.4}$$

$$\delta x_i = \sum_{k=1}^{s}\frac{\partial x_i}{\partial q_k}\delta q_k$$

$$\sum_{i=1}^{3n}m_i\ddot{x}_i\delta x_i = \sum_{i=1}^{3n}\left(m_i\ddot{x}_i\sum_{k=1}^{s}\frac{\partial x_i}{\partial q_k}\delta q_k\right) = \sum_{k=1}^{s}\left(\sum_{i=1}^{3n}m_i\ddot{x}_i\frac{\partial x_i}{\partial q_k}\right)\delta q_k$$

与 $\sum\limits_{i=1}^{3n}m_i\ddot{x}_i\delta x_i = \sum\limits_{k=1}^{s}P_k\delta q_k$ 相比较可得

$$P_k = \sum_{i=1}^{3n}\left(m_i\ddot{x}_i\frac{\partial x_i}{\partial q_k}\right)$$

还得把 $\ddot{x}_i$ 也表成 $q_1, q_2, \cdots, q_s, \dot{q}_1, \dot{q}_2, \cdots, \dot{q}_s, \ddot{q}_1, \ddot{q}_2, \cdots, \ddot{q}_s, t$ 的函数

$$\begin{aligned}P_k &= \sum_{i=1}^{3n}\left(m_i\ddot{x}_i\frac{\partial x_i}{\partial q_k}\right) = \sum_{i=1}^{3n}\left(m_i\frac{\mathrm{d}\dot{x}_i}{\mathrm{d}t}\frac{\partial x_i}{\partial q_k}\right)\\ &= \sum_{i=1}^{3n}\frac{\mathrm{d}}{\mathrm{d}t}\left(m_i\dot{x}_i\frac{\partial x_i}{\partial q_k}\right) - \sum_{i=1}^{3n}\left[m_i\dot{x}_i\frac{\mathrm{d}}{\mathrm{d}t}\left(\frac{\partial x_i}{\partial q_k}\right)\right]\end{aligned}$$

下面先证明 $\dfrac{\partial x_i}{\partial q_k} = \dfrac{\partial \dot{x}_i}{\partial \dot{q}_k}$ 和 $\dfrac{\mathrm{d}}{\mathrm{d}t}\left(\dfrac{\partial x_i}{\partial q_k}\right) = \dfrac{\partial \dot{x}_i}{\partial q_k}$.

证明　坐标变换关系(10.3.4)式对 t 求导,

$$\dot{x}_i = \sum_{k=1}^{s}\left(\frac{\partial x_i}{\partial q_k}\dot{q}_k\right) + \frac{\partial x_i}{\partial t}$$

$\dot{x}_i$ 是 q_1、q_2、…、q_s、$\dot{q}_1$、$\dot{q}_2$、…、$\dot{q}_s$ 和 t 的函数,x_i 只是 q_1、q_2、…、q_s 和 t 的函数,故 $\dfrac{\partial x_i}{\partial q_k}$ 只能是 q_1、q_2、…、q_s 和 t 的函数.

$$\frac{\partial \dot{x}_i}{\partial \dot{q}_k}=\frac{\partial x_i}{\partial q_k}$$

$$\frac{\mathrm{d}}{\mathrm{d}t}\left(\frac{\partial x_i}{\partial q_k}\right)=\sum_{j=1}^{s}\left[\frac{\partial}{\partial q_j}\left(\frac{\partial x_i}{\partial q_k}\right)\dot{q}_j\right]+\frac{\partial}{\partial t}\left(\frac{\partial x_i}{\partial q_k}\right)$$

$$=\frac{\partial}{\partial q_k}\left[\sum_{j=1}^{s}\left(\frac{\partial x_i}{\partial q_j}\dot{q}_j\right)+\frac{\partial x_i}{\partial t}\right]=\frac{\partial \dot{x}_i}{\partial q_k}$$

另一方面，$T=\sum_{i=1}^{3n}\left(\frac{1}{2}m_i\dot{x}_i^2\right)$,

$$\frac{\partial T}{\partial \dot{q}_k}=\sum_{i=1}^{3n}\left(m_i\dot{x}_i\frac{\partial \dot{x}_i}{\partial \dot{q}_k}\right)=\sum_{i=1}^{3n}\left(m_i\dot{x}_i\frac{\partial x_i}{\partial q_k}\right)$$

这里用了上面证明的第一个关系.

$$\frac{\partial T}{\partial q_k}=\sum_{i=1}^{3n}\left(m_i\dot{x}_i\frac{\partial \dot{x}_i}{\partial q_k}\right)=\sum_{i=1}^{3n}\left[m_i\dot{x}_i\frac{\mathrm{d}}{\mathrm{d}t}\left(\frac{\partial x_i}{\partial q_k}\right)\right]$$

这里用了上面证明的第二个关系.

现将 P_k 与动能联系起来

$$P_k=\sum_{i=1}^{3n}\frac{\mathrm{d}}{\mathrm{d}t}\left(m_i\dot{x}_i\frac{\partial x_i}{\partial q_k}\right)-\sum_{i=1}^{3n}\left[m_i\dot{x}_i\frac{\mathrm{d}}{\mathrm{d}t}\left(\frac{\partial x_i}{\partial q_k}\right)\right]$$

$$=\frac{\mathrm{d}}{\mathrm{d}t}\sum_{i=1}^{3n}\left(m_i\dot{x}_i\frac{\partial x_i}{\partial q_k}\right)-\sum_{i=1}^{3n}\left[m_i\dot{x}_i\frac{\mathrm{d}}{\mathrm{d}t}\left(\frac{\partial x_i}{\partial q_k}\right)\right]$$

$$=\frac{\mathrm{d}}{\mathrm{d}t}\left(\frac{\partial T}{\partial \dot{q}_k}\right)-\frac{\partial T}{\partial q_k}$$

将 P_k 的上述式子代入用广义坐标表达的动力学普遍方程

$$\sum_{i=1}^{3n}(F_i-m_i\ddot{x}_i)\delta x_i=\sum_{k=1}^{s}(Q_k-P_k)\delta q_k$$

$$=\sum_{k=1}^{s}\left[Q_k-\frac{\mathrm{d}}{\mathrm{d}t}\left(\frac{\partial T}{\partial \dot{q}_k}\right)+\frac{\partial T}{\partial q_k}\right]\delta q_k=0$$

因 s 个广义坐标的虚位移 $\delta q_k(k=1,2,\cdots,s)$是相互独立的,可以自由取值,依次取某个 $\delta q_k\neq 0$,而其余 $\delta q_i=0(i\neq k)$,则可得

$$\frac{\mathrm{d}}{\mathrm{d}t}\left(\frac{\partial T}{\partial \dot{q}_k}\right)-\frac{\partial T}{\partial q_k}=Q_k\qquad(k=1,2,\cdots,s)\tag{10.3.5}$$

(10.3.5)式就是完整系统的拉格朗日方程的基本形式. 它给出了关于广义坐标的 s 个二阶微分方程. 在运用(10.3.5)式列出这些微分方程时,必先把动能用坐标变换关系表成广义坐标、广义速度和时间的函数.

还需要指出的是,我们在推导(10.3.5)式时用了 $\sum\limits_{i=1}^{3n}(F_i - m_i\ddot{x}_i)\delta x_i = 0$ 这种表达的动力学普遍方程,原用坐标限于直角坐标. 后面动能表达式写成 $T = \sum\limits_{i=1}^{3n}\frac{1}{2}m_i\dot{x}_i^2$ 也是限于直角坐标的. 可是得到的(10.3.5)式对采用何种原用坐标没有限制. 对于同一个力学系统,包括同样的受力,同样的约束,只要采用同样的广义坐标,不论用什么原用坐标,最终得到同样的微分方程.

式中 $\frac{\partial T}{\partial \dot{q}_k}$ 可称为广义动量,可表成

$$p_k = \frac{\partial T}{\partial \dot{q}_k} \tag{10.3.6}$$

理由如下:

i) 它具有广义动量的量纲,在矢量力学中我们知道,动量对时间的导数具有力的量纲. 由(10.3.5)式可以看出,$\frac{\mathrm{d}}{\mathrm{d}t}\left(\frac{\partial T}{\partial \dot{q}_k}\right)$ 具有 Q_k 的量纲,Q_k 称为广义力,$\frac{\partial T}{\partial \dot{q}_k}$ 自然应称为广义动量了. 但应注意,广义动量的量纲不一定非得是动量的量纲. 如某个广义坐标取角度,相应的广义力具有力矩的量纲,相应的广义动量具有角动量的量纲.

ii) 它是通常定义的动量的推广,不与矢量力学定义的动量相抵触. 在特殊情况下,广义动量就是原定义的动量,例如对于一个质点,取直角坐标,$T = \frac{1}{2}m(\dot{x}^2 + \dot{y}^2 + \dot{z}^2)$,$p_x = \frac{\partial T}{\partial \dot{x}} = m\dot{x}$.

例 10.3.4 两块平行的质量均为 m 的均质带齿平板 A 和 B,平板间有一半径为 r、质量为 M(集中于边缘)的均质齿轮. 平板受力 P、Q 及受约束情况如图 10.3.3 所示. 平板与滑槽间无摩擦. 求齿轮的角加速度和轮心的加速度.

解 取 x 轴如图所示,选 x_A、x_B、x_C 和 φ 为原用坐标.

齿轮和两板间作纯滚动,接触点有相同的速度. 有

$$\dot{x}_A = \dot{x}_C + r\dot{\varphi}, \quad \dot{x}_B = \dot{x}_C - r\dot{\varphi}$$

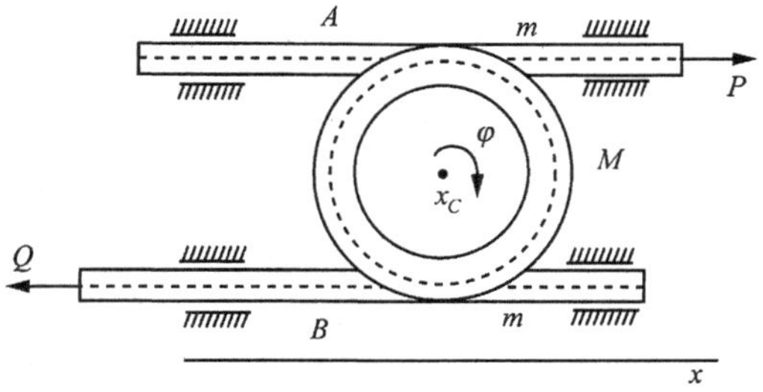

图 10.3.3

积分上述两式，并选合适的零点，可得

$$x_A = x_C + r\varphi, \quad x_B = x_C - r\varphi$$

四个坐标有两个约束关系，选 x_C 和 φ 为广义坐标，有

$$T = \frac{1}{2}m\dot{x}_A^2 + \frac{1}{2}m\dot{x}_B^2 + \frac{1}{2}M\dot{x}_C^2 + \frac{1}{2}Mr^2\dot{\varphi}^2$$

用坐标变换关系可得

$$T = \frac{1}{2}(2m + M)(\dot{x}_C^2 + r^2\dot{\varphi}^2)$$

$$\begin{aligned}\delta W &= P\delta x_A - Q\delta x_B \\ &= P(\delta x_C + r\delta\varphi) - Q(\delta x_C - r\delta\varphi) \\ &= (P - Q)\delta x_C + r(P + Q)\delta\varphi = Q_{x_C}\delta x_C + Q_\varphi\delta\varphi\end{aligned}$$

$$Q_{x_C} = P - Q, \ Q_\varphi = r(P + Q)$$

由(10.3.5)式得

$$(2m + M)\ddot{x}_C = P - Q$$

$$(2m + M)r^2\ddot{\varphi} = r(P + Q)$$

解得

$$\ddot{x}_C = \frac{P - Q}{2m + M}, \ddot{\varphi} = \frac{P + Q}{(2m + M)r}$$

例 10.3.5 质量为 m 的小环套在半径为 a 的光滑圆圈上，并可沿着圆圈滑动．如圆圈在水平面内以匀角速 ω 绕圈上某点 O 转动．试求小环沿圆圈的切线方

向的运动微分方程.

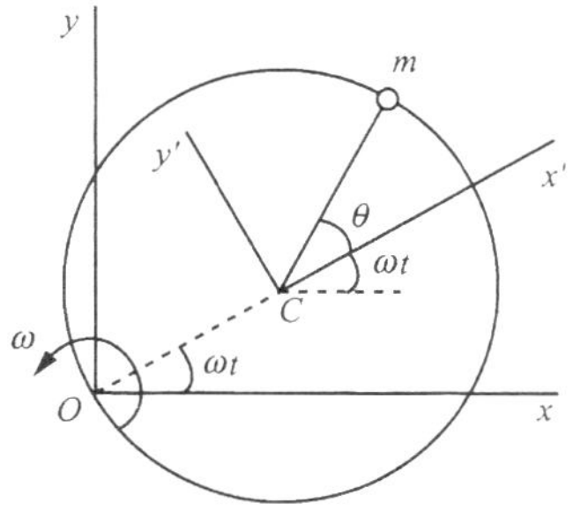

图 10.3.4

解　圆圈的运动是已知的. 把圆圈视为约束,小环只有一个自由度,取固定点 O 至圆圈中心 C 的连线为极轴,取图中 θ 为广义坐标. Oxy 为静坐标系,OC 以角速度 ω 绕过 O 点的竖直轴转动.

以静坐标系为参考系

$$T = \frac{1}{2}m(\dot{x}^2 + \dot{y}^2)$$

坐标变换关系为

$$x = a\cos\omega t + a\cos(\omega t + \theta)$$

$$y = a\sin\omega t + a\sin(\omega t + \theta)$$

经计算可得

$$T = \frac{1}{2}m[a^2\omega^2 + a^2(\omega + \dot{\theta})^2 + 2a^2\omega(\omega + \dot{\theta})\cos\theta]$$

在水平方向不受主动力,$Q_\theta = 0$.

用(10.3.5)式即得所要求的运动微分方程,

$$\ddot{\theta} + \omega^2\sin\theta = 0$$

方法二,取圆圈为参考系,或说以固连于圆圈的动坐标系 $Cx'y'$ 为参考系. 这是一个既随 C 平动又绕 C 转动的动参考系. 水平面内受到的主动力为牵连惯性力和科里奥利力.

注意这两个惯性力不是达朗贝尔惯性力. 达朗贝尔惯性力是因质点系对所用的参考系有加速度,为变成“静力学问题”而引入的,是与动能相联系的,它等于 $\frac{\partial T}{\partial q_k} - \frac{\mathrm{d}}{\mathrm{d}t}\left(\frac{\partial T}{\partial \dot{q}_k}\right)$,$(k = 1, 2, \cdots, s)$,

$$\begin{aligned}\boldsymbol{F}_e &= -m\boldsymbol{a}_C - m\omega\boldsymbol{k}' \times (\omega\boldsymbol{k}' \times a\boldsymbol{e}_r)\\ &= m\omega^2 a\boldsymbol{i}' + m\omega^2 a\boldsymbol{e}_r\\ &= m\omega^2 a(1 + \cos\theta)\boldsymbol{e}_r - m\omega^2 a\sin\theta\boldsymbol{e}_\theta\end{aligned}$$

$$\boldsymbol{F}_C = -2m\omega\boldsymbol{k}' \times a\dot{\theta}\boldsymbol{e}_\theta = 2m\omega a\dot{\theta}\boldsymbol{e}_r$$

$$Q_\theta \delta\theta = (\boldsymbol{F}_e + \boldsymbol{F}_C) \cdot \delta \boldsymbol{r} = (\boldsymbol{F}_e + \boldsymbol{F}_C) \cdot a\delta\theta \boldsymbol{e}_\theta$$

$$= - m\omega^2 a^2 \sin\theta \delta\theta$$

$$Q_\theta = - m\omega^2 a^2 \sin\theta$$

一般来讲,科里奥利力是要作虚功的,对广义力应有贡献. 这里由于有 $r = a$ 的约束,科里奥利力不作虚功.

$$T = \frac{1}{2} m (a\dot{\theta})^2$$

用(10.3.5)式,即得 $\ddot{\theta} + \omega^2 \sin\theta = 0$.

两种方法采用了不同的参考系,但只要取相同的广义坐标,尽管动能和广义力均不相同,仍有相同的运动微分方程. 不过用不同的参考系,各项有不同的物理意义.

(2) 有有势力时的拉格朗日方程

如果主动力是有势力,或所有要作虚功的主动力都是有势力,系统可称为有势力系. 取直角坐标

$$\nabla_i \times \boldsymbol{F}_i = 0 \qquad (i = 1,2,\cdots,n)$$

或

$$\boldsymbol{F}_i = - \nabla_i V_i \qquad (i = 1,2,\cdots,n)$$

$$V = \sum_{i=1}^{n} V_i$$

如果用 x_1、x_2、x_3 代替 x_1、y_1、z_1,x_4、x_5、x_6 代替 x_2、y_2、z_2 等等,则有

$$F_i = - \frac{\partial V}{\partial x_i} \qquad (i = 1,2,\cdots,3n)$$

势函数中可以显含 t. 如势函数中不显含 t,势函数就是势能,这种有势力称为保守力,以前,我们把势函数用 U 来表示,势能用 V 表示. 这里势能、势函数都用 V 表示,因为拉格朗日方程的形式是一样的.

用坐标变换关系,将势函数中的原用坐标改成广义坐标

$$V(q_1, q_2, \cdots, q_s, t)$$

$$= V(x_1(q_1, q_2, \cdots, q_s, t), \cdots, x_{3n}(q_1, q_2, \cdots, q_s, t), t)$$

前已证明

$$Q_k = -\frac{\partial V(q_1, q_2, \cdots, q_s, t)}{\partial q_k} \qquad (k = 1,2,\cdots,s)$$

对于有势系,将上式代入(10.3.5)式

$$\frac{\mathrm{d}}{\mathrm{d}t}\left(\frac{\partial T}{\partial \dot{q}_k}\right) - \frac{\partial T}{\partial q_k} = -\frac{\partial V}{\partial q_k} \qquad (k = 1,2,\cdots,s)$$

因势函数中不含有 $\dot{q}_k (k=1,2,\cdots,s)$,有 $\frac{\partial V}{\partial \dot{q}_k}=0(k=1,2,\cdots,s)$,上式可改写为

$$\frac{\mathrm{d}}{\mathrm{d}t}\left(\frac{\partial T}{\partial \dot{q}_k}\right) - \frac{\mathrm{d}}{\mathrm{d}t}\left(\frac{\partial V}{\partial \dot{q}_k}\right) - \frac{\partial T}{\partial q_k} + \frac{\partial V}{\partial q_k} = 0 \quad (k = 1,2,\cdots,s)$$

引入 $L = T - V$,即得有势力系的拉格朗日方程

$$\frac{\mathrm{d}}{\mathrm{d}t}\left(\frac{\partial L}{\partial \dot{q}_k}\right) - \frac{\partial L}{\partial q_k} = 0 \qquad (k = 1,2,\cdots,s) \qquad (10.3.7)$$

其中 L 称为拉格朗日函数或拉格朗日量. 必须把它表成广义坐标、广义速度和时间的函数.

如果作虚功的主动力不都是有势力,仍可对有势的主动力,引入势函数 V,用拉格朗日函数 $L = T - V$,要作虚功的非有势的主动力仍用广义力 Q_k 来处理,相应的拉格朗日方程为

$$\frac{\mathrm{d}}{\mathrm{d}t}\left(\frac{\partial L}{\partial \dot{q}_k}\right) - \frac{\partial L}{\partial q_k} = Q_k \qquad (k = 1,2,\cdots,s) \qquad (10.3.8)$$

再作两点说明:

i) 如果要作虚功的主动力全是有势力,系统可称为有势系. 如全是保守力,系统可称为保守系. 需要说明的是分析力学的保守系与矢量力学的保守系是否完全一致. 答案是否定的. 原因是不作实功和不作虚功不总是一致的. 科里奥利力不作实功,它的存在不影响系统成为矢量力学讲的保守系,可是在一般情况下,它要作虚功,在分析力学中,由于它的存在,系统一般不可能是保守系. 再有在有不稳定约束存在时,实位移不在虚位移之列,作不作实功和作不作虚功毫不相干,矢量力学中不是保守系的系统可以是分析力学中的保守系. 例如一个受重力和支持力作用的物体在已知运动规律的光滑曲面上运动就是这样的一个例子,对静参考系而言,该系统不是矢量力学的保守系,而是分析力学的保守系. 因此,在矢量力学

中，保守系一定机械能守恒，在分析力学中，保守系还未必机械能守恒. 下面讲能量积分时再讲还必须具备的附加条件.

ii) 拉格朗日方程中不出现约束力是分析力学的一大优点. 但如果需要求某个约束力，虚功原理讲过的两种办法都是可行的，一种办法是列出包含待求约束力的矢量力学的动力学方程，将用分析力学得到的解代入即得. 另一种办法是将与待求的约束力有关的约束解除，使约束力变成主动力，出现在拉格朗日方程中，再将已用分析力学得的解代入求之. 此外还可以用§10.3.6中带不定乘子的拉格朗日方程的办法.

例 10.3.6 一个质量为 m 的珠子可在光滑的金属丝上滑动. 用柱坐标，金属丝的方程是 $\rho=a$，$z=b\varphi$. 重力沿 z 轴的正方向. 珠子自 $\rho=a$、$\varphi=0$、$z=0$ 处静止释放. 求珠子的运动方程 $\varphi(t)$ 和 $z(t)$ 以及金属丝对珠子的作用力.

解 珠子的动能

$$T=\frac{1}{2}m\dot{\rho}^2+\frac{1}{2}m\rho^2\dot{\varphi}^2+\frac{1}{2}m\dot{z}^2$$

约束方程

$$\rho=a,\ z=b\varphi$$

系统只有一个自由度，选 z 为广义坐标，有

$$T=\frac{1}{2}m\frac{a^2+b^2}{b^2}\dot{z}^2$$

珠子的势能

$$V=-mgz$$

拉格朗日函数

$$L=T-V=\frac{1}{2}m\frac{a^2+b^2}{b^2}\dot{z}^2+mgz$$

代入(10.3.7)式，得

$$m\frac{a^2+b^2}{b^2}\ddot{z}-mg=0$$

积分上式，用初条件 $t=0$ 时，$z=0, \dot{z}=0$，可得

$$z=\frac{b^2}{2(a^2+b^2)}gt^2$$

$$\varphi=\frac{z}{b}=\frac{b}{2(a^2+b^2)}gt^2$$

下面求金属丝对珠子的作用力.

方法一,用分析力学的方法,解除约束

$$T=\frac{1}{2}m\dot{\rho}^2+\frac{1}{2}m\rho^2\dot{\varphi}^2+\frac{1}{2}m\dot{z}^2$$

$$L=T-V=\frac{1}{2}m\dot{\rho}^2+\frac{1}{2}m\rho^2\dot{\varphi}^2+\frac{1}{2}m\dot{z}^2+mgz$$

$$\delta W=R_\rho\delta\rho+R_\varphi\rho\delta\varphi+R_z\delta z$$

用(10.3.8)式,得

$$m\ddot{\rho}-m\rho\dot{\varphi}^2=R_\rho$$

$$m\rho^2\ddot{\varphi}=R_\varphi\rho,\ m\ddot{z}-mg=R_z$$

将 $\rho=a$ 和前面解得的 $z(t)$、$\varphi(t)$ 代入上述三式即得

$$R_z=-\frac{ma^2g}{a^2+b^2},R_\varphi=\frac{mabg}{a^2+b^2}$$

$$R_\rho=-\frac{mab^2g^2t^2}{(a^2+b^2)^2}$$

方法二,用矢量力学的牛顿运动第二定律,

$$m(\ddot{\rho}-\rho\dot{\varphi}^2)=R_\rho$$

$$m(\rho\ddot{\varphi}+2\dot{\rho}\dot{\varphi})=R_\varphi$$

$$m\ddot{z}=mg+R_z$$

考虑到 $\rho=a$, $\dot{\rho}=0$,实际上就是用(10.3.8)式得到的三个微分方程,以下略.

例 10.3.7　一个质量为 m 的珠子在一个弯成一个水平圆形状的光滑的金属丝上运动. 圆的半径按 $R=at^2+b$ 的规律随时间变化,圆上一点 P 固定,过 P 点的直径方向保持固定. 求此珠子的运动微分方程.

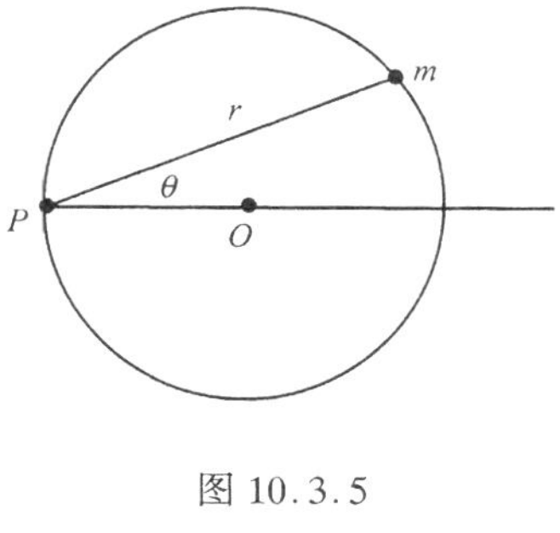

图 10.3.5

解　取 P 点为坐标系原点,取过 P 点的直径方向为极轴,珠子与原点的连线与极轴的夹角 θ 为广义坐标. 如图 10.3.5 所示.

$$T=\frac{1}{2}m(\dot{r}^2+r^2\dot{\theta}^2)$$

约束方程为

$$r = 2(at^2 + b)\cos\theta$$

$$\dot{r} = 2 \cdot 2at\cos\theta - 2(at^2 + b)\dot{\theta}\sin\theta$$

$$T = m[2(at^2 + b)^2\dot{\theta}^2 - 8at(at^2 + b)\dot{\theta}\sin\theta\cos\theta + 8a^2t^2\cos^2\theta]$$

$$\frac{\partial T}{\partial \dot{\theta}} = 4m(at^2 + b)^2\dot{\theta} - 8mat(at^2 + b)\sin\theta\cos\theta$$

$$\begin{aligned}\frac{\mathrm{d}}{\mathrm{d}t}\left(\frac{\partial T}{\partial \dot{\theta}}\right) = {} & 4m(at^2 + b)^2\ddot{\theta} + 8m(at^2 + b) \cdot 2at\dot{\theta} \\ & - 8mat(at^2 + b)\dot{\theta}(\cos^2\theta - \sin^2\theta) \\ & - 8ma(at^2 + b)\sin\theta\cos\theta - 16ma^2t^2\sin\theta\cos\theta\end{aligned}$$

$$\frac{\partial T}{\partial \theta} = m[-8at(at^2 + b)\dot{\theta}(\cos^2\theta - \sin^2\theta) - 16a^2t^2\sin\theta\cos\theta]$$

由$\frac{\mathrm{d}}{\mathrm{d}t}\left(\frac{\partial T}{\partial \dot{\theta}}\right) - \frac{\partial T}{\partial \theta} = 0$ 可得

$$(at^2 + b)\ddot{\theta} + 4at\dot{\theta} - 2a\sin\theta\cos\theta = 0$$

3. 广义势、回转仪力、瑞利耗散函数

前面我们讲过的有势力是坐标和时间的函数,保守力只是坐标的函数. 它们都可表成

$$F_i = -\frac{\partial V}{\partial x_i} \text{ 或 } Q_k = -\frac{\partial V}{\partial q_k}$$

如果系统受到的主动力是坐标,速度和时间的函数,且能表成下列形式:

$$F_i = -\frac{\partial U}{\partial x_i} + \frac{\mathrm{d}}{\mathrm{d}t}\left(\frac{\partial U}{\partial \dot{x}_i}\right) \tag{10.3.9}$$

或

$$Q_k = -\frac{\partial U}{\partial q_k} + \frac{\mathrm{d}}{\mathrm{d}t}\left(\frac{\partial U}{\partial \dot{q}_k}\right) \tag{10.3.9$'$}$$

其中 U 是x_1、x_2、…、x_{3n},$\dot{x}_1$、$\dot{x}_2$、…、$\dot{x}_{3n}$、t 的函数,或是 q_1、q_2、…、q_s,$\dot{q}_1$、$\dot{q}_2$、…、$\dot{q}_s$、t 的函数.

需要证明:如主动力能写成(10.3.9)的形式,则其广义力必有(10.3.9′)式.

证明 将(10.3.9)式代入(10.2.5)式

$$
\begin{aligned}
Q_k &= \sum_{i=1}^{3n}\left(F_i \frac{\partial x_i}{\partial q_k}\right) = \sum_{i=1}^{3n}\left\{\left[-\frac{\partial U}{\partial x_i} + \frac{\mathrm{d}}{\mathrm{d}t}\left(\frac{\partial U}{\partial \dot{x}_i}\right)\right]\frac{\partial x_i}{\partial q_k}\right\} \\
&= -\sum_{i=1}^{3n}\left(\frac{\partial U}{\partial x_i}\frac{\partial x_i}{\partial q_k}\right) + \sum_{i=1}^{3n}\left[\frac{\mathrm{d}}{\mathrm{d}t}\left(\frac{\partial U}{\partial \dot{x}_i}\right)\cdot\frac{\partial x_i}{\partial q_k}\right] \\
&= -\sum_{i=1}^{3n}\left(\frac{\partial U}{\partial x_i}\frac{\partial x_i}{\partial q_k}\right) + \sum_{i=1}^{3n}\frac{\mathrm{d}}{\mathrm{d}t}\left(\frac{\partial U}{\partial \dot{x}_i}\frac{\partial x_i}{\partial q_k}\right) - \sum_{i=1}^{3n}\left[\frac{\partial U}{\partial \dot{x}_i}\frac{\mathrm{d}}{\mathrm{d}t}\left(\frac{\partial x_i}{\partial q_k}\right)\right] \\
&= -\sum_{i=1}^{3n}\left(\frac{\partial U}{\partial x_i}\frac{\partial x_i}{\partial q_k}\right) + \sum_{i=1}^{3n}\frac{\mathrm{d}}{\mathrm{d}t}\left(\frac{\partial U}{\partial \dot{x}_i}\frac{\partial \dot{x}_i}{\partial \dot{q}_k}\right) - \sum_{i=1}^{3n}\left(\frac{\partial U}{\partial \dot{x}_i}\frac{\partial \dot{x}_i}{\partial q_k}\right) \\
&= -\frac{\partial U}{\partial q_k} + \frac{\mathrm{d}}{\mathrm{d}t}\left(\frac{\partial U}{\partial \dot{q}_k}\right).
\end{aligned}
$$

其中用了

$$
\frac{\partial x_i}{\partial q_k} = \frac{\partial \dot{x}_i}{\partial \dot{q}_k}, \qquad \frac{\mathrm{d}}{\mathrm{d}t}\left(\frac{\partial x_i}{\partial q_k}\right) = \frac{\partial \dot{x}_i}{\partial q_k}
$$

$$
\frac{\partial U}{\partial q_k} = \sum_{i=1}^{3n}\left(\frac{\partial U}{\partial x_i}\frac{\partial x_i}{\partial q_k} + \frac{\partial U}{\partial \dot{x}_i}\frac{\partial \dot{x}_i}{\partial q_k}\right)
$$

$$
\frac{\partial U}{\partial \dot{q}_k} = \sum_{i=1}^{3n}\left(\frac{\partial U}{\partial \dot{x}_i}\frac{\partial \dot{x}_i}{\partial \dot{q}_k}\right)
$$

将(10.3.9′)形式的广义力代入(10.3.5)式

$$
\frac{\mathrm{d}}{\mathrm{d}t}\left(\frac{\partial T}{\partial \dot{q}_k}\right) - \frac{\partial T}{\partial q_k} = -\frac{\partial U}{\partial q_k} + \frac{\mathrm{d}}{\mathrm{d}t}\left(\frac{\partial U}{\partial \dot{q}_k}\right) \qquad (k = 1,2,\cdots,s)
$$

可改写为

$$
\frac{\mathrm{d}}{\mathrm{d}t}\left(\frac{\partial L}{\partial \dot{q}_k}\right) - \frac{\partial L}{\partial q_k} = 0 \qquad (k = 1,2,\cdots s) \tag{10.3.10}
$$

其中 $L = T - U$ 也称为拉格朗日函数.

(10.3.10)式是具有(10.3.9′)式或(10.3.9)式的主动力作用的完整、理想约束系统的拉格朗日方程,它与在有势力或保守力作用下的完整、理想约束系统的拉格朗日方程有同样的形式. 因此可把 $U(x_1, x_2,\cdots,x_{3n},\dot{x}_1,\dot{x}_2,\cdots,\dot{x}_{3n}, t)$或$U(q_1, q_2,\cdots,q_s,\dot{q}_1,\dot{q}_2,\cdots,\dot{q}_s, t)$称为广义势.

对于这个有广义势的广义力

$$Q_k=-\frac{\partial U}{\partial q_k}+\frac{\mathrm{d}}{\mathrm{d}t}\left(\frac{\partial U}{\partial \dot{q}_k}\right)$$

$$=-\frac{\partial U}{\partial q_k}+\sum_{j=1}^{s}\frac{\partial^2 U}{\partial \dot{q}_k\partial \dot{q}_j}\ddot{q}_j+\sum_{j=1}^{s}\frac{\partial^2 U}{\partial \dot{q}_k\partial q_j}\dot{q}_j+\frac{\partial U}{\partial t}$$

上式中等号右边第一、三、四项都是广义坐标、广义速度和时间的函数. 由于力学中仅讨论只与坐标、速度和时间有关的力. 因而广义力一定不显含广义加速度,其广义势必有

$$\frac{\partial^2 U}{\partial \dot{q}_k\partial \dot{q}_j}=0 \qquad (j,\ k=1,2,\cdots,s)$$

由此可见,广义势 U 只能线性地依赖于广义速度,广义势可写成

$$U=U_1+U_0$$

其中 U_1 是含广义速度的线性项,U_0 是不含广义速度的项. 广义势可写成下列形式:

$$U=U_1+U_0=\sum_{j=1}^{s}f_j(q_1,\ q_2,\cdots,q_s,t)\dot{q}_j+U_0(q_1,\ q_2,\cdots,q_s,t)$$

$$Q_k=-\frac{\partial U}{\partial q_k}+\frac{\mathrm{d}}{\mathrm{d}t}\left(\frac{\partial U}{\partial \dot{q}_k}\right)=-\sum_{j=1}^{s}\left(\frac{\partial f_j}{\partial q_k}\dot{q}_j\right)-\frac{\partial U_0}{\partial q_k}+\frac{\mathrm{d}}{\mathrm{d}t}f_k(q_1,\ q_2,\cdots,q_s,t)$$

$$=-\sum_{j=1}^{s}\left(\frac{\partial f_j}{\partial q_k}\dot{q}_j\right)-\frac{\partial U_0}{\partial q_k}+\sum_{j=1}^{s}\left(\frac{\partial f_k}{\partial q_j}\dot{q}_j\right)+\frac{\partial f_k}{\partial t}$$

$$=\sum_{j=1}^{s}\gamma_{kj}\dot{q}_j-\frac{\partial U_0}{\partial q_k}+\frac{\partial f_k}{\partial t} \qquad (k=1,2,\cdots,s)$$

其中

$$\gamma_{kj}=\frac{\partial f_k}{\partial q_j}-\frac{\partial f_j}{\partial q_k}=-\left(\frac{\partial f_j}{\partial q_k}-\frac{\partial f_k}{\partial q_j}\right)=-\gamma_{jk} \qquad (j,\ k=1,2,\cdots,s)$$

如$\frac{\partial U_1}{\partial t}=0$,则$\frac{\partial f_k}{\partial t}=0$ $(k=1,2,\cdots,s)$,

$$Q_k=\sum_{j=1}^{s}\gamma_{kj}\dot{q}_j-\frac{\partial U_0}{\partial q_k}$$

其中第一项 $Q_{k1}=\sum_{j=1}^{s}\gamma_{kj}\dot{q}_j$，因有 $\gamma_{kj}=-\gamma_{jk}$.

$$\sum_{k=1}^{s}Q_{k1}\dot{q}_k=\sum_{j,k=1}^{s}\gamma_{kj}\dot{q}_j\dot{q}_k=-\sum_{j,k=1}^{s}\gamma_{jk}\dot{q}_j\dot{q}_k=0$$

这个力的功率等于零(不作实功),这样的力称为回转仪力或陀螺力.

$-\dfrac{\partial U_0}{\partial q_k}$为有势力,如$\dfrac{\partial U_0}{\partial t}=0$,$-\dfrac{\partial U_0}{\partial q_k}$为保守力.

因此,如广义势不显含 t,则相应的广义力由保守力和回转仪力组成. 如广义势仅有$\dfrac{\partial U_1}{\partial t}=0$,则相应的广义力由有势力和回转仪力组成.

带电粒子在电磁场中受到的洛伦兹力就是具有广义势的一个例子.

$$\begin{aligned}\boldsymbol{F}&=q\boldsymbol{E}+q\boldsymbol{v}\times\boldsymbol{B}\\&=q\left(-\nabla\phi-\frac{\partial\boldsymbol{A}}{\partial t}\right)+q\boldsymbol{v}\times(\nabla\times\boldsymbol{A})\end{aligned}$$

其中 ϕ 为电磁场的标势,$\boldsymbol{A}$ 为电磁场的矢势. 它们都可以是带电粒子位置 x、y、z 和时间 t 的函数.

可以证明,它的广义势为

$$U(x,y,z,\dot{x},\dot{y},\dot{z},t)=q\phi-q\boldsymbol{v}\cdot\boldsymbol{A}$$

证明　由广义力与广义势的关系

$$\begin{aligned}F_x&=-\frac{\partial U}{\partial x}+\frac{\mathrm{d}}{\mathrm{d}t}\left(\frac{\partial U}{\partial\dot{x}}\right)\\&=-q\frac{\partial\phi}{\partial x}+q\left(\dot{x}\frac{\partial A_x}{\partial x}+\dot{y}\frac{\partial A_y}{\partial x}+\dot{z}\frac{\partial A_z}{\partial x}\right)+\frac{\mathrm{d}}{\mathrm{d}t}(-qA_x)\\&=-q\frac{\partial\phi}{\partial x}+q\left(\dot{x}\frac{\partial A_x}{\partial x}+\dot{y}\frac{\partial A_y}{\partial x}+\dot{z}\frac{\partial A_z}{\partial x}\right)-q\left(\frac{\partial A_x}{\partial x}\dot{x}+\frac{\partial A_x}{\partial y}\dot{y}+\frac{\partial A_x}{\partial z}\dot{z}+\frac{\partial A_x}{\partial t}\right)\\&=-q\frac{\partial\phi}{\partial x}-q\frac{\partial A_x}{\partial t}-q\dot{y}\left(\frac{\partial A_x}{\partial y}-\frac{\partial A_y}{\partial x}\right)-q\dot{z}\left(\frac{\partial A_x}{\partial z}-\frac{\partial A_z}{\partial x}\right)\end{aligned}$$

另一方面,由洛伦兹力与标势、矢势的关系,

$$\nabla\times\boldsymbol{A}=\left(\frac{\partial A_z}{\partial y}-\frac{\partial A_y}{\partial z}\right)\boldsymbol{i}+\left(\frac{\partial A_x}{\partial z}-\frac{\partial A_z}{\partial x}\right)\boldsymbol{j}+\left(\frac{\partial A_y}{\partial x}-\frac{\partial A_x}{\partial y}\right)\boldsymbol{k}$$

$$\boldsymbol{v}\times(\nabla\times\boldsymbol{A})=\left[\dot{y}\left(\frac{\partial A_y}{\partial x}-\frac{\partial A_x}{\partial y}\right)-\dot{z}\left(\frac{\partial A_x}{\partial z}-\frac{\partial A_z}{\partial x}\right)\right]\boldsymbol{i}$$

$$+\left[\dot{z}\left(\frac{\partial A_z}{\partial y}-\frac{\partial A_y}{\partial z}\right)-\dot{x}\left(\frac{\partial A_y}{\partial x}-\frac{\partial A_x}{\partial y}\right)\right]\boldsymbol{j}$$

$$+\left[\dot{x}\left(\frac{\partial A_x}{\partial z}-\frac{\partial A_z}{\partial x}\right)-\dot{y}\left(\frac{\partial A_z}{\partial y}-\frac{\partial A_y}{\partial z}\right)\right]\boldsymbol{k}$$

$$F_x = q\left(-\frac{\partial \phi}{\partial x}-\frac{\partial A_x}{\partial t}\right)+q\left[\dot{y}\left(\frac{\partial A_y}{\partial x}-\frac{\partial A_x}{\partial y}\right)-\dot{z}\left(\frac{\partial A_x}{\partial z}-\frac{\partial A_z}{\partial x}\right)\right]$$

同样可以证明,由广义势与广义力的关系计算的 F_y、F_z 与由洛伦兹力与标势、矢势的关系写出的 F_y、F_z 也都是一样的.

还有一种与速度有关的力,并不存在上述的广义势,但也存在着一种势函数

$$F_i = -\frac{\partial R(x_1, x_2,\cdots,x_{3n}, \dot{x}_1,\dot{x}_2,\cdots,\dot{x}_{3n},t)}{\partial \dot{x}_i}$$

$$(i = 1,2,\cdots,3n) \qquad (10.3.11)$$

广义力为

$$\boldsymbol{Q}_k = -\frac{\partial R(q_1, q_2,\cdots,q_s, \dot{q}_1,\dot{q}_2,\cdots,\dot{q}_s,t)}{\partial \dot{q}_k} \qquad (k = 1,2,\cdots,s)$$

$$(10.3.11')$$

根据广义力的定义,可从(10.3.11)式导出(10.3.11′)式

$$\boldsymbol{Q}_k = \sum_{i=1}^{3n}\left(F_i\frac{\partial x_i}{\partial q_k}\right) = -\sum_{i=1}^{3n}\left(\frac{\partial R}{\partial \dot{x}_i}\frac{\partial x_i}{\partial q_k}\right) = -\sum_{i=1}^{3n}\left(\frac{\partial R}{\partial \dot{x}_i}\frac{\partial \dot{x}_i}{\partial \dot{q}_k}\right) = -\frac{\partial R}{\partial \dot{q}_k}$$

这里用了 $\frac{\partial \dot{x}_i}{\partial \dot{q}_k}=\frac{\partial x_i}{\partial q_k}$

这个 $R(x_1, x_2,\cdots,x_{3n}, \dot{x}_1,\dot{x}_2,\cdots,\dot{x}_{3n},t)$ 或 $R(q_1, q_2,\cdots,q_s, \dot{q}_1,\dot{q}_2,\cdots,\dot{q}_s,t)$ 被称为耗散函数.

具有耗散函数的例子是在流体介质中运动的质点系受到的具有下列规律的阻力,

$$F_i = -b_i\dot{x}_i \qquad (i = 1,2,\cdots,3n),$$

其中 $b_i>0$,其值与质点的材料、介质的性质如密度、温度、湿度等有关,可以是位置、时间的函数

$$R = \frac{1}{2}\sum_{i=1}^{3n} b_i\dot{x}_i^2 \qquad (10.3.12)$$

这个耗散函数被称为瑞利耗散函数.

采用广义坐标,用坐标变换关系

$$x_i = x_i(q_1, q_2, \cdots, q_s, t) \qquad (i = 1,2,\cdots,3n)$$

瑞利耗散函数表为

$$R = \frac{1}{2}\sum_{j,\ k=1}^{3n} b_{jk}\dot{q}_j\dot{q}_k \tag{10.3.12'}$$

其中

$$b_{jk} = b_{kj} = \sum_{i=1}^{3n}\left(b_i\frac{\partial x_i}{\partial q_j}\frac{\partial x_i}{\partial q_k}\right).$$

由 $Q_k = \sum_{i=1}^{3n}F_i\frac{\partial x_i}{\partial q_k}$ 或 $Q_k = -\frac{\partial R}{\partial q_k}$均可得

$$Q_k = -\sum_{j=1}^{s} b_{kj}\dot{q}_j \qquad (k = 1,2,\cdots,s)$$

二次型 $\sum_{j,k=1}^{s}(b_{jk}\dot{q}_j\dot{q}_k)$ 是非负的,即

$$\sum_{j,k=1}^{s}(b_{jk}\dot{q}_j\dot{q}_k) \geqslant 0$$

其中 b_{jk} 可以是 q_1、q_2、$\cdots$、q_s、t 的函数.

所以称为耗散函数是因为此力的功率小于等于零(当 $\dot{x}_i$ 不全为零时)

$$\sum_{i=1}^{3n}F_i\dot{x}_i = -\sum_{i=1}^{3n}b_i\dot{x}_i^2 = -2R \leqslant 0^*$$

或

$$\sum_{k=1}^{s}Q_k\dot{q}_k = -\sum_{j,\ k=1}^{s}b_{jk}\dot{q}_j\dot{q}_k) = -2R \leqslant 0$$

例 10.3.8　一质点在平面内运动,受到一个有心力作用

$$F = \frac{k}{r^2}\left(1 - \frac{\dot{r}^2 - 2r\ddot{r}}{c^2}\right)$$

式中 r 是质点到力心的距离,k, c 为常量. 这是一个与加速度有关的很特殊的

---

* $\sum_{i=1}^{3n}F_i\dot{x}_i = 0$ 的情况是,凡 $\dot{x}_i \neq 0$ 的,均有 $F_i = 0$.

力. 找出这个力相应的广义势.

解 $F=-\dfrac{\partial U}{\partial r}+\dfrac{\mathrm{d}}{\mathrm{d}t}\left(\dfrac{\partial U}{\partial \dot{r}}\right)$

$$-\frac{\partial U}{\partial r}+\frac{\mathrm{d}}{\mathrm{d}t}\left(\frac{\partial U}{\partial \dot{r}}\right)=\frac{k}{r^2}\left(1-\frac{\dot{r}^2-2r\ddot{r}}{c^2}\right) \tag{1}$$

可以猜想$\dfrac{k}{r^2}$来自$-\dfrac{\partial U}{\partial r}$,$\dfrac{2k\ddot{r}}{c^2 r}$来自$\dfrac{\mathrm{d}}{\mathrm{d}t}\left(\dfrac{\partial U}{\partial \dot{r}}\right)$,$-\dfrac{k\dot{r}^2}{c^2r^2}$一部分来自$-\dfrac{\partial U}{\partial r}$,另一部分来自$\dfrac{\mathrm{d}}{\mathrm{d}t}\left(\dfrac{\partial U}{\partial \dot{r}}\right)$. 试令

$$-\frac{\partial U}{\partial r}=\frac{k}{r^2}-\frac{Ak\dot{r}^2}{c^2r^2} \tag{2}$$

其中 A 为待定常数.

(2)式两边对 r 积分,可得

$$U=\frac{k}{r}-\frac{Ak\dot{r}^2}{c^2r}+f(\dot{r}) \tag{3}$$

式中 $f(\dot{r})$是 $\dot{r}$ 的待定函数.

(3)式两边对 $\dot{r}$ 求偏导

$$\frac{\partial U}{\partial \dot{r}}=-\frac{2Ak\dot{r}}{c^2r}+\frac{\mathrm{d}f(\dot{r})}{\mathrm{d}\dot{r}}$$

$$\frac{\mathrm{d}}{\mathrm{d}t}\left(\frac{\partial U}{\partial \dot{r}}\right)=\frac{2Ak\dot{r}^2}{c^2r^2}-\frac{2Ak\ddot{r}}{c^2r}+\frac{\mathrm{d}^2f(\dot{r})}{\mathrm{d}\dot{r}^2}\ddot{r} \tag{4}$$

将(2)、(4)式代入(1)式,得

$$\frac{k}{r^2}+\frac{Ak\dot{r}^2}{c^2r^2}-\frac{2Ak\ddot{r}}{c^2r}+\frac{\mathrm{d}^2f(\dot{r})}{\mathrm{d}\dot{r}^2}\ddot{r}=\frac{k}{r^2}\left(1-\frac{\dot{r}^2-2r\ddot{r}}{c^2}\right)$$

可得 $A=-1$, $f(\dot{r})=0$, 猜想是对的. 代入(3)式得

$$U=\frac{k}{r}+\frac{k\dot{r}^2}{c^2r}$$

例 10.3.9 质量为 m_1 的质点用长为 l_1 的不可伸长的轻绳系在固定点 O

上,质量为 m_2 的质点用长为 l_2 的不可伸长的轻绳系在 m_1 上. 如图所示. 两质点受到的空气阻力与其速度的一次方成正比,比例系数为 k. 若运动中两绳均处于拉紧状态,用绳与铅垂线所成的角 θ 和 φ 为广义坐标. 求:(i)瑞利耗散函数. (ii)系统的运动微分方程.

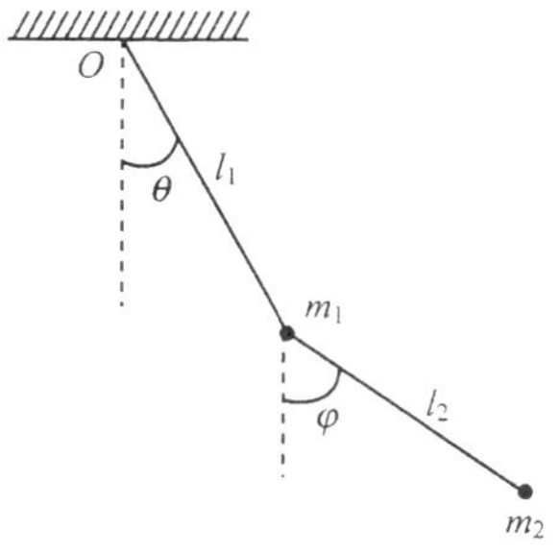

图 10.3.6

解　自 O 点取 x 轴沿水平向右,y 轴竖直向下,两质点的坐标 x_1、y_1、x_2、y_2 与 θ、φ 的坐标变换关系为

$$x_1 = l_1\sin\theta,\qquad y_1 = l_1\cos\theta$$

$$x_2 = l_1\sin\theta + l_2\sin\varphi$$

$$y_2 = l_1\cos\theta + l_2\cos\varphi$$

$$\dot{x}_1 = l_1\dot{\theta}\cos\theta,\qquad \dot{y}_1 = -l_1\dot{\theta}\sin\theta$$

$$\dot{x}_2 = l_1\dot{\theta}\cos\theta + l_2\dot{\varphi}\cos\varphi$$

$$\dot{y}_2 = -l_1\dot{\theta}\sin\theta - l_2\dot{\varphi}\sin\varphi$$

$$R = \frac{1}{2}k(\dot{x}_1^2 + \dot{y}_1^2 + \dot{x}_2^2 + \dot{y}_2^2)$$

$$= \frac{1}{2}k[2l_1^2\dot{\theta}^2 + l_2^2\dot{\varphi}^2 + 2l_1l_2\dot{\theta}\dot{\varphi}\cos(\varphi-\theta)]$$

$$Q_\theta = -\frac{\partial R}{\partial\dot{\theta}} = -2kl_1^2\dot{\theta} - kl_1l_2\dot{\varphi}\cos(\varphi-\theta)$$

$$Q_\varphi = -\frac{\partial R}{\partial\dot{\varphi}} = -kl_2^2\dot{\varphi} - kl_1l_2\dot{\theta}\cos(\varphi-\theta)$$

$$T = \frac{1}{2}m_1(\dot{x}_1^2 + \dot{y}_1^2) + \frac{1}{2}m_2(\dot{x}_2^2 + \dot{y}_2^2)$$

$$= \frac{1}{2}(m_1+m_2)l_1^2\dot{\theta}^2 + \frac{1}{2}m_2l_2^2\dot{\varphi}^2 + m_2l_1l_2\dot{\theta}\dot{\varphi}\cos(\varphi-\theta)$$

$$V = -m_1gy_1 - m_2gy_2 = -(m_1+m_2)gl_1\cos\theta - m_2gl_2\cos\varphi$$

$$L = T - V = \frac{1}{2}(m_1+m_2)l_1^2\dot{\theta}^2 + \frac{1}{2}m_2l_2^2\dot{\varphi}^2 + m_2l_1l_2\dot{\theta}\dot{\varphi}\cos(\varphi-\theta)$$

$$+ (m_1+m_2)gl_1\cos\theta + m_2gl_2\cos\varphi$$

代入(10.3.8)式,即得运动微分方程

$$(m_1+m_2)l_1\ddot{\theta}+m_2l_2\ddot{\varphi}\cos(\varphi-\theta)-m_2l_2\dot{\varphi}^2\sin(\varphi-\theta)$$
$$+(m_1+m_2)g\sin\theta=-2kl_1\dot{\theta}-kl_2\dot{\varphi}\cos(\varphi-\theta)$$
$$m_2l_2\ddot{\varphi}+m_2l_1\ddot{\theta}\cos(\varphi-\theta)+m_2l_1\dot{\theta}^2\sin(\varphi-\theta)$$
$$+m_2g\sin\varphi=-kl_2\dot{\varphi}-kl_1\dot{\theta}\cos(\varphi-\theta)$$

4. 拉格朗日方程中的运动积分

找到越多的独立的运动积分对于求解一个系统的动力学方程就越有利. 在给定的初条件的情况下,由广义坐标、广义速度和时间表述的拉格朗日函数 $L(q_1, q_2,\cdots,q_s, \dot{q}_1,\dot{q}_2,\cdots,\dot{q}_s,t)$就确定了一个有势系的行为,即可以确定系统以后如何运动. 这个拉格朗日函数的函数形式已反应了此系统所受的主动力(做虚功的主动力都是有势力)和所受约束的情况. 从拉格朗日函数不显含时间或某个广义坐标,就可以判断具有何种运动积分.

以下我们仅限于讨论有势系统或扩大为广义的有势系统[即要做虚功的主动力可引入势能、势函数或广义势的系统,或者说,把作虚功的主动力可引入广义势(势能、势函数均并入广义势中)的系统称为广义的有势系统]. 它们具有相同形式的拉格朗日方程.

(1) *循环积分或广义动量积分*

对于有势系统,拉格朗日函数中只有动能项中含有广义速度

$$\frac{\partial L}{\partial \dot{q}_k}=\frac{\partial(T-V)}{\partial \dot{q}_k}=\frac{\partial T}{\partial \dot{q}_k}=p_k$$

是与广义坐标 q_k 共轭的广义动量.

广义的有势系统的拉格朗日方程为

$$\frac{\mathrm{d}}{\mathrm{d}t}\left(\frac{\partial L}{\partial \dot{q}_k}\right)-\frac{\partial L}{\partial q_k}=0 \qquad (k=1,2,\cdots,s) \tag{10.3.10}$$

其中 $L=T-U$,这里已把势能、势函数并入广义势中,故不写作 $L=T-V-U$.

如 L 中不显含某个广义坐标,例如不显含 q_i,有$\frac{\partial L}{\partial q_i}=0$. 此坐标 q_i 称为循环坐标.

由(10.3.10)式

$$\frac{\mathrm{d}}{\mathrm{d}t}\left(\frac{\partial L}{\partial \dot{q}_i}\right) = 0$$

积分得

$$\frac{\partial L}{\partial \dot{q}_i} = b_i \tag{10.3.13}$$

积分常数 b_i 可由初条件决定.

(10.3.13)式称为循环积分,对有势系,$\frac{\partial L}{\partial \dot{q}_i} = p_i$ 为广义动量,(10.3.13)式也可称为广义动量积分.

再作两点说明:

i) 即使不是广义的有势系,只要 L 中不显含 q_i,且与此广义坐标相应的广义力 $Q_i=0$,则仍有循环积分或广义动量积分,但如相应的广义力 $Q_i\neq0$,则没有循环积分、广义动量积分,这个 q_i 也不能称做循环坐标.

ii) 除 i)所述的特殊情况以外,有没有广义动量积分或循环积分,决定于系统是否有势系或广义的有势系,即有没有不能用势能、势函数、广义势来处理的作虚功的主动力,还决定于有无循环坐标. 后者还决定于取什么一组广义坐标. 至于采取什么参考系,虽然会影响动能、势能、势函数、广义势包含的内容(对于同一个系统,是否广义的有势系与选取广义坐标无关),只要采用同样的一组广义坐标,可以有一样的拉格朗日函数,因而有没有广义动量积分或循环积分与参考系的选取无关,对是否叫广义动量积分当然是有关系的.

看一个具体的例子. 质点在势能为 $V(r)$的有心力场中运动, r 是质点离力心的距离. 在其运动平面上取以力心为原点的平面极坐标,

$$L = \frac{1}{2}m(\dot{r}^2 + r^2\dot{\theta}^2) - V(r)$$

$\frac{\partial L}{\partial \theta}=0$,$\theta$ 为循环坐标(系统是保守系).

$$p_\theta = \frac{\partial L}{\partial \dot{\theta}} = mr^2\dot{\theta} = J = \text{常量}$$

这是广义动量积分,是矢量力学中的角动量守恒关系.

但如果取以力心为原点的直角坐标. 虽然仍然是保守系,

$$L = \frac{1}{2}m(\dot{x}^2 + \dot{y}^2) - V(\sqrt{x^2 + y^2})$$

x、y 都不是循环坐标.

如采用 x、θ 为广义坐标,不难看出 θ 也不是循环坐标. 当然有一个相应的运动积分,可不是像循环积分那样容易得到的.

如采用绕过力心垂直于质点运动的平面的轴以恒定角速度 ω 转动的坐标系为参考系,如图 10.3.7 所示,

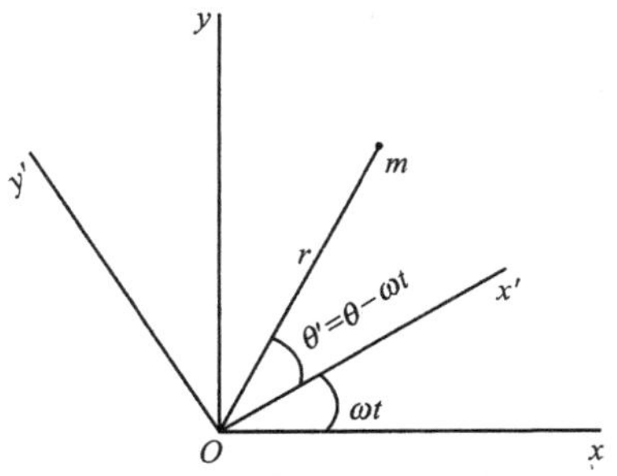

图 10.3.7

$$T=\frac{1}{2}m(\dot{r}^2+r^2\dot{\theta}'^2)$$

$$=\frac{1}{2}m[\dot{r}^2+r^2(\dot{\theta}-\omega)^2]$$

这里用了 $\theta'=\theta-\omega t$,取 x'、y' 轴使 $t=0$ 时 x' 轴与 x 轴重合.

用此非惯性参考系,主动力中需考虑惯性离轴力 $\boldsymbol{F}_e$ 和科里奥利力 $\boldsymbol{F}_c$

$$\boldsymbol{F}_e=m\omega^2 r\boldsymbol{e}_r$$

$$\boldsymbol{F}_c=-2m\omega\boldsymbol{k}\times[\dot{r}\boldsymbol{e}_r+r(\dot{\theta}-\omega)\boldsymbol{e}_{\theta'}]$$
$$=2m\omega r(\dot{\theta}-\omega)\boldsymbol{e}_r-2m\omega\dot{r}\boldsymbol{e}_{\theta'}$$
$$\boldsymbol{F}=\boldsymbol{F}_e+\boldsymbol{F}_c=F_r\boldsymbol{e}_r+F_{\theta'}\boldsymbol{e}_{\theta'}=F_r\boldsymbol{e}_r+F_\theta\boldsymbol{e}_\theta$$
$$F_r=m\omega^2 r+2m\omega r(\dot{\theta}-\omega)$$
$$F_\theta=-2m\omega\dot{r}$$

以 r、θ 为广义坐标,

$$\delta W=F_r\delta r+F_\theta r\delta\theta=Q_r\delta r+Q_\theta\delta\theta$$
$$Q_r=F_r=m\omega^2 r+2m\omega r(\dot{\theta}-\omega)$$
$$Q_\theta=F_\theta r=-2m\omega r\dot{r}$$

可以引入广义势 U 来处理 Q_r 和 Q_θ

$$U=-\frac{1}{2}m\omega^2 r^2-m\omega r^2(\dot{\theta}-\omega)$$

[请读者自己验证 U 与 Q_r、Q_θ 有(10.3.9′)式的关系]. 势能 V 未并入广义势,则拉格朗日函数

$$L=T-V-U=\frac{1}{2}m[\dot{r}^2+r^2(\dot{\theta}-\omega)^2]-V(r)$$
$$+\frac{1}{2}m\omega^2 r^2+m\omega r^2(\dot{\theta}-\omega)$$

$$= \frac{1}{2} m(\dot{r}^2 + r^2\dot{\theta}^2) - V(r)$$

与采用静参考系时的拉格朗日函数有完全相同的表达式．用不同的参考系，动能表达式是不同的，主动力（惯性力作主动力处理）也是不同的，但只要都尽可能引入势能、势函数和广义势，采用同样的广义坐标时，拉格朗日函数必有相同的表达式．

思考题　用图 10.3.7 的 Oxy 和 $Ox'y'$ 两个参考系，均用 r、θ' 为广义坐标，尽可能引入势能、势函数和广义势，比较两个拉格朗日函数．

(2) 广义能量积分和能量积分

在矢量力学中，机械能守恒或说能量积分是有条件的，满足那些条件的系统，称为保守系．在分析力学中，如果做虚功的力都是保守力．也称系统是保守系，可是由于是否做虚功和是否做实功不总是一样的．因此分析力学的保守系不一定也是矢量力学的保守系，分析力学中的保守系还未必机械能守恒．完整系不是机械能守恒的必要条件．不过，迄今为止，我们只讨论了完整系的拉格朗日方程．我们限于讨论具有完整、理想约束的保守系或者推广到广义的有势系．

i) 有广义能量积分或能量积分的条件是 $\frac{\partial L}{\partial t}=0$，运动积分为

$$\sum_{k=1}^{s}\left(\frac{\partial L}{\partial \dot{q}_k}\dot{q}_k\right) - L = \text{常数} \tag{10.3.14}$$

证明　广义的有势系的拉格朗日方程为

$$\frac{\mathrm{d}}{\mathrm{d}t}\left(\frac{\partial L}{\partial \dot{q}_k}\right) - \frac{\partial L}{\partial q_k} = 0 \qquad (k = 1,2,\cdots,s)$$

其中 $L=T-V-U$ 或 $L=T-U$（把势能或势函数 V 也并入广义势 U 中）．

两边乘 $\dot{q}_k$，再对 k 求和，可得

$$\sum_{k=1}^{s}\left[\dot{q}_k\frac{\mathrm{d}}{\mathrm{d}t}\left(\frac{\partial L}{\partial \dot{q}_k}\right)\right] = \sum_{k=1}^{s}\left(\frac{\partial L}{\partial q_k}\dot{q}_k\right)$$

两边加上 $\sum_{k=1}^{s}\left(\frac{\partial L}{\partial \dot{q}_k}\ddot{q}_k\right)$，得

$$\sum_{k=1}^{s}\left[\dot{q}_k\frac{\mathrm{d}}{\mathrm{d}t}\left(\frac{\partial L}{\partial \dot{q}_k}\right) + \frac{\partial L}{\partial \dot{q}_k}\ddot{q}_k\right] = \sum_{k=1}^{s}\left(\frac{\partial L}{\partial q_k}\dot{q}_k + \frac{\partial L}{\partial \dot{q}_k}\ddot{q}_k\right)$$

$$左边=\frac{\mathrm{d}}{\mathrm{d}t}\left[\sum_{k=1}^{s}\left(\dot{q}_k\frac{\partial L}{\partial\dot{q}_k}\right)\right]$$

$$右边=\left[\sum_{k=1}^{s}\left(\frac{\partial L}{\partial q_k}\dot{q}_k+\frac{\partial L}{\partial\dot{q}_k}\ddot{q}_k\right)+\frac{\partial L}{\partial t}\right]-\frac{\partial L}{\partial t}=\frac{\mathrm{d}L}{\mathrm{d}t}-\frac{\partial L}{\partial t}$$

故

$$\frac{\mathrm{d}}{\mathrm{d}t}\left[\sum_{k=1}^{s}\left(\dot{q}_k\frac{\partial L}{\partial\dot{q}_k}\right)\right]=\frac{\mathrm{d}L}{\mathrm{d}t}-\frac{\partial L}{\partial t}$$

$$\frac{\mathrm{d}}{\mathrm{d}t}\left[\sum_{k=1}^{s}\left(\frac{\partial L}{\partial\dot{q}_k}\dot{q}_k\right)-L\right]=-\frac{\partial L}{\partial t}$$

如$\frac{\partial L}{\partial t}=0$,则有

$$\sum_{k=1}^{s}\left(\frac{\partial L}{\partial\dot{q}_k}\dot{q}_k\right)-L=常量$$

ii) 在什么情况下,$\frac{\partial L}{\partial t}=0$

我们讨论$\frac{\partial L}{\partial t}=0$的充分条件 $\frac{\partial T}{\partial t}=0$, $\frac{\partial V}{\partial t}=0$, $\frac{\partial U}{\partial t}=0$.

$\frac{\partial V}{\partial t}=0$, $\frac{\partial U}{\partial t}=0$的条件比较简单. 如做虚功的主动力是保守力,则有 $V=V(x_1, x_2,\cdots,x_{3n})$;如广义势不显含时间,则 $U=U(x_1, x_2,\cdots,x_{3n}, \dot{x}_1, \dot{x}_2,\cdots,\dot{x}_{3n})$,又有原用坐标 $x_1, x_2,\cdots,x_{3n}$与广义坐标q_1、q_2、$\cdots$、q_s 间的坐标变换关系不显含时间t,则用广义坐标表达的势能和用广义坐标、广义速度表达的广义势均不显含时间 t.

下面我们来讨论$\frac{\partial T}{\partial t}=0$的条件.

采用笛卡儿直角坐标,动能可写为

$$T=\frac{1}{2}\sum_{i=1}^{3n}m_i\dot{x}_i^2$$

由坐标变换关系:

$$x_i=x_i(q_1, q_2,\cdots,q_s, t)\qquad(i=1,2,\cdots,3n)$$

$$\dot{x}_i=\sum_{k=1}^{s}\left(\frac{\partial x_i}{\partial q_k}\dot{q}_k\right)+\frac{\partial x_i}{\partial t}$$

采用广义坐标,动能可写为

$$T = T_2 + T_1 + T_0$$

其中

$$T_2 = \frac{1}{2}\sum_{j,k=1}^{s}(a_{jk}\dot{q}_j\dot{q}_k),\quad T_1 = \sum_{k=1}^{s} b_k\dot{q}_k$$

$$T_0 = \frac{1}{2}\sum_{i=1}^{3n}\left[m_i\left(\frac{\partial x_i}{\partial t}\right)^2\right],$$

$$a_{jk} = \sum_{i=1}^{3n}\left(m_i\frac{\partial x_i}{\partial q_j}\frac{\partial x_i}{\partial q_k}\right),\quad b_k = \sum_{i=1}^{3n}\left(m_i\frac{\partial x_i}{\partial q_k}\frac{\partial x_i}{\partial t}\right)$$

因$\frac{\partial x_i}{\partial q_k}$,$\frac{\partial x_i}{\partial t}$一般是$q_1$、$q_2$、…、$q_s$、$t$ 的函数,a_{jk}和b_k 一般也是q_1、q_2、…、q_s、t 的函数,不显含广义速度,故 T_2、T_1、T_0 分别是广义速度的齐二次、齐一次和零次函数.

T 是否显含时间t,决定于 a_{jk}、b_k 和T_0 是否显含时间 t.

若是稳定约束或无约束,选用的广义坐标其坐标变换关系又不显含时间 t,则$\frac{\partial x_i}{\partial t}=0(i=1,2,\cdots,3n)$,$\frac{\partial}{\partial t}\left(\frac{\partial x_i}{\partial q_k}\right)=0$ $(i=1,2,\cdots,3n,\ k=1,2,\cdots,s)$,

$$T = T_2$$

且$\frac{\partial T}{\partial t}=0$. 可见稳定约束或无约束,且坐标变换关系不显含 t 是$\frac{\partial T}{\partial t}=0$ 的充分条件.

若是稳定约束或无约束,选用广义坐标其坐标变换关系显含时间 t,则$\frac{\partial x_i}{\partial t}$ $(i=1,2,\cdots,3n)$中至少有一个不等于零,故一定有 $T_0\neq0$. T_1 是否等于零、$\frac{\partial T}{\partial t}$是否等于零,都有可能. 前面作为思考题的例子,无约束,采用静参考系,但用以恒定角速度 ω 转动的极坐标r、θ'作为广义坐标,坐标变换关系显含时间 t,得到的动能表达式,将有 $T_1\neq0$,$T_0\neq0$,但 T_2、T_1、T_0 均不显含 t,故有$\frac{\partial T}{\partial t}=0$,因此我们前面讲的是$\frac{\partial T}{\partial t}=0$ 的充分条件.

若是不稳定约束,坐标变换关系必有显含 t 的,一定有 $T_0\neq0$,但也不能证明一定有$\frac{\partial T}{\partial t}\neq0$.

综上所述,$\frac{\partial L}{\partial t}=0$ 的充分条件是:稳定约束或无约束,坐标变换关系不显含时

间 t,要做虚功的主动力都是保守力或具有不显含时间的广义势*.

iii) $\sum_{k=1}^{s}\left(\frac{\partial L}{\partial \dot{q}_k}\dot{q}_k\right)-L$ 的物理意义

首先我们证明关于齐次函数的欧拉定理.

欧拉定理 如 $f(x_1, x_2,\cdots,x_n)$是 $x_1, x_2,\cdots,x_n$ 的r 次齐次函数,即对任意的 λ,有

$$f(\lambda x_1, \lambda x_2,\cdots,\lambda x_n) = \lambda^r f(x_1, x_2,\cdots,x_n)$$

则

$$\sum_{i=1}^{n}\left(\frac{\partial f}{\partial x_i}x_i\right) = rf(x_1, x_2,\cdots,x_n)$$

证明 对 r 次齐次函数的定义式

$$f(\lambda x_1, \lambda x_2,\cdots,\lambda x_n) = \lambda^r f(x_1, x_2,\cdots,x_n)$$

两边对 λ 求导

$$\sum_{i=1}^{n}\left[\frac{\partial f(\lambda x_1, \lambda x_2,\cdots,\lambda x_n)}{\partial(\lambda x_i)}\frac{\partial(\lambda x_i)}{\partial\lambda}\right] = r\lambda^{r-1}f(x_1, x_2,\cdots,x_n)$$

令 $x_i'=\lambda x_i$,上式可写成

$$\sum_{i=1}^{n}\left[\left.\frac{\partial f(x'_1, x'_2,\cdots,x'_n)}{\partial x'_i}\right|_{x'_i=\lambda x_i}x_i\right] = r\lambda^{r-1}f(x_1, x_2,\cdots,x_n)$$

令 $\lambda=1$,即得

$$\sum_{i=1}^{n}\left[\frac{\partial f(x_1, x_2,\cdots,x_n)}{\partial x_i}x_i\right] = rf(x_1, x_2,\cdots,x_n)$$

将欧拉定理用于 $\sum_{k=1}^{s}\left(\frac{\partial L}{\partial \dot{q}_k}\dot{q}_k\right)-L$, 其中 $L=T-V-U$, $T=T_2+T_1+T_0$, $U=U_1+U_0$,

* 如做虚功的主动力不都是保守力或具有不显含时间的广义势的主动力,即使有能用势函数或用显含时间的广义势处理的主动力,不引入 $V(t)$、$U(t)$,仍用广义力处理它们,只要满足前述条件,仍有$\frac{\partial L}{\partial t}=0$,但因无能量积分或广义能量积分可言,有$\frac{\partial L}{\partial t}=0$,也无任何用处.

$$\sum_{k=1}^{s}\left(\frac{\partial L}{\partial \dot{q}_k}\dot{q}_k\right)-L=\sum_{k=1}^{s}\left(\frac{\partial T}{\partial \dot{q}_k}\dot{q}_k\right)-\sum_{k=1}^{s}\left(\frac{\partial U}{\partial \dot{q}_k}\dot{q}_k\right)-L$$

$$=(2T_2+T_1)-U_1-(T_2+T_1+T_0-V-U_1-U_0)$$

$$=T_2-T_0+V+U_0 \tag{10.3.15}$$

若系统不受约束或受稳定约束,坐标变换关系不显含 t,且 $U_0=0,\frac{\partial V}{\partial t}=0$,则

$$\sum_{k=1}^{s}\left(\frac{\partial L}{\partial \dot{q}_k}\dot{q}_k\right)-L=T+V$$

具有机械能的物理意义. 其中 V 是势能. 此时,有$\frac{\partial L}{\partial t}=0$. (10.3.14)式的运动积分是能量积分.

在其余情况下,必有 $T_0\neq0$、$U_0\neq0$、$\frac{\partial V}{\partial t}\neq0$ 之一,$\sum_{k=1}^{s}\left(\frac{\partial L}{\partial \dot{q}_k}\dot{q}_k\right)-L$ 不是机械能,可称为系统的广义能量. 若有$\frac{\partial L}{\partial t}=0$,则(10.3.14)式的运动积分称为广义能量积分.

iv) 关于机械能是否守恒的两点附注

以上我们是从分析力学、从拉格朗日方程有无$\sum_{k=1}^{s}\left(\frac{\partial L}{\partial \dot{q}_k}\dot{q}_k\right)-L$ 这个守恒量以及这个量有无机械能的物理意义的角度来讨论机械能守恒的问题的. 这里我们要从矢量力学关于机械能守恒问题的结论来谈与分析力学有关的问题. 做以下两点附注.

a. 如系统受到不稳定约束,不论$\frac{\partial L}{\partial t}$是否等于零,机械能一定不守恒. 符合理想约束要求的不稳定约束,约束力不做虚功,可约束力要作实功,约束力一般不是保守力,因此系统不是矢量力学的保守系,机械能不守恒.

b. 只要系统是矢量力学的保守系,不论坐标变换关系是否显含时间 t,不论是否分析力学的保守系(上面不要求 $U_1=0$,也说明并不要求是分析力学的保守系),也不论$\frac{\partial L}{\partial t}$是否等于零,机械能一定守恒. 从这一点讲,也说明前面讲的有能量积分的条件是充分条件.

例 10.3.10　质点在势能为 $V(r)$的有心力场中运动. 分别用静参考系和绕

过力心垂直于质点运动平面的轴以恒定角速度 ω 转动的参考系，均以转动坐标系的 r、θ' 为广义坐标，讨论系统有无能量积分或广义能量积分的问题. $t=0$ 时，动坐标系的 x'、y' 轴分别与静坐标系的 x、y 轴重合(参看图 10.3.7).

解 以动坐标系为参考系，用 r、θ' 为广义坐标

$$T = \frac{1}{2}m(\dot{r}^2 + r^2\dot{\theta}'^2)$$

如把惯性离轴力视为保守力，则

$$V = V(r) - \frac{1}{2}mr^2\omega^2$$

科里奥利力可以引入广义势(用讲循环积分时的推导方法)

$$U = -m\omega r^2\dot{\theta}'$$

$$L = T - V - U = \frac{1}{2}m(\dot{r}^2 + r^2\dot{\theta}'^2) - V(r) + \frac{1}{2}mr^2\omega^2 + m\omega r^2\dot{\theta}'$$

因$\frac{\partial L}{\partial t}=0$，由(10.3.13)式

$$\begin{aligned}
&\frac{\partial L}{\partial \dot{r}}\dot{r} + \frac{\partial L}{\partial \dot{\theta}'}\dot{\theta}' - L \\
&\quad = m\dot{r}^2 + mr^2\dot{\theta}'^2 + m\omega r^2\dot{\theta}' - \frac{1}{2}m(\dot{r}^2 + r^2\dot{\theta}'^2) + V(r) \\
&\qquad - \frac{1}{2}mr^2\omega^2 - m\omega r^2\dot{\theta}' \\
&\quad = \frac{1}{2}m(\dot{r}^2 + r^2\dot{\theta}'^2) + V(r) - \frac{1}{2}mr^2\omega^2 = \text{常量}
\end{aligned}$$

上式也可以由(10.3.14)、(10.3.15)式得

$$T_2 - T_0 + V + U_0 = \frac{1}{2}m(\dot{r}^2 + r^2\dot{\theta}'^2) + V(r) - \frac{1}{2}mr^2\omega^2 = \text{常量}$$

这里 $T_0=0, U_0=0, \frac{\partial V}{\partial t}=0$，无约束，坐标变换关系 $x'=r\cos\theta'$，$y'=r\sin\theta'$ 不显含时间 t. 上面得到的运动积分是能量积分. 如不把惯性离轴力作保守力，则 $-\frac{1}{2}mr^2\omega^2$ 不是势能的一部分，而是 U_0，为广义势的一部分，则上述运动积分为广义能量积分. 这个系统可以看做是矢量力学的保守系(把惯性离轴力作保守力处理时)，在分析力学中是广义的有势系，不是保守系.

以静坐标系为参考系

$$T = \frac{1}{2}m[\dot{r}^2 + r^2(\dot{\theta}' + \omega)^2], V = V(r)$$

$$L = T - V = \frac{1}{2}m[\dot{r}^2 + r^2(\dot{\theta}' + \omega)^2] - V(r)$$

$$T_2 = \frac{1}{2}m\dot{r}^2 + \frac{1}{2}mr^2\dot{\theta}'^2,\ T_1 = mr^2\omega\dot{\theta}',\ T_0 = \frac{1}{2}mr^2\omega^2$$

$$T_2 - T_0 + V(r) = \frac{1}{2}m(\dot{r}^2 + r^2\dot{\theta}'^2) - \frac{1}{2}mr^2\omega^2 + V(r) = 常量$$

为广义能量积分.

$\sum_{k=1}^{s}\left(\frac{\partial L}{\partial \dot{q}_k}\dot{q}_k\right) - L$ 无机械能的物理意义的原因是坐标变换关系显含时间 t,它们是

$$x = r\cos(\theta' + \omega t),\quad y = r\sin(\theta' + \omega t)$$

由于此系统是矢量力学的保守系,机械能守恒.因而也有能量积分.证明如下:

因$\frac{\partial L}{\partial \theta'}=0$,有广义动量积分,

$$p_{\theta'} = \frac{\partial L}{\partial \dot{\theta}'} = mr^2(\dot{\theta}' + \omega) = 常量$$

由上述广义能量积分和广义动量积分即可证明有能量积分.

$$\begin{aligned} T + V &= \frac{1}{2}m[\dot{r}^2 + r^2(\dot{\theta}' + \omega)^2] + V(r) \\ &= \frac{1}{2}m(\dot{r}^2 + r^2\dot{\theta}'^2) + \frac{1}{2}mr^2\omega^2 + mr^2\omega\dot{\theta}' + V(r) \\ &= \frac{1}{2}m(\dot{r}^2 + r^2\dot{\theta}'^2) - \frac{1}{2}mr^2\omega^2 + mr^2\omega(\dot{\theta}' + \omega) + V(r) \\ &= 常量 \end{aligned}$$

这是一个无约束,坐标变换显含时间 t,但是矢量力学的保守系,因而机械能守恒的一个例子.

例 10.3.11　一个抛物线形光滑金属丝,取固连于它的坐标轴 xyz,金属丝的方程为 $x^2=4ay$,如图 10.3.8 所示.金属丝以匀角速 ω 绕铅垂的 y 轴转动.一质量为 m 的小环套在金属丝上,可沿金属丝无摩擦滑动.以静系为参考系,以 x 为广义坐标,有无能量积分或广义能量积分.

解 由绝对速度、相对速度和牵连速度间的关系可直接写出小环的绝对速度

$$\boldsymbol{v} = \dot{x}\boldsymbol{i} + \dot{y}\boldsymbol{j} - \omega x\boldsymbol{k}$$

$$T = \frac{1}{2}m(\dot{x}^2 + \dot{y}^2 + \omega^2 x^2)$$

$$V = mgy$$

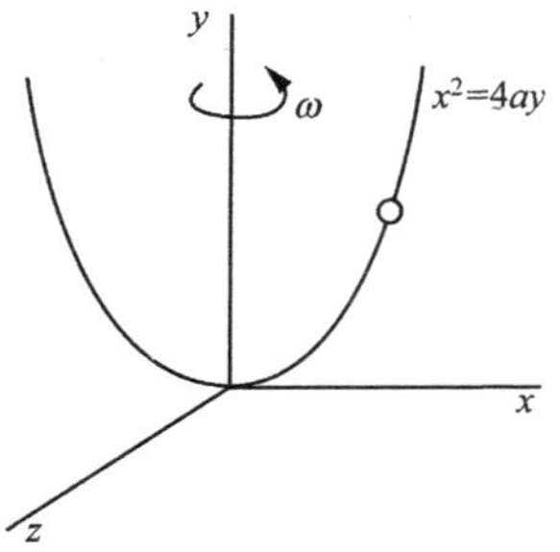

图 10.3.8

“约束关系”为

$$x^2 = 4ay$$

$$T = \frac{1}{2}m\left[\left(1 + \frac{x^2}{4a^2}\right)\dot{x}^2 + \omega^2 x^2\right]$$

$$V = \frac{mg}{4a}x^2$$

$$L = T - V = \frac{1}{2}m\left[\left(1 + \frac{x^2}{4a^2}\right)\dot{x}^2 + \omega^2 x^2\right] - \frac{mg}{4a}x^2$$

因$\frac{\partial L}{\partial t}=0$,故$\frac{\partial L}{\partial \dot{x}}\dot{x} - L$ 或$T_2 - T_0 + V$ 为常量,即

$$\frac{1}{2}m\left[\left(1 + \frac{x^2}{4a^2}\right)\dot{x}^2 - \omega^2 x^2\right] + \frac{mg}{4a}x^2 = 常量$$

这是广义能量积分. 而且显然机械能不守恒.

$$T + V = \frac{1}{2}m\left[\left(1 + \frac{x^2}{4a^2}\right)\dot{x}^2 + \omega^2 x^2\right] + \frac{mg}{4a}x^2 \neq 常量$$

注意 $x^2=4ay$ 和 $z=0$ 在金属丝参考系中是约束关系,也是坐标变换关系. 如引入惯性离轴力势能处理惯性离轴力,机械能守恒. 有能量积分. 但在静参考系中,如果 $x^2=4ay$ 和 $z=0$ 也是约束关系,则 $x^2=4ay$ 也是坐标变换关系,按我们所讲的理论,应有 $T=T_2$,且机械能守恒,事实并非如此,问题何在?

问题在于 $x^2=4ay$ 不是约束关系,也不是坐标变换关系. 约束关系应是原用坐标(对参考系固定的直角坐标、柱坐标、球坐标或其他曲线坐标)间遵从的关系,由这个关系判断是否稳定约束. 坐标变换关系应是原用坐标与广义坐标间的关系,从这个关系看它是否显含 t. 下面我们就来写出这些关系.

取固定的坐标系 $O\xi\eta\zeta$,η 轴和 y 轴重合,水平面上,ξ、ζ 轴与 x、z 轴在 t 时刻的相对位置如图 10.3.9 所示. 在 $t=0$ 时,x 轴与 ξ 轴、z 轴与 ζ 轴分别重合.

注意到 $z=0$,坐标变换关系为

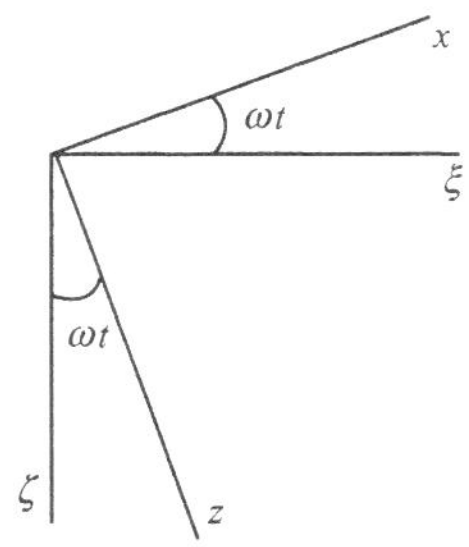

图 10.3.9

$$\xi = x\cos\omega t,\ \eta = y = \frac{1}{4a}x^2,\ \zeta = -x\sin\omega t$$

消去 x,即得约束方程

$$\xi^2 = x^2\cos^2\omega t = 4a\eta\cos^2\omega t,\ \xi^2 + \zeta^2 = x^2 = 4a\eta$$

可见系统所受约束为不稳定约束,坐标变换关系显含时间 t,是矢量力学的非保守系,机械能一定不守恒的例子,也与我们所讲的分析力学理论完全一致.

例 10.3.12　一个质量为 M、半径为 R 的均质圆盘在一个水平面上作无摩擦地滑动,另一个质量为 m、半径为 r 的均质小圆盘其中心固定在大圆盘上离大圆盘中心的距离 b 处. 小圆盘可在大圆盘上无摩擦地转动,水平面上无外力作用,求此系统的所有运动积分.

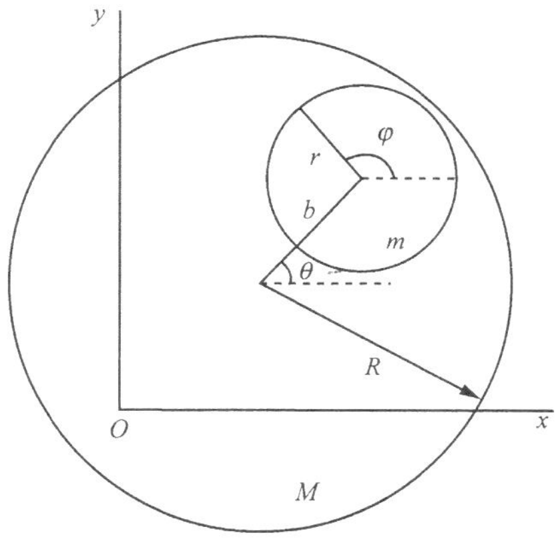

图 10.3.10

解　取静坐标系 Oxy,用大圆盘质心坐标 x、y、两盘心连线与 x 轴间的夹角 θ、小圆盘上某一确定半径与 x 轴间的夹角 φ 为广义坐标,如图 10.3.10 所示.

$$L = T = \frac{1}{2}M(\dot{x}^2 + \dot{y}^2) + \frac{1}{2}\cdot\frac{1}{2}MR^2\dot{\theta}^2 + \frac{1}{2}m[(\dot{x} - b\dot{\theta}\sin\theta)^2$$

$$+ (\dot{y} + b\dot{\theta}\cos\theta)^2] + \frac{1}{2}\cdot\frac{1}{2}mr^2\dot{\varphi}^2$$

$$= \frac{1}{2}[(m + M)\dot{x}^2 + (m + M)\dot{y}^2] + \left(\frac{1}{4}MR^2 + \frac{1}{2}mb^2\right)\dot{\theta}^2$$

$$- mb\dot{x}\dot{\theta}\sin\theta + mb\dot{y}\dot{\theta}\cos\theta + \frac{1}{4}mr^2\dot{\varphi}^2$$

由$\frac{\partial L}{\partial x}=0$,有

$$\frac{\partial L}{\partial \dot{x}} = (M+m)\dot{x} - mb\dot{\theta}\sin\theta = \text{常量}$$

由$\frac{\partial L}{\partial y}=0$,有

$$\frac{\partial L}{\partial \dot{y}} = (M+m)\dot{y} + mb\dot{\theta}\cos\theta = \text{常量}$$

由$\frac{\partial L}{\partial \varphi}=0$,有

$$\frac{\partial L}{\partial \dot{\varphi}} = \frac{1}{2}mr^2\dot{\varphi} = \text{常量 或 } \dot{\varphi} = \text{常量}$$

由$\frac{\partial L}{\partial t}=0$,有

$$\frac{\partial L}{\partial \dot{x}}\dot{x} + \frac{\partial L}{\partial \dot{y}}\dot{y} + \frac{\partial L}{\partial \dot{\theta}}\dot{\theta} + \frac{\partial L}{\partial \dot{\varphi}}\dot{\varphi} - L$$
$$= 2L - L = L = T = \text{常量}$$

以上是根据拉格朗日函数是否有循环坐标、是否显含时间 t 直接写出的广义动量积分和能量积分. 头两个运动积分就是矢量力学能直接写出的系统在 x 方向和 y 方向的动量守恒,第三个运动积分可用小圆盘质心平动参考系对其质心的角动量守恒直接写出. 第四个运动积分可由矢量力学的机械能守恒直接写出.

由矢量力学还可以直接写出一个运动积分,在其质心平动参考系中对质心的角动量守恒

$$M\left(\frac{mb}{m+M}\right)^2\dot{\theta} + \frac{1}{2}MR^2\dot{\theta} + m\left(\frac{Mb}{m+M}\right)^2\dot{\theta} + \frac{1}{2}mr^2\dot{\varphi} = \text{常量}$$

简化后可得

$$\left(\frac{mM}{m+M}b^2 + \frac{1}{2}MR^2\right)\dot{\theta} + \frac{1}{2}mr^2\dot{\varphi} = \text{常量}$$

与上述 $\dot{\varphi}=$常量　联立可得

$$\dot{\theta} = \text{常量}$$

这两个运动积分并不独立,可由拉格朗日方程得到的四个运动积分得出,但毕竟不

如矢量力学直接写出方便. 这个例子说明,虽然分析力学可以解决问题,但有时配合运用矢量力学更有利.

*(3) 运动常数和对称性

一个量在某种变换下保持不变的性质称为相对于该变换的对称性,$\frac{\partial L}{\partial q_k}=0$ 表示 L 在 q_k 变化时保持不变,说明拉格朗日函数在 q_k 变化下具有对称性,这时存在着与此广义坐标共轭的广义动量积分或循环积分.

设有 n 个质点构成的系统,$\boldsymbol{r}_i$、$\dot{\boldsymbol{r}}_i$ 分别表示第 i 个质点相对于坐标原点的位矢和速度. 若在空间中某一特定方向的任何平移下,拉格朗日函数 $L(\boldsymbol{r}_1,\boldsymbol{r}_2,\cdots,\boldsymbol{r}_n,\dot{\boldsymbol{r}}_1,\dot{\boldsymbol{r}}_2,\cdots,\dot{\boldsymbol{r}}_n, t)$不变,则广义动量 $\sum_{i=1}^{n}\frac{\partial L}{\partial \dot{\boldsymbol{r}}_i}\left[\text{此式表示}\sum_{i=1}^{n}\left(\frac{\partial L}{\partial \dot{x}_i}\boldsymbol{i}+\frac{\partial L}{\partial \dot{y}_i}\boldsymbol{j}+\frac{\partial L}{\partial \dot{z}_i}\boldsymbol{k}\right)\right]$ 在这方向的分量是运动常数,如广义势 $U=0$,则系统的总动量在这方向的分量是运动常数.

证明　考虑系统在这方向作任意大小的一致的虚位移 $\boldsymbol{\varepsilon}$,即

$$\delta\boldsymbol{r}_1=\delta\boldsymbol{r}_2=\cdots=\delta\boldsymbol{r}_n=\boldsymbol{\varepsilon}$$

其中 $\boldsymbol{\varepsilon}=\varepsilon_x\boldsymbol{i}+\varepsilon_y\boldsymbol{j}+\varepsilon_z\boldsymbol{k}$.

$$\delta\dot{\boldsymbol{r}}_1=\delta\dot{\boldsymbol{r}}_2=\cdots=\delta\dot{\boldsymbol{r}}_n=\dot{\boldsymbol{\varepsilon}}=0$$

如在此虚位移下,L 不变,则

$$\delta L=\sum_{i=1}^{n}\left(\frac{\partial L}{\partial \boldsymbol{r}_i}\cdot\delta\boldsymbol{r}_i+\frac{\partial L}{\partial \dot{\boldsymbol{r}}_i}\cdot\delta\dot{\boldsymbol{r}}_i\right)=\boldsymbol{\varepsilon}\cdot\sum_{i=1}^{n}\frac{\partial L}{\partial \boldsymbol{r}_i}=0$$

由拉格朗日方程

$$\frac{\partial L}{\partial \boldsymbol{r}_i}=\frac{\mathrm{d}}{\mathrm{d}t}\left(\frac{\partial L}{\partial \dot{\boldsymbol{r}}_i}\right)$$

代入上式得

$$\boldsymbol{\varepsilon}\cdot\frac{\mathrm{d}}{\mathrm{d}t}\sum_{i=1}^{n}\frac{\partial L}{\partial \dot{\boldsymbol{r}}_i}=0$$

对 $\boldsymbol{\varepsilon}$ 的值任意大小,上式都成立,必有

$$\frac{\boldsymbol{\varepsilon}}{\varepsilon}\cdot\frac{\mathrm{d}}{\mathrm{d}t}\sum_{i=1}^{n}\frac{\partial L}{\partial \dot{\boldsymbol{r}}_i}=0$$

$$\frac{\mathrm{d}}{\mathrm{d}t}\left[\frac{\boldsymbol{\varepsilon}}{\varepsilon}\cdot\sum_{i=1}^{n}\frac{\partial L}{\partial\dot{\boldsymbol{r}}_i}\right]=0$$

$$\frac{\boldsymbol{\varepsilon}}{\varepsilon}\cdot\sum_{i=1}^{n}\frac{\partial L}{\partial\dot{\boldsymbol{r}}_i}=\text{常量}$$

若无广义势，$U=0$，则 $\sum_{i=1}^{n}\frac{\partial L}{\partial\dot{\boldsymbol{r}}_i}$ 就是系统的总动量.

$$\sum_{i=1}^{n}\frac{\partial L}{\partial\dot{\boldsymbol{r}}_i}=\sum_{i=1}^{n}\frac{\partial T}{\partial\dot{\boldsymbol{r}}_i}=\sum_{i=1}^{n}\frac{\partial}{\partial\dot{\boldsymbol{r}}_i}\left(\frac{1}{2}\sum_{j=1}^{n}m_j\dot{\boldsymbol{r}}_j\cdot\dot{\boldsymbol{r}}_j\right)$$

$$=\sum_{i=1}^{n}m_i\dot{\boldsymbol{r}}_i=\boldsymbol{P}$$

再如$\frac{\boldsymbol{\varepsilon}}{\varepsilon}$可取任意方向，则系统的总动量守恒. 在任何方向的动量分量均在运动中保持不变.

若在围绕过坐标原点的一个特定的轴作任意大小转角的转动下，系统的拉格朗日函数保持不变，则量 $\sum_{i=1}^{n}\left(\boldsymbol{r}_i\times\frac{\partial L}{\partial\dot{\boldsymbol{r}}_i}\right)$ 在这个转轴方向的分量保持不变，如无广义势，$U=0$，则$\sum_{i=1}^{n}\left(\boldsymbol{r}_i\times\frac{\partial L}{\partial\dot{\boldsymbol{r}}_i}\right)$是系统对坐标原点的角动量.

证明 设矢量 $\boldsymbol{\varepsilon}$ 的方向沿转轴，其大小等于转角

$$\delta\boldsymbol{r}_i=\boldsymbol{\varepsilon}\times\boldsymbol{r}_i$$

$$\delta\dot{\boldsymbol{r}}_i=\boldsymbol{\varepsilon}\times\dot{\boldsymbol{r}}_i=\frac{\mathrm{d}}{\mathrm{d}t}(\boldsymbol{\varepsilon}\times\boldsymbol{r}_i)$$

拉格朗日函数在此转动下不变

$$\delta L=\sum_{i=1}^{n}\left(\frac{\partial L}{\partial\boldsymbol{r}_i}\cdot\delta\boldsymbol{r}_i+\frac{\partial L}{\partial\dot{\boldsymbol{r}}_i}\cdot\delta\dot{\boldsymbol{r}}_i\right)$$

$$=\sum_{i=1}^{n}\left[\frac{\partial L}{\partial\boldsymbol{r}_i}\cdot(\boldsymbol{\varepsilon}\times\boldsymbol{r}_i)+\frac{\partial L}{\partial\dot{\boldsymbol{r}}_i}\cdot\frac{\mathrm{d}}{\mathrm{d}t}(\boldsymbol{\varepsilon}\times\boldsymbol{r}_i)\right]=0$$

用拉格朗日方程

$$\delta L = \sum_{i=1}^{n}\left[\frac{\mathrm{d}}{\mathrm{d}t}\frac{\partial L}{\partial \dot{\boldsymbol{r}}_i}\cdot(\boldsymbol{\varepsilon}\times\boldsymbol{r}_i)+\frac{\partial L}{\partial \dot{\boldsymbol{r}}_i}\cdot\frac{\mathrm{d}}{\mathrm{d}t}(\boldsymbol{\varepsilon}\times\boldsymbol{r}_i)\right]$$

$$=\frac{\mathrm{d}}{\mathrm{d}t}\left[\sum_{i=1}^{n}\frac{\partial L}{\partial \dot{\boldsymbol{r}}_i}\cdot(\boldsymbol{\varepsilon}\times\boldsymbol{r}_i)\right]=\frac{\mathrm{d}}{\mathrm{d}t}\sum_{i=1}^{n}\boldsymbol{\varepsilon}\cdot\left(\boldsymbol{r}_i\times\frac{\partial L}{\partial \dot{\boldsymbol{r}}_i}\right)$$

$$=\varepsilon\frac{\mathrm{d}}{\mathrm{d}t}\left[\frac{\boldsymbol{\varepsilon}}{\varepsilon}\cdot\sum_{i=1}^{n}\left(\boldsymbol{r}_i\times\frac{\partial L}{\partial \dot{\boldsymbol{r}}_i}\right)\right]=0$$

$$\frac{\boldsymbol{\varepsilon}}{\varepsilon}\cdot\sum_{i=1}^{n}\left(\boldsymbol{r}_i\times\frac{\partial L}{\partial \dot{\boldsymbol{r}}_i}\right)=\text{常量}$$

若无广义势，$U=0$.

$$\sum_{i=1}^{n}\left(\boldsymbol{r}_i\times\frac{\partial L}{\partial \dot{\boldsymbol{r}}_i}\right)=\sum_{i=1}^{n}\left(\boldsymbol{r}_i\times\frac{\partial T}{\partial \dot{\boldsymbol{r}}_i}\right)=\sum_{i=1}^{n}(\boldsymbol{r}_i\times m_i\dot{\boldsymbol{r}}_i)=\boldsymbol{J}$$

$\boldsymbol{J}$ 是系统对于坐标原点的角动量.

再如$\dfrac{\boldsymbol{\varepsilon}}{\varepsilon}$代表绕过原点的任意方向的轴的转动，$L$ 不变，则 $\sum_{i=1}^{n}(\boldsymbol{r}_i\times m_i\dot{\boldsymbol{r}}_i)=\boldsymbol{J}=$ 常量，系统对于原点的角动量守恒.

系统具有循环坐标和相应的循环积分式广义动量积分，反映了系统具有的空间对称性. 由此，对系统的空间对称性的分析有助于选取广义坐标，使有尽量多的循环坐标，从而使拉格朗日方程的积分得到最大程度的简化.

当$\dfrac{\partial L}{\partial t}=0$ 时，有广义能量积分，即

$$\sum_{k=1}^{s}\left(\frac{\partial L}{\partial \dot{q}_k}\dot{q}_k\right)-L=\text{常量}$$

是与系统具有时间的对称性有关的. L 不显含时间，说明时间的原点（$t=0$ 的时刻）可以任意选取，时间的平移不会引起拉格朗日函数的变化，系统具有时间平移对称性.

由(10.3.7)式及 $p_k=\dfrac{\partial L}{\partial \dot{q}_k}$，

$$\frac{\mathrm{d}p_k}{\mathrm{d}t}\ \text{或}\ \frac{\mathrm{d}}{\mathrm{d}t}\left(\frac{\partial L}{\partial \dot{q}_k}\right)=\frac{\partial L}{\partial q_k}$$

由(10.3.14)式的证明中得到的下列关系：

$$\frac{\mathrm{d}}{\mathrm{d}t}\left[\sum_{k=1}^{s}\left(\frac{\partial L}{\partial \dot{q}_k}\dot{q}_k\right)-L\right]=-\frac{\partial L}{\partial t}$$

比较上述两式可见，q_k 与 p_k 或$\dfrac{\partial L}{\partial \dot{q}_k}$有共轭关系，$-t$ 与$\sum\limits_{k=1}^{s}\left(\dfrac{\partial L}{\partial \dot{q}_k}\dot{q}_k\right)-L$ 也有共轭关系，对有势系来说，p_k 是与广义坐标 q_k 共轭的广义动量，也可以说 $\sum\limits_{k=1}^{s}\left(\dfrac{\partial L}{\partial \dot{q}_k}\dot{q}_k\right)-L$ 是与时间坐标 $-t$ 共轭的“广义动量”. 在相对论中，时间和空间坐标组成四维的坐标矢量，在变换惯性系时遵从洛伦兹变换，动量和能量也组成动量-能量四维矢量遵从洛伦兹变换. 可见把广义能量视为“广义动量”也不是简单的类比，是具有深刻的物理意义的.

5. 冲击运动的拉格朗日方程

冲力的特点是作用时间非常短，几乎可以看做是瞬时的，但力非常大，$\lim\limits_{\Delta t\to 0}\int_t^{t+\Delta t}\boldsymbol{F}\mathrm{d}t$ 是有限的. 冲击作用的结果并不改变系统的位形，或更准确地说，冲力引起系统位形的变化可以忽略. 冲力的结果仅使动量发生有限的变化.

对于一个质点，冲击运动的牛顿运动第二定律方程推导如下：

$$m\frac{\mathrm{d}\boldsymbol{v}}{\mathrm{d}t}=\boldsymbol{F}$$

$$\lim_{\Delta t\to 0}\int_t^{t+\Delta t}m\frac{\mathrm{d}\boldsymbol{v}}{\mathrm{d}t}\mathrm{d}t=\lim_{\Delta t\to 0}\int_t^{t+\Delta t}\boldsymbol{F}\mathrm{d}t$$

$$m[\lim_{\Delta t\to 0}\boldsymbol{v}(t+\Delta t)-\boldsymbol{v}(t)]=\boldsymbol{I}$$

$$\Delta\boldsymbol{p}=\boldsymbol{I} \tag{10.3.16}$$

$$\lim_{\Delta t\to 0}\int_t^{t+\Delta t}\frac{\mathrm{d}\boldsymbol{r}}{\mathrm{d}t}\mathrm{d}t=0\quad\left(\text{因}\frac{\mathrm{d}\boldsymbol{r}}{\mathrm{d}t}\text{有限}\right)$$

$$\Delta\boldsymbol{r}=0 \tag{10.3.17}$$

(10.3.16)、(10.3.17)式为矢量力学关于一个质点的冲击运动的动力学方程.

现推导分析力学关于系统的冲击运动的拉格朗日方程.

$$\frac{\mathrm{d}}{\mathrm{d}t}\left(\frac{\partial T}{\partial \dot{q}_k}\right)-\frac{\partial T}{\partial q_k}=Q_k\qquad(k=1,2,\cdots,s)$$

$$\lim_{\Delta t\to 0}\int_t^{t+\Delta t}\frac{\mathrm{d}}{\mathrm{d}t}\left(\frac{\partial T}{\partial \dot{q}_k}\right)\mathrm{d}t-\lim_{\Delta t\to 0}\int_t^{t+\Delta t}\frac{\partial T}{\partial q_k}\mathrm{d}t=\lim_{\Delta t\to 0}\int_t^{t+\Delta t}Q_k\mathrm{d}t$$

左边第一项

$$\lim_{\Delta t\to 0}\int_t^{t+\Delta t}\frac{\mathrm{d}}{\mathrm{d}t}\left(\frac{\partial T}{\partial \dot{q}_k}\right)\mathrm{d}t=\lim_{\Delta t\to 0}\frac{\partial T}{\partial \dot{q}_k}\bigg|_{t+\Delta t}-\frac{\partial T}{\partial \dot{q}_k}\bigg|_t$$

$$=\lim_{\Delta t\to 0}p_k(t+\Delta t)-p_k(t)=\Delta p_k$$

左边第二项因被积函数$\frac{\partial T}{\partial q_k}$有限,积分区间趋于零,积分趋于零

$$\lim_{\Delta t\to 0}\int_t^{t+\Delta t}\frac{\partial T}{\partial q_k}\mathrm{d}t=0$$

右边 $\lim\limits_{\Delta t\to 0}\int_t^{t+\Delta t}Q_k\mathrm{d}t=\lim\limits_{\Delta t\to 0}\int_t^{t+\Delta t}\sum\limits_{i=1}^{3n}\left(F_i\frac{\partial x_i}{\partial q_k}\right)\mathrm{d}t$

$$=\sum_{i=1}^{3n}\left[\lim_{\Delta t\to 0}\left(\int_t^{t+\Delta t}F_i\mathrm{d}t\right)\frac{\partial x_i}{\partial q_k}\right]=\sum_{i=1}^{3n}\left(I_i\frac{\partial x_i}{\partial q_k}\right)=K_k$$

其中 $I_i=\lim\limits_{\Delta t\to 0}\int_t^{t+\Delta t}F_i\mathrm{d}t$ 是冲量,K_k 是广义冲量,它们之间的关系与力和广义力之间的关系是完全一样的.

$$K_k=\sum_{i=1}^{3n}\left(I_i\frac{\partial x_i}{\partial q_k}\right)\tag{10.3.18}$$

将三项代入上式得

$$\Delta p_k=K_k\qquad(k=1,2,\cdots,s)\tag{10.3.19}$$

在冲击力作用下,系统的位置变化可以忽略,故有

$$\Delta q_k=0\qquad(k=1,2,\cdots,s)\tag{10.3.20}$$

(10.3.19)、(10.3.20)式就是质点系冲击运动的拉格朗日方程.

再作几点说明:

(1) 冲击作用可以看做瞬时的,因而(10.3.16)、(10.3.17)、(10.3.19)、(10.3.20)式可以视为瞬时的方程.冲力作用的结果提供了一个“初条件”,因而除了需要广义动量如何变化的一组方程外,还得有广义坐标如何变化的一组方程.

(2) 如果系统受到的力除冲力以外还有非冲击力(力的大小有限,作用时间也有限),在冲力作用的“瞬时”,用冲击运动的拉格朗日方程,无需考虑非冲击力,在

冲力作用之后，用一般的拉格朗日方程，考虑非冲击力，用冲力作用给出的初条件.

(3) 广义冲量通常是未知的，还需要利用碰撞时是弹性的、非弹性的、还是介于两者之间用恢复系数表征可获得与未知量有关的关系式.

例 10.3.13 两个质量均为 m 的小球 A 和 B(可视为质点)，用一根重量可以不计的长度为 l 的刚性杆连接起来. 开始该系统从高处水平地自由下落 h 后，两球分别同时与固壁 σ_1、σ_2 相碰，σ_1 壁面与水平面夹角为 45°，σ_2 壁面是水平的，若碰撞面是光滑的，碰撞是完全弹性的，求碰撞后的瞬时 A 球的速度及 AB 杆的角速度.

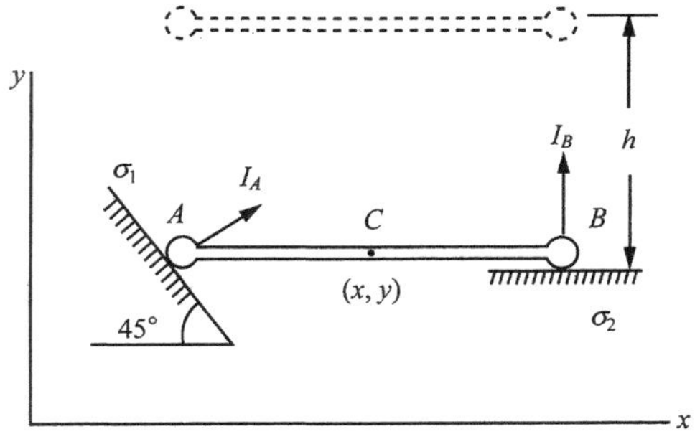

图 10.3.11

解 取质心的坐标 x、y(如图 10.3.11 所示)和 AB 杆与水平面的夹角(逆时针方向转动为正向)为广义坐标.

$$T = \frac{1}{2} \cdot 2m(\dot{x}^2 + \dot{y}^2) + \frac{1}{2}2m\left(\frac{l}{2}\right)^2\dot{\theta}^2$$

$$= m(\dot{x}^2 + \dot{y}^2) + \frac{1}{4}ml^2\dot{\theta}^2$$

$$p_x = \frac{\partial T}{\partial \dot{x}} = 2m\dot{x}, \quad p_y = \frac{\partial T}{\partial \dot{y}} = 2m\dot{y}, \quad p_\theta = \frac{\partial T}{\partial \dot{\theta}} = \frac{1}{2}ml^2\dot{\theta}$$

碰撞时，两固壁给予系统的冲量为 $\boldsymbol{I}_A$、$\boldsymbol{I}_B$，如图所示，均垂直于固壁面. 为求广义冲量，先得给出冲量作用点的坐标与广义坐标的坐标变换关系.

$$x_A = x - \frac{l}{2}\cos\theta, \quad y_A = y - \frac{l}{2}\sin\theta$$

$$x_B = x + \frac{l}{2}\cos\theta, \quad y_B = y + \frac{l}{2}\sin\theta$$

在计算广义冲量时用(10.3.18)式，需按 x、y、θ 处于一般情况下的上述坐标变换关系,得出广义冲量的一般关系式后再代入碰撞时系统所处位形的广义坐标值.

$$K_x = I_{Ax}\frac{\partial x_A}{\partial x} + I_{Ay}\frac{\partial y_A}{\partial x} + I_{Bx}\frac{\partial x_B}{\partial x} + I_{By}\frac{\partial y_B}{\partial x}$$

$$= I_A\cos45^\circ = \frac{\sqrt{2}}{2}I_A$$

$$K_y = I_{Ax}\frac{\partial x_A}{\partial y} + I_{Ay}\frac{\partial y_A}{\partial y} + I_{Bx}\frac{\partial x_B}{\partial y} + I_{By}\frac{\partial y_B}{\partial y}$$

$$= I_A\sin45^\circ + I_B = \frac{\sqrt{2}}{2}I_A + I_B$$

$$K_\theta = I_{Ax}\frac{\partial x_A}{\partial \theta} + I_{Ay}\frac{\partial y_A}{\partial \theta} + I_{Bx}\frac{\partial x_B}{\partial \theta} + I_{By}\frac{\partial y_B}{\partial \theta}$$

$$= \frac{\sqrt{2}}{2}I_A\cdot\frac{l}{2}\sin0^\circ + \frac{\sqrt{2}}{2}I_A\left(-\frac{l}{2}\right)\cos0^\circ + I_B\cdot\frac{l}{2}\cos0^\circ$$

$$= -\frac{\sqrt{2}}{4}lI_A + \frac{1}{2}lI_B$$

在计算 K_θ 中已用了碰撞时,$I_{Ax}=I_{Ay}=\frac{\sqrt{2}}{2}I_A$, $I_{Bx}=0$, $I_{By}=I_B$, $\theta=0^\circ$.

用(10.3.19)式

$$2m\Delta\dot{x} = \frac{\sqrt{2}}{2}I_A, 2m\Delta\dot{y} = \frac{\sqrt{2}}{2}I_A + I_B$$

$$\frac{1}{2}ml^2\Delta\dot{\theta} = -\frac{\sqrt{2}}{4}lI_A + \frac{1}{2}lI_B$$

碰前是在非冲击力的重力作用下的自由下落,可得

$$\dot{x}_0 = 0, \dot{y}_0 = -\sqrt{2gh}, \dot{\theta}_0 = 0$$

碰后各广义速度为

$$\dot{x} = \frac{\sqrt{2}}{4m}I_A,\ \dot{y} = \frac{1}{2m}\left(\frac{\sqrt{2}}{2}I_A + I_B\right) - \sqrt{2gh}$$

$$\dot{\theta} = \frac{2}{ml^2}\left(-\frac{\sqrt{2}}{4}I_A + \frac{1}{2}I_B\right)$$

决定未知的冲量 I_A、I_B 需用完全弹性碰撞的条件:法向碰后分离速度等于碰前接近速度. 由于固壁是固定的,A、B 两球碰撞时的法向分量碰前碰后速率分别相等.

设碰后 A 球的速度为 $\dot{x}_A$、$\dot{y}_A$，B 球碰后的速度为 $\dot{x}_B$、$\dot{y}_B$. 由完全弹性碰撞条件，有下列两个关系：

$$\begin{cases}\dot{x}_A\cos45^\circ + \dot{y}_A\cos45^\circ = \sqrt{2gh}\cos45^\circ \\ \dot{y}_B = \sqrt{2gh}\end{cases} \tag{1}$$

由坐标变换关系，并注意碰后 $\theta=0$，再代入碰后 $\dot{x}$、$\dot{y}$、$\dot{\theta}$ 与 I_A、I_B 的关系式，得

$$\begin{cases}\dot{x}_A = \dot{x} + \dfrac{l}{2}\sin0^\circ \cdot \dot{\theta} = \dot{x} = \dfrac{\sqrt{2}}{4m}I_A \\ \dot{y}_A = \dot{y} - \dfrac{l}{2}\cos0^\circ \cdot \dot{\theta} = -\sqrt{2gh} + \dfrac{\sqrt{2}}{2m}I_A \\ \dot{y}_B = \dot{y} + \dfrac{l}{2}\cos0^\circ \cdot \dot{\theta} = -\sqrt{2gh} + \dfrac{1}{m}I_B\end{cases} \tag{2}$$

将(2)式代入(1)式，即得 I_A、I_B 满足的方程，

$$\frac{\sqrt{2}}{4m}I_A - \sqrt{2gh} + \frac{\sqrt{2}}{2m}I_A = \sqrt{2gh}$$

$$-\sqrt{2gh} + \frac{1}{m}I_B = \sqrt{2gh}$$

解得

$$I_A = \frac{8}{3}m\sqrt{gh}, \quad I_B = 2m\sqrt{2gh}$$

将 I_A、I_B 再代回 $\dot{x}_A$、$\dot{y}_A$、$\dot{\theta}$ 与 I_A、I_B 的关系式，即得

$$\dot{x}_A = \frac{2}{3}\sqrt{2gh}, \quad \dot{y}_A = \frac{1}{3}\sqrt{2gh}$$

$$\dot{\theta} = \frac{2}{3l}\sqrt{2gh}$$

可以验证，碰前碰后动能相等，碰撞过程中机械能守恒，这正是我们可以期待的完全弹性碰撞应具有的特性.

6. 带有未定乘子的拉格朗日方程

我们在§10.3.1 中得到了达朗贝尔-拉格朗日方程(10.3.3′)式

$$\sum_{i=1}^{3n}(F_i - m_i\ddot{x}_i)\delta x_i = 0$$

因为有约束，$3n$ 个 $\delta x_i(i=1,2,\cdots,3n)$不是都独立的，不能由此得到 $F_i - m_i\ddot{x}_i = 0$. 有两种处理办法：一种是已经讲过的采用独立的广义坐标，把 $3n$ 个虚位移 δx_i 都表成与 s 个独立的虚位移 $\delta q_k(k=1,2,\cdots,s)$的关系，这就是前面推导拉格朗日方程(10.3.4)等式所用的办法，另一种办法就是这里要讲的引入拉格朗日未定乘子的方法. 我们在讲虚功原理时讲过求约束力有两种办法：一种是从分析力学求得平衡位置和未知的主动力后，再用矢量力学的平衡方程求出待求的约束力；另一种是用分析力学求得平衡位置和未知的主动力后，解除与待求的约束力有关的约束，把这约束力当做主动力，再用分析力学的办法求原来未知的约束力. 这里讲的拉格朗日未定乘子法，也是解除与待求约束力有关的约束，把这个约束力当做主动力，不过不是以前那样分两步走，不是先不解除约束求出运动规律后，再解除约束求约束力，而是列出一组包含未知约束力的一组方程和约束方程联立，同时解得系统的运动规律和待求的约束力.

约束越多(包括完整约束和非完整约束)，独立的虚位移数越少，但用拉格朗日未定乘子法，未知量越多，需同时求解联立的方程数就越多，这是它的缺点. 但也有它的优点，一是可以直接应用于一阶线性非完整系统，二是这种方法可以应用于其他学科，例如在统计物理中在推导费米分布律和玻色分布律时就用了这种方法.

(1) 理想约束力和拉格朗日未定乘子

不符合理想约束要求的力，如两接触面间的摩擦力，我们将它作为主动力处理，因此凡说到约束力都是符合理想约束要求的.

不论完整约束还是一阶线性非完整约束，可能位移和实位移必须满足的方程都可写成下列形式：

$$\sum_{i=1}^{3n}a_i(x_1,x_2,\cdots,x_{3n},\ t)\mathrm{d}x_i + b(x_1,x_2,\cdots,x_{3n},\ t)\mathrm{d}t = 0$$

对完整约束，上式左边的法甫式是全微分

$$\mathrm{d}f(x_1,x_2,\cdots,x_{3n},\ t) = \sum_{i=1}^{3n}a_i(x_1,x_2,\cdots,x_{3n},\ t)\mathrm{d}x_i + b(x_1,x_2,\cdots,x_{3n},\ t)\mathrm{d}t$$

$$a_i = \frac{\partial f}{\partial x_i} \qquad (i = 1,2,\cdots,3n)$$

$$b = \frac{\partial f}{\partial t}$$

对于一阶线性非完整约束,左边的法甫式不是全微分,也不存在积分因子,使它乘以积分因子后成为全微分.

虚位移满足的方程均为

$$\sum_{i=1}^{3n} a_i(x_1, x_2, \cdots, x_{3n}, t)\delta x_i = 0$$

一个由 n 个质点组成的系统受到一个完整约束或一个一阶线性非完整约束,约束方程为

$$\sum_{i=1}^{3n} a_i \mathrm{d}x_i + b\mathrm{d}t = 0$$

其中 a_i 和 b 都是 x_1、x_2、$\cdots$、x_{3n}、t 的函数. 该约束力不做虚功,则该约束力 $\boldsymbol{R}$ 的 $3n$ 个坐标分量有下列关系:

$$\frac{R_1}{a_1} = \frac{R_2}{a_2} = \cdots = \frac{R_{3n}}{a_{3n}}$$

或存在一个拉格朗日乘子 λ

$$R_i = \lambda a_i \qquad (i = 1, 2, \cdots, 3n) \tag{10.3.21}$$

证明 方法一,虚位移满足的方程为

$$\sum_{i=1}^{3n} a_i \delta x_i = 0 \tag{1}$$

因此 $3n$ 个虚位移分量中,只有 $3n-1$ 个是独立的.

约束力的虚功为零

$$\sum_{i=1}^{3n} R_i \delta x_i = 0 \tag{2}$$

注意 (1)式是虚位移的约束方程,其中 a_i 是 x_1、x_2、$\cdots$、x_{3n}、t 的已知函数. (2)式不是虚位移的约束方程,其中 R_i 是未知的,(2)式可以视为约束力分量需满足的方程.

取 δx_2、δx_3、$\cdots$、δx_{3n} 为独立的虚位移分量,(1)式乘以 R_1 减去(2)式乘以 a_1 消去含不独立的虚位移分量 δx_1 的项,可得

$$\sum_{i=2}^{3n} (R_1 a_i - R_i a_1)\delta x_i = 0$$

由于 δx_2、δx_3、…、δx_{3n} 均可独立取值，依次取其中一个不为零，其余均为零，可得

$$R_1 a_i - R_i a_1 = 0 \qquad (i = 2,3,\cdots,3n)$$

或

$$\frac{R_i}{a_i} = \frac{R_1}{a_1} \qquad (i = 2,3,\cdots,3n)$$

引入未定乘子 $\lambda = \dfrac{R_1}{a_1}$，则有

$$R_i = \lambda a_i \qquad (i = 1,2,\cdots,3n)$$

在第二章讲过的(2.7.7)式是(10.3.21)式的特殊情况.

方法二，此法在许多问题上更方便.

(2)式减去乘以 λ 的(1)式得

$$\sum_{i=1}^{3n}(R_i - \lambda a_i)\delta x_i = 0$$

仍取 δx_2、δx_3、…、δx_{3n} 为独立的虚位移分量，选 λ 使

$$R_1 - \lambda a_1 = 0$$

则得

$$\sum_{i=2}^{3n}(R_i - \lambda a_i)\delta x_i = 0$$

$$R_i - \lambda a_i = 0 \qquad (i = 2,3,\cdots,3n)$$

加上 $R_1 - \lambda a_1 = 0$，即得(10.3.21)式.

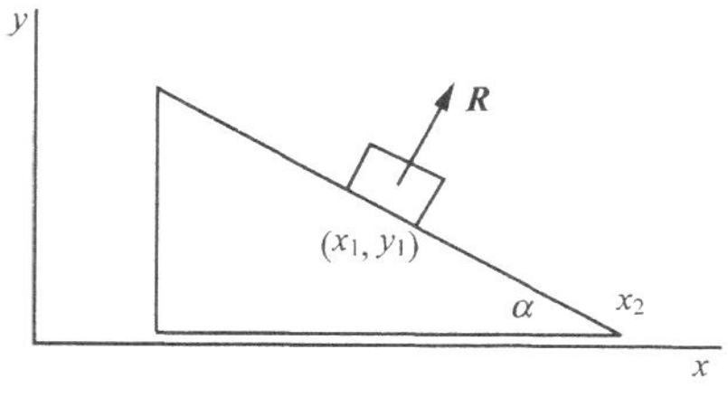

图 10.3.12

注意(2)式这个条件要求与此约束相关的约束力不做虚功. 与此约束相关的力，可以是一对力. 如果施以约束的物体都是系统的组成部分，就可以出现这种情况. 举个例子，图 10.3.12 所示的三角柱体及其上面的物体为系统，与两者之间的约束有关的约束力是 **R** 及其反作用力，这一对力的虚功之和为零，约束方程为

$$y_1 = (x_2 - x_1)\tan\alpha,\ \tan\alpha\,\delta x_1 - \tan\alpha\,\delta x_2 + \delta y_1 = 0$$

由(10.3.21)式

$$R_{x_1} = \lambda\tan\alpha,\ R_{x_2} = -\lambda\tan\alpha,\ R_{y_1} = \lambda$$

这 R_{x_2} 就是 $\boldsymbol{R}$ 的反作用力在 x_2 方向的分量.

若 n 个质点的系统受到 k 个约束,约束方程为

$$\sum_{i=1}^{3n} a_{\alpha i}(x_1, x_2, \cdots, x_{3n}, t)\mathrm{d}x_i + b_\alpha(x_1, x_2, \cdots, x_{3n}, t)\mathrm{d}t = 0$$

$$(\alpha = 1, 2, \cdots, k) \tag{1}$$

对全体约束来讲,满足理想约束条件

$$\sum_{i=1}^{3n} R_i \delta x_i = 0$$

虚位移分量需满足 k 个方程

$$\sum_{i=1}^{3n} a_{\alpha i}\delta x_i = 0 \qquad (\alpha = 1, 2, \cdots, k) \tag{2}$$

只有 $3n-k$ 个虚位移分量是独立的,选 δx_{k+1}、δx_{k+2}、…、δx_{3n} 为独立的虚位移分量.

选 λ_1、λ_2、…、λ_k,使(1)式减去(2)式第 α 个方程乘以 $\lambda_\alpha(\alpha=1,2,\cdots,k)$的 k 个式子之和

$$\sum_{i=1}^{3n}\Big(R_i - \sum_{\alpha=1}^{k}\lambda_\alpha a_{\alpha i}\Big)\delta x_i = 0$$

中的 δx_1、δx_2、…、δx_k 的系数为零,即

$$R_i - \sum_{\alpha=1}^{k}\lambda_\alpha a_{\alpha i} = 0 \qquad (i = 1, 2, \cdots, k) \tag{3}$$

则 $\sum_{i=k+1}^{3n}\Big(R_i - \sum_{\alpha=1}^{k}\lambda_\alpha a_{\alpha i}\Big)\delta x_i = 0$. 由于这 $3n-k$ 个虚位移分量 $\delta x_i(i=k+1, k+2, \cdots, 3n)$独立,可得

$$R_i - \sum_{\alpha=1}^{k}\lambda_\alpha a_{\alpha i} = 0 \qquad (i = k+1, k+2, \cdots, 3n) \tag{4}$$

将(3)、(4)式合在一起,有

$$R_i - \sum_{\alpha=1}^{k}\lambda_\alpha a_{\alpha i} = 0 \qquad (i = 1, 2, \cdots, 3n) \tag{10.3.22}$$

说明 i) 如果 k 个约束,每个约束都符合理想约束条件. 可对每个约束用(10.3.21)式,由此导出对全体约束用(10.3.22)式.

ii) 由于完整约束和一阶线性非完整约束,虚位移满足的方程有同样的形式,

这里讲的 k 个约束,不限于完整约束,也可以部分或全部是一阶线性非完整约束.

对于完整约束 $f_\alpha(x_1,x_2,\cdots,x_{3n},t)=0, a_{\alpha i}=\dfrac{\partial f_\alpha}{\partial x_i}, b_\alpha=\dfrac{\partial f_\alpha}{\partial t}$.

iii)既有完整约束,又有一阶线性非完整约束,也可作如下处理,仅对一阶线性非完整约束引入拉格朗日未定乘子.具体做法如下:

设 n 个质点的系统受有 k 个完整约束,l 个一阶线性非完整约束.考虑到 k 个完整约束,我们采用 $s=3n-k$ 个独立的广义坐标 $q_i(i=1,2,\cdots,s)$,将 l 个一阶线性非完整约束方程

$$\sum_{i=1}^{3n} a_{\alpha i}(x_1,x_2,\cdots,x_{3n},t)\mathrm{d}x_i + b_\alpha(x_1,x_2,\cdots,x_{3n},t)\mathrm{d}t = 0$$

$$(\alpha = 1,2,\cdots,l)$$

通过坐标变换关系

$$x_i = x_i(q_1,q_2,\cdots,q_s,\ t) \qquad (i = 1,2,\cdots,3n)$$

改写为

$$\sum_{i=1}^{s} a'_{\alpha i}(q_1,q_2,\cdots,q_s,t)\mathrm{d}q_i + b'_\alpha(q_1,q_2,\cdots,q_s,t)\mathrm{d}t = 0$$

$$(\alpha = 1,2,\cdots,l)$$

用导出(10.3.22)式同样的办法,可得与这 l 个一阶线性非完整约束相应的约束力的广义坐标分量

$$R_i = \sum_{\alpha=1}^{l}\lambda_\alpha a'_{\alpha i} \qquad (i = 1,2,\cdots,s) \qquad (10.3.22')$$

对于完整系统,也可以用这种办法,只解除要求约束力的那部分约束,只对它们引入拉格朗日乘子处理.

有了以上引入拉格朗日乘子表示的约束力(视为主动力)的原用坐标或广义坐标分量,就能直接写出完整系统和一阶线性非完整系统的带有未定乘子的拉格朗日方程了.

(2) 完整系统的带有未定乘子的拉格朗日方程

n 个质点的系统受到 k 个完整约束

$$f_\alpha(x_1,x_2,\cdots,x_{3n},t) = 0 \qquad (\alpha = 1,2,\cdots,k)$$

或写作

$$\sum_{i=1}^{3n}\frac{\partial f_\alpha}{\partial x_i}\mathrm{d}x_i+\frac{\partial f_\alpha}{\partial t}\mathrm{d}t=0\qquad(\alpha=1,2,\cdots,k)$$

虚位移满足的方程为

$$\sum_{i=1}^{3n}\frac{\partial f_\alpha}{\partial x_i}\delta x_i=0\qquad(\alpha=1,2,\cdots,k)$$

约束满足理想约束要求，$\sum_{i=1}^{3n}R_i\delta x_i=0$. 用(10.3.21)式，有

$$R_i=\sum_{\alpha=1}^{k}\lambda_\alpha\frac{\partial f_\alpha}{\partial x_i}\qquad(i=1,2,\cdots,3n)$$

带有未定乘子的拉格朗日方程为

$$m_i\ddot{x}_i=F_i+R_i=F_i+\sum_{\alpha=1}^{k}\lambda_\alpha\frac{\partial f_\alpha}{\partial x_i}\qquad(i=1,2,\cdots,3n)\quad(10.3.23)$$

加上约束方程

$$f_\alpha(x_1,x_2,\cdots,x_{3n},t)=0\qquad(\alpha=1,2,\cdots,k)$$

共 $3n+k$ 个方程,未知函数 x_1、x_2、$\cdots$、x_{3n} 和 λ_1、λ_2、$\cdots$、λ_k,也是 $3n+k$ 个.

如不需求所有约束力,只需求与某一个约束有关的约束力. 当然这个约束必须是理想约束,其余 $k-1$ 个约束也是理想约束. 可以只解除这个要求约束力的约束. 设这个约束的约束方程为

$$f(x_1,x_2,\cdots,x_{3n},t)=0$$

引入 $3n-k+1$ 个“独立”的广义坐标 $q_i(i=1,2,\cdots,3n-k+1)$,上述约束方程用坐标变换关系

$$x_i=x_i(q_1,q_2,\cdots,q_{3n-k+1},t)\qquad(i=1,2,\cdots,3n)$$

变换为

$$f'(q_1,q_2,\cdots,q_{3n-k+1},t)=0$$

则可得带有未定乘子的拉格朗日方程为

$$\frac{\mathrm{d}}{\mathrm{d}t}\left(\frac{\partial L}{\partial\dot{q}_i}\right)-\frac{\partial L}{\partial q_i}=Q_i+\lambda\frac{\partial f'}{\partial q_i}\qquad(i=1,2,\cdots,3n-k+1)\quad(10.3.24)$$

(10.3.24)式加上 $f'(q_1,q_2,\cdots,q_{3n-k+1},t)=0$,共 $3n-k+2$ 个方程,有相同数目

的未知函数.

带有未定乘子的拉格朗日方程也可称为拉格朗日第一类方程,而以前讲的不带未定乘子的拉格朗日方程,则叫拉格朗日第二类方程.

*(3) 一阶线性非完整系统的带有未定乘子的拉格朗日方程

设 n 个质点系统受到 k 个完整约束

$$f_\alpha(x_1,x_2,\cdots,x_{3n},t)=0 \qquad (\alpha=1,2,\cdots,k)$$

l 个一阶线性非完整约束

$$\sum_{i=1}^{3n}a_{\beta i}(x_1,x_2,\cdots,x_{3n},t)\mathrm{d}x_i+b_\beta(x_1,x_2,\cdots,x_{3n},t)\mathrm{d}t=0$$
$$(\beta=1,2,\cdots,l)$$

完整约束力用 R_i 表示,非完整约束力用 R'_i 表示,分别满足理想约束条件

$$\sum_{i=1}^{3n}R_i\delta x_i=0,\ \sum_{i=1}^{3n}R'_i\delta x_i=0$$

或一起满足理想约束条件

$$\sum_{i=1}^{3n}(R_i+R'_i)\delta x_i=0$$

可引入拉格朗日乘子 $\lambda_i(i=1,2,\cdots,k)$, $\mu_j(j=1,2,\cdots,l)$.

带有未定乘子的拉格朗日方程为

$$m_i\ddot{x}_i=F_i+\sum_{\alpha=1}^{k}\lambda_{\alpha i}\frac{\partial f_\alpha}{\partial x_i}+\sum_{\beta=1}^{l}\mu_{\beta i}a_{\beta i} \qquad (i=1,2,\cdots,3n) \quad (10.3.25)$$

(10.3.25)式和两组约束方程一起共 $3n+k+l$ 个方程,求解 $3n+k+l$ 个未知函数.

若完整约束力和非完整约束力分别满足理想约束条件,可对完整约束不引入拉格朗日未定乘子,采用 $s=3n-k$ 个广义坐标,用坐标变换关系将一阶线性非完整约束方程变换为

$$\sum_{i=1}^{s}a'_{\beta i}(q_1,q_2,\cdots,q_s,t)\mathrm{d}q_i+b'_\beta(q_1,q_2,\cdots,q_s,t)\mathrm{d}t=0$$
$$(\beta=1,2,\cdots,l)$$

带有未定乘子的拉格朗日方程为

$$\frac{\mathrm{d}}{\mathrm{d}t}\left(\frac{\partial L}{\partial \dot{q}_i}\right)-\frac{\partial L}{\partial q_i}=Q_i+\sum_{\beta=1}^{l}\mu_{\beta i}a'_{\beta i}\qquad(i=1,2,\cdots,s)\tag{10.3.26}$$

(10.3.26)式和约束方程联立求解.

一阶线性非完整系统的带有未定乘子的拉格朗日方程也可称为劳斯方程.

一阶线性非完整系统也可用不带未定乘子的拉格朗日方程处理之.

先考虑 k 个完整约束,用 s 个($s=3n-k$)独立的广义坐标描述系统的位形.可得

$$\sum_{i=1}^{s}\left[Q_i-\frac{\mathrm{d}}{\mathrm{d}t}\left(\frac{\partial L}{\partial \dot{q}_i}\right)+\frac{\partial L}{\partial q_i}\right]\delta q_i=0\tag{1}$$

因受 l 个一阶线性非完整约束,s 个虚位移分量中只有 $s-l$ 个分量是独立的.

可能位移和虚位移满足的方程分别为

$$\sum_{i=1}^{s}a'_{\beta i}(q_1,q_2,\cdots,q_s,t)\mathrm{d}q_i+b'_{\beta}(q_1,q_2,\cdots,q_s,t)\mathrm{d}t=0$$
$$(\beta=1,2,\cdots,l)\tag{2}$$

$$\sum_{i=1}^{s}a'_{\beta i}(q_1,q_2,\cdots,q_s,t)\delta q_i=0\qquad(\beta=1,2,\cdots,l)\tag{3}$$

选后 $s-l$ 个虚位移分量 $\delta q_i(i=l+1,l+2,\cdots,s)$为独立的,从(2)式的联立方程组中解出不独立的分量得

$$\delta q_j=\sum_{k=l+1}^{s}c_{jk}(q_1,q_2,\cdots,q_s,t)\delta q_k\qquad(j=1,2,\cdots,l)\tag{4}$$

将(4)式代入(1)式,经整理后可得

$$\sum_{j=l+1}^{s}\left\{Q_j-\frac{\mathrm{d}}{\mathrm{d}t}\left(\frac{\partial L}{\partial \dot{q}_j}\right)+\frac{\partial L}{\partial q_j}\right.$$
$$\left.+\sum_{i=1}^{l}\left[Q_i-\frac{\mathrm{d}}{\mathrm{d}t}\left(\frac{\partial L}{\partial \dot{q}_i}\right)+\frac{\partial L}{\partial q_i}\right]c_{ij}(q_1,q_2,\cdots,q_s,t)\right\}\delta q_j=0$$

由 $\delta q_{l+1},\delta q_{l+2},\cdots,\delta q_s$独立,它们的系数均为零,得

$$\frac{\mathrm{d}}{\mathrm{d}t}\left(\frac{\partial L}{\partial \dot{q}_j}\right)-\frac{\partial L}{\partial q_j}+\sum_{i=1}^{l}\left[\frac{\mathrm{d}}{\mathrm{d}t}\left(\frac{\partial L}{\partial \dot{q}_i}\right)-\frac{\partial L}{\partial q_i}\right]c_{ij}=Q_j+\sum_{i=1}^{l}Q_ic_{ij}$$
$$(j=l+1,l+2,\cdots,s)\tag{10.3.27}$$

(10.3.27)式和(2)式联立即为系统所满足的运动微分方程．共有 s 个方程求解 s 个未知函数．

例 10.3.14　一个质量为 m 的质点，受到 $\boldsymbol{F}=F_1\boldsymbol{i}+F_2\boldsymbol{j}+F_3\boldsymbol{k}$ 的主动力作用，还受到约束 $\dot{y}=z\dot{x}$，求此质点的运动微分方程．

解　方法一，用带未定乘子的拉格朗日方程．

$$L=T=\frac{1}{2}m(\dot{x}^2+\dot{y}^2+\dot{z}^2)$$

$$\dot{y}-z\dot{x}=0$$

$$-z\mathrm{d}x+\mathrm{d}y=0$$

由(10.3.25)式得

$$\begin{cases} m\ddot{x}=F_1-\lambda z \\ m\ddot{y}=F_2+\lambda \\ m\ddot{z}=F_3 \\ \dot{y}-z\dot{x}=0 \end{cases}$$

方法二，用不带未定乘子的拉格朗日方程．

由 $\displaystyle\sum_{i=1}^{3}\left[Q_i-\frac{\mathrm{d}}{\mathrm{d}t}\left(\frac{\partial L}{\partial \dot{q}_i}\right)+\frac{\partial L}{\partial q_i}\right]\delta q_i=0$

可得

$$(F_1-m\ddot{x})\delta x+(F_2-m\ddot{y})\delta y+(F_3-m\ddot{z})\delta z=0 \tag{1}$$

$$\delta y=z\delta x \tag{2}$$

取 δx、δz 为独立的虚位移分量，将(2)式代入(1)式，得

$$(F_1-m\ddot{x}+F_2z-m\ddot{y}z)\delta x+(F_3-m\ddot{z})\delta z=0$$

因 δx、δz 相互独立，它们的系数均为零，

$$\begin{cases} m\ddot{x}+mz\ddot{y}=F_1+F_2z \\ m\ddot{z}=F_3 \\ \dot{y}-z\dot{x}=0 \end{cases}$$

方法一所得方程，消去 λ，正是方法二所得的结果．

*7. 用拉格朗日方程处理电路问题

拉格朗日方程的优点之一是它能处理一些非力学系统. 处理由自感 L、互感 M、电阻 R、电容 C 和电动势 $\mathscr{E}$ 组成的电路系统就是一个例子.

先看一个最简单的 LRC 串联电路, 如图10.3.13所示. 电流 i、电动势 $\mathscr{E}$ 和电容器极板所带电荷 q 的正负号如图所示.

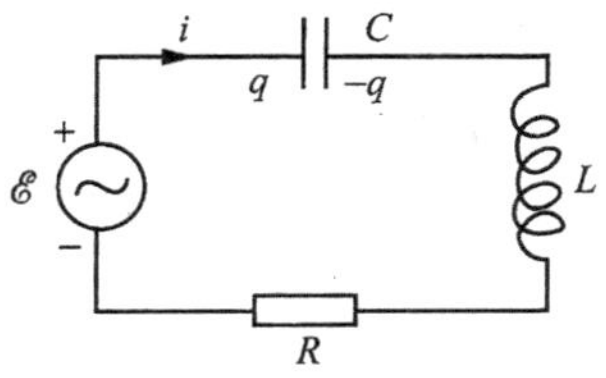

图 10.3.13

$$i = \frac{\mathrm{d}q}{\mathrm{d}t}$$

依电流的正方向,各元件的电势差分别为

$$u_C = \frac{q}{C},\ u_L = L\frac{\mathrm{d}i}{\mathrm{d}t},\ u_R = Ri$$

由欧姆定律,

$$L\frac{\mathrm{d}i}{\mathrm{d}t} + Ri + \frac{q}{C} = \mathscr{E}$$

或

$$L\frac{\mathrm{d}^2 q}{\mathrm{d}t^2} + R\frac{\mathrm{d}q}{\mathrm{d}t} + \frac{1}{C}q = \mathscr{E} \tag{1}$$

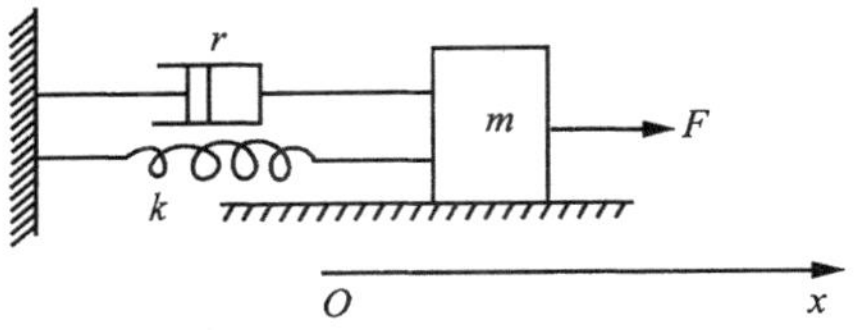

图 10.3.14

(1)式的微分方程与图 10.3.14 的振动系统的微分方程有相同的形式.

$$m\ddot{x} = -kx - r\dot{x} + F$$

或

$$m\frac{\mathrm{d}^2 x}{\mathrm{d}t^2} + r\frac{\mathrm{d}x}{\mathrm{d}t} + kx = F \tag{2}$$

比较(1)、(2)两式,可看到有下列对应关系:

机械振动	电磁振荡
位置坐标 x	电容器带电量 q
质量 m	自感系数 L
弹簧劲度系数 k	电容量的倒数 $\frac{1}{C}$
阻尼系数 γ	电阻 R

强迫力 F　　　　　　　　电动势 $\mathscr{E}$

(2)式可由拉格朗日方程得到,

$$T=\frac{1}{2}m\dot{x}^2,\ V=\frac{1}{2}kx^2,\ \widetilde{R}=\frac{1}{2}r\dot{x}^2,\ Q=F \tag{3}$$

这里瑞利耗散函数改用 $\widetilde{R}$ 的符号,是为了避免与电阻相混淆.

(1)式也可由拉格朗日方程得到,根据上述的对应关系,有

$$T=\frac{1}{2}L\dot{q}^2,\ V=\frac{1}{2C}q^2,\ \widetilde{R}=\frac{1}{2}R\dot{q}^2,\ Q=\mathscr{E} \tag{4}$$

在机械振动过程中,不断有动能和势能之间的相互转化,在有阻尼的情况下,有机械能消耗,需要有外加的强迫力提供能量,才能使振动维持下去. 电磁振荡也相仿,磁场能量和电场能量之间也不断相互转化,有电阻时,将产生焦耳热消耗电磁能量,要维持电磁振荡也需有电动势来提供能量. 比较(3)、(4)式可见,磁场能量相应于动能,电场能量相应于势能,因此在有互感时,它必将在动能中出现. 看下面的例子.

例 10.3.15　分别用基尔霍夫定律和拉格朗日方程得到图 10.3.15 的电路方程.

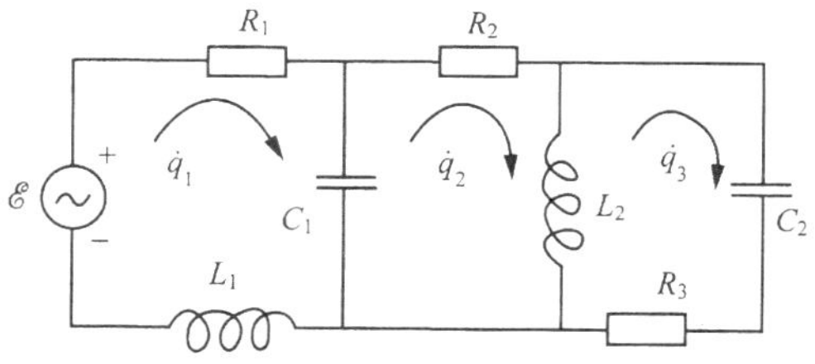

图 10.3.15

解　先用基尔霍夫定律写电路方程,

$$L_1\ddot{q}_1+R_1\dot{q}_1+\frac{1}{C_1}(q_1-q_2)=\mathscr{E}$$

$$L_2(\ddot{q}_2-\ddot{q}_3)+\frac{1}{C_1}(q_2-q_1)+R_2\dot{q}_2=0$$

$$L_2(\ddot{q}_3-\ddot{q}_2)+\frac{1}{C_2}q_3+R_3\dot{q}_3=0$$

用拉格朗日方程得出电路方程

$$T=\frac{1}{2}L_1\dot{q}_1^2+\frac{1}{2}L_2(\dot{q}_2-\dot{q}_3)^2$$

$$V=\frac{1}{2C_1}(q_1-q_2)^2+\frac{1}{2C_2}q_3^2$$

$$L=T-V=\frac{1}{2}L_1\dot{q}_1^2+\frac{1}{2}L_2(\dot{q}_2-\dot{q}_3)^2-\frac{1}{2C_1}(q_1-q_2)^2-\frac{1}{2C_2}q_3^2$$

注意勿将拉格朗日函数与自感系数相混淆.

$$\widetilde{R}=\frac{1}{2}R_1\dot{q}_1^2+\frac{1}{2}R_2\dot{q}_2^2+\frac{1}{2}R_3\dot{q}_3^2$$

$$Q_1=\mathscr{E},\ Q_2=Q_3=0$$

由$\frac{\mathrm{d}}{\mathrm{d}t}\left(\frac{\partial L}{\partial\dot{q}_i}\right)-\frac{\partial L}{\partial q_i}=Q_i-\frac{\partial\widetilde{R}}{\partial\dot{q}_i}$得

$$L_1\ddot{q}_1+\frac{1}{C_1}(q_1-q_2)=\mathscr{E}-R_1\dot{q}_1$$

$$L_2(\ddot{q}_2-\ddot{q}_3)-\frac{1}{C_1}(q_1-q_2)=-R_2\dot{q}_2$$

$$L_2(\ddot{q}_3-\ddot{q}_2)+\frac{1}{C_2}q_3=-R_3\dot{q}_3$$

与用基尔霍夫定律列出的方程完全相同.

值得注意的是,动能中$\frac{1}{2}L_2(\dot{q}_2-\dot{q}_3)^2$项包含了自感中的磁场能量$\frac{1}{2}L_2\dot{q}_2^2$和$\frac{1}{2}L_2\dot{q}_3^2$以及互感中的磁场能量$-L_2\dot{q}_2\dot{q}_3$. 按图 10.3.15 中 $\dot{q}_2$、$\dot{q}_3$ 正方向的规定,互感系数 $M=-L_2$,故互感磁能为 $M\dot{q}_2\dot{q}_3$.

例 10.3.16 用拉格朗日方程写出图 10.3.16 所示电路的电路方程,并给出此电路的一个机械模拟系统.

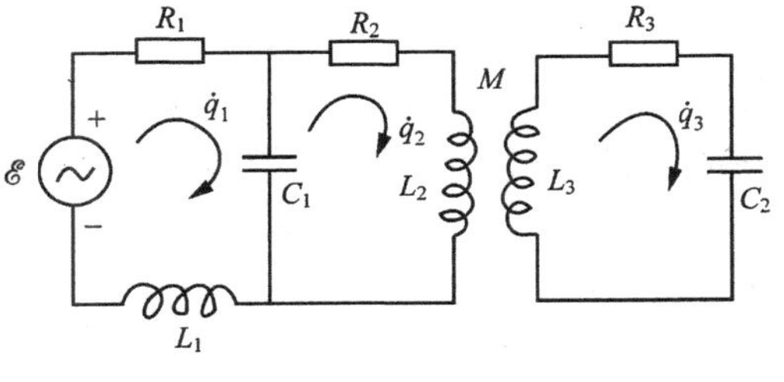

图 10.3.16

解 $T=\frac{1}{2}L_1\dot{q}_1^2+\frac{1}{2}L_2\dot{q}_2^2+\frac{1}{2}L_3\dot{q}_3^2+M\dot{q}_2\dot{q}_3$

$$V=\frac{1}{2C_1}(q_1-q_2)^2+\frac{1}{2C_2}q_3^2$$

$$L=T-V$$

$$\widetilde{R}=\frac{1}{2}R_1\dot{q}_1^2+\frac{1}{2}R_2\dot{q}_2^2+\frac{1}{2}R_3\dot{q}_3^2$$

$$Q_1=\mathscr{E},\quad Q_2=Q_3=0$$

由 $\frac{\mathrm{d}}{\mathrm{d}t}\left(\frac{\partial L}{\partial\dot{q}_i}\right)-\frac{\partial L}{\partial q_i}=Q_i-\frac{\partial\widetilde{R}}{\partial\dot{q}_i}$ 可得

$$L_1\ddot{q}_1+\frac{1}{C_1}(q_1-q_2)=\mathscr{E}-R_1\dot{q}_1$$

$$L_2\ddot{q}_2+M\ddot{q}_3-\frac{1}{C_1}(q_1-q_2)=-R_2\dot{q}_2$$

$$L_3\ddot{q}_3+M\ddot{q}_2+\frac{1}{C_2}q_3=-R_3\dot{q}_3$$

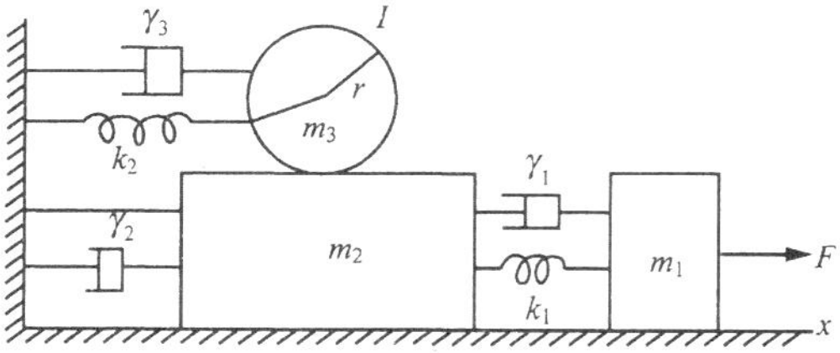

图 10.3.17

一个机械模拟系统如图 10.3.17 所示. 质量为 m_1 和 m_2 的两物体间有劲度系数为 k_1 的弹簧相连,置于光滑的水平面上,一个质量分布轴对称的圆柱体、半径为 r、绕对称轴的转动惯量为 I,一方面经劲度系数为 k_2 的弹簧连于固定点,另一方面又在质量为 m_2 的物体上作纯滚动,弹簧是水平的,并连到圆柱体的对称轴上,运动中,它们都受到阻力,其大小与它们平动的速度成正比,比例系数分别为 γ_1、γ_2 和 γ_3. 在质量为 m_1 的物体上加一个水平力 F.

下面来证明这的确是一个机械模拟系统,并找出 m_1、m_2、m_3、r、I、k_1、k_2、

γ_1、γ_2、γ_3、F 与 L_1、L_2、M、C_1、C_2、R_1、R_2、R_3、$\mathscr{E}$之间的关系.

分别选择 m_1、m_2、m_3 的坐标 x_1、x_2、x_3 的原点,使它们均为零时,两弹簧均处于原长的状态.

$$T = \frac{1}{2}m_1\dot{x}_1^2 + \frac{1}{2}m_2\dot{x}_2^2 + \frac{1}{2}m_3\dot{x}_3^2 + \frac{1}{2}I\dot{\varphi}^2$$

纯滚动条件为 $\dot{x}_2 = \dot{x}_3 - r\dot{\varphi}$. 选 x_1、x_2、x_3 为广义坐标,

$$T = \frac{1}{2}m_1\dot{x}_1^2 + \frac{1}{2}m_2\dot{x}_2^2 + \frac{1}{2}m_3\dot{x}_3^2 + \frac{1}{2}\frac{I}{r^2}(\dot{x}_3 - \dot{x}_2)^2$$

$$= \frac{1}{2}m_1\dot{x}_1^2 + \frac{1}{2}\left(m_2 + \frac{I}{r^2}\right)\dot{x}_2^2 + \frac{1}{2}\left(m_3 + \frac{I}{r^2}\right)\dot{x}_3^2 - \frac{I}{r^2}\dot{x}_2\dot{x}_3$$

$$V = \frac{1}{2}k_1(x_1 - x_2)^2 + \frac{1}{2}k_2x_3^2$$

$$\widetilde{R} = \frac{1}{2}\gamma_1\dot{x}_1^2 + \frac{1}{2}\gamma_2\dot{x}_2^2 + \frac{1}{2}\gamma_3\dot{x}_3^2$$

$$Q_1 = F,\ Q_2 = Q_3 = 0$$

分别与电路系统相应的量比较可得

$$m_1 = L_1,\ m_2 = L_2 - M,\ m_3 = L_3 - M$$

$$-\frac{I}{r^2} = M,\ k_1 = \frac{1}{C_1},\ k_2 = \frac{1}{C_2}$$

$$\gamma_1 = R_1,\ \gamma_2 = R_2,\ \gamma_3 = R_3,\ F = \mathscr{E}$$

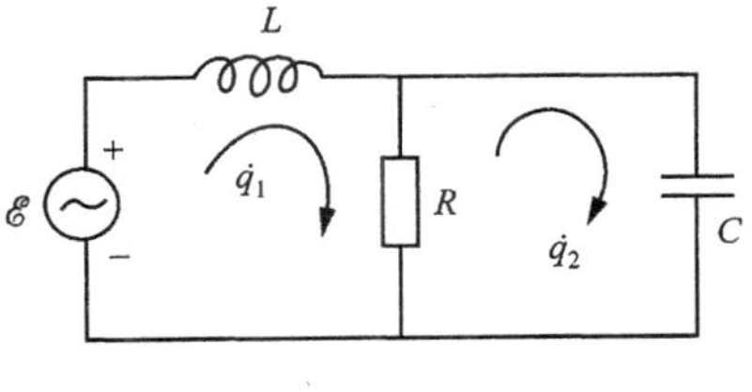

图 10.3.18

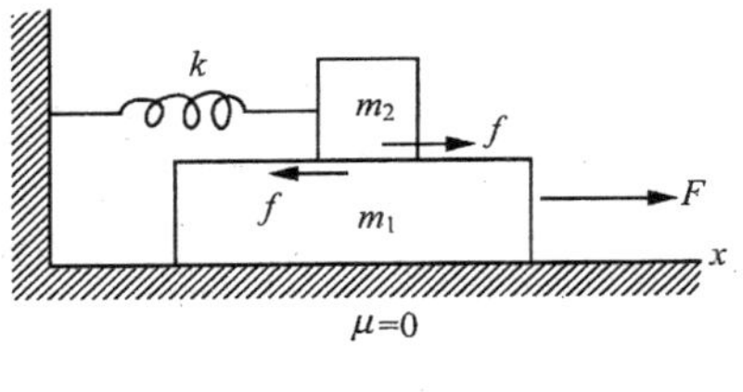

图 10.3.19

例 10.3.17 给出图 10.3.18 所示电路的一个机械模拟系统.

解 $T=\frac{1}{2}L\dot{q}_1^2$, $V=\frac{1}{2C}q_2^2$, $\widetilde{R}=\frac{1}{2}R(\dot{q}_1-\dot{q}_2)^2$

$$Q_1 = \mathscr{E}, \quad Q_2 = 0$$

其机械模拟系统如图 10.3.19 所示

$$m_1 = L,\ m_2 = 0,\ k = \frac{1}{C}$$

m_1、m_2 间的摩擦力 f 与其相对速度成正比

$$f = -R(\dot{x}_1 - \dot{x}_2)$$

则 $T = \frac{1}{2}L\dot{x}_1^2$，$V = \frac{1}{2C}x_2^2$(选 x_2 的零点，使 $x_2 = 0$ 时，弹簧为原长).

$$\tilde{R} = \frac{1}{2}R(\dot{x}_1 - \dot{x}_2)^2$$

$$Q_1 = F = \mathscr{E},\ Q_2 = 0$$

两个系统有同样的微分方程.

习　题

10.1　一半径为 R 的圆盘在水平的 xy 平面上作纯滚动，盘面保持垂直，可绕垂直轴自由转动. 试写出质心的 x、y、z 坐标 x_C、y_C、z_C、绕盘面的对称轴的转角 θ 以及绕铅直直径的转角 φ 之间满足的约束关系、虚位移满足的关系，并说明，此系统具有多少个独立的广义坐标和多少个独立的虚位移?

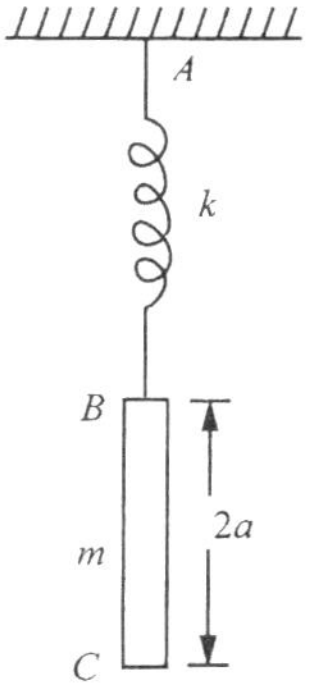

10.2 题图

10.2　一根长为 $2a$、质量为 m 的杆 BC 用一根未伸长时长为 b、劲度系数为 k 的结在杆的 B 端的弹簧悬于固定点 A，如题图所示. 系统的运动限于包含杆与弹簧的铅直平面内. 选择适当的广义坐标，求作用于杆上的广义力分量.

10.3　一个在均匀重力场中运动的质点. 如用球坐标来描述质点的运动，取竖直向上方向为极轴. 求重力的三个广义力分量.

答　$Q_r = -mg\cos\theta$，$Q_\theta = mgr\sin\theta$，$Q_\varphi = 0$.

10.4　一个质量为 m、半径为 a 的均质薄圆筒在另一个质量为 M、半径为 $2a$ 的均质薄圆筒内部作无滑滚动，后者又在水平面上作无滑滚动. 选大圆筒的角位移 θ 以及两圆筒的轴构成的平面与铅垂面的夹角 φ 为广义坐标，求作用于系统的所有力的广义力分量 Q_θ 和 Q_φ.

答　$Q_\theta = 0$，$Q_\varphi = -mga\sin\varphi$.

10.5　一个质量为 m、半径为 a 的均质圆柱体在一个质量为 M 的木块中割出一个半径为 b 的半圆柱形空心槽内作纯滚动，木块又由一个劲度系数为 k 的弹簧支承着可沿竖直导轨无摩擦运动. 取木块的竖直向上的位移 x 和圆柱中心的角位移 θ 为广义坐标，x 和 θ 的零点选在系

统的平衡位置．求作用于系统的所有力的广义力分量．

答　$Q_x = -kx$，$Q_\theta = -mg(b-a)\sin\theta$．

10.6　一个均质的三脚架，三只脚长度相等，置于光滑的水平面上．为使它不致滑下，用一绳套住三脚架的底部．若平衡时，每只脚与铅直线的夹角为 θ．试用虚功原理证明：绳中张力 T 与三脚架重量 W 之比为 $\dfrac{T}{W} = \dfrac{1}{3\sqrt{3}}\tan\theta$．

10.7　长度均为 l 的四根轻棒用光滑铰链构成一菱形 $ABCD$，AB 和 AD 两边支在同一水平线相距为 $2a$ 的两个钉子上，BD 间用一轻绳连接，C 点处挂一重量为 W 的重物．若 A 的顶角为 2α．试用虚功原理求绳中张力．

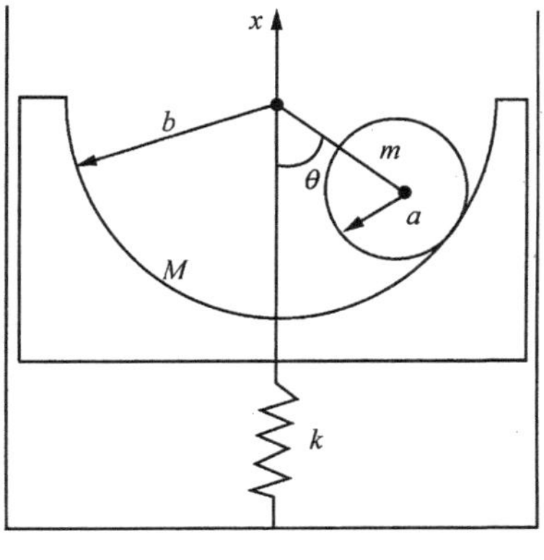

10.5 题图

答　$T = W\tan\alpha\left(\dfrac{a}{2l}\csc^3\alpha - 1\right)$．

10.8　线密度为 σ、长为 l 的均质链条两端分别连接重量为 P 和 Q 的两个球，放在半径为 R 的光滑半圆柱面上，平衡时链条和两球处在与圆柱轴线垂直的铅直面上．试用虚功原理求平衡位置．

答　设 φ 是圆柱轴线与两球所在的铅直面的交点至两球连线的垂线与水平面所成的角，则

$$\tan\varphi = \frac{(P+Q)\cos\alpha + 2R\sigma\sin\alpha}{(P-Q)\sin\alpha}，其中\ \alpha = \frac{l}{2R}.$$

10.9　两球 A 和 B 分别重 P 和 Q，用长为 $2l$ 的轻杆连接后放在一光滑的半径为 R 的球壳内．求平衡时杆与水平线的交角 α 和 A、B 处的约束力．

答　$\tan\alpha = \dfrac{(P-Q)l}{(P+Q)\sqrt{R^2-l^2}}$，$N_A = \dfrac{P+Q}{\cos(\beta+\alpha)[\tan(\beta+\alpha)+\tan(\beta-\alpha)]}$

$N_B = \dfrac{P+Q}{\cos(\beta-\alpha)[\tan(\beta+\alpha)+\tan(\beta-\alpha)]}$，其中 $\beta = \arccos\dfrac{l}{R}$．

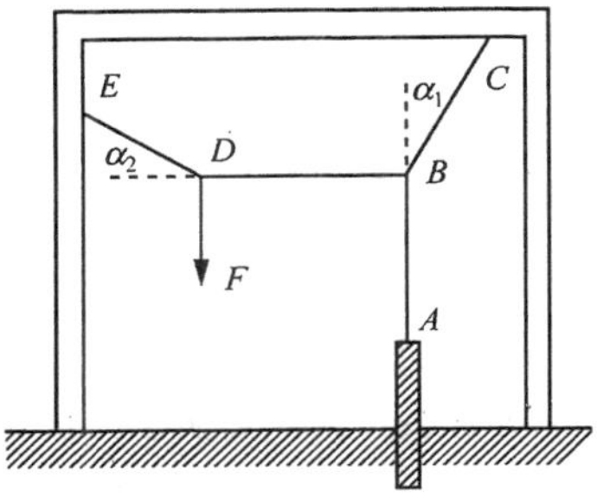

10.10 题图

10.10　题图所示为一拔桩装置．在木桩的上端 A 点上系一绳，将绳的另一端固定在 C 点，又在绳上一点 B 系另一绳，此绳另一端固定在 E 点．然后在绳的 D 点用力向下拉，这时绳的 BD 段是水平的，AB 段是铅垂的，CB 段与铅垂线的夹角为 α_1，DE 段与水平线的夹角为 α_2，向下拉力为 F．求 AB 绳作用在桩上的拉力 T．

答　$T = F\cot\alpha_1\cot\alpha_2$．

10.11　题图所示的装置中，鼓轮 Ⅰ 和 Ⅱ 上分别有力矩 M_1、M_2 作用，物体 A 重 P，放在斜面上，它与

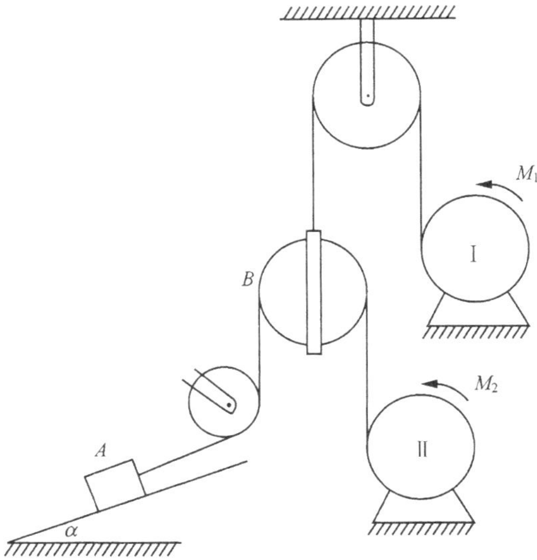

10.11 题图

斜面间的摩擦因数为 μ，斜面倾角为 α、鼓轮的半径分别为 r_1 和 r_2，动滑轮 B 重 Q. 试用虚功原理求平衡时 M_1、M_2 需满足的关系，忽略所有轴承处的摩擦.

答　$Qr_1+2Pr_1\sin\alpha-2\mu Pr_1\cos\alpha$

$\leqslant M_1\leqslant Qr_1+2Pr_1\sin\alpha+2\mu Pr_1\cos\alpha$

$Pr_2\sin\alpha-\mu Pr_2\cos\alpha\leqslant M_2\leqslant Pr_2\sin\alpha+\mu Pr_2\cos\alpha$

10.12　匀质长方形薄板长为 l、宽为 b、质量为 m，宽度为 b 的两对边，一边靠在光滑的墙上，一边搁在固定的光滑柱面上，如题图所示. 如果要使板能在任意位置处于平衡，柱面应取何种形状，并求柱面和墙对板的约束力.

答　柱面方程为 $y=\frac{1}{2}(l-\sqrt{l^2-x^2})$.

墙对板的约束力 $X_A=\frac{x}{2\sqrt{l^2-x^2}}mg$,

柱面对板的约束力 $X_B=-\frac{x}{2\sqrt{l^2-x^2}}mg$,

$Y_B=mg$. 约束力式中的 x 是 B 点的 x 坐标.

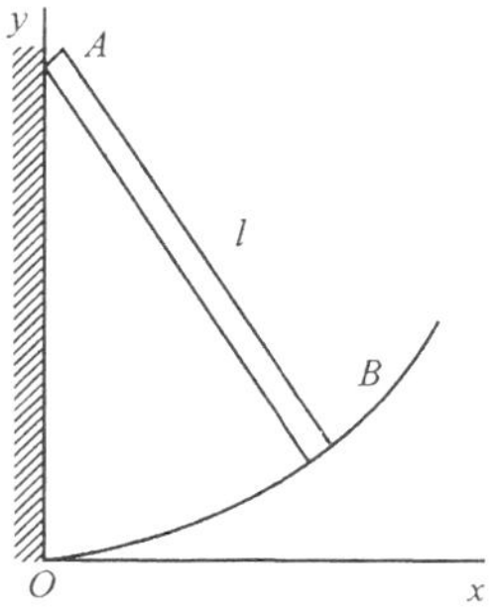

10.12 题图

10.13　半径为 R、鼓轮半径为 r 的匀质轮轴，重量为 Q，通过鼓轮上缠绕的绳子挂一重物 P，置于倾角为 α 的粗糙的斜面上，如题图所示. 轮轴与斜面间的摩擦因数为 μ. 求轮轴处于平衡的条件.

答　$\mu \geqslant \tan\alpha$，$P=\dfrac{R\sin\alpha}{r-R\sin\alpha}Q$，$r>R\sin\alpha$.

10.14　题图所示为一差动滑轮. 需用多大的力 F 能将重物 P 吊起来.

答　$F=\dfrac{r_2-r_1}{2r_2}P$.

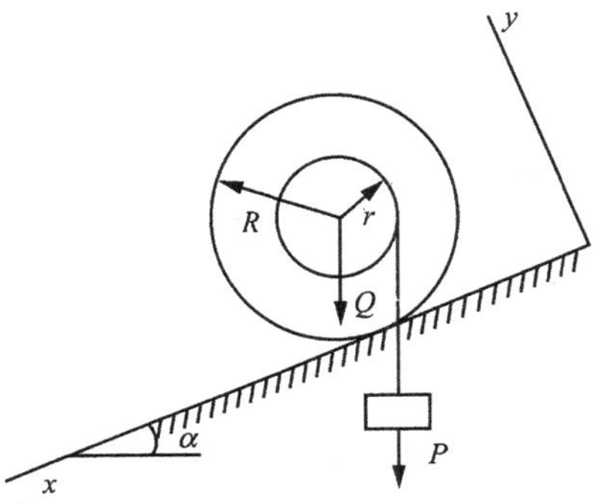

10.13 题图

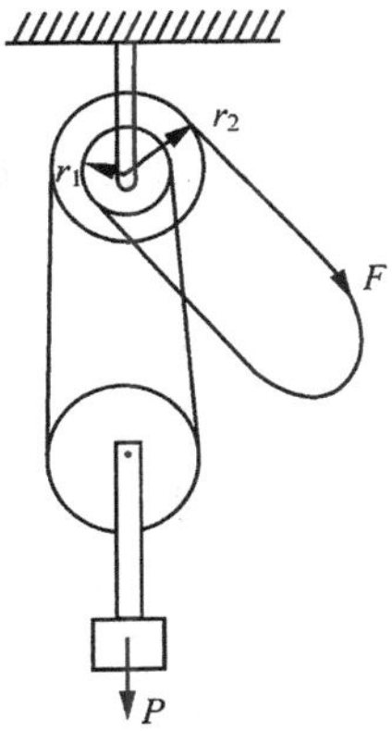

10.14 题图

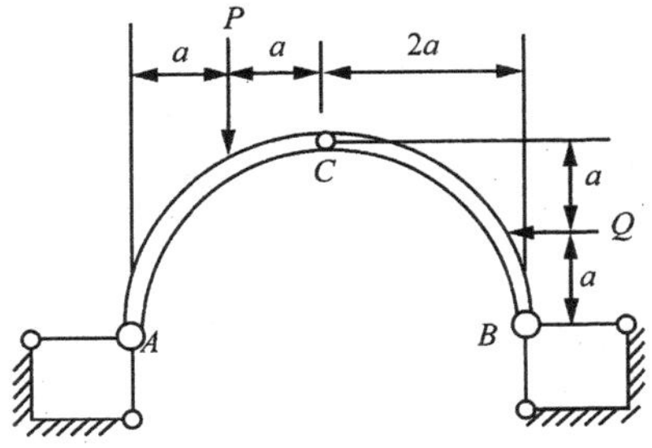

10.15 题图

10.15　二铰拱受集中负载 $\boldsymbol{P}$ 和 $\boldsymbol{Q}$ 作用. 各部分尺寸如题图所示. 求铰链 B 处约束力的水平分量.

答　$\dfrac{1}{4}(3Q-P)$（向右）.

10.16　题图所示的平面桁架中各杆重量不计. 求 AC 杆和 BC 杆的内力.

答　$N_{AC}=\sqrt{5}P$，$N_{BC}=0$.

10.17　用达朗贝尔原理解 8.27 题.

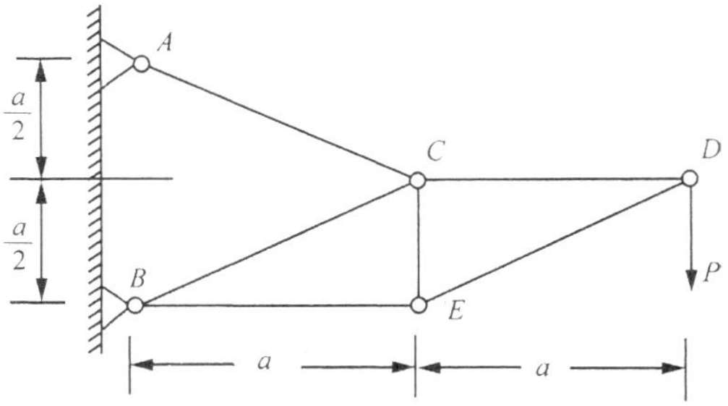

10.16 题图

10.18　用达朗贝尔原理解 9.41 题.

10.19　用达朗贝尔原理解 9.55 题.

10.20　均匀细杆 AB 可绕通过其杆上的固定点 O 的水平轴自由转动，此水平轴又绕通过 O 点的竖直轴作恒定角速度为 ω 的转动. 如 $OA=a$，$OB=b$，试用达朗贝尔原理求 AB 杆绕竖直轴作稳定转动时它与竖直轴所成的角 α.

答　$\alpha=\arccos\left[\dfrac{3g(a-b)}{2(a^2-ab+b^2)\omega^2}\right]$.

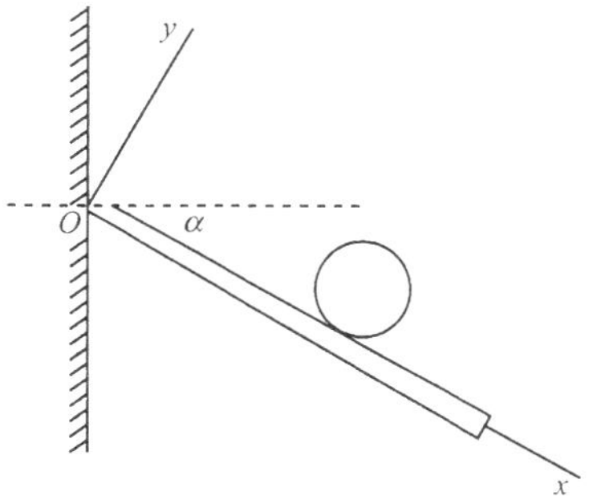

10.21 题图

10.21　重量为 P 的均质圆柱沿与水平面夹角为 α 的轻悬臂梁作无滑动的滚动. 用达朗贝尔原理求悬臂梁在 O 点受到的约束力.

答　$X_O=-\dfrac{1}{3}P\sin\alpha$，$Y_O=P\cos\alpha$，$\boldsymbol{M}_O=Px\cos\alpha\boldsymbol{k}$.

10.22　一个质量为 m 的质点通过一根无重量的不可伸长的绳子系在半径为 R、竖直放置的固定圆柱边缘. 绳子紧缠在圆柱上，质点与圆柱相接触. 给质点一个沿径向方向的水平冲量，使质点获得一个初速度 v_0. 质点被约束在与圆柱垂直的光滑水平面内运动. 用达朗贝尔原理求以后未缠在圆柱体上的绳子长度 l 与时间 t 的关系.

答　$l=\sqrt{2Rv_0t}$.

10.23　上题有几个自由度？是否保守系？选用适当的广义坐标，由拉格朗日方程得到运动微分方程.

10.24　一个珠子套在一条光滑的锥形螺旋线上，在重力作用下运动. 用柱坐标，锥形螺旋线方程为 $\rho=az$，$\varphi=-bz$，a、b 为常量. z 轴竖直向上. 证明：珠子的运动微分方程为

$$\ddot{z}(a^2+1+a^2b^2z^2)+a^2b^2z\dot{z}^2=-g.$$

10.25　一个质量为 M、半径为 R 的圆盘在一个光滑的水平面上滑动．另有一个质量为 m、半径为 r 的圆盘，将其中心钉在前一圆盘上离中心距离 b 处，它可在前一圆盘上围绕该点无摩擦地转动．选取适当的广义坐标，写出该系统的拉格朗日函数，给出一切可以直接写出的运动积分．

10.26　一个均匀的实心圆柱体，半径为 R，质量为 M，放在一水平面上，另一个相同的圆柱体放在它上面，和它的最高母线相切．两圆柱体从静止状态开始作无滑动滚动．写出该系统的拉格朗日函数，说明存在哪些运动积分．并证明：只要两圆柱体保持接触，则有

$$\dot{\theta} = \frac{12g(1-\cos\theta)}{R(17+4\cos\theta-4\cos^2\theta)}$$

其中 θ 是两轴所决定的平面和通过一个轴的铅垂面间的夹角．

10.27　一根质量为 M、长为 $2a$ 的均质棒 OA 装在固定点 O 处的光滑枢轴上，另有一个质量为 m 的珠子 P 用一根自然长度为 a、劲度系数为 k 的轻弹簧连于 O 点，并套在棒上，可沿棒作无摩擦滑动．设 θ 是 OA 与铅垂线间的夹角，φ 是包含 OA 的铅垂面与固定铅垂面间的夹角，r 为 OP 间的距离．用 r、θ、φ 为广义坐标，写出系统的拉格朗日函数，并给出两个运动常数．

答　$L=\frac{1}{2}m\dot{r}^2+\frac{1}{2}\left(mr^2+\frac{4}{3}Ma^2\right)(\dot{\theta}^2+\dot{\varphi}^2\sin^2\theta)$

$+(Ma+mr)g\cos\theta-\frac{1}{2}k(r-a)^2$

$\left(mr^2+\frac{4}{3}Ma^2\right)\dot{\varphi}\sin^2\theta=$常量

$\frac{1}{2}m\dot{r}^2+\frac{1}{2}\left(mr^2+\frac{4}{3}Ma^2\right)(\dot{\theta}^2+\dot{\varphi}^2\sin^2\theta)$

$-(Ma+mr)g\cos\theta+\frac{1}{2}k(r-a)^2=$常量．

10.28　长 l、质量为 M 的均质棒在竖直的 xz 平面内运动，其一端 A 限制在直线 $z=x\tan\alpha$ 上运动（α 为直线对水平的 x 轴的倾角）．用题图所示的广义坐标 s 和 θ，导出运动微分方程，并确定作纯平动时的 θ 值．

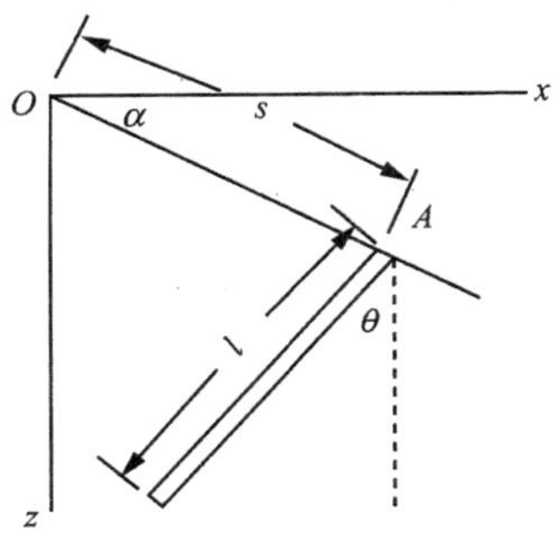

10.28 题图

答　$\ddot{s}-\frac{l}{2}\ddot{\theta}\cos(\theta-\alpha)+\frac{l}{2}\dot{\theta}^2\sin(\theta-\alpha)-g\sin\alpha=0$

$\frac{1}{3}l\ddot{\theta}-\frac{1}{2}\ddot{s}\cos(\theta-\alpha)+\frac{g}{2}\sin\theta=0$

作纯平动时，$\theta=\alpha$ 或 $\pi+\alpha$．

10.29　给定一个一维运动的拉格朗日函数

$$L = e^{\gamma t}\left(\frac{1}{2}m\dot{q}^2-\frac{1}{2}kq^2\right)$$

其中 γ、m、k 均是正值常量．写出拉格朗日方程，说明有无可直接写出的运动常数，并描述这一

运动.

若采用广义坐标 s,它与原广义坐标 q 的变换关系为 $s=e^{\frac{1}{2}\gamma t}q$,重新写出拉格朗日函数、拉格朗日方程,回答有无可直接写出的运动常数,并说明两个解之间的关系.

答　用 q 为广义坐标,$m\ddot{q}+\gamma m\dot{q}+kq=0$. 无直接可写出的运动常数.

当 $\frac{\gamma}{2}<\sqrt{\frac{k}{m}}$ 时,为弱阻尼振动;当 $\frac{\gamma}{2}>\sqrt{\frac{k}{m}}$ 时,为过阻尼的情况;当 $\frac{\gamma}{2}=\sqrt{\frac{k}{m}}$ 时,为临界阻尼情况.

用 s 为广义坐标,$L=\frac{1}{2}m\left(\dot{s}-\frac{1}{2}\gamma s\right)^2-\frac{1}{2}ks^2$, $\ddot{s}+\left(\frac{k}{m}-\frac{\gamma^2}{4}\right)s=0$

可写出一个运动积分

$$\frac{1}{2}m\dot{s}^2+\frac{1}{2}m\left(\frac{k}{m}-\frac{\gamma^2}{4}\right)s^2=\text{常量}$$

当 $\frac{k}{m}>\frac{\gamma^2}{4}$ 时,s 作简谐振动,q 为弱阻尼振动,$\frac{k}{m}<\frac{\gamma^2}{4}$ 和 $\frac{k}{m}=\frac{\gamma^2}{4}$ 分别相应于 q 的过阻尼和临界阻尼情况.

10.30　一个质量为 m、半径为 a 的均质圆环,在一个质量为 M、倾角为 α、置于光滑水平面上的斜面上作无滑动滚动,运动是平面的. 选择表示斜面对某固定参考点的水平距离 x 和表示圆环从斜面上某参考点沿斜面滚下的距离 s 为广义坐标,找出四个独立的运动常数.

答　$(M+m)\dot{x}+m\dot{s}\cos\alpha=\text{常量}$,

$$\frac{1}{2}M\dot{x}^2+\frac{1}{2}m(\dot{x}^2+2\dot{s}^2+2\dot{x}\dot{s}\cos\alpha)-mgs\sin\alpha=\text{常量},$$

$$\dot{x}+\frac{mgt\sin\alpha\cos\alpha}{2(M+m)-m\cos^2\alpha}=\text{常量}$$

$$\dot{s}-\frac{(M+m)gt\sin\alpha}{2(M+m)-m\cos^2\alpha}=\text{常量}.$$

10.31　(1) 质量为 m 的均质杆两端的速度分别为 $\boldsymbol{v}_A$ 和 $\boldsymbol{v}_B$. 证明其动能为

$$T=\frac{1}{6}m(v_A^2+\boldsymbol{v}_A\cdot\boldsymbol{v}_B+v_B^2)$$

(2) 一根质量为 m、长度为 a 的均质杆,其一端限于沿一光滑的竖直轴运动,另一端在光滑的水平面上滑动. 设 θ 是杆与竖直向下的轴间的夹角,φ 是杆所在竖直平面的角位移. 如 $t=0$ 时,$\theta=\frac{\pi}{6}$, $\dot{\theta}=0$, $\dot{\varphi}=\Omega$. 证明在以后的运动中,只要杆保持与水平面接触,有下列关系:

$$\dot{\theta}^2=\frac{1}{16}\Omega^2(4-\csc^2\theta)+\frac{3g}{2a}(\sqrt{3}-2\cos\theta).$$

10.32　一个质量为 m、半径为 a 的均质薄圆盘的质心 C 固连一根不计质量的长 b 的细杆 AC,细杆垂直于盘面,此系统放在粗糙的、倾角为 α 的斜面上. 杆的 A 端在斜面上的 O 点保持不动,圆盘沿半径为 $R=(a^2+b^2)^{1/2}$ 的圆周在平衡位置附近作小振动(纯滚动). 选 O 点为坐标系原点,ζ 轴垂直于斜面,η 轴沿斜面向上,固连于圆盘的动坐标系原点也在 O 点,AC 方向为 z

轴. 求(1)系统的动能;(2)系统的势能;(3)证明欧拉角 φ 的运动方程如同一个角频率为

$$\Omega=\left(\frac{4gR\sin\alpha}{a^2+6b^2}\right)^{1/2}$$

的单摆.

答 $T=\dfrac{1}{8}m\dfrac{(a^2+6b^2)b^2}{a^2+b^2}\dot{\varphi}^2$, $V=\dfrac{mgb^2\sin\alpha}{2\sqrt{a^2+b^2}}\varphi^2$.

10.33 一个由 x、y、z 轴构成的直角坐标系相对于惯性系以匀角速 ω 绕 z 轴转动、一个质量为 m 的质点在势能 $V(x、y、z)$的力作用下运动. 试用 x、y、z 为广义坐标,写出此质点的拉格朗日函数及拉格朗日方程,并证明这些方程与在惯性参考系中这个质点受到一个力 $-\nabla V$ 及另一个可用广义势 U 导出的力作用下的运动微分方程是一样的. 写出这个广义势

答 $U=-\dfrac{1}{2}m\omega^2(x^2+y^2)-m\omega(x\dot{y}-y\dot{x})$.

10.34 一个质量为 m 的质点在重力的作用下自静止竖直下落时受到一个可用耗散函数 $R=\dfrac{1}{2}\gamma v^2$ 的阻力作用. 证明质点的最大速度为$\dfrac{mg}{\gamma}$.

10.35 一个长度为 b、摆锤质量为 m 的单摆悬于原长为 a、劲度系数为 k 的弹簧上,悬点限于在竖直方向运动. 摆锤处于粘性介质中,受到的阻力其大小与摆锤的速率成正比,比例系数为 γ. 用摆的悬点在系统平衡位置下的距离 y 和摆与铅垂线的夹角 θ 为广义坐标. 写出耗散函数和运动微分方程.

答 $R=\dfrac{1}{2}\gamma(\dot{y}^2+b^2\dot{\theta}^2-2b\dot{y}\dot{\theta}\sin\theta)$

$$m\ddot{y}-mb\ddot{\theta}\sin\theta-mb\dot{\theta}^2\cos\theta+\gamma\dot{y}-\gamma b\dot{\theta}\sin\theta+ky=0$$

$$mb\ddot{\theta}-m\ddot{y}\sin\theta-\gamma\dot{y}\sin\theta+\gamma b\dot{\theta}+mg\sin\theta=0.$$

10.36 证明带电粒子在稳定电磁场中的能量积分是 $T+q\phi$,其中 q 是带电粒子所带的电量,ϕ 是电磁场的标势,T 是带电粒子的动能.

10.37 质量为 m、荷电为 q 的粒子在柱坐标中有轴对称的电场 $\boldsymbol{E}=\dfrac{E_0}{r}\boldsymbol{e}_r$ 和均匀磁场 $\boldsymbol{B}=B_0\boldsymbol{k}$, E_0、B_0 均为常量. 求此粒子的拉格朗日函数和运动微分方程.

答 $L=\dfrac{1}{2}m(\dot{r}^2+r^2\dot{\varphi}^2+\dot{z}^2)+qE_0\ln r$

$$-qB_0r\sin\varphi(\dot{r}\cos\varphi-r\dot{\varphi}\sin\varphi)$$

$$m\ddot{r}-mr\dot{\varphi}^2-qB_0r\dot{\varphi}-\frac{qE_0}{r}=0$$

$$mr^2\dot{\varphi}+\frac{1}{2}qB_0r^2=\text{常量},\quad \dot{z}=\text{常量}.$$

10.38 当电磁场的矢势和标势受到规范变换

$$\boldsymbol{A}\text{ 换为 }\boldsymbol{A}'=\boldsymbol{A}+\nabla\Lambda$$

$$\phi\text{ 换为 }\phi'=\phi-\frac{\partial\Lambda}{\partial t}$$

时,它们所描述的电磁场不变,可是拉格朗日函数显然要改变. 证明:用新的拉格朗日函数仍然给出与原来相同的运动微分方程.

10.39 用拉格朗日方程解 9.45 题.

10.40 用拉格朗日方程解 9.46 题.

10.41 一个由质量为 m 和 M 的两个质点用一根不计质量、长 a 的棒构成的哑铃开始处于静止状态,突然在棒上距 Mb 处受到一个垂直于棒的冲量 I. 求作用后哑铃的运动状态.

答 哑铃的质心速度为 $\dfrac{I}{M+m}\boldsymbol{e}_1$, $\boldsymbol{e}_1$ 为沿 $\boldsymbol{I}$ 方向的单位矢量,棒的角速度为 $\dfrac{(M+m)b-ma}{mMa^2}I(\boldsymbol{e}_2\times\boldsymbol{e}_1)$, $\boldsymbol{e}_2$ 为从 M 沿棒指向 m 方向的单位矢量.

10.42 质量均为 m、长度均为 $2a$ 的两根均质棒 PQ、QR,在 Q 点光滑铰连,开始置于光滑的桌面上成一直线,在 PQ 的 P 端作用一冲量 $\boldsymbol{I}$,其方向沿垂直于 PQ 的水平方向. 求两杆在作用后各自质心的初速度和初角速度.

答 $PQ: v_C=\dfrac{5I}{4m},\ \omega=\dfrac{9I}{4ma}$

$QR: v_C=-\dfrac{I}{4m},\ \omega=-\dfrac{3I}{4ma}$.

10.43 一个质量为 m、半径为 a 的均质圆环,可围绕边缘上一点 O 自由转动. 开始处于静止状态,突然在边缘上另一点 P 作用一个冲量 I,其方向垂直于圆环所在平面. 证明:由此冲量产生的角速度大小不会超过 $3I/\sqrt{2}ma$,并求产生这么大的角速度 OP 的距离.

答 $\dfrac{3}{2}a$.

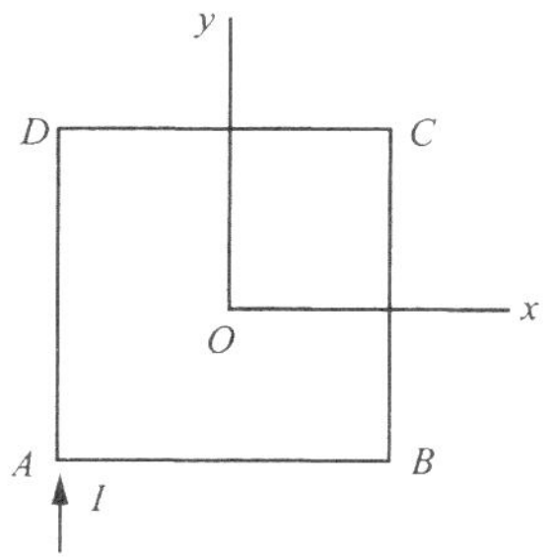

10.44 题图

10.44 由长度为 $2l$、质量为 m 的四根杆用光滑铰链连接成的构件 $ABCD$,开始成正方形静置于光滑的水平面上. 取题图所示的坐标,质心位于坐标原点,AB、CD 与 x 轴平行,AD、BC 与 y 轴平行. 今在 A 点沿 AD 方向作用一冲量 I,求作用后构件的运动状态.

答 $\dot{x}_C=0,\ \dot{y}_C=\dfrac{I}{4m},\ \dot{\theta}_1=0,\ \dot{\theta}_2=-\dfrac{3I}{8ml}$. 其中 θ_1 是 AD、BC 与 x 轴的夹角,θ_2 是 BA、CD 与 x 轴的夹角.

10.45 一个肥皂泡的半径 r 按 $r=at+b$,(其中 a、b 为常量)的规律随时间变化,一个质量为 m 的质点保持在表面上运动. $t=0$ 时给质点一个沿切向的速度 v,不考虑重力的作用,求质点的运动规律及表面对质点的作用力(限用带未定乘子的拉格朗日方程).

答 $\varphi=\dfrac{v}{a}\left(1-\dfrac{b}{r}\right),\ F=-\dfrac{mb^2v^2}{r^3}$(拉力).

10.46 一个质量为 m 的质点被约束沿一弯成半径为 a 的水平圆形金属丝上运动,摩擦因数为 μ. 开始速率为 v_0,若不计重力的作用,求质点的角位置与时间的关系以及金属丝对质点的作用力.

答　$\varphi=\frac{1}{\mu}\ln\left(1+\frac{\mu v_0}{a}t\right)$，$F_r=-\frac{mv_0^2a}{(a+\mu v_0t)^2}$，$F_\varphi=\mu F_r$.

10.47　一根光滑的金属丝弯成一螺旋线,其方程为 $z=a\varphi,\rho=b$，a、b 为常量. ρ、φ、z 为柱坐标. 原点为引力中心,引力大小与距离成正比,比例系数为 k. 有一质量为 m 的珠子在金属丝上作无摩擦滑动. 求金属丝对珠子的作用力的 ρ、φ、z 分量(不考虑重力的作用).

答　$F_\rho=kb-\frac{mb}{a^2}\dot{z}^2$，$F_\varphi=\frac{mb}{a}\ddot{z}$，$F_z=m\ddot{z}+kz$

其中 $z=A\cos(\omega t+\alpha),\omega=a\sqrt{\frac{k}{m(a^2+b^2)}}$，$A$、$\alpha$ 是积分常数,由初条件决定.

10.48　一个质量为 m 的质点在一个光滑的抛物面[其方程为 $x^2+y^2=a(a-z)$,其中 a 是常量,z 轴竖直向上]的顶端从静止开始下滑,选柱坐标 ρ、φ、z 为广义坐标,写出含未定乘子的拉格朗日方程,并求出约束力,在何处质点离开抛物面?

答　$m(\ddot{\rho}-\rho\dot{\varphi}^2)=2\lambda\rho$，$\frac{\mathrm{d}}{\mathrm{d}t}(m\rho^2\dot{\varphi})=0$

$m\ddot{z}=-mg+a\lambda$，$\rho^2=a^2-az$

$F_\rho=\frac{2ma^3g\rho}{(a^2+4\rho^2)^2}$，$F_\varphi=0$，$F_z=\frac{ma^4g}{(a^2+4\rho^2)^2}$ 质点不会离开抛物面.

10.49　一个质量为 m、半径为 a 的均质圆柱 A 在一个固定的半径为 b 的圆柱体 B 的顶部处于静止状态. 两圆柱体的轴平行且水平. 让圆柱体 A 稍偏离其平衡位置做无滑动滚动滚下圆柱体 B,用带未定乘子的拉格朗日方程求约束力,并找出两圆柱体分离的位置.

答　$F_r=\frac{1}{3}mg(7\cos\theta-4)$，$F_\theta=-\frac{1}{3}mg\sin\theta$. 分离时 $\theta=\arccos\frac{4}{7}$，$\theta$ 是两圆柱体轴线所在平面与铅垂面的夹角.

***10.50**　一个质量为 m、半径为 a 的均质圆盘,受到约束,保持盘面铅直地在一完全粗糙的水平面上滚动,受到一个力 $\boldsymbol{f}$ 作用,作用线通过盘心,$\boldsymbol{f}=f_1\boldsymbol{i}+f_2\boldsymbol{j}$，$\boldsymbol{i}$、$\boldsymbol{j}$ 分别是水平面上的 x、y 轴的单位矢量,z 轴垂直于水平面. 取固连于圆盘的坐标系 x'、y'、z',原点位于盘心 C,x'、y'轴在盘面上,z'轴垂直于盘面. 取 z'、z 轴的夹角为θ,φ 是$\boldsymbol{i}$ 和$\boldsymbol{k}\times\boldsymbol{k}'$($\boldsymbol{k}'$是$z'$轴的单位矢量)间的夹角,$\psi$ 是$\boldsymbol{i}'$和$\boldsymbol{k}\times\boldsymbol{k}'$的夹角,$\theta$、$\varphi$、$\psi$ 是欧拉角,选质心 C 的x、y 坐标和φ、ψ 为广义坐标,写出盘面的运动微分方程.

答　$m\ddot{x}=f_1+\lambda_1,m\ddot{y}=f_2+\lambda_2,\frac{1}{4}ma^2\ddot{\varphi}=0$，$\frac{1}{2}ma^2\ddot{\psi}=\lambda_1a\cos\varphi+\lambda_2a\sin\varphi$

$\dot{x}+a\dot{\psi}\cos\varphi=0$，$\dot{y}+a\dot{\psi}\sin\varphi=0$.

***10.51**　一个质量为 m 的质点,受到一个力 $\boldsymbol{F}=F_x\boldsymbol{i}+F_y\boldsymbol{j}+F_z\boldsymbol{k}$ 作用以及一个非完整约束 $\dot{x}-t\dot{y}=a$,其中 a 为常量,求运动微分方程.

答　$mt\ddot{x}+m\ddot{y}=F_xt+F_y$，$m\ddot{z}=F_z$，$\dot{x}-t\dot{y}=a$.

***10.52**　分别用基尔霍夫定律和拉格朗日方程得到题图所示电路的电路方程.

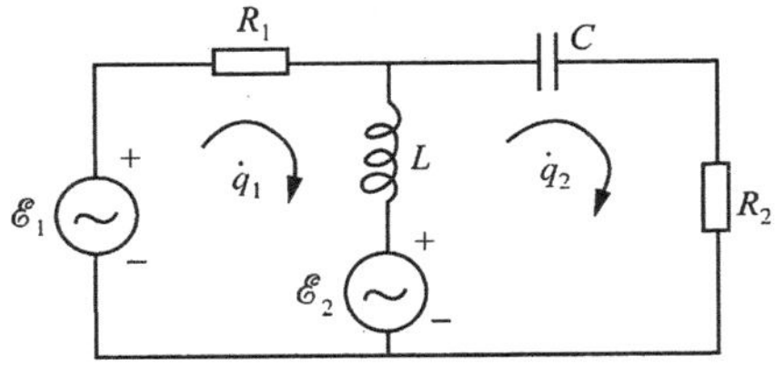

10.52 题图

答　$L(\ddot{q}_1-\ddot{q}_2)=\mathscr{E}_1-\mathscr{E}_2-R_1\dot{q}_1,$

$$L(\ddot{q}_2-\ddot{q}_1)+\frac{1}{C}q_2=\mathscr{E}_2-R_2\dot{q}_2.$$

* **10.53**　用拉格朗日方程得到题图所示电路的电路方程.

提示　电流源可作为一个约束 $\dot{q}=i$ 来处理.

答　$\frac{1}{C}q_1=R_1(\dot{q}-\dot{q}_1)-R_2(\dot{q}_1-\dot{q}_2)$

$$0=R_2(\dot{q}_1-\dot{q}_2)-R_3\dot{q}_2-\mathscr{E},\ \dot{q}=i.$$

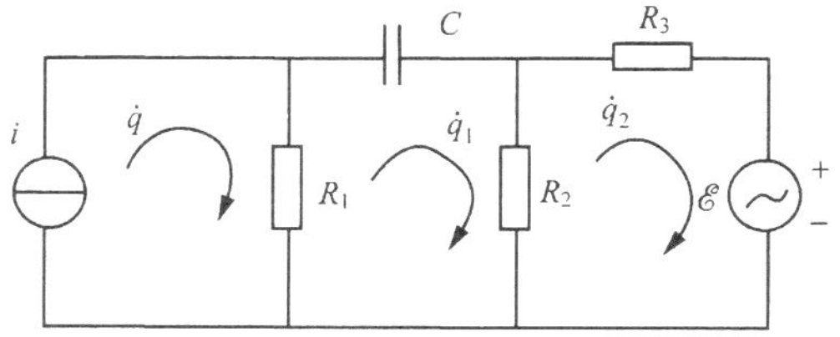

10.53 题图

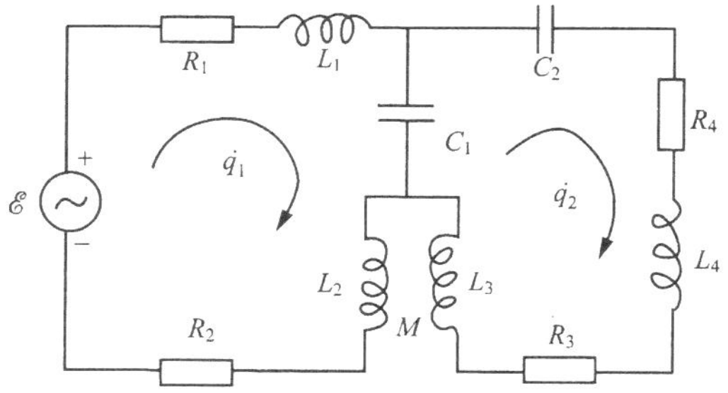

10.54 题图

* **10.54**　用拉格朗日方程写出题图所示电路的电路方程.

答　$(L_1+L_2)\ddot{q}_1+M\ddot{q}_2+\frac{1}{C_1}(q_1-q_2)=\mathscr{E}-(R_1+R_2)\dot{q}_1,$

$$(L_3+L_4)\ddot{q}_2+M\ddot{q}_1+\frac{1}{C_1}(q_2-q_1)+\frac{1}{C_2}q_2=-(R_3+R_4)\dot{q}_2.$$

第十一章　有限多自由度系统的小振动

在宏观领域，在工程技术上，振动大量存在是众所周知的，在微观领域，振动也绝不鲜见，如固体物理中讲的晶格振动，光学中讲的分子振动光谱等都是振动现象.我们在第三章中已经讨论过一个自由度的自由振动、阻尼振动和受迫振动，它们的运动微分方程都是线性的，可称为一维的线性振动.在本书§2.2中讲了用微扰法处理一维的非线性振动.这里我们主要讨论有限多自由度系统的小振动(包括自由振动、阻尼振动和受迫振动)，力学系统在平衡位置附近作小振动，取最低级近似，微分方程都是线性的.最后简单地讨论一下多自由度系统的非线性振动.

用拉格朗日方程和用矢量力学一样，列出的运动微分方程未必都能积分获得解析解，可是，对于有限多自由度系统的小振动，运用拉格朗日方程得到的运动微分方程一定可以得到完全的解答.就像在矢量力学部分，一般理论力学教科书都要详尽讨论有心运动、刚体运动一样，在讲过拉格朗日方程以后，也都要对多自由度系统的小振动作详尽的讨论.

§11.1　自由的小振动

自由的小振动是指区别于§11.4、§11.5的系统未受阻力和周期性外力(时变的外力作傅里叶分析也含有周期性外力)情况下的小振动.

1. 动能和势能的简化

我们讨论的对象是完整的稳定、理想约束的保守系统，采用广义坐标时用不显含时间的坐标变换关系.此时分析力学的保守系，也是矢量力学的保守系(反之则不一定，例如有回转仪力存在时，矢量力学的保守系，且不是分析力学的保守系)，讨论这样的系统在稳定平衡位置附近的小振动.

首先说明一下稳定平衡位置需具备什么条件.

设系统具有 s 个自由度，取 q_1、q_2、…、q_s 为广义坐标，并将各广义坐标的零点取在平衡位置处，选势能的零点，使在平衡位置处势能为零.

在平衡位置附近作小振动，此处的势能可在平衡位置处作泰勒展开

$$V(q_1,q_2,\cdots,q_s)=V(0,0,\cdots,0)+\sum_{i=1}^{s}\left(\frac{\partial V}{\partial q_i}\right)_0 q_i+\frac{1}{2}\sum_{i,j=1}^{s}\left(\frac{\partial^2 V}{\partial q_i\partial q_j}\right)_0 q_iq_j+\cdots \tag{1}$$

其中$\left(\frac{\partial V}{\partial q_i}\right)_0=\frac{\partial V(q_1,q_2,\cdots,q_s)}{\partial q_i}\Big|_{q_1=q_2=\cdots=q_s=0}$，$\left(\frac{\partial^2 V}{\partial q_i\partial q_j}\right)_0$也表示求偏导后再令各广义坐标都等于零,也即取平衡位置处的偏导数值,今取平衡位置为势能的零点，$V(0,0,\cdots,0)=0$.

由虚功原理,平衡位置处,各广义力分量等于零,即$(Q_i)_0=0(i=1,2,\cdots,s)$.今系统是保守系,$Q_i=-\frac{\partial V}{\partial q_i}$,故在平衡位置处,有

$$\left(\frac{\partial V}{\partial q_i}\right)_0=0\quad(i=1,2,\cdots,s)$$

代入(1)式

$$V(q_1,q_2,\cdots,q_s)=\frac{1}{2}\sum_{i,j=1}^{s}\left(\frac{\partial^2 V}{\partial q_i\partial q_j}\right)_0 q_iq_j+\cdots \tag{2}$$

稳定平衡要求在平衡位置处势能有严格的极小值.即在偏离平衡位置时(q_i不全为零),

$$\sum_{i,j=1}^{s}\left(\frac{\partial^2 V}{\partial q_i\partial q_j}\right)_0 q_iq_j>0 \tag{3}$$

考虑到可能有随遇平衡的情况,(3)式的大于号也可改成大于等于号.>0的二次型是正定的,$\geqslant 0$的二次型是半正定的或非负的.

下面我们就来着手对势能和动能的表达式进行简化.

由于在平衡位置附近作小振动,又取平衡位置为各广义坐标的零点,运动中q_i为一级小量,(2)式作最低级近似,必须也仅需保留二级小量项,并令$k_{ij}=\left(\frac{\partial^2 V}{\partial q_i\partial q_j}\right)_0$,势能表达式简化为

$$V(q_1,q_2,\cdots,q_s)=\frac{1}{2}\sum_{i,j=1}^{s}k_{ij}q_iq_j \tag{11.1.1}$$

k_{ij}是V对q_i、q_j先后偏导后取$q_i=0(i=1,2,\cdots,s)$的值,它是常数或称为刚度系数或准弹性常数.(当$s=1$时,它就是弹簧常数或叫劲度系数k,故用这符号作这种称呼)k_{ij}组成的矩阵,称为刚度矩阵,可用张量符号$\boldsymbol{K}$表示之,

$$K = \begin{pmatrix} k_{11} & k_{12} & \cdots & k_{1s} \\ k_{21} & k_{22} & \cdots & k_{2s} \\ \vdots & \vdots & & \vdots \\ k_{s1} & k_{s2} & \cdots & k_{ss} \end{pmatrix}$$

由于 $k_{ij} = k_{ji}$，且为实数，刚度矩阵是实对称矩阵.

(11.1.1)式可写成矩阵形式

$$V = \frac{1}{2}\boldsymbol{q}^T \cdot \boldsymbol{K} \cdot \boldsymbol{q} \qquad (11.1.1')$$

即

$$V = \frac{1}{2}(q_1 q_2 \cdots q_s)\begin{pmatrix} k_{11} & k_{12} & \cdots & k_{1s} \\ k_{21} & k_{22} & \cdots & k_{2s} \\ \vdots & \vdots & & \vdots \\ k_{s1} & k_{s2} & \cdots & k_{ss} \end{pmatrix}\begin{pmatrix} q_1 \\ q_2 \\ \vdots \\ q_s \end{pmatrix}$$

在§10.3.4中我们已指出，对无约束或受稳定约束的系统，且用不显含时间的坐标变换关系，用广义坐标、广义速度表述的动能是广义速度的二次齐次函数，

$$T = \frac{1}{2}\sum_{i,j=1}^{s} a_{ij}\dot{q}_i\dot{q}_j$$

其中 a_{ij} 是 q_1、q_2、…、q_s 的函数.

由于小振动，系统的位形在平衡位置附近.可将 $a_{ij}(q_1, q_2, \cdots, q_s)$在平衡位置处作泰勒展开.

$$a_{ij} = (a_{ij})_0 + \sum_{k=1}^{s}\left(\frac{\partial a_{ij}}{\partial q_k}\right)_0 q_k + \frac{1}{2}\sum_{k,l=1}^{s}\frac{\partial^2 a_{ij}}{\partial q_k \partial q_l} q_k q_l + \cdots$$

式中$(a_{ij})_0$、$\left(\frac{\partial a_{ij}}{\partial q_k}\right)_0$ 等也都是取 $q_i = 0(i = 1, 2, \cdots, s)$处的值，故均为常数.

在平衡位置附近，q_i 是一级小量，而 t 是有限量，故 $\dot{q}_i$、$\ddot{q}$ 均是一级小量，说得详细一点，因 $\Delta q_i = \int_{t_1}^{t_2} \dot{q}_i \mathrm{d}t = \dot{q}_i(t^*)\Delta t$(后一等式用了中值定理)，其中 $\Delta t = t_2 - t_1$，$t_1 \leqslant t^* \leqslant t_2$，$\Delta t$ 是有限量，对于小振动，在任意有限的时间间隔 Δt 内，Δq_i 均是一级小量，故在任意时刻，$\dot{q}_i$ 为一级小量.类似地可说明 $\ddot{q}_i$ 为一级小量.更准确

地说 q_i、$\dot{q}_i$、$\ddot{q}_i$ 都是不大于一级小量. 将 a_{ij} 的泰勒级数代入动能表达式,也作最低级近似,只保留二级小量,a_{ij} 的级数仅需保留第一项$(a_{ij})_0$,并将$(a_{ij})_0$ 改用符号 m_{ij},动能表达式可简化为

$$T = \frac{1}{2}\sum_{i,j=1}^{s} m_{ij}\dot{q}_i\dot{q}_j \tag{11.1.2}$$

m_{ij} 可称为惯性系数或广义质量,m_{ij} 构成的矩阵用 $\boldsymbol{M}$ 表之,可称为惯性矩阵或质量矩阵. 由于 $m_{ij} = m_{ji}$,也是实数,$\boldsymbol{M}$ 也是实对称矩阵.

(11.1.2)式也可表成矩阵形式

$$T = \frac{1}{2}\dot{\boldsymbol{q}}^T \cdot \boldsymbol{M} \cdot \boldsymbol{q} \tag{11.1.2$'$}$$

(11.1.2)式中的二次型是正定的,$T>0$,只有 $\dot{q}_i(i=1,2,\cdots,s)$全为零时,才有 $T=0$.

2. 运动微分方程及其解法

$$L = T - V = \frac{1}{2}\sum_{i,j=1}^{s} m_{ij}\dot{q}_i\dot{q}_j - \frac{1}{2}\sum_{i,j=1}^{s} k_{ij}q_iq_j$$

代入有势系的拉格朗日方程即得运动微分方程

$$\sum_{j=1}^{s}(m_{ij}\ddot{q}_j + k_{ij}q_j) = 0 \quad (i = 1,2,\cdots,s) \tag{11.1.3}$$

(11.1.3)式可写成矩阵形式,

$$\boldsymbol{M} \cdot \ddot{\boldsymbol{q}} + \boldsymbol{K} \cdot \boldsymbol{q} = 0 \tag{11.1.3$'$}$$

或

$$\begin{pmatrix} m_{11} & m_{12} & \cdots & m_{1s} \\ m_{21} & m_{22} & \cdots & m_{2s} \\ \vdots & \vdots & & \vdots \\ m_{s1} & m_{s2} & \cdots & m_{ss} \end{pmatrix}\begin{pmatrix} \ddot{q}_1 \\ \ddot{q}_2 \\ \vdots \\ \ddot{q}_s \end{pmatrix} + \begin{pmatrix} k_{11} & k_{12} & \cdots & k_{1s} \\ k_{21} & k_{22} & \cdots & k_{2s} \\ \vdots & \vdots & & \vdots \\ k_{s1} & k_{s2} & \cdots & k_{ss} \end{pmatrix}\begin{pmatrix} q_1 \\ q_2 \\ \vdots \\ q_s \end{pmatrix} = 0.$$

方程中所有 $\boldsymbol{M}$ 和 $\boldsymbol{K}$ 的矩阵元 m_{ij}、$k_{ij}(i,j=1,2,\cdots,s)$都是已知的实常量,s 个方程都是二阶常系数线性的齐次常微分方程.

考虑到系统在稳定平衡位置附近作小振动,各广义坐标的运动方程必有下列

形式的方程组的特解

$$q_j^{(i)} = u_j^{(i)}\cos(\omega_i t + \alpha_i) \quad (j = 1,2,\cdots,s) \tag{11.1.4}$$

其中 ω_i 是第 i 个特解的振动角频率,$\boldsymbol{u}^{(i)}$是振幅矢量,$|u_j^{(i)}|$是在广义坐标 q_j 方向振动的振幅,若 $u_j^{(i)}$ 为正值,α_i 是这个方向振动的初相位,若 $u_j^{(i)}$ 为负值,$\alpha_i+\pi$ 是这个方向振动的初相位.角标 i 表示第 i 个特解,对于 s 个自由度的系统,有 s 个相互独立的特解.通解是这 s 个特解的线性组合

$$q_j = \sum_{i=1}^{s} c_i u_j^{(i)}\cos(\omega_i t + \alpha_i) \tag{11.1.5}$$

由初条件决定满足初条件的特解.

现来证明对 s 个自由度的系统,有 s 个独立的(11.1.4)式的特解,说明如何求出式中涉及的各量以及如何求满足初条件的特解诸问题.

将(11.1.4)形式的解

$$q_j = u_j\cos(\omega t + \alpha) \quad (j = 1,2,\cdots,s)$$

代入(11.1.3)式,消去等号两边的 $\cos(\omega t+\alpha)$得

$$\begin{pmatrix} k_{11}-\omega^2 m_{11} & k_{12}-\omega^2 m_{12} & \cdots & k_{1s}-\omega^2 m_{1s} \\ k_{21}-\omega^2 m_{21} & k_{22}-\omega^2 m_{22} & \cdots & k_{2s}-\omega^2 m_{2s} \\ \vdots & \vdots & & \vdots \\ k_{s1}-\omega^2 m_{s1} & k_{s2}-\omega^2 m_{s2} & \cdots & k_{ss}-\omega^2 m_{ss} \end{pmatrix} \begin{pmatrix} u_1 \\ u_2 \\ \vdots \\ u_s \end{pmatrix} = 0$$

上式也可简写为

$$(\boldsymbol{K} - \omega^2\boldsymbol{M})\cdot\boldsymbol{u} = 0 \tag{11.1.6}$$

令 $\boldsymbol{H}=\boldsymbol{K}-\omega^2\boldsymbol{M}$,$\boldsymbol{H}$ 称为特征矩阵,上式可写成

$$\boldsymbol{H}\cdot\boldsymbol{u} = 0 \tag{11.1.6$'$}$$

(11.1.5)式是齐次线性代数方程,它要有非零解的充要条件是其系数行列式等于零,即

$$|\boldsymbol{H}| = |\boldsymbol{K} - \omega^2\boldsymbol{M}| = 0 \tag{11.1.7}$$

(11.1.7)式是 ω^2 的 s 次方程,可以求得 ω^2 的 s 个根或 ω 的 s 个正根(可以有重根,也可以有 $\omega=0$).这 s 个 ω 分别标以 ω_i $(i=1,2,\cdots,s)$相应于 s 个特解的振动角频率,称为简正频率或固有频率.(11.1.7)式称为特征方程,求得的 ω_i 在数学上

称为特征值.

将 s 个 ω_i 分别代回(11.1.6)式,如 ω_i 均无重根,(11.1.6)式有 $s-1$ 个独立的方程,可解出 $\dfrac{u_j^{(i)}}{u_1^{(i)}}(j=2,3,\cdots,s)$,$u_1^{(i)}$ 可任取,例如取 $u_1^{(i)}=1$,则 $u_j^{(i)}(j=1,2,\cdots,s)$均已确定,在求特解时 α_i 还没确定,通解中 c_i、α_i 共 $2s$ 个积分常数可由初条件的 q_{i0}、$\dot{q}_{i0}(i=1,2,\cdots,s)$确定.

如 ω_i 有二重根,当将二重根代入(11.1.5)式时,(11.1.6)式有 $s-2$ 个独立的方程,u_1、u_2 可任取,例如 $\omega_1=\omega_2$,可取 $u_1^{(1)}=1, u_2^{(1)}=0, u_1^{(2)}=0, u_2^{(2)}=1$,由 $s-2$ 个独立方程,可由此解出 $u_j^{(1)}$、$u_j^{(2)}(j=3,4,\cdots,s)$.

关于某个 $\omega_i=0$ 的情况,其特解不能写成(11.1.4)的形式,如何处理参看后面的例题.

还有一个问题需要说明,要有(11.1.4)形式的特解,必须有 $\omega^2>0$. 现证明如下:

在(11.1.5)式两边左边点乘 $\boldsymbol{u}^{\mathrm{T}}$

$$\boldsymbol{u}^{\mathrm{T}}\cdot\boldsymbol{K}\cdot\boldsymbol{u}-\omega^2\boldsymbol{u}^{\mathrm{T}}\cdot\boldsymbol{M}\cdot\boldsymbol{u}=0$$

由(11.1.1′)和(11.1.2′)式,上式可改写为

$$2V(u_1,u_2,\cdots,u_s)-\omega^2\cdot 2T(u_1,u_2,\cdots,u_s)=0$$

$$\omega^2=\frac{V(u_1,u_2,\cdots,u_s)}{T(u_1,u_2,\cdots,u_s)}$$

其中 $V(u_1,u_2,\cdots,u_s)$是将势能表达式中的 q_k 换以 $u_k(k=1,2,\cdots,s)$,同样,$T(u_1,u_2,\cdots,u_s)$是将动能表达式中的 $\dot{q}_k$ 换以 $u_k(k=1,2,\cdots,s)$,u_1、u_2、$\cdots$、u_s 全为零是没有意义的,只要系统有运动,它们就不全为零. 由动能的二次型是正定的和势能的二次型是非负的可知,$T(u_1,u_2,\cdots,u_s)>0$, $V(u_1,u_2,\cdots,u_s)\geqslant 0$,故有 $\omega^2\geqslant 0$. $\omega^2=0$ 是在 $V(u_1,u_2,\cdots,u_s)=0$,这种有随遇平衡情况时出现,这种情况不是振动.

在举例以前,还请读者注意以下两点:

(1) 广义坐标的零点和势能的零点原则上是可以任意规定的,如没有选在平衡位置,则作泰勒展开时均在平衡位置$(q_{10},q_{20},\cdots,q_{s0})$处展开,$m_{ij}$,$k_{ij}$ 均是$(q_{10},q_{20},\cdots,q_{s0})$处的值,$V$ 的表达式(11.1.1)式中还要加上一常数(平衡位置处的势能值),q_iq_j 改成$(q_i-q_{i0})(q_j-q_{j0})$. 特解(11.1.4)式、通解(8.1.5)式也都要加上平衡位置的广义坐标值. 为了避免引起麻烦和发生错误,还是把零点选在平衡位置为好. 势能零点不选平衡位置不会影响结果.

(2) 采用这种列出特征方程.求特征值的方法，广义坐标应有同样的量纲，可取 x、$l_1\theta$、$l_2\varphi$ 为广义坐标，不要取 x、θ、φ 为广义坐标.要保证 m_{ij} 有同样的量纲、k_{ij} 也有同样的量纲.如采用一般的求解拉格朗日方程的方法就无此要求.

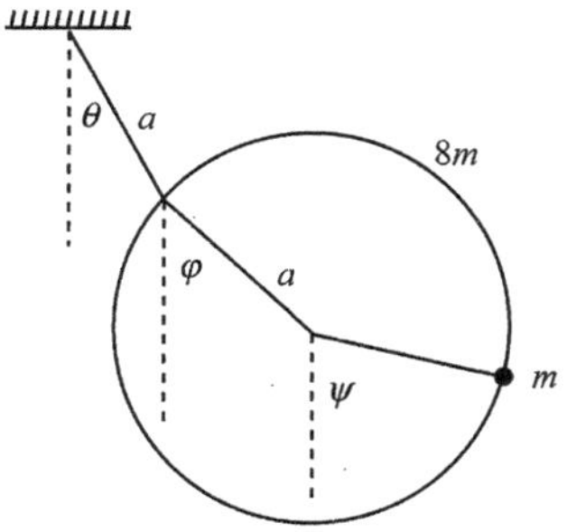

图 11.11

例 11.1.1 一个质量为 $8m$、半径为 a 的均质光滑圆圈，用一根接在其边缘的长为 a 的不可伸长的轻绳将它悬挂于固定点，另有一质量为 m 的质点在圆圈上无摩擦滑动.如系统从静止释放时，圆圈在其平衡位置，质点偏离其平衡位置一个小角度 β.证明在 t 时刻绳与铅垂线的夹角为

$$\frac{1}{21}\beta\left[\cos\left(\frac{1}{2\sqrt{2}}nt\right)-\cos nt\right]$$

其中 $n=\sqrt{\dfrac{3g}{a}}$.

证明 选图 11.1.1 中的 θ、φ、ψ 为广义坐标，可写出系统的动能和势能分别为

$$T=\frac{9}{2}ma^2\dot{\theta}^2+\frac{17}{2}ma^2\dot{\varphi}^2+\frac{1}{2}ma^2\dot{\psi}^2+9ma^2\dot{\theta}\dot{\varphi}+ma^2\dot{\theta}\dot{\psi}+ma^2\dot{\varphi}\dot{\psi}$$

$$V=\frac{1}{2}mga(9\theta^2+9\varphi^2+\psi^2)$$

这里已作了小振动近似，并取平衡位置处 $\theta=\varphi=\psi=0$，且在此处 $V=0$.

由拉格朗日方程或由(11.1.3)式可得运动微分方程

$$\begin{cases}9a\ddot{\theta}+9a\ddot{\varphi}+a\ddot{\psi}+9g\theta=0\\9a\ddot{\theta}+17a\ddot{\varphi}+a\ddot{\psi}+9g\varphi=0\\a\ddot{\theta}+a\ddot{\varphi}+a\ddot{\psi}+g\psi=0\end{cases}\tag{1}$$

令

$$\theta=u_1\cos(\omega t+\alpha)$$

$$\varphi=u_2\cos(\omega t+\alpha)$$

$$\psi=u_3\cos(\omega t+\alpha)$$

代入(1)式或用(11.1.6)式,可得决定振幅矢量的代数方程(消去相同的因子)

$$\begin{pmatrix} 9g-9a\omega^2 & -9a\omega^2 & -a\omega^2 \\ -9a\omega^2 & 9g-17a\omega^2 & -a\omega^2 \\ -a\omega^2 & -a\omega^2 & g-a\omega^2 \end{pmatrix}\begin{pmatrix} u_1 \\ u_2 \\ u_3 \end{pmatrix}=0 \tag{2}$$

特征方程为

$$\begin{vmatrix} 9g-9a\omega^2 & -9a\omega^2 & -a\omega^2 \\ -9a\omega^2 & 9g-17a\omega^2 & -a\omega^2 \\ -a\omega^2 & -a\omega^2 & g-a\omega^2 \end{vmatrix}=0 \tag{3}$$

由(3)式解出三个简正频率为

$$\omega_1=\sqrt{\frac{3g}{a}},\ \omega_2=\sqrt{\frac{9g}{8a}},\ \omega_3=\sqrt{\frac{3g}{8a}} \tag{4}$$

将(4)式中的三个 ω 依次代回(2)式,可解出 $u_1^{(i)}$、$u_2^{(i)}$、$u_3^{(i)}$,取 $u_3^{(i)}=1$,得

$$u_1^{(1)}=-\frac{5}{3},\ u_2^{(1)}=1,\ u_3^{(1)}=1$$

$$u_1^{(2)}=0,\ u_2^{(2)}=-\frac{1}{9},\ u_3^{(2)}=1$$

$$u_1^{(3)}=\frac{2}{3},u_2^{(3)}=1,u_3^{(3)}=1$$

三个特解为

$$\begin{cases} \theta^{(1)}=-\dfrac{5}{3}\cos\left(\sqrt{\dfrac{3g}{a}}t+\alpha_1\right) \\ \varphi^{(1)}=\cos\left(\sqrt{\dfrac{3g}{a}}t+\alpha_1\right) \\ \psi^{(1)}=\cos\left(\sqrt{\dfrac{3g}{a}}t+\alpha_1\right) \end{cases}$$

$$\begin{cases}\theta^{(2)}=0\\ \varphi^{(2)}=-\dfrac{1}{9}\cos\left(\sqrt{\dfrac{9g}{8a}}t+\alpha_2\right)\\ \psi^{(2)}=\cos\left(\sqrt{\dfrac{9g}{8a}}t+\alpha_2\right)\end{cases}$$

$$\begin{cases}\theta^{(3)}=\dfrac{2}{3}\cos\left(\sqrt{\dfrac{3g}{8a}}t+\alpha_3\right)\\ \varphi^{(3)}=\cos\left(\sqrt{\dfrac{3g}{8a}}t+\alpha_3\right)\\ \psi^{(3)}=\cos\left(\sqrt{\dfrac{3g}{8a}}t+\alpha_3\right)\end{cases}$$

通解为

$$\theta=-\frac{5}{3}c_1\cos\left(\sqrt{\frac{3g}{a}}t+\alpha_1\right)+\frac{2}{3}c_3\cos\left(\sqrt{\frac{3g}{8a}}t+\alpha_3\right)$$

$$\varphi=c_1\cos\left(\sqrt{\frac{3g}{a}}t+\alpha_1\right)-\frac{1}{9}c_2\cos\left(\sqrt{\frac{9g}{8a}}t+\alpha_2\right)+c_3\cos\left(\sqrt{\frac{3g}{8a}}t+\alpha_3\right)$$

$$\psi=c_1\cos\left(\sqrt{\frac{3g}{a}}t+\alpha_1\right)+c_2\cos\left(\sqrt{\frac{9g}{8a}}t+\alpha_2\right)+c_3\cos\left(\sqrt{\frac{3g}{8a}}t+\alpha_3\right)$$

由初条件 $t=0$ 时，$\theta=0,\varphi=0,\psi=\beta,\dot{\theta}=0,\dot{\varphi}=0,\dot{\psi}=0$ 可定出

$$\alpha_1=\alpha_2=\alpha_3=0$$

$$c_1=\frac{1}{35}\beta,\ c_2=\frac{9}{10}\beta,\ c_3=\frac{1}{14}\beta$$

满足初条件的特解为

$$\theta=\frac{1}{21}\beta\left[\cos\left(\sqrt{\frac{3g}{8a}}t\right)-\cos\left(\sqrt{\frac{3g}{a}}t\right)\right]$$

$$=\frac{1}{21}\beta\left[\cos\left(\frac{1}{2\sqrt{2}}nt\right)-\cos nt\right]$$

其中 $n=\sqrt{\dfrac{3g}{a}}$.

$\varphi(t),\psi(t)$略.

3. 简正频率、振动模式

对于 s 个自由度的振动系统，解出的 s 个 $\omega_i(i=1,2,\cdots,s)$，是与初条件、与选择什么广义坐标无关的. 对每一个 ω_i，有相应的一个特解. 与 $\omega=0$ 相应的特解不是简谐振动. 只应把不等于零的 ω_i 称为简正频率. 由于与初条件、广义坐标的选取无关，完全由振动系统本身的特性决定，故简正频率也可称为特征频率或固有频率. 与每个简正频率相应的特解，各广义坐标都以这个频率作简谐振动，其振幅大小的比例关系及相位是同相还是反相都可由振幅矢量反映出来. 因此每个简正频率相应的振幅矢量和这个简正频率一起反映了每个振动特解的振动方式，称为振动模式或固有振型. 通解是各振动模式的振动以及不是振动($\omega=0$)的特解的线性叠加. 在特定的初条件下，可能不含有不是振动的特解，也可能不含有某种振动模式的振动，在后一种情况下，我们说这种振动模式未被激发.

振动模式可以用图形象地表示出来. 如例 11.1.1 的三种振动模式可图示如下：

图 11.1.2(a)所示的振动模式表示，θ、φ、ψ 三个广义坐标上的运动均是角频率为 ω_1 的简谐振动，振幅比为 $\frac{5}{3}:1:1$，而 φ、ψ 上的振动同相，θ 上的振动与 φ、ψ 反相.

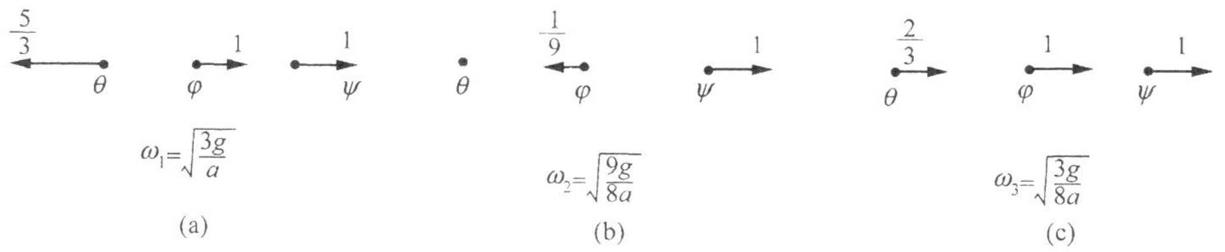

图 11.1.2

再作两点补充说明：

(1) 如两个简正频率相同，$\omega_j=\omega_k$，称为二重简并，则振幅矢量中有两个分量可任取，一般分别取 $u_s^{(j)}=1$、$u_{s-1}^{(j)}=0$ 及 $u_s^{(k)}=0$、$u_{s-1}^{(k)}=1$ 或取 $u_1^{(j)}=1$、$u_2^{(j)}=0$ 及 $u_1^{(k)}=0$、$u_2^{(k)}=1$ 获得最简单的两个振动模式，而不取如 $u_s^{(k)}=1$、$u_{s-1}^{(k)}=1$ 等作为一个振动模式.

(2) $\omega=0$ 是在有动量守恒或角动量守恒时出现的. 若取相应守恒量为零的参考系，则通解和特解中一定不出现与 $\omega=0$ 相应的特解. 如把这些守恒关系作为约束处理，则简正频率数与系统的自由度数就完全一致了.

再介绍一种求振动模式也即求相应特解的方法.

先证明一个恒等式:

$$\boldsymbol{a} \cdot adj\boldsymbol{a} = |\boldsymbol{a}| \boldsymbol{I}$$

其中 $\boldsymbol{I}$ 为单位矩阵,$adj\boldsymbol{a}$ 是 $\boldsymbol{a}$ 的伴随矩阵,若此伴随矩阵的第 i 行第 j 列元素用 A_{ij} 表示,A_{ij} 是 a_{ji} 的代数余子式,例如

$$A_{12} = (-1)^{1+2} \begin{vmatrix} a_{12} & a_{13} & \cdots & a_{1s} \\ a_{32} & a_{33} & \cdots & a_{3s} \\ \vdots & \vdots & & \vdots \\ a_{s2} & a_{s3} & \cdots & a_{ss} \end{vmatrix}.$$

证明 用符号 $\boldsymbol{a} \cdot adj\boldsymbol{a} = \boldsymbol{a} \cdot \boldsymbol{A} = \boldsymbol{B}$

$$B_{ii} = a_{i1}A_{1i} + a_{i2}A_{2i} + \cdots + a_{is}A_{si} = |\boldsymbol{a}|$$

$\boldsymbol{a}$ 的第 i 行的每一个元素与它的代数余子式分别相乘再相加,根据行列式的性质:任何一行的每个元素与它的代数余子式分别相乘再相加等于行列式的值.

$$B_{ij} = a_{i1}A_{1j} + a_{i2}A_{2j} + \cdots + a_{is}A_{sj} = 0 \quad (i \neq j)$$

这是 $\boldsymbol{a}$ 的第 i 行各元素与第 j 行各元素的代数余子式分别相乘再相加,根据行列式的性质:任一行的各元素与任何另一行的各元素的代数余子式分别相乘再相加等于零,因为它等于第 i 行和第 $j(j \neq i)$ 行有完全相同的元素的行列式值,任何两行(或两列)的元素两两相同的行列式值为零.

下面就可介绍另一种求振动模式即相应特解的方法了.

由(11.1.7)式,特征方程 $|\boldsymbol{H}| = 0$,故有

$$\boldsymbol{H} \cdot \mathrm{adj}\boldsymbol{H} = |\boldsymbol{H}| \boldsymbol{I} = 0$$

与特征方程(11.1.6′)式

$$\boldsymbol{H} \cdot \boldsymbol{u} = 0$$

比较可见,adj$\boldsymbol{H}$(用 $\boldsymbol{A}$ 表示)的任何一个非零列(此列中元素不全为零即为非零列),有

$$\boldsymbol{H} \cdot \boldsymbol{A}_j = 0$$

(设第 j 列为非零列).

$\boldsymbol{A}_j$ 必与 $\boldsymbol{u}$ 成正比,本来 $\boldsymbol{u}$ 只反映各个分量的相对关系,$\boldsymbol{A}_j$ 本身就可以取为

$\boldsymbol{u}$.若要像前述那样,取 $u_s=1$,则 $\boldsymbol{u}=\boldsymbol{A}_j/A_{sj}$.

只要代入 ω_i 后的 adj$\boldsymbol{H}$ 有非零列,就可以用此法求出相应于简正频率 ω_i 的振幅矢量 $\boldsymbol{u}^{(i)}$.

什么情况下,adj$\boldsymbol{H}$ 一定有非零列,什么情况下,adj$\boldsymbol{H}$ 一定没有非零列?回答是,如果 ω^2 是(11.1.7)式的单根,则 $\boldsymbol{H}$ 矩阵的秩为 $s-1$,至少存在着一个 $(s-1)\times(s-1)$ 的行列式值($\boldsymbol{H}$ 中某一元素的余子式)不等于零,此时 adj$\boldsymbol{H}$ 必存在非零列,如 ω^2 是(11.1.7)式的重根,例如二重根,则 $\boldsymbol{H}$ 矩阵的秩是 $s-2$,所有元素的余子式 $(s-1)\times(s-1)$ 的行列式值均为零,adj$\boldsymbol{H}$ 都是零列.依此方式考虑,对 ω^2 是二重或二重以上的重根,adj$\boldsymbol{H}$ 都是零列.因此在简正频率为重根的情况下,不能用此法求其振动模式(特解).

作为例子,用此法求一下例 11.1.1 中相应于 ω_1 的振动模式.

将 $\omega_1=\sqrt{\dfrac{3g}{a}}$ 代回特征方程(例 11.1.1 中的(3)式)特征矩阵 $\boldsymbol{H}$,得

$$\boldsymbol{H}=g\begin{pmatrix}9-27 & -27 & -3\\ -27 & 9-51 & -3\\ -3 & -3 & 1-3\end{pmatrix}=g\begin{pmatrix}-18 & -27 & -3\\ -27 & -42 & -3\\ -3 & -3 & -2\end{pmatrix}$$

$$\mathrm{adj}\boldsymbol{H}=g\begin{pmatrix}75 & -45 & -45\\ -45 & 27 & 27\\ -45 & 27 & 27\end{pmatrix}$$

任何一列均可取为 $u_1^{(1)}$、$u_2^{(1)}$、$u_3^{(1)}$,它们均与 $\left(-\dfrac{5}{3},1,1\right)$ 成正比,

$$\left(\frac{75}{-45},\frac{-45}{-45},\frac{-45}{-45}\right)=\left(\frac{-45}{27},\frac{27}{27},\frac{27}{27}\right)=\left(-\frac{5}{3},1,1,\right).$$

最后讲一下对于 $\omega=0$ 的特解各广义坐标与时间的关系如何写的问题,可就具体情况直接写出,必须符合以下三个要求:

(1) 满足系统具有的守恒条件,如动量守恒只能是整个系统的匀速运动,如角动量守恒只能是整个系统的匀角速转动.

(2) 系统处于随遇平衡,随时间变化时,系统总处于平衡状态,因此各质点的相对位置不变,且总处于势能的极小值位置.

(3) 每个特解中只能也一定具有两个待定的积分常数.

例 11.1.2　两个质量为 M 和一个质量为 m 的三个质点,用两根劲度系数为 k 的轻弹簧连接起来,置于光滑的水平面上.若只限于在水平面上沿纵向运动.求

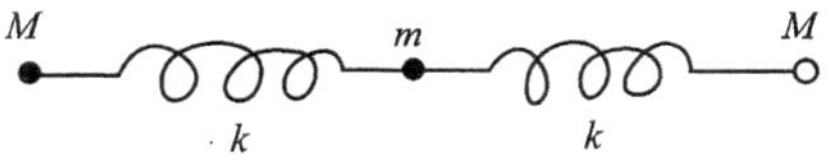

图 11.1.3

(i) 简正频率和振动模式.

(ii) 若 $t=0$ 时,系统处于静止状态,但中间的质点从平衡位置向右移一距离 d,求此后三个质点的运动规律.

(iii) 若 $t=0$ 时,三个质点处于平衡位置,但给左边的质点一个冲量,使它获得了向右的速度 V.求此后三个质点的运动规律.

解 (i) 取向右为 x 轴正向,取三个质点的坐标从左至右依次为 x_1、x_2、x_3,其零点及势能的零点均选在系统的一个平衡位置处.

$$T=\frac{1}{2}M\dot{x}_1^2+\frac{1}{2}m\dot{x}_2^2+\frac{1}{2}M\dot{x}_3^2$$

$$\begin{aligned}V&=\frac{1}{2}k(x_2-x_1)^2+\frac{1}{2}k(x_3-x_2)^2\\&=\frac{1}{2}k(x_1^2+2x_2^2+x_3^2)-kx_1x_2-kx_2x_3\end{aligned}$$

$$|\boldsymbol{H}|=|\boldsymbol{K}-\omega^2\boldsymbol{M}|=\begin{vmatrix}k-M\omega^2 & -k & 0\\ -k & 2k-m\omega^2 & -k\\ 0 & -k & k-M\omega^2\end{vmatrix}=0$$

解出 $\omega_1=0,\omega_2=\sqrt{\dfrac{k}{M}}$, $\omega_3=\sqrt{\dfrac{2M+m}{mM}k}$.

$\omega_1=0$ 是由于系统在 x 方向动量守恒所致.相应的特解可以直接写出

$$x_1^{(1)}=at+b,\ x_2^{(1)}=at+b,\ x_3^{(1)}=at+b$$

相应于 ω_2 的特征矩阵 $\boldsymbol{H}$ 为

$$\boldsymbol{H}=\begin{pmatrix}0 & -k & 0\\ -k & \left(2-\dfrac{m}{M}\right)k & -k\\ 0 & -k & 0\end{pmatrix}$$

其伴随矩阵 adj$\boldsymbol{H}$ 为

$$\operatorname{adj}\boldsymbol{H}=\begin{pmatrix}-k^2 & 0 & k^2\\ 0 & 0 & 0\\ k^2 & 0 & -k^2\end{pmatrix}$$

可取 $u_1^{(2)}=1, u_2^{(2)}=0, u_3^{(2)}=-1$,此特解为

$$x_1^{(2)}=\cos\left(\sqrt{\frac{k}{M}}t+\alpha_2\right),\ x_2^{(2)}=0,\ x_3^{(2)}=-\cos\left(\sqrt{\frac{k}{M}}t+\alpha_2\right)$$

相应于 ω_3 的特征矩阵 $\boldsymbol{H}$ 为

$$\boldsymbol{H}=\begin{pmatrix}-\frac{2M}{m}k & -k & 0\\ -k & -\frac{m}{M}k & -k\\ 0 & -k & -\frac{2M}{m}k\end{pmatrix}$$

其伴随矩阵 adj$\boldsymbol{H}$ 为

$$\operatorname{adj}\boldsymbol{H}=\begin{pmatrix}k^2 & -\frac{2M}{m}k^2 & k^2\\ -\frac{2M}{m}k^2 & \left(\frac{2M}{m}\right)^2k^2 & -\frac{2M}{m}k^2\\ k^2 & -\frac{2M}{m}k^2 & k^2\end{pmatrix}$$

可取 $u_1^{(3)}=1, u_2^{(3)}=-\frac{2M}{m}$, $u_3^{(3)}=1$. 此特解为

$$x_1^{(3)}=\cos\left(\sqrt{\frac{2M+m}{mM}k}\,t+\alpha_3\right)$$

$$x_2^{(3)}=-\frac{2M}{m}\cos\left(\sqrt{\frac{2M+m}{mM}k}\,t+\alpha_3\right)$$

$$x_3^{(3)}=\cos\left(\sqrt{\frac{2M+m}{mM}k}\,t+\alpha_3\right)$$

振动模式可图示如下:

图 11.1.4

三个特解都满足动量守恒,后两个特解系统的总动量为零.

(ii) 通解为

$$x_1=\sum_{i=1}^{3}c_ix_1^{(i)}=c_1(at+b)+c_2\cos\left(\sqrt{\frac{k}{M}}t+\alpha_2\right)+c_3\cos\left(\sqrt{\frac{2M+m}{mM}k}t+\alpha_3\right)$$

$$x_2=c_1(at+b)-c_3\frac{2M}{m}\cos\left(\sqrt{\frac{2M+m}{mM}k}t+\alpha_3\right)$$

$$x_3=c_1(at+b)-c_2\cos\left(\sqrt{\frac{k}{M}}t+\alpha_2\right)+c_3\cos\left(\sqrt{\frac{2M+m}{mM}k}t+\alpha_3\right)$$

初条件 $t=0$ 时,$x_1=0,x_2=d,x_3=0,\dot{x}_1=\dot{x}_2=\dot{x}_3=0$,可得

$$c_1b+c_2\cos\alpha_2+c_3\cos\alpha_3=0$$

$$c_1b-\frac{2M}{m}c_3\cos\alpha_3=d$$

$$c_1b-c_2\cos\alpha_2+c_3\cos\alpha_3=0$$

$$c_1a-c_2\omega_2\sin\alpha_2-c_3\omega_3\sin\alpha_3=0$$

$$c_1a+\frac{2M}{m}c_3\omega_3\sin\alpha_3=0$$

$$c_1a+c_2\omega_2\sin\alpha_2-c_3\omega_3\sin\alpha_3=0$$

可解出 c_1a、c_1b、c_2、c_3、α_2、α_3 得

$$x_1=\frac{m}{2M+m}d\left(1-\cos\sqrt{\frac{2M+m}{mM}k}t\right)$$

$$x_2=\frac{m}{2M+m}d\left(1+\frac{2M}{m}\cos\sqrt{\frac{2M+m}{mM}k}t\right)$$

$$x_3=\frac{m}{2M+m}d\left(1-\cos\sqrt{\frac{2M+m}{mM}k}t\right)$$

(iii) 初条件 $t=0$ 时，$x_1=x_2=x_3=0$，$\dot{x}_1=V$，$\dot{x}_2=\dot{x}_3=0$，代入通解得

$$c_1 b + c_2\cos\alpha_2 + c_3\cos\alpha_3 = 0$$

$$c_1 b - \frac{2M}{m}c_3\cos\alpha_3 = 0$$

$$c_1 b - c_2\cos\alpha_2 + c_3\cos\alpha_3 = 0$$

$$c_1 a - c_2\omega_2\sin\alpha_2 - c_3\omega_3\sin\alpha_3 = V$$

$$c_1 a + \frac{2M}{m}c_3\omega_3\sin\alpha_3 = 0$$

$$c_1 a + c_2\omega_2\sin\alpha_2 - c_3\omega_3\sin\alpha_3 = 0$$

解得

$$x_1 = \frac{M}{2M+m}Vt + \frac{V}{2}\sqrt{\frac{M}{k}}\sin\sqrt{\frac{k}{M}}t + \frac{V}{2}\frac{m}{2M+m}\sqrt{\frac{mM}{(2M+m)k}}\sin\sqrt{\frac{2M+m}{mM}k}t$$

$$x_2 = \frac{M}{2M+m}Vt - \frac{MV}{2M+m}\sqrt{\frac{mM}{(2M+m)k}}\sin\sqrt{\frac{2M+m}{mM}k}t$$

$$x_3 = \frac{M}{2M+m}Vt - \frac{V}{2}\sqrt{\frac{M}{k}}\sin\sqrt{\frac{k}{M}}t + \frac{V}{2}\frac{m}{2M+m}\sqrt{\frac{mM}{(2M+m)k}}\sin\sqrt{\frac{2M+m}{mM}k}t$$

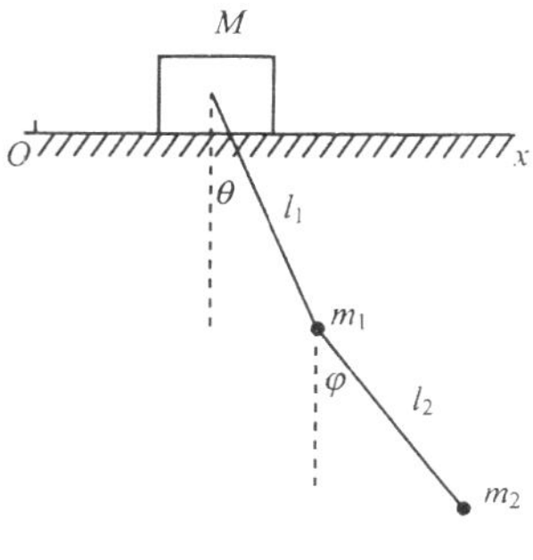

图 11.1.5

再举一个出现 $\omega=0$ 的情况的例子，如图 11.1.5 所示. 如选 x、θ、φ 为广义坐标，对应于 $\omega=0$ 的特解显然不能写成

$$x = at + b,\ \theta = at + b$$

$$\varphi = at + b$$

因为与整个系统在 x 方向动量守恒相抵触. 不符合前述第一个要求，也不符合第二个要求.

也不能写成

$$x = at + b,\ \theta = \theta_0 \neq 0,\ \varphi = \varphi_0 \neq 0$$

它违背了前面讲的第二个、第三个要求.

正确写法为

$$x = at + b,\ \theta = 0,\ \varphi = 0$$

§11.2 简正坐标

前面我们没有特别选取广义坐标,每个特解即每种振动模式,各广义坐标上的运动都不是只有一个简正频率的简谐振动(设所有 $\omega_i \neq 0$).如果将上述广义坐标进行适当的线性组合,可以使在一组新的广义坐标下,每个特解即每种振动模式都各对应于在一个广义坐标上的以一种简正频率的简谐振动.这样的广义坐标称为简正坐标.用 $\xi_i(i=1,2,\cdots,s)$表示.

使用了简正坐标,动能、势能的表达式都变成了平方和

$$T = \frac{1}{2}\sum_{i=1}^{s}\mu_i\dot{\xi}_i^2,\ V = \frac{1}{2}\sum_{i=1}^{s}\kappa_i\xi_i^2 \qquad (11.2.1)$$

采用简正坐标后,运动微分方程为

$$\mu_i\ddot{\xi}_i + \kappa_i\xi_i = 0 \quad (i = 1,2,\cdots,s) \qquad (11.2.2)$$

(11.2.2)式的通解可立即写出

$$\xi_i = A_i\cos\left(\sqrt{\frac{\kappa_i}{\mu_i}}t + \alpha_i\right) \quad (i = 1,2,\cdots,s) \qquad (11.2.3)$$

每个简正坐标上的运动如同一个独立的谐振子.

问题是如何选取简正坐标?在初选广义坐标以后,如何得到可变换为简正坐标的坐标变换关系?用线性代数的语言讲,如何使动能和势能的表达式从一般的二次型经过线性变换同时变为平方和?或者说,要找一个线性变换,使质量矩阵和刚度矩阵同时对角化.

下面介绍几种求简正坐标的方法.

方法一,用线性代数的方法,其步骤是:

(1) 先用一个正交变换,将 T 或 V 的表达式变为平方和

$$\boldsymbol{q} = \boldsymbol{C}\cdot\boldsymbol{q}' \qquad (11.2.4)$$

(2) 再进行尺度变换,使 T 或 V 由"椭球"型平方和变成"球"型平方和.

$$\boldsymbol{q}' = \boldsymbol{D}\cdot\boldsymbol{q}'' \qquad (11.2.5)$$

(3) 再作一次正交变换,在这种变换下,已成"球"型平方和的 T 或 V 的表达式保持不变,而另一个还是一般二次型的 V 或 T 的表达式变成平方和

$$\boldsymbol{q}'' = \boldsymbol{E}\cdot\boldsymbol{\xi} \qquad (11.2.6)$$

合起来,即可找到要找的线性变换矩阵 $\boldsymbol{G}$

$$\boldsymbol{q} = \boldsymbol{c} \cdot \boldsymbol{q} = \boldsymbol{C} \cdot \boldsymbol{D} \cdot \boldsymbol{q}'' = \boldsymbol{C} \cdot \boldsymbol{D} \cdot \boldsymbol{E} \cdot \boldsymbol{\xi} = \boldsymbol{G} \cdot \boldsymbol{\xi}$$

其中

$$\boldsymbol{G} = \boldsymbol{C} \cdot \boldsymbol{D} \cdot \boldsymbol{E} \tag{11.2.7}$$

正交变换矩阵也可采用上述求伴随矩阵的办法来求变换矩阵.变换矩阵的第 j 列矢量是第 j 个本征值的本征矢量,也是伴随矩阵不为零的列矢量,但必须将它归一化,归一化后,则变换后的 $\boldsymbol{M}$、$\boldsymbol{K}$ 矩阵就是本征值构成的对角矩阵.

$\boldsymbol{M}$、$\boldsymbol{K}$ 经变换 $\boldsymbol{q} = \boldsymbol{G} \cdot \boldsymbol{\xi}$ 变换后,分别变为 $\boldsymbol{G}^{-1} \cdot \boldsymbol{M} \cdot \boldsymbol{G}$ 和 $\boldsymbol{G}^{-1} \cdot \boldsymbol{K} \cdot \boldsymbol{G}$.

例 11.2.1　通过求简正坐标重解例 11.1.1 题

解　用例 11.1.1 中的广义坐标 θ、φ、ψ,质量矩阵和刚度矩阵分别为

$$\boldsymbol{M} = ma^2 \begin{pmatrix} 9 & 9 & 1 \\ 9 & 17 & 1 \\ 1 & 1 & 1 \end{pmatrix}, \quad \boldsymbol{K} = mga \begin{pmatrix} 9 & 0 & 0 \\ 0 & 9 & 0 \\ 0 & 0 & 1 \end{pmatrix}$$

将 $\boldsymbol{K}$ 矩阵变成"球"型对角矩阵.

令 $q'_1 = 3\theta, q'_2 = 3\varphi, q'_3 = \psi$

即变换矩阵 $\boldsymbol{D}$ 为

$$\boldsymbol{D} = \begin{pmatrix} \frac{1}{3} & 0 & 0 \\ 0 & \frac{1}{3} & 0 \\ 0 & 0 & 1 \end{pmatrix}$$

可得

$$\boldsymbol{K} = mga \begin{pmatrix} 1 & 0 & 0 \\ 0 & 1 & 0 \\ 0 & 0 & 1 \end{pmatrix}, \quad \boldsymbol{M} = ma^2 \begin{pmatrix} 1 & 1 & \frac{1}{3} \\ 1 & \frac{17}{9} & \frac{1}{3} \\ \frac{1}{3} & \frac{1}{3} & 1 \end{pmatrix}$$

求 $\boldsymbol{M}$ 矩阵的特征值,以 ma^2 为单位,即特征值 $\mu = \lambda ma^2$,特征方程为

$$\begin{vmatrix} 1-\lambda & 1 & \frac{1}{3} \\ 1 & \frac{17}{9}-\lambda & \frac{1}{3} \\ \frac{1}{3} & \frac{1}{3} & 1-\lambda \end{vmatrix} = 0$$

可得

$$9\lambda^3 - 35\lambda^2 + 32\lambda - \frac{64}{9} = 0$$

或

$$81\lambda^3 - 315\lambda^2 + 288\lambda - 64 = 0$$

$$(3\lambda - 1)(9\lambda - 8)(3\lambda - 8) = 0$$

得

$$\lambda_1 = \frac{1}{3},\ \lambda_2 = \frac{8}{9},\ \lambda_3 = \frac{8}{3}$$

将 λ_1 代入特征方程左边行列式相应的矩阵,得

$$\begin{pmatrix} \frac{2}{3} & 1 & \frac{1}{3} \\ 1 & \frac{14}{9} & \frac{1}{3} \\ \frac{1}{3} & \frac{1}{3} & \frac{2}{3} \end{pmatrix}$$

其伴随矩阵为

$$\begin{pmatrix} \frac{25}{21} & -\frac{5}{9} & -\frac{5}{27} \\ -\frac{5}{9} & \frac{1}{3} & \frac{1}{9} \\ -\frac{5}{27} & \frac{1}{9} & \frac{1}{27} \end{pmatrix}$$

其归一化的列矢量为

$$\frac{1}{\sqrt{\left(-\frac{5}{9}\right)^2+\left(\frac{1}{3}\right)^2+\left(\frac{1}{9}\right)^2}}\left(-\frac{5}{9},\frac{1}{3},\frac{1}{9}\right)=\left(-\frac{5}{\sqrt{35}},\frac{3}{\sqrt{35}},\frac{1}{\sqrt{35}}\right)$$

同样将 λ_2 代入特征方程左边行列式相应的矩阵,求其伴随矩阵,得归一化的列矢量为

$$\left(0,-\frac{1}{\sqrt{10}},\frac{3}{\sqrt{10}}\right)$$

将 λ_3 代入特征方程左边行列式相应的矩阵,求其伴随矩阵,得归一化的不为零的列矢量为

$$\left(\frac{2}{\sqrt{14}},\frac{3}{\sqrt{14}},\frac{1}{\sqrt{14}}\right)$$

此变换矩阵 $\boldsymbol{E}$ 为

$$\boldsymbol{E}=\begin{pmatrix}-\frac{5}{\sqrt{35}} & 0 & \frac{2}{\sqrt{14}}\\ \frac{3}{\sqrt{35}} & -\frac{1}{\sqrt{10}} & \frac{3}{\sqrt{14}}\\ \frac{1}{\sqrt{35}} & \frac{3}{\sqrt{10}} & \frac{1}{\sqrt{14}}\end{pmatrix}$$

经此变换后,$\boldsymbol{M}$ 变为

$$\boldsymbol{E}^T\cdot\boldsymbol{M}\cdot\boldsymbol{E}=ma^2\begin{pmatrix}-\frac{5}{\sqrt{35}} & \frac{3}{\sqrt{35}} & \frac{1}{\sqrt{35}}\\ 0 & -\frac{1}{\sqrt{10}} & \frac{3}{\sqrt{10}}\\ \frac{2}{\sqrt{14}} & \frac{3}{\sqrt{14}} & \frac{1}{\sqrt{14}}\end{pmatrix}\begin{pmatrix}1 & 1 & \frac{1}{3}\\ 1 & \frac{17}{9} & \frac{1}{3}\\ \frac{1}{3} & \frac{1}{3} & 1\end{pmatrix}\begin{pmatrix}-\frac{5}{\sqrt{35}} & 0 & \frac{2}{\sqrt{14}}\\ \frac{3}{\sqrt{35}} & -\frac{1}{\sqrt{10}} & \frac{3}{\sqrt{14}}\\ \frac{1}{\sqrt{35}} & \frac{3}{\sqrt{10}} & \frac{1}{\sqrt{14}}\end{pmatrix}$$

$$=ma^2\begin{pmatrix}\frac{1}{3} & 0 & 0\\ 0 & \frac{8}{9} & 0\\ 0 & 0 & \frac{8}{3}\end{pmatrix}$$

从 θ、φ、ψ 到 ξ_1、ξ_2、ξ_3 的变换矩阵为

$$\boldsymbol{G}=\boldsymbol{D}\cdot\boldsymbol{E}=\begin{pmatrix}\frac{1}{3}&0&0\\0&\frac{1}{3}&0\\0&0&1\end{pmatrix}\begin{pmatrix}-\frac{5}{\sqrt{35}}&0&\frac{2}{\sqrt{14}}\\\frac{3}{\sqrt{35}}&-\frac{1}{\sqrt{10}}&\frac{3}{\sqrt{14}}\\\frac{1}{\sqrt{35}}&\frac{3}{\sqrt{10}}&\frac{1}{\sqrt{14}}\end{pmatrix}=\begin{pmatrix}-\frac{5}{3\sqrt{35}}&0&\frac{2}{3\sqrt{14}}\\\frac{1}{\sqrt{35}}&-\frac{1}{3\sqrt{10}}&\frac{1}{\sqrt{14}}\\\frac{1}{\sqrt{35}}&\frac{3}{\sqrt{10}}&\frac{1}{\sqrt{14}}\end{pmatrix}$$

具体写出坐标变换方程为

$$\theta=-\frac{5}{3\sqrt{35}}\xi_1+\frac{2}{3\sqrt{14}}\xi_3$$

$$\varphi=\frac{1}{\sqrt{35}}\xi_1-\frac{1}{3\sqrt{10}}\xi_2+\frac{1}{\sqrt{14}}\xi_3$$

$$\psi=\frac{1}{\sqrt{35}}\xi_1+\frac{3}{\sqrt{10}}\xi_2+\frac{1}{\sqrt{14}}\xi_3$$

采用简正坐标后的动能、势能分别为

$$T=\frac{1}{2}ma^2\left(\frac{1}{3}\dot{\xi}_1^2+\frac{8}{9}\dot{\xi}_2^2+\frac{8}{3}\dot{\xi}_3^2\right)$$

$$V=\frac{1}{2}mga(\xi_1^2+\xi_2^2+\xi_3^2)$$

可得简正频率:

$$\omega_1=\sqrt{\frac{3g}{a}},\ \omega_2=\sqrt{\frac{9g}{8a}},\omega_3=\sqrt{\frac{3g}{8a}}$$

用简正坐标表达的通解为

$$\xi_1=A_1\cos\left(\sqrt{\frac{3g}{a}}t+\alpha_1\right)$$

$$\xi_2=A_2\cos\left(\sqrt{\frac{9g}{8a}}t+\alpha_2\right)$$

$$\xi_3=A_3\cos\left(\sqrt{\frac{3g}{8a}}t+\alpha_3\right)$$

用原广义坐标表达的通解为

$$\theta = -\frac{5}{3\sqrt{35}}\xi_1 + \frac{2}{3\sqrt{14}}\xi_3 = -\frac{5}{3\sqrt{35}}A_1\cos\left(\sqrt{\frac{3g}{a}}t + \alpha_1\right) + \frac{2}{3\sqrt{14}}A_3\cos\left(\sqrt{\frac{3g}{8a}}t + \alpha_3\right)$$

$$\varphi = \frac{1}{\sqrt{35}}\xi_1 - \frac{1}{3\sqrt{10}}\xi_2 + \frac{1}{\sqrt{14}}\xi_3$$

$$= \frac{1}{\sqrt{35}}A_1\cos\left(\sqrt{\frac{3g}{a}}t + \alpha_1\right) - \frac{1}{3\sqrt{10}}A_2\cos\left(\sqrt{\frac{9g}{8a}}t + \alpha_2\right) + \frac{1}{\sqrt{14}}A_3\cos\left(\sqrt{\frac{3g}{8a}}t + \alpha_3\right)$$

$$\psi = \frac{1}{\sqrt{35}}\xi_1 + \frac{3}{\sqrt{10}}\xi_2 + \frac{1}{\sqrt{14}}\xi_3$$

$$= \frac{1}{\sqrt{35}}A_1\cos\left(\sqrt{\frac{3g}{a}}t + \alpha_1\right) + \frac{3}{\sqrt{10}}A_2\cos\left(\sqrt{\frac{9g}{8a}}t + \alpha_2\right) + \frac{1}{\sqrt{14}}A_3\cos\left(\sqrt{\frac{3g}{8a}}t + \alpha_3\right)$$

将初条件 $t=0$ 时,$\theta=0,\varphi=0,\psi=\beta,\dot{\theta}=\dot{\varphi}=\dot{\psi}=0$ 代入通解,可解得

$$\alpha_1 = \alpha_2 = \alpha_3 = 0,\ A_1 = \frac{1}{\sqrt{35}}\beta,\ A_2 = \frac{3}{\sqrt{10}}\beta$$

$$A_3 = \frac{1}{\sqrt{14}}\beta$$

代回通解,即得所证明的 $\theta(t)$.

关于这种方法,再补充说明几点:

(1) 最后一次变换(变换矩阵为 $\boldsymbol{E}$)必须是正交变换,因此其列矢量必须用归一化的本征矢量,否则 $\boldsymbol{E}^{-1}\neq\boldsymbol{E}^{\mathrm{T}}$,已经“球”型对角化的 $\boldsymbol{K}$ 也将发生变化,重新变为一般的二次型.

(2) 采用正交变换,变换后的对角矩阵的对角元素必为原矩阵的本征值,可以不必作计算,在求解过程中作这样的计算可以起检验作用.

(3) 采用此法,同样要求取平衡位置为各广义坐标的原点,各广义坐标要有相同的量纲.

(4) 用此法得到的通解与前面例 11.1.1 中得到的通解不一样,原因是前面写振动模式时没有归一化.两个通解都是正确的.

方法二,用简正坐标的概念找坐标变换关系

$$T = \frac{1}{2}\sum_{i,j=1}^{s} m_{ij}\dot{q}_i\dot{q}_j, \quad V = \frac{1}{2}\sum_{i,j=1}^{s} k_{ij}q_iq_j$$

由拉格朗日方程可得

$$\sum_{j=1}^{s} m_{ij}\ddot{q}_j + \sum_{j=1}^{s} k_{ij}q_j = 0 \quad (i = 1,2,\cdots,s) \tag{1}$$

对(1)式中的第 i 个式子乘以 u_i,再将 s 个式子相加得

$$\sum_{i,j=1}^{s} m_{ij}u_i\ddot{q}_j + \sum_{i,j=1}^{s} k_{ij}u_iq_j = 0 \tag{2}$$

对广义坐标作上述线性组合后,变成简正坐标,即

$$\xi = \sum_{i,j=1}^{s} m_{ij}u_iq_j \tag{3}$$

对每一个简正坐标上的运动,如同一个独立的简谐振子

$$\ddot{\xi}_\alpha + \omega_\alpha^2\xi_\alpha = 0 \quad (\alpha = 1,2,\cdots,s) \tag{4}$$

将(2)、(3)式代入(4)式

$$\omega^2\sum_{i,j=1}^{s} m_{ij}u_iq_j = \sum_{i,j=1}^{s} k_{ij}u_iq_j \tag{5}$$

因各广义坐标均可独立取值,(5)式两边各个 q_j 的系数分别相等

$$\omega^2\sum_{i=1}^{s} m_{ij}u_i = \sum_{i=1}^{s} k_{ij}u_i \quad (j = 1,2,\cdots,s) \tag{6}$$

即

$$\sum_{i=1}^{s}(k_{ij} - m_{ij}\omega^2)u_i = 0 \quad (j = 1,2,\cdots,s) \tag{11.2.8}$$

(11.2.8)式是 u_i 的一阶线性齐次方程,要有非零解必须系数行列式等于零,即

$$\begin{vmatrix} k_{11} - m_{11}\omega^2 & k_{21} - m_{21}\omega^2 & \cdots & k_{s1} - m_{s1}\omega^2 \\ k_{12} - m_{12}\omega^2 & k_{22} - m_{22}\omega^2 & \cdots & k_{s2} - m_{s2}\omega^2 \\ \vdots & \vdots & & \vdots \\ k_{1s} - m_{1s}\omega^2 & k_{2s} - m_{2s}\omega^2 & \cdots & k_{ss} - m_{ss}\omega^2 \end{vmatrix} = 0 \tag{11.2.9}$$

由(11.2.9)式可解得 s 个简正频率 $\omega_\alpha(\alpha=1,2,\cdots,s)$.

将 ω_α 逐个代回(11.2.8)式或用求伴随矩阵的办法得到 $u_i^{(\alpha)}$，将它代回(3)式即得

$$\xi_\alpha = \sum_{i,j=1}^{s} m_{ij} u_i^{(\alpha)} q_j \tag{11.2.10}$$

(11.2.10)式就是简正坐标与广义坐标的坐标变换关系，写成矩阵形式则为

$$\begin{pmatrix} \xi_1 \\ \xi_2 \\ \vdots \\ \xi_s \end{pmatrix} = \begin{pmatrix} \sum_{i=1}^{s} m_{i1} u_i^{(1)} & \sum_{i=1}^{s} m_{i2} u_i^{(1)} & \cdots & \sum_{i=1}^{s} m_{is} u_i^{(1)} \\ \sum_{i=1}^{s} m_{i1} u_i^{(2)} & \sum_{i=1}^{s} m_{i2} u_i^{(2)} & \cdots & \sum_{i=1}^{s} m_{is} u_i^{(2)} \\ \vdots & \vdots & & \vdots \\ \sum_{i=1}^{s} m_{i1} u_i^{(s)} & \sum_{i=1}^{s} m_{i2} u_i^{(s)} & \cdots & \sum_{i=1}^{s} m_{is} u_i^{(s)} \end{pmatrix} \begin{pmatrix} q_1 \\ q_2 \\ \vdots \\ q_3 \end{pmatrix} \tag{11.2.10$'$}$$

$$\begin{pmatrix} \xi_1 \\ \xi_2 \\ \vdots \\ \xi_s \end{pmatrix} = \begin{pmatrix} u_1^{(1)} & u_2^{(1)} & \cdots & u_s^{(1)} \\ u_1^{(2)} & u_2^{(2)} & \cdots & u_s^{(2)} \\ \vdots & \vdots & & \vdots \\ u_1^{(s)} & u_2^{(s)} & \cdots & u_s^{(s)} \end{pmatrix} \begin{pmatrix} m_{11} & m_{12} & \cdots & m_{1s} \\ m_{21} & m_{22} & \cdots & m_{2s} \\ \vdots & \vdots & & \vdots \\ m_{s1} & m_{s2} & \cdots & m_{ss} \end{pmatrix} \begin{pmatrix} q_1 \\ q_2 \\ \vdots \\ q_s \end{pmatrix}$$

(11.2.10″)

用方法一用过的符号，(11.2.10′)式即 $\boldsymbol{\xi} = \boldsymbol{G}^{-1} \cdot \boldsymbol{q}$，求 $\boldsymbol{G}^{-1}$ 的逆矩阵，可得 $\boldsymbol{q} = \boldsymbol{G} \cdot \boldsymbol{\xi}$.

值得注意的是由于 $\boldsymbol{K}$ 和 $\boldsymbol{M}$ 都是实对称矩阵，$k_{ij} = k_{ji}$，$m_{ij} = m_{ji}$；(11.2.9)式就是以前得到的(11.1.7)式，因此，由(11.2.9)式求得的 ω_α 及相应的 $\boldsymbol{u}^{(\alpha)}$，就是前面所讲的振动模式. 由此可见，由求得的各个振动模式代入(11.2.10)式，立即得到广义坐标和简正坐标之间的变换关系.

例 11.2.2　用方法二求例 11.1.1 所给系统的简正坐标.

解　用例 11.1.1 已解得的振动模式

$$\omega_1:\ u_1^{(1)} = -\frac{5}{3}, u_2^{(1)} = 1, u_3^{(1)} = 1$$

$$\omega_2:\ u_1^{(2)} = 0, u_2^{(2)} = -\frac{1}{9}, u_3^{(2)} = 1$$

$$\omega_3:\ u_1^{(3)}=\frac{2}{3},u_2^{(3)}=1,u_3^{(3)}=1$$

代入(11.2.10′)式时,可把共同因子 ma^2 略去,差一个倍数也还是简正坐标.

$$\xi_1=\left(-\frac{5}{3}\cdot 9+1\cdot 9+1\cdot 1\right)\theta+\left(-\frac{5}{3}\cdot 9+1\cdot 17+1\cdot 1\right)\varphi$$

$$+\left(-\frac{5}{3}\cdot 1+1\cdot 1+1\cdot 1\right)\psi=-5\theta+3\varphi+\frac{1}{3}\psi$$

$$\xi_2=\left[0\cdot 9+\left(-\frac{1}{9}\right)\cdot 9+1\cdot 1\right]\theta+\left[0\cdot 9+\left(-\frac{1}{9}\right)\cdot 17+1\cdot 1\right]\varphi$$

$$+\left[0\cdot 1+\left(-\frac{1}{9}\right)\cdot 1+1\cdot 1\right]\psi=-\frac{8}{9}\varphi+\frac{8}{9}\psi$$

$$\xi_3=\left(\frac{2}{3}\cdot 9+1\cdot 9+1\cdot 1\right)\theta+\left(\frac{2}{3}\cdot 9+1\cdot 17+1\cdot 1\right)\varphi$$

$$+\left(\frac{2}{3}\cdot 1+1\cdot 1+1\cdot 1\right)\psi=16\theta+24\varphi+\frac{8}{3}\psi$$

由求逆矩阵或解上述联立方程组可得

$$\theta=-\frac{1}{7}\xi_1+\frac{1}{56}\xi_3$$

$$\varphi=\frac{3}{35}\xi_1-\frac{9}{80}\xi_2+\frac{3}{112}\xi_3$$

$$\psi=\frac{3}{35}\xi_1+\frac{81}{80}\xi_2+\frac{3}{112}\xi_3$$

与例 11.1.1 用方法一所得的简正坐标不一样,但都是正确的.尽管由此写出的通解不同,代入例 11.1.1 的初条件都可以得到与例 11.1.1 完全相同的解.

方法三,仍用简正坐标的概念找坐标变换关系.

与方法二一样得到

$$\sum_{i,j=1}^{s}m_{ij}u_i\ddot{q}_j+\sum_{i,j=1}^{s}k_{ij}u_iq_j=0$$

用后一个求和写成简正坐标与原广义坐标的变换关系,即

$$\xi_\alpha=\sum_{i,j=1}^{s}k_{ij}u_i^{(\alpha)}q_j\quad(\alpha=1,2,\cdots,s)\tag{11.2.11}$$

以下也和方法二一样,只是将方法二中的 m_{ij} 改成 k_{ij},重复方法二的方法解出

$u_i^{(\alpha)}$,它也是第 α 个振动模式中第 i 个广义坐标上简谐振动的“振幅”($|u_i^{(\alpha)}|$才是振幅).

(11.2.11)式写成矩阵关系为

$$\begin{pmatrix}\xi_1\\\xi_2\\\vdots\\\xi_s\end{pmatrix}=\begin{pmatrix}u_1^{(1)} & u_2^{(1)} & \cdots & u_s^{(1)}\\u_1^{(2)} & u_2^{(2)} & \cdots & u_s^{(2)}\\\vdots & \vdots & & \vdots\\u_1^{(s)} & u_2^{(s)} & \cdots & u_s^{(s)}\end{pmatrix}\begin{pmatrix}k_{11} & k_{12} & \cdots & k_{1s}\\k_{21} & k_{22} & \cdots & k_{2s}\\\vdots & \vdots & & \vdots\\k_{s1} & k_{s2} & \cdots & k_{ss}\end{pmatrix}\begin{pmatrix}q_1\\q_2\\\vdots\\q_s\end{pmatrix}\tag{11.2.11′}$$

例 11.2.3　用方法三重解例 11.1.1.

解　此题因 $\boldsymbol{K}$ 已经是对角矩阵,用方法三的(11.2.11′)式写坐标变换关系特别简单,用例 11.1.1 已解得的振动模式,由(11.2.11′)式得

$$\begin{pmatrix}\xi_1\\\xi_2\\\xi_3\end{pmatrix}=\begin{pmatrix}-\frac{5}{3} & 1 & 1\\0 & -\frac{1}{9} & 1\\\frac{2}{3} & 1 & 1\end{pmatrix}\begin{pmatrix}9 & 0 & 0\\0 & 9 & 0\\0 & 0 & 1\end{pmatrix}\begin{pmatrix}\theta\\\varphi\\\psi\end{pmatrix}=\begin{pmatrix}-15 & 9 & 1\\0 & -1 & 1\\6 & 9 & 1\end{pmatrix}\begin{pmatrix}\theta\\\varphi\\\psi\end{pmatrix}$$

这里也将 $\boldsymbol{K}$ 中各元素的共同因子 mga 省略了.
即

$$\xi_1=-15\theta+9\varphi+\psi$$

$$\xi_2=-\varphi+\psi$$

$$\xi_3=6\theta+9\varphi+\psi$$

反解出 θ、φ、ψ 得

$$\theta=\frac{1}{21}(\xi_3-\xi_1)$$

$$\varphi=\frac{1}{35}\xi_1-\frac{1}{10}\xi_2+\frac{1}{14}\xi_3$$

$$\psi=\frac{1}{35}\xi_1+\frac{9}{10}\xi_2+\frac{1}{14}\xi_3$$

通解为

$$\theta = \frac{1}{21}[A_3\cos(\omega_3 t + \alpha_3) - A_1\cos(\omega_1 t + \alpha_1)]$$

$$\varphi = \frac{1}{35}A_1\cos(\omega_1 t + \alpha_1) - \frac{1}{10}A_2\cos(\omega_2 t + \alpha_2) + \frac{1}{14}A_3\cos(\omega_3 t + \alpha_3)$$

$$\psi = \frac{1}{35}A_1\cos(\omega_1 t + \alpha_1) + \frac{9}{10}A_2\cos(\omega_2 t + \alpha_2) + \frac{1}{14}A_3\cos(\omega_3 t + \alpha_3)$$

用初条件 $t=0,\theta=0,\varphi=0,\psi=\beta,\dot{\theta}=\dot{\varphi}=\dot{\psi}=0$,可得 $A_1=A_2=A_3=\beta$,得到与例 11.1.1 完全相同的结果.

* §11.3 载荷弦的振动

一根没有质量的弹性弦(或者用 $n+1$ 根完全相同的无质量的弹簧)上置有 n 个完全相同的质量为 m 的质点. 平衡时,相邻两质点间间隔为 a,弦的两端固定,两端与相邻质点间间隔也为 a,劲度系数为 k,各质点可围绕其平衡位置沿弦作纵向振动,重力的影响可忽略不计.

可视两端也各有一个质点,但受到约束保持不动,第 i 个质点偏离平衡位置向右位移用 x_i 表示

$$T = \frac{1}{2}\sum_{i=1}^{n} m\dot{x}_i^2$$

$$V = \frac{1}{2}k[(x_1 - x_0)^2 + (x_2 - x_1)^2 + \cdots + (x_{n+1} - x_n)^2] = \frac{1}{2}\sum_{i=1}^{n+1} k(x_i - x_{i-1})^2$$

用拉格朗日方程得系统的运动微分方程为

$$m\ddot{x}_i + k(2x_i - x_{i-1} - x_{i+1}) = 0 \quad (i = 1,2,\cdots,n) \tag{1}$$

满足边界条件: $x_0=0$, $x_{n+1}=0$ (2)

当 n 不大时,可以用前面的办法求解. 当 n 很大时,要解特征方程是很困难的,我们必须另想办法,n 很大时如同一个具有质量的弦的振动那样,每个振动频率都得满足驻波的要求,对于连续的弦,有无限个自由度,对应于两端固定的具有各种频率的驻波.

在§3.9.4 得到的驻波方程(3.9.9)式适当改写,并写成更一般的情况

$$y = 2A\cos\left(\frac{2\pi}{\lambda}x\right)\cos(\omega t + \alpha)$$

其中 x 是弦的质元位置,y 是 x 处质元偏离平衡位置的位移,ω 是质元振动的角

频率，λ 是行波的波长，A 是行波的振幅，注意到 $x=0$ 的端点是固定的，需将 $\cos\left(\frac{2\pi}{\lambda}x\right)$ 改成 $\sin\left(\frac{2\pi}{\lambda}x\right)$，这样就可以写出第 i 个质点的试解为

$$x_i = A\sin\left(\frac{2\pi}{\lambda}ia\right)\cos(\omega t+\alpha) \quad (i=1,2,\cdots,n) \tag{3}$$

将试解(3)式代入方程(1)式，整理后可得

$$\begin{aligned}
-\omega^2\sin\left(\frac{2\pi}{\lambda}ia\right) &= \frac{k}{m}\cdot\left\{\sin\left[\frac{2\pi}{\lambda}(i-1)a\right]+\sin\left[\frac{2\pi}{\lambda}(i+1)a\right]-2\sin\left(\frac{2\pi}{\lambda}ia\right)\right\} \\
&= \frac{k}{m}\left[2\sin\left(\frac{2\pi}{\lambda}ia\right)\cos\left(\frac{2\pi}{\lambda}a\right)-2\sin\left(\frac{2\pi}{\lambda}ia\right)\right] \\
&= \frac{2k}{m}\left[\cos\left(\frac{2\pi}{\lambda}a\right)-1\right]\sin\left(\frac{2\pi}{\lambda}ia\right) \\
&= -\frac{4k}{m}\sin^2\left(\frac{\pi a}{\lambda}\right)\sin\left(\frac{2\pi}{\lambda}ia\right)
\end{aligned}$$

要满足方程，必须有下列关系：

$$\omega = \sqrt{\frac{4k}{m}}\sin\left(\frac{\pi a}{\lambda}\right) \tag{4}$$

(3)式还得满足(2)式的边界条件，$i=0$ 时 $x_0=0$ 已满足，由 $i=n+1$ 时，$x_{n+1}=0$，得出

$$\sin\left[\frac{2\pi}{\lambda}(n+1)a\right]=0$$

$$\frac{2\pi}{\lambda}(n+1)a = m'\pi, \qquad m' \text{ 为整数}$$

故 $\lambda=\lambda_{m'}=\dfrac{2(n+1)a}{m'}$　　(m'为整数)　　(5)

将(5)式代入(4)式，即得系统的简正频率

$$\omega_{m'} = 2\sqrt{\frac{k}{m}}\sin\left[\frac{m'\pi}{2(n+1)}\right] \quad (m'=1,2,\cdots,n) \tag{11.3.1}$$

m'虽可取任何整数，但只需取这样 n 个，因为 $m'=0$ 及 $m'=n+1$、$2n+2$ 等时 $x_i=0(i=1,2,\cdots,n)$ 是没有意义的零解，$m'=n+2$ 与 $m'=n$，因 $\sin\left[\frac{(n+2)\pi}{2(n+1)}\right]=\sin\left[\frac{n\pi}{2(n+1)}\right]$，$\omega_{n+2}=\omega_n$，同理，对 $m'=n+3$ 与 $m'=n-1$，有 $\omega_{n+3}=\omega_{n-1}$，

依次类推，没有异于 ω_1、ω_2、…、ω_n 更多的频率. n 个自由度的系统正好具有 n 个简正频率，弦长为 $(n+1)a$，对应于 ω_1、ω_2、…、ω_n 各简正频率的振动，弦长正好是相应的半个波长的 1、2、…、n 倍. $m'\cdot\frac{\lambda_{m'}}{2}=(n+1)a\ (m'=1,2,\cdots,n)$.

一切要求都得到满足，说明(3)式的试解是正确的.

系统的特解为

$$x_i^{(m')} = \sin\left(\frac{m'\pi}{n+1}i\right)\cos(\omega_{m'}t+\alpha_{m'})$$

$$(i=1,2,\cdots,n;\ m'=1,2,\cdots,n) \tag{11.3.2}$$

通解为

$$x_i = \sum_{m'=1}^{n} A_{m'}\sin\left(\frac{m'\pi}{n+1}i\right)\cos(\omega_{m'}t+\alpha_{m'})\quad (i=1,2,\cdots,n) \tag{11.3.3}$$

其中 $\omega_{m'}$ 由(11.3.1)式给出.

(11.3.1)、(11.3.2)、(11.3.3)式对于 n 为任何正整数均是对的. 例如. $n=1$，由(11.3.1)式可得 $\omega=\sqrt{\frac{2k}{m}}$；$n=2$ 时，可得 $\omega_1=\sqrt{\frac{k}{m}}$，$\omega_2=\sqrt{\frac{3k}{m}}$，对于 ω_1 的振动模式，$A_1^{(1)}:A_2^{(1)}=\sin\frac{\pi}{3}:\sin\frac{2\pi}{3}=1:1$，对于 ω_2 的振动模式，$A_1^{(2)}:A_2^{(2)}=\sin\frac{2\pi}{3}:\sin\frac{4\pi}{3}=1:(-1)$；$n=3$ 时，可得 $\omega_1=2\sqrt{\frac{k}{m}}\sin\frac{\pi}{8}=\sqrt{(2-\sqrt{2})\frac{k}{m}}$，$\omega_2=2\sqrt{\frac{k}{m}}\sin\frac{\pi}{4}=\sqrt{\frac{2k}{m}}$，$\omega_3=2\sqrt{\frac{k}{m}}\sin\frac{3\pi}{8}=\sqrt{(2+\sqrt{2})\frac{k}{m}}$，由(11.3.2)式可得三个振动模式中各质点振幅矢量的分量比分别为 $A_1^{(1)}:A_2^{(1)}:A_3^{(1)}=\frac{\sqrt{2}}{2}:1:1$，$A_1^{(2)}:A_2^{(2)}:A_3^{(2)}=1:0:(-1)$，$A_1^{(3)}:A_2^{(3)}:A_3^{(3)}=\frac{\sqrt{2}}{2}:(-1):\frac{\sqrt{2}}{2}$. 对于 $n=3$ 时的振动模式可图示①如下：这些都与用通用的方法得到的结果完全一致.

① 为了把弦上各质点的振动的振幅比表达得更清楚一点，我们画成了横向振动的图示方式

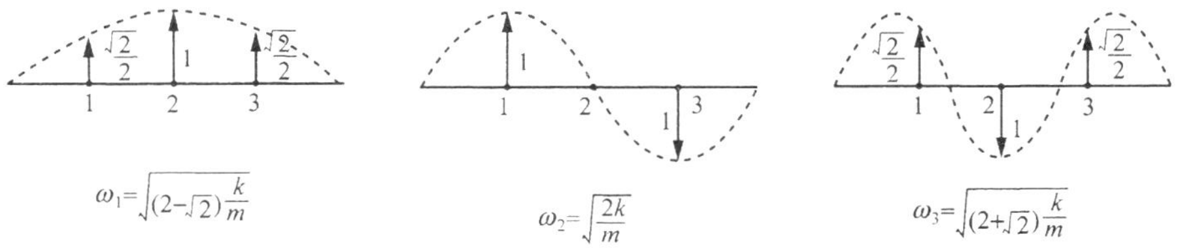

图 11.3.1

* §11.4　有阻尼的小振动

在实际问题中振动系统还会受到阻力的作用,如阻力与速度成正比,用广义坐标后,如§10.3.3 中(10.3.11′)式所述,可引入瑞利耗散函数.

$$R = \frac{1}{2}\sum_{i,j=1}^{s} b_{ij}\dot{q}_i\dot{q}_j$$

其中 b_{ij} 可以是 q_1、q_2、…、q_s 的函数,由于是小振动,和简化势能表达式一样,可在平衡位置作泰勒展开,对 R 的各项只保留二级小量,考虑到 $\dot{q}_i$ 是一级小量,b_{ij} 只保留平衡位置处的值,$b_{ij}=(b_{ij})_0$,下面为简便起见,仍将$(b_{ij})_0$ 写作 b_{ij},这时 b_{ij} 均为常量.

相应的广义力

$$Q_i = -\frac{\partial R}{\partial \dot{q}_i} = -\sum_{j=1}^{s} b_{ij}\dot{q}_j \tag{1}$$

耗散函数是正定二次型,系统 b_{ij} 也是对称的实数

$$L = \frac{1}{2}\sum_{i,j=1}^{s} m_{ij}\dot{q}_i\dot{q}_j - \frac{1}{2}\sum_{i,j=1}^{s} k_{ij}q_iq_j \tag{2}$$

将(1)、(2)式代入拉格朗日方程,得

$$\sum_{j=1}^{s} m_{ij}\ddot{q}_j + \sum_{j=1}^{s} b_{ij}\dot{q}_j + \sum_{j=1}^{s} k_{ij}q_j = 0$$

写成矩阵形式为

$$\boldsymbol{M}\cdot\ddot{\boldsymbol{q}} + \boldsymbol{R}\cdot\dot{\boldsymbol{q}} + \boldsymbol{K}\cdot\boldsymbol{q} = 0 \tag{3}$$

(3)式这个常系数线性齐次方程组必有下列形式的特解

$$\boldsymbol{q} = \boldsymbol{u}\mathrm{e}^{\lambda t} \tag{4}$$

其中 λ 可以是复数, $\boldsymbol{u}$ 可以是复矢量.

将(4)式代入(3)式得

$$(\boldsymbol{M}\lambda^2+\boldsymbol{R}\lambda+\boldsymbol{K})\cdot\boldsymbol{u}=0 \tag{11.4.1}$$

即

$$\begin{cases}(m_{11}\lambda^2+b_{11}\lambda+k_{11})u_1+(m_{12}\lambda^2+b_{12}\lambda+k_{12})u_2+\cdots+(m_{1s}\lambda^2+b_{1s}\lambda+k_{1s})u_s=0\\(m_{21}\lambda^2+b_{21}\lambda+k_{21})u_1+(m_{22}\lambda^2+b_{22}\lambda+k_{22})u_2+\cdots+(m_{2s}\lambda^2+b_{2s}\lambda+k_{2s})u_s=0\\\cdots\cdots\cdots\cdots\\(m_{s1}\lambda^2+b_{s1}\lambda+k_{s1})u_1+(m_{s2}\lambda^2+b_{s2}\lambda+k_{s2})u_2+\cdots+(m_{ss}\lambda^2+b_{ss}\lambda+k_{ss})u_s=0\end{cases} \tag{11.4.1'}$$

或 $$\sum_{j=1}^{s}(m_{ij}\lambda^2+b_{ij}\lambda+k_{ij})u_j=0\quad(i=1,2,\cdots,s) \tag{11.4.1''}$$

(11.4.1)式是关于 $\boldsymbol{u}$ 的线性常系数齐次代数方程,要有非零解,必须满足下列特征方程(系数行列式等于零).

$$\begin{vmatrix}m_{11}\lambda^2+b_{11}\lambda+k_{11} & m_{12}\lambda^2+b_{12}\lambda+k_{12} & \cdots & m_{1s}\lambda^2+b_{1s}\lambda+k_{1s}\\m_{21}\lambda^2+b_{21}\lambda+k_{21} & m_{22}\lambda^2+b_{22}\lambda+k_{22} & \cdots & m_{2s}\lambda^2+b_{2s}\lambda+k_{2s}\\ & \cdots\cdots\cdots\cdots & & \\m_{s1}\lambda^2+b_{s1}\lambda+k_{s1} & m_{s2}\lambda^2+b_{s2}\lambda+k_{s2} & \cdots & m_{ss}\lambda^2+b_{ss}\lambda+k_{ss}\end{vmatrix}=0 \tag{11.4.2}$$

由(11.4.2)式可得 λ 的 $2s$ 个解,由于 $2s$ 次方程中 λ 的各次幂的系数都是实数, λ 可能是实数,也可能有成对的共轭复数.对每个 λ_i 代入(11.4.1)式,可解得 $\boldsymbol{u}^{(i)}$.对于一对共轭复数的 λ 和 $\bar{\lambda}$,如 $\lambda=\gamma+\mathrm{i}\delta$ 是(11.4.2)式方程的根,由(11.4.1)式可得相应的 $\boldsymbol{u}=\boldsymbol{x}+\mathrm{i}\boldsymbol{y}$,则 $\bar{\lambda}=\gamma-\mathrm{i}\delta$ 也是(11.4.2)式方程的根, $\bar{\boldsymbol{u}}=\boldsymbol{x}-\mathrm{i}\boldsymbol{y}$ 满足(11.4.1)式的方程,其中 $\boldsymbol{x}$、$\boldsymbol{y}$ 都是实数矢量.还有 λ 如为复数,其实部必是负的,即 $\gamma<0$.在复数的上方加“-”不表示求平均值,而是表示取共轭复数,一对共轭复数的特解之和是实函数. λ 如为实数,它必为负值,可作为复根的特殊情况处理,两个相同的实根 λ(一对共轭复根的特殊情况)的特解之和也是实函数,它是一对共轭复根的特解之和令 $\delta=0$ 时的实函数.

下面我们来证明上述各个说法.

对(11.4.1″)式中第 i 个式子乘以 $\bar{u}_i$,再把 s 个式子相加,得

$$\lambda^2\sum_{i,j=1}^{s}m_{ij}\bar{u}_iu_j+\lambda\sum_{i,j=1}^{s}b_{ij}\bar{u}_iu_j+\sum_{i,j=1}^{s}k_{ij}\bar{u}_iu_j=0 \tag{5}$$

上式用矩阵表示,则为

$$\lambda^2(\boldsymbol{u}^+\cdot\boldsymbol{M}\cdot\boldsymbol{u})+\lambda(\boldsymbol{u}^+\cdot\boldsymbol{R}\cdot\boldsymbol{u})+\boldsymbol{u}^+\cdot\boldsymbol{K}\cdot\boldsymbol{u}=0 \tag{5'}$$

其中 $\boldsymbol{u}^+$ 表示 $\boldsymbol{u}$ 矩阵的复数共轭转置矩阵,$\boldsymbol{u}$ 是列矩阵,$\boldsymbol{u}^+$ 是其复数共轭的行矩阵.

因 $\boldsymbol{M}$、$\boldsymbol{R}$ 分别是正定的和非负的,对于稳定平衡附近的小振动(不是随遇平衡),$\boldsymbol{K}$ 也是正定的.

$$\boldsymbol{u}^+\cdot\boldsymbol{M}\cdot\boldsymbol{u}>0,\ \boldsymbol{u}^+\cdot\boldsymbol{R}\cdot\boldsymbol{u}\geqslant 0,\ \boldsymbol{u}^+\cdot\boldsymbol{K}\cdot\boldsymbol{u}>0 \tag{6}$$

对 $\boldsymbol{u}$ 是复矢量,上述不等式也成立的理由如下:

$$\begin{aligned}\boldsymbol{u}^+\cdot\boldsymbol{M}\cdot\boldsymbol{u}&=(\boldsymbol{x}-\mathrm{i}\boldsymbol{y})^{\mathrm{T}}\cdot\boldsymbol{M}\cdot(\boldsymbol{x}+\mathrm{i}\boldsymbol{y})\\&=\boldsymbol{x}^{\mathrm{T}}\cdot\boldsymbol{M}\cdot\boldsymbol{x}+\mathrm{i}\boldsymbol{x}^{\mathrm{T}}\cdot\boldsymbol{M}\cdot\boldsymbol{y}-\mathrm{i}\boldsymbol{y}^{\mathrm{T}}\cdot\boldsymbol{M}\cdot\boldsymbol{x}+\boldsymbol{y}^{\mathrm{T}}\cdot\boldsymbol{M}\cdot\boldsymbol{y}\\&=\boldsymbol{x}^{\mathrm{T}}\cdot\boldsymbol{M}\cdot\boldsymbol{x}+\boldsymbol{y}^{\mathrm{T}}\cdot\boldsymbol{M}\cdot\boldsymbol{y}>0\end{aligned}$$

其中用了以下关系:

$$\boldsymbol{y}^{\mathrm{T}}\cdot\boldsymbol{M}\cdot\boldsymbol{x}=(\boldsymbol{y}^{\mathrm{T}}\cdot\boldsymbol{M}\cdot\boldsymbol{x})^{\mathrm{T}}=\boldsymbol{x}^{\mathrm{T}}\cdot\boldsymbol{M}^{\mathrm{T}}\cdot\boldsymbol{y}=\boldsymbol{x}^{\mathrm{T}}\cdot\boldsymbol{M}\cdot\boldsymbol{y}$$

$\boldsymbol{u}=\boldsymbol{x}+\mathrm{i}\boldsymbol{y}\neq 0$,必有 $\boldsymbol{x}\neq 0$、$\boldsymbol{y}\neq 0$ 中至少一个不等式成立,因此 $\boldsymbol{x}^{\mathrm{T}}\cdot\boldsymbol{M}\cdot\boldsymbol{x}$、$\boldsymbol{y}^{\mathrm{T}}\cdot\boldsymbol{M}\cdot\boldsymbol{y}$ 中至少有一个大于零,另一个不小于零.

同理可证,$\boldsymbol{u}^+\cdot\boldsymbol{R}\cdot\boldsymbol{u}\geqslant 0$, $\boldsymbol{u}^+\cdot\boldsymbol{K}\cdot\boldsymbol{u}>0$.

将(11.4.1″)式两边取共轭复数

$$\sum_{j=1}^{s}(m_{ij}\bar{\lambda}^2+b_{ij}\bar{\lambda}+k_{ij})\bar{u}_j=0\quad(i=1,2,\cdots,s)$$

像导出(5)式那样,可得

$$\bar{\lambda}^2\sum_{i,j=1}^{s}m_{ij}u_i\bar{u}_j+\bar{\lambda}\sum_{i,j=1}^{s}b_{ij}u_i\bar{u}_j+\sum_{i,j=1}^{s}k_{ij}u_i\bar{u}_j=0$$

将脚标 i、j 互换,并注意 m_{ij}、b_{ij}、k_{ij} 均是对称的,则有

$$\bar{\lambda}^2\sum_{i,j=1}^{s}m_{ij}\bar{u}_iu_j+\bar{\lambda}\sum_{i,j=1}^{s}b_{ij}\bar{u}_iu_j+\sum_{i,j=1}^{s}k_{ij}\bar{u}_iu_j=0 \tag{7}$$

比较(5)、(7)两式可知,λ 和 $\bar{\lambda}$ 都是二次代数方程(5′)的根,根据二次代数方程两根之和的性质

$$\lambda+\bar{\lambda}=-\frac{\sum_{i,j=1}^{s} b_{ij}\bar{u}_i u_j}{\sum_{i,j=1}^{s} m_{ij}\bar{u}_i u_j}=-\frac{\boldsymbol{u}^{+}\cdot\boldsymbol{R}\cdot\boldsymbol{u}}{\boldsymbol{u}^{+}\cdot\boldsymbol{M}\cdot\boldsymbol{u}}\leqslant 0$$

这里用了(6)式

$$\lambda+\bar{\lambda}=\gamma+\mathrm{i}\delta+\gamma-\mathrm{i}\delta=2\gamma\leqslant 0$$

以上证明了一个根 λ 为复数时,其共轭复数 $\bar{\lambda}$ 也是一个根,它们的实部 γ 不为正值,并且也证明了在有阻尼的情况下,γ 也可能等于零,说明 λ 也可能是纯虚数.

现在证明,对应于 λ、$\bar{\lambda}$ 这一对共轭复根的复振动之和为实函数.

$$\begin{aligned}\boldsymbol{u}\mathrm{e}^{\lambda t}+\bar{\boldsymbol{u}}\mathrm{e}^{\bar{\lambda} t}&=(\boldsymbol{x}+\mathrm{i}\boldsymbol{y})\mathrm{e}^{(\gamma+\mathrm{i}\delta)t}+(\boldsymbol{x}-\mathrm{i}\boldsymbol{y})\mathrm{e}^{(\gamma-\mathrm{i}\delta)t}\\&=(\boldsymbol{x}+\mathrm{i}\boldsymbol{y})\mathrm{e}^{\gamma t}(\cos\delta t+\mathrm{i}\sin\delta t)+(\boldsymbol{x}-\mathrm{i}\boldsymbol{y})\mathrm{e}^{\gamma t}(\cos\delta t-\mathrm{i}\sin\delta t)\\&=2\mathrm{e}^{\gamma t}(\boldsymbol{x}\cos\delta t-\boldsymbol{y}\sin\delta t)\end{aligned}$$

有线性阻尼的小振动的通解可以写为

$$\begin{aligned}\boldsymbol{q}=&\sum_{j=1}^{2s} c_j\boldsymbol{u}_j\mathrm{e}^{\lambda_j t}\\=&\sum_{j=1}^{2s}\mathrm{e}^{r_j t}(c_{j1}\boldsymbol{x}_j\cos\delta_j t+c_{j2}\boldsymbol{y}_j\sin\delta_j t)\\&+\sum_{j=h+1}^{h+l}(c_{j1}\boldsymbol{x}_j\cos\delta_j t+c_{j2}\boldsymbol{y}_j\sin\delta_j t)\\&+\sum_{j=h+l+1}^{s}(c_{j1}+c_{j2}t)\boldsymbol{x}_j\mathrm{e}^{\gamma_j t}\end{aligned}\tag{11.4.3}$$

其中 $\lambda_j=\gamma_j\pm\mathrm{i}\delta_j$,$(j=,1,2,\cdots,h)$,相应的振幅矢量为 $\boldsymbol{u}_j=\boldsymbol{x}_j\pm\mathrm{i}\boldsymbol{y}_j$;$\lambda_j=\pm\mathrm{i}\delta_j$,$(j=h+1$、$h+2$、$\cdots$、$h+l)$,相应的特解为 $\boldsymbol{u}_j=\boldsymbol{x}_j\pm\mathrm{i}\boldsymbol{y}_j$;$\lambda_j=\gamma_j(j=h+l+1,h+l+2,\cdots,s)$,相应的特解为 $\boldsymbol{u}_j=\boldsymbol{x}_j$.通解共有 $2s$ 个积分常数,可由初条件确定.

下面我们讨论两种比较简单的情况.

(1) 矩阵 $\boldsymbol{R}$ 是矩阵 $\boldsymbol{M}$ 和矩阵 $\boldsymbol{K}$ 的线性组合的情况.

一般来讲,不能使 $\boldsymbol{R}$ 和 $\boldsymbol{M}$、$\boldsymbol{K}$ 一起同时对角化,因此不能像自由振动系统那样选取简正坐标,使 s 个自由度的系统如同 s 个独立的谐振子那样,变成每个简正坐标上独立的阻尼振动.可是在 $\boldsymbol{R}$ 是 $\boldsymbol{M}$ 和 $\boldsymbol{K}$ 的线性组合时,三个矩阵可以同时对角化.只要将 $\boldsymbol{M}$、$\boldsymbol{K}$ 两矩阵同时对角化.根据矩阵的加法以及矩阵与标量的乘法的运算法则不难理解,随着 $\boldsymbol{M}$ 和 $\boldsymbol{K}$ 的同时对角化,其线性组合的 $\boldsymbol{R}$ 也随之对角化了.设对角化后.

$$T=\frac{1}{2}\sum_{i=1}^{s}\mu_i\dot{\xi}_i^2,\ V=\frac{1}{2}\sum_{i=1}^{s}\kappa_i\xi_i^2,\ R=\frac{1}{2}\sum_{i=1}^{s}\beta_i\dot{\xi}_i^2$$

由拉格朗日方程得

$$\mu_i\ddot{\xi}_i+\beta_i\dot{\xi}_i+x_i\xi_i=0\quad(i=1,2,\cdots,s)$$

令　$\omega_{i0}^2=\dfrac{\kappa_i}{\mu_i}$，$\gamma_i=\dfrac{\beta_i}{2\mu_i}$，上式改写为

$$\ddot{\xi}_i+2\gamma_1\dot{\xi}_i+\omega_{i0}^2\xi_i=0\quad(i=1,2,\cdots,s).$$

如 $\gamma_i<\omega_{i0}$，弱阻尼情况

$$\xi_i=A_i e^{-\gamma_i t}\cos(\omega_i t+\varphi_i)$$

其中　　$\omega_i=\sqrt{\omega_{i0}^2-\gamma_i^2}$.

如 $\gamma_i=\omega_{i0}$，临界阻尼情况

$$\xi_i=(B_i+C_i t)e^{-\gamma_i t}$$

如 $\gamma_i>\omega_{i0}$，过阻尼情况，

$$\xi_i=D_{i1}e^{(-\gamma_i+\sqrt{\gamma_i^2-\omega_{i0}^2})t}+D_{i2}e^{(-\gamma_i-\sqrt{\gamma_i^2-\omega_{i0}^2})t}$$

例 11.4.1　例 11.1.2 所述系统，若运动中受到阻力与各质点的相对速度成正比，比例系数为 b，如图 11.4.1 所示．若 $2\sqrt{\dfrac{kmM}{2M+m}}<b<2\sqrt{kM}$．求此系统的一般解．

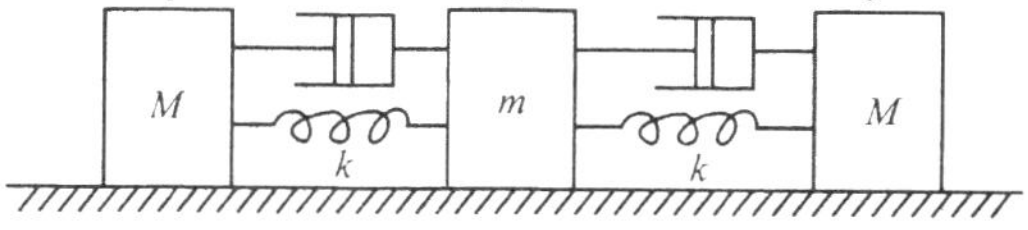

图 11.4.1

解　用例 11.1.2 所取的广义坐标

$$T=\frac{1}{2}M\dot{x}_1^2+\frac{1}{2}m\dot{x}_2^2+\frac{1}{2}M\dot{x}_3^2$$

$$V=\frac{1}{2}k(x_2-x_1)^2+\frac{1}{2}k(x_3-x_2)^2=\frac{1}{2}k(x_1^2+2x_2^2+x_3^2)-kx_1x_2-kx_2x_3$$

$$R=\frac{1}{2}b(\dot{x}_2-\dot{x}_1)^2+\frac{1}{2}b(\dot{x}_3-\dot{x}_2)^2=\frac{1}{2}b(\dot{x}_1^2+2\dot{x}_2^2+\dot{x}_3^2)-b\dot{x}_1\dot{x}_2-b\dot{x}_2\dot{x}_3$$

由拉格朗日方程得

$$M\ddot{x}_1 + kx_1 - kx_2 + b\dot{x}_1 - b\dot{x}_2 = 0 \tag{1}$$

$$m\ddot{x}_2 + 2kx_2 - kx_1 - kx_3 + 2b\dot{x}_2 - b\dot{x}_1 - b\dot{x}_3 = 0 \tag{2}$$

$$M\ddot{x}_3 + kx_3 - kx_2 + b\dot{x}_3 - b\dot{x}_2 = 0 \tag{3}$$

由于 $\boldsymbol{R}$ 和 $\boldsymbol{K}$ 有完全相同的矩阵形式,可用无阻尼时求简正坐标的办法,将坐标变换为简正坐标. $\boldsymbol{M}$、$\boldsymbol{K}$、$\boldsymbol{R}$ 三矩阵可同时对角化.前面介绍了三种方法,在运动微分方程比较简单时,可以用 n 个方程线性迭加的办法,直接得到简正坐标满足的运动微分方程以及简正坐标与原广义坐标的变换关系.本题就是一个例子.

(1)式+(2)式+(3)式得

$$M\ddot{x}_1 + m\ddot{x}_2 + M\ddot{x}_3 = 0 \tag{4}$$

令 $\xi_1 = x_1 + \frac{m}{M}x_2 + x_3$,则(4)式变为

$$M\ddot{\xi}_1 = 0 \tag{5}$$

(1)式-(3)式得

$$M(\ddot{x}_1 - \ddot{x}_3) + b(\dot{x}_1 - \dot{x}_3) + k(x_1 - x_3) = 0 \tag{6}$$

令 $\xi_2 = x_1 - x_3$,则(6)式变为

$$M\ddot{\xi}_2 + b\dot{\xi}_2 + k\xi_2 = 0 \tag{7}$$

(1)式+(3)式$-\frac{2M}{m}\times$(2)式得,

$$M(\ddot{x}_1 - 2\ddot{x}_2 + \ddot{x}_3) + \frac{2M+m}{m}b(\dot{x}_1 - 2\dot{x}_2 + \dot{x}_3)$$

$$+\frac{2M+m}{m}k(x_1 - 2x_2 + x_3) = 0 \tag{8}$$

令 $\xi_3 = x_1 - 2x_2 + x_3$,则(8)式变为

$$M\ddot{\xi}_3 + \frac{2M+m}{m}b\dot{\xi}_3 + \frac{2M+m}{m}k\xi_3 = 0 \tag{9}$$

(5)式的一般解为

$$\xi_1 = c_{11}t + c_{12} \tag{10}$$

由于 $b<2\sqrt{kM}$,(7)式的一般解为

$$\xi_2 = c_2 e^{-\frac{b}{2M}t}\cos\left(\sqrt{\frac{k}{M}-\left(\frac{b}{2M}\right)^2}\,t+\varphi\right) \tag{11}$$

由于 $b>2\sqrt{\dfrac{kmM}{2M+m}}$,(9)式的一般解为

$$\xi_3 = c_{31}e^{\left(-\frac{2M+m}{2mM}b+\sqrt{\left(\frac{2M+m}{2mM}b\right)^2-\frac{2M+m}{mM}k}\right)t} + c_{32}e^{\left(-\frac{2M+m}{2mM}b-\sqrt{\left(\frac{2M+m}{2mM}b\right)^2-\frac{2M+m}{mM}k}\right)t} \tag{12}$$

将上述 ξ_1、ξ_2、ξ_3 作为 x_1、x_2、x_3 的函数关系反解出 x_1、x_2、x_3 作为 ξ_1、ξ_2、ξ_3 的函数关系得

$$\begin{cases} x_1 = \dfrac{M}{2M+m}\xi_1 + \dfrac{1}{2}\xi_2 + \dfrac{m}{2(2M+m)}\xi_3 \\ x_2 = \dfrac{M}{2M+m}(\xi_1-\xi_3) \\ x_3 = \dfrac{M}{2M+m}\xi_1 - \dfrac{1}{2}\xi_2 + \dfrac{m}{2(2M+m)}\xi_3 \end{cases} \tag{13}$$

将(10)、(11)、(12)式代入(13)式,即得一般解

$$\begin{aligned} x_1 =& \frac{M}{2M+m}(c_{11}t+c_{12}) + \frac{1}{2}c_2 e^{-\frac{b}{2M}t}\cos\left[\sqrt{\frac{k}{M}-\left(\frac{b}{2M}\right)^2}\,t+\varphi\right] \\ &+ \frac{M}{2(2M+m)}\left\{c_{31}e^{\left[-\frac{2M+m}{2mM}b+\sqrt{\left(\frac{2M+m}{2mM}b\right)^2-\frac{2M+m}{mM}k}\right]t}\right. \\ &\left.+ c_{32}e^{\left[-\frac{2M+m}{2mM}b-\sqrt{\left(\frac{2M+m}{2mM}b\right)^2-\frac{2M+m}{mM}k}\right]t}\right\} \end{aligned}$$

$$\begin{aligned} x_2 =& \frac{M}{2M+m}\left\{c_{11}t+c_{12}-c_{31}e^{\left[-\frac{2M+m}{2mM}b+\sqrt{\left(\frac{2M+m}{2mM}b\right)^2-\frac{2M+m}{mM}k}\right]t}\right. \\ &\left.- c_{32}e^{\left[-\frac{2M+m}{2mM}b-\sqrt{\left(\frac{2M+m}{2mM}b\right)^2-\frac{2M+m}{mM}k}\right]t}\right\} \end{aligned}$$

$$\begin{aligned} x_3 =& \frac{M}{2M+m}(c_{11}t+c_{12}) - \frac{1}{2}c_2 e^{-\frac{b}{2M}t}\cos\left[\sqrt{\frac{k}{M}-\left(\frac{b}{2M}\right)^2}\,t+\varphi\right] \\ &+ \frac{m}{2(2M+m)}\left\{c_{31}e^{\left[-\frac{2M+m}{2mM}b+\sqrt{\left(\frac{2M+m}{2mM}b\right)^2-\frac{2M+m}{mM}k}\right]t}\right. \end{aligned}$$

$$+ c_{32} e^{\left[-\frac{2M+m}{2mM} b - \sqrt{\left(\frac{2M+m}{2mM} b \right)^2 - \frac{2M+m}{mM} k} \right] t} \Bigg\}$$

(2)阻尼足够小的情况

不能使 $\boldsymbol{M}$、$\boldsymbol{K}$、$\boldsymbol{R}$ 都同时变成对角矩阵,采用无阻尼时的简正坐标 ξ_1、ξ_2、…、ξ_s,可使 $\boldsymbol{M}$、$\boldsymbol{K}$ 都对角化,$\boldsymbol{R}$ 仍为一般的二次型

$$T = \frac{1}{2} \sum_{i=1}^{s} \mu_i \dot{\xi}_i^2, \quad V = \frac{1}{2} \sum_{i=1}^{s} \kappa_i \xi_i^2$$

$$R = \frac{1}{2} \sum_{i=1}^{s} \beta_i \dot{\xi}_i^2 + \frac{1}{2} \sum_{\substack{i,j=1 \\ i \neq j}}^{s} \beta_{ij} \dot{\xi}_i \dot{\xi}_j$$

由拉格朗日方程得

$$\mu_i \ddot{\xi}_i + \beta_i \dot{\xi}_i + \kappa_i \xi_i + \sum_{\substack{j=1 \\ j \neq i}}^{s} \beta_{ij} \dot{\xi}_j = 0 \quad (i = 1, 2, \cdots, s) \tag{11}$$

令 $\xi_i = u_i e^{\lambda t}$,代入(1)式,约去 $e^{\lambda t}$ 得

$$(\mu_i \lambda^2 + \beta_i \lambda + \kappa_i) u_i + \sum_{\substack{j=1 \\ j \neq i}}^{s} \beta_{ij} \lambda u_j = 0 \quad (i = 1, 2, \cdots, s) \tag{2}$$

(2)式写成矩阵形式

$$\begin{pmatrix} \mu_1 \lambda^2 + \beta_1 \lambda + \kappa_1 & \beta_{12} \lambda & \cdots & \beta_{1s} \lambda \\ \beta_{21} \lambda & \mu_2 \lambda^2 + \beta_2 \lambda + \kappa_2 & \cdots & \beta_{2s} \lambda \\ \vdots & \vdots & & \vdots \\ \beta_{s1} \lambda & \beta_{s2} \lambda & \cdots & \mu_s \lambda^2 + \beta_s \lambda + \kappa_s \end{pmatrix} \begin{pmatrix} u_1 \\ u_2 \\ \vdots \\ u_s \end{pmatrix} = 0 \tag{2'}$$

$\boldsymbol{u}$ 有非零解要求满足下列特征方程:

$$\begin{vmatrix} \mu_1 \lambda^2 + \beta_1 \lambda + \kappa_1 & \beta_{12} \lambda & \cdots & \beta_{1s} \lambda \\ \beta_{21} \lambda & \mu_2 \lambda^2 + \beta_2 \lambda + \kappa_2 & \cdots & \beta_{2s} \lambda \\ \vdots & \vdots & & \vdots \\ \beta_{s1} \lambda & \beta_{s2} \lambda & \cdots & \mu_s \lambda^2 + \beta_s \lambda + \kappa_s \end{vmatrix} = 0 \tag{3}$$

作一级近似,(3)式展开时略去所有含 β_{ij} 的项,

$$\prod_{j=1}^{s}(\mu_j\lambda^2+\beta_j\lambda+\kappa_j)=0 \tag{4}$$

$$\mu_j\lambda^2+\beta_j\lambda+\kappa_j=0 \quad (j=1,2,\cdots,s) \tag{5}$$

$$\begin{aligned}\lambda_j、\bar{\lambda}_j&=\frac{-\beta_j\pm\sqrt{\beta_j^2-4\mu_j\kappa_j}}{2\mu_j}\\&\approx-\frac{\beta_j}{2\mu_j}\pm \mathrm{i}\sqrt{\frac{\kappa_j}{\mu_j}}=-\frac{\gamma_j}{2}\pm \mathrm{i}\omega_j \quad (j=1,2,\cdots,s)\end{aligned} \tag{6}$$

式中

$$\gamma_j=\frac{\beta_j}{\mu_j},\ \omega_j=\sqrt{\frac{\kappa_j}{\mu_j}} \tag{7}$$

用(7)式的符号,并令 $\gamma_{ij}=\frac{\beta_{ij}}{\mu_i}$, (2)式可改写为

$$(\lambda^2+\gamma_i\lambda+\omega_i^2)u_i+\sum_{\substack{j=1\\j\neq i}}^{s}\gamma_{ij}u_j\lambda=0 \tag{8}$$

现求与 $\lambda_1\approx-\frac{\gamma_1}{2}+\mathrm{i}\omega_1$ 相应的 $\boldsymbol{u}^{(1)}$,将 λ_1 代入(8)式的后 $s-1$ 个方程,并以 λ_1 除以两边可得

$$\gamma_{21}u_1^{(1)}+\left[-\frac{\gamma_1}{2}+\mathrm{i}\omega_1+\gamma_2+\frac{\omega_2^2}{-\frac{\gamma_1}{2}+i\omega_1}\right]u_2^{(1)}+\gamma_{23}u_3^{(1)}+\cdots+\gamma_{2s}u_s^{(1)}=0 \tag{9}$$

再用阻尼足够小的条件

$$\left(-\frac{\gamma_1}{2}+\mathrm{i}\omega_1\right)^{-1}=(\mathrm{i}\omega_1)^{-1}\left(1-\frac{\gamma_1}{2\mathrm{i}\omega_1}\right)^{-1}\approx(\mathrm{i}\omega_1)^{-1}\left(1+\frac{\gamma_1}{2\mathrm{i}\omega_1}\right)$$

(9)式可改写为

$$\gamma_{21}u_1^{(1)}+\left(\gamma_2-\frac{\omega_1^2+\omega_2^2}{2\omega_1^2}\gamma_1+\frac{\omega_2^2-\omega_1^2}{i\omega_1}\right)u_2^{(1)}+\gamma_{23}u_3^{(1)}+\cdots+\gamma_{2s}u_s^{(1)}=0$$

这样,可得 $s-1$ 个方程为

$$\begin{cases}\gamma_{21}u_1^{(1)}+\left(\gamma_2-\dfrac{\omega_1^2+\omega_2^2}{2\omega_1^2}\gamma_1+\dfrac{\omega_2^2-\omega_1^2}{\mathrm{i}\omega_1}\right)u_2^{(1)}+\gamma_{23}u_3^{(1)}+\cdots+\gamma_{2s}u_s^{(1)}=0\\ \gamma_{31}u_1^{(1)}+\gamma_{32}u_2^{(1)}+\left(\gamma_3-\dfrac{\omega_1^2+\omega_3^2}{2\omega_1^2}\gamma_1+\dfrac{\omega_3^2-\omega_1^2}{\mathrm{i}\omega_1}\right)u_3^{(1)}+\cdots+\gamma_{3s}u_s^{(1)}=0\\ \cdots\cdots\cdots\cdots\\ \gamma_{s1}u_1^{(1)}+\gamma_{s2}u_2^{(1)}+\cdots+\gamma_{ss-1}u_{s-1}^{(1)}+\left(\gamma_s-\dfrac{\omega_1^2+\omega_s^2}{2\omega_1^2}\gamma_1+\dfrac{\omega_s^2-\omega_1^2}{\mathrm{i}\omega_1}\right)u_s^{(1)}=0\end{cases}\tag{10}$$

略去 γ_i、γ_{ij} 的二阶及更高阶小量,可以解出$\dfrac{u_k^{(1)}}{u_1^{(1)}}$,$(k=2,3,\cdots,s)$.

$$\frac{u_k^{(1)}}{u_1^{(1)}}\approx\frac{\begin{vmatrix}\dfrac{\omega_2^2-\omega_1^2}{\mathrm{i}\omega_1} & 0 & 0 & \cdots & -\gamma_{21} & \cdots & 0\\ 0 & \dfrac{\omega_3^2-\omega_1^2}{\mathrm{i}\omega_1} & 0 & \cdots & -\gamma_{31} & \cdots & 0\\ \vdots & \vdots & \vdots & & \vdots & & \vdots\\ 0 & 0 & 0 & \cdots & -\gamma_{s1} & \cdots & \dfrac{\omega_s^2-\omega_1^2}{\mathrm{i}\omega_1}\end{vmatrix}}{\begin{vmatrix}\dfrac{\omega_2^2-\omega_1^2}{\mathrm{i}\omega_1} & 0 & 0 & \cdots & 0\\ 0 & \dfrac{\omega_3^2-\omega_1^2}{\mathrm{i}\omega_1} & 0 & \cdots & 0\\ \vdots & \vdots & \vdots & & \vdots\\ 0 & 0 & 0 & \cdots & \dfrac{\omega_s^2-\omega_1^2}{\mathrm{i}\omega_1}\end{vmatrix}}$$

$$=-\gamma_{k1}\prod_{\substack{j=2\\ j\neq k}}^{s}\left(\frac{\omega_j^2-\omega_1^2}{\mathrm{i}\omega_1}\right)\Big/\prod_{j=2}^{s}\left(\frac{\omega_j^2-\omega_1^2}{\mathrm{i}\omega_1}\right)$$

$$=-\frac{\mathrm{i}\gamma_{k1}\omega_1}{\omega_k^2-\omega_1^2}\quad(k=2,3,\cdots,s)\tag{11}$$

上式中分母上的行列式的第 k 列换成$(-\gamma_{21}、-\gamma_{31}、\cdots-\gamma_{s1})^{\mathrm{T}}$ 即为分子上的行列

式.若取 $u_1^{(1)}=A'_1\mathrm{e}^{\mathrm{i}\alpha_1}$,则

$$u_k^{(1)}=-\frac{\mathrm{i}\omega_1\gamma_{k1}}{\omega_k^2-\omega_1^2}A'_1\mathrm{e}^{\mathrm{i}\alpha_1}=-\frac{\omega_1\gamma_{k1}}{\omega_k^2-\omega_1^2}A'_1\mathrm{e}^{\mathrm{i}(\alpha_1+\frac{\pi}{2})}\quad(k=2,3,\cdots,s)$$

与 $\lambda_1=-\frac{\gamma_1}{2}+\mathrm{i}\omega_1$ 相应的复振动为

$$\begin{cases}\xi_1^{(1)}=A'_1\mathrm{e}^{\mathrm{i}\alpha_1}\mathrm{e}^{(-\frac{\gamma_1}{2}+\mathrm{i}\omega_1)t}=A'_1\mathrm{e}^{-\frac{\gamma_1}{2}t}\mathrm{e}^{\mathrm{i}(\omega_1t+\alpha_1)}\\ \xi_k^{(1)}=-A'_1\dfrac{\omega_1\gamma_{k1}}{\omega_k^2-\omega_1^2}\mathrm{e}^{-\frac{\gamma_1}{2}t}\mathrm{e}^{\mathrm{i}(\omega_1t+\alpha_1+\frac{\pi}{2})}\quad(k=2,3,\cdots,s)\end{cases}\tag{12}$$

与 $\bar{\lambda}_1=-\frac{\gamma}{2}-\mathrm{i}\omega_1$ 相应的复振动为

$$\begin{cases}\xi_1^{(1)}=A'_1\mathrm{e}^{-\frac{\gamma_1}{2}t}\mathrm{e}^{-\mathrm{i}(\omega_1t+\alpha)}\\ \xi_k^{(1)}=-A'_1\dfrac{\omega_1\gamma_{k1}}{\omega_k^2-\omega_1^2}\mathrm{e}^{-\frac{\gamma_1}{2}t}\mathrm{e}^{-\mathrm{i}(\omega_1t+\alpha_1+\frac{\pi}{2})}\quad(k=2,3,\cdots,s)\end{cases}$$

与 λ_1、$\bar{\lambda}_1$ 这一对对应的振动为

$$\begin{cases}\xi_1^{(1)}=A_1\mathrm{e}^{-\frac{\gamma_1}{2}t}\cos(\omega_1t+\alpha_1)\\ \xi_k^{(1)}=-A_1\dfrac{\omega_1\gamma_{k1}}{\omega_k^2-\omega_1^2}\mathrm{e}^{-\frac{\gamma_1}{2}t}\cos(\omega_1t+\alpha_1+\dfrac{\pi}{2})\\ \qquad=A_1\dfrac{\omega_1\gamma_{k1}}{\omega_k^2-\omega_1^2}\mathrm{e}^{-\frac{\gamma_1}{2}t}\sin(\omega_1t+\alpha_i)\quad(k=2,3,\cdots,s)\end{cases}$$

其中 $\gamma_1=\frac{\beta_1}{\mu_1}$, $\gamma_{k1}=\frac{\beta_{k1}}{\mu_k}$, $\omega_1=\sqrt{\frac{\kappa_1}{\mu_1}}$, A_1、α_1 为积分常数.

同样可得其他频率的解(振动模式),

与第 j 个 λ_j、$\bar{\lambda}_j$ 对对应的振动为

$$\begin{cases}\xi_j^{(j)}=A_j\mathrm{e}^{-\frac{\gamma_j}{2}t}\cos(\omega_jt+\alpha_j)\\ \xi_k^{(j)}=A_j\dfrac{\omega_j\gamma_{kj}}{\omega_k^2-\omega_j^2}\mathrm{e}^{-\frac{\gamma_j}{2}t}\sin(\omega_jt+\alpha_j)\end{cases}\tag{11.4.4}$$

$$(k=1,2,\cdots,j-1,j+1,\cdots,s)$$

其中 $\gamma_j=\frac{\beta_j}{\mu_j}$, $\gamma_{kj}=\frac{\beta_{kj}}{\mu_k}$, $\omega_j=\sqrt{\frac{\kappa_j}{\mu_j}}$.

由简正坐标表达的通解为(11.4.4)式中 s 个方程的叠加,即

$$\begin{cases}\xi_1=\sum_{j=1}^{s}\xi_1^{(j)}=A_1\mathrm{e}^{-\frac{\gamma_1}{2}t}\cos(\omega_1t+\alpha_1)+\sum_{j=2}^{s}A_j\frac{\omega_j\gamma_{1j}}{\omega_1^2-\omega_j^2}\mathrm{e}^{-\frac{\gamma_j}{2}t}\sin(\omega_jt+\alpha_j)\\ \xi_2=\sum_{j=1}^{s}\xi_2^{(j)}=A_2\mathrm{e}^{-\frac{\gamma_2}{2}t}\cos(\omega_2t+\alpha_2)+\sum_{\substack{j=1\\j\neq2}}^{s}A_j\frac{\omega_j\gamma_{2j}}{\omega_2^2-\omega_j^2}\mathrm{e}^{-\frac{\gamma_j}{2}t}\sin(\omega_jt+\alpha_j)\\ \cdots\cdots\cdots\cdots\\ \xi_s=\sum_{j=1}^{s}\xi_s^{(j)}=A_s\mathrm{e}^{-\frac{\gamma_s}{2}t}\cos(\omega_st+\alpha_s)+\sum_{j=1}^{s-1}A_j\frac{\omega_j\gamma_{sj}}{\omega_s^2-\omega_j^2}\mathrm{e}^{-\frac{\gamma_j}{2}t}\sin(\omega_jt+\alpha_j)\end{cases}\tag{11.4.5}$$

这种小阻尼振动有以下特点：i)系统振动所含的频率近似地等于无阻尼时振动所含的频率. ii) $t\to\infty$时,系统趋于平衡位置. iii) 就通解而言,每个简正坐标上的运动,只有一个频率的振动是主要的,其他频率的振动均是小量. iv)各个简正坐标上作的同一种频率的振动,一个简正坐标上的主要的振动较之其他简正坐标上的振动,相位超前$\frac{\pi}{2}$.

* §11.5 周期性外力作用下的受迫小振动

1. 广义力的坐标变换

对作用于振动系统的保守的恢复力用势能处理,从一组广义坐标变为另一组广义坐标势能如何变换的问题前面已经解决了.现在,振动系统除受恢复力以外还受到周期性的强迫力.当我们改用简正坐标时,这周期性外力如何变换,这是我们现在要讨论的问题.

设原用广义坐标 $q_i(i=1,2,\cdots,s)$时,系统受到的广义力为 $Q_i=Q_i(t)$, $(i=1,2,\cdots,s)$,令由原广义坐标 q_i 变为简正坐标 ξ_i,若坐标变换关系为

$$q_i=\sum_{j=1}^{s}g_{ij}\xi_j\quad(i=1,2,\cdots,s)\tag{1}$$

设改用坐标 ξ_i(可以不是简正坐标)后的广义力表为 Ξ_i,则应有

$$\sum_{j=1}^{s}\Xi_j\delta\xi_j=\sum_{i=1}^{s}Q_i\delta q_i\tag{2}$$

由(1)式得

$$\delta q_i = \sum_{j=1}^{s} g_{ij}\delta\xi_j \tag{3}$$

将(3)式代入(2)式

$$\sum_{j=1}^{s} \Xi_j\delta\xi_j = \sum_{i=1}^{s}\left(Q_i\sum_{j=1}^{s} g_{ij}\delta\xi_j\right) = \sum_{j=1}^{s}\left(\sum_{i=1}^{s} g_{ij}Q_i\right)\delta\xi_j$$

可见

$$\Xi_j = \sum_{i=1}^{s} g_{ij}Q_i \tag{4}$$

用矩阵表示,(1)式和(4)式可分别表成

$$\boldsymbol{q} = \boldsymbol{G}\cdot\boldsymbol{\xi}$$

$$\boldsymbol{\Xi} = \boldsymbol{G}^{\mathrm{T}}\cdot\boldsymbol{Q} \tag{11.5.1}$$

如$|\boldsymbol{G}|\neq 0$,由(11.5.1)式得

$$\boldsymbol{Q} = (\boldsymbol{G}^{\mathrm{T}})^{-1}\boldsymbol{\Xi} \tag{11.5.2}$$

如 $\boldsymbol{G}$ 是正交矩阵,$\boldsymbol{G}^{\mathrm{T}}=(\boldsymbol{G})^{-1}$, $(\boldsymbol{G}^{\mathrm{T}})^{-1}=\boldsymbol{G}$.

2. 在周期性外力作用下的无阻尼振动

采用简正坐标后的运动微分方程

$$\ddot{\xi}_i + \omega_i^2\xi_i = \Xi_i(t) \quad (i = 1,2,\cdots,s) \tag{1}$$

(1)式的通解为

$$\xi_i = c_i\cos(\omega_i t + \alpha_i) + \xi_i^* \quad (i = 1,2,\cdots,s) \tag{2}$$

其中 ξ_i^* 是非齐次方程(1)式的一个特解,$c_i\cos(\omega_i t+\alpha_i)$是相应的齐次方程的通解.

如 Ξ_i 是频率为Ω 的余弦型周期力

$$\Xi_i = A_i\cos\Omega t$$

则不难得到

$$\xi_i^* = \frac{A_i}{\omega_i^2 - \Omega^2}\cos\Omega t \quad (i = 1,2,\cdots,s) \tag{11.5.3}$$

如 $\Xi_i(t)(i=1,2,\cdots,s)$是以 T 为周期的任意周期力,则将 $\Xi_i(t)$展成傅里叶级数,

$$\Xi_i(t) = \sum_{n=1}^{\infty} A_{in}\cos(n\Omega t + \alpha_n) \quad (i = 1,2,\cdots,s)$$

其中 $\Omega=\frac{2\pi}{T}$.

由于方程(1)是线性的,其特解为

$$\xi_i^* = \sum_{n=1}^{\infty} \frac{A_{in}}{\omega_i^2 - n^2\Omega^2}\cos(n\Omega t + \alpha_n) \quad (i = 1,2,\cdots,s) \qquad (11.5.4)$$

若某一个 $n\Omega$ 和ω_j 相等,而且对应的 $A_{jn}\neq 0$,则在坐标 ξ_j 上的运动将出现共振现象.

用原广义坐标 q_i 表达的解可写为

$$\begin{aligned} q_i &= \sum_{j=1}^{s} g_{ij}\xi_j \\ &= \sum_{j=1}^{s} g_{ij}c_j\cos(\omega_j t + \alpha_j) + \sum_{j=1}^{s} g_{ij}\xi_j^* \\ &(i = 1,2,\cdots,s) \end{aligned} \qquad (11.5.5)$$

3. 有阻尼的受迫小振动

振动系统除受到保守的恢复力、周期性的强迫力外,还受到能用瑞利耗散函数(10.3.11′)处理的阻尼力,运动微分方程为

$$\sum_{j=1}^{s}(m_{ij}\ddot{q}_j + b_{ij}\dot{q}_j + k_{ij}q_j) = Q_i(t) \quad (i = 1,2,\cdots,s) \qquad (1)$$

这个非齐次方程的通解为

$$\boldsymbol{q} = \sum_{i=1}^{2s} c_i\boldsymbol{u}_i e^{\lambda_i t} + \boldsymbol{q}^*$$

其中第一个和式为相应的齐次方程的通解,即(11.4.3)式,$\boldsymbol{q}^*$是方程(1)的一个特解. $\boldsymbol{q}=0$ 是平衡位置.若系统中质点都受到阻力,$\mathrm{Re}\lambda_i<0$,当 $t\to\infty$时,第一个和式趋于零,如系统中某些质点不受阻力,可能有 $\mathrm{Re}\lambda_i=0$ 的情况,则 $t\to\infty$时,第一个和式趋于一些简谐振动的叠加,我们感兴趣的是 $\boldsymbol{q}^*$ 这个特解.

微分方程组(1)是线性的,可用线性叠加原理考虑一般情况,因此只需对仅一

个广义坐标的广义力分量不为零的情况讨论清楚,就不难得到一般情况的解.

设 $Q_1(t)\neq 0$,其余 $Q_i(t)=0$,$(i=2,3,\cdots,s)$,又如 $Q_1(t)=A\cos\Omega t$,可将 $Q_1(t)$写成$\dfrac{A}{2}(e^{i\Omega t}+e^{-i\Omega t})$.

现讨论 $Q_1(t)=Ae^{i\Omega t}$,其余 $Q_i(t)=0$,$(i=2,3,\cdots,s)$,微分方程可写成

$$\begin{cases}\sum_{j=1}^{s}(m_{1j}\ddot{q}_j+b_{1j}\dot{q}_j+k_{1j}q_j)=Ae^{i\Omega t}\\ \sum_{j=1}^{s}(m_{ij}\ddot{q}_j+b_{ij}\dot{q}_j+k_{ij}q_j)=0\quad(i=2,3,\cdots,s)\end{cases}\tag{2}$$

考虑特解

$$q_i^*=u_ie^{i\Omega t}\quad(i=1,2,\cdots,s)\tag{3}$$

将(3)式代入(2)式,约去 $e^{i\Omega t}$后得

$$\begin{cases}\sum_{j=1}^{s}[m_{1j}(i\Omega)^2+b_{1j}(i\Omega)+k_{1j}]u_j=A\\ \sum_{j=1}^{s}[m_{ij}(i\Omega)^2+b_{ij}(i\Omega)+k_{ij}]u_j=0\quad(i=2,3,\cdots,s)\end{cases}\tag{4}$$

其解为

$$u_j=\frac{(-1)^{1+j}\Delta_{1j}(i\Omega)}{\Delta(i\Omega)}A\quad(j=1,2,\cdots,s)\tag{5}$$

其中 $\Delta(i\Omega)$是线性方程组(4)式中的系数行列式,当所有 $\mathrm{Re}(\lambda_i)<0$ 的情况下,这个系数行列式即(11.4.2)式中将 λ 换成 $i\Omega$ 后的行列式,一定不为零,在有 $\mathrm{Re}(\lambda_i)=0$ 的情况下,设 $\lambda_i\neq i\Omega$,则也有 $\Delta(i\Omega)\neq 0$. $(-1)^{1+j}\Delta_{1j}(i\Omega)$是 $\Delta(i\Omega)$中第一行第 j 列元素的代数余子式.

为写得简单些,令

$$W_{1j}(i\Omega)=\frac{(-1)^{1+j}\Delta_{1j}(i\Omega)}{\Delta(i\Omega)}$$

将(5)式代入(3)式,得 $Q_1=Ae^{i\Omega t}$, $Q_i=0$ $(i=1,2,3,\cdots,s)$情况下的特解,

$$q_i^*=W_{1i}(i\Omega)Ae^{i\Omega t}\tag{6}$$

$W_{1i}(i\Omega)$是个复函数,可用模$|W_{1i}(\Omega)|$和幅角 $\varphi_{1i}(\Omega)$表示

$$W_{1i}(\mathrm{i}\Omega)=|W_{1i}(\Omega)|\mathrm{e}^{\mathrm{i}\varphi_{1i}(\Omega)} \tag{7}$$

将(7)式代入(6)式

$$q_i^*=|W_{1i}(\Omega)|A\mathrm{e}^{\mathrm{i}[\Omega t+\varphi_{1i}(\Omega)]} \tag{8}$$

同样可写出 $Q_1(t)=A\mathrm{e}^{-\mathrm{i}\Omega t}$, $Q_i(t)=0$, $(i=2,3,\cdots,s)$情况下的特解,因

$$W_{1i}(-\mathrm{i}\Omega)=\overline{W}_{1i}(\mathrm{i}\Omega)$$

$$W_{1i}(-\mathrm{i}\Omega)=|W_{1i}(\Omega)|\mathrm{e}^{-\mathrm{i}\varphi_{1i}(\Omega)}$$

$$q_i^*=|W_{1i}(\Omega)|A\mathrm{e}^{\mathrm{i}[-\Omega t-\varphi_{1i}(\Omega)]}\quad(i=1,2,\cdots,s) \tag{9}$$

现在可以讨论 $Q_1=A\cos\Omega t$, $Q_i=0,(i=2,3,\cdots,s)$的情况下的特解,得

$$\begin{aligned}q_i^*&=|W_{1i}(\Omega)|\cdot\frac{A}{2}\mathrm{e}^{\mathrm{i}[\Omega t+\varphi_{1i}(\Omega)]}+|W_{1i}(\Omega)|\cdot\frac{A}{2}\mathrm{e}^{\mathrm{i}[-\Omega t-\varphi_{1i}(\Omega)]}\\&=|W_{1i}(\Omega)|A\cos[\Omega t+\varphi_{1i}(\Omega)]\\&\quad(i=1,2,\cdots,s)\end{aligned} \tag{11.5.6}$$

如强迫力为 $Q_i(t)=A_i\cos(\Omega t+\alpha_i)$, $(i=1,2,\cdots,s)$,则特解为

$$q_i^*=\sum_{j=1}^{s}|W_{ji}(\Omega)|A_j\cos[\Omega t+\alpha_j+\varphi_{ji}(\Omega)]$$
$$(i=1,2,\cdots,s) \tag{11.5.7}$$

其中$|W_{ji}(\Omega)|$是 $W_{ji}(\mathrm{i}\Omega)$的模,$\varphi_{ji}(\Omega)$是 $W_{ji}(\mathrm{i}\Omega)$的幅角.

$$W_{ji}(\mathrm{i}\Omega)=\frac{(-1)^{j+i}\Delta_{ji}(\mathrm{i}\Omega)}{\Delta(i\Omega)}$$

如强迫力具有一定的频率范围,对于一定的振动系统,可能使某些频率范围的振动消失,某些频率的振动振幅增大,起着一定的滤波器作用,而在某些频率,振动振幅将变得很大,发生共振现象,这是工程技术上要考虑加以利用或避免发生的问题.

如矩阵 $\boldsymbol{R}$ 是矩阵 $\boldsymbol{M}$ 和矩阵 $\boldsymbol{K}$ 的线性组合,则可以选取简正坐标使 $\boldsymbol{M}$、$\boldsymbol{K}$、$\boldsymbol{R}$ 三个矩阵同时对角化,对于每一个简正坐标上的运动都是一个独立的受迫振动.

$$T=\frac{1}{2}\sum_{i=1}^{s}\mu_i\dot{\xi}_i^2,\quad V=\frac{1}{2}\sum_{i=1}^{s}\kappa_i\xi_i^2$$

$$R=\frac{1}{2}\sum_{i=1}^{s}\beta_i\dot{\xi}_i^2,\quad \Xi_i=A_i\cos\Omega t$$

运动微分方程为

$$\mu_i\ddot{\xi}_i + \beta_i\dot{\xi}_i + \kappa_i\xi_i = A_i\cos\Omega t \quad (i = 1,2,\cdots,s)$$

令 $\omega_i^2 = \dfrac{\kappa_i}{\mu_i}$，$\gamma_i = \dfrac{\beta_i}{2\mu_i}$，$\mathscr{F}_i = \dfrac{A_i}{\mu_i}$，则特解为

$$\xi_i = \frac{\mathscr{F}_i}{\sqrt{(\omega_i^2 - \Omega^2)^2 + 4\gamma_i^2\Omega^2}}\cos(\Omega t + \varphi_i) \quad (i = 1,2,\cdots,s) \tag{11.5.8}$$

其中

$$\varphi_i = -\arctan\left(\frac{2\gamma_i\Omega}{\omega_i^2 - \Omega^2}\right) \tag{11.5.9}$$

用简正坐标与原广义坐标之间的变换关系，可得 $q_i(t)$.

例 11.5.1　两个质量为 m 的质点用三根劲度系数均为 k 的轻弹簧如图 11.5.1 那样连接起来，置于光滑的水平面上，两边的弹簧均有一端固定.质点只限于在水平面上沿纵向运动，受到空气阻力，其大小与质点的速率成正比，比例系数为 β.给右边的质点一个向右的水平的周期性外力

$$f = f_0\cos\Omega t$$

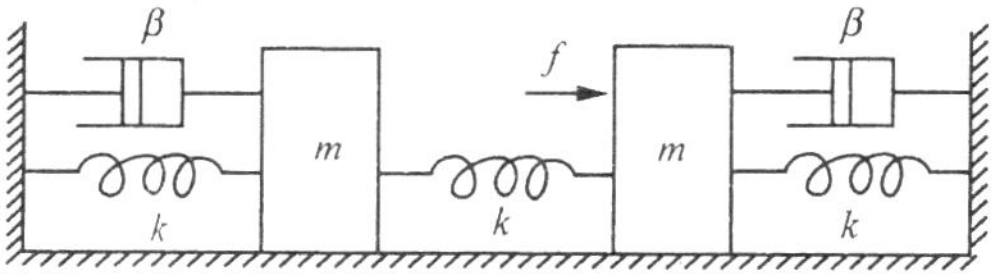

图 11.5.1

求达到稳定后两质点的运动规律.

解　取向右的方向为 x_1、x_2 的正方向，x_1、x_2 的零点分别取在左、右两个质点的平衡位置

$$T = \frac{1}{2}m\dot{x}_1^2 + \frac{1}{2}m\dot{x}_2^2$$

$$V = \frac{1}{2}kx_1^2 + \frac{1}{2}k(x_2 - x_1)^2 + \frac{1}{2}kx_2^2 = \frac{1}{2}k(2x_1^2 - 2x_1x_2 + 2x_2^2)$$

$$R = \frac{1}{2}\beta\dot{x}_1^2 + \frac{1}{2}\beta\dot{x}_2^2$$

$$\boldsymbol{M}=\begin{pmatrix} m & 0 \\ 0 & m \end{pmatrix},\ \boldsymbol{K}=\begin{pmatrix} 2k & -k \\ -k & 2k \end{pmatrix},\ \boldsymbol{R}=\begin{pmatrix} \beta & 0 \\ 0 & \beta \end{pmatrix}$$

$\boldsymbol{R}=\frac{\beta}{m}\boldsymbol{M}$,三个矩阵可以同时对角化.

由 $|\boldsymbol{H}|=|\boldsymbol{K}-\omega^2\boldsymbol{M}|=0$ 得

$$\begin{vmatrix} 2k-m\omega^2 & -k \\ -k & 2k-m\omega^2 \end{vmatrix}=0$$

$$m^2\omega^4-4km\omega^2+3k^2=0$$

$$(m\omega^2-k)(m\omega^2-3k)=0$$

$$\omega_1^2=\frac{k}{m},\ \omega_2^2=\frac{3k}{m}$$

对 ω_1:　　$\boldsymbol{H}\cdot\boldsymbol{u}^{(1)}=0$.

$$\boldsymbol{H}=\begin{pmatrix} 2k-m\omega_1^2 & -k \\ -k & 2k-m\omega_1^2 \end{pmatrix}=\begin{pmatrix} k & -k \\ -k & k \end{pmatrix}$$

$$\mathrm{adj}\boldsymbol{H}=\begin{pmatrix} k & k \\ k & k \end{pmatrix}$$

取 $\boldsymbol{u}^{(1)}$ 为:　　$u_1^{(1)}=1,u_2^{(1)}=1$.

对 ω_2:　　$\boldsymbol{H}\cdot\boldsymbol{u}^{(2)}=0$.

$$\boldsymbol{H}=\begin{pmatrix} 2k-m\omega_2^2 & -k \\ -k & 2k-m\omega_2^2 \end{pmatrix}=\begin{pmatrix} -k & -k \\ -k & -k \end{pmatrix}$$

$$\mathrm{adj}\boldsymbol{H}=\begin{pmatrix} -k & k \\ k & -k \end{pmatrix}$$

取 $\boldsymbol{u}^{(2)}$ 为:　　$u_1^{(2)}=1,\ u_2^{(2)}=-1$.

简正坐标 ξ_1、ξ_2 和 x_1、x_2 的变换关系由(11.2.10″)式得

$$\begin{pmatrix} \xi_1 \\ \xi_2 \end{pmatrix}=\begin{pmatrix} 1 & 1 \\ 1 & -1 \end{pmatrix}\begin{pmatrix} m & 0 \\ 0 & m \end{pmatrix}\begin{pmatrix} x_1 \\ x_2 \end{pmatrix}=\begin{pmatrix} m & m \\ m & -m \end{pmatrix}\begin{pmatrix} x_1 \\ x_2 \end{pmatrix}$$

用求逆矩阵的办法或反解出 x_1、x_2，可得

$$\begin{pmatrix} x_1 \\ x_2 \end{pmatrix} = \begin{pmatrix} \frac{1}{2m} & \frac{1}{2m} \\ \frac{1}{2m} & -\frac{1}{2m} \end{pmatrix} \begin{pmatrix} \xi_1 \\ \xi_2 \end{pmatrix}, \quad \boldsymbol{G} = \begin{pmatrix} \frac{1}{2m} & \frac{1}{2m} \\ \frac{1}{2m} & -\frac{1}{2m} \end{pmatrix}$$

由(11.5.1)式

$$\begin{pmatrix} \Xi_1 \\ \Xi_2 \end{pmatrix} = \boldsymbol{\Xi} = \boldsymbol{G}^T \cdot \boldsymbol{Q} = \begin{pmatrix} \frac{1}{2m} & \frac{1}{2m} \\ \frac{1}{2m} & -\frac{1}{2m} \end{pmatrix} \begin{pmatrix} Q_1 \\ Q_2 \end{pmatrix}$$

令 $Q_1 = 0, Q_2 = f_0 \cos\Omega t$，得

$$\Xi_1 = \frac{1}{2m} Q_2 = \frac{1}{2m} f_0 \cos\Omega t$$

$$\Xi_2 = -\frac{1}{2m} Q_2 = -\frac{1}{2m} f_0 \cos\Omega t$$

变换前的运动微分方程为

$$\begin{cases} m\ddot{x}_1 + 2kx_1 - kx_2 + \beta\dot{x}_1 = 0 \\ m\ddot{x}_2 + 2kx_2 - kx_1 + \beta\dot{x}_2 = f_0 \cos\Omega t \end{cases} \tag{1}$$

方法一　注意 $\boldsymbol{G}$ 未归一化，不是正交矩阵，$\boldsymbol{G}^{\mathrm{T}} \neq \boldsymbol{G}^{-1}$. 变换后，对角矩阵 $\boldsymbol{M}$、$\boldsymbol{R}$ 虽仍是对角的，但也要发生变化，变换后，$\boldsymbol{M}$、$\boldsymbol{K}$、$\boldsymbol{R}$ 分别变为

$$\boldsymbol{G}^{\mathrm{T}} \cdot \boldsymbol{M} \cdot \boldsymbol{G} = \begin{pmatrix} \frac{1}{2m} & \frac{1}{2m} \\ \frac{1}{2m} & -\frac{1}{2m} \end{pmatrix} \begin{pmatrix} m & 0 \\ 0 & m \end{pmatrix} \begin{pmatrix} \frac{1}{2m} & \frac{1}{2m} \\ \frac{1}{2m} & -\frac{1}{2m} \end{pmatrix} = \begin{pmatrix} \frac{1}{2m} & 0 \\ 0 & \frac{1}{2m} \end{pmatrix}$$

$$\boldsymbol{G}^{\mathrm{T}} \cdot \boldsymbol{K}、\boldsymbol{G} = \begin{pmatrix} \frac{1}{2m} & \frac{1}{2m} \\ \frac{1}{2m} & -\frac{1}{2m} \end{pmatrix} \begin{pmatrix} 2k & -k \\ -k & 2k \end{pmatrix} \begin{pmatrix} \frac{1}{2m} & \frac{1}{2m} \\ \frac{1}{2m} & -\frac{1}{2m} \end{pmatrix} = \begin{pmatrix} \frac{k}{2m^2} & 0 \\ 0 & \frac{3k}{2m^2} \end{pmatrix}$$

$$\boldsymbol{G}^{\mathrm{T}} \cdot \boldsymbol{R} \cdot \boldsymbol{G} = \begin{pmatrix} \frac{1}{2m} & \frac{1}{2m} \\ \frac{1}{2m} & -\frac{1}{2m} \end{pmatrix} \begin{pmatrix} \beta & 0 \\ 0 & \beta \end{pmatrix} \begin{pmatrix} \frac{1}{2m} & \frac{1}{2m} \\ \frac{1}{2m} & -\frac{1}{2m} \end{pmatrix} = \begin{pmatrix} \frac{\beta}{2m^2} & 0 \\ 0 & \frac{\beta}{2m^2} \end{pmatrix}$$

变换后运动微分方程经化简后变为

$$\begin{cases} \ddot{\xi}_1 + \dfrac{\beta}{m}\dot{\xi}_1 + \dfrac{k}{m}\xi_1 = f_0\cos\Omega t \\ \ddot{\xi}_2 + \dfrac{\beta}{m}\dot{\xi}_2 + \dfrac{3k}{m}\xi_2 = -f_0\cos\Omega t \end{cases} \tag{2}$$

也可以直接用坐标变换关系 $x_1 = \dfrac{1}{2m}(\xi_1 + \xi_2)$，$x_2 = \dfrac{1}{2m}(\xi_1 - \xi_2)$，将运动微分方程(1)式变为(2)式.

由(11.5.8)、(11.5.9)式得稳态解.

$$\xi_1^* = \frac{f_0}{\sqrt{(\omega_1^2 - \Omega^2)^2 + 4\left(\dfrac{\beta}{2m}\right)^2\Omega^2}}\cos(\Omega t + \varphi_1)$$

$$= \frac{mf_0}{\sqrt{(k - m\Omega^2)^2 + \beta^2\Omega^2}}\cos(\Omega t + \varphi_1)$$

其中

$$\varphi_1 = -\arctan\left(\frac{\dfrac{\beta}{m}\Omega}{\omega_1^2 - \Omega^2}\right) = -\arctan\left(\frac{\beta\Omega}{k - m\Omega^2}\right)$$

$$\xi_2^* = -\frac{f_0}{\sqrt{(\omega_2^2 - \Omega^2)^2 + 4\left(\dfrac{\beta}{2m}\right)^2\Omega^2}}\cos(\Omega t + \varphi_2)$$

$$= -\frac{mf_0}{\sqrt{(3k - m\Omega^2)^2 + \beta^2\Omega^2}}\cos(\Omega t + \varphi_2)$$

其中

$$\varphi_2 = -\arctan\left(\frac{\beta\Omega}{3k - m\Omega^2}\right)$$

$$x_1^* = \frac{1}{2m}(\xi_1^* + \xi_2^*) = \frac{f_0}{2\sqrt{(k - m\Omega^2)^2 + \beta^2\Omega^2}}\cos(\Omega t + \varphi_1)$$

$$- \frac{f_0}{2\sqrt{(3k - m\Omega^2)^2 + \beta^2\Omega^2}}\cos(\Omega t + \varphi_2)$$

$$x_2^* = \frac{1}{2m}(\xi_1^* - \xi_2^*) = \frac{f_0}{2\sqrt{(k - m\Omega^2)^2 + \beta^2\Omega^2}}\cos(\Omega t + \varphi_1)$$

$$+ \frac{f_0}{2\sqrt{(3k - m\Omega^2)^2 + \beta^2\Omega^2}}\cos(\Omega t + \varphi_2)$$

为了与用(11.5.7)式用线性代数直接求解 x_1、x_2 的方法作比较，为简化计算，我们设 $m=1$ kg，$k=2$ Nm^{-1}，$\beta=1$ N·sm^{-1}，$\Omega=1$ s^{-1}，$f_0=1$ N. 则

$$x_1^* = \frac{1}{2\sqrt{2}}\cos(t - \arctan 1) - \frac{1}{2\sqrt{26}}\cos\left(t - \arctan\frac{1}{5}\right)$$

$$x_2^* = \frac{1}{2\sqrt{2}}\cos(t - \arctan 1) + \frac{1}{2\sqrt{26}}\cos\left(t - \arctan\frac{1}{5}\right)$$

利用振幅矢量法，可将两个余弦函数合成一个余弦函数(参看§3.2.1中讲的两个同方向、同频率简谐振动的合成讲过的振幅矢量法)可得

$$x_1^* = \frac{\sqrt{13}}{13}\cos\left(t - \arctan\frac{3}{2}\right)$$

$$x_2^* = \frac{\sqrt{130}}{26}\cos\left(t - \arctan\frac{7}{9}\right)$$

方法二，直接对微分方程组(1)求解，用(11.5.7)，有关的线性代数方程为

$$[m(\mathrm{i}\Omega)^2 + \beta(\mathrm{i}\Omega) + 2k]u_1 - ku_2 = 0$$

$$-ku_1 + [m(\mathrm{i}\Omega)^2 + \beta(\mathrm{i}\Omega) + 2k]u_2 = f_0$$

令(11.5.7)式中的 $A_1=0$、$A_2=f_0$，只需计算 $W_{21}(\Omega)$和 $W_{22}(\Omega)$.

u_1、u_2 的系数构成的行列式

$$\Delta(\mathrm{i}\Omega) = \begin{vmatrix} m(\mathrm{i}\Omega)^2 + \beta(\mathrm{i}\Omega) + 2k & -k \\ -k & m(\mathrm{i}\Omega)^2 + \beta(\mathrm{i}\Omega) + 2k \end{vmatrix}$$

$$= \begin{vmatrix} 3+\mathrm{i} & -2 \\ -2 & 3+\mathrm{i} \end{vmatrix} = 4 + 6\mathrm{i}$$

$$\Delta_{21}(\mathrm{i}\Omega) = -k = -2, \Delta_{22}(\mathrm{i}\Omega) = 3 + \mathrm{i}$$

$$W_{21}(\mathrm{i}\Omega) = \frac{(-1)^{2+1}\Delta_{21}(\mathrm{i}\Omega)}{\Delta(\mathrm{i}\Omega)} = \frac{-(-2)}{4+6\mathrm{i}} = \frac{2-3\mathrm{i}}{13}$$

$$|W_{21}(\Omega)| = |W_{21}(\mathrm{i}\Omega)| = \frac{\sqrt{2^2 + (-3)^2}}{13} = \frac{\sqrt{13}}{13}$$

$$\varphi_{21}(\Omega) = \arctan\frac{(-3)}{2} = -\arctan\frac{3}{2}$$

$$W_{22}(\mathrm{i}\Omega) = \frac{(-1)^{2+2}\Delta_{22}(\mathrm{i}\Omega)}{\Delta(\mathrm{i}\Omega)} = \frac{3+\mathrm{i}}{4+6\mathrm{i}} = \frac{9-7\mathrm{i}}{26}$$

$$|W_{22}(\Omega)| = |W_{22}(\mathrm{i}\Omega)| = \frac{\sqrt{9^2 + (-7)^2}}{26} = \frac{\sqrt{130}}{26}$$

$$\varphi_{22}(\Omega) = \arctan\frac{(-7)}{9} = -\arctan\frac{7}{9}$$

$$x_1^* = |W_{21}(\Omega)| A_2\cos[\Omega t + \varphi_{21}(\Omega)] = \frac{\sqrt{13}}{13}\cos\left(t - \arctan\frac{3}{2}\right)$$

$$x_2^* = |W_{22}(\Omega)| A_2\cos[\Omega t + \varphi_{22}(\Omega)] = \frac{\sqrt{130}}{26}\cos\left(t - \arctan\frac{7}{9}\right)$$

与方法一所得结果相同.

* §11.6 非线性振动

前几节讨论的都是线性振动,运动微分方程只含 q_1、$\dot{q}_i$、$\ddot{q}_i$ 的一次方项,动能是广义速度的齐二次型,势能是广义坐标的齐二次型,耗散函数也是广义速度的齐二次型.这一节我们讨论偏离线性振动不远的非线性振动,也就是其运动微分方程的非线性项与线性项相比是小量的情况.当振幅不是足够小时就会出现这种情况,此时对动能、势能函数也在稳定平衡位置处作泰勒展开,但不能只保留到 q_i、$\dot{q}_i$ 的二级项,而需保留到三级、四级…….下面我们讨论保留到三级项时运动微分方程的求解方法.

$$T = \frac{1}{2}\sum_{i,j=1}^{s} a_{ij}\dot{q}_i\dot{q}_j$$

其中 a_{ij} 是 q_1、q_2、…、q_s 的函数.

将 a_{ij} 在平衡位置($q_i = 0, i = 1, 2, \cdots, s$)处作泰勒展开,保留到一级量

$$a_{ij} = (a_{ij})_0 + \sum_{k=1}^{s}\left(\frac{\partial a_{ij}}{\partial q_k}\right)_0 q_k = m_{ij} + \sum_{k=1}^{s} m_{ij,k}q_k$$

其中 $m_{ij,k}=\left(\dfrac{\partial a_{ij}}{\partial q_k}\right)_0$.

$$T=\frac{1}{2}\sum_{i,j=1}^{s}m_{ij}\dot{q}_i\dot{q}_j+\frac{1}{2}\sum_{i,j,k=1}^{s}m_{ij,k}q_k\dot{q}_i\dot{q}_j$$

相应地也对势能函数在平衡位置处作泰勒展开,保留到三级

$$V=\frac{1}{2}\sum_{i,j=1}^{s}k_{ij}q_iq_j+\frac{1}{6}\sum_{i,j,k=1}^{s}k_{ij,k}q_iq_jq_k$$

其中 $k_{ij,k}=\left(\dfrac{\partial^3 V}{\partial q_i\partial q_j\partial q_k}\right)_0$.

我们在写势能时仍取平衡位置处的势能为零.对于自由的非线性振动,总可以选取对线性振动来说的简正坐标 $\xi_i\,(i=1,2,\cdots,s)$,用此坐标,动能、势能的齐二次型部分同时变为平方和,T、V 变为

$$T=\frac{1}{2}\sum_{i=1}^{s}\mu_i\dot{\xi}_i^2+\frac{1}{2}\sum_{i,j,k=1}^{s}\mu_{ij,k}\xi_k\dot{\xi}_i\dot{\xi}_j \tag{11.6.1}$$

$$V=\frac{1}{2}\sum_{i=1}^{s}\kappa_i\xi_i^2+\frac{1}{6}\sum_{i,j,\kappa=1}^{s}\kappa_{ijk}\xi_i\xi_j\xi_k \tag{11.6.2}$$

$$L=T-V=\frac{1}{2}\sum_{i=1}^{s}\mu_i\dot{\xi}_i^2-\frac{1}{2}\sum_{i=1}^{s}\kappa_i\xi_i^2+\frac{1}{2}\sum_{i,j,k=1}^{s}\mu_{ij,k}\xi_k\dot{\xi}_i\dot{\xi}_j-\frac{1}{6}\sum_{i,j,k=1}^{s}\kappa_{ijk}\xi_i\xi_j\xi_k \tag{11.6.3}$$

由拉格朗日方程得下列形式的运动微分方程:

$$\mu_i\ddot{\xi}_i+\kappa_i\xi_i=f_i(\xi_1,\xi_2,\cdots,\xi_s;\ \dot{\xi}_1,\dot{\xi}_2,\cdots,\dot{\xi}_s;\ddot{\xi}_1,\ddot{\xi}_2,\cdots,\ddot{\xi}_s) \tag{11.6.4}$$

其中 f_i 是由拉格朗日函数中后两个式产生的,它们是由 $\xi_j\xi_k$、$\dot{\xi}_j\dot{\xi}_k$、$\xi_j\ddot{\xi}_k$ 这样的项组成的二次齐次函数,以后我们表为 $f_i(\xi_j\xi_k,\dot{\xi}_j\dot{\xi}_k,\ \xi_j\ddot{\xi}_k)$.

系统在平衡位置处作振动时,系统处在平衡位置静止不动是零级近似解,线性振动为一级近似解

$$\mu_i\ddot{\xi}_i^{(1)}+\kappa_i\xi_i^{(1)}=0\quad(i=1,2,\cdots,s) \tag{11.6.5}$$

求出上式满足初条件的解

$$\xi_i^{(1)}=u_i\cos\left(\sqrt{\frac{\kappa_i}{\mu_i}}t+\alpha_i\right)\quad(i=1,2,\cdots,s) \tag{11.6.6}$$

将(11.6.6)式代入(11.6.4)式得 $\xi_i^{(2)}$ 满足的微分方程为

$$\mu_i \ddot{\xi}_i^{(2)} + k_i \xi_i^{(2)} = f_i(\xi_j^{(1)}\xi_k^{(1)},\ \dot{\xi}_j^{(1)}\dot{\xi}_k^{(1)},\ \xi_j^{(1)}\ddot{\xi}_k^{(1)}) \tag{11.6.7}$$

(11.6.7)式右边是随时间周期性变化的已知函数,(11.6.7)式是 $\xi_i^{(2)}$ 的非齐次线性方程.非齐次项相当于一个具有各种频率的强迫力,由 f_i 中包含 $\xi_j^{(1)}\xi_k^{(1)}$、$\dot{\xi}_j^{(1)}\dot{\xi}_k^{(1)}$、$\xi_j^{(1)}\ddot{\xi}_k^{(1)}$ 的项,并注意以下三角公式:

$$\cos A\cos B = \frac{1}{2}[\cos(A+B)+\cos(A-B)]$$

$$\sin A\sin B = \frac{1}{2}[\cos(A-B)-\cos(A+B)]$$

可知,这些强迫力包含的频率为$\sqrt{\dfrac{\kappa_j}{\mu_j}} \pm \sqrt{\dfrac{\kappa_k}{\mu_k}}$($j$、$k=1,2,\cdots,s$),其中包括 $2\sqrt{\dfrac{\kappa_j}{\mu_j}}$($j=1,2,\cdots,s$)这样的倍频和频率为零的常数项,由于平衡位置已定在零点,常数项必为零.

(11.6.7)式的通解是相应的齐次方程的通解加上非齐次方程的一个特解,每一种频率的强迫力可用§11.5的(11.5.3)式写出它的解,把各种频率的这些解加起来就是非齐次方程的一个特解,由零初条件来确定非齐次方程的通解中的待定常数.

如要求更高级的三级近似解,则(11.6.1)、(11.6.2)式的 T、V 表达式中需保留 ξ_i、$\dot{\xi}_i$ 的四级项,则运动微分方程仍可写成(11.6.4)式,但 f_i 中除有上述的 $\xi_j\xi_k$、$\dot{\xi}_j\dot{\xi}_k$、$\xi_j\ddot{\xi}_k$ 的项外,还有 $\xi_j\xi_k\xi_l$、$\dot{\xi}_j\dot{\xi}_k\xi_l$ 和 $\ddot{\xi}_j\xi_k\xi_l$ 这样的三次齐次函数项.用上面求二级近似解的办法,其 $\xi_i^{(3)}$ 满足的非齐次线性方程中的非线性项将包含频率为

$$\omega = \omega_i \pm \omega_j \pm \omega_k$$

的周期性强迫力项,其中 $k=j$ 时,有频率为 $\omega=\omega_i$ 的项,将使振动系统发生共振,或者说 $\xi_i^{(3)}$ 满足的微分方程的解将出现长期项.这显然是不合理的.$\xi_i^{(3)}$ 只能比 $\xi_i^{(2)}$ 更小,其振幅不可能随时间增大而趋于无穷大.我们在§2.2.6介绍的微扰法中已经遇到如何处理这样的问题.问题在于在有非线性项存在时,系统的基本频率也要作修正

$$\omega_i = \omega_{i0} + \Delta\omega_i$$

其中 ω_{i0} 是作线性振动时的频率,在作二级或更高级近似时,修正后的基本振动 $\cos\omega_i t$ 在线性振动频率处展成级数

$$\cos\omega_i t = \cos[(\omega_{i0} + \Delta\omega_i)t] \doteq \cos\omega_{i0t} - (\Delta\omega_i)t\sin\omega_{i0}t$$

若 $\Delta\omega_i \neq 0$，当 $t \to \infty$ 时，$(\Delta\omega_i)t\sin\omega_{i0}t$ 要出现无穷大，这是不合理的，因此应有 $\Delta\omega_i = 0$. 前面二级近似认为基本频率没变是正确的，可是在作三级近似时，正需要有由于频率的修正出现的这一长期项与 f_i 中出现的共振项互相抵消，由此来决定频率需作怎样的修正.

具体做法如下：

$$\xi_i = \xi_i^{(0)} + \lambda\xi_i^{(1)} + \lambda^2\xi_i^{(2)} + \lambda^3\xi_i^{(3)} + \cdots \tag{11.6.8}$$

其中 $\xi_i^{(0)} = 0$.

$$\omega_{i0}^2 = \omega_i^2 + \lambda\alpha_1 + \lambda^2\alpha_2 + \cdots \tag{11.6.9}$$

其中 $\omega_{i0}^2 = \dfrac{\kappa_i}{\mu_i}$.

将上述两式代入(11.6.4)式，等号两边 λ 的各次幂的系数分别相等，即得各级近似中 $\xi_i^{(1)}$、$\xi_i^{(2)}$ 等满足的微分方程

$$\mu_i\ddot{\xi}_i^{(1)} + \mu_i\omega_i^2\xi_i^{(1)} = 0 \tag{11.6.10}$$

$$\mu_i\ddot{\xi}_i^{(2)} + \mu_i\omega_i^2\xi_i^{(2)} = -\mu_i\alpha_1\xi_i^{(1)} + f_i(\xi_j^{(1)}\xi_k^{(1)},\ \dot{\xi}_j^{(1)}\dot{\xi}_k^{(1)},\ \xi_j^{(1)}\ddot{\xi}_k^{(1)}) \tag{11.6.11}$$

$$\begin{aligned}\mu_i\ddot{\xi}_i^{(3)} + \mu_i\omega_i^2\xi_i^{(3)} &= -\mu_i\alpha_1\xi_i^{(2)} - \mu_i\alpha_2\xi_i^{(1)} \\ &+ f_i(\xi_j^{(1)}\xi_k^{(2)},\ \dot{\xi}_j^{(1)}\dot{\xi}_k^{(2)},\ \xi_j^{(1)}\ddot{\xi}_k^{(2)},\ \xi_j^{(2)}\ddot{\xi}_k^{(1)},\ \xi_j^{(1)}\xi_k^{(1)}\xi_l^{(1)},\ \dot{\xi}_j^{(1)}\dot{\xi}_k^{(1)}\xi_l^{(1)},\ \ddot{\xi}_j^{(1)}\xi_k^{(1)}\xi_l^{(1)})\end{aligned} \tag{11.6.12}$$

(11.6.11)式是关于 $\xi_i^{(2)}$ 的非齐次的线性微分方程，等号右边的第一项将产生共振或说其解中出现长期项，要避免发生这个不合理情况，只能有 $\alpha_1 = 0$. 因此二级近似时，其振动频率仍为线性振动时的频率，无需作修正. 因此前面求一级、二级近似解的做法是可以成立的.

作三级近似时，(11.6.12)式右边第一项因 $\alpha_1 = 0$ 可以去掉，第二项是产生共振的项，f_i 中包含的各项中都有产生共振的项，所有这些产生共振的项加起来必须为零. 由此可以决定 α_{2i}. 严格讲这些产生共振的项是接近于产生共振的项. (11.6.8)、(11.6.9)式中的 λ 只是表明有关的修正量的级别的一种标记，以后要令 $\lambda = 1$. 在解(11.6.10)、(11.6.11)式时，等号左边的 ω_i^2 均代以 ω_{i0}^2，(11.6.12)式

中的 $\omega_i^2=\omega_{i0}^2-\alpha_{2i}$. 三级近似解为 $\xi_i=\xi_i^{(1)}+\xi_i^{*(2)}+\xi_i^{*(3)}$.

习　题

11.1 半径为 r 的均质球在一个半径为 R 的固定球壳内表面滚动. 试求该球在平衡位置附近作小振动的周期.

答 $2\pi\sqrt{\dfrac{7(R-r)}{5g}}$.

11.2 质量为 m 的质点用长为 l 的不可伸长的轻绳系于固定点 O, 另一质量为 m 的质点也用同样长度的轻绳系于前一质点上. 求此系统在平衡位置附近作小振动的振动周期.

答 $2\pi\sqrt{\dfrac{l}{(2+\sqrt{2})g}}, 2\pi\sqrt{\dfrac{l}{(2-\sqrt{2})g}}$.

11.3 上题所述的双摆如上端不是系在固定点, 而是系在套在光滑水平杆上的质量为 $2m$ 的小环上. 试证其中有一种振动模式, 下半段绳子与铅垂线所成的角恒为上半段绳子与铅垂线所成的角的两倍, 另一种振动模式, 上述两个角度大小相等但符号相反.

11.4 质量均为 m、荷电均为 e 的两金属小球用同样长度 l 的不可伸长的轻绝缘绳系在同一水平线上, 两悬点相距为 a, 让两球在其平衡位置附近作小振动. 求简正频率.

答 $\omega_1=\sqrt{\dfrac{g}{l}}$, $\omega_2=\sqrt{\dfrac{g}{l}+\dfrac{e^2}{2\pi\varepsilon_0 ma^3}}$.

11.5 一个系统运动时, 其动能和势能分别为

$$T=\frac{1}{2}(\dot{q}_1^2+\dot{q}_2^2+\dot{q}_3^2)$$

$$V=2q_1^2+\frac{5}{2}q_2^2+2q_3^2-q_1q_2-q_2q_3$$

如开始时, $q_1=q_{10}, q_2=q_{20}, q_3=q_{30}, \dot{q}_1=\dot{q}_2=\dot{q}_3=0$, 求此系统的运动.

答
$$q_1=\frac{1}{6}[2(q_{10}-q_{20}+q_{30})\cos\sqrt{3}t+3(q_{10}-q_{30})\cos 2t+(q_{10}-2q_{20}+q_{30})\cos\sqrt{6}t]$$

$$q_2=\frac{1}{3}[(q_{10}+q_{20}+q_{30})\cos\sqrt{3}t-(q_{10}-2q_{20}+q_{30})\cos\sqrt{6}t]$$

$$q_3=\frac{1}{6}[2(q_{10}+q_{20}+q_{30})\cos\sqrt{3}t-3(q_{10}-q_{30})\cos 2t+(q_{10}-2q_{20}+q_{30})\cos\sqrt{6}t]$$

11.6 两个长度均为 l, 质量均为 m 的单摆用一根劲度系数为 k 的无质量的弹簧将两质点连起来, 弹簧的自然长度等于两悬点间的距离. 求系统在平衡位置附近作小振动的简正频率和简正坐标. 若开始两质点处于平衡位置, 左边的质点由于受到一个冲量获得一个向右的水平速度 v_0, 用简正坐标表述系统的运动规律.

答　$\omega_1=\sqrt{\dfrac{g}{l}}$，$\omega_2=\sqrt{\dfrac{g}{l}+\dfrac{2k}{m}}$. 简正坐标 ξ、η 与 θ_1、θ_2 间的坐标变换关系为

$$\xi=\frac{1}{2}(\theta_1+\theta_2),\ \eta=\frac{1}{2}(\theta_1-\theta_2)$$

θ_1、θ_2 分别是左、右两单摆摆线与铅垂线的夹角.

$$\xi=\frac{v_0}{2\omega_1 l}\sin\omega_1 t,\ \eta=\frac{v_0}{2\omega_2 l}\sin\omega_2 t.$$

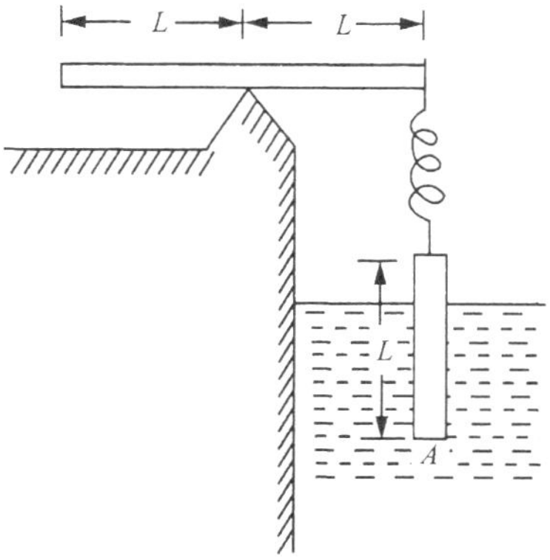

11.7 题图

11.7　一根长 L、截面积 A、质量 M 的均质圆木垂直地浮在水中，并用劲度系数为 k 的轻弹簧与均质的质量为 M、长度为 $2L$ 的杠杆相连. 杠杆的枢轴装在其中心，圆木限于作竖直运动，弹簧为自然长度时，杠杆处于水平位置如题图所示. 水的密度为 ρ.

(1) 求杠杆小角位移时的简正模(频率和位移比)；

(2) 讨论劲度系数 k 很大时的极限情况.

答　$\omega_{1,2}^2=\dfrac{1}{2M}\left[4k+\rho gA\pm\sqrt{(4k+\rho gA)^2-(2k\rho gA)}\right]$，

ω_1 取 + 号，ω_2 取 − 号.

振幅比 $\dfrac{u_2^{(1)}}{u_1^{(1)}}=\dfrac{1}{3}L-\dfrac{L}{6k}\left[\rho gA+\sqrt{(4k+\rho gA)^2-12k\rho gA}\right]$

$\dfrac{u_2^{(2)}}{u_1^{(2)}}=\dfrac{1}{3}L-\dfrac{L}{6k}\left[\rho gA-\sqrt{(4k+\rho gA)^2-12k\rho gA}\right]$

k 很大时，θ 和 x 始终同相位，$\omega=\sqrt{\dfrac{3\rho gA}{4M}}$，

振幅比为 $\dfrac{u_2}{u_1}=L$，弹簧保持长度不变.

11.8　一个质量为 M、半径为 R 的环被悬挂在位于环上一点的枢轴上，环可围绕枢轴在它自己的垂直平面内自由转动，一个质量为 m 的珠子在环上作无摩擦滑动.

(1) 选适当的广义坐标，写出此系统的拉格朗日函数；

(2) 对于 m、M 的一般情况及 $m\gg M$ 和 $m\ll M$ 两种极限情况下. 求小振动的简正频率.

答　(2) 一般情况 $\omega_1=\sqrt{\dfrac{g}{2R}}$，$\omega_2=\sqrt{\dfrac{(m+M)g}{MR}}$.

$$当\ m\gg M\ 时，\omega_1=\sqrt{\frac{g}{2R}}，\omega_2=\sqrt{\frac{mg}{MR}}；$$

$$m\ll M\ 时，\omega_1=\sqrt{\frac{g}{2R}}，\ \omega_2=\sqrt{\frac{g}{R}}.$$

11.9　一块质量为 m 的均质正方形薄板，在相邻的两个角用劲度系数为 k 的完全相同的弹簧悬挂起来，如题图所示. 弹簧和薄板在竖直平面内作小振动. 求简正频率.

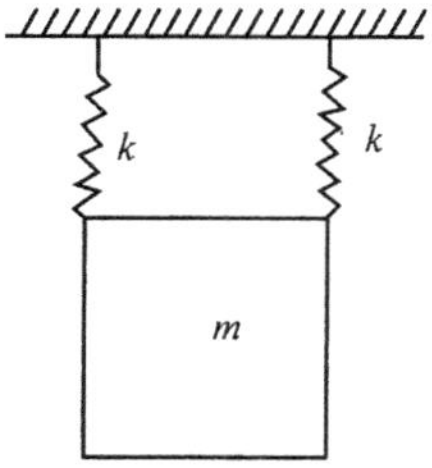

11.9 题图

答　$\omega_1=\omega_2=\sqrt{\dfrac{2k}{m}}$，$\omega_3=\sqrt{\dfrac{3k}{m}}$.

11.10　一个转动惯量(对其对称轴)为 I 的飞轮在水平面内绕固定的过圆心与圆平面垂直的对称轴转动，一个质量为 m 的小球可以自由地沿半径方向的一条轴滑动. 小球用一根劲度系数为 k、自然长度为 l 的轻弹簧连接在轮的中心如题图所示. 求

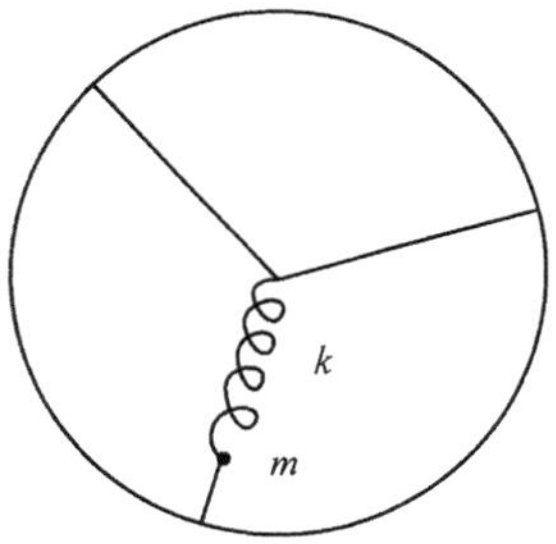

11.10 题图

(1) 飞轮以恒定角速度 Ω_0 转动与弹簧有稳定长度 r_0 之间的关系；

(2) 用弹簧长度 r、飞轮的转角 θ 为广义坐标写出系统的运动微分方程；

(3) 飞轮的角速度在 Ω_0 附近、小球离轮心的距离在 r_0 附近即系统在(1)的稳定运动附近作小振动的频率.

答　(1) $r_0=\dfrac{kl}{k-m\Omega_0^2}$；(2) $m\ddot{r}-mr\dot{\theta}^2+k(r-l)=0$，$(I+mr^2)\dot{\theta}=(I+mr_0^2)\Omega_0$；(3) $\omega=\sqrt{\dfrac{k}{m}+\dfrac{3mr_0^2-I}{I+mr_0^2}\Omega_0^2}$.

11.11　三个质点，其中两个质量为 m，一个质量为 M，被约束在半径为 r 的光滑的水平圆环上运动，并用三根相同的轻弹簧将它们互相连接，劲度系数为 k. 让系统只围绕一个平衡位置作小振动.

(1) 定性描述系统作简谐振动的振动模式；

(2) 找出一组简正坐标，求出简正频率.

答　取 θ_1、θ_2、θ_3 分别为 m、M、m 的角位移，则三个简正坐标分别为

$$\xi_1=\theta_1+\frac{M}{m}\theta_2+\theta_3,\ \xi_2=\theta_1-\theta_3,\ \xi_3=\theta_1-2\theta_2+\theta_3$$

相应的简正频率为 $\omega_1=0$(不是简谐振动而是整体的转动)，$\omega_2=\sqrt{\dfrac{3k}{m}}$，$\omega_3=\sqrt{\dfrac{M+2m}{mM}k}$.

11.12　三个质量均为 m 的质点在由势能

$$V = V_0(e^{-\alpha} + e^{-\beta} + e^{-\gamma})$$

[其中 V_0 为常量，α、β、γ 是它们的角距离(以弧度为单位)]给出的力作用下在半径为 b 的水平圆圈上无摩擦地运动. 当 $\alpha=\beta=\gamma=\dfrac{2\pi}{3}$时，系统处于平衡. 求系统偏离平衡位置作小振动的简正频率.

答　$\omega_1=0$，整体作等角速转动，

$$\omega_2 = \omega_3 = \sqrt{\frac{3V_0 e^{-2\pi/3}}{mb^2}}.$$

11.13　三个自然长度为$\sqrt{2}$、劲度系数为 k 的轻弹簧与一质量为 m 的质点相连，三个弹簧的另一端分别固定在$(-1,1)$、$(1,1)$和$(-1,-1)$处. 质点 m 仅在水平且光滑的 xy 平面内运动. (1)写出系统的拉格朗日函数；(2)确定平衡位置，并说明是否稳定平衡；(3)写出系统在平衡位置附近作小振动的拉格朗日函数；(4)求简正频率和简正坐标；(5)画出振动模式图.

答　(3) $L=\dfrac{1}{2}m\dot{x}^2+\dfrac{1}{2}m\dot{y}^2-\dfrac{1}{4}k(3x^2+2xy+3y^2)$；(4) $\omega_1=\sqrt{2\dfrac{k}{m}}$，$\omega_2=\sqrt{\dfrac{k}{m}}$，$\xi_1=x+y$，$\xi_2=x-y$；(5) 用 x、y 广义坐标，

用 ξ_1、ξ_2 简正坐标，

11.14　一个质量为 M、长为 a、宽为 b 的均质矩形板，在其每个角用一根劲度系数为 k 的同样的轻弹簧支撑. 这些弹簧只能在铅垂方向运动. 求小振动时振动的简正频率.

答　$\omega_1=2\sqrt{\dfrac{k}{M}}$，$\omega_2=\omega_3=2\sqrt{\dfrac{3k}{M}}$.

分别对应于矩形板(保持与水平面平行)在铅垂方向的振动频率和绕过质心与平衡时长度为 a 的两边垂直和平行的轴的摆动频率.

11.15　一个质量为 m、半径为 r 的小球，用一根长为 l 的绝缘的不可伸长的轻绳挂在电容器两极板的中间，两极板接地，间距为 L. 球的电势为 V. 平衡时，球位于距两极板等距离处，绳子在铅垂方向. 电势满足什么条件时，球可在平衡位置附近作小振动. 求振动的频率. 为了简化计算，可作适当的近似.

提示　可用两个镜像电荷代替两个接地的极板，而不是用两串镜像电荷来代替两个接地极板.

答　$V<\left(\dfrac{mgL^3}{64\pi\varepsilon_0 r^2 l}\right)^{1/2}$，$\omega=\left(\dfrac{g}{l}-\dfrac{64\pi\varepsilon_0 r^2 V^2}{mL^3}\right)^{1/2}$.

11.16　考虑一质量为 m 的粒子在二维势场

$$V(x,y)=-\frac{1}{2}kx^2+\frac{1}{2}\lambda_0 x^2y^2+\frac{1}{4}\lambda_1 x^4$$

(k、λ_0、$\lambda_1>0$，均为常量)中运动. 求

(1) 在什么点(x_0、y_0)，质点处于稳定平衡；

(2) 给出围绕这个平衡位置作小振动时的拉格朗日函数；

(3) 求(2)所述振动的简正频率.

答　稳定平衡位置有两个，$\left(\sqrt{\dfrac{k}{\lambda_1}},0\right)$和$\left(-\sqrt{\dfrac{k}{\lambda_1}},0\right)$，在它们附近的小振动均有两个简正频率$\sqrt{\dfrac{3k}{m}}$和$\sqrt{\dfrac{k\lambda_0}{m\lambda_1}}$.

11.17　由质量为 m 的质点和长为 l 的轻绳组成的单摆悬挂在质量为 M 的物体上，该物体置在光滑水平面上并用一根劲度系数为 k 的水平轻弹簧连到一固定点，如题图所示. (1)写出系统的拉格朗日函数；(2)求系统作小振动的频率.

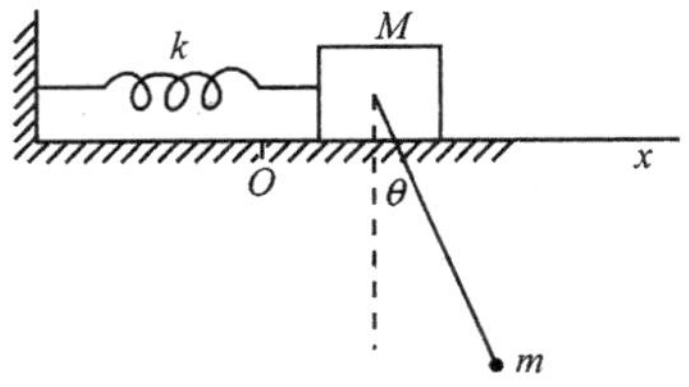

11.17 题图

答　(1) $L=\dfrac{1}{2}(M+m)\dot{x}^2+\dfrac{1}{2}ml^2\dot{\theta}^2+ml\dot{x}\dot{\theta}\cos\theta-\dfrac{1}{2}kx^2-mgl(1-\cos\theta)$；

(2) $\omega_1=\sqrt{\dfrac{(M+m)g+kl+\sqrt{[(M+m)g+kl]^2-4kMgl}}{2Ml}}$

$\omega_2=\sqrt{\dfrac{(M+m)g+kl-\sqrt{[(M+m)g+kl]^2-4kMgl}}{2Ml}}$.

11.18　一个质量为 $4m$、半径为 $2b$ 的均质半球形碗静置在一光滑的桌面上，其边缘所在平面是水平的. 在它内部躺着一个质量为 m、半径为 b 的完全粗糙的均质球. 系统运动时，球心与碗心保持在一个竖直平面内，即系统平衡时它们所在的竖直平面. 证明：小振动的简正频率 ω_1、ω_2，其平方 ω_1^2、ω_2^2 是下列方程的根：

$$156b^2x^2-260bgx+75g^2=0$$

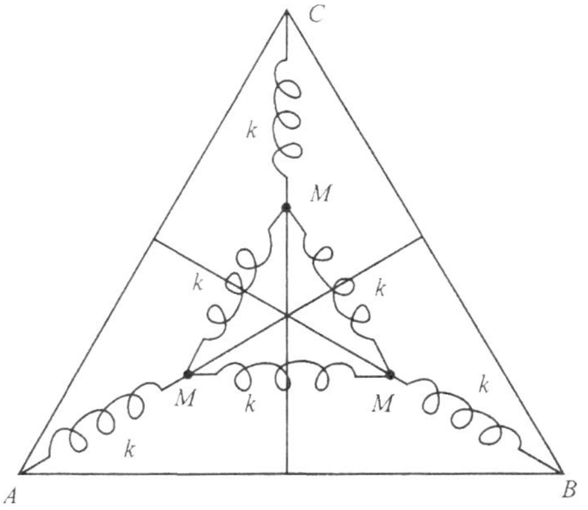

11.19 题图

11.19 三个质量均为 M 的质点被题图中所画的 6 根弹簧连接起来，A、B、C 三点是固定的，组成等边三角形．所有弹簧的劲度系数均为 k，平衡时，三个质点组成一个等边三角形．如质点受到约束，只能沿△ABC 的三条中线运动，运动所在的平面是光滑的水平面．求小振动的简正频率和振动模式．

答 $\omega_1=\sqrt{\dfrac{7k}{4M}}$: 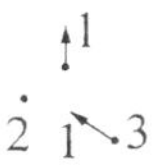 ，　$\omega_2=\sqrt{\dfrac{7k}{4M}}$: 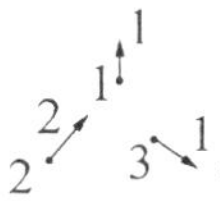 ，　$\omega_3=\sqrt{\dfrac{4k}{M}}$: 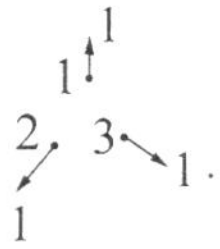 ．

11.20 一根轻弹性绳在两个固定点 A、B 之间拉紧．AB 间距离为 $4a$，绳的张力为 τ．一个质量为 $3m$ 的质点系在绳子中点 C，两个质量为 $4m$ 的质点分别系在 AC、CB 的中点．这系统开始处于平衡状态，突然给两个质量为 $4m$ 的质点以同样方向的横向速度 u．证明质量为 $3m$ 的质点在 t 时刻的位移为

$$\frac{4u}{5\omega}\left(-\sin\omega t+\sqrt{6}\sin\frac{1}{\sqrt{6}}\omega t\right)$$

其中 $\omega=\sqrt{\dfrac{\tau}{ma}}$，(不考虑重力的作用)．

* **11.21** 一质点在一个三维各向同性谐振子势场中振动的角频率为 ω_0，若质点带电荷 e 还受到均匀的电磁场作用，$\boldsymbol{B}=B_0\boldsymbol{k}$，$\boldsymbol{E}=E_0\boldsymbol{i}$．求质点的振动频率，并讨论在弱场和强场两种极限情况时的振动频率．

答 z 方向的振动角频率为 ω_0，x 和 y 方向各有两个，它们是$\sqrt{\omega_0^2+\dfrac{e^2B_0^2}{4m^2}}\pm\dfrac{eB_0}{2m}$．

弱场极限，$\frac{eB_0}{m}\ll\omega_0$，$\omega_1\approx\omega_0+\frac{eB_0}{2m}$，$\omega_2\approx\omega_0-\frac{eB}{2m}$，

强场极限，$\frac{eB_0}{m}\gg\omega_0$，$\omega_1\approx\frac{eB_0}{m}+\frac{m\omega_0^2}{eB}$，$\omega_2\approx\frac{m\omega_0^2}{eB}$.

*__11.22__　若11.2题中的两质点均受到介质的阻力，其大小与速率成正比，比例系数为 b. 求

(1) 两种频率的阻尼振动都是弱阻尼的条件；

(2) 在上述条件下运动的一般解.

答　(1) $\frac{b^2}{m^2}<4(2-\sqrt{2})\frac{g}{l}$；

(2) $\theta_1=c_1\mathrm{e}^{-\frac{b}{2m}t}\cos(\omega_1 t+\varphi_1)+c_2\mathrm{e}^{-\frac{b}{2m}t}\cos(\omega_2 t+\varphi_2)$

$\theta_2=\sqrt{2}c_1\mathrm{e}^{-\frac{b}{2m}t}\cos(\omega_1 t+\varphi_1)-\sqrt{2}c_2\mathrm{e}^{-\frac{b}{2m}t}\cos(\omega_2 t+\varphi_2)$

其中　$\omega_1=\sqrt{\frac{g(2-\sqrt{2})}{l}-\frac{b^2}{4m^2}}$

$\omega_2=\sqrt{\frac{g(2+\sqrt{2})}{l}-\frac{b^2}{4m^2}}$

*__11.23__　若11.14题的振动受到介质的阻力，其单位面积受力的大小与速率成正比，比例系数为 β. 求

(1) 三种频率的阻尼振动都是过阻尼的条件；

(2) 在上述条件下运动的一般解.

答　(1) $\beta^2a^2b^2>48kM$；

(2) $z_c=c_1\mathrm{e}^{-\frac{\beta ab-\sqrt{\beta^2a^2b^2-16kM}}{2M}t}+c_2\mathrm{e}^{-\frac{\beta ab+\sqrt{\beta^2a^2b^2-16kM}}{2M}t}$，

绕过质心与平衡时长度为 a 的两边垂直和平行的轴的转角分别为

$$\varphi=c'_1\mathrm{e}^{-\frac{\beta ab-\sqrt{\beta^2a^2b^2-48kM}}{2M}t}+c'_2\mathrm{e}^{-\frac{\beta ab+\sqrt{\beta^2a^2b^2-48kM}}{2M}t},$$

$$\theta=c''_1\mathrm{e}^{-\frac{\beta ab-\sqrt{\beta^2a^2b^2-48kM}}{2M}t}+c''_2\mathrm{e}^{-\frac{\beta ab+\sqrt{\beta^2a^2b^2-48kM}}{2M}t}.$$

*__11.24__　一个摆长为 L 的单摆被悬挂在半径为 b 的轮子的边缘，轮子在竖直面内以恒定角速度 Ω 绕固定的水平轴转动，摆锤在轮子平面内摆动，假定 b 和振幅都很小，求运动方程的稳态解.

答　如 $t=0$ 时，悬点的矢径与竖直向下直线的夹角为 φ(规定轮子转动方向的 φ 为正值)，则摆线与竖直向下直线的夹角 θ 的近似稳态解为

$$\theta=\frac{b\Omega^2}{g-L\Omega^2}\sin(\Omega t+\varphi).$$

*__11.25__　若给11.17题中的 M 一个水平的简谐力 $F_0\cos\Omega t$，为简化计算，设 $M=4m$，$k=3mg/L$，求此振动的一般解.

答　$x=\xi_1+\xi_2,\ \theta=\dfrac{1}{l}(\xi_1-3\xi_2)$

$$\xi_1=c_1\cos\left(\sqrt{\frac{g}{2l}}t+\alpha_1\right)+\frac{3F_0 l}{(g-2l\Omega^2)}\cos\Omega t$$

$$\xi_2=c_2\cos\left(\sqrt{\frac{3g}{2l}}t+\alpha_2\right)+\frac{2F_0 l}{3g-2l\Omega^2}\cos\Omega t.$$

***11.26**　一根长为 $4a$ 的轻弹性绳两端系于固定端,处于拉紧状态,在离两个端点各为 a 处各系一个质量为 m 的质点,此时绳的张力为 τ.给其中一个质点加一个垂直于绳的力 $F_0\cos\Omega t$.两质点均受到空气的阻力,其大小与速率成正比,比例系数为 β.求两质点运动的稳态解.

答　$x_1^*=\dfrac{1}{2m}(\xi_1^*+\xi_2^*),\ x_2^*=\dfrac{1}{2m}(\xi_1^*-\xi_2^*)$

$$\xi_1^*=\frac{mF_0}{2\sqrt{\left(\dfrac{\tau}{a}-m\Omega^2\right)^2+\beta^2\Omega^2}}\cos(\Omega t+\varphi_1)$$

$$\varphi_1=-\arctan\left(\frac{\beta\Omega}{\dfrac{\tau}{a}-m\Omega^2}\right)$$

$$\xi_2^*=\frac{mF_0}{2\sqrt{\left(\dfrac{2\tau}{a}-m\Omega^2\right)^2+\beta^2\Omega^2}}\cos(\Omega t+\varphi_2)$$

$$\varphi_2=-\arctan\left(\frac{\beta\Omega}{\dfrac{2\tau}{a}-m\Omega^2}\right)$$

第十二章　力学的哈密顿表述

除第六章外，第一章至第九章，我们讲了力学的牛顿表述.可以处理低速的力学问题.第十章和第十一章，我们又讲了力学的拉格朗日表述，它也可以处理低速的力学问题，我们特别讨论了有限多自由度系统在稳定平衡位置附近的小振动.牛顿表述虽然也能处理它，但远不如用拉格朗日方程方便.这一章我们再介绍另一种力学的表述即哈密顿表述.后两种表述统称为分析力学、在第十章开头，我们已经比较过分析力学和矢量力学两种理论体系的优缺点，这里我们也对分析力学的这两种表述做一比较.拉格朗日表述是以广义坐标为独立变量，哈密顿表述则把广义动量和广义坐标一起均视为独立变量.如果不做更广泛的坐标变换，哈密顿表述不比拉格朗日表述更优越.在用哈密顿表述的哈密顿正则方程得到的动力学方程，直接求解时常又回到拉格朗日方程给出的方程.但是变量加倍，让广义动量和广义坐标处于同等的地位，可以进行更加广泛的变换，(拉格朗日表述所作的广义坐标的变换只是其中的一类变换)，由此又开辟了一些求解动力学方程的新的途径，可使更多的以致全部的坐标成为循环坐标，这就是本章三、四节所要讲的问题.这一表述所讲的不少理论和理论物理的后续课程更为密切，这也是哈密顿表述优于其他表述之处.

§12.1　哈密顿正则方程

1. 哈密顿函数和哈密顿正则方程

对于完整的广义的有势系统(作用于系统的主动力是保守力、有势力或可引入广义势的非有势力，约束力符合理想约束要求)，写出系统的拉格朗日函数，就能由拉格朗日方程得到系统的动力学方程.因此拉格朗日函数是这类系统的特性函数.拉格朗日表述用广义坐标和广义速度描述系统的动力学状态，故把广义坐标和广义速度这套变量称为拉格朗日变量，仅把广义坐标视为独立变量.拉格朗日方程是广义坐标的二阶微分方程.哈密顿表述用广义坐标、广义动量作为描述系统状态的变量，把广义坐标、广义动量这一套变量称为哈密顿正则变量或简称正则变量.对于完整的广义的有势系统，也存在着一个特性函数——哈密顿函数，它是广义坐标、广义动量和时间的函数.由哈密顿函数可以写出称为哈密顿正则方程的系统的动力学方程.它是广义坐标、广义动量的一阶微分方程.

我们曾用牛顿运动定律导出拉格朗日方程,这里我们先用拉格朗日方程来导出哈密顿正则方程也就等于用牛顿运动定律导出哈密顿正则方程了.以后再讲用别的方法导出它.

(1) 哈密顿正则方程的导出和哈密顿函数的定义

拉格朗日函数是广义坐标、广义速度和时间的函数,它的全微分为

$$\mathrm{d}L = \sum_{i=1}^{s} \frac{\partial L}{\partial \dot{q}_i}\mathrm{d}\dot{q}_i + \sum_{i=1}^{s} \frac{\partial L}{\partial q_i}\mathrm{d}q_i + \frac{\partial L}{\partial t}\mathrm{d}t$$

引入广义动量

$$p_i = \frac{\partial L}{\partial \dot{q}_i} \qquad (i = 1,2,\cdots,s) \tag{12.1.1}$$

并用拉格朗日方程

$$\frac{\mathrm{d}}{\mathrm{d}t}\left(\frac{\partial L}{\partial \dot{q}_i}\right) - \frac{\partial L}{\partial q_i} = Q_i \qquad (i = 1,2,\cdots,s)$$

$\mathrm{d}L$ 可改写为

$$\begin{aligned}\mathrm{d}L &= \sum_{i=1}^{s} p_i\mathrm{d}\dot{q}_i + \sum_{i=1}^{s}\left[\frac{\mathrm{d}}{\mathrm{d}t}\left(\frac{\partial L}{\partial \dot{q}_i}\right) - Q_i\right]\mathrm{d}q_i + \frac{\partial L}{\partial t}\mathrm{d}t \\ &= \sum_{i=1}^{s}\mathrm{d}(p_i\dot{q}_i) - \sum_{i=1}^{s}\dot{q}_i\mathrm{d}p_i + \sum_{i=1}^{s}(\dot{p}_i - Q_i)\mathrm{d}q_i + \frac{\partial L}{\partial t}\mathrm{d}t\end{aligned}$$

$$\mathrm{d}\left(\sum_{i=1}^{s} p_i\dot{q}_i - L\right) = \sum_{i=1}^{s}\dot{q}_i\mathrm{d}p_i + \sum_{i=1}^{s}(-\dot{p}_i + Q_i)\mathrm{d}q_i - \frac{\partial L}{\partial t}\mathrm{d}t \tag{1}$$

对于广义的有势系统,$L = T - V - U$,因 V 不是广义速度的函数,又有 $\dfrac{\partial^2 U}{\partial \dot{q}_i \partial \dot{q}_j} = 0$,有

$$\frac{\partial^2 L}{\partial \dot{q}_i \partial \dot{q}_j} = \frac{\partial^2 T}{\partial \dot{q}_i \partial \dot{q}_j}$$

$$T = T_2 + T_1 + T_0 = \frac{1}{2}\sum_{i,j=1}^{s} a_{ij}\dot{q}_i\dot{q}_j + \sum_{i=1}^{s} b_i\dot{q}_i + T_0$$

其中 a_{ij}、b_i、T_0 是广义坐标和时间的函数

$$p_i = \frac{\partial L}{\partial \dot{q}_i} = \frac{\partial T}{\partial \dot{q}_i} = \sum_{j=1}^{s} a_{ij}\dot{q}_j + b_i$$

由 $T \geqslant 0$，必有 $T_2 \geqslant 0$，经相似变换可将 T_2 变成平方和，T_2 的系数行列式值不变，而平方和的矩阵只有对角元，且都一定大于零，可见 $|a_{ij}| \neq 0$. 因 $a_{ij} = \frac{\partial p_i}{\partial \dot{q}_j} = \frac{\partial^2 L}{\partial \dot{q}_i \partial \dot{q}_j}$，故 $|a_{ij}| \neq 0$ 即

$$\begin{vmatrix} \frac{\partial^2 L}{\partial \dot{q}_1^2} & \frac{\partial^2 L}{\partial \dot{q}_1 \partial \dot{q}_2} & \cdots & \frac{\partial^2 L}{\partial \dot{q}_1 \partial \dot{q}_s} \\ \frac{\partial^2 L}{\partial \dot{q}_2 \partial \dot{q}_1} & \frac{\partial^2 L}{\partial \dot{q}_2^2} & \cdots & \frac{\partial^2 L}{\partial \dot{q}_2 \partial \dot{q}_s} \\ \vdots & \vdots & & \vdots \\ \frac{\partial^2 L}{\partial \dot{q}_s \partial \dot{q}_1} & \frac{\partial^2 L}{\partial \dot{q}_s \partial \dot{q}_2} & \cdots & \frac{\partial^2 L}{\partial \dot{q}_s^2} \end{vmatrix} \neq 0 \tag{2}$$

由于(2)式成立，可从(12.1.1)式中反解出 $\dot{q}_i$，它是广义坐标. 广义动量和时间的函数

$$\dot{q}_i = \dot{q}_i(q_1, q_2, \cdots, q_s; p_1, p_2, \cdots, p_s; t) \qquad (i = 1, 2, \cdots, s) \tag{3}$$

将(1)式中的 $\dot{q}_i$ 均用(3)式代入，为明确起见，改用正则变量表示的函数，我们在该函数上加上上标"$*$"，(1)式重写为

$$\mathrm{d}\left(\sum_{i=1}^{s} p_i \dot{q}_i^* - L^*\right) = \sum_{i=1}^{s} \dot{q}_i^* \mathrm{d}p_i + \sum_{i=1}^{s} (-\dot{p}_i + Q_i)\mathrm{d}q_i - \left(\frac{\partial L}{\partial t}\right)^* \mathrm{d}t \tag{4}$$

注意 $\left(\frac{\partial L}{\partial t}\right)^* \neq \frac{\partial L^*}{\partial t}$，前者是 L 对 t 偏导后再用(3)式将拉格朗日变量换为正则变量. 后者是偏导前已将 L 中的拉格朗日变量用(3)式换为正则变量了.

上式左边被微分的量是系统的广义能量(见§10.3.4)，换成广义坐标、广义动量和时间的函数的广义能量 H，称为系统的哈密顿函数.

$$H(q_1, q_2, \cdots, q_s; p_1, p_2, \cdots, p_s, t) = \sum_{i=1}^{s} p_i \dot{q}_i^* - L^* \tag{12.1.2}$$

对 H 作全微分，有

$$\mathrm{d}H = \sum_{i=1}^{s} \frac{\partial H}{\partial p_i}\mathrm{d}p_i + \sum_{i=1}^{s} \frac{\partial H}{\partial q_i}\mathrm{d}q_i + \frac{\partial H}{\partial t}\mathrm{d}t \tag{5}$$

比较(4)式和(5)式,可得

$$\begin{cases} \dot{q}_i = \dfrac{\partial H}{\partial p_i} \\ \dot{p}_i = -\dfrac{\partial H}{\partial q_i} + Q_i \end{cases} \quad (i = 1,2,\cdots,s) \tag{12.1.3}$$

$$\frac{\partial H}{\partial t} = -\frac{\partial L}{\partial t} \tag{12.1.4}$$

(12.1.3)式即为哈密顿正则方程.需要说明的是,其第一组方程 $\dot{q}_i = \dfrac{\partial H}{\partial p_i}$,$(i=1,2,\cdots,s)$不写成 $\dot{q}_i^* = \dfrac{\partial H}{\partial p_i}$,$(i=1,2,\cdots,s)$,后者都是恒等式. $\dot{q}_i = \dfrac{\partial H}{\partial p_i}$,$(i=1,2,\cdots,s)$与 $p_i = \dfrac{\partial L}{\partial \dot{q}_i}$,$(i=1,2,\cdots,s)$这一组广义动量的定义式等价,$\dfrac{\partial H}{\partial p_i}$就是由 $p_i = \dfrac{\partial L}{\partial \dot{q}_i}$,$(i=1,2,\cdots,s)$解出的 $\dot{q}_i = \dot{q}_i(q_1,q_2,\cdots,q_s;p_1,p_2,\cdots,p_s.t)$.只是在导出(12.1.3)式的第二组方程时用了拉格朗日方程.同样,(12.1.4)式也不写成$\dfrac{\partial H}{\partial t} = -\left(\dfrac{\partial L}{\partial t}\right)^*$这样的恒等式.

例 12.1.1　一个质量为 m 的质点作一维运动,拉格朗日函数为

$$L = \frac{1}{2} m e^{\gamma t} (\dot{x}^2 - \omega^2 x^2)$$

式中 γ、ω 都是正值常量.

(1) 用拉格朗日方程导出动力学方程;

(2) 写出哈密顿函数,并用哈密顿正则方程导出动力学方程;

(3) 验证$\dfrac{\partial H}{\partial t} \equiv -\left(\dfrac{\partial L}{\partial t}\right)^*$,$\dfrac{\partial H}{\partial t} \neq -\dfrac{\partial L^*}{\partial t}$.

解　(1) $L = \dfrac{1}{2} m e^{\gamma t}(\dot{x}^2 - \omega^2 x^2)$

$$\frac{\partial L}{\partial \dot{x}} = m e^{\gamma t}\dot{x}, \quad \frac{\partial L}{\partial x} = -m e^{\gamma t}\omega^2 x$$

$$\frac{d}{dt}\left(\frac{\partial L}{\partial \dot{x}}\right) = m e^{\gamma t}\ddot{x} + m\gamma e^{\gamma t}\dot{x}$$

由$\dfrac{d}{dt}\left(\dfrac{\partial L}{\partial \dot{x}}\right) - \dfrac{\partial L}{\partial x} = 0$ 得

$$\ddot{x}+\gamma\dot{x}+\omega^2 x=0;$$

(2) $p=\dfrac{\partial L}{\partial \dot{x}}=m\mathrm{e}^{\gamma t}\dot{x}$

$$H=(p\dot{x}-L)^*=\frac{1}{2m}\mathrm{e}^{-\gamma t}p^2+\frac{1}{2}m\mathrm{e}^{\gamma t}\omega^2 x^2$$

$$\dot{x}=\frac{\partial H}{\partial p}=\frac{1}{m}\mathrm{e}^{-\gamma t}p \tag{1}$$

这个式子正是广义动量与广义速度之间的关系式. $\dot{x}$ 换成正则变量. 得到 $p=p$ 的恒等式. 即$(\dot{x})^*\equiv\dfrac{\partial H}{\partial p}$.

$$\dot{p}=-\frac{\partial H}{\partial x}=m\mathrm{e}^{\gamma t}\omega^2 x \tag{2}$$

不难看出,将(1)式两边对 t 求导,再将(2)式代入,即得用拉格朗日方程获得的动力学方程;

(3) $\dfrac{\partial H}{\partial t}=\dfrac{1}{2m}(-\gamma)\mathrm{e}^{-\gamma t}p^2+\dfrac{1}{2}m\gamma\mathrm{e}^{\gamma t}\omega^2 x^2$

$$\frac{\partial L}{\partial t}=\frac{1}{2}m\gamma\mathrm{e}^{\gamma t}(\dot{x}^2-\omega^2 x^2)$$

$$\left(\frac{\partial L}{\partial t}\right)^*=\frac{1}{2}m\gamma\mathrm{e}^{\gamma t}\left(\frac{1}{m^2}\mathrm{e}^{-2\gamma t}p^2-\omega^2 x^2\right)$$

$$=\frac{1}{2m}\gamma\mathrm{e}^{-\gamma t}p^2-\frac{1}{2}m\gamma\mathrm{e}^{\gamma t}\omega^2 x^2$$

确有

$$\frac{\partial H}{\partial t}\equiv-\left(\frac{\partial L}{\partial t}\right)^*$$

$$\frac{\partial L^*}{\partial t}=\frac{\partial}{\partial t}\left[\frac{1}{2}m\mathrm{e}^{\gamma t}\left(\frac{1}{m^2}\mathrm{e}^{-2\gamma t}p^2-\omega^2 x^2\right)\right.$$

$$=\frac{1}{2m}(-\gamma)\mathrm{e}^{\gamma t}p^2-\frac{1}{2}m\gamma\mathrm{e}^{\gamma t}\omega^2 x^2$$

确有

$$\frac{\partial H}{\partial t}\neq-\frac{\partial L^*}{\partial t}.$$

(2) 哈密顿函数的其他表达式

例 12.1.1 中的拉格朗日函数 $L\neq T-V$ 或 $T-V-U$,只能用哈密顿函数的定义(12.1.2)式求 H. 在 $L=T-V$(即 L 中不含广义势)时,H 还有其他的表达式.

$$H = T_2^* - T_0 + V \tag{12.1.5}$$

(普遍适用于 $L = T - V$ 的情况).

$$H = T_2^* + V \text{ 或 } H = T^* + V \tag{12.1.6}$$

(仅适用于 $L = T - V$,且有稳定约束或无约束,坐标变换关系不显含 t 的情况,此时 $T = T_2$).

证明　$H = \left(\sum_{i=1}^{s} \frac{\partial L}{\partial \dot{q}_i}\dot{q}_i\right)^* - L^* = \left(\sum_{i=1}^{s} \frac{\partial T}{\partial \dot{q}_i}\dot{q}_i\right)^* - (T^* - V)$

将 $T = T_2 + T_1 + T_0 = \frac{1}{2}\sum_{i,j=1}^{s} a_{ij}\dot{q}_i\dot{q}_j + \sum_{i=1}^{s} b_i\dot{q}_i + T_0$ 代入上式,得

$$\begin{aligned} H &= \left(\sum_{i,j=1}^{s} a_{ij}\dot{q}_i\dot{q}_j + \sum_{i=1}^{s} b_i\dot{q}_i\right)^* - (T_2 + T_1 + T_0 - V)^* \\ &= (2T_2 + T_1)^* - (T_2 + T_1)^* - T_0 - V = T_2^* - T_0 - V \end{aligned}$$

在§10.3.4 中证明了 $L = T - V$,且有稳定约束或无约束,坐标变换关系不显含 t 时,$T = T_2$,可见,在此情况下,(12.1.5)式就变成了(12.1.6)式.

如 L 有下列形式:

$$L = L_2 + L_1 + L_0$$

其中 L_2、L_1 分别是广义速度的二次和一次齐次函数,L_0 中不含广义速度.则

$$H = L_2^* - L_0 \tag{12.1.7}$$

证明　可参看导出(12.1.5)式那样加以证明.

例 12.1.1 就是这种情况的一个例子.

对于 $L = T - V - U$ 的情况

$$H = (T_2 - T_0 + V + U_0)^* \tag{12.1.8}$$

证明　$H = \left(\sum_{i=1}^{s} \frac{\partial L}{\partial \dot{q}_i}\dot{q}_i - L\right)^*$

$$\begin{aligned} &= \left(\sum_{i=1}^{s} \frac{\partial T}{\partial \dot{q}_i}\dot{q}_i - \sum_{i=1}^{s} \frac{\partial U}{\partial \dot{q}_i}\dot{q}_i - T + V + U\right)^* \\ &= (2T_2 + T_1 - U_1 - T_2 - T_1 - T_0 + V + U_1 + U_0)^* \\ &= (T_2 - T_0 + V + U_0)^* \end{aligned}$$

其中 U_1、U_0 分别是 U 中含广义速度的一次齐次函数和不含广义速度的项.

例 12.1.2 两个惰性气体原子,每一个质量为 m,它们之间的经典相互作用势能为

$$V(r)=-\frac{2A}{r^6}+\frac{B}{r^{12}}$$

其中 A、$B>0$ 为常量,$r=|\boldsymbol{r}_1-\boldsymbol{r}_2|$,$\boldsymbol{r}_1$、$\boldsymbol{r}_2$ 是两个原子的位矢.写出此系统的哈密顿函数.

解 选质心的坐标 x、y、z 两原子间的距离 r 以及固连于两原子连线(作为 z 轴)、原点在质心的直角坐标系与质心平动坐标系 $Cx'y'z'$ 构成的欧拉角 θ、φ 为广义坐标.系统的动能为

$$T=\frac{1}{2}\cdot 2m(\dot{x}^2+\dot{y}^2+\dot{z}^2)+\frac{1}{2}m\left(\frac{\dot{r}}{2}\right)^2\times 2+\frac{1}{2}\cdot\frac{1}{2}mr^2(\omega_1^2+\omega_2^2)$$

其中 ω_1、ω_2 是在质心平动参考系中两原子系统的角速度在固连于质心的坐标轴 1、2 上的投影.当两原子距离为 r 时,绕 1、2 轴的转动惯量为 $2m\left(\frac{r}{2}\right)^2=\frac{1}{2}mr^2$.

用欧拉运动学方程

$$\omega_1=\dot{\varphi}\sin\theta\sin\psi+\dot{\theta}\cos\psi$$

$$\omega_2=\dot{\varphi}\sin\theta\cos\psi-\dot{\theta}\sin\psi$$

动能表达式为

$$T=m(\dot{x}^2+\dot{y}^2+\dot{z}^2)+\frac{1}{4}m(\dot{r}^2+r^2\dot{\theta}^2+r^2\sin^2\theta\cdot\dot{\varphi}^2)$$

拉格朗日函数为

$$L=T-V=m(\dot{x}^2+\dot{y}^2+\dot{z}^2)+\frac{1}{4}m(\dot{r}^2+r^2\dot{\theta}^2+r^2\sin^2\theta\cdot\dot{\varphi}^2)+\frac{2A}{r^6}-\frac{B}{r^{12}}$$

这是一个没有约束的系统,坐标变换关系不显含时间 t,确有 $T=T_2$,可用(12.1.6)式写哈密顿函数

$$H=T^*+V.$$

先求与各广义坐标共轭的广义动量.

$$p_x=\frac{\partial L}{\partial\dot{x}}=2m\dot{x},\ p_y=\frac{\partial L}{\partial\dot{y}}=2m\dot{y},\ p_z=\frac{\partial L}{\partial\dot{z}}=2m\dot{z}$$

$$p_r = \frac{\partial L}{\partial \dot{r}} = \frac{1}{2} m\dot{r}, p_\theta = \frac{\partial L}{\partial \dot{\theta}} = \frac{1}{2} mr^2 \dot{\theta}, p_\varphi = \frac{\partial L}{\partial \dot{\varphi}} = \frac{1}{2} mr^2 \dot{\varphi} \sin^2\theta$$

$$H = \frac{1}{4m}(p_x^2 + p_y^2 + p_z^2) + \frac{1}{m}\left(p_r^2 + \frac{1}{r^2}p_\theta^2 + \frac{1}{r^2\sin^2\theta}p_\varphi^2\right) - \frac{2A}{r^6} + \frac{B}{r^{12}}$$

例 12.1.3　一个带电粒子,质量为 m,带电量 q,在标势为 ϕ、矢势为 $\boldsymbol{A}$ 的电磁场中运动.求拉格朗日函数和哈密顿函数.

解

$$T = \frac{1}{2} m(\dot{x}^2 + \dot{y}^2 + \dot{z}^2), \quad U = q\phi - q\boldsymbol{A} \cdot \boldsymbol{r}$$

$$L = T - U = \frac{1}{2} m(\dot{x}^2 + \dot{y}^2 + \dot{z}^2) - q\phi + q\boldsymbol{A} \cdot \boldsymbol{r}$$

$$p_x = \frac{\partial L}{\partial \dot{x}} = m\dot{x} + qA_x, p_y = m\dot{y} + qA_y, p_z = m\dot{z} + qA_z$$

$$\dot{x} = \frac{1}{m}(p_x - qA_x), \dot{y} = \frac{1}{m}(p_y - qA_y), \dot{z} = \frac{1}{m}(p_z - qA_z)$$

$$H = p_x\dot{x}^* + p_y\dot{y}^* + p_z\dot{z}^* - L^*$$

$$= \frac{1}{2m}(p_x^2 + p_y^2 + p_z^2) + q\phi + \frac{1}{2m} q^2 A^2 - \frac{q}{m}\boldsymbol{A} \cdot \boldsymbol{P}$$

也可用(12.1.8)式求 H

$$H = (T + U_0)^*$$

$$= \left[\frac{1}{2} m(\dot{x}^2 + \dot{y}^2 + \dot{z}^2) + q\phi\right]^*$$

$$= \frac{1}{2m}[(p_x - qA_x)^2 + (p_y - qA_y)^2 + (p_z - qA_z)^2] + q\phi$$

$$= \frac{1}{2m}(p_x^2 + p_y^2 + p_z^2) + \frac{1}{2m} q^2 A^2 - \frac{q}{m}\boldsymbol{A} \cdot \boldsymbol{p} + q\phi$$

2. 正则方程中的运动积分

哈密顿正则方程是用来处理具有理想、完整约束的质点系的.对于广义的有势系,在一定条件下,拉格朗日方程有循环积分、能量积分这些运动积分.那么对于同一问题,采用哈密顿正则方程,如采用同样的广义坐标,也应该有相应的运动积分.

当然,表达这些运动积分,将用各自的变量,拉格朗日变量和哈密顿正则变量.现在就来证明这一点.

(1) 循环积分或广义动量积分

拉格朗日方程有循环积分的条件是,广义的有势系,拉格朗日函数中不显含某个广义坐标 q_α,则由广义的有势系统的拉格朗日方程立即得到,与循环坐标共轭的广义动量$\frac{\partial L}{\partial \dot{q}_\alpha}$为常量,即当$\frac{\partial L}{\partial q_\alpha}=0$时,有

$$\frac{\partial L}{\partial \dot{q}_\alpha} = \text{常量}$$

由哈密顿正则方程的第二组方程

$$\dot{p}_i = -\frac{\partial H}{\partial q_i} \qquad (i = 1,2,\cdots,s)$$

立即可以得出,如 H 中不显含 q_α(也可说 q_α 是循环坐标),则与之共轭的广义动量 p_α 为常量.即当$\frac{\partial H}{\partial q_\alpha}=0$时,有

$$p_\alpha = \text{常量}$$

现在要证明采用同样的广义坐标,当有$\frac{\partial L}{\partial q_\alpha}=0$时,也一定有$\frac{\partial H}{\partial q_\alpha}=0$.由 H 的定义,$H = \sum_{i=1}^{s} p_i\dot{q}_i^* - L^*$ 看,L 中不显含 q_α,$p_i = \frac{\partial L}{\partial \dot{q}_i}(i = 1,2,\cdots,s)$ 中也不显含 q_α,$\dot{q}_i(i = 1,2,\cdots,s)$ 中均不显含 q_α,则 L^* 中也不显含 q_α.因而可直观地作出 H 中也不显含 q_α 的结论.下面我们再用数学式子加以证明.

$$\begin{aligned}\frac{\partial H}{\partial q_\alpha} &= \frac{\partial}{\partial q_\alpha}\Big(\sum_{i=1}^{s} p_i\dot{q}_i^* - L^*\Big)\\ &= \sum_{i=1}^{s} p_i\frac{\partial \dot{q}_i^*}{\partial q_\alpha} - \left(\frac{\partial L}{\partial q_\alpha} + \sum_{i=1}^{s}\frac{\partial L}{\partial \dot{q}_i}\frac{\partial \dot{q}_i^*}{\partial q_\alpha}\right)^*\\ &= \sum_{i=1}^{s} p_i\frac{\partial \dot{q}_i^*}{\partial q_\alpha} - \left(\frac{\partial L}{\partial q_\alpha}\right)^* - \sum_{i=1}^{s} p_i\frac{\partial \dot{q}_i^*}{\partial q_\alpha} = -\left(\frac{\partial L}{\partial q_\alpha}\right)^* \end{aligned} \qquad (12.1.9)$$

(12.1.9)式表明,当$\frac{\partial L}{\partial q_\alpha}=0$时,必有$\frac{\partial H}{\partial q_\alpha}=0$,在$\frac{\partial L}{\partial q_\alpha}\neq 0$时,$\frac{\partial H}{\partial q_\alpha}$也一定不等于零.

(12.1.9)式是个恒等式,将(12.1.9)式写成$\frac{\partial H}{\partial q_\alpha}=-\frac{\partial L}{\partial q_\alpha}$,也是成立的,它反映了拉格朗日变量和正则变量两组变量之间的关系.

§10.3.4　关于拉格朗日方程中的循环积分作的两点说明在此同样适用,请读者参阅那里的论述,这里不再重复.

有循环坐标时,不论采用拉格朗日方程还是哈密顿正则方程,都可以利用循环积分减少系统的自由度数.把循环积分代入拉格朗日函数或哈密顿函数,除相应的积分常数以参数的形式出现外,特性函数中不再显含相应的变量(广义坐标、广义速度或广义动量).用这样的特性函数对非循环坐标列出动力学方程,解出结果后代入循环积分,进行积分,即能解得关于循环坐标的运动学方程.

例如,一个质量为 m 的质点在有心力场 $V(r)$中运动.在其运动平面上取以力心为原点的极坐标.坐标 φ 是循环坐标

$$L=\frac{1}{2}m(\dot{r}^2+r^2\dot{\varphi}^2)-V(r) \tag{1}$$

有循环积分

$$\frac{\partial L}{\partial\dot{\varphi}}=mr^2\dot{\varphi}=J_0=\text{常量} \tag{2}$$

用(2)式消去(1)式中的与此循环坐标相应的拉格朗日变量 $\dot{\varphi}$,得

$$L=\frac{1}{2}m\dot{r}^2+\frac{J_0^2}{2mr^2}-V(r) \tag{3}$$

两个自由度降为一个自由度,用(3)式和拉格朗日方程得

$$m\ddot{r}-\frac{J_0^2}{mr^3}=-\frac{\mathrm{d}V}{\mathrm{d}r} \tag{4}$$

解出 $r=r(t)$后代入(2)式,再解出 $\varphi=\varphi(t)$.

用哈密顿正则方程也一样,由(1)式用 H 的定义(12.1.2)式或用(12.1.6)式、(12.1.7)式都可得

$$H=\frac{1}{2m}p_r^2+\frac{p_\varphi^2}{2mr^2}+V(r) \tag{5}$$

φ 是循环坐标,由正则方程

$$\dot{p}_\varphi=-\frac{\partial H}{\partial\varphi}=0,\quad p_\varphi=J_0=\text{常量} \tag{6}$$

将(6)式代入(5)式，得到减少一个自由度的哈密顿函数

$$H = \frac{1}{2m}p_r^2 + \frac{J_0^2}{2mr^2} + V(r) \tag{7}$$

从(7)式用正则方程得到的两个方程中消去变量 p_r 后也可得到(4)式的动力学方程.

由(3)式的拉格朗日函数也可得到(7)式的哈密顿函数.

循环坐标在 L 和 H 中不出现，可用循环积分改写 L 和 H，改写后的 L 和 H 不含循环坐标，也不含相应的广义速度或广义动量，从而减掉了与之相应的自由度. 因此，循环坐标可被称为可遣坐标，遣有解消之意.

(2) 能量积分、广义能量积分

在§10.3.4 中，我们已经证明，当$\frac{\partial L}{\partial t}=0$ 时，有 $\sum\limits_{i=1}^{s}\frac{\partial L}{\partial \dot{q}_i}\dot{q}_i - L = $ 常量[见(10.3.14)式]把(10.3.14)式中的拉格朗日变量换成正则变量就是哈密顿函数[见(12.1.2)式]

$$\begin{aligned} &H(q_1, q_2, \cdots, q_s; p_1, p_2, \cdots, p_s . t) \\ &= \left(\sum_{i=1}^{s}\frac{\partial L}{\partial \dot{q}_i}\dot{q}_i - L\right)^* = \sum_{i=1}^{s}\frac{\partial L}{\partial \dot{q}_i}\dot{q}_i - L = \text{常量} \end{aligned} \tag{12.1.10}$$

(12.1.10)式就是能量积分或广义能量积分. 在§10.3.4 中已经讲过，当 $L=T-V$，系统不受约束或只受稳定约束，坐标变换关系不显含 t 时，有 $H=T^*+V$，则 $H=$常量为能量积分，在不完全满足上述条件时，$H\neq T^*+V$，则 $H=$常量为广义能量积分.

现在的问题是，如何从哈密顿函数来判断有没有这能量积分或广义能量积分? (12.1.10)式要成立，必须有$\frac{\mathrm{d}H}{\mathrm{d}t}=0$.

$$\frac{\mathrm{d}H}{\mathrm{d}t} = \sum_{i=1}^{s}\frac{\partial H}{\partial q_i}\dot{q}_i + \sum_{i=1}^{s}\frac{\partial H}{\partial p_i}\dot{p}_i + \frac{\partial H}{\partial t}$$

将广义的有势系的正则方程代入上式

$$\frac{\mathrm{d}H}{\mathrm{d}t} = \sum_{i=1}^{s}\frac{\partial H}{\partial q_i}\frac{\partial H}{\partial p_i} + \sum_{i=1}^{s}\frac{\partial H}{\partial p_i}\left(-\frac{\partial H}{\partial q_i}\right) + \frac{\partial H}{\partial t} = \frac{\partial H}{\partial t}$$

可见，当 H 不显含时间 t，即$\frac{\partial H}{\partial t}=0$ 时，有$\frac{\mathrm{d}H}{\mathrm{d}t}=0$，(12.1.10)式成立.

还有一个问题,有$\frac{\partial L}{\partial t}=0$,是否一定有$\frac{\partial H}{\partial t}=0$? (12.1.4)式$\frac{\partial H}{\partial t}=-\frac{\partial L}{\partial t}$.已解决了这个问题,拉格朗日方程和哈密顿正则方程要么都有能量积分(或广义能量积分),要么都没有.

由于哈密顿函数在不同的情况下可写成其他形式,见(12.1.5)式~(12.1.8)式.

§10.3.4中所作的附注b也说明这里所讲的有能量积分的条件是充分条件不是必要条件.在H没有机械能的物理意义时,仍可有机械能守恒即有能量积分的情况.矢量力学的保守系但不是分析力学的保守系就是这种情况.

*3. 劳斯方程和勒让德变换

上面我们讲具有循环坐标的系统,无论用哈密顿正则方程,还是用拉格朗日方程处理,系统的自由度可以减少.原来s个自由度的系统,若有m个循环坐标,则可减为$s-m$个自由度的系统.下面我们介绍对有多个循环坐标的广义的有势系统采用劳斯方程的处理方法.

(1) 劳斯方程

我们从拉格朗日方程导出哈密顿正则方程时,把全部的广义速度都换为广义动量.拉格朗日变量(广义坐标和广义速度)变为哈密顿正则变量(广义坐标和广义动量).而从拉格朗日方程导出劳斯方程时,只把一部分广义速度(通常是把与循环坐标相应的那些广义速度)换为广义动量.若s个自由度的系统,前m个广义坐标是循环坐标,用

$$p_\alpha=\frac{\partial L}{\partial \dot{q}_\alpha}\qquad(\alpha=1,2,\cdots,m)\tag{12.1.11}$$

将$\dot{q}_\alpha(\alpha=1,2,\cdots,m)$换为广义动量$p_\alpha(\alpha=1,2,\cdots,m)$,而保留与非循环坐标相应的广义速度$\dot{q}_\beta(\beta=m+1,m+2,\cdots,s)$不变.就是说,采用劳斯方程时,描述系统状态的变量是$q_i(i=1,2,\cdots,s)$、$\dot{q}_\beta(\beta=m+1,m+2,\cdots,s)$和$p_\alpha(\alpha=1,2,\cdots,m)$,由于用了循环积分,又如§10.3.4中所作的第二点说明,不一定限于广义的有势系,只要与L中不显含的广义坐标相应的广义力分量为零,就有循环积分,就可用劳斯方程.

重复导出正则方程的步骤.

$$\mathrm{d}L=\sum_{i=1}^{s}\frac{\partial L}{\partial \dot{q}_i}\mathrm{d}\dot{q}_i+\sum_{i=1}^{s}\frac{\partial L}{\partial q_i}\mathrm{d}q_i+\frac{\partial L}{\partial t}\mathrm{d}t$$

$$= \sum_{\alpha=1}^{m} p_\alpha \mathrm{d}\dot{q}_\alpha + \sum_{\beta=m+1}^{s} \frac{\partial L}{\partial \dot{q}_\beta}\mathrm{d}\dot{q}_\beta + \sum_{\beta=m+1}^{s} \frac{\partial L}{\partial q_\beta}\mathrm{d}q_\beta + \frac{\partial L}{\partial t}\mathrm{d}t$$

$$= \mathrm{d}\Big(\sum_{\alpha=1}^{m} p_\alpha \dot{q}_\alpha\Big) - \sum_{\alpha=1}^{m} \dot{q}_\alpha \mathrm{d}p_\alpha + \sum_{\beta=m+1}^{s} \frac{\partial L}{\partial \dot{q}_\beta}\mathrm{d}\dot{q}_\beta + \sum_{\beta=m+1}^{s} \frac{\partial L}{\partial q_\beta}\mathrm{d}q_\beta + \frac{\partial L}{\partial t}\mathrm{d}t$$

$$\mathrm{d}\Big(\sum_{\alpha=1}^{m} p_\alpha \dot{q}_\alpha - L\Big) = \sum_{\alpha=1}^{m} \dot{q}_\alpha \mathrm{d}p_\alpha - \sum_{\beta=m+1}^{s} \frac{\partial L}{\partial \dot{q}_\beta}\mathrm{d}\dot{q}_\beta - \sum_{\beta=m+1}^{s} \frac{\partial L}{\partial q_\beta}\mathrm{d}q_\beta - \frac{\partial L}{\partial t}\mathrm{d}t \quad (1)$$

定义劳斯函数

$$R = \sum_{\alpha=1}^{m} p_\alpha \dot{q}_\alpha^* - L^* \quad (12.1.12)$$

它是变量 $q_\beta(\beta = m+1, m+2, \cdots, s)$、$\dot{q}_\beta$ 和 t 以及参量 $p_\alpha(\alpha = 1,2,\cdots,m)$ 的函数，$\dot{q}_\alpha^*$、L^* 表示已用(12.1.11)式将 $\dot{q}_\alpha$、L 变成了上述变量和参量的函数.

$$\mathrm{d}R = \sum_{\alpha=1}^{m} \frac{\partial R}{\partial p_\alpha}\mathrm{d}p_\alpha + \sum_{\beta=m+1}^{s} \frac{\partial R}{\partial \dot{q}_\beta}\mathrm{d}\dot{q}_\beta + \sum_{\beta=m+1}^{s} \frac{\partial R}{\partial q_\beta}\mathrm{d}q_\beta + \frac{\partial R}{\partial t}\mathrm{d}t \quad (2)$$

将(12.1.12)式代入(1)式，再与(2)式比较，可得

$$\dot{q}_\alpha = \frac{\partial R}{\partial p_\alpha} \qquad (\alpha = 1,2,\cdots,m) \quad (12.1.13)$$

$$\begin{cases} \dfrac{\partial R}{\partial \dot{q}_\beta} = -\dfrac{\partial L}{\partial \dot{q}_\beta} \\[2ex] \dfrac{\partial R}{\partial q_\beta} = -\dfrac{\partial L}{\partial q_\beta} \end{cases} \qquad (\beta = m+1, m+2, \cdots, s) \quad (12.1.14)$$

$$\frac{\partial R}{\partial t} = -\frac{\partial L}{\partial t} \quad (12.1.15)$$

有循环积分的系统的拉格朗日方程

$$\begin{cases} \dfrac{\mathrm{d}}{\mathrm{d}t}\left(\dfrac{\partial L}{\partial \dot{q}_\alpha}\right) = 0 & (\alpha = 1,2,\cdots,m) \\[2ex] \dfrac{\mathrm{d}}{\mathrm{d}t}\left(\dfrac{\partial L}{\partial \dot{q}_\beta}\right) - \dfrac{\partial L}{\partial q_\beta} = Q_\beta & (\beta = m+1, m+2, \cdots, s) \end{cases} \quad (3)$$

用(12.1.14)式，可将(3)式的第二组方程改为

$$\frac{\mathrm{d}}{\mathrm{d}t}\left(\frac{\partial R}{\partial \dot{q}_\beta}\right) - \frac{\partial R}{\partial q_\beta} = -Q_\beta \quad (\beta = m+1, m+2, \cdots, s) \quad (12.1.16)$$

由(3)式的第一组方程及(12.1.11)式可见,劳斯函数 R 中的广义动量 p_α($\alpha=1,2,\cdots,m$)可视为参量.

(12.1.13)和(12.1.16)式称为具有循环积分系统的劳斯方程.

对于一般的具有理想、完整约束的系统,即使没有循环积分,也可得到劳斯方程,如仍将头 m 个广义速度用(12.1.11)式改用广义动量变量,用上述步骤可得劳斯方程为

$$\begin{cases}\dot{q}_\alpha=\dfrac{\partial R}{\partial p_\alpha}, \quad \dot{p}_\alpha=-\dfrac{\partial R}{\partial q_\alpha}+Q_\alpha \quad (\alpha=1,2,\cdots,m)\\ \dfrac{\mathrm{d}}{\mathrm{d}t}\left(\dfrac{\partial R}{\partial \dot{q}_\beta}\right)-\dfrac{\partial R}{\partial q_\beta}=-Q_\beta \quad (\beta=m+1,m+2,\cdots,s)\end{cases} \tag{12.1.17}$$

劳斯函数 R 是 $q_i(i=1,2,\cdots,s)$、$p_\alpha(\alpha=1,2,\cdots,m)$、$\dot{q}_\beta(\beta=m+1,m+2,\cdots,s)$ 和 t 的函数.

可以看出,将广义速度换为广义动量的部分,其广义坐标、广义速度遵从的动力学方程类似于正则方程.未改用广义动量为变量的部分,其广义坐标遵从的动力学方程类似于拉格朗日方程.劳斯函数也可定义为上述定义的负值,则(12.1.17)式的后一组类似于拉格朗日方程的方程不差负号,而前一组类似于正则方程的方程差一负号.

对于没有循环积分的系统,采用劳斯方程(12.1.17)式较之采用拉格朗日方程或正则方程没有什么优越性.对有循环积分的系统采用劳斯方程才有意义.先用初条件,由(12.1.11)式定出劳斯函数 R 中的参量 $p_\alpha(\alpha=1,2,\cdots,m)$.用(12.1.16)式解出 $q_\beta(t)(\beta=m+1,m+2,\cdots,s)$,把它们代入(12.1.13)式,再求出 $q_\alpha(t)$,($\alpha=1,2,\cdots,m$).这样就把一个 s 个自由度的问题简化为一个 $s-m$ 个自由度的问题和一个 m 个自由度的问题.

例 12.1.4 用劳斯方程消去在重力场中运动的对称陀螺系统的循环积分变量,导出非循环坐标遵从的运动微分方程.

解 设陀螺质量为 m,对固定点的三个主转动惯量为 I_1、I_1、I_3,质心离固定点的距离为 h.用欧勒角 θ、φ、ψ 来描述对称陀螺的位形.可得拉格朗日函数为

$$L=\frac{1}{2}I_1\dot{\theta}^2+\frac{1}{2}I_1(\dot{\varphi}\sin\theta)^2+\frac{1}{2}I_3(\dot{\varphi}\cos\theta+\dot{\psi})^2-mgh\cos\theta \tag{1}$$

$\dfrac{\partial L}{\partial \varphi}=0,\dfrac{\partial L}{\partial \psi}=0$,$\varphi$ 和 ψ 是循环坐标.

$$p_\varphi=\frac{\partial L}{\partial \dot{\varphi}}=I_1\dot{\varphi}\sin^2\theta+I_3(\dot{\varphi}\cos\theta+\dot{\psi})\cos\theta \tag{2}$$

$$p_\psi = \frac{\partial L}{\partial \dot{\psi}} = I_3(\dot{\varphi}\cos\theta + \dot{\psi}) \tag{3}$$

由(2)、(3)式可解得

$$\dot{\varphi} = \frac{p_\varphi - p_\psi \cos\theta}{I_1 \sin^2\theta} \tag{4}$$

$$\dot{\psi} = \frac{-I_3\cos\theta \cdot p_\varphi + (I_1\sin^2\theta + I_3\cos^2\theta)p_\psi}{I_1 I_3 \sin^2\theta} \tag{5}$$

$$\begin{aligned} R &= p_\varphi \dot{\varphi}^* + p_\psi \dot{\psi}^* - L^* \\ &= -\frac{1}{2}I_1\dot{\theta}^2 + \frac{(p_\varphi - p_\psi\cos\theta)^2}{2I_1\sin^2\theta} + \frac{p_\psi^2}{2I_3} + mgh\cos\theta \end{aligned} \tag{6}$$

(6)式中的 p_φ、p_ψ 是参量(常量),由初条件确定.

由(12.1.13)式得

$$\dot{\varphi} = \frac{\partial R}{\partial p_\psi} = \frac{p_\varphi - p_\psi\cos\theta}{I_1\sin^2\theta}$$

$$\dot{\psi} = \frac{\partial R}{\partial p_\psi} = \frac{p_\psi}{I_3}$$

由(12.1.16)式 $\frac{\mathrm{d}}{\mathrm{d}t}\left(\frac{\partial R}{\partial \dot{\theta}}\right) - \frac{\partial R}{\partial \theta} = 0$ 可得

$$I_1\ddot{\theta} - \frac{(p_\varphi - p_\psi\cos\theta)(p_\varphi\cos\theta - p_\psi)}{I_1\sin^3\theta} - mgh\sin\theta = 0$$

其中

$$p_\varphi = I_1\dot{\varphi}_0\sin^2\theta_0 + I_3(\dot{\varphi}_0\cos\theta_0 + \dot{\psi}_0)\cos\theta_0$$

$$p_\psi = I_3(\dot{\varphi}_0\cos\theta_0 + \dot{\psi}_0)$$

(2) 勒让德变换

从拉格朗日变量变为哈密顿正则变量以及从拉格朗日变量变为劳斯变量都是勒让德变换,其逆变换也是勒让德变换.变换以后,特性函数也相应的改变,拉格朗日函数、哈密顿函数和劳斯函数都是采用各自变量的特性函数.在热力学中,对于有两个独立变量的封闭系统,采用体积 V、熵 S 为独立变量时,用独立变量表示的内能 $U(V,S)$是特性函数,采用体积 V、温度 T 为独立变量时,自由能 $F(T、V)$

是特性函数，焓 $H(p,S)$、吉布斯函数 $G(T,P)$ 都是特性函数. 给出一个热学系统的特性函数，就能知道它的一切物理性质. 对于一个具有理想、完整约束的广义的有势力学系统，给出了它的特性函数[拉格朗日函数 $L(q_1,q_2,\cdots,q_s;\dot{q}_1,\dot{q}_2,\cdots,\dot{q}_s,t)$、哈密顿函数 $H(q_1,q_2,\cdots,q_s;p_1,p_2,\cdots,p_s,t)$ 或劳斯函数 $R(q_1,q_2,\cdots,q_s;p_1,p_2,\cdots,p_m;\dot{q}_{m+1},\dot{q}_{m+2},\cdots,\dot{q}_s,t)$]，也就得到了系统的动力学方程. 给了初始条件，就能得知其以后的运动. 现在我们来统一讲一下什么是勒让德变换，它有什么性质，特性函数与所用变量的关系.

若有变量为 x_1、x_2、…、x_n 的函数 $\phi(x_1,x_2,\cdots,x_n)$，其全微分

$$\begin{aligned}\mathrm{d}\phi &= \frac{\partial\phi}{\partial x_1}\mathrm{d}x_1 + \frac{\partial\phi}{\partial x_2}\mathrm{d}x_2 + \cdots + \frac{\partial\phi}{\partial x_n}\mathrm{d}x_n \\ &= X_1\mathrm{d}x_1 + X_2\mathrm{d}x_2 + \cdots + X_n\mathrm{d}x_n\end{aligned} \tag{12.1.18}$$

其中 $X_i = \dfrac{\partial\phi}{\partial x_i}$，它是 x_1、x_2、…、x_n 的函数，如把它作为独立变量，则称 X_i 为 x_i 的共轭变量.

将原用的独立变量的一部分或全部改用它的共轭变量，这种独立变量的变换，就称为勒让德变换. 拉格朗日变量 q_1、q_2、…、q_s，$\dot{q}_1$、$\dot{q}_2$、…、$\dot{q}_s$，其地位相当于 x_1、x_2、…、x_n，时间 t 可视为参量，拉格朗日函数 L 的地位相当于 ϕ，称为特性函数. 哈密顿变量是将广义速度的 s 个变量用它们的共轭变量 $p_i = \dfrac{\partial L}{\partial \dot{q}_i}(i=1、2、\cdots、s)$ 代替，特性函数变为哈密顿函数 $H(q_1,q_2,\cdots,q_s,p_1,p_2,\cdots,p_s,t)$，将拉格朗日变量中广义速度的一部分 $\dot{q}_1$、$\dot{q}_2$、…、$\dot{q}_m$ 用它们的共轭变量 $p_\alpha = \dfrac{\partial L}{\partial \dot{q}_\alpha}(\alpha=1、2、\cdots、m)$ 代替，特性函数就变为劳斯函数 $R(q_1、q_2、\cdots、q_s,p_1、p_2、\cdots、p_m,\dot{q}_{m+1}、\dot{q}_{m+2},\cdots、\dot{q}_s,t)$.

新的特性函数和旧的特性函数的关系推导如下，设 n 个变量中，将前 m 个变量用它们的共轭变量代替

$$\begin{aligned}\mathrm{d}\phi &= X_1\mathrm{d}x_1 + X_2\mathrm{d}x_2 + \cdots + X_m\mathrm{d}x_m + X_{m+1}\mathrm{d}x_{m+1} + \cdots + X_n\mathrm{d}x_n \\ &= \mathrm{d}(X_1x_1 + X_2x_2 + \cdots + X_mx_m) - x_1\mathrm{d}X_1 - x_2\mathrm{d}X_2 - \cdots \\ &\quad - x_m\mathrm{d}X_m + X_{m+1}\mathrm{d}x_{m+1} + \cdots + X_n\mathrm{d}x_n\end{aligned}$$

$$\mathrm{d}\left(\phi - \sum_{\alpha=1}^{m}X_\alpha x_\alpha\right) = -\sum_{\alpha=1}^{m}x_\alpha\mathrm{d}X_\alpha + \sum_{\beta=m+1}^{n}X_\beta\mathrm{d}x_\beta \tag{12.1.19}$$

可令 $\psi = \phi - \sum_{\alpha=1}^{m} X_\alpha x_\alpha$ 或 $\psi = \sum_{\alpha=1}^{m} X_\alpha x_\alpha - \phi$ 为新的特性函数. 注意新的特性函数是以新的一组变量为独立变量的. 因此得用

$$X_\alpha = \frac{\partial \phi}{\partial x_\alpha} \qquad (\alpha = 1,2,\cdots,m) \tag{12.1.20}$$

解出 $x_\alpha(\alpha = 1、2、\cdots、m)$，把它们表成 $X_1、X_2、\cdots X_m、x_{m+1}、x_{m+2}、\cdots, x_n$ 的函数. 把新特性函数的定义式中的旧变量都换成新变量，用我们已用过的符号

$$\psi = \phi^* - \sum_{\alpha=1}^{m} X_\alpha x_\alpha^* \text{ 或 } \psi = \sum_{\alpha=1}^{m} X_\alpha x_\alpha^* - \phi^* \tag{12.1.21}$$

从拉格朗日变量变为哈密顿正则变量以及从拉格朗日变量变为劳斯变量，新的特性函数哈密顿函数和劳斯函数都是采用了后一个定义式. 也可以采用前一个定义式. 但哈密顿函数采用了后一个定义式的好处是，在一定情况下，哈密顿函数具有机械能的物理意义.

采用了后一个特性函数定义式，则有

$$\frac{\partial \psi}{\partial X_\alpha} = x_\alpha \qquad (\alpha = 1,2,\cdots,m) \tag{12.1.22}$$

$$\frac{\partial \psi}{\partial x_\beta} = - X_\beta = - \frac{\partial \phi}{\partial x_\beta} \quad (\beta = m+1, m+2,\cdots,n) \tag{12.1.23}$$

参量 t 的情况与未变的独立变量 x_β 的情况一样.

$$\frac{\partial \psi}{\partial t} = - \frac{\partial \phi}{\partial t} \tag{12.1.24}$$

如采用(12.1.21)式的前一个定义式，则(12.1.22)～(12.1.24)式均改变正负号.

作勒让德变换以前 $X_i = \frac{\partial \phi}{\partial x_i}(i = 1,2,\cdots,n)$，说明 x_i 与 X_i 间的共轭关系，共轭变量是特性函数对变量的偏导数. 勒让德变换以后，由(12.1.22)、(12.1.23)式可见，所有独立变量(不管是没变的还是改用其共轭变量为独立变量的)的共轭变量还都是原来的共轭对子(可以差一个负号)，这也说明勒让德变换的逆变换也是勒让德变换.

(12.1.9)、(12.1.14)式都是(12.1.23)式，(12.1.4)、(12.1.15)式都是(12.1.24)式，(12.1.3)的第一组、(12.1.13)式都是(12.1.22)式，这些关系都是勒让德变换本身的性质所赋予的，得出这些关系，没有用力学理论. 虽然(12.1.22)、(12.1.24)式涉及到是否有运动积分的问题，(12.1.22)式还是动力学方程的组成

部分，都是数学结果．只有(12.1.3)式的第二组方程、(12.1.16)式、(12.1.17)式的后两组方程才是用了拉格朗日方程的物理结果．

*4．用劳斯方程讨论运动的稳定性

我们早就讨论过运动稳定性的几个例子，在§4.3.4，我们讨论了在有心力的作用下圆形轨道的稳定性，在§9.6.2 中讨论了绕惯量主轴作定点转动的刚体运动稳定性，§9.6.3 涉及到重力矩作用下对称刚体(陀螺)作规则进动的运动稳定性问题．如果对这些例子写出拉格朗日函数，可以发现，它们都具有循环坐标．稳定运动的特征是所有非循环坐标都是常数．拉格朗日函数不显含时间 t，所有循环坐标都是时间的线性函数．圆轨道的有心运动，质点离力心的距离 r 不是循环坐标，是常数；φ 是循环坐标，$\dot{\varphi}$ 是常数．绕惯量主轴作稳态定点转动以及规则进动，取适当的坐标轴，章动角 θ 不是循环坐标，为常数，φ、ψ 为循环坐标，$\dot{\varphi}$、$\dot{\psi}$ 均为常量(参看后面的例 12.1.5)．

应用劳斯方程显示其优越性的最好例子就是用来研究对于具有上述特征的稳态运动的偏离和这些偏离的稳定性问题．采用了劳斯方程，拉格朗日函数换为劳斯函数，由于稳态运动具有上述三个例子的几个特点，由勒让德变换的性质(12.1.23)、(12.1.24)式，变换前后的特性函数都不含循环坐标，都不显含时间 t，劳斯函数中只含有非循环坐标及它们的广义速度．与循环坐标共轭的广义动量以参数形式出现在劳斯函数中．这些只含有非循环坐标自由度的劳斯函数满足的微分方程与拉格朗日方程有完全相同的形式．在偏离稳态运动时，可在稳态运动的非循环坐标取值处对劳斯函数作泰勒展开，保留到二级小量．象第十一章用拉格朗日方程讨论稳定平衡位置附近的小振动那样，讨论在稳定的稳态运动附近的小的偏离运动．对于每个非循环坐标而言也是小振动．必须注意选好广义坐标，使稳态运动时所有可能有的非循环坐标都是常数．

设 $q_i(i=1,2,\cdots,s)$是剩下的原非循环坐标，在稳态运动时，$q_i=q_{i0}$，对稳态运动的偏离运动改用新变量 ρ_i，即

$$\rho_i = q_i - q_{i0} \qquad (i = 1,2,\cdots,s) \tag{1}$$

将劳斯函数 R 在稳态运动位形处展成泰勒级数，只保留到二级小量，ρ_i，$\dot{\rho}_i$ 都是一级小量，用下标“0”表示在稳态运动位形处取值．

$$\begin{aligned} R = R_0 &+ \sum_{i=1}^{s}\left(\frac{\partial R}{\partial q_i}\right)_0\rho_i + \sum_{i=1}^{s}\left(\frac{\partial R}{\partial \dot{q}_i}\right)_0\dot{\rho}_i + \frac{1}{2}\sum_{i,j=1}^{s}\left(\frac{\partial^2 R}{\partial q_i\partial q_j}\right)_0\rho_i\rho_j \\ &+ \sum_{i,j=1}^{s}\left(\frac{\partial^2 R}{\partial q_i\partial \dot{q}_j}\right)_0\rho_i\dot{\rho}_j + \frac{1}{2}\sum_{i,j=1}^{s}\left(\frac{\partial^2 R}{\partial \dot{q}_i\partial \dot{q}_j}\right)_0\dot{\rho}_i\dot{\rho}_j \end{aligned} \tag{2}$$

在稳态运动时，$q_{i0}=$常量，故 $\dot{q}_{i0}=0, p_{i0}=0$，即$\left(\dfrac{\partial L}{\partial \dot{q}_i}\right)_0=0$.

由拉格朗日方程$\dfrac{\mathrm{d}}{\mathrm{d}t}\left(\dfrac{\partial L}{\partial \dot{q}_i}\right)_0-\left(\dfrac{\partial L}{\partial q_i}\right)_0=0$可得

$$\left(\frac{\partial L}{\partial q_i}\right)_0=\frac{\mathrm{d}}{\mathrm{d}t}\left(\frac{\partial L}{\partial \dot{q}_i}\right)_0=0$$

再由勒让德变换的性质(12.1.23)式，在稳态运动时，下式成立：

$$\left(\frac{\partial R}{\partial q_i}\right)_0=-\left(\frac{\partial L}{\partial q_i}\right)_0=0 \quad (i=1,2,\cdots,s) \tag{12.1.25}$$

上式也可用劳斯方程

$$\frac{\mathrm{d}}{\mathrm{d}t}\left(\frac{\partial R}{\partial \dot{q}_i}\right)-\frac{\partial R}{\partial q_i}=0$$

在稳态运动时，$\left(\dfrac{\partial R}{\partial \dot{q}_i}\right)_0=$常量，从而得出$\left(\dfrac{\partial R}{\partial q_i}\right)_0=0$.

(12.1.25)式可视为稳态运动必须满足的条件.

用(12.1.25)式，可将(2)式简化为

$$R=\frac{1}{2}\sum_{i,j=1}^{s}a_{ij}\dot{\rho}_i\dot{\rho}_j+\sum_{i,j=1}^{s}g_{ij}\rho_i\dot{\rho}_j-\frac{1}{2}\sum_{i,j=1}^{s}c_{ij}\rho_i\rho_j+\sum_{i=1}^{s}d_i\dot{\rho}_i+R_0 \tag{3}$$

其中

$$a_{ij}=\left(\frac{\partial^2 R}{\partial \dot{q}_i\partial \dot{q}_j}\right)_0,\quad g_{ij}=\left(\frac{\partial^2 R}{\partial q_i\partial \dot{q}_j}\right)_0$$

$$c_{ij}=-\left(\frac{\partial^2 R}{\partial q_i\partial q_j}\right)_0,\quad d_i=\left(\frac{\partial R}{\partial \dot{q}_i}\right)_0$$

a_{ij}、g_{ij}、c_{ij}、d_i 及 R_0 均为常量. 注意，矩阵元 a_{ij}、c_{ij}是对称的，g_{ij}是不对称的.

将(3)式代入用新变量 ρ_i 表述的劳斯方程

$$\frac{\mathrm{d}}{\mathrm{d}t}\left(\frac{\partial R}{\partial \dot{\rho}_i}\right)-\frac{\partial R}{\partial \rho_i}=0 \qquad (i=1,2,\cdots,s)$$

得

$$\sum_{j=1}^{s}(a_{ij}\ddot{\rho}_j+b_{ij}\dot{\rho}_j+c_{ij}\rho_j)=0 \quad (i=1,2,\cdots,s) \tag{12.1.26}$$

其中 $b_{ij}=g_{ji}-g_{ij}$ 是反对称的，即 $b_{ij}=-b_{ji}$.

(12.1.26)式可与上章讲小振动的(11.1.3)及(11.4.1)式相比，a_{ij} 和 m_{ij} 的作用相当，c_{ij} 和 k_{ij} 的作用相当，$\sum_{j=1}^{s} b_{ij}\dot{\rho}_j$ 与 $\sum_{j=1}^{s} b_{ij}\dot{q}_j$ 相对应，但它们并不是耗散力项，而是不作功的回转仪力项. 可是(12.1.26)式的微分方程毕竟与有耗散力存在的自由阻尼振动的方程(11.4.1)式相似. 由于 b_{ij} 为矩阵元的矩阵的存在，又由于它不能写成用 a_{ij}、c_{ij} 为矩阵元的两个矩阵的线性组合. 三个矩阵不能同时对角化. 因此无法象第十一章那样采用简正坐标. 但是它作为一阶线性齐次方程组，可取下列形式的解：

$$\rho_i = u_j e^{i\omega t} \qquad (j=1,2,\cdots,s)$$

代入(12.1.26)式得 u_j 的齐次线性代数方程组

$$\sum_{k=1}^{s}(-a_{jk}\omega^2+b_{jk}i\omega+c_{jk})u_k=0 \quad (j=1,2,\cdots,s) \qquad (12.1.27)$$

要得到 $\boldsymbol{u}$ 的非零解，必须系数行列式等于零.

$$\begin{vmatrix} c_{11}-a_{11}\omega^2 & c_{12}+b_{12}i\omega-a_{12}\omega^2 & \cdots & c_{1s}+b_{1s}i\omega-a_{1s}\omega^2 \\ c_{21}+b_{21}i\omega-a_{21}\omega^2 & c_{22}-a_{22}\omega^2 & \cdots & c_{2s}+b_{2s}i\omega-a_{2s}\omega^2 \\ \vdots & \vdots & & \vdots \\ c_{s1}+b_{s1}i\omega-a_{s1}\omega^2 & c_{s2}+b_{s2}i\omega-a_{s2}\omega^2 & \cdots & c_{ss}-a_{ss}\omega^2 \end{vmatrix}=0$$

(12.1.28)

由于 $\boldsymbol{a}$、$\boldsymbol{c}$ 是对称矩阵，$\boldsymbol{b}$ 是反对称矩阵，特征方程(12.1.28)式将是 ω^2 的 s 次实系数方程. 若方程的 s 个根均有 $\omega^2>0$，则对稳态运动的偏离一定是有界的，运动偏离稳态运动不大，我们说稳态运动是稳定的. 如方程有 $\omega^2<0$ 的根，则一般讲，ρ_i 随时间无限地增大，远离稳态运动时，所得的解是无意义的，因为仅保留到二级项的劳斯函数的近似式已不能用了，但有 $\omega^2<0$ 的根已足以说明原稳态运动一般是不稳定的. 所以加"一般"二字是因为在特殊的微扰下，也可能 $\omega^2<0$ 的那些运动不激发，在这样的微扰下原稳态运动仍是稳定的.

上面关于运动的稳定性的理论是经高度简化后得到的. 运动稳定性的一般问题有专门的论著. 目前也还是一个热门的研究课题.

例 12.1.5 讨论重对称刚体绕固定点的稳态运动的稳定性.

解 设质量为 m 的刚体绕固定点 O 转动，质心 C 位于对称轴上，并处于 O

点的上方，OC 的距离为 l，对 O 点的三个主转动惯量为 I_1、I_1、I_3. 取欧勒角 ψ、φ、θ（分别为自转角、进动角和章动角）为广义坐标，拉格朗日函数为

$$L=\frac{1}{2}[I_1(\dot{\theta}^2+\dot{\varphi}\sin^2\theta)+I_3(\dot{\psi}+\dot{\varphi}\cos\theta)^2]-mgl\cos\theta \tag{1}$$

显然 φ、ψ 为两个循环坐标，有下列两个循环积分常数 C_1、C_2

$$\frac{\partial L}{\partial\dot{\psi}}=I_3(\dot{\psi}+\dot{\varphi}\cos\theta)=C_1 \tag{2}$$

$$\frac{\partial L}{\partial\dot{\varphi}}=I_1\dot{\varphi}\sin^2\theta+I_3(\dot{\psi}+\dot{\varphi}\cos\theta)\cos\theta=C_2 \tag{3}$$

解出与循环坐标相应的两个广义速度

$$\dot{\psi}=\frac{C_1}{I_3}-\frac{C_2-C_1\cos\theta}{I_1\sin^2\theta}\cos\theta \tag{4}$$

$$\dot{\varphi}=\frac{C_2-C_1\cos\theta}{I_1\sin^2\theta} \tag{5}$$

劳斯函数为

$$\begin{aligned}R&=C_1\dot{\psi}^*+C_2\dot{\varphi}^*-L^*\\&=C_1\left(\frac{C_1}{I_3}-\frac{C_2-C_1\cos\theta}{I_1\sin^2\theta}\cos\theta\right)+C_2\left(\frac{C_2-C_1\cos\theta}{I_1\sin^2\theta}\right)\\&\quad-\frac{1}{2}I_1\dot{\theta}^2-\frac{1}{2}I_1\sin^2\theta\left(\frac{C_2-C_1\cos\theta}{I_1\sin^2\theta}\right)^2-\frac{1}{2}I_3\left(\frac{C_1}{I_3}\right)^2+mgl\cos\theta\\&=-\frac{1}{2}I_1\dot{\theta}^2+\frac{C_1^2}{2I_3}+\frac{(C_2-C_1\cos\theta)^2}{2I_1\sin^2\theta}+mgl\cos\theta\end{aligned} \tag{6}$$

稳定运动的条件为

$$\left.\frac{\partial R}{\partial\theta}\right|_{\theta=\theta_0}=\left[\frac{(C_2-C_1\cos\theta)(C_1-C_2\cos\theta)}{I_1\sin^3\theta}-mgl\sin\theta\right]\Bigg|_{\theta=\theta_0}=0 \tag{7}$$

如 C_1、C_2 用(2)、(3)式，(7)式变为

$$[I_3\Omega\omega+(I_3-I_1)\omega^2\cos\theta_0-mgl]\sin\theta_0=0 \tag{8}$$

其中 Ω、ω 分别为常数，它们是由(7)式解出的 θ_0 代入(4)、(5)式得到的 $\dot{\psi}$ 和 $\dot{\varphi}$ 值.(8)式正是在§9.6.3 中得到的规则进动（$\theta_0\neq0$、π）时 $\dot{\varphi}$（这里的 ω）满足的方

程

$$I_1\dot{\varphi}^2\cos\theta_0 - I_3\omega_{z0}\dot{\varphi} + mgl = 0$$

其中

$$\omega_{z0} = \dot{\psi} + \dot{\varphi}\cos\theta \text{ 即这里的} \Omega + \omega\cos\theta_0$$

因此稳态运动时

$$\theta = \theta_0, \quad \dot{\varphi} = \omega, \quad \dot{\psi} = \Omega$$

θ_0、ω、Ω 均为常量，非循环坐标 θ 为常量，循环坐标 φ、ψ 是时间的线性函数.

将劳斯函数在稳态运动位形处作泰勒展开，略去对劳斯方程不起作用的常数项和 $\dot{\rho}$ 的线性项，只保留到二级小量含 ρ^2、$\rho\dot{\rho}$ 和 $\dot{\rho}^2$ 的项（由(7)式稳定运动条件，ρ 的系数为零，故不含 ρ 的线性项），得

$$\begin{aligned} R &= -\frac{1}{2}I_1\dot{\rho}^2 + \frac{1}{2}\left.\frac{\partial^2 R}{\partial\theta^2}\right|_{\theta=\theta_0}\rho^2 \\ &= -\frac{1}{2}I_1\dot{\rho}^2 + \frac{1}{2}(I_1\sin^4\theta_0)^{-1}[(C_1 - C_2\cos\theta_0)^2 + (C_2 - C_1\cos\theta_0)^2 \\ &\quad - 2(C_1 - C_2\cos\theta_0)(C_2 - C_1\cos\theta_0)\cos\theta_0]\rho^2 \\ &= -\frac{1}{2}I_1\dot{\rho}^2 + \frac{1}{2}k\rho^2 \end{aligned} \tag{9}$$

其中

$$\begin{aligned} k &= (I_1\sin^4\theta_0)^{-1}[(C_1 - C_2\cos\theta_0)^2 + (C_2 - C_1\cos\theta_0)^2 \\ &\quad - 2(C_1 - C_2\cos\theta_0)(C_2 - C_1\cos\theta_0)\cos\theta_0] \\ &= (I_1\sin^4\theta_0)^{-1}[(C_1 - C_2)^2(1 - \cos\theta_0)^2 + 2mglI_1\sin^4\theta_0(1 - \cos\theta_0)] \end{aligned} \tag{10}$$

上式推导中用了(7)式.

劳斯方程为

$$I_1\ddot{\rho} + k\rho = 0 \tag{11}$$

当 $\theta \neq 0$、π 时，$k > 0$，说明这样的规则进动总是稳定的，微扰后，刚体的运动偏离原规则进动不大. 对于 $\theta = 0$ 和 $\theta = \pi$ 的刚体运动的稳定性问题需另作讨论.

用劳斯方程讨论运动稳定性问题，在非循环坐标数较多时更显示出它的优越性.

*5. 质点的相对论拉格朗日函数和哈密顿函数

静止质量为 m_0 的质点速度为 $\boldsymbol{v}=\dot{x}\boldsymbol{i}+\dot{y}\boldsymbol{j}+\dot{z}\boldsymbol{k}$,其动量为

$$\boldsymbol{p} = m_0\gamma\boldsymbol{v},$$

其中 $\gamma=\left(1-\frac{v^2}{c^2}\right)^{-1/2}$,$c$ 为光在真空中传播的速度.

若质点在与速度无关的势场 $V(x,y,z)$中运动,其拉格朗日函数应满足下列关系:

$$p_x = \frac{\partial L}{\partial \dot{x}},\quad p_y = \frac{\partial L}{\partial \dot{y}},\quad p_z = \frac{\partial L}{\partial \dot{z}}$$

即要有

$$\frac{\partial L}{\partial \dot{x}} = m_0\gamma\dot{x}$$

等,可令

$$L = T^* - V$$

其中 T^* 要满足

$$\frac{\partial T^*}{\partial \dot{x}} = m_0\gamma\dot{x}$$

等.

$$\begin{aligned}
\mathrm{d}T^* &= \frac{\partial T^*}{\partial \dot{x}}\mathrm{d}\dot{x}+\frac{\partial T^*}{\partial \dot{y}}\mathrm{d}\dot{y}+\frac{\partial T^*}{\partial \dot{z}}\mathrm{d}\dot{z}\\
&= m_0\gamma(\dot{x}\mathrm{d}\dot{x}+\dot{y}\mathrm{d}\dot{y}+\dot{z}\mathrm{d}\dot{z})
\end{aligned}$$

$$\begin{aligned}
T^* &= \int m_0\left[1-\frac{1}{c^2}(\dot{x}^2+\dot{y}^2+\dot{z}^2)\right]^{-\frac{1}{2}}(\dot{x}\mathrm{d}\dot{x}+\dot{y}\mathrm{d}\dot{y}+\dot{z}\mathrm{d}\dot{z})\\
&= \frac{1}{2}m_0\int\left[1-\frac{1}{c^2}(\dot{x}^2+\dot{y}^2+\dot{z}^2)\right]^{-\frac{1}{2}}\mathrm{d}(\dot{x}^2+\dot{y}^2+\dot{z}^2)\\
&= -m_0c^2\left[1-\frac{1}{c^2}(\dot{x}^2+\dot{y}^2+\dot{z}^2)\right]^{\frac{1}{2}}
\end{aligned}$$

质点的相对论拉格朗日函数为

$$L=-m_0c^2\sqrt{1-\beta^2}-V \tag{12.1.29}$$

其中 $\beta^2=\frac{1}{c^2}(\dot{x}^2+\dot{y}^2+\dot{z}^2)$.

注意, T^* 不是质点的动能. 质点的动能为

$$T=\frac{m_0c^2}{\sqrt{1-\beta^2}}-m_0c^2 \tag{12.1.30}$$

因而,此时的拉格朗日函数 $L\neq T-V$.

不难验证,当 $v\ll c$ 时, T、L 均趋于经典极限: $T\to\frac{1}{2}m_0(\dot{x}^2+\dot{y}^2+\dot{z}^2)$, $L\to\frac{1}{2}m_0(\dot{x}^2+\dot{y}^2+\dot{z}^2)-V-m_0c^2$,其中 $-m_0c^2$ 为常量不影响动力学方程,可以舍去.

由于 $L\neq T-V$,哈密顿函数只能用定义式获得.

$$\begin{aligned}H&=(p_x\dot{x}+p_y\dot{y}+p_z\dot{z}-L)^*\\&=\left[m_0(\dot{x}^2+\dot{y}^2+\dot{z}^2)\left(1-\frac{\dot{x}^2+\dot{y}^2+\dot{z}^2}{c^2}\right)^{-\frac{1}{2}}+m_0c^2\left(1-\frac{\dot{x}^2+\dot{y}^2+\dot{z}^2}{c^2}\right)^{\frac{1}{2}}+V\right]^*\\&=\left[m_0c^2\left(1-\frac{\dot{x}^2+\dot{y}^2+\dot{z}^2}{c^2}\right)^{-\frac{1}{2}}+V\right]^*\\&=(T+m_0c^2+V)^*\end{aligned} \tag{12.1.31}$$

经计算可得

$$H=c\sqrt{p_x^2+p_y^2+p_z^2+m_0^2c^2}+V(x,y,z) \tag{12.1.32}$$

由(12.1.31)式可以看出,虽然 $L\neq T-V$, H 仍有总能量(包括静能)的物理意义.

6. 泊松括号、泊松定理

泊松括号和泊松定理是在寻找广义的有势系的哈密顿正则方程的运动积分中提出来的. 泊松括号在量子力学中也有不少应用. 要判断一个由正则变量和时间构成的函数(称为状态函数)是否是一个广义的有势系的运动积分,这个问题与泊松括号有密切关系,已知两个运动积分,要找第三个运动积分,也与泊松括号、泊松定理有关.

(1) 一个状态函数是广义的有势系的运动积分的充要条件,泊松括号的定义

我们从判断一个状态函数 $f(q_1,q_2,\cdots,q_s,p_1,p_2,\cdots,p_s,t)$是否是一个广义的有势系的运动积分来引入泊松括号的定义.

如$\frac{\mathrm{d}f}{\mathrm{d}t}=0$,则 $f=c$ 为运动积分.

$$\frac{\mathrm{d}f}{\mathrm{d}t}=\frac{\partial f}{\partial t}+\sum_{i=1}^{s}\left(\frac{\partial f}{\partial q_i}\dot{q}_i+\frac{\partial f}{\partial p_i}\dot{p}_i\right)=0$$

将广义的有势系的哈密顿正则方程

$$\dot{q}_i=\frac{\partial H}{\partial p_i},\quad \dot{p}_i=-\frac{\partial H}{\partial q_i}\qquad (i=1,2,\cdots,s)$$

代入上式,得

$$\frac{\mathrm{d}f}{\mathrm{d}t}=\frac{\partial f}{\partial t}+\sum_{i=1}^{s}\left(\frac{\partial f}{\partial q_i}\cdot\frac{\partial H}{\partial p_i}-\frac{\partial f}{\partial p_i}\frac{\partial H}{\partial q_i}\right)=0$$

定义泊松括号如下:

$$[f,H]=\sum_{i=1}^{s}\left(\frac{\partial f}{\partial q_i}\frac{\partial H}{\partial p_i}-\frac{\partial f}{\partial p_i}\frac{\partial H}{\partial q_i}\right)\tag{12.1.31$'$}$$

称$[f,H]$为 f 与H 的泊松括号.

可见,一个状态函数 f 为广义有势系的运动积分的必要条件是

$$\frac{\partial f}{\partial t}+[f,H]=0\tag{12.1.33}$$

其中 H 是该系统的哈密顿函数.

下面我们来证明(12.1.33)式也是充分条件.

证明 根据数学上关于一阶偏微分方程的理论

$$\sum_{i=1}^{2s+1}X_i(x_1,x_2,\cdots,x_{2s+1})\frac{\partial f}{\partial x_i}=0\tag{1}$$

的一个解

$$f(x_1,x_2,\cdots,x_{2s+1})=c$$

也是对应的常微分方程组

$$\frac{\mathrm{d}x_1}{X_1}=\frac{\mathrm{d}x_2}{X_2}=\cdots=\frac{\mathrm{d}x_{2s+1}}{X_{2s+1}}\tag{2}$$

的一个积分.

将 x_1、x_2、…、x_{2s+1} 依次分别换为 q_1、q_2、…、q、p_1、p_2、…、p_s 和 t，X_1、X_2、…、X_{2s+1} 依次分别换为 $\frac{\partial H}{\partial p_1}$、$\frac{\partial H}{\partial p_2}$、…、$\frac{\partial H}{\partial p_s}$、$-\frac{\partial H}{\partial q_1}$、$-\frac{\partial H}{\partial q_2}$、…、$-\frac{\partial H}{\partial q_s}$ 和 1，则一阶偏微分方程(1)正是(9.1.33)式 $\frac{\partial f}{\partial t}+[f,H]=0$，对应的常微分方程组(2)为

$$\frac{\mathrm{d}q_1}{\frac{\partial H}{\partial p_1}}=\frac{\mathrm{d}q_2}{\frac{\partial H}{\partial p_2}}=\cdots=\frac{\mathrm{d}q_s}{\frac{\partial H}{\partial p_s}}=\frac{\mathrm{d}p_1}{-\frac{\partial H}{\partial q_1}}=\frac{\mathrm{d}p_2}{-\frac{\partial H}{\partial q_2}}=\cdots=\frac{\mathrm{d}p_s}{-\frac{\partial H}{\partial q_s}}=\frac{\mathrm{d}t}{1}$$

正是正则方程

$$\dot{q}_i=\frac{\partial H}{\partial p_i},\dot{p}_i=-\frac{\partial H}{\partial q_i}\qquad(i=1,2,\cdots,s)$$

这就证明了，若 f 满足(12.1.33)式，则 $f=c$ 是正则方程的一个运动积分.

如果 f 不显含时间 t，则 $f=c$ 是运动积分的充要条件是

$$[f,H]=0$$

显然，如果哈密顿不显含时间，则 $[H,H]=0$，哈密顿函数是该系统的运动积分，即我们前面讲过的能量积分或广义能量积分. 如 H 显含时间 t，则 H 决不是该系统的运动积分，这也是我们前面已得到的一个结论.

引入了泊松括号的定义，广义的有势系的哈密顿正则方程可表示为

$$\begin{cases}\dot{q}_i=[q_i,H]\\ \dot{p}_i=[p_i,H]\end{cases}\quad(i=1,2,\cdots,s)\qquad(12.1.34)$$

用了泊松括号的符号，q_i 和 p_i 遵从的方程形式上完全一样，不再有正、负号的差别.

(2) 泊松括号的运算性质

由泊松括号的定义可以证明它有下列性质：

$$[f,g]=-[g,f]$$

$$[f,g+h]=[f,g]+[f,h]$$

$$c[f,g]=[cf,g]=[f,cg]\quad(c\text{ 为常量})$$

$$[f,gh]=[f,g]h+g[f,h]$$

$$\frac{\partial}{\partial u}[f,g]=\left[\frac{\partial f}{\partial u},g\right]+\left[f,\frac{\partial g}{\partial u}\right]$$

其中 u 可以是任何一个正则变量,也可以是时间.

$$[f,[g,h]]+[g,[h,f]]+[h,[f,g]]=0$$

上述诸性质,前五个式子极易证明.对第六个式子的证明稍麻烦些,我们证明如下:

先展开第一个混合的泊松括号

$$\begin{aligned}[f,[g,h]]&=\left[f,\sum_{i=1}^{s}\left(\frac{\partial g}{\partial q_i}\frac{\partial h}{\partial p_i}-\frac{\partial g}{\partial p_i}\frac{\partial h}{\partial q_i}\right)\right]\\&=\left[f,\sum_{i=1}^{s}\frac{\partial g}{\partial q_i}\frac{\partial h}{\partial p_i}\right]-\left[f,\sum_{i=1}^{s}\frac{\partial g}{\partial p_i}\frac{\partial h}{\partial q_i}\right]\\&=\sum_{j=1}^{s}\left\{\frac{\partial f}{\partial q_j}\frac{\partial}{\partial p_j}\left(\sum_{i=1}^{s}\frac{\partial g}{\partial q_i}\frac{\partial h}{\partial p_i}\right)-\frac{\partial f}{\partial p_j}\frac{\partial}{\partial q_j}\left(\sum_{i=1}^{s}\frac{\partial g}{\partial q_i}\frac{\partial h}{\partial p_i}\right)\right\}\\&\quad-\sum_{j=1}^{s}\left\{\frac{\partial f}{\partial q_j}\frac{\partial}{\partial p_j}\left(\sum_{i=1}^{s}\frac{\partial g}{\partial p_i}\frac{\partial h}{\partial q_i}\right)-\frac{\partial f}{\partial p_j}\frac{\partial}{\partial q_j}\left(\sum_{i=1}^{s}\frac{\partial g}{\partial p_i}\frac{\partial h}{\partial q_i}\right)\right\}\end{aligned}$$

可以看出,每一项都是两个一阶偏导数和一个二阶偏导数的乘积.对于 g 来说,它的二阶偏导数有$\frac{\partial^2 g}{\partial q_i\partial q_j}$、$\frac{\partial^2 g}{\partial q_i\partial p_j}$及$\frac{\partial^2 g}{\partial p_i\partial p_j}$$(i,j=1,2,\cdots,s)$,只要证明每一个二阶偏导数的系数之和等于零即可.现在我们看一下$\frac{\partial^2 g}{\partial q_i\partial p_j}$的系数.

在$[f,[g,h]]$中$\frac{\partial^2 g}{\partial q_i\partial p_j}$的系数为$\frac{\partial f}{\partial q_j}\frac{\partial h}{\partial p_i}+\frac{\partial f}{\partial p_i}\frac{\partial h}{\partial q_j}$.

在$[g,[h,f]]$中无$\frac{\partial^2 g}{\partial q_i\partial p_j}$的项.

$$\begin{aligned}[h,[f,g]]&=\sum_{j=1}^{s}\left\{\frac{\partial h}{\partial q_j}\frac{\partial}{\partial p_j}\left(\sum_{i=1}^{s}\frac{\partial f}{\partial q_i}\frac{\partial g}{\partial p_i}\right)-\frac{\partial h}{\partial p_j}\frac{\partial}{\partial q_j}\left(\sum_{i=1}^{s}\frac{\partial f}{\partial q_i}\frac{\partial g}{\partial p_i}\right)\right\}\\&\quad-\sum_{j=1}^{s}\left\{\frac{\partial h}{\partial q_j}\frac{\partial}{\partial p_j}\left(\sum_{i=1}^{s}\frac{\partial f}{\partial p_i}\frac{\partial g}{\partial q_i}\right)-\frac{\partial h}{\partial p_j}\frac{\partial}{\partial q_j}\left(\sum_{i=1}^{s}\frac{\partial f}{\partial p_i}\frac{\partial g}{\partial q_i}\right)\right\}\end{aligned}$$

在$[h,[f,g]]$中$\frac{\partial^2 g}{\partial q_i\partial p_j}$的系数为$-\frac{\partial h}{\partial p_i}\frac{\partial f}{\partial q_j}-\frac{\partial h}{\partial q_j}\frac{\partial f}{\partial p_i}$.

三个混合泊松括号中$\frac{\partial^2 g}{\partial q_i\partial p_j}$的系数之和确为零.同理可以证明其他的二阶偏

导数的系数之和均为零.

(3) 泊松定理

泊松定理　若 f 和 g 是广义的有势系的运动常数,则 f、g 的泊松括号 $[f,g]$ 也是运动常数.

证明　$\frac{\mathrm{d}f}{\mathrm{d}t}=\frac{\partial f}{\partial t}+[f,H]=0$

$$\frac{\mathrm{d}g}{\mathrm{d}t}=\frac{\partial g}{\partial t}+[g,H]=0$$

则

$$\frac{\partial f}{\partial t}=-[f,H],\quad \frac{\partial g}{\partial t}=-[g,H]$$

$$\begin{aligned}\frac{\mathrm{d}}{\mathrm{d}t}[f,g]&=\frac{\partial[f,g]}{\partial t}+[[f,g],H]\\&=\left[\frac{\partial f}{\partial t},g\right]+\left[f,\frac{\partial g}{\partial t}\right]+[[f,g],H]\\&=[-[f,H],g]+[f,-[g,H]]+[[f,g],H]\\&=[g,[f,H]]+[f,[H,g]]+[H,[g,f]]=0\end{aligned}$$

因此,$[f,g]$ 是一个运动常数.

泊松定理向我们提供了一个由已知两个运动常数寻找新的运动常数的方法. 但不能保证所得到的运动常数和原来的两个运动常数是互相独立的.

若 H 不显含时间 t,$H=h$ 为一个运动积分,也是守恒量,若 f 也是一个运动积分,由泊松定理,$[f,H]=c$ 是一个运动积分. 如 f 也不显含时间 t,则有 $[f,H]=0$,这个运动积分是 $0=0$ 没意义的恒等式,如 f 显含 t,$[f,H]$ 这个运动积分还可能有意义.

注意　应用泊松定理必须限于广义的有势系统. H 不显含时间 t,$H=h$ 为一运动积分,此系统必然是广义的有势系统.

例 12.1.6　设 J_1、J_2、J_3 是一个质点的对坐标系原点的角动量的三个笛卡儿分量.

(i) 求泊松括号 $[J_i,J_j]$ 和 $[J_i,J]$;

(ii) 证明任何两个角动量分量不能同时成为这个系统的广义动量,而一个角动量分量和角动量的大小能同时成为广义动量;

(iii) 如果两个角动量分量是广义的有势系统的运动常数,证明第三个分量也是运动常数.

解(i) $J_1 = yp_z - zp_y, J_2 = zp_x - xp_z$

$J_3 = xp_y - yp_x$

$$
\begin{aligned}
[J_1, J_2] &= [yp_z - zp_y, zp_x - xp_z] \\
&= \frac{\partial}{\partial x}(yp_z - zp_y)\frac{\partial}{\partial p_x}(zp_x - xp_z) + \frac{\partial}{\partial y}(yp_z - zp_y)\frac{\partial}{\partial p_y}(zp_x - xp_z) \\
&\quad + \frac{\partial}{\partial z}(yp_z - zp_y)\frac{\partial}{\partial p_z}(zp_x - xp_z) - \frac{\partial}{\partial p_x}(yp_z - zp_y)\frac{\partial}{\partial x}(zp_x - xp_z) \\
&\quad - \frac{\partial}{\partial p_y}(yp_z - zp_y)\frac{\partial}{\partial y}(zp_x - xp_z) - \frac{\partial}{\partial p_z}(yp_z - zp_y)\frac{\partial}{\partial z}(zp_x - xp_z) \\
&= xp_y - yp_x = J_3
\end{aligned}
$$

同样可得

$$[J_2, J_3] = J_1, [J_3, J_1] = J_2$$

$$
\begin{aligned}
[J_1, J^2] &= [J_1, J_1^2 + J_2^2 + J_3^2] \\
&= [J_1, J_1^2] + [J_1, J_2^2] + [J_1, J_3^2] \\
&= [J_1, J_2]J_2 + J_2[J_1, J_2] + [J_1, J_3]J_3 + J_3[J_1, J_3] \\
&= J_3J_2 + J_2J_3 + (-J_2)J_3 + J_3(-J_2) = 0
\end{aligned}
$$

同样可得

$$[J_2, J^2] = 0, [J_3, J^2] = 0$$

$$[J_1, J^2] = [J_1, J]J + J[J_1, J] = 2J[J_1, J] = 0$$

因 $J \neq 0$,只能是$[J_1, J]=0$. 同样可得

$$[J_2, J] = 0, [J_3, J] = 0$$

(ii) 由泊松括号的定义可知,一个系统的两个广义动量的泊松括号必须为零,即$[p_i, p_j]=0$,今$[J_i, J_j]\neq 0(i, j=1,2,3, i\neq j)$,因此任何两个角动量分量均不能同时成为广义动量.由于$[J_i, J]=0(i=1,2,3)$,可见任何一个角动量分量和角动量的大小能同时成为广义动量.

(iii) 由(i)的结果知,任何两个角动量的分量的泊松括号为第三个角动量分量或它的负值,今知道两个角动量分量是运动常数,且系统为广义的有势系,可用泊松定理,这两个角动量分量的泊松括号为运动常数,故第三个角动量分量也是运动

常数.

例 12.1.7　对于一个哈密顿函数为 $H=p_1p_2+q_1q_2$ 的有势系，证明 $f=p_1^2+q_2^2$，$g=p_2^2+q_1^2$ 是守恒量，并由泊松定理找出第三个守恒量，三个守恒量是否函数相关？

解　$\dfrac{\mathrm{d}f}{\mathrm{d}t}=\dfrac{\partial f}{\partial t}+[f,H]$

$$=[p_1^2+q_2^2,p_1p_2+q_1q_2]=2q_2p_1-2p_1q_2=0$$

$$\frac{\mathrm{d}g}{\mathrm{d}t}=\frac{\partial g}{\partial t}+[g,H]$$

$$=[p_2^2+q_1^2,p_1p_2+q_1q_2]=2q_1p_2-2p_2q_1=0$$

f、g 均是运动常数，且不显含时间，故均为守恒量.

由泊松定理，$h=[f,g]$也是运动常数，因不显含时间，也是守恒量.

$$h=[f,g]=[p_1^2+q_2^2,p_2^2+q_1^2]$$

$$=2q_2\cdot 2p_2-2p_1\cdot 2q_1=4(q_2p_2-q_1p_1)$$

$$\begin{pmatrix}\dfrac{\partial f}{\partial q_1} & \dfrac{\partial g}{\partial q_1} & \dfrac{\partial h}{\partial q_1}\\ \dfrac{\partial f}{\partial q_2} & \dfrac{\partial g}{\partial q_2} & \dfrac{\partial h}{\partial q_2}\\ \dfrac{\partial f}{\partial p_1} & \dfrac{\partial g}{\partial p_1} & \dfrac{\partial h}{\partial p_1}\\ \dfrac{\partial f}{\partial p_2} & \dfrac{\partial g}{\partial p_2} & \dfrac{\partial h}{\partial p_2}\end{pmatrix}=\begin{pmatrix}0 & 2q_1 & -4p_1\\ 2q_2 & 0 & 4p_2\\ 2p_1 & 0 & -4q_1\\ 0 & 2p_2 & 4q_2\end{pmatrix}$$

可找到一个 3×3 的行列式值不恒为零

$$\begin{vmatrix}0 & 2q_1 & -4p_1\\ 2q_2 & 0 & 4p_2\\ 2p_1 & 0 & -4q_1\end{vmatrix}=-2q_1[2q_2(-4q_1)-4p_2\cdot 2p_1]$$

$$=16q_1(q_1q_2+p_1p_2)\neq 0$$

矩阵的秩 $r=3$，等于函数的数目，可见三个函数是函数无关的.

7. 相空间、* 刘维定理

(1) 相空间

对于一个 s 个自由度的系统,采用哈密顿正则变量,用 s 个广义坐标和 s 个广义动量来描述系统的力学状态,以 q_i、$p_i(i=1,2,\cdots,s)$为坐标轴张成的 $2s$ 维空间,称为相空间.相空间中的一个点代表系统的一个力学状态.一个广义的有势系,给定初始状态 $q_i=q_{i0}, p_i=p_{i0},(i=1,2,\cdots,s)$后,它以后的运动即其状态随时间的变化由其哈密顿函数及由它导出的哈密顿正则方程

$$\dot{q}_i=\frac{\partial H}{\partial p_i},\quad \dot{p}_i=-\frac{\partial H}{\partial q_i}\quad (i=1,2,\cdots,s)$$

惟一地确定.在相空间中,描述系统状态的代表点随时间的流逝沿一条曲线连续地变化.这条曲线称之为相轨道.相轨道是不相交的,因为相轨道若相交,则在相交点,正则方程的解就不是惟一的了,这是不可能的.系统从相空间中某一点出发,有惟一的轨道,而且沿轨道有一定的运行方向.周期运动的相轨道是闭合的.

*(2) 刘维定理

对于有大量的完全相同的系统,即它们有完全相同的哈密顿函数.开始处于相近的但又不相同的初始状态,在一个系统的相空间中,它们开始处在相近的不同的点.随着时间的推移,每个粒子都描绘出一条相轨道,各条轨道不会相交.在任意的 t 时刻,这些系统在相空间中所在的点是否还象开始那样相近呢? 这是统计物理中的一个基本问题.我们可用经典力学的理论予以回答.

如果 t_0 时刻,大量具有同样哈密顿函数的有势系统处在相空间中一块体积 Γ_0 中,随着时间的推移,它们所占的相空间体积将会变形,即边界面要改变,但是体积 $\Gamma(t)=\Gamma_0$ 不变.这就是刘维定理.

证明 设在 t 时刻,这大量系统在相空间中所处的体积为

$$\Gamma(t)=\int_{\Gamma}\mathrm{d}q_1\mathrm{d}q_2\cdots\mathrm{d}q_s\mathrm{d}p_1\mathrm{d}p_2\cdots\mathrm{d}p_s=\int_{\Gamma}\prod_{i=1}^{s}\mathrm{d}q_i\mathrm{d}p_i \tag{1}$$

也可将微分符号 $\mathrm{d}q_i$、$\mathrm{d}p_i$ 改用 δq_i、δp_i 以表明积分是在同一时刻进行的.

在 $t+\mathrm{d}t$ 时刻,$\Gamma(t)$变为 $\Gamma(t+\mathrm{d}t)$.现在来计算 $\Gamma(t+\mathrm{d}t)$.从 t 时刻到 $t+\mathrm{d}t$ 时刻.

$$q_i \text{ 变为 } q_i'=q_i+\dot{q}_i\mathrm{d}t \tag{2}$$

$$p_i \text{ 变为 } p'_i = p_i + \dot{p}_i \mathrm{d}t \tag{3}$$

$$\Gamma(t+\mathrm{d}t) = \int_{\Gamma} \prod_{i=1}^{s} \mathrm{d}q'_i \mathrm{d}p'_i \tag{4}$$

引入相应变换的雅可比行列式 J，

$$\Gamma(t+\mathrm{d}t) = \int_{\Gamma} |J| \prod_{i=1}^{s} \mathrm{d}q_i \mathrm{d}p_i \tag{5}$$

式中

$$J = \frac{\partial(q'_1, q'_2, \cdots, q'_s, p'_1, p'_2, \cdots, p'_s)}{\partial(q_1, q_2, \cdots, q_s, p_1, p_2, \cdots, p_s)}$$

$$= \begin{vmatrix} \dfrac{\partial q'_1}{\partial q_1} & \dfrac{\partial q'_2}{\partial q_1} & \cdots & \dfrac{\partial p'_s}{\partial q_1} \\ \dfrac{\partial q'_1}{\partial q_2} & \dfrac{\partial q'_2}{\partial q_2} & \cdots & \dfrac{\partial p'_s}{\partial q_2} \\ \vdots & \vdots & & \vdots \\ \dfrac{\partial q'_1}{\partial p_s} & \dfrac{\partial q'_2}{\partial p_s} & \cdots & \dfrac{\partial p'_s}{\partial p_s} \end{vmatrix} \tag{6}$$

将(2)、(3)式代入(6)式，得

$$J = \begin{vmatrix} 1 + \dfrac{\partial \dot{q}_1}{\partial q_1}\mathrm{d}t & \dfrac{\partial \dot{q}_2}{\partial q_1}\mathrm{d}t & \cdots & \dfrac{\partial \dot{p}_s}{\partial q_1}\mathrm{d}t \\ \dfrac{\partial \dot{q}_1}{\partial q_2}\mathrm{d}t & 1 + \dfrac{\partial \dot{q}_2}{\partial q_2}\mathrm{d}t & \cdots & \dfrac{\partial \dot{p}_s}{\partial q_2}\mathrm{d}t \\ \vdots & \vdots & & \vdots \\ \dfrac{\partial \dot{q}_1}{\partial p_s}\mathrm{d}t & \dfrac{\partial \dot{q}_2}{\partial p_s}\mathrm{d}t & \cdots & 1 + \dfrac{\partial \dot{p}_s}{\partial p_s}\mathrm{d}t \end{vmatrix} \tag{7}$$

由于 $\mathrm{d}t$ 为无穷小量，计算行列式值，仅需保留 $\mathrm{d}t$ 的一次方项，这些项只来自对角线元素的乘积

$$J = 1 + \mathrm{d}t \sum_{i=1}^{s} \left(\frac{\partial \dot{q}_i}{\partial q_i} + \frac{\partial \dot{p}_i}{\partial p_i} \right) \tag{8}$$

用正则方程

$$\frac{\partial \dot{q}_i}{\partial q_i}+\frac{\partial \dot{p}_i}{\partial p_i}=\frac{\partial}{\partial q_i}\left(\frac{\partial H}{\partial p_i}\right)+\frac{\partial}{\partial p_i}\left(-\frac{\partial H}{\partial q_i}\right)=0 \tag{9}$$

将(9)式代入(8)式得 $J=1$;再代入(5)式,得

$$\Gamma(t+\mathrm{d}t)=\int_\Gamma \prod_{i=1}^{s}\mathrm{d}q_i\mathrm{d}p_i=\Gamma(t)$$

如在(8)式中加上 $\mathrm{d}t$ 的高次方项,也可得

$$\frac{\mathrm{d}\Gamma(t)}{\mathrm{d}t}=\lim_{\Delta t\to 0}\frac{\Gamma(t+\Delta t)-\Gamma(t)}{\Delta t}=0$$

$$\Gamma(t)=\Gamma_0$$

由大量完全相同的系统构成的大系统,在统计物理中称为统计系综.刘维定理也可以用另一种表述方法:在运动中,统计系综的密度不变或统计系综的密度是运动常数.

$$\frac{\mathrm{d}\rho}{\mathrm{d}t}=\frac{\partial\rho}{\partial t}+[\rho,H]=0$$

达到统计平衡时,$\frac{\partial\rho}{\partial t}=0$,则有$[\rho,H]=0$.用这些结论可以导出各种系统的统计分布函数.

§12.2 哈密顿原理

对于保守系,在平衡位置,势能取极值.不处于平衡,是否也能在一定条件下,通过解一个极值问题来确定系统的运动状态呢?平衡时,我们引入了虚位移的概念,处于不平衡的运动状态,可引入虚运动的概念.虚运动是虚位移的延伸,是由一系列的虚位移构成的.在 t 时刻,系统的真实位置为 q_1、q_2、…、q_s,这是系统运动的真实路径上的一点,从此点作虚位移 δq_1、δq_2、…、δq_s,就给出系统运动的虚路径上的一点:$q_1+\delta q_1$、$q_2+\delta q_2$、…、$q_s+\delta q_s$,作此虚位移,和讲虚功原理时一样,是不需要时间的.这种变更,可记为 $\delta t=0$,称为等时变更.从起点到终点,中间各个时刻都在真实运动上作等时变更,就构成虚路径和虚运动.在各点的虚位移,必须满足约束条件.对于完整系统,如上述 q_1、q_2、…、q_s 已是考虑到所有约束条件后取得独立的广义坐标,则虚位移不再受任何限制.对非完整系统,如上述广义坐标是考虑到所有完整约束条件取的,则它们的虚位移还受到非完整约束条件的限制.总之,虚运动有无数条虚路径.真实运动与虚运动相比,也能找到一个量,取道真实路

径较之附近的无数虚路径为极值.解决这类问题的数学工具是变分法.

用变分法处理力学问题的原理,叫作力学变分原理,它有微分形式和积分形式两类,以前讲过的虚功原理和达朗贝尔原理是微分形式的力学变分原理,哈密顿原理是一种积分形式的力学变分原理,此外还有其他的力学变分原理.

为了更好地理解哈密顿原理,先对变分法的基本知识做一介绍.

*1. 变分法的基本知识

(1) 变分法讨论的对象

例 12.2.1　几何中的最短程线.在 xy 平面上,从 $A(x_0、y_0)$到 $B(x_1、y_1)$两点间所有平面曲线中要找出长度最短的一条曲线.

两端已固定,所有曲线 $y=y(x)$都得满足

$$y_0 = y(x_0), y_1 = y(x_1)$$

路程的微元

$$ds = \sqrt{(dx)^2 + (dy)^2} = \sqrt{1 + y'^2(x)}dx$$

$$S[y(x)] = \int_A^B dS = \int_{x_0}^{x_1} \sqrt{1 + y'^2(x)}dx$$

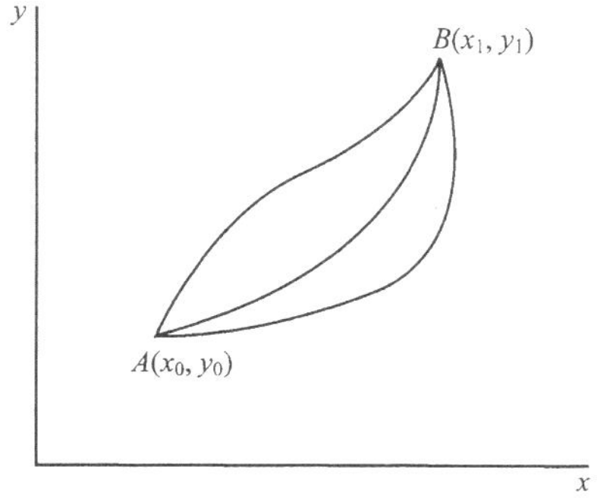

图 12.2.1

总路程 S 是 $y(x)$的函数.在数学上,凡一个变量的值是由一个函数或几个函数的选取决定的,这个变量就称为这个函数或这几个函数的泛函.这里 S 是函数$y(x)$的泛函,记为 $S[y(x)]$.要找出通过图中 A、B 两点的$y(x)$使 S 值最小.

例 12.2.2　力学中的最速降落线.一初速为零的质点,在铅直平面内受重力作用,由 $A(x_0、y_0)$沿怎样的一条曲线 $y=y(x)$到 $B(x_1、y_1)$所用的时间最短?取 x 轴沿水平方向,y 轴铅直向下.

设 v 为沿某曲线上某点的瞬时速率,经弧元 dS 所需时间为$\frac{dS}{v}$,取 y 轴的零点时,令 $y_0=0$,则 $v=\sqrt{2gy}$.

$$t[y(x)]=\int_A^B \frac{\mathrm{d}S}{v}=\int_{x_0}^{x_1}\sqrt{\frac{1+y'^2(x)}{2gy(x)}}\mathrm{d}x$$

要找出满足 $y(x_0)=0, y(x_1)=y_1$，使 $t[y(x)]$ 最小的 $y(x)$.

例 12.2.3 光学中的费马原理.

光在不均匀介质中传播取什么路线？如光从 $A(x_0、y_0、z_0)$ 传到 $B(x_1、y_1、z_1)$ 取最快的路线，即所用的时间为极小值. 设 c 为在真空中传播的光速，则在折射率为 n 的介质中传播的光速为 $v=\frac{c}{n}$. 今 n 是 $x、y、z$ 的函数. 考虑 x 为自变量，光所取的路径是

$$y=y(x),\qquad z=z(x)$$

两个柱面的交线.

$$t[y(x),z(x)]=\int_A^B \frac{\mathrm{d}S}{v}=\int_A^B \frac{\mathrm{d}S}{c/n}$$

$$=\frac{1}{c}\int_{x_0}^{x_1} n(x,y,z)\sqrt{1+y'^2+z'^2}\,\mathrm{d}x$$

要求 $t[y(x),z(x)]$ 取极小值的 $y(x)、z(x)$.

第三个例子比前两个例子更复杂一些. 我们写得更一般一点是求

$$J=\int_{x_0}^{x_1} F(x,y_1,y_2,\cdots,y_s,y_1',y_2',\cdots,y_s')\mathrm{d}x \tag{12.2.1}$$

的极值问题. 这是我们在处理完整系统的运动所遇到的一类变分问题. 注意，(12.2.1)式中被积的 F 的函数形式是已知的.

还有其他类型的变分问题，一种问题是除要求的 $y_1(x)、y_2(x)$ 等使(12.2.1)式取极值(更准确点说保持稳定.)外，还得同时满足一些附带的条件：$y_1(x)$、$y_2(x)$ 等变化时，下述的积分要保持为常数

$$\int_{x_0}^{x_1} G(x,y_1,y_2,\cdots,y_s,y_1',y_2',\cdots,y_s')\mathrm{d}x=\text{常量}$$

这类问题称为等周长问题，因为一已知长度的线段，要使它包围的面积最大，上式就是线段长度不变的式子，就是这种变分问题的一个典型例子. 在我们讨论的范围内还不涉及到这类变分问题. 以上讲的是不动边界问题，还有可动边界的变分问题，F 中还可以含各函数的高阶导数的变分问题. 上面讲的还只是一个自变量，具有一个或多个函数的变分问题，还可以有多个自变量的变分问题. 这些都超出了我

们讨论的范围，就不作进一步的说明了.

(2) 变分的运算法则

对于一个函数 $y=y(x)$进行变分和进行微分是两个不同的概念.

函数的微分，由于自变量 x 的改变一无穷小量 $\mathrm{d}x$ 引起，记为 $\mathrm{d}y$.

$$y(x+\mathrm{d}x)=y(x)+y'(x)\mathrm{d}x+\frac{1}{2}y''(x)(\mathrm{d}x)^2+\cdots$$

忽略 $y(x+\mathrm{d}x)-y(x)$中的高级小量，只保留一级小量.

$$\mathrm{d}y=y'(x)\mathrm{d}x$$

函数的变分，在我们所涉及的变分问题中，力学问题的自变量是时间 t，广义坐标 q_i 是函数，相当于(12.2.1)式中的 y_i，虚位移 δq_i 是在时间不变的情况下. 由本身改变而引起的函数的变化称为函数的变分，记为 δq_i，对应于(12.2.1)式，则为 δy_i. 这种变更称为等时变更 $\delta t=0$[即对应于(12.2.1)式的 $\delta x=0$]，用变分法的语言，称为等时变分. δy_i 是从同一自变量 x 处两个函数 $\tilde{y}_i(x)$与 $y_i(x)$的差

$$\delta y_i=\tilde{y}_i(x)-y_i(x)$$

对于一个力学系统，自变量为 t，函数为广义坐标 q_i，则

$$\delta q_i=\tilde{q}_i(t)-q_i(t) \tag{12.2.2}$$

$q_i(t)$表示系统的真实运动，$\tilde{q}_i(t)$表示系统的虚运动，我们把真实运动的路径简称为正路，把虚运动的路径简称为旁路. 可把 δq_i 写成 $\varepsilon\eta_i(t)$，

$$\tilde{q}_i(t)=q_i(t)+\varepsilon\eta_i(t) \tag{12.2.2'}$$

其中 $\eta_i(t)$是 t 的满足下列要求的任意函数，ε 为决定旁路接近正路程度的参量，为无穷小量，要求 $\eta_i(t)$是连续可导的函数. $\tilde{q}_i-q_i$ 的模很小，且$\dot{\tilde{q}}_i-\dot{q}_i$ 的模也很小. $q_i(t)$和 $\tilde{q}_i(t)$构成一个集合. 对于完整系，已取独立的广义坐标，无需再满足什么约束条件，只要求 $t=t_0$ 时从同一地点 A 出发，$t=t_1$ 时同时到达同一地点 B，即在 A、B 点(不动边界)

$$\delta q_i(t_0)=0,\qquad \delta q_i(t_1)=0 \tag{12.2.3}$$

(12.2.2)、(12.2.2′)式表明，函数的变分是在同样的自变量值之下进行的.

图 12.2.2 中横坐标表示时间 t，纵坐标表示某一个 q_i，图中实线表示正路，虚线表示一条旁路. 由于要求$|\delta q_i|$很小、$|\delta\dot{q}_i|$也很小，旁路只能有图(a)、(b)中所画

的旁路，不能有图(c)中所画的旁路，因为它只满足 $|\delta q_i|$ 很小的要求，不满足 $|\delta\dot{q}_i|$ 很小的要求

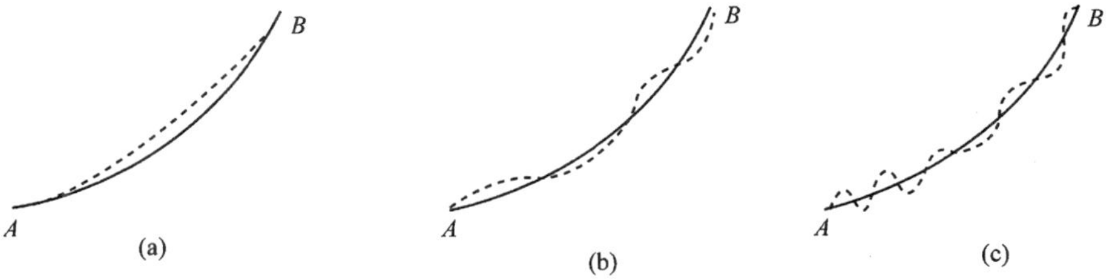

图 12.2.2

变分运算基本上有与微分相同的法则

函数 y 的变分运算：

$$\delta(y_1+y_2)=\tilde{y}_1+\tilde{y}_2-(y_1+y_2)=(\tilde{y}_1-y_1)+(\tilde{y}_2-y_2)=\delta y_1+\delta y_2$$

$$\begin{aligned}\delta(y_1y_2)&=\tilde{y}_1\tilde{y}_2-y_1y_2=\tilde{y}_1\tilde{y}_2-\tilde{y}_1y_2+\tilde{y}_1y_2-y_1y_2\\&=\tilde{y}_1(\tilde{y}_2-y_2)+y_2(\tilde{y}_1-y_1)\\&=(y_1+\delta y_1)\delta y_2+y_2\delta y_1=y_1\delta y_2+y_2\delta y_1\end{aligned}$$

(上式中忽略了二级小量).

泛函 $J[y(x)]=F(x,y,y')$的变分运算

$$\begin{aligned}\delta F&=F(x,\tilde{y},\tilde{y}')-F(x,y,y')\\&=F(x,y+\delta y,y'+\delta y')-F(x,y,y')\\&=\frac{\partial F}{\partial y}\delta y+\frac{\partial F}{\partial y'}\delta y'\end{aligned}$$

(泰勒展开中，也忽略二级及二级以上小量)

$$\begin{aligned}\delta(F_1+F_2)&=\frac{\partial(F_1+F_2)}{\partial y}\delta y+\frac{\partial(F_1+F_2)}{\partial y'}\delta y'\\&=\frac{\partial F_1}{\partial y}\delta y+\frac{\partial F_2}{\partial y}\delta y+\frac{\partial F_1}{\partial y'}\delta y'+\frac{\partial F_2}{\partial y'}\delta y'\\&=\frac{\partial F_1}{\partial y}\delta y+\frac{\partial F_1}{\partial y'}\delta y'+\frac{\partial F_2}{\partial y}\delta y+\frac{\partial F_2}{\partial y'}\delta y'=\delta F_1+\delta F_2\end{aligned}$$

$$
\begin{aligned}
\delta(F_1F_2) &= \frac{\partial(F_1F_2)}{\partial y}\delta y + \frac{\partial(F_1F_2)}{\partial y'}\delta y' \\
&= F_1\frac{\partial F_2}{\partial y}\delta y + F_2\frac{\partial F_1}{\partial y}\delta y + F_1\frac{\partial F_2}{\partial y'}\delta y' + F_2\frac{\partial F_1}{\partial y'}\delta y' \\
&= F_1\left(\frac{\partial F_2}{\partial y}\delta y + \frac{\partial F_2}{\partial y'}\delta y'\right) + F_2\left(\frac{\partial F_1}{\partial y}\delta y + \frac{\partial F_1}{\partial y'}\delta y'\right) \\
&= F_1\delta F_2 + F_2\delta F_1
\end{aligned}
$$

以上的变分运算法则与微分运算法则是完全相同的.

下面讨论微商和变分两种运算可否对易的问题.

若微商的变量与变分无关,两种运算可以对易,证明如下:

设 x 为自变量,y 为函数,对 y 变分时,$\delta x=0$.用(12.2.2′)式,

$$
\frac{\mathrm{d}}{\mathrm{d}x}(\delta y) = \frac{\mathrm{d}}{\mathrm{d}x}(\tilde{y}-y) = \frac{\mathrm{d}}{\mathrm{d}x}(\varepsilon\eta) = \varepsilon\eta'
$$

$$
\delta\left(\frac{\mathrm{d}y}{\mathrm{d}x}\right) = \delta y' = \tilde{y}' - y' = y' + \varepsilon y' - y' = \varepsilon\eta'
$$

故

$$
\frac{\mathrm{d}}{\mathrm{d}x}(\delta y) = \delta\left(\frac{\mathrm{d}y}{\mathrm{d}x}\right)
$$

若微商的变量与变分有关,两种运算不能对易.证明如下:

设 x、y 均为函数,t 为自变量或 x 虽为自变量,但不是等时变分,变分时,$\partial x\neq0$.

$$
\begin{aligned}
\delta\left(\frac{\mathrm{d}y}{\mathrm{d}x}\right) &= \delta\left(\frac{y'}{x'}\right) = \frac{\delta y'}{x'} - \frac{y'\delta x'}{x'^2} = \frac{\frac{\mathrm{d}}{\mathrm{d}t}(\delta y)}{\frac{\mathrm{d}x}{\mathrm{d}t}} - \frac{\frac{\mathrm{d}y}{\mathrm{d}t}\cdot\frac{\mathrm{d}}{\mathrm{d}t}(\delta x)}{\frac{\mathrm{d}x}{\mathrm{d}t}\frac{\mathrm{d}x}{\mathrm{d}t}} \\
&= \frac{\mathrm{d}}{\mathrm{d}x}(\delta y) - \frac{\mathrm{d}y}{\mathrm{d}x}\frac{\mathrm{d}}{\mathrm{d}x}(\delta x)
\end{aligned}
$$

多了后一项,在此情况下,δ 与 $\frac{\mathrm{d}}{\mathrm{d}x}$ 两运算不对易,常用 Δ 符号代替 δ 符号;记为

$$
\Delta\left(\frac{\mathrm{d}y}{\mathrm{d}x}\right) = \frac{\mathrm{d}(\Delta y)}{\mathrm{d}x} - \frac{\mathrm{d}(\Delta x)}{\mathrm{d}x}\frac{\mathrm{d}y}{\mathrm{d}x}
$$

再讨论积分运算和变分运算可否对易的问题.

若积分变量、积分的上、下限均与变分无关,两种运算是可以对易的.证明如下:

$$\delta\int_{x_0}^{x_1} F(x,y,y')\mathrm{d}x = \int_{x_0}^{x_1} F(x,\tilde{y},\tilde{y}')\mathrm{d}x - \int_{x_0}^{x_1} F(x,y,y')\mathrm{d}x$$

$$= \int_{x_0}^{x_1} [F(x,\tilde{y},\tilde{y}') - F(x,y,y')]\mathrm{d}x = \int_{x_0}^{x_1} \delta F\mathrm{d}x$$

若积分变量与变分有关,积分运算和变分运算不可对易.证明如下:
设 x、y 均为 t 的函数,变分时,$\delta t=0$. δx 和 δy 一样,均不为零.

$$\Delta\int F(x,y,y')\mathrm{d}x = \Delta\int Fx'\mathrm{d}t = \int\Delta(Fx')\mathrm{d}t$$

$$= \int(x'\Delta F + F\Delta x')\mathrm{d}t = \int[\Delta F\mathrm{d}x + F\mathrm{d}'(\Delta x)]$$

若积分上、下限与变分有关,积分运算和变分运算也不对易.结论为

$$\Delta\int_{x_1}^{x_2} F(x,y,y')\mathrm{d}x = \int_{x_1}^{x_2} \delta F\mathrm{d}x + F(x_2)\delta x_2 - F(x_1)\delta x_1$$

证明 $\Delta\int_{x_1}^{x_2} F(x,y,y')\,\mathrm{d}x$

$$= \int_{x_1+\delta x_1}^{x_2+\delta x_2} F(x,y+\delta y,y'+\delta y')\mathrm{d}x - \int_{x_1}^{x_2} F(x,y,y')\mathrm{d}x$$

$$= \int_{x_1+\delta x_1}^{x_1} \widetilde{F}\mathrm{d}x + \int_{x_1}^{x_2} \widetilde{F}\mathrm{d}x + \int_{x_2}^{x_2+\delta x_2} \widetilde{F}\mathrm{d}x - \int_{x_1}^{x_2} F\mathrm{d}x$$

其中 $\widetilde{F}=F(x,y+\delta y,y'+\delta y')$,$x$ 为自变量,除两端不固定外,$\delta x=0$.

用中值定理以及 F、$y(x)$、$y'(x)$诸函数的连续性.

$$\int_{x_1}^{x_1+\delta x_1} \widetilde{F}\mathrm{d}x = F(x,y,y')\Big|_{x=x_1} \delta x_1$$

$$\int_{x_2}^{x_2+\delta x_2} \widetilde{F}\mathrm{d}x = F(x,y,y')\Big|_{x=x_2} \delta x_2$$

代入 $\Delta\int_{x_1}^{x_2} F\mathrm{d}x$,即得所要证明的式子.式中的 $F(x_2)$ 是 $F(x,y,y')\Big|_{x=x_2}$ 或 $F(x_2,y(x_2),y'(x_2))$ 的缩写.

(3) 欧拉方程

现讨论最简单的泛函

$$J[y(x)]=\int_{x_0}^{x_1}F(x,y,y')\mathrm{d}x \tag{12.2.4}$$

的极值.容许曲线(包括正路和旁路)的两端点是固定的.

$$\delta y\Big|_{x=x_0}=0,\quad \delta y\Big|_{x=x_1}=0$$

先证明一个定理:如果(12.2.4)式的泛函在 $y=y_0(x)$上达到极值,则在 $y=y_0(x)$上,有

$$\delta J=0 \tag{12.2.5}$$

证明 如 y 不取 y_0,而在其附近

$$y=y_0+\varepsilon\eta$$

η 是连续可导的任意函数,ε 可在 $\varepsilon=0$ 附近取任何的正值或负值.

$$J[y(x)]=J[y_0(x)+\varepsilon\eta(x)]=\varphi(\varepsilon)$$

是 ε 的函数.由假定 $J[y(x)]$在 $\varepsilon=0$ 时 $J[y(x)]$达到极值 $J[y_0(x)]$,则应有 $\dfrac{\mathrm{d}\varphi}{\mathrm{d}\varepsilon}\Big|_{\varepsilon=0}=0$,即

$$\frac{\partial}{\partial\varepsilon}J[y_0(x)+\varepsilon\eta(x)]\Big|_{\varepsilon=0}=0$$

在 $\varepsilon=0$ 附近有

$$J[y_0(x)+\varepsilon\eta(x)]-J[y_0(x)]=0$$

即泛函在有极值的曲线上,$\delta J=0$.

下面利用上述定理及变分的运算法则来导出欧拉方程.

$$\delta J=\delta\int_{x_0}^{x_1}F(x,y,y')\mathrm{d}x=\int_{x_0}^{x_1}\delta F(x,y,y')\mathrm{d}x$$

$$=\int_{x_0}^{x_1}\left(\frac{\partial F}{\partial y}\delta y+\frac{\partial F}{\partial y'}\delta y'\right)\mathrm{d}x=\int_{x_0}^{x_1}\left[\frac{\partial F}{\partial y}\delta y+\frac{\partial F}{\partial y'}\frac{\mathrm{d}}{\mathrm{d}x}(\delta y)\right]\mathrm{d}x$$

$$=\int_{x_0}^{x_1}\frac{\partial F}{\partial y}\delta y\mathrm{d}x+\int\frac{\partial F}{\partial y'}\mathrm{d}(\delta y)$$

$$=\int_{x_0}^{x_1}\frac{\partial F}{\partial y}\delta y\mathrm{d}x+\left(\frac{\partial F}{\partial y'}\delta y\right)\Bigg|_{x=x_0}^{x=x_1}-\int_{x_0}^{x_1}\frac{\mathrm{d}}{\mathrm{d}x}\left(\frac{\partial F}{\partial y'}\right)\delta y\mathrm{d}x$$

$$=\int_{x_0}^{x_1}\left[\frac{\partial F}{\partial y}-\frac{\mathrm{d}}{\mathrm{d}x}\left(\frac{\partial F}{\partial y'}\right)\right]\delta y\mathrm{d}x$$

在上述推导中用了 $\delta y\big|_{x=x_0}=0,\delta y\big|_{x=x_1}=0$.

用上述定理，$\delta J=0$,

$$\int_{x_0}^{x_1}\left[\frac{\partial F}{\partial y}-\frac{\mathrm{d}}{\mathrm{d}x}\left(\frac{\partial F}{\partial y'}\right)\right]\delta y\mathrm{d}x=0$$

因 δy 是满足两端点为零的任意连续可微函数 $\varepsilon\eta(x)$，上式为零只能是

$$\frac{\mathrm{d}}{\mathrm{d}t}\left(\frac{\partial F}{\partial y'}\right)-\frac{\partial F}{\partial y}=0 \tag{12.2.6}$$

这是泛函取极值的曲线 $y=y_0(x)$ 应满足的微分方程，它就是只有一个自变量和一个因变量的欧拉方程.

可以推广到只有一个自变量但有多个因变量的泛函极值问题.

$$J[y_1(x),y_2(x),\cdots,y_n(x)]=\int_{x_0}^{x_1}F(x,y_1,\cdots,y_n,y'_1,\cdots,y'_n)\mathrm{d}x \tag{12.2.7}$$

在两端即 $x=x_0$、$x=x_1$，$y_i(i=1,2,\cdots,n)$ 均已给定，即

$$\delta y_i\big|_{x=x_0}=0,\delta y_i\big|_{x=x_1}=0\qquad(i=1,2,\cdots,n)$$

只令 $y_j(x)(j=1,2,\cdots,n)$ 中的一个获得变分，例如 y_i，其余函数保持不变，$J[y_1,y_2,\cdots,y_n]$ 就变成上面讲的那种泛函 $J[y_i(x)]$.

这个泛函取极值的必要条件为(12.2.6)式. 上述讲法对 $i=1,2,\cdots,n$ 均适用. 这就得到一个自变量多个因变量的泛函极值问题的欧拉方程

$$\frac{\mathrm{d}}{\mathrm{d}t}\left(\frac{\partial F}{\partial y'_i}\right)-\frac{\partial F}{\partial y_i}=0\qquad(i=1,2,\cdots,n) \tag{12.2.8}$$

如(12.2.7)式中的 F 不显含自变量 x，则(12.2.8)式有一个初积分

$$\sum_{i=1}^{n}\frac{\partial F}{\partial y'_i}y'_i-F=\text{常量} \tag{12.2.9}$$

证明　$\frac{\mathrm{d}}{\mathrm{d}x}\left(\sum_{i=1}^{n}\frac{\partial F}{\partial y_i'}y_i' - F\right)$

$$= \sum_{i=1}^{n}\left[\frac{\partial F}{\partial y_i'}y_i'' + y_i'\frac{\mathrm{d}}{\mathrm{d}x}\left(\frac{\partial F}{\partial y_i'}\right)\right] - \sum_{i=1}^{n}\left[\frac{\partial F}{\partial y_i}y_i' + \frac{\partial F}{\partial y_i'}y_i''\right]$$

$$= \sum_{i=1}^{n}y_i'\left[\frac{\mathrm{d}}{\mathrm{d}x}\left(\frac{\partial F}{\partial y_i'}\right) - \frac{\partial F}{\partial y_i}\right] = 0$$

（4）例

求最速降落线.

取 A 点的 x、y 坐标为零，y 轴向下为正，如图 12.2.3 所示.

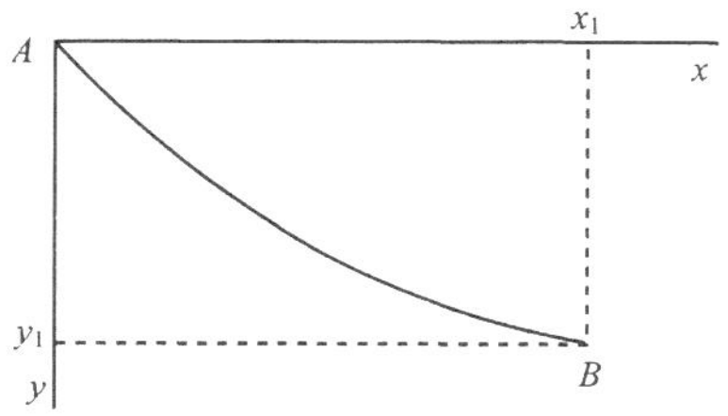

图 12.2.3

在例 12.2.2 中已给出

$$F = \sqrt{\frac{1 + y'^2}{2gy}}$$

F 中不显含自变量 x，(12.2.6)式的欧拉方程有初积分(12.2.9)式

$$y'\frac{\partial}{\partial y'}\left(\sqrt{\frac{1 + y'^2}{2gy}}\right) - \sqrt{\frac{1 + y'^2}{2gy}} = \text{常量}$$

完成上述偏微商，简化后可得

$$y(1 + y'^2) = c_1 = \text{常量}$$

解出 y'，分离变量可得

$$\mathrm{d}x = \sqrt{\frac{y}{c_1 - y}}\mathrm{d}y$$

令 $y = c_1\sin^2\frac{\theta}{2}$ 或 $y = \frac{1}{2}c_1(1 - \cos\theta)$，有

$$\mathrm{d}x = c_1\sin^2\frac{\theta}{2}\mathrm{d}\theta = \frac{1}{2}c_1(1 - \cos\theta)\mathrm{d}\theta$$

$$x = \frac{1}{2}c_1(\theta - \sin\theta) + c_2$$

这是一条旋轮线，由 $x = 0$，$y = 0$ 可定出 $c_2 = 0$. c_1 由 B 点的坐标 x_1、y_1 确定. $\frac{1}{2}c_1$ 是旋转轮子的半径.

2. 哈密顿原理

哈密顿原理是力学中的一个变分原理，是力学、分析力学的一种基本理论.我们已经讲过的力学的基本理论有牛顿的理论、达朗贝尔——拉格朗日方程、拉格朗日方程和哈密顿正则方程，这些基本理论都是等价的，可以互相推导，从任何一个导出其他的.从我们上面讲的变分法基本知识，可以看出拉格朗日方程和下面讲的哈密顿原理之间的密切关系.

(1) 广义的有势系统的哈密顿原理

对于一个具有理想约束、完整约束的广义的有势系统，在 t_0 和 t_1 分别位于位形空间的两个端点 $A[q_1(t_0)、q_2(t_0)、\cdots、q_s(t_0)]$ 和 $B[q_1(t_1)、q_2(t_1)、\cdots、q_s(t_1)]$ 间的一切虚运动集合(包括真实运动)中，真实运动总是按着使泛函

$$S[q_1(t),q_2(t),\cdots,q_s(t)] = \int_{t_0}^{t_1} L(q_1,\cdots,q_s,\dot{q}_1,\cdots,\dot{q}_s,t)\mathrm{d}t \tag{12.2.10}$$

的一级变分

$$\delta S = 0 \tag{12.2.11}$$

的路线进行.其中 L 为该系统的拉格朗日函数.S 常被称为作用量或主函数.

把变分法的欧拉方程(12.2.8)式中的 x 换为 t，y_i 换为 q_i，y'_i 换为 $\dot{q}_i$，F 换为 L，欧拉方程就变为拉格朗日方程.由此可以说，由哈密顿原理导出了拉格朗日方程.讲得详细一点，把广义的有势系的哈密顿原理作为力学的基本原理，即认为这样的系统的真实运动是一个泛函的极值问题，泛函积分中的被积函数是该系统的拉格朗日函数.(12.2.10)式等同于(12.2.7)式，(12.2.11)式等同于(12.2.5)式.因此，变分法中推导欧拉方程(12.2.8)式的过程，只要作上述变量的代换，也就是由广义有势系的哈密顿原理(12.2.10)、(12.2.11)式导出广义有势系的拉格朗日方程(10.3.9)式的过程.反之，将导出欧拉方程的步骤倒过来，将广义有势系的拉格朗日方程组各式分别乘各广义坐标的变分后相加，再对 t 在 t_0 至 t_1 间积分，运用变分运算法则，可以得到 $\delta\int_{t_0}^{t_1} L\mathrm{d}t = 0$.这样就由广义有势系的拉格朗日方程导出了这种系统的哈密顿原理.

(2) 非有势系统的哈密顿原理

对于一个具有理想、完整约束的非有势系统，在 t_0 和 t_1 分别位于位形空间的

两个端点 $A[q_1(t_0)、q_2(t_0)、\cdots、q_s(t_0)]$和 $B[q_1(t_1)、q_2(t_1)、\cdots、q_s(t_1)]$间的一切虚运动集合(包括真实运动)中,真实运动总是按着满足下式的路线进行.

$$\int_{t_0}^{t_1}\left(\delta L+\sum_{i=1}^{s}Q_i\delta q_i\right)\mathrm{d}t=0 \tag{12.2.12}$$

其中 L 是该系统的拉格朗日函数,Q_i 是非有势也无广义势的广义力.

证明(12.2.12)式与非有势系的拉格方程(10.3.7)式等价的办法与证明(12.2.11)式与广义有势系的拉格朗日方程(10.3.9)式等价的办法完全相同.

3. 由哈密顿原理导出哈密顿正则方程,变形的哈密顿原理

用上述的哈密顿原理也可以导出哈密顿正则方程.以广义的有势系统为例

$$H=\sum_{i=1}^{s}p_i\dot{q}_i-L \tag{1}$$

$$L=\sum_{i=1}^{s}p_i\dot{q}_i-H \tag{2}$$

(2)式中的 H 是正则变量和时间的函数,$\dot{q}_i$ 不表成正则变量和时间的函数.

将(2)式代入广义的有势系统的哈密顿原理

$$\delta\int_{t_0}^{t_1}L\mathrm{d}t=\delta\int_{t_0}^{t_1}\left(\sum_{i=1}^{s}p_i\dot{q}_i-H\right)\mathrm{d}t=0$$

用变分运算法则,上式可改写为

$$\int_{t_0}^{t_1}\sum_{i=1}^{s}\left[p_i\delta\dot{q}_i+\dot{q}_i\delta p_i-\frac{\partial H}{\partial q_i}\delta q_i-\frac{\partial H}{\partial p_i}\delta p_i\right]\mathrm{d}t=0 \tag{3}$$

对(3)式中一项的积分再用变分运算法则,

$$\begin{aligned}\int_{t_0}^{t_1}p_i\delta\dot{q}_i\mathrm{d}t&=\int_{t_0}^{t_1}p_i\frac{\mathrm{d}}{\mathrm{d}t}(\delta q_i)\mathrm{d}t=\int_{t_0}^{t_1}\left[\frac{\mathrm{d}}{\mathrm{d}t}(p_i\delta q_i)-\dot{p}_i\delta q_i\right]\mathrm{d}t\\&=p_i\delta q_i\Big|_{t=t_0}^{t=t_1}-\int_{t_0}^{t_1}\dot{p}_i\delta q_i\mathrm{d}t=-\int_{t_0}^{t_1}\dot{p}_i\delta q_i\mathrm{d}t\end{aligned} \tag{4}$$

得到上式结果时,用了 $\delta q_i\big|_{t=t_0}=\delta q_i\big|_{t=t_1}=0$.用(4)式,可将(3)式化为

$$\int_{t_0}^{t_1}\sum_{i=1}^{s}\left[\left(\dot{q}_i-\frac{\partial H}{\partial p_i}\right)\delta p_i-\left(\dot{p}_i+\frac{\partial H}{\partial q_i}\right)\delta q_i\right]\mathrm{d}t=0 \tag{5}$$

如 εq_i、$\delta p_i(i=1,2,\cdots,s)$都是独立的,则可以立即得到它们的系数都等于零,就已导出了正则方程.但是 δq_i、$\delta p_i(i=1,2,\cdots,s)$不是都独立的,在导出(12.2.6)式的欧拉方程时,如认为 δy、$\delta y'$都是独立的,将得出错误的结果,可见,δq_i、$\delta\dot{q}_i$ 不能是都独立的.δp_i 与 δq_k、$\delta\dot{q}_k(k=1,2,\cdots,s)$有关,最终将与 $\delta q_k(k=1,2,\cdots,s)$有关.因而,$\delta q_i$、$\delta p_i(i=1,2,\cdots,s)$不是都独立的.这里所以仍能得到预期的结果,原因在于

$$\dot{q}_i-\frac{\partial H}{\partial p_i}=0 \qquad (i=1,2,\cdots,s) \tag{6}$$

是成立的.它的成立是由拉格朗日变量到正则变量的勒让德变换所赋予的数学结果.证明如下:

$$\begin{aligned}\frac{\partial H}{\partial p_i}&=\frac{\partial}{\partial p_i}\Big(\sum_{k=1}^{s}p_k\dot{q}_k-L\Big)=\dot{q}_i+\sum_{k=1}^{s}p_k\frac{\partial\dot{q}_k}{\partial p_i}-\sum_{k=1}^{s}\frac{\partial L}{\partial\dot{q}_k}\frac{\partial\dot{q}_k}{\partial p_i}\\&=\dot{q}_i+\sum_{k=1}^{s}p_k\frac{\partial\dot{q}_k}{\partial p_i}-\sum_{k=1}^{s}p_k\frac{\partial\dot{q}_k}{\partial p_i}=\dot{q}_i\end{aligned}$$

将(6)式代入(5)式,得

$$\int_{t_0}^{t_1}\sum_{i=1}^{s}\left(\dot{p}_i+\frac{\partial H}{\partial q_i}\right)\delta q_i\,\mathrm{d}t=0 \tag{7}$$

因 $\delta q_i(i=1,2,\cdots,s)$均独立,(7)式中它们的系数必须均为零.

$$\dot{p}_i=-\frac{\partial H}{\partial q_i} \qquad (i=1,2,\cdots,s) \tag{8}$$

(6)、(8)式一起正是正则方程.

同样,将上述导出步骤颠倒过来,也可由广义的有势系统的正则方程导出哈密顿原理(12.2.11)式,从而说明两者也完全等效.

思考题　非有势系的正则方程与哈密顿原理(12.2.12)式间的相互推导作为思考题由读者自行完成.

由哈密顿原理导出正则方程还有另一种办法,用变形的哈密顿原理来推导.

上述的哈密顿原理是在位形空间中从两端给定的各种虚运动中选出真实运动,变形的哈密顿原理是在相空间中从两端给定的虚运动中选出真实运动.

对于由独立变量 q_i、$p_i(i=1,2,\cdots,s)$的泛函

$$J[q_1,q_2,\cdots,q_s,p_1,p_2,\cdots,p_s]$$

$$= \int_{t_0}^{t_1} F(t, q_1, \cdots, q_s, p_1, \cdots, p_s, \dot{q}_1, \cdots, \dot{q}_s, \dot{p}_1, \cdots, \dot{p}_s) \mathrm{d}t$$

取极值，函数 q_i、p_i $(i = 1, 2, \cdots, s)$应满足相应的欧拉方程

$$\begin{cases} \dfrac{\mathrm{d}}{\mathrm{d}t}\left(\dfrac{\partial F}{\partial \dot{q}_i}\right) - \dfrac{\partial F}{\partial q_i} = 0 \\ \dfrac{\mathrm{d}}{\mathrm{d}t}\left(\dfrac{\partial F}{\partial \dot{p}_i}\right) - \dfrac{\partial F}{\partial p_i} = 0 \end{cases} \quad (i = 1, 2, \cdots, s) \tag{12.2.13}$$

这是变分法得出的结果.(12.2.13)式是(12.2.8)式的具体化.

广义的有势完整系统的变形的哈密顿原理表述如下：

对于一个具有理想、完整约束的广义的有势系统，在 t_0 和 t_1 分别位于相空间的两个端点 $A[q_1(t_0)、q_2(t_0)、\cdots、p_s(t_0)]$和 $B[q_1(t_1)、q_2(t_1)、\cdots、p_s(t_1)]$间一切虚运动集合(包括真实运动)中，真实运动总是按着使泛函

$$S[q_1(t), q_2(t), \cdots, p_s(t)]$$

$$= \int_{t_0}^{t_1} \left\{ \sum_{i=1}^{s} p_i(t)\dot{q}_i(t) - H[q_1(t), q_2(t), \cdots, p_s(t), t] \right\} \mathrm{d}t$$

取极值或稳定值，或等效地

$$\delta S[q_1(t), q_2(t), \cdots, p_s(t)] = \delta \int_{t_0}^{t_1} \left\{ \sum_{i=1}^{s} p_i \dot{q}_i - H(q_1, q_2, \cdots, p_s, t) \right\} \mathrm{d}t = 0 \tag{12.2.14}$$

的路线进行.

下面我们用广义有势系统的变形的哈密顿原理来推导正则方程.

对(12.2.14)式用相应的欧拉方程(12.2.13)

$$\frac{\mathrm{d}}{\mathrm{d}t}\left\{\frac{\partial}{\partial \dot{q}_i}\left[\sum_{i=1}^{s} p_i\dot{q}_i - H(q_1, \cdots, p_s, t)\right]\right\} - \frac{\partial}{\partial q_i}\left[\sum_{i=1}^{s} p_i\dot{q}_i - H(q_1, \cdots, p_s, t)\right] = 0$$

$$\frac{\mathrm{d}}{\mathrm{d}t}\left\{\frac{\partial}{\partial \dot{p}_i}\left[\sum_{i=1}^{s} p_i\dot{q}_i - H(q_1, \cdots, p_s, t)\right]\right\} - \frac{\partial}{\partial p_i}\left[\sum_{i=1}^{s} p_i\dot{q}_i - H(q_1, \cdots, p_s, t)\right] = 0$$

对上述两式进行各种运算，可得所要推导的正则方程，不用(12.2.13)式的欧拉方程，直接对(12.2.24)式做变分运算，也可导出正则方程.

关于哈密顿原理和变形的哈密顿原理，我们再做几点说明：

(1) 用哈密顿原理导出正则方程时，$\dot{q}_i = \dfrac{\partial H}{\partial p_i}$是勒让德变换带来的数学结果，

而用变形的哈密顿原理，正则方程的两组方程都是由欧拉方程得出的.

(2) 用哈密顿原理，是在位形空间中考虑问题，只有 δq_i 是独立变分，$\delta \dot{q}_i$ 和 δp_i 都不是独立变分. 用变形的哈密顿原理，是在相空间中考虑问题，δq_i、δp_i 均是独立变分，不能再加别的独立变分，随便换用别的变分为独立变分一般是不行的.

(3) 用变形的哈密顿原理. 虚运动不要求有 $p_k = \dfrac{\partial L}{\partial \dot{q}_k}$ 的关系，因此 δp_i、δq_i $(i=1,2,\cdots,s)$ 都可以是独立的. 从这一点讲，与用哈密顿原理时所考虑的虚运动相比，用变形的哈密顿原理时考虑的虚运动范围更大. 就两个固定端点而言，用变形的哈密顿原理，不仅要求在 $t=t_0$ 和 $t=t_1$，虚运动和真实运动有共同的广义坐标，而且还要求有共同的广义动量 $\left[\delta q_i\Big|_{t=t_0} = \delta q_i\Big|_{t=t_1} = 0, \delta p_i\Big|_{t=t_0} = \delta p_i\Big|_{t=t_1} = 0.\right.$ $\left.(i=1,2,\cdots,s)\right]$，似乎较之用哈密顿原理，考虑的虚运动范围变小了. 其实不然，用哈密顿原理时，δp_k 是不独立于 $\delta q_i(i=1,2,\cdots,s)$ 的，$\delta q_i = 0(i=1,2,\cdots,s)$，必然有 $\delta p_i = 0(i=1,2,\cdots,s)$. 何况虚运动的范围考虑得大一点小一点无关紧要，只要包括真实运动，都是可以的.

(4) 虚运动除两端点要求与真实运动一样以外，不再受任何约束. 确定系统有 s 个自由度时已考虑了系统受到的理想、完整约束. 所取的 s 个广义坐标 $q_i(i=1,2,\cdots,s)$ 是互相独立的.

例 12.2.4 用哈密顿原理和变形的哈密顿原理导出在重力场中质点运动的微分方程.

解 取竖直向上为 z 轴的正方向

$$L = \frac{1}{2}m(\dot{x}^2 + \dot{y}^2 + \dot{z}^2) - mgz$$

$$p_x = \frac{\partial L}{\partial \dot{x}} = m\dot{x}, \quad p_y = \frac{\partial L}{\partial \dot{y}} = m\dot{y}, \quad p_z = \frac{\partial L}{\partial \dot{z}} = m\dot{z}$$

$$H = \frac{1}{2m}(p_x^2 + p_y^2 + p_z^2) + mgz$$

先用哈密顿原理求解，

$$\delta\int_{t_0}^{t_1} L\mathrm{d}t = \delta\int_{t_0}^{t_1}\left[\frac{1}{2}m(\dot{x}^2 + \dot{y}^2 + \dot{z}^2) - mgz\right]\mathrm{d}t = 0$$

如用欧拉方程就与用拉格朗日方程无异了. 我们直接作变分运算获得运动微分方程.

$$\delta\int_{t_0}^{t_1}\left[\frac{1}{2}m(\dot{x}^2+\dot{y}^2+\dot{z}^2)-mgz\right]\mathrm{d}t$$

$$=\int_{t_0}^{t_1}(m\dot{x}\delta\dot{x}+m\dot{y}\delta\dot{y}+m\dot{z}\delta\dot{z}-mg\delta z)\mathrm{d}t$$

$$=\int_{t_0}^{t_1}\left(m\dot{x}\frac{\mathrm{d}}{\mathrm{d}t}\delta x+m\dot{y}\frac{\mathrm{d}}{\mathrm{d}t}\delta y+m\dot{z}\frac{\mathrm{d}}{\mathrm{d}t}\delta z-mg\delta z\right)\mathrm{d}t$$

$$=(m\dot{x}\delta x+m\dot{y}\delta y+m\dot{z}\delta z)\Big|_{t_0}^{t_1}+\int_{t_0}^{t_1}[-m\ddot{x}\delta x-m\ddot{y}\delta y-(m\ddot{z}+mg)\delta z]\mathrm{d}t$$

$$=\int_{t_0}^{t_1}[-m\ddot{x}\delta x-m\ddot{y}\delta y-(m\ddot{z}+mg)\delta z]\mathrm{d}t=0$$

由 δx、δy、δz 的系数分别为零,即得

$$\ddot{x}=0,\quad \ddot{y}=0,\quad \ddot{z}+g=0$$

如用 $\delta\dot{x}$、δy、δz 作独立变分或用 δx、$\delta\dot{y}$、δz 作独立变分,都将得到错误的结果.

下面用变形的哈密顿原理求解,

$$\delta\int_{t_0}^{t_1}(p_x\dot{x}+p_y\dot{y}+p_z\dot{z}-H)\mathrm{d}t$$

$$=\delta\int_{t_0}^{t_1}\left[p_x\dot{x}+p_y\dot{y}+p_z\dot{z}-\frac{1}{2m}(p_x^2+p_y^2+p_z^2)-mgz\right]\mathrm{d}t$$

$$=\int_{t_0}^{t_1}[p_x\delta\dot{x}+\dot{x}\delta p_x+p_y\delta\dot{y}+\dot{y}\delta p_y+p_z\delta\dot{z}+\dot{z}\delta p_z$$

$$-\frac{1}{m}(p_x\delta p_x+p_y\delta p_y+p_z\delta p_z)-mg\delta z]\mathrm{d}t=0$$

用 $p_x\delta\dot{x}=p_x\frac{\mathrm{d}}{\mathrm{d}t}\delta x=\frac{\mathrm{d}}{\mathrm{d}t}(p_x\delta x)-\dot{p}_x\delta x$ 及 $t=t_0,t_1$ 时 $\delta x=0$ 等,上式可化为

$$\int_{t_0}^{t_1}\left[-\dot{p}_x\delta x-\dot{p}_y\delta y-(\dot{p}_z+mg)\delta z+\left(\dot{x}-\frac{p_x}{m}\right)\delta p_x+\left(\dot{y}-\frac{p_y}{m}\right)\delta p_y\right.$$

$$\left.+\left(\dot{z}-\frac{p_z}{m}\right)\delta p_z\right]\mathrm{d}t=0$$

由 δx、δy、δz、δp_x、δp_y、δp_z 的系数等于零,可以得到正确结果.

如用 $\delta\dot{x}$、δy、δz、δp_x、δp_y、δp_z 作为独立变分,将得出错误的结果.如用 δx、

δy、δz、$\delta\dot{x}$、$\delta\dot{y}$、$\delta\dot{z}$ 作为独立变分. 其中用了 $p_i = \frac{\partial L}{\partial \dot{q}_i}$,将 δp_i 表成广义坐标和广义速度的变分的函数,对本题可以得到正确的结果. 完全是偶然的,有心运动的例子可说明这一点,用变形的哈密顿原理,取 δr、$\delta\theta$、$\delta\dot{r}$、$\delta\dot{\theta}$ 为独立变分就得不到正确的结果.

如用变形的哈密顿原理,并用 $p_i = \frac{\partial L}{\partial \dot{q}_i}$,将 δp_i 表成 δq_k、$\delta\dot{q}_k (k=1,2,\cdots,s)$的函数,只考虑 $\delta q_i (i=1,2,\cdots,s)$为独立的变分,可以得到正确的结果. 原因是这样做实际上已将变形的哈密顿原理还原为哈密顿原理了.

*4. 变分问题中的里茨法介绍

哈密顿原理与拉格朗日方程、正则方程是等价的. 同一个力学问题,采用同样的广义坐标,导出的运动微分方程是完全相同的. 哈密顿原理是否仅具有作为一个基本原理的理论意义呢? 不是的. 哈密顿原理有广泛的适用性,不仅适用于力学系统,还可以用于其他物理领域. 就拿处理力学问题来说,得到的运动微分方程在许多情况下难于获得精确解. 哈密顿原理将力学问题变为泛函的极值问题,开辟了解题的新途径. 变分法有多种求泛函极值的直接法,如欧拉的有限差分法、里茨法、康托罗维支法等. 我们这里介绍其中一种,里茨法.

对于有势系,哈密顿原理已给出了一个求泛函的极值问题. 里茨法不限于讨论一维问题. 作为介绍,今以一个自由度的有势系为例

$$S[x(t)] = \int_{t_0}^{t_1} L(t, x, \dot{x}) \mathrm{d}t \tag{1}$$

要求 $x = x(t)$使上述泛函 $S[x(t)]$取极值.

如从所有容许曲线中选出使 S 为极值的 $x(t)$,那是变分问题的精确解. 里茨法通过缩小容许曲线范围,考虑下列函数的线性组合:

$$x = \sum_{i=1}^{n} \alpha_i W_i(t) \tag{2}$$

把泛函极值问题变成一个一般函数求极值的问题. 函数序列中的每个函数 $W_i(t)$都是满足边界条件的给定的自变量的函数,最好能组成完备函数系,n 取得越大,精确度越高.

将(2)式代入(1)式,进行积分,泛函变成 α_1、α_2、$\cdots$、α_n 的函数$\phi(\alpha_1, \alpha_2, \cdots, \alpha_n)$,泛函的极值问题变成函数 ϕ 的极值问题,选取 α_1、α_2、$\cdots$、α_n 使$\phi(\alpha_1, \alpha_2, \cdots, \alpha_n)$达到极值的必要条件是

$$\frac{\partial \phi}{\partial \alpha_i} = 0 \qquad (i = 1,2,\cdots,n) \tag{3}$$

由(3)式来确定 $\alpha_i(i=1,2,\cdots,n)$,将 α_i 代入(2)式,即得问题的近似解.

令 $n\to\infty$,如极限存在,就得到 $x = \sum_{i=1}^{\infty}\alpha_i W_i(t)$ 为变分问题的准确解.如只取 n 项,$x = \sum_{i=1}^{n}\alpha_i W_i(t)$,就得到近似解.如泛函的极值是极小,则准确解一定不大于这个近似解,如泛函的极值是极大,则准确解一定不小于这个近似解.函数序列的选取对于计算的繁简以及准确度有着密切的关系.

例 12.2.5 用里茨法求在重力场中垂直上抛的一个物体,5 秒钟后返回原处的解.

解 设此物体具有单位质量,取坐标 x 竖直向上,原点取在抛物处

$$L = \frac{1}{2}\dot{x}^2 - gx$$

根据题意,要求泛函

$$\int_0^5 L\,\mathrm{d}t = \int_0^5\left(\frac{1}{2}\dot{x}^2 - gx\right)\mathrm{d}t$$

满足 $x(0)=x(5)=0$ 取极值的解 $x(t)$.

取满足 $x(0)=x(5)=0$ 的函数序列,只取一个函数 $t(t-5)$,令

$$x(t) = \alpha t(t-5), \quad \dot{x} = 2\alpha t - 5\alpha$$

$$\phi(\alpha) = \int_0^5\left(\frac{1}{2}\dot{x}^2 - gx\right)\mathrm{d}t = \int_0^5\left[\frac{1}{2}(2\alpha t - 5\alpha)^2 - g\alpha t(t-5)\right]\mathrm{d}t$$

$$= \int_0^5\left[\frac{1}{2}\alpha^2(4t^2 - 20t + 25) - g\alpha(t^2 - 5t)\right]\mathrm{d}t = \frac{125}{6}(\alpha^2 + g\alpha)$$

由 $\frac{\mathrm{d}\phi}{\mathrm{d}\alpha}=0$ 得

$$2\alpha + g = 0, \quad \alpha = -\frac{1}{2}g$$

$$x(t) = -\frac{1}{2}gt(t-5)$$

由于所选的容许曲线中已包含了准确解,因此所得结果就是准确解.

里茨法对处理工程结构的力学问题很有用.因涉及到一般理论力学课程中不

讲的连续体的拉格朗日函数,这里也就不讲了.读者如感兴趣,可参阅力学和工程结构专业有关课程的教材.

*5. 莫培督原理

对于哈密顿函数为运动常数的系统(其充分条件是稳定约束或无约束,原用坐标与广义坐标间的变换关系不显含时间 t,要作虚功的主动力都是保守力或具有不显含时间的广义势),还有一个莫培督原理,通常把它称为最小作用量原理,也有把哈密顿原理称作最小作用量原理的.由于莫培督原理的适用范围比哈密顿原理的适用范围小,可以由哈密顿原理导出它,反之则不能.

(1) 莫培督原理的表述

哈密顿函数为运动常数的系统由初位置 $M_0(q_{10}、q_{20}、\cdots、q_{s0})$ 到末位置 $M_1(q_{11}、q_{21}、\cdots、q_{s1})$,对于一切满足

$$\begin{cases}\Delta q_{i0} = \Delta q_{i1} = 0 \qquad (i = 1,2,\cdots,s) \\ \Delta H = 0\end{cases} \tag{12.2.15}$$

的虚运动和真实运动,真实运动的莫培督作用量

$$W = \int_{M_0}^{M_1} \sum_{i=1}^{s} p_i \mathrm{d}q_i \tag{12.2.16}$$

取极小值,即

$$\Delta W = \Delta\int_{M_0}^{M} \sum_{i=1}^{s} p_i \mathrm{d}q_i = 0 \tag{12.2.17}$$

在用哈密顿原理导出莫培督原理以前,先说明旁路和正路都有相同的初位置和末位置,可它们处于初位置,一般地讲,可以不在同一时刻,处于末位置,也可不在同一时刻.正路处于初、末位置的两时刻为 t_0 和 t_1,则旁路处于初、末位置的两时刻分别为

$$\tilde{t}_0 = t_0 + \delta t_0, \quad \tilde{t}_1 = t_1 + \delta t_1$$

可以有 $\delta t_0 \neq 0, \delta t_1 \neq 0$.就是说,莫培督原理是一个非等时的变分原理.因此,(12.2.17)式用 $\Delta W = 0$,而不用 $\delta W = 0$,(12.2.15)式中也用“Δ”的符号.$\Delta H = 0$ 是指所取的旁路只限于与正路有相同的 H 值的那些旁路.

举一个只有一个自由度的 $H=$ 常量的系统的例子就能理解上述说法.

设系统有下列能量积分

$$H = \frac{1}{2}a(q)\dot{q}^2 + V(q) = E$$

解出

$$\dot{q} = \pm\sqrt{\frac{2}{a(q)}[E - V(q)]}$$

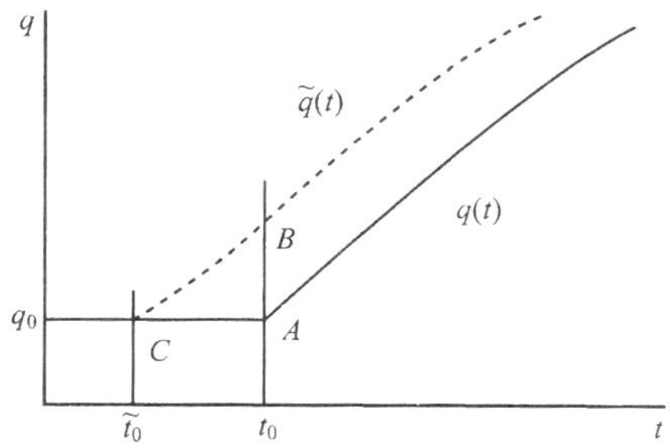

图 12.2.4

其中 E 是常量，$V(q)$是 q 的单值函数，$\dot{q}$ 也是 q 的单值函数. 在不同的时间段，可能有的取正号，有的取负号. 但考虑到 $q(t)$和 $\tilde{q}(t)$都必须是时间的连续函数，而且时间不能倒流，看来总有 $\dot{\tilde{q}}(q) = \dot{q}(q)$. 图 12.2.4 画出了正路和一条旁路的示意图，此图清楚地表明了在初位置，正路和旁路虽有同样的初位置 $q = q_0$，却处于不同的时刻 t_0 和 $\tilde{t}_0$.

还要作出说明的是(12.2.16)式给出的莫培督作用量是位形空间中的曲线积分，不显含时间. 说明如下：由正则方程

$$\begin{cases} \dfrac{\mathrm{d}p_i}{\mathrm{d}t} = -\dfrac{\partial H}{\partial q_i} \\ \dfrac{\mathrm{d}q_i}{\mathrm{d}t} = \dfrac{\partial H}{\partial p_i} \end{cases} \quad (i = 1, 2, \cdots, s)$$

后一组方程的第一个方程

$$\frac{\mathrm{d}q_1}{\mathrm{d}t} = \frac{\partial H}{\partial p_1}$$

消去前一组方程和后一组其余方程中的时间，可得

$$\frac{\mathrm{d}p_i}{\mathrm{d}q_1} = -\frac{\partial H}{\partial q_i}\bigg/\frac{\partial H}{\partial p_1} \quad (i = 1, 2, \cdots, s) \tag{1}$$

$$\frac{\mathrm{d}q_i}{\mathrm{d}q_1} = \frac{\partial H}{\partial p_i}\bigg/\frac{\partial H}{\partial p_1} \quad (i = 2, 3, \cdots, s) \tag{2}$$

因$\dfrac{\partial H}{\partial t} = 0$，$\dfrac{\partial H}{\partial q_i}$、$\dfrac{\partial H}{\partial p_1}$、$\dfrac{\partial H}{\partial p_i}$均不显含 t. (1)、(2)式是 $2S - 1$ 个关于 $p_i(i = 1, 2, \cdots, s)$、$q_i(i = 2, 3, \cdots, s)$的一阶方程组，自变量为 q_1.

积分(1)、(2)式方程组,得

$$p_i = p_i(q_1, c_1, c_2, \cdots, c_{2s-1}) \quad (i = 1,2,\cdots,s) \tag{3}$$

$$q_i = q_i(q_1, c_1, c_2, \cdots, c_{2s-1}) \quad (i = 2,3,\cdots,s) \tag{4}$$

由(4)式解出 c_{s+1}、c_{s+2}、$\cdots$、c_{2s-1},并将它们代入(3)式,得

$$p_i = p_i(q_1, q_2, \cdots, q_s, c_1, c_2, \cdots, c_s) \quad (i = 1,2,\cdots,s) \tag{5}$$

将(5)式代入(12.2.16)式,就得到位形空间中的曲线积分,确是不显含时间的.

关于莫培督原理的适用范围再作一点说明,我们觉得用哈密顿函数 H 为运动常数的系统的提法比较明确,不易发生误解.一般用的提法是保守系统或广义的保守系统,都是指有 $H=E$ 这个运动积分的系统,这是对的.不过容易发生误解,保守系可以理解为矢量力学的保守系,也可理解为分析力学的保守系,两者不总是一致的.矢量力学的保守系,机械能一定守恒,但如取广义坐标时,坐标变换关系显含时间 t,H 无机械能的物理意义,也无 $H=E$ 这个运动积分,莫培督原理是不适用的.而分析力学的保守系,自然有 $H=E$ 这个运动积分,但适用范围偏窄了,如除保守力外还有能用不显含时间的广义势处理的力(如科里奥利力、洛伦兹力等),不是分析力学的保守系,也有 $H=E$ 这个运动积分,莫培督原理也能适用.广义的保守系统这种提法也较模糊,如主动力除保守力外,就是能用势函数处理的系统,算不算广义的保守系统?矢量力学的保守系,但用了显含时间的坐标变换关系算不算广义的保守系?这些系统莫培督原理不适用.

(2) 用哈密顿原理导出莫培督原理

$$W = \int_{M_0}^{M_1} \sum_{i=1}^{s} p_i \mathrm{d}q_i = \int_{t_0}^{t_1} \sum_{i=1}^{s} p_i \dot{q}_i \mathrm{d}t$$

由哈密顿函数的定义,

$$\sum_{i=1}^{s} p_i \dot{q}_i = H + L$$

$$W = \int_{t_0}^{t_1} (H + L)\mathrm{d}t = E(t_1 - t_0) + \int_{t_0}^{t_1} L\mathrm{d}t = E(t_1 - t_0) + S$$

$$\Delta W = E(\delta t_1 - \delta t_0) + \Delta S \tag{1}$$

这里用了 $H=E$ 为常量.下面要用哈密顿原理计算 ΔS,进而可得到 $\Delta W=0$.

今哈密顿作用量 S 的积分上下限的变分不等于零,故 $\Delta S \neq \delta S$.用变分运算法

则中讲的在积分上下限与变分有关的积分运算和变分运算不对易的一个式子,

$$\Delta\int_{x_1}^{x_2} F\mathrm{d}x = \int_{x_1}^{x_2} \delta F\mathrm{d}x + F(x_2)\delta x_2 - F(x_1)\delta x_1$$

$$\Delta S = \Delta\int_{t_0}^{t_1} L\mathrm{d}t = \int_{t_0}^{t_1} \delta L\mathrm{d}t + L(t_1)\delta t_1 - L(t_0)\delta t_0 \tag{2}$$

注意,在 δt_0、δt_1 不一定为零的情况下

$$\int_{t_0}^{t_1} \delta L\mathrm{d}t \neq \delta\int_{t_0}^{t_1} L\mathrm{d}t$$

$$\begin{aligned}
\int_{t_0}^{t_1} \delta L\mathrm{d}t &= \int_{t_0}^{t_1} \sum_{i=1}^{s} \left[\frac{\partial L}{\partial q_i}\delta q_i + \frac{\partial L}{\partial \dot{q}_i}\delta \dot{q}_i\right]\mathrm{d}t \\
&= \int_{t_0}^{t_1} \sum_{i=1}^{s} \left[\frac{\partial L}{\partial q_i}\delta q_i + \frac{\partial L}{\partial \dot{q}_i}\frac{\mathrm{d}}{\mathrm{d}t}\delta q_i\right]\mathrm{d}t \\
&= \int_{t_0}^{t_1} \sum_{t=1}^{s} \left[\frac{\partial L}{\partial q_i} - \frac{\mathrm{d}}{\mathrm{d}t}\left(\frac{\partial L}{\partial \dot{q}_i}\right)\right]\delta q_i\mathrm{d}t + \sum_{i=1}^{s}\left(\frac{\partial L}{\partial \dot{q}_i}\delta q_i\right)\Bigg|_{t_0}^{t_1} \\
&= \sum_{i=1}^{s}\left(\frac{\partial L}{\partial \dot{q}_i}\delta q_i\right)\Bigg|_{t_0}^{t_1}
\end{aligned} \tag{3}$$

上述推导中用了广义的有势系的拉格朗日方程 $\frac{\mathrm{d}}{\mathrm{d}t}\left(\frac{\partial L}{\partial \dot{q}_i}\right) - \frac{\partial L}{\partial q_i} = 0\ (i=1,2,\cdots,s)$ 或说用了哈密顿原理 $\delta S=0$,上述的广义的有势系的拉格朗日方程也可以说是变分问题的欧拉方程.

将(3)式代入(2)式,得

$$\Delta S = \sum_{i=1}^{s}\left(\frac{\partial L}{\partial \dot{q}_i}\delta q_i\right)\Bigg|_{t_0}^{t_1} + L(t_1)\delta t_1 - L(t_0)\delta t_0 \tag{4}$$

在图 12.2.4 的初始位置处,作无限小三角形 ABC.

$$\delta t_0 = \tilde{t}_0 - t_0 = -\overline{AC}$$

$$\delta q\big|_{t=t_0}\ \overline{AB}$$

$$\dot{q}\big|_{t=t_0} = \tilde{\dot{q}}\big|_{t=t_0} \doteq \frac{\overline{AB}}{\overline{AC}} = -\frac{\delta q\big|_{t=t_0}}{\delta t_0}$$

同样可得

$$\dot{q}\Big|_{t=t_1} = -\frac{\delta q\Big|_{t=t_1}}{\delta t_1}$$

对于 s 个自由度的系统,有

$$\begin{cases} \delta q_i\Big|_{t=t_0} = -\dot{q}_i\Big|_{t=t_0}\delta t_0 \\ \delta q_i\Big|_{t=t_1} = -\dot{q}_i\Big|_{t=t_1}\delta t_1 \end{cases} \tag{5}$$

将(5)式代入(4)式,即得

$$\begin{aligned} \Delta S &= -\sum_{i=1}^{s}\left(\frac{\partial L}{\partial \dot{q}_i}\dot{q}_i\right)\Bigg|_{t=t_1}\delta t_1 + \sum_{i=1}^{s}\left(\frac{\partial L}{\partial \dot{q}_i}\dot{q}_i\right)\Bigg|_{t=t_0}\delta t_0 + L(t_1)\delta t_1 - L(t_0)\delta t_0 \\ &= -\left[\sum_{i=1}^{s}\frac{\partial L}{\partial \dot{q}_i}\dot{q}_i - L\right]\Bigg|_{t=t_1}\delta t_1 + \left[\sum_{i=1}^{s}\frac{\partial L}{\partial \dot{q}_i}\dot{q}_i - L\right]\Bigg|_{t=t_0}\delta t_0 \\ &= -H(t_1)\delta t_1 + H(t_0)\delta t_0 = -E(\delta t_1 - \delta t_0) \end{aligned} \tag{6}$$

在上述推导中用了哈密顿函数的定义以及 $H=E$.

将(6)式代入(1)式,即得

$$\Delta W = E(\delta t_1 - \delta t_0) - E(\delta t_1 - \delta t_0) = 0.$$

一个端点或两个端点有 $\delta t=0$ 的情形都是上述情况的特例,当然也有 $\Delta W=0$.

(3) 莫培督原理的其他形式

对 $H=T+V=E$ 的系统

$$\sum_{i=1}^{s} p_i\dot{q}_i = L + H = T - V + T + V = 2T$$

莫培督原理可取下列形式:

$$\Delta W = \Delta\int_{t_0}^{t_1}\sum_{i=1}^{s} p_i\dot{q}_i \mathrm{d}t = \Delta\int_{t_0}^{t_1} 2T\mathrm{d}t = 0 \tag{12.2.18}$$

又因

$$T = E - V$$

$$T = \frac{1}{2}\sum_{i,j=1}^{s} a_{ij}\dot{q}_i\dot{q}_j$$

莫培督原理又可写成

$$\Delta W = \Delta\int_{t_0}^{t_1} \sqrt{2(E-V)}\sqrt{\sum_{i,j=1}^{s} a_{ij}\dot{q}_i\dot{q}_j}\,\mathrm{d}t = 0 \qquad (12.2.19)$$

$$\Delta W = \Delta\int_{t_0}^{t_1} \sqrt{2(E-V)}\sqrt{\sum_{i,j=1}^{s} a_{ij}\,\mathrm{d}q_i\,\mathrm{d}q_j} = 0 \qquad (12.2.20)$$

考虑到 $\sum_{i,j=1}^{s}, a_{ij}\mathrm{d}q_i\mathrm{d}q_j = \mathrm{d}s$ 是 s 维位形空间中的弧元,莫培督原理又可写成

$$\Delta W = \Delta\int_{M_0}^{M_1} \sqrt{2(E-V)}\,\mathrm{d}s = 0 \qquad (12.2.21)$$

从(12.2.20)式可清楚看出, W 不依赖于时间,在位形空间中可用某一参数 τ 来表示位形空间中的点, $q_i = q_i(\tau)$,如用 q'_i 表示$\frac{\mathrm{d}q_i}{\mathrm{d}\tau}$,则(12.2.20)式可改写为

$$\Delta W = \delta W = \delta\int_{\tau_0}^{\tau_1} \sqrt{2(E-V)}\sqrt{\sum_{i,j=1}^{s} a_{ij}q'_iq'_j}\,\mathrm{d}\tau = 0 \qquad (12.2.22)$$

因在 M_0、M_1,都有 $\delta q_i = 0$,故 $\delta\tau_0 = \delta\tau_1 = 0$,(12.2.22)式是不动端点的变分,可将 ΔW 改为 δW,并且它的解应满足欧拉方程

$$\frac{\mathrm{d}}{\mathrm{d}\tau}\left(\frac{\partial F}{\partial q'_i}\right) - \frac{\partial F}{\partial q_i} = 0 \quad (i = 1,2,\cdots,s) \qquad (12.2.23)$$

其中

$$F = \sqrt{2[E - V(q_1, q_2, \cdots, q_s)]}\sqrt{\sum_{i,j=1}^{s} a_{ij}q'_iq'_j} \qquad (12.2.24)$$

(12.2.22)式与 τ 无关,因此参数 τ 可取任何物理量,可以取时间、轨道弧长等.(12.2.22)式可称为莫培督原理的雅可比形式,(12.2.23)式也可称为雅可比方程.

(4) 莫培督原理的应用举例

例 12.2.6　一个质量为 m 的质点,在势能 $V(x,y,z)$中运动.用莫培督原理写出它的运动微分方程.

解 用(12.2.23)、(12.2.24)式

$$F=\sqrt{2(E-V)}\sqrt{m(x'^2+y'^2+z'^2)}$$

$$\frac{\partial F}{\partial x'}=\frac{\sqrt{2m(E-V)}}{\sqrt{x'^2+y'^2+z'^2}}x',\quad \frac{\partial F}{\partial x}=-\frac{m\sqrt{x'^2+y'^2+z'^2}}{\sqrt{2m(E-V)}}\frac{\partial V}{\partial x}$$

同样,可写出$\frac{\partial F}{\partial y'},\frac{\partial F}{\partial y},\frac{\partial F}{\partial z'},\frac{\partial F}{\partial z}$.

$$\frac{\mathrm{d}}{\mathrm{d}\tau}\left[\frac{\sqrt{2m(E-V)}}{\sqrt{x'^2+y'^2+z'^2}}x'\right]+\frac{m\sqrt{x'^2+y'^2+z'^2}}{\sqrt{2m(E-V)}}\frac{\partial V}{\partial x}=0$$

$$\frac{\mathrm{d}}{\mathrm{d}\tau}\left[\frac{\sqrt{2m(E-V)}}{\sqrt{x'^2+y'^2+z'^2}}y'\right]+\frac{m\sqrt{x'^2+y'^2+z'^2}}{\sqrt{2m(E-V)}}\frac{\partial V}{\partial y}=0$$

$$\frac{\mathrm{d}}{\mathrm{d}\tau}\left[\frac{\sqrt{2m(E-V)}}{\sqrt{x'^2+y'^2+z'^2}}z'\right]+\frac{m\sqrt{x'^2+y'^2+z'^2}}{\sqrt{2m(E-V)}}\frac{\partial V}{\partial z}=0$$

用$E-V=T=\frac{1}{2}mv^2$,三个分量方程可合写成一个矢量方程

$$\frac{\mathrm{d}}{\mathrm{d}\tau}\left(\frac{mv}{\sqrt{x'^2+y'^2+z'^2}}\frac{\mathrm{d}\boldsymbol{r}}{\mathrm{d}\tau}\right)=-\frac{\sqrt{x'^2+y'^2+z'^2}}{v}\nabla V \tag{1}$$

如 τ 取时间 t,上式变成采用笛卡儿坐标的牛顿运动微分方程

$$m\frac{\mathrm{d}^2\boldsymbol{r}}{\mathrm{d}t^2}=-\nabla V \tag{2}$$

如 τ 取轨道弧长 s

$$\sqrt{x'^2+y'^2+z'^2}=\sqrt{\left(\frac{\mathrm{d}x}{\mathrm{d}s}\right)^2+\left(\frac{\mathrm{d}y}{\mathrm{d}s}\right)^2+\left(\frac{\mathrm{d}z}{\mathrm{d}s}\right)^2}=1$$

方程(1)式变为

$$\frac{\mathrm{d}}{\mathrm{d}s}\left(mv\frac{d\boldsymbol{r}}{\mathrm{d}s}\right)=-\frac{1}{v}\nabla V$$

或

$$mv\frac{\mathrm{d}}{\mathrm{d}s}\left(v\frac{d\boldsymbol{r}}{\mathrm{d}s}\right)=-\nabla V \tag{3}$$

如用

$$v=\frac{\mathrm{d}s}{\mathrm{d}t},\quad \frac{\mathrm{d}\boldsymbol{r}}{\mathrm{d}s}=\frac{\mathrm{d}\boldsymbol{r}}{\mathrm{d}t}\Big/\frac{\mathrm{d}s}{\mathrm{d}t}=\frac{1}{v}\frac{\mathrm{d}\boldsymbol{r}}{\mathrm{d}t}$$

$$v\frac{\mathrm{d}}{\mathrm{d}s}=v\frac{\mathrm{d}t}{\mathrm{d}s}\frac{\mathrm{d}}{\mathrm{d}t}=\frac{\mathrm{d}}{\mathrm{d}t}$$

则(3)式又可变成(2)式.

如将(3)式变为

$$mv^2\frac{\mathrm{d}^2\boldsymbol{r}}{\mathrm{d}s^2}+mv\frac{\mathrm{d}v}{\mathrm{d}s}\frac{\mathrm{d}\boldsymbol{r}}{\mathrm{d}s}=-\nabla V \tag{4}$$

再用$\frac{\mathrm{d}\boldsymbol{r}}{\mathrm{d}s}=\frac{\mathrm{d}\boldsymbol{r}}{\mathrm{d}t}\Big/\frac{\mathrm{d}s}{\mathrm{d}t}=\frac{\boldsymbol{v}}{v}=\boldsymbol{\tau}$,$\boldsymbol{\tau}$ 为轨道切向单位矢量

$$\frac{\mathrm{d}^2\boldsymbol{r}}{\mathrm{d}s^2}=\frac{\mathrm{d}}{\mathrm{d}s}\left(\frac{\mathrm{d}\boldsymbol{r}}{\mathrm{d}s}\right)=\frac{\mathrm{d}\boldsymbol{\tau}}{\mathrm{d}s}=\frac{\mathrm{d}\boldsymbol{\tau}}{\mathrm{d}\varphi}\Big/\frac{\mathrm{d}s}{\mathrm{d}\varphi}=\frac{1}{\rho}\boldsymbol{n}$$

其中 φ 是轨道切向与固定方向间的夹角,ρ 为轨道所在点的曲率半径,$\boldsymbol{n}$ 为轨道法向单位矢量.

(4) 式可改写为

$$m\left(\frac{v^2}{\rho}\boldsymbol{n}+\dot{v}\boldsymbol{\tau}\right)=-\nabla V$$

这是采用自然坐标的运动微分方程.

例 12.2.7 将几何光学与质点力学的类比.

解 在几何光学中有一个决定光线所取路径的费马原理.按费马原理,光线从 M_0 到 M_1 取费时最短的路线

$$\Delta T=\Delta\int_{M_0}^{M_1}\mathrm{d}t=\Delta\int_{M_0}^{M_1}\frac{\mathrm{d}s}{v}=\frac{1}{c}\Delta\int_{M_0}^{M_1}n\,\mathrm{d}s=0 \tag{1}$$

式中 v 是光在介质中的传播速度,c 是光在真空中的传播速度,$v=\frac{c}{n}$,n 是介质的折射率,如介质是非均匀的,n 是 x、y、z 的函数.

将(1)式与莫培督原理的(12.2.21)式

$$\Delta W=\int_{M_0}^{M_1}\sqrt{2(E-V)}\mathrm{d}s=0 \tag{2}$$

相比较,可找出折射率和质点的总能 E 及势能 V 之间的对应关系

$$n(x,y,z) \propto \sqrt{E - V(x,y,z)}$$

可把一个几何光学问题转化为一个力学问题.把光线在折射率为 $n(x,y,z)$的介质中从 M_0 到 M_1 所取的路线等同于一个质量为 m.能量为 E 的质点在$V(x,y,z)=E-[n(x,y,z)]^2$ 的势场中从 M_0 到 M_1 所取的路线.由质点的初条件和上述与折射率有关的势能通过解运动微分方程求得的轨道就是光线所取的路线.反之也可以把一个质点力学问题转化为一个光学问题.

§12.3 正则变换

到目前为止,我们讲了力学的牛顿表述.拉格朗日表述,现在正在讲哈密顿表述.与牛顿表述相比,拉格朗日表述的优点在于:不论什么样的系统,也不论系统作何种运动,都有统一的处理方法,根据约束情况,选取合适的广义坐标,写出拉格朗日函数和非有势也不能引入广义势的广义力,由拉格朗日方程即能得到动力学方程;另一个优点是拉格朗日表述还可以处理某些非力学问题,例如处理电路问题.哈密顿表述要得到正则方程,首先得写出哈密顿函数,写它之前,又得首先写出拉格朗日函数.凡是拉格朗日方程能处理的问题,哈密顿正则方程也同样可以处理,但得到正则方程比得到拉格朗日方程还麻烦些.而且到目前为止,求解正则方程时又化成拉格朗日方程得到的微分方程,似乎在求解动力学方程方面,哈密顿表述不比拉格朗日表述更优越.其实不然,拉格朗日表述以广义坐标为独立变量,寻找循环坐标只能在位形空间中作坐标变换,而哈密顿表述,赋予广义动量和广义坐标有同样的独立变量的地位,可在相空间中进行坐标变换,在寻找循环坐标时有更大的自由.这就是这一节和下一节所要讨论的主题.另外,哈密顿表述较之拉格朗日表述更具有理论上诱人的魅力;首先,它的方程形式更富有对称性,特别是广义的有势系的正则方程用泊松括号表述时,两组方程完全对称,再有刘维定理、泊松括号、哈密顿量(即哈密顿函数)与统计力学、量子力学有密切关系,在由经典物理的哈密顿表述构筑近代物理方面所起的作用都是拉格朗日表述不能比拟的,下节我们还将讲到哈密顿——雅可比方程与量子力学中的基本方程——薛定谔方程之间的联系.

1. 正则变换的定义

我们作变换的目的是为了使变换后的哈密顿函数具有尽量多的循环坐标.在正则变量中,广义坐标和广义动量都视为独立变量,具有同样的地位.对于受到完整、理想约束的广义的有势系统,除了正则方程中两组方程差一个正负号外,广义坐标和广义动量没有多大的区别,它们的量纲不一定非得各自具有坐标和动量或角度和角动量量纲,但新的广义坐标及其共轭的广义动量的乘积必须具有 ML^2T^{-1} 的量纲.广义动量和广义坐标一样,都可以是循环坐标.最理想的情况是变换后新的哈密顿函数不显含所有的广义坐标和广义动量,即它们都成为循环坐标,这就使动力学问题的求解变得十分简单.问题是能否找到这样的变换,答案是肯定的.找这样的变换是下节要解决的问题.现在首先要解决的问题有:(1)相空间中的坐标变换,能否保持正则方程的形式不变,这涉及到正则变换的定义问题.(2)给出一个相空间中的坐标变换关系,用什么来判断它是否正则变换?(3)如何获得正则变换后的新的哈密顿函数,它与原来的哈密顿函数是什么关系?(4)有什么办法保证给出的变换一定是正则变换.这几个都是本节要解决的问题.

正则变换的定义表述如下:

若坐标变换

$$\begin{cases} Q_i = Q_i(q_1, q_2, \cdots, q_s, p_1, p_2, \cdots, p_s, t) \\ P_i = P_i(q_1, q_2, \cdots, q_s, p_1, p_2, \cdots, p_s, t) \end{cases}$$

$$(i = 1,2,\cdots,s) \tag{12.3.1}$$

或

$$\begin{cases} q_i = q_i(Q_1, Q_2, \cdots, Q_s, P_1, P_2, \cdots, P_s, t) \\ p_i = p_i(Q_1, Q_2, \cdots, Q_s, P_1, P_2, \cdots, P_s, t) \end{cases}$$

$$(i = 1,2,\cdots,s) \tag{12.3.1$'$}$$

具有雅可比行列式

$$\frac{\partial(Q_1, Q_2, \cdots, Q_s, P_1, P_2, \cdots, P_s)}{\partial(q_1, q_2, \cdots, q_s, p_1, p_2, \cdots, p_s)} \neq 0 \tag{12.3.2}$$

使

$$\begin{cases} \dot{q}_i = \dfrac{\partial H}{\partial p_i} \\ \dot{p}_i = -\dfrac{\partial H}{\partial q_i} \end{cases} \quad (i = 1,2,\cdots,s)$$

变为

$$\dot{Q}_i = \frac{\partial H^*}{\partial P_i}, \quad \dot{P}_i = -\frac{\partial H^*}{\partial Q_i} \quad (i = 1,2,\cdots,s)$$

则变换(12.3.1)或(12.3.1′)称为正则变换，H、H^* 分别是变换前后的哈密顿函数.

作两点说明：

(1) 变换也可表成其他形式，例如 $Q_i = Q_i(\boldsymbol{q}, \boldsymbol{P}, t)$，$p_i = p_i(\boldsymbol{q}, \boldsymbol{P}, t)$ 等，其中 $\boldsymbol{q}$、$\boldsymbol{P}$ 分别是 q_1、q_2、…、q_s 和 P_1、P_2、…、P_s 的缩写. 相应的雅可比行列式改为

$$\frac{\partial(Q_1, Q_2, \cdots, Q_s, p_1, p_2 \cdots, p_s)}{\partial(q_1, q_2, \cdots, q_s, P_1, P_2, \cdots, P_s)} \neq 0 \text{ 或缩写为} \frac{\partial(\boldsymbol{Q}, \boldsymbol{p})}{\partial(\boldsymbol{q}, \boldsymbol{P})} \neq 0.$$

(2) 这个定义并不要求 H^* 一定等于将原来的 H 中的广义坐标和广义动量经坐标变换后变成的函数. 即使变换前有

$$H = \sum_{i=1}^{s} p_i \dot{q}_i - L, \qquad p_i = \frac{\partial L}{\partial \dot{q}_i}$$

的关系，没有要求变换后仍有 $H^* = \sum_{i=1}^{s} P_i \dot{Q}_i - L'$ 和 $P_i = \frac{\partial L'}{\partial \dot{Q}_i}$ (L' 是将 L 中的 $\boldsymbol{q}$、$\dot{\boldsymbol{q}}$ 经变换后成为 $\boldsymbol{Q}$、$\dot{\boldsymbol{Q}}$ 的函数)的关系存在.

2. 正则变换条件

如变换满足

$$\sum_{i=1}^{s} p_i \mathrm{d}q_i - c\sum_{i=1}^{s} P_i \mathrm{d}Q_i = \mathrm{d}S_1(\boldsymbol{q}, \boldsymbol{Q}, t_0) \qquad (12.3.3)$$

其中 c 是个非零常数，S_1 是一个新、旧广义坐标和时间的函数. 如把 t 看作参量(用 t_0 表示)，(12.9.3)式是一个全微分，则满足(12.3.2)式的由(12.3.1)或(12.3.1′)式表示的变换是正则变换.

证明 若把 t 也看作变量，在(12.3.3)式中补上有关 $\mathrm{d}t$ 的项，由此找出 H^* 使有下列全微分式：

$$\sum_{i=1}^{s} p_i \mathrm{d}q_i - c\sum_{i=1}^{s} P_i \mathrm{d}Q_i + (cH^* - H)\mathrm{d}t = \mathrm{d}S_1(\boldsymbol{q}、\boldsymbol{Q}, t) \qquad (12.3.4)$$

将(12.3.4)式改写为

$$\left(\sum_{i=1}^{s} p_i \dot{q}_i - H\right)\mathrm{d}t - c\left(\sum_{i=1}^{s} P_i \dot{Q}_i - H^*\right)\mathrm{d}t = \frac{\mathrm{d}S_1}{\mathrm{d}t}\mathrm{d}t$$

两边对 t 积分，上下限为相空间中的固定端点，再作等时变分，得

$$\delta\int_{t_0}^{t_1}\left(\sum_{i=1}^{s}p_i\dot{q}_i - H\right)\mathrm{d}t - \delta\int_{t_0}^{t_1}c\left(\sum_{i=1}^{s}P_i\dot{Q}_i - H^*\right)\mathrm{d}t = \delta\int_{t_0}^{t_1}\frac{\mathrm{d}S_1}{\mathrm{d}t}\mathrm{d}t \qquad (1)$$

由于 q_i、p_i 是满足广义的有势系的哈密顿正则方程的正则变量，由广义的有势系的正则方程与变形的哈密顿原理等价，有

$$\delta\int_{t_0}^{t_1}\left(\sum_{i=1}^{s}p_i\dot{q}_i - H\right)\mathrm{d}t = 0 \qquad (2)$$

(1)式等号右边的项

$$\begin{aligned}\delta\int_{t_0}^{t_1}\frac{\mathrm{d}S_1}{\mathrm{d}t}\mathrm{d}t &= \delta S_1\Big|_{t=t_0}^{t=t_1} = \delta S_1\Big|_{t=t_1} - \delta S_1\Big|_{t=t_0} \\ &= \sum_{i=1}^{s}\left(\frac{\partial S_1}{\partial q_i}\delta q_i + \frac{\partial S_1}{\partial Q_i}\delta Q_i\right)\Big|_{t=t_1} - \sum_{i=1}^{s}\left(\frac{\partial S_1}{\partial q_i}\delta q_i + \frac{\partial S_1}{\partial Q_i}\delta Q_i\right)\Big|_{t=t_0} \\ &= 0 \end{aligned} \qquad (3)$$

上式推导中用了 $t=t_0$ 时，$\delta q_{i0}=\delta p_{i0}=0$，对变换(12.3.1)式在 $t=t_0$ 时作等时变分，可得 $\delta Q_{i0}=0$，$\delta P_{i0}=0$. 同理，可由 $t=t_1$ 时，$\delta q_{i1}=\delta p_{i1}=0$ 得 $\delta Q_{i1}=0$，$\delta P_{i1}=0$，$(i=1、2、\cdots、s)$.

将(2)、(3)式代入(1)式，得

$$\delta\int_{t_0}^{t_1}\left(\sum_{i=1}^{s}P_i\dot{Q}_i - H^*\right)\mathrm{d}t = 0 \qquad (4)$$

再用广义的有势系的正则方程与变形的哈密顿原理等价，(4)式等价于

$$\dot{Q}_i = \frac{\partial H^*}{\partial P_i},\quad \dot{P}_i = -\frac{\partial H^*}{\partial Q_i}\qquad (i=1,2,\cdots,s)$$

这就证明了变换后的 Q_i、P_i 是正则变量，变换(12.3.1)式为正则变换.(12.3.4)式为正则变换条件.

并由(12.3.4)式的全微分，可得变换后的哈密顿函数 H^* 为

$$H^* = \frac{1}{c}\left(H + \frac{\partial S_1(\boldsymbol{q},\boldsymbol{Q},t)}{\partial t}\right) \qquad (12.3.5)$$

当然，右边都得用(12.3.1′)式将 H^* 变成新正则变量和时间的函数.

再作几点说明：

(1)任何方程中各项必须有相同的量纲. 因此，(12.3.3)式中还隐含着一个要求，即新的广义坐标和与之共轭的广义动量的乘积 Q_iP_i 必须具有 q_ip_i 的量纲，即

能量乘时间或 ML^2T^{-1} 的量纲.

(2)由(12.3.5)式可见,一般来讲,$H^* \neq H$,当(12.3.1)或(12.3.1′)式的变换式中显含时间 t 时,$\frac{\partial S_1}{\partial t} \neq 0$,一定有 $H^* \neq H$. 如(12.3.1)或(12.3.1′)式的变换关系中均不显含时间 t,且有 $c=1$,则有 $H^*=H$,即用坐标变换关系将原来的哈密顿函数 H 中的旧正则变量换为新正则变量,即得新的哈密顿函数 H^*.

(3)可以形式上引入 L^*,令 $L^*=\sum_{i=1}^{s}P_i\dot{Q}_i - H^*$,形似一个变换后的新的"拉格朗日函数",这个 L^* 是 $\boldsymbol{Q}$、$\boldsymbol{P}$、$\dot{\boldsymbol{Q}}$、$\dot{\boldsymbol{P}}$ 和 t 的函数,不能用(12.3.1′)式将 L^* 表成 $L^*(\boldsymbol{Q},\dot{\boldsymbol{Q}},t)$,自然也无 $P_i=\frac{\partial L^*}{\partial \dot{Q}_i}$ 的关系,因而 L^* 不是拉格朗日函数.

因有 $\delta\int_{t_0}^{t_1}\left(\sum_{i=1}^{s}P_i\dot{Q}_i - H^*\right)\mathrm{d}t = 0$,即

$$\delta\int_{t_0}^{t_1}L^*(\boldsymbol{Q},\boldsymbol{P},\dot{\boldsymbol{Q}},\dot{\boldsymbol{P}},t)\mathrm{d}t = 0$$

$L^*(\boldsymbol{Q},\boldsymbol{P},\dot{\boldsymbol{Q}},\dot{\boldsymbol{P}},t)$ 是"变形的哈密顿作用量"中的被积函数,用变形的哈密顿原理的欧拉方程,Q_i、P_i 满足

$$\frac{\mathrm{d}}{\mathrm{d}t}\left(\frac{\partial L^*}{\partial \dot{Q}_i}\right)-\frac{\partial L^*}{\partial Q_i}=0,\quad \frac{\mathrm{d}}{\mathrm{d}t}\left(\frac{\partial L^*}{\partial \dot{P}_i}\right)-\frac{\partial L^*}{\partial P_i}=0 \quad (i=1,2,\cdots,s) \tag{12.3.6}$$

(4)用(12.3.3)式判断一个坐标变换是否正则变换的办法是利用法甫式是全微分的充要条件,即正则变换要求以下各式全成立:

$$\begin{cases}\dfrac{\partial p_i(\boldsymbol{q},\boldsymbol{Q},t_0)}{\partial q_j}=\dfrac{\partial p_j(\boldsymbol{q},\boldsymbol{Q},t_0)}{\partial q_i}\\[2ex] \dfrac{\partial p_i(\boldsymbol{q},\boldsymbol{Q},t_0)}{\partial Q_j}=-c\,\dfrac{\partial P_j(\boldsymbol{q},\boldsymbol{Q},t_0)}{\partial q_i}\\[2ex] \dfrac{\partial P_i(\boldsymbol{q},\boldsymbol{Q},t_0)}{\partial Q_j}=\dfrac{\partial P_j(\boldsymbol{q},\boldsymbol{Q},t_0)}{\partial Q_i}\end{cases}\quad (i,j=1,2,\cdots,s) \tag{12.3.7}$$

(5)用(12.3.5)式获得新的哈密顿函数 H^*. 如坐标变换关系(12.3.1)式显含时间 t,必须首先得到 $S_1(\boldsymbol{q},\boldsymbol{Q},t)$ 求 S_1,可利用有全微分的曲线积分只与起终点有关与路径无关的性质选取容易积分的路径,其具体做法可参看§2.2.2. 如坐标变换关系(12.3.1)式不显含时间. (12.3.3)式全微分式中不显含时间参数,有 $\frac{\partial S_1}{\partial t}$

$=0$.用(12.3.5)式时可不必求 S_1.

(6)一个变换是否正则变换,与力学系统无关.

(7)不少理论力学的教材把 $c=1$ 的(12.3.3)式作为正则变换条件.用它来寻找正则变换是可以的,在下节讲的哈密顿-雅可比方程,只考虑 $c=1$ 这个充分条件不仅是可以的,而且再考虑 $c\neq1$ 已无任何必要.因此,在下节中,我们改用 $c=1$ 的各个式子.但在判断一个变换是否正则变换,应考虑 $c\neq1$ 的条件.

例 12.3.1　判断 $Q_i=p_i, P_i=q_i(i=1,2,\cdots,s)$是否正则变换.

解　相应于(12.3.3)式的正则变换条件为

$$\sum_{i=1}^{s} Q_i \mathrm{d}q_i - c\sum_{i=1}^{s} q_i \mathrm{d}Q_i = \mathrm{d}S_1(\boldsymbol{q},\boldsymbol{Q})$$

如上式成立,即左边的法甫式为全微分,则为正则变换,不成立,则不是正则变换.

(12.3.7)式的第一组、第三组方程中所有偏导数均为零,两组方程成立,第二组方程,取 $c=-1$ 时,所有偏导数均为1,也是成立的.可见,正则变换条件成立,是正则变换.下面我们再验证一下,正则方程的形式在此变换下的确不变.

用(12.3.5)式,注意此时$\dfrac{\partial S_1}{\partial t}=0$,立即得到

$$H^{*} = \frac{1}{c}H = -H$$

变换前 $\dot{q}_i$、$\dot{p}_i$ 满足正则方程

$$\dot{q}_i = \frac{\partial H}{\partial p_i},\quad \dot{p}_i = -\frac{\partial H}{\partial q_i}\qquad (i=1,2,\cdots,s)$$

变换后,Q_i, P_i 满足

$$\dot{P}_i = -\frac{\partial H^{*}}{\partial Q_i},\quad \dot{Q}_i = \frac{\partial H^{*}}{\partial P_i}\quad (i=1,2,\cdots,s)$$

也是正则方程.

从这个例子还可以看到,经正则变换后,新的广义坐标和广义动量已失去了原来的物理意义,但仍得保留广义坐标、广义动量这样的名称,因为它们在正则方程中有一个正负号的差别.

例 12.3.2　证明 $Q_i=Q_i(\boldsymbol{q},t)$, $P_i=\sum\limits_{j=1}^{s} p_j \dfrac{\partial q_j(\boldsymbol{Q},t)}{\partial Q_i}$,$(i=1,2,\cdots,s)$是正则变换,并求变换前后哈密顿函数之间的关系.

解 $Q_i = Q_i(\boldsymbol{q}, t)$ (1)

从 $P_i = \sum_{j=1}^{s} p_j \frac{\partial q_j(\boldsymbol{Q}, t)}{\partial Q_i} \quad (i=1,2,\cdots,s)$看，必有

$$\frac{\partial(Q_1, Q_2, \cdots, Q_s)}{\partial(q_1, q_2, \cdots, q_s)} \neq 0$$

可从(1)式反解出 q_i

$$q_i = q_i(\boldsymbol{Q}, t) \tag{2}$$

$$\dot{q}_i = \sum_{j=1}^{s} \frac{\partial q_i}{\partial Q_j}\dot{Q}_j + \frac{\partial q_i}{\partial t}$$

$$\mathrm{d}q_i = \sum_{j=1}^{s} \frac{\partial q_i}{\partial Q_j}\mathrm{d}Q_j + \frac{\partial q_i}{\partial t}\mathrm{d}t \tag{3}$$

$$\begin{aligned}\sum_{i=1}^{s} p_i \mathrm{d}q_i - \sum_{i=1}^{s} P_i \mathrm{d}Q_i &= \sum_{i=1}^{s} p_i \mathrm{d}q_i - \sum_{i=1}^{s}\sum_{j=1}^{s} p_j \frac{\partial q_j}{\partial Q_i}\mathrm{d}Q_i \\ &= \sum_{i=1}^{s} p_i \mathrm{d}q_i - \sum_{j=1}^{s} p_j \left(\sum_{i=1}^{s} \frac{\partial q_j}{\partial Q_i}\mathrm{d}Q_i\right) \\ &= \sum_{i=1}^{s} p_i \mathrm{d}q_i - \sum_{j=1}^{s} p_j \left(\mathrm{d}\,q_j - \frac{\partial q_i}{\partial t}\mathrm{d}t\right) = \sum_{j=1}^{s} p_j \frac{\partial q_j}{\partial t}\mathrm{d}t\end{aligned} \tag{4}$$

推导中用了题设的坐标变换关系，用了(3)式，用(12.3.3)式时，令 $c=1$，但尚未完全用(12.3.3)式．完全用(12.3.3)式，应把 t 看作参量($t=t_0$)，则 $\mathrm{d}t=0$．(12.3.3)式等号左边等于零，为全微分．这就证明了该变换为正则变换．

本题不能用(12.3.4)式求 H^*，因为用(12.3.4)式的先决条件是在 $\boldsymbol{q}$、$\boldsymbol{p}$、$\boldsymbol{Q}$、$\boldsymbol{P}$ 这 $4s$ 个变量中能取 $\boldsymbol{q}$、$\boldsymbol{Q}$ 为独立变量，即能把 $\boldsymbol{p}$、$\boldsymbol{P}$ 均表成 $\boldsymbol{q}$、$\boldsymbol{Q}$、t 的函数．这里因有 $Q_i = Q_i(\boldsymbol{q}, t)$的关系，$\boldsymbol{q}$、$\boldsymbol{Q}$ 不是都独立的．对于这个变换，可采用 $\boldsymbol{P}$、$\boldsymbol{Q}$ 为独立变量或 $\boldsymbol{q}$、$\boldsymbol{P}$ 为独立变量，能用对于这样取的独立变量导出的相应于(12.3.3)、和(12.3.4)式的式子[参看即将讲的§12.3.3]．

这个变换实际上和讲拉格朗日方程时所讲的在位形空间中进行的广义坐标间的变换无异．

设变换前的拉格朗日函数为 $L(\boldsymbol{q}, \dot{\boldsymbol{q}}, t)$，变换前的正则变量为 $\boldsymbol{q}$ 和 $\boldsymbol{p}$，$p_i = \frac{\partial L}{\partial \dot{q}_i}$．作变换，

$$Q_l = Q_i(\boldsymbol{q}, t) \qquad (i = 1,2,\cdots,s) \tag{1}$$

变换后的拉格朗日函数 L^* 为

$$L^*(\boldsymbol{Q},\dot{\boldsymbol{Q}},t)=L(\boldsymbol{q}(\dot{\boldsymbol{Q}},t),\dot{\boldsymbol{q}}(\boldsymbol{Q},\dot{\boldsymbol{Q}},t),t)$$

广义动量 P_i 为

$$P_i=\frac{\partial L^*}{\partial \dot{Q}_i}=\sum_{j=1}^{s}\frac{\partial L}{\partial \dot{q}_j}\frac{\partial \dot{q}_j}{\partial \dot{Q}_i}=\sum_{j=1}^{s}p_j\frac{\partial \dot{q}_j}{\partial \dot{Q}_i}\tag{5}$$

$$q_i=q_i(\boldsymbol{Q},t)$$

$$\dot{q}_i=\sum_{j=1}^{s}\frac{\partial q_i}{\partial Q_j}\dot{Q}_j+\frac{\partial q_i}{\partial t}$$

注意,$\frac{\partial q_i}{\partial Q_j}$及$\frac{\partial q_i}{\partial t}$是$\boldsymbol{Q}$、$t$ 的函数,均不显含 $\dot{Q}_j$,故有

$$\frac{\partial \dot{q}_i}{\partial \dot{Q}_j}=\frac{\partial q_i}{\partial Q_j}\tag{6}$$

将(6)式代入(5)式,得

$$P_i=\sum_{j=1}^{s}p_j\frac{\partial q_j}{\partial Q_i}\qquad(i=1,2,\cdots,s)\tag{7}$$

(1)、(7)式一起正是题目所给的变换.这种变换可称为推广的点变换.拉格朗日方程中用的位形空间或增广的位形空间(广义坐标加时间构成的空间)中的坐标变换称为点变换.点变换没另给新旧广义动量的变换关系,而这个关系是由拉格朗日变量变为正则变量时决定了的.推广的点变换,新旧广义动量间的变换关系是给出的,但正好符合点变换得到的关系.因此称为推广的点变换.这两种变换都能保持拉格朗日方程的形式不变,因而也能保持正则方程形式不变,都是正则变换.

将 $L=L^*$ 改写为 $\sum_{i=1}^{s}p_i\dot{q}_i-H=\sum_{i=1}^{s}P_i\dot{Q}_i-H^*$,即得

$$H^*=H+\sum_{i=1}^{s}P_i\dot{Q}_i-\sum_{i=1}^{s}p_i\dot{q}_i=H-\sum_{j=1}^{s}p_j\frac{\partial q_j}{\partial t}$$

得出最后结果时用了(4)式.

3. 正则变换条件的其他形式

用正则变换条件(12.3.3)式来判断是否正则变换有两个先决条件,首先,q_i、$Q_i(i=1,2,\cdots,s)$必须都是独立变量,例 12.3.2 给的点变换不能用(12.3.3)式来判断.另一个先决条件是 p_i、$P_i(i=1,2,\cdots,s)$要都能表成 $\boldsymbol{q}$、$\boldsymbol{Q}$ 和 t 的函数,如遇到超越函数,无法将 p_i、P_i 都解出时,难采用上述正则变换条件,因此,需改选独立

变量.导出与之相应的正则变换条件.

如改以 p_i、$Q_i(i=1,2,\cdots,s)$为独立变量,用

$$\sum_{i=1}^{1} p_i \mathrm{d}q_i = \mathrm{d}\Big(\sum_{i=1}^{s} p_i q_i\Big) - \sum_{i=1}^{s} q_i \mathrm{d}p_i$$

将(12.3.4)式改写为

$$\begin{aligned}
-\sum_{i=1}^{s} q_i \mathrm{d}p_i - c\sum_{i=1}^{s} P_i \mathrm{d}Q_i + (cH^* - H)\mathrm{d}t \\
&= \mathrm{d}\Big[S_1(\boldsymbol{q},\boldsymbol{Q},t) - \sum_{i=1}^{s} p_i q_i\Big]\Big|_{q_i = q_i(\boldsymbol{Q},\boldsymbol{p},t)} \\
&= \mathrm{d}S_2(\boldsymbol{p},\boldsymbol{Q},t)
\end{aligned} \tag{12.3.8}$$

$$H^* = \frac{1}{c}\Big[H + \frac{\partial S_2(\boldsymbol{p},\boldsymbol{Q},t)}{\partial t}\Big] \tag{12.3.9}$$

相应于(12.3.3)式的正则变换条件的第二种形式为

$$-\sum_{i=1}^{s} q_i \mathrm{d}p_i - c\sum_{i=1}^{s} P_i \mathrm{d}Q_i = \mathrm{d}S_2(\boldsymbol{p},\boldsymbol{Q},t_0) \tag{12.3.10}$$

以 q_i、$P_i(i=1,2,\cdots,s)$为独立变量.

$$\sum_{i=1}^{s} P_i \mathrm{d}Q_i = \mathrm{d}\Big(\sum_{i=1}^{s} P_i Q_i\Big) - \sum_{i=1}^{s} Q_i \mathrm{d}P_i$$

(12.3.4)式可改写为

$$\begin{aligned}
\sum_{i=1}^{s} p_i \mathrm{d}q_i + c\sum_{i=1}^{s} Q_i \mathrm{d}P_i + (cH^* - H)\mathrm{d}t \\
&= \mathrm{d}\Big[S_1(\boldsymbol{q},\boldsymbol{Q},t) + c\sum_{i=1}^{s} P_i Q_i\Big]\Big|_{Q_i = Q_i(\boldsymbol{q},\boldsymbol{P},t)} \\
&= \mathrm{d}S_3(\boldsymbol{q},\boldsymbol{P},t)
\end{aligned} \tag{12.3.11}$$

$$H^* = \frac{1}{c}\Big[H + \frac{\partial S_3(\boldsymbol{q},\boldsymbol{P},t)}{\partial t}\Big] \tag{12.3.12}$$

正则变换条件的第三种形式为

$$\sum_{i=1}^{s} p_i \mathrm{d}q_i + c\sum_{i=1}^{s} Q_i \mathrm{d}P_i = \mathrm{d}S_3(\boldsymbol{q},\boldsymbol{P},t_0) \tag{12.3.13}$$

以 p_i、$P_i(i=1,2,\cdots,s)$为独立变量，可从(12.3.8)式出发，变 $\sum_{i=1}^{s} P_i \mathrm{d}Q_i$ 项，也可从(12.3.11)式出发，变$\sum_{i=1}^{s} p_i \mathrm{d}q_i$ 项，得

$$-\sum_{i=1}^{s} q_i \mathrm{d}p_i + c\sum_{i=1}^{s} Q_i \mathrm{d}P_i + (cH^* - H)\mathrm{d}t = \mathrm{d}S_4(\boldsymbol{p},\boldsymbol{P},t) \tag{12.3.14}$$

$$H^* = \frac{1}{c}\left[H + \frac{\partial S_4(\boldsymbol{p},\boldsymbol{P},t)}{\partial t}\right] \tag{12.3.15}$$

正则变换条件的第四种形式为

$$-\sum_{i=1}^{s} q_i \mathrm{d}p_i + c\sum_{i=1}^{s} Q_i \mathrm{d}P_i = \mathrm{d}S_4(\boldsymbol{p},\boldsymbol{P},t_0) \tag{12.3.16}$$

上述四种形式的正则变换条件(12.3.3)、(12.3.10)、(12.3.13)、(12.3.16)可以统一写成

$$\sum_{i=1}^{s} y_i \mathrm{d}x_i + c\sum_{i=1}^{s} Y_i \mathrm{d}X_i = \mathrm{d}S(\boldsymbol{x},\boldsymbol{X},t_0) \tag{12.3.17}$$

求 H^* 的四个式子可统一写成

$$\sum_{i=1}^{s} y_i \mathrm{d}x_i + c\sum_{i=1}^{s} Y_i \mathrm{d}X_i + (cH^* - H)\mathrm{d}t = \mathrm{d}S(\boldsymbol{x},\boldsymbol{X},t) \tag{12.3.18}$$

其中 x_i、y_i 表示旧的正则变量，x_i 如取为广义坐标，即 $x_i=q_i$，则 y_i 为广义动量，即 $y_i=p_i$，x_i 如取为广义动量，即 $x_i=p_i$，则 y_i 为广义坐标的负值，即 $y_i=-q_i$. X_i、Y_i 表示新的正则变量，X_i、Y_i 中如 X_i 取为广义坐标，即 $X_i=\dot{Q}_i$，则 Y_i 取为广义动量的负值，即 $Y_i=-P_i$，如 X_i 取为广义动量，即 $X_i=P_i$，则 Y_i 取为广义坐标，即 $Y_i=Q_i$. 正负号和 x_i、y_i 中的取法相反.

除了上述四种形式的正则变换条件以外，还可以有其他形式的正则变换条件. 取独立变量必须取 s 个旧正则变量和 s 个新正则变量，所述的四种形式是 s 个旧正则变量，全用广义坐标或全用广义动量，s 个新正则变量，也是全用广义坐标或全用广义动量. 其他形式的独立变量取法是旧的正则变量不全用一种变量. 新的正则变量全用一种变量(这种或那种)，或者新旧正则变量不全用一种变量、旧的正则变量全用一种变量(这种或那种)或者新的正则变量都不全用一种变量. 不全用一种变量还有用多少个广义坐标的区别，取独立变量除了必须新旧变量各取 s 个以外，还不能有一对共轭变量均取为独立变量. 这些形式的正则变换条件也可统一写

成(12.3.17)式,关于 x_i、y_i、X_i、Y_i 取广义坐标、广义动量的规定,也和上述完全一样.

例 12.3.3 判断变换

$$Q = \ln(1 + q^{\frac{1}{2}}\cos p), \quad P = (1 + q^{\frac{1}{2}}\cos p)q^{\frac{1}{2}}\sin p$$

是否正则变换?

解 可以将 q、P 均表成 p、Q 的函数.

$$q = (e^Q - 1)^2\sec^2 p$$

$$P = (1 + q^{\frac{1}{2}}\cos p)q^{\frac{1}{2}}\sin p = e^Q(e^Q - 1)\tan p$$

以 p、Q 为独立变量时,用正则变换条件(12.3.10)式.

看 $-q\mathrm{d}p - cP\mathrm{d}Q = -(e^Q-1)^2\sec^2 p\mathrm{d}p - ce^Q(e^Q-1)\tan p\mathrm{d}Q$ 是否全微分,用全微分的充要条件

$$\frac{\partial[-(e^Q - 1)^2\sec^2 p]}{\partial Q} = -2(e^Q - 1)e^Q\sec^2 p$$

$$\frac{\partial[-ce^Q(e^Q - 1)\tan p]}{\partial p} = -ce^Q(e^Q - 1)\sec^2 p$$

取 $c=2$,两式相等.此变换是否为正则变换,还要看看能否符合量纲要求.若 $[q]=\mathrm{L}$,$[p]=\mathrm{MLT^{-1}}$,$q^{\frac{1}{2}}\cos p$ 的量纲与 1 的量纲不一致,Q 的对数号中的两项量纲也不同,能否就此作出结论:不符合量纲要求,不是正则变换?我们还应取慎重态度,第一,变换前可能已作过正则变换,不能要求$[q]=\mathrm{L}$,$[p]=\mathrm{MLT^{-1}}$,但仍应要求$[pq]=\mathrm{ML^2T^{-1}}$.第二,变换中系数也可以具有量纲,这里 p、$q^{\frac{1}{2}}$ 前的系数均为 1,都可能具有量纲,可使 $q^{\frac{1}{2}}\cos p$、$q^{\frac{1}{2}}\sin p$ 无量纲.在 P 中 $1 + q^{\frac{1}{2}}\cos p$ 和 $q^{\frac{1}{2}}\sin p$ 都无量纲,两因子还有等于 1 的系数可以有量纲,Q 的对数项也有 1 的系数,可以有量纲.使 pq 和 PQ 均具有作用量的量纲是可能的.因而可判定是正则变换.

例 12.3.4 用 p_i、Q_i 为独立变量的正则变换条件证明例 12.3.2 给的推广的点变换是正则变换,并求变换前后哈密顿函数之间的变换关系.

解 $Q_i = Q_i(\boldsymbol{q}, t)$,$P_i = \sum\limits_{j=1}^{s} p_j \dfrac{\partial q_j(\boldsymbol{Q}, t)}{\partial Q_i}$ 取 Q_i,$p_i(i=1,2,\cdots,s)$为独立变量.

从前一组方程中解出

$$q_i = q_i(\boldsymbol{Q}, t)$$

用(12.3.10)式的正则变换条件

$$\text{左边} = -\sum_{i=1}^{s} q_i \mathrm{d}p_i - c\sum_{i=1}^{s}\left[\sum_{j=1}^{s} p_j \frac{\partial q_j(\boldsymbol{Q},t)}{\partial Q_i}\right]\mathrm{d}Q_i$$

用全微分的充要条件看上式是否全微分.

第一个和式各项之间(例如第 i、j 项间)有

$$\frac{\partial(-q_i)}{\partial p_j} = \frac{\partial(-q_j)}{\partial p_i} = 0$$

第二个和式各项之间(例如第 k、l 项间)

$$\frac{\partial}{\partial Q_l}\left[-c\sum_{j=1}^{s} p_j \frac{\partial q_j}{\partial Q_k}\right] \overset{?}{=} \frac{\partial}{\partial Q_k}\left[-c\sum_{j=1}^{s} p_j \frac{\partial q_j}{\partial Q_l}\right]$$

有

$$-c\sum_{j=1}^{s} p_j \frac{\partial^2 q_j}{\partial Q_l \partial Q_k} = -c\sum_{j=1}^{s} p_j \frac{\partial^2 q_j}{\partial Q_k \partial Q_l}$$

第一个和式的第 k 项和第二个和式的第 l 项间.

$$\frac{\partial(-q_k)}{\partial Q_l} \overset{?}{=} \frac{\partial}{\partial p_k}\left[-c\sum_{j=1}^{s} p_j \frac{\partial q_j}{\partial Q_l}\right] = -c\frac{\partial q_k}{\partial Q_l}$$

当 $c=1$ 时,两边相等.

可见,用(12.3.10)式左边的式子为全微分,推广的点变换为正则变换.

$$S_2(\boldsymbol{p},\boldsymbol{Q},t_0) = -\int\left\{\sum_{i=1}^{s} q_i(\boldsymbol{Q},t_0)\mathrm{d}p_i + \sum_{i=1}^{s}\left[\sum_{j=1}^{s} p_j \frac{\partial q_j(\boldsymbol{Q},t_0)}{\partial Q_i}\right]\mathrm{d}Q_i\right\}$$

由(12.3.9)式,注意 $c=1$.

$$H^* = \left[H + \frac{\partial S_2(\boldsymbol{p},\boldsymbol{Q},t)}{\partial t}\right]\Bigg|_{q_i = q_i(\boldsymbol{Q},t),\, p_i = p_i(\boldsymbol{Q},\boldsymbol{P},t)}$$

以后我们再说明这个结果与例 12.3.2 所得的结果是一致的.

在给出了 $Q_i = Q_i(\boldsymbol{q},t)$的具体函数的情况下,可采用 q_i、$P_i(i=1,2,\cdots,s)$为独立变量的(12.3.13)、(12.3.12)式解此题.现没具体给出 $Q_i(\boldsymbol{q},t)$,不能把 p_i 表成$\boldsymbol{q}$、$\boldsymbol{P}$、t 的函数,无法使用(12.3.13)、(12.3.12)式.

4. 母函数

上面我们讲了正则变换的定义,给出了多种形式的正则变换条件,也得到了正

则变换前后哈密顿函数间的关系.已经解决了§12.3.1中提出的要在本节解决的前三个问题.有了这些正则变换条件,已经为解决那里提出的第四个问题作了必要的准备.由这里讲的母函数(或叫生成函数)生成的变换,一定是正则变换.

有多少种形式的正则变换条件,就有多少种形式的母函数.

由 $\sum_{i=1}^{s} p_i \mathrm{d}q_i - c\sum_{i=1}^{s} P_i \mathrm{d}Q_i + (cH^* - H)\mathrm{d}t = \mathrm{d}S_1(\boldsymbol{q},\boldsymbol{Q},t)$ 可得

$$\begin{cases} p_i = \dfrac{\partial S_1(\boldsymbol{q},\boldsymbol{Q},t)}{\partial q_i} \\ P_i = -\dfrac{1}{c}\dfrac{\partial S_1(\boldsymbol{q},\boldsymbol{Q},t)}{\partial Q_i} \end{cases} \quad (i = 1,2,\cdots,s) \tag{12.3.19}$$

由

$$-\sum_{i=1}^{s} q_i \mathrm{d}p_i - c\sum_{i=1}^{s} P_i \mathrm{d}Q_i + (cH^* - H)\mathrm{d}t = \mathrm{d}S_2(\boldsymbol{p},\boldsymbol{Q},t)$$

可得

$$\begin{cases} q_i = -\dfrac{\partial S_2(\boldsymbol{p},\boldsymbol{Q},t)}{\partial p_i} \\ P_i = -\dfrac{1}{c}\dfrac{\partial S_2(\boldsymbol{p},\boldsymbol{Q},t)}{\partial Q_i} \end{cases} \quad (i = 1,2,\cdots,s) \tag{12.3.20}$$

由

$$\sum_{i=1}^{s} p_i \mathrm{d}q_i + c\sum_{i=1}^{s} Q_i \mathrm{d}P_i + (cH^* - H)\mathrm{d}t = \mathrm{d}S_3(\boldsymbol{q},\boldsymbol{P},t)$$

可得

$$\begin{cases} p_i = \dfrac{\partial S_3(\boldsymbol{q},\boldsymbol{P},t)}{\partial q_i} \\ Q_i = \dfrac{1}{c}\dfrac{\partial S_3(\boldsymbol{q},\boldsymbol{P},t)}{\partial P_i} \end{cases} \quad (i = 1,2,\cdots,s) \tag{12.3.21}$$

由

$$-\sum_{i=1}^{s} q_i \mathrm{d}p_i + c\sum_{i=1}^{s} Q_i \mathrm{d}P_i + (cH^* - H)\mathrm{d}t = \mathrm{d}S_4(\boldsymbol{p},\boldsymbol{P},t)$$

可得

$$\begin{cases} q_i = -\dfrac{\partial S_4(\boldsymbol{p},\boldsymbol{P},t)}{\partial p_i} \\ Q_i = \dfrac{1}{c}\dfrac{\partial S_4(\boldsymbol{p},\boldsymbol{P},t)}{\partial P_i} \end{cases} \quad (i = 1,2,\cdots,s) \tag{12.3.22}$$

上述四式也可由统一写成的(12.3.17)式，即由

$$\sum_{i=1}^{s} y_i \mathrm{d}x_i + c\sum_{i=1}^{s} Y_i \mathrm{d}X_i + (cH^* - H)\mathrm{d}t = \mathrm{d}S(\boldsymbol{x},\boldsymbol{X},t)$$

得到统一的表达式

$$\begin{cases} y_i = \dfrac{\partial S(\boldsymbol{x},\boldsymbol{X},t)}{\partial x_i} \\ Y_i = \dfrac{1}{c}\dfrac{\partial S(\boldsymbol{x},\boldsymbol{X},t)}{\partial X_i} \end{cases} \quad (i = 1,2,\cdots.s.) \tag{12.3.23}$$

关于 x_i, y_i, X_i, Y_i 分别取广义坐标还是广义动量的规则如前所述，不再重复. (12.3.23)式不仅包括了上述的四个坐标变换关系，而且还包括了所有其他的正则变换条件得到的坐标变换关系.

上述 $S_1(\boldsymbol{q},\boldsymbol{Q},t)$、$S_2(\boldsymbol{p},\boldsymbol{Q},t)$、$S_3(\boldsymbol{q},\boldsymbol{P},t)$、$S_4(\boldsymbol{p},\boldsymbol{P},t)$、$S(\boldsymbol{x},\boldsymbol{X},t)$都是母函数，对它们进行偏导，就得到正则变换的坐标变换关系.

要从(12.3.19)式得到的 $p_i = p_i(\boldsymbol{q},\boldsymbol{Q},t)$、$P_i = P_i(\boldsymbol{q},\boldsymbol{Q},t)$得到

$$Q_i = Q_i(\boldsymbol{q},\boldsymbol{p},t), \qquad P_i = P_i(\boldsymbol{q},\boldsymbol{p},t)$$

必须有雅可比行列式

$$\frac{\partial(p_1,p_2,\cdots,p_s)}{\partial(Q_1,Q_2,\cdots,Q_s)} \neq 0 \text{ 或简写为 } \left|\frac{\partial p_i(\boldsymbol{q},\boldsymbol{Q},t)}{\partial Q_j}\right| \neq 0$$

将 $p_i = \dfrac{\partial S_1(\boldsymbol{q},\boldsymbol{Q},t)}{\partial q_i}$代入上式，则可改为要求雅可比行列式

$$\left|\frac{\partial^2 S_1(\boldsymbol{q},\boldsymbol{Q},t)}{\partial q_i \partial Q_j}\right| \neq 0 \tag{12.3.24}$$

同理，其他形式的母函数也分别要求有

$$\left|\frac{\partial^2 S_2(\boldsymbol{p},\boldsymbol{Q},t)}{\partial p_i \partial Q_j}\right| \neq 0 \tag{12.3.25}$$

$$\left|\frac{\partial^2 S_3(\boldsymbol{q},\boldsymbol{P},t)}{\partial q_i \partial P_j}\right| \neq 0 \tag{12.3.26}$$

$$\left|\frac{\partial^2 S_4(\boldsymbol{p},\boldsymbol{P},t)}{\partial p_i \partial P_j}\right| \neq 0 \tag{12.3.27}$$

$$\left|\frac{\partial^2 S(\boldsymbol{x},\boldsymbol{X},t)}{\partial x_i \partial X_j}\right| \neq 0 \tag{12.3.28}$$

几点说明.

(1) 母函数来自正则变换条件,母函数中的独立变量即正则变换条件所用的独立变量.关于独立变量的取法,可参看讲正则变换条件时所作的说明.

(2) 母函数必须至少有二阶导数,且对所取的独立变量的二阶导数构成的雅可比行列式不等于零,如(12.3.24)式等所示.

(3) 从已给的母函数求正则变换关系和新哈密顿函数时,常数 c 可以任取.为简单起见,可令 $c=1$.

(4) 同一个正则变换,由于独立变量可以有不同的取法,可以采用不同的正则变换条件,因而可以由不同形式的母函数产生.但是给出一个母函数就惟一确定了一个正则变换关系.

(5) 不是所有的正则变换都能由母函数生成.母函数必须具有新旧正则变量各 s 个共 $2s$ 个独立变量.拉格朗日方程中用的位形空间或增广的位形空间(广义坐标加时间构成的空间)中的坐标变换(称为点变换)均为正则变换.其 $4s$ 个新旧正则变量,只有 $q_i(i=1,2,\cdots,s)$是独立的,没有 $2s$ 个独立变量,因此它不可能有母函数,推广的点变换则不同,有 $2s$ 个独立变量,而且是新旧正则变量各 s 个,可以由母函数产生.也正是由于有没有母函数这点差别,推广的点变换不能简单地也称为点变换.

例 12.3.5 用母函数 $S_1 = mg\left(\frac{1}{6}gQ^3 + qQ\right)$(其中 q 为旧广义坐标)给出的正则变换,求竖直上抛物体的运动规律.

解 $T=\frac{1}{2}m\dot{q}^2,\quad V=mgq$

$$p=\frac{\partial T}{\partial \dot{q}}=m\dot{q},\quad T^*=\frac{1}{2m}p^2$$

$$H=T^*+V=\frac{1}{2m}p^2+mgq$$

由(12.3.19)式,取 $c=1$,

$$p = \frac{\partial S_1(q, Q, t)}{\partial q} = mgQ$$

$$P = -\frac{\partial S_1(q, Q, t)}{\partial Q} = -mg\left(\frac{1}{2}gQ^2 + q\right)$$

解出

$$q = -\frac{P}{mg} - \frac{1}{2}gQ^2$$

$$H^* = H + \frac{\partial S_1}{\partial t} = \frac{1}{2m}p^2 + mgq$$

$$= \frac{1}{2m}(mgQ)^2 + mg\left(-\frac{P}{mg} - \frac{1}{2}gQ^2\right) = -P$$

变换后的正则方程为

$$\dot{Q} = \frac{\partial H^*}{\partial P} = -1$$

$$\dot{P} = -\frac{\partial H^*}{\partial Q} = 0$$

积分得

$$Q = -t + c_1$$

$$P = c_2$$

换回旧的正则变量

$$p = mgQ = mg(-t + c_1)$$

$$q = -\frac{P}{mg} - \frac{1}{2}gQ^2 = -\frac{c_2}{mg} - \frac{1}{2}g(-t + c_1)^2$$

$$= -\frac{1}{2}gt^2 + c_1 gt - \frac{1}{2}gc_1^2 - \frac{c_2}{mg}$$

用初条件，$t=0$ 时，$q = q_0$，$\dot{q} = \dot{q}_0$，可得

$$q = q_0 + \dot{q}_0 t - \frac{1}{2}gt^2$$

例 12.3.6　说明例 12.3.2 和例 12.3.4 所得的新哈密顿函数 H^* 的两个表达式的一致性.

解 例 12.3.2 得

$$H^* = H - \sum_{j=1}^{s} p_j \frac{\partial q_j(\boldsymbol{Q}, t)}{\partial t}$$

例 12.3.4 得

$$H^* = H + \frac{\partial S_2(\boldsymbol{p}, \boldsymbol{Q}, t)}{\partial t}$$

变换关系为

$$Q_i = Q_i(\boldsymbol{q}, t) \text{ 或 } q_i = q_i(\boldsymbol{Q}, t) \tag{1}$$

$$P_i = \sum_{j=1}^{s} p_j \frac{\partial q_j(\boldsymbol{Q}, t)}{\partial Q_i} \tag{2}$$

由母函数得到的变换关系为

$$q_i = -\frac{\partial S_2(\boldsymbol{p}, \boldsymbol{Q}, t)}{\partial p_i} \tag{3}$$

$$P_i = -\frac{\partial S_2(\boldsymbol{p}, \boldsymbol{Q}, t)}{\partial Q_i} \tag{4}$$

要证明两个 H^* 的表达式相等，也就是要证明下式成立：

$$\frac{\partial S_2(\boldsymbol{p}, \boldsymbol{Q}, t)}{\partial t} = -\sum_{j=1}^{s} p_j \frac{\partial q_j(\boldsymbol{Q}, t)}{\partial t} \tag{5}$$

由(5)式看出这个母函数 $S_2(\boldsymbol{p}, \boldsymbol{Q}, t)$为

$$S_2(\boldsymbol{p}, \boldsymbol{Q}, t) = -\sum_{j=1}^{s} p_j q_j(\boldsymbol{Q}, t) \tag{6}$$

由这个母函数，用(3)、(4)式能得(1)、(2)式的坐标变换关系说明所写的母函数是对的，这个母函数就是从要证明的(5)式得到的. 说明两个 H^* 的表达式是完全一致的.

5. 正则变换的性质

(1) 若 $Q_i = Q_i(\boldsymbol{q}, \boldsymbol{p}, t), P_i = P_i(\boldsymbol{q}, \boldsymbol{p}, t)(i = 1, 2, \cdots, s)$是一个正则变换，则与变换有关的拉格朗日括号满足下列关系：

$$(q_i, q_j) = 0, (q_i, p_j) = \frac{1}{c}\delta_{ij}, (p_i, p_j) = 0 \quad (i, j = 1, 2, \cdots, s) \tag{12.3.29}$$

其中 $(r_i, r_j) = \sum_k \left[\frac{\partial Q_k(\boldsymbol{q},\boldsymbol{p},t)}{\partial r_i}\frac{\partial P_k(\boldsymbol{q},\boldsymbol{p},t)}{\partial r_j} - \frac{\partial Q_k(\boldsymbol{q},\boldsymbol{p},t)}{\partial r_j}\frac{\partial P_k(\boldsymbol{q},\boldsymbol{p},t)}{\partial r_i}\right]$

(12.3.30)

c 为任一不为零的常数.(12.3.29)式也可以看作一个正则变换条件.

证明　为简明起见,下面所有函数 P_i、Q_i 的变量 $\boldsymbol{q}$、$\boldsymbol{p}$ 和 t(t 视为参量)不再写出.

由(12.3.3)式,有

$$\begin{aligned}
\mathrm{d}S_1 &= \sum_{i=1}^{s} p_i \mathrm{d}q_i - c\sum_{i=1}^{s} P_i \mathrm{d}Q_i \\
&= \sum_{i=1}^{s} p_i \mathrm{d}q_i - c\sum_{i=1}^{s} P_i\left(\sum_{j=1}^{s}\frac{\partial Q_i}{\partial q_j}\mathrm{d}q_j + \sum_{j=1}^{s}\frac{\partial Q_i}{\partial p_j}\mathrm{d}p_j\right) \\
&= \sum_{i=1}^{s} p_i \mathrm{d}q_i - c\sum_{j=1}^{s} P_j\sum_{i=1}^{s}\frac{\partial Q_j}{\partial q_i}\mathrm{d}q_i - c\sum_{j=1}^{s} P_j\sum_{i=1}^{s}\frac{\partial Q_j}{\partial p_i}\mathrm{d}p_i \\
&= \sum_{i=1}^{s}\left(p_i - c\sum_{j=1}^{s} P_j\frac{\partial Q_j}{\partial q_i}\right)\mathrm{d}q_i - c\sum_{i=1}^{s}\left(\sum_{j=1}^{s} P_j\frac{\partial Q_j}{\partial p_i}\right)\mathrm{d}p_i
\end{aligned}$$

S_1 函数存在的充要条件是

$$\frac{\partial}{\partial q_k}\left(p_l - c\sum_{j=1}^{s} P_j\frac{\partial Q_j}{\partial q_l}\right) = \frac{\partial}{\partial q_l}\left(p_k - c\sum_{j=1}^{s} P_j\frac{\partial Q_j}{\partial q_k}\right) \tag{1}$$

$$\frac{\partial}{\partial p_k}\left(p_l - c\sum_{j=1}^{s} P_j\frac{\partial Q_j}{\partial q_l}\right) = -c\frac{\partial}{\partial q_l}\left(\sum_{j=1}^{s} P_j\frac{\partial Q_j}{\partial p_k}\right) \tag{2}$$

$$\frac{\partial}{\partial p_k}\left(\sum_{j=1}^{s} P_j\frac{\partial Q_j}{\partial p_l}\right) = \frac{\partial}{\partial p_l}\left(\sum_{j=1}^{s} P_j\frac{\partial Q_j}{\partial p_k}\right) \tag{3}$$

(1)式可改写为

$$-c\sum_{j=1}^{s}\frac{\partial P_j}{\partial q_k}\frac{\partial Q_j}{\partial q_l} - c\sum_{j=1}^{s} P_j\frac{\partial^2 Q_j}{\partial q_k\partial q_l} = -c\sum_{j=1}^{s}\frac{\partial P_j}{\partial q_l}\frac{\partial Q_j}{\partial q_k} - c\sum_{j=1}^{s} P_j\frac{\partial^2 Q_j}{\partial q_l\partial q_k} \tag{4}$$

(4)式两边第二个和式相等,上式可简化为

$$\sum_{j=1}^{s}\frac{\partial Q_j}{\partial q_l}\frac{\partial P_j}{\partial q_k}-\sum_{j=1}^{s}\frac{\partial Q_j}{\partial q_k}\frac{\partial P_j}{\partial q_l}=0$$

即

$$(q_l,q_k)=0$$

(2)式可改写为

$$\delta_{lk}-c\sum_{j=1}^{s}\frac{\partial P_j}{\partial p_k}\frac{\partial Q_j}{\partial q_l}-c\sum_{j=1}^{s}P_j\frac{\partial^2 Q_j}{\partial p_k\partial q_l}=-c\sum_{j=1}^{s}\frac{\partial P_j}{\partial q_l}\frac{\partial Q_j}{\partial p_k}-c\sum_{j=1}^{s}P_j\frac{\partial^2 Q_j}{\partial q_l\partial p_k}$$

简化后得

$$c\left(\sum_{j=1}^{s}\frac{\partial Q_j}{\partial q_l}\frac{\partial P_j}{\partial p_k}-\sum_{j=1}^{s}\frac{\partial Q_j}{\partial p_k}\frac{\partial P_j}{\partial q_l}\right)=\delta_{lk}$$

即

$$c(q_l,p_k)=\delta_{lk}$$

由(3)式可得　$(p_l,p_k)=0$.

(2)如变换 $Q_i=Q_i(\boldsymbol{q},\boldsymbol{p},t),P_i=P_i(\boldsymbol{q},\boldsymbol{p},t)(i=1,2,\cdots,s)$是正则变换,则变换的雅可比行列式

$$\frac{\partial(Q_1,\cdots,Q_s,P_1,\cdots,P_s)}{\partial(q_1,\cdots,q_s,p_1,\cdots,p_s)}=\pm\frac{1}{c^s}\qquad(12.3.31)$$

证明

$$\frac{\partial(Q_1,\cdots,Q_s,P_1,\cdots,P_s)}{\partial(q_1,\cdots,q_s,p_1,\cdots,p_s)}=\begin{vmatrix}\frac{\partial Q_1}{\partial q_1} & \cdots & \frac{\partial Q_s}{\partial q_1} & \frac{\partial P_1}{\partial q_1} & \cdots & \frac{\partial P_s}{\partial q_1}\\ \vdots & & \vdots & \vdots & & \vdots\\ \frac{\partial Q_1}{\partial q_s} & \cdots & \frac{\partial Q_s}{\partial q_s} & \frac{\partial P_1}{\partial q_s} & \cdots & \frac{\partial P_s}{\partial q_s}\\ \frac{\partial Q_1}{\partial p_1} & \cdots & \frac{\partial Q_s}{\partial p_1} & \frac{\partial P_1}{\partial p_1} & \cdots & \frac{\partial P_s}{\partial p_1}\\ \vdots & & \vdots & \vdots & & \vdots\\ \frac{\partial Q_1}{\partial p_s} & \cdots & \frac{\partial Q_s}{\partial p_s} & \frac{\partial P_1}{\partial p_s} & \cdots & \frac{\partial P_s}{\partial p_s}\end{vmatrix}\qquad(1)$$

将(1)式行列式的下面 s 行乘以 -1,右面 s 列乘以 -1,行列式值乘以$(-1)^s\times(-1)^s=1$不变,再将上面 s 行和下面 s 行互换,右面 s 列和左面 s 列互换,行列

式值又乘以$(-1)^s\times(-1)^s=1$不变,然后再行和列互换,行列式值仍不变.经这些操作以后,行列式变为

$$
\frac{\partial(Q_1,\cdots,Q_s,P_1,\cdots,P_s)}{\partial(q_1,\cdots,q_s,p_1,\cdots,p_s)}=\begin{vmatrix}
\frac{\partial P_1}{\partial p_1} & \cdots & \frac{\partial P_1}{\partial p_s} & -\frac{\partial P_1}{\partial q_1} & \cdots & -\frac{\partial P_1}{\partial q_s}\\
\vdots & & \vdots & \vdots & & \vdots\\
\frac{\partial P_s}{\partial p_1} & \cdots & \frac{\partial P_s}{\partial p_s} & -\frac{\partial P_s}{\partial q_1} & \cdots & -\frac{\partial P_s}{\partial q_s}\\
-\frac{\partial Q_1}{\partial p_1} & \cdots & -\frac{\partial Q_1}{\partial p_s} & \frac{\partial Q_1}{\partial q_1} & \cdots & \frac{\partial Q_1}{\partial q_s}\\
\vdots & & \vdots & \vdots & & \vdots\\
-\frac{\partial Q_s}{\partial p_1} & \cdots & -\frac{\partial Q_s}{\partial p_s} & \frac{\partial Q_s}{\partial q_1} & \cdots & \frac{\partial Q_s}{\partial q_s}
\end{vmatrix}\tag{2}
$$

将(1)、(2)两式的行列式相乘

$$
\left[\frac{\partial(Q_1,\cdots,Q_s,P_1,\cdots,P_s)}{\partial(q_1,\cdots,q_s,p_1,\cdots,p_s)}\right]^2=\begin{vmatrix}
(q_1,p_1) & \cdots & (q_1,p_s) & (q_1,q_1) & \cdots & (q_s,q_s)\\
\vdots & & \vdots & \vdots & & \vdots\\
(q_s,p_1) & \cdots & (q_s,p_s) & (q_1,q_s) & \cdots & (q_s,q_s)\\
(p_1,p_1) & \cdots & (p_1,p_s) & (q_1,p_1) & \cdots & (q_s,p_1)\\
\vdots & & \vdots & \vdots & & \vdots\\
(p_s,p_1) & \cdots & (p_s,p_s) & (q_1,p_s) & \cdots & (q_s,p_s)
\end{vmatrix}
$$

$$
=\begin{vmatrix}
\frac{1}{c} & 0 & \cdots & 0 & 0\\
0 & \frac{1}{c} & \cdots & 0 & 0\\
\vdots & \vdots & & \vdots & \vdots\\
0 & 0 & \cdots & \frac{1}{c} & 0\\
0 & 0 & \cdots & 0 & \frac{1}{c}
\end{vmatrix}=\frac{1}{c^{2s}}
$$

两边开方即得(12.3.31)式.

利用母函数的偏导数导出变换关系的两个式子及雅可比行列式的性质可以证明(12.3.31)式的行列式等于$\frac{1}{c^s}$.

$$\frac{\partial(Q_1,\cdots,Q_s,P_1,\cdots,P_s)}{\partial(q_1,\cdots,q_s,p_1,\cdots,p_s)}=\frac{1}{c^s} \tag{12.3.32}$$

证明　用 $S_1(\boldsymbol{q},\boldsymbol{Q},t)$形式的母函数

$$p_i=\frac{\partial S_1(\boldsymbol{q},\boldsymbol{Q},t)}{\partial q_i},\quad P_i=-\frac{1}{c}\frac{\partial S_1(\boldsymbol{q},\boldsymbol{Q},t)}{\partial Q_i}\quad(i=1,2,\cdots,s)$$

以下我们用$J\left(\frac{\boldsymbol{Q},\boldsymbol{P}}{\boldsymbol{q},\boldsymbol{p}}\right)$表示(12.3.31)式中的行列式

$$\begin{aligned}
J\left(\frac{\boldsymbol{Q},\boldsymbol{P}}{\boldsymbol{q},\boldsymbol{p}}\right)&=(-1)^sJ\left(\frac{\boldsymbol{Q},\boldsymbol{P}}{\boldsymbol{p},\boldsymbol{q}}\right)=(-1)^sJ\left(\frac{\boldsymbol{Q},\boldsymbol{P}}{\boldsymbol{Q},\boldsymbol{q}}\right)\Big/J\left(\frac{\boldsymbol{p},\boldsymbol{q}}{\boldsymbol{Q},\boldsymbol{q}}\right)\\
&=(-1)^s\left|\frac{\partial P_i(\boldsymbol{q},\boldsymbol{Q},t)}{\partial q_j}\right|\Big/\left|\frac{\partial p_i(\boldsymbol{q},\boldsymbol{Q},t)}{\partial Q_j}\right|\\
&=(-1)^s\left|-\frac{1}{c}\frac{\partial^2 S_1(\boldsymbol{q},\boldsymbol{Q},t)}{\partial Q_i\partial q_j}\right|\Big/\left|\frac{\partial^2 S_1(\boldsymbol{q},\boldsymbol{Q},t)}{\partial q_i\partial Q_j}\right|\\
&=\frac{(-1)^{2s}}{c^s}\left|\frac{\partial^2 S_1(\boldsymbol{q},\boldsymbol{Q},t)}{\partial Q_i\partial q_j}\right|\Big/\left|\frac{\partial^2 S_1(\boldsymbol{q},\boldsymbol{Q},t)}{\partial q_i\partial Q_j}\right|=\frac{1}{c^s}
\end{aligned}$$

其中

$$\left|\frac{\partial P_i(\boldsymbol{q},\boldsymbol{Q},t)}{\partial q_j}\right|=\begin{vmatrix}\frac{\partial P_1}{\partial q_1} & \cdots & \frac{\partial P_1}{\partial q_s}\\ \vdots & & \vdots\\ \frac{\partial P_s}{\partial q_1} & \cdots & \frac{\partial P_s}{\partial q_s}\end{vmatrix}$$

(3)如变换

$$Q_i = Q_i(\boldsymbol{q}, \boldsymbol{p}, t), P_i = P_i(\boldsymbol{q}, \boldsymbol{p}, t) \quad (i = 1, 2, \cdots, s) \tag{1}$$

是一个正则变换,则逆变换

$$q_i = q_i(\boldsymbol{Q}, \boldsymbol{P}, t), p_i = p_i(\boldsymbol{Q}, \boldsymbol{P}, t) \quad (i = 1, 2, \cdots, s) \tag{2}$$

存在,且也是一个正则变换.

证明　由性质(2), $J\left(\dfrac{\boldsymbol{Q}, \boldsymbol{P}}{\boldsymbol{q}, \boldsymbol{p}}\right) \neq 0$,故逆变换一定存在.

已知(1)式的变换是正则的,必存在一个函数 $S[\boldsymbol{q}, \boldsymbol{p}(\boldsymbol{q}, \boldsymbol{Q}, t)t]$,有

$$\begin{aligned}&\mathrm{d}S[\boldsymbol{q}, \boldsymbol{p}(\boldsymbol{q}, \boldsymbol{Q}, t_0), t_0]\\&= \sum_{i=1}^{s} p_i(\boldsymbol{q}, \boldsymbol{Q}, t_0)\mathrm{d}q_i - c\sum_{i=1}^{s} P_i[\boldsymbol{q}, \boldsymbol{p}(\boldsymbol{q}, \boldsymbol{Q}, t_0), t_0]\mathrm{d}Q_i\end{aligned} \tag{3}$$

将(2)式代入(3)式,得

$$\begin{aligned}&\mathrm{d}\left\{-\frac{1}{c}S[\boldsymbol{Q}, \boldsymbol{P}(\boldsymbol{q}, \boldsymbol{Q}, t_0), t_0]\right\}\\&= \sum_{i=1}^{s} P_i(\boldsymbol{q}, \boldsymbol{Q}, t_0)\mathrm{d}Q_i - \frac{1}{c}\sum_{i=1}^{s} p_i(\boldsymbol{q}, \boldsymbol{Q}, t_0)\mathrm{d}q_i\end{aligned}$$

这就证明了逆变换是正则变换.

(4) 如变换

$$Q_i = Q_i(\boldsymbol{q}', \boldsymbol{p}', t), \quad P_i = P_i(\boldsymbol{q}', \boldsymbol{p}', t) \quad (i = 1, 2, \cdots, s) \tag{1}$$

和 $q'_i = q'_i(\boldsymbol{q}, \boldsymbol{p}, t), p'_i = p'_i(\boldsymbol{q}, \boldsymbol{p}, t) \quad (i = 1, 2, \cdots, s)$　　(2)

都是正则变换,则两个变换的乘积

$$Q_i = Q_i(\boldsymbol{q}, \boldsymbol{p}, t), \quad P_i = P_i(\boldsymbol{q}, \boldsymbol{p}, t) \quad (i = 1, 2, \cdots, s) \tag{3}$$

是正则变换.

证明　由(1)式的变换是正则变换,存在 $S'(\boldsymbol{q}', \boldsymbol{p}', t)$,有

$$\mathrm{d}S' = \sum_{i=1}^{s} p'_i \mathrm{d}q'_i - c'\sum_{i=1}^{s} P_i(\boldsymbol{q}', \boldsymbol{p}', t_0)\mathrm{d}Q_i(\boldsymbol{q}', \boldsymbol{p}', t_0) \tag{4}$$

由(2)式的变换是正则变换,存在 $S(\boldsymbol{q}, \boldsymbol{p}, t)$,有

$$dS = \sum_{i=1}^{s} p_i dq_i - c'' \sum_{i=1}^{s} p'_i(\boldsymbol{q},\boldsymbol{p},t_0) dq'_i(\boldsymbol{q},\boldsymbol{p},t_0) \tag{5}$$

(5)式加上 $c''\times$(4)式,得

$$d(S + c''S') = \sum_{i=1}^{s} p_i dq_i - c'c'' \sum_{i=1}^{s} P_i(\boldsymbol{q}',\boldsymbol{p}',t_0) dQ_i(\boldsymbol{q}',\boldsymbol{p}',t_0)$$

$$= \sum_{i=1}^{s} p_i dq_i - c \sum_{i=1}^{s} P_i[\boldsymbol{q}'(\boldsymbol{q},\boldsymbol{p},t_0),\boldsymbol{p}'(\boldsymbol{q},\boldsymbol{p},t_0),t_0] dQ_i$$

其中 $dQ_i = dQ_i[\boldsymbol{q}'(\boldsymbol{q},\boldsymbol{p},t_0),\boldsymbol{p}(\boldsymbol{q},\boldsymbol{p},t_0),t_0]$,等号两边都变成 $\boldsymbol{q},\boldsymbol{p}$ 及参数 t_0 的函数.这就证明了(3)式的变换是正则变换,其中

$$\left.\begin{aligned} Q_i &= Q_i[\boldsymbol{q}'(\boldsymbol{q},\boldsymbol{p},t),\boldsymbol{p}'(\boldsymbol{q},\boldsymbol{p},t),t] \\ P_i &= P_i[\boldsymbol{q}'(\boldsymbol{q},\boldsymbol{p},t),\boldsymbol{p}'(\boldsymbol{q},\boldsymbol{p},t),t] \end{aligned}\right. \quad (i = 1,2,\cdots,s)$$

(5)恒等变换:$Q_i = q_i, P_i = p_i (i=1,2,\cdots,s)$是一个正则变换.

(6) 正则变换的乘法遵从结合律.

由以上(3)~(6)几个性质,说明正则变换的集合组成一个群.

(7) 若 $Q_i = Q_i(\boldsymbol{q},\boldsymbol{p},t)$、$P_i = P_i(\boldsymbol{q},\boldsymbol{p},t)$ $(i=1,2,\cdots,s)$是一个正则变换,则与变换有关的泊松括号满足下列关系:

$$[Q_i,Q_j] = 0, \quad [Q_i,P_j] = c\delta_{ij}, \quad [P_i,P_j] = 0 \tag{12.3.33}$$

其中 $[r_i,r_j] = \sum_{k=1}^{s}\left[\frac{\partial r_i}{\partial q_k}\frac{\partial r_j}{\partial p_k} - \frac{\partial r_i}{\partial p_k}\frac{\partial r_j}{\partial q_k}\right]$, c 为任一非零常数.(12.3.33)式也可以看作正则变换条件.

证明 设 u、v 为 $q_1,q_2,\cdots,q_s,p_1,p_2,\cdots,p_s$ 的函数,泊松括号和拉格朗日括号的定义分别为

$$[u,v] = \sum_{k=1}^{s}\left(\frac{\partial u}{\partial q_k}\frac{\partial v}{\partial p_k} - \frac{\partial u}{\partial p_k}\frac{\partial v}{\partial q_k}\right)$$

$$(u,v) = \sum_{k=1}^{s}\left(\frac{\partial q_k}{\partial u}\frac{\partial p_k}{\partial v} - \frac{\partial q_k}{\partial v}\frac{\partial p_k}{\partial u}\right)$$

今有

$$u_\alpha = u_\alpha(q_1,\cdots,q_s,p_1,\cdots,p_s) \qquad (\alpha = 1,2,\cdots,2s)$$

$$\sum_{\gamma=1}^{2s}[u_\gamma,u_\alpha](u_\gamma,u_\beta)=\sum_{\gamma=1}^{2s}\sum_{i,j=1}^{s}\left(\frac{\partial u_\gamma}{\partial q_i}\frac{\partial u_\alpha}{\partial p_i}-\frac{\partial u_\gamma}{\partial p_i}\frac{\partial u_\alpha}{\partial q_i}\right)\left(\frac{\partial q_j}{\partial u_\gamma}\frac{\partial p_j}{\partial u_\beta}-\frac{\partial q_j}{\partial u_\beta}\frac{\partial p_j}{\partial u_\gamma}\right)$$

其中$\frac{\partial q_j}{\partial u_\beta}$、$\frac{\partial p_j}{\partial u_\beta}$等可从下列函数进行计算.从 $2s$ 个 $u_\alpha(\alpha=1,2,\cdots,2s)$中解出 $q_1,\cdots,q_s,p_1,\cdots,p_s$ 得

$$q_i=q_i(u_1,u_2,\cdots,u_{2s}),p_i=p_i(u_1,u_2,\cdots,u_{2s})\qquad(i=1,2,\cdots,s)$$

根据变量代换有下列关系：

$$\begin{pmatrix}\frac{\partial q_1}{\partial u_1}&\frac{\partial q_1}{\partial u_2}&\cdots&\frac{\partial q_1}{\partial u_{2s}}\\ \frac{\partial q_2}{\partial u_1}&\frac{\partial q_2}{\partial u_2}&\cdots&\frac{\partial q_2}{\partial u_{2s}}\\ \vdots&\vdots&&\vdots\\ \frac{\partial p_s}{\partial u_1}&\frac{\partial p_s}{\partial u_2}&\cdots&\frac{\partial p_s}{\partial u_{2s}}\end{pmatrix}\begin{pmatrix}\frac{\partial u_1}{\partial q_1}&\frac{\partial u_1}{\partial q_2}&\cdots&\frac{\partial u_1}{\partial p_s}\\ \frac{\partial u_2}{\partial q_1}&\frac{\partial u_2}{\partial q_2}&\cdots&\frac{\partial u_2}{\partial p_s}\\ \vdots&\vdots&&\vdots\\ \frac{\partial u_{2s}}{\partial q_1}&\frac{\partial u_{2s}}{\partial q_2}&\cdots&\frac{\partial u_{2s}}{\partial p_s}\end{pmatrix}=\begin{pmatrix}1&&&0\\&1&&\\&&\ddots&\\&&&1\end{pmatrix}$$

可得

$$\sum_{\gamma=1}^{2s}\frac{\partial u_\gamma}{\partial q_i}\frac{\partial q_j}{\partial u_\gamma}=\delta_{ij},\quad\sum_{\gamma=1}^{2s}\frac{\partial u_\gamma}{\partial p_i}\frac{\partial p_j}{\partial u_\gamma}=\delta_{ij}$$

$$\sum_{\gamma=1}^{2s}\frac{\partial u_\gamma}{\partial q_i}\frac{\partial p_j}{\partial u_\gamma}=0,\quad\sum_{\gamma=1}^{2s}\frac{\partial u_\gamma}{\partial p_i}\frac{\partial q_j}{\partial u_\gamma}=0$$

用上述四个关系可得

$$\sum_{\gamma=1}^{2s}[u_\gamma,u_\alpha](u_\gamma,u_\beta)=\sum_{i=1}^{s}\left(\frac{\partial u_\alpha}{\partial p_i}\frac{\partial p_i}{\partial u_\beta}+\frac{\partial u_\alpha}{\partial q_i}\frac{\partial q_i}{\partial u_\beta}\right)$$

再用

$$\begin{pmatrix}\frac{\partial u_1}{\partial q_1}&\frac{\partial u_1}{\partial q_2}&\cdots&\frac{\partial u_1}{\partial p_s}\\ \frac{\partial u_2}{\partial q_1}&\frac{\partial u_2}{\partial q_2}&\cdots&\frac{\partial u_2}{\partial q_s}\\ \vdots&\vdots&&\vdots\\ \frac{\partial u_{2s}}{\partial q_1}&\frac{\partial u_{2s}}{\partial q_2}&\cdots&\frac{\partial u_{2s}}{\partial p_s}\end{pmatrix}\begin{pmatrix}\frac{\partial q_1}{\partial u_1}&\frac{\partial q_1}{\partial u_2}&\cdots&\frac{\partial q_1}{\partial u_{2s}}\\ \frac{\partial q_2}{\partial u_1}&\frac{\partial q_2}{\partial u_2}&\cdots&\frac{\partial q_2}{\partial u_{2s}}\\ \vdots&\vdots&&\vdots\\ \frac{\partial p_s}{\partial u_1}&\frac{\partial p_s}{\partial u_2}&\cdots&\frac{\partial p_s}{\partial u_{2s}}\end{pmatrix}=\begin{pmatrix}1&&&0\\&1&&\\&&\ddots&\\&&&1\end{pmatrix}$$

可得

$$\sum_{i=1}^{s}\left(\frac{\partial u_\alpha}{\partial q_i}\frac{\partial q_i}{\partial u_\beta}+\frac{\partial u_i}{\partial p_i}\frac{\partial p_i}{\partial u_\beta}\right)=\delta_{\alpha\beta}$$

∴
$$\sum_{\gamma=1}^{2s}[u_\gamma,u_\alpha](u_\gamma,u_\beta)=\delta_{\alpha\beta} \tag{1}$$

令 $u_\gamma(\gamma=1,2,\cdots,2s)$分别为 $Q_1,Q_2,\cdots,Q_s,P_1,P_2,\cdots,P_s$,再令 $u_\alpha=Q_\alpha$, $u_\beta=Q_\beta(\alpha、\beta=1,2,\cdots,s)$,用(1)式可得

$$\sum_{\gamma=1}^{2s}[u_\gamma,Q_\alpha](u_\gamma,Q_\beta)=\delta_{\alpha\beta}$$

具体写出上述和式,分别两种情况:

设 $\beta>\alpha$.

$$[Q_1,Q_\alpha](Q_1,Q_\beta)+[Q_2,Q_\alpha](Q_2,Q_\beta)+\cdots+[P_\alpha,Q_\alpha](P_\alpha,Q_\beta)$$
$$+\cdots+[P_\beta,Q_\alpha](P_\beta,Q_\beta)+\cdots+[P_s,Q_\alpha](P_s,Q_\beta)=0$$

用性质(3),逆变换是正则变换,再用性质(1)

$$(Q_\alpha,Q_\beta)=0,(Q_\alpha,P_\beta)=\frac{1}{c}\delta_{\alpha\beta},(P_\alpha,P_\beta)=0 \tag{2}$$

可得

$$[P_\beta,Q_\alpha]=0 \tag{3}$$

设 $\beta=\alpha$,有

$$[Q_1,Q_\alpha](Q_1,Q_\alpha)+[Q_2,Q_\alpha](Q_2,Q_\alpha)+\cdots+[P_\alpha,Q_\alpha](P_\alpha,Q_\alpha)$$
$$+\cdots+[P_s,Q_\alpha][P_s,Q_\alpha]=1$$

可得

$$[P_\alpha,Q_\alpha](P_\alpha,Q_\alpha)=1$$

$$[P_\alpha,Q_\alpha]=\frac{1}{(P_\alpha,Q_\alpha)}=-\frac{1}{(Q_\alpha,P_\alpha)}=-c$$

$$[Q_\alpha,P_x]=c \tag{4}$$

(3)、(4)两式可合写为

$$[Q_\alpha,P_\alpha]=c\delta_{\alpha\beta}$$

令 $u_\gamma(\gamma=1,2,\cdots,2s)$分别为 Q_1、Q_2、…、Q_s、P_1、P_2、…、P_s，再分别令 $u_\alpha=Q_\alpha$、$u_\beta=P_\beta$，$(\alpha,\beta=1,2,\cdots,s)$和 $u_\alpha=P_\alpha$、$u_\beta=P_\beta$，$(\alpha,\beta=1,2,\cdots,s)$，可证

$$[Q_\alpha,Q_\beta]=0,[P_\alpha,P_\beta]=0$$

*6. 无限小正则变换

在无限小正则变换中，新旧变量之差仅是一个无限小量，变换关系为

$$\begin{cases} Q_i = q_i + \varepsilon\varphi_i(\boldsymbol{q},\boldsymbol{p},t) \\ P_i = p_i + \varepsilon\psi_i(\boldsymbol{q},\boldsymbol{p},t) \end{cases} \quad (i=1,2,\cdots,s) \tag{12.3.34}$$

为了寻找无限小正则变换的母函数，首先写出与这个变换相差无限小的恒等正则变换的母函数

$$S_3 = \sum_{i=1}^{s} q_i P_i \tag{12.3.35}$$

用(12.3.21)式，取 $c=1$，由上式得

$$p_i = \frac{\partial S_3}{\partial q_i} = P_i, \qquad Q_i = \frac{\partial S_3}{\partial P_i} = q_i$$

说明(12.3.35)式的 S_3 是恒等正则变换的母函数.

无限小正则变换的母函数与恒等正则变换的母函数应差一个无限小的 $\boldsymbol{q}$、$\boldsymbol{P}$、t 的函数，可写为

$$S_3 = \sum_{i=1}^{s} q_i P_i + \varepsilon G(\boldsymbol{q},\boldsymbol{P},t) \tag{12.3.36}$$

其中 ε 是个无限小参量，G 是 $\boldsymbol{q}$、$\boldsymbol{P}$、t 的可导函数，εG 必须具有作用量即能量乘时间的量纲.

由(12.3.21)式(取 $c=1$)得变换关系为

$$\begin{cases} p_i = \dfrac{\partial S_3}{\partial q_i} = P_i + \varepsilon\dfrac{\partial G}{\partial q_i} \\ Q_i = \dfrac{\partial S_3}{\partial P_i} = q_i + \varepsilon\dfrac{\partial G}{\partial P_i} \end{cases} \quad (i=1,2,\cdots,s)$$

忽略含 ε^2 的项，G 中的 $\boldsymbol{P}$ 可改写为 $\boldsymbol{p}$，于是上式可改写为

$$\begin{cases} \delta p_i = P_i - p_i = -\varepsilon \dfrac{\partial G}{\partial q_i} \\ \delta q_i = Q_i - q_i = \varepsilon \dfrac{\partial G}{\partial p_i} \end{cases} \quad (i = 1, 2, \cdots, s) \tag{12.3.37}$$

只要 εG 具有作用量的量纲，(12.3.36)式的 S_3 就符合作为产生正则变换的母函数的条件，由它产生的变换是正则变换.

由(12.3.34)式，(12.3.37)式也可写成

$$\psi_i = -\frac{\partial G}{\partial q_i}, \quad \varphi_i = \frac{\partial G}{\partial p_i} \quad (i = 1, 2, \cdots, s) \tag{12.3.37$'$}$$

它能产生出一个正则变换，就能称为母函数. 因此，可把 $G(\boldsymbol{q}, \boldsymbol{p}, t)$ 称为无限小正则变换的母函数.

在 εG 具有作用量量纲的前提下，可以任给 ε 和 G 以不同的物理意义，随之，Q_i 和 P_i 也将具有不同的物理意义.

令 $\varepsilon = \mathrm{d}t$, $G = H$ 为哈密顿函数，由(12.3.37)式

$$\begin{cases} P_i = p_i - \mathrm{d}t \dfrac{\partial H}{\partial q_i} = p_i + \dot{p}_i \mathrm{d}t = p_i + \mathrm{d}p_i \\ Q_i = q_i + \mathrm{d}t \dfrac{\partial H}{\partial p_i} = q_i + \dot{q}_i \mathrm{d}t = q_i + \mathrm{d}q_i \end{cases} \tag{12.3.38}$$

新的正则变量 Q_i、P_i 就是 $t + \mathrm{d}t$ 时的正则变量 q_i、p_i. 这样，(12.3.38)式可以解释为：广义的有势系统在无限小时间间隔 $\mathrm{d}t$ 内的运动是一个以哈密顿函数 H 作为母函数的无限小正则变换. 由于正则变换具有其集合是一个群的性质，力学系统在有限时间间隔 $t - t_0$ 内的连续运动是在这期间进行一连串无限小正则变换的结果. 结果是使 t_0 时的 q_{i0}、p_{i0} $(i = 1, 2, \cdots, s)$ 变为 t 时的 q_i、p_i $(i = 1、2、\cdots、s)$ 的正则变换，变换关系为

$$\begin{cases} q_i = q_i(t, q_{10}, \cdots, q_{s0}, p_{10}, \cdots, p_{s0}) \\ p_i = p_i(t, q_{10}, \cdots, q_{s0}, p_{10}, \cdots, p_{s0}) \end{cases}$$

它是哈密顿正则方程

$$\dot{q}_i = \frac{\partial H}{\partial p_i}, \quad \dot{p}_i = -\frac{\partial H}{\partial q_i} \quad (i = 1,2,\cdots,s)$$

的通解.(12.3.38)式实际上就是哈密顿正则方程.

我们还可以用无限小正则变换来讨论广义的有势系统的运动积分问题.

考虑任意一个正则变量的函数 $f(\boldsymbol{q},\boldsymbol{p},t)$,在无限小正则变换

$$Q_i = q_i + \delta q_i, \quad P_i = p_i + \delta p_i \quad (i = 1,2,\cdots,s)$$

下函数 f 的改变,

$$\delta f = f(\boldsymbol{q}+\delta\boldsymbol{q},\boldsymbol{p}+\delta\boldsymbol{p},t) - f(\boldsymbol{q},\boldsymbol{p},t)$$

$$= \sum_{i=1}^{s}\left(\frac{\partial f}{\partial q_i}\delta q_i + \frac{\partial f}{\partial p_i}\delta p_i\right)$$

将(12.3.37)式代入上式,得

$$\delta f = \varepsilon\sum_{i=1}^{s}\left(\frac{\partial f}{\partial q_i}\frac{\partial G}{\partial p_i} - \frac{\partial f}{\partial p_i}\frac{\partial G}{\partial q_i}\right) = \varepsilon[f,G]$$

其中$[f,G]$是此函数 f 与无限小正则变换母函数G 组成的泊松括号.

令 $\varepsilon=\mathrm{d}t, G=H$,考虑 $\mathrm{d}t\neq0$,将 δf 改为 $\mathrm{d}f$,上述两式改写为

$$\mathrm{d}f = f(\boldsymbol{q}+\mathrm{d}\boldsymbol{q},\boldsymbol{p}+\mathrm{d}\boldsymbol{p},t+\mathrm{d}t) - f(\boldsymbol{q},\boldsymbol{p},t)$$

$$= \sum_{i=1}^{s}\left(\frac{\partial f}{\partial q_i}\mathrm{d}q_i + \frac{\partial f}{\partial p_i}\mathrm{d}p_i\right) + \frac{\partial f}{\partial t}\mathrm{d}t$$

$$\mathrm{d}f = \mathrm{d}t[f,H] + \frac{\partial f}{\partial t}\mathrm{d}t$$

$f(\boldsymbol{q},\boldsymbol{p},t)$为运动积分的条件是

$$\frac{\partial f}{\partial t} + [f,H] = 0 \tag{12.3.39}$$

这正是§12.1.6 中得到的(12.1.33)式.

由(12.3.39)式立即可得出以下结论:

(1) 如$\frac{\partial H}{\partial t}=0$,可取 $f=H$,有$\frac{\partial f}{\partial t}=\frac{\partial H}{\partial t}=0$,且$[f,H]=[H,H]=0$,由(12.3.39)式,$H$ 为运动常数,且为守恒量.

(2) 如$\dfrac{\partial H}{\partial q_k}=0$,即 q_k 为循环坐标,取 f 为与之共轭的广义动量 p_k,也有$\dfrac{\partial f}{\partial t}=\dfrac{\partial p_k}{\partial t}=0$,且有$[f,H]=[p_k,H]=\sum\limits_{i=1}^{s}\left(\dfrac{\partial p_k}{\partial q_i}\dfrac{\partial H}{\partial p_i}-\dfrac{\partial p_k}{\partial p_i}\dfrac{\partial H}{\partial q_i}\right)=0$,由(12.3.39)式,$p_k$ 是运动常数,也是守恒量.

§12.4 哈密顿-雅可比方程

上面我们讲了泊松定理和正则变换两种求解正则方程的方法.但是,泊松定理常常是提供不出新的独立的运动积分,用正则变换,如能使哈密顿函数有更多的循环坐标,对求解动力学问题是有利的.但如何选择母函数达到这个目的,上述的正则变换理论没有解决这个问题.不过,关于母函数和新旧哈密顿函数的关系已经为解决这个问题作了理论准备.由此我们可以得到获得一个特殊正则变换的母函数所满足的偏微分方程,它就是我们这里要讲的哈密顿-雅可比方程.

1. 哈密顿-雅可比方程

(1) 从正则变换导出哈密顿-雅可比方程

用 $S_1(\boldsymbol{q}、\boldsymbol{Q}、t)$、$S_2(\boldsymbol{p}、\boldsymbol{Q}、t)$、$S_3(\boldsymbol{q}、\boldsymbol{P}、t)$、$S_4(\boldsymbol{p}、\boldsymbol{P}、t)$还是采用其他的满足一定要求的混合变量的母函数,都有

$$H^* = H + \frac{\partial S_i}{\partial t} \quad (i = 1,2,3,4,\cdots)$$

这里,为了简便,我们总取 $c=1$.

我们可以从上述任何一个母函数出发,得到相应的哈密顿-雅可比方程.下面将看到,如果原来的哈密顿函数没有经过非点变换、非推广的点变换的正则变换,即有 $p_i=\dfrac{\partial L}{\partial \dot{q}_i}$的关系,只有 q_i 可能已是循环坐标,则用 S_1 或 S_3 得到的哈密顿-雅可比方程比较方便.如果已经过其他正则变换,有某个或某些广义动量是循环坐标,则用 S_2 或 S_4 得到的哈密顿-雅可比方程比较方便.

我们用 S_1 得到相应的哈密顿-雅可比方程.下面把 S_1 简单写作 S.

最理想的新哈密顿函数自然是 $H^*=0$.所有的正则变量 Q_i、P_i 都是循环坐标.由正则方程.

$$\left.\begin{aligned}\dot{Q}_i &= \frac{\partial H^*}{\partial P_i} = 0\\ \dot{P}_i &= -\frac{\partial H^*}{\partial Q_i} = 0\end{aligned}\right\}\quad (i = 1,2,\cdots,s)$$

可得 $Q_i = \alpha_i, P_i = \beta_i (i=1,2,\cdots,s)$.

代入由母函数 $S(\boldsymbol{q},\boldsymbol{Q},t)$得到的正则变换关系,得

$$p_i = \frac{\partial S(\boldsymbol{q},\boldsymbol{Q},t)}{\partial q_i} = \frac{\partial S(\boldsymbol{q},\boldsymbol{\alpha},t)}{\partial q_i} = p_i(\boldsymbol{q},\boldsymbol{\alpha},t) \tag{12.4.1}$$

$$\beta_i = P_i = -\frac{\partial S(\boldsymbol{q},\boldsymbol{Q},t)}{\partial Q_i} = -\frac{\partial S(\boldsymbol{q},\boldsymbol{\alpha},t)}{\partial \alpha_i} = P_i(\boldsymbol{q},\boldsymbol{\alpha},t) \tag{12.4.2}$$

由母函数和新、旧哈密顿函数间的关系及 $H^* = 0$,并代入(12.4.1)式 $p_i = \frac{\partial S}{\partial q_i}$,得 S 满足的偏微分方程为

$$\frac{\partial S}{\partial t} + H\left(q_1, q_2, \cdots, q_s, \frac{\partial S}{\partial q_1}, \frac{\partial S}{\partial q_2}, \cdots, \frac{\partial S}{\partial q_S}, t\right) = 0 \tag{12.4.3}$$

或简写为

$$\frac{\partial S}{\partial t} + H\left(\boldsymbol{q}, \frac{\partial S}{\partial \boldsymbol{q}}, t\right) = 0 \tag{12.4.3$'$}$$

(12.4.3)式(12.4.3′)式就是哈密顿-雅可比方程.它是一个一阶非线性偏微分方程.若原来的 H 含 p_i 的最高次方为二次,则哈密顿-雅可比方程中含 $\left(\frac{\partial S}{\partial q_i}\right)^2$ 的项.偏微分方程的自变量为 q_1、q_2、$\cdots$、q_S 和 t,其解应含有 $s+1$ 个独立的积分常数.由于 S 仅以自己的偏导数出现于偏微分方程中,完全积分的任意常数里必有一个可加常数.完全积分具有下列形式:

$$S(\boldsymbol{q},\boldsymbol{\alpha},t) + C$$

$\boldsymbol{\alpha}$ 是 α_1、α_2、$\cdots$、α_S 的缩写,C 为可加常数,它对动力学方程的解毫无影响,可以略去不写.

母函数必须满足

$$\left|\frac{\partial^2 S(\boldsymbol{q},\boldsymbol{Q},t)}{\partial q_i \partial Q_j}\right| \neq 0$$

故我们得到的(12.4.3)式的解也必须满足

$$\left|\frac{\partial^2 S(\boldsymbol{q},\boldsymbol{\alpha},t)}{\partial q_i \partial \alpha_j}\right| \neq 0 \tag{12.4.4}$$

由于(12.4.4)式成立,保证从(12.4.2)式可解出

$$q_i = q_i(t,\alpha_1,\cdots,\alpha_s,\beta_1,\cdots,\beta_s) \tag{12.4.5}$$

将(12.4.5)式代入(12.4.1)式,得

$$p_i = p_i(t,\alpha_1,\cdots,\alpha_s,\beta_1,\cdots,\beta_s) \tag{12.4.6}$$

这两组式子就是哈密顿正则方程的解,α_1、…、α_s、β_1、…、β_s 由初条件决定.

(2) 雅可比定理

上面由正则变换的角度说明了哈密顿-雅可比方程的全积分得到的 $q_i(t,\boldsymbol{\alpha}$、$\boldsymbol{\beta})$、$p_i(t,\boldsymbol{\alpha}$、$\boldsymbol{\beta})$就是正则方程的解.雅可比定理是从另一个角度来说明它们之间的关系的.

雅可比定理.如果

$$\frac{\partial S}{\partial t} + H\left(\boldsymbol{q},\frac{\partial S}{\partial \boldsymbol{q}},t\right) = 0$$

的完全积分 $S = S(t,\boldsymbol{q},\boldsymbol{\alpha}) + C$ 是哈密顿-雅可比方程满足

$$\left|\frac{\partial^2 S(t,\boldsymbol{q},\boldsymbol{\alpha})}{\partial q_i \partial \alpha_j}\right| \neq 0$$

的解,则正则方程的积分可由

$$p_i = \frac{\partial S}{\partial q_i},\ \beta_i = -\frac{\partial S}{\partial \alpha_i} \quad (i = 1,2,\cdots,s) \tag{12.4.7}$$

获得,其中 α_i、β_i 是由初条件确定的两组常数.

证明 直接证明上面得到的正则方程的积分的确满足正则方程.

将$\frac{\partial S}{\partial \alpha_i} = -\beta_i$ 两边对 t 求全导,注意$\frac{\partial S}{\partial \alpha_i}$是 t、$\boldsymbol{q}$、$\boldsymbol{\alpha}$ 的函数,不仅显含 t,在 $\boldsymbol{q}$ 中还隐含 t.

$$\frac{\partial}{\partial t}\left(\frac{\partial S}{\partial \alpha_i}\right) + \sum_{k=1}^{s} \frac{\partial}{\partial q_k}\left(\frac{\partial S}{\partial \alpha_i}\right)\dot{q}_k = 0$$

代入 $\dot{q}_k = \frac{\partial H}{\partial p_k}$,有

$$\frac{\partial}{\partial t}\left(\frac{\partial S}{\partial \alpha_i}\right)+\sum_{k=1}^{s}\frac{\partial}{\partial q_k}\left(\frac{\partial S}{\partial \alpha_i}\right)\frac{\partial H}{\partial p_k}=0$$

这里 $p_k=\frac{\partial S}{\partial q_k}$，上式可改写为

$$\frac{\partial}{\partial t}\left(\frac{\partial S}{\partial \alpha_i}\right)+\sum_{k=1}^{s}\frac{\partial}{\partial q_k}\left(\frac{\partial S}{\partial \alpha_i}\right)\frac{\partial H}{\partial\left(\frac{\partial S}{\partial q_k}\right)}=0$$

因 t 与 α_i、α_i 与 q_k 均相互独立，对它们的求导运算次序可以对易，上式可改写为

$$\frac{\partial}{\partial \alpha_i}\left(\frac{\partial S}{\partial t}\right)+\sum_{k=1}^{s}\frac{\partial}{\partial \alpha_i}\left(\frac{\partial S}{\partial q_k}\right)\frac{\partial H}{\partial\left(\frac{\partial S}{\partial q_k}\right)}=0$$

即

$$\frac{\partial}{\partial \alpha_i}\left[\frac{\partial S}{\partial t}+H\left(t,\boldsymbol{q},\frac{\partial S}{\partial \boldsymbol{q}}\right)\right]=0$$

得到 $\frac{\partial}{\partial \alpha_i}[0]=0, 0=0$ 的恒等式.

证明了由 $\beta_i=-\frac{\partial S}{\partial \alpha_i}$ 给出的 $q_i=q_i(t,\boldsymbol{\alpha},\boldsymbol{\beta})$ 满足 $\dot{q}_i=\frac{\partial H}{\partial p_i}$.

再看 $p_k=\frac{\partial S}{\partial q_k}$ 与 $\dot{p}_k=-\frac{\partial H}{\partial q_k}$ 的关系.

将 $\frac{\partial S}{\partial q_i}=p_i$ 两边对 t 求全导，注意 $\frac{\partial S}{\partial q_i}$ 是 t、$\boldsymbol{q}$、$\boldsymbol{\alpha}$ 的函数，不仅显含 t，在 $\boldsymbol{q}$ 中还隐含 t，

$$\frac{\partial}{\partial t}\left(\frac{\partial S}{\partial q_i}\right)+\sum_{k=1}^{s}\frac{\partial}{\partial q_k}\left(\frac{\partial S}{\partial q_i}\right)\dot{q}_k=\dot{p}_i$$

代入 $\dot{q}_k=\frac{\partial H}{\partial p_k}$、$\dot{p}_i=-\frac{\partial H}{\partial q_i}$，并用 $p_k=\frac{\partial S}{\partial q_k}$，上式可改写为

$$\frac{\partial}{\partial t}\left(\frac{\partial S}{\partial q_i}\right)+\sum_{k=1}^{s}\frac{\partial}{\partial q_k}\left(\frac{\partial S}{\partial q_i}\right)\frac{\partial H}{\partial\left(\frac{\partial S}{\partial q_k}\right)}+\frac{\partial H}{\partial q_i}=0$$

由 $\frac{\partial}{\partial t}$ 与 $\frac{\partial}{\partial q_i}$、$\frac{\partial}{\partial q_k}$ 与 $\frac{\partial}{\partial q_i}$ 可以对易，上式又可写成

$$\frac{\partial}{\partial q_i}\left[\frac{\partial S}{\partial t}+H\left(t,\boldsymbol{q},\frac{\partial S}{\partial \boldsymbol{q}}\right)\right]=0$$

也得到$\frac{\partial}{\partial q_i}[0]=0,0=0$的恒等式.证毕.

雅可比定理也可以被视为由哈密顿正则方程导出了哈密顿-雅可比方程.

附注　偏微分方程的通解包含若干任意函数,因此哈密顿-雅可比方程的完全积分不是通解.

(3) $S(t,\boldsymbol{q},\boldsymbol{\alpha})$的物理意义

$S(t,\boldsymbol{q},\boldsymbol{\alpha})$通常被称为哈密顿主函数.现在我们再看一下它还有什么物理意义.

$$\frac{\mathrm{d}S}{\mathrm{d}t}=\sum_{i=1}^{s}\frac{\partial S}{\partial q_i}\dot{q}_i+\frac{\partial S}{\partial t}$$

将 $p_i=\frac{\partial S}{\partial q_i}$和$\frac{\partial S}{\partial t}=-H$ 代入,得

$$\frac{\mathrm{d}S}{\mathrm{d}t}=\sum_{i=1}^{s}p_i\dot{q}_i-H=L$$

故

$$S=\int L\mathrm{d}t$$

在§12.2中,我们把$\int_{t_2}^{t_1}L\mathrm{d}t$ 称作哈密顿作用量,从上式看,这里的哈密顿主函数 S 是积分限不定的哈密顿作用量.此式对求解无多大实际意义,因为在解出 q_i、p_i 作为 t 的函数之前,无法作上式的积分.

(4) 哈密顿-雅可比方程的一般形式

由于哈密顿函数 $H(\boldsymbol{q},\boldsymbol{p},t)$的函数形式不同,有时我们采用别种形式的母函数导出的哈密顿-雅可比方程较为方便.有必要写出对各种情况均能适用的哈密顿-雅可比方程的一般形式.

一般形式为

$$\frac{\partial S(\boldsymbol{x},t)}{\partial t}+H\left(\boldsymbol{x},\pm\frac{\partial S(\boldsymbol{x},t)}{\partial \boldsymbol{x}},t\right)=0 \qquad (12.4.8)$$

完全积分(不写可加常数)为

$$S = S(\boldsymbol{x}, \boldsymbol{\alpha}, t) \tag{12.4.9}$$

满足条件

$$\left|\frac{\partial^2 S(\boldsymbol{x}, \boldsymbol{\alpha}, t)}{\partial x_i \partial \alpha_j}\right| \neq 0 \tag{12.4.10}$$

其中 $\boldsymbol{\alpha}$ 为 α_1、α_2、…、α_s 的缩写,为一组常数.则此理想、完整的广义的有势系统的解可由下列方程获得:

$$y_i = \frac{\partial S(\boldsymbol{x}、\boldsymbol{\alpha}, t)}{\partial x_i} \tag{12.4.11}$$

$$\beta_i = -\frac{\partial S(\boldsymbol{x}、\boldsymbol{\alpha}, t)}{\partial \alpha_i} \tag{12.4.12}$$

其中 $\boldsymbol{\beta}$ 为 β_1、β_2、…、β_s 的缩写,为一组常数.

如 $x_i = q_i$,则 $y_i = p_i$(12.4.8)式中,$\frac{\partial S}{\partial \boldsymbol{x}}$前取正号;如 $x_i = p_i$,则 $y_i = -q_i$,(12.4.8)式中$\frac{\partial S}{\partial \boldsymbol{x}}$前取负号.

其实,α_i、β_i 哪个有新广义坐标的物理意义、哪个有新广义动量的物理意义是无关紧要的.它们不论有何种物理意义,对求解运动学方程没有任何影响,(12.4.12)式的偏导数前取负号还是正号,仅影响 β_i 的正负号,因涉及到母函数中 X_i 取 Q_i 还是 P_i,故影响 α_i、β_i 的物理意义.不过,也可以认为,α_i、β_i 的物理意义不需作修改,只是与哈密顿-雅可比方程有关的正则变换条件中取 $c=1$ 还是 $c=-1$ 的问题.从以上任何一点考虑,(12.4.12)式、乃至(12.4.2)式中的负号都可以去掉.

(5) 有$\frac{\partial H}{\partial t}=0$ 情况的广义有势系统的哈密顿-雅可比方程

有$\frac{\partial H}{\partial t}=0$ 时,(12.4.8)式变为

$$\frac{\partial S}{\partial t} + H\left(\boldsymbol{x}, \pm \frac{\partial S}{\partial \boldsymbol{x}}\right) = 0$$

可令

$$S = T(t) + W(\boldsymbol{x}), \quad \frac{\mathrm{d}T(t)}{\mathrm{d}t} = -H\left(\boldsymbol{x}, \pm \frac{\partial W(\boldsymbol{X})}{\partial \boldsymbol{x}}\right)$$

等号左边只能是常数或 t 的函数,等号右边只能是常量或 x_1、x_2、…、x_s 的函数.上述等式要在任何 $\boldsymbol{x}$、t 值成立,只能两边都是常量.设

$$H\left(\boldsymbol{x},\pm\frac{\partial W}{\partial \boldsymbol{x}}\right)=h \tag{12.4.13}$$

h 是常量,相当于 α_1.

$$\frac{\mathrm{d}T(t)}{\mathrm{d}t}=-h$$

积出

$$T(t)=-ht$$

可把(12.4.13)式称为$\frac{\partial H}{\partial t}=0$ 情况下的哈密顿-雅可比方程、当 $x_i=q_i$ 时,$y_i=p_i$,(12.4.13)式中$\frac{\partial W}{\partial x_i}$前取正号,当 $x_i=p_i$ 时,$y_i=-q_i$,(12.4.13)式中$\frac{\partial W}{\partial x_i}$前取负号.

它的完全积分(省略可加常数)为

$$W=W(x_1,x_2,\cdots,x_s,h,\alpha_2,\cdots,\alpha_s) \tag{12.4.14}$$

满足条件

$$\left|\frac{\partial^2 W}{\partial x_i\partial \alpha_j}\right|\neq 0 \quad (\text{其中 } \alpha_1=h) \tag{12.4.15}$$

哈密顿主函数为

$$S=-ht+W(x_1,x_2,\cdots,x_s,h,\alpha_2,\cdots,\alpha_s) \tag{12.4.16}$$

常把(12.4.14)式的 W 称为哈密顿特性函数.

(12.4.11)、(12.4.12)式具体化为

$$\begin{cases} y_i=\dfrac{\partial S}{\partial x_i}=\dfrac{\partial W}{\partial x_i} \quad (i=1,2,\cdots,s) \\ \beta_1=-\dfrac{\partial S}{\partial h}=t-\dfrac{\partial W}{\partial h} \\ \beta_i=-\dfrac{\partial S}{\partial \alpha_i}=-\dfrac{\partial W}{\partial \alpha_i} \quad (i=2,3,\cdots,s) \end{cases} \tag{12.4.17}$$

为了说明(12.4.17)式的几组方程的物理意义以 $x_i=q_i(i=1,2,\cdots,s)$为例,则 $y_i=p_i,(i=1,2,\cdots,s),\alpha_1=h,\alpha_i=Q_i,(i=2,3,\cdots,s),\beta_i=P_i,(i=1,2,\cdots,s)$,第三组方程都不显含 t,每一个方程给出位形空间中的一个超平面,$s-1$ 个超平面的交线给出系统在位形空间中的轨道方程.从后两组的 s 个方程中可解出 $q_i=q_i(t,h,\boldsymbol{\alpha},\boldsymbol{\beta}),(i=1,2,\cdots,s)$,给出了系统各广义坐标随时间的变化规律,即

运动学方程.从第一组 s 个方程中可解出 $p_i(\boldsymbol{q},\boldsymbol{\alpha})$,将 $q_i=q_i(t,h,\boldsymbol{\alpha},\boldsymbol{\beta})$代入,即得广义动量随时间的变化规律 $p_i=p_i(t,h,\boldsymbol{\alpha},\boldsymbol{\beta})$.

例 12.4.1 用哈密顿-雅可比方程求解由哈密顿函数 $H(p,q)=p+aq^2$(其中 a 为常量)的系统的运动.

解 用(12.4.13)式的哈密顿-雅可比方程

$$H\left(\boldsymbol{x},\pm\frac{\partial W}{\partial \boldsymbol{x}}\right)=h$$

方法一,令 $x=q$,则 $y=p$,哈密顿-雅可比方程为

$$\frac{\mathrm{d}W}{\mathrm{d}q}+aq^2=h$$

积分得

$$W=-\frac{1}{3}aq^3+hq$$

满足

$$\frac{\partial^2 W}{\partial q\partial h}\neq 0\quad\left(令\frac{\partial^2 W}{\partial q\partial h}=1\right)$$

由(12.4.17)式得

$$p=\frac{\partial W}{\partial q}=-aq^2+h,\ \beta=t-\frac{\partial W}{\partial h}=t-q$$

整理后得

$$q=t-\beta$$

$$p=-a(t-\beta)^2+h=-at^2+2a\beta t+h-a\beta^2$$

方法二,令 $x=p$,则 $y=-q$,哈密顿-雅可比方程为

$$p+a\left(-\frac{\mathrm{d}W}{\mathrm{d}p}\right)^2=h$$

$$\frac{\mathrm{d}W}{\mathrm{d}p}=-\frac{1}{\sqrt{a}}\sqrt{h-p},\quad W=+\frac{1}{\sqrt{a}}\ \frac{2}{3}(h-p)^{3/2}$$

满足

$$\frac{\partial^2 W}{\partial p\partial h}\neq 0\quad\left(令\frac{\partial^2 W}{\partial p\partial h}=-\frac{1}{2\sqrt{a(h-p)}}\neq 0\right)$$

由(12.4.17)式得

$$-q=\frac{\partial W}{\partial p}=-\frac{1}{\sqrt{a}}(h-p)^{1/2}$$

$$\beta=t-\frac{\partial W}{\partial h}=t-\frac{1}{\sqrt{a}}(h-p)^{1/2}$$

整理后可得到与方法一完全相同的结果.

由此例可以看出,取 x_i 为 q_i 还是 p_i,关系到求解哈密顿-雅可比方程的难易和繁简甚至有是否可解的问题.这里取 $x=q$ 得线性偏微分方程,自然求解会简单些,方法二中 $\left(-\frac{\mathrm{d}W}{\mathrm{d}p}\right)^2$ 开方时取正号还是负号均可,不影响结果.此例也符合量纲要求,这里 q 具有时间的量纲,p 具有能量的量纲,pq 具有作用量的量纲,变换后的 $h\beta$ 也具有作用量的量纲(h 总具有能量的量纲,β 具有时间的量纲).

例 12.4.2 一个具有一个自由度的广义的有势系统的哈密顿函数为

$$H=p+\sin p+q$$

用哈密顿-雅可比方程求解其运动规律,并与用正则方程获得的结果作比较.

解 若取 $x=q,y=p$,则哈密顿-雅可比方程为

$$\frac{\mathrm{d}W}{\mathrm{d}q}+\sin\left(\frac{\mathrm{d}W}{\mathrm{d}q}\right)+q=h$$

这个微分方程难于得到精确解.

如取 $x=p,y=-q$,则哈密顿-雅可比方程为

$$p+\sin p-\frac{\mathrm{d}W}{\mathrm{d}p}=h$$

积分得

$$W=\frac{1}{2}p^2-\cos p-hp$$

有

$$\frac{\partial^2 W}{\partial p\partial h}=-1\neq 0$$

由(12.4.17)式得

$$-q=\frac{\partial W}{\partial p}=p+\sin p-h$$

$$\beta = t - \frac{\partial W}{\partial h} = t + p$$

整理后得

$$p = - t + \beta$$

$$q = - p - \sin p + h = t - \beta + \sin(t - \beta) + h$$

如用正则方程,则有

$$\dot{q} = \frac{\partial H}{\partial p} = 1 + \cos p$$

$$\dot{p} = - \frac{\partial H}{\partial q} = - 1$$

积分得

$$p = - t + \beta$$

$$q = t - \int \cos(t - \beta) \mathrm{d}t = t - \sin(t - \beta) + \alpha'$$

两种解法结果相同.

这是一个取 x_i 为广义坐标还是广义动量得到的哈密顿-雅可比方程有可解不可解问题的例子,也是一个 H 中,p、q 前系数为常量 1 具有量纲使 p、q 仍能符合量纲要求的例子.

2. 分离变量法

哈密顿-雅可比方程一般讲是一个一阶非线性的偏微分方程,解一个偏微分方程比解一个常微分方程还麻烦.不过在许多情况下,常常可用分离变量法,把一个偏微分方程变为一个或 n 个常微分方程和一个变量减少了的偏微分方程或者把一个偏微分方程变为两个或 n 个变量较少的偏微分方程.在这种情况下,用哈密顿-雅可比方程求解力学问题才具有实际意义.

上面我们讲的有 $\frac{\partial H}{\partial t} = 0$ 情况的系统的哈密顿-雅可比方程实际上已经用了分离变量法,将 $2s + 1$ 个变量的偏微分方程变为变量 t 的常微分方程和 s 个变量 $x_i(i = 1, 2, \cdots, s)$的偏微分方程,那里,t 是一个可分离变量,哈密顿主函数可写成

$$S(\boldsymbol{x}, t) = T(t) + W(\boldsymbol{x})$$

哈密顿-雅可比方程可写成变量互相分离的两部分,

$$\frac{\mathrm{d}T}{\mathrm{d}t} + H\left(\boldsymbol{x},\ \pm\frac{\partial W}{\partial \boldsymbol{x}}\right) = 0$$

一部分$\frac{\mathrm{d}T}{\mathrm{d}t}$只与变量$t$有关,另一部分$H\left(\boldsymbol{x}, \pm\frac{\partial W}{\partial \boldsymbol{x}}\right)$只与变量$\boldsymbol{x}$及函数对它的偏导数$\frac{\partial W}{\partial \boldsymbol{x}}$有关.从而分成

$$\frac{\mathrm{d}T}{\mathrm{d}t} = -h \qquad 及 \qquad H\left(\boldsymbol{x},\ \pm\frac{\partial W}{\partial \boldsymbol{x}}\right) = h$$

两个方程:一个常微分方程和一个变量较少的偏微分方程.

哈密顿-雅可比方程能否分成每个部分的自变量都互不相同的n个部分取决于哈密顿主函数能否分离成几个函数之和,且各个函数的自变量都互不相同或在§12.4.3中讲到的那种情况.

$$如\frac{\partial H}{\partial t} = 0,且有\ H(\boldsymbol{q},\boldsymbol{p}) = \sum_{i=1}^{s} H_i(q_i, p_i) \tag{12.4.18}$$

则可令

$$S(\boldsymbol{x},t) = T(t) + \sum_{i=1}^{s} W_i(x_i) \tag{12.4.19}$$

$$\frac{\mathrm{d}T}{\mathrm{d}t} + \sum_{i=1}^{s} H_i\left(x_i,\ \pm\frac{\mathrm{d}W_i}{\mathrm{d}x_i}\right) = 0$$

可分离为

$$\frac{\mathrm{d}T}{\mathrm{d}t} = -h \tag{12.4.20}$$

$$H_i\left(x_i,\ \pm\frac{\mathrm{d}W_i}{\mathrm{d}x_i}\right) = \alpha_i \quad (i = 1,2,\cdots,s) \tag{12.4.21}$$

其中s个α_i不完全独立,有关系

$$\sum_{i=1}^{s} \alpha_i = h \tag{12.4.22}$$

如$x_i = q_i$,则$y_i = p_i = \frac{\mathrm{d}W}{\mathrm{d}x_i} = \frac{\mathrm{d}W}{\mathrm{d}q_i}$,如$x_i = p_i$,则$y_i = -q_i = +\frac{\mathrm{d}W}{\mathrm{d}x_i} = +\frac{\mathrm{d}W}{\mathrm{d}p_i}$.

上面是$s+1$个变量可以完全分离的情况,若哈密顿函数H可写成

$$H = H_1(t, q_1, q_2\cdots, q_f, p_1, p_2, \cdots, p_f)$$

$$+H_2(q_{f+1},q_{f+2},\cdots,q_s,p_{f+1},p_{f+2},\cdots,p_s) \tag{12.4.23}$$

则

$$S(\boldsymbol{x},t)=S_1(t,x_1,x_2,\cdots,x_f)+S_2(x_{f+1},\cdots,x_s) \tag{12.4.24}$$

分别满足

$$\frac{\partial S_1}{\partial t}+H_1\left(t,x_1,\cdots,x_f,\ \pm\frac{\partial S_1}{\partial x_1},\cdots,\ \pm\frac{\partial S_1}{\partial x_f}\right)=\alpha_1 \tag{12.4.25}$$

$$H_2\left(x_{f+1},\cdots,x_s,\ \pm\frac{\partial S_2}{\partial x_{f+1}},\cdots,\ \pm\frac{\partial S_2}{\partial x_s}\right)=\alpha_2 \tag{12.4.26}$$

$$\alpha_1+\alpha_2=0 \tag{12.4.27}$$

几乎所有有用的实际例子,哈密顿函数都不显含时间,t 是一个可分离的变量.下面我们都考虑哈密顿特征函数 W 的进一步分离的问题.

在有循环坐标时,与之有关的变量是可分离的,设 q_s 是循环坐标,与之共轭的变量是 p_s.

在进一步分离前的哈密顿-雅可比方程为

$$H\left(q_1,q_2,\cdots,q_{s-1},\frac{\partial W}{\partial q_1},\frac{\partial W}{\partial q_2},\cdots,\frac{\partial W}{\partial q_{s-1}},\frac{\partial W}{\partial q_s}\right)=h \tag{1}$$

从上式中解出$\dfrac{\partial W}{\partial q_s}$

$$\frac{\partial W}{\partial q_s}=\phi\left(q_1,q_2,\cdots,q_{s-1},\frac{\partial W}{\partial q_1},\frac{\partial W}{\partial q_2},\cdots,\frac{\partial W}{\partial q_{s-1}},h\right) \tag{2}$$

可令

$$W=W_s(q_s)+W'(q_1,q_2,\cdots,q_{s-1},h) \tag{3}$$

则(2)式可分离为

$$\frac{\mathrm{d}W_s}{\mathrm{d}q_s}=\alpha_s \tag{12.4.28}$$

$$\phi\left(q_1,\cdots,q_{s-1},\frac{\partial W'}{\partial q_1},\cdots,\frac{\partial W'}{\partial q_{s-1}},h\right)=-\alpha_s \tag{12.4.29}$$

上式也可改用将(3)式和(9.4.28)式代入(1)式得到的下式:

$$H\left(q_1,\cdots,q_{s-1},\frac{\partial W'}{\partial q_1},\cdots,\frac{\partial W'}{\partial q_{s-1}},\alpha_s\right)=h \tag{12.4.30}$$

如果除一个坐标 q_1 以外,所有坐标都是循环坐标,则可令

$$S = -ht + W_1(q) + \sum_{i=2}^{s} \alpha_i q_i \tag{12.4.31}$$

W_1 满足约化的哈密顿-雅可比方程

$$H\left(q_1, \frac{\mathrm{d}W_1}{\mathrm{d}q_1}, \alpha_2, \cdots, \alpha_s\right) = h \tag{12.4.32}$$

存在着几个可分离变量,不一定能一次把它们都加以分离,有时需要逐步进行分离.下面将给出这样的例子.

在举例以前,我们再把用哈密顿-雅可比方程处理力学问题的步骤简单概述一下,(1)选取适当的广义坐标,写出动能 T、势能 V、广义势 U,拉格朗日函数 L 和哈密顿函数 H;(2)用哈密顿-雅可比方程,确定 x_i、y_i 分别为 q_i、p_i 还是 p_i, $-q_i$,如用前者,$y_i = p_i = \frac{\partial S}{\partial x_i} = \frac{\partial S}{\partial q_i}$,用方程 $\frac{\partial S}{\partial t} + H\left(\boldsymbol{q}, \frac{\partial S}{\partial \boldsymbol{q}}, t\right) = 0$;如用后者,则 $y_i = -q_i = \frac{\partial S}{\partial x_i} = \frac{\partial S}{\partial p_i}$,用方程 $\frac{\partial S}{\partial t} + H\left(\boldsymbol{p}, -\frac{\partial S}{\partial \boldsymbol{p}}, t\right) = 0$.(3)用分离变量法,如有 $\frac{\partial H}{\partial t} = 0$,可令 $S = -ht + W(x_1, \cdots, x_s, h, \alpha_2, \cdots, \alpha_s)$,其中 W 满足 $H\left(\boldsymbol{x}, \pm\frac{\partial W}{\partial \boldsymbol{x}}\right) = h$.对它进行分离变量,关于 x_i 的取法及(12.4.13)式中用 $\frac{\partial W}{\partial \boldsymbol{x}}$ 还是 $-\frac{\partial W}{\partial \boldsymbol{x}}$,如(2)中所述.解出 $W(\boldsymbol{x}, h, \alpha_2, \cdots, \alpha_s)$.(4)用(12.4.11)、(12.4.12)式或(12.4.17)式即用原正则变量与哈密顿主函数 S 或哈密顿特性函数 W 偏导数的关系得到 $q_i(t)$ 和 $p_i(t)$.

例 12.4.3 用哈密顿-雅可比方程求解一个质量为 m 的质点在有心力场[势能为 $V(r)$]中的运动.

解 $H = \frac{1}{2m}\left(p_r^2 + \frac{1}{r^2}P_0^2\right) + V(r)$

这是 $\frac{\partial H}{\partial t} = 0$, $\frac{\partial H}{\partial \theta} = 0$ 的情况.可令

$$S = -ht + \alpha_2\theta + W'(r)$$

W' 满足约化了的哈密顿-雅可比方程,

$$\frac{1}{2m}\left[\left(\frac{\mathrm{d}W'}{\mathrm{d}r}\right)^2 + \frac{\alpha_2^2}{r^2}\right] + V(r) = h$$

这里取了 $x=r, y=\frac{\mathrm{d}W}{\mathrm{d}r}=p_r$，解出

$$\frac{\mathrm{d}W'}{\mathrm{d}r}=\sqrt{2m[h-V(r)]-\frac{\alpha_2^2}{r^2}}$$

$$W'=\int\sqrt{2m[h-V(r)]-\frac{\alpha_2^2}{r^2}}\mathrm{d}r$$

$$S=-ht+\alpha_2\theta+\int\sqrt{2m[h-V(r)]-\frac{\alpha_2^2}{r^2}}\mathrm{d}r$$

由(12.4.17)式，得

$$p_r=\frac{\partial S}{\partial r}=\sqrt{2m[h-V(r)]-\frac{\alpha_2^2}{r^2}} \tag{1}$$

$$p_\theta=\alpha_2 \tag{2}$$

$$t_0=\beta_1=-\frac{\partial S}{\partial h}=t-\int\frac{m}{\sqrt{2m[h-V(r)]-\frac{\alpha_2^2}{r^2}}}\mathrm{d}r \tag{3}$$

$$-\theta_0=\beta_2=-\frac{\partial S}{\partial \alpha_2}=-\theta+\int\frac{\alpha_2}{r^2\sqrt{2m[h-V(r)]-\frac{\alpha_2^2}{r^2}}}\mathrm{d}r \tag{4}$$

(4)式给出了轨道方程，$\theta=\theta(r)$或 $r=r(\theta)$，由(3)式得到 $t=t(r)$或 $r=r(t)$，代入轨道方程可得 $\theta=\theta(t)$，将 $r=r(t)$代入(1)式，可得 p_r 和 t 的关系，$\beta_1=t_0$、$\beta_2=-\theta_0$、α_2、h 均由初条件确定.

需要说明的是，开方得出$\frac{\mathrm{d}W'}{\mathrm{d}r}$时，我们只取正号，如取负号也可以，但没有必要两个都考虑，我们只要求得一个满足(12.4.10)式条件的哈密顿-雅可比方程的全积分，它都可以是我们要找的哈密顿主函数.

例 12.4.4　如果系统的哈密顿函数为

$$H=\frac{f_1(q_1,p_1)+\cdots+f_s(q_s,p_s)}{g_1(q_1,p_1)+\cdots+g_s(q_s,p_s)}$$

如何用分离变量法得到哈密顿-雅可比方程的全积分.

解 $\dfrac{\partial H}{\partial t}=0$,先将 t 分离.得哈密顿特性函数满足的哈密顿-雅可比方程,

$$S=-ht+W(q_1,\cdots,q_s) \tag{1}$$

由(12.4.13)式,W 满足的方程为

$$\frac{f_1\left(q_1,\dfrac{\partial W}{\partial q_1}\right)+\cdots+f_s\left(q_s,\dfrac{\partial W}{\partial q_s}\right)}{g_1\left(q_1,\dfrac{\partial W}{\partial q_1}\right)+\cdots+g_s\left(q_s,\dfrac{\partial W}{\partial q_s}\right)}=h$$

上式经整理后可得

$$\left[f_1\left(q_1,\frac{\partial W}{\partial g_1}\right)-hg_1\left(q_1,\frac{\partial W}{\partial q_1}\right)\right]+\left[f_2\left(q_2,\frac{\partial W}{\partial q_2}\right)-hg_2\left(q_2,\frac{\partial W}{\partial q_2}\right)\right]$$
$$+\cdots+\left[f_s\left(q_s,\frac{\partial W}{\partial q_s}\right)-hg_s\left(q_s,\frac{\partial W}{\partial q_s}\right)\right]=0$$

上式已将变量分离,可令

$$W(q_1,q_2,\cdots,q_s)=\sum_{i=1}^{s}W_i(q_i) \tag{2}$$

$$\left[f_1\left(q_1,\frac{\mathrm{d}W_1}{\mathrm{d}q_1}\right)-hg_1\left(q_1,\frac{\mathrm{d}W_1}{\mathrm{d}q_1}\right)\right]+\left[f_2\left(q_2,\frac{\mathrm{d}W_2}{\mathrm{d}q_2}\right)-hg_2\left(q_2,\frac{\mathrm{d}W_2}{\mathrm{d}q_2}\right)\right]$$
$$+\cdots+\left[f_s\left(q_s,\frac{\mathrm{d}W_s}{\mathrm{d}q_s}\right)-hg_s\left(q_s,\frac{\mathrm{d}W_s}{\mathrm{d}q_s}\right)\right]=0$$

第 i 个方括号内都只与一个坐标 q_i 及 W_i 对 q_i 的导数有关,第 i 个方括号与第 j 个方括号($i\neq j$)没有相同的变量,每个方括号只能都是常数.由此得到

$$f_i\left(q_i,\frac{\mathrm{d}W_i}{\mathrm{d}q_i}\right)-hg_i\left(q_i,\frac{\mathrm{d}W_i}{\mathrm{d}q_i}\right)=\alpha_i\quad(i=1,2,\cdots,s) \tag{3}$$

其中 α_i 满足 $\sum\limits_{i=1}^{s}\alpha_i=0$.

积分(3)式,得

$$W_i=W_i(q_i,h,\alpha_i,\beta_i)\quad(i=1,2,\cdots,s) \tag{4}$$

将(4)式代入(2)式再代入(1)式,即得到哈密顿主函数 $S(t,q_i,\cdots,q_s,h,\alpha_1,\cdots,\alpha_s,\beta_1,\cdots,\beta_s)$,其中 $\sum\limits_{i=1}^{s}\alpha_i=0$,只有 $2s$ 个独立的积分常数.

3. 可用几种曲线坐标进行变量分离的情况

能否在解哈密顿-雅可比方程中用分离变量法，取决于哈密顿函数有没有可分离的函数形式，因此选取适当的坐标具有决定性的意义. 对于有心运动，如用笛卡儿直角坐标，无法分离变量，采用极坐标才可以分离变量，可见，根据质点处在不同的外场中运动，需要取不同的曲线坐标才能分离变量.

在说明什么样的外场需取什么坐标以便进行变量分离以前，我们再补充一种哈密顿函数的函数形式可进行变量分离的一种类型.

$$H = H[t, q_2, \cdots, q_s, p_2, \cdots, p_s, f(q_1, p_1)] \tag{12.4.33}$$

则可令

$$S = S_1(q_1) + S'(q_2, \cdots, q_s, t) \tag{12.4.34}$$

代入(12.4.3)式，得

$$\frac{\partial S'}{\partial t} + H\left[t, q_2, \cdots, q_s, \frac{\partial S'}{\partial q_2}, \cdots, \frac{\partial S'}{\partial q_s}, f\left(q, \frac{\mathrm{d}S_1}{\mathrm{d}q_1}\right)\right] = 0$$

若(12.4.34)式表示的解已找到，则将它代入上式，应变成 $0=0$ 的恒等式. 这恒等式在 q_1 为任何值时都是成立的，而 q_1 变化时，只有函数 f 可能变化，因此上式为恒等式，要求 f 本身是常量. 由此，上式可变成两个方程

$$\begin{cases} f\left(q_1, \dfrac{\mathrm{d}S_1}{\mathrm{d}q_1}\right) = \alpha_1 \\ \dfrac{\partial S'}{\partial t} + H\left(t, q_2, \cdots, q_s, \dfrac{\partial S'}{\partial q_2}, \cdots, \dfrac{\partial S'}{\partial q_s}, \alpha_1\right) = 0 \end{cases} \tag{12.4.35}$$

其实，我们在讲有循环坐标时进行的分离变量，就是这种情况的一个特例.

下面讲几种曲线坐标对其特定的外场可分离变量的情况.

(1) 球坐标

在采用球坐标 r、θ、φ 时，质点的哈密顿函数为

$$H = \frac{1}{2m}\left(p_r^2 + \frac{p_\theta^2}{r^2} + \frac{p_\varphi^2}{r^2\sin^2\theta}\right) + V(r, \theta, \varphi)$$

如果势能 $V(r, \theta, \varphi)$ 具有下列形式：

$$V = a(r) + \frac{b(\theta)}{r^2} + \frac{c(\varphi)}{r^2\sin^2\theta}$$

式中 $a(r)$、$b(\theta)$、$c(\varphi)$可以是任意函数,就可以分离变量.可是,实际存在的外场,其势能常和 φ 无关.下面我们仅考虑势能为下列形式的外场:

$$V = a(r) + \frac{b(\theta)}{r^2}$$

在这情况下,φ 是循环坐标,哈密顿主函数可写成

$$S = -ht + W(r,\theta,\varphi) = -ht + \alpha_\varphi \varphi + W'(r,\theta)$$

$W'(r,\theta)$满足的哈密顿-雅可比方程为

$$\frac{1}{2m}\left(\frac{\partial W'}{\partial r}\right)^2 + \frac{1}{2mr^2}\left(\frac{\partial W'}{\partial \theta}\right)^2 + \frac{\alpha_\varphi^2}{2mr^2\sin^2\theta} + a(r) + \frac{b(\theta)}{r^2} = h$$

经整理后,上式可写成

$$r^2\left(\frac{\partial W'}{\partial r}\right)^2 + 2mr^2[a(r) - h] + \left(\frac{\partial W'}{\partial \theta}\right)^2 + \frac{\alpha_\varphi^2}{\sin^2\theta} + 2mb(\theta) = 0$$

进一步分离变量,可令

$$W'(r,\theta) = W_1(r) + W_2(\theta)$$

$W_1(r)$、$W_2(\theta)$分别满足

$$\left(\frac{\mathrm{d}W_2}{\mathrm{d}\theta}\right)^2 + \frac{\alpha_\varphi^2}{\sin^2\theta} + 2mb(\theta) = \alpha_\theta$$

$$\frac{1}{2m}\left(\frac{\mathrm{d}W_1}{\mathrm{d}r}\right)^2 + a(r) + \frac{\alpha_\theta}{2mr^2} = h$$

最后可得哈密顿主函数为

$$S = -ht + \alpha_\varphi\varphi + \int\sqrt{\alpha_\theta - 2mb(\theta) - \frac{\alpha_\varphi^2}{\sin^2\theta}}\mathrm{d}\theta$$

$$+ \int\sqrt{2m[h - a(r)] - \frac{\alpha_\theta}{r^2}}\mathrm{d}r$$

式中 h、α_φ 和α_θ 是任意常数,用(12.4.12)式,分别对 h、α_φ、α_θ 进行偏导,又得到三个新的常数,就可得到轨道方程和运动学方程.

(2) 抛物线坐标

抛物线坐标 ξ、η、φ 和柱坐标ρ、φ、z 有下列关系:

$$z=\frac{1}{2}(\xi-\eta),\quad \rho=\sqrt{\xi\eta},\quad \varphi\text{ 相同}$$

从前面两式解出 ξ、η,得

$$\xi=\sqrt{z^2+\rho^2}+z,\quad \eta=\sqrt{z^2+\rho^2}-z$$

由此可看出 ξ、η 的定义域为从零到∞的一切值,并可看出,当 $\xi=\xi_0$ 为常数时

$$\rho^2=-2\xi_0 z+\xi_0^2$$

它是一个以 z 轴为对称轴的旋转抛物面. 同样,当 $\eta=\eta_0$ 为常数时,也是一个以 z 轴为对称轴的旋转抛物面,因此称 ξ、η、φ 为抛物线坐标.

$$L=\frac{1}{2}m(\dot{\rho}^2+\rho^2\dot{\varphi}^2+\dot{z}^2)-V(\rho,\varphi,z)$$

坐标变换后,得

$$L=\frac{1}{8}m(\xi+\eta)\left(\frac{\dot{\xi}^2}{\xi}+\frac{\dot{\eta}^2}{\eta}\right)+\frac{1}{2}m\xi\eta\dot{\varphi}^2-V(\xi,\eta,\varphi)$$

广义动量为

$$p_\xi=\frac{\partial L}{\partial\dot{\xi}}=\frac{1}{4\xi}m(\xi+\eta)\dot{\xi}$$

$$p_\eta=\frac{\partial L}{\partial\dot{\eta}}=\frac{1}{4\eta}m(\xi+\eta)\dot{\eta}$$

$$p_\varphi=\frac{\partial L}{\partial\dot{\varphi}}=m\xi\eta\dot{\varphi}$$

$$H=\frac{2}{m}\frac{\xi p_\xi^2+\eta p_\eta^2}{\xi+\eta}+\frac{p_\varphi^2}{2m\xi\eta}+V(\xi,\eta,\varphi)$$

可采用这种坐标又具有物理意义的能变量分离的势能形式为

$$V(\xi,\eta,\varphi)=\frac{a(\xi)+b(\eta)}{\xi+\eta}$$

其中 $a(\xi)$、$b(\eta)$可以是任意函数.

这种形式的势能用柱坐标表达为

$$V(\rho,\varphi,z)=\frac{a(\sqrt{z^2+\rho^2}+z)+b(\sqrt{z^2+\rho^2}-z)}{2\sqrt{z^2+\rho^2}}$$

注意,a、b 分别是宗量$\sqrt{z^2+\rho^2}+z$ 和$\sqrt{z^2+\rho^2}-z$ 的函数.

$$S=-ht+\alpha_\varphi\varphi+W'(\xi,\eta)$$

$W'(\xi,\eta)$满足的方程为

$$\frac{2}{m(\xi+\eta)}\left[\xi\left(\frac{\partial W'}{\partial\xi}\right)^2+\eta\left(\frac{\partial W'}{\partial\eta}\right)^2\right]+\frac{\alpha_\varphi^2}{2m\xi\eta}+\frac{a(\xi)+b(\eta)}{\xi+\eta}=h$$

两边乘以 $m(\xi+\eta)$,得

$$2\xi\left(\frac{\partial W'}{\partial\xi}\right)^2+ma(\xi)-mh\xi+\frac{\alpha_\varphi^2}{2\xi}$$

$$+2\eta\left(\frac{\partial W'}{\partial\eta}\right)^2+mb(\eta)-mh\eta+\frac{\alpha_\varphi^2}{2\eta}=0$$

再令

$$W'(\xi,\eta)=W_1(\xi)+W_2(\eta)$$

$W_1(\xi)$、$W_2(\eta)$分别满足

$$2\xi\left(\frac{\mathrm{d}W_1}{\mathrm{d}\xi}\right)^2+ma(\xi)-mh\xi+\frac{\alpha_\varphi^2}{2\xi}=\alpha$$

$$2\eta\left(\frac{\mathrm{d}W_2}{\mathrm{d}\eta}\right)^2+mb(\eta)-mh\eta+\frac{\alpha_\varphi^2}{2\eta}=-\alpha$$

积分上述两式,先后代入 W'、S 的式子,得

$$S=-ht+\alpha_\varphi\varphi+\int\sqrt{\frac{1}{2}mh+\frac{\alpha}{2\xi}-\frac{ma(\xi)}{2\xi}-\frac{\alpha_\varphi^2}{4\xi^2}}\mathrm{d}\xi$$

$$+\int\sqrt{\frac{1}{2}mh-\frac{\alpha}{2\eta}-\frac{mb(\eta)}{2\eta}-\frac{\alpha_\varphi^2}{4\eta^2}}\mathrm{d}\eta$$

式中 h、α_φ、α 是任意常数.以下略.

(3) 椭圆坐标

椭圆坐标 ξ、η、φ 与柱坐标 ρ、φ、z 的坐标变换关系为

$$\rho = \sigma\sqrt{(\xi^2 - 1)(1 - \eta^2)},\ z = \sigma\xi\eta, \varphi \text{ 相同}.$$

式中 σ 是作为参量的常量.
解出 ξ、η 可得

$$\xi = \frac{1}{2\sigma}\left[\sqrt{(z+\sigma)^2 + \rho^2} + \sqrt{(z-\sigma)^2 + \rho^2}\right.$$

$$\eta = \frac{1}{2\sigma}\left[\sqrt{(z+\sigma)^2 + \rho^2} - \sqrt{(z-\sigma)^2 + \rho^2}\right.$$

从上述两式可以看出,ξ 的定义域为$[1,\infty]$,η 的定义域为$[-1,1]$.从前两式可得

$$\frac{z^2}{\sigma^2\xi^2} + \frac{\rho^2}{\sigma^2(\xi^2-1)} = 1,\ \frac{z^2}{\sigma^2\eta^2} - \frac{\rho^2}{\sigma^2(1-\eta^2)} = 1$$

上述两式的几何意义说明如下:

前式表明,当 $\xi = \xi_0$ 为常数时,前式是绕 z 轴的旋转椭球面,椭球中心在坐标原点,长、短半轴分别为 $\sigma\xi_0$ 和 $\sigma\sqrt{\xi_0^2 - 1}$,原点到两焦点(分别位于 $z=\sigma$ 和 $z=-\sigma$ 处的 z 轴上)的距离为$\sqrt{\sigma^2\xi_0^2 - \sigma^2(\xi_0^2-1)} = \sigma$,椭球面上任何一点到两焦点的距离之和$\sqrt{(z+\sigma)^2+\rho^2} + \sqrt{(z-\sigma)^2+\rho^2} = 2\sigma\xi_0$ 为常量. ξ_0 取不同值时,椭球面都有共同的焦点,前式方程是一组有共同焦点的、以 z 轴为对称轴的旋转椭球面族. 同样,由后式可以看出,它是一组有共同焦点(也在 z 轴上 $z = \pm\sigma$ 处)的 z 轴为对称轴的旋转双曲面族. 因此,该组坐标称为椭圆-双曲线坐标更合理些.

从柱坐标表达的拉格朗日函数变为椭圆坐标表达的拉格朗日函数为

$$L = \frac{1}{2}m\sigma^2(\xi^2 - \eta^2)\left(\frac{\dot{\xi}^2}{\xi^2 - 1} + \frac{\dot{\eta}^2}{1 - \eta^2}\right)$$

$$+ \frac{1}{2}m\sigma^2(\xi^2 - 1)(1 - \eta^2)\dot{\varphi}^2 - V(\xi, \eta, \varphi)$$

哈密顿函数为

$$H = \frac{1}{2m\sigma^2(\xi^2 - \eta^2)}\left[(\xi^2 - 1)p_\xi^2 + (1 - \eta^2)p_\eta^2\right.$$

$$\left. + \left(\frac{1}{\xi^2 - 1} - \frac{1}{1 - \eta^2}\right)p_\varphi^2\right] + V(\xi, \eta, \varphi)$$

物理上有意义的可进行变量分离的势能形式为

$$V = \frac{a(\xi) + b(\eta)}{\xi^2 - \eta^2}$$

式中 $a(\xi)$和 $b(\eta)$是任意函数.用柱坐标表示的上述势能形式为

$$V = \frac{\sigma^2}{r_1 r_2}\left[a\left(\frac{r_2 + r_1}{2\sigma}\right) + b\left(\frac{r_2 - r_1}{2\sigma}\right)\right]$$

式中 $r_1 = \sqrt{(z-\sigma)^2 + \rho^2}$, $r_2 = \sqrt{(z+\sigma)^2 + \rho^2}$, a, b 分别是宗量$\frac{r_2 + r_1}{2\sigma}$、$\frac{r_2 - r_1}{2\sigma}$的函数.

哈密顿主函数可写成

$$S = -ht + \alpha_\varphi \varphi + W_1(\xi) + W_2(\eta)$$

$W_1(\xi)$、$W_2(\eta)$分别满足

$$(\xi^2 - 1)\left(\frac{dW_1}{d\xi}\right)^2 - 2m\sigma^2 h\xi^2 + 2m\sigma^2 a(\xi) + \frac{\alpha_\varphi^2}{\xi^2 - 1} = \alpha$$

$$(1 - \eta^2)\left(\frac{dW_2}{d\eta}\right)^2 + 2m\sigma^2 h\eta^2 + 2m\sigma^2 b(\eta) + \frac{\alpha_\varphi^2}{1 - \eta^2} = -\alpha$$

$$W_1 = \int\sqrt{\frac{2m\sigma^2 h\xi^2}{\xi^2 - 1} - \frac{\alpha - 2m\sigma^2 a(\xi)}{\xi^2 - 1} - \frac{\alpha_\varphi^2}{(\xi^2 - 1)^2}}\,d\xi$$

$$= \int\sqrt{2m\sigma^2 h + \frac{\alpha' - 2m\sigma^2 a(\xi)}{\xi^2 - 1} - \frac{\alpha_\varphi^2}{(\xi^2 - 1)^2}}\,d\xi$$

$$W_2 = \int\sqrt{2m\sigma^2 h - \frac{\alpha' + 2m\sigma^2 b(\eta)}{1 - \eta^2} - \frac{\alpha_\varphi^2}{(1 - \eta^2)^2}}\,d\eta$$

式中 h、α_φ、α 或 $\alpha' = \alpha + 2m\sigma^2 h$ 都是任意常数.

*4. 拉格朗日-沙比方法

对于只有一个自由度的广义的有势系统,如果不能进行变量分离,或者不是一个自由度的广义的有势系,变量不能完全分离,经分离后若最后还剩下两个自变量的偏微分方程待解.我们都可以用高等数学中讲的解一阶非线性偏微分方程的拉格朗日-沙比方法来求全积分.

下面就来介绍拉格朗日-沙比方法.

设自变量为 x、y,因变量为 z,它们分别对应于我们的 x、t 和 S. x、y、z 满足偏微分方程

$$F\left(x,y,z,\frac{\partial z}{\partial x},\frac{\partial z}{\partial y}\right)=0$$

相当于我们的哈密顿-雅可比方程

$$F\left(x,t,\frac{\partial S}{\partial t},\frac{\partial S}{\partial x}\right)=0 \text{ 或 } F\left(q_1,q_2,\frac{\partial W}{\partial q_1},\frac{\partial W}{\partial q_2}\right)=0$$

我们的哈密顿-雅可比方程比一般的一阶非线性偏微分方程还简单些,方程中不显含因变量 z 即不显含 S 或 W.

令 $p=\dfrac{\partial z}{\partial x}$、$q=\dfrac{\partial z}{\partial y}$,注意不要与它们通常表示的广义动量和广义坐标发生混淆

$$F(x,y,z,p,q)=0 \tag{1}$$

我们要求(1)式的全积分即求(1)式的包含两个独立常数的解

$$V(x,y,z,\alpha,\beta)=0$$

设法配上含有任意常数 α 的第二个偏微分方程

$$\Phi(x,y,z,p,q)=\alpha \tag{2}$$

这个 ϕ 要满足下列雅可比行列式不恒等于零:

$$J=\frac{\partial(F,\phi)}{\partial(p,q)}=\begin{vmatrix}\dfrac{\partial F}{\partial p} & \dfrac{\partial F}{\partial q}\\[2ex] \dfrac{\partial \Phi}{\partial p} & \dfrac{\partial \Phi}{\partial q}\end{vmatrix}\neq 0 \tag{3}$$

根据隐函数存在定理,可从(1)、(2)式两个方程中解出 p 和 q,得

$$p=A(x,y,z),\quad q=B(x,y,z) \tag{4}$$

从全积分中解出 $z=z(x,y,\alpha,\beta)$,并进行微分,得

$$A(x,y,z)\mathrm{d}x+B(x,y,z)\mathrm{d}y-\mathrm{d}z=0 \tag{5}$$

法甫式(5)可积的条件[见(10.1.10)或(10.1.10′)式]为

$$\begin{vmatrix} A & B & -1 \\ \frac{\partial}{\partial x} & \frac{\partial}{\partial y} & \frac{\partial}{\partial z} \\ A & B & -1 \end{vmatrix} = 0 \quad 或 \quad \begin{vmatrix} p & q & -1 \\ \frac{\partial}{\partial x} & \frac{\partial}{\partial y} & \frac{\partial}{\partial z} \\ p & q & -1 \end{vmatrix} = 0$$

即

$$-A\frac{\partial B}{\partial z} + B\frac{\partial A}{\partial z} - \frac{\partial B}{\partial x} + \frac{\partial A}{\partial y} = 0 \tag{6}$$

或

$$-p\frac{\partial q}{\partial z} + q\frac{\partial p}{\partial z} - \frac{\partial q}{\partial x} + \frac{\partial p}{\partial y} = 0 \tag{6'}$$

从(1)、(2)式来求(6)式中的各偏导数,将(1)、(2)式对 z 求导,注意 p、q 中隐含 z[见(4)式],

$$\begin{cases} F'_z + F'_p\dfrac{\partial p}{\partial z} + F'_q\dfrac{\partial q}{\partial z} = 0 \\ \Phi'_z + \Phi'_p\dfrac{\partial p}{\partial z} + \Phi'_q\dfrac{\partial q}{\partial z} = 0 \end{cases} \tag{7}$$

从(7)式的方程组可解出$\frac{\partial p}{\partial z}$、$\frac{\partial q}{\partial z}$也即$\frac{\partial A}{\partial z}$、$\frac{\partial B}{\partial z}$.

$$\frac{\partial A}{\partial z} = \frac{\partial p}{\partial z} = -\frac{1}{J}\begin{vmatrix} F'_z & F'_q \\ \Phi'_z & \Phi'_q \end{vmatrix}, \frac{\partial B}{\partial z} = \frac{\partial q}{\partial z} = -\frac{1}{J}\begin{vmatrix} F'_p & F'_z \\ \Phi'_p & \Phi'_z \end{vmatrix} \tag{8}$$

同样,通过将(1)、(2)式对 x 和 y 分别求导的两个方程组,可解出

$$\frac{\partial B}{\partial x} = \frac{\partial q}{\partial x} = -\frac{1}{J}\begin{vmatrix} F'_p & F'_x \\ \Phi'_p & \Phi'_x \end{vmatrix}, \frac{\partial A}{\partial y} = \frac{\partial p}{\partial y} = -\frac{1}{J}\begin{vmatrix} F'_y & F'_q \\ \Phi'_y & \Phi'_q \end{vmatrix} \tag{9}$$

将(8)、(9)式得到的四个偏导数代入(6′)式,因 $J \neq 0$,可得

$$\begin{vmatrix} F'_p & F'_x + pF'_z \\ \Phi'_p & \Phi'_x + p\Phi'_z \end{vmatrix} + \begin{vmatrix} F'_q & F'_y + qF'_z \\ \Phi'_q & \Phi'_y + q\Phi'_z \end{vmatrix} = 0 \tag{10}$$

引入符号,令

$$F_x' = X, F_y' = Y, F_z' = Z, F_p' = P, F_q' = Q, \qquad (12.4.36)$$

(10 式)可写为

$$P\frac{\partial \Phi}{\partial x} + Q\frac{\partial \Phi}{\partial y} + (Pp + Qq)\frac{\partial \Phi}{\partial z} - (X + pZ)\frac{\partial \Phi}{\partial p} - (Y + qZ)\frac{\partial \Phi}{\partial q} = 0 \qquad (10')$$

它是含未知函数 Φ 的一阶线性齐次偏微分方程.与它对应的常微分方程组为

$$\frac{dx}{P} = \frac{dy}{Q} = \frac{dz}{Pp + Qq} = -\frac{dp}{X + pZ} = -\frac{dq}{Y + qZ}$$

它的一个首次积分就是(2)式,

$$\Phi(x, y, z, p, q) = \alpha$$

再由(1)式的已知方程和上式刚求出的(2)式的方程联立,解出(4)式的 p 和 q,代入(5)式,它的通解含有常数 β.这样就得到了含有两个任意常数的解

$$V(x, y, z, \alpha, \beta) = 0$$

它就是(1)式的全积分.

对于偏微分方程中不显含未知函数 z 的情况(哈密顿-雅可比方程就是这种情况).$Z = \frac{\partial F}{\partial z} = 0$,(10′)式简化为

$$P\frac{\partial \Phi}{\partial x} + Q\frac{\partial \Phi}{\partial y} + (Pp + Qq)\frac{\partial \Phi}{\partial z} - X\frac{\partial \Phi}{\partial p} - Y\frac{\partial \Phi}{\partial q} = 0$$

相应的常微分方程为

$$\frac{dx}{P} = \frac{dy}{dQ} = \frac{dz}{Pp + Qq} = -\frac{dp}{X} = -\frac{dq}{Y} \qquad (12.4.37)$$

在不必求出 z 时,等于$\frac{dz}{Pp + Qq}$的式子可以不用.

例 12.4.5　一个质量为 m 的质点被限制在光滑的、运动着的铁丝上运动,铁丝的方程为

$$y = x + \frac{1}{2}at^2$$

其中 a 为常量,x、y 是固定的笛卡儿直角坐标.在 $t=0$ 时,质点位于 $x=y=0$ 处静止.若质点受到铁丝的作用力外,未受其他任何力的作用,求质点的运动规律.

解 系统只有一个自由度,取 x 为广义坐标,铁丝的作用力作为约束力,是理想、完整约束.

$$\dot{y} = \dot{x} + at$$

$$L = \frac{1}{2}m(\dot{x}^2 + \dot{y}^2) = \frac{1}{2}m[\dot{x}^2 + (\dot{x} + at)^2]$$

$$= \frac{1}{2}m(2\dot{x}^2 + 2a\dot{x}t + a^2t^2)$$

$$p = \frac{\partial L}{\partial \dot{x}} = 2m\dot{x} + mat$$

$$\dot{x} = \frac{1}{2m}(p - mat)$$

$$H = p\dot{x}^* - L^* = \frac{1}{4m}p^2 - \frac{1}{2}apt - \frac{1}{4}ma^2t^2$$

哈密顿-雅可比方程为

$$\frac{\partial S}{\partial t} + \frac{1}{4m}\left(\frac{\partial S}{\partial x}\right)^2 - \frac{1}{2}at\left(\frac{\partial S}{\partial x}\right) - \frac{1}{4}ma^2t^2 = 0$$

方法一,用分离变量法解.

由于$\frac{\partial H}{\partial x}=0$ x 为循环坐标,可令

$$S = \alpha x + T(t)$$

则

$$\frac{\mathrm{d}T}{\mathrm{d}t} + \frac{\alpha^2}{4m} - \frac{1}{2}a\alpha t - \frac{1}{4}ma^2t^2 = 0$$

$$T = \int\left(-\frac{\alpha^2}{4m} + \frac{1}{2}a\alpha t + \frac{1}{4}ma^2t^2\right)\mathrm{d}t$$

$$= -\frac{\alpha^2}{4m}t + \frac{1}{4}a\alpha t^2 + \frac{1}{12}ma^2t^3$$

$$S = \alpha x - \frac{\alpha^2}{4m}t + \frac{1}{4}a\alpha t^2 + \frac{1}{12}ma^2t^3$$

$$\beta = \frac{\partial S}{\partial \alpha} = x - \frac{\alpha}{2m}t + \frac{1}{4}at^2$$

$$x = \beta + \frac{\alpha}{2m}t - \frac{1}{4}at^2$$

由初条件　$t=0$ 时，$x=0$，$\dot{x}=0$，可定出 $\alpha=0$，$\beta=0$. 故

$$x=-\frac{1}{4}at^2$$

$$y=x+\frac{1}{2}at^2=\frac{1}{4}at^2$$

方法二，用拉格朗日-沙比方法解

令$\frac{\partial S}{\partial x}=p$、$\frac{\partial S}{\partial t}=q$，注意这里 p 和 q 并非广义动量和广义坐标.

把哈密顿-雅可比方程写成 $F(x,t,S,p,q)=0$ 的形式

$$F=q+\frac{1}{4m}p^2-\frac{1}{2}apt-\frac{1}{4}ma^2t^2=0$$

由(12.4.36)式，有

$$P=\frac{\partial F}{\partial p}=\frac{1}{2m}p-\frac{1}{2}at,\quad Q=\frac{\partial F}{\partial q}=1$$

$$X=\frac{\partial F}{\partial x}=0,\quad T=\frac{\partial F}{\partial t}=-\frac{1}{2}ap-\frac{1}{2}ma^2t$$

由(12.4.37)式，有

$$\frac{\mathrm{d}x}{\frac{p}{2m}-\frac{1}{2}at}=\frac{\mathrm{d}t}{1}=-\frac{\mathrm{d}p}{0}=-\frac{\mathrm{d}q}{-\frac{1}{2}ap-\frac{1}{2}ma^2t}$$

由$\frac{\mathrm{d}p}{\mathrm{d}t}=0$得

$$p=\alpha$$

于是

$$\frac{\mathrm{d}x}{\mathrm{d}t}=\frac{\alpha}{2m}-\frac{1}{2}at$$

$$x=\frac{\alpha}{2m}t-\frac{1}{4}at^2+\beta$$

与方法一得的结果完全相同，以下略.

从此例可以看出，用拉格朗日-沙比方法解哈密顿-雅可比方程，可以不必求哈密顿主函数，可直接从(12.4.37)式得到运动学方程.

方法三，用正则方程解

$$\dot{p} = -\frac{\partial H}{\partial x} = 0$$

$$\dot{x} = \frac{\partial H}{\partial p} = \frac{1}{2m}p - \frac{1}{2}at$$

从前式得 $p=\alpha$，代入后式积分得 $x=\frac{\alpha}{2m}t-\frac{1}{4}at^2+\beta$. 以下略.

下面再举一个不能用分离变量法解哈密顿-雅可比方程的例子.

例 12.4.6 一个质量为 m 的质点，在随时间变化的势场 $V=-mAtx$（A 为常量）中沿直线运动. 设 $t=0$ 时 $x=0$，$\dot{x}=v_0$. 用哈密顿-雅可比方程求它的运动学方程.

解 $H=\frac{1}{2m}p^2-mAtx$

方法一 哈密顿-雅可比方程为

$$\frac{\partial S}{\partial t} + \frac{1}{2m}\left(\frac{\partial S}{\partial x}\right)^2 - mAtx = 0$$

显然不能进行变量分离，用拉格朗日-沙比方法.

令 $\frac{\partial S}{\partial x}=p$、$\frac{\partial S}{\partial t}=q$

$$F(x,t,S,p,q) = q + \frac{1}{2m}p^2 - mAtx = 0$$

$$P = \frac{\partial F}{\partial p} = \frac{1}{m}p, \quad Q = \frac{\partial F}{\partial q} = 1$$

$$X = \frac{\partial F}{\partial x} = -mAt, \quad T = \frac{\partial F}{\partial t} = -mAx$$

由(12.4.37)式，相应的常微分方程为

$$\frac{\mathrm{d}x}{\frac{1}{m}p} = \frac{\mathrm{d}t}{1} = -\frac{\mathrm{d}p}{(-mAt)} = -\frac{\mathrm{d}q}{(-mAx)}$$

$$\frac{\mathrm{d}p}{\mathrm{d}t} = mAt, \quad p = \frac{1}{2}mAt^2 + \alpha$$

$$\frac{\mathrm{d}x}{\mathrm{d}t} = \frac{1}{m}p = \frac{1}{2}At^2 + \frac{\alpha}{m}$$

$$x = \int\left(\frac{1}{2}At^2 + \frac{\alpha}{m}\right)\mathrm{d}t = \frac{1}{6}At^3 + \frac{\alpha}{m}t + \beta$$

由初条件，$t=0$ 时，$x=0$，$\dot{x}=v_0$ 得

$$x = \frac{1}{6}At^3 + v_0 t$$

方法二，取 x 为广义动量，y 为广义坐标的负值．则哈密顿-雅可比方程为

$$\frac{\partial S}{\partial t} + \frac{1}{2m}x^2 - mAt\left(-\frac{\partial S}{\partial x}\right) = 0$$

注意哈密顿-雅可比方程中的 x 是广义动量，不要与题目中的坐标 x 相混淆．为此，后者改用 x'．

这个哈密顿-雅可比方程同样不能进行变量分离，也用拉格朗日-沙比方法．

令$\dfrac{\partial S}{\partial x}=p$，　$\dfrac{\partial S}{\partial t}=q$．

$$F(x,t,S,p,q) = q + \frac{1}{2m}x^2 + mAtp = 0$$

$$P = \frac{\partial F}{\partial p} = mAt, \quad Q = \frac{\partial F}{\partial q} = 1$$

$$X = \frac{\partial F}{\partial x} = \frac{1}{m}x, \quad T = \frac{\partial F}{\partial t} = mAp$$

由(12.4.37)式，相应的常微分方程为

$$\frac{\mathrm{d}x}{mAt} = \frac{\mathrm{d}t}{1} = -\frac{\mathrm{d}p}{\frac{1}{m}x} = -\frac{\mathrm{d}q}{mAp}$$

$$\mathrm{d}x = mAt\,\mathrm{d}t, \quad x = \frac{1}{2}mAt^2 + \alpha$$

如前所述，这个 x 是广义动量，不是坐标 x'．如用 $x=m\dot{x}'$（来自 $p=\dfrac{\partial L}{\partial \dot{q}}$），则有

$$x' = \int \frac{1}{m}x\,\mathrm{d}t = \int\left(\frac{1}{2}At^2 + \frac{\alpha}{m}\right)\mathrm{d}t$$

$$= \frac{1}{6}At^3 + \frac{\alpha}{m}t + \beta$$

如仍用常微分方程组

$$\mathrm{d}p = -\frac{1}{m}x\,\mathrm{d}t = -\left(\frac{1}{2}At^2 + \frac{\alpha}{m}\right)\mathrm{d}t$$

$$\frac{\partial S}{\partial x} = p = -\int\left(\frac{1}{2}At^2 + \frac{\alpha}{m}\right)\mathrm{d}t = -\left(\frac{1}{6}At^3 + \frac{\alpha}{m}t + \beta\right)$$

$$x' = -\frac{\partial S}{\partial x} = \frac{1}{6}At^3 + \frac{\alpha}{m}t + \beta \quad \text{以下略.}$$

方法三,用正则方程,很容易得到结果(略).

这两个例子用牛顿力学都很容易求解.

*5. 作用变量和角变量

对于某些特殊的系统,我们的兴趣不在于求它的运动学方程,而在于求它的运动的频率.其办法是不把哈密顿-雅可比方程的解中出现的常数 α_i 选为新的广义坐标或广义动量,而另外定义一组常数 J_i,它们是 s 个 α_i 的函数,J_i 称为作用变量,作为新的广义动量,与之共轭的广义坐标,称为角变量.采用这一组正则变量,对于从经典力学过渡到量子力学,具体说,在引入量子化条件,发展旧量子论方面提供了很重要的理论基础.

(1) 可分离的周期系统

适宜采用作用变量和角变量的系统是可分离的周期系统.可分离系统是指能选择至少一组广义坐标和广义动量,其哈密顿-雅可比方程可完全分离.首先必须有$\frac{\partial H}{\partial t}=0$,可将时间变量分离出来,得到哈密顿特性函数满足的哈密顿-雅可比方程,又能把 s 个自变量完全分离.可得

$$W(\boldsymbol{q},\boldsymbol{\alpha}) = \sum_{i=1}^{s} W_i(q_i,\boldsymbol{\alpha})$$

其中 $\alpha_1 = h$.

$$p_i = \frac{\partial W_i(q_i,\boldsymbol{\alpha})}{\partial q_i} = p_i(q_i,\alpha_1,\cdots,\alpha_s)$$

给出新旧正则变量间的关系的一半.

上式给出了系统在相空间中的轨道在 q_i、p_i 平面上的投影的轨道方程,或者说,给出了在(q_i、p_i)二维子相空间中的轨道方程.如果此轨道方程有下列两种情况之一,我们就说它是周期运动,这系统就是周期系统.

第一种情况或说周期运动的第一种类型,在子相空间的轨道是闭合的,如图12.4.1(a)所示,在子相空间中,系统周期地重复它早先经过的各点.这种类型的周期运动称为摆动型.

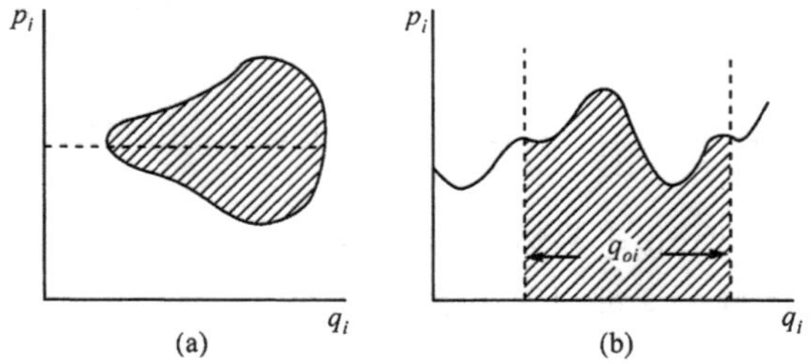

图 12.4.1

第二种情况或说周期运动的第二种类型，在(q_i，p_i)子相空间轨道不闭合，p_i 是 q_i 的周期函数，其周期为 q_{0i}. 如图 12.4.1(b)所示. q_i 不再有界，能无限增加下去，最常见的例子是角度 φ 是循环坐标时，与之共轭的广义动量 p_φ 是常数，可以认为是一种以 2π 为周期的周期运动. 这种周期运动称为转动型. 如果系统在 φ 和 $\varphi+2n\pi$(n 为整数)实际上位于空间同一位置，可以不必区别它们，可把这种运动视为摆动型.

再作两点说明：

i)无论哪种类型的周期运动，即使在(q_i、p_i)各子相空间的运动都能完成一个周期，并不意味着系统在($\boldsymbol{q}$、$\boldsymbol{p}$)相空间的运动可回到初始状态.

ii)对于一个自由度系统的周期运动，在相空间完成一个周期所需的时间一定，因此，也一定是在时间上的周期运动. 对于多于一个自由度的系统，一般讲，在一个(q_i、p_i)子相空间完成一个循环所需的时间不是常数，它与其他坐标有关. 因此，一般说，在(q_i、p_i)子相空间的运动在时间上不是周期的.

这些问题以后我们还要具体说明.

(2) 作用变量和角变量

哈密顿-雅可比方程

$$H\left(\boldsymbol{q}, \frac{\partial W}{\partial \boldsymbol{q}}\right)=\alpha_1 \tag{1}$$

α_1 就是过去我们写的 h.

可将(1)式作变量分离，得到全积分

$$W(\boldsymbol{q}, \boldsymbol{\alpha})=\sum_{i=1}^{s} W_i(q_i, \boldsymbol{\alpha}) \tag{2}$$

$$p_i = \frac{\partial W}{\partial q_i} = \frac{\partial W_i}{\partial q_i} = p_i(q_i, \boldsymbol{\alpha}) \tag{3}$$

(3)式给出了(q_i、p_i)子相空间中的轨道,呈周期运动,摆动型或转动型.

我们不用 $\boldsymbol{\alpha}$ 及其共轭的正则变量,再对它施以一次正则变换,取作用变量 J_i 为新的广义动量

$$J_i = \oint p_i \mathrm{d}q_i = \oint \frac{\partial W_i(q_i, \boldsymbol{\alpha})}{\partial q_i} \mathrm{d}q_i \tag{12.4.38}$$

$\oint$ 表示积分遍及变量 q_i 的一个周期.显然,积分后,J_i 不再是 q_i 的函数,仅是 $\boldsymbol{\alpha}$ 的函数,即 J_i 是 α_1、α_2、…、α_s 的函数.

$$J_i = J_i(\alpha_i, \alpha_2, \cdots, \alpha_s) \tag{4}$$

J_i 的几何意义是图 12.4.1(a)或(b)中打有斜线的面积,对于摆动型,它是子相空间中闭合轨道包围的面积,对于转动型,则是 $p_i(q_i)$ 曲线下 q_i 经历一个周期 q_{0i} 间隔内的面积.

因 $W_i(q_i, \boldsymbol{\alpha})$ 必须满足雅可比行列式不恒为零

$$\left| \frac{\partial^2 W_i(q_i, \boldsymbol{\alpha})}{\partial q_i \partial \alpha_j} \right| \neq 0$$

有雅可比行列式

$$\left| \frac{\partial J_i}{\partial \alpha_j} \right| = \left| \frac{\partial}{\partial \alpha_j} \oint \frac{\partial W_i(q_i, \boldsymbol{\alpha})}{\partial q_i} \mathrm{d}q_i \right| = \oint \left| \frac{\partial^2 W_i(q_i, \boldsymbol{\alpha})}{\partial q_i \partial \alpha_j} \right| \mathrm{d}q_i \neq 0$$

可由(4)式反解出 α_i

$$\alpha_i = \alpha_i(\boldsymbol{J}) \tag{5}$$

将(5)式代入(2)式,得

$$\begin{aligned} W(\boldsymbol{q}, \boldsymbol{J}) &= W[\boldsymbol{q}, \boldsymbol{\alpha}(\boldsymbol{J})] \\ &= \sum_{i=1}^{s} W_i[q_i, \boldsymbol{\alpha}(\boldsymbol{J})] = \sum_{i=1}^{s} W_i(q_i, \boldsymbol{J}) \end{aligned} \tag{12.4.39}$$

(12.4.39)式的 $W(\boldsymbol{q}, \boldsymbol{J})$ 是从变量 $\boldsymbol{q}$、$\boldsymbol{p}$ 到新广义坐标 $\boldsymbol{w}$ 和新广义动量 $\boldsymbol{J}$ 的正则变换的母函数.变换方程为

$$\begin{cases} p_i = \dfrac{\partial W(\boldsymbol{q},\boldsymbol{J})}{\partial q_i} = \dfrac{\partial W_i(q_i\boldsymbol{J})}{\partial q_i} \\ w_i = \dfrac{\partial W(\boldsymbol{q},\boldsymbol{J})}{\partial J_i} = \sum\limits_{k=1}^{s} \dfrac{\partial W_k(q_k,\boldsymbol{J})}{\partial J_i} \end{cases} \tag{12.4.40}$$

J_i 的量纲与 p_iq_i 的乘积的量纲相同,具有作用量的量纲,故称为作用变量. J_iw_i 的乘积必须具有作用量的量纲,因此 w_i 只能是无量纲的量,角度是无量纲的,因此与 J_i 共轭的 w_i 称为角变量.

(3) 频率公式

我们用 $c=1$ 的正则变换条件(12.3.11)、(12.3.12)式,注意 $W(\boldsymbol{q},\boldsymbol{J})$为母函数,新的哈密顿函数为

$$\begin{aligned} H^*(\boldsymbol{w},\boldsymbol{J}) &= H + \frac{\partial W}{\partial t} \\ &= H[\boldsymbol{q}(\boldsymbol{w},\boldsymbol{J},\boldsymbol{p}(\boldsymbol{w},\boldsymbol{J})] \\ &= H[\boldsymbol{q},(\boldsymbol{w},\boldsymbol{J}),\frac{\partial W(\boldsymbol{q},\boldsymbol{J})}{\partial \boldsymbol{q}}] \end{aligned}$$

由(1)式和(5)式

$$H^*(\boldsymbol{w},\boldsymbol{J}) = \alpha_1(\boldsymbol{J}) \tag{12.4.41}$$

(12.4.41)式的 H^* 说明,采用 $\boldsymbol{w}$、$\boldsymbol{J}$ 正则变量后,所有的广义坐标 $\boldsymbol{w}$ 都是循环坐标.

由哈密顿正则方程

$$\begin{cases} \dot{J}_i = -\dfrac{\partial H^*}{\partial w_i} = 0 \\ \dot{w}_i = \dfrac{\partial H^*}{\partial J_i} \end{cases} \quad (i = 1,2,\cdots,s)$$

从第一组方程解出所有作用变量均为常量.

$$J_i = \nu_i \tag{12.4.42}$$

将上述结果代入第二组方程,得

$$\dot{w}_i = \frac{\partial H^*(\boldsymbol{J})}{\partial J_i}\bigg|_{\boldsymbol{J}=\boldsymbol{\nu}} = \nu_i(\boldsymbol{\nu}) \tag{12.4.43}$$

积分上式得

$$w_i = \nu_i t + \varphi_i \tag{12.4.44}$$

γ_i 和 φ_i 是由初条件决定的积分常数，ν_i 是常数的函数，也是常数，称为系统的频率.(12.4.43)式就是频率公式，由此式可以看出，ν_i 是作用变量的函数，一般 $\nu_i \neq \nu_j (i \neq j)$. w_i 是时间的线性函数，时间变化率为 ν_i.

(4) 关于运动的周期性的说明

前面讲周期系统的定义时说过，对于每个子相空间(q_i、p_i)，其轨道具有两种类型的周期性，还提到在时间上是否具有周期性的问题. 现在要讨论的问题是，i) q_i 与 w_j 间存在着的函数关系，说明它们间存在着某种周斯性；ii)在什么情况下，在时间上也是周期运动.

当每个 $q_k (k=1,2,\cdots,s)$ 变量经历一个整数 m_k 个周期(对于摆动型，q_k 经历 m_k 个循环，对于转动型，q_k 增加了 $m_k q_{0k}$)时，w_i 将作何变化?

由(12.4.40)第二组方程，当 q_k 变到 $q_k + \mathrm{d}q_k (k=1,2,\cdots,s)$时，$w_i$ 的增量为

$$\delta w_i = \sum_{k=1}^{s} \frac{\partial}{\partial q_k}\left[\frac{\partial W(\boldsymbol{q},\boldsymbol{J})}{\partial J_i}\right]\mathrm{d}q_k = \frac{\partial}{\partial J_i}\sum_{k=1}^{s}\frac{\partial W(\boldsymbol{q},\boldsymbol{J})}{\partial q_k}\mathrm{d}q_k$$

增量的符号不用“d”而用“δ”是考虑到 q_k 经历 m_k 个周期变化未必能同时完成，我们完全不考虑时间的进程，q_k 的变化是一种不经时间的虚位移.

q_k 经 m_k 周($k=1,2,\cdots,s$)后，W_i 的总的变化为

$$\begin{aligned}\Delta w_i &= \frac{\partial}{\partial J_i}\oint\sum_{k=1}^{s}\frac{\partial W(\boldsymbol{q},\boldsymbol{J})}{\partial q_k}\mathrm{d}q_k = \frac{\partial}{\partial J_i}\sum_{k=1}^{s}\oint p_k \mathrm{d}q_k \\ &= \frac{\partial}{\partial J_i}\sum_{k=1}^{s} m_k J_k = m_i \end{aligned}\tag{12.4.45}$$

(12.4.45)式表明，当 $j \neq i$ 时，q_j 无论经历多少个周期，只要 $m_i=0$，必有 $\Delta w_i = 0$，而 q_i 每经历一个周期，即 $m_i=1$，其余 $j\neq i$ 的 q_j 也都经历若干个周期或不变，$\Delta w_i = 1$.

反过来也是成立的，即如 w_i 的增量为 m_i(整数)，其余 $w_j (j\neq i)$不变，则所有的 $q_j (j \neq i)$不变，q_i 不变(摆动型)或经历 m_i 个周期(转动型)

因为 $W(\boldsymbol{q},\boldsymbol{J})$作为母函数，必满足

$$\left|\frac{\partial^2 W(\boldsymbol{q},\boldsymbol{J})}{\partial q_i \partial J_j}\right| \neq 0$$

由(12.4.40)第二组方程,有

$$\left|\frac{\partial w_j(\boldsymbol{q},\boldsymbol{J})}{\partial q_i}\right| \neq 0$$

则对应于每一个 $\boldsymbol{w}$ 值,有惟一的 $\boldsymbol{q}$ 值.

对于摆动型周期系统,$\boldsymbol{q}$ 是 $\boldsymbol{w}$ 的周期函数,周期等于 1,都是 $\boldsymbol{w}$ 的多重周期函数,可以展成傅里叶级数

$$q_k = \sum_{m_1=-\infty}^{\infty}\sum_{m_2=-\infty}^{\infty}\cdots\sum_{m_s=-\infty}^{\infty} a_{m_1,\cdots,m_s}^{(k)} \mathrm{e}^{2\pi\mathrm{i}(m_1 w_1+\cdots+m_s w_s)}$$

或缩写为

$$\begin{cases} q_k = \sum\limits_{\boldsymbol{m}} a_{\boldsymbol{m}}^{(k)} \mathrm{e}^{2\pi\mathrm{i}\boldsymbol{m}.\boldsymbol{w}} \\ a_{\boldsymbol{m}}^{(k)} = \int_0^1\cdots\int_0^1 q_k(\boldsymbol{w})\mathrm{e}^{-2\pi\mathrm{i}\boldsymbol{m}.\boldsymbol{w}}\mathrm{d}w_1\mathrm{d}w_2\cdots\mathrm{d}w_s \end{cases} \quad \text{(摆动型)}$$

对于转动型周期系统,p_k 经历一个周期后,q_k 不回复到原来的数值,而是增加一个周期值 q_{0k},而 w_k 增加 1,$q_k - w_k q_{0k}$ 将回到它的初始值,它像摆动型系统的坐标 q_k 那样,是 $\boldsymbol{w}$ 的多重周期函数,也可展成多重傅里叶级数

$$\begin{cases} q_k - w_k q_{0k} = \sum\limits_{\boldsymbol{m}} a_{\boldsymbol{m}}^{(k)} \mathrm{e}^{2\pi\mathrm{i}\boldsymbol{m}.\boldsymbol{w}} \\ \boldsymbol{a}_{m}^{(k)} = \int_0^1\cdots\int_0^1 (q_k - w_k q_{0k})\mathrm{e}^{-2\pi\mathrm{i}\boldsymbol{m}.\boldsymbol{w}}\mathrm{d}w_1\mathrm{d}w_2\cdots\mathrm{d}w_s \end{cases} \quad \text{(转动型)}$$

鉴于 $p_k = p_k(q_k,\boldsymbol{J})$[见(12.4.40)式],具有摆动型或转动型的周期性,对于 q_k、p_k 的函数 $f(q_k,p_k)$(摆动型)和 $f(q_k - w_k q_{0k},p_k)$(转动型)也都可展成多重傅里叶级数

$$f(q_k,p_k) = \sum_{\boldsymbol{m}} b_{\boldsymbol{m}}^{(k)} \mathrm{e}^{2\pi\mathrm{i}\boldsymbol{m}.\boldsymbol{w}} \text{(摆动型)}$$

$$f(q_k - w_k q_{0k},p_k) = \sum_{\boldsymbol{m}} b_{\boldsymbol{m}}^{(k)} \mathrm{e}^{2\pi\mathrm{i}\boldsymbol{m}.\boldsymbol{w}} \text{(转动型)}$$

下面我们讨论一下各广义坐标 q_k 随时间 t 的变化关系.

将(12.4.44)式代入 q_k 的级数展开式,即得摆动型和转动型坐标随时间的变化关系.

$$q_k(t) = \sum_{\boldsymbol{m}} a_{\boldsymbol{m}}^{(k)} \mathrm{e}^{2\pi\mathrm{i}\boldsymbol{m}\cdot(\boldsymbol{\nu}t+\boldsymbol{\varphi})} \text{(摆动型)}$$

$$q_k(t) = q_{0k}(\nu_k t + \varphi_k) + \sum_m a_m^{(k)} \mathrm{e}^{2\pi i \boldsymbol{m}\cdot(\boldsymbol{\nu}t+\boldsymbol{\varphi})} \text{(转动型)}$$

具有转动型坐标时,不可能是 t 的周期函数,对于摆动型,当且仅当存在着一组整数 k_1、k_2、…、k_s 有

$$\nu_1 \Delta t = k_1,\ \nu_2 \Delta t = k_2, \cdots, \nu_s \Delta t = k_s \tag{12.4.46}$$

或

$$\frac{k_1}{\nu_1} = \frac{k_2}{\nu_2} = \cdots = \frac{k_s}{\nu_s} \tag{12.4.46$'$}$$

由摆动型的 $q_k(t)$式子,

$$\begin{aligned} q_k(t + \Delta t) &= \sum_m a_m^{(k)} \mathrm{e}^{2\pi i \boldsymbol{m}\cdot(\boldsymbol{\nu}t+\boldsymbol{\varphi})} \mathrm{e}^{2\pi i \boldsymbol{m}\cdot\boldsymbol{\nu}\Delta t} \\ &= \sum_m a_m^{(k)} \mathrm{e}^{2\pi i \boldsymbol{m}\cdot(\boldsymbol{\nu}t+\boldsymbol{\varphi})} \mathrm{e}^{2\pi i \boldsymbol{m}\cdot\boldsymbol{k}} \\ &= \sum_m a_m^{(k)} \mathrm{e}^{2\pi i \boldsymbol{m}\cdot(\boldsymbol{\nu}t+\boldsymbol{\varphi})} = q_k(t) \end{aligned}$$

说明 $\boldsymbol{q}(t)$是时间的周期函数. 如 k_1、k_2、…、k_s 是满足(12.4.46)式的最小的一组整数,则 Δt 就是系统运动的周期. 经过这个周期后,系统又回到原来的状态. 如果没有(12.4.46)式的关系,这系统将永远不能回到曾经历过的任何一个运动状态. (12.4.46)式的关系用语言表达可以说,任何两个频率之比是有理数或说频率互为有理分数,也可以说各个频率是可公度的.

在举例以前,再作几点说明:

i)对于可分离的周期系统,$\boldsymbol{q}$、$\boldsymbol{p}$ 都能表为作用变量$\boldsymbol{J}$ 和角变量 $\boldsymbol{w}$ 的函数. 在运动过程中,$\boldsymbol{J}$ 不变,因此,$\boldsymbol{q}$、$\boldsymbol{p}$ 或它们的任意函数与时间的关系都只与角变量 $\boldsymbol{w}$ 有关.

ii)(12.4.45)式不意味着实际运动中,当(q_k、p_k)子相空间经历一个周期时,w_k 的变化为 1,因为在这期间,其他的 q_i($i \neq k$)一般来说并不经历整数个周期.

iii)第十一章讨论的小振动都是可分离的周期系统,也都是摆动型的周期系统. 在那里,我们已看到,每个广义坐标未必都包含所有频率的振动,如果涉及到的所有频率是可公度的,则那个坐标随时间周期地变化. 如取简正坐标,则每个简正坐标上的运动都只与一个简正频率有关,每个简正坐标上的运动都是时间上的周期运动. 可是,如果各个频率不可公度,系统的运动不是在时间上的周期运动,系统永远不能回到曾经历过的任何一个状态. 这时,李萨如图形是不闭合的.

注意 在位形空间画的李萨如图形,其轨道是可以相交的,交点不是同一运动

状态,因为广义动量并不都一样.

iv)对于一个自由度的周期系统,在时间上也一定是周期运动.对于两个或两个以上自由度的摆动型的可分离的周期系统,在各频率不可公度时,系统不可能回复到曾经历过的任何一个状态,对于每一对正则变量的子相空间(q_k、p_k)中的运动或说运动在 q_kp_k 平面上的投影涉及的各频率如果是不可公度的,则这个投影运动也不是时间上的周期运动,但在此子相空间的轨道是闭合的,即可以回复到曾经历过的子相空间中的任何状态,但每沿此闭合轨道一周所经历过的时间不相同,因此在时间上不是周期运动.

v)当所有频率可公度时,系统的位形就不是多重周期的,而是周期的变化.

vi)如所有频率是可公度的,则必存在 $s-1$ 个下列形式的线性无关的关系.

$$\sum_{i=1}^{s} m_i^{(j)}\nu_i = 0 \quad (j = 1,2,\cdots,s-1)$$

其中 $m_i^{(j)}$ 都是整数.显然,由线性无关,必有 $s-1$ 个 ν_i(例如 $i=1$、2、…、$s-1$)个系数行列式不等于零,从这 $s-1$ 个方程组中可解出 $\frac{\nu_i}{\nu_s}$($i=1$、2、…、$s-1$),它们都是有理数.这时运动轨道是闭合的,也是时间上的周期运动(限于摆动型的可分离的周期系统).

vii)在求解运动学方程时,并不使用 $q_k(t)$ 的傅里叶级数展开式,而是用(12.4.40)式给出的原广义坐标、广义动量与作用变量、角变量的变换关系及(12.4.44)式角变量与频率的线性关系.

例 12.4.7　一个简谐振子的哈密顿函数为

$$H(q,p) = \frac{1}{2m}p^2 + \frac{1}{2}kq^2$$

证明振动频率 $\nu=\frac{1}{2\pi}\sqrt{\frac{k}{m}}$(限用作用变量、角变量的方法).

证明　H 是运动常数,在 q、p 空间中的轨道为

$$\frac{p^2}{2m} + \frac{kq^2}{2} = E$$

其中 E 是常数.这是一个椭圆,半轴为 $\sqrt{2mE}$ 和 $\sqrt{\frac{2E}{k}}$.作用变量 J 的值等于这个椭圆包围的面积.

$$J = \pi\sqrt{2mE}\cdot\sqrt{\frac{2E}{k}} = 2\pi\sqrt{\frac{m}{k}}E$$

由(12.4.41)式

$$H^*(J)=E=\frac{1}{2\pi}\sqrt{\frac{k}{m}}J$$

由(12.4.43)式

$$\nu=\frac{\partial H^*}{\partial J}=\frac{1}{2\pi}\sqrt{\frac{k}{m}}$$

例 12.4.8 一个系统哈密顿函数为

$$H=\frac{1}{2m}p_1^2+\frac{1}{2m}(p_2-kq_1)^2$$

用正则方程和采用作用变量、角变量两种方法求其运动的一般解.

解 方法一,用正则方程求解

$$H=\frac{1}{2m}p_1^2+\frac{1}{2m}(p_2-kq_1)^2$$

$$\dot{q}_1=\frac{\partial H}{\partial p_1}=\frac{1}{m}p_1 \tag{1}$$

$$\dot{p}_1=-\frac{\partial H}{\partial q_1}=\frac{k}{m}(p_2-kq_1) \tag{2}$$

$$\dot{q}_2=\frac{\partial H}{\partial p_2}=\frac{1}{m}(p_2-kq_1) \tag{3}$$

$$\dot{p}_2=-\frac{\partial H}{\partial q_2}=0 \tag{4}$$

由(4)式得

$$p_2=\alpha \tag{5}$$

由(1)、(2)、(5)式可得

$$\ddot{q}_1=\frac{1}{m}\dot{p}_1=\frac{k}{m^2}(p_2-kq_1)=\frac{k}{m^2}(\alpha-kq_1) \tag{6}$$

上式整理后可得

$$\ddot{q}_1+\frac{k^2}{m^2}\left(q_1-\frac{\alpha}{k}\right)=0 \tag{6'}$$

解得

$$q_1 = \frac{\alpha}{k} + A_1 \cos\left(\frac{k}{m}t + \varphi_1\right) \tag{7}$$

将(7)式代入(3)式，积分得

$$q_2 = A_2 - A_1 \sin\left(\frac{k}{m}t + \varphi_1\right) \tag{8}$$

方法二，用作用变量、角变量的方法

因$\frac{\partial H}{\partial t}=0$，$q_2$ 是循环坐标.

哈密顿特性函数可写为

$$W(q_1、q_2) = W_1(q_1) + W_2(q_2)$$

W_1 满足的方程为

$$\frac{1}{2m}\left(\frac{\mathrm{d}W_1}{\mathrm{d}q_1}\right)^2 + \frac{1}{2m}(\alpha - kq_1)^2 = E$$

$$W_1(q_1, E, \alpha) = \pm \int \sqrt{2mE - (\alpha - kq_1)^2}\,\mathrm{d}q_1$$

$$W_2(q_2, E, \alpha) = \alpha q_2$$

$$p_1 = \frac{\partial W_1}{\partial q_1} = \pm \sqrt{2mE - (\alpha - kq_1)^2}$$

$$p_2 = \frac{\partial W_2}{\partial q_2} = \alpha$$

$$J_1 = \oint p_1 \mathrm{d}q_1 = \int_{q_{11}}^{q_{12}} \sqrt{2mE - (\alpha - kq_1)^2}\,\mathrm{d}q_1 + \int_{q_{12}}^{q_{11}} [-\sqrt{2mE - (\alpha - kq_1)^2}]\,\mathrm{d}q_1$$

$$= 2\int_{q_{11}}^{q_{12}} \sqrt{2mE - (\alpha - kq_1)^2}\,\mathrm{d}q_1$$

其中 q_{11}、q_{12}是下列方程的两个根，q_{11}是较小的根：

$$2mE - (\alpha - kq_1)^2 = 0$$

令 $x=\alpha - kq_1$，当 $q_1 = q_{11}$时，$x=x_1$，当 $q_1=q_{12}$时，$x=x_2$. 因 $q_{11}<q_{12}$，$x_1>x_2$. 令 $x_1=\sqrt{2mE}$，$x_2=-\sqrt{2mE}$.

$$J_1 = -\frac{2}{k}\int_{x_1}^{x_2} \sqrt{2mE - x^2}\,\mathrm{d}x$$

用积分公式

$$\int \sqrt{a^2 - x^2}\mathrm{d}x = \frac{1}{2}\left(x\sqrt{a^2 - x^2} + a^2\arcsin\frac{x}{a}\right)$$

可得

$$J_1 = \frac{2\pi mE}{k} \tag{9}$$

$$J_2 = \oint p_2 \mathrm{d}q_2 = \oint \alpha \mathrm{d}q_2 = 2\pi\alpha \tag{10}$$

由(9)、(10)式得

$$E = \frac{k}{2\pi m}J_1, \quad \alpha = \frac{J_2}{2\pi} \tag{11}$$

$$H^*(J_1, J_2) = E = \frac{k}{2\pi m}J_1 \tag{12}$$

$$\dot{w}_1 = \nu_1 = \frac{\partial H^*}{\partial J_1} = \frac{k}{2\pi m}$$

$$\dot{w}_2 = \nu_2 = \frac{\partial H^*}{\partial J_2} = 0$$

$$w_1 = \nu_1 t + \varphi_1 = \frac{k}{2\pi m}t + \varphi_1, w_2 = \nu_2 t + \varphi_2 = \varphi_2 \tag{13}$$

用(12.4.40)的第二组方程找新旧变量的变换关系.

$$\begin{aligned} w_1 &= \frac{\partial W_1}{\partial J_1} + \frac{\partial W_2}{\partial J_1} \\ &= \frac{\partial W_1}{\partial E}\frac{\partial E}{\partial J_1} + \frac{\partial W_1}{\partial \alpha}\frac{\partial \alpha}{\partial J_1} + \frac{\partial W_2}{\partial E}\frac{\partial E}{\partial J_1} + \frac{\partial W_2}{\partial \alpha}\frac{\partial \alpha}{\partial J_1} \\ &= \frac{\partial W_1}{\partial E}\frac{k}{2\pi m} = \frac{k}{2\pi m}\cdot\frac{1}{2}2m\int\frac{1}{\sqrt{2mE - (\alpha - kq_1)^2}}\mathrm{d}q_1 \\ &= \frac{k}{2\pi}\int\frac{1}{\sqrt{2mE - (\alpha - kq_1)^2}}\mathrm{d}q_1 \end{aligned}$$

在这里用 W_1 式,可只保留正号或负号,不必正负都保留,差别仅在于待定的积分常数前是否加正负号. 由初条件决定积分常数后都得到同样的结果.

用积分公式 $\int \frac{1}{\sqrt{a^2 - x^2}} \mathrm{d}x = \arcsin \frac{x}{a}$，可得

$$w_1 = \frac{1}{2\pi} \arcsin \frac{\alpha - kq_1}{\sqrt{2mE}}$$

$$w_2 = \frac{\partial W_1}{\partial E} \frac{\partial E}{\partial J_2} + \frac{\partial W_1}{\partial \alpha} \frac{\partial \alpha}{\partial J_2} + \frac{\partial W_2}{\partial E} \frac{\partial E}{\partial J_2} + \frac{\partial W_2}{\partial \alpha} \frac{\partial \alpha}{\partial J_2}$$

$$= \frac{1}{2\pi} \cdot \frac{1}{2} \int \frac{2(\alpha - kq_1)}{\sqrt{2mE - (\alpha - kq_1)^2}} \mathrm{d}q_1 + \frac{1}{2\pi} q_2$$

$$= \frac{1}{2\pi k} \sqrt{2mE - (\alpha - kq_1)^2} + \frac{1}{2\pi} q_2$$

从上述两式解出 q_1、q_2，得

$$q_1 = \frac{1}{k} [\alpha + \sqrt{2mE} \sin(2\pi w_1)],$$

$$q_2 = 2\pi w_2 - \frac{1}{k} \sqrt{2mE - (\alpha - kq_1)^2}$$

$$= 2\pi w_2 - \frac{1}{k} \sqrt{2mE} \cos(2\pi w_1)$$

将(13)式代入即得

$$q_1 = \frac{\alpha}{k} + \frac{\sqrt{2mE}}{k} \sin\left(\frac{k}{m} t + \varphi_1'\right) \tag{14}$$

$$q_2 = 2\pi \varphi_2 - \frac{\sqrt{2mE}}{k} \cos\left(\frac{k}{m} t + \varphi_1'\right) \tag{15}$$

为将(7)、(8)式的结果与(14)、(15)式比较，先将(7)、(8)式中的一个积分常数 A_1 与另一个积分常数 E 联系起来，将(7)、(8)、(1)、(5)式代入 $\frac{1}{2m} p_1^2 + \frac{1}{2m} (p_2 - kq_1)^2 = E$，即可定出 $A_1 = \frac{1}{k} \sqrt{2mE}$. 可见两种方法结果相同.

就此例我们再说几句.

i)从结果看，轨道是闭合的，是时间上的周期运动. ν_1、ν_2 也确满足(12.4.46)、(12.4.46′)式

$$\frac{k_1}{\nu_1} = \frac{k_2}{\nu_2} = \Delta t$$

取 $k_2=0$,k_1 取任何整数均可,取最小整数 $k_1=1$,则 $\Delta t=\dfrac{1}{\nu_1}=\dfrac{2\pi m}{k}$就是系统运动的周期.

ii)这个例子,有循环坐标,相应的频率 $\nu=0$,相应的子相空间中的周期运动仍可看成是摆动型的.

iii)在 p_2 等于常数的情况下,周期 q_{02}这里取为 2π,取任何其他值均可.

iv)从此例可以看出,从求解运动规律来讲,采用作用变量、角变量并不方便,而且此法还只能用于可分离的周期系统,有很大的局限性.但在理论上,它是有意义的,在从经典力学向量子力学的过渡方面,它起了重要作用.下面要讨论的一种近似解法——正则微扰论,要用到正则变换和作用变量、角变量,下面讲的绝热不变量也要用到作用变量.

*6. 正则微扰论简介

我们在§2.2.6 中讲了微扰法,讲了由于存在某些较小的力不能得到精确解时如何获得近似解的方法.对于这类问题,在分析力学中也有相应的处理办法,这就是我们这里要讲的正则微扰论.由于下面介绍的方法,不仅要利用正则变换,还要采用作用变量、角变量,仅适用于可分离的周期系统.作为简介,我们只限于讨论一个自由度的系统.

假定系统的哈密顿函数为 $H(q,p,\lambda)$,其中 λ 是个参数,是个小量,在某一区间内(包括 $\lambda=0$),系统的运动都是摆动型的周期运动.当 $\lambda=0$ 时,哈密顿函数(称为非微扰的哈密顿函数)为

$$H(q,p,0)=H_0(q,p)$$

由非微扰的哈密顿函数确定的运动是能够精确求解的.对于 H_0 作正则变换,将 q、p 变为作用变量和角变量 J^0、w^0,采用作用、角变量后的哈密顿函数,记为 H_0^*,它只是 J^0 的函数,不显含 w^0

$$H_0^*(J^0)=H_0(q,p)$$

相应的非微扰的正则方程为

$$\dot{w}^0=\frac{\partial H_0^*}{\partial J^0}=\nu^0(J^0)\qquad \dot{J}^0=-\frac{\partial H_0^*}{\partial w^0}=0$$

对受微扰的哈密顿函数作非微扰时所用的正则变换,改用 J^0、w^0 后得到的哈密顿函数中显含 w^0,表为

$$H^*(w^0,J^0,\lambda)=H(q,p,\lambda)$$

由于受微扰的系统也是摆动型的可分离的周期系统，也存在着作用、角变量 J、w，在这正则变换后得到的哈密顿函数不显含 w，必有

$$H^*(w^0,J^0,\lambda) = H(q,p,\lambda) = H^*(J,\lambda) \tag{12.4.47}$$

正则变换与哈密顿函数无关，w^0、J^0 和 w、J 都是由正则变换由 q、p 得到的正则变量，根据正则变换的性质，必有一个正则变换，将 w^0、J^0 变为 w、J. 要设法求出与此正则变换相应的母函数 $S(w^0,J,\lambda)$.

λ 足够小，可以将 S 展开成 λ 的幂级数，

$$S(w^0,J,\lambda) = S_0(w^0,J) + \lambda S_1(w^0,J) + \lambda^2 S_2(w^0,J) + \cdots \tag{12.4.48}$$

显然，$S_0(w^0,J)$是 $\lambda=0$ 时用的正则变换的母函数，应是恒等变换：$J=J^0$、$w=w^0$，故有

$$S_0(w^0,J) = w^0 J \tag{12.4.49}$$

如能求出 S_1、S_2、…，即能求出新的作用、角变量 J、w 与 J^0、w^0 的关系.

母函数 S 和 $S'=S+aw^0+bJ$（其中 a、b 为常量）所给出的两组新变量 J、w 和 J'、w' 间的变换关系为 $w'=w+b$，$J'=J+a$. 只相差一个常量，对以下的求解没有什么影响. 因此，可以取不含 w^0、J 的线性项的母函数.

(12.4.48)式的母函数给出的正则变量变换关系为

$$J^0 = \frac{\partial S}{\partial w^0} = J + \lambda\frac{\partial S_1}{\partial w^0} + \lambda^2\frac{\partial S_2}{\partial w^0} + \cdots \tag{12.4.50}$$

$$w = \frac{\partial S}{\partial J} = w^0 + \lambda\frac{\partial S_1}{\partial J} + \lambda^2\frac{\partial S_2}{\partial J} + \cdots \tag{12.4.51}$$

得到上式时用了(12.4.49)式.

将 $H^*(w^0,J^0,\lambda)$也展成 λ 的幂级数

$$H^*(w^0,J^0,\lambda) = H_0^*(J^0) + \lambda H_1^*(w^0,J^0) + \lambda^2 H_2(w^0,J^0) + \cdots \tag{12.4.52}$$

这里我们用了 $H^*(w^0,J^0,0)=H_0^*(J^0)$.

注意，$H^*(w^0,J^0,\lambda)$是由 q、p 变为 w^0、J^0 的正则变换得到的.（这个变换可以求得），因此可以认为是已知的$[H^*(w^0,J^0,\lambda)=H(q,p,\lambda)]$，因而对它作展开所得(12.4.52)式中的 $H_1^*(w^0,J^0)$、$H_2^*(w^0,J^0)$也是已知的.

若找到变换关系 $w^0 = w^0(w, J), J^0 = J^0(w, J)$，就能得到用 J、w 为变量的哈密顿函数 $H^*(J, \lambda)$，

$$H^*[w^0(w,J), J^0(w,J), \lambda] = H^*(J, \lambda)$$

将 $H^*(J, \lambda)$ 也展成 λ 的幂级数，

$$H^*(J,\lambda) = H_0^*(J) + \lambda H_1^*(J) + \lambda^2 H_2^*(J) + \cdots \tag{12.4.53}$$

不能比较(12.4.52)和(12.4.53)式得到 λ 的各次幂的系数相等，因为 J 与 J_0 之间还有与 λ 的关系[参看(12.4.50)式]。

对 $H^*(w^0, J^0, \lambda)$ 的(12.4.52)式右边在 $J^0 = J$ 处展开，并用(12.4.50)式，得

$$\begin{aligned} H^*(w^0, J^0, \lambda) &= H_0^*(J) + \frac{\partial H_0^*}{\partial J}(J^0 - J) + \frac{1}{2}\frac{\partial^2 H_0^*}{\partial J^2}(J^0 - J)^2 + \cdots \\ &\quad + \lambda\left[H_1^*(w^0, J) + \frac{\partial H_1^*}{\partial J}(J^0 - J) + \frac{1}{2}\frac{\partial^2 H_1^*}{\partial J^2}(J^0 - J)^2 + \cdots\right] \\ &\quad + \lambda^2\left[H_2^*(w^0, J) + \frac{\partial H_2^*}{\partial J}(J^0 - J) + \frac{1}{2}\frac{\partial^2 H_2^*}{\partial J^2}(J^0 - J)^2 + \cdots\right] + \cdots \\ &= H_0^*(J) - \frac{\partial H_0^*}{\partial J}\left(\lambda\frac{\partial S_1}{\partial w^0} + \lambda^2\frac{\partial S_2}{\partial w^0} + \cdots\right) + \frac{1}{2}\frac{\partial^2 H_1^*}{\partial J^2}\left(\lambda\frac{\partial S_1}{\partial w^0} + \cdots\right)^2 \\ &\quad + \lambda\left[H_1^*(w^0, J) + \frac{\partial H_1^*}{\partial J}\left(\lambda\frac{\partial S_1}{\partial w^0} + \cdots\right) + \cdots\right] + \lambda^2[H_2^*(w^0, J) + \cdots] + \cdots \\ &= H_0^*(J) + \lambda\left[H_1^*(w^0, J) + \frac{\partial H_0^*}{\partial J}\frac{\partial S_1}{\partial w^0}\right] + \lambda^2\left[H_2^*(w^0, J) + \frac{\partial H_0^*}{\partial J}\frac{\partial S_2}{\partial w^0}\right. \\ &\quad \left. + \frac{1}{2}\frac{\partial^2 H_0^*}{\partial J^2}\left(\frac{\partial S_1}{\partial w^0}\right)^2 + \frac{\partial H_1^*}{\partial J}\frac{\partial S_1}{\partial w^0}\right] + \cdots \end{aligned} \tag{12.4.54}$$

式中 $\dfrac{\partial H_0^*}{\partial J} = \left.\dfrac{\partial H_0^*}{\partial J^0}\right|_{J^0 = J}$，$\dfrac{\partial H_1^*}{\partial J} = \left.\dfrac{\partial H_1^*(w^0, J^0)}{\partial J^0}\right|_{J^0 = J}$.

由(12.4.47)式，可令(12.4.53)和(12.4.54)式右边 λ 的各次幂的系数相等，得

$$H_1^*(J) = H_1^*(w^0, J) + \nu^0(J)\frac{\partial S_1}{\partial w^0} \tag{12.4.55}$$

$$H_2^*(J) = H_2^*(w^0, J) + \frac{\partial H_1^*}{\partial J}\frac{\partial S_1}{\partial w^0} + \nu^0(J)\frac{\partial S_2}{\partial w^0} + \frac{1}{2}\frac{\partial \nu^0}{\partial J}\left(\frac{\partial S_1}{\partial w^0}\right)^2 \tag{12.4.56}$$

得到(12.4.54)式时，我们还考虑到将 $H_0^*(J^0)$在 $J^0 = J$ 处的展开式

$$\begin{aligned} H_0^*(J^0) &= H_0^*(J) + \frac{\partial H_0^*}{\partial J}(J^0 - J) + \frac{1}{2}\frac{\partial^2 H_0^*}{\partial J^2}(J^0 - J)^2 + \cdots \\ &= H_0^*(J) + \frac{\partial H_0^*}{\partial J}\left(\lambda\frac{\partial S_1}{\partial w^0} + \lambda^2\frac{\partial S_2}{\partial w^0} + \cdots\right) \\ &\quad + \frac{1}{2}\frac{\partial^2 H_0^*}{\partial J^2}\left(\lambda\frac{\partial S_1}{\partial w^0} + \lambda^2\frac{\partial S_2}{\partial w^0} + \cdots\right)^2 + \cdots \end{aligned}$$

故　$H_0^*(J)$与 $H_0^*(J^0)$有同样的函数形式，又因

$$\nu^0(J^0) = \dot{w}^0 = \frac{\partial H_0^*(J^0)}{\partial J^0}$$

也有

$$\nu^0(J) = \frac{\partial H_0^*(J)}{\partial J}$$

因此，$H_0^*(J)$、$\nu^0(J)$都是已知函数，只要把 $H_0^*(J^0)$、$\nu^0(J^0)$中的 J^0 改成 J 即得 $H_0^*(J)$和 $\nu^0(J)$.

我们如能求得 $S_1(w_0, J)$、$S_2(w^0, J)$、…，便能用(12.4.50)、(12.4.51)式得到 $w^0 = w^0(w, J)$和 $J^0 = J^0(w, J)$，把它代入从 q、p 到 w^0、J^0 的变换关系 $q = q(w^0, J^0)$，$p = p(w^0, J^0)$，就能得到

$$\begin{cases} q = q[w^0(w, J), J^0(w, J)] = q(w, J) \\ p = p[w^0(w, J), J^0(w, J)] = p(w, J) \end{cases} \tag{12.4.57}$$

采用 J、w 这一组作用、角变量，受微扰的运动的近似解为

$$\begin{cases} J = C_1 \\ w = \nu t + C_2 \end{cases} \tag{12.4.58}$$

C_1、C_2 是积分常数，由初条件决定. 将(12.4.58)式代入(12.4.57)式即得受微扰

运动的近似解.

剩下的问题是，S_1、S_2 如何求？新频率 ν 如何求？显然与 $H^*(J,\lambda)$有关，因而与 $H_1^*(J)$、$H_2^*(J)$、…有关. 下面我们就来讨论这些问题.

由于 w、J 和 w^0、J^0 都是作用、角变量，q 和 p 是 w 也是 w^0 的周期函数，周期都等于 1. 如果 w^0 的变化为 1，则 q 和 p 回到其初始值，从微扰考虑，w 和 w^0 应该差一个小量. 当 q、p 变回到原来值时，w、w^0 均变化为 1，$w-w^0$ 这个小量的变化也应回到原来的值，即 w^0 变化为任何整数时，$w-w^0$ 仍为原来的值，就是说 $w-w^0$ 是 w^0 的周期为 1 的周期函数. J、J_0 都是 p、q 的函数，当然也都是 w^0 的周期函数，周期为 1，对于所有的 λ 值都成立. 由(12.4.51)式，$\frac{\partial S_1}{\partial J}$、$\frac{\partial S_2}{\partial J}$、…对于 w^0 都是周期性的. $\frac{\partial S_k}{\partial J}$对 J 积分得 $S_k(k=1,2,\cdots)$必然是 w^0 的一个周期函数(周期为 1)加上一个 w^0 的函数 $f_k(w^0)$，由(12.4.50)式可见，$\frac{\partial S_k}{\partial w^0}$也是 w^0 的周期为 1 的周期函数. 要求$\frac{\partial f_k}{\partial w^0}$也是 w^0 的周期为 1 的周期函数. 可见 S_k 一定是 w^0 的周期为 1 的周期函数与一个线性函数 $C_k w^0$ 之和. 前面已经说过，可把 S_k 中的 w^0 的线性项去掉，不影响结果. 因此我们可令 $C_k=0$. 将 $S_k(w^0,J)$展成傅里叶级数

$$
\left.
\begin{aligned}
S_k(w^0,J) &= \sum_{m=-\infty}^{\infty} S_k(J,m)\mathrm{e}^{2\pi i m w^0} \\
\frac{\partial S_k}{\partial w^0} &= \sum_{\substack{m=-\infty \\ m\neq 0}}^{\infty} 2\pi i m S_k(J,m)\mathrm{e}^{2\pi i m w^0}
\end{aligned}
\right\} \quad (k=1,2,\cdots) \qquad (12.4.59)
$$

$S_k(w^0,J)$的傅里叶级数中 $m=0$ 的项对 w^0 的偏导为零，故在(12.4.59)式的级数中不含 $m=0$ 的项.

因对 $m\neq 0$，$\int_0^1 \mathrm{e}^{2\pi i m w^0}\mathrm{d}w^0=\frac{1}{2\pi i m}\mathrm{e}^{2\pi i m w^0}\Big|_0^1=0$，一个 w^0 的函数对 w^0 从 0 到 1 一个周期进行积分，再除以这个周期 1，就是这个函数的平均值，故

$$
\overline{\frac{\partial S_k}{\partial w^0}} = \sum_{\substack{m=-\infty \\ m\neq 0}}^{\infty} 2\pi i m S_k(J,m)\int_0^1 \mathrm{e}^{2\pi i m w^0}\mathrm{d}w^0 = 0
$$

对(12.4.55)式两边求平均值即作上述积分，得

$$
H_1^*(J) = \overline{H_1^*(w^0,J)} \qquad (12.4.60)
$$

J 是常量，故它的函数 $H_1^*(J)$也是常量.

将上式代回(12.4.55)式，解出$\frac{\partial S_1}{\partial w^0}$，得

$$\frac{\partial S_1}{\partial w^0} = \frac{\overline{H_1^*(w^0, J)} - H_1^*(w^0, J)}{\nu^0(J)} = \frac{H_1^*(J) - H_1^*(w^0, J)}{\nu^0(J)} \tag{12.4.61}$$

积分上式可得

$$S_1(w^0, J) = \int \frac{\overline{H_1^*(w^0, J)} - H_1^*(w^0, J)}{\nu^0(J)} \mathrm{d}w^0 + \eta(J)$$

其中 $\eta(J)$是 J 的某个任意函数. 从(12.4.50)、(12.4.51)式可以看出，$\eta(J)$不影响 J 与J^0 间的关系，对 $w - w^0$ 的影响是附加了一个 $\lambda \frac{\mathrm{d}\eta(J)}{\mathrm{d}J}$的常量. 在写 w 的一般解中本来带有一个待定常数. 因此可令 $\eta(J) = 0$.

$$S_1(w^0, J) = \int \frac{\overline{H_1^*(w^0, J)} - H_1^*(w^0, J)}{\nu^0(J)} \mathrm{d}w^0 \tag{12.4.62}$$

同样对(12.4.56)式两边对 w^0 作从 0 到 1 的积分，得

$$\begin{aligned} H_2^*(J) &= \overline{H_2^*(w^0, J)} + \overline{\frac{\partial H_1^*}{\partial J} \frac{\partial S_1}{\partial w^0}} + \frac{1}{2} \frac{\partial \nu^0}{\partial J} \overline{\left(\frac{\partial S_1}{\partial w^0}\right)^2} \\ &= \overline{H_2^*} + \overline{\frac{\partial H_1^*}{\partial J}\left[\frac{\overline{H_1^*} - H_1^*}{\nu^0(J)}\right]} + \frac{1}{2} \frac{\partial \nu^0}{\partial J} \overline{\left(\frac{\overline{H_1^*} - H_1^*}{\nu^0(J)}\right)^2} \\ &= \overline{H_2^*} + \frac{1}{\nu^0(J)}\left[\overline{\frac{\partial H_1^*}{\partial J}} \cdot \overline{H_1^*} - \overline{\left(\frac{\partial H_1^*}{\partial J} H_1^*\right)}\right] \\ &\quad + \frac{1}{2(\nu^0)^2} \frac{\partial \nu^0}{\partial J}\left[\overline{(H_1^*)^2} - \left(\overline{H_1^*}\right)^2\right] \end{aligned} \tag{12.4.63}$$

将(12.4.61)、(12.4.63)式代入(12.4.56)式，解出$\frac{\partial S_2}{\partial w^0}$得

$$\begin{aligned} \frac{\partial S_2}{\partial w^0} &= \frac{1}{\nu^0}\left[H_2^*(J) - H_2^*(w^0, J) - \frac{\partial H_1^*}{\partial J} \frac{\partial S_1}{\partial w^0} - \frac{1}{2} \frac{\partial \nu^0}{\partial J}\left(\frac{\partial S_1}{\partial w^0}\right)^2\right] \\ &= \frac{1}{\nu^0}\left[\overline{H_2^*(w^0, J)} - H_2^*(w^0, J)\right] + \frac{1}{(\nu^0)^2}\left[\overline{\frac{\partial H_1^*}{\partial J}} \cdot \overline{H_1^*} - \overline{\left(\frac{\partial H_1^*}{\partial J} H_1^*\right)}\right. \end{aligned}$$

$$-\frac{\partial H_1^*}{\partial J}\overline{H_1^*}+\frac{\partial H_1^*}{\partial J}H_1^*\Big]+\frac{1}{2(\nu^0)^2}\frac{\partial\nu^0}{\partial J}\big[\overline{(H_1^*)^2}-2(\overline{H_1^*})^2$$

$$-(H_1^*)^2+2\overline{H_1^*}H_1^*\big] \tag{12.4.64}$$

注意,以上各式中 H_1^*、H_2^* 分别是 $H_1^*(w^0,J)$、$H_2^*(w^0,J)$的简写,勿与 $H_1^*(J)$、$H_2^*(J)$相混淆,$\overline{H_1^*}$、$\overline{H_2^*}$ 分别是$\overline{H_1^*(w^0,J)}$和$\overline{H_2^*(w^0,J)}$的简写. $H_1^*(w^0,J)$是$H_1^*(w^0,J^0)|_{J^0=J}$的简写.

(12.4.64)式对 w^0 积分,可得 $S_2(w^0,J)$,和$\dfrac{\partial S_1}{\partial w^0}$对 w^0 积分得 S_1 时可令某个任意函数 $\eta(J)$等于零一样,这里也不必再加一个 J 的任意函数.

得到 S_1、S_2 后,可用(12.4.50)、(12.4.51)式得 w^0、J^0 和 w、J 间的变换关系,再由(12.4.47)式得受微扰的哈密顿函数 $H^*(J,\lambda)$. 也可由(12.4.53)、(12.4.60)、(12.4.63)式在不首先算出 S 的情况下算出$H^*(J,\lambda)$.

$$H^*(J,\lambda)=H_0^*(J)+\lambda\overline{H_1^*}+\lambda^2\Big\{\overline{H_2^*}+\frac{1}{\nu^0}\Big[\overline{\frac{\partial H_1^*}{\partial J}}\overline{H_1^*}-\Big(\overline{\frac{\partial H_1^*}{\partial J}H_1^*}\Big)\Big]$$

$$-\frac{1}{2(\nu^0)^2}\frac{\partial\nu^0}{\partial J}\big[\overline{(H_1^*)^2}-(\overline{H_1^*})^2\big]\Big\} \tag{12.4.65}$$

新频率 ν 可由$\nu=\dfrac{\partial H^*(J,\lambda)}{\partial J}$得到. 要得到 $q=q(t)$, $p=p(t)$,还得算出 S 来.

例 12.4.9 一维的简谐振子,哈密顿函数为

$$H=\frac{1}{2m}p^2+\frac{1}{2}(k+\lambda)q^2$$

其中 $\lambda\ll k$. 求振动频率及运动学方程.

解 $H=\dfrac{1}{2m}p^2+\dfrac{1}{2}(k+\lambda)q^2=H_0+\lambda H_1+\lambda^2H_2$ (1)

$$H_0=\frac{1}{2m}p^2+\frac{1}{2}kq^2 \tag{2}$$

$$H_1=\frac{1}{2}q^2 \tag{3}$$

$$H_2=0 \tag{4}$$

方法一,用作用、角变量求精确解.

特征函数 W 满足的方程为

$$\frac{1}{2m}\left(\frac{\mathrm{d}W}{\mathrm{d}q}\right)^2+\frac{1}{2}(k+\lambda)q^2=E \tag{5}$$

$$W=\int\sqrt{2mE-m(k+\lambda)q^2}\,\mathrm{d}q \tag{6}$$

$$J=\oint p\,\mathrm{d}q=\oint\frac{\mathrm{d}W}{\mathrm{d}q}\mathrm{d}q=2\int_{q_1}^{q_2}\sqrt{2mE-m(k+\lambda)q^2}\,\mathrm{d}q \tag{7}$$

其中 q_1、q_2 是

$$2mE-m(k+\lambda)q^2=0$$

的两个根，$q_1<q_2$. 解出

$$q_1=-\sqrt{\frac{2E}{k+\lambda}},\ q_2=\sqrt{\frac{2E}{k+\lambda}}$$

完成(7)式的积分，可得

$$J=2\pi E\sqrt{\frac{m}{k+\lambda}} \tag{8}$$

由(8)式可得

$$H^*=E=\frac{1}{2\pi}\sqrt{\frac{k+\lambda}{m}}J \tag{9}$$

用作用、角变量后的正则方程为

$$\begin{cases}\dot{w}=\dfrac{\partial H^*}{\partial J}=\dfrac{1}{2\pi}\sqrt{\dfrac{k+\lambda}{m}}=\nu\\ \dot{J}=-\dfrac{\partial H^*}{\partial w}=0\end{cases} \tag{10}$$

积分得 $\begin{cases}w=\nu t+\beta_1,\text{其中 }\nu=\dfrac{1}{2\pi}\sqrt{\dfrac{k+\lambda}{m}}\\ J=\beta_2\end{cases}$ (11)

为了得到 q、p 与 w、J 的变换关系，必须找出母函数 $W(q,J)$.

完成(6)式的积分，注意(9)式给出了 E 和 J 的函数关系

$$W(q,J)=\frac{1}{2}q\sqrt{2mE(J)-m(k+\lambda)q^2}$$

$$+\frac{mE(J)}{\sqrt{m(k+\lambda)}}\arcsin\left(\sqrt{\frac{k+\lambda}{2E(J)}}q\right) \tag{12}$$

经计算可得

$$w=\frac{\partial W(q,J)}{\partial J}=\frac{\partial W(q,E)}{\partial E}\cdot\frac{\mathrm{d}E}{\mathrm{d}J}$$

$$=\frac{1}{2\pi}\arcsin\left(\sqrt{\frac{k+\lambda}{2J\nu}}q\right) \tag{13}$$

由(13)式解出 q,并将(11)式代入,得

$$q=\sqrt{\frac{2J\nu}{k+\lambda}}\sin 2\pi w=\sqrt{\frac{2\beta_2\nu}{k+\lambda}}\sin[2\pi(\nu t+\beta_1)] \tag{14}$$

$$p=m\dot{q}=2\pi m\nu\sqrt{\frac{2\beta_2\nu}{k+\lambda}}\cos[2\pi(\nu t+\beta_1)] \tag{15}$$

其中频率 $\nu=\frac{1}{2\pi}\sqrt{\frac{k+\lambda}{m}}$.

方法二,用正则微扰论解.

对于非微扰即 $\lambda=0$ 的情况,可重复上面的做法,或利用上面的结果,令 $\lambda=0$,可得

$$H_0^*=\nu^0J^0 \tag{16}$$

$$q=\sqrt{\frac{2J^0\nu^0}{k}}\sin(2\pi w^0) \tag{17}$$

$$p=2\pi m\nu^0\sqrt{\frac{2J^0\nu^0}{k}}\cos(2\pi w^0) \tag{18}$$

其中

$$\nu^0=\frac{1}{2\pi}\sqrt{\frac{k}{m}} \tag{19}$$

(17)、(18)式给出了 q、p 和 J^0、w^0 间的变换关系,用(12.4.47)式,将(17)、(18)式代入(1)式,即得 $H^*(w^0,J^0,\lambda)$,进而可得 $H_0^*(J^0)$、$H_1^*(w^0,J^0)$和 $H_2^*(w^0,J^0)$,或直接将(17)、(18)式代入(2)、(3)、(4)式得到它们.结果如下:

$$H_0^*(J^0)=\nu^0J^0,\quad H_0^*(J)=\nu^0J \tag{20}$$

$$H_1^*(w^0,J^0)=\frac{1}{k}\nu^0J^0\sin^2(2\pi w^0)=\frac{1}{2k}\nu^0J^0[1-\cos(4\pi w^0)]$$

$$H_2^*(w^0,J^0)=0.$$

由(12.4.60)式

$$H_1^*(J)=\overline{H_1^*(w^0,J)}=\int_0^1\frac{1}{2k}\nu^0J[1-\cos(4\pi w^0)]\mathrm{d}w^0$$

$$=\frac{1}{2k}\nu^0J \tag{21}$$

由(12.4.61)式

$$\frac{\partial S_1}{\partial w^0}=\frac{H_1^*(J)-H_1^*(w^0,J)}{\nu^0(J)}=\frac{1}{2k}J\cos(4\pi w^0)$$

$$S_1=\int\frac{1}{2k}J\cos(4\pi w^0)\mathrm{d}w^0=\frac{1}{8\pi k}J\sin(4\pi w^0) \tag{22}$$

为了用(12.4.63)式计算 $H_2^*(J)$,我们先计算有关的量

$$\overline{H_2^*(w^0,J)}=0$$

$$\overline{\frac{\partial H_1^*}{\partial J}}=\int_0^1\frac{1}{2k}\nu^0[1-\cos(4\pi w^0)]\mathrm{d}w^0=\frac{1}{2k}\nu^0$$

$$\overline{\left(\frac{\partial H_1^*}{\partial J}H_1^*\right)}=\int_0^1\frac{J}{4k^2}(\nu^0)^2[1-\cos(4\pi w^0)]^2\mathrm{d}w^0=\frac{3}{8k^2}(\nu^0)^2J$$

$$\frac{\partial\nu^0}{\partial J}=0$$

$$H_2^*(J)=\overline{H_2^*(w^0,J)}+\frac{1}{\nu^0}\left[\overline{\frac{\partial H_1^*}{\partial J}}\cdot\overline{H_1^*}-\overline{\left(\frac{\partial H_1^*}{\partial J}H_1^*\right)}\right]$$

$$+\frac{1}{2(\nu^0)^2}\frac{\partial\nu^0}{\partial J}[\overline{(H_1^*)^2}-(\overline{H_1^*})^2]$$

$$=\frac{1}{\nu^0}\left[\frac{1}{2k}\nu^0\cdot\frac{1}{2k}\nu^0J-\frac{3}{8k^2}(\nu^0)^2J\right]=-\frac{\nu^0J}{8k^2} \tag{23}$$

由(12.4.64)式

$$\frac{\partial S_2}{\partial w^0}=\frac{1}{(\nu^0)^2}\left\{\frac{1}{2k}\nu^0\cdot\frac{1}{2k}\nu^0J-\frac{3}{8k^2}(\nu^0)^2J-\frac{1}{2k}\nu^0[1-\cos(4\pi w^0)]\frac{1}{2k}\nu^0J\right.$$

$$+\frac{1}{2k}\nu^0[1-\cos(4\pi w^0)]\cdot\frac{1}{2k}\nu^0 J[1-\cos(4\pi w^0)]\Big\}$$

$$=-\frac{1}{4k^2}J\left[\cos(4\pi w^0)-\frac{1}{2}\cos(8\pi w^0)\right]$$

$$S_2=\int\frac{\partial S_2}{\partial w^0}\mathrm{d}w^0=-\frac{J}{16\pi k^2}\left(\sin 4\pi w^0-\frac{1}{4}\sin 8\pi w^0\right) \tag{24}$$

由(12.4.48)、(12.4.49)式和(22)、(24)式可得

$$S(w^0,J,\lambda)=w^0 J+\frac{1}{8\pi k}\lambda J\sin(4\pi w^0)-\lambda^2\frac{J}{16\pi k^2}\left[\sin(4\pi w^0)-\frac{1}{4}\sin(8\pi w^0)\right]+\cdots \tag{25}$$

由(12.4.53)式、(20)、(21)和(25)式得

$$H^*(J,\lambda)=\nu^0 J+\frac{\lambda}{2k}\nu^0 J-\lambda^2\frac{1}{8k^2}\nu^0 J+\cdots$$

$$=\nu^0 J\left[1+\frac{\lambda}{2k}-\frac{1}{8}\left(\frac{\lambda}{k}\right)^2+\cdots\right] \tag{26}$$

$$\nu=\dot{w}=\frac{\partial H^*(J,\lambda)}{\partial J}=\nu^0\left[1+\frac{\lambda}{2k}-\frac{1}{8}\left(\frac{\lambda}{k}\right)^2+\cdots\right] \tag{27}$$

由(25)式

$$J^0=\frac{\partial S}{\partial w^0}=J+\frac{\lambda}{2k}J\cos(4\pi w^0)-\frac{\lambda^2}{4k^2}J\left[\cos(4\pi w^0)-\frac{1}{2}\cos(8\pi w^0)\right]+\cdots \tag{28}$$

$$w=\frac{\partial S}{\partial J}=w_0+\frac{1}{8\pi}\frac{\lambda}{k}\sin 4\pi w^0-\frac{1}{16\pi}\left(\frac{\lambda}{k}\right)^2\left[\sin(4\pi w^0)-\frac{1}{4}\sin(8\pi w^0)\right]+\cdots \tag{29}$$

在方法一中得

$$\nu=\frac{1}{2\pi}\sqrt{\frac{k+\lambda}{m}}=\frac{1}{2\pi}\sqrt{\frac{k}{m}}\cdot\sqrt{1+\frac{\lambda}{k}}=\nu^0\sqrt{1+\frac{\lambda}{k}}.$$

在 $\lambda=0$ 处作泰勒展开

$$\nu = \nu^0\left[1 + \frac{1}{2}\left(\frac{\lambda}{k}\right) + \frac{1}{2}\cdot\frac{1}{2}\left(-\frac{1}{2}\right)\frac{1}{\left(1+\frac{\lambda}{k}\right)^{3/2}}\bigg|_{\lambda=0}\left(\frac{\lambda}{k}\right)^2 + \cdots\right]$$

$$= \nu^0\left[1 + \frac{\lambda}{2k} - \frac{1}{8}\left(\frac{\lambda}{k}\right)^2 + \cdots\right]$$

可见,两个方法得到的 ν 与 ν^0 的关系精确到 λ^2 项是一致的.

由 $J = C_1, w = \nu t + C_2$ 和(28)、(29)、(17)、(18)式可得 $q(t)$、$p(t)$. 由 $J = C_1$、$w = \nu t + C_2$ 和(14)、(15)式也可得到 $q(t)$、$p(t)$. 由此可比较两种方法的结果.

我们采取相反的途径可更方便地加以比较.(14)、(15)式给出了 q、p 和 w、J 的变换关系,(17)、(18)给出了 q、p 和 w^0、J^0 的变换关系,我们从这两组关系找出 w、J 和 w^0、J^0 间的变换关系,与(28)、(29)式给出的关系进行比较.

由(14)、(15)式可得

$$q^2 + \frac{p^2}{(2\pi m\nu)^2} = \frac{2J\nu}{k+\lambda}$$

用(17)、(18)式的 q、p 代入上式,可得

$$\frac{2J^0\nu^0}{k}\sin^2(2\pi w^0) + \left(\frac{\nu^0}{\nu}\right)^2\frac{2J^0\nu^0}{k}\cos^2(2\pi w^0) = \frac{2J\nu}{k+\lambda}$$

解出

$$J = J^0\,\frac{k+\lambda}{k}\,\frac{\nu^0}{\nu}\left[\sin^2(2\pi w^0) + \left(\frac{\nu^0}{\nu}\right)^2\cos^2(2\pi w^0)\right]$$

$$= J^0\,\frac{k+\lambda}{k}\left(\frac{\nu^0}{\nu}\right)^3\left\{1 + \left[\left(\frac{\nu}{\nu^0}\right)^2 - 1\right]\sin^2(2\pi w^0)\right\}$$

$$= J^0\sqrt{\frac{k}{k+\lambda}}\left[1 + \frac{\lambda}{k}\sin^2(2\pi w^0)\right] \tag{30}$$

从(17)、(18)式得到的 $\frac{q}{p}$ 与从(14)、(15)式得到的 $\frac{q}{p}$ 相等,可得

$$\sqrt{\frac{k+\lambda}{k}}\tan(2\pi w^0) = \tan(2\pi w) \tag{31}$$

(30)、(31)式是 J、w 和 J^0、w^0 的变换关系,它们是精确的关系. 为了与微扰论的结果相比较,将它们在 $\lambda = 0$ 处展成泰勒级数

$$J^0 = J\sqrt{\frac{k+\lambda}{k}}\left[1+\frac{\lambda}{k}\sin^2(2\pi w^0)\right]^{-1}$$

$$= J\left[1+\frac{1}{2}\left(\frac{\lambda}{k}\right)-\frac{1}{8}\left(\frac{\lambda}{k}\right)^2+\cdots\right]$$

$$\left[1-\frac{\lambda}{k}\sin^2(2\pi w^0)+\left(\frac{\lambda}{k}\right)^2\sin^4(2\pi w^0)\right]$$

$$= J\left\{1+\left[\frac{1}{2}-\sin^2(2\pi w^0)\right]\frac{\lambda}{k}-\frac{1}{8}\right.$$

$$\left.[1-8\sin^4(2\pi w^0)+4\sin^2(2\pi w^0)]\left(\frac{\lambda}{k}\right)^2+\cdots\right\}$$

$$= J\left\{1+\frac{1}{2}\frac{\lambda}{k}\cos(4\pi w^0)-\frac{1}{4}\left(\frac{\lambda}{k}\right)^2\right.$$

$$\left.[\cos(4\pi w^0)-\frac{1}{2}\cos(8\pi w^0)]+\cdots\right\}$$

与(28)式保留到 λ 的二次项是一致的.

由(31)式也将 w 在 $\lambda=0$ 处作泰勒展开.

$$w = \frac{1}{2\pi}\arctan\left[\sqrt{\frac{k+\lambda}{k}}\tan(2\pi w^0)\right]$$

$$= w^0+\frac{1}{2\pi}\left\{\frac{\partial}{\partial\lambda}\arctan\left[\sqrt{\frac{k+\lambda}{k}}\tan(2\pi w^0)\right]\right\}\Bigg|_{\lambda=0}\lambda$$

$$+\frac{1}{2}\cdot\frac{1}{2\pi}\left\{\frac{\partial^2}{\partial\lambda^2}\arctan\left[\sqrt{\frac{k+\lambda}{k}}\tan(2\pi w^0)\right]\right\}\Bigg|_{\lambda=0}\lambda^2+\cdots$$

$$= w^0+\frac{1}{8\pi}\frac{\lambda}{k}\sin(4\pi w^0)-\frac{1}{16\pi}\left(\frac{\lambda}{k}\right)^2$$

$$\left[\sin(4\pi w^0)-\frac{1}{2}\sin(8\pi w^0)\right]+\cdots$$

也与(29)式保留到 λ 的二次项是一致的.

在更多的情况下,例如题 12.76、题 12.77,系统的哈密顿函数中并不像本题这样有一个标志小量级别的常量 λ.此时可根据小量的级别在这些项上先分别乘以 λ、λ^2 等以示其小量的级别,就变成了本题这种情况,最后再令 $\lambda=1$.

***7. 缓变系统,绝热不变量**

一个系统的哈密顿函数与某个参量 λ 有关.λ 的出现可能由系统本身的性质

引起，也可能反映系统所处外场的性质. 若带有常量 λ 的哈密顿函数 $H(\boldsymbol{q}、\boldsymbol{p},\lambda)$ 的系统可用作用、角变量处理. (系统是可分离的周期系统)，现在参量 λ 不是常量，而是时间的显函数，如仍用 λ 为常量时求解得出的作用、角变量，作用变量不再是常量，角变量也不再是时间的线性函数. 但如果 λ 随时间的变化很慢，缓变意味着：在系统运动的一个周期 T 内，有 $T\frac{\mathrm{d}\lambda}{\mathrm{d}t}\ll\lambda$. 或者说，在一段时间 T(不一定是周期)内 λ 的变化足够缓慢意味着：$\frac{\Delta\lambda}{T}$ 要多小就多小，可写作 $|\dot{\lambda}|<\varepsilon$. 在这种情况下，可以证明，作用变量非常接近于常量，J 的变化与 $\frac{\Delta\lambda}{T}$ 成正比.

设 λ 为常量时的作用、角变量已求出，

$$J_i(\boldsymbol{\alpha},\lambda)=\oint p_i\mathrm{d}q_i=\oint\frac{\partial W_i(q_i,\boldsymbol{\alpha},\lambda)}{\partial q_i}\mathrm{d}q_i$$

可从上式解出

$$\alpha_i=\alpha_i(\boldsymbol{J},\lambda)$$

$$W(\boldsymbol{q},\boldsymbol{J},\lambda)=W[\boldsymbol{q},\boldsymbol{\alpha}(\boldsymbol{J},\lambda),\lambda]=\sum_{i=1}^{s}W_i[q_i,\boldsymbol{\alpha}(\boldsymbol{J},\lambda),\lambda]$$

$$p_i=\frac{\partial W(\boldsymbol{q},\boldsymbol{J},\lambda)}{\partial q_i}=\frac{\partial W_i(q_i,\boldsymbol{J},\lambda)}{\partial q_i}\tag{12.4.66}$$

$$w_i=\frac{\partial W(\boldsymbol{q},\boldsymbol{J},\lambda)}{\partial J_i}=\sum_{j=1}^{s}\frac{\partial W_j(q_j,\boldsymbol{J},\lambda)}{\partial J_i}\tag{12.4.67}$$

无论 λ 是否常量，$W(\boldsymbol{q},\boldsymbol{J},\lambda)$ 是正则变换的母函数，(12.4.66)、(12.4.67)式是从 $\boldsymbol{q}$、$\boldsymbol{p}$ 到 $\boldsymbol{J}$、$\boldsymbol{w}$ 的正则变换关系.

变换后新的哈密顿函数为

$$\begin{aligned}H^*(\boldsymbol{w},\boldsymbol{J},\lambda)&=H(\boldsymbol{J},\lambda)+\frac{\partial W[\boldsymbol{q}(\boldsymbol{w},\boldsymbol{J},\lambda),\boldsymbol{J},\lambda]}{\partial t}\\&=H(\boldsymbol{J},\lambda)+\dot{\lambda}\sum_{j=1}^{s}\frac{\partial W_j(\boldsymbol{w},\boldsymbol{J},\lambda)}{\partial\lambda}\end{aligned}\tag{12.4.68}$$

其中 $H(\boldsymbol{J},\lambda)$ 是 λ 为常量时的新哈密顿函数，它与 $\boldsymbol{w}$ 无关. 写 $W_j(\boldsymbol{w},\boldsymbol{J},\lambda)$ 时，需用(12.4.67)式将 q_j 表成 $\boldsymbol{w}$、$\boldsymbol{J}$、λ 的函数代入 $W_j(q_j,\boldsymbol{J},\lambda)$ 中.

正则方程为

$$\dot{w}_i = \frac{\partial H^*}{\partial J_i} = \frac{\partial H}{\partial J_i} + \dot{\lambda}\sum_{j=1}^{s}\frac{\partial^2 W_j(\boldsymbol{w},\boldsymbol{J},\lambda)}{\partial\lambda\partial J_i}$$

$$= \nu_i(\boldsymbol{J},\lambda) + \dot{\lambda}\sum_{j=1}^{s}\frac{\partial^2 W_j(\boldsymbol{w},\boldsymbol{J},\lambda)}{\partial\lambda\partial J_i} \tag{12.4.69}$$

$$\dot{J}_i = -\frac{\partial H^*}{\partial w_i} = -\dot{\lambda}\sum_{j=1}^{s}\frac{\partial^2 W_j(\boldsymbol{w},\boldsymbol{J},\lambda)}{\partial\lambda\partial w_i} \tag{12.4.70}$$

其中 ν_i 是 λ 视为常量时系统的频率.

显然,λ 不是常量时,J_i 不是运动积分常量.要证明 $|\dot{\lambda}|<\varepsilon$ 时,J_i 变化得非常慢,可近似把 J_i 作常量处理.证明如下:

首先证明 $\sum_{j=1}^{s}\frac{\partial W_j(\boldsymbol{w},\boldsymbol{J},\lambda)}{\partial\lambda}$ 是 q_i 的周期函数,把 $\sum_{j=1}^{s}\frac{\partial W_j(\boldsymbol{w},\boldsymbol{J},\lambda)}{\partial\lambda}$ 记为 W_λ.在 q_i 变化一个周期时,W_λ 的变化记为 $\Delta_i W_\lambda$.

$$\Delta_i W_\lambda = \oint\frac{\partial W_\lambda}{\partial q_i}\mathrm{d}q_i = \frac{\partial}{\partial\lambda}\oint\sum_{j=1}^{s}\frac{\partial W_j[\boldsymbol{w}(\boldsymbol{q},\boldsymbol{J},\lambda),\boldsymbol{J},\lambda]}{\partial q_i}\mathrm{d}q_i = \frac{\partial}{\partial\lambda}\oint\frac{\partial W(\boldsymbol{q},\boldsymbol{\alpha},\lambda)}{\partial q_i}\mathrm{d}q_i$$

$$= \frac{\partial}{\partial\lambda}\oint\frac{\partial W_i(q_i,\boldsymbol{\alpha},\lambda)}{\partial q_i}\mathrm{d}q_i = \frac{\partial J_i}{\partial\lambda}$$

注意,在 $W_\lambda = \sum_{j=1}^{s}\frac{\partial W_j(\boldsymbol{w},\boldsymbol{J},\lambda)}{\partial\lambda}$ 对 λ 求偏导时,要保持 $\boldsymbol{w}$、$\boldsymbol{J}$ 不变,因而 J_i 对 λ 求偏导得

$$\frac{\partial J_i}{\partial\lambda} = 0$$

故

$$\Delta_i W_\lambda = 0 \quad (i = 1,2,\cdots,s).$$

W_λ 是 q_1、q_2、$\cdots$、q_s 的多重周期函数,因而也是 w_1、w_2、$\cdots$、w_s 的多重周期函数.可将 W_λ 展成傅里叶级数,

$$W_\lambda = \sum_{m_1=-\infty}^{\infty}\cdots\sum_{m_s=-\infty}^{\infty}a_{m_1m_2\cdots m_s}\mathrm{e}^{2\pi\mathrm{i}(m_1w_1+\cdots+m_sw_s)}$$

$\frac{\partial W_\lambda}{\partial w_i}$ 的级数中不含 $m_i=0$ 的项.对于 $m_i\neq0$ 的项,有 $\int_0^1\mathrm{e}^{2\pi\mathrm{i}m_iw_i}\mathrm{d}w_i=0$,故有

$$\int_0^1 \frac{\partial W_\lambda}{\partial w_i} \mathrm{d}w_i = 0 \tag{12.4.71}$$

上式表明$\frac{\partial W_\lambda}{\partial w_i}$的平均值为零.

由(12.4.70)式,可得在 $t=0$ 至 $t=T$ 内,J_i 的改变量为

$$|\Delta_T J_i| = \left| \int_0^T \dot{\lambda} \sum_{j=1}^{s} \frac{\partial^2 W_j(\boldsymbol{w}, \boldsymbol{J}, \lambda)}{\partial \lambda \partial w_i} \mathrm{d}t \right|$$

$$= \left| \int_0^T \dot{\lambda} \frac{\partial W_\lambda}{\partial w_i} \mathrm{d}t \right|$$

设可由 $w_i = w_i(t)$解出 $t = t(w_i)$,上式可改写为

$$|\Delta_T J_i| = \left| \int_0^{w_i(T)} \dot{\lambda} \frac{\partial W_\lambda}{\partial w_i} \cdot \frac{\mathrm{d}w_i}{\dot{w}_i} \right|$$

由(12.4.69)式及$|\dot{\lambda}| < \varepsilon$,

$$|\dot{w}_i| \leqslant |\nu_i| + \left| \frac{\partial W_\lambda}{\partial J_i} \right| \varepsilon$$

$$|\dot{w}_i|^{-1} \geqslant |\nu_i|^{-1} + O(\varepsilon)$$

式中 $O(\varepsilon)$包括 ε 的一次和高于一次的项,

$$|\Delta_T J_i| < \varepsilon \left| \frac{1}{\nu_i} \int_0^{w_i(T)} \frac{\partial W_\lambda}{\partial w_i} \mathrm{d}w_i + O(\varepsilon) \right|$$

由(12.4.71)式可见,在对 w_i 的一个非循环的区间积分,其值必有界

$$\left| \int_0^{w_i(T)} \frac{\partial W_\lambda}{\partial w_i} \mathrm{d}w_i \right| \leqslant B$$

B 与 T 无关,是有限量,于是

$$|\Delta_T J_i| < \varepsilon \frac{B}{|\nu_i|} + O(\varepsilon^2) \tag{12.4.72}$$

如一个力学量,在$|\dot{\lambda}| < \varepsilon$ 任意地小时,其变化也任意地小,就称这个力学量为绝热不变量.(12.4.72)式说明,$J_i(i=1,2,\cdots,s)$是绝热不变量.

在$|\dot{\lambda}|<\varepsilon$可任意地小的情况下，

$$J_i = \oint p_i \mathrm{d}q_i = \text{常量} \tag{12.4.73}$$

绝热不变量与旧量子论中引入的量子化条件有很密切的关系.量子化是一个完全新的假定,它是不能由经典物理的任何理论导出的.但是被量子化的量必须与坐标的选取无关,必须在正则变换下保持不变,还必须在缓慢变化的外界作用下保持不变的量.符合这些条件的是绝热不变量.量子化条件正是对作用变量这个绝热不变量引入的.绝热不变量在等离子体物理学、聚变技术、带电粒子加速器和天文学中都找到了实际的应用.下面我们举一个可用绝热不变量的力学问题.

例 12.4.10 一个单摆,摆长原来为l_1,摆锤质量为m,作振幅为A_1的简谐振动.现让摆长非常缓慢地缩短,最后摆长度为l_2后保持不变.求此最后摆长时单摆作的简谐振动的振幅A_2,并求在此过程中外力对系统所作的功.

解 取$q=\varphi$为偏离平衡位置的角位移,则$p=p_\varphi=ml^2\dot{\varphi}$为角动量.

当$l=l_1$时，

$$\varphi = A_1 \cos\sqrt{\frac{g}{l_1}}t$$

$$p_\varphi = ml_1^2\dot{\varphi} = -ml_1^2 A_1\sqrt{\frac{g}{l_1}}\sin\sqrt{\frac{g}{l_1}}t$$

$$\begin{aligned} J &= \oint p_\varphi \mathrm{d}\varphi = \oint\left(-ml_1^2 A_1\sqrt{\frac{g}{l_1}}\sin\sqrt{\frac{g}{l_1}}t\right)\mathrm{d}\left(A_1\cos\sqrt{\frac{g}{l_1}}t\right) \\ &= \int_0^T ml_1^2 A_1^2\frac{g}{l_1}\sin^2\sqrt{\frac{g}{l_1}}t\,\mathrm{d}t \end{aligned}$$

其中$T=2\pi\sqrt{\dfrac{l_1}{g}}$.可积出

$$J = \frac{1}{2}ml_1 A_1^2 gT = \pi m l_1^{3/2} g^{1/2} A_1^2$$

作用变量是绝热不变量,当$l=l_2$时，

$$J = \pi m l_2{}^{3/2} g^{1/2} A_2^2 = \pi m l_1{}^{3/2} g^{1/2} A_1^2$$

由此可得

$$A_2 = \left(\frac{l_1}{l_2}\right)^{3/4} A_1$$

开始单摆具有机械能

$$E_1 = \frac{1}{2}m(l_1\dot{\varphi}_{\max})^2 = \frac{1}{2}ml_1gA_1^2$$

最后,单摆具有机械能

$$E_2 = \frac{1}{2}ml_2gA_2^2 = \frac{1}{2}ml_2g\left(\frac{l_1}{l_2}\right)^{3/2}A_1^2 = \frac{1}{2}mgl_1\left(\frac{l_1}{l_2}\right)^{1/2}A_1^2$$

外力对系统作的功为

$$E_2 - E_1 = \frac{1}{2}mgl_1A_1^2\left[\left(\frac{l_1}{l_2}\right)^{1/2} - 1\right]$$

*8. 哈密顿-雅可比方程是薛定谔方程的经典近似式

我们在§12.2.5讲了莫培督原理以后,在例12.2.7中对几何光学与质点力学作了类比,指出莫培督原理的(12.2.21)式与费马原理相对应,只要把折射率$n(x,y,z)$换成质点的总能E和势能$V(x,y,z)$的下列函数对应起来(正比关系)

$$n(x,y,z) \propto \sqrt{E - V(x,y,z)}$$

就把一个几何光学问题转化或类比于一个质点力学问题.这里我们还要对经典力学与几何光学作进一步的类比.几何光学是波动光学的短波极限,德布罗意提出了物质波的假设,指出物质和光一样具有波粒二象性,不仅揭示了几何光学与经典力学间的类比具有更深刻的涵义,而且从波动光学与几何光学间的关系可以预期到经典力学与波动力学即量子力学间的关系.经典力学是波动力学的短波极限或通常说的经典近似.它们之间的关系,可以大体地用下列比例式比拟:

经典力学：波动力学 = 几何光学：波动光学

最终我们将从薛定谔方程作经典近似后得到哈密顿-雅可比方程来显示经典力学和波动力学之间的关系.

(1) *从程函方程看几何光学与波动光学间的关系*

在波动光学中,标势、矢势均遵从波动方程.标势ϕ遵从的方程为

$$\nabla^2\phi - \frac{n^2}{c^2}\frac{\partial^2\phi}{\partial t^2} = 0 \tag{1}$$

其中c为真空中的光速,n是介质的折射率.若u表示介质中的光速,$n = \frac{c}{u}$.如介

质是完全均匀的，n 为常量(不是位置 x、y、z 的函数)，则有平面波解

$$\phi = \phi_0 e^{i(\boldsymbol{k}\cdot\boldsymbol{r}-\omega t)} \tag{2}$$

式中 $\boldsymbol{k}$ 是波数矢量简称波矢，其方向为波传播的方向，大小为

$$k = \frac{2\pi}{\lambda} = \frac{2\pi\nu}{u} = \frac{n}{c}\omega \tag{3}$$

式中 λ 是波长，ν 是频率，ω 为角频率. 如取传播方向为 z 轴，(2)式可写为

$$\phi = \phi_0 e^{i(kz-\omega t)} = \phi_0 e^{ik_0(nz-ct)} \tag{4}$$

式中 $k_0 = \frac{\omega}{c} = \frac{2\pi\nu}{c} = \frac{2\pi}{\lambda}$，是真空中的波矢. λ_0 是该频率的光波在真空中传播时的波长.

如果介质不是均匀的，n 是空间位置的函数，$n = n(\boldsymbol{r})$，光线不再直线传播，(1)式的解可写为

$$\phi = e^{A(\boldsymbol{r})+ik_0[L(\boldsymbol{r})-ct]} \tag{5}$$

式中 $e^{A(\boldsymbol{r})}$ 是波幅，$L(\boldsymbol{r})$ 是光程，此函数称为光程函数，简称程函.(n 均匀时，$L = nz$). 今 $A(\boldsymbol{r})$、$L(\boldsymbol{r})$ 均是待求的位置的函数. 将(5)式代入(1)式，可得 $A(\boldsymbol{r})$，$L(\boldsymbol{r})$ 满足的方程. 推导步骤如下：

$$\nabla\phi = \phi\nabla(A + ik_0L),$$

$$\begin{aligned}\nabla^2\phi &= \nabla\cdot(\nabla\phi) = \nabla\cdot[\phi\nabla(A + ik_0L)]\\ &= \nabla\phi\cdot\nabla(A + ik_0L) + \phi\nabla\cdot\nabla(A + ik_0L)\\ &= \phi[\nabla(A + ik_0L)]^2 + \phi\nabla^2(A + ik_0L)\\ &= \phi[(\nabla A)^2 - k_0^2(\nabla L)^2 + 2ik_0\nabla A\cdot\nabla L + \nabla^2A + ik_0\nabla^2L]\end{aligned}$$

$$\frac{\partial^2\phi}{\partial t^2} = -k_0^2c^2\phi$$

代入(1)式得

$$(\nabla A)^2 - k_0^2(\nabla L)^2 + \nabla^2A - n^2k_0^2 + ik_0(\nabla^2L + 2\nabla A\cdot\nabla L) = 0$$

注意，A 和 L 均为实数，上式要成立，必须实部、虚部分别为零. 由此可得

$$(\nabla A)^2 + \nabla^2A - k_0^2[(\nabla L)^2 - n^2] = 0 \tag{6}$$

$$\nabla^2 L + 2\nabla A \cdot \nabla L = 0 \tag{7}$$

(6)、(7)式是严格成立的,与(1)式等效.下面作短波近似,设 n 随位置的变化缓慢,在波长数量级的距离上不会有很大的变化,这正是符合几何光学的适用范围.这样,A 随 x、y、z 的变化较小,$\nabla^2 A$ 和 $(\nabla A)^2$ 较之 $k_0^2[(\nabla L)^2 - n^2]$ 项都是小量,可以忽略.(6)式可近似为

$$(\nabla L)^2 - n^2 = 0 \tag{8}$$

(8)式就是几何光学的程函方程.

(2) 经典力学可与几何光学相类比

在例 12.2.7 中我们已看到莫培督原理和费马原理间的对应

$$n(x,y,z) \propto \sqrt{E - V(x,y,z)}$$

现在我们将看到几何光学的程函方程和经典力学的哈密顿-雅可比方程也有对应关系.

考虑一质量为 m 的质点在势场 $V(x,y,z)$ 中运动.哈密顿主函数 $S(\boldsymbol{q}、\boldsymbol{P},t)$ 可写成

$$S(\boldsymbol{q},\boldsymbol{\alpha},t) = W(\boldsymbol{q},\boldsymbol{\alpha}) - Et$$

$W(\boldsymbol{q},\boldsymbol{\alpha})$ 为哈密顿特性函数,与时间无关,它遵从约化了的哈密顿-雅可比方程,

$$\frac{1}{2m}\left[\left(\frac{\partial W}{\partial x}\right)^2 + \left(\frac{\partial W}{\partial y}\right)^2 + \left(\frac{\partial W}{\partial z}\right)^2\right] + V(x,y,z) = E$$

上式可改写为与程函方程有同样的形式

$$(\nabla W)^2 - 2m[E - V(x,y,z)] = 0 \tag{9}$$

我们又一次看到

$$n \propto \sqrt{E - V(x,y,z)}$$

而且有光程 $L(\boldsymbol{r})$ 与哈密顿特性函数 $W(\boldsymbol{r})$ 间的对应关系.这种对应关系,不仅是形式上对应,还含有更多的内容.下面我们来看 S 与 $\theta = k_0(L - ct)$ 或 $L - ct$ 间、E 与 $k_0 C$ 间也有对应关系或说正比关系.

$\theta = k_0(L - ct)$ 是光在 t 时刻的振动相位,它的等值面是光的等相面,$t = 0$ 时,$\theta(0) = a$ 的等相面与 $k_0 L = a$ 的等值面相重合,$\mathrm{d}t$ 时上述等相面 $\theta(\mathrm{d}t) = a$ 与 $k_0 L = a + k_0 c\mathrm{d}t$ 的等值面相重合.随着波的传播,等相面从 $k_0 L$ 的一个等值面移

动到k_0L 的另一个等值面.波的传播方向即波速的方向与等相面垂直,t 时刻相位为a 的波阵面方程为

$$k_0(L-ct)=a=\text{常量}$$

两边对 t 求导,得

$$k_0(\nabla L\cdot\boldsymbol{u}-c)=0$$

由波速必与波阵面垂直,得

$$\boldsymbol{u}\,/\!/\,\nabla(L-ct),\ \boldsymbol{u}\,/\!/\,\nabla L$$

$$|\nabla L|u=c,\ u=\frac{c}{|\nabla L|}$$

写成矢量式为

$$\boldsymbol{u}=\frac{c}{|\nabla L|^2}\nabla L \tag{10}$$

$S=W-Et$ 也有类似的情况.考虑 $t=0$ 时,$S(0)=a$ 的等值面与$W=a$ 的等值面相重合,$\mathrm{d}t$ 时,上述等值面 $S(\mathrm{d}t)=a$ 与$W=a+E\mathrm{d}t$ 的等值面相重合.随着时间的流逝,S 的等值面从W 的一个等值面移到W 的另一个等值面.同样可以计算 S 的等值面移动的速度$\boldsymbol{u}_s$

$$u_s=\frac{E}{|\nabla W|},\ \boldsymbol{u}_s=\frac{E}{|\nabla W|^2}\nabla W \tag{11}$$

S 的等值面也是沿与W 的等值面相垂直的方向移动.

可见,L 与W 间、∇L 与∇W 间、$\boldsymbol{u}$ 与$\boldsymbol{u}_s$ 间都有对应关系.注意,因 L 和 W 都是x、y、z 的函数,∇L、∇W、$\boldsymbol{u}$、$\boldsymbol{u}_s$ 也都是x、y、z 的函数.

另外,$\boldsymbol{u}_s$ 是S 的等值面移动的速度,不是粒子运动的速度.根据哈密顿特性函数作为母函数给出的坐标变换关系 $\boldsymbol{p}=\dfrac{\partial W}{\partial q}$,有

$$p_x=\frac{\partial W}{\partial x},\ p_y=\frac{\partial W}{\partial y},\ p_z=\frac{\partial W}{\partial z}$$

可写成

$$\boldsymbol{p}=\nabla W$$

对于单个质点,有

$$v = \frac{1}{m}\nabla W, \quad \frac{1}{2m}p^2 = E - V$$

$$|\nabla W| = p = \sqrt{2m(E-V)}$$

$$v = \frac{1}{m}\sqrt{2m(E-V)} \tag{12}$$

由(11)式,有

$$u_s = \frac{E}{\sqrt{2m(E-V)}} \quad 或 \quad u_s = \frac{E}{mv} \tag{13}$$

S 曲面上一点的速度 u_s 与用 S 描述的质点在空间内运动的速度 v 成反比. 在几何光学中也有对应的关系. (10)式给出的速度 u 是波速,是相位传播的速度,也可称为相速. 一个小的点状的光信号如同一个质点一样,它的速度应是群速度,我们用 u_g 表示群速度. 要证明 $u_g = v$,即如同一个质点的点状的光信号速度等于质点的速度、下面我们来证明这一点.

证明　由费马原理与莫培督原理加以等同,可令

$$n \propto \sqrt{2m(E-V)}$$

$$u = \frac{c}{n} = \frac{A}{\sqrt{2m(E-V)}} \tag{14}$$

这里 A 可以是 E 的函数,不能是 x、y、z 的函数. 这样,质点运动的轨道就是光信号运动的轨道. 哈密顿主函数 S 的等值面运动的速度就是波阵面的相速 $u_s = u$. 将(14)式与(13)式相比较,可得 $A = E$,而

$$u = \frac{E}{\sqrt{2m(E-V)}} \tag{15}$$

对于频率为 ν 的光子来说,$E = h\nu$,h 为称为普朗克恒量的一个比例常数,稍后再说明这个关系的来历.

群速度与光的色散有关,群速度 u_g 可由下式求得

$$\frac{1}{u_g} = \frac{\mathrm{d}}{\mathrm{d}\nu}\left(\frac{\nu}{u}\right) = \frac{\mathrm{d}}{\mathrm{d}(h\nu)}\left(\frac{h\nu}{u}\right) = \frac{\mathrm{d}}{\mathrm{d}E}\left(\frac{E}{u}\right) \tag{16}$$

用(15)、(16)以及(12)式可得

$$u_g = \left[\frac{\mathrm{d}}{\mathrm{d}E}\left(\frac{E}{u}\right)\right]^{-1} = \left[\frac{\mathrm{d}}{\mathrm{d}E}\sqrt{2m(E-V)}\right]^{-1} = \left[\frac{m}{\sqrt{2m(E-V)}}\right]^{-1} = v$$

(3) 德布罗意关系

一个质点的运动与一个点状的光信号的运动可以类比、等同.反映了物质粒子与光子一样具有波粒二象性.因此,由经典力学和几何光学的类比中可以想像到,粒子的特性与波的特性之间必有关系存在,这个关系就是德布罗意关系.

上面证明 $u_g = u$ 时用的 $E = h\nu$ 用于物质波就是一个德布罗意关系.这个关系可从

$$S = W - Et \propto k_0(L - ct)$$

得到

$$E \propto k_0 c = \frac{2\pi}{\lambda_0}c = 2\pi\nu$$

E 与 ν 必成正比,比例常数为 h——普朗克常数. h 具有作用量的量纲.

$$E = h\nu \tag{17}$$

将(17)式和 $u_s = u = \lambda\nu$ 代入(13)式,可得另一个德布罗意关系

$$mv = \frac{h}{\lambda} \quad 或 \quad \boldsymbol{p} = \hbar\boldsymbol{k} \tag{18}$$

其中 $\hbar = \dfrac{h}{2\pi}$,也称为普朗克常数.

德布罗意的两个关系把表示粒子性的能量、动量分别与表示波动性的频率和波长或波矢联系起来了.

需要特别指出的是,不能说从上述类比或等同中导出了德布罗意关系.得到第二个关系要用到第一个关系,而第一个关系只能从类比、等同中得到 E 和 ν 的正比关系,比例系数具有作用量的量纲.而证明 $u_g = v$ 时也仅用到 $E \propto \nu$ 的关系.因此可以说 $u_g = v$ 是从理论上导出的.德布罗意关系是在分析对比经典力学与几何光学的对应关系时作为假设提出来而后为戴维孙、革末的电子衍射实验所证实而得到公认的.

(4) 波动光学的波动方程可过渡到波动力学的薛定谔方程

利用德布罗意关系,立即可由波动光学的波动方程过渡到波动力学的薛定谔方程.

由(15)式及 $n = \dfrac{c}{u}$ 可得到

$$n = \frac{c\sqrt{2m(E-V)}}{E} \tag{19}$$

将(1)式的解(5)式改写为

$$\phi = \psi(\boldsymbol{r})\mathrm{e}^{-\mathrm{i}k_0 ct} = \psi(\boldsymbol{r})\mathrm{e}^{-2\pi\mathrm{i}\nu t} \tag{5'}$$

其中　$\psi(\boldsymbol{r}) = \mathrm{e}^{A(r)+\mathrm{i}k_0 L(r)}$,可以是复数.

将(5′)式代入(1)式,可得 $\psi(\boldsymbol{r})$满足的方程

$$\nabla^2\psi + \frac{n^2}{c^2}\cdot 4\pi^2\nu^2\psi = 0$$

将(19)及(17)式代入上式,即得

$$\nabla^2\psi + \frac{2m(E-V)}{\hbar^2}\psi = 0 \tag{20}$$

或

$$-\frac{\hbar^2}{2m}\nabla^2\psi + V\psi = E\psi \tag{20'}$$

(20、(20′)式就是波动力学也即量子力学中的定态薛定谔方程.

(5) 哈密顿-雅可比方程是薛定谔方程的经典近似式.

再次将 $S = W - Et$ 与 $\theta = k_0(L - ct)$作类比

$$k_0(L - ct) = 2\pi\left(\frac{L}{\lambda_0} - \frac{c}{\lambda_0}t\right) = 2\pi\left(\frac{L}{\lambda_0} - \nu t\right)$$

$$= \frac{2\pi}{h}\left(\frac{Lh}{\lambda_0} - h\nu t\right) = \frac{1}{\hbar}\left(\frac{Lh}{\lambda_0} - h\nu t\right)$$

用 $E = h\nu$,可知

$$\frac{Lh}{\lambda_0} - h\nu t \quad 与 \quad S = W - Et$$

是具有同样量纲的量,可差一个无量纲的常数倍数.

质点运动也写成波的形式,则为

$$\psi = \psi_0 \mathrm{e}^{\frac{\mathrm{i}}{\hbar}S} \tag{21}$$

将(21)式代入与时间有关的薛定谔方程

$$-\frac{\hbar^2}{2m}\nabla^2\psi + V\psi = \mathrm{i}\hbar\frac{\partial\psi}{\partial t} \tag{22}$$

由

$$\frac{\partial\psi}{\partial t} = \frac{\mathrm{i}}{\hbar}\psi_0 \mathrm{e}^{\frac{\mathrm{i}}{\hbar}S}\frac{\partial S}{\partial t} = \frac{\mathrm{i}}{\hbar}\psi\frac{\partial S}{\partial t}$$

$$\nabla\psi = \frac{\mathrm{i}}{\hbar}\psi_0 \mathrm{e}^{\frac{\mathrm{i}}{\hbar}S}\nabla S = \frac{\mathrm{i}}{\hbar}\psi\nabla S$$

$$\nabla^2\psi = \nabla\cdot\nabla\psi = \frac{\mathrm{i}}{\hbar}\psi\nabla\cdot\nabla S + \frac{\mathrm{i}}{\hbar}\nabla\psi\cdot\nabla S$$

$$= \frac{\mathrm{i}}{\hbar}\psi\nabla^2 S - \frac{1}{\hbar^2}\psi(\nabla S)^2$$

可得

$$\frac{\partial S}{\partial t} + \left[\frac{1}{2m}(\nabla S)^2 + V\right] = \frac{\mathrm{i}\hbar}{2m}\nabla^2 S \tag{23}$$

方括号中的量正是由采用笛卡儿坐标表示的单个质点的哈密顿函数写入哈密顿-雅可比方程时的量，如果(23)式等号右边的项可以略去，(23)式就变成了经典力学的哈密顿-雅可比方程.当系统的具有作用量量纲的动力学变量比 h 大得多时，系统的运动可用经典物理来描述，(23)式右边的项与左边各项是具有同样量纲的量.含 $\hbar$ 的项较之其他不含 $\hbar$ 的项小得多，因而可忽略时，“量子力学的哈密顿-雅可比方程”就变成了经典力学的哈密顿-雅可比方程.可见，哈密顿-雅可比方程是薛定谔方程的经典近似.由德布罗意关系 $p=\dfrac{h}{\lambda}$，可用经典力学处理的质点，其德布罗意波长 λ 必然很短，因此经典近似也可以说是短波近似或短波极限.详细说明如下：

$\hbar\nabla^2 S$ 项可以略去的条件可以用多种方式阐述.

$$\hbar\nabla^2 S \ll (\nabla S)^2$$

可写成

$$\hbar\nabla\cdot\boldsymbol{p} \ll p^2$$

在一维的情况下，上式可变成

$$\frac{\lambda}{2\pi p}\frac{\mathrm{d}p}{\mathrm{d}x} \ll 1$$

上式表明，当波长足够短时，即在波长这个数量级的距离上，动量的相对变化很小时，$\hbar\nabla^2 S$ 项可以忽略不计. 因

$$p^2 \propto E - V, \quad \lambda \frac{\mathrm{d}p^2}{\mathrm{d}x} \propto -\frac{\mathrm{d}V}{\mathrm{d}x}\lambda$$

上式也可以说，在波长这个数量级的距离上，势能值无明显变化时，$\hbar\nabla^2 S$ 项可忽略不计.

哈密顿-雅可比方程和程函方程的对应关系，哈密顿早在 1834 年就认识到了. 薛定谔在德布罗意 1924 年提出他的关系后两年得到了薛定谔方程. 有人说，由于哈密顿那个年代，经典力学被认为是严格正确的，使哈密顿没有想到再前进一步发现薛定谔方程. 这种讲法有一定道理，但物理学毕竟是一门实验性的科学，在没有普朗克发现的黑体辐射的实验定律并作出理论推导以前，在没有爱因斯坦的光电效应显示出光不仅具有波动性还具有粒子性以及看到了经典物理遇到了难以克服的困难以前，量子物理是无法诞生和发展的.

习　　题

12.1　用柱坐标和球坐标分别写出质量为 m 的质点在势场 $V(x,y,z)$ 中运动的哈密顿函数.

12.2　写出 10.37 题所述系统的哈密顿函数，并由正则方程得到它的运动微分方程.

12.3　用哈密顿正则方程重解 10.46 题.

12.4　一个单位质量的质点，在用极坐标表达的势能为 $V=k\cos\varphi/r^2$（其中 k 为常量）的力场中在一个平面上运动. 如 $t=0$ 时，$r=a$，$\dot{r}=0$. 试用哈密顿正则方程证明：$t=[(r^2-a^2)/2E]^{1/2}$，其中 E 是恒定的总能量.

12.5　一个质量为 m 的质点，在具有势能为 $V(r)$ 的保守力作用下运动. 用球坐标 r、θ、φ 为广义坐标，证明 p_φ、$\frac{p_r^2}{2m}+\frac{p_\theta^2}{2mr^2}+\frac{p_\varphi^2}{2mr^2\sin^2\theta}+V(r)$ 和 $p_\theta^2+\frac{p_\varphi^2}{\sin^2\theta}$ 都是运动常数.

12.6　质量分别为 m 和 M 的两个质点相互作用，其势能为 $V(r)$，其中 r 是两个质点的距离. 选系统的质心的笛卡儿坐标 X、Y、Z 和质点 m 相对于 M 的球坐标 r、θ、φ 为广义坐标，写出系统的哈密顿函数，并找出六个运动常数.

答　$H=\frac{1}{2(m+M)}(p_X^2+p_Y^2+P_Z^2)+\frac{1}{2\mu}\left(p_r^2+\frac{1}{r^2}\ p_\theta^2+\frac{1}{r^2\sin^2\theta}p_\varphi^2\right)+V(r)$

其中 $\mu=\frac{mM}{m+M}$. 而 P_X、P_Y、P_Z、H、p_φ、$p_\theta^2+\frac{1}{\sin^2\theta}p_\varphi^2$ 均为运动常数.

12.7　一个质量为 m 的质点悬于质量不计、不可伸长的绳子的一端，绳子穿过桌上一个小孔，以恒定的速率 α 往上拉，开始时绳长为 l_0. 质点在竖直平面内运动. 选绳子与铅垂线的夹角 θ 为广义坐标，写出系统的哈密顿函数. 此哈密顿函数是否总能量？是否运动常数？

答　$H=\frac{1}{2m(l_0-\alpha t)^2}p_\theta^2-\frac{1}{2}m\alpha^2-mg(l_0-\alpha t)\cos\theta$.

H 不是总能量，也不是运动常数.

12.8　一个处于均匀重力场中质量为 m 的质点被约束在一个球面上运动，球的半径 r 随时间变化，$r=r(t)$.选球心为原点，竖直向上的轴为极轴，以球坐标 θ、φ 为广义坐标，写出系统的哈密顿函数和运动微分方程.哈密顿函数是否总能量？

答　$H=-\frac{1}{2}m\dot{r}^2+\frac{1}{2mr^2}p_\theta^2+\frac{1}{2mr^2\sin^2\theta}p_\varphi^2+mgr\cos\theta$,

其中 $r=r(t)$，$\dot{r}=\frac{\mathrm{d}r(t)}{\mathrm{d}t}$，$-\frac{1}{2}m\dot{r}^2$ 项可以不写，因为它不影响运动方程.以下略.

12.9　一个质量为 m 的质点，在力 $f=\frac{k}{x^2}\mathrm{e}^{-\frac{t}{\tau}}$（其中 k、τ 都是正值常量）作用下作一维运动.写出它的拉格朗日函数和哈密顿函数，哈密顿函数是否系统的总能量？是否运动常数？

答　$L=\frac{1}{2}m\dot{x}^2-\frac{k}{x}\mathrm{e}^{-\frac{t}{\tau}}$，$H=\frac{1}{2m}p_x^2+\frac{k}{x}\mathrm{e}^{-\frac{t}{\tau}}$.哈密顿函数是系统的总能量，不是运动常数.

12.10　一个单位质量的质点在广义势场 $U=\frac{1+\dot{r}^2}{r}$（r 是质点离原点的距离）中在一个平面上运动.用极坐标写出哈密顿函数，并找出两个运动积分.

答　$H=\frac{r}{2(r-2)}p_r^2+\frac{1}{2r^2}p_\theta^2+\frac{1}{r}$，$r^2\dot{\varphi}=h$，

$r(r-2)\dot{r}^2+h^2+2r-2Er^2=0$.

h、E 均为常量.

12.11　地球以恒定的角速度 $\boldsymbol{\omega}=\omega\boldsymbol{k}$ 相对于惯性参考系运动、$\boldsymbol{k}$ 是固连于地球的 z 轴的单位矢量.用固连于地球的笛卡儿坐标 x、y、z 为广义坐标，写出质量为 m 的质点在势场 $V(x、y、z)$ 中运动的哈密顿函数.证明 H 不是总能量，但是一个守恒量.

答　$H=\frac{1}{2m}(p_x^2+p_y^2+p_z^2)+p_x\omega y-p_y\omega x+V(x,y,z)$.

12.12　一个自由度数为 1 的系统的哈密顿函数为

$$H=\frac{p^2}{2\alpha}-bqp\mathrm{e}^{-at}+\frac{1}{2}ba\mathrm{e}^{-at}(\alpha+b\mathrm{e}^{-at})+\frac{1}{2}kq^2$$

式中 a、b、α 和 k 都是常量.求此系统的拉格朗日函数.

答　$L=\frac{1}{2}\alpha(\dot{q}+bq\mathrm{e}^{-at})^2-\frac{1}{2}ba\mathrm{e}^{-at}(\alpha+b\mathrm{e}^{-at})-\frac{1}{2}kq^2$.

12.13　已知粒子的哈密顿函数为

$$H=c\sqrt{m_0^2c^2+p_x^2+p_y^2+p_z^2}$$

其中 m_0 是粒子的静止质量，c 是光在真空中的速度.求该粒子的拉格朗日函数.

答　$-m_0c\sqrt{c^2-(\dot{x}^2+\dot{y}^2+\dot{z}^2}$.

12.14 两个惰性气体原子,每一个质量都是 m,它们之间的经典相互作用势能为

$$V(r)=-\frac{2A}{r^6}+\frac{B}{r^{12}},\ A、B>0,\text{且为常量},$$

r 为两原子间的距离.

(1)写出这两个原子构成的系统的哈密顿函数(取适当的广义坐标);

(2)求出这系统的能量最低的经典态;

(3)若能量稍高于(2)所求的最低能态,求这系统的振动频率.

答 (1)取质心坐标 $x、y、z$ 和一个原子相对于另一个原子的球坐标 $r、\theta、\varphi$ 为广义坐标

$$H=\frac{1}{4m}(p_x^2+p_y^2+p_z^2)+\frac{1}{m}\left(p_r^2+\frac{p_\theta^2}{r^2}+\frac{p_\varphi^2}{r^2\sin^2\theta}\right)-\frac{2A}{r^6}+\frac{B}{r^{12}};$$

(2)$-\frac{A^2}{B}$; (3)$\omega=12m^{-1/2}A^{7/6}B^{-2/3}$.

12.15 质量为 m 的粒子在半径为 R 的球面上运动.若粒子除受到球面的沿半径方向的作用力外不受任何力作用.选择适当的广义坐标,写出系统的哈密顿函数,说明它是否守恒量,并证明粒子沿球的大圆运动.

答 选择坐标 $\theta、\varphi$ 为广义坐标.

$H=\frac{1}{2mR^2}\left(p_\theta^2+\frac{p_\varphi^2}{\sin^2\theta}\right)$,$H$ 是守恒量.

12.16 一个质量为 m、带电量为 $-e$ 的非相对论电子在圆柱形磁控管内运动、磁控管由一个半径为 a、电势为 $-\phi_0$($\phi_0>0$,为常量)的导线和电势为零的半径为 R 的同轴圆柱面组成,磁控管内有一平行其轴的匀强磁场 B.选用柱坐标 r、、φ、z 为广义坐标,标势 $\phi=-\phi_0\frac{\ln(r/R)}{\ln(a/R)}$,矢势 $\boldsymbol{A}=\frac{1}{2}Br\boldsymbol{e}_\varphi$(其中 $\boldsymbol{e}_\varphi$ 是沿 φ 增大方向的单位矢量),

(1)写出哈密顿函数;

(2)证明存在三个运动常数,并讨论可能出现的运动类型;

(3)假定某电子以等于零的初始速度离开里面的那根导线,则存在某个磁场值 B_C,当 $B\leqslant B_C$ 时,该电子能到达外面的圆柱面,当 $B>B_C$ 时,它不能到达外面的圆柱面.求出 B_C 的值.

答 (1)$H=\frac{1}{2m}\left[p_r^2+\frac{1}{r^2}\left(p_\varphi+\frac{1}{2}eBr^2\right)^2+p_z^2\right]+e\phi_0\frac{\ln(r/R)}{\ln(a/R)}$;

(2)$p_\varphi、p_z、H$ 均为运动常数,可能的运动类型为:z 方向的匀速直线运动,在 z 保持不变的平面上作匀速率圆周运动或随着 r 增大、$\dot{\varphi}$ 减小的螺旋运动以及这两种运动之一与 z 方向的匀速运动的叠加;

(3)$B_C=\frac{2R}{R^2-a^2}\sqrt{\frac{2m\phi_0}{e}}$.

***12.17** 对于处在重力场中的对称陀螺使用劳斯方程获得非循环坐标满足的运动微分方程.已知质心离固定点的距离为 h.对固定点的三个主转动惯量为 $I_1、I_1、I_3$.

答　$\ddot{\theta}=\dfrac{mgh\sin\theta}{I_1}+\dfrac{(\alpha-\beta\cos\theta)^2\cos\theta}{\sin^3\theta}-\dfrac{\beta(\alpha-\beta\cos\theta)}{\sin\theta}$

其中　$\alpha=\dfrac{C_1}{I_1}$,　$\beta=\dfrac{C_2}{I_1}$,

$C_1=I_1\dot{\phi}\sin^2\theta+I_3\cos\theta(\dot{\varphi}\cos\theta+\dot{\varphi})$

$C_2=I_3(\dot{\varphi}\cos\theta+\dot{\psi})$,均为积分常数.

θ、φ、ψ 为欧拉角.

***12.18**　一个质量为 m 的质点在重力作用下,在 $z=x^2+y^2$ 面内滑动,z 轴竖直向上.采用柱坐标,用劳斯方程推导出非循环坐标满足的运动微分方程.

答　$\ddot{\rho}(1+4\rho^2)+4\rho\dot{\rho}^2+2g\rho-c^2\rho^{-3}=0$,

其中 $c=\rho^2\dot{\varphi}=$常量.

***12.19**　一个力学系统具有动能 $T=\dfrac{1}{2}\left(\dot{q}_1^2+\dfrac{\dot{q}_2^2}{a+bq_1^2}\right)$,势能 $V=\dfrac{1}{2}(k_1q_1^2+k_2)$,式中 a、b、k_1 和 k_2 均为常量,写出劳斯函数和劳斯方程.

答　$R=\dfrac{1}{2}(a+bq_1^2)p_2^2-\dfrac{1}{2}\dot{q}_1^2+\dfrac{1}{2}(k_1q_1^2+k_2)$,

$\ddot{q}_1+(p_2^2b+k_1)q_1=0$,$\dot{q}_2=(a+bq_1^2)p_2$,

$\dot{p}_2=0$.

12.20　一个质量为 m 的质点在势能 $V(r)$表示的有心力 $f(r)$作用下作圆周运动.采用极坐标,用劳斯方程讨论质点作圆周运动的稳定性条件.

12.21　(1)若哈密顿函数 H 和某正则变量和时间的函数 F 都是运动常数,证明$\dfrac{\partial F}{\partial t}$也是一个运动常数;

(2)一个自由粒子的一维运动,哈密顿函数 H 是运动常数.直接计算说明 $F=x-\dfrac{P}{m}t$ 是运动常数,$\dfrac{\partial F}{\partial t}$也是运动常数.

12.22　如正则方程的解已经获得,p_i、q_i($i=1$、2、…、s)均为 t 和 $2s$ 个积分常数c_1、c_2、…、c_{2s}的函数,则拉格朗日括号

$$(c_\alpha,c_\beta)=\sum_{i=1}^{s}\left(\frac{\partial q_i}{\partial c_\alpha}\frac{\partial p_i}{\partial c_\beta}-\frac{\partial q_i}{\partial c_\beta}\frac{\partial p_i}{\partial c_\alpha}\right)$$

也是运动常数.

12.23　若 φ 是坐标和动量的任意标量函数,试证:$[\varphi,J_z]=0$.

12.24　试用泊松定理证明系统的角动量和动量的笛卡儿坐标分量 J_x、J_y、J_z、p_x、p_y、p_z 中角动量的任何两个分量和动量的第三个分量(例如 J_x、J_z 和 p_y 或J_x、J_y 和 p_z)为运动常数或动量的任何两个分量和角动量的第三个分量为运动常数,则 $\boldsymbol{J}$ 和 $\boldsymbol{P}$ 都是运动常数.

12.25　设 $\boldsymbol{A}$ 是平方反比律力作用下的有心运动中的拉普拉斯-龙格-楞次矢量[参看(4.5.1)式],$\boldsymbol{J}$ 是角动量,利用泊松括号的性质,求以下各泊松括号:$[A_\alpha,J_\beta]$、$[A_\alpha$、$H]$、(脚标

α、β 表示柱坐标的分量），并证明它们都是守恒量.

12.26　已知某系统的哈密顿函数

$$H = q_1 p_1 - q_2 p_2 - aq_1^2 + bq_2^2$$

式中 a、b 均为常量（这哈密顿函数并不来自于拉格朗日函数，是假想的）. 证明 $F_1 = q_1 q_2$、$F_2 = q_1 e^{-t}$、$F_3 = \dfrac{p_2 - bq_2}{q_1}$ 都是运动常量. 讨论它们的独立性，能否由它们找出新的独立的运动常量.

12.27　找出各向同性的三维谐振子尽可以多的运动积分. 其拉格朗日函数为

$$L = \frac{1}{2}m(\dot{x}^2 + \dot{y}^2 + \dot{z}^2) - \frac{1}{2}k(x^2 + y^2 + z^2)$$

答　$F_1 = \dfrac{1}{2m}(p_x^2 + p_y^2 + p_z^2) + \dfrac{1}{2}k(x^2 + y^2 + z^2)$

$F_2 = yp_z - zp_y$,　　$F_3 = zp_x - xp_z$

$F_4 = xp_y - yp_x$,　　$F_5 = \dfrac{1}{2m}p_x^2 + \dfrac{1}{2}kx^2$

$F_6 = \dfrac{1}{2m}p_y^2 + \dfrac{1}{2}ky^2$,　　$F_7 = \dfrac{1}{2m}p_z^2 + \dfrac{1}{2}kz^2$

$F_8 = \dfrac{1}{m}p_x p_y + kxy$,　　$F_9 = \dfrac{1}{m}p_y p_z + kyz$

$F_{10} = \dfrac{1}{m}p_z p_x + kzx$

12.28　已知　$\varphi = f_1(q_1, p_1) f_2(q_2, p_2)$

$\psi = f_3(q_1, p_1) f_4(q_2, p_2)$

计算泊松括号 $[\varphi, \psi]$.

答　$f_1 f_3 [f_2, f_4] + f_2 f_4 [f_1, f_3]$.

12.29　若系统的哈密顿函数可写成下列形式：

$$H = H[f(q_1, q_2, \cdots, q_m, p_1, p_2, \cdots, p_m), q_{m+1}, \cdots, q_s, p_{m+1}, \cdots, p_s, t]$$

则 $f(q_1, q_2, \cdots, q_m, p_1, p_2, \cdots, p_m)$ 是守恒量.

12.30　若两个已知函数 $\varphi(\boldsymbol{q}, \boldsymbol{p}, t)$, $\psi(\boldsymbol{q}, \boldsymbol{p}, t)$ 有下列恒等式：

$$\varphi\left\{\frac{\partial \varphi}{\partial t} + [\varphi, H]\right\} = \frac{\partial \psi}{\partial t} + [\psi, H]$$

其中 H 是哈密顿函数，$[\varphi, H]$、$[\psi, H]$ 均为泊松括号，找出此正则方程的一个运动积分.

答　$\dfrac{1}{2}\varphi^2 - \psi$.

12.31　四个质点在均匀重力场中竖直上抛，具有以下初始条件：

(1) $x(0) = x_0$, $p(0) = p_0$;

(2) $x(0) = x_0 + \Delta x_0$, $p(0) = p_0$;

(3) $x(0)=x_0$; $p(0)=p_0+\Delta p_0$;

(4) $x(0)=x_0+\Delta x_0$, $p(0)=p_0+\Delta p_0$.

通过直接计算,证明这些质点在相空间中的代表点总是定出一个等于 $\Delta x_0 . \Delta p_0$ 的面积.定性描绘出四个质点的相轨道,并绘出某一时刻,四个质点的代表点位置.

12.32 求在 xy 平面内经过两个固定点的一条曲线,绕 z 轴的转动惯量为极小值,用平面极坐标写出此曲线必须满足的微分方程.

答 $\dfrac{r^4}{\sqrt{1+r^2\varphi'^2}}\varphi'=C_1$,其中 $\varphi'=\dfrac{\mathrm{d}\varphi}{\mathrm{d}r}$.

12.33 试用哈密顿原理求复摆作微振动的周期.

答 $T=2\pi\sqrt{\dfrac{I}{mgl}}$.

12.34 试用哈密顿原理求解 9.54 题.

12.35 一个系统的拉格朗日函数为

$$L=\frac{1}{2}\dot{x}^2-\frac{1}{2}x^2$$

(1)直接验证,对路径　$x=A\sin t$,有 $\delta\int_0^{\frac{\pi}{8}}L\mathrm{d}t=0$;

(2)比较在 $t=0$ 和 $t=\dfrac{\pi}{8}$ 均有同样的 x 值的路径族 $x=A(\sin t+c\sin 8t)$(c 可取各种值).

证明当 $c=0$ 时,$\int_0^{\pi/8}L\mathrm{d}t$ 有最小值.

12.36 一个质点在垂直平面内从一点无初速地沿某一条光滑曲线滑到给定的另一点,要所需时间最短,求此光滑曲线满足的微分方程.

答 取 x 轴沿水平方向,y 轴沿铅直方向.　$2yy''+y'^2+1=0$.

12.37 证明在圆柱面上任何两点间最短曲线是螺旋线:

$$z=Ar\varphi+B$$

r、φ、z 是柱坐标,z 轴沿圆柱的对称轴,r 为圆柱的半径.A、B 由所给两点的 z、φ 值确定.

12.38 在 xy 平面上连接两给定点(x_1、y_1)和(x_2、y_2)的一条曲线绕 x 轴旋转,绕出一个旋转曲面.此曲面的面积设为 A.

(1) 证明　$A=2\pi\int_{x_1}^{x_2}y\sqrt{1+y'^2}\,\mathrm{d}x$;

(2)要使 A 为最小,求此曲线 $y=y(x)$满足的微分方程;

(3)证明所求的曲线为悬链线.

答 (2) $yy''-y'^2-1=0$.

12.39 分别用哈密顿原理和变形的哈密顿原理求解 10.28 题.

12.40 用哈密顿原理求 10.35 题所述系统的运动微分方程.

***12.41** 一个具有单位质量的质点在外力 $F=-(x+t)$作用下沿 x 轴运动.在 $t=0$ 及 $t=1$ 时均位于 $x=0$ 处.用里茨法求出此问题的近似解,并与准确解作比较.比较 $t=0.5$ 时的结

果.

提示　近似解可用　$x(t)=t(1-t)(\alpha_0+\alpha_1 t+\cdots+\alpha_n t^n)$的形式,仅要求对$n=0$作计算.求精确解可作变换:$y=x+t$.

答　精确解为　$x=\dfrac{\sin t}{\sin 1}-t$.

取 $n=0$ 时的近似解为 $x=\dfrac{5}{18}t(1-t)$.在 $t=0.5$ 时,精确解 $x=0.0697$,近似解为 $x=0.0694$.

***12.42**　质点运动的拉格朗日函数为

$$L=\frac{1}{2}(\dot{r}^2+r^2\dot{\varphi}^2)$$

已知 $t=0$ 时,$r=2,\varphi=0,t=2$ 时,$r=3,\varphi=1$.试用里茨法求 $t=1$ 时的质点位置的近似值.并与精确值作比较.

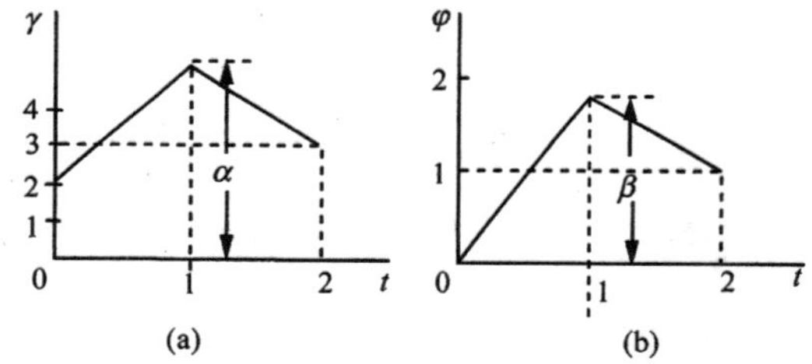

12.42 题图

提示　可采用题图(a)、(b)的折线所示的 $r(t)$和 $\varphi(t)$,计算 $S\int_0^2 L\mathrm{d}t$,由$\dfrac{\partial S}{\partial\alpha}=0,\dfrac{\partial S}{\partial\beta}=0$决定待定的 α、β 值.这样确定的 $r(t)$、$\varphi(t)$,在 $t\neq0$、1、2 时,不能得到好的近似值.多考虑几点,可得更好一点的近似.

答　$t=1$ 时的近似值为 $r=2.2076,\varphi=0.6067$,精确值为 $r=2.2070,\varphi=0.6088$.
(质点未受任何外力.作匀速直线运动).

***12.43**　用莫培督原理重解 12.33 题.

***12.44**　用莫培督原理重解 9.55 题

***12.45**　用莫培督原理的雅可比形式推导有心运动的运动微分方程.

提示　用(12.2.22)式时参数 τ 取时间 t.

12.46　试证　$Q=\ln\left(\dfrac{1}{q}\sin p\right),P=-q\mathrm{ctg}p$ 为一正则变换.

12.47　证明下列变换都是正则变换:

(1)$Q=q^2+\dfrac{p^2}{n^2}$, $P=\dfrac{n}{2}\arctan\left(\dfrac{p}{nq}\right)$.

式中 n 是一个常数；

(2) $Q_1=q_1^2+p_1^2$，　$Q_2=\frac{1}{2}(q_1^2+q_2^2+p_1^2+p_2^2)$，

$$P_1=\frac{1}{2}\arctan\left(\frac{q_2}{p_2}\right)-\frac{1}{2}\arctan\left(\frac{q_1}{p_1}\right),\quad P_2=-\arctan\left(\frac{q_2}{p_2}\right).$$

12.48 证明　$Q=q+te^p, P=p$ 是一正则变换，找出 $S(q,Q,t)$.

答　$S(q,Q,t)=(Q-q)(1-\ln\frac{Q-q}{t})$.

12.49 用拉格朗日括号检验 12.47 题的变换是正则变换.

12.50 α、β 为何值时，变换

$$Q=q^\alpha\cos\beta p, P=q^\alpha\sin\beta p$$

为一正则变换.

答　$\alpha=\frac{1}{2}$，β 为任意非零常数.

12.51 证明变换

$$Q_1=a_{11}q_1+a_{12}q_2,\quad Q_2=a_{21}q_1+a_{22}q_2$$

$$P_1=b_{11}p_1+b_{12}p_2,\quad P_2=b_{21}p_1+b_{22}p_2$$

在 $b_{ij}=\frac{|A_{ij}|}{|A|}$ 对所有 i、j 均成立，其中 $|A|$ 是矩阵 (a_{ij}) 的行列式，$|A_{ij}|$ 是矩阵元 a_{ij} 的代数余子式，且所有 a_{ij} 和 b_{ij} 都是常数，这些条件下是正则变换.

12.52 (1)要使　$Q_1=q_1^2, Q_2=q_1+q_2$，

$$P_1=P_1(q_1,q_2,p_1,p_2),\quad P_2=P_2(q_1,q_2,p_1,p_2)$$

为一正则变换，找出 P_1、P_2 最一般的函数形式.

提示　可用拉格朗日括号表述的正则变换条件给出的偏微分方程组求解.

(2)对上述正则变换，作何种特别的选择，可将

$$H=\left(\frac{p_1-p_2}{2q_1}\right)^2+p_2+(q_1+q_2)^2$$

变换为

$$H^*=P_1^2+P_2$$

并用此题验证(12.3.6)式成立.

答　(1) $P_1=\frac{p_1-p_2}{2cq_1}+\frac{1}{2q_1}\int\left[\frac{\partial f(q_1,q_2)}{\partial q_1}-\frac{\partial f(q_1,q_2)}{\partial q_2}\right]dq_2+h(q_1)$

$P_2=\frac{1}{c}p_2+f(q_1,q_2)$

式中 f 是 q_1,q_2 的任意函数，h 是 q_1 的任意函数，c 是不为零的任意常数.

(2) $c=1, f(q_1,q_2)=(q_1+q_2)^2, h(q_1)=0$.

12.53　用母函数 $S_1=Q_1^{1/2}q_1-\frac{2}{3}(Q_2-q_2)^{3/2}-(Q_1+Q_2)t$ 产生的正则变换来求解哈密顿函数为 $H=p_1^2+p_2^2+q_2$ 的系统的运动.

答　$q_1=At+B, q_2=-t^2+Ct+D$.

12.54　求由下列母函数产生的正则变换：

(1) $S_1(\boldsymbol{q},\boldsymbol{Q},t)=\sum_{i=1}^{s}q_iQ_i$；

(2) $S_2(p,Q,t)=-(\tan p)(e^Q-1)$；

(3) $S_3(\boldsymbol{q},\boldsymbol{P},t)=\sum_{i=1}^{s}q_iP_i$；

(4) $S_4(\boldsymbol{p},\boldsymbol{P},t)=\sum_{i=1}^{s}p_iP_i$.

答　(1) $Q_i=p_i, P_i=-q_i$；(2) $P=(1+q\cos^2 p)\tan p, Q=\ln(1+q\cos^2 p)$；

(3) $Q_i=q_i, P_i=p_i$ 为恒等变换；

(4) $Q_i=p_i, P_i=-q_i$.

12.55　证明 $Q_1=p_1^2, Q_2=p_2^2+q_2, P_1=-\frac{q_1}{2p_1}+t, P_2=p_2+t$ 是正则变换，并求出产生这正则变换的 $S_1(\boldsymbol{q},\boldsymbol{Q},t)$、$S_3(\boldsymbol{q},\boldsymbol{P},t)$ 两种形式的母函数.

答　$S_1(q_1,q_2,Q_1,Q_2,t)=Q_1^{1/2}q_1-\frac{2}{3}(Q_2-q_2)^{3/2}-(Q_1+Q_2)t$,

$$S_3(q_1,q_2,P_1,P_2,t)=-\frac{q_1^2}{4(P_1-t)}+\frac{1}{3}(P_2-t)^3+(P_2-t)q_2.$$

12.56　证明　$Q=\ln(1+q^{\frac{1}{2}}\cos p)$

$$P=(1+q^{\frac{1}{2}}\cos p)q^{\frac{1}{2}}\sin p$$

为正则变换，并求出产生它的母函数.

提示　采用(12.3.20)式时需令 $c=2$.

答　$S_2(p,Q)=-(e^Q-1)^2\tan p$.

12.57　一个质量为 m 的质点以初速 v、对水平线仰角为 α 的方向，在不计阻力的空气中抛射，用哈密顿-雅可比方程求其运动规律.

答　$x=vt\cos\alpha, y=vt\sin\alpha-\frac{1}{2}gt^2$.

12.58　求对称陀螺在重力作用下绕固定点转动时的哈密顿主函数.

答　$S=-ht+\alpha_2\varphi+\alpha_3\psi+\int\left[2I_1h-\frac{1}{\sin^2\theta}(\alpha_2-\alpha_3\cos\theta)^2-\frac{I_1}{I_3}\alpha_3^2-2I_1mgl\cos\theta\right]^{1/2}d\theta$,

其中 h 是总机械能，α_2 为进动角动量，α_3 为自转角动量，l 是质心离固定点的距离.

12.59　用哈密顿-雅可比方程求二维势场 $V=\frac{k}{r}$（k 为常量）中运动的质点的轨道方程. 可采用 $u=r+x$ 和 $v=r-x$ 为广义坐标.

答　$S=-ht+\int\left[\frac{1}{2}mh+\frac{m}{2u}(\alpha-k)\right]^{\frac{1}{2}}\mathrm{d}u+\int\left[\frac{1}{2}mh-\frac{m}{2v}(\alpha+k)\right]^{\frac{1}{2}}\mathrm{d}v$

由$\frac{\partial S}{\partial\alpha}=\beta$即得轨道方程.

12.60　某系统的哈密顿函数为

$$H=\frac{1}{2m}p_1^2+\frac{1}{2m}(p_2-kq_1)^2$$

其中 m、k 均为常量.用哈密顿正则方程和哈密顿-雅可比方程解此系统的运动轨道.

答　$\left(q_1-\frac{\alpha}{k}\right)^2+(q_2-\beta)^2=\frac{2mh}{k^2}$.

12.61　用哈密顿-雅可比方程求哈密顿函数为 $H=\frac{1}{2}(p_1^2+p_2^2)(q_1^2+q_2^2)^{-1}+(q_1^2+q_2^2)^{-1}$ 的质点的轨道.

答　$\sqrt{h}q_1+\sqrt{hq_1^2+\alpha-\frac{1}{2}}=\beta\left(\sqrt{h}q_2+\sqrt{hq_2^2-\alpha-\frac{1}{2}}\right)$.

12.62　用哈密顿-雅可比方程求哈密顿函数为 $H=p^2-q$ 的系统的运动.

答　$q=-h+(t+\beta)^2$.

12.63　一个质量为 m 的质点在 xy 平面内运动,受到力心位于(1、0)和(-1、0),势能为 $V=A_1r_1^{-1}+A_2r_2^{-1}$,(其中 r_1、r_2 分别是到两个力心的距离,A_1 和 A_2 是常数)的力场作用.用椭圆坐标 ξ、η(不是§9.4.3中所讲的椭圆坐标 ξ、η、φ)它与 x、y 的变换关系为 $x=\mathrm{ch}\xi\cos\eta$, $y=\mathrm{sh}\xi\sin\eta$.用哈密顿-雅可比方程求质点的运动轨道(用 ξ、η 表达即可).

答　$S=-ht+\int[\alpha+2mh\mathrm{ch}^2\xi-2m(A_1+A_2)\mathrm{ch}\xi]^{1/2}\mathrm{d}\xi$

$$+\int[-\alpha-2mh\cos^2\eta-2m(A_1-A_2)\cos\eta]^{1/2}\mathrm{d}\eta$$

由$\frac{\partial S}{\partial\alpha}=\beta$可得轨道方程.

12.64　一个质量为 m 的质点在球坐标表达的势场中运动. $V=f(r)+\frac{g(\theta)}{r^2}$,其中 $f(r)$、$g(\theta)$ 是已知的函数,求轨道的一般解.

答　$S=-ht+\alpha_\varphi\varphi+\int\sqrt{\alpha_\theta-2mg(\theta)-\frac{\alpha_\varphi^2}{\sin^2\theta}}\mathrm{d}\theta$

$$+\int\sqrt{2m[h-f(r)]-\frac{\alpha_\theta}{r^2}}\mathrm{d}r$$

由$\frac{\partial S}{\partial\alpha_\varphi}=\beta_\varphi$,$\frac{\partial S}{\partial\alpha_\theta}=\beta_\theta$ 给出轨道方程.

12.65　一个质量为 m 的粒子在一个恒力及一个与力心的距离平方成反比的力场中运动,其势能为 $V=\frac{A}{r}-Bz$(A、B 均为常量,r 为球坐标).求其运动学方程.

提示　可采用抛物线坐标 ξ、η、θ,它与柱坐标 ρ、φ、z 的关系为

$$\xi = r + z,\ \eta = r - z,\ \theta = \varphi, r^2 = \rho^2 + z^2$$

即§12.4.3中所讲的抛物线坐标.

答　$S = -ht + \alpha_\theta\theta + \int\left[\frac{1}{2}mh + \frac{1}{4}Bm\xi + \frac{m(\alpha - A)}{2\xi} - \frac{\alpha_\theta^2}{4\xi^2}\right]^{1/2}\mathrm{d}\xi$

$$+\int\left[\frac{1}{2}mh - \frac{1}{4}Bm\eta - \frac{m(\alpha + A)}{2\eta} - \frac{\alpha_\theta^2}{4\eta^2}\right]^{1/2}\mathrm{d}\eta$$

运动学方程由$\frac{\partial S}{\partial h} = -t_0, \frac{\partial S}{\partial \alpha_\theta} = \beta_\theta, \frac{\partial S}{\partial \alpha} = \beta$获得，$h$、$\alpha_\theta$、$\alpha$、$t_0$、$\beta_\theta$、$\beta$由初条件确定.

12.66　一个质量为 m 的粒子在下列势场中运动：

$$V = \frac{\sigma^2}{r_1 r_2}\left[f\left(\frac{r_2 + r_1}{2\sigma}\right) + g\left(\frac{r_2 - r_1}{2\sigma}\right)\right]$$

其中 r_1、r_2 分别为粒子距两个固定点 P_1、P_2 的距离，σ 是一个常数. $f(x)$、$g(x)$是给定的任意函数，求用椭圆坐标 ξ、η、θ 表达的哈密顿主函数，ξ、η、θ 和柱坐标的关系为 $\rho = \sigma[(\xi^2 - 1)(1 - \eta^2)]^{1/2}$，$z = \sigma\xi\eta$，$\theta = \varphi$. 选坐标轴 z 和 σ 时使 P_1、P_2 在 z 轴上，且分别处在 $z = -\sigma$ 和 $z = \sigma$ 两点.

答　$S = -ht + \alpha_\theta\theta + \int\sqrt{2m\sigma^2 h + \frac{\alpha - 2m\sigma^2 f(\xi)}{\xi^2 - 1} - \frac{\alpha_\theta^2}{(\xi^2 - 1)^2}}\mathrm{d}\xi$

$$+\int\sqrt{2m\sigma^2 h - \frac{\alpha + 2m\sigma^2 g(\eta)}{1 - \eta^2} - \frac{\alpha_\theta^2}{(1 - \eta^2)^2}}\mathrm{d}\eta.$$

* **12.67**　用拉格朗日-沙比方法重解12.60题.

* **12.68**　用拉格朗日-沙比方法求例4.3.1的轨道方程.

* **12.69**　一个电机使一根竖直轴随之旋转，轴的下端挂一个长度为 l、质量为 m 的单摆. 单摆被限制在一个平面内运动，这个平面由电动机带动，以恒定角速度 ω 旋转，如题图所示.

(1)用拉格朗日-沙比方法得到质点的运动微分方程；

(2)求出在转动参考系中的平衡位置及绕平衡位置作小振动的频率. 说明平衡的稳定条件.

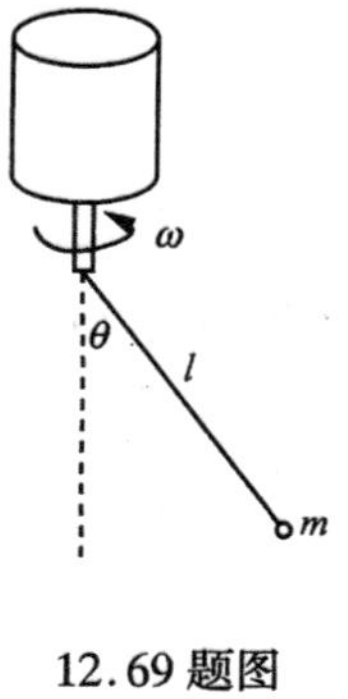

12.69题图

答　(1) $\ddot{\theta} - (\omega^2\cos\theta - \frac{g}{l})\sin\theta = 0$；

(2) $\theta_{10} = 0, \theta_{20} = \arccos\frac{g}{l\omega}$，

$\Omega_1 = \sqrt{\frac{g}{l} - \omega^2}$，$\Omega_2 = \frac{1}{l\omega}\sqrt{l^2\omega^4 - g^2}$，

平衡的稳定条件分别是 $\omega < \sqrt{\frac{g}{l}}$ 和 $\omega > \sqrt{\frac{g}{l}}$.

* **12.70**　一个质量为 m 的质点在随时间变化的势场中沿直线运动. $V = mAxt^2$. A 为常数. 用拉格朗日-沙比方法求出质点运动的一般解.

答　$x=-\frac{1}{12}At^4+\alpha t+\beta$.

* **12.71**　用作用变量和角变量来分析一个粒子在下列有心力作用下的运动.这个有心力的势能为

$$V(r)=-\frac{k}{r}-\frac{\beta}{r^2}$$

其中 r 是粒子离力心的距离,k 和 β 是正的常量.设 $\frac{mk^2}{4m\beta-2h^2}<E<0$,其中 E 是粒子的机械能,h 是粒子对力心的角动量,在粒子运动所跨越的 r 的范围内有 $\beta\ll kr$.

* **12.72**　一质量为 m 的质点在势能 $V(x)=F|x|$(F 是一正值常量)作用下作一维运动,利用作用变量、角变量把运动的周期表达成能量的函数.

答　$T=\frac{4\sqrt{2mE}}{F}$.

* **12.73**　一质量为 m 的质点在势能 $V=-\frac{k}{|x|}$(k 为正值常量)作用下作一维运动.能量为负值时,运动是有界的和振荡的.用作用变量角变量把运动的周期表达成能量的函数.

答　$T=\pi k(2m)^{1/2}(-E)^{-3/2}$.

* **12.74**　利用作用变量、角变量求力常数各不相同的三维谐振子的频率,并求出笛卡儿坐标以及与之共轭的动量表成作用变量、角变量的函数.

答　$\nu_1=\frac{1}{2\pi}\sqrt{\frac{k_1}{m}},\nu_2=\frac{1}{2\pi}\sqrt{\frac{k_2}{m}},\ \nu_3=\frac{1}{2\pi}\sqrt{\frac{k_3}{m}}$

$$x=\frac{1}{\sqrt{\frac{\pi}{J_1}\sqrt{mk_1}}}\sin(2\pi w_1),\ y=\frac{1}{\sqrt{\frac{\pi}{J_2}\sqrt{mk_2}}}\sin(2\pi w_2)$$

$$z=\frac{1}{\sqrt{\frac{\pi}{J_3}\sqrt{mk_3}}}\sin(2\pi w_3)$$

$$p_x=\sqrt{\frac{J_1}{\pi}\sqrt{mk_1}}\cos(2\pi w_1),p_y=\sqrt{\frac{J_2}{\pi}\sqrt{mk_2}}\cos(2\pi w_2)$$

$$p_z=\sqrt{\frac{J_3}{\pi}\sqrt{mk_3}}\cos(2\pi w_3).$$

* **12.75**　一个力常数为 k 的线性谐振子,它的质量突然增加一个小量 ε.用正则微扰论求振子的频率增量 $\nu-\nu^0$,算到 ε 的二次方为止.证明在 ε 的同级近似下所得结果与增量的严格预期值是一致的.

答　$\nu-\nu^0=-\frac{1}{4\pi}\varepsilon k^{\frac{1}{2}}m^{-\frac{3}{2}}+\frac{3}{16\pi}\varepsilon^2k^{\frac{1}{2}}m^{-\frac{5}{2}}$.

* **12.76**　用正则微扰论求有限振幅振动的单摆运动,设总能量 $E\ll mgl$,求振子较之小振幅振动的频率增量,只考虑一级近似.

提示　$H=\frac{1}{2ml^2}p^2+\frac{1}{2}mgl\theta^2-\frac{1}{24}mgl\theta^4$，前两项为 H_0，最后一项为 H_1.

答　$\nu-\nu^0=-\frac{1}{8}\frac{J\nu^{02}}{mgl}$，其中 $\nu^0=\frac{1}{2\pi}\sqrt{\frac{g}{l}}$

J、w 与 J_0、w_0 的关系分别为

$$J^0=J-\frac{J^2\nu^0}{12mgl}\left[\cos(4\pi w^0)-\frac{1}{4}\cos(8\pi w^0)\right]$$

$$w=w^0-\frac{J\nu^0}{192\pi mg}\left[8\sin(4\pi w^0)-\sin(8\pi w^0)\right]$$

$J=c_1$，$w=\nu t+c_2$

J^0，w^0 与 ρ、θ 间的变换关系为

$$\theta=\sqrt{\frac{2J^0\nu^0}{mgl}}\sin(2\pi w^0)$$

$$\rho=2\pi ml^2\nu^0\sqrt{\frac{2J^0\nu^0}{mgl}}\cos(2\pi w^0)$$

由初条件确定 c_1、c_2 值.

*__12.77__　如题图所示，一质量为 m 的质点被约束在一直线上运动，并被系于劲度系数均为 k、原长为 b 的两弹簧的端点，弹簧的另一端固定. 质点运动轨道离弹簧的固定端点的最短距离为 a，$a>b$. 由正则微扰论，考虑一级微扰，求有限振幅的振荡频率的最低级修正.

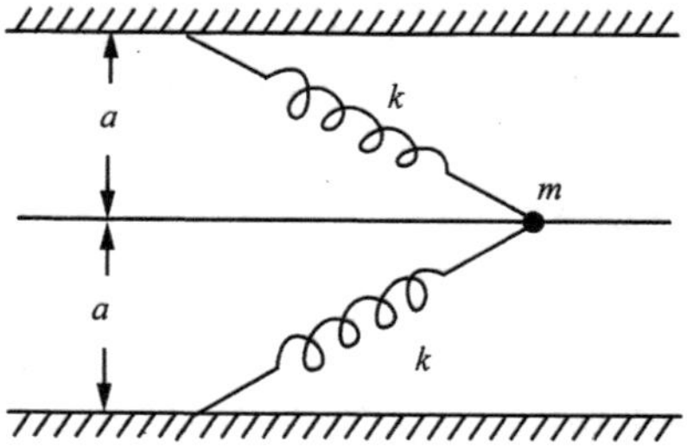

12.77 题图

*__12.78__　一个非线性谐振子的势能为

$$V(x)=\frac{1}{2}kx^2-\frac{1}{3}m\lambda x^3$$

其中 λ 是个小量、求受扰的作用、角变量与未受微扰的线性谐振子的作用、角变量间的变换关系.

答　$J^0=\frac{1}{3}m\lambda\nu^{0\,1/2}\left(\frac{2J}{k}\right)^{3/2}\sin^3(2\pi w^0)$

$$w = w^0 - \frac{\lambda m}{6\pi k}\left(\frac{2J_\nu{}^0}{k}\right)^{1/2}\left[3\cos(2\pi w^0) - \cos^3(2\pi w^0)\right]$$

其中　$\nu^0 = \frac{1}{2\pi}\left(\frac{k}{m}\right)^{1/2}$

12.79　如题图所示，一个质量为 m、绳长为 l 的平面摆被约束在一斜面上作小振动. 当平面的倾角 α 缓慢变化时，它的振幅和能量将如何变化？如 $\alpha=\alpha_1$ 时，振幅为 A_1，缓慢变到 $\alpha=\alpha_2$ 时，振动的振幅 A_2 多大？在此过程中，对系统作了多少功？

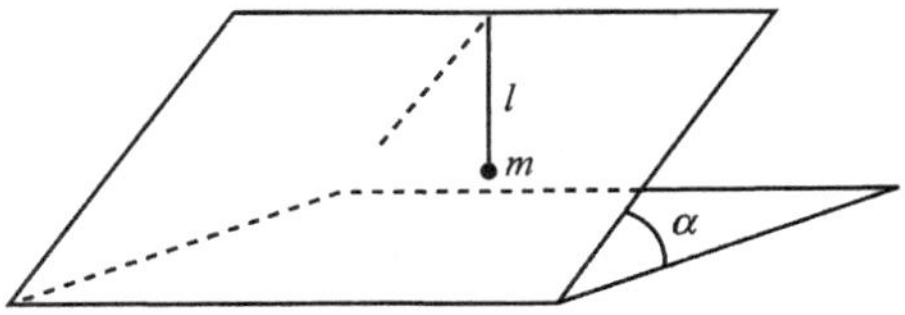

12.79 题图

答　$A_2 = \left(\frac{\sin\alpha_1}{\sin\alpha_2}\right)^{1/4} A_1$

$W = \frac{1}{2} mglA_1^2(\sin\alpha_1)^{\frac{1}{2}}\left[(\sin\alpha_2)^{\frac{1}{2}} - (\sin\alpha_1)^{\frac{1}{2}}\right]$.

* **12.80**　考虑 12.72 题所述系统. 假定参量 F 从初始值开始缓慢变化，质点的能量、振动周期和振动振幅将如何变化？

答　$E \propto F^{2/3}$，$T \propto F^{-2/3}$，$A \propto F^{-1/3}$.

* **12.81**　考虑 12.73 题所述系统. 假定参量 k 从初始值开始缓慢变化，质点的能量、振动周期和振动振幅将如何变化？

答　$-E \propto k^2 (E<0)$，$T \propto k^{-2}$，$A \propto k^{-1}$.

* **12.82**　一个完全弹性的球，在两个平行的墙之间作一维运动. 设两墙相距为 l.

(1)当一个墙缓慢地移动时；

(2)当球的质量 m 缓慢变化时，

球的能量、振动周期将如何变化？

答　(1)$E \propto l^{-2}$，$T \propto l^2$.

(2)$E \propto m^{-1}$，$T \propto m$.

中外文人名对照表

安培　A. M. Ampére　1775～1836　法
阿基米德　Archimedes　前 287～前 212　希
贝尔　Bell　1847～1922　美
伯努利　D. Bernoulli　1700～1782　瑞士
伯特兰　Bertrand
比耐　Binet
毕奥　Biot　1774～1862　法
第谷·布拉赫　Tycho Brahe　1546～1601　丹
博戈留波夫　H. H. Боголюбов　1909　苏
德布罗意　L. V. de Broglie　1892～法
切连科夫　Cerenkov
康普顿　A. H. Compton　1892～1962　美
哥白尼　N. Copernicus　1473～1543　波兰
库仑　C. A. Coulomb　1736～1806　法
科里奥利　G. G. Coriolis
达朗贝尔　J. L. R. d'Alambert　1717～1783　法
戴维孙　C. J. Davisson　1881～1958　美
笛卡儿　R. Descartes　1596～1650　法
多普勒　C. Doppler　1803～1853　奥
爱因斯坦　A. Einstein　1879～1955　美
欧几里得　Euclid　前 330～前 275　希
欧拉　L. Euler　1707～1783　瑞士
法拉第　M. Faraday　1791～1867　英
费马　P. de Fermat　1601～1665　法
斐兹杰惹　G. F. Fitzgerald　1851～1901　英
菲佐　A. H. L. Fizeau　1819～1896
傅科　J. B. L. Foucault　1819～1868　法
傅里叶　J. B. J. Fourier　1768～1830　法
伽利略　G. Galilei　1564～1642　意
高斯　C. F. Gauss　1777～1855　德

盖革 H. Geiger 1882～1945
革末 L. H. Germer 1896～1971 美
哈密顿 W. R. Hamilton 1805～1865 英
赫兹 H. R. Hertz 1857～1894 德
胡克 R. Hooke 1635～1703 英
惠更斯 C. Huygens 1629～1695 荷
雅可比 C. G. Jacobi 1804～1851 德
焦耳 J. P. Joule 1818～1889 英
开普勒 J. Kepler 1571～1630 德
基尔霍夫 G. R. Kirchhoff 1824～1887 德
柯尼希 J. S. König
拉格朗日 J. L. Lagrange 1736～1813 法
拉普拉斯 P. S. Laplace 1749～1827 法
拉莫尔 J. Larmor
勒让德 A. M. Legendre 1752～1833 法
楞次 H. F. E. Lenz(Э. Х. Ленц 1804～1865 德、俄
刘维 J. Liouville
利萨如 J. A. Lissajous 1822～1880 法
洛伦兹 H. A. Lorentz 1853～1928 荷
马赫 E. Mach 1838～1916 奥
莫培督 P. L. M. Maupertuis
麦克斯韦 J. C. Maxwell 1831～1879 英
迈克耳孙 A. A. Michelson 1852～1931 美
闵可夫斯基 Г. инковский(H. Minkowski) 1864～1909 俄、德
莫雷 E. W. Morley 1838～1923 美
纳维尔 C. L. M. H. Navier 1785～1836 法
牛顿 I. Newton 1643～1727 英
奥斯特 H. C. Oersted 1777～1851 丹
欧姆 G. S. Ohm 1787～1854 德
帕斯卡 B. Paseal 1623～1662 法
法甫 J. E. Pfaff 德
普朗克 M. K. E. L. Planck 1858～1947 德
庞加莱 J. H. Poincaré 1854～1912 法
潘索 L. Poinsot
泊肃叶 J. L. Poiseuille 1799～1869 法
泊松 S. D. Poisson 1781～1840 法
坡印亭 J. H. Poynting

瑞利 J.W.S.Rayleigy 1842～1919 英
莱沙尔 Resal
雷诺 O.Reynolds 1842～1912 英
里茨 W.Ritz 1878～1907 瑞士
劳斯 E.J.Routh
卢瑟福 E.Rutherford 1871～1937 英
萨伐尔 Savart 1791～1841
薛定谔 E.Schrödinger 1887～1961 奥
斯托克斯 G.G.Stockes 1819～1903 英
泰勒 B.Taylor 1685～1731 英

主要参考书目

[1] 周衍柏.理论力学教程,第二版.高等教育出版社,1985

[2] 胡慧玲、林纯镇、吴维敏.理论力学基础教程.高等教育出版社,1986

[3] E.A.Desloge.Classical Mechanics,John Willey & Sons. New York, 1982

[4] Ф.P.甘特马赫著,钟奉俄、薛问西泽.分析力学讲义.人民教育出版社,1963

[5] Л.Д.朗道、E.M.栗弗席兹著,莫斯科大学物理系四年级中国留学生译.力学.高等教育出版社,1959

[6] B、Г、涅符兹格里亚多夫著,黄念宁译.理论力学,人民教育出版社,1964.

[7] J.B.Marion 编著,李笙译.质点与系统的经典动力学.高等教育出版社,1985.

[8] H、戈德斯坦著,陈为恂译.经典力学,第二版.科学出版版,1986

[9] E、J、Saletan,A.H.Cromer 著,卢邦正、姜存志译.理论力学.高等教育出版社,1989

[10] 吴望一.流体力学.北京大学出版社,1982

[11] 邢宗文.流体力学基础.西北工业大学出版社,1992

[12] R、H、F.保著,黄丕薐译.流体力学.晓园出版社,世界图书出版公司,1994

[13] 蔡伯濂.狭义相对论.高等教育出版社,1991

勘　误　表

P.3 倒数第 8 行，§3.1 改为§1.3.

P.19 倒数第 13 行，$\xi\eta$平面改成与$\xi\eta$平面.

P.21 第 12 行，中心 c 改为中心 C. 图 7.3.8 中，ζ轴上的$\dot{\boldsymbol{\psi}}_0$改为$\dot{\boldsymbol{\varphi}}_0$.

P.23 倒数第 12 行，照系改为考系，倒数第 11 行，去掉因此，相对运动，后加主要是角速度的合成问题.

P.23 倒数第 4 行，§1.3 改成§7.1.3.

P.30 倒数第 5 行，35.9 改成 67.0.

P.32 去掉 3，4 行.

P.32 倒数第 9 行，$\frac{3}{2}r\omega^2$改为$\frac{1}{2}r\sqrt{9\omega^4+16\dot{\omega}^2}$.

P.32 倒数第 7 行，$\cos\frac{3}{2}\omega t$改为$\cos\frac{1}{2}\varphi$，$+3\omega^2\dot{\omega}\sin\frac{3}{2}\omega t$改为$-\omega^2\dot{\omega}\sin\frac{1}{2}\varphi$.

P.32 倒数第 6 行，$-\cos\frac{3}{2}\omega t$改为$+\cos\frac{1}{2}\varphi$.

P.32 倒数第 5，6 行间加一行，其中$\varphi=\int_0^t\omega(t)\mathrm{d}t$.

P.32 倒数第 5 行，ωt改为φ.

P.33 第 12 行，$\frac{2\pi}{|\omega_B-\omega_A|}$改为$\frac{2\pi(a+b)}{|\omega_B-\omega_A|b}$.

P.33 倒数第 1 行，$+4.24\boldsymbol{j}-2.78\boldsymbol{k}$改为$-4.64\boldsymbol{j}-1.58\boldsymbol{k}$.

P.34 倒数第 3 行，$\boldsymbol{\beta}=\Omega\omega_2\boldsymbol{i}-\Omega\omega_1\boldsymbol{j}$改为$\boldsymbol{\beta}=\Omega\omega_2\boldsymbol{i}-\Omega\omega_1\boldsymbol{j}+\omega_1\omega_2\boldsymbol{k}$.

P.34 倒数第 1 行，$(2b+r)$改为 $2(b+r)$，$r\Omega\omega_1$改为$2r\Omega\omega_1$.

P.39 第 12 行，去掉$\boldsymbol{F}_i^{(\mathrm{i})}=$.

P.44 第 13 行，O 改为 0

P.59 第 4 行，则质点系的机械能前加：或具有非保守力，但不做功.

P.61 倒数第 4 行，$\sqrt{\frac{mM}{K(m+M)}}$改为$v_0\sqrt{\frac{mM}{k(m+M)}}$.

P.64 第 4 行，O 改为 0.

P.83 图 8.6.1 中，□改为$\boxed{M}$.

P.89 倒数第 4 行，PV 改为 pV.

P.93 倒数第 10 行，链条改为圆柱.

P.96 第 5 行，第二个 $\frac{mv}{m+M}$ 改为 $\frac{Mv}{m+M}$.

P.102 倒数第 10、11 行间加一行：特殊的平行力系可以有(2)或者(1)的情况，特殊的共点力系也可以有(1)的情况.

P.102 倒数第 8 行，$M_O \perp F$ 改为 $\boldsymbol{M}_O \perp \boldsymbol{F}$.

P.109 第 14 行，(9.2.6)改为(9.2.6)式一定成立，九个分量改为六个分量，六个方程改为三个方程. 第 16 行，(9.2.6)～改为(9.2.7).

P.117 第 9，12 行，倒数第 6，7，8 行及 P.118 第 2，3 行中的 X 改为 x(共 15 处)脚标、指数不变.

P.119 图 9.3.2，ω 的矢量线与虚线是一条直线.

P.139 倒数第 2 行，4.149 改为 4×149，2.149 改为 2×149，0.9631 改为 0.9619.

P.139 倒数第 1 行，15.6 改成 15.86.

P.140 第 3 行，0.9631 改为 0.9619，0.0492 改为 0.0508.

P.140 倒数第 8，9 行，0.27 改为 0.277. 倒数第 7，9 行，0.0492 改为 0.0508. 倒数第 9 行，15.6 改为 15.86. 倒数第 4，6，7 行，0.54 改为 0.554. 倒数第 4，5 行，0.269 改为 0.273，0.963 改为 0.962.倒数第 2 行，0.958 改为 0.96.

P.141 第 2 行，长为 $4r$ 改为长为 $4r$、质量为 m.

P.149 倒数第 5 行，转动改为纯滚动.

P.149 倒数第 7 行，一对力偶后加：和一个力 $\boldsymbol{F}-\boldsymbol{f}$.

P.149 倒数第 8 行，$\boldsymbol{f}=-\boldsymbol{F}$ 改为 $f<-F$，$f\leqslant\mu N$ 改为 $f<\mu N$.

P.150 倒数第 9 行，滚动因改为滚动，摩阻力律改为摩阻定律.

P.154 倒数第 1 行，泊松改为潘索.

P.155 倒数第 4 行，(6.6.4)改为(9.6.4)，(6.6.5)改为(9.6.5).

P.171 倒数第 3 行，$4mg$ 改为 $4I_1mg$.

P.188 第 3 行，C^2 改为 C_2.

P.198 倒数第 10 行，$2ma^2\Omega/\pi\tau$ 后加：和 $ma^2\Omega/2\tau$.

P.199 第 9 行，球心通过改为球面处通过装在，的球形轴改为大小相同的球壳内，第 10 行，去掉承，第 13 行，改为：答 $2\pi\sqrt{\frac{2}{3g}\left[\frac{ml^2+3M(l+r)^2}{(m+2M)l+2Mr}\right]}$，$2\pi\sqrt{\frac{2}{15g}\left[\frac{5ml^2+6Mr^2+15M(l+r)^2}{(m+2M)l+2Mr}\right]}$.

P.201 第 8 行，$\frac{2}{2}$改成$\frac{2}{7}$.

P.202 倒数第 2 行，转动倾向改为运动倾向.

P.207 倒数第 2 行，固定圆柱改为固定竖直圆柱.

P.219 第 12 行，两种情况改为几种情况.

P.220 第 14 行，作不做改为作不作(共 2 处).

P.224 第 5、7 行，$\boldsymbol{W}$ 改为 W(共 2 处).

P.226 第 8 行，倒数第 6 行，l 改为 L，倒数第 4、5 行，$\boldsymbol{W}$ 改为 W. 倒数第 1 行，Pl 改为 PL.

P.227 第 5 行，$Q=$改为$\theta=$，第 10 行，$\frac{1}{2}\theta$ 改为 $\frac{1}{2}Q$.

P.229 第 12 行，P.231 倒数第 2 行，P.234 第 6 行，$\boldsymbol{W}$ 改为 W.

P.237 倒数第 1、2、3 行，P.238 第 3、5 行，倒数第 2 行，$\boldsymbol{W}$ 改为 W(共 8 处)，脚标不变.

P.245 倒数第 9 行，$\sum_{i=1}^{n} V_i$ 改为 $\sum V_i$.

P.248 第 8 行，$m\rho^2\ddot{\varphi}$ 改为 $m\rho^2\ddot{\varphi}+2m\rho\dot{\rho}\dot{\varphi}$.

P.251 第 3 行，$\frac{\partial U}{\partial t}$ 改为 $\frac{\partial^2 U}{\partial t \partial \dot{q}_\mathrm{k}}$.

P.254 第 6 行，$\sum_{i=1}^{3n}$改为$\sum_{i=1}^{s}$，句号后，加 $b_{jj}>0$.

P.283 第 7 行，$m_i\ddot{x}_i$ 改为 $\frac{\mathrm{d}}{\mathrm{d}t}\left(\frac{\partial T}{\partial \dot{x}_i}\right)-\frac{\partial T}{\partial x_i}$，$F_i$ 改为 Q_i (共 2 处)

P.293 第 8 行，$\frac{1}{3\sqrt{3}}$ 改为 $\frac{1}{6\sqrt{3}}$. 第 19 行 $2R\sigma\sin\alpha$ 改为 $2R\sigma g\sin a$.

P.294 10.12 题图，B 移到杆的下端.

P.299 第 13 行，粘性改为黏性.

P.307 倒数第 6 行，(11.1.5)改为(11.1.6)

P.320 第 2 行，$\boldsymbol{c}\cdot\boldsymbol{q}$ 改为 $\boldsymbol{C}\cdot\boldsymbol{q}'$，第 8 行，$\boldsymbol{G}^{-1}$ 改为 $\boldsymbol{G}^\mathrm{T}$ (共 2 处).

P.335 第 11 行，$\sum_{j=1}^{2s}$改为$\sum_{j=1}^{s}$，第 12 行，$\sum_{j=1}^{2s}$改为$\sum_{j=1}^{h}$.

P.336 第 3 行，$x_i\xi_i$ 改为 $\kappa_i\xi_i$.

P.338 倒数第 6 行，$\frac{M}{2(2M+m)}$改为$\frac{m}{2(2M+m)}$.

P.341 第 3 行矩阵中的……往右移至中部.

P.346 倒数第 3 行，i=1，改为 i=.

P.348 第 4 行，ξ_i 改为 ξ_i^*，第 7 行，$q_i(t)$ 改为 $q_i^*(t)$.

P.354 第 4、5 行，$k_{ij,k}$ 改为 k_{ijk}，(共 2 处)，倒数第 7 行，两个式改为两个和式.

P.357 第 13 行，后加：(设电场力比重力小得很多)，第 14 行，2π改为π.

P.358 第 10 行，水平位置改为水平的平衡位置.

P.359 第 4 行，$\omega_1=\omega_2=\sqrt{\frac{2k}{m}}$ 改为 $\omega_1=\sqrt{\frac{2k}{m}}$，$\omega_3=\sqrt{\frac{3k}{m}}$ 改为 $\omega_2=\sqrt{(4+\sqrt{10})\frac{k}{m}}$，$\omega_3=\sqrt{(4-\sqrt{10})\frac{k}{m}}$.

P.361 第 11 行，$\sqrt{\frac{3k}{m}}$ 改为 $\sqrt{\frac{2k}{m}}$.

P.363 第 1，2 行，B 改为 B_0 (共 3 处).

P.364 第 2 行，$\frac{3F_0l}{(g-2l\Omega^2)}$ 改为 $\frac{F_0l}{4m(g-2l\Omega^2)}$，第 3 行，$\frac{2F_0l}{3g-2l\Omega^2}$ 改为 $\frac{F_0l}{4m(3g-2l\Omega^2)}$，第 9、11 行，去掉：分子上的 m 和分母上的 2(各 2 处).

P.367 第 1 行，$\frac{\partial T}{\partial \dot{q}_i}$ 改为 $\frac{\partial T}{\partial \dot{q}_i}-\frac{\partial U}{\partial \dot{q}_i}$, b_i 改为 b_i-f_i.

P.371 第 6 行，作为 z 改为作为 3.

P.378 倒数第 4 行，P.385 第 1 行，欧勒角改为欧拉角.

P.387 第 1, 2 行，$\boldsymbol{v}$ 改成 $\boldsymbol{\upsilon}$.

P.389 第 11 行，去掉(12.1.31)′.

P.390 第 4 行，(9.1.33)改为(12.1.33)，第 11 行，哈密顿改为哈密顿函数.

P.392 倒数第 7 行，必然改为一般.

P.401 倒数第 8 行，=改为中.

P.402 倒数第 6 行，$\partial x\neq 0$ 改为 $\delta x\neq 0$.

P.403 第 8 行，d′(Δx)改为 d(Δx).

P.405 第 8 行，倒数第 3 行，$\frac{\mathrm{d}}{\mathrm{d}t}$ 改为 $\frac{\mathrm{d}}{\mathrm{d}x}$(共 2 处).

P.422 倒数第 9 行，去掉将.

P.425 倒数第 8 行，(12.9.3)改为(12.3.3).

P.432 倒数第 4 行，新旧改为新的，倒数第 3 行，新的改为新旧

P.446 第 6 行，等号右边是个单位矩阵.

P.447 倒数第 3 行， P_x 改为 P_α ，倒数第 1 行， P_α 改为 P_β .

P.463 倒数第 5 行， P_0^2 改为 p_θ^2.

P.465 第 2、3、4、6、7、9、10、11、12、14、17 行，$\boldsymbol{W}$ 改为 W(共 25 处)，脚标不变.

P.467、P.469、P.471 都有 P.465 那样的情况.

P.474 倒数第 7 行， $\dfrac{\mathrm{d}y}{\mathrm{d}Q}$ 改为 $\dfrac{\mathrm{d}y}{Q}$.

P.479 第 9 行，与之只轭改为与之共轭.

P.482 第 10 行，$q(w,\boldsymbol{J}$ 改为 $q(w,\boldsymbol{J})$，倒数第 3 行， v_i 改为 γ_i ，倒数第 1 行，$\boldsymbol{J}=\boldsymbol{\nu}$ 改为 $\boldsymbol{J}=\boldsymbol{\gamma}, v_i(\boldsymbol{\nu})$ 改为 $v_i(\boldsymbol{\gamma})$.

P.494 倒数第 9 行， $S_1(w_0,J)$ 改为 $S_1(w^0,J)$.

P.502 第 8 行，(18)改为(18)式.

P.516 倒数第 4 行， P_X、P_Y、P_Z 分别改为 p_X、p_Y、p_Z.

P.519 第 3 行，$I_1\dot{\phi}\sin^2\theta$ 改为 $I_1\dot{\varphi}\sin^2\theta$. 倒数第 3、4 行，去掉：或动量的任何两个分量和角动量的第三个分量为运动常数.

P.520 第 1 行，柱坐标改为笛卡儿坐标.

P.522 倒数第 6 行，9.55 改为 9.54.

P.525 第 14 行，§9.4.3 改为§12.4.3.

P.528 第 5 行，$192\pi mg$ 改为 $192\pi mgl$，倒数第 1 行，=改为=J+.